SAMMLUNG GUTTENTAG

36

Vortisch-Zschucke

Binnenschiffahrts- und Flößereirecht

Kommentar

Dritte ergänzte Auflage

von

Otto Vortisch
Rechtsanwalt und Notar in Berlin

BERLIN 1964
WALTER DE GRUYTER & CO
vormals G. J. Göschen'sche Verlagshandlung
J. Guttentag, Verlagsbuchhandlung · Georg Reimer · Karl J. Trübner · Veit & Comp.

Archiv-Nr. 2 136 64 1

Satz und Druck: Walter de Gruyter & Co., Berlin 30

Meinem verstorbenen Vater

Karl Vortisch

in Anerkennung seiner großen Verdienste gewidmet, die er sich als Schiffseigner und Schiffahrtsdirektor um den Wiederaufbau der Binnenschiffahrt nach dem ersten Weltkrieg und um die Wahrung der Interessen der Binnenschiffahrttreibenden erworben hat.

Berlin, im August 1963

Otto Vortisch

Vorwort

Der mit der Erstauflage im Jahre 1938 eingeschlagene und mit der zweiten Auflage 1953 fortgesetzte Weg, in handlicher Form ein möglichst umfassendes Erläuterungswerk zum Binnenschiffahrts- und Flößereirecht zu schaffen, wird mit dieser dritten Auflage weiter ausgebaut.

Es werden nicht nur die Vorschriften des Binnenschiffahrtsgesetzes und des Flößereigesetzes unter Hervorhebung der erfolgten Änderungen erläutert, sondern dabei wird auch auf die Zusammenhänge mit der Regelung auf anderen Rechtsgebieten verwiesen. Die seerechtlichen Vorschriften sind vergleichsweise mit herangezogen. Die Entwicklung der Rechtsprechung ist bei den einzelnen Vorschriften dargelegt. Hierbei sind die höchst- und oberstrichterlichen grundsätzlichen Entscheidungen, auch bedeutsame andere rechtskräftige Urteile verwertet worden, soweit sie bis Ende 1962 bekannt geworden sind. Auch die wichtigsten Schiffahrtsbräuche und Übungen sowie die Schiffahrtspraxis sind erläutert.

Das Gesetz über den gewerblichen Binnenschiffsverkehr (Binnenschiffsverkehrsgesetz) ist mit aufgenommen und erläutert worden.

Im Anhang sind die wichtigsten binnenschiffahrtsrechtlichen Nebengesetze, das Gesetz über Rechte an eingetragenen Schiffen und Schiffsbauwerken, die Schiffsregisterordnung, das Gesetz über das gerichtliche Verfahren in Binnenschiffahrts- und Rheinschiffahrtssachen mit ihrem vollständigen Inhalt veröffentlicht. Die anderen bedeutsamen binnenschiffahrtsrechtlichen Nebengesetze und Verordnungen sind in der Anmerkung 2 zu § 132 BSchG und bei den Erläuterungen anderer Vorschriften mit den Fundstellen veröffentlicht; von einer Veröffentlichung ihres Inhalts mußte abgesehen werden, weil sie fortlaufenden Änderungen unterworfen sind, und sonst auch der Umfang eines Handkommentars überschritten worden wäre.

Das Erläuterungswerk soll auch weiterhin in erster Linie für den praktischen Gebrauch der Binnenschiffahrttreibenden und der sonst am Binnenschiffahrtsverkehr interessierten Kreise bestimmt sein. Es war nicht möglich, auf wissenschaftliche Erörterungen des Schrifttums, insbesondere über die Rechtsangleichung und die internationalen Probleme des Binnenschiffahrtsrechts einzugehen, weil dies den Rahmen eines Handkommentars gesprengt hätte.

Es wird der Hoffnung Ausdruck gegeben, daß das Erläuterungswerk auch weiterhin nicht nur für die Binnenschiffahrttreibenden und für die sonst am Binnenschiffahrtsverkehr beteiligten Kreise, sondern auch für die Gerichte und für alle an einer Rechtsberatung auf diesem Gebiet Interessierten von Bedeutung sein und sich als unentbehrlich erweisen möge.

Das am Schluß aufgenommene ausführliche alphabetische Sachwortverzeichnis soll die Benutzung des Werkes erleichtern.

Für die bei der Erstellung dieser dritten Auflage von meinem Sohn, Rechtsanwalt Lothar Vortisch, geleistete Mitarbeit sage ich ihm hiermit meinen Dank.

Berlin, im August 1963

Otto Vortisch

Inhaltsverzeichnis

Gesetz, betr. die privatrechtlichen Verhältnisse der Binnenschiffahrt (Binnenschiffahrtsgesetz)

Seite

Vierter Abschnitt. **Frachtgeschäft**

Gesetz über den gewerblichen Binnenschiffsverkehr (Binnenschiffsverkehrsgesetz)

Anhang

Abkürzungsverzeichnis

a. A	anderer Ansicht
a. a. O	am angeführten Orte
Abs.	Absatz
a. F	alte Fassung
AG	Amtsgericht
Anpassungsverordnung	Verordnung des Reichspräsidenten zur Anpassung einiger Gesetze und Verordnungen an die veränderte Lage von Wirtschaft und Finanzen vom 23. 12. 1931 (RGBl. I. S. 779, 783)
AVB	Allgemeine Verfrachtungsbedingungen für die Stromgebiete der Elbe und der Havel und für deren Nebenflüsse und Kanäle
Begr.	Begründung zu dem Entwurf eines Gesetzes, betreffend die privatrechtlichen Verhältnisse der Binnenschiffahrt (Drucksache des Reichstags, 9. Legislaturperiode, III. Session 1894/95, Nr. 81), und Begründung zu dem Entwurf eines Gesetzes, betreffend die privatrechtlichen Verhältnisse der Flößerei (Drucksache des Reichstags, 9. Legislaturperiode, III. Session 1894/95, Nr. 82), sowie Begründung zu dem Entwurf eines Einführungsgesetzes zum Handelsgesetzbuche (Drucksache des Reichstags, 9. Legislaturperiode, IV. Session 1895/97, Nr. 682)
BFH	Bundesfinanzhof
BfV	Bundesminister für Verkehr
BGB	Bürgerliches Gesetzbuch
BGBl.	Bundesgesetzblatt für die Bundesrepublik Deutschland
BGH	Bundesgerichtshof
BGHZ	Entscheidungen des Bundesgerichtshofes in Zivilsachen (amtliche Sammlung)
BMV	Bundesminister für Verkehr
Bolze	Bolze, Praxis des Reichsgerichts in Zivilsachen

BRAGebO . . . . Bundesrechtsanwaltsgebührenordnung

BSchG . . . . Gesetz betreffend die privatrechtlichen Verhältnisse der Binnenschiffahrt (Binnenschiffahrtsgesetz)

BSchG 95 . . . . Binnenschiffahrtsgesetz in der Fassung der Bekanntmachung vom 15. Juni 1895 (Reichsgesetzblatt S. 301)

BSchG 98 . . . . Binnenschiffahrtsgesetz in der Fassung der Bekanntmachung vom 20. Mai 1898 (Reichsgesetzblatt S. 868)

BSchSO . . . . Binnenschiffahrtsstraßenordnung

BSchUO . . . . Binnenschiffs-Untersuchungsordnung

BSchVG . . . . Gesetz über den gewerblichen Binnenschiffsverkehr (Binnenschiffsverkehrsgesetz)

BStBl. . . . . Bundesteuerblatt

DBSchPolVO . . . . Deutsche Binnenschiffahrtspolizeiverordnung vom 12. April 1939 (Reichsgesetzbl. II Nr. 19 Seite 655)

DJ . . . . Deutsche Justiz, herausgegeben vom Reichsjustizministerium

DJZ . . . . Deutsche Juristenzeitung

DR . . . . Deutsche Rechtszeitschrift

DVO . . . . Durchführungsverordnung

Elbebedingungen . . . . . Verfrachtungsbedingungen der Elbereedereien

FGG . . . . Gesetz über die Angelegenheiten der freiwilligen Gerichtsbarkeit

FlaggRG . . . . Gesetz über das Flaggenrecht der Seeschiffe und die Flaggenführung der Binnenschiffe (Flaggenrechtsgesetz) vom 8. Februar 1951 (BGBl. I S. 79, II S. 6)

FlG . . . . Flößereigesetz

Förtsch. . . . . Die Reichsgesetze betreffend die privatrechtlichen Verhältnisse der Binnenschiffahrt und der Flößerei, erläutert von R. Förtsch, 2. Auflage. Leipzig 1900

GewO . . . . Gewerbeordnung

GG . . . . Grundgesetz

Gutachten . . . . Gutachtensammlung, herausgegeben von dem Vorstand der Schifferbörse in Duisburg-Ruhrort

GVBl.. . . . . Gesetz- und Verordnungsblatt für Berlin

Handelsgebräuche . . . . . Handelsgebräuche in der ostdeutschen Binnenschiffahrt, Berlin 1924

Hansa . . . . Hansa, Zentralorgan für Schiffahrt, Schiffbau, Hafen

HansGZ	Hanseatische Gerichtszeitung
HansRGZ	Hanseatische Rechts- und Gerichtszeitschrift
HansRZ	Hanseatische Rechtszeitschrift
HGB	Handelsgesetzbuch
HK	Handelskammer
JFG	Jahrbuch für Entscheidungen in Angelegenheiten der freiwilligen Gerichtsbarkeit
JR	Juristische Rundschau
JW	Juristische Wochenschrift
JZ	Juristenzeitung (früher Deutsche Rechtszeitschrift und Süddeutsche Juristenzeitung)
KG	Kammergericht, Berlin
KGBl.	Blätter für Rechtspflege im Bezirke des Kammergerichts
KGJ	Jahrbuch der Entscheidungen des Kammergerichts
KO	Konkursordnung
KommBer.	Bericht der IX. Kommission über den Gesetzentwurf, betreffend die privatrechtlichen Verhältnisse der Binnenschiffahrt (Drucksache des Reichstags, 9. Legislaturperiode, III. Session 1894/95, Nr. 253)
KostO	Verordnung über die Kosten in Angelegenheiten der freiwilligen Gerichtsbarkeit (Kostenordnung)
Landgraf	Kommentar zum Binnenschiffahrtsgesetz, herausgegeben von J. Landgraf
LG	Landgericht
LZ	Leipziger Zeitschrift für Deutsches Recht
Materialien	Materialien zum Binnenschiffahrtsgesetz
Mittelstein 1	Deutsches Binnenschiffahrtsrecht, von Dr. Max Mittelstein, 2. Auflage, Leipzig 1903
Mittelstein 2	Das Recht der Binnenschiffahrt, von Dr. Max Mittelstein, Leipzig 1918
NJW	Neue Juristische Wochenschrift
Notlageges.	Gesetz zur Bekämpfung der Notlage der Binnenschiffahrt vom 16. 6. 1933 (RGBl. II. S. 317)
Oderbedingungen	Verfrachtungsbedingungen für die Beförderung von Gütern durch die Oderreedereien vom 1. Januar 1896/1. September 1925

OLG	Oberlandesgericht
OLGRspr. (in OLG)	Mugdan und Falkmann, Rechtsprechung der Oberlandesgerichte
OWiG	Gesetz über Ordnungswidrigkeiten
R	Das Recht
RAO	Reichsabgabeordnung
RG	Reichsgericht
RG bei Bolze	Entscheidungen des Reichsgerichts in der Sammlung von Bolze, Praxis des Reichsgerichts in Zivilsachen
RGBl.	Reichsgesetzblatt (seit 1922: I = Teil I, II = Teil II)
RGStr.	Entscheidungen des Reichsgerichts in Strafsachen
RGZ	Entscheidungen des Reichsgerichts in Zivilsachen (amtliche Sammlung)
RJA	Entscheidungen in Angelegenheiten der freiwilligen Gerichtsbarkeit, zusammengestellt im Reichsjustizamt
RMBl.	Reichsministerialblatt
RV	Reichsverfassung
RVB Nachr.	Nachrichtenblatt, herausgegeben von der Reichsverkehrsgruppe Binnenschiffahrt
RVkBl.	Reichsverkehrsblatt
RZBl.	Reichszentralblatt
Sbv.	Schifferbetriebsverbände
Schaps	Seerecht, herausgegeben von Schaps, 2. Auflage
SchiRegO	Verordnung über das Schiffsregister vom 26. Mai 1951 (Bundesgesetzblatt I S. 355), (Schiffsregisterordnung)
SchiRegV	Einrichtung und Führung des Schiffsregisters und Schiffsbauregisters vom 23. Dezember 1940 (Schiffsregisterverfügung in DJ 1941 S. 42)
SeuffA	Seufferts Archiv
Sten.Ber.	Stenographische Berichte des Deutschen Reichstages
StGB	Strafgesetzbuch
StrandO.	Strandungsordnung
TVG	Tarifvertragsgesetz vom 9. 4. 1949 (WiGBl. S. 55)

Abkürzungsverzeichnis

Ulrich	Große Haverei, herausgegeben von R. Ulrich; 3. Auflage herausgegeben von P. Brüders und G. Hochgräber, Berlin 1927
UWG	Gesetz über den unlauteren Wettbewerb
VerkR	Verkehrsrechtliche Rundschau
VerwV	Verwaltungsvorschriften
Vkbl.	Verkehrsblatt, Amtsblatt des Bundesministers für Verkehr
VO	Verordnung
VO mit §	Verordnung über die gebietliche Zuständigkeit der Frachtenausschüsse in der Binnenschiffahrt vom 22. 6. 1954 (BGBl. II. S. 635)
VOBl.	Verordnungsblatt für Berlin
VRS	Verkehrsrechtliche Sammlung
VVG	Versicherungsvertragsgesetz
Warn	Warneyers Jahrbuch der Entscheidungen
WiGBl.	Gesetzblatt der Verwaltung des Vereinigten Wirtschaftsgebietes
WSD	Wasser- und Schiffahrtsdirektion
WStG	Wirtschaftsstrafgesetz
WStG 1954	Gesetz zur weiteren Vereinfachung des Wirtschaftsstrafrechts (Wirtschaftsstrafgesetz 1954) vom 9. 7. 1954 (BGBl. I. S. 175)
ZfB	Zeitschrift für Binnenschiffahrt, herausgegeben vom Zentralverein für Deutsche Binnenschiffahrt
ZPO	Zivilprozeßordnung
ZVG	Zwangsversteigerungsgesetz

Gesetz, betr. die privatrechtlichen Verhältnisse der Binnenschiffahrt

(Binnenschiffahrtsgesetz — BSchG)

Vom 15. Juni 1895 (RGBl. S. 301)

In der Bekanntmachung vom 20. Mai 1898 (RGBl. 1898 S. 868) in der Fassung des Gesetzes vom 24. 5. 1933 (RGBl. I S. 289) vom 25. 11. 1935 (RGBl. I S. 37) vom 7. 8. 1952 (BGBl. S. 401), der Verordnung vom 21. 12. 1940 (RGB.l I S. 1609) und des Gesetzes vom 27. 9. 1952 (BGBl. I S. 641).

EINLEITUNG

1. Entstehungsgeschichte des Gesetzes

Bis zum Ausgang des 18. Jahrhunderts wurden die privatrechtlichen Verhältnisse der Binnenschiffahrt vorwiegend nach fuhrmannsrechtlichen Normen behandelt (Münter, Frachtfahrerrecht [Hannover 1798]). Mit dem Allgemeinen Landrecht für die Preußischen Staaten vom 5. Februar 1794 begann dann eine andere Entwicklung: in § 1933 II 8 wurden die seerechtlichen Normen über Haverei und Seeschäden auch für anwendbar auf die Binnenschiffahrt erklärt. Durch Kabinetts-Ordres vom 23. September 1835 (Preuß. Gesetzsamml. S. 222) und 14. Juli 1841 (Preuß. Gesetzsamml. S. 232) wurden dann einige weitere Sonderbestimmungen des Binnenschiffahrtsrechts geregelt, ohne daß jedoch damit eine Gesamtregelung erreicht worden wäre. Bei den Beratungen über die Schaffung eines Allgemeinen Deutschen Handelsgesetzbuches in den Jahren 1856—1861 wurde dann wiederholt in Aussicht genommen, auch die privatrechtlichen Verhältnisse der Binnenschiffahrt zusammenfassend und einheitlich für ganz Deutschland neu zu ordnen. Allerdings enthielt der diesen Beratungen zunächst zugrunde liegende preußische Entwurf solche Bestimmungen nicht, vielmehr war in dessen Art. 306 im Gegenteil wieder vorgesehen den Binnenschiffahrttreibenden wie den Landfrachtführer zu behandeln: „Frachtführer ist derjenige, welcher gewerbsmäßig den Transport von Gütern zu Lande oder auf Flüssen und Binnengewässern ausführt". In der Begründung wurde dazu ausgeführt, daß „es bedenklich erscheinen muß, überhaupt einen Unterschied zwischen Fuhrleuten und Stromschiffern bezüglich der Frachtgeschäfte zu machen; es liegt kein entscheidender innerer Grund vor, in Ansehung dieser Geschäfte den Funrmann anderen Rechtsregeln zu unterwerfen als den Stromschiffer. Beide stehen sich in dieser Beziehung rechtlich völlig gleich. Der Entwurf hat daher im Anschluß an die neueren Handelsgesetzbücher (vgl. französisches HGB Art. 107) jene Unterscheidung aufgegeben." In der 57. Sitzung der Nürnberger Konferenz zur Beratung des Entwurfs eines Allgemeinen Deutschen Handelsgesetzbuchs am 1. Mai 1857 wurde dann aber, „was die Binnenschiffahrt angeht, einstweilen vorbehalten . . ., in einem besonderen Abschnitt des Seerechts zu verordnen, daß und welche Bestimmungen des Seerechts auch auf die Flußschiffahrt Anwendung zu finden hätten" (Prot. I S. 515/516). In der letzten Sitzung der Hamburger Seerechtskonferenz, in der die zweite Lesung des Seerechtsentwurfs zu Ende geführt wurde, am 22. August 1860, stellte man mit Bezug auf diesen Vorbehalt den Antrag, „es möge dieser Gegenstand in Erwägung gezogen werden". Es wurde jedoch bemerkt: „Auf den von dem Herrn Antragsteller berührten Gegenstand könne füglich erst eingegangen werden, wenn der Titel 5 des Vierten Buches (Vom Frachtgeschäft) in dritter Lesung definitiv festgestellt sei, weil sich früher nicht ermessen lasse, ob und welche Bestimmungen rücksichtlich des Transports auf Flüssen und Binnengewässern in das Gesetz noch aufzunehmen seien. Es könne um so weniger dieser Gegenstand jetzt beraten werden, als die Abgeordneten mehrerer Staaten nicht anwesend seien, für welche der Transport auf den Flüssen und Binnengewässern und die Regelung der hierauf sich beziehenden Rechtsverhältnisse die größte Bedeutung habe. Es werde sich deshalb empfehlen, die Beratung des von dem Herrn Antragsteller angeregten Gegenstandes bis zur dritten Lesung der vier ersten Bücher zu vertagen. Diesem letzterwähnten Vorschlage trat die Versammlung nach kurzer Beratung bei, ohne daß es einer Abstimmung bedurfte." (Prot. VIII S. 4490). Bei der dritten Lesung wurde dann am 11. Februar 1861 der erneute Antrag gestellt: „Es wolle die Frage: ‚ob und welche Bestimmungen des Seerechts auf die Flußschiffahrt Anwendung zu finden haben', nach Abschluß der dritten Lesung der vier ersten Bücher in Erwägung gezogen und hierüber in einem besonderen Abschnitte als Anhang zum Fünften Buche des Entwurfs eines ADHGBs. Bestimmung getroffen werden ... Damit jedoch dieser Antrag nicht an formellen Hindernissen, namentlich nicht an dem Mangel einer bis jetzt noch fehlenden formulierten Vorlage scheitere, welche für den Fall der Bejahung der Vorfrage als vorläufige Grundlage der Beratungen erscheinen könne, hat Antragsteller nachstehenden Entwurf auf Grund des holländischen HGBs. Art. 748—763 hier beigefügt, und bringt denselben vorläufig und bis ein anderer eingebracht sein wird, als Grundlage für die sachliche Behandlung des angeregten Gegenstandes in Vorschlag." (Prot. IX S. 5128ff., Entwurf: Prot. IX S. 5129—5134). Gegen diesen Antrag „wurde aber eingewendet: Schon bei der ursprünglichen Feststellung des preußischen Entwurfs hätten sich mehrere Stimmen dafür erhoben, daß Vorschriften im Sinne der Anlage in das HGB aufgenommen werden müßten und nicht fehlen dürften, wenn es nicht eine wesentliche Lücke enthalten sollte. Bei dem Versuche, die entsprechenden Normen zu entwerfen, habe es sich als sehr schwierig herausgestellt, auch nur für die Flußschiffahrt Preußens gemeinschaftliche Bestimmungen über die in der Anlage berührten Fragen aufzustellen; es erscheine dies also um so weniger für ganz Deutschland tunlich. Der Grund hiervon liege in der großen Verschiedenheit der faktischen Verhältnisse, welche dabei nicht unberücksichtigt gelassen werden könnten. Deshalb enthalte der preußische Entwurf nichts über die hier angeregte Rechtsmaterie. Auch andere Gesetzgebungen enthielten darüber nichts, mit Ausnahme der holländischen; allein dabei dürfe man nicht außer Augen lassen, daß die Frage für Holland bei der Beschaffenheit des Landes und dem vielfachen Ineinandergreifen der Fluß- und Seeschiffahrt einesteils eine viel größere praktische Bedeutung habe, als für Deutschland, und andernteils dort viel leichter erledigt werden könne. Von dem Antrag in der Anlage gelte auch in erhöhtem Maße dasjenige, daß es der Versammlung jetzt an dem Beirate technischer Mitglieder fehle und daß die betreffenden Bestimmungen gleich den anderen Bestimmungen des HGBs. einer wiederholten Durchsicht in mehreren Lesungen bedürfen würden. Dazu komme noch, daß in Wirklichkeit die in dem Antrage in der Anlage besprochenen Fragen keineswegs eine ganz hervorragende praktische Bedeutung hätten, sondern nur die Regulierung einiger weniger Verhältnisse in Frage stehe, die man in keinem Fall ohne die vorsichtigste Berücksichtigung der örtlichen Verhältnisse würde vornehmen können, und daß man dabei sich jedenfalls dennoch gezwungen sehen würde, in den meisten Fällen wieder dem Ortsgebrauche seine Geltung vor den im HGB aufzustellenden Bestimmungen vorzubehalten. Es scheine deshalb zweckmäßiger, von Aufnahme solcher Bestimmungen in das HGB. gänzlich Abstand zu nehmen. Bei der Abstimmung wurde der in der Anlage gestellte Antrag mit allen gegen eine Stimme abgelehnt." (Prot. IX S. 5126ff.). Der erwähnte Entwurf, der die Überschrift „Von den Schiffen, welche Fluß- und Binnengewässer befahren" trug, handelte in 26 Paragraphen von dem Schiffseigentümer, dem Schiffer, dem Frachtgeschäft, der Haverei und der Bergung und Hilfeleistung. Es wurden Vorschriften über das Binnenschiffahrtsrecht in das Allgemeine Deutsche Handelsgesetzbuch nicht aufgenommen, vielmehr wurden bestimmte Normen des fünften Titels des Vierten Buches, der das Frachtgeschäft (zu Lande) behandelte, für anwendbar auf den „gewerblichen Transport von Gütern auf Flüssen und Binnengewässern" erklärt ((Art. 390—431). Damit wurde den besonderen Verhältnissen der Binnenschiffahrt in keiner Weise Rechnung getragen, insbesondere fehlte es an Vorschriften über die Lade- und Löschzeit und über die Folgen ihrer Überschreitung. Auch die Befugnis des Absenders zum Rücktritt vom Frachtvertrag, die Haftung des Frachtführers für Verlust oder Beschädigung des Frachtgutes, die Rechtsverhältnisse bei Ausstellung von Ladescheinen fanden dabei keine für die Binnenschiffahrt ausreichende Regelung. Ferner waren über die außer dem Frachtgeschäft in Betracht kommenden Rechtsverhältnisse, wie sie für die Seeschiffahrt im Fünften Buche des ADHGB geschaffen wurden, für die Binnenschiffahrt gesetzliche Vorschriften überhaupt nicht vorhanden. Dies galt namentlich von der Stellung des Schiffseigners, des Schiffers und der Schiffsmannschaft, von dem Ersatz der Opfer, die zur Abwendung einer dem Schiff und der Ladung gemeinsamen Gefahr gebracht werden, von der Haftung beim Zusammenstoß von Schiffen, vom gesetzlichen Pfandrecht der Schiffsgläubiger und ähnlichen wichtigen Fragen. Die Rechtsprechung suchte diese Lücke durch entsprechende Anwendung der seerechtlichen Bestimmungen auszufüllen, doch wurde der Zustand der Rechtsunsicherheit dadurch nur noch fühlbarer. Damit war zwar, weil die Bundesgesetzgebung auf die rechtliche Regelung der Binnenschiffahrt verzichtet hatte, der Weg für eine gesetzliche Regelung durch die Landesgesetzgebungen frei. In diesem Sinne sprach beispielsweise der Preußische Landtag in seinen beiden Häusern die unerfüllt gebliebene Erwartung aus die Staatsregierung möge dem Landtag einen Gesetzentwurf vorlegen, durch den die Rechtsverhältnisse der Stromschiffahrt reguliert werden (Verhandlungen über den Entwurf eines ADHGB S. 641 und 699). Es wurden aber lediglich die Vorschriften des ADHGB über den Zusammenstoß von Seeschiffen in einzelnen Staaten auf die Flußschiffahrt ausgedehnt (Hamburg, EinführG zum ADHGB § 54), ebenso in Hannover (§ 39), Bremen (§ 46), Mecklenburg-Schwerin (§ 73), Oldenburg (Art. 33), Schleswig-Holstein (§ 78). Nunmehr verstärkten die beteiligten Wirtschaftskreise die Versuche, diese Lücke zu schließen. Sie wendeten sich vom Ende der 1860er Jahre an immer erneut an den 1861 gegründeten Deutschen Handelstag, die freie Vereinigung der deutschen Handelskammern. Dieser beschloß 1868 auf seiner vierten Tagung die Einsetzung eines Ausschusses, der den Auftrag erhielt, die Ergänzung der Lücke im Handelsrecht vorzubereiten. Als Grundlage für seine Beratungen wählte der Ausschuß den von dem damaligen Richter am Kommerz- und Admiralitäts-Kollegium in Königsberg Singelmann ausgearbeiteten Entwurf eines Gesetzes zur Regelung der Fluß- und Binnenschiffahrt (Königsberg 1869); das Ergebnis der Beratungen wurde in einem gleichnamigen Entwurf (Berlin 1869) zusammengefaßt, fand aber nur geringe Beachtung. Die vom Bundesrat im Jahre 1874 berufene Kommission von fünf angesehenen Juristen, die gutachtliche Vorschläge über Plan und Methode eines Entwurfs eines Bürgerlichen Gesetzbuches machen sollte — sie bestand aus L. Goldschmidt, damals Rat am Reichsoberhandelsgericht, Dr. v. Kübel, Direktor des Obertribunals von Württemberg, Dr. v. Schelling, Präsident des Appellationsgerichts in Halberstadt, v. Neumayr, Präsident des Obersten Gerichtshofes in Bayern, und v. Weber, Präsident des Sächsischen Oberapellationsgerichts—, schlug u. a. auch vor, daß der Entwurf eines neuen Handelsgesetzbuches Bestimmungen über das Recht der Binnenschiffahrt enthalten solle. Am 22. Juni 1874 billigte der Bundesrat diesen Vorschlag.

Hierauf beschloß am 10. Juli 1880 der in Mannheim tagende Delegiertenkongreß rheinischer Handelskammern, zur Vorbereitung der zu erwartenden gesetzlichen Regelung eine Kommission zu wählen, die alsbald mit den Schiffahrtsbeteiligten Fühlung aufnehmen sollte. Auf Grund der von diesem Ausschuß veranstalteten Umfrage bei west- und süddeutschen Handelskammern und anderen Verbänden arbeitete sodann der Syndikus der Handelskammer Mannheim, Dr. Landgraf, einen mit Motiven versehenen Entwurf eines Binnenschiffahrtsgesetzes mit besonderer Beziehung auf den Rhein aus (Mannheim, Teil I 1887, Teil II 1892). Noch bevor der Landgrafsche Entwurf vollständig erschienen war, veröffentlichte auch Dr. J. Rießer einen mit Bemerkungen versehenen Entwurf eines Gesetzes zur Regelung der Verhältnisse der Fluß- und Binnenschiffahrt (Zeitschrift für Handelsrecht Bd. XXXV [Beilage]). Der Central-Verein für Hebung der deutschen Fluß- und Kanalschiffahrt berief eine Konferenz von Vertretern der Schiffahrt- und Handeltreibenden aus den östlichen Stromgebieten mit der Aufgabe, eine Betriebsordnung aufzustellen, die, ähnlich wie die Eisenbahnbetriebsreglemente, den Frachtverträgen zugrunde gelegt werden sollte, um auf diesem Wege bis zum Erlaß eines Binnenschiffahrtsgesetzes eine möglichst einheitliche Grundlage für die rechtliche Behandlung des Gütertransports auf Binnengewässern zu schaffen. Der Ausschuß entwarf auch eine Binnenschiffahrts-Ordnung für die Elbe, Oder, Weichsel und die Wasserstraßen ihrer Stromgebiete (Berlin 1891). Fortgesetzte Klagen aus den beteiligten Kreisen sowie eine Umfrage bei den am Binnenschiffahrtsverkehr hauptsächlich beteiligten Handelskammern veranlaßten dann schließlich die Reichsregierung, den im Jahre 1874 eingenommenen Standpunkt aufzugeben und die gesetzliche Regelung der Verhältnisse der Binnenschiffahrt schon vor der allgemeinen Neuregelung des bürgerlichen Rechts vorzunehmen. Es wurden deshalb im Jahre 1893 im Reichsjustizamt Grundzüge eines Gesetzes, betreffend die privatrechtlichen Verhältnisse der Binnenschiffahrt, als Vorentwurf eines solchen Gesetzes aufgestellt. Diese wurden dann einem Ausschuß zur Begutachtung vorgelegt, der vom 16. bis 22. März 1893 unter dem Vorsitz des Unterstaatssekretärs Hanauer tagte. Dem Ausschuß gehörten zahlreiche führende Männer der Binnenschiffahrt, als Berichterstatter des Reichsjustizamtes der Geheime Regierungsrat Dr. Hoffmann an. Dem Wunsche des Ausschusses, auch die Flößerei bei der in Aussicht genommenen Gesetzgebung mit zu berücksichtigen, wurde durch Ausarbeitung eines neuen amtlichen „Entwurfs eines Gesetzes, betreffend die privatrechtlichen Verhältnisse der Binnenschiffahrt und Flößerei" auf Grund der Ergebnisse der Ausschußberatungen alsbald Rechnung getragen; am 1. Juli 1893 wurde dieser neue amtliche Entwurf im Deutschen Reichsanzeiger Nr. 180 veröffentlicht. „Gutachtliche Äußerungen zum Binnenschiffahrts-Gesetzentwurf" aus dem Kreise der Mitglieder des Central-Vereins für Hebung der deutschen Fluß- und Kanalschiffahrt (Berlin 1894) führten dann zu einer nochmaligen Überarbeitung des amtlichen Entwurfs, der nunmehr, am 18. Dezember 1893, vom Reichskanzler dem Bundesrat vorgelegt wurde. Der Bundesrat nahm an dem Entwurf insofern eine Änderung vor, als er den Rechtsstoff in zwei Gesetzentwürfe teilte, in einen Entwurf eines Gesetzes, betreffend die privatrechtlichen Verhältnisse der Binnenschiffahrt, und einen Entwurf eines Gesetzes, betreffend die privatrechtlichen Verhältnisse der Flößerei. So wurde der Entwurf dann am 13. Dezember 1894 mit einer eingehenden Begründung dem Reichstag vorgelegt (Drucksachen des Reichstages, 9. Legislaturperiode III. Session 1894/95 Nr. 81 und 82). Am 25. und 26. Januar 1895 fand im Reichstag die erste Lesung statt (Stenographische Berichte über die 23. und 24. Sitzung der 9. Legislaturperiode III. Session 1894/95 S. 527 und 547). Die Entwürfe wurden in der allgemeinen Aussprache eingehend erörtert und dann einem besonderen (neunten) Ausschuß überwiesen, der zu seinem Vorsitzenden den Abgeordneten Bassermann wählte. Als Beauftragte des Bundesrats nahmen an den Verhandlungen die Geheimen Oberregierungsräte Caspar und Dr. Hoffmann teil. Der Ausschuß schlug eine Reihe von Änderungen vor, die vor allem der Rücksichtnahme auf die wirtschaftliche Lage der Kleinschiffahrt (Privatschiffahrt, Partikulierschiffahrt) ihre Entstehung verdankten. Hierzu gehörte der Vorschlag, den Schiffseigner, auch wenn er selbst das Schiff führt, von der regelmäßigen unbeschränkten persönlichen Verantwortlichkeit für eigenes Verschulden insofern auszunehmen, als für einen durch fehlerhafte Führung des Schiffes entstandenen Schaden nur beschränkte Haftung mit Schiff und Fracht eintreten solle, wenn ihm nicht eine bösliche Handlungsweise zur Last fällt; diesem Vorschlag entspricht § 4 Abs. 2 Satz 2 BSchG. Auch der Vorschlag, den Entlastungsbeweis für die Haftung des Frachtführers dadurch zu erleichtern, daß er nicht höhere Gewalt, sondern nur Umstände zu beweisen habe, die durch die Sorgfalt eines ordentlichen Frachtführers nicht abgewendet werden können, wurde in § 58 Abs. 1 BSchG verwirklicht. Auch die Aufgabe des seerechtlichen Grundsatzes, daß für Güter, die durch Unfall verlorengegangen sind, Fracht nicht zu bezahlen sei, wurde im § 64 BSchG verwirklicht. Nachdem der Ausschuß über seine Beratungen schriftlich berichtet hatte (Drucksachen des Reichstags, 9. Legislaturperiode III. Session 1894/95 Nr. 253), nahm der Reichstag am 29. April 1895 die beiden Gesetzentwürfe in zweiter Lesung an (Stenographischer Bericht über die 79. Sitzung der 9. Legislaturperiode III. Session 1894/95 S. 1947—1974). Am 4. Mai 1895 folgte die dritte Lesung (Stenographischer Bericht über die 84. Sitzung der 9. Legislaturperiode III. Session 1894/95 S. 2068—2079), bei der der Reichstag noch zwei weitere Änderungen vornahm: in §§ 38 und 53 BSchG wurde neu bestimmt, daß der Frachtführer nicht berechtigt ist, von mehreren Absendern bzw. Empfängern gleichzeitig für denselben Tag das Liegegeld mehrfach zu beanspruchen. Nachdem die beiden Gesetzentwürfe dann auch die Zustimmung des Bundesrats gefunden hatten, erfolgte die Verkündung im Reichsgesetzblatt Nr. 23 (S. 301ff., 341ff.). Am 1. Januar 1896 traten beide Gesetze in Kraft.

Inzwischen waren die Gesetzgebungsarbeiten zur Vereinheitlichung des bürgerlichen Rechts abgeschlossen; sie bedingten eine Reihe von Änderungen des Handelsgesetzbuches und der handelsrechtlichen Nebengesetze. Das Einführungsgesetz zum Handelsgesetzbuch wurde am 10. Mai 1897 im Reichsgesetzblatt (S. 437) verkündet. Am 20. Mai 1898 erging dann im Reichsgesetzblatt (S. 369) die Bekanntmachung des Reichskanzlers, die den neuen Text des nunmehr nur noch 133 Paragraphen umfassenden Gesetzes enthält (Reichsgesetzbl. S. 868). Von den ursprünglichen 142 Paragraphen des Gesetzes sind neun (§§ 72, 110, 131—137) gestrichen worden, wogegen ein neuer (§ 61a, jetzt 62) hinzugekommen ist; in der neuen Fassung ist außerdem der Schlußparagraph 142 weggelassen. Nur 98 Paragraphen blieben unverändert, und auch von diesen hat ein großer Teil seine Bezifferung geändert (§§ 62—71, jetzt 63—72, §§ 111—130, jetzt 110—129, §§ 138—141, jetzt 130—133). Die neue Fassung trat gleichzeitig mit dem Bürgerlichen Gesetzbuch am 1. Januar 1900 in Kraft.

Das Gesetz wurde seitdem nur in wenigen Vorschriften geändert. Nach § 24 des „Gesetzes über den Vollstreckungsschutz für die Binnenschiffahrt" vom 24. Mai 1933 (RGBl. I S. 289) wurde § 102 Nr. 2 anders gefaßt. Der § 14 Abs. 1 wurde durch § 158 Abs. 2 der Kostenordnung vom 25. November 1935 (RGBl. I S. 137) aufgehoben, die jetzt in der Fassung des Gesetzes zur Änderung und Ergänzung kostenrechtlicher Vorschriften vom 26. Juli 1957 (BGBl. I S. 861) gilt. Die §§ 119—129, die durch das Gesetz vom 29. Juli 1936 (RGBl. I S. 581) in einzelnen Vorschriften geändert waren ,wurden nach Artikel I Ziffer 4 einer Verordnung zur Durchführung des Gesetzes über Rechte an eingetragenen Schiffen und Schiffsbauwerken vom 21. Dezember 1940 (RGBl. I S. 1609) aufgehoben und durch die Schiffsregisterordnung vom 19. Dezember 1940 (RGBl. I S. 1591) ersetzt, die jetzt in der Fassung vom 26. Mai 1951 (BGBl. I S. 355) gilt. Die Verordnungen vom 9. November 1940 (RGBl. II S. 257) und vom 17. Mai 1943 (RGBl. I S. 311) führten zu den §§ 28 Abs. 2, 29 Abs. 1, 2, 3, 32, 47, Abs. 2, 48, Abs. 1, 2, 3 eine andere Regelung ein. Das Gesetz über das Verfahren in Binnenschiffahrts- und Rheinschiffahrtssachen vom 27. September 1952 (BGBl. I S. 641), das nach dem Gesetz vom 2. Dezember 1952 (GVBl. S. 1051) auch in Berlin Anwendung findet, hat die §§ 6, 11 geändert. Durch das Gesetz über die Aufgaben des Bundes auf dem Gebiet der Binnenschiffahrt vom 15. Februar 1956 (BGBl. II S. 317), das auch in Berlin Anwendung findet (GVBl. S. 201) ist gemäß Art. 89 GG die Zuständigkeit des Bundes für die Binnenschiffahrt geregelt worden. In einer Verordnung zur Übertragung von Befugnissen auf dem Gebiet der Binnenschiffahrt vom 12. April 1956 (BGBl. II S. 483) ist auf Grund der §§ 3, 11 dieses Gesetzes der zuständige Fachsenator des Landes Berlin zum Erlaß von Rechtsverordnungen ermächtigt worden.

2. Inhalt des Gesetzes

Die Grenzen, innerhalb deren das Gesetz die privatrechtlichen Verhältnisse der Binnenschiffahrt regelt, decken sich im allgemeinen mit denen des „Vom Seehandel" überschriebenen Fünften Buches des Handelsgesetzbuches (§§ 474ff. HGB), doch ist das Versicherungsrecht gänzlich weggeblieben und die Personenbeförderung nur in wenigen Punkten von dem Gesetz berührt worden. Als dem Seehandel eigentümlich haben ferner die Reederei und die Bodmerei in dem Gesetz keine Aufnahme gefunden, wie auch die seerechtlichen Vorschriften über Schiffsparten nicht in das Binnenschiffahrtsrecht übernommen worden sind. Im engen

Anschluß an das Seerecht hat dagegen das Gesetz die Verhältnisse des Schifffahrtsunternehmers, des Schiffseigners, wie es ihn nennt, gestaltet. Dieser haftet wie der Reeder für den durch Verschulden der Schiffsbesatzung in Ausführung ihrer Dienstverrichtungen dem Dritten verursachten Schaden, gleich der des Reeders aber ist sowohl diese Haftung als auch die Haftung des Schiffseigners aus Rechtsgeschäften des Schiffers und für Erfüllung seiner vom Schiffer auszuführenden Verträge der Regel nach keine persönliche, sondern auf die Befriedigung aus Schiff und Fracht, die seerechtliche „fortune de mer", beschränkt. Der Begriff des Schiffseigners weicht allerdings von dem des Reeders insofern ab, als er nicht eine auf Erwerb durch die Schiffahrt gerichtete Verwendung des Schiffes erfordert, sondern das Eigentum an einem zur Schiffahrt auf Flüssen und sonstigen Binnengewässern bestimmten und hierzu verwendeten Schiffe genügt; andererseits gilt aber, wie nach Seerecht, auch der Ausrüster als Schiffseigner und kann deshalb auch die Haftung des ihm nicht gehörigen Schiffs zugunsten der Schiffsgläubiger begründen. Seerechtlich ist weiter auch die Stellung des Schiffers gestaltet, der, gleich dem Seeschiffer, in ein Pflichtenverhältnis gegenüber den Ladungsbeteiligten tritt und auch, freilich in beschränkterem Maße als der Seeschiffer, zur Vertretung des Schiffseigners bei dem Abschluß von Rechtsgeschäften befugt, aber nicht, wie der Seeschiffer, in Vertretung der Ladungsinteressenten über die Ladung verfügen kann. Bei Regelung der besonderen Obliegenheiten des Schiffers sind zwar ebenfalls die entsprechenden Bestimmungen des Seerechts vorbildlich gewesen, aber die nur für den Seeverkehr passenden selbstverständlich ausgelassen. An Stelle der Verklarung ist auch eine Art der Beweisaufnahme vorgesehen, die im Binnenschiffahrtsrecht den Namen „Beweisaufnahme" führt, aber im Verkehr ebenfalls als „Verklarung" bezeichnet wird. Das Dienstverhältnis des Binnenschiffers dagegen ist selbständig im Anschluß an die Gewerbeordnung und völlig abweichend vom Seerecht geregelt. Das Dienstverhältnis der Schiffsbesatzung, unter die außer dem Schiffer die zum Schiffahrtsdienst angestellten Personen fallen, wurde ebenfalls der Gewerbeordnung unterstellt und nur teilweise im Anschluß an die Seemannsordnung gestaltet; diese Regelungen sind nach der Neuordnung des Arbeitsrechts, nur noch von geringer Bedeutung.

Das Frachtgeschäft zur Beförderung von Gütern auf Binnengewässern ist dagegen grundsätzlich in Anlehnung an das Vierte Buch des Handelsgesetzbuches geregelt, und zwar mit Rücksicht auf die bisherige Regelung des Binnenschifffahrtsfrachtgeschäfts im Allgemeinen Deutschen Handelsgesetzbuch. Es sind aber eine Reihe von Bestimmungen durch besondere Vorschriften ersetzt, teilweise auch im Anschluß an das Seerecht nach mehrfacher Richtung hin ergänzt worden, so vor allem die Vorschriften über die Beladung, Ladeplatz, Ladezeit, Liegegelder, Folgen der Nichtlieferung der Ladung, Rücktrittsrecht des Absenders usw., und ebenso die Vorschriften über Löschung, also über Löschplatz, Löschzeit, Liegegeld, Folgen der Nichtabnahme. Die Haftungsbestimmungen sind teilweise in enger Anlehnung an das Seerecht geregelt worden, während der die Haftung des Frachtführers mildernde § 59 dem Eisenbahnrecht entnommen ist. Hervorzuheben ist weiter die in § 61 ausgesprochene Annahme des seerechtlichen Grundsatzes, daß durch Abnahme des Gutes seitens des Empfangsberechtigten auch ohne gleichzeitige Bezahlung der Fracht die Geltendmachung der hauptsächlichen Ersatzansprüche abgeschnitten wird, sowie die Einschränkung der Haftung des Frachtführers, und ferner die Gewährung von Distanzfracht für den Fall, daß Güter durch Unfall verlorengegangen sind, während nach seerechtlichen Grundsätzen für solche Güter überhaupt keine Fracht zu zahlen ist. Von besonderer Wichtigkeit sind die §§ 72—76 über den Ladeschein, in denen dieser zu einem dem seerechtlichen Konossement gleichen umsatzfähigen, die Verfügung über das Gut gewährenden Papier ausgestaltet worden ist.

Das Frachtgeschäft zur Beförderung von Reisenden ist dagegen, abweichend vom Seerecht, nur in einem einzigen Paragraphen (77) berührt. In Anlehnung an das Seerecht, aber mit nicht unwesentlichen Änderungen, ist die große Haverei geregelt, vor allem sind im Binnenschiffahrtsrecht lediglich Schiff und Ladung beitragspflichtig. Vollständig auf die Binnenschiffahrt sind die seerechtlichen Grundsätze über den Zusammenstoß von Schiffen übertragen, indem in § 92 die §§ 734 bis 739 HGB für entsprechend anwendbar erklärt sind. Die Vorschriften über Bergung und Hilfeleistung wurden ebenfalls nach dem seerechtlichen Vorbild gestaltet, ebenso auch die Vorschriften über das Schiffsgläubigerrecht (§§ 102—116). Dagegen weichen die Vorschriften über die Verjährung der Forderungen von Schiffsgläubigern und einiger mit dem gesetzlichen Pfandrecht an den Gütern versehenenen Forderungen (§§ 117, 118) in vieler Beziehung von den entsprechenden seerechtlichen Vorschriften ab. Die Vorschriften über das Schiffsregister (§§ 119 bis 129), die nach der Begründung zum Entwurf des Binnenschiffahrtsgesetzes „für die Beteiligten ein zuverlässiges und allgemein zugängliches Mittel zur Auskunft über die tatsächlichen und rechtlichen Verhältnisse der einzelnen Schiffe schaffen“ sollten, wurden aufgehoben nach Art. I Ziffer 4, einer Verordnung zur Durchführung des Gesetzes über Rechte an eingetragenen Schiffen und Schiffsbauwerken vom 21. Dezember 1940 (RGBl. I S. 1609), die nach § 83 des Gesetzes über Rechte an eingetragenen Schiffen und Schiffsbauwerken vom 15. November 1940 erlassen worden ist. Ferner wurde das Schiffsregister weiter ausgestaltet durch das Gesetz über Rechte an eingetragenen Schiffen und Schiffsbauwerken vom 15. November 1940 (RGBl. I S. 1499), die unter anderem für den Eigentumserwerb und die Verpfändung der im Binnenschiffsregister eingetragenen „registrierten“ Schiffe eine besondere Regelung einführte. Der zehnte Abschnitt des Binnenschiffahrtsgesetzes in der ursprünglichen Fassung vom 15. Juni 1895, der von der „Verpfändung und Zwangsvollstreckung“ handelte, ist seit dem 1. Januar 1900 fortgefallen. Es gelten die §§ 1204—1257 BGB nur noch für die Verpfändung eines im Schiffsregister nicht eingetragenen Binnenschiffes, während für die registrierten Schiffe die Vorschriften des Gesetzes über Rechte an eingetragenen Schiffen und Schiffsbauwerken vom 15. November 1940 (RGBl. I S. 1499) anzuwenden sind. Die Zwangsvollstreckung in registrierte Schiffe erfolgt nach § 864 ZPO, §§ 162ff. ZVG wie bei Grundstücken durch gerichtliche Zwangsversteigerung und für die nicht registrierten Schiffe nach den §§ 803ff. ZPO durch Pfändung wie bei beweglichen Sachen. Die Schlußbestimmungen enthalten neben der Vorschrift über die Revisionsinstanz in Binnenschiffahrtsstreitigkeiten letzter Instanz vor allem die Ausnahmebestimmung, daß das Binnenschiffahrtsgesetz „auf Schiffahrtsbetriebe, welche im Anschlusse an den Eisenbahnverkehr geführt werden und der staatlichen Eisenbahnaufsichtsbehörde unterstellt sind“, keine Anwendung findet, weil — wie die Begründung sagt — „die enge Verbindung solcher Betriebe mit der Eisenbahn, an welche sie sich anschließen, zur Folge hat, daß auch hinsichtlich der durch die Transporte auf den betreffenden Strecken begründeten Rechtsverhältnisse im wesentlichen die für die Eisenbahnen geltenden Bestimmungen zur Anwendung kommen müssen", und weiter die Ausnahmevorschrift für Fähranstalten, es sei denn, daß der Betrieb mittels frei schwimmender Schiffe stattfindet, und ferner die Ermächtigung, Bestimmungen über den Befähigungsnachweis der Schiffer und Maschinisten für Binnenschiffe zu treffen.

3. Beurteilung des Gesetzes

Das geltende Binnenschiffahrtsrecht hat sich weder für das Landfrachtrecht noch für das Seerecht entschieden, sondern aus beiden Rechtsgebieten Vorschriften und Rechtsbegriffe übernommen, soweit diese für die Binnenschiffahrt praktisch als verwendbar befunden wurden. Trotz dieser verschiedenartigen Rechtsquellen hat sich das Binnenschiffahrtsgesetz in den mehr als sechs Jahrzehnten seines Bestehens bewährt. Das ergibt sich aus den Erfahrungen der Schiffahrtpraxis sowie der Rechtsprechung und zeigt sich äußerlich darin, daß außer der notwendigen Anpassung an das kurz nach dem Inkrafttreten des Gesetzes zur Geltung gelangende bürgerliche Recht nur wenige, nicht grundlegende Änderungen erforderlich geworden sind. Infolge der das Binnenschiffahrtsrecht weitgehend beherrschenden Vertragsfreiheit war eine Anpassung an die wechselnden wirtschaftlichen Verhätlnisse und Veränderungen der Technik des Schiffahrtsbetriebes auf diese Weise möglich. Die wirtschaftliche Entwicklung scheint zu einer weiteren Angleichung des See- und Binnenschiffahrtsrechtes zu führen. Binnenschiffe befahren in gemischter Reise die Seewasserstraßen, während Seeschiffe auch auf den Binnenwasserstraßen verkehren; der Umschlag aus Seeschiffen in Binnenschiffe hat zugenommen. Es müßte daher auch in rechtlicher Beziehung eine weitere Angleichung beider Rechtsgebiete hergestellt werden. Eine solche wesentliche Änderung des Binnenschiffahrtsrechts könnte dann notwendig werden, wenn das Seerecht eine Änderung erfahren sollte, insbesondere auf Grund der internationalen Bestrebungen zur weiteren Vereinheitlichung des See- und Binnenschiffahrtsrechts. Wann und in welchem Umfange dies geschehen wird, hängt von der Entwicklung des europäischen Binnenschiffsverkehrs ab.

Erster Abschnitt

Schiffseigner

Schiffseigner, Schiff, Binnengewässer

§ 1

Schiffseigner im Sinne dieses Gesetzes ist der Eigentümer eines zur Schiffahrt auf Flüssen oder sonstigen Binnengewässern bestimmten und hierzu von ihm verwendeten Schiffes.

1. Eigentümer und Schiffseigner

a) Nicht der Eigentümer eines Schiffes als solcher ist Schiffseigner, sondern nur derjenige Eigentümer, der das zur Binnenschiffahrt bestimmte Schiff hierzu verwendet. Nach § 2 braucht der Schiffseigner nicht stets Eigentümer des von ihm verwendeten Schiffes zu sein, weil Dritten gegenüber auch derjenige als Schiffseigner gilt, der ein ihm nicht gehöriges Schiff zur Binnenschiffahrt verwendet und es entweder selbst führt oder die Führung einem Schiffer anvertraut (der sogenannte Ausrüster). Es wird daher streng unterschieden zwischen dem Schiffseigner (vgl. §§ 1, 3—12, 14—20, 22, 25, 77, 79, 92, 95, 99, 102, 109, 112—115) und dem Eigentümer eines Schiffes (vgl. §§ 2, 78, 96, 102, 110, 111, §§ 10 Abs. 1, 12 Nr. 6, 18 Abs. 1 SchiRegO).

b) Über den Erwerb und Verlust des Eigentums an einem Binnenschiff enthält das Binnenschiffahrtsgesetz keine besonderen Vorschriften. Bis zum 31. 12. 1941 wurden alle Binnenschiffe, gleichgültig ob sie in ein Schiffsregister eingetragen waren oder nicht, insoweit wie bewegliche Sachen behandelt. Nach den §§ 929ff. BGB konnte das Eigentum an einem Binnenschiff durch Einigung und Übergabe übertragen werden. Nach § 3 Abs. 1 des Gesetzes über Rechte an eingetragenen Schiffen und Schiffsbauwerken vom 15. 11. 1940 (RGBl. I S. 1499), ist zur Übertragung des Eigentums an einem im Binnenschiffsregister eingetragenen, sog. „registrierten" Schiff auch weiterhin die Einigung des Erwerbers und des Eigentümers hierüber, aber zusätzlich die Eintragung des Eigentumsüberganges in das Binnenschiffsregister erforderlich. Vor dieser Registereintragung sind die Beteiligten nach § 3 Abs. 2 des angeführten Gesetzes an die dingliche Einigung nur gebunden, wenn die Erklärungen gerichtlich oder notarisch beurkundet oder vor dem Registergericht abgegeben oder bei diesem eingereicht sind oder wenn der Eigentümer dem Erwerber eine den Vorschriften der Schiffsregisterordnung entsprechende Eintragungsbewilligung ausgehändigt hat. Bei einem „nicht regstrierten" Schiff, das in ein Schiffsregister nicht eingetragen ist, erfolgt der Erwerb des Eigentums auch weiterhin durch Einigung und Übergabe nach den §§ 929ff. BGB. Auch die Rechtsbeziehungen mehrerer Personen als Miteigentümer an einem Binnenschiff regeln sich nach den allgemeinen Vorschriften, insbesondere finden auf das Rechtsverhältnis der Miteigentümer die §§ 1008—1011, 705ff. BGB Anwendung; die Anteile der Miteigentümer werden Schiffsparten genannt. Die Miteigentumsgemeinschaft wird durch Vereinbarung oder nach § 753 BGB, §§ 180—184 ZVG durch Zwangsversteigerung zum Zwecke der Auseinandersetzung aufgehoben; die Zwangsvollstreckung in eine Schiffspart regelt der § 858 ZPO.

2. Schiff als Schiffsgefäß

a) Es muß sich um ein Schiff handeln, wenn der Verwender Schiffseigner sein soll, denn das Binnenschiffahrtsgesetz regelt die Binnenschiffahrt mit Schiffen. Im Gesetz ist eine besondere Erläuterung dieses Begriffes nicht enthalten. Nach Sprachgebrauch versteht man hierunter ein schwimmfähiges, mit einem Hohlraum ausgestattetes Fahrzeug (RGZ 51, 330, 334), das über eine Bewegungsmöglichkeit verfügt und zur Schiffahrt bestimmt ist. Demnach ist ein Floß kein Schiff, desgleichen nicht eine Badeanstalt, eine schwimmende Schiffsbrücke (vgl. RG in R 1908 Nr. 650; RG in HansGZ Hauptbl. 1915 Nr. 132). Nach der Binnenschiffsuntersuchungsordnung vom 15. 7. 1956 (BGBl. II, 769) gelten als „Fahrzeuge" die Binnenschiffe, Fähren und schwimmenden Boote, jedoch nicht Flöße.

b) Es braucht weder ein Steven noch ein Steuer vorhanden zu sein (KG in RJA 10, 139); Schwimmkräne (BGH in NJW 1952, 1135; BGH vom 14. 12. 1951 — I ZR 84/51 — in VRS 1953, 520), schwimmende Getreideheber, Schuten, Prähme, Bagger sind also Schiffe. Man wird auch die Unterseebote hiernach als Schiffe (Seeschiffe) anzusehen haben, obwohl sie nicht nur auf, sondern auch unter

Wasser fahren, nicht aber Wasserflugzeuge, da sie zwar ebenfalls mit einem Hohlraum ausgestattet und schwimmfähig sind, aber begrifflich nicht zur Schiffahrt, sondern zur Luftfahrt bestimmt sind. Es ist eben nicht jedes schwimmfähige Fahrzeug ein Schiff, selbst dann nicht, wenn es seiner Zweckbestimmung nach auch auf dem Wasser untergebracht wird, wie beispielsweise ein Fischkasten, ein Wohnschiff, ein als schwimmender Laden dienendes Schiff, ein Startschiff; vielmehr muß das Schiffsgefäß auch zur Schiffahrt auf Binnengewässern bestimmt sein, deshalb sind die Unterseeboote keine Binnenschiffe, sondern Seeschiffe, selbst wenn sie auf den Mündungen der großen Ströme häufig fahren. Auch Schwimmrammen und Werkstattschiffe sind Schiffe (BFH vom 21. 9. 1955 — V 106/55 U — BStBl. 1955 III S. 358). Auch ein Proviantboot, das zur Versorgung der auf den Wasserstraßen verkehrenden Schiffe dient, ist ein Schiff (BGH vom 14. 1. 1960 — II ZR 93/58 — in Vers. R 1960 305, 307; vom 9. 1. 1958 — II ZR 275/56 — in NJW 1958 S 457).

c) Es gehört nicht zum Begriff des Schiffes, daß es eigene Mittel zur Fortbewegung durch das Wasser hat, also über eigene Triebkraft (Segel, Maschine, Motor) verfügt (RG in JW 1896, 705 Nr. 47; KG in RJA 10, 139; OLG Hamburg in OLG 13, 39). Demnach sind auch Schiffe die Frachtkähne, Leichter, Schuten, Bagger, Prähme (RGZ 51, 334), Schwimmbagger (RVBNachr. 1/1941 S. 3; 18/1942 S. 181); ebenso die Fischheger, die nicht nur zur Aufbewahrung, sondern auch zur Beförderung der Fische bestimmt sind, desgleichen die Lagerfahrzeuge (KG in RJA 10, 138), die Schwimmkräne, die fahrbaren Dampfwinden, die schwimmenden Kohlen- und Getreideheber (OLG Hamburg, Hauptbl. 1914 Nr. 132; OLG Braunschweig in OLG 35, 296), die Bagger (RGZ 51, 335; OLG Hamburg in HansGZ Hauptbl. 1893 Nr. 105). Dagegen sind schwimmende Badeanstalten, Schiffsbrücken, Schiffmühlen und Schwimmdocks keine Schiffe, da sie ihrer Bestimmung nach nicht zur Schiffahrt verwendet werden (RG in Recht 1908 Nr. 650; OLG Hamburg in HansGZ Hauptbl. 1914 Nr. 132; RG in HansGZ 1915 Nr. 132, Nr. 105). Unter Umständen können aber auch Schwimmdocks, wenn ihnen besondere Bewegungsmöglichkeiten verliehen sind und hiervon bestimmungsgemäß Gebrauch gemacht wird, als Schiffe angesehen werden (RG in Recht 1928 Nr. 673); ebenso schwimmende Schifferkirchen, wenn diese die Wasserstraßen befahren sollen, um an verschiedenen Orten Gottesdienst abzuhalten. Solche Einrichtungen gelten jedoch nicht als Schiffe, wenn sie im Wasser an einer bestimmten Stelle fest und ständig verankert liegen (OLG Hamburg vom 15. 5. 1939 — 1 U 31/39 — in DJ 1939, 1701).

d) Nach § 131 Abs. 3 finden die §§ 1—130 keine Anwendung auf Schiffahrtsbetriebe, die im Anschluß an den Eisenbahnverkehr geführt werden und der staalichen Eisenbahnaufsichtsbehörde unterstellt sind. Deshalb sind die deutschen Bodenseedampfer und die Trajektschiffe keine Schiffe im Sinne des Binnenschiffahrtsgesetzes, wenn diese besonderen Voraussetzungen des § 131 Abs. 3 gegeben sind, während sie es sonst aber sind. Nach § 131 Abs. 4 gilt das gleiche für die Betriebe von Fähranstalten, soweit nicht der Betrieb mittels frei schwimmender Schiffe stattfindet (vgl. Begründung S. 140). Hieraus folgt, daß frei schwimmende Fähren als Schiffe angesehen werden müssen (RG in LZ 1908, 64 Nr. 29 und 65 Nr. 37).

e) Nach der Begründung zum Binnenschiffahrtsgesetz (S. 36) sollen nach Sprachgebrauch gewöhnliche Boote, Nachen, Gondeln und ähnliche kleine

Fahrzeuge nicht als Schiffe in Betracht kommen. Diese Ausnahme, die das Reichsgericht in RGZ 51, 330 hat dahingestellt sein lassen, entspricht den Übungen, dem Sprachgebrauch und der herrschenden Ansicht, da mit solchen kleinen Fahrzeugen, die keine Besatzung haben, keine Schiffahrt betrieben wird (RG in JW 1903, 444 Nr. 31; RG bei Bolze 23 Nr. 272; JW 1896, 705 Nr. 47). Auch die kleineren Sportboote (Ruder- und Paddelboote) sind grundsätzlich keine Schiffe in diesem Sinne, dagegen ist dies für die Segelboote und Kraftboote der Sporttreibenden zu bejahen, da mit ihnen Schiffahrt betrieben wird und sie auch Besatzung haben (a. A. LG Berlin in JW 1932, 68 Nr. 1; BGH vom 4. 5. 1961 — II ZR 173/59 — in ZfB 1961, 359 — VRS 1961, 192 hat dies dahingestellt sein lassen).

f) Im übrigen ist aber die Größe und die Bauart des Schiffes für die Begriffsbestimmung als Schiff nicht von Bedeutung. Erforderlich ist jedoch, daß der Schiffskörper, das Schiffsgefäß vorhanden ist, da nur dann eine Verwendung zur Schiffahrt möglich ist. Ein vom Stapel gelassener, schwimmender Schiffskörper ist als ein Schiff anzusehen. Es muß sich demnach um ein bereits fertig gebautes, wenn auch noch nicht ausgerüstetes Schiff handeln; sonst liegt ein Schiffsbauwerk vor, das hinsichtlich der Eintragung von Schiffshypotheken (Verpfändung) und der Eigentumsübertragung besonderen Vorschriften unterliegt. Nach § 76 Abs. 1 des Gesetzes über Rechte an Schiffen und Schiffsbauwerken kann auch an einem auf einer Schiffswerft im Bau befindlichen Schiff (Schiffsbauwerk) eine Schiffshypothek bestellt werden, und zwar nach § 77 dieses Gesetzes durch Eintragung in das Register für Schiffsbauwerke. Von diesem Zeitpunkt an gelten dann nach § 78 des Gesetzes für den Eigentumserwerb an dem registrierten Schiffsbauwerk die gleichen Vorschriften wie bei den registrierten Binnenschiffen (vgl. Anm. 1b). Die endgültige Herausnahme eines Binnenschiffes aus dem Schiffahrtsbetrieb, beispielsweise die Verwendung als schwimmende Anlegestelle oder als Wohnschiff, beseitigt die Eigenschaft als Schiff (RGZ 51, 334).

g) Grundsätzlich ist auch die Beschaffenheit des Schiffes ohne Bedeutung, so daß die Entfernung des Zubehörs, der Maschine, des Motors, die Eigenschaft als Schiff nicht beseitigt (RG in JW 1896, 705 Nr. 42; RG bei Bolze 23 Nr. 272); in gleicher Weise muß entschieden werden, wenn das Schiff infolge einer Havarie beschädigt und fahruntüchtig oder reparaturunwürdig wird. Eine Ausnahme hiervon wird man aber dann machen müssen, wenn nur ein Wrack als nicht wiederherstellbarer Teil des Schiffes übriggeblieben oder eine Hebung des gesunkenen Fahrzeuges nicht möglich ist, da dann eine Verwendung zur Schiffahrt ausgeschlossen ist. Durch den Untergang geht die Eigenschaft als Schiff grundsätzlich nicht verloren, insbesondere wenn es wieder gehoben wird. Jedoch ist ein ausbesserungsunfähiges Schiff, ein Wrack, nicht mehr als Schiff anzusehen (OLG Hamburg vom 18. 5. 1949 — 4 U. 76/49; Mittelstein Handb. S. 14; RGZ 95, 228; OLG Hamburg in HansGZ 1919, 95).

3. Schiff als Rechtsbegriff

a) Nach § 3 Abs. 1 des Gesetzes über Rechte an eingetragenen Schiffen und Schiffsbauwerken wird das Eigentum an einem, im Binnenschiffsregister eingetragenen, sog. „registrierten" Schiff durch Einigung mit anschließender Eintragung des Eigentumsüberganges in das Binnenschiffsregister erworben (vgl. Anm. 1 b). Es bedarf keiner „Auflassung" des registrierten Schiffes, wie sie im § 925 BGB für Grundstücke vorgeschrieben ist. Die Einigung über die Übertragung des Eigentums ist nicht formbedürftig und nicht frist- oder bedingungsfeindlich. Jedoch muß die Einigung dem Schiffsregister nachgewiesen werden und aus diesem Grunde nach den §§ 30, 37 SchiRegO durch öffentliche oder öffentlich beglaubigte Urkunden (gerichtliche oder notarielle Beurkundung) nachgewiesen werden.

b) Dagegen werden die „nicht registrierten" Schiffe, die in einem Binnenschiffsregister nicht eingetragen sind, ohne Rücksicht auf ihre Größe und Bauart als „bewegliche Sachen" nach den §§ 929ff. 985ff. BGB behandelt. Das Eigentum an diesen Schiffen wird nach den §§ 929ff. BGB durch formlose Einigung und Übergabe erworben. Dies gilt auch für den Ersterwerb eines noch nicht registrierten Schiffes oder Schiffsbauwerkes.

c) Hinsichtlich der *Zwangsvollstreckung* werden die registrierten Schiffe nach den §§ 162—171 ZVG wie unbewegliche Sachen (Grundstücke) behandelt. Auch die Verpfändung durch Belastung mit einer Schiffshypothek findet nach § 8 Abs. 1 des Gesetzes über Rechte an eingetragenen Schiffen und Schiffsbauwerken an den registrierten Schiffen nach den gleichen Grundsätzen wie bei Grundstücken durch Eintragung einer Schiffshypothek statt, die nach § 8 d des erwähnten Gesetzes eine Sicherungshypothek ist.

Dagegen ist die Verpfändung eines nicht registrierten Schiffes nach den allgemeinen Vorschriften der §§ 1204—1257 BGB durch Einigung und Übergabe (Faustpfand) möglich. Als Ersatz hierfür wird nicht selten die Sicherungsübereignung gewählt. Eine Besonderheit besteht hinsichtlich der Schiffsgläubigerforderungen der §§ 102ff., die für gewisse Forderungen ein Schiffsgläubigerrecht, ausgestattet mit einem Pfandrecht an dem Schiff nebst Zubehör ohne besondere Bestellung und ohne Rücksicht auf die Eintragung des Schiffes im Schiffsregister gewähren.

Hiernach ist die Zwangsvollstreckung in ein Schiff verschieden, je nachdem, ob es sich um ein im Schiffsregister eingetragenes oder ein nicht eingetragenes Fahrzeug handelt. Nach § 864 ZPO, §§ 162ff. ZVG erfolgt die Zwangsvollstreckung in ein eingetragenes Schiff wie bei einem Grundstück durch gerichtliche Zwangsversteigerung oder nach § 870 a ZPO durch Eintragung einer Schiffshypothek, bei den anderen Schiffen nach §§ 803ff. ZPO durch Pfändung wie bei sonstigen beweglichen Sachen. Eine Zwangsverwaltung von Schiffen (§ 866 Abs. 1 ZPO) ist nicht vorgesehen.

Weitere Besonderheiten gelten für die Zwangsvollstreckung in den Anteil an einem im Schiffsregister eingetragenen Schiff (einer Schiffspart) nach den §§ 858, 857 ZPO, die durch Pfändungsbeschluß beim Amtsgericht des Heimatortes des Schiffes zu bewirken ist, und für die Zwangsvollstreckung aus einem Arrest, die auch in ein im Schiffsregister eingetragenes Schiff durch Pfändung nach den §§ 931, 930 ZPO vorzunehmen ist. Im übrigen finden die allgemeinen gesetzlichen Bestimmungen der beweglichen Sachen Anwendung.

d) Hinsichtlich seiner Bestandteile ist bei einem Schiff zwischen den wesentlichen Teilen und dem Zubehör zu unterscheiden. Die zur Herstellung des Schiffes eingefügten Sachen, wie Planken, Platten, Spanten, Winkel, Schrauben, Nieten, Steuerruder, Maschinen, sind wesentliche Bestandteile, auch wenn sie nur angeschraubt oder angenietet, also nicht untrennbar fest mit dem Schiffsgefäß verbunden sind. Deshalb werden nach der einheitlichen Rechtsprechung die Dampfmaschine, der Kessel bei einem Dampfschiff (Schleppdampfer, Fahrgastschiff oder Güterdampfer), die Segel nebst Segelwerk bei dem Segelschiff als wesentlicher Bestandteil angesehen (so AG Hamburg vom 21. 12. 1938 — 17 C 1292/38). Solche wesentlichen Bestandteile können nach § 93 BGB nicht Gegenstand besonderer Rechte sein, insbesondere kann daran kein Eigentumsrecht vorbehalten werden. Dagegen soll es bei dem Motor eines Motorschiffes nach der Rechtsprechung auf die besonderen Umstände des Einzelfalls ankommen, ob es sich um einen wesentlichen Bestandteil oder nur um Zubehör handelt. So hat das OLG Köln die Ansicht vertreten, daß ein „serienmäßig hergestellter und katalogmäßig verkaufter" Motor durch den Einbau in einen Schiffskörper regelmäßig nicht zum wesentlichen Bestandteil werde (OLG Köln in JW 1936, 466 Nr. 31). In anderen Entscheidungen wurde als ausschlaggebend erachtet, ob das Motorschiff von Anfang an bestand oder ob der Motor erst später durch Umbau oder Einbau eingefügt wurde (RGZ 62, 406; 152, 22 = JW 1936 S. 1123 Nr. 1). Das Reichsgericht hat in einer grundlegenden Entscheidung den Motor eines für die Seefahrt bestimmten Motorschiffes mit Hilfsbesegelung als wesentlichen Bestandteil angesehen, weil der „Antrieb des Schiffes, also beim Segelschiff die Bemastung mit dem Segelwerk, beim Dampfer die Dampfmaschine mit Rad oder Schraube, beim Motorschiff der Motor mit Schraube, das Wesen des Schiffes als Artbegriff bestimmen würde" (RGZ 152, 91, 98 = JW 1936, 3177 Nr. 2). Jedoch hat es das Reichsgericht dahingestellt sein lassen, ob diese für die Seeschiffe aufgestellten Grundsätze auch für Binnenschiffe zu gelten haben; nach dem Inhalt der Entscheidung scheint das Reichsgericht die Gleichbehandlung grundsätzlich zu verneinen. Mit Recht hat das Reichsgericht ausgeführt, daß „der Begriff der Wesensveränderung nicht rein stofflich aufzufassen sei, sondern die Berücksichtigung wirtschaftlicher Tatsachen und Begriffe gestatte" (RGZ 50, 241; 62, 406; 69, 150; 152, 251). Es sei auch „der Verkehrsauffassung entscheidende Bedeutung beizumessen". Unter Anwendung dieser grundsätzlichen Erwägungen muß auch der Motor eines Motorschiffes der Binnenschiffahrt als wesentlicher Bestandteil angesehen werden. Denn die Verkehrsauffassung betrachtet ein Motorschiff als einheitliche Sache und unterscheidet zwischen Schiffen mit und ohne eigene Triebkraft. Ein Motorschiff bleibt nach Entfernung des Motors ein Schiff; aber es ist dann kein Schiff mit eigener Triebkraft mehr. Es ist auch kein Grund ersichtlich, den Motor eines Motorschiffes anders zu behandeln als das Segel mit Segelwerk beim Segelschiff und die Maschine bei einem Dampfschiff. Nach der Verkehrsauffassung muß man auch den Motor eines Motorschiffes der Binnenschiffahrt, ohne Rücksicht auf den Zeitpunkt des Einbaues, als wesentlichen Bestandteil des Schiffes ansehen. In einem Urteil vom 8. 10. 1955 (BGHZ 18, 226) wurde die Auffassung vertreten, daß bei einem Schlepper und Kraftfahrzeug der serienmäßig hergestellte Motor, wenigstens solange das Kraftfahrzeug noch Eigentum des Herstellungsbetriebes ist, nicht wesentlicher Bestandteil des Fahrzeuges sei. In einer späteren Entscheidung hat der BGH die Ansicht bestätigt, daß auch der serienmäßig hergestellte Motor eines im Schiffsregister eingetragenen Motorschiffes als wesentlicher Bestandteil des Schiffes angesehen werden müßte (BGH vom 9. 1. 1958 — II ZR 275/56 — in ZfB 1958 Heft 2 S. 63). Eine nach den Vorstellungen der Parteien nicht erwartete, aber auch nicht ausgeschlossene Möglichkeit künftiger Trennung rechtfertigt es nicht, die Einführung zu einem vorübergehenden Zweck (§ 95 Abs. 2 BGB) anzunehmen (OGHZ 1, 168; BGHZ 10, 171, 176; BGH vom 14. 1. 1960 — II ZR 93/58 — VersR 60, 305, 307). Auch der serienmäßig hergestellte Motor eines im Schiffsregister eingetragenen Motorschiffes ist wesentlicher

Bestandteil des Schiffes (BGH vom 9. 1. 1958 — II ZR 275/56 — in NJW 1958, 457).

e) Alle übrigen, dem wirtschaftlichen Zweck des Schiffes dienenden beweglichen Sachen, wie Anker, Bundstaken, Trossen, Handkahn, sind Zubehör nach § 97 BGB. Die dem persönlichen Gebrauch dienenden Einrichtungsgegenstände der Kajüten sind nicht als Zubehör anzusehen; sie werden deshalb als Mobiliar bei der Verpfändung des Schiffes meist besonders aufgeführt. Das Eigentum an dem Zubehör und Mobiliar kann verschieden sein. Nach § 314 BGB erstreckt sich aber die Verpflichtung zur Veräußerung oder Belastung eines Schiffes im Zweifel auch auf das Zubehör. Das Schiffsgläubigerrecht aus den §§ 102, 103 Abs. 1 erstreckt sich auf das Zubehör mit, während die Verpfändung eines im Schiffsregister eingetragenen Schiffes nach § 31 Abs. 1 Ges. über Rechte an Schiffen nur das Zubehör ergreift, das in das Eigentum des Schiffseigentümers gelangt ist.

4. Das Binnenschiff

Es muß sich nach § 1 um ein zur Schiffahrt auf Flüssen oder sonstigen Binnengewässern bestimmtes Schiff, um ein Binnenschiff, handeln. Solche Schiffe müssen geeignet sein, auf Binnengewässern zu fahren. Es ist unerheblich, ob es sich um ein Schiff mit eigener Triebkraft oder um ein Fahrzeug ohne Triebkraft handelt; auch die Größe und Tragfähigkeit ist lediglich für die Frage der Eintragung in das Schiffsregister nach den §§ 3 Abs. 3, 10 Abs. 2, 12 SchiRegO von rechtlicher Bedeutung. In der Binnenschiffahrt hat es sich eingebürgert, die Binnenschiffe (offene und gedeckte Fahrzeuge) nach der Art der Fortbewegung zu unterscheiden in Dampfschiffe, Motorschiffe, Schleppkähne, sowie nach der Art der Aufgaben in Schlepper (§§ 1, 2 BSchUO, Schiffe mit eigener Triebkraft, die nach ihrer Bauart zum Schleppen anderer Fahrzeuge bestimmt sind), Fahrgastschiffe (Schiffe, die zur Beförderung von Personen bestimmt sind) und Frachtgüterschiffe (Fahrzeuge, die zur Beförderung von Frachtgut bestimmt sind). Hierbei wird unter Zugrundelegung der Tragfähigkeit dieser Frachtgüterschiffe nach Fahrzeugtypen unterschieden, wie beispielsweise Finowmaß mit etwa 200—240 t, Großfinowmaß mit etwa 250—280 t, Berliner Maß mit etwa 350 t, Saalemaß mit etwa 380—400 t, Niegripper Maß mit etwa 500 t, Breslauer Maß mit etwa 550—620 t, Plauer Maß etwa 650 t, Großplauer Maß mit etwa 745 t, Dortmund-Ems-Kanal-Kahn mit etwa 770 t, Rhein-Herne-Kanal-Kahn mit etwa 1350 t und die neuzeitlichen noch größeren Schiffe. Diese Tragfähigkeit, die auch für den Inhalt des Frachtvertrages und für die Höhe des Liegegeldes wichtig ist (§§ 8 Abs. 2, 32), ergibt sich aus dem Eichschein, d. h. aus dem über die amtliche Eichung ausgestellten behördlichen Zeugnis; ferner ist aus dem Eichschein festzustellen, wieviel Tonnen zu 1000 kg die Ladung bei der jeweiligen Tauchtiefe beträgt, die an den am Schiff angebrachten Pegelständen abgelesen werden kann (RG in JW 1936, 647). Die amtliche Eichung erfolgt nach der Eichordnung für Binnenschiffe auf deutschen Wasserstraßen vom 23. 3. 1928 (RMBl. S. 169); hierfür werden Gebühren erhoben, deren Höhe in einer VO „zur Änderung der Eichordnung für Binnenschiffe auf deutschen Wasserstraßen vom 19. 11. 1954 (BGBl. II S. 1048) aufgrund des Übereinkommens über die Eichung der Binnenschiffe vom 21. 5. 1927 (RGBl. II S. 355) in Verbindung mit § 129 Abs. 1 Satz 1 GG neufestgesetzt worden sind. Zur Erreichung einer größeren Leistungsfähigkeit und Förderung der durch die wirtschaftliche Entwicklung bedingten Motorisierung wurden auf Anregung des

Zentralvereins für deutsche Binnenschiffahrt Motorschiffstypen für den Frachtverkehr entwickelt ,die nach bewährten Förderern der Binnenschiffahrt benannt wurden und die folgende Ausmaße haben: Motorschiff „Gustav Koenigs", 67 m lang, 8,20 m breit; Motorschiff „Karl Vortisch", 57 m lang, 7,04 m breit; Motorschiff „Oskar Teubert", 53 m lang, 6,29 m breit; Motorschiff „Johann Welker", 80 m lang, 9,50 m breit.

5. Verwendung des Binnenschiffes

a) Das Schiff muß zur Schiffahrt verwendet werden, wenn der Eigentümer oder Ausrüster Schiffseigner sein soll. Hierunter versteht man die bestimmungsgemäße Verwendung eines Schiffes zur Fortbewegung auf dem Wasser. So ist ein von einer Werft erbautes, noch in deren Besitz befindliches Schiff bis zur Abnahme nicht zur Schiffahrt auf einem Binnengewässer bestimmt (§ 1), wenn es ein Seeschiff war und auch von der Werft als solches bis zu der auf See erfolgten Abnahme verwendet wurde. Daher ist es ohne Bedeutung, daß das Schiff zur Unfallzeit ein Binnengewässer befuhr (BGHZ 25, 244 = NJW 57, 117). Es ist gleichgültig, in welcher Weise diese Fortbewegung vor sich geht, sei es durch Dampf, Motor, Elektrizität, Segel, Treideln, Rudern, Ziehen, Staken, Schieben oder Treiben mit dem Strom. Es kommt auch nicht darauf an, ob sich die treibende Kraft an Bord des Schiffes oder an Land befindet. Eine Ausnahme besteht nur nach § 131 Abs. 3 und 4; danach ist die Eigenschaft eines Binnenschiffes nicht gegeben für die im Anschluß an den Eisenbahnverkehr unterhaltenen, der staatlichen Eisenbahnaufsichtsbehörde unterstellten Schiffahrtsbetriebe, z. B. die deutschen Bodenseedampfer, und auch nicht für die nicht frei schwimmenden Fähranstalten (vgl. Anm. 2d).

b) Es ist unerheblich, ob die Schiffahrt zu gewerblichen oder sonstigen Zwecken betrieben wird (RGZ 51, 334; BGH in NJW 52, 1135; BGHZ 3, 34, 43). Deshalb gehören auch die größeren, zu Sport- und Vergnügungszwecken benutzten Fahrzeuge zu den Binnenschiffen (BGHZ 3, 34, 43), auch ein Proviantboot (BGH vom 14. 1. 1960 — II ZR 93/58 — in ZfB 1960, 104).

c) Ferner fallen hierunter auch die die sonstigen Voraussetzungen erfüllenden Schiffe des öffentlichen Dienstes, auf die in der Begründung (S. 36) ausdrücklich Bezug genommen wird (RG vom 30. 5. 1936 — I 330/35 — in VerkehrsR 1936 Gruppe 3b S. 364, 366). Daraus folgt, daß die Haftung des Staates für solche Schiffe in gleicher Weise statthaben soll, wie sie sonst den Schiffseigner trifft (RGZ 151, 271 = JW 1936, 2702). Es besteht für diese dem öffentlichen Dienst gewidmeten Schiffe, beispielsweise für die Kriegsschiffe, insofern eine Besonderheit, als sie dem dinglichen Zugriff entzogen sind (RGZ 151, 277). Außerdem brauchen Schiffe im Eigentum und öffentlichen Dienst des Bundes, eines zum Bund gehörenden Landes oder einer öffentlich-rechtlichen Körperschaft oder Anstalt mit Sitz im Geltungsbereich des Grundgesetzes nach § 10 Abs. 3 der Schiffsregisterordnung nicht zur Eintragung in ein Schiffsregister angemeldet werden.

6. Binnengewässer

a) Die Schiffahrt, zu der das Schiff bestimmt und verwendet wird, muß auf Flüssen und sonstigen Binnengewässern stattfinden, wenn der Verwender Schiffseigner sein soll. Eine gleiche Ausdrucksweise wird auch im § 26 und im § 425 HGB gewählt; danach ist Frachtführer, wer es gewerbsmäßig übernimmt, die Beförderung von Gütern auf Flüssen und sonstigen Binnengewässern auszuführen. Die Binnengewässer umfassen die gesamten Binnenwasserstraßen, also sowohl die natürlichen Ströme, Flüsse, Wasserläufe, Seen, als auch die künstlichen Wasserwege, die Kanäle. Die Anführung der Flüsse ist nur beispielsweise erfolgt, wie sich aus dem Hinweis auf die sonstigen Binnengewässer ergibt. Eine Ausnahme stellt der § 131 Abs. 1 dar, wonach bei Schiffen, die nur zu Fahrten innerhalb desselben Ortes bestimmt sind, die Vorschriften der §§ 8 Abs. 4,15—19, 27—57, 72 Abs. 1 keine Anwendung finden. Es ist auch unerheblich, wer Eigentümer der Binnengewässer ist; demnach gelten die Vorschriften auch für die privaten Gewässer (RG in JW 1900, 351 Nr. 27).

b) Wegen der Abgrenzung zwischen Binnenschiffahrt und Seefahrt wird auf § 22 des Flaggenrechtsgesetzes vom 8. 2. 1951 (BGBl. I S. 79) und auf die hierzu erlassene Dritte Durchführungsverordnung (§ 1) vom 3. 8. 1951 (BGBl. II S. 115), im Lande Berlin anwendbar mit Wirkung vom 4. 6. 1953 (GVBl. S. 1228), Bezug genommen. Die Abgrenzung der Binnenwasserstraßen von den Seewasserstraßen ergibt sich aus der Polizeiverordnung zur Regelung des Verkehrs auf den deutschen Seewasserstraßen (Seewasserstraßenordnung) vom 31. 10. 1933 (RGBl. II S. 833, 888) in der Fassung vom 21. 3. 1938 (RGBl. II S. 109ff.), die gemäß der Seeschifffahrts-Ordnung vom 6. 9. 1952 mit deren Inkrafttreten, also mit dem 1. 10. 1952, außer Kraft gesetzt worden ist.

7. Binnenschiff und Seeschiff

a) Es muß sich nach § 1 um ein zur Schiffahrt auf Binnengewässern bestimmtes und hierzu verwendetes Schiff handeln. Zu den Binnengewässern gehört nicht die offene See. Eine Abgrenzung der Binnengewässer zur See enthält das Gesetz nicht; im § 101 werden die der See zunächst gelegenen Binnengewässer erwähnt. Es hat sich aber die Auffassung herausgebildet, daß die in Anm. 6b erwähnte Abgrenzung den seemännischen Anschauungen entspreche und daher auch für die Unterscheidung der Binnenschiffahrt von der Seefahrt zugrunde zu legen sei (RGZ 13, 68; 51, 335).

b) Damit ist aber keineswegs die Abgrenzung in der Anwendbarkeit des Binnenschiffahrtsgesetzes zu dem Handelsgesetzbuch gegeben. Es werden häufig die Binnengewässer von Seeschiffen und die See von Binnenschiffen befahren; auch kombinierte Reisen dieser Schiffe sind nicht selten, insbesondere im Küstenverkehr und bei den ins Seeschiffsregister eingetragenen Frachtmotorschiffen. Es wurde früher die Ansicht vertreten, daß stets und allein die Eintragung in das See- oder Binnenschiffsregister für die Anwendbarkeit der gesetzlichen Bestimmungen maßgebend sei (OLG Hamburg in HansGZ Hauptbl. 1903 Nr. 86, 200; LG Hamburg in HansGZ Hauptbl. 1903, 272); in anderen Entscheidungen wird ausschlaggebendes Gewicht auf die Bauart gelegt (RGZ 13, 70; OLG Hamburg in HansGZ Hauptbl. 1902 Nr. 48; 1901 Nr. 119). Diesen Entscheidungen kann nicht beigepflichtet werden, denn im § 1 wird die Anwendbarkeit des Binnenschiffahrtsgesetzes auf die Zweckbestimmung und die Verwendung des Schiffes zur Schiffahrt auf Binnengewässern abgestellt. Nach herrschender Ansicht muß daher entscheidend sein, in welcher Weise das Schiff regelmäßig verwendet wird, ohne Rücksicht darauf, ob es sich im Einzelfall um eine Seefahrt oder eine Binnenfahrt handelt (RG in SeuffA 38, 82; RG bei Bolze 13 Nr. 228; RGZ 13, 68; 102, 45; RG vom 2. 4. 1921 — I 328/20 — in Recht 1921 Nr. 1992; RG in

Gruchots Beitr. 38, 1142; RGZ 102, 45; OLG Hamburg in OLG 12, 217; OLG Hamburg in HansGZ Hauptbl. 1894, 123, 214; 1902, 116 Nr. 48, 1903 Nr. 86, 199; 1907, 8, 209). Der Bundesgerichtshof führt dazu aus: „Das Schiff war auch in der Hand der Werft nicht zur Schiffahrt auf einem Binnengewässer bestimmt (§ 1 BSchG); da es ein Seeschiff war und auch von der Werft als solches bis zu der auf See erfolgten Abnahme verwendet wurde, ist es ohne Bedeutung, daß das Schiff zur Unfallzeit ein Binnengewässer befuhr. Es finden damit die Vorschriften des HGB und damit der Art. 7 EGHGB und nicht des Binnenschiffahrtsgesetzes Anwendung.“ (BGHZ 25, 244, 246).

Dagegen ist nicht Binnenschiffahrtsrecht, sondern Seerecht anzuwenden, wenn ein auf einer Seefahrt befindliches Schiff im Laufe seiner Reise auch ein Binnengewässer befährt (RGZ 44, 140; BGH vom 26. 9. 1957 — II ZR 274/56 — in VRS 1957, 439 Nr. 177). Auf die Reise Berlin—Königsberg eines regelmäßig zu solchen Reisen verwendeten Motorschiffs ist Seerecht anzuwenden (RG vom 23. 9. 1936 — II 319/36 — in JW 1937, 29). In gleicher Weise wurde für die Anwendung der seerechtlichen Vorschriften verwertet, daß der streitige Havereifall ein Seeschiff betraf, das sich auf einer Seefahrt in dem zwei Meere verbindenden, als Seeschiffahrtsweg dienenden Kaiser-Wilhelm-Kanal ereignete (RGZ 165, 166, 168). Es finden daher auf die Binnenreise eines im Seeschiffsregister eingetragenen Schiffes auch die Grundsätze des Seerechts über Frachtvertrag und Konossement Anwendung (OLG Hamburg vom 4. 8. 1949 — 3 U 68/49 — in VerkehrsR 1949, 237). Nach § 5 SchiRegO ist eine Eintragung in das See- oder Binnenschiffsregister nicht schon deshalb unwirksam, wenn ein Seeschiff als Binnenschiff oder umgekehrt eingetragen ist. Nach § 6 SchiRegO kann sich der Eigentümer eines Schiffes, das im Seeschiffsregister eingetragen ist, nicht darauf berufen, daß es ein Binnenschiff ist.

c) Eine besondere Regelung enthält der auf Grund des Internationalen Übereinkommens über den Zusammenstoß von Schiffen vom 23. 9. 1910 (RGBl. 1913 S. 49) geänderte § 739 Abs. 2 HGB (vgl. § 92 Anm. 1 c), wonach nicht § 92 BSchG, sondern die §§ 734ff. HGB bei einem Schiffszusammenstoß unmittelbar anzuwenden sind, wenn bei einem Zusammenstoß außer Seeschiffen auch der Binnenschiffahrt dienende Schiffe beteiligt sind. Ferner findet nach § 740 Satz 2 HGB das Seerecht hinsichtlich des Berge- und Hilfslohnes Anwendung, wenn von einem den Vorschriften des Handelsgesetzbuches unterliegenden Schiff einem der Binnenschiffahrt dienenden Schiff Hilfe geleistet oder dies geborgen wird.

8. Persönlichkeit des Schiffseigners

a) Besondere Erfordernisse hinsichtlich der Geeignetheit oder der Persönlichkeit werden im Gesetz für den Schiffseigner nicht aufgestellt, so daß nicht nur physische Personen, Ehefrauen, Minderjährige, sondern auch juristische Personen, einschließlich des Staates, der Gemeinden, der öffentlichen Körperschaften und der Gesellschaften, Schiffseigner sein können. Dies ergibt sich auch aus §§ 10, 18 SchiRegO. Mehrere Miteigentümer eines Schiffes sind sämtlich Schiffseigner. Eine Reederei kennt das Binnenschiffahrtsgesetz im Gegensatz zu den §§ 489ff. HGB nicht, jedoch führen häufig größere Binnenschiffahrtsbetriebe eine solche Firmenbezeichnung.

b) Nach § 1 Ziff. 5 HGB ist der Schiffseigner nicht schon in dieser Eigenschaft, sondern nur dann Kaufmann, wenn er die Geschäfte eines Frachtführers, eines

Schleppschiffahrtsunternehmers oder eine zur Beförderung von Personen auf Binnengewässern bestimmte Anstalt betreibt. Der Schiffseigner ist nach § 4 Abs. 1 HGB Minderkaufmann, soweit der Umfang seines Gewerbes über das Kleingewerbe nicht hinausgeht. Demnach werden die Privatschiffer (Partikulierschiffer, Kleinschiffer) in der Regel keine Vollkaufleute sein, während es die Unternehmer der Großschiffahrt, die meist die Firmenbezeichnung „Reedereien" führen, zu sein pflegen. Die Bezeichnung als Reederei darf nach Gewohnheitsrecht auch von solchen Unternehmen der Binnenschiffahrt geführt werden (ZfB 1958, 374).

c) Für eine Klage ist grundsätzlich der Schiffseigner passiv legitimiert, der im Zeitpunkt der Klageerhebung Schiffseigner oder Ausrüster ist; eine im Laufe des Prozesses erfolgte Veräußerung hat keinen Einfluß (RG vom 8. 10. 1927 — I 57/27 — in Recht 1928 Nr. 132).

9. Binnenschiffahrtsgesetz und Internationales Privatrecht

Nach anerkannter Rechtsauffassung ist für die Bestimmung des Schuldstatuts im Sinne des Internationalen Privatrechts in erster Linie der ausdrückliche oder stillschweigende Parteiwille, gegebenenfalls der mutmaßliche (hypothetische) Parteiwille und notfalls der Erfüllungsort maßgebend (BGH vom 1. 2. 1952 — I ZR 123/50 — in NJW 1952, 540). Der Löschungsvorgang ist nach den Gesetzen und Gebräuchen des Entlöschungshafens zu beurteilen, soweit nicht der Frachtvertrag entgegenstehende Bestimmungen enthält, und zwar ohne Rücksicht darauf, welches Recht sonst den Frachtvertrag beherrscht (RGZ 122, 316; BGHZ 6, 127, 134; BGH vom 14. 4. 1953 — I ZR 152/52 — in VRS 1953, 437).

Ausrüster

§ 2

Wer ein ihm nicht gehöriges Schiff zur Binnenschiffahrt verwendet und es entweder selbst führt oder die Führung einem Schiffer anvertraut, wird Dritten gegenüber als Schiffseigner im Sinne dieses Gesetzes angesehen.

Der Eigentümer kann denjenigen, welcher aus der Verwendung des Schiffes einen Anspruch als Schiffsgläubiger (§§ 102 bis 115) herleitet, an der Durchführung des Anspruchs nicht hindern, sofern er nicht beweist, daß die Verwendung ihm gegenüber eine widerrechtliche und der Gläubiger nicht in gutem Glauben war.

1. Begründung des Ausrüsterverhältnisses

a) Durch diese Vorschrift wird im Interesse einer geordneten Abwicklung des Verkehrs und der Rücksichtnahme auf dritte Personen der im § 1 bestimmte Begriff des Schiffseigners erweitert. Nach § 2 Abs. 1 wird unter gewissen Voraussetzungen derjenige als Schiffseigner angesehen, der ein ihm nicht gehöriges Schiff zur Binnenschiffahrt verwendet. Es verleiht hiernach keineswegs jede Verwendung eines fremden Schiffes die Stellung als Schiffseigner; vielmehr muß als weiteres Erfordernis hinzukommen, daß der Verwender das Schiff entweder selbst führt oder die Führung einem Schiffer (Schiffsführer nach § 7) anvertraut. Das Ausrüsterverhältnis ist demnach ein auf tatsächlichen Umständen beruhendes Verhältnis, dessen Entstehung nicht bestimmte mit dem Eigentümer getroffene Abmachungen voraussetzt. Vielmehr ist der Rechtsgrund, der der Verwendung des Schiffes zugrunde liegt, unerheblich. Die Verwendung kann auf Grund eines dinglichen oder obligatorischen Rechts, wie Nießbrauch, Miete, Leihe,

Treuhandverhältnis (OLG Schwerin vom 29. 10. 1951 — U 63/50 — in VRS 1953, 111), oder auf Grund bloßen Besitzes, sei es, daß dieser gut- oder bösgläubig erworben ist, erfolgen; selbst der durch Diebstahl oder Unterschlagung erlangte tatsächliche Besitz begründet unter Umständen ein Ausrüsterverhältnis im Sinne des § 2. Erforderlich ist eben nur die im § 2 Abs. 1 dargelegte räumliche und tatsächliche Beziehung zu dem Schiff, wie sie im § 510 HGB in gleicher Weise für den Ausrüster des Seerechts geregelt ist. Notwendig ist aber immer, daß der Verwender das Schiff selbst führt oder führen läßt, also als selbständiger Unternehmer benutzt. Der Schiffsverwender wird nur dann zum Ausrüster, wenn er, sofern er das Schiff nicht selbst führt, die Führung des Schiffes einem Schiffer (Schiffsführer, Kapitän) anvertraut, der im Dienste des Schiffsverwenders steht, von diesem allein abhängig, also seiner alleinigen Befehlsgewalt unterstellt ist (RGZ 48, 89, 91; 56, 360, 361; 78, 307, 309; 98, 186, 187; 103,280,283; BGH vom 26. 11. 1956 — II ZR 323/55 — in NJW 57, 829).

b) Es ist nicht erforderlich, daß er mit dem Schiff einen Gewerbebetrieb ausübt, denn auch die Verwendung eines Schiffes zu anderen Zwecken fällt unter die §§ 1, 2. (BGHZ 25, 244, 249). Jedoch muß der Verwender ,wenn er als Ausrüster gelten soll, wie ein selbständiger Unternehmer das Schiff benutzen. Deshalb ist derjenige, der auf Grund eines Frachtvertrages einen Anspruch auf Ausführung einer Beförderung mit dem Schiff gegen den Eigentümer hat, nicht Ausrüster (HansGZ Hauptbl. 1896 Nr. 37; ebenda 1899 Nr. 74). In gleicher Weise liegt ein Ausrüsterverhältnis nicht vor, wenn ein Schleppdampfer mit der Schiffsmannschaft gegen ein tägliches Entgelt zur Benutzung überlassen wird; vielmehr handelt es sich dann um eine Sachmiete in Verbindung mit einem Dienstverschaffungsvertrag, so daß der Mieter des Dampfers nicht als Ausrüster anzusehen ist (RGZ 56, 360, 361). Werden dem Mieter des Schiffes zugleich mit dem Fahrzeug die Dienste der Besatzung überlassen, so ist Dienstberechtigter allein der Eigentümer, der die Schiffsmannschaft eingestellt hat; dem Führer des Schiffes wurde dann die Schiffsführung nicht von dem Mieter anvertraut und der Mieter erlangt dann auch nicht die rechtliche Stellung als Ausrüster (RGZ 98, 327; OLG Köln vom 3. 4. 1952 — III U 65/51 — in ZfB 1952, 304). Eine Überlassung eines Schiffes, sei es auf Grund eines Mietvertrages oder aus einem anderen Rechtsgrund, unter gleichzeitiger Überlassung der Schiffsbesatzung, ohne daß diese aus den Diensten des bisherigen Dienstberechtigten ausscheidet, kann ein Ausrüsterverhältnis nicht begründen. (a.A. Wüstendörffer, Neues Seehandelsrecht, 2. Aufl. 1949 S. 117, 119, 120, der meint, es könne ein Ausrüsterverhältnis des Mieters bei Schiffsvermietungen in Verbindung mit Dienstverschaffungsverträgen (sog. Mietcharter) auch dann angenommen werden, wenn der Schiffer vom Vermieter angestellt ist, sofern der Mieter nur kraft des Umfangs seiner Dispositionsbefugnis wie ein Schiffseigner im Verkehr in Erscheinung trete). Es müssen aber äußere Anzeichen im Verkehr einen solchen Eindruck rechtfertigen, wie Kennzeichnung des Schiffes als zur Flotte des Mieters gehörig. Der Schiffsverwender hat nur dann die Eigenschaft des Ausrüsters, wenn ihm das Recht zur Führung des Schiffes, sei es in eigener Person oder durch einen von ihm beauftragten Schiffer, übertragen ist und er von diesem Recht Gebrauch macht, also an die Stelle des Schiffseigners tritt, dessen Schiffsführungsbefugnis also ausschließt (BGH 22, 197, 201). In der Binnenschiffahrt wird in der Regel die Vermietung eines Schiffes in der Weise vorgenommen, daß das Fahrzeug unter gleichzeitiger Stellung der Schiffsmannschaft überlassen wird und daß der Mieter ein festes Mietentgelt oder einen täglichen Mietsatz zahlt, ohne daß also ein Ausrüsterverhältnis im Sinne des § 2 begründet wird (RGZ 56, 361; OLG Hamburg in HansGZ 1908 Hauptbl. Nr. 84; 1912 Nr. 27; 1914 Nr. 129). Insbesondere erlangt der Mieter nicht die rechtliche Stellung eines Ausrüsters, wenn die Besatzung von dem Schiffseigner gestellt und ihm unterstellt bleibt (KG vom 9. 7. 1943 — 2 U 2829/42 — in Zeitschrift für Binnenschiffahrt 1943, 127; RGZ 98, 327). Wenn der Verwender aber selbst den Schiffer, auch den bisherigen Schiffsführer oder den sein Schiff selbst führenden Eigentümer, bestellt, also mit ihm einen Dienstvertrag abschließt, so ist ein Ausrüsterverhältnis nach § 2 gegeben (RGZ 25, 113; OLG Hamburg in HansGZ Hauptbl. 1899 Nr. 79). Auch ohne solche Begründung eines Dienstverhältnisses zwischen dem Verwender und dem Schiffsführer kann unter Umständen ein Ausrüsterverhältnis entstehen, wenn der Schiffsführer in einem Abhängigkeitsverhältnis zu dem Verwender steht, insbesondere wenn der Verwender die Behandlung des Schiffes, die Entlassung des Schiffsführers bestimmt (OLG Hamburg in HansGZ Hauptbl. 1906 Nr. 105). In der Regel wird aber in solchen Fällen nur eine Vermietung (Charterung) des Schiffes angenommen werden müssen (OLG Hamburg Hauptbl. 1896 Nr. 37; 1899 Nr. 74). Ein Ausrüsterverhältnis liegt sicher nicht vor, wenn ein Frachtvertrag oder Unterfrachtvertrag abgeschlossen wird, auf Grund dessen sich jemand ein Schiff nebst Besatzung zur Ausführung der Beförderung der Frachtgüter annimmt. Denn dem Verwender des Schiffes wird dann das Schiff nicht zur selbständigen Ausnutzung und auch nicht ohne Schiffsführer anvertraut. Dagegen steht die Übernahme der sonstigen Schiffsbesatzung außer dem Schiffsführer ohne Begründung eines Dienstverhältnisses zu dem Verwender des Schiffes der Annahme eines Ausrüsterverhältnisses nicht entgegen, wenn dieser das Schiff zur Binnenschiffahrt verwendet und es entweder selbst führt oder die Führung einem Schiffer anvertraut.

2. Ausrüster und dritte Personen

a) Nach § 2 Abs. 1 wird der Ausrüster Dritten gegenüber als Schiffseigner angesehen. Der Ausrüster hat also die Rechte und Pflichten des Schiffseigners. Er allein ist dritten Personen gegenüber, jedoch nur für die Dauer des Ausrüsterverhältnisses, verantwortlich, haftet also nach den §§ 3—7, 15—20, 25, 77, 79, 92, 99, 103, 109, 112, 114, 115 und im Rahmen des § 904 Satz 2 BGB für Schäden aus Notstandsmaßnahmen (BGHZ 6, 102). Der Ausrüster haftet insbesondere nach §§ 3, 4 für die Schiffsbesatzung, aber mit den gleichen Beschränkungen wie der Schiffseigner, also nach § 4 mit Schiff und Fracht, mit dem fremden Schiff und der ihm zustehenden Fracht. Soweit eine persönliche Haftung des Schiffseigners in Betracht kommt, wie in den §§ 7 Abs. 3, 8 Abs. 4, 114, haftet der Ausrüster mit seinem Vermögen (BGH vom 13. 5. 1952 — I ZR 147/51 — in VRS 1953, 512). Der Ausrüster ist aber nicht Rechtsnachfolger des Schiffseigners, sondern er hat kraft gesetzlicher Bestimmung für die Dauer des Ausrüsterverhältnisses die Rechtsstellung als Schiffseigner.

b) Der Eigentümer des Schiffes ist für diese Zeit nicht Schiffseigner, da er sein Schiff zur Schiffahrt nicht verwendet; er wird es aber ohne besondere Rechtsübertragung wieder mit der Beendigung des Ausrüsterverhältnisses. Hieraus ergibt sich, daß der Ausrüster auch für die Zeit des Ausrüsterverhältnisses für alle gegen den Schiffseigner zu richtenden Klagen passiv legitimiert ist (RG in JW 1912, 544 Nr. 24). Für die Passivlegitimation ist jedoch auch hier erforderlich, daß das Ausrüsterverhältnis noch im Zeitpunkt der Erhebung der Klage besteht; eine im Laufe des Rechtsstreits erfolgende Veränderung ist aber ohne Einfluß (RGZ 78, 307; RG in Recht 1928 Nr. 132; OLG Hamburg in HansRGZ 1935, 425 Nr. 113).

c) Der Ausrüster ist auch den Schiffsgläubigern des § 102 gegenüber der allein Verpflichtete. Es entstehen aus der Verwendung des Schiffes während des Ausrüsterverhältnisses die Schiffsgläubigerforderungen in gleicher Weise wie bei der Verwendung durch den Eigentümer. Der Ausrüster haftet auch aus Notstandsmaßnahmen nach § 904 Satz 1 BGB (BGHZ 6, 102). Dies kann solche Schiffsgläubiger grundsätzlich nicht hindern, sich für ihre Forderungen aus dem Schiff zu befriedigen (vgl. § 2 Abs. 2). Diese Vorschrift besagt, daß dem Eigentümer insoweit ein Interventionsrecht nicht zusteht, als der Schiffsgläubiger gegen den Ausrüster die Befriedigung aus dem Schiff nachsucht (RG in JW 1912, 544 Nr. 24). Eine Ausnahme von diesem Grundsatz besteht nach § 2 Abs. 2, wenn der Eigentümer beweist, daß die Verwendung des Schiffes ihm gegenüber eine widerrechtliche und der Gläubiger nicht in gutem Glauben war (vgl. § 932 Abs. 2 BGB). Dies wäre beispielsweise dann der Fall, wenn das Schiff dem Eigentümer entwendet oder sonst unberechtigt vorenthalten war und der Schiffsgläubiger die widerrechtliche Verwendung kannte. Diese Einwendungen muß der Eigentümer im Wege der Widerspruchsklage nach § 771 ZPO geltend machen (RGZ 62, 375). Der Eigentümer ist für den Mangel des guten Glaubens auf seiten des Schiffsgläubigers beweispflichtig (LG Hamburg in HansRGZ 1934, 215 Nr. 68).

d) Der Ausrüster hat auch für die Dauer des Ausrüsterverhältnisses den Anteil am Berge- und Hilfslohn zu beanspruchen, der nach § 95 Abs. 3 dem Schiffseigner zusteht. Denn er ist eben für diese Zeit der alleinige Schiffseigner.

3. Ausrüster und Eigentümer

a) Nach § 2 Abs. 1 wird der Ausrüster als Schiffseigner nur „im Sinne dieses Gesetzes" angesehen. Er ist also nicht der Eigentümer des Schiffes; er wird auch in anderen Beziehungen nicht als Eigentümer behandelt, sondern nur im Sinne des Binnenschiffahrtsgesetzes. Auch hieraus ergibt sich, daß der Ausrüster nicht Rechtsnachfolger des Eigentümers ist. Er ist demnach nicht berechtigt, das Schiff zu veräußern, zu verpfänden oder sonst wie ein Eigentümer darüber zu verfügen. Diese Verfügungen des Ausrüsters haben die gleichen Wirkungen wie die eines sonstigen Nichtberechtigten (vgl. §§ 932, 933, 936, 1207, 1208, 1260, 1262 BGB). Im übrigen ist für das Rechtsverhältnis zwischen dem Ausrüster und dem Eigentümer in erster Linie der Inhalt der getroffenen Abmachungen maßgebend, in denen nicht selten dem Ausrüster eine weitergehende Befugnis eingeräumt wird. Soweit solche besonderen Abmachungen nicht vorliegen, sind für die Rechtsbeziehungen die Grundsätze der Miete unter entsprechender Anwendung der §§ 535ff. BGB anzuwenden. Das Rechtsverhältnis kann nach dem Inhalt der Abmachungen auch auf anderen rechtlichen Grundlagen beruhen, wie Leihe, Auftrag, Geschäftsführung ohne Auftrag.

b) Die Befugnisse des Ausrüsters erstrecken sich nicht auf das öffentliche Recht. Es wird nach der Begründung zum Binnenschiffahrtsgesetz (S. 37) auch die Frage nicht berührt, ob Anforderungen oder Auflagen der Strompolizeibehörden in Ansehung des Schiffes gegen den Eigentümer zu richten sind, ob die hierbei entstehenden Kosten von dem Ausrüster entrichtet werden müssen und ihm endgültig zur Last fallen. Vielmehr regelt sich diese Frage der endgültigen Tragung von Aufwendungen und Kosten allein nach dem Abkommen der Beteiligten im Einzelfall oder nach den allgemeinen gesetzlichen Bestimmungen. Nach den wasserpolizeilichen Vorschriften ist in der Regel anzunehmen, daß die darin für den Schiffseigner gemachten Auflagen auch für den Ausrüster gelten sollen, wie dies manchmal in den Verordnungen auch besonders hervorgehoben wird.

c) Soweit im Binnenschiffahrtsgesetz der Eigentümer des Schiffes und nicht der Schiffseigner erwähnt wird, ist der Ausrüster nicht gemeint. So ist der Ausrüster weder berechtigt noch verpflichtet, die in den §§ 3 Abs. 3, 10 Abs. 2, 12 SchiRegO vorgesehenen Anmeldungen zum Schiffsregister vorzunehmen.

Haftung des Schiffseigners für Dienstverschulden der Schiffsbesatzung

§ 3

Der Schiffseigner ist für den Schaden verantwortlich, welchen eine Person der Schiffsbesatzung einem Dritten durch ihr Verschulden in Ausführung ihrer Dienstverrichtungen zufügt.

Zur Schiffsbesatzung gehören der Schiffer, die Schiffsmannschaft (§ 21) und alle übrigen auf dem Schiffe angestellten Personen mit Ausnahme der Zwangslotsen.

1. Bedeutung der Haftung

a) Nach den allgemeinen Bestimmungen des bürgerlichen Rechts haftet der Schiffseigner für andere Personen aus vertraglichen Schuldverhältnissen, soweit er sich ihrer als Erfüllungsgehilfen bedient (§ 278 BGB). Im übrigen würde er für die von ihm in seinem Schiffahrtsbetrieb beschäftigten Personen nur nach § 831 BGB haften, könnte sich also damit entlasten, daß er bei der Auswahl und Beaufsichtigung dieser Verrichtungsgehilfen die erforderliche Sorgfalt angewendet habe. Diese Haftung ist im § 3, der mit der seerechtlichen Vorschrift des § 485 HGB wörtlich übereinstimmt, erheblich erweitert. Nach § 3 haftet der Schiffseigner — vertraglich und außervertraglich — trotz etwaiger eigener Schuldlosigkeit für den Schaden, den eine Person der Schiffsbesatzung in Ausführung ihrer Dienstverrichtungen durch ihr Verschulden einem Dritten zufügt. Die Haftung setzt nicht nur ein Verschulden, sondern auch einen Anspruch gegen das Besatzungsmitglied voraus (BGHZ 26, 152). Mit dieser Vorschrift wird keine selbständige Deliktsklage gegen den Schiffseigner geschaffen, die nur von dem Nachweis eines Dienstverschuldens der Schiffsbesatzung abhinge. Vielmehr ist der Gedanke des Gesetzes der, die Haftung des Schiffseigners zu begründen, wenn dem geschädigten Dritten auf Grund anderer gesetzlicher Bestimmungen ein Ersatzanspruch gegen die schuldige Person zusteht (BGHZ 26, 152, 157; BGH vom 29. 6. 1959 — II ZR 3/58 — in VersR 59, 608; RG in JW 1901, 619 Nr. 8; RGZ 9, 162; 63, 308, 310; BGHZ vom 15. 2. 1955 — I ZR 45/54 — in ORG 1955, 282). Die Haftung ist zusätzlicher Natur. Sie setzt einen Anspruch gegen das Besatzungsmitglied voraus und tritt zu dessen Haftung hinzu, sodaß beide als Gesamtschuldner haften, dem Schiffseigner auch der Rückgriff gegen das schuldige Besatzungsmitglied zusteht (RGZ 9, 158; 55, 316; 63, 308; BGHZ 6, 102; BGH vom 12. 12. 1957 — II ZR 88/57 — in VRS 1958, 174; BGHZ 26, 152, 157; BGH vom 29. 6. 1959 — II Z 83/58 — in ZfB 1959, 415).

b) Die Bedeutung dieser Vorschrift besteht in der Haftung für Schäden, die außerhalb des Kreises der Vertragsverbindlichkeiten des Schiffseigners liegen (so Begr. S. 39), denn bei Vorliegen eines Vertrages haftet der Schiffseigner bereits nach den §§ 276, 278 BGB für das Verschulden seiner Erfüllungsgehilfen. Zu diesen Erfüllungsgehilfen eines Vertrages sind die im § 3 aufgeführten Mitglieder der Schiffsbesatzung (Schiffer, Schiffsmannschaft und alle übrigen auf dem Schiff angestellten Personen), darüber hinaus aber auch die vom Schiffseigner am Land beschäftigten Leute, wie Büro- und Lagerpersonal, zu rechnen (OLG Hamburg in HansGZ Hauptbl. 1908 Nr. 53). Dagegen gehört grundsätzlich nicht zu den Erfüllungsgehilfen des Schiffseigners die Schiffsbesatzung des Schleppschiffes, das zur Beförderung eines nicht mit eigener Triebkraft fahrenden Schiffes benutzt wird; es ist vielmehr jeder Bestandteil eines von einem Schlepper geführten Schleppzuges in Ansehung der Verschuldensfrage gesondert zu betrachten und hat für sein eigenes Verschulden selbständig aufzukommen (RGZ 50, 33; 65, 382; RG in JurR 1932 Nr. 2288). In der Binnenschiffahrt hat im Gegensatz zur Seeschiffahrt der Schiffseigner des geschleppten Schiffes das Verschulden der Schlepperbesatzung nicht zu vertreten, selbst wenn die Handlungen des Schleppers dem geschleppten Schiffe dienten (KG vom 7. 1. 1935 — 19 U 3431/32 —; LG Neuruppin — 2. O 337/32 —). In älteren Entscheidungen hatte das Reichsgericht und ihm folgend die übrige Rechtsprechung die später aufgegebene Ansicht vertreten, daß die Besatzung des Schleppschiffes als zur Besatzung der geschleppten Schiffe gehörig zu betrachten sei und der Schleppzug als „nautische Einheit", d. h. als unteilbares Ganzes behandelt werden müsse (RGZ 13, 117; 20, 84; 46, 42; OLG Hamburg in HansGZ Hauptbl. 1900 Nr. 1). In gleicher Weise kann auch die Besatzung eines Seeschiffes, das in ein Binnenschiff Frachtgüter ladet oder von diesem übernimmt, nicht als Erfüllungsgehilfe des Schiffseigners des Binnenschiffes angesehen werden. Ebensowenig ist die Besatzung eines Schiffes, das an einen Dritten unter gleichzeitiger Überlassung der Besatzung vermietet wird, diesem Dritten gegenüber Erfüllungsgehilfe des Schiffseigners (RGZ 82, 427, 430; OLG Hamburg in HansGZ Hauptbl. 1914 Nr. 129; 1917 Nr. 138; OLG 36, 49; a. A. JW 1911, 142; LG Hamburg in HansGZ Hauptbl. 1912 Nr. 57).

c) Diese Haftung des Schiffseigners aus einem Vertrage für das Verschulden seiner Erfüllungsgehilfen bleibt auch neben der Haftung aus § 3 bestehen; die Vertragshaftung geht teilweise über die Inanspruchnahme aus § 3 hinaus, weil der Begriff der Erfüllungsgehilfen weitgehender ist als der der Schiffsbesatzung. Der „Schwerpunkt der Bestimmung des § 3 liegt eben in der Haftung für Schäden, die außerhalb des Kreises der Vertragsverbindlichkeiten des Schiffseigners liegen; die Vorschrift beschränkt sich aber nicht auf das Gebiet von unerlaubten Handlungen im engeren Sinne, wie Sachbeschädigungen oder Körperverletzungen, vielmehr kommt auch schuldhafte Verletzung von Dienstobliegenheiten des Schiffers in Betracht, die an sich nicht die Erfüllung von Vertragspflichten des Schiffseigners zum Gegenstand haben" (Begr. S. 39).

2. Verhältnis zu anderen Haftungsbestimmungen

a) Nach § 3 haftet der Schiffseigner für das Verschulden seiner Schiffsbesatzung in Ausführung ihrer Dienstverrichtungen. Es ist nicht bestimmt, daß diese Vorschrift die nach anderen gesetzlichen Bestimmungen eintretende Haftung ausschließen wollte. Vielmehr handelt es sich um eine besondere gesetzliche Verantwortlichkeit für fremdes Tun (vgl. Anm. 1 a).

Die Haftung des Schiffseigners tritt zu der des schuldigen Besatzungsmitgliedes hinzu, für dessen Verschulden der Schiffseigner eben mit haften soll (RG in JW 1901, 619 Nr. 8; RGZ 9, 162; 63, 310; RG in HansGZ Hauptbl. 1904, 16 Nr. 7; OLG Hamburg in HansGZ Hauptbl. 1888 Nr. 116; 1892 Nr. 65). Hieraus folgt weiter, daß auch die auf Vertrag gestützte, aus den §§ 276, 278 BGB hergeleitete Haftung neben der Verantwortlichkeit aus § 3 bestehen bleibt. Die Vertragshaftung ist nicht nur maßgebend für die Haftung des Schiffseigners wegen eigenen Verschuldens für Vorsatz und Fahrlässigkeit nach § 276 BGB, sondern vor allem hinsichtlich der Haftung für seine Erfüllungsgehilfen nach § 278 BGB, denn der Begriff der Erfüllungsgehilfen ist weitgehender als der der Schiffsbesatzung, da zu den Erfüllungsgehilfen auch die an Land beschäftigten Leute des Schiffseigners gehören (OLG Hamburg in HansGZ Hauptbl. 1908 Nr. 53). Auch die Haftung des Reiches nach § 839 BGB, Art. 34 GG für das Verschulden ihrer beamteten Besatzungen bleibt daneben bestehen. Jedoch ist die Haftung aus § 3 als Erlangung anderweiten Ersatzes im Sinne des § 839 Abs. 1 S. 2 BGB anzusehen (RG vom 14. 4. 1944 III 68/49 in DR 1944, 843).

b) Nach § 831 BGB würde der Schiffseigner für das Verschulden der von ihm zu einer Verrichtung bestellten Personen auf Ersatz des Schadens haften, den diese in Ausführung der Verrichtung einem Dritten widerrechtlich zufügen. Der im § 831 Abs. 1 Satz 2 BGB vorgesehene Entlastungsbeweis der gehörigen Auswahl und Beaufsichtigung des Verrichtungsgehilfen ist bei Geltendmachung des Anspruchs aus der besonderen Vorschrift des § 3 ausgeschlossen, denn der Schiffseigner haftet hiernach auch bei außervertraglichem Verschulden seiner Schiffsbesatzung kraft gesetzlicher Bestimmung ohne weiteres. Hieraus hat die Rechtsprechung früher gefolgert, daß die Sondervorschrift des § 3, ebenso wie die völlig gleichlautende seerechtliche Bestimmung des § 485 HGB, die Anwendung des § 831 BGB überhaupt ausschließe (so RGZ 116, 213, 214; OLG Hamburg in LZ 1916, 488). Mit Recht wurde schon in älteren oberstrichterlichen Entscheidungen darauf hingewiesen, daß die Haftung des Schiffseigners aus § 3 und § 831 BGB grundsätzlich verschieden sei, so daß die Haftung aus § 3 oder § 485 HGB die Verantwortlichkeit aus § 831 BGB keineswegs mit umfasse (OLG Hamburg vom 22. 1. 1915 — B f IV 570/1914 —; OLG Hamburg vom 19. 4. 1915 — B f 85/1914 —). Dieser Ansicht ist beizupflichten, denn aus den §§ 3, 4 kann nicht entnommen werden, daß die Verantwortlichkeit des Schiffseigners aus § 3 eine ausschließliche sein sollte. Außerdem ist der § 831 BGB erst nach dem Erlaß des Binnenschiffahrtsgesetzes und des Handelsgesetzbuches in Kraft getreten. Ferner ist auch die Haftung des Schiffseigners aus § 3 eine grundsätzlich andere als die aus § 831 BGB, denn der Geschäftsherr haftet aus § 831 BGB für vermutetes eigenes Verschulden (RGZ 78, 107), während der Schiffseigner aus § 3 für fremdes Verschulden mit haftet. In einer Entscheidung vom 6. 3. 1935 (I 82/1934 in JW 1935, 1843 = VerkehrsR 1936/361) hat sich das Reichsgericht ebenfalls dieser Auffassung angeschlossen und ausgeführt, der Geschädigte habe die Wahl, sich bei einer unerlaubten Handlung auf § 3 oder § 831 BGB zu berufen, soweit jeweils deren Voraussetzungen nachgewiesen werden können. In einer weiteren grundlegenden Entscheidung vom 28. 5. 1936 hat das Reichsgericht dann ausdrücklich die frühere Ansicht (RGZ 116, 213) aufgegeben und folgendes ausgeführt: „Es ist kein Grund ersichtlich, die in ihren Voraussetzungen grundsätzlich abweichende Haftung aus § 831 als durch die ältere des § 485 HGB ausgeschlossen zu betrachten; dem Geschädigten muß vielmehr freistehen, in geeigneten Fällen entweder die durch §§ 486, 754 HGB vermittelte bevorzugte dingliche Sicherung zu beanspruchen, dafür aber die Last des Nachweises eines Verschuldens des Besatzungsmitgliedes auf sich zu nehmen, oder aber die unbeschränkte persönliche Haftung aus § 831 BGB zu verfolgen, dafür aber sich dem dort gestatteten Entlastungsbeweis auszusetzen" (RGZ 149, 6; 151, 296 = JW 1936, 2871 Nr. 13). Nach alledem kann der Schiffseigner auch aus § 831 BGB für ein widerrechtliches Handeln seiner Schiffsbesatzung in Anspruch genommen werden. Der Geschädigte ist hierbei gegenüber der Geltendmachung des Anspruches aus § 3 insofern günstiger gestellt, als er nur ein widerrechtliches Handeln des Verrichtungsgehilfen, nicht auch ein Verschulden zu beweisen braucht und als ihm der Schiffseigner persönlich unbeschränkt und auch auf vollen Ersatz und Schmerzensgeld nach den §§ 844ff. BGB haftet (beispielsweise auch nach dem Untergang des Schiffes); die Rechtslage ist aber für den Geschädigten bei der Inanspruchnahme des Schiffseigners aus § 831 BGB insofern ungünstiger, als er mit dem Entlastungsbeweis aus § 831 Abs. 1 Satz 2 BGB rechnen muß. Es wird daher die Geltendmachung des Anspruches gegen einen Schiffseigner auf § 831 BGB dann vor allem gestützt werden, wenn aus einer Gesundheitsbeschädigung Forderungen nach den §§ 844ff. BGB erhoben werden sollen oder wenn die persönliche unbeschränkte Haftung des Schiffseigners aus besonderen Umständen, beispielsweise bei Untergang, Reparaturunfähigkeit oder großer Belastung des Schiffes mit Schiffsgläubigerforderungen oder Pfandrechten, von Bedeutung ist.

c) Nach § 4 Abs. 2 Satz 1 wird die persönliche Haftung des Schiffseigners im Falle eigenen Verschuldens nicht berührt. Neben der Haftung des Schiffseigners aus den §§ 3, 4 (485, 486 HGB) kann eine Haftung aus den §§ 823, 831 BGB geltend gemacht werden (RGZ 102, 42; 151, 296, 297; 161, 210, 215). Für eigenes außervertragliches Verschulden ist der Schiffseigner nach § 823 BGB verantwortlich, während er aus einem Vertrage nach § 276 BGB haftet. So besteht neben § 3 die Haftung aus den §§ 26, 58ff., wenn und insoweit der Schiffseigner gleichzeitig Frachtführer ist. Ferner bleiben auch die sonstigen gesetzlichen Haftungsbestimmungen unberührt. So haftet der Schiffseigner, wenn er gleichzeitig Schiffsführer (Schiffer) ist, in dieser Eigenschaft nach § 7 Abs. 2 auch den Ladungsbeteiligten (Absender und Empfänger), den beförderten Personen und der Schiffsbesatzung bei allen Dienstverrichtungen für jeden durch die Vernachlässigung der Sorgfalt entstandenen Schaden. Ferner haftet der Schiffseigner nach § 7 Abs. 2 persönlich, wenn der von ihm bestellte Schiffsführer die Dienstverrichtung auf seine Anweisung vorgenommen hat und der Schiffseigner bei Erteilung der Anweisung von dem Sachverhältnis unterrichtet war. Unberührt bleiben auch die Haftungsvorschriften aus den §§ 26, 58, 73, 74 sowie aus § 431 HGB, soweit der Schiffseigner Frachtführer ist. Nach der höchstrichterlichen Rechtsprechung entsteht schon durch die Ausübung des Gewerbebetriebes für Personen, die gewerbsmäßig Güter befördern, aus der Fürsorgepflicht die Haftung für das ihrer Obhut anvertraute Eigentum (BGHZ 9, 301, 307; RGZ 102, 38; 120, 121). Bei ganz außergewöhnlichen Verhältnissen in anomalen Zeiten kann trotz Nichtbeachtung polizeilicher Vorschriften eine Haftung entfallen (BGHZ 1, 99, 102).

3. Schiffsbesatzung

a) Nach § 3 muß eine Person der Schiffsbesatzung den Schaden zugefügt haben. Zur Schiffsbesatzung gehören nach § 3 Abs. 2 der Schiffer, die Schiffsmannschaft und alle übrigen auf dem Schiff angestellten Personen mit Ausnahme der Zwangslotsen. Die Schiffsbesatzung umfaßt also im Gegensatz zu dem Begriff des Erfüllungsgehilfen bei der Vertragshaftung nur die besonders aufgeführten mit Schiffahrtsdiensten beschäftigten Personen. Hierzu gehören in erster Linie der Schiffer, das heißt der Führer des Schiffes (§ 7), und die Schiffsmannschaft, das sind die sonstigen zum Schiffsdienst auf dem Schiff angestellten Personen (§ 21), insbesondere die Steuerleute (Kapitäne), Bootsleute (Matrosen), Schiffsknechte, Schiffsjungen (Lehrlinge), Maschinisten und Heizer. Diese Aufzählung im Gesetz ist, wie der Wortlaut ergibt, nur eine beispielsweise; das wird auch noch besonders durch die Erwähnung der übrigen auf dem Schiff angestellten Personen im § 3 Abs. 2 zum Ausdruck gebracht (RGZ 13, 117; 20, 86). Hierzu sind nur die zu rechnen, die als Arbeitnehmer kraft eines auf eine gewisse Dauer berechneten unmittelbaren Dienstverhältnisses in den arbeitsteiligen Organismus der Schifferdienste und der Bordgemeinschaft eingegliedert sind (BGHZ 3, 34, 39).

b) In erster Linie fällt unter diese Gruppe der Lotse, soweit er nicht Zwangslotse ist. Das Gesetz nimmt den Zwangslotsen deshalb aus, weil er kraft obrigkeitlicher Bestimmung dem Schiffseigner aufgezwungen wird, also zu diesem in keinem Dienst- oder Abhängigkeitsverhältnis steht (RG in HansGZ Hauptbl. 1897 Nr. 2). Nur auf wenigen Wasserstraßen, meist in den an die See angrenzenden Strecken, auf denen auch Seeschiffe zu verkehren pflegen, ist die Annahme von Zwangslotsen vorgeschrieben. So ist der Hamburger Hafenlotse kein Zwangslotse (OLG Hamburg in HansGZ Hauptbl. 1923, 104 Nr. 59). Für einen Zwangslotsen haftet der Schiffseigner nicht; vielmehr besteht nur eine Haftung des Zwangslotsen selbst (OLG Rostock in OLG 14, 3; RG in HansGZ Hauptbl. 1916 Nr. 14); der Staat haftet an seiner Stelle grundsätzlich nicht, sondern nur bei Vorhandensein besonderer Tatsachen, die ein privatrechtliches Vertretungsverhältnis zwischen dem Zwangslotsen und dem Staat begründen oder aus § 839 BGB anstelle des Lotsen, wenn die Verwaltung der betreffenden Wasserstraße, wie auf dem Nord-Ostsee-Kanal, einschließlich der Verkehrssicherungspflicht öffentlich-rechtlich geordnet ist (RGZ 105, 99; BGH vom 24. 4. 1951 — III ZR 41/60 — in VRS 1961, 194). Der Staat haftet auch für den Führer des Lotsendampfers, der in seinem Eigentum steht (OLG 14, 3), und für beamtete Lotsen. Der Schiffsführer ist verpflichtet, den Zwangslotsen zu unterstützen, und einzugreifen, wenn dieser offensichtlich unsachgemäß handelt oder unfähig ist, insbesondere bei Krankheit oder Trunkenheit; unterläßt der Schiffsführer diese erforderlichen Maßnahmen, so ist nicht nur er, sondern für ihn auch der Schiffseigner wegen des dann vorliegenden Verschuldens seines Schiffers verantwortlich (RG in HansGZ Hauptbl. 1908 Nr. 80; OLG Hamburg in HansGZ Hauptbl. 1902 Nr. 47; Obergericht Danzig vom 11. 2. 1938 — II. U. 209/37 — in JW 1938, 1205 Nr. 70). Die nicht kraft obrigkeitlicher Bestimmung aufgezwungenen Lotsen (sogenannte Vertragslotsen, auch Haupter oder Steuerleute genannt) dagegen gehören zur Schiffsbesatzung, aber nicht zur Schiffsmannschaft. Ein solcher Vertragslotse wird vom Schiffer in besonders schwierigen Fahrwasserstrecken, meist auf den größeren Strömen, zur Unterstützung und als Berater bei der Führung des Schiffes angenommen. In welchem Umfang der Schiffer einem solchen Vertragslotsen auch die Führung des Schiffes überlassen darf, hängt von den Umständen des Einzelfalles und dem pflichtmäßigen Ermessen des Schiffers ab. Stets bleibt aber der Schiffer verpflichtet, den Vertragslotsen zu überwachen und die notwendigen Maßnahmen zu ergreifen (OLG Hamburg in HansGZ Hauptbl. 1913 Nr. 108). Ferner haftet der Schiffseigner für vorsätzlich oder fahrlässig fehlerhafte Schiffsführung seines Vertragslotsen, da dieser, wie jeder, der auf dem Schiff, wenn auch nur vorübergehend, Schiffahrtsdienste zu erfüllen hat, zur Schiffsbesatzung gehört (RGZ 126, 87; RG in JW 1930, 1938 Nr. 9).

c) Eine ständige Zugehörigkeit zur Besatzung ist nicht erforderlich (RGZ 13, 117); auch die auf dem Schiff nur vorübergehend zu Schiffahrtsdiensten angestellten Personen fallen hierunter (RG in JW 1896, 705 Nr. 48), beispielsweise die auf den Strömen vielfach mitfahrenden schiffahrtskundigen Leute (Lotsen, Steuerleute, Mitschwimmer, Wahrschauer auf dem Rhein, Haupter auf der Oder, Rittmann auf der Elbe). Auch die Eigenschaft solcher schiffahrtskundigen Personen (Schiffahrtsgehilfen) als selbständige Gewerbetreibende hindert die Annahme der Zugehörigkeit zur Schiffsbesatzung nicht, wenn solche Arbeitnehmer kraft eines auf eine gewisse Dauer berechneten unmittelbaren Dienstverhältnisses in den arbeitsteiligen Organismus der Schifferdienste und der Bordgemeinschaft eingegliedert sind; dies ist bei den Stauervizen eines selbständigen Stauerunternehmers nicht der Fall (BGH vom 12. 12. 1957 — II ZR 88/57 — in NJW 1958, 220 Nr. 5, BGHZ 3, 34, 32), wohl aber, wenn der Schiffahrtsgehilfe bei seiner Tätigkeit den Weisungen der verantwortlichen Personen der Schiffsbesatzung zu folgen verpflichtet ist; unter diesen Voraussetzungen kann auch ein Festmacher, wie er in manchen Häfen für einlaufende Schiffe bestellt ist, zur Schiffsbesatzung gerechnet werden (RGZ 13, 114; RG in JW 1928, 562 Nr. 11 = Recht 1928, 887; OLG Hamburg in HansGZ Hauptbl. 1927, 215 Nr. 94; 1913 Nr. 140). Es ist auch ohne Einfluß, ob die vorübergehend beschäftigten Leute auf dem Schiffe selbst oder am Ufer tätig werden; wesentlich ist nur, daß sie Schiffahrtsdienste verrichten, z. B. die beim Laden oder Löschen vom Schiffer angenommenen Leute (OLG Hamburg in HansGZ Hauptbl. 1889 Nr. 78). Soweit aber diese Leute nicht vom Schiffer oder Schiffseigner, sondern von dem Absender oder Empfänger angestellt werden, sind sie nicht als zur Schiffsbesatzung gehörig (Schiffahrtsgehilfen) anzusehen (OLG Hamburg in HansGZ Hauptbl. 1901 Nr. 51; Hauptbl. 1887 Nr. 121). Nicht zur Schiffsbesatzung gehören Stewards und Musiker, die zur persönlichen Bedienung oder Unterhaltung der Fahrgäste bestimmt sind, wohl aber Schiffsschaffner.

d) Die Haftungsbestimmungen der §§ 3, 4, 92, 114 sind nach höchstrichterlicher Rechtsprechung entsprechend anzuwenden, wenn die Gleichheit der Interessenlage es erfordert, Geschädigten einen gleichwertigen Schutz zu gewähren, insbesondere aber, wenn der Schiffseigner Arbeiten, die typische Schiffsgefahren abwenden sollen, so die Bewachung beladener Schuten, nicht durch Angehörige der Schiffsbesatzung, sondern durch Angehörige eines anderen selbständigen Betriebes ausführen läßt und hierbei Schäden entstehen (BGHZ 3, 34, 40; RGZ 126, 35; 111, 37). Eine solche entsprechende Anwendung der §§ 3, 4 ist auch auf die Ansprüche aus § 904 BGB gerechtfertigt (BGHZ 6, 103).

4. Verschulden in Ausführung der Dienstverrichtungen

a) Es muß ein ursächliches Verschulden eines Mitgliedes der Schiffsbesatzung festgestellt werden können. Das Verschulden umfaßt entsprechend den allgemeinen

Vorschriften Vorsatz und Fahrlässigkeit (§§ 823, 276 BGB). Dieses schuldhafte Verhalten kann sich sowohl gegen die Bestimmungen des Binnenschiffahrtsgesetzes (vgl. §§ 7ff.) als auch gegen die allgemeinen bürgerlich-rechtlichen Vorschriften, z. B. gegen die §§ 823, 826 BGB., richten (RGZ 63, 308). Die Anwendung des § 3, Abs. 1 ist also nicht auf schuldhafte Verletzungen durch unerlaubte Handlungen im engeren Sinne, wie Sach- und Körperbeschädigungen, zu beschränken, sondern auch auf die Verletzung von Dienstobliegenheiten der Schiffsbesatzung zu erstrecken. Fahrlässig handelt, wer die gewöhnliche, im Verkehr erforderliche Sorgfaltspflicht verletzt. Der Begriff der Verkehrssorgfaltspflicht wird regelmäßig durch objektive Merkmale bestimmt und ist von den persönlichen Eigenschaften und Gewohnheiten eines Schädigers unabhängig. Die im Verkehr erforderliche Sorgfalt erfordert jedoch um so größere Vorsichtsmaßnahmen, je größer die Gefahr ist, der begegnet werden soll (RGZ 147, 356; BGH vom 5. 2. 1954 — I ZR 156/53 — in VRS 1954, 287 Nr. 128 = VRS 7, 287; BGH vom 10. 3. 1961 — 4 StR 551/60 — in VRS 1961, 437. Dabei ist auch die im § 4 Binnenschiffahrtsstraßenordnung aufgestellte Grundregel zu beachten, wonach über deren Einzelbestimmungen hinaus die Schiffsführer alle Vorsichtsmaßregeln zu treffen haben, welche die allgemeine Sorgfaltspflicht und die berufliche Übung gebieten.

b) Auch ein Unterlassen stellt ein schuldhaftes Verhalten dar, wenn eine Verpflichtung zum Handeln begründet war. Dies ist vor allem bei der Übertretung von Schiffahrtpolizeiverordnungen (§ 823 Abs. 2 BGB) von Bedeutung, die außer Geboten in großer Zahl auch Verbote im Interesse einer ordnungsmäßigen Abwicklung des Binnenschiffahrtsverkehrs und einer Vermeidung von Schäden enthalten. Ein Verstoß gegen eine solche wasserpolizeiliche Vorsicht stellt grundsätzlich ein Verschulden dar (RGZ 67, 50). Es kann hierbei auch nicht eingewendet werden, daß die polizeilichen Organe gegen ein solches Verhalten nicht eingeschritten seien. Denn das Gesetz legt dem Schiffseigner und dem Schiffer eine selbständige Verantwortung auf, den Erfordernissen eines gesicherten normalen Verkehrs gerecht zu werden; maßgebend ist vor allem die allgemeine Übung der beteiligten Verkehrskreise und welche Anforderungen in diesen Kreisen als notwendig und geboten angesehen werden (RG in JW 1909, 432 Nr. 40). So wird grundsätzlich eine ständige Bewachung für die in einem belebten Hafen liegenden beladenen Schiffe für notwendig erachtet (OLG Hamburg in HansGZ Hauptbl. 1937 B S. 359, vom 10. 5. 1938 — 3 U. 59/1938 in ZfB 1938 S. 269). Auch die Nichtbefolgung von Anweisungen der Ladungsbeteiligten, die Verletzung der Obhutpflicht an den zur Beförderung anvertrauten Frachtgütern kommt als Verschulden in Betracht.

c) Das Verschulden der Schiffsbesatzung kann sich auch auf die Verletzung von Dienstobliegenheiten erstrecken, die an sich nicht die Erfüllung von Vertragspflichten des Schiffseigners betreffen (z. B. §§ 91, 99). Hierunter fällt auch das Verschulden in nautischer Hinsicht bei der Führung des Schiffes, insbesondere beim Anfahren gegen Brücken, Schleusen, Uferanlagen sowie bei einem Schiffszusammenstoß (vgl. § 92 in Verbindung mit §§ 734ff. HGB). Der Schiffseigner ist nach §§ 92 BSchG, 738 HGB auch für den Schaden verantwortlich, den sein Schiff durch Ausführung oder Unterlassung eines Manövers oder Nichtbeachtung einer Verordnung einem anderen Schiffe oder den an Bord der Schiffe befindlichen Personen oder Sachen zufügt, ohne daß ein Zusammenstoß stattfindet. Es besteht auch außerhalb der Haftung aus dem Vertrag nach § 823

BGB eine allgemeine Rechtspflicht, für die Sicherheit des Verkehrs auf einem Schiff zu sorgen; soweit die Erfüllung dieser Verpflichtung zu den Dienstverrichtungen des Schiffers gehört (z. B. zur Fürsorge für die gehörige Einrichtung des Schiffes nach § 8 Abs. 1) oder zu den Dienstverrichtungen einer anderen Person der Schiffsbesatzung, stellt sich ihre Verletzung als Verschulden dar, für das der Schiffseigner nach § 3 zu haften hat (RGZ 126, 329). So fällt es unter die Dienstobliegenheiten eines Schleppschiffsführers, einen zu seinem Schleppzug (Schleppverband) gehörenden Anhangskahn (Frachtkahn), der auf der Schleppreise beschädigt oder sonst auf Grund geraten ist, nicht einfach seinem Schicksal zu überlassen, sondern ihm angemessene Hilfe zu leisten, wenn und soweit ihm dies nach der Sachlage billigerweise zugemutet werden kann (RGZ 46, 205; 120, 121; RG in Recht 1928, 220). In gleicher Weise gehört es zu den Dienstobliegenheiten der Besatzung eines Personenschiffes (Fahrgastschiffes), alle zur sicheren Beförderung des Fahrgastes gebotenen Einrichtungen und Maßnahmen zu treffen (RGZ 126, 329).

d) Es muß aber nach § 3 Abs. 1 stets ein Verschulden der Schiffsbesatzung festgestellt werden. Demnach haftet der Schiffseigner nicht, wenn die Tat dem Besatzungsmitglied nicht als Verschulden angerechnet werden kann, weil dieses beispielsweise wegen Geisteskrankheit nach den §§ 827, 828 BGB nicht verantwortlich war (RGZ 9, 162; 10, 19). In gleicher Weise besteht keine Haftung des Schiffseigners, wenn das Besatzungsmitglied ausnahmsweise ohne Verschulden verantwortlich sein sollte (z. B. nach § 827 BGB).

e) In Ausführung der Dienstverrichtungen: Die Mithaftung des Schiffseigners ist nach § 3 Abs. 1 auf die Schäden beschränkt, die ein Mitglied der Schiffsbesatzung in Ausführung ihrer Dienstverrichtungen verursacht hat. Hiermit ist zum Ausdruck gebracht, daß eine Mithaftung des Schiffseigners nicht eintreten soll für schadensstiftende Handlungen der Besatzung außerhalb ihres Arbeitsgebietes oder bei Gelegenheit einer Dienstverrichtung (RGZ 13, 118; OLG Hamburg in HansGZ Hauptbl. 1910 Nr. 59; SeuffA 65 Nr. 194). So fallen beispielsweise die Vorbereitungshandlungen der Schiffsbesatzung zur Erreichung des Schiffes durch Benutzung einer zu diesem Zweck gelösten und dann nicht fest genug vertäuten Schute nicht unter die Dienstverrichtungen (OLG Hamburg in SeuffA 65 Nr. 194). Eine Haftung des Schiffseigners besteht aus den gleichen Erwägungen nicht, wenn ein Schiffsjunge heimlich das Steuerruder gedreht und dadurch ein anderes Schiff beschädigt hat. Dagegen ist der Schiffseigner verantwortlich, wenn er dem Schiffsjungen das Steuer anvertraut hat, ohne ihn gehörig zu unterrichten oder zu überwachen (OLG Hamburg in HansGZ Hauptbl. 1882 Nr. 81). Zu den Dienstverrichtungen und überhaupt zum Arbeitsgebiet der Schiffsbesatzung gehören eben alle mit der Verwendung des Schiffes zur Schiffahrt unmittelbar zusammenhängenden Tätigkeiten, wie An- und Ablegen, Staken, Steuern, Verholen, Beladen, Entlöschen, Reinigung des Schiffes, sowie die der Schiffsbesatzung gesetzlich obliegenden Verpflichtungen (z. B. §§ 7, 91, 99). Es ist nicht erforderlich, daß das Besatzungsmitglied zu einer solchen Tätigkeit ausdrücklich bestellt worden ist, sondern es genügt die dienstliche Ausübung im Rahmen seines Arbeitsgebietes, also jede Tätigkeit, die mit der Benutzung des Schiffes zum Erwerb durch die Binnenschiffahrt in unmittelbarer Beziehung steht, unter Umständen auch eine Schwarzfahrt des Schiffsführers (OLG Hamburg in Vkbl. 1953 S. 210; RGZ 111, 37, 40; OLG Köln vom 8. 11. 1959 — 3 U 51/57).

5. Der geschädigte Dritte

a) Es muß einem Dritten ein Schaden zugefügt sein. Hierbei kommt jede Art eines Schadens, also Personen-, Sach- oder sonstiger Vermögensschaden in Betracht (§§ 249ff., 842ff. BGB). Der Geschädigte kann nur ein Dritter, also ein anderer als der Täter selbst und der Schiffseigner, sein (RGZ 45, 55). Es ist aber nicht erforderlich, daß sich der Dritte auf dem Schiff befand; es sind als Dritte in diesem Sinne auch die übrigen Mitglieder der Schiffsbesatzung des eigenen Schiffes anzusehen (RGZ 13, 119; RG bei Bolze 4 Nr. 416; OLG Hamburg in HansGZ Hauptbl. 1887 Nr. 121). Ferner kommen nach § 7 Abs. 2 auch die Ladungsbeteiligten und die Fahrgäste in Betracht.

b) Dem Schiffseigner selbst, dessen Schiff infolge Verschuldens eines Besatzungsmitgliedes eines anderen ihm gehörigen Schiffes beschädigt worden ist, steht dagegen gegenüber dem Schiffsvermögen des „schuldigen Schiffes" nach den §§ 3, 4 ein Anspruch auf Schadensersatz nicht zu (RGZ 45, 55).

6. Umfang der Haftung

a) Es ist im § 3 nicht bestimmt, in welchem Umfang, insbesondere mit welchen Vermögenswerten, der Schiffseigner zu haften hat. Vielmehr ergibt sich dies aus § 4 Abs. 1 Nr. 3; demnach haftet der Schiffseigner aus einem Verschulden einer Person der Schiffsbesatzung nicht persönlich, sondern nur mit Schiff und Fracht. Dem geschädigten Gläubiger steht nach § 102 Nr. 5 Abs. 2 ein Schiffsgläubigerrecht für die Schadensersatzforderung zu, das mit einem Pfandrecht an dem Schiff nebst Zubehör ausgestattet ist (§ 103). Es entsteht aber eine persönliche Haftung des Schiffseigners nach § 114, wenn er, wie dies regelmäßig geschehen wird, sein Schiff zu einer neuen Reise aussendet.

b) Neben dem Schiffseigner haftet das schuldige Besatzungsmitglied (§ 823 BGB, §§ 7ff.), und zwar als Gesamtschuldner mit dem Schiffseigner nach § 830 BGB; ebenso haften mehrere Miteigentümer als Gesamtschuldner. Es besteht auch eine gesamtschuldnerische Haftung der mehreren Schiffseigner, wenn die Besatzungen ihrer Schiffe schuldhaft eine Beschädigung eines anderen Schiffes verursacht haben, beispielsweise in einem Schleppverband durch Schleppdampfer und Anhangkahn, weil für die Annahme der Gesamtschuldnerschaft nach § 830 BGB die objektive Tatsache des gemeinschaftlichen Handelns genügt (OLG Hamburg in LZ 1911, 873).

c) Der Schiffseigner kann gegenüber einem Geschädigten, dem ein ursächliches Mitverschulden zur Last fällt, eine Aufhebung oder Minderung seiner Haftung aus § 254 BGB geltend machen (RG in JW 1935, 1843; BGH vom 27. 3. 1958 — II ZR 338/56 — in VRS 1958, 30). Es gilt hier § 254 BGB und nicht die Kollisionsnorm aus § 92 mit § 736 HGB mit der von vornherein bestehenden verhältnismäßigen Haftung. Er muß sich aber auch bei der Verfolgung eines eigenen Anspruchs ein schuldhaftes Verhalten der Schiffsbesatzung mit der Wirkung der Minderung seines eigenen Anspruchs nach § 254 BGB entgegenhalten lassen, denn nach § 3 haftet der Schiffseigner eben schlechthin ohne die Möglichkeit eines Entlastungsbeweises für den Schaden, und die gleiche Haftung hat einzutreten, wenn ihm der Schaden von einem anderen zugleich mit einem eigenen Besatzungsmitglied zugefügt wird (RGZ 55, 316; 85, 372, 374; RG in JW 1915, 21 Nr. 4; OLG Hamburg in OLG 32, 196).

7. Beweislast

a) Grundsätzlich liegt die Beweislast, daß ein Mitglied der Schiffsbesatzung schuldhaft in Ausführung der Dienstverrichtungen einem Dritten einen Schaden zugefügt hat, dem geschädigten Dritten ob, da es sich um klagebegründende Tatsachen handelt (RGZ 126, 329; RG in HansGZ Hauptbl. 1900 Nr. 129; OLG Hamburg in HansGZ Hauptbl 1913 Nr. 73).

b) Ergibt der äußere Tatbestand nach dem regelmäßigen Zusammenhang der Dinge, daß der Schaden durch eine zu vertretende Versäumung der im Verkehr erforderlichen Sorgfalt verursacht ist, so ist der Anschein (Verdacht) eines Verschuldens gegeben (RGZ 121, 160; 130, 357; 135, 136; 138, 20; KG vom 18. 12. 1951 — 2 U 1891/51 — in VRS 1952, 478 Nr. 254). Der Beweis des ersten Anscheins setzt Tatbestände voraus, bei denen eine ohne weiteres naheliegende Erklärung nach der allgemeinen Lebenserfahrung zu finden ist (RG in DR 1942 S. 1515, 1516). Er beruht bei typischem Geschehensablauf auf der Erfahrung, daß typische Ursachen gewisse Folgen zu zeitigen pflegen, die deshalb ohne weiteren Nachweis rein erfahrungsmäßig nach dem ersten Anschein unterstellt werden dürfen (BGHZ 1, 5; vom 18. 2. 1952 in VRS 260, 262). Dabei muß der festgestellte Sachverhalt derart sein, daß er unter Verwertung allgemeiner Erfahrungssätze besonders der allgemeinen Lebenserfahrung die Überzeugung des Richters in vollem Umfang begründet (BGH vom 10. 1. 1951 in NJW 1951 S. 360; vom 10. 12. 1952 — VI ZR 26/52 — in VRS 1953, 94). Es ist dann Aufgabe der Gegenseite, Umstände nachzuweisen, aus denen sich die Schuldlosigkeit der Personen ergibt, für die sie einzustehen hätte (RGZ 138, 20; RG in JW 1931, 3210 Nr. 14). Es muß aber grundsätzlich gegenüber einem solchen Anschein eines Verschuldens voller Nachweis dieser Umstände verlangt werden (RG in JW 1936, 3187 Nr. 11; BGHZ 6, 169, 170, 172; sowie § 92 Anm. 8c).

c) Der Verdacht des Verschuldens besteht unter den gleichen Voraussetzungen, sofern sich aus der Sachlage ergibt, daß offensichtlich irgendein Mitglied der Schiffsbesatzung der Schuldige ist; es genügt dann also der Nachweis, daß irgendein Mitglied der Schiffsbesatzung der Schuldige sein muß (OLG Königsberg in VerkehrsR Bd. 6/1927, 466 Nr. 328).

8. Haftungsbeschränkung und Freizeichnung

a) Es handelt sich um eine nicht zwingende Vorschrift (KG vom 8. 2. 1955 — 6 U 194/54 — in VRS 193). Der Schiffseigner ist daher in der Lage, seine Haftung zu beschränken, soweit es sich um Personen handelt, mit denen er in einem Vertragsverhältnis steht. Die auch hier bestehende Vertragsfreiheit findet lediglich ihre Schranken in den §§ 276 Abs. 2, 138, 242 BGB; die Freizeichnung darf nicht unter ungebührlicher Ausnutzung einer verkehrsbeherrschenden Stellung (Monopolstellung) erfolgen und sich nicht zugleich auf Schadensfälle beziehen, die auf das eigene Verschulden der Vertragspartei oder ihrer leitenden Angestellten zurückgehen (RGZ 103, 82; 106, 386; 115, 218; RG in SeuffA 85 Nr. 181). Ferner muß die Freizeichnung in klarer und unzweideutiger Weise erfolgen, verbleibende Zweifel gehen zu Lasten des Freizeichnenden (RGZ 110, 224; 120, 42; 125, 422).

b) Im Binnenschiffahrtsverkehr wird, insbesondere in den Frachtpapieren (Frachtvertrag und Ladeschein), in den darin angezogenen Verfrachtungs- und Schleppbedingungen, von dieser Möglichkeit der Haftungsbeschränkung und Freizeichnung häufig Gebrauch gemacht.

Beschränkte Haftung mit Schiff und Fracht

§ 4

Der Schiffseigner haftet nicht persönlich, sondern nur mit Schiff und Fracht:

1. wenn der Anspruch auf ein Rechtsgeschäft gegründet wird, welches der Schiffer als solcher kraft seiner gesetzlichen Befugnisse und nicht mit Bezug auf eine Vollmacht geschlossen hat;

2. wenn der Anspruch auf die Nichterfüllung oder auf die unvollständige oder mangelhafte Erfüllung eines von dem Schiffseigner abgeschlossenen Vertrages gegründet wird, insofern die Ausführung des Vertrages zu den Dienstobliegenheiten des Schiffers gehört, ohne Unterschied, ob die Nichterfüllung oder die unvollständige oder mangelhafte Erfüllung von einer Person der Schiffsbesatzung verschuldet ist oder nicht;

3. wenn der Anspruch auf das Verschulden einer Person der Schiffsbesatzung gegründet wird.

Durch die vorstehenden Bestimmungen wird die persönliche Haftung des Schiffseigners im Falle eigenen Verschuldens desselben nicht berührt. Der Schiffseigner haftet jedoch, auch wenn er selbst das Schiff führt, für einen durch fehlerhafte Führung des Schiffes entstandenen Schaden ausschließlich mit Schiff und Fracht, es sei denn, daß ihm eine bösliche Handlungsweise zur Last fällt.

Sind mehrere Schiffe in einem Schleppzuge vereinigt, so erstreckt sich die Haftung nur auf dasjenige Schiff, welches den Schaden verursacht hat, und auf die Fracht dieses Schiffes. Der Fracht steht bei Schleppschiffen der Schlepplohn gleich.

1. Zweck und Bedeutung der beschränkten Haftung

a) Nach § 4 Abs. 1 haftet der Schiffseigner in den aufgeführten Fällen „nicht persönlich, sondern nur mit Schiff und Fracht". Aus dieser Fassung ergibt sich, daß auch nach dem Binnenschiffahrtsgesetz, ebenso wie nach den allgemeinen bürgerlich-rechtlichen Vorschriften, die persönliche Haftung, d. h. die Haftung mit dem gesamten Vermögen, die Regel und die Beschränkung der Haftung mit Schiff und Fracht, die sogenannte beschränkt dingliche Haftung, die Ausnahme darstellen soll. Hieraus folgt, daß eine solche Beschränkung der Haftung nur in den besonders im Gesetz aufgeführten Fällen, z. B. §§ 4 Abs. 1 Nr. 1—3, Abs. 2, 100, 90, eintreten soll (Begr. S. 40). Zweck dieser bedeutsamen Vorschrift des § 4 ist, die weitgehende Haftung des Schiffseigners auf das seinem Betriebe dienende Schiff zu beschränken (Begr. S. 40, 41). Die Einführung dieser §§ 3, 4 beruht auf dem Grundsatz, daß „derjenige, der in seinem Interesse ein anderen Gefahr bringendes Gewerbe mit Hilfe von ihm angestellter Personen betreibt, auch für den von diesen in seinem Dienst handelnden Personen schuldhaft verursachten Schaden wenigstens mit Schiff und Fracht einstehen muß" (RGZ 45, 50, 55). Die Vorschrift des § 4, der dem § 486 HGB des Seerechts nachgebildet ist, findet ihre „notwendige Ergänzung durch die Bestimmungen über das Pfandrecht der Schiffsgläubiger, über deren Rangordnung und über die Zwangsvollstreckung in Binnenschiffe" (Begr. S. 41).

b) Bei einer solchen beschränkten Haftung kann der Berechtigte eine Befriedigung seines Anspruchs nur aus Schiff und Fracht suchen, also nicht aus dem sonstigen Vermögen des Schiffseigners (RG in JW 1908, 213 Nr. 36). Eine persönliche Verpflichtung des Schiffseigners, die Schiffsschuld zu bezahlen, besteht grundsätzlich nicht und tritt nur in den Ausnahmefällen der §§ 112—115 ein; die Anführung eines solchen Ausnahmefalles gehört zur Begründung der Klage auf Inanspruchnahme der persönlichen Haftung (RG in JW 1908, 213 Nr. 36). Die Geltendmachung der beschränkten Haftung mit Schiff und Fracht erfordert eben einen besonderen Tatbestand, bedeutet eine besondere rechtliche Qualifikation des maßgeblichen Anspruchs und gehört in das Verfahren über den Grund des Anspruchs (RG in SeuffA 56, 242 Nr. 135). Das Gericht muß diese beschränkte Haftung auch von Amts wegen berücksichtigen und in die Urteilsformel aufnehmen (RGZ 67, 355).

2. Persönliche und beschränkte Haftung des Schiffseigners

a) Es handelt sich nach § 4 um eine besondere rechtliche Qualifikation der Haftung des Schiffseigners. Als solcher kommt auch der Ausrüster nach § 2 in Betracht. Erforderlich ist aber stets, daß die Voraussetzungen des § 1, also die Verwendung eines zur Schiffahrt auf Binnengewässern bestimmten Schiffes, erfüllt sind. Hierzu gehören auch die dem öffentlichen Dienst gewidmeten Schiffe (z. B. die polizeilichen Zwecken dienenden Schiffe der Wasserbauverwaltung, die Kriegsschiffe); eine Besonderheit besteht für diese nur insofern, als sich die Haftung auf den Wert des Schiffes beschränkt, da solche Schiffe infolge ihrer Zweckbestimmung der an sich eintretenden dinglichen Haftung nicht zugänglich sind (RGZ 78, 176; 79, 178, 182; 149, 167; 151, 271; RG in JW 1936, 2702).

b) Die beschränkte Haftung des Schiffseigners aus § 4 beseitigt nicht die nach den Bestimmungen des Binnenschiffahrtsgesetzes und nach den allgemeinen Vorschriften eintretende persönliche Haftung. So haftet der Schiffseigner persönlich in den Fällen der §§ 4 Abs. 2 (eigenes Verschulden), § 5 (Forderungen der Schiffsbesatzung aus dem Dienstvertrage), § 7 Abs. 3 (aus Anweisungserteilung), § 8 Abs. 4 (Fahrtüchtigkeit des Schiffes), § 14 (Kosten der Verklarung), § 79 (Herbeiführung der Gefahr der großen Haverei), § 109 Abs. 3 (Ausfall eines Schiffsgläubigers). In den §§ 5, 8 Abs. 4 ist ausdrücklich hervorgehoben, daß der Schiffseigner für diese Forderungen der Schiffsbesatzung und für die Fahrtüchtigkeit des Schiffes „persönlich, nicht nur mit Schiff und Fracht" haftet. In den §§ 109, 112—115 wird die Entstehung einer persönlichen Verpflichtung erwähnt, nachdem schon eine beschränkte Haftung bestanden hatte. In solchen Fällen tritt die persönliche Haftung neben die beschränkt-dingliche Haftung mit Schiff und Fracht. Beide Ansprüche bestehen dann nebeneinander, können gesondert geltend gemacht werden und haben ihr besonderes Schicksal, insbesondere auch hinsichtlich der Verjährung (RGZ 151, 271, 277; OLG Hamburg in SeuffA 74 Nr. 144; in HansGZ 1919 Hauptbl. 65 Nr. 40). Es ist auch von erheblicher Bedeutung, beide Haftungen nebeneinander bestehen zu lassen. Denn die persönliche Haftung erstreckt sich zwar auf alle Teile des Vermögens des Schiffseigners, also auch auf sein Schiffsvermögen, mit der beschränkten Haftung ist aber regelmäßig das Schiffsgläubigerrecht, ausgestattet mit dem Pfandrecht an Schiff und Fracht, verbunden. Es ist daher die beschränkte Haftung auch neben der persönlichen Haftung von Bedeutung.

c) Nach § 4 Abs. 2 wird die persönliche Haftung des Schiffseigners im Falle eigenen Verschuldens von der Regelung im § 4 Abs. 1 nicht berührt. Für eigenes Verschulden haftet der Schiffseigner wie jeder Schuldner unbeschränkt persönlich.

Es handelt sich also „um einen allgemeinen Vorbehalt bezüglich der persönlichen Haftung des Schiffseigners im Falle eigenen Verschuldens“ (Begr. S. 42).

3. Haftung mit Schiff und Fracht

a) Gegenstand der beschränkten Haftung sind „Schiff und Fracht“, also ein Teil des dem Schiffseigner gehörigen Vermögens, nämlich das Schiffsvermögen (OLG Hamburg in SeuffA 72 Nr. 224). Es kommt nur das Schiffsvermögen in Betracht, das durch die Verwendung des betreffenden Schiffes entstanden ist, demnach nur das im Einzelfall verwendete Schiff und die Fracht, die aus der Frachtreise herrührt, bei der die Forderung zur Entstehung gelangte (vgl. § 104 Abs. 1). Dies Schiffsvermögen stellt keinen verselbständigten Vermögensinbegriff, sondern nur eine Zusammenfassung großer Vermögensgegenstände (Schiff, Zubehör, Fracht nach §§ 103, 104) für die Frage der Haftung dar (RGZ 45, 54). Es muß sich also auch hier um ein Schiff im Sinne des § 1 handeln; gleichgültig ist es, ob ein im Schiffsregister eingetragenes oder ein nicht vermerktes Schiff in Betracht kommt.

b) Jedoch kann immer nur an dem verwendeten, also an einem einzigen Schiff die beschränkte Haftung entstehen, selbst wenn der Schiffseigner mehrere Schiffe in Betrieb hat. Dies gilt auch dann, wenn mehrere in einem Schleppzug vereinigte Schiffe demselben Schiffseigner gehören, da jedes ein gesondertes Schiffsvermögen darstellt. Es handelt sich eben um eine dingliche Haftung (Sachhaftung) mit dem Schiff, durch dessen Verwendung zur Schiffahrt die Forderung entstanden ist. Es kann dem Schiffseigener ein solcher beschränkt dinglicher Anspruch gegen sein eigenes Schiff nicht zustehen, da das Schiffsvermögen einen Teil des ihm überhaupt gehörenden Vermögens darstellt und der Schiffseigner begrifflich einen Anspruch gegen sein eigenes Schiffsvermögen nicht geltend machen kann (RGZ 45, 50; OLG Hamburg in SeuffA 72 Nr. 224; SeuffA 55 Nr. 152).

c) Zum Schiff gehört das Zubehör. Dies folgt aus § 97 BGB, aber vor allem auch aus § 103 Abs. 1, wonach bei der Haftung mit dem Schiff auch dessen Zubehör haftet. Als Zubehör sind auch hier alle dem wirtschaftlichen Zweck des Schiffes dienenden Sachen anzusehen (vgl. § 1 Anm. 3). In wessen Eigentum das Zubehör steht, ist aber hierbei ohne Bedeutung, da nach § 3 das verwendete Schiff mit Zubehör ohne eine ähnliche Einschränkung wie bei der Verpfändung nach § 1265 BGB haftet und sich das Pfandrecht nach § 103 auf das Zubehör mit erstreckt.

d) Die beschränkte Haftung umfaßt ferner die Fracht des Schiffes. Nach § 104 Abs. 1 erstreckt sich das Pfandrecht des Schiffsgläubigers auf die Bruttofracht derjenigen Frachtfahrt, aus der die Forderung entstanden ist.

4. Beschränkte Haftung aus Rechtsgeschäften des Schiffers (§ 4 Abs. 1 Nr. 1)

a) Nach § 4 Abs. 1 Nr. 1 haftet der Schiffseigner nur mit Schiff und Fracht, wenn der Anspruch auf ein Rechtsgeschäft gegründet wird, das der Schiffer als solcher kraft seiner gesetzlichen Befugnisse und nicht mit Bezug auf eine Vollmacht geschlossen hat. Für solche Rechtsgeschäfte soll eben der Schiffseigner wenigstens mit dem Schiffsvermögen haften, da die von dem Schiffer kraft seiner gesetzlichen Befugnis abgeschlossenen Geschäfte zur ordnungsmäßigen Abwicklung des Betriebes notwendig sind. Nach § 15 ist der Schiffer (Schiffsführer), wenn sich das Schiff weder am Heimatsort noch an einem Ort befindet, an welchem der Schiffseigner seine Geschäftsniederlassung hat, auf Grund gesetzlicher Vertretungsmacht Dritten gegenüber kraft seiner Anstellung befugt, die Frachtforderungen einzuziehen, sowie für den Schiffseigner alle Geschäfte und Rechtshandlungen vorzunehmen, die die Ausführung der Reise erforderlich macht. Wenn der Schiffsführer in dieser Weise als gesetzlich bevollmächtigter Stellvertreter des Schiffseigners (§ 19) Rechtsgeschäfte vorgenommen hat, so wird nach § 4 Abs. 4 Nr. 1 die Haftung des Schiffseigners nur mit Schiff und Fracht begründet, weil diese Geschäfte ohne seine Mitwirkung vorgenommen werden. Der Schiffsführer wird nach § 19 Abs. 2 dem Dritten durch das Rechtsgeschäft nicht verpflichtet, es sei denn, daß er dessen Erfüllung gewährleistet oder seine Befugnisse überschritten hat. Der Dritte hat nach § 102 Nr. 5 die Rechte eines Schiffsgläubigers.

b) In den §§ 15, 19 ist dem Schiffer nicht das Recht eingeräumt, seine gesetzliche Vertretungsmacht auf einen Dritten zu übertragen; dagegen darf er zur Ausübung im einzelnen Fall innerhalb seiner gesetzlichen Vertretungsmacht andere zur Vertretung bevollmächtigen. Der Bevollmächtigte muß aber auf Grund dieser Vollmacht des Schiffers nicht etwa als Bevollmächtigter des Schiffseigners auftreten; sonst haftet der Schiffseigner nicht nach § 4 Abs. 1 Nr. 1 beschränkt, sondern nach § 164 BGB unbeschränkt persönlich.

c) Die Anwendbarkeit des § 4 Abs. 1 Nr. 1 scheidet aus, wenn es sich um ein Rechtsgeschäft handelt, das der Schiffer auf Grund einer Vollmacht, als sogenannter rechtsgeschäftlicher Vertreter (§ 166 Abs. 2 BGB), abgeschlossen hat. Dann haftet der Schiffseigner nach § 164 BGB für seinen Bevollmächtigten persönlich, also nicht mit der Beschränkung auf Schiff und Fracht. Es genügt hierfür jede Vollmacht, eine Spezialvollmacht ist nicht erforderlich; dies ist im § 4 Abs. 1 Nr. 1 durch Erwähnung der Vollmachtsgeschäfte zum Ausdruck gebracht. Im Gegensatz zu der Fassung der seerechtlichen Vorschrift des § 486 Nr. 1 HGB ist im § 4 Abs. 1 Nr. 1 nicht eine „besondere" Vollmacht angeführt worden, um „nicht die Meinung aufkommen zu lassen, daß an eine Spezialvollmacht gedacht sei" (Begr. S. 41). Die Vollmachtserteilung bedarf nach den §§ 164ff. BGB keiner besonderen Form, so daß also auch der Nachweis der mündlich erteilten Vollmacht zur Begründung der persönlichen Haftung des Schiffseigners ausreicht. Handelte der Schiffer erkennbar als rechtsgeschäftlicher Vertreter des Schiffseigners und auf Grund einer vorliegenden Vollmacht, so findet der § 4 Abs. 1 Nr. 1 auch dann keine Anwendung, wenn die Maßnahme innerhalb seiner gesetzlichen Befugnisse lag.

5. Beschränkte Haftung aus Verträgen des Schiffseigners (§ 4 Abs. 1 Nr. 2)

a) Im § 4 Abs. 1 Nr. 2 werden die von dem Schiffseigner abgeschlossenen Rechtsgeschäfte behandelt, sei es, daß er sie persönlich oder durch rechtsgeschäftlich Bevollmächtigte, zu denen auch der Schiffer gehören kann, abschließen läßt. Aus solchen Rechtsgeschäften haftet der Schiffseigner nach den allgemeinen bürgerlich-rechtlichen Bestimmungen unbeschränkt persönlich (§§ 249ff. BGB). Ausnahmsweise soll der Schiffseigner nach § 4 Abs. 1 Nr. 2 nur beschränkt haften, wenn es sich um einen Anspruch aus Nichterfüllung oder aus unvollständiger oder mangelhafter Erfüllung des Vertrages handelt, insofern dessen Ausführung zu den Dienstobliegenheiten des Schiffers gehört. Die Ansprüche müssen sich also auf Vorkommnisse stützen, die in dem tatsächlichen Dienstbereich des Schiffers vorgekommen sind (OLG Hamburg in HansGZ Hauptbl. 1887 Nr. 127; SeuffA 43 Nr. 141). Hauptsächlich wird dies für die Haftung des Schiffseigners bei der Ausführung von Fracht-, Lager-, Miet-, Schlepp- und Fahrgastbeförderungsverträgen von Bedeutung sein (Begr. S. 41).

b) Es kommt nicht darauf an, ob sich die Ansprüche auf ein Verschulden der Schiffsbesatzung stützen, ob „die Nichterfüllung oder die unvollständige oder mangelhafte Erfüllung von einer Person der Schiffsbesatzung verschuldet ist oder nicht". Es ist lediglich erforderlich, daß die Ausführung des Vertrages im Einzelfall ihrem Gegenstand nach oder auf Grund besonderer gesetzlicher Bestimmungen zu den Dienstobliegenheiten des Schiffers gehörte. Demnach „gilt die nach § 4 Abs. 1 Nr. 2 beschränkte Verantwortlichkeit auch bei der Haftung aus dem Frachtvertrag (§§ 58, 62), obwohl der Frachtführer an sich persönlich haftet, wenn der Schiffseigner zugleich Frachtführer ist und die Haftung sich auf seine Eigenschaft als Frachtführer gründet" (RGZ 60, 377; OLG Rostock in OLG 22, 71). Es wird eben durch die Vorschrift des § 58 allein die Haftung aus § 4 nicht erweitert (RGZ 60, 377); wohl aber entfällt die beschränkte Haftung bei eigenem Verschulden des Frachtführers und Schiffseigners auf Grund des § 4 Abs. 2 Satz 1. Er haftet hierbei auch unter Umständen für Versehen in der Auswahl der Erfüllungsgehilfen; übt er die Wahl selbst aus, so hat er nach § 278 BGB die unbeschränkte persönliche Haftung auf sich zu nehmen (OLG Hamburg in OLG 20, 2). In gleicher Weise entsteht eine unbeschränkte Haftung, wenn der Schiffseigner den Schiffer von einem Teile seiner gesetzlichen Dienstobliegenheiten befreit und diese einer nicht zur Schiffsbesatzung gehörenden Personen überträgt (RGZ 91, 387) oder wenn er sich mit einer Pflichtwidrigkeit des Schiffers einverstanden erklärt (RGZ 91, 386). Ferner begründet es eine persönliche Haftung des Schiffseigners, wenn er ein von dem Schiffer unter Überschreitung seiner Vertretungsmacht geschlossenes Geschäft genehmigt (§ 184 BGB).

6. Beschränkte Haftung für Verschulden der Schiffsbesatzung (§ 4 Abs. 1 Nr. 3)

Nach § 4 Abs. 1 Nr. 3 haftet der Schiffseigner nur mit Schiff und Fracht, wenn der Anspruch auf das Verschulden einer Person der Schiffsbesatzung gegründet wird. Diese Vorschrift regelt keineswegs nur die Beschränkung der Haftung für Ansprüche aus § 3 Abs. 1 aus einem Verschulden der Schiffsbesatzung in Ausführung ihrer Dienstverrichtungen (so LG Hamburg in HansGZ Hauptbl. 1903 Nr. 134); denn sonst wäre im § 4 Abs. 1 Nr. 3 der gleiche Wortlaut wie im § 3 Abs. 1 gewählt oder diese Bestimmung angezogen worden. Vielmehr soll jeder auf ein Verschulden der Schiffsbesatzung gegründete Anspruch die beschränkte Haftung auslösen, ohne Rücksicht, auf welchen Rechtsgrund dieser Anspruch gestützt wird. Es ist daher unerheblich, ob der Anspruch auf Vertrag, z. B. Fracht- oder Schleppvertrag (LG Hamburg in HansGZ Hauptbl. 1905 Nr. 56), auf die §§ 823ff. BGB oder auf sonstige gesetzliche Bestimmungen (z. B. § 92 in Verbindung mit §§ 735ff. HGB, §§ 7ff., § 79 Abs. 3) gestützt wird. Voraussetzung für diese Haftungsbeschränkung ist aber, daß der Schiffseigner auf Grund des Binnenschiffahrtsgesetzes für fremdes Verschulden in Anspruch genommen wird (KG vom 26. 4. 1938 — 2 U. 6657/37 — in VerkehrsR 1938 Gr. 3 b Heft 9 S. 844 = JW 1938, 2358 Nr. 40).

7. Beschränkte Haftung für Bergungs- und Hilfskosten

Nach den §§ 93, 100 wird eine persönliche Verpflichtung des Schiffseigners zur Entrichtung der Bergungs- und Hilfskosten nicht begründet. Vielmehr stehen dem Gläubiger im Falle der Rettung des Schiffes nach §§ 97, 102ff. die Rechte der Schiffsgläubiger und im Falle der Rettung von Gütern ein Pfandrecht an diesen zu.

8. Beschränkte Haftung für Havereibeiträge

Nach § 90 Abs. 1 wird auch durch den Havereifall eine persönliche Verpflichtung zur Entrichtung des Beitrages nicht begründet, und zwar gilt dies für alle an einer Haverei beteiligten Vergütungsberechtigten (§ 89), einschließlich des Schiffseigners. Es entsteht vielmehr auch aus einem solchen Havereifall nur eine beschränkte Haftung des Schiffseigners zur Entrichtung der Beiträge, da nach § 89 Abs. 1 die Vergütungsberechtigten „wegen der von dem Schiffe zu entrichtenden Beiträge die Rechte von Schiffsgläubigern" haben.

9. Beschränkte Haftung des Schiffseigner-Schiffers für eigenes nautisches Verschulden

a) Nach § 4 Abs. 2 Satz 1 haftet der Schiffseigner für sein eigenes Verschulden wie jeder sonstige Schuldner unbeschränkt persönlich. Diese Vorschrift besagt, daß insoweit die allgemeinen Bestimmungen, das heißt vor allem die §§ 823ff. BGB, zur Anwendung kommen (OLG Hamburg in Recht 1933, 12 Nr. 15 = JR 1932 Nr. 2280). Ein eigenes Verschudlen des Schiffseigners liegt auch vor, wenn er in seiner Eigenschaft als Schiffer (§ 8) ein in nicht gehörigem Zustand befindliches Schiff verwendet (RGZ 60, 375). Von dieser unbeschränkten persönlichen Haftung des Schiffseigners ist jedoch im § 4 Abs. 2 Satz 2 eine sehr bedeutsame Ausnahme für die durch fehlerhafte Führung des Schiffes (aus sogenanntem nautischen Verschulden) entstandenen Schäden gemacht. Nach der Regelung im § 4 Abs. 1 Nr. 3 haftet ein Schiffseigner für das Verschulden der Schiffsbesatzung, also auch für nautisches Verschulden des Schiffers (Schiffsführers), nur beschränkt mit Schiff und Fracht. Nach § 4 Abs. 2 Satz 2 soll der Schiffseigner, auch wenn er selbst das Schiff führt, für einen solchen durch fehlerhafte Führung des Schiffes entstandenen Schaden ausschließlich mit Schiff und Fracht haften, es sei denn, daß ihm eine bösliche Handlungsweise zur Last fällt. Es ist hiermit keineswegs allgemein die unbeschränkte persönliche Haftung des Schiffseigners für eigenes Verschulden im Falle nautischer Versehen ausgeschlossen, vielmehr nur zugunsten derjenigen Schiffseigner, die ihr Schiff selbst führen (die Schiffseigner-Schiffer), also als Ausnahme (RG in JW 1908, 350 Nr. 40). Es fällt also auch nicht hierunter ein Verschulden, das außerhalb der fehlerhaften Führung durch eine etwaige Anweisung oder durch Unterlassung einer solchen seitens des Schiffseigner-Schiffers begründet sein könnte (RGZ 68, 180; RG in JW 1908, 350 Nr. 40). Solche Schiffseigner-Schiffer (Partikulierschiffer, Privatschiffer, auch Kleinschiffer genannt) sind auf den deutschen Wasserstraßen in großer Zahl vorhanden; die Binnenschiffe, die von Geschlecht zu Geschlecht vererbt werden und häufig zugleich als Wohnung dienen, werden von einem solchen Schiffseigner meist selbst geführt, so daß dieser in einer Person gleichzeitig Schiffer (Schiffsführer) ist. Es wäre eine große Härte, diesen Schiffseigner-Schiffern die Beschränkung der Haftung des § 4 Abs. 1 nicht angedeihen zu lassen, wenn es sich um die Haftung aus einer fehlerhaften Führung des Schiffes handelt, denn der Schiffseigner, der sein Schiff durch einen Schiffer führen läßt, würde dann seine Haftung für dessen Verschulden nach § 4 Abs. 1 Nr. 3 auf Schiff und Fracht beschränken können, während der Schiffseigner-Schiffer unbeschränkt persönlich verantwortlich, also benachteiligt sein würde. Zum Ausgleich dieser Benachteiligung und zum Schutz der Kleinschiffer, die ihr Schiff selbst führen, wurde deshalb auf Grund der Reichstagsberatungen bei Erlaß des Binnenschiffahrtsgesetzes der § 4 Abs. 2 Satz 2 eingefügt

(Begr. S. 42—43; Bericht S. 4—5). Diese Vorschrift bezweckt, den Schiffseigner, der sein eigenes Schiff führt, für nautisches Verschulden bei der Führung des Schiffes nicht strenger haften zu lassen als den Schiffseigner, der die Führung einem fremden Schiffer anvertraut (RGZ 68, 181). Für nautisches Verschulden bei der Führung seines Schiffes haftet also auch der Schiffseigner-Schiffer nach § 4 Abs. 2 Satz 2 nur beschränkt mit Schiff und Fracht, es sei denn, daß ihm eine bösliche Handlungsweise zur Last fällt. Nach dem Grundsatz, daß das Sonderrecht dem allgemeinen Recht vorgeht, schließt die besondere, im § 4 Abs. 2 Satz 2 festgelegte beschränkte Haftung des Schiffseigner-Schiffers für nautisches Verschulden die Anwendung des § 823 BGB sowohl dem Grunde als auch dem Umfang nach für diesen Fall aus (OLG Hamburg in Recht 1933, 12 Nr. 15 = JR 1932 Nr. 2280; OLG Hamburg in HansRGZ 1932, 529 Nr. 162). Die nach § 823 BGB begründete Haftung des Schiffseigners und Schiffers eines Sportmotorbootes ist auch bei bloßem nautischen Verschulden nicht auf Schiff und Fracht beschränkt, sondern unbeschränkt, weil für den Eigner eines Sportbootes diese rechtlichen, vor allem die sozialen Erwägungen nicht zutreffen (BGH vom 4. 5. 1961 — II ZR 173/59 — in NJW 61, 1526).

b) Dies gilt aber nur für den Schiffseigner-Schiffer, also für den Schiffer, der sein eigenes zur Schiffahrt bestimmtes Schiff auf Binnengewässern verwendet (§ 1); demnach findet § 4 Abs. 2 Satz 2 keine Anwendung, wenn ein Schiffseigner ein ihm nicht gehöriges Schiff nautisch unrichtig führt.

c) Dagegen gilt § 4 Abs. 2 Satz 2 in gleicher Weise für den Ausrüster, da dieser nach § 2 Dritten gegenüber als Schiffseigner angesehen wird.

d) Wenn dem Schiffseigner an dem verwendeten Schiff nur ein Miteigentumsrecht zusteht, so wird der einzelne Miteigentümer, der das im gemeinschaftlichen Eigentum stehende Schiff führt, nicht als Schiffseigner-Schiffer anzusehen sein. Denn ein solcher Miteigentümer ist zwar Schiffseigner im Sinne des § 1, nicht Ausrüster nach § 2, er führt aber nicht „seinen eigenen Kahn" (vgl. Bericht S. 4—5). Ferner handelt es sich bei der Vorschrift des § 4 Abs. 2 Satz 2 um „eine Ausnahmevorschrift zugunsten derjenigen Schiffer, die ihr Schiff selbst führen", also dessen Alleineigentümer sind (RG in JW 1908, 350 Nr. 40; RGZ 68, 180). Eine solche Ausnahmevorschrift gestattet keine erweiternde Auslegung, sondern es ist dann eben die grundsätzliche Bestimmung des § 4 Abs. 2 Satz 1 anzuwenden, daß der Schiffseigner für eigenes Verschulden nach den allgemeinen Vorschriften (§§ 823ff. BGB), also unbeschränkt, haftet.

e) Der Schiffseigner-Schiffer kann sich nach der ausdrücklichen Einschränkung im § 4 Abs. 2 Satz 2 auf die Beschränkung seiner Haftung nicht berufen, wenn ihm eine bösliche Handlungsweise zur Last fällt. Unter diesem Begriff der „böslichen Handlungsweise" (verwendet auch in den §§ 74, 75) ist nicht etwa allgemein neben dem Vorsatz die grobe Fahrlässigkeit zu verstehen, sondern nur „derjenige Frevelmut, der sich der rechtswidrigen Folgen seines Verhaltens bewußt ist" (RGZ 1, 22, 37; RG bei Bolze 1 Nr. 1026, 4 Nr. 693, 16 Nr. 401). Die Beweislast trifft denjenigen, der die bösliche Handlungsweise behauptet (RGZ 1, 37).

f) Die Haftungsbeschränkung des § 4 Abs. 2 Satz 2 ist nur dann anzuwenden, wenn es sich um einen durch fehlerhafte Führung des Schiffes entstandenen Schaden handelt. Hierunter ist dasselbe zu verstehen wie unter nautischem Versehen (RGZ 82, 147), nämlich alle bei oder während der Verwendung des Schiffes zur Schiffahrt von dem Schiffer zu beschließenden und selbst oder durch die auf dem Schiff angestellten Personen auszuführenden Maßnahmen (RGZ 72, 174; 82, 147; HansGZ Hauptbl. 1910 Nr. 6). Zu den nautischen Verpflichtungen des sein Schiff selbst führenden Schiffseigners „gehört alles, was er bei oder während der Fahrt zu deren Beendigung an nautischen Maßregeln zu beschließen und selbst oder durch andere Schiffsangestellte auszuführen hat" (RGZ 72, 174). Hierunter fällt „in erster Linie der eigentliche Schiffstransport, aber auch das Hinfahren des Schiffes an eine bestimmte Stelle am Bestimmungsort, wie etwaiges Ab- und Wiederanlegen; auch während das Schiff am Löschplatz liegt, untersteht es der Obhut des Schiffers" (RGZ 82, 14; OLG Hamburg in HansGZ Hauptbl. 1912 Nr. 109).

10. Haftung mehrerer Schiffe in einem Schleppzug (§ 4 Abs. 3)

a) Nach § 4 Abs. 3 erstreckt sich bei Vereinigung mehrerer Schiffe in einem Schleppzug die beschränkte Haftung (mit Schiff und Fracht) nur auf dasjenige Schiff, das den Schaden verursacht. Diese Vorschrift wurde bei der Beratung des Binnenschiffahrtsgesetzes von der Reichstagskommission vor allem „zum Schutz der Kleinschiffer" aufgenommen, weil „es notwendig sei, in bezug auf den Umfang der Haftung des Schleppzuges gesetzlich festzustellen, daß der Schleppzug keineswegs als ein unteilbares Ganzes aufzufassen sei" (Bericht S. 1—4, 5). Nach „reichsgerichtlicher Entscheidung sei die Besatzung des Schleppdampfers als zur Besatzung der geschleppten Schiffe gehörig zu betrachten; nach diesem Grundsatz sei also, wenn zufällig die am Schleppzug hängenden Schiffe demselben Schiffseigner gehörten wie der schleppende Dampfer, der Besitzer des Dampfschiffes für einen von diesem verursachten Schaden nicht nur mit dem Dampfschiff, sondern auch mit sämtlichen angehängten Fahrzeugen verhaftet; das bedeutet eine große Ungerechtigkeit" (Bericht S. 5, 6). Die Einführung des § 4 Abs. 3 erfolgte also mit Rücksicht auf die damalige Rechtsprechung des Reichsgerichts, daß im Binnenschiffahrtsverkehr ebenso wie im Seeverkehr die Besatzung des Schleppers im Hinblick auf den Transport der geschleppten Schiffe als deren Besatzung gelte, also eine Einheit des Schleppzuges bestehe (RGZ 20, 84; 46, 42; 50, 36). Es sollte deshalb mit der Einführung des § 4 Abs. 3 erkennbar gemacht werden, daß hinsichtlich der Haftung dritten Personen gegenüber ein Schleppzug nicht als ein unteilbares Ganzes anzusehen sei, daß also nur mit dem schädigenden Schiff und dessen Fracht oder Schlepplohn, nicht aber mit allen Schiffen des Schleppverbandes für schuldhafte Dienstverletzungen durch die Besatzung eines Schiffes gehaftet werde (Bericht S. 5). Die Vorschrift des § 4 Abs. 3 sollte demnach zum Ausdruck bringen, daß bei einem regelmäßig aus einem Schlepper und mehreren Schiffen (Schlepp- oder Anhangskähne genannt) bestehenden Schleppzug (Schleppverband) kein Schiff von einem Dritten haftbar gemacht werden könnte für den Schaden, der durch das Verschulden der Besatzung eines anderen im Schleppzug befindlichen Schiffes verursacht worden ist. Diese frühere Auffassung von der Einheit des Schleppzuges hat das Reichsgericht und ihm folgend die übrige herrschende Rechtsprechung in neueren Entscheidungen mit Recht aufgegeben. Denn die einfache Übertragung der seerechtlichen Normen auf den Binnenschiffahrtsverkehr wird den Bedürfnissen dieses Verkehrs nicht gerecht, ist auch mit § 4 Abs. 3 nicht in Einklang zu bringen; das Gesetz macht einen Unterschied zwischen den Besatzungen der einzelnen Glieder eines Schleppzuges und will jedes Glied nur für seine Besatzung, unter Ausschluß der Besatzung des anderen Gliedes haftbar machen

(RGZ 91, 243; 86, 424; 78, 176; 65, 382, 389; OLG Hamburg in HansGZ Hauptbl. 1911 Nr. 33). Nach dieser Rechtsprechung wäre auch ohne die ausdrückliche Vorschrift des § 4 Abs. 3 die Haftung in einem Schleppzug nur auf dasjenige Schiff zu erstrecken, das den Schaden verursacht hat (RGZ 65, 389).

b) Im § 4 Abs. 3 Satz 1 ist noch hervorgehoben, daß sich die Haftung nur auf die „Fracht" des Schiffes erstrecke, das den Schaden verursacht hat. Dieser Zusatz erfolgte sicher nur zur Klarstellung, da sich das Schiffsgläubigerrecht des geschädigten Dritten nach den §§ 102 Ziff. 5, 104 ohnedies nur auf die Fracht des verwendeten Schiffes erstreckte und da der Begriff der Fracht im § 104 näher erläutert ist. Im § 104 Abs. 4 ist auch ausgeführt, daß „der Fracht das für die Beförderung von Personen zu entrichtende Fahrgeld und bei Schleppschiffen der Schlepplohn gleichstehe".

Haftung des Schiffseigners für Dienstforderungen der Schiffsbesatzung

§ 5

Für die den Personen der Schiffsbesatzung aus dem Dienstverhältnisse zustehenden Forderungen haftet der Schiffseigner persönlich, nicht nur mit Schiff und Fracht.

1. Die Dienstforderungen der Schiffsbesatzung

Im § 5 ist die Haftung des Schiffseigners für die Forderungen der Schiffsbesatzung (§ 3 Abs. 2) aus dem Dienstverhältnis geregelt. Zu diesen Dienstforderungen gehören alle Forderungen, die in unmittelbarem Zusammenhang mit dem Dienstverhältnis (Arbeitsverhältnis) stehen, also der Lohn (die Heuer), Überstundengelder, sonstige Vergütungen, und zwar gleichgültig, ob diese Forderungen auf dem Dienstvertrag (Arbeitsvertrag), Tarifvertrag (Tarifordnung) oder gesetzlichen Bestimmungen beruhen. So fallen unter den Begriff der Dienstforderungen auch die Ansprüche des Schiffers aus § 20 Abs. 5 und der Schiffsmannschaft aus § 25 Abs. 3 auf Bezahlung der Kosten der Rückreise nach Aufhebung des Dienstverhältnisses nach dem Ort, an dem der Dienst von dem Mitglied der Schiffsbesatzung angetreten wurde. Auch der Anspruch der Besatzung auf Rückgabe einer bei Abschluß des Dienstvertrages dem Schiffseigner geleisteten Sicherheit stellt eine solche Dienstforderung dar (LZ 11, 954). Ferner sind Dienstforderungen auch die dem Schiffer bewilligten Vergütungen, wie ein etwa vereinbarter Anteil am Gewinn der Frachtreise (OLG Hamburg in OLG 29, 250). Solche Abmachungen über die Beteiligung der Schiffsbesatzung an den Frachteinnahmen werden in der Frachtschiffahrt der Kleinschiffer (Privatschiffer) nicht selten getroffen, indem der Bootsmann mit seinem Schiffseigner-Schiffer (vgl. § 4 Anm. 9a) „auf Teil fährt"; meist wird die Frachteinnahme so verteilt, daß die nach Abzug aller Schiffahrtsunkosten verbleibende reine Frachteinnahme je zu einem Drittel dem Schiffseigner, dem Bootsmann und dem Schiff (zur Deckung der Abschreibung und Abnutzung) zugeteilt wird. Mitunter lassen auch Schiffahrtsfirmen ihre Schiffsführer (Steuerleute) in dieser Weise „auf Teil fahren". Auch die Anteile an dem Frachtgewinn aus einer solchen Abmachung müssen zu den Forderungen aus dem Dienstverhältnis gerechnet werden, da sie der beteiligten Person der Schiffsbesatzung aus dem Arbeitsverhältnis gegenüber dem Schiffseigner zustehen. Dagegen gehören nicht hierher die Ansprüche eines Mitgliedes der Schiffsbesatzung auf Ersatz des Schadens, den ihm eine andere Person der Schiffsbesatzung schuldhaft zugefügt hat. Denn für solche Ansprüche haftet der Schiffseigner nach § 4 Abs. 1 Nr. 3 nur beschränkt mit Schiff und Fracht.

2. Beschränkte und unbeschränkte Haftung für Dienstforderungen

a) Für solche Dienstforderungen der Schiffsbesatzung (§ 3 Abs. 2) hat der Schiffseigner nach § 5 persönlich, nicht nur mit Schiff und Fracht, zu haften. Der Zweck dieser Vorschrift ist, aus sozialen Gründen die Dienstforderungen der Schiffsbesatzung mit einer besonders bevorzugten Sicherheit auszustatten, nämlich mit der vollen (unbeschränkten) persönlichen Verantwortlichkeit des Schiffseigners sowie mit seiner (beschränkten) Haftung mit Schiff und Fracht. Mit der gewählten Fassung sollte besonders zum Ausdruck gebracht werden, daß der Schiffseigner für solche Dienstforderungen in allen Fällen auch mit Schiff und Fracht hafte. Die Zubilligung beider Haftungsmöglichkeiten ist für die Schiffsbesatzung insbesondere deshalb von Bedeutung, weil nach den §§ 102 Ziff. 2, 103, 104 aus der beschränkten Haftung ein Schiffsgläubigerrecht, ausgestattet mit dem Pfandrecht an Schiff und Fracht, folgt. Nach § 104 Abs. 2 besteht dies Pfandrecht für die Dienstforderungen an der Fracht für sämtliche Frachtfahrten, die unter den Dienstvertrag fallen, aus dem die Forderungen entstanden sind, während sich sonst das Pfandrecht der Schiffsgläubiger nur auf die Bruttofracht derjenigen Frachtfahrt erstreckt, aus der die Forderung entstanden ist (§ 104 Abs. 1). Ferner sind die Dienstforderungen der Schiffsbesatzung auch in der Rangfolge der Schiffsgläubigerrechte bevorzugt behandelt (vgl. §§ 106, 107).

b) Die persönliche Haftung des Schiffseigners aus dem Dienstvertrag, den er selbst mit dem Besatzungsmitglied abgeschlossen hat, ergibt sich schon aus den allgemein bürgerlich-rechtlichen Bestimmungen. Die Haftung aus einem solchen Dienstvertrag bleibt neben der Haftung aus § 5 bestehen; denn mit dieser Vorschrift sollte nur klargestellt werden, daß der Schiffseigner für die Dienstforderungen stets mit Schiff und Fracht sowie persönlich zu haften habe. Von Bedeutung ist der Anspruch aus § 5 deshalb vor allem für ein Besatzungsmitglied, das nicht von dem Schiffseigner selbst, sondern von dem Schiffer (Schiffsführer) auf Grund der diesem zustehenden gesetzlichen Vollmacht (§ 15 Abs. 1) angenommen wurde. Nach § 15 Abs. 1 ist der Schiffer nämlich kraft seiner Anstellung befugt, für den Schiffseigner alle Geschäfte und Rechtshandlungen vorzunehmen, welche die Ausführung der Reise erforderlich machen, wenn sich das Schiff weder am Heimatort noch an einem Ort befindet, an dem der Schiffseigner eine Geschäftsniederlassung hat. Demnach ist der Schiffer insoweit auch ermächtigt, Besatzungsmitglieder einzustellen, wenn dies für die Ausführung der Reise notwendig wird. Nach § 4 Abs. 1 Nr. 1 würde der Schiffseigner dann nur mit Schiff und Fracht haften (vgl. § 4 Anm. 4a). Diese Folgerung sollte aus sozialen Billigkeitsgründen mit der im § 5 aufgestellten persönlichen Verantwortlichkeit des Schiffseigners neben seiner Haftung mit Schiff und Fracht beseitigt werden. Der Schiffseigner haftet also nach § 5 für die Dienstforderungen der von seinem Schiffsführer als gesetzlichen Vertreter angenommenen Besatzungsmitglieder ebenfalls stets unbeschränkt persönlich. In gleicher Weise ist auch im Seerecht im § 487 HGB die Haftung des Reeders für die Dienst- und Heuerforderungen der Schiffsbesatzung geregelt.

Heimatort des Schiffes

§ 6

Das Gericht des Ortes, von dem aus die Schiffahrt mit dem Schiffe betrieben wird (Heimatort), ist, vorbehaltlich des § 3 Abs. 1 des Gesetzes über das gerichtliche Verfahren in Binnenschiffahrts- und Rheinschiffahrtssachen vom 27. September 1952 (Bundesgesetzblatt I S. 641), für alle gegen den Schiffseigner als solchen zu erhebenden Klagen zuständig, ohne Unterschied, ob er persönlich oder nur mit Schiff und Fracht haftet.

Unter mehreren hiernach in Betracht kommenden Orten gilt als Heimatort der Ort, wo die Geschäftsniederlassung, bei mehreren Niederlassungen die Hauptniederlassung und in Ermangelung einer Geschäftsniederlassung der Wohnsitz des Schiffseigners sich befindet.

Ist ein Heimatort nicht festzustellen, so gilt als solcher der Ort, wo der Schiffseigner zur Gewerbesteuer oder Einkommensteuer veranlagt wird.

Vorbemerkung: Die jetzige Fassung des § 6 Abs. 1 beruht auf § 25 des Gesetzes über das gerichtliche Verfahren in Binnenschiffahrts- und Rheinschiffahrtssachen vom 27. 9. 1952 (Bundesgesetzblatt Teil I S. 641).

1. Der Heimatort eines Binnenschiffes

a) Nach der Einleitung des § 6 ist der Heimatort eines Binnenschiffes der Ort, von dem aus die Schiffahrt betrieben wird. Ebenso wird in der seerechtlichen Bestimmung des § 480 Abs. 1 HGB der Hafen, von dem aus die Seefahrt mit dem Schiffe betrieben wird, als Heimathafen des Seeschiffs bezeichnet. Im § 6 Abs. 1 wird ausdrücklich „der Heimatort" eines Schiffes hervorgehoben; ferner werden im § 6 Abs. 2 Grundsätze für die Ermittlung eines Heimatortes „unter mehreren in Betracht kommenden Orten" aufgestellt, und im § 6 Abs. 3 wird von „einem Heimatort" ausgegangen. Hieraus folgt, daß jedes Binnenschiff nur einen einzigen Heimatort haben kann (Preuß. OVG vom 4. 5. 1934 — VIII GSt. 439/499/33 —). Dies wird auch durch die §§ 4 Abs. 1, 12 SchiRegO bestätigt, die für Eintragung des Eigentümers in das Schiffsregister ebenfalls nur einen Heimatort anerkennen (Anm. 9f., 10f. SchiRegO). Im § 6 Abs. 2 und 3 sind Grundsätze für die Ermittlung **eines** Heimatortes unter mehreren aufgestellt (OLG Hamburg vom 2. 6. 1953 — 2 W. 61/53 — 1 T. 424/51 LG Hamburg).

b) Für die Feststellung des Heimatortes kommt es nach § 6 Abs. 1 auf die tatsächliche Handhabung des Schiffahrtsbetriebes im Einzelfall an, denn es ist entscheidend, von welchem Ort aus die Schiffahrt mit dem Schiff tatsächlich betrieben wird. Es kommt nicht darauf an, von welchem Ort aus die Schiffahrt betrieben werden soll, sondern von welchem Ort sie tatsächlich unterhalten wird. Es ist also erforderlich, daß die dahingehende Absicht des Schiffseigners auch verwirklicht wird (KG in OLG 14, 389).

2. Feststellung des Heimatortes

a) Die Feststellung dieses für jedes Binnenschiff in Betracht kommenden einzigen Heimatortes ist häufig mit großen Schwierigkeiten verbunden. Denn nur mit wenigen Binnenschiffen (so mit Eilgüterlinienschiffen, mit Fahrgastschiffen) wird eine regelmäßige Schiffahrtsverbindung von einem bestimmten Ort aus unterhalten; meist verkehren die Binnenschiffe je nach der Geschäftslage auf allen für den Verkehr erreichbaren Binnengewässern. Besondere Schwierigkeiten bereitet die Feststellung des Heimatortes bei den Kleinschiffern (Partikulierschiffern, Privatschiffern, Einzelschiffern), die am Lande meist eine Geschäftsniederlassung oder Betriebsstätte nicht unterhalten, häufig überhaupt keine Landwohnung besitzen, sondern auf dem Schiff wohnen und auf allen für sie erreichbaren Wasserstraßen jede Gelegenheit zur Ausführung von Schiffahrtsgeschäften wahrnehmen. In solchen Fällen läßt sich aus der Handhabung des Schiffahrtsbetriebes allein der Ort, von dem aus die Schiffahrt tatsächlich betrieben wird, nur schwer ermitteln. Ferner wird die Schiffahrt mit einem Binnenschiff in den seltensten Fällen von einem einzigen Ort aus betrieben; vielmehr kommen hierfür meist eine große Anzahl von Orten in Betracht. Auch eine Schiffahrtsgesellschaft oder Schiffahrtsfirma wird ihre Binnenschiffe je nach den Schiffahrtsgelegenheiten von mehreren Orten aus beschäftigen. Es soll aber nach § 6 jedes Binnenschiff nur einen einzigen Heimatort haben. Zur Behebung dieser Schwierigkeiten werden im § 6 Abs. 2 für die Ermittlung des Heimatortes unter mehreren in Betracht kommenden Orten grundsätzliche gesetzliche Vermutungen aufgestellt. Danach „gelten" unter mehreren in Betracht kommenden Orten bestimmte, nach anderen Merkmalen als dem tatsächlichen Schiffahrtsbetrieb zu ermittelnde Orte als Heimatorte, und zwar in der folgenden Reihenfolge.

b) Nach § 6 Abs. 2 „gilt" kraft dieser gesetzlichen Vermutung unter mehreren in Betracht kommenden Orten als Heimatort in erster Linie der Ort, an dem sich die Geschäftsniederlassung, bei mehreren Niederlassungen die Hauptniederlassung des Schiffseigners befindet. Die Aufstellung dieser gesetzlichen Vermutung an erster Stelle beruht auf der Erwägung, daß sich am Ort der Niederlassung der Mittelpunkt des Schiffahrtsbetriebes befinden wird (vgl. § 269 Abs. 2 BGB; § 21 ZPO). Bei Schiffahrtsgesellschaften und Schiffahrtsfirmen wird die Geschäftsniederlassung regelmäßig durch den Sitz der Gesellschaft (vgl. § 17 ZPO) bestimmt; bei mehreren Geschäftsniederlassungen, wie sie bei solchen Schiffahrtsgesellschaften meist vorliegen, ist die Hauptniederlassung maßgebend, also bei handelsgerichtlich eingetragenen Firmen in der Regel der Ort ihres Sitzes (vgl. §§ 17, 24 ZPO).

c) In Ermangelung einer solchen Geschäftsniederlassung gilt nach § 6 Abs. 2 der Ort des Wohnsitzes (§ 7 BGB) des Schiffseigners als Heimatort. Diese Bestimmung wird vor allem für die Kleinschiffer (Privatschiffer) anzuwenden sein, da diese regelmäßig eine Geschäftsniederlassung am Lande nicht unterhalten, sondern von ihrem Schiff aus die Schiffahrt betreiben, allerdings mitunter auch keine Landwohnung besitzen. Die polizeiliche Anmeldung an einem Ort begründet für sich allein ebensowenig einen Wohnsitz wie die Bestellung einer Postadresse oder eines Zustellungsbevollmächtigten. Nach Gewohnheitsrecht sollen Zustellungen durch die Wasserschutzpolizei auf dem Rhein als gewohnheitsrechtlich zulässige rechtsgültige Zustellungen anzusehen sein (OLG Köln vom 29. 9. 1953 — 2 Ns 1/53 — in ZfB 1953, 392). Nach § 7 BGB wird der Wohnsitz durch ständige Niederlassung an einem Ort begründet; nach § 7 Abs. 2 BGB kann der Wohnsitz gleichzeitig an mehreren Orten bestehen. Selbst wenn solche mehreren Wohnsitze vorliegen sollten, so kann auch in einem solchen Fall nur ein einziger Heimatort in Betracht kommen.

d) Ist unter Anwendung dieser gesetzlichen Vermutungen in der erörterten Reihenfolge ein Heimatort nicht festzustellen, so gilt nach § 6 Abs. 3 als solcher der Ort, an dem der Schiffseigner zur Gewerbesteuer oder Einkommensteuer veranlagt wird. Diese Vermutung wird stets angewendet werden müssen, wenn der Schiffseigner mit seiner Familie auf dem Schiff wohnt und von keinem bestimmten Ort aus die Schiffahrt betreibt. Dann soll die von der Reichstagskommission bei der Beratung des Binnenschiffahrtsgesetzes hinzugefügte Regelung (Bericht S. 6) des § 6 Abs. 3 Platz greifen, wonach der Ort der letzten Veranlagung zur Gewerbe- oder Einkommenssteuer als Heimatort zu gelten hat. In erster Linie ist hierbei die Veranlagung zur Gewerbesteuer maßgebend; die Einkommensteuerveranlagung ist nur heranzuziehen, wenn ein steuerpflichtiges Gewerbe nicht betrieben wird (z. B. bei Schiffen, die dem Fiskus oder Sporttreibenden gehören) oder eine Gewerbesteuer nicht erhoben wird. Nach der Rechtsprechung des Preußischen Oberverwaltungsgerichts ist für die Veranlagung zur Gewerbesteuer der Ort maßgebend, an dem eine Betriebsstätte unterhalten wird; der Wohnsitz kommt ebenfalls nur dann in Betracht, wenn dort eine Betriebsstätte vorhanden ist (Preuß. OVG vom 4. 5. 1934 — VIII GSt. 439/449/33 —).

e) Auch bei Anwendung dieser Vermutungen können Schwierigkeiten in der Feststellung des Heimatortes bestehen. Wenn es sich um ein im Schiffsregister eingetragenes Schiff handelt, so besteht insofern eine Beweiserleichterung, als nach den §§ 4 Abs. 1, 12, 17 Abs. 1 SchiRegO bei der Schiffsregisterbehörde der Heimatort einzutragen ist und Verlegungen des Heimatortes anzumelden sind. Hieraus folgt nach der Rechtsprechung eine tatsächliche Vermutung dafür, daß der im Schiffsregister vermerkte auch der richtige Heimatort des Schiffes ist (RGZ 42, 71; OLG Hamburg in SeuffA 42 Nr. 135; Preuß. OVG vom 4. 5. 1934 — VIII GSt. 439/449/33 —). Bei nicht eingetragenen Schiffen wird sich eine Feststellung, von welchem Ort aus die Schiffahrt tatsächlich betrieben wird, nicht umgehen lassen, wenn die in § 6 Abs. 2, 3 aufgeführten Vermutungen sämtlich versagen sollten. Dies wird aber nur in seltenen Fällen vorkommen, da eine Veranlagung zur Gewerbe- oder Einkommenssteuer (§ 6 Abs. 3) fast immer vorhanden sein wird.

3. Bedeutung des Heimatortes

a) Nach § 10 Abs. 2 SchiRegO sind die Binnenschiffe mit einer Tragfähigkeit von mehr als 20 Tonnen oder von mehr als 100 effektiven Pferdestärken, ferner alle Tankschiffe, Schlepper und Stoßboote in das Binnenschiffsregister des Heimatortes einzutragen (§ 4 Abs. 1 SchiRegO). Nach § 17 SchiRegO sind Veränderungen in den eingetretenen Tatsachen und Rechtsverhältnissen in gleicher Weise einzutragen, insbesondere eine Verlegung des Heimatortes (Heimathafens) des Schiffes aus dem Bezirk des Schiffsregisters.

b) Für die Zwangsvollstreckung in den Anteil an einem solchen im Schiffsregister eingetragenen Schiff (Schiffspart) ist nach § 858 ZPO das Amtsgericht zuständig, in dessen Bezirk sich der Heimathafen oder der Heimatort des Schiffes befindet.

c) Nach § 942 Abs. 2 ZPO ist eine einstweilige Verfügung, auf Grund deren eine Vormerkung oder ein Widerspruch gegen die Richtigkeit des Schiffsregisters eingetragen werden soll, von dem Amtsgericht des Heimatortes des Schiffes zu erlassen.

d) Für die Zwangsversteigerung eines im Schiffsregister eingetragenen Schiffes ist aber nicht das Amtsgericht des Heimatortes, sondern nach den §§ 864, 869 ZPO, § 163 Abs. 1 ZVG des Aufenthaltsortes bei Einleitung der Versteigerung maßgebend. Diese Regelung ist gewählt worden, weil die nach § 165 ZVG anzuordnende Bewachung und Verwahrung des Schiffes, ebenso die Versteigerung, besser in der Nähe des Aufenthaltsortes des Schiffes durchzuführen ist. Nach § 168 ZVG soll aber die Terminsbestimmung, falls sich der Heimatort des Schiffes in dem Bezirk eines anderen Gerichts befindet, auch durch das zugelassene Blatt dieses Gerichts bekanntgemacht werden.

e) Nach § 16 sind Rechtsgeschäfte, die der Schiffer (Schiffsführer) eingeht, während sich das Schiff am Heimatort befindet, für den Schiffseigner nur dann verbindlich, wenn der Schiffer auf Grund einer Vollmacht gehandelt hat oder wenn ein anderer besonderer Verpflichtungsgrund vorhanden ist. Dagegen ist die gesetzliche Vertretungsmacht des Schiffers nach § 15 erweitert, wenn sich das Schiff weder am Heimatort noch an einem Ort befindet, an dem der Schiffseigner eine Geschäftsniederlassung hat.

4. Gerichtsstand des Heimatortes

a) Nach § 6 Abs. 1 ist das Gericht des Heimatortes für alle „gegen den Schiffseigner als solchen“ zu erhebenden Klagen zuständig, „ohne Unterschied, ob er persönlich oder nur mit Schiff und Fracht haftet“. Es handelt sich nach dem klaren Wortlaut dieser Vorschrift weder um einen „ausschließlichen“ noch um einen allgemeinen Gerichtsstand (§§ 12, 24 ZPO), sondern um einen besonderen gesetzlichen Gerichtsstand, so daß der Kläger nach § 35 ZPO die Wahl hat, ob er in dem Gerichtsstand des Heimatortes oder vor einem anderen zuständigen Gericht klagen will (OLG Hamburg in HansGZ Hauptbl. 1897 Nr. 81). Dies Wahlrecht besteht aber nicht für die Ansprüche aus „Binnenschiffahrtssachen“ im Sinne des Gesetzes über das gerichtliche Verfahren in Binnenschiffahrts- und Rheinschiffahrtssachen vom 27. 9. 1952 (BGBl. I S. 641), die bei den „Schiffahrtsgerichten“ geltend zu machen sind (vgl. § 92 Anm. 4 b). Der Gerichtsstand des Heimatortes gilt bei solchen Binnenschiffahrtssachen nicht, da nur „abweichende Vereinbarungen“ gegenüber dieser besonderen gesetzlichen Zuständigkeit zulässig sind (vgl. § 92 Anm. 4 c). Von Bedeutung ist dieser Gerichtsstand des Heimatortes vor allem, wenn der als Beklagte in Anspruch zu nehmende Schiffseigner weder einen Wohnsitz (§ 13 ZPO) noch eine Geschäftsniederlassung (§ 21 ZPO) hat, wie dies bei den Kleinschiffern (Privatschiffern) vielfach der Fall ist, und ein sonstiger gesetzlicher Gerichtsstand (z. B. auf Grund der §§ 23, 24, 25, 32 ZPO oder auf Grund des Gesetzes über das gerichtliche Verfahren in Binnenschiffahrts- und Rheinschiffahrtssachen vom 27. 9. 1952 (BGBl. I S. 641) nicht gegeben ist. Denn dann müßte die Klage nach § 16 ZPO bei dem Gericht geführt werden, in dessen Bezirk der Aufenthaltsort des Schiffseigners liegt, dessen rechtzeitige Ermittlung häufig schwierig ist. Ein besonderer Gerichtsstand des Aufenthalts des Schiffes ist gesetzlich nicht eingeführt (Bericht S. 20, 21). Der Aufenthaltsort des Schiffes ist aber in verschiedener Hinsicht von Bedeutung, so für den Gerichtsstand des Vermögens nach § 23 ZPO, für die Klagen der Schiffsgläubiger (OLG Hamburg in HansGZ Hauptbl. 1901 Nr. 20; OLG 2, 291), für die Zuständigkeit des Vollstreckungsgerichts (§ 163 ZVG).

b) Der Gerichtsstand des Heimatortes muß im Zeitpunkt der Erhebung der Klage gegeben sein. Denn dieser Gerichtsstand ist dem des Wohnsitzes (§ 13 ZPO) nachgebildet, und aus der Fassung des § 6 Abs. 1 muß gefolgert werden, daß die besondere Zuständigkeit des Gerichts des Heimatortes bei der Erhebung der

Klage vorliegen muß. Wenn sich also seit der Entstehung des Anspruchs gegen den Schiffseigner der Heimatort des Schiffes ändert, so ist nicht der Gerichtsstand des früheren, sondern nur des gegenwärtigen Heimatortes begründet (so auch Mittelstein, Das Recht der Binnenschiffahrt, Leipzig 1918, S. 6; a. A. Förtsch zu § 6 Nr. 3). Dagegen kann ein Schiffseigner (Ausrüster) bei dem Gerichtsstand des letzten Heimatortes aus den früher gegen ihn nach § 6 erwachsenen Ansprüchen verklagt werden, wenn er nicht mehr Schiffseigner ist, weil er beispielsweise sein Schiff veräußert hat (OLG Hamburg in HansGZ Hauptbl. 1890 Nr. 75).

c) Nach § 6 Abs. 1 ist dieser Gerichtsstand des Heimatortes für alle „gegen den Schiffseigner als solchen" zu erhebenden Klagen gegeben. Als Beklagter kann daher nur der Schiffseigner (§ 1) oder der Ausrüster (§ 2 Abs. 1) in Betracht kommen. Die Klagen müssen sich gegen den Schiffseigner „als solchen" richten, also darauf beruhen, daß er das betreffende Schiff zur Schiffahrt verwendet hat. Es ist unerheblich, auf welche Rechtsgründe die Klage sonst gestützt wird, also ob ein Anspruch aus Vertrag oder unerlaubter Handlung geltend gemacht wird. So ist auch für die Pfandklage der Schiffsgläubiger gegen den Schiffseigner nach § 103 Abs. 3 der Gerichtsstand des Heimatortes begründet (RGZ 78, 308). Für die Klagen aus Eigentum, aus bestelltem Pfandrecht dagegen ist der Gerichtsstand des Heimatortes nicht gegeben, da sich diese Ansprüche nicht gegen den „Schiffseigner als solchen", sondern gegen den Eigentümer des Schiffes (vgl. § 1 Anm. 1) richten. Die Regelung im § 6 Abs. 1 gilt jedoch nur „vorbehaltlich des § 3 Abs. 1 über das gerichtliche Verfahren in Binnenschiffahrts- und Rheinschiffahrtssachen vom 27. 9. 1952 (BGBl. I S. 641)", wie dies durch eine nach § 25 des letzterwähnten Gesetzes erfolgte Änderung in der Fassung des § 6 Abs. 1 ausdrücklich hervorgehoben worden ist. Für diese Binnenschiffahrtssachen gilt demnach die besondere gesetzliche Zuständigkeit.

Zweiter Abschnitt

Schiffer

Sorgfalt und Haftung des Schiffers

§ 7

Der Führer des Schiffes (Schiffer) ist verpflichtet, bei allen Dienstverrichtungen, namentlich bei der Erfüllung der von ihm auszuführenden Verträge, die Sorgfalt eines ordentlichen Schiffers anzuwenden.

Er haftet für jeden durch die Vernachlässigung dieser Sorgfalt entstandenen Schaden nicht nur dem Schiffseigner, sondern auch den Ladungsbeteiligten (Absender und Empfänger), den beförderten Personen und der Schiffsbesatzung, es sei denn, daß er auf Anweisung des Schiffseigners gehandelt hat. Auch in dem letzteren Falle bleibt der Schiffer verantwortlich, wenn er es unterlassen hat, dem Schiffseigner die nach Lage des Falles erforderliche Aufklärung zu erteilen, oder wenn ihm eine strafbare Handlung zur Last fällt.

Durch die Erteilung der Anweisung wird der Schiffseigner persönlich verpflichtet, wenn er bei der Erteilung von dem Sachverhältnisse unterrichtet war.

1. Der Begriff des Schiffers

a) Nach § 7 Abs. 1 wird im Binnenschiffahrtsrecht, ebenso wie nach § 511 Abs. 1 HGB im Seerecht, nur der „Führer des Schiffes" als Schiffer bezeichnet, während man hierunter im Volksmunde den Binnenschiffahrttreibenden überhaupt versteht. Der Schiffer gehört nach § 3 Abs. 2 zur Schiffsbesatzung, nicht aber auch zur Schiffsmannschaft (§ 21). Es wird hiernach als Schiffer im Sinne des Gesetzes dasjenige Mitglied der Schiffsbesatzung verstanden, dem die Leitung des Schiffes, die Befehlsgewalt, obliegt. Im Binnenschiffahrtsverkehr ist dies also bei Schleppdampfern und Schleppmotorschiffen sowie Fahrgastschiffen der den Oberbefehl führende Kapitän (auch Schiffsführer benannt), bei Frachtfahrzeugen der Steuermann, der bei großen Frachtschiffen ebenfalls häufig als Kapitän bezeichnet wird. Es macht keinen Unterschied, ob es sich um kleinere oder größere Schiffe und um solche mit oder ohne eigene Triebkraft handelt; auch der sog. Steuermann eines kleineren Frachtschiffes ist Schiffer, und zwar auch im arbeitsrechtlichen Sinne, wenn er, abgesehen von seiner technischen Aufgabe als Steuermann, zugleich als Befehlshaber, als sog. Setzschiffer beschäftigt ist (RArbG vom 20. 11. 1942 — RAG 106/42 in VerkehrsrR 1943 Gruppe 3 b Blatt 132). Es ist nicht erforderlich, daß ein solcher Schiffsführer, um als Schiffer im Sinne des § 7 Abs. 1 zu gelten, in „einer mehr oder weniger dauernden Weise mit der Führung eines Schiffes betraut sein müßte" (so OLG Hamburg in OLG 2, 185 = HansGZ Hauptbl. 1901 Nr. 4). Für eine solche Einschränkung gibt die Vorschrift des § 7 keinen Anhalt; es kommt also nicht darauf an, ob die vom Schiffseigner bestellte Person mehr oder weniger beständig bei den Fahrten eines bestimmten Schiffes dessen Führer ist. Ferner ist es unerheblich, von welcher Dauer die Reise des Schiffes ist (RGZ 48, 64; OLG Hamburg vom 7. 1. 1901, ebenfalls erwähnt in OLG 2, 185). So ist auch ein Ewerführer, der von seinem Dienstherrn, in dessen Tagelohn er steht, beauftragt wird, mit einer Schute einen bestimmten Transport von kurzer Dauer auszuführen, während dieser Frachtfahrt der Schiffer dieser Schute (OLG Hamburg in HansGZ Hauptbl. 1901 Nr. 26; HansGZ Hauptbl. 1901 Nr. 62; RGZ 60, 378; RG in HansGZ Hauptbl. 1906 Nr. 79; a. A. OLG Hamburg in OLG 2, 185). So wurde auch eine vom Schiffseigner zur Bewachung einer beladenen Schute für die Nachtzeit bestellte Person als Schiffer angesehen (RG in HansGZ Hauptbl. 1906 Nr. 135; OLG Hamburg in HansGZ Hauptblatt 1906, 17 Nr. 6; OLG Hamburg Hauptbl. 1913 Nr. 104). Es ist ferner nicht entscheidend, ob sich das Schiff bei seiner Reise von dem Heimathafen entfernt. Dies ergibt sich aus § 131 Abs. 1, wonach gewisse einzelne Bestimmungen des Gesetzes, zu denen aber der § 7 nicht gehört, bei Schiffen, die nur zu Fahrten innerhalb desselben Ortes bestimmt sind, keine Anwendung finden (RGZ 48, 68). Demnach ist auch der Führer eines solchen für den Ortsverkehr, insbesondere für Hafenfahrten, bestimmten Schiffes als Schiffer anzusehen; es gelten für ihn nach § 131 Abs. 1 lediglich die §§ 15—19 nicht, d. h. ihm fehlt die gesetzliche Vertretungsmacht, für den Schiffseigner zu handeln, und er darf ohne besondere Ermächtigung keinen Ladeschein zeichnen (RGZ 60, 378; RG in HansGZ Hauptbl. 1906 Nr. 79).

b) Nach § 7 Abs. 1 ist jeder Führer des Schiffes als Schiffer anzusehen. In der Regel wird der Schiffer von dem Schiffseigner auf Grund eines Dienstvertrages bestellt werden (vgl. §§ 5, 20). Ein solcher angestellter Schiffer wird im Binnenschiffahrtsverkehr meist als Steuermann (Setzschiffer) bezeichnet. Eine erhebliche Anzahl von Binnenschiffahrttreibenden (Kleinschiffer, Privatschiffer, Partikulierschiffer) führen die ihnen gehörigen Schiffe aber selbst, sind also Schiffseigner und Schiffer in einer Person. Auch ein solcher Schiffseigner-Schiffer ist im Sinne des § 7 Abs. 1 der Führer seines Schiffes (vgl. hierzu § 4 Anm. 9), da im § 7 lediglich auf die Führung des Schiffes abgestellt wird (ebenso Mittelstein 1 zu § 7 Anm. 1; aA KG in Hans RGZ Nr. 43/44, S. 392, das als Schiffer nur den Schiffsführer, der nicht Schiffseigner ist, ansehen will).

c) Es kann unter besonderen Umständen auch der Führer eines anderen Schiffes als Schiffer in Betracht kommen. Denn nach § 7 Abs. 1 ist die Anwesenheit des Schiffers auf dem von ihm geführten Schiff nicht unbedingt erforderlich. Der Schiffer muß nur tatsächlich die Befehlsgewalt ausüben und zur Besatzung des von ihm geführten Schiffes zu rechnen sein. Wird daher ein unbemanntes Schiff (z. B. eine Schute, ein Prahm) von einem Schleppdampfer befördert, so wird man die Besatzung des Schleppdampfers als Besatzung dieses sonst „führerlosen" Anhangs und damit den Schleppdampferführer als Schiffer des Anhangs zu betrachten haben (RG in Recht 1914 Nr. 525; OLG Hamburg in HansGZ Hauptbl. 1913 Nr. 104; OLG Schwerin vom 29. 10. 1951 — U 63/50 — in VRS 1953/111). Aus den gleichen Erwägungen hat das Reichsgericht dies sogar in einem Fall angenommen, bei dem eine Badeanstalt von zwei Schleppern abgeschleppt wurde und der Führer des ganzen Zuges sich auf der Badeanstalt befand, um von dort aus den Führern der Schlepper Befehle zu erteilen (RG in Recht 1908 Nr. 650 Beilage S. 111). Von diesen besonderen Fällen abgesehen macht das Gesetz aber einen Unterschied zwischen den einzelnen Gliedern eines Schleppzuges und will jedes Glied nur für seine Besatzung haftbar machen, so daß die in älteren Entscheidungen vom Reichsgericht angenommene Einheit des Schleppzuges nicht besteht (RGZ 65, 382, 389 = SeuffA 63 Nr. 140; 78, 380).

2. Sorgfaltspflicht des Schiffers

Nach § 7 Abs. 1, der im Wortlaut mit der seerechtlichen Vorschrift des § 511 HGB übereinstimmt, ist der Schiffer verpflichtet, bei allen Dienstverrichtungen, namentlich bei der Erfüllung der von ihm ausgeführten Verträge, die Sorgfalt eines ordentlichen Schiffers anzuwenden. Der Schiffer hat diese Sorgfalt bei allen Dienstobliegenheiten, also nicht nur in nautischer Hinsicht bei der Führung des Schiffes, sondern bei sämtlichen Maßnahmen und Handlungen, insbesondere bei der Erfüllung von Verträgen, zu beobachten. Er muß sich bei allen Dienstverrichtungen wie ein ordentlicher Schiffer verhalten, also die gesetzlichen Vorschriften, insbesondere auch die wasserpolizeilichen Bestimmungen, und die nautischen Grundsätze bei der Führung des Schiffes beachten. Bei dem Umfang und der Mannigfaltigkeit seiner Tätigkeit hat das Gesetz davon abgesehen, seine Dienstobliegenheiten zusammenfassend und vollständig aufzuführen. So enthalten die §§ 8—12 einige Vorschriften über den Beginn und die Ausführung der Reise, die §§ 28ff. über die Durchführung des Frachtgeschäfts. Im übrigen hat sich das Gesetz darauf beschränkt, im § 7 Abs. 1 eine abstrakte Sorgfaltsverpflichtung für den Schiffer aufzustellen. Er muß stets bei allen Dienstverrichtungen die Sorgfalt eines ordentlichen Schiffers anwenden und nicht nur die bürgerlich- und öffentlichrechtlichen Vorschriften, sondern auch die allgemeinen Gebräuche sowie die Übungen des Binnenschiffahrtsverkehrs beachten.

3. Haftung des Schiffers

a) In erster Linie haftet der angestellte Schiffer (Steuermann, Setzschiffer) seinem Dienstherrn, dem Schiffseigner, aus Dienstvertrag (§ 20) nach § 276 BGB aus einer schuldhaften Vertragsverletzung. Diese Bestimmung greift insbesondere auch dann Platz, wenn der Schiffseigner nach § 3 Abs. 1 aus einem Verschulden der Schiffsbesatzung von einem Dritten in Anspruch genommen wird und sich dann an dem schuldigen Schiffer schadlos hält.

b) Nach §§ 823ff. BGB haftet der Schiffer aus einer unerlaubten Handlung jedem geschädigten Dritten auf Schadensersatz, denn die Beobachtung der im Verkehr erforderlichen Sorgfalt liegt jedem, auch dem Schiffer, ob (RGZ 63, 308, 311; OLG Schwerin vom 29. 10. 1951 — U 63/50 — in VRS 1953, 111).

c) Neben der Inanspruchnahme aus Vertrag und aus unerlaubter Handlung besteht nach § 7 Abs. 2 bestimmten Personen gegenüber eine gesetzliche Haftung wegen Verletzung der Dienstverrichtungen eines ordentlichen Schiffers. Nach dieser Vorschrift haftet der Schiffer für jeden durch die Vernachlässigung dieser Sorgfalt entstandenen Schaden „den Ladungsbeteiligten (Absender und Empfänger), den beförderten Personen und der Schiffsbesatzung, es sei denn, daß er auf Anweisung des Schiffseigners gehandelt hat". Diese weitergehende Haftung, die das Binnenschiffahrtsgesetz aus dem Seerecht (§ 512 HGB) übernommen hat, ist darauf zurückzuführen, daß die aufgeführten Ladungsbeteiligten, ebenso wie die Schiffsbesatzung und die beförderten Personen, in engen Beziehungen zu dem Schiff stehen, so daß es gerechtfertigt erscheint, ihnen in gleicher Weise wie einer Vertragspartei einen Schadensersatzanspruch aus schuldhafter Verletzung der Dienstobliegenheiten zu gewähren. Eine schuldhafte Verletzung dieser besonderen Betreuungs- und Fürsorgepflicht stellt eine unerlaubte Handlung dar (BGHZ 9, 301, 307; BGH vom 15. 2. 1955 — I ZR 45/54 — in VRS 1955, 282; vom 7. 7. 1960 — II ZR 209/58 — in ZfB 1960, 342 = VRS 1960, 251). Die Haftung des Schiffseigners aus dem Verschulden des Schiffers nach § 4 Abs. 2 Nr. 3 bleibt daneben auch gegenüber diesen Personen bestehen.

Zu diesen hinsichtlich der Haftung des Schiffers begünstigten Personen gehört nach § 7 Abs. 2 in erster Linie der Schiffseigner, der hiermit neben der Inanspruchnahme aus dem Dienstvertrag einen weiteren klagbaren Anspruch erhält. An zweiter Stelle sind die Ladungsbeteiligten erwähnt, jedoch unter ausdrücklicher Beschränkung auf den Absender und den Empfänger. Bis zur Beendigung der Reise hat der Schiffsführer die Belange sowohl des Schiffseigners als auch der Ladungsbeteiligten wahrzunehmen. Bei widerstreitigen Belangen hat dies möglichst im Wege eines abwägenden Ausgleichs zu erfolgen; bei Gleichwertigkeit gehen die Interessen des Schiffseigners vor. Die Reise eines Schiffes ist auch nach Ankunft im Bestimmungshafen erst beendet, sobald die Ladung gelöscht ist (RG in DR 1942, 1498 Nr. 4). Hiermit sollte klargestellt werden, daß weitere Ladungsbeteiligte, wie der Ablader, nicht hierzu gehören (Begr. S. 46; BGH vom 7. 7. 1960 — II ZR 209/58 — in ZfB 1960, 342). Absender in diesem Sinne ist derjenige, der im eigenen Namen den Frachtvertrag mit dem Frachtführer abgeschlossen hat, also dessen Vertragsgegner ist, während als Empfänger derjenige gilt, der die Frachtgüter im eigenen Namen erhalten soll (vgl. § 26, § 445 HGB). Diese Sorgfaltspflicht des Schiffers gegenüber den Ladungsbeteiligten (Absender und Empfänger) ist in den §§ 10 Abs. 2, 3 und 11, 28ff., 70, 91, 99 näher erläutert.

Weiter gehören zu den nach § 7 Begünstigten die von dem Schiffseigner beförderten Personen (vgl. § 77) und schließlich die Schiffsbesatzung (§ 3 Anm. 3). Damit ist der Kreis der hinsichtlich der Haftung des Schiffers begünstigten Personen geschlossen; eine Erweiterung dieses Kreises durch ausdehnende Auslegung ist nicht zulässig, da es sich um eine Ausnahmevorschrift handelt (RGZ 10, 18).

Nach § 7 Abs. 2 ist, abweichend von der Regelung des Seerechts (§ 512 HGB), die Haftung des Schiffers gegenüber diesen begünstigten Personen ausgeschlossen, wenn er „auf Anweisung des Schiffseigners gehandelt hat". Es wird nicht erforderlich sein, daß es sich um eine „besondere" Anweisung gehandelt hat (so Begr. S. 46), sondern die Anweisung kann auch in einer allgemeinen Dienstanweisung enthalten sein (so Mittelstein 1 I zu § 7 Anm. 2 b; Mittelstein 2 S. 79). Unter einer an eine Person gerichteten „Anweisung" versteht man nach Sprachgebrauch jeden Auftrag zur Vornahme einer Handlung oder Unterlassung. Außerdem liegt der Sinn dieser Vorschrift in der Erwägung, daß für solche anweisungsgemäß vorgenommenen Handlungen nur der Schiffseigner haften soll, weil der Schiffer dann nur als dessen Werkzeug handeln mußte (§ 7 Abs. 3). Es ist aber nicht einzusehen, inwiefern dann nicht eine allgemeine Anweisung die gleichen Folgen haben sollte. Auf eine solche Anweisung soll sich der Schiffer aber nach § 7 Abs. 2 Satz 2 ausnahmsweise dann nicht berufen dürfen, sondern verantwortlich bleiben, wenn er es unterlassen hat, dem Schiffseigner die nach Lage des Falles erforderliche Aufklärung zu erteilen, oder wenn ihm eine strafbare Handlung zur Last fällt. Eine solche Aufklärung des Schiffseigners durch seinen Schiffer ist erforderlich, wenn dieser bei Anwendung der Sorgfalt eines ordentlichen Schiffers erkennen mußte, daß der Schiffseigner die Anweisung in Unkenntnis der Verhältnisse erteilt hat. Dies wird vor allem häufig bei dem Vorliegen allgemeiner Dienstanweisungen der Fall sein, da diese bei dem von Witterungseinflüssen und anderen äußeren Umständen abhängigen Binnenschiffahrtsverkehr durch Veränderung der Verhältnisse leicht überholt werden können. Auch bei strafbaren Handlungen wird der Schiffer durch die Anweisung des Schiffseigners nicht gedeckt, da er eine Anweisung, die gegen Strafvorschriften (auch wasserpolizeiliche Vorschriften) verstößt, nicht zu befolgen braucht, ohne gegen seine dem Schiffseigner gegenüber obliegenden Dienstverpflichtungen zu verstoßen.

d) Nach § 7 Abs. 3 wird der Schiffseigner durch die Erteilung einer solchen Anweisung persönlich verpflichtet, wenn er bei der Erteilung von dem Sachverhältnis unterrichtet war. Nach der grundlegenden Vorschrift des § 4 Abs. 1 Nr. 3 würde der Schiffseigner für ein Verschulden des Schiffers nur mit Schiff und Fracht haften; denn seine persönliche Haftung setzt nach § 4 Abs. 2 Satz 1 eigenes Verschulden voraus. Der § 7 Abs. 3 ist also dahin zu verstehen, daß der Schiffseigner durch eine schuldhafte dem Schiffer erteilte Anweisung stets persönlich verpflichtet wird; dies gilt aber nur, wenn er das Schiff nicht selbst führt und es sich nicht um ein Verschulden bei der Führung des Schiffes handelt (RG in JW 1908, 350 Nr. 40).

4. Umfang der Haftung des Schiffers

a) Nach §§ 276, 249ff., 842—851 BGB haftet der Schiffer auf Ersatz des vollen Schadens, der in ursächlichem Zusammenhang mit seinem schuldhaften Verhalten steht.

b) Der Schiffer haftet regelmäßig unbeschränkt persönlich, denn eine Beschränkung der Haftung auf Schiff und Fracht ist im § 7 nicht vorgesehen. Dies gilt grundsätzlich auch für den sein eigenes Schiff führenden Schiffseigner-Schiffer. Eine Ausnahme besteht für diesen aber für nautisches Verschulden bei der Führung des Schiffes, weil nach § 4 Abs. 2 Satz 2 auch der Schiffseigner-Schiffer für ein solches nautisches Verschulden „ausschließlich" mit Schiff und Fracht haftet, es sei denn, daß ihm eine bösliche Handlungsweise zur Last fällt.

Dienstobliegenheiten des Schiffers

§ 8

Der Schiffer hat vor Antritt der Reise darauf zu sehen, daß das Schiff in fahrtüchtigem Zustande, gehörig eingerichtet und ausgerüstet sowie hinreichend bemannt ist, und daß die Schiffspapiere und Ladungsverzeichnisse an Bord sind.

Er hat für die Tüchtigkeit der Gerätschaften zum Laden und Löschen, für die gehörige Stauung der Ladung, sowie dafür zu sorgen, daß das Schiff nicht schwerer beladen wird, als die Tragfähigkeit desselben und die jeweiligen Wasserstandsverhältnisse es gestatten.

Wenn der Schiffer im Auslande die daselbst geltenden Vorschriften, insbesondere die Polizei-, Steuer- und Zollgesetze nicht beobachtet, so hat er den daraus entstehenden Schaden zu ersetzen.

Für die Fahrtüchtigkeit des Schiffes bei Antritt der Reise haftet den im § 7 Abs. 2 bezeichneten Personen auch der Schiffseigner persönlich, nicht nur mit Schiff und Fracht.

1. Die Erfüllung der Dienstobliegenheiten

a) Nach § 7 ist der Schiffer verpflichtet, bei allen Dienstverrichtungen die Sorgfalt eines ordentlichen Schiffers anzuwenden. Einige dieser Dienstobliegenheiten werden im § 8 erläutert. Eine vollständige Zusammenstellung der Dienstobliegenheiten des Schiffers fehlt im Binnenschiffahrtsgesetz; es sind nur in Anlehnung an die §§ 513—515 HGB des Seerechts einige der bedeutsamsten Dienstverrichtungen angeführt. Ergänzend greifen die §§ 28ff. über die Tätigkeit bei der Ausführung des Frachtgeschäfts, die §§ 70, 91, 99 sowie vor allem die Vorschriften des öffentlichen Rechts, insbesondere die wasserpolizeilichen Bestimmungen, Platz, in denen nicht nur das Verhalten der Schiffsbesatzung während der Fahrt, sondern auch die bei der Ausrüstung, Beladung und Bemannung zu beachtenden öffentlich-rechtlichen Vorschriften näher erläutert werden; meist ist in den Wasserpolizeiverordnungen ausdrücklich festgelegt, daß „für die im Betriebe der Schiffahrt begangenen Zuwiderhandlungen, soweit sich nicht aus der besonderen Lage des Übertretungsfalles etwas anderes ergibt, die Führer der betreffenden Fahrzeuge (also die Schiffer) in erster Linie verantwortlich sind".

b) Es handelt sich also bei dem § 8, ebenso wie bei den §§ 10, 11—13, um Anwendungsfälle des im § 7 aufgestellten Grundsatzes der Sorgfaltspflicht des Schiffers bei Ausführung dieser Dienstverrichtungen. Hieraus folgt, daß der Schiffer bei schuldhafter Verletzung einer dieser Dienstobliegenheiten den im § 7 Abs. 2 aufgeführten Personen, also dem Schiffseigner, den Ladungsbeteiligten (Absender und Empfänger), den beförderten Personen und der Schiffsbesatzung, auf Schadensersatz haftet (vgl. § 7 Anm. 3 c). Seine Haftung aus § 8 beschränkt sich aber auch auf den Kreis dieser Personen; eine Erweiterung dieser Ausnahmevorschrift auf die Haftung gegenüber anderen Personen ist nicht zulässig (RGZ 10, 18).

Daneben haftet der Schiffer seinem Schiffseigner als Dienstherrn auch hier aus dem Dienstvertrag und allen dritten Personen aus unerlaubten Handlungen nach den §§ 823ff. BGB (vgl. § 7 Anm. 3 a, b).

c) Im § 8 Abs. 1 ist dem Schiffer aufgegeben, auf die Beschaffenheit und Ausrüstung des Schiffes „zu sehen", während er nach § 8 Abs. 2 für bestimmte Maßnahmen beim Einladen „zu sorgen" hat. Es könnte hiernach den Anschein haben, als wenn der Schiffer alle die für diese Dienstobliegenheiten erforderlichen Handlungen selbst vornehmen müßte. Dies ist praktisch in allen Fällen (vgl. § 8 Abs. 2) nicht durchführbar, wird von dem Schiffer auch nicht verlangt. Er hat vielmehr, da ihm die Befehlsgewalt auf dem Schiff zusteht, die notwendigen Maßregeln zu treffen, damit diese Dienstobliegenheiten erfüllt werden. Soweit er nicht in der Lage ist, selbst Abhilfe schaffen zu lassen, wie beispielsweise bei einer erheblichen Beschädigung des Schiffes oder sonst erforderlicher Reparatur, muß er den Schiffseigner sofort benachrichtigen und ihn über den Sachverhalt aufklären. Damit würde er die ihm gegenüber dem Schiffseigner obliegenden Dienstverrichtungen erfüllt haben, so daß dieser weder aus dem Dienstvertrag noch aus §§ 7, 8 einen Schadensersatzanspruch geltend machen könnte. Dagegen befreit er sich hiermit noch nicht von den Ansprüchen der übrigen im § 7 Abs. 2 geschützten Personen, da er diesen gegenüber ebenfalls eine gesetzliche Sorgfaltspflicht hat. Eine solche Befreiung des Schiffers tritt nach § 7 Abs. 2 erst dann ein, wenn der Schiffseigner ihn trotz Aufklärung über den Sachverhalt anweist, sofortige Abhilfe nicht zu schaffen, beispielsweise mit dem erheblich beschädigten Schiff die Reise durchzuführen (so auch Mittelstein 1 I zu § 8 Anm. 1 Abs. 3). Dann haftet der Schiffseigner nach § 7 Abs. 3 allein persönlich. Aus einer fehlenden Fahrtüchtigkeit des Schiffes bei Antritt der Reise ist die persönliche Haftung des Schiffseigners nach § 8 Abs. 4 auch ohne eine solche Anweisung gegeben.

2. Fahrtüchtigkeit, Ausrüstung und Bemannung des Schiffes

a) Nach § 8 Abs. 1 gehört es in erster Linie zu den Dienstobliegenheiten des Schiffers, vor Antritt der Reise darauf zu sehen, daß das Schiff „in fahrtüchtigem Zustande" ist. Diese Vorschrift entspricht der seerechtlichen Bestimmung des § 513 HGB und dem dort aufgestellten Begriff der „Seetüchtigkeit". Auf die Sicherung der Fahrtüchtigkeit wird besonderer Wert gelegt, wie sich aus der Anführung dieser Dienstobliegenheit an erster Stelle und aus der im § 8 Abs. 4 aufgestellten persönlichen Haftung des Schiffseigners ergibt. Eine genaue Abgrenzung des Begriffes der Erhaltung der Fahrtüchtigkeit von den übrigen Dienstobliegenheiten des Schiffers ist daher erforderlich. Nach dem Sprachgebrauch versteht man unter einem „fahrtüchtigen" Schiff ein Fahrzeug, mit dem nach seiner Bauart, Beschaffenheit und allen Einrichtungen die Ausübung der Schiffahrt ohne Gefahren möglich ist. Die besondere Hervorhebung der Einrichtung, Ausrüstung und Bemannung des Schiffes im § 8 Abs. 1 und der Tüchtigkeit der Gerätschaften zum Laden und Löschen im § 8 Abs. 2 zeigt, daß nach dem Binnenschiffahrtsgesetz der Begriff der Fahrtüchtigkeit ein anderer ist als nach Sprachgebrauch. Nach § 8 Abs. 1 gehört zur Fahrtüchtigkeit nicht die „gehörige Einrichtung, Ausrüstung, Bemannung und ordnungsmäßige Beladung", da insoweit im § 8 Abs. 1, 2 besondere Dienstobliegenheiten aufgestellt sind. So gehört die gehörige Stauung der Ladung nicht zur Fahrtüchtigkeit (OLG Hamburg vom 18. 12. 1919 — Bf. IV 160/1913 —; a. A. anscheinend RGZ 25, 106). Es ist also nicht alles, was das Schiff „tüchtig" zur Fahrt macht, unter den Begriff der Fahrtüchtigkeit zu bringen. Hiernach versteht man unter Fahrtüchtigkeit im Sinne des § 8 Abs. 1 die Fähigkeit, die gewöhnlichen Gefahren der geplanten Fahrt zu bestehen (so RGZ 70, 96). In gleicher Weise wird der Begriff der Fahrtüchtigkeit auch im § 132 Abs. 1 VVG verstanden (RGZ 7, 5).

Diese Fahrtüchtigkeit kann dem Schiff schlechthin fehlen, beispielsweise wenn es nach seiner Bauart, Stabilität oder infolge eines Lecks überhaupt nicht zur Schiffahrt, ohne Rücksicht auf die Beladung oder Dauer der Reise, verwendet werden kann (OLG Hamburg in HansGZ Hauptbl. 1915 Nr. 135; Hauptbl. 1902 Nr. 12; Hauptbl. 1907 Nr. 20). So wird auch in der Binnenschiffahrt, ebenso wie im Seerecht, diese absolute Fahrtüchtigkeit fehlen, wenn „es bei der Ausreise so beschaffen ist, daß es die gewöhnlichen, in der Regel unvermeidlichen Gefahren" der Schiffahrt nicht bestehen kann, insbesondere nicht über die „notwendige Stabilität" verfügt (RGZ 70, 94, 96). Dagegen macht die etwaige Undichtigkeit des Decks eines Binnenschiffes, die bei einem Seeschiff regelmäßig die Seeuntüchtigkeit hervorruft (OLG Hamburg in HansGZ Hauptbl. 1902 Nr. 65), dies nicht absolut fahruntüchtig; jedoch kann hieraus bei einem Deckkahn, der für die Beförderung von Frachtgütern bestimmt ist, die unter Wasserschäden zu leiden haben, unter Umständen das Fehlen der relativen Fahrtüchtigkeit festgestellt werden. Das Schiff muß nämlich außer seiner absoluten Fahrtüchtigkeit die Fähigkeit haben, die geplante Reise auszuführen: es muß „so beschaffen sein, daß es die gewöhnlichen, in der Regel unvermeidlichen Gefahren der zu seiner Verwendung geplanten Fahrt bestehen kann" (RGZ 70, 96; OLG Hamburg in HansGZ Hauptbl. 1885 Nr. 24). Ein Frachtschiff muß also geeignet sein, die bestimmten Frachtgüter nach dem Ablieferungsort zu befördern (RG in LZ 1912, 240; OLG Hamburg vom 27. 1. 1912 — Bf. III 371/1911 —). Hiernach ist ein Frachtschiff bei Verlust des Steuers nicht mehr als fahrtüchtig anzusehen; verfügt der Frachtkahn über ein ungeeignetes Steuer, so wird die Fahrtüchtigkeit auch in relativer Hinsicht gegeben sein, so daß eine Haftung nur aus § 7 in Betracht kommen würde (RG in HansGZ Hauptbl. 1909 Nr. 126; Recht 1909 Nr. 2402). Auch eine zu starke Beladung des Schiffes, die zur Folge hatte, daß das Schiff besonders tief im Wasser lag und zu wenig Freibord hatte, stellt eine Beeinträchtigung der Fahrtüchtigkeit dar (OLG Schwerin vom 29. 10. 1951 — U 63/50 — in VRS 1953, 111).

Der Schiffer ist nach § 8 Abs. 1 verpflichtet, vor Antritt der Reise diese absolute und relative Fahrtüchtigkeit des Schiffes nachzuprüfen. Unter einer Reise ist jede Schiffsbewegung zu verstehen, die nach Beendigung der vorhergehenden Reise, also nach Erfüllung des Auftrages oder Löschung der Ladung, zu einem neuen selbständigen Zweck angetreten wird (BGH in NJW 1952, 66). Vor Antritt einer solchen neuen Reise muß diese Nachprüfung erfolgen. Hierzu gehört auch eine Prüfung, ob das Schiff dicht ist. In gewissem Umfang geben die Schiffe, insbesondere die älteren Fahrzeuge mit Holzboden, die auch bei sonst aus Eisen bestehenden Schiffen noch vorhanden sind, mehr oder weniger Wasser. Auch bei neuen oder reparierten Schiffen ist der Schiffer einer solchen Nachprüfung nicht in allen Fällen enthoben (OLG Hamburg in HansGZ Hauptbl. 1909 Nr. 3). Diese Nachprüfung hat vor der Einladung der Frachtgüter stattzufinden, weil die Ursache eines umfangreichen Wassereindringens nur dann mit Sicherheit am Boden festgestellt werden kann; aber auch nach Einnahme der Ladung muß deren Wirkung (Druck) auf den Boden nachgeprüft werden. Die Prüfung der Fahrtüchtigkeit muß sich auch auf das Zubehör des Schiffes erstrecken (RGZ 25, 106). Für solche Mängel in der Fahrtüchtigkeit des Schiffes bei Antritt der Reise haftet der Schiffseigner nach § 8 Abs. 4 neben dem Schiffer als Gesamtschuldner den im § 7 Abs. 2 bezeichneten Personen persönlich, nicht nur mit Schiff und Fracht. Der Schiffseigner haftet auch dann nach § 8 Abs. 4 persönlich für Ladeuntüchtigkeit seines Schiffes, wenn er dieses nach Beginn der Reise, aber noch in Abwicklung des Frachtvertrages gestellt hat, damit die Frachtgüter in ihm umgeschlagen werden und für längere Zeit am gleichen Ort darin verbleiben (RG vom 6. 1. 1937 — I 133/36 — im VerkehrsrR 37, 58).

b) Nach § 8 Abs. 1 hat der Schiffer vor Antritt der Reise ferner auf die gehörige Einrichtung und Ausrüstung des Schiffes zu sehen (so auch § 513 HGB für das Seerecht). Es handelt sich hier um die gleichen Maßnahmen, wie sie dem Schiffer in den öffentlich-rechtlichen Vorschriften mit Rücksicht auf die erstrebte allgemeine Sicherheit des Verkehrs in den Wasserpolizeiverordnungen vorgeschrieben sind, die ins einzelne gehende Bestimmungen über die Einrichtung und Ausrüstung der Schiffe enthalten. Diese wasserpolizeilichen Vorschriften geben einen Anhalt für die privatrechtlichen Dienstobliegenheiten des Schiffers bei der Einrichtung und Ausrüstung des Schiffes, denn diese wasserpolizeilichen Vorschriften sind zwingend für alle Binnenschiffahrttreibenden, also auch von dem Schiffer bei seinen Dienstobliegenheiten zu beachten. Darüber hinaus hat der Schiffer darauf zu achten, daß das Schiff überhaupt zur Verwendung gehörig instand ist und alle notwendigen Gerätschaften für den Betrieb (wie Anker, Ketten, Taue, Staken, Beikahn, Winden, bei Schiffen mit eigener Triebkraft auch Kohlen oder sonstige Brennstoffe, Öl) vorhanden und von brauchbarer Beschaffenheit sind. Auch die Reinigung des Schiffes ist hierunter zu rechnen, insbesondere wenn sie erforderlich ist, um andere empfindliche Frachtgüter zu befördern, die sonst von den Resten der vorhergehenden Ladung oder deren Geruch beschädigt werden könnten (RG in LZ 1908, 781; OLG Hamburg in HansGZ 1897 Hauptbl. Nr. 87; 1900 Nr. 133; 1903 Nr. 39; OLG Hamburg vom 28. 11. 1903 — Bf. IV 26/1903 —).

c) Die Einstellung der Schiffsmannschaft gehört regelmäßig nicht zu den Aufgaben des Schiffers, sondern nur dann, wenn sich das Schiff außerhalb des Heimatortes befindet und die Ausführung der Frachtreise dies erforderlich macht (§ 15 Abs. 1); auch zur Entlassung von Schiffsleuten ist der Schiffer gesetzlich nur unter derselben Einschränkung berechtigt. Im Seerecht ist der Schiffer dagegen nach § 526 Abs. 2 HGB auch zur Annahme der Schiffsmannschaft im Heimathafen befugt. Nach § 8 Abs. 1 hat der Schiffer aber „darauf zu sehen, daß das Schiff hinreichend bemannt ist". Es ist auch dies eine Dienstobliegenheit, deren schuldhafte Verletzung ihn sowohl seinem Schiffseigner als den übrigen im § 7 Abs. 2 aufgeführten Personen schadensersatzpflichtig macht. Einen Anhalt geben auch hier dem Schiffer die wasserpolizeilichen Vorschriften, da diese die Art und Größe der Bemannung der Binnenschiffe, teilweise für die einzelnen Wasserstraßen verschieden, im einzelnen genau regeln.

Stellt der Schiffer vor Antritt der Reise fest, daß die vorhandene Schiffsmannschaft nicht „hinreichend“, d. h. nicht ausreichend in der Zahl oder nicht geeignet ist, so muß er den Schiffseigner darauf hinweisen, damit dieser ihn bevollmächtigt, die Mannschaft zu ergänzen. In der Praxis des Binnenschifffahrtsverkehrs steht dem Schiffer auf Grund allgemein erteilter Anweisungen häufig die vertragliche Befugnis zu, die erforderliche Schiffsmannschaft anzuheuern und zu entlassen; insbesondere wird diese Regelung für größere Schleppschiffe, aber auch für Frachtfahrzeuge vielfach angewendet. Fehlt eine solche allgemeine Anweisung und sorgt der Schiffseigner auf Mitteilung des Schiffers nicht für die hinreichende Bemannung, so ist der Schiffer berechtigt, den Antritt der Reise zu verweigern. Er muß dies tun, falls zwingende wasserpolizeiliche Vorschriften über die Zusammensetzung und die Anzahl der Mannschaft verletzt würden und er sich von seiner Haftung nach §§ 8, 7 gegenüber den dort aufgeführten Personen sowie nach § 823 Abs. 2 BGB gegenüber den sonstigen dritten Personen befreien will.

d) Nach § 8 Abs. 1 gehört es auch zu den Dienstobliegenheiten des Schiffers, darauf zu sehen, daß die „Schiffspapiere und Ladungsverzeichnisse“ an Bord sind. Welche Papiere hierzu gehören, wird im Gesetz nicht erläutert. Der Zweck dieser Vorschrift ist, die ungestörte und schnelle Durchführung der Reise zu ermöglichen. Hieraus folgt, daß alle das Schiff betreffenden Papiere mitzuführen sind, die eine solche ungestörte Durchführung der Reise ermöglichen. Hierzu gehören (vgl. KG in R 1933, 81 Nr. 90) der Schiffsbrief (§ 60 SchiRegO) der Eichschein (vgl. § 1 Anm. 4, §§ 12 Ziff. 5, 13 SchiRegO), bei Frachtfahrzeugen (vgl. § 26) außerdem die Frachtpapiere (Ladungspapiere), wie Frachtvertrag (Schiffsbefrachtungsschein, Schlußschein, Ladeschein), Ladungsverzeichnis (Manifest), etwaige Zollpapiere, bei Dampfschiffen auch das Kesselrevisionsbuch. Der in der sowjetisch besetzten Zone vorgeschriebene provisorische Fahrerlaubnisschein für den Interzonenverkehr wird für das Schiff mit Angabe des Schiffseigners und Schiffsführers ausgestellt, und zwar nicht für die Ladung und für eine bestimmte Zeit, unabhängig davon, welche und wieviel Ladung das Schiff einnimmt. Hiernach ist der Interzonenpaß zu den Schiffspapieren zu rechnen, deren Beschaffung Sache des Schiffers ist (vgl. OLG Halle vom 1. 2. 1950 — 1 U. 258/49 — 2. O. 112/49 LG Magdeburg). Der Absender ist nach Schiffahrtsbrauch verpflichtet, die für die Zollbehörde erforderlichen Unterlagen, wie den Deklarationsschein für den Zollverschluß, zu übergeben (LG Berlin vom 25. 9. 1933 — IX S. 31/33 — 7 C 1413/30 AG Berlin —).

Einen Anhalt für die sonst an Bord mitzuführenden Schiffspapiere geben auch hier die wasserpolizeilichen und sonstigen öffentlichrechtlichen Vorschriften, die häufig die Mitnahme weiterer Papiere vorschreiben, wie die Schiffsführerzeugnisse und sonstigen Schiffspatente, Frachtbriefe, Manifeste und bei Fahrgastschiffen die Abnahmescheine, aus denen sich die höchstzulässige Personenfassungszahl ergibt. Nach den Versicherungsbedingungen muß das Revisionsattest an Bord sein, das vom Germanischen Lloyd über die Einklassierung des Schiffes nach seiner Brauchbarkeit (I. oder II. Klasse) ausgestellt ist. Solche Revisions- oder Klassifikationsatteste haben für die Feststellung der Fahrtüchtigkeit eines Schiffes keine weitergehende Bedeutung als die eines vom Gericht nach seinem Wert zu würdigenden Beweismittels (RG in JW 1937, 1920 Nr. 25). Im Interzonenverkehr Bundesrepublik — Berlin müssen die Binnenschiffe mit einem

Fahrerlaubnisschein (Permit) versehen sein, der von den zuständigen Stellen gezeichnet sein muß. Die Besatzungsmitglieder und die an Bord befindlichen Familienangehörigen müssen in einer Mannschaftsliste eingetragen sein, die durch die zuständige Dienststelle der Heimatzone gezeichnet sein muß.

3. Dienstobliegenheiten für die Beladung des Schiffes

a) Nach § 8 Abs. 2 hat der Schiffer „für die Tüchtigkeit der Gerätschaften zum Laden und Löschen" zu sorgen. Er muß sich also vor Antritt der Reise von der Brauchbarkeit der auf dem Schiff vorhandenen „Ladebäume, Winden, Ketten, Taue, Karren, Karrbohlen überzeugen". Es handelt sich auch hier um eine Dienstobliegenheit des Schiffers, die der Vorbereitung der Beladung des Schiffes dient, sich also ausschließlich auf die Frachtschiffe bezieht.

b) Ferner hat der Schiffer nach § 8 Abs. 2 „für die gehörige Stauung der Ladung" zu sorgen. Unter der Stauung eines Frachtschiffes versteht man die ordnungsmäßige Unterbringung und Verteilung der Frachtgüter in den Laderäumen des Schiffes, so daß weder dies noch die Frachtgüter gefährdet werden (OLG Hamburg in HansGZ Hauptbl. 1900 Nr. 95). Die Stauung muß so bewirkt werden, daß nach vernünftiger Erwägung aller Umstände und nach aller Voraussicht eine Gefahr für die Frachtgüter aus deren Einladung als ausgeschlossen angesehen werden darf (HansGZ Hauptbl. 1907 Nr. 91). Die Frachtgüter müssen festliegen, dürfen aber nicht zusammengepreßt werden; schwere Güter sind möglichst nach unten, nicht auf leicht zerbrechliche Güter zu legen; Güter, die einander durch Geruch oder sonst schädlich werden können, sind in besonderen Laderäumen unterzubringen oder voneinander zu trennen (RG in JW 1937, 29, Nr. 7; OLG Hamburg in HansGZ Hauptbl. 1900 Nr. 137, Nr. 312; OLG 14, 386). Die Beladung eines frisch geteerten Kahnes mit Mehl, Getreide oder sonstigen Gütern, die den Geruch annehmen, ist zu vermeiden, ebenso die Stauung von reinem auf schmutziges Gut. Ferner muß die Beladung gleichmäßig in das Schiff verteilt werden, weil dies bei Überbeanspruchung einzelner Laderäume leicht bricht oder leck springt (OLG Hamburg in HansGZ Hauptbl. 1912 Nr. 27). Die Frachtgüter dürfen nicht zu hoch über die Bordwände geladen werden, weil sonst bei schweren Gütern leicht Kentergefahr oder mangelnde Übersicht entsteht (HansGZ Hauptbl. 1905 Nr. 132; 1906 Nr. 79; 1908 Nr. 35; 1909 Nr. 94; 1907 Nr. 20; 1908 Nr. 25; 1911 Nr. 22). Es kann unter Umständen auch in der Binnenschiffahrt erforderlich sein, daß die Frachtgüter durch eine Unterlage (ein Garnier) gegen das Bodenwasser geschützt werden müssen (RGZ 25, 104), oder daß Ballast eingeladen wird (OLG Hamburg in HansGZ Hauptbl. 1896 Nr. 92).

In welcher Weise die Stauung vorzunehmen ist, kann im übrigen nur im Einzelfall entschieden werden. Der Schiffer muß hierbei „die Sorgfalt eines ordentlichen Schiffers" (§ 7 Abs. 1) anwenden, also entsprechend den Gebräuchen und Übungen in der Binnenschiffahrt gehörig (sachgemäß) stauen (im Seerecht heißt es im § 514 „Stauung nach Seemannsbrauch"). Er hat nicht die Verpflichtung, eine bestimmte Art des Ladens oder Löschens vorzubereiten oder zu erleichtern (OLG Köln vom 19. 5. 1960 — 3 U. 171/59 — in ZfB 1960, 376), darf aber nur die „Übungen" sorgfältiger Schiffer und nicht etwaige „Mißbräuche" zugrunde legen (RG in HansGZ Hauptbl. 1906 Nr. 79; Hauptbl. 1889 Nr. 37). Für eine solche sachgemäße Stauung muß der Schiffer sorgen, also seine Leute, wenn diese dabei beschäftigt werden, überwachen (RGZ 10, 20, 21).

c) Nach § 8 Abs. 2 (im Seerecht § 514 Abs. 2 HGB) hat der Schiffer weiter dafür zu sorgen, daß das Schiff nicht überladen wird. Maßgebend für die Beladung ist bei den Frachtfahrzeugen der Eichschein (§ 12 Ziff. 5, 13 SchiRegO); aus ihm kann der Schiffer die größtmögliche Tragfähigkeit des Schiffes feststellen und die jeweilige Beladung an den Eichpegeln ablegen (vgl. § 1 Anm. 4).

Der Schiffer muß aber auch „die jeweiligen Wasserstandsverhältnisse" beachten. Er muß sich also über die Wasserstände, die durch Rundfunk bekanntgemacht und von den Wasserbauämtern veröffentlicht werden, unterrichten. Diese Wasserstandsverhältnisse sowie die jeweilige Jahreszeit können für ihn Anlaß sein, die Tragfähigkeit des Schiffes nur beschränkt auszunutzen (RGZ 38, 5; RG in JW 1886, 210 Nr. 29). Es darf aber hierbei die Sorgfaltspflicht nicht überspannt werden, da eine genaue Feststellung der außerdem häufig wechselnden Wasserstände äußerst schwierig ist (OLG Hamburg vom 20. 1. 1903 — Bf. II 377/1902 —). Der Schiffer braucht nicht mit besonders ungünstigen Verhältnissen zu rechnen, auch wenn solche gelegentlich (z. B. im Winter, bei Kleinwasserperioden in trockenen Jahreszeiten) eintreten können (RGZ 38, 5). Unter Umständen, insbesondere wenn es sich um eine wenig befahrene Wasserstraße handelt oder wenn dem Schiffer diese Strecke unbekannt, dem Absender aber bekannt ist, muß dieser als verpflichtet erachtet werden, den Schiffer aufzuklären (RG bei Bolze 17 Nr. 432).

Eine Verletzung der Sorgfaltspflicht scheidet aus, wenn schon bei Abschluß des Frachtgeschäfts mit einer Umladung oder Ableichterung an bestimmten Zwischenorten gerechnet wird (vgl. §§ 49 Abs. 3, 66). Häufig wird auch nach dem Inhalt des Frachtvertrages eine größere Frachtmenge, als zur Beförderung nach dem augenblicklichen Wasserstand möglich ist, eingeladen; es ist dann anzunehmen, daß der Schiffer mit der Ladung auf seine Kosten bis zum Steigen des Wasserstandes abwarten soll (OLG Hamburg in OLG 13, 60). Mitunter wird auch im Frachtvertrag die Wasserstandsklausel (Beladung nach Wasserstand) besonders aufgenommen (RG in Recht 1915 Nr. 2635; OLG Karlsruhe in OLG 13, 60).

d) Die Regelung in § 8 Abs. 3 entspricht der seerechtlichen Vorschrift des § 515 Abs. 1 HGB. Bei Fahrten im Ausland muß die Kenntnis und Beachtung der dort geltenden Vorschriften, insbesondere der Polizei-, Steuer- und Zollgesetze, von dem Schiffer verlangt werden, weil sonst Schiff und Ladung in die Gefahr der Beschlagnahme oder der vorläufigen Sicherstellung geraten.

Es ist, weil selbstverständlich, nicht im Gesetz erwähnt, daß der Schiffer auch die inländischen, seinen Schiffahrtsberuf betreffenden öffentlich-rechtlichen Vorschriften kennen und beachten muß.

Maßnahmen des Schiffers bei seiner Behinderung

§ 9

Wenn der Schiffer durch Krankheit oder andere Ursachen verhindert ist, das Schiff zu führen, so darf er den Antritt oder die Fortsetzung der Reise nicht ungebührlich verzögern; er muß vielmehr, wenn Zeit und Umstände es gestatten, die Anordnung des Schiffseigners einholen und für die Zwischenzeit die geeigneten Vorkehrungen treffen, im entgegengesetzten Falle aber einen anderen Schiffer einsetzen.

Für diesen Stellvertreter ist er nur insofern verantwortlich, als ihm bei der Wahl desselben ein Verschulden zur Last fällt.

1. Dienstantritt

Nach den allgemein bürgerlich-rechtlichen Bestimmungen ist der Schiffer verpflichtet, seinen Dienst rechtzeitig anzutreten, und zwar hat er grundsätzlich seine Dienste auf dem Schiff bereit zu halten. In der Regel wird der Schiffer für ein bestimmtes Schiff angenommen sein, so daß ihm die Bereitstellung seiner Dienste auf diesem Schiff ohne weiteres möglich sein wird. Wenn der Schiffer weder für ein bestimmtes Schiff angenommen noch ihm ein solches im Einzelfall bezeichnet wurde, so hat er in erster Linie die Anweisungen des Schiffseigners für den Dienstantritt zu beachten; bei Fehlen solcher Anweisungen hat er seine Dienste in den Geschäftsräumen seines Dienstherrn zur Verfügung zu halten. Diese Dienstobliegenheiten ergeben sich aus der im § 9 aufgestellten Verpflichtung, den Antritt oder die Fortsetzung der Reise nicht ungebührlich zu verzögern.

2. Vorkehrungen im Falle der Behinderung des Schiffers

Nach § 9 Abs. 1, der dem Inhalt nach vollständig mit der seerechtlichen Vorschrift des § 516 Abs. 2 HGB übereinstimmt, darf der Schiffer den Antritt oder die Fortsetzung der Reise auch dann nicht ungebührlich verzögern, wenn er durch Krankheit oder andere Ursachen verhindert ist, das Schiff zu führen. Es ist hiermit der Grundsatz ausgesprochen, daß die persönliche Behinderung des Schiffers niemals zu einer ungebührlichen Verzögerung der Reise führen darf. Wenn solche Behinderungen eintreten, die nicht sofort behebbar und nicht von kurzer Dauer sind, so ist der Schiffer auf Grund seiner Dienstobliegenheiten verpflichtet, sofortige Vorkehrungen zu treffen. Er muß, soweit Zeit und Umstände dies gestatten, die Anordnung des Schiffseigners einholen. In dringenden Fällen, beispielsweise bei schweren Beschädigungen des Schiffes und sonstigen gefährlichen Umständen, muß er diese Anordnung des Schiffseigners auf dem schnellsten Wege, gegebenenfalls also auch telegrafisch, erfordern. Bis zum Eingang der Anweisung hat der Schiffer die geeigneten Vorkehrungen zu treffen, um den ungehinderten und schleunigen Antritt der Reise oder deren Fortsetzung zu ermöglichen. Er hat insbesondere für die Sicherheit des Schiffes und der Ladung (vgl. § 10 Abs. 2) Sorge zu tragen.

3. Einsetzung eines Ersatzschiffers

a) Nach § 9 Abs. 1 hat der Schiffer, wenn die Einholung der Anordnung des Schiffseigners nach Zeit und Umständen nicht tunlich ist, im Falle seiner Behinderung einen anderen Schiffer einzusetzen. Von der Einsetzung eines solchen Ersatzschiffers muß er den Schiffseigner aber ebenfalls in Kenntnis setzen (vgl. § 10 Abs. 1). Dieser Ersatzschiffer wird im § 9 Abs. 2 als „Stellvertreter" bezeichnet; er ist aber im Rechtssinne als Stellvertreter des bisherigen Schiffers nicht anzusehen, sondern als ein von diesem kraft gesetzlicher Befugnis bestellter neuer Schiffer, der die Rechte und Pflichten eines Schiffers nur so lange hat, bis er von dem Schiffseigner seines Dienstes enthoben wird (vgl. § 20 Abs. 6). Dies ergibt sich auch daraus, daß der bisherige Schiffer für den von ihm bestellten Ersatzschiffer grundsätzlich nicht haftet (vgl. § 9 Abs. 2).

b) Die persönliche Behinderung des Schiffers kann in dem Umfange vorliegen, daß ihm jede Handlung überhaupt unmöglich gemacht wird, wie beispielsweise bei Tod oder schwerer Erkrankung. Es ist im Gesetz nicht vorgesehen, daß in einem solchen Fall dann an Stelle des Schiffers ein anderes Mitglied der Schiffsbesatzung den Ersatzschiffer bestellen kann. Wer in einem solchen Fall tatsächlich die Führung des Schiffes übernimmt, beispielsweise ein anderes Mitglied der Schiffsbesatzung, wird nicht als Schiffer im Sinne der §§ 7ff., sondern als Geschäftsführer ohne Auftrag nach den §§ 677ff. BGB anzusehen sein.

4. Haftung des Schiffers für Verletzung der Dienstobliegenheiten

a) Es handelt sich bei der Vorschrift des § 9 um einen Anwendungsfall des im § 7 aufgestellten Grundsatzes der Beobachtung der Sorgfalt eines ordentlichen Schiffers bei der Ausführung aller Dienstverrichtungen. Deshalb haftet der Schiffer nach § 7 Abs. 2 für die schuldhafte Verletzung der ihm nach § 9 obliegenden Verpflichtungen nicht nur dem Schiffseigner, sondern auch den Ladungsbeteiligten (Absender und Empfänger), den beförderten Personen und der Schiffsbesatzung.

b) Eine Besonderheit gilt nach § 9 Abs. 2 insofern, als der Schiffer für den von ihm bestellten Ersatzschiffer grundsätzlich nicht verantwortlich, also für dessen etwaiges Verschulden weder dem Schiffseigner noch den übrigen angeführten Personen haftbar ist. Eine solche Haftung besteht nur für die ordnungsmäßige Auswahl dieses Ersatzschiffers, also beispielsweise, wenn der Schiffer einen Ersatzschiffer bestellt, der den wasserpolizeilichen Erfordernissen nicht entspricht oder sonst ungeeignet ist. Der Schiffer muß sich daher von dem einzusetzenden Ersatzschiffer vor allem auch das Schiffsführerzeugnis (Patent) und die Zeugnisse über seine bisherige Beschäftigung vorlegen lassen.

Sorgfaltspflicht des Schiffers für Schiff und Ladung

§ 10

Der Schiffer ist verpflichtet, von Beschädigungen des Schiffes oder der Ladung, von eingegangenen Geschäften, sowie von der Einsetzung eines anderen Schiffers (§ 9) den Schiffseigner in Kenntnis zu setzen. Er hat in allen erheblichen Fällen, namentlich wenn er die Reise einzustellen oder zu ändern sich genötigt findet, die Erteilung von Verhaltungsmaßregeln bei dem Schiffseigner nachzusuchen, sofern es die Umstände gestatten.

Im Interesse der Ladungsbeteiligten hat der Schiffer während der Reise für das Beste der Ladung nach Möglichkeit Sorge zu tragen.

Werden zur Abwendung oder Verringerung eines Verlustes besondere Maßregeln erforderlich, so hat er, wenn tunlich, die Anweisung der Ladungsbeteiligten einzuholen, sonst nach bestem Ermessen das Erforderliche selbst zu veranlassen und dafür zu sorgen, daß die Ladungsbeteiligten von dem Vorfall und den dadurch veranlaßten Maßregeln schleunigst in Kenntnis gesetzt werden.

1. Pflicht zur Benachrichtigung gegenüber dem Schiffseigner

a) Nach § 10 Abs. 1 (ähnlich im Seerecht § 534 Abs. 2 HGB) ist der Schiffer verpflichtet, den Schiffseigner von Beschädigungen des Schiffes oder der Ladung, von eingegangenen Geschäften sowie von der Einsetzung eines anderen Schiffers (§ 9) in Kenntnis zu setzen. Eine solche Benachrichtigung ist für den Schiffseigner vor allem von erheblicher Bedeutung, wenn das Schiff gegen die Gefahren der Binnenschiffahrt versichert ist, da der Schiffseigner als Versicherungsnehmer seiner Versicherungsgesellschaft gegenüber verpflichtet ist, jeden Unfall, der das Schiff oder die Ladung trifft, der Versicherungsgesellschaft unverzüglich anzuzeigen

(§ 146 VVG). Die Benachrichtigungspflicht bezieht sich nach dem Wortlaut des § 10 auf alle von dem Schiffer abgeschlossenen Geschäfte, gleichgültig ob er sie auf Grund seiner gesetzlichen Vertretungsmacht (§ 15) oder auf Grund einer besonderen Vollmacht oder schließlich ohne Vollmacht, also ohne jede Vertretungsmacht, abgeschlossen hat. Zweck dieser Vorschrift ist, den Schiffseigner von allen wesentlichen Vorgängen fortlaufend unterrichtet zu halten. Es ist in der Binnenschiffahrt zwar vielfach üblich, ein Tagebuch zu führen oder sonstige fortlaufende Aufzeichnungen zu machen. Im Binnenschiffahrtsgesetz ist aber, anders als im Seerecht nach § 519 HGB, die Führung eines Tagebuches dem Schiffer nicht vorgeschrieben. Ein dahingehender Vorschlag wurde bei der Beratung des Binnenschiffahrtsgesetzes von der Reichstagskommission als „zwecklose Belastung des Schiffers" gestrichen (vgl. Bericht S. 6). Zur Auskunfterteilung und Rechnungslegung nach Ausführung einer Reise ist der Schiffer aber nach den allgemeinen bürgerlich-rechtlichen Bestimmungen dem Schiffseigner gegenüber verpflichtet (vgl. §§ 666, 675 BGB).

b) Ferner hat der Schiffer nach § 10 Abs. 1 Satz 2 (ebenso § 534 Abs. 2 HGB im Seerecht) die Pflicht, von seinem Schiffseigner in allen erheblichen Fällen Verhaltungsmaßregeln einzuholen; insbesondere soll dies gelten, wenn er genötigt ist, die Reise einzustellen oder zu ändern. Jedoch wird dem Schiffer die Einholung solcher Verhaltungsmaßregeln nicht in allen Fällen möglich sein, insbesondere bei einer das Schiff oder die Ladung gefährdenden Haverei oder in einer sonstigen Schiffahrtsgefahr (vgl. §§ 78ff., 93). Deshalb ist im § 10 Abs. 1 Satz 2 besonders erwähnt, daß die Einholung der Verhaltungsmaßregeln erfolgen soll, sofern es die Umstände gestatten. Ferner entfällt diese Pflicht des Schiffers, wenn er vom Schiffseigner allgemein oder für den besonderen Fall ermächtigt ist, von sich aus die erforderlichen Maßnahmen zu treffen (vgl. § 7 Abs. 2). Diese Dienstobliegenheiten liegen dem Schiffer nicht nur vor oder nach Antritt der Reise, sondern während der gesamten Dauer seines Dienstverhältnisses ob. Im übrigen gelten hier die allgemeinen bürgerlich-rechtlichen Bestimmungen der §§ 675ff. BGB.

2. Fürsorge des Schiffers für die Ladung

a) Nach § 10 Abs. 2 hat der Schiffer „im Interesse der Ladungsbeteiligten" während der Reise „für das Beste der Ladung nach Möglichkeit Sorge zu tragen"; diese Vorschrift stimmt wörtlich überein mit der seerechtlichen Bestimmung des § 535 Abs. 1 HGB. Es handelt sich auch hier um eine nähere Erläuterung der im § 7 allgemein aufgestellten Verpflichtungen, bei allen Dienstverrichtungen die Sorgfalt eines ordentlichen Frachtführers anzuwenden. Im Gegensatz zu den im § 10 Abs. 1 enthaltenen Verpflichtungen liegt die Dienstobliegenheit des § 10 Abs. 2 dem Schiffer gegenüber den Ladungsbeteiligten (Absender und Empfänger), also nur einem bestimmten Personenkreis gegenüber, ob. Eine gleiche Verpflichtung hat der Schiffer nach § 8 und auf Grund des Dienstvertrages auch gegenüber dem Schiffseigner. Im § 10 Abs. 2 ist besonders die Sorgfaltspflicht des Schiffers „während der Reise" hervorgehoben. Dies wird aber nicht im Sinne einer ausschließlichen Regelung verstanden werden können, so daß der Schiffer auch „außerhalb der Reise", beispielsweise beim Einladen und Entlöschen, verpflichtet ist, für das Beste der Ladung zu sorgen; im übrigen würde eine solche Dienstobliegenheit auch aus der allgemeinen Bestimmung des § 7 Abs. 1 zu folgern sein.

b) Welche Maßnahmen der Schiffer hiernach im Einzelfall zu treffen hat, ist im Gesetz nicht geregelt, weil die Verhältnisse in der Binnenschiffahrt zu verschiedenartig sind. Hierzu gehört die aus der Obhutpflicht über die Beladung folgende Verpflichtung zur Bewachung und sachgemäßen Behandlung der Frachtgüter. So wird der Frachtführer bei Frachtgütern, die Witterungseinflüssen unterliegen, für gehörige Lüftung, unter Umständen auch für Bearbeitung des etwa warm gewordenen Getreides sowie für Vermeidung von Feuersgefahren bei warm gewordenen Kohlenladungen zu sorgen haben.

c) Nach § 10 Abs. 3 muß der Schiffer die Anweisung der Ladungsbeteiligten einholen, wenn zur Abwendung oder Verringerung eines Verlustes an den Frachtgütern besondere Maßregeln erforderlich sind und die Einholung dieser Anweisung tunlich ist. Er hat also insoweit über die Dienstobliegenheit des § 10 Abs. 1 hinaus die Verpflichtung, nicht nur von seinem Schiffseigner, sondern auch von den Ladungsbeteiligten nach Mitteilung von dem Sachverhalt die notwendigen Anweisungen einzuholen. Erhält er solche Anweisungen nicht oder ist deren Einholung nicht tunlich, so hat der Schiffer „nach bestem Ermessen das Erforderliche selbst zu veranlassen". Er ist also dann berechtigt und verpflichtet, insoweit die Geschäfte der nicht erreichbaren Ladungsbeteiligten selbst zu führen. Es stellt dies eine Berechtigung dar, die erheblich über die allgemeinen bürgerlich-rechtlichen Befugnisse eines Geschäftsführers ohne Auftrag hinausgeht (vgl. § 683 BGB). Die Kosten solcher erforderlichen Maßregeln müssen die Ladungsbeteiligten tragen (vgl. § 440 HGB, wonach dem Frachtführer auch wegen der Auslagen ein Pfandrecht an den Frachtgütern zusteht). Der Schiffer muß aber auch in diesem Fall den Ladungsbeteiligten von dem Vorfall selbst und den getroffenen Maßregeln schleunigst Nachricht geben. Es ist im § 10 nicht im einzelnen angeführt, welche Maßregeln der Schiffer treffen kann; vielmehr hat er je nach Lage die erforderlichen Maßnahmen zu treffen. Es fehlt eine nähere Erläuterung, wie sie in der seerechtlichen Vorschrift des § 535 Abs. 3 HGB enthalten ist. Keineswegs darf aber hieraus gefolgert werden, daß der Schiffer im Binnenschiffahrtsverkehr nicht ebenfalls solche Maßregeln anordnen kann; vielmehr ist eine solche nähere Erläuterung lediglich als überflüssig fortgelassen worden (Begr. S. 46, 47). Demnach ist der Schiffer auch berechtigt, die Ladung ganz oder teilweise zu löschen (HansGZ 1911, 107), zeitweilig einzulagern, eine Ableichterung oder Umladung in ein anderes Schiff vorzunehmen oder Schleppkraft anzunehmen. Solche Maßnahmen werden vor allem erforderlich sein, wenn durch den Zustand der Frachtgüter nicht nur diese, sondern auch das Schiff in Gefahr gerät (vgl. §§ 78ff., 93), beispielsweise bei Kohlen, die auf der Reise in Brand geraten. Der Schiffer ist aber ohne besondere Vollmacht oder Anweisung nicht befugt, die Ladung zu verpfänden oder zu verkaufen; die im Seerecht eingefügte dahingehende Bestimmung des § 535 Abs. 3 HGB war im Entwurf des Binnenschiffahrtsgesetzes zwar vorgesehen, wurde aber bei der Beratung des Gesetzentwurfes gestrichen (vgl. Materialien S. 79).

d) Es handelt sich bei diesen Dienstobliegenheiten des Schiffers um gesetzlich begründete Verpflichtungen und Befugnisse, also nicht um eine Geschäftsführung ohne Auftrag. Trotzdem ist der Schiffer aber nicht als gesetzlicher Vertreter der Ladungsbeteiligten anzusehen; die anderslautende dahingehende Vorschrift des Seerechts im § 535 Abs. 2 HGB ist ebenfalls nicht in den § 10 mit übernommen worden. Deshalb ist der Schiffer auch nicht berechtigt, die Ladungsbeteiligten vor Gericht zu vertreten oder andere Handlungen für sie vorzunehmen.

e) Es können nun diese von dem Schiffer gegenüber den Ladungsbeteiligten wahrzunehmenden Interessen sehr leicht in Widerstreit geraten mit den Dienstobliegenheiten, die dem Schiffer gegenüber seinem Schiffseigner obliegen. In einem solchen Falle hat der Schiffer nach Abwägung dieser widerstreitenden Interessen im Zweifel denen des Schiffseigners den Vorzug zu geben, da er zu diesem auch in einem Dienstverhältnis steht und da von ihm in erster Linie für die Sicherheit des Schiffes zu sorgen ist (RGZ 14, 40).

Dienstobliegenheiten des Schiffers bei der Verklarung

§ 11

Wird das Schiff oder die Ladung von einem Unfall betroffen, so ist der Schiffer berechtigt und auf Verlangen des Schiffseigners oder eines Ladungsbeteiligten verpflichtet, vor dem Amtsgerichte des Ortes, an welchem die Reise endet, und, wenn das Schiff vorher an einem anderen Orte längere Zeit liegen bleiben muß, vor dem Amtsgerichte dieses Ortes eine Beweisaufnahme über den tatsächlichen Hergang, sowie über den Umfang des eingetretenen Schadens und über die zur Abwendung oder Verringerung desselben angewendeten Mittel zu beantragen. Er hat sich selbst zum Zeugnisse zu erbieten und die zur Feststellung des Sachverhältnisses sonst dienlichen Beweismittel zu bezeichnen.

Ist eine Beweisaufnahme vor dem in Absatz 1 bezeichneten Gerichte nicht verlangt worden, so ist der Schiffer berechtigt und auf Verlangen des Schiffseigners oder eines Ladungsbeteiligten verpflichtet, eine Beweisaufnahme vor dem für Binnenschiffahrtssachen zuständigen Amtsgericht zu beantragen, in dessen Bezirk der Unfall sich ereignet hat.

Vorbemerkung: Der § 11 Abs. 2 BSchG wurde eingefügt nach § 25 Ziffer 2 des Gesetzes über das gerichtliche Verfahren in Binnenschiffahrts- und Rheinschiffahrtssachen vom 27. 9. 1952 (Bundesgesetzblatt Teil I Seite 641). Danach ist der Schiffer berechtigt und auf Verlangen des Schiffseigners oder eines Ladungsbeteiligten auch verpflichtet, die Verklarung bei dem Schiffahrtsgericht zu beantragen, in dessen Bezirk sich der Unfall zugetragen hat, wenn nicht die Verklarung am Bestimmungs- bzw. Ablieferungsort ausdrücklich verlangt worden ist.

1. Zweck und Bedeutung der Verklarung

a) Nach § 11 ist der Schiffer „berechtigt und auf Verlangen des Schiffseigners oder eines Ladungsbeteiligten verpflichtet", eine gerichtliche Beweisaufnahme zu beantragen, wenn das Schiff oder die Ladung von einem Unfall betroffen wird. Es handelt sich also bei dieser Vorschrift ebenfalls um eine dem Schiffer obliegende Dienstverrichtung im Sinne der §§ 7ff., und zwar um einen besonderen Anwendungsfall der Sorgfaltspflicht für Schiff und Ladung. Hieraus erklärt es sich, daß diese besondere gerichtliche Beweisaufnahme im Anschluß an die Dienstobliegenheiten des Schiffers für Schiff und Ladung (§§ 7, 10) geregelt ist. Nach § 7 Abs. 2 ist der Schiffer dem Schiffseigner und den Ladungsbeteiligten (Absender und Empfänger) verantwortlich, wenn er sich trotz deren Verlangen der Pflicht zur Beantragung dieser gerichtlichen Beweisaufnahme entzieht und hieraus ein Schaden entsteht. Ferner stellt dies dem Schiffseigner gegenüber auch eine schuldhafte Verletzung des Dienstverhältnisses dar, die dessen sofortige Aufhebung gestattet (vgl. § 20); denn für den Schiffseigner kann die Unterlassung dieser Beweisaufnahme erhebliche Nachteile haben (vgl. RGZ 20, 6).

b) Die Einrichtung eines solchen besonderen gerichtlichen Beweisaufnahmeverfahrens war erforderlich, weil die allgemeinen Vorschriften der §§ 485ff. ZPO über die Sicherung des Beweises nicht ausreichend sind; denn nach § 485 ZPO kann nur „die Einnahme des Augenscheins und die Vernehmung von Zeugen und Sachverständigen angeordnet" werden; ferner ist ein solcher Antrag nach dieser Vorschrift „nur zulässig, wenn der Gegner zustimmt oder zu besorgen ist, daß das Beweismittel verloren oder die Benutzung desselben erschwert werde". Eine sofortige gerichtliche Klarstellung aller Unfälle, von denen Schiff oder Ladung betroffen werden, durch ein schleuniges gerichtliches Beweisaufnahmeverfahren läßt sich demnach mit einem Antrag aus § 485 ZPO nicht erreichen. Deshalb hat das Binnenschiffahrtsgesetz die im Seerecht von alters her gehandhabte Einrichtung eines gerichtlichen Beweisaufnahmeverfahrens, im § 522 HGB mit „Verklarung" bezeichnet, in den §§ 11—14 übernommen. Dieses Verfahren, das „erheblich freier als die Sicherung des Beweises in der Zivilprozeßordnung gestaltet ist" (vgl. Begr. S. 49), soll den Beteiligten ermöglichen, in einem beschleunigten gerichtlichen Beweisaufnahmeverfahren unmittelbar nach dem Unfall eine Feststellung der tatsächlichen Vorgänge zu treffen. Ein solches Verfahren, für das sich auch im Binnenschiffahrtsverkehr in Anlehnung an das Seerecht die Bezeichnung „Verklarung" eingebürgert hat, obwohl das Gesetz sie nicht erwähnt, hat also den Zweck, vorläufig und mit Beschleunigung eine Grundlage für die Regelung der Ansprüche aus einem Unfall des Schiffes oder der Ladung zu schaffen (vgl. RG vom 27. 10. 1928 — I 108/28 — in Warn. 1929 Nr. 16; BayObLG in Recht 1932, 83 Nr. 101 = JR 1932 Nr. 748 = KGJ Bd. 9, 154 Nr. 36). Diesem Zweck dient auch die im Gesetz nicht vorgesehene, aber üblich gewordene Aufnahme eines Protokolls (Protestes), in dem der Schiffer den Hergang unter Angabe der Beweismittel niederlegt, um dann hiervon den Schiffseigner, den Ladungsbeteiligten, die Versicherung zu unterrichten. Ein solcher Protest wird auch vielfach von einem Notar aufgenommen.

c) Aus der Einrichtung der Verklarung als gerichtliches Beweisaufnahmeverfahren ergibt sich, daß deren Ergebnis nicht die gleichen Wirkungen haben kann wie ein Urteil. Vielmehr sollen damit nur die tatsächlichen Vorgänge geklärt werden. Im Prozeß können sich sämtliche Beteiligte auf das Verklarungsverfahren berufen, also auch die Verwertung als Beweismittel im Wege des Urkundenbeweises (§§ 415ff. ZPO) beantragen (Begr. S. 50). Die Beweiskraft der Verklarung bestimmt sich aber nach dem Grundsatz der freien richterlichen Beweiswürdigung (§ 286 ZPO). Es gebührt ihr nicht der Vorrang bei einem Widerspruch mit anderen Beweismitteln; die Verklarung kann durch andere Beweismittel ergänzt oder berichtigt, auch widerlegt werden (RG in Warn. 1929 Nr. 16; RG in SeuffA 84 Nr. 114, 83 Nr. 114, 83 Nr. 39; BayObLG in JFG Bd. 9 S. 154 Nr. 36). So kann die Aussage einer im Verklarungsverfahren vernommenen Partei nicht als ein im Hauptprozeß nach § 288 ZPO bindendes Geständnis gewertet werden; sie kann auch nicht als Zeugenaussage gewürdigt werden, sondern ist, ebenso wie die bei einer Parteivernehmung abgegebenen Erklärungen Gegenstand freier richterlicher Würdigung (RG vom 3. 12. 1943 — I 74/43 in ZfB 1944, 11). Das Prozeßgericht kann die erneute Vernehmung der im Verklarungsverfahren vernommenen Zeugen auf Antrag einer der Parteien auch anordnen, wenn es sich nicht um die Aufklärung von Widersprüchen in den Zeugenaussagen oder um Ergänzungen handelt (vgl. § 398 Abs. 1 ZPO); das Gericht braucht aber einem solchen Antrag nicht zu entsprechen, sondern kann die Zeugenaussagen der Verklarung im Wege des Urkundenbeweises benutzen. Hierfür ist aber stets Voraussetzung, daß eine ordnungsmäßige und den Vorschriften der §§ 11—14 entsprechende Verklarung vorliegt. Dagegen ist es für die Verwertung der Verklarung durch das Prozeßgericht nicht erforderlich, daß die Beweisaufnahme in Anwesenheit aller Beteiligten stattgefunden hat oder daß deren Ladung (vgl. § 493 ZPO) erfolgt war (Begr. S. 50); denn die Bestimmungen der Zivilprozeßordnung sind auf das Verklarungsverfahren auch nicht entsprechend anwendbar, sondern dies regelt sich ausschließlich nach den §§ 11—14 (BayOLG in KGJ 9, 154 Nr. 36). In §§ 11—14 ist eine solche Einschränkung in der Verwertbarkeit der Verklarung nicht enthalten, wie sie in § 493 Abs. 2 ZPO für die Beweisaufnahme zur Sicherung des Beweises nach §§ 485ff. ZPO vorgesehen ist (a. A. anscheinend Mittelstein 1 I zu § 13 Anm. 3; 2 S. 97 unter Nr. 10; die dort angezogene Entscheidung RGZ 28, 411, 413 bezieht sich nicht auf die Verklarung, sondern auf die Beweissicherung nach §§ 485ff. ZPO).

2. Sachliche Voraussetzungen der Verklarung

a) Es ist erforderlich, daß „das Schiff oder die Ladung von einem Unfall betroffen" ist. In der seerechtlichen Vorschrift des § 522 HGB wird von „allen Unfällen" gesprochen, „sie mögen den Verlust oder die Beschädigung des Schiffes oder der Ladung, das Einlaufen in einen Nothafen oder einen sonstigen Nachteil zur Folge haben". Diese nähere Erläuterung ist als überflüssig im § 11 fortgelassen (vgl. Materialien S. 54); es genügt auch für die Verklarung des Binnenschiffahrtsrechts jeder Nachteil an Schiff oder Ladung (KG in KGJ 29 A 104). Eine Beschädigung des Schiffes oder der Ladung braucht nicht vorzuliegen (Bericht S. 21). So ist bei einem Zusammenstoß von Schiffen jedes Schiff von einem Unfall betroffen, auch wenn es dabei keinen unmittelbaren Schaden an Schiff oder Ladung erlitten hat (OLG 10, 348). Ein Nachteil besteht auch bei einem Fall der großen Haverei, z. B. wenn wegen Wintersgefahren ein Nothafen angelaufen werden muß (§§ 78, 82 Nr. 5). Eine im Entwurf vorgesehene Bestimmung, daß „in den Fällen der großen Haverei" stets die Verklarung beantragt werden müsse, wurde von der Reichstagskommission (Bericht S. 21) gestrichen; mit Rücksicht auf die aufzunehmende Dispache (§ 87) wird dies aber regelmäßig zu empfehlen sein. Es ist unerheblich, ob sich der Unfall vor, bei oder nach einer Reise ereignet hat (vgl. Materialien S. 54). Ein Unfall der Frachtgüter kommt aber nur in Betracht, wenn diese durch Übergabe an den Schiffer als „Ladung" anzusehen sind.

b) Zur Feststellung des tatsächlichen Hergangs bei einem solchen Unfall des Schiffes oder der Ladung hat das Gericht nach § 11 nicht von Amts wegen einzuschreiten, sondern es bedarf hierzu eines Antrages, zu dessen Stellung der Schiffer „berechtigt" und auf Verlangen des Schiffseigners oder eines Ladungsbeteiligten verpflichtet ist. Im § 11 Abs. 1 ist nur der Schiffer als Antragsteller aufgeführt, während nach der seerechtlichen Vorschrift des § 522 Abs. 3 HGB „der im Range nächste Schiffsoffizier" die Verklarung beantragen kann, wenn „der Schiffer gestorben oder außerstande ist", deren Aufnahme zu bewirken. Eine entsprechende Anwendung dieser Vorschrift wird nicht für zulässig erachtet werden können, da der Gesetzgeber in § 11, obwohl dieser der seerechtlichen Bestimmung nachgebildet ist, nur den Schiffer als berechtigten Antragsteller anführt. Es ist auch in § 11 nicht vorgesehen, daß der Schiffseigner das Verklarungsverfahren beantragen kann, wenn der Schiffer dem dahingehenden Verlangen der Ladungsbeteiligten oder des Schiffseigners nicht nachkommen sollte; vielmehr folgt hieraus nur eine Haftung des Schiffers wegen Verletzung seiner Dienstobliegenheiten nach §§ 7, 10. Anscheinend ging der Gesetzgeber davon aus, daß die Mitwirkung des Schiffers zur Aufklärung unbedingt erforderlich ist, so daß ohne seinen Antrag eine Verklarung nicht erfolgen solle. Die herrschende Ansicht gewährt daher nur dem Schiffer das Antragsrecht (KG in OLG 10, 348; BayObLG in KGJ 9, 154 Nr. 36 = Recht 1932, 83 Nr. 101; HansGZ Hauptbl. 1897 Nr. 5; a. A. Mittelstein 1 I zu § 11 Anm. 2; 2 S. 93 Nr. 3 und in HansGZ Hauptbl. 1897 S. 10). Nach dem später eingefügten § 11 Abs. 2 (s. Vorbemerkung) ist der Schiffer nicht nur berechtigt, sondern auf Verlangen des Schiffseigners oder eines Ladungsbeteiligten auch verpflichtet, eine Beweisaufnahme vor dem für Binnenschiffahrtssachen zuständigen Amtsgericht zu beantragen. Wenn ein Ladungsbeteiligter von diesem Recht keinen Gebrauch macht, so kann er sich nicht darauf berufen, daß der Schiffer nicht die Verklarung beantragt habe (BGH vom 14. 7. 1960 — II ZR 220/58 in VersR 60, 844). Im übrigen können der Schiffseigner oder die Ladungsbeteiligten in solchen Fällen nur ein gerichtliches Beweissicherungsverfahren nach §§ 485ff. ZPO einleiten. Der sein Schiff selbst führende Schiffseigner (Partikulierschiffer, Privatschiffer, Kleinschiffer) ist für die Verklarung antragsberechtigt, da ein solcher Schiffseigner-Schiffer als Schiffer mit allen Rechten und Pflichten nach § 7 anzusehen ist (vgl. § 4 Anm. 9a). Die an Schiff oder Ladung interessierte Versicherungsgesellschaft ist niemals berechtigt, die Verklarung zu beantragen; man hat ihr diese Befugnis ebensowenig eingeräumt wie den Ladungsbeteiligten, da „der Versicherer in der Lage sei, den Versicherungsnehmern die Sorge für die Einleitung der Verfahrens vertragsgmäß aufzuerlegen" (Begr. S. 49).

c) Eine besondere Form ist für die Stellung des Antrages auf Eröffnung der Verklarung nicht vorgesehen. Nach § 11 in Verbindung mit den §§ 11, 12, 13 FGG ist der Antrag schriftlich oder zu Protokoll der Geschäftsstelle einzureichen. Die Bestimmungen der Zivilprozeßordnung finden auch auf den Inhalt des Antrages keine Anwendung. Dieser hat die Schilderung des tatsächlichen Herganges des Unfalles unter Anführung der Beweismittel, Angaben über den Umfang des etwa eingetretenen Schadens und über die zur Abwendung oder Verringerung des Schadens angewendeten Mittel zu enthalten; ferner muß sich der Schiffer „selbst zum Zeugnis erbieten" (BayObLG in KGJ Bd. 9, 154 Nr. 36).

d) Eine bestimmte Antragsfrist ist in § 11 nicht enthalten. Nach der seerechtlichen Vorschrift des § 522 Abs. 2 HGB ist die Verklarung „ohne Verzug" zu bewirken. Nach der anzuwendenden allgemeinen bürgerlich-rechtlichen Vorschrift des § 121 BGB ist der Schiffer den Ladungsbeteiligten und dem Schiffseigner gegenüber bei der Vermeidung der Haftung zur unverzüglichen Stellung des Antrages verpflichtet. Das Gericht kann aber eine nicht unverzügliche Einreichung nicht als verspätet zurückweisen (HansGZ 1901, 133), sondern es hat zu prüfen, ob das Rechtsschutzbedürfnis bei einer langen Verzögerung gegeben ist (OLG Karlsruhe vom 18. 2. 1956 — 3 W 6/56 — in VersR 57, 148).

3. Die gerichtliche Zuständigkeit

a) Nach § 11 ist die Verklarung „vor dem Amtsgericht" vorzunehmen. Es ist daher ohne Rücksicht auf die Höhe der etwaigen Ansprüche stets die sachliche Zuständigkeit des Amtsgerichts gegeben.

b) Grundsätzlich ist das Amtsgericht desjenigen Ortes zuständig, „an dem die Reise endet", also das Amtsgericht des Ablieferungsortes (Bestimmungsortes). Es ist unerheblich, ob die Reise an diesem Ort bestimmungsgemäß oder vorzeitig, etwa gerade wegen des Unfalles, endet. Es sollte „eine Verzögerung der Reise tunlichst vermieden werden" (vgl. Begr. S. 49), deshalb hat man nicht das der Unfallstelle nächstgelegene Gericht für zuständig erklärt. Grundsätzlich hat also die Verklarung am Ablieferungsort stattzufinden. Ausnahmsweise soll das Gericht desjenigen Ortes in Betracht kommen, an dem das Schiff längere Zeit liegenbleiben muß, z. B. wegen notwendiger Reparaturen, Entlöschung eines Teils der Ladung, Winterzeit, Hoch- oder Niedrigwasser. Es muß sich aber stets um einen Aufenthalt von „längerer" Dauer handeln, so daß eine Durchführung des Verklarungsverfahrens möglich ist.

Das Verklarungsverfahren

§ 12

Zur Aufnahme des Beweises bestimmt das Gericht einen tunlichst nahen Termin, zu welchem der Schiffer und die sonst bezeichneten Zeugen zu laden sind. Dem Schiffseigner und den Ladungsbeteiligten ist von dem Termine Mitteilung zu machen, soweit es ohne unverhältnismäßige Verzögerung des Verfahrens geschehen kann. Die Mitteilung kann durch öffentliche Bekanntmachung erfolgen.

1. Eröffnung des Verfahrens

a) Nach Prüfung seiner örtlichen und sachlichen Zuständigkeit hat das Gericht einen „tunlichst nahen Termin" zu bestimmen, wenn der Antrag den Erfordernissen des § 11 entspricht. Ein Rechtsmittel der übrigen Beteiligten gegen diese Eröffnung des Verfahrens ist nicht zulässig (§ 143 Abs. 2 FGG); das Gericht kann aber auf Anregung oder von Amts wegen nach § 18 Abs. 1 FGG von der Durchführung des Verfahrens Abstand nehmen (KGJ 29 A 105; OLG 10, 349). Dagegen steht gegen den ablehnenden Bescheid das Rechtsmittel der sofortigen Beschwerde zur Verfügung (§§ 148 Abs. 2, 22ff. FGG), und zwar dem Schiffer als Antragsteller (§ 148 Abs. 2 FGG), aber auch sonst jedem, dessen Recht durch die Verfügung beeinträchtigt wird (§ 20 FGG), also dem Schiffseigner und den Ladungsbeteiligten. Von Amts wegen ist das Gericht berechtigt, eine Ergänzung eines ungenügenden Antrages herbeizuführen (§ 13 Abs. 4). Einen trotz einer solchen Auflage nicht vervollständigten Antrag kann das Gericht aus diesem Grund, aber niemals wegen Verspätung abweisen (LG Hamburg in HansGZ Hauptbl. 1901 Nr. 59; OLG Hamburg in HansGZ Hauptbl. 1901 Nr. 84).

b) Nach dieser Vorprüfung erläßt das Gericht nicht etwa einen Beweisbeschluß (wie bei der Beweisaufnahme in Prozeßverfahren), sondern bestimmt einen Termin; denn das Verfahren der Verklarung ist ausschließlich nach §§ 12, 13 in Verbindung mit den Vorschriften der freiwilligen Gerichtsbarkeit durchzuführen. Die für die Verklarung des Seerechts geltenden Vorschriften der Verordnung zur Vereinfachung des Verfahrens über Verklarungen vom 16. 8. 1944 (RGBl. I S. 183), die eine Abgabe eines Berichts des Schiffers mit eidesstattlicher Versicherung durch Gericht oder Notar vorsehen, können für das Verklarungsverfahren der Binnenschiffahrt auch nicht entsprechend angewendet werden. Die Bestimmungen der Zivilprozeßordnung finden nach § 13 nur für die Durchführung der Beweisaufnahme Anwendung; es gelten also nicht die Vorschriften über den Parteibetrieb und die Beschränkung des Beweisstoffes (BayObLG in KGJ 9, 154 Nr. 36 = Recht 1932, 83 Nr. 101). Zu dem anzuberaumenden Termin hat das Gericht den Schiffer und die sonst bezeichneten Zeugen zu laden. Die Ladung dieser Personen ist wesentliches Erfordernis einer ordnungsmäßigen Verklarung. Das Gericht ist nicht befugt, die Ladung benannter Zeugen als unerheblich oder sonst überflüssig abzulehnen. Dagegen kann das Gericht nach § 13 Abs. 4 eine Ausdehnung der Beweisaufnahme von Amts wegen anordnen.

c) Dem Schiffseigner und den Ladungsbeteiligten „ist von dem Termin Mitteilung zu machen, soweit es ohne unverhältnismäßige Verzögerung des Verfahrens geschehen kann". Aus dieser Fassung ergibt sich, daß eine Benachrichtigung dieser Personen kein wesentliches Erfordernis ist. In eiligen Fällen ist das Gericht auch befugt, die Schiffer und die benannten gestellten Zeugen auf Antrag sofort zu vernehmen, ohne die übrigen Beteiligten zu benachrichtigen (Begr. S. 50). Die Ladung der Zeugen hat ohne Rücksicht auf die Beweislast zu erfolgen; es ist auch eine formelle Ladung mit Angabe der Beweisfragen nicht erforderlich. Dies würde dem Zweck zuwiderlaufen, den Sachverhalt nach allen Richtungen und auf dem schnellsten Wege zu klären (KGJ 9, 154 Nr. 36). Das Gericht kann auch auf Antrag oder von Amts wegen nach § 13 Abs. 4 die Augenscheinseinnahme und die Anhörung von Sachverständigen anordnen.

Das Beweisaufnahmeverfahren

§ 13

Die Aufnahme des Beweises erfolgt nach den Vorschriften der Zivilprozeßordnung.

Soweit hiernach nicht die Beeidigung des Schiffers ausgeschlossen ist, beschließt über dieselbe das Gericht nach freiem Ermessen.

Die an Schiff und Ladung Beteiligten sowie die etwa sonst durch den Unfall Betroffenen sind berechtigt, in Person oder durch Vertreter der Verhandlung beizuwohnen. Sie können eine Ausdehnung der Beweisaufnahme auf weitere Beweismittel beantragen.

Das Gericht ist befugt, eine Ausdehnung der Beweisaufnahme auch von Amts wegen anzuordnen, soweit dies zur Aufklärung des Sachverhalts erforderlich erscheint.

1. Die Aufnahme des Beweises

a) Nach § 13 erfolgt die Aufnahme des Beweises nach den Vorschriften der Zivilprozeßordnung (§§ 371ff. ZPO), die also nur für die Durchführung der Beweisaufnahme (Vernehmung der Zeugen, Sachverständigen, deren Beeidigung, Augenscheinseinnahme, Urkundenbeweis) anzuwenden ist. Es können auch auswärtige Gerichte um die Vernehmung von Zeugen ersucht werden (§ 362 ZPO, § 2 FGG). Insoweit besteht für das Beweisaufnahmeverfahren der Verklarung, wie im Beweissicherungsverfahren nach § 485 ZPO und im Prozeß, der Parteibetrieb.

b) Eine wichtige Ausnahme von diesem Grundsatz des Parteibetriebes besteht nach § 13 Abs. 4, wonach das Gericht befugt ist, „eine Ausdehnung der Beweisaufnahme" von Amts wegen anzuordnen, „soweit dies zur Aufklärung des Sachverhalts erforderlich erscheint" (vgl. § 12 FGG). Die „Ermöglichung einer derartigen Offizialtätigkeit des Gerichts entspricht dem Zweck des Verfahrens und ist schon aus dem Grunde nicht zu entbehren, weil die zunächst Beteiligten unter Umständen sich nicht in der Lage befinden werden, bei den Verhandlungen anwesend zu sein" (vgl. Begr. S. 50). Das Gericht kann sowohl weitere Zeugen laden als auch eine Augenscheinnahme oder den Sachverständigenbeweis anordnen.

c) Nach § 13 Abs. 2 können ferner „die an Schiff und Ladung Beteiligten sowie die sonst durch den Unfall Betroffenen" nicht nur der Verhandlung selbst oder durch Vertreter beiwohnen, sondern „eigene Ausdehnung der Beweisaufnahme auf weitere Beweismittel beantragen". Zu diesen Beteiligten gehören außer dem Schiffseigner, den Ladungsbeteiligten (Absender und Empfänger) die Eigentümer von Ladung und Schiff, auch die Versicherungsgesellschaften, die bei dem Unfall Verletzten oder deren unterhaltsberechtigte Angehörigen. Diese Beteiligten können die Erhebung jeder Art von Beweisen beantragen; auch steht ihnen das Rechtsmittel der Beschwerde zu (§§ 19ff. FGG).

2. Die Vernehmung des Schiffers

a) Nach § 11 ist der Schiffer Antragsteller, gleichzeitig aber nach § 13 Abs. 2 auch Zeuge. Es handelt sich hier um eine ähnliche Regelung, wie sie jetzt allgemein im Zivilprozeß mit dem Beweis durch Parteivernehmung eingeführt ist (vgl. §§ 445ff. ZPO).

b) In der Verklarung des Seerechts ist nach § 525 Abs. 2 HGB vorgeschrieben, daß „der Schiffer und die zugezogenen übrigen Personen der Schiffsbesatzung ihre Aussagen zu beschwören haben". Nach § 13 Abs. 2 beschließt das Gericht über die Beeidigung des Schiffers „nach freiem Ermessen". Diese abweichende Behandlung ist deshalb erfolgt, weil „bei Unfällen der Binnenschiffahrt andere Auskunftspersonen außer dem Schiffer und den Personen der Mannschaft häufiger vorhanden sein werden als bei Seeunfällen" (vgl. Begr. S. 50).

3. Abschluß des Verfahrens

a) Das Gericht hat über die Ergebnisse dieses Beweisaufnahmeverfahrens ein Protokoll zu führen. Dies ergibt sich aus § 13 Abs. 1 in Verbindung mit §§ 160, 492 ZPO. Einer eigenen Stellungnahme hat sich das Gericht zu enthalten, insbesondere weder durch Urteil noch sonstige Entscheidung einen Abschluß des Verfahrens vorzunehmen.

b) Von diesem Protokoll ist auf Antrag allen Beteiligten im Sinne des § 13 Abs. 3 eine einfache oder beglaubigte Abschrift zu erteilen. Die Einsichtnahme in das gerichtliche Verklarungsprotokoll ist jedem, der ein berechtigtes Interesse glaubhaft macht, gestattet (§ 34 FGG).

Kosten der Verklarung

§ 14

Ist das Verfahren auf Verlangen eines Ladungsbeteiligten beantragt, so hat dieser die entstandenen Kosten zu erstatten, soweit er nicht Anspruch auf Ersatz des durch den Unfall ihm entstandenen Schadens hat. Die Verpflichtung des Schiffs-

eigners, dem Schiffer die verauslagten Kosten zu erstatten, wird hierdurch nicht berührt.

In Fällen der großen Haverei findet die Vorschrift des § 84 Anwendung.

Vorbemerkung: Die jetzige Fassung des § 14 beruht auf den §§ 1, 44 Ziff. 5, 158 der „Verordnung über die Kosten in Angelegenheiten der freiwilligen Gerichtsbarkeit“ (Kostenordnung) vom 25. 11. 1935 (RGBl. I 137ff.); danach wurde die bisherige Vorschrift des § 14 Abs. 1 über die Anwendung der für das Verfahren zur Sicherung des Beweises geltenden Bestimmungen des Gerichtskostengesetzes aufgehoben und durch die Kostenordnung ersetzt.

1. Gerichtskosten

a) Für die Gerichtskosten (Gebühren und Auslagen) der Verklarung gelten die Vorschriften dieser Kostenordnung in der Fassung des Gesetzes zur Änderung und Ergänzung kostenrechtlicher Vorschriften vom 26. 7. 1957 (BGBl. I S. 861). Nach § 50 KostO wird für die Aufnahme von Verklarungen sowie Beweisaufnahmen nach dem Binnenschiffahrtsgesetz das Doppelte der vollen Gebühr, mindestens ein Betrag von 20,— DM erhoben; für die nachträgliche Ergänzung der Verklarung wird eine volle Gebühr, mindestens der Betrag von 10,— DM erhoben.

b) Vorschußpflichtig dem Gericht gegenüber ist der Schiffer als Antragsteller (§ 14 Abs. 2 Satz 2). Der Schiffer ist auch Kostenschuldner, „soweit es sich nicht etwa um Kosten handelt, die innerhalb des Verfahrens durch Anträge anderer Beteiligter verursacht werden“ (Begr. S. 51).

c) Nach § 14 Abs. 2 Satz 2 hat der Schiffer gegenüber seinem Schiffseigner einen Anspruch auf Erstattung der verauslagten Kosten, also auch der vorschußweise an das Gericht entrichteten Kosten (vgl. Bericht S. 6). Von den Ladungsbeteiligten, auf deren Verlangen der Schiffer die Verklarung etwa vorgenommen hat, kann er nach § 14 Abs. 2 Satz 1 nur Erstattung der Kosten, nicht schon des Gerichtskostenvorschusses verlangen.

2. Die Anwaltskosten

a) In dem Verklarungsverfahren können sich die Beteiligten durch Anwälte vertreten lassen (§ 13 Abs. 3, §§ 13, 29 FGG). Im Binnenschiffahrtsgesetz ist nicht geregelt, nach welchen Vorschriften diese Anwaltsgebühren zu berechnen sind; es gelten die allgemeinen Vorschriften insbesondere § 118 BRAGebO.

b) Eine Festsetzung der Anwaltskosten und sonstigen außergerichtlichen Kosten erfolgt im Verklarungsverfahren nicht. Dagegen wird man die Erstattungsfähigkeit dieser außergerichtlichen Kosten im Prozeß als Prozeßkosten zu bejahen haben, da eine Verklarung regelmäßig der zweckentsprechenden Rechtsverfolgung dient, so daß nach § 91 ZPO die unterliegende Partei auch diese Kosten tragen muß (RheinschiffahrtsOG Köln vom 6. 4. 1934 in HansRGZ 34 B 490; OLG Köln vom 11. 7. 1957 — 3 U 57/57; 11. 6. 1959 in ZfB 59, 365).

3. Verklarungskosten bei der großen Haverei

Nach § 14 findet „in Fällen der großen Haverei“ die Vorschrift des § 84 Anwendung. Diese besagt, daß in diesem Fall auch die Kosten der Verklarung zur großen Haverei gehören. Es sollten also die Vorschriften über die Verteilung der Kosten in Fällen der großen Haverei nicht berührt werden; vielmehr sollen auch die Verklarungskosten bei Errettung aus einer gemeinsamen Gefahr für Schiff und Ladung (§§ 78ff.) auf diese verteilt werden.

Gesetzliche Vertretungsmacht des Schiffers

§ 15

Befindet sich das Schiff weder am Heimatorte noch an einem Orte an welchem der Schiffseigner eine Geschäftsniederlassung hat, so ist der Schiffer Dritten gegenüber kraft seiner Anstellung befugt, die Frachtforderungen einzuziehen, sowie für den Schiffseigner alle Geschäfte und Rechtshandlungen vorzunehmen, welche die Ausführung der Reise erforderlich macht.

Zur Eingehung von Wechselverbindlichkeiten, zur Veräußerung oder Verpfändung des Schiffes und zum Abschlusse von Frachtverträgen ist der Schiffer nur auf Grund einer ihn hierzu ermächtigenden Vollmacht des Schiffseigners berechtigt.

1. Zweck und Bedeutung der gesetzlichen Vertretungsmacht

a) Zur Erfüllung seiner Dienstobliegenheiten als Führer des Schiffes (vgl. §§ 7, 10) muß der Schiffer nicht nur tatsächliche Verrichtungen an Schiff und Ladung, sondern auch „Geschäfte und Rechtshandlungen" für den Schiffseigner vornehmen, die die Verwendung des Schiffes zur Schiffahrt ohne weiteres mit sich bringen (vgl. § 7 Anm. 1a). Nach den allgemein bürgerlich-rechtlichen Vorschriften (§ 164 BGB) sind solche Rechtshandlungen den beteiligten dritten Personen gegenüber nur insoweit rechtswirksam, als der Schiffer „innerhalb der ihm zustehenden Vertretungsmacht" handelt, also soweit die Vollmacht reicht, die ihm der Schiffseigner allgemein auf Grund der Dienstanweisungen oder besonders erteilt hat. Es ist für den beteiligten Dritten äußerst schwierig, in jedem Einzelfall diese Bevollmächtigung nachzuprüfen. Im Interesse der Sicherheit und der Erleichterung des Rechtsverkehrs hat daher das Binnenschiffahrtsgesetz dem Schiffer in den §§ 15—19 eine gesetzliche Vertretungsmacht verliehen, die dem Seerecht nachgebildet, aber gegenüber den §§ 527ff. HGB erheblich eingeschränkt ist. Er ist nach § 15 „kraft seiner Anstellung" befugt, gewisse Rechtshandlungen „Dritten gegenüber" mit Wirksamkeit für und gegen den Schiffseigner vorzunehmen, ohne daß er hierzu einer Vollmacht bedarf. Diese Vertretungsmacht steht dem Schiffer (§ 7) kraft Gesetzes zu, ohne Rücksicht auf die Größe des Schiffes. Eine Ausnahme besteht nach § 131 Abs. 1 für den sogenannten Ortsverkehr, nämlich für die Schiffe, die nur zu Fahrten innerhalb desselben Ortes bestimmt sind; für diesen Ortsverkehr finden die §§ 15—19 keine Anwendung.

b) Eine Übertragung der gesetzlichen Vertretungsmacht auf andere ist nach dem Gesetz nicht zulässig. Die im § 9 vorgesehene Einsetzung eines Ersatzschiffers bei Behinderung des Schiffers durch Krankheit oder andere Ursachen stellt keine Übertragung der Vertretungsmacht dar, obwohl in § 9 Abs. 2 der Ersatzschiffer als Stellvertreter bezeichnet wird. Denn im Rechtssinne ist der Ersatzschiffer nicht Vertreter, sondern ein kraft gesetzlicher Befugnis bestellter neuer Schiffer (vgl. § 9 Anm. 3a). Dagegen ist der Schiffer berechtigt, sich im Einzelfall vertreten zu lassen.

c) Es steht dem Schiffer nach §§ 15ff. keine unbeschränkte gesetzliche Vertretungsmacht zu. Vielmehr ist die Vertretungsmacht des Binnenschiffers zeitlich und sachlich beschränkt; sie ist nicht so umfangreich gestaltet wie im

Seerecht (vgl. §§ 526ff. HGB). Der Grund für diese andere Regelung besteht darin, daß „der Seeschiffer eine bedeutsamere und selbständigere Stellung habe als der Binnenschiffer und daß dieser viel leichter in der Lage sei, sich mit seinem Schiffsherrn in Verbindung zu setzen" (vgl. Begr. S. 57ff.).

2. Beginn und Ende der Vertretungsmacht

a) Nach § 15 steht dem Schiffer die Vertretungsmacht „kraft seiner Anstellung" zu. Hieraus ergibt sich, daß der Schiffer mit seiner Bestellung als Führer des Schiffes (§ 7) diese gesetzliche Befugnis, den Schiffseigner zu vertreten, erwirbt. Denn „Anstellung" ist nicht gleichbedeutend mit Abschluß eines Dienstvertrages, sondern bedeutet die Einsetzung als Schiffsführer (die Bestellung).

b) Die Vertretung des Schiffers endet, wenn er aufhört, Schiffer zu sein; denn seine Vertretungsmacht beruht auf seiner Einsetzung als Führer des Schiffes, der „Anstellung". Mit der Enthebung vom Dienst, die nach § 20 Abs. 6 durch den Schiffseigner jederzeit erfolgen kann, endet auch seine Vertretungsmacht. Wenn der Schiffseigner dem Schiffer nur die Vertretungsmacht entzieht, ihn aber als Führer des Schiffes beläßt, so gilt diese Beschränkung der Vertretungsmacht dem Dritten gegenüber nur nach Maßgabe des § 17. Mit dem Verlust des Schiffes, z. B. durch Untergang, tritt eine Beendigung der Vertretungsmacht grundsätzlich nicht ein; denn auch in einem solchen Fall bleibt der Schiffer kraft seiner Anstellung Führer des Schiffes und zu allen erforderlichen Dienstobliegenheiten (z. B. für die Bergung) verpflichtet (so RGZ 42, 69 für den Korrespondentreeder des Seerechts). Die Vertretungsbefugnis des Schiffers besteht bei dem Untergang des Schiffes fort, wenn Aussicht zur Hebung von Schiff und Ladung besteht und der Schiffer kraft seiner Fürsorgepflicht zu diesem Zweck tätig wird (RGZ 165, 166, 169).

3. Inhalt der Vertretungsmacht

a) Nach § 15 Abs. 1 steht dem Schiffer die gesetzliche Befugnis zur Vertretung des Schiffers „Dritten" gegenüber zu, also allen Personen gegenüber, mit Ausnahme des Schiffseigners und Schiffers. Zu Rechtsgeschäften mit sich selbst ist der Schiffer demnach nur nach der allgemeinen bürgerlich-rechtlichen Bestimmung des § 181 BGB befugt. Die Vertretungsmacht ist dritten Personen gegenüber, also für das Außenverhältnis, grundsätzlich unbeschränkbar. Es kann dem Dritten nämlich nach § 17 eine Beschränkung der gesetzlichen Befugnisse nur entgegengesetzt werden, wenn der Schiffseigner beweist, daß sie dem Dritten bekannt war.

b) Im Innenverhältnis zwischen Schiffer und Schiffseigner ist eine Beschränkung der Vertretungsmacht zulässig (§ 18); sie kann jederzeit (bei Anstellung oder später) und vollständig oder teilweise erfolgen.

4. Zeitliche Beschränkung der Vertretungsmacht

a) Nach § 15 Abs. 1 ist der Schiffer zur Vertretung des Schiffseigners nur befugt, wenn sich das Schiff weder am Heimatort (§ 6) noch am Ort der Geschäftsniederlassung des Schiffseigners befindet. Der Gesetzgeber ging hierbei von dem Gedanken aus, daß der Schiffseigner an diesen Orten in der Lage sei, seine Geschäfte selbst zu führen. Es ist aber unerheblich, ob der Schiffseigner an den bezeichneten Orten tatsächlich anwesend ist. Denn es kommt nicht auf den Aufenthalt des Schiffers, sondern auf den Standort des Schiffes an. Der

Schiffer hat in allen Fällen, wenn sich das Schiff am Heimatort oder am Ort dieser Geschäftsniederlassung befindet, keine gesetzliche Vertretungsbefugnis, auch nicht außerhalb dieser Orte. Dagegen ist der Schiffer, wenn sich das Schiff an einem anderen Ort als dem Heimatort oder dem Sitz der Geschäftsniederlassung befindet, zur Vertretung des Schiffseigners auch dann berechtigt, wenn sich der Schiffseigner ebenfalls an diesem Ort oder auf dem Schiff befindet (a. A. anscheinend OLG Hamburg in HansGZ Hauptbl. 1909 Nr. 19).

b) Eine Ausnahme von diesem Grundsatz der zeitlichen Beschränkung der Vertretungsmacht besteht nach § 16 Abs. 2. Nach dieser Vorschrift ist der Schiffer „ohne Unterschied des Ortes" zur Ausstellung von Ladescheinen befugt.

5. Sachliche Beschränkung der Vertretungsmacht

a) Nach § 15 Abs. 1 ist der Schiffer zur Einziehung der Frachtforderungen gesetzlich ermächtigt. Nach § 26, § 435 HGB erfolgt die Zahlung der Fracht in der Regel Zug um Zug gegen Auslieferung der Frachtgüter und nach § 440 HGB hat der Frachtführer ein Pfandrecht. Deshalb hat sich der Gesetzgeber „nach einigen Bedenken verstanden, dem Schiffer die gesetzliche Befugnis zur Einziehung der Fracht zu überlassen, weil auch der Empfänger nicht wissen kann, ob der Schiffer gleichzeitig Schiffseigner ist oder nicht" (Begr. S. 51, 52; Materialien S. 55, 56). Zu den „Frachtforderungen" gehören außer der Fracht die Liegegelder, Zollgelder, Auslagen und sonstigen Forderungen, die auf dem Frachtvertrag beruhen (vgl. §§ 26, 67, § 440 HGB).

b) Ferner ist der Schiffer berechtigt, für den Schiffseigner alle Geschäfte und Rechtshandlungen vorzunehmen, welche „die Ausführung der Reise erforderlich macht", jedoch mit Ausnahme der im § 15 Abs. 2 aufgeführten Geschäfte. Es war „im eigenen Interesse des Schiffseigners unerläßlich, in gewissen Grenzen dem Schiffer während der Reise auch die Ermächtigung zur Vornahme von Rechtsgeschäften einzuräumen; um eine Gefährdung des Schiffseigners zu verhüten, genügt es, wenn die Vertretungsmacht des Schiffers in allen Fällen an die Voraussetzung geknüpft wird, daß das abgeschlossene Geschäft zur Ausführung der Reise erforderlich war" (vgl. Begr. S. 52). Im Binnenschiffahrtsrecht ist also die Vertretungsmacht des Schiffers auf „objektiv unerläßlich notwendige Handlungen" beschränkt (OLG Hamburg vom 6. 1. 1911 — Bf. 236/1910 —), während nach § 527 HGB im Seerecht „alle Geschäfte und Rechtshandlungen vorgenommen werden können, welche die Ausführung der Reise mit sich bringen", also nicht nur die notwendigen, sondern auch die bei der Seeschiffahrt regelmäßig vorkommenden Geschäfte (RGZ 13, 81; 36, 3). Nach § 15 Abs. 1 ist also derjenige, der „mit dem Schiffer ein derartiges Geschäft eingeht, zu einer Prüfung der Sachlage genötigt, und im Bestreitungsfall liegt ihm ob, die Notwendigkeit des Geschäfts nachzuweisen" (vgl. Begr. S. 52). Nach der Praxis des Binnenschiffahrtsbetriebes kommen als solche „notwendigen" Geschäfte u. a. folgende in Betracht: Anstellung und Entlassung von Schiffsleuten während der Reise, Beschaffung von Kohlen für einen Schleppdampfer zur Fortsetzung der Reise, Vornahme dringender, für die Fahrtüchtigkeit des Schiffes erforderlicher Reparaturen (RG in JW 1914, 92 Nr. 22), Abschluß eines notwendigen Schleppvertrages, eines Hilfeleistungsvertrages (OLG Hamburg in HansGZ Hauptbl. 1901 Nr. 103), eines Bergungsvertrages (RGZ 70, 277). Zum Abschluß eines Versicherungsvertrages wird der Schiffer dagegen grundsätzlich nicht ermächtigt sein, jedoch kann eine solche Befugnis aus den §§ 667ff. BGB (Geschäftsführung ohne Auftrag) begründet sein. Nach § 15 Abs. 2 ist der Schiffer gesetzlich nicht befugt, einen Frachtvertrag abzuschließen (anders im Seerecht § 527 Abs. 2 HGB), Wechselverbindlichkeiten einzugehen (ebenso § 529 HGB), die Veräußerung oder Verpfändung des Schiffes vorzunehmen (weitgehender § 530 HGB). Auch zur Abänderung eines Frachtvertrages hat der Schiffer keine gesetzliche Vertretungsmacht (RGZ 36, 1, 3). In der Rheinschiffahrt ist es nach Gewohnheitsrecht üblich, daß Frachtverträge nicht vom Schiffseigner, sondern vom Schiffer unterzeichnet werden (vgl. Handelsgebräuche S. 21); jedoch erstreckt sich diese gewohnheitsrechtlich anzunehmende Vollmacht nur auf solche Frachtfahrten, für die das Schiff nach seiner Beschaffenheit eingesetzt ist (so Handelsgebräuche S. 128). Es ist streitig, ob der Schiffer nach diesem Gewohnheitsrecht auch ermächtigt ist, einen von seinem Schiffseigner abgeschlossenen Frachtvertrag abzuändern.

c) Es ist dem Schiffer grundsätzlich nicht das Recht eingeräumt, den Schiffseigner in Prozessen zu vertreten, sei es passiv, als Beklagten, oder aktiv, bei der Einreichung von Klagen. Die dahingehende Befugnis des Seeschiffers im § 527 Abs. 2 HGB zur „Anstellung von Klagen, die sich auf den Wirkungskreis des Schiffers beziehen", wurde für das Binnenschiffahrtsrecht „als zu weitgehend" nicht übernommen (vgl. Begr. S. 53). Es kann aber im Einzelfall sehr wohl die gerichtliche Vertretung des Schiffseigners „zur Ausführung der Reise erforderlich" sein, beispielsweise, wenn das Schiff auf der Fahrt durch einstweilige Verfügung oder Arrest festgehalten wird, wenn zur Geltendmachung des Pfandrechts nach § 440 Abs. 3 HGB oder aus anderem Rechtsgrund eine schleunige einstweilige Verfügung erwirkt werden muß. Die Ermächtigung des Schiffers zur Stellung gerichtlicher Anträge im Bedürfnisfalle sollte „nicht ausgeschlossen werden; insbesondere gilt dies von den Ansuchen um Verfügung des Gerichts wegen des Pfandverkaufs von Frachtgütern; überhaupt wird die Befugnis des Schiffers, den Ladungsbeteiligten gegenüber die auf die Übernahme und Ablieferung der Güter bezüglichen Rechtshandlungen vorzunehmen, nicht berührt; diese Befugnis ergibt sich aus den Dienstobliegenheiten des Schiffers von selbst" (vgl. Begr. S. 53). Nach der ausdrücklichen Vorschrift des § 97 Abs. 2 ist der Schiffer passiv legitimiert für eine Pfandklage der Gläubiger aus Bergungs- und Hilfskosten.

Sonstige Vertretungsmacht des Schiffers

§ 16

Rechtsgeschäfte, welche der Schiffer eingeht, während das Schiff sich an einem der im § 15 Abs. 1 bezeichneten Orte befindet, sind für den Schiffseigner nur dann verbindlich, wenn der Schiffer auf Grund einer Vollmacht gehandelt hat, oder wenn ein anderer besonderer Verpflichtungsgrund vorhanden ist.

Zur Ausstellung von Ladescheinen ist der Schiffer ohne Unterschied des Ortes befugt.

1. Auf Grund einer Vollmacht oder anderen Verpflichtung

a) Die Bestimmung im § 16 Abs. 1 ist eine Folgerung aus der Regelung im § 15 Abs. 2. Danach sind die Rechtsgeschäfte, die der Schiffer ohne gesetzliche Vertretungsmacht abschließt, während sich das Schiff am Heimatort oder am Ort der Geschäftsniederlassung befindet, für den Schiffseigner verbindlich, wenn der

Schiffer auf Grund einer Vollmacht (§ 166 Abs. 2 BGB) gehandelt hat. Ein gleiches Ergebnis folgt auch aus den §§ 164ff. BGB. Nach den Übungen im Binnenschiffahrtsverkehr wird in erheblichem Umfang von einer solchen weitergehenden Bevollmächtigung des Schiffers Gebrauch gemacht. So werden ihm häufig auch der Abschluß von Frachtgeschäften sowie alle sonstigen mit dem Schiffahrtsbetrieb zusammenhängenden Geschäfte übertragen, auch allgemein die Annahme und Entlassung der Mannschaften. Als ein „anderer" besonderer Verpflichtungsgrund kann die Genehmigung des ohne Vertretungsmacht abgeschlossenen Geschäfts durch den Schiffseigner (§ 184 BGB) oder eine Geschäftsbesorgung ohne Auftrag (§§ 677ff. BGB) in Betracht kommen.

b) Handelt der Schiffer auf diese Weise in Vertretungsmacht des Schiffseigners auf Grund einer Vollmacht (§ 166 Abs. 2 BGB) oder aus einem anderen besonderen Verpflichtungsgrund, so ist nach § 16, § 164 Abs. 1 BGB der Schiffseigner hieraus verantwortlich. Denn es gilt dann der Grundsatz der unmittelbaren Stellvertretung (§ 164 BGB). Der Schiffer haftet daneben nicht, sondern nur an Stelle des Schiffseigners, wenn er seine Vertretungsmacht überschritten hat (§ 179 BGB).

c) Die Haftung des Schiffseigners ist grundsätzlich eine persönliche mit seinem ganzen Vermögen (vgl. § 4 Anm. 4 c). Jedoch kann, wenn die Erfordernisse des § 4 Nr. 2 vorliegen, eine beschränkte Haftung mit Schiff und Fracht nach dieser Vorschrift eintreten (vgl. § 4 Anm. 5 a).

2. Für die Ausstellung von Ladescheinen

Nach § 15 Abs. 2 ist der Schiffer zum Abschluß von Frachtverträgen nur auf Grund einer Vollmacht des Schiffseigners berechtigt. Dagegen ist er nach § 16 Abs. 2 zur Ausstellung von Ladescheinen allgemein und ohne Unterschied des Ortes, also auch am Heimatort des Schiffes und am Ort der Geschäftsniederlassung des Schiffseigners, befugt. Es handelt sich bei der Ausstellung des Ladescheins um eine zur Durchführung der Reise notwendige Maßnahme und um die Erfüllung einer Verpflichtung des Frachtführers. Nach § 72 ist der „Frachtführer auf Verlangen des Absenders" zur Ausstellung des Ladescheins verpflichtet. Der Ladeschein muß nach § 445 Abs. 2 HGB vom Frachtführer unterzeichnet sein. Abweichend hiervon bestimmt der § 16 Abs. 2 die gesetzliche Zeichnungsbefugnis des Schiffers. Diese Befugnis kann jedoch durch Parteivereinbarung abgeändert werden; so geschah dies in § 2 Abs. 2 AVB, wonach der Schiffer zur Ausstellung von Ladescheinen nicht befugt ist. Die Zeichnung eines solchen Vertreters ohne Vertretungsmacht kann aber genehmigt werden (§§ 177 Abs. 2, 184 Abs. 1 BGB). Diese Genehmigung kann ausdrücklich oder durch schlüssige Handlung erklärt werden. Einer besonderen Genehmigung bedarf es nicht, wenn nach den Geschäftsgepflogenheiten die Genehmigung stets oder doch in der Regel nur vom Schiffer vorgenommen und diese Zeichnung als rechtsverbindlich anerkannt worden war. Eine nachträgliche Genehmigung durch schlüssige Handlungen kann in der Annahme des Gutes auf Grund mangelhaft gezeichneten Ladescheins erblickt werden, wenn der Annehmende sich dessen bewußt war oder wenigstens damit rechnete, daß der Ladeschein von jemand gezeichnet war, der hierzu keine Befugnis hatte (RGZ 170, 233 [236]; RG vom 21. 6. 1935 V 489/34 in SeuffA 89 Nr. 155). Wenn die Annahme trotz Kenntnis des Mangels erfolgte, so würde die Berufung auf die Mangelhaftigkeit des Ladescheins gegen Treu und Glauben verstoßen, ebenso schon, wenn bei Empfangnahme des Ladescheins Zweifel an seiner Gültigkeit aufgestiegen waren und sie trotzdem das Gut in Empfang nahm (RGZ 170, 233 [236]). Es besteht kein Widerspruch zwischen den Bestimmungen, denn „der Ladeschein ist nicht, wie der Frachtbrief, eine Urkunde über den Frachtvertrag, sondern enthält nur das Versprechen der Auslieferung der Frachtgüter nach deren Ankunft am Bestimmungsort und begründet daher auch keine selbständige Verpflichtung zur Ausführung des Transportes“ (vgl. Begr. S. 54).

Beschränkung der gesetzlichen Vertretungsmacht des Schiffers

§ 17

Der Schiffseigner, welcher die gesetzlichen Befugnisse des Schiffers beschränkt hat, kann einem Dritten die Nichteinhaltung dieser Beschränkungen nur dann entgegensetzen, wenn er beweist, daß sie dem Dritten bekannt waren.

1. Die gesetzliche Vertretungsmacht des Schiffers nach den §§ 15 Abs. 1, 16 Abs. 2 kann der Schiffseigner beschränken (§ 18). Eine solche Beschränkung hat nach § 17 gegenüber einem Dritten nur dann Wirksamkeit, wenn der Schiffseigner beweist, daß sie diesem bekannt war. Für das Außenverhältnis besteht die Vermutung, daß die gesetzlichen Befugnisse des Schiffers nicht eingeschränkt worden sind. Im Interesse der Sicherheit des Rechtsverkehrs soll sich also jeder Dritte, der mit einem Schiffer ein solches Rechtsgeschäft eingeht, darauf verlassen können, daß die gesetzlich festgelegte Vertretungsmacht des Schiffers nicht eingeschränkt worden ist.

2. Auf Grund solcher Beschränkungen der Vertretungsmacht können die gesetzlichen Befugnisse des Schiffers inhaltlich, zeitlich oder örtlich eingeschränkt, auch vollständig aufgehoben werden; denn die §§ 15 Abs. 1, 16 Abs. 2 sind nicht zwingender Natur; außerdem ist im § 18 die Möglichkeit der Beschränkung der Befugnisse besonders hervorgehoben. Auch eine vollständige Aufhebung der Vertretungsmacht kann dem Dritten nur nach Maßgabe des § 17 entgegengesetzt werden. Unter Umständen kann aber die Einrede der Arglist begründet sein, wenn der Dritte mit dem Schiffer ein Geschäft abschließt, obwohl er weiß, daß es den Absichten und Interessen des Schiffseigners zuwiderläuft (RGZ 15, 206).

3. Dem Dritten kann „entgegengesetzt werden, daß ihm die Beschränkung der gesetzlichen Vertretungsmacht“ bekannt war. Maßgeblicher Zeitpunkt für diese Kenntnis ist der Abschluß des Geschäfts mit dem Schiffer. Es ist unerheblich, auf welche Weise der Dritte diese Kenntnis erlangt hat, z. B. durch eine Benachrichtigung seitens des Schiffseigners oder des Schiffers, durch Rundschreiben, durch die Frachtpapiere oder die darin angeführten Verfrachtungsbedingungen. In den Frachtpapieren (Frachtvertrag und Ladeschein), auch in den Verfrachtungsbedingungen größerer Schiffahrtsfirmen findet sich nicht selten eine Bestimmung, daß der Schiffer zur Einziehung der Frachtbeträge nicht befugt sei, oder daß deren Zahlung nur an die Firma zu erfolgen habe. Solche Vermerke der Frachtpapiere hat der Dritte zu beachten. Er kann sich nicht damit entlasten, daß er sie nicht gelesen habe; denn der Kenntnis des Dritten muß die auf grober Fahrlässigkeit beruhende Unkenntnis gleichgesetzt werden (vgl. §§ 122 Abs. 2, 169 BGB). Eine Pflicht zur Erkundigung besteht aber für den Dritten nicht.

Beschränkung der Befugnisse im Innenverhältnis

§ 18

Dem Schiffseigner gegenüber sind für den Umfang der Befugnisse des Schiffers die Bestimmungen der §§ 15 und 16 ebenfalls maßgebend, soweit nicht der Schiffseigner diese Befugnisse beschränkt hat.

1. Mit dieser Vorschrift, die in der Fassung der seerechtlichen Bestimmung des § 534 HGB nachgebildet ist, wird zur Klarstellung hervorgehoben, daß die §§ 9, 15, 16 Abs. 2 über die gesetzliche Vertretungsmacht auch für das Innenverhältnis zwischen Schiffer und Schiffseigner gelten sollen.

2. Diese Regelung ist jedoch nicht zwingend, so daß für das Innenverhältnis in erster Linie der Dienstvertrag oder die sonstigen Abmachungen zwischen Schiffseigner und Schiffer maßgebend sind. Nur soweit vertraglich eine Regelung der Befugnisse des Schiffers nicht erfolgt ist, finden auch für das Innenverhältnis die §§ 9, 15, 16 Abs. 2 Anwendung.

3. Die gesetzlichen Befugnisse des Schiffers kann der Schiffseigner mit Wirkung für das Innenverhältnis beschränken. Die Beschränkung braucht nicht schon bei der Bestellung des Schiffers, sondern kann auch später erfolgen; sie kann inhaltlich, zeitlich, örtlich die Befugnisse des Schiffers einschränken oder anders als in den §§ 9, 15, 16 regeln. Die Einschränkung kann auch so vollständig sein, daß sie eine Ausschließung der Vertretungsmacht bedeutet.

4. Für eine Verletzung dieser ihm auferlegten Beschränkungen ist der Schiffer dem Schiffseigner verantwortlich, und zwar sowohl auf Grund des Dienstvertrages als auch wegen Verletzung einer Dienstobliegenheit nach § 7 Abs. 2.

Haftung aus den Geschäften mit gesetzlicher Vertretungsmacht

§ 19

Durch ein Rechtsgeschäft, welches der Schiffer in seiner Eigenschaft als Führer des Schiffes, sei es mit, sei es ohne Bezeichnung des Schiffseigners innerhalb seiner gesetzlichen Befugnisse geschlossen hat, wird der Schiffseigner dem Dritten gegenüber berechtigt und die Haftung des Schiffseigners mit Schiff und Fracht (§ 4 Nr. 1) begründet.

Der Schiffer selbst wird dem Dritten durch das Rechtsgeschäft nicht verpflichtet, es sei denn, daß er dessen Erfüllung gewährleistet oder seine Befugnisse überschritten hat.

1. Haftung des Schiffseigners

a) Nach § 19 Abs. 1, der dem § 533 Abs. 1 HGB entspricht, wird der Schiffseigner durch ein Rechtsgeschäft, das der Schiffer innerhalb seiner gesetzlichen Befugnisse geschlossen hat, dem Dritten gegenüber berechtigt und verpflichtet, während nach § 19 Abs. 2 eine Haftung des Schiffers grundsätzlich nicht begründet wird. Es gilt für die im Rahmen der gesetzlichen Vertretungsmacht von dem Schiffer geschlossenen Rechtsgeschäfte der Grundsatz der unmittelbaren Stellvertretung, der nach § 164 BGB für die in Vollmacht eingegangenen Geschäfte des Schiffers ebenfalls anzuwenden ist (vgl. § 16 Anm. 1 b). Der von dem Schiffer auf Grund seiner gesetzlichen Vertretungsmacht vertretene Schiffseigner (§§ 1, 2) wird dem Dritten gegenüber unmittelbar berechtigt und verpflichtet; der

Schiffer dagegen, da er nur als Vertreter für einen anderen handelt, wird weder berechtigt noch verpflichtet.

b) Der Schiffseigner haftet aus den mit gesetzlicher Vertretungsmacht von dem Schiffer geschlossenen Rechtsgeschäften nach den §§ 19 Abs. 1, 4 Nr. 1 „mit Schiff und Fracht", also beschränkt (vgl. § 4 Anm. 4 a). Dieser Hinweis im § 19 Abs. 1 ist aber nicht dahin zu verstehen, daß der Schiffseigner in allen Fällen nur beschränkt haften soll, selbst wenn nach anderen Vorschriften (z. B. § 5) eine weitergehende Haftung begründet wäre. So besteht eine persönliche Haftung des Schiffseigners nach § 5 gegenüber der Schiffsbesatzung für die aus dem Dienstverhältnis zustehenden Forderungen auch dann, wenn der Schiffer die Schiffsmannschaft auf Grund seiner gesetzlichen Vertretungsmacht eingestellt hat (vgl. § 5 Anm. 2 b). Ebenso haftet der Schiffseigner nach § 7 Abs. 3 persönlich mit seinem ganzen Vermögen, wenn der Schiffer das Geschäft nach Unterrichtung des Schiffseigners und auf dessen Anweisung abgeschlossen hat (vgl. § 7 Anm. 3 d).

c) Die Haftung des Schiffseigners aus den vom Schiffer in gesetzlicher Vertretungsmacht geschlossenen Geschäften ist aber nur dann gegeben, wenn der Schiffer innerhalb der Grenzen seiner gesetzlichen Befugnisse gehandelt hat. Er muß also in seiner Eigenschaft als Führer des Schiffes entweder selbst oder im Einzelfall durch einen von ihm beauftragten Vertreter eine der ihm gesetzlich obliegenden Rechtshandlungen (§§ 9, 15 Abs. 1, 16 Abs. 2) vorgenommen haben. Hierbei muß auch erkennbar hervorgetreten sein, daß er als Führer des Schiffes handelte. Es macht aber „keinen Unterschied, ob die Erklärung ausdrücklich im Namen des Vertretenen erfolgt oder ob die Umstände ergeben, daß sie in dessen Namen erfolgen soll" (§ 164 Abs. 1 BGB). Es kann sich dies auch aus den Umständen, insbesondere aus der Art der Geschäfte (§§ 15 Abs. 1, 16 Abs. 2), ergeben. Es ist nicht erforderlich, daß der Schiffer den Namen des von ihm vertretenen Schiffseigners erwähnte oder daß dem anderen Teil dieser sonst bekannt war (RG in JW 1901, 425 Nr. 8).

2. Haftung des Schiffers

a) Nach § 19 Abs. 2 wird der Schiffer grundsätzlich „dem Dritten durch das Rechtsgeschäft nicht verpflichtet"; denn er handelt eben nur als gesetzlicher Vertreter mit unmittelbarer Wirkung für und gegen den von ihm vertretenen Schiffseigner.

b) Jedoch ist der Schiffer dem Dritten haftbar, wenn er „seine Befugnisse überschritten hat", also nicht innerhalb seiner gesetzlichen Vertretungsmacht (vgl. Anm. 1 c) gehandelt hat; denn aus einem solchen Geschäft haftet der Schiffseigner nur, wenn er es genehmigt (§ 177 BGB). Wenn der Schiffer beispielsweise ein nicht zur Ausführung der Reise erforderliches Geschäft durch Ankauf von Inventar abschließt (§ 15 Abs. 1), so haftet der Schiffer; es wird aber an seiner Stelle die Haftung des Schiffseigners begründet, wenn dieser nach Kenntnis von diesem Geschäft die Weiterbenutzung des Inventars duldet. Die Überschreitung der gesetzlichen Vertretungsmacht darf nicht verwechselt werden mit der Beschränkung der gesetzlichen Befugnisse des Schiffers durch den Schiffseigner, deren Haftungsregelung in den §§ 17, 18 enthalten ist.

c) Ferner ist der Schiffer dem Dritten nach § 19 Abs. 2 persönlich haftbar, wenn er die Erfüllung des Rechtsgeschäfts „gewährleistet". Eine Anerkenntniserklärung ist als Gewährleistung nicht anzusehen, sondern es muß eine unzweideutige Erklärung sein, für die Erfüllung der Verbindlichkeiten aus dem für den Schiffseigner abgeschlossenen Geschäft persönlich einstehen zu wollen. Eine besondere Form ist im § 19 Abs. 2 nicht vorgeschrieben, insbesondere wird nicht die Schriftform verlangt (a. A. Mittelstein 1 I zu § 19 Anm. 3; 2 S. 103). Wenn dies der Wille des Gesetzgebers gewesen wäre, so hätte sich die Einfügung dieser Bestimmung erübrigt, da die Haftung aus einer schriftlichen Gewährleistungserklärung schon aus den allgemeinen bürgerlich-rechtlichen Vorschriften (§§ 765ff. BGB) zu entnehmen ist. Aus einer solchen Gewährleistungserklärung haftet der Schiffer als Gesamtschuldner (§ 427 BGB) zusammen mit dem Schiffseigner, dessen Haftung sich auf den Vertrag selbst stützt.

d) Weiter besteht gegenüber einem beschränkten Personenkreis eine Haftung des Schiffers aus § 7 Abs. 2, wenn er bei Erfüllung seiner Dienstobliegenheiten die Sorgfalt eines ordentlichen Schiffers verletzt. Dann ist er dem Schiffseigner, den Ladungsbeteiligten (Absender und Empfänger), den beförderten Personen und der Schiffsbesatzung für jeden durch die Vernachlässigung dieser Sorgfalt entstandenen Schaden haftbar (vgl. § 7 Anm. 3 c).

e) Aus einer bei Abschluß des Rechtsgeschäfts begangenen unerlaubten Handlung haftet der Schiffer jedem geschädigten Dritten auf Schadensersatz (vgl. § 7 Anm. 3 b).

f) Dem Schiffseigner gegenüber besteht eine Haftung des Schiffers sowohl aus dem Dienstvertrag als auch aus § 7 Abs. 2 und aus unerlaubter Handlung (vgl. § 7 Anm. 3 a—c).

Dienstverhältnis des Schiffers

§ 20

Der Schiffer untersteht, soweit nicht in diesem Gesetze ein anderes bestimmt ist, den Vorschriften, welche für die im § 133 a der Gewerbeordnung bezeichneten Personen gelten.

Das Dienstverhältnis des Schiffers kann, wenn nichts anderes verabredet ist, von jedem Teile mit Ablauf jedes Monats nach einer sechs Wochen vorher erklärten Kündigung aufgehoben werden.

Hinsichtlich der Voraussetzungen, unter welchen dem Schiffseigner und dem Schiffer das Recht zusteht, die Auflösung des Dienstverhältnisses vor Ablauf der vertragsmäßigen Zeit und ohne Innehaltung einer Kündigungsfrist zu verlangen, bewendet es bei den Bestimmungen der §§ 133 b bis 133 d der Gewerbeordnung.

Hat der Schiffer eine Reise angetreten, so ist er verpflichtet, bis zur Beendigung der Reise und zur Entlöschung des Schiffes im Dienste zu bleiben, es sei denn, daß ein den sofortigen Austritt rechtfertigender Grund vorhanden ist.

Wird das Dienstverhältnis vor der Ankunft des Schiffes am Bestimmungsorte während der Reise aufgehoben, so hat der Schiffer Anspruch auf die Kosten der Rückreise nach dem Orte, an welchem er in Dienst getreten ist. Diese Bestimmung findet keine Anwendung, wenn der Schiffer sich einer Handlung schuldig gemacht hat, welche geeignet ist, seine sofortige Entlassung zu rechtfertigen.

Ist ein die sofortige Entlassung rechtfertigender Grund nicht vorhanden, so kann der Schiffer zwar jederzeit seines Dienstes enthoben werden, jedoch unbeschadet seiner Entschädigungsansprüche für die Zeit bis zum Ende der vertragsmäßigen Dauer des Dienstverhältnisses oder bis zum Ablaufe der Kündigungsfrist.

1. Über das Dienstverhältnis, in dem der Schiffer zum Schiffseigner steht, sagt die Begründung (S. 54): „Die Obliegenheiten des Schiffers sind teils handelsgewerblicher, teils technischer Art. Der letztere Bestandteil überwiegt aber derart, daß er für die Stellung des Schiffers im ganzen maßgebend wird. Der Schiffer ist hiernach als gewerbliche Hilfsperson im Sinne der Gewerbeordnung anzusehen, und da die Führung des Schiffs sich als die Leitung eines Teils des Betriebes darstellt, so trifft auf ihn die Begriffsbestimmung zu, welche der § 133 a der GewO für die Betriebsbeamten, Werkmeister usw. aufstellt. In diese Klasse gewerblicher Hilfspersonen wird der Schiffer auch nach seiner wirtschaftlichen Lage und Stellung am zweckmäßigsten eingereiht. Durch die in Abs. 2 des § 20 enthaltene Bezugnahme auf die Gewerbeordnung findet die bezeichnete Auffassung gesetzlichen Ausdruck. ... In den seltenen Fällen, in denen der Schiffseigner nicht Gewerbetreibender ist, kann natürlich auch der Schiffer nicht als gewerbliche Hilfsperson angesehen werden. Die im Entwurf besonders in Bezug genommenen Vorschriften der Gewerbeordnung (§§ 133 b—133 d) kommen jedoch, wie sich aus der Fassung des Entwurfs ergibt, in solchen Fällen gleichwohl in Anwendung."

2. Das Dienstverhältnis des Schiffers wird also in erster Linie durch § 20 geregelt, weiter durch die Vorschriften, die für die in GewO § 133 a genannten Personen Geltung haben, und endlich — ergänzend — durch die Vorschriften der §§ 611 ff. BGB über den Dienstvertrag. In neuester Zeit ist durch die Neuordnung des Arbeitsrechts die gesetzliche Regelung des Dienstverhältnisses des Schiffers erheblich weiter ausgebaut worden (vgl. Anm. 11).

3. Grundsätzlich untersteht der Schiffer auch dann der Gewerbeordnung, wenn ausnahmsweise der Schiffseigner, in dessen Dienst er steht, nicht Gewerbetreibender sein sollte, z. B. der Eigner einer Lustjacht (Bericht S. 6).

4. Der Schiffer wird durch § 20 Abs. 1 „den Vorschriften, welche für die in § 133 a der Gewerbeordnung bezeichneten Personen gelten", unterstellt. Das sind die „von Gewerbeunternehmern gegen feste Bezüge beschäftigten Personen, welche nicht lediglich vorübergehend mit der Leitung oder Beaufsichtigung des Betriebes oder einer Abteilung desselben beauftragt (Betriebsbeamte, Werkmeister und ähnliche Angestellte) oder mit höheren technischen Dienstleistungen betraut sind (Maschinentechniker, Bautechniker, Chemiker, Zeichner und dergleichen)" (§ 133 a GewO). Für diese Personen gelten nicht nur die §§ 133 a—133 f (hierüber unten Anm. 6), sondern auch die allgemeinen Vorschriften der Gewerbeordnung, deshalb gemäß § 20 Abs. 1 auch für den Schiffer, soweit nicht § 20 Abs. 2—6 oder eine andere Vorschrift des Binnenschiffahrtsgesetzes etwas anderes bestimmt. Zu diesem allgemeinen Bestimmungen der Gewerbeordnung gehören vor allem die Bestimmungen in den §§ 105 bis 120 e (mit Ausnahme der §§ 105 a—105 i und des § 119 a), soweit sie nicht lediglich für bestimmte Personen oder Gewerbe Bedeutung haben, sowie, auf Grund des § 133 e, die Vorschriften des § 124 b und des § 125 GewO.

5. Für die Aufhebung des Dienstverhältnisses des Schiffers durch Kündigung gilt aber § 133 a GewO, obwohl auf ihn ausdrücklich in § 20 Abs. 1 Bezug genommen wird, nicht. An Stelle der dortigen Bestimmung — Aufhebung mit Ablauf jedes Kalendervierteljahres nach sechs Wochen vorher erklärter Aufkündigung — tritt vielmehr die Sonderregelung des § 20 Abs. 2, wonach die Aufhebung mit Ablauf jedes Monats nach sechs Wochen vorher erklärter Kündigung zulässig ist. Dies ist namentlich mit Rücksicht auf die vielfach übliche oder notwendige Einstellung des Schiffahrtsbetriebes im Winter bestimmt. Nach Mittelstein 2 I S. 105 und Landgraf S. 89 ist nicht anzunehmen, daß mit dem Monat gerade der Kalendermonat gemeint ist; doch hätte dann der Gesetzgeber die Worte „mit Ablauf jedes Monats" entbehren und einfach bestimmen können, daß die Aufkündigung in jedem Falle nach einer sechs Wochen vorher erklärten Kündigung zulässig sein soll.

6. Die Auflösung des Dienstverhältnisses des Schiffers ohne vorangegangene Kündigung — nur hiervon handelt Abs. 3 — regelt sich nach §§ 133 b — 133 d GewO. Die §§ 133 b — 133 d lauten:

§ 133b. Jeder der beiden Teile kann vor Ablauf der vertragsmäßigen Zeit und ohne Innehaltung einer Kündigungsfrist die Aufhebung des Dienstverhältnisses verlangen, wenn ein wichtiger, nach den Umständen des Falles die Aufhebung rechtfertigender Grund vorliegt.

§ 133c. Gegenüber den in § 133a bezeichneten Personen kann die Aufhebung des Dienstverhältnisses insbesondere verlangt werden:

1. wenn sie beim Abschlusse des Dienstvertrags den Arbeitgeber durch Vorbringung falscher oder verfälschter Zeugnisse hintergangen oder ihn über das Bestehen eines anderen, sie gleichzeitig verpflichtenden Dienstverhältnisses in einen Irrtum versetzt haben;
2. wenn sie im Dienste untreu sind oder das Vertrauen mißbrauchen;
3. wenn sie ihren Dienst unbefugt verlassen oder den nach dem Dienstvertrag ihnen obliegenden Verpflichtungen nachzukommen, beharrlich verweigern;
4. wenn sie durch anhaltende Krankheit oder durch eine längere Freiheitsstrafe oder Abwesenheit an der Verrichtung ihrer Dienste verhindert werden;
5. wenn sie sich Tätlichkeiten oder Ehrverletzungen gegen den Arbeitgeber oder seinen Vertretern zuschulden kommen lassen;
6. wenn sie sich einem unsittlichen Lebenswandel ergeben.

In dem Falle zu 4 bleibt der Anspruch auf die vertragsmäßigen Leistungen des Arbeitgebers für die Dauer von sechs Wochen in Kraft, wenn die Verrichtung der Dienste durch unverschuldetes Unglück verhindert worden ist. Jedoch mindern sich die Ansprüche in diesem Falle um denjenigen Betrag, welcher dem Berechtigten aus einer auf Grund gesetzlicher Verpflichtung bestehenden Krankenversicherung oder Unfallversicherung zukommt.

§ 133d. Die im § 133a bezeichneten Personen können die Auflösung des Dienstverhältnisses insbesondere verlangen:

1. wenn der Arbeitgeber oder seine Vertreter sich Tätlichkeiten oder Ehrverletzungen gegen sie zuschulden kommen lassen;
2. wenn der Arbeitgeber die vertragsmäßigen Leistungen nicht gewährt;
3. wenn bei Fortsetzung des Dienstverhältnisses ihr Leben oder ihre Gesundheit einer erweislichen Gefahr ausgesetzt sein würde, welche bei Eingehung des Dienstverhältnisses nicht zu erkennen war.

Zu § 133b: a) Ein „wichtiger Grund" im Sinne des § 133b GewO liegt nicht vor bei Eintritt des Winters, weil die kürzere Kündigungsfrist in § 20 Abs. 2 im Hinblick auf die übliche oder notwendige Einstellung der Schiffahrt im Winter gewährt worden ist und diese Bestimmung als Sonderbestimmung des Binnenschiffahrtsrechts vor der allgemeinen der Gewerbeordnung Platz greift.

b) Die Worte „Aufhebung verlangen" bedeuten, daß Einwilligung des Gegners in die Aufhebung beansprucht werden kann; die Einwilligung kann gegebenenfalls durch richterliche Erkenntnis ersetzt werden.

Zu § 133c: Diese Bestimmung gibt nur Beispiele für einen die Aufhebung des Dienstverhältnisses rechtfertigenden „wichtigen Grund", aber keineswegs eine erschöpfende Aufzählung der zur Auflösung des Dienstverhältnisses berechtigenden wichtigen Gründe. Der Begriff der „Abwesenheit" im Sinne der Nr. 4 ist bei dem Dienstverhältnis des Schiffers streng auszulegen, weil der Schiffahrtsverkehr eine stete Anwesenheit des Schiffers erfordert.

7. a) § 20 Abs. 4 schränkt nicht nur das in Abs. 2 dem Schiffer eingeräumte Kündigungsrecht ein, sondern verlängert auch eine etwaige vertragsmäßig bestimmte Frist. Die Auflösung des Dienstverhältnisses während der Reise ist demnach nur zulässig, wenn der Ausschluß des Abs. 4 ausdrücklich vereinbart war oder wenn ein den sofortigen Austritt des Schiffers rechtfertigender Grund vorliegt, wobei — wie die Begründung (S. 55) hierzu bemerkt — „selbstverständlich der besondere Umstand, daß es sich um einen Austritt während der Reise handelt, nicht unberücksichtigt bleiben" darf. Grundsätzlich ist dabei davon auszugehen, daß die Sorge für Schiff und Ladung, die dem Schiffer obliegt, eine solche Ausnahme von der aus der Beendigung des Dienstverhältnisses sich ergebenden Folge, wonach der Schiffer seinen Dienst ohne weiteres würde verlassen können, notwendig macht. Es ist deshalb bei Beurteilung des „wichtigen Grundes" ein besonders strenger Maßstab anzulegen.

b) Das Kündigungsrecht des Schiffseigners ist nicht in gleicher Weise beschränkt wie nach Nr. 4 das Kündigungsrecht des Schiffers. Er kann vielmehr verlangen, daß der Schiffer, wenn das Ende des Dienstverhältnisses zufolge Kündigung oder Vertragsbestimmung während des Laufs einer Reise eintritt, den Dienst sofort verlasse.

8. Auf die Kosten der Rückreise hat der Schiffer in allen Fällen Anspruch, in denen vor Ankunft des Schiffes am Bestimmungsort das Dienstverhältnis aufgehoben wird, sofern er nicht eine den Schiffseigner zu seiner sofortigen Entlassung berechtigende Handlung oder Unterlassung begangen hat. Der Umstand, daß im letzteren Falle der Schiffseigner dennoch von der sofortigen Entlassung keinen Gebrauch gemacht, sondern die Kündigungsfrist beachtet hat, gibt dem Schiffer keinen Anspruch auf die Kosten der Rückreise. Der Schiffer kann also die Kosten der Rückreise nur verlangen, wenn, ohne daß eine die sofortige Entlassung rechtfertigende Handlung oder Unterlassung seinerseits vorliegt, entweder das Dienstverhältnis nach Beginn der Reise im beiderseitigen Einverständnis gelöst worden ist oder wenn der Schiffseigner — ohne daß ein Grund zu sofortiger Entlassung vorliegt — gekündigt oder den Schiffer des Dienstes enthoben oder ihn bei Ablauf der vertragsmäßigen Frist von der Verpflichtung des Abs. 4 entbunden hat oder wenn der Schiffer einen Grund zu sofortigem Austritt hatte. Daß zu den Kosten der Rückreise auch ein entsprechendes Zehrgeld während der Rückreise gehört, wird in der Begründung als selbstverständlich bezeichnet.

9. Da mit der Führung des Schiffes eine gesetzliche Vertretungsmacht verbunden ist, die zu widerrufen dem Schiffseigner jederzeit freisteht, kann die Enthebung des Schiffers vom Dienst jederzeit Platz greifen. Zudem hat der Schiffer kein Recht auf Leistung seiner Dienste. Mit einer solchen Enthebung vom Dienst tritt aber die Auflösung des Dienstverhältnisses nicht ohne weiteres ein, sondern erst mit Ende der vertragsmäßigen Dauer oder mit Ablauf der Kündigungsfrist. Für diese Zeit hat also der Schiffseigner dem Schiffer gegenüber noch Pflichten, die im Gesetz als „Entschädigungsansprüche" bezeichnet werden, nach der Begründung aber nur in den vertragsmäßigen Leistungen und der Tragung der Rückreisekosten bestehen sollen. Die Frage, ob der seiner Rechte als Schiffer Enthobene andere Tätigkeiten auf dem Schiffe zu übernehmen verpflichtet ist (z. B. als Bootsmann), ist zu verneinen, weil er ein leitendes Dienstverhältnis als Schiffer begründet hat, nicht ein Arbeitsverhältnis als Schiffsmannschaft.

10. Der Schiffer hat wegen seiner Forderung aus dem Dienstvertrage die Rechte des Schiffsgläubigers nach § 102 Nr. 2, seine Forderungen verjähren nach §§ 117, 118 in einem Jahre.

11. Die im Binnenschiffahrtsgesetz und durch dieses geschaffene Regelung hat seit 1919 durch das Arbeitsrecht eine tiefeinschneidende Änderung erfahren. Neben die Bestimmungen des Binnenschiffahrtsgesetzes, der Gewerbeordnung und des Bürgerlichen Gesetzbuches sind seither ergänzend die Vorschriften des Arbeitsrechts und die Tarifverträge getreten.

Dritter Abschnitt

Schiffsmannschaft

Begriff der Schiffsmannschaft

§ 21

Zur Schiffsmannschaft gehören mit Ausnahme des Schiffers die zum Schiffahrtsdienste auf dem Schiffe angestellten Personen der Schiffsbesatzung, insbesondere die Steuerleute, Bootsleute, Matrosen, Schiffsknechte, Schiffsjungen, Maschinisten und Heizer.

Die Schiffsmannschaft untersteht der Gewerbeordnung.

1. Die Schiffsmannschaft umfaßt, mit Ausnahme des Schiffers (§§ 7—20), alle zu Schiffahrtsdiensten auf dem Schiffe angestellten Personen der Schiffsbesatzung, gleichviel ob die Anstellung dauernd oder vorübergehend und ob der Schiffseigner Gewerbetreibender ist oder nicht (vgl. § 3 Anm. 3a, c; RGZ 51, 36). Vor allem gehören, wie nach Seerecht, auch Maschinisten und Heizer dazu. Der Zwangslotse dagegen gehört nicht zur Schiffsmannschaft, aber auch nicht zur Schiffsbesatzung, weil er nicht auf dem Schiffe angestellt ist, vielmehr auf Grund obrigkeitlicher Anordnung angenommen werden muß. Auch der Vertragslotse (Haupter) wird nicht der Schiffsmannschaft zugerechnet, gehört aber zur Schiffsbesatzung (Anm. 3b zu § 3), denn sein Verhältnis zum Schiffer ist das der Werkverdingung (§ 611 BGB). Ebenso gehören nicht zur Schiffsmannschaft die zu anderen als Schiffahrtsdiensten auf einem Schiffe angestellten Personen, wie Köche, Kellner, Aufwärter usw.; sie fallen daher auch nicht unter die §§ 21—25. Ihr Rechtsverhältnis zum Schiffseigner ist vielmehr, wie die Begründung (S. 57) ausführt, nach den allgemeinen Rechtsgrundsätzen des Bürgerlichen Gesetzbuches zu beurteilen.

2. Wenn durch Polizeiverordnung für gewisse Schiffsgrößen bestimmte Besatzungsstärken vorgeschrieben sind, deren einzelne Personen bestimmten Anforderungen entsprechen müssen, die dafür eingestellten Personen diesen Anforderungen nicht entsprechen, so sind die Schiffe nicht den wasserpolizeilichen

Vorschriften entsprechend besetzt; ob die den Anforderungen nicht genügenden Personen alsdann als zur Schiffsmannschaft gehörig zu betrachten sind, kann im Einzelfalle zweifelhaft sein, wenngleich es sich um Personen handelt, die, wenn auch verbotswidrig, zum Schiffahrtsdienste auf dem Schiffe angestellt sind. Man wird dies jedoch bejahen müssen, soweit diese Personen vom Schiffer „mit Dienstverrichtungen betraut" sind. Das gilt vor allem auch von Frauen und Kindern von Schiffseigner-Schiffern und Schiffern, die, wie in der Kleinschiffahrt vielfach üblich, nicht nur ständig auf dem Schiff mitfahren, sondern auch von frühester Jugend an gewisse Dienstverrichtungen im Schiffahrtsbetriebe versehen.

3. § 21 Abs. 2 will klarstellen, daß die Schiffsmannschaft nicht in einem Dienstbotenverhältnis zum Schiffer steht, daß vielmehr die Personen der Schiffsmannschaft als Gewerbegehilfen der Gewerbeordnung unterstehen; dieser Zusatz ist auf Antrag des Reichstagsausschusses hinzugefügt worden, weil „hier und da noch die (gegenteilige) Auffassung bestehe" (KommBer. S. 7). Dagegen wurde die (im Entwurf in § 22) vorgesehene Bestimmung, daß „der Schiffsmann, welcher dem Antritt oder der Fortsetzung der Reise sich rechtswidrig entzieht, auf Antrag zwangsweise durch die Polizei zur Erfüllung sollte angehalten werden können", obwohl der Seemannsordnung nachgebildet, wegen ihrer Anklänge an das Gesinderecht im gleichen Zusammenhang gestrichen.

4. Für die Schiffsmannschaft gelten dabei zunächst die §§ 22—25, weiter §§ 122—124a GewO, ferner die Bestimmungen des Bürgerlichen Gesetzbuches über den Dienstvertrag und endlich die arbeitsrechtlichen Bestimmungen mit Einschluß der tarifvertraglichen Regelungen.

Dienstantritt der Schiffsmannschaft

§ 22

Die Verpflichtung des Schiffsmannes zum Dienstantritt beginnt, wenn nichts anderes verabredet ist, mit dem Abschlusse des Dienstvertrages. Tritt der Schiffsmann den Dienst nicht binnen vierundzwanzig Stunden an, so braucht er nicht mehr angenommen zu werden. Der Anspruch des Schiffseigners auf Schadensersatz wird hierdurch nicht berührt.

1. Der schriftliche Abschluß des Dienstvertrages ist weder durch BSchG noch durch GewO (siehe § 105 GewO) noch durch BGB geboten; er ist an irgendeine Form nicht gebunden. Er wird grundsätzlich vom Schiffseigner mit dem Schiffsmann abgeschlossen. Doch ist der Schiffer in beschränktem Umfang gesetzlich bevollmächtigt, für den Schiffseigner Schiffsleute anzustellen, nämlich wenn der Schiffer hierzu besonders bevollmächtigt ist oder wenn „ein anderer besonderer Verpflichtungsgrund vorhanden ist" (siehe hierzu Anm. 1 zu § 16).

2. Nach dem Gesetz über Schifferdienstbücher vom 12. 2. 1951 (BGBl. II S. 3) in Verbindung mit der Durchführungsverordnung vom 22. 2. 1951 (BGBl. II S. 26) muß jeder Schiffsmann im Besitz eines auf seinen Namen lautenden Schifferdienstbuches sein.

3. Der Dienstantritt hat in Ermangelung einer anderen Abrede sofort mit dem Abschluß des Dienstvertrages zu erfolgen. Erfolgt dies nicht innerhalb längstens vierundzwanzig Stunden — die stundenweise vom Zeitpunkte des Abschlusses ab rechnen —, so braucht der säumige Schiffsmann, ohne Rücksicht auf den Grund der Verzögerung, nicht mehr eingestellt zu werden. Diese von § 616 BGB abweichende Bestimmung ist mit Rücksicht auf die Besonderheiten des Schiffahrtsbetriebes getroffen worden, weil der Schiffseigner nicht der Gefahr ausgesetzt werden darf, auf einen nicht rechtzeitig seinen Dienst antretenden Schiffsmann warten und die Abfahrt des Schiffes deshalb verzögern oder ohne vollständige Bemannung abfahren zu müssen.

4. Macht der Schiffseigner von der Befugnis des Satzes 2 Gebrauch, so kann er trotzdem vollen Schadenersatz von dem säumigen Schiffsmann verlangen. Dieser Schadenersatz kann geltend gemacht werden für Verzögerung der Abfahrt, höheren Lohn an den Ersatzmann usw. Voraussetzung für die Geltendmachung des Schadensersatzes ist allerdings, daß der Schiffsmann die Verzögerung zu vertreten hat (§ 276 BGB).

Dienstpflichten des Schiffsmanns

§ 23

Der Schiffsmann ist verpflichtet, in Ansehung des Schiffsdienstes den Anordnungen des Schiffers Folge zu leisten und jederzeit alle für Schiff und Ladung ihm übertragenen Arbeiten zu verrichten.

Er darf das Schiff ohne Erlaubnis des Schiffers nicht verlassen.

Verunglückt das Schiff, so hat der Schiffsmann für Rettung der Personen und ihres Gepäcks sowie für Sicherstellung der Schiffsteile, der Gerätschaften und der Ladung den Anordnungen des Schiffers gemäß nach besten Kräften zu sorgen.

1. Der „§ 23 regelt im Anschluß an die Seemannsordnung, wenn auch weniger ins einzelne gehend, die wichtigsten Dienstpflichten des Schiffsmanns“ (Begr. S. 58). Als grundlegende Pflicht wird dabei die zum Gehorsam bezeichnet. Diese Pflicht findet jedoch ihre Einschränkung darin, daß sie nur gegenüber Anordnungen „in Ansehung des Schiffsdienstes“ gilt. Der Schiffer darf also darüber hinausgehende Anordnungen nicht geben und der Schiffsmann ist nicht verpflichtet, solchen weitergehenden Anordnungen Folge zu leisten.

2. Andererseits umfaßt die Verpflichtung zu Gehorsam „in Ansehung des Schiffsdienstes“ nicht nur die Arbeiten auf dem Schiff, für das der Schiffsmann angenommen ist, sondern auch die Arbeiten auf einem Leichterschiff oder am Lande, wenn dies nur in Ansehung des Schiffsdienstes für Schiff und Ladung geschieht.

3. Der Schiffsmann ist verpflichtet, die rechtmäßig angeordneten Arbeiten jederzeit zu verrichten. Daraus ergibt sich, daß der Schiffsmann grundsätzlich auch nachts und an Sonn- und Feiertagen zu arbeiten verpflichtet ist, weil wie in den Reichstagsverhandlungen über den Entwurf ausgeführt wurde, eine andere Regelung mit den Schiffahrtsverhältnissen in Widerspruch stände. Maßgebend ist die im Dienstvertrag und in den Tarifverträgen vorgesehene Regelung.

4. Die Verletzung der in Abs. 2 genannten besonderen Pflicht ist Entlassungsgrund gemäß § 123 Nr. 2 GewO.

5. Auf Berge- und Hilfslohn hat der Schiffsmann, der den in Abs. 2 genannten Anordnungen Folge leistet, nach § 93 Abs. 3 keinen Anspruch.

Lohnzahlungszeiten

§ 24

Wenn über die Zeit der Lohnzahlung nichts anderes vereinbart ist, so kann der Schiffsmann am Schluß jeder zweiten Woche die Auszahlung des verdienten Lohnes verlangen.

1. § 24 ersetzt § 614 BGB. Doch gilt die Bestimmung nur mangels einer besonderen Vereinbarung oder einer Regelung im Tarifvertrag. Ergänzend gelten ferner die §§ 115—119a GewO. Diese lauten:

§ 115. Die Gewerbetreibenden sind verpflichtet, die Löhne ihrer Arbeiter in Reichswährung zu berechnen und bar auszuzahlen.

Sie dürfen den Arbeitern keine Waren kreditieren. Doch ist es gestattet, den Arbeitern Lebensmittel für den Betrag der Anschaffungskosten, Wohnung und Landnutzung gegen die ortsüblichen Miet- und Pachtpreise, Feuerung, Beleuchtung, regelmäßige Beköstigung, Arzneien und ärztliche Hilfe sowie Werkzeuge und Stoffe zu den ihnen übertragenen Arbeiten für den Betrag der durchschnittlichen Selbstkosten unter Anrechnung bei der Lohnzahlung zu verabfolgen. Zu einem höheren Preise ist die Verabfolgung von Werkzeugen und Stoffen für Akkordarbeiten zulässig, wenn derselbe den ortsüblichen nicht übersteigt und im voraus vereinbart ist.

§ 115a. Lohn- und Abschlagszahlungen dürfen in Gast- und Schankwirtschaften oder Verkaufsstellen nicht ohne Genehmigung der unteren Verwaltungsbehörde erfolgen; sie dürfen an Dritte nicht erfolgen auf Grund von Rechtsgeschäften oder Urkunden über Rechtsgeschäfte, welche nach § 2 des Gesetzes, betreffend die Beschlagnahme des Arbeits- oder Dienstlohns, vom 21. 6. 1869 (BGBl. S. 242) rechtlich wirksam sind.

§ 116. Arbeiter, deren Forderungen in einer dem § 115 zuwiderlaufenden Weise berichtigt worden sind, können zu jeder Zeit Zahlung nach Maßgabe des § 115 verlangen, ohne daß ihnen eine Einrede aus dem an Zahlungs Statt Gegebenen entgegengesetzt werden kann. Letzteres fällt, soweit es noch bei dem Empfänger vorhanden oder dieser daraus bereichert ist, derjenigen Hilfskasse zu welcher der Arbeiter angehört, in Ermangelung einer solchen einer anderen zum Besten der Arbeiter an dem Orte bestehenden, von der Gemeindebehörde zu bestimmenden Kasse und in deren Ermangelung der Ortsarmenkasse.

§ 117. Verträge, welche dem § 115 zuwiderlaufen, sind nichtig.

Dasselbe gilt von Verabredungen zwischen den Gewerbetreibenden und den von ihnen beschäftigten Arbeitern über die Entnahme der Bedürfnisse der letzteren aus gewissen Verkaufsstellen sowie überhaupt über die Verwendung des Verdienstes derselben zu einem anderen Zwecke als zur Beteiligung an Einrichtungen zur Verbesserung der Lage der Arbeiter oder ihrer Familien.

§ 118. Forderungen für Waren, welche dem § 115 zuwider kreditiert worden sind, können von dem Gläubiger weder eingeklagt noch durch Anrechnung oder sonst geltend gemacht werden, ohne Unterschied, ob sie zwischen den Beteiligten unmittelbar entstanden oder mittelbar erworben sind. Dagegen fallen dergleichen Forderungen der im § 116 bezeichneten Kasse zu.

§ 119. Den Gewerbetreibenden im Sinne der §§ 115—118 sind gleichzuachten deren Familienglieder, Gehilfen, Beauftragte, Geschäftsführer, Aufseher und Faktoren sowie andere Gewerbetreibende, bei deren Geschäft eine der hier erwähnten Personen unmittelbar oder mittelbar beteiligt ist.

§ 119a. Lohneinbehaltungen, welche von Gewerbeunternehmern zur Sicherung des Ersatzes eines ihnen aus der widerrechtlichen Auflösung des Arbeitsverhältnisses erwachsenen Schadens oder einer für diesen Fall verabredeten Strafe ausbedungen werden, dürfen bei den einzelnen Lohnzahlungen ein Viertel des fälligen Lohnes, im Gesamtbetrage den Betrag eines durchschnittlichen Wochenlohnes nicht übersteigen.

Durch statutarische Bestimmungen einer Gemeinde oder eines weiteren Kommunalverbandes (§ 142) kann für alle Gewerbebetriebe oder gewisse Arten derselben festgesetzt werden:

1. daß Lohn- und Abschlagszahlungen in festen Fristen erfolgen müssen, welche nicht länger als einen Monat und nicht kürzer als eine Woche sein dürfen;
2. daß der von minderjährigen Arbeitern verdiente Lohn an die Eltern oder Vormünder und nur mit deren schriftlicher Zustimmung oder nach deren Bescheinigung über den Empfang der letzten Lohnzahlung unmittelbar an die Minderjährigen gezahlt wird;
3. daß die Gewerbetreibenden den Eltern oder Vormündern innerhalb gewisser Fristen Mitteilung von den an minderjährige Arbeiter gezahlten Lohnbeträgen zu machen haben.

2. Die Lohnforderung hat das bevorzugte Pfandrecht des § 102 Nr. 2 und verjährt nach §§ 117 Nr. 2, 118 in einem Jahre, das vom Ende des Jahres läuft, in dem die Forderung fällig geworden ist.

Dienstbeendigung

§ 25

Hinsichtlich der Aufkündigung eines auf unbestimmte Zeit eingegangenen Dienstverhältnisses sowie hinsichtlich der Voraussetzungen, unter welchen dem Schiffseigner und dem Schiffsmanne das Recht zusteht, die Auflösung des Dienstverhältnisses vor Ablauf der vertragsmäßigen Zeit und ohne Innehaltung einer Kündigungsfrist zu verlangen, finden die Bestimmungen der §§ 122 bis 124a der Gewerbeordnung mit der Maßgabe Anwendung, daß die sofortige Entlassung des Schiffsmannes (§ 123 der Gewerbeordnung) auch stattfinden kann, wenn der Antritt oder die Fortsetzung der Reise durch den Eintritt des Winters verhindert wird.

Nach Antritt der Reise ist der Schiffsmann verpflichtet, bis zur Beendigung der Reise und zur Entlöschung des Schiffes im Dienste zu bleiben, es sei denn, daß ein den sofortigen Austritt rechtfertigender Grund vorhanden ist.

Wird das Dienstverhältnis vor der Ankunft des Schiffes am Bestimmungsorte während der Reise aufgehoben, so hat der Schiffsmann Anspruch auf die Kosten der Rückreise nach dem Orte, an welchem er in Dienst getreten ist. Diese Bestimmung findet keine Anwendung, wenn der Schiffsmann sich einer Handlung schuldig gemacht hat, welche geeignet ist, seine sofortige Entlassung zu rechtfertigen.

Ist ein die sofortige Entlassung rechtfertigender Grund nicht vorhanden, so kann der Schiffsmann zwar jederzeit seines Dienstes enthoben werden, jedoch unbeschadet seiner Entschädigungsansprüche für die Zeit bis zum Ende der vertragsmäßigen Dauer des Dienstverhältnisses oder bis zum Ablaufe der Kündigungsfrist.

1. „Die Anwendbarkeit der in den §§ 122—124a der Gewerbeordnung enthaltenen Vorschriften über die Kündigung eines auf unbestimmte Zeit eingegangenen Dienstverhältnisses und über die Gründe, welche den Arbeitgeber zur sofortigen Entlassung, den Gewerbegehilfen zum sofortigen Austritt ohne Innehaltung einer Kündigungsfrist berechtigen, folgt an sich aus der Stellung der Schiffsleute als gewerbliche Arbeiter. Der Entwurf läßt diese Bestimmungen auch in Ausnahmefällen Anwendung finden, in welchen nach den einleitenden Bemerkungen zu diesem Abschnitte (die von den Schiffseignern handeln, die die Schiffahrt nicht gewerbsmäßig betreiben) den Personen der Schiffsmannschaft die bezeichnete Stellung nicht zukommt. Im übrigen liegt der Schwerpunkt des § 25 in den Abänderungen und Ergänzungen, welche er gegenüber den angeführten Vorschriften der Gewerbeordnung enthält" (Begr. S. 59).

2. Die in § 25 genannten §§ 122—124 a der Gewerbeordnung lauten:

§ 122. Das Arbeitsverhältnis zwischen den Gesellen oder Gehilfen und ihren Arbeitgebern kann, wenn nicht ein anderes verabredet ist, durch eine jedem Teile freistehende, vierzehn Tage vorher erklärte Aufkündigung gelöst werden. Werden andere Aufkündigungsfristen vereinbart, so müssen sie für beide Teile gleich sein. Vereinbarungen, welche dieser Bestimmung zuwiderlaufen, sind nichtig.

§ 123. Vor Ablauf der vertragsmäßigen Zeit und ohne Aufkündigung können Gesellen und Gehilfen entlassen werden:

1. wenn sie bei Abschluß des Arbeitsvertrags den Arbeitgeber durch Vorzeigung falscher oder verfälschter Arbeitsbücher oder Zeugnisse hintergangen oder ihn über das Bestehen eines anderen, sie gleichzeitig verpflichtenden Arbeitsverhältnisses in einen Irrtum versetzt haben;
2. wenn sie eines Diebstahls, einer Entwendung, einer Unterschlagung, eines Betrugs oder eines liederlichen Lebenswandels sich schuldig machen;
3. wenn sie die Arbeit unbefugt verlassen haben oder sonst den nach dem Arbeitsvertrag ihnen obliegenden Verpflichtungen nachzukommen beharrlich verweigern;
4. wenn sie der Verwarnung ungeachtet mit Feuer und Licht unvorsichtig umgehen;
5. wenn sie sich Tätlichkeiten oder grobe Beleidigungen gegen den Arbeitgeber oder seine Vertreter oder gegen die Familienangehörigen des Arbeitgebers oder seiner Vertreter zuschulden kommen lassen;
6. wenn sie einer vorsätzlichen und rechtswidrigen Sachbeschädigung zum Nachteile des Arbeitgebers oder eines Mitarbeiters sich schuldig machen;
7. wenn sie Familienangehörige des Arbeitgebers oder seiner Vertreter oder Mitarbeiter zu Handlungen verleiten oder zu verleiten versuchen oder mit Familienangehörigen des Arbeitgebers oder seiner Vertreter Handlungen begehen, welche wider die Gesetze oder die guten Sitten verstoßen;
8. wenn sie zur Fortsetzung der Arbeit unfähig oder mit einer abschreckenden Krankheit behaftet sind.

In den unter Ziff. 1—7 gedachten Fällen ist die Entlassung nicht mehr zulässig, wenn die zugrunde liegenden Tatsachen dem Arbeitgeber länger als eine Woche bekannt sind.

Inwiefern in den unter Ziff. 8 gedachten Fällen dem Entlassenen ein Anspruch auf Entschädigung zustehe, ist nach dem Inhalt des Vertrags und den allgemeinen gesetzlichen Vorschriften zu beurteilen.

§ 124. Vor Ablauf der vertragsmäßigen Zeit und ohne Aufkündigung können Gesellen und Gehilfen die Arbeit verlassen:

1. wenn sie zur Fortsetzung der Arbeit unfähig werden;
2. wenn der Arbeitgeber oder seine Vertreter sich Tätlichkeiten oder grobe Beleidigungen gegen die Arbeiter oder gegen ihre Familienangehörigen zuschulden kommen lassen;

3. wenn der Arbeitgeber oder seine Vertreter oder Familienangehörige derselben die Arbeiter oder deren Familienangehörige zu Handlungen verleiten oder zu verleiten versuchen oder mit den Familienangehörigen der Arbeiter Handlungen begehen, welche wider die Gesetze oder die guten Sitten laufen;
4. wenn der Arbeitgeber den Arbeitern den schuldigen Lohn nicht in der bedungenen Weise auszahlt, bei Stücklohn nicht für ihre ausreichende Beschäftigung sorgt, oder wenn er sich widerrechtlicher Übervorteilungen gegen sie schuldig macht;
5. wenn bei Fortsetzung der Arbeit das Leben oder die Gesundheit der Arbeiter einer erweislichen Gefahr ausgesetzt sein würde, welche bei Eingehung des Arbeitsvertrags nicht zu erkennen war.

In den unter Ziff. 2 gedachten Fällen ist der Austritt aus der Arbeit nicht mehr zulässig, wenn die zugrunde liegenden Tatsachen dem Arbeiter länger als eine Woche bekannt sind.

§ 124 a. Außer den in §§ 123 und 124 bezeichneten Fällen kann jeder der beiden Teile aus wichtigen Gründen vor Ablauf der vertragsmäßigen Zeit und ohne Innehaltung einer Kündigungsfrist die Aufhebung des Arbeitsverhältnisses verlangen, wenn dasselbe mindestens auf vier Wochen oder wenn eine längere als vierzehntägige Kündigungsfrist vereinbart ist.

3. Das Binnenschiffahrtsgesetz übernimmt also im allgemeinen die Entlassungsgründe der Gewerbeordnung, fügt diesen aber als weiteren Grund, der die sofortige Entlassung der Schiffsmannschaft rechtfertigt, die Verhinderung des Antritts oder der Fortsetzung der Reise durch den Eintritt des Winters hinzu. Es genügt also nicht schon Behinderung durch Frost, andererseits aber ist auch die völlige Einstellung der gesamten Schiffahrt nicht erforderlich; ebensowenig ist irgendein kalendermäßiger Termin entscheidend. Im Falle der sofortigen Entlassung wegen Verhinderung des Antritts oder der Fortsetzung der Reise durch den Eintritt des Winters erhält jedoch der Schiffsmann, wenn die Schiffahrt vor Ankunft des Schiffes am Bestimmungsort eingestellt wird, die Kosten der Rückreise an den Ort des Dienstantritts nebst Zehrgeld, sofern er sich nicht einer Handlung schuldig gemacht hat, die geeignet ist, seine sofortige Entlassung zu rechtfertigen.

4. Im Falle des Untergangs des Schiffes sind die Dienstverträge als beendigt anzusehen, die für die Dauer einer bestimmten Reise eingegangen sind; in allen anderen Fällen wird der Untergang des Schiffes regelmäßig als ein wichtiger Grund im Sinne des § 124 a GewO anzusehen sein.

5. Der Tod des Schiffseigners hebt den Vertrag an sich nicht auf, wird aber sowohl von den Erben wie auch vom Schiffsmann als wichtiger Grund im Sinne des § 124 a GewO geltend gemacht werden können.

Vierter Abschnitt

Frachtgeschäft

Anwendung handelsgesetzlicher Vorschriften

§ 26

Auf das Frachtgeschäft zur Beförderung von Gütern auf Flüssen und sonstigen Binnengewässern finden die Vorschriften der §§ 425 bis 427, 430 bis 436, 439 bis 443, 445 bis 451 des Handelsgesetzbuchs Anwendung.

1. Der Begriff des Frachtgeschäfts auf Binnengewässern

a) Die Überschrift des Vierten Abschnittes, den der § 26 einleitet, stimmt überein mit derjenigen des Sechsten Abschnittes des Vierten Buches des Handelsgesetzbuches (§§ 425—452 HGB); sie müßte im Gegensatz zu diesen handelsgesetzlichen Vorschriften richtiger „Frachtgeschäft auf Binnengewässern" lauten, da tatsächlich die Anwendung der §§ 26—76 auf solche Frachtgeschäfte beschränkt ist. Unter einem Frachtgeschäft ist ein Vertrag zu verstehen, durch den ein Kaufmann (vgl. §§ 1, 425, 451 HGB) im Betriebe seines Handelsgewerbes (§§ 343, 344 HGB) die Ausführung der Beförderung von Gütern übernimmt. Hat diese gewerbsmäßige Beförderung auf „Flüssen oder sonstigen Binnengewässern" zu erfolgen, so liegt ein Frachtgeschäft im Sinne der §§ 26—76 vor.

b) Es muß sich um eine vertragliche gewerbsmäßige Beförderung von Gütern handeln. Eine nicht gewerbsmäßige Beförderung, z. B. durch die zum öffentlichen Dienst bestimmten staatlichen Schiffe oder durch Sportfahrzeuge, fällt nicht unter die Regelung des Vierten Abschnittes des BSchG, sondern unter das allgemeine bürgerliche Recht (vgl. §§ 675, 631, 662ff. BGB).

c) Das Frachtgeschäft muß die Beförderung von „Gütern" betreffen. Hierunter fällt nicht die Beförderung von Personen (Fahrgästen), die das Binnenschiffahrtsgesetz im Gegensatz zum Seerecht (vgl. §§ 664—678 HGB) nicht zusammenfassend geregelt, sondern nur in vereinzelten Bestimmungen (§§ 7 Abs. 2, 8 Abs. 4, 45, 77) erwähnt hat (vgl. § 77 Anm. 1 a). Als „Güter" im Sinne der §§ 26ff. sind aber nicht nur Waren, sondern alle „transportablen", beweglichen Sachen anzusehen (vgl. RGZ 20, 49). Auch Schiffe oder Floßhölzer können als Güter in Betracht kommen, wenn sie als Gegenstand der Beförderung und nicht selbst als Beförderungsmittel dienen (RGZ 67, 10; RG in LZ 1907, 825, in JW 1908, 49 Nr. 27).

d) Die Beförderung der Güter muß nach dem Vertrag auf „Flüssen oder sonstigen Binnengewässern", also mittels Schiffen, zu erfolgen haben (vgl. § 1 Anm. 6). Für das Frachtgeschäft zur Beförderung von Gütern auf See (das Seefrachtgeschäft) gelten die Vorschriften der §§ 556—663 HGB, während das Landfrachtgeschäft in den §§ 425—452 HGB geregelt ist. Eine Besonderheit besteht nach § 131 Abs. 1 für die „Fahrten von Schiffen innerhalb desselben Ortes", d. h. für den sog. „Hafen- oder Ortsverkehr, auf den die §§ 27—57, 72 Abs. 1 keine Anwendung finden.

2. Binnenschiffahrtsgesetz und Handelsgesetzbuch

a) Das Binnenschiffahrtsgesetz geht bei der Regelung des Frachtgeschäfts von den handelsgesetzlichen Bestimmungen aus, weil diese früher eine gesetzliche Festlegung erfahren haben. Es schließt sich aber nicht, wie in den übrigen Bestimmungen, den Grundsätzen des Seerechts (des Seefrachtgeschäfts nach den §§ 556—663 HGB), sondern denen des Landfrachtrechts an. Nach der Begründung ist dies erfolgt mit Rücksicht auf die bisherige gemeinsame Regelung des Land- und Binnenschiffahrtsfrachtgeschäfts im Allgemeinen Deutschen Handelsgesetzbuch, weil „schon wegen des Ineinandergreifens von Land- und Wassertransporten eine zusammenfassende Regelung doch keinesfalls zu entbehren" gewesen sei (Begr. S. 60). Diese Begründung war für die damalige Zeit durchaus zutreffend; ob sie heute noch in gleichem Maße gültig ist, kann bezweifelt werden; denn der Landfrachtverkehr hat seither ganz neue Wege eingeschlagen und die Beziehungen zwischen Binnenschiffahrts- und Seeverkehr sind viel engere geworden. Man würde deshalb heute wahrscheinlich auch das Binnenschiffahrtsfrachtrecht weit eher an das Seefrachtrecht anlehnen.

b) Es finden nach § 26 nicht alle Bestimmungen des Landfrachtrechts auf das Binnenschiffahrtsfrachtrecht Anwendung; vielmehr ist dies auf einzelne ausdrücklich angeführte Vorschriften beschränkt. Neben den Sondervorschriften der §§ 27—76 gelten nach § 26 die §§ 425—427, 430—436, 439—443, 445—451 HGB. Demnach sind nicht anzuwenden: § 428 HGB (ersetzt durch §§ 42 Abs. 2, 71), § 429 HGB (ersetzt durch §§ 58, 62), § 437 HGB (ersetzt durch § 52), § 438 HGB (ersetzt durch § 61) und § 444 HGB (ersetzt durch § 72 Abs. 1). Da nun die §§ 42, 52, 72 Abs. 1 nach § 131 auf Schiffe, die nur zu Fahrten innerhalb desselben Ortes bestimmt sind, keine Anwendung finden, so bleiben die §§ 428 Abs. 1, 444 HGB für Schiffe dieser Art im Hafen- oder Ortsverkehr in Geltung.

c) Die im § 26 angeführten Bestimmungen des Landfrachtrechts finden auf das Binnenschiffahrtsfrachtgeschäft nicht etwa entsprechende, sondern unmittelbare Anwendung. Es gelten also ohne Abänderung und gleichberechtigt mit den Sondervorschriften der §§ 27—76 die folgenden Bestimmungen des Handelsgesetzbuchs:

§ 425. Frachtführer ist, wer es gewerbsmäßig übernimmt, die Beförderung von Gütern zu Lande oder auf Flüssen oder sonstigen Binnengewässern auszuführen.

§ 426. Der Frachtführer kann die Ausstellung eines Frachtbriefes verlangen.

Der Frachtbrief soll enthalten:

1. den Ort und den Tag der Ausstellung;
2. den Namen und den Wohnort des Frachtführers;
3. den Namen dessen, an welchen das Gut abgeliefert werden soll (des Empfängers);
4. den Ort der Ablieferung;
5. die Bezeichnung des Gutes nach Beschaffenheit, Menge und Merkzeichen;
6. die Bezeichnung der für eine zoll- oder steueramtliche Behandlung oder polizeiliche Prüfung nötigen Begleitpapiere;
7. die Bestimmung über die Fracht sowie im Falle ihrer Vorausbezahlung einen Vermerk über die Vorausbezahlung;
8. die besonderen Vereinbarungen, welche die Beteiligten über andere Punkte, namentlich über die Zeit, innerhalb welcher die Beförderung bewirkt werden soll, über die Entschädigung wegen verspäteter Ablieferung und über die auf dem Gute haftenden Nachnahmen, getroffen haben;
9. die Unterschrift des Absenders; eine im Wege der mechanischen Vervielfältigung hergestellte Unterschrift ist genügend.

Der Absender haftet dem Frachtführer für die Richtigkeit und die Vollständigkeit der in den Frachtbrief aufgenommenen Angaben.

§ 427. Der Absender ist verpflichtet, dem Frachtführer die Begleitpapiere zu übergeben, welche zur Erfüllung der Zoll-, Steuer- oder Polizeivorschriften vor der Ablieferung an den Empfänger erforderlich sind. Er haftet dem Frachtführer, sofern nicht diesem ein Verschulden zur Last fällt, für alle Folgen, die aus dem Mangel, der Unzulänglichkeit oder der Unrichtigkeit der Papiere entstehen.

§ 430. Muß auf Grund des Frachtvertrags von dem Frachtführer für gänzlichen oder teilweisen Verlust des Gutes Ersatz geleistet werden, so ist der gemeine Handelswert und in dessen Ermangelung der gemeine Wert zu ersetzen, welchen

Gut derselben Art und Beschaffenheit am Orte der Ablieferung in dem Zeitpunkt hatte, in welchem die Ablieferung zu bewirken war; hiervon kommt in Abzug, was infolge des Verlustes an Zöllen und sonstigen Kosten sowie an Fracht erspart ist.

Im Falle der Beschädigung ist der Unterschied zwischen dem Verkaufswerte des Gutes im beschädigten Zustand und dem gemeinen Handelswert oder dem gemeinen Werte zu ersetzen, welchen das Gut ohne die Beschädigung am Orte und zur Zeit der Ablieferung gehabt haben würde; hiervon kommt in Abzug, was infolge der Beschädigung an Zöllen und sonstigen Kosten erspart ist.

Ist der Schaden durch Vorsatz oder grobe Fahrlässigkeit des Frachtführers herbeigeführt, so kann Ersatz des vollen Schadens gefordert werden.

§ 431. Der Frachtführer hat ein Verschulden seiner Leute und ein Verschulden anderer Personen, deren er sich bei der Ausführung der Beförderung bedient, in gleichem Umfange zu vertreten wie eigenes Verschulden.

§ 432. Übergibt der Frachtführer zur Ausführung der von ihm übernommenen Beförderung das Gut einem anderen Frachtführer, so haftet er für die Ausführung der Beförderung bis zur Ablieferung des Gutes an den Empfänger.

Der nachfolgende Frachtführer tritt dadurch, daß er das Gut mit dem ursprünglichen Frachtbrief annimmt, diesem gemäß in den Frachtvertrag ein und übernimmt die selbständige Verpflichtung, die Beförderung nach dem Inhalte des Frachtbriefs auszuführen.

Hat auf Grund dieser Vorschriften einer der beteiligten Frachtführer Schadensersatz geleistet, so steht ihm der Rückgriff gegen denjenigen zu, welcher den Schaden verschuldet hat. Kann dieser nicht ermittelt werden, so haben die beteiligten Frachtführer den Schaden nach dem Verhältnis ihrer Anteile an der Fracht gemeinsam zu tragen, soweit nicht festgestellt wird, daß der Schaden nicht auf ihrer Beförderungsstrecke entstanden ist.

§ 433. Der Absender kann den Frachtführer anweisen, das Gut anzuhalten, zurückzugeben oder an einen andern als den im Frachtbriefe bezeichneten Empfänger auszuliefern. Die Mehrkosten, die durch eine solche Verfügung entstehen, sind dem Frachtführer zu erstatten.

Das Verfügungsrecht des Absenders erlischt, wenn nach der Ankunft des Gutes am Orte der Ablieferung der Frachtbrief dem Empfänger übergeben oder von dem Empfänger Klage gemäß § 435 gegen den Frachtführer erhoben wird. Der Frachtführer hat in einem solchen Falle nur die Anweisungen des Empfängers zu beachten; verletzt er diese Verpflichtung, so ist er dem Empfänger für das Gut verhaftet.

§ 434. Der Empfänger ist vor der Ankunft des Gutes am Orte der Ablieferung dem Frachtführer gegenüber berechtigt, alle zur Sicherstellung des Gutes erforderlichen Maßregeln zu ergreifen und dem Frachtführer die zu diesem Zwecke notwendigen Anweisungen zu erteilen. Die Auslieferung des Gutes kann er vor dessen Ankunft am Orte der Ablieferung nur fordern, wenn der Absender den Frachtführer dazu ermächtigt hat.

§ 435. Nach der Ankunft des Gutes am Orte der Ablieferung ist der Empfänger berechtigt, die durch den Frachtvertrag begründeten Rechte gegen Erfüllung der sich daraus ergebenden Verpflichtungen im eigenen Namen gegen den Frachtführer geltend zu machen, ohne Unterschied, ob er hierbei in eigenem oder fremdem Interesse handelt. Er ist insbesondere berechtigt, von dem Frachtführer die Übergabe des Frachtbriefs und die Auslieferung des Gutes zu verlangen. Dieses Recht erlischt, wenn der Absender dem Frachtführer eine nach § 433 noch zulässige entgegenstehende Anweisung erteilt.

§ 436. Durch Annahme des Gutes und des Frachtbriefs wird der Empfänger verpflichtet, dem Frachtführer nach Maßgabe des Frachtbriefs Zahlung zu leisten.

§ 439. Auf die Verjährung der Ansprüche gegen den Frachtführer wegen Verlustes, Minderung, Beschädigung oder verspäteter Ablieferung des Gutes finden die Vorschriften des § 414 entsprechende Anwendung. Dies gilt nicht für die im § 432 Abs. 3 bezeichneten Ansprüche.

§ 440. Der Frachtführer hat wegen aller durch den Frachtvertrag begründeten Forderungen, insbesondere der Fracht- und Liegegelder, der Zollgelder und anderer Auslagen, sowie wegen der auf das Gut geleisteten Vorschüsse ein Pfandrecht an dem Gute.

Das Pfandrecht besteht, solange der Frachtführer das Gut noch im Besitze hat, insbesondere mittels Konnossements, Ladescheins oder Lagerscheins darüber verfügen kann.

Auch nach der Ablieferung dauert das Pfandrecht fort, sofern der Frachtführer es binnen drei Tagen nach der Ablieferung gerichtlicht geltend macht und das Gut noch im Besitze des Empfängers ist.

Die im § 1034 Abs. 1 des Bürgerlichen Gesetzbuchs bezeichnete Androhung des Pfandverkaufs sowie die in den §§ 1237, 1241 des Bürgerlichen Gesetzbuchs vorgesehenen Benachrichtigungen sind an den Empfänger zu richten. Ist dieser nicht zu ermitteln oder verweigert er die Annahme des Gutes, so hat die Androhung und Benachrichtigung gegenüber dem Absender zu erfolgen.

§ 441. Der letzte Frachtführer hat, falls nicht im Frachtbrief ein anderes bestimmt ist, bei der Ablieferung auch die Forderungen der Vormänner sowie die auf dem Gute haftenden Nachnahmen einzuziehen und die Rechte der Vormänner, insbesondere auch das Pfandrecht, auszuüben. Das Pfandrecht der Vormänner besteht solange als das Pfandrecht des letzten Frachtführers.

Wird der vorhergehende Frachtführer von dem nachfolgenden befriedigt, so gehen seine Forderung und sein Pfandrecht auf den letzteren über.

In gleicher Art gehen die Forderung und das Pfandrecht des Spediteurs auf den nachfolgenden Spediteur und den nachfolgenden Frachtführer über.

§ 442. Der Frachtführer, welcher das Gut ohne Bezahlung abliefert und das Pfandrecht nicht binnen drei Tagen nach der Ablieferung gerichtlich geltend macht, ist den Vormännern verantwortlich. Er wird, ebenso wie die vorhergehenden Frachtführer und Spediteure, des Rückgriffs gegen die Vormänner verlustig. Der Anspruch gegen den Empfänger bleibt in Kraft.

§ 443. Bestehen an demselben Gute mehrere nach den §§ 397, 410, 421, 440 begründete Pfandrechte, so geht unter denjenigen Pfandrechten, welche durch die Versendung oder durch die Beförderung des Gutes entstanden sind, das später entstandene dem früher entstandenen vor.

Diese Pfandrechte haben sämtlich den Vorrang vor dem nicht aus der Versendung entstandenen Pfandrechte des Kommissionärs und des Lagerhalters sowie vor dem Pfandrechte des Spediteurs und des Frachtführers für Vorschüsse.

§ 445. Der Ladeschein soll enthalten:
1. den Ort und den Tag der Ausstellung;
2. den Namen und den Wohnort des Frachtführers;
3. den Namen des Absenders;

4. den Namen desjenigen, an welchen oder an dessen Order das Gut abgeliefert werden soll; als solcher gilt der Absender, wenn der Ladeschein nur an Order gestellt ist;
5. den Ort der Ablieferung;
6. die Bezeichnung des Gutes nach Beschaffenheit, Menge und Merkzeichen;
7. die Bestimmung über die Fracht und über die auf dem Gute haftenden Nachnahmen sowie im Falle der Vorausbezahlung der Fracht einen Vermerk über die Vorausbezahlung.

Der Ladeschein muß von dem Frachtführer unterzeichnet sein.

Der Absender hat dem Frachtführer auf Verlangen eine von ihm unterschriebene Abschrift des Ladescheins auszuhändigen.

§ 446. Der Ladeschein entscheidet für das Rechtsverhältnis zwischen dem Frachtführer und dem Empfänger des Gutes; die nicht in den Ladeschein aufgenommenen Bestimmungen des Frachtvertrags sind dem Empfänger gegenüber unwirksam, sofern nicht der Ladeschein ausdrücklich auf sie Bezug nimmt.

Für das Rechtsverhältnis zwischen dem Frachtführer und dem Absender bleiben die Bestimmungen des Frachtvertrags maßgebend.

§ 447. Zum Empfange des Gutes legitimiert ist derjenige, an welchem das Gut nach dem Ladeschein abgeliefert werden soll oder auf welchen der Ladeschein, wenn er an Order lautet, durch Indossament übertragen ist.

Der zum Empfange Legitimierte hat schon vor der Ankunft des Gutes am Ablieferungsorte die Rechte, welche dem Absender in Ansehung der Verfügung über das Gut zustehen, wenn ein Ladeschein nicht ausgestellt ist.

Der Frachtführer darf einer Anweisung des Absenders, das Gut anzuhalten, zurückzugeben oder an einen anderen als den durch den Ladeschein legitimierten Empfänger auszuliefern, nur Folge leisten, wenn ihm der Ladeschein zurückgegeben wird; verletzt er diese Verpflichtung, so ist er dem rechtmäßigen Besitzer des Ladescheins für das Gut verhaftet.

§ 448. Der Frachtführer ist zur Ablieferung des Gutes nur gegen Rückgabe des Ladescheins, auf dem die Ablieferung des Gutes bescheinigt ist, verpflichtet.

§ 449. Im Falle des § 432 Abs. 1 wird der nachfolgende Frachtführer, der das Gut auf Grund des Ladescheins üsernimmt, nach Maßgabe des Scheins verpflichtet.

§ 450. Die Übergabe des Ladescheins an denjenigen, welcher durch den Schein zur Empfangnahme des Gutes legitimiert wird, hat, wenn das Gut von dem Frachtführer übernommen ist, für den Erwerb von Rechten an dem Gute dieselben Wirkungen wie die Übergabe des Gutes.

§ 451. Die Vorschriften der §§ 426—450 kommen auch zur Anwendung, wenn ein Kaufmann, der nicht Frachtführer ist, im Betriebe seines Handelsgewerbes eine Beförderung von Gütern zu Lande oder auf Flüssen oder sonstigen Binnengewässern auszuführen übernimmt.

3. Frachtführer und Schiffseigner

a) Soweit es sich um das Frachtgeschäft handelt, spricht das Gesetz nicht vom Schiffseigner, sondern vom Frachtführer, weil Schiffseigner und Frachtführer auch verschiedene Personen sein können. Nach § 26 in Verbindung mit § 425 HGB wird als „Frachtführer" bezeichnet, wer es gewerbsmäßig übernimmt, die Beförderung von Gütern auf Binnengewässern auszuführen (vgl. Anm. 1b—d). Es ergab sich aus der Anlehnung des Binnenschiffahrtsfrachtgeschäfts an das Landfrachtrecht, daß das Binnenschiffahrtsgesetz nicht, wie das Seerecht, vom „Verfrachter", sondern vom „Frachtführer" spricht (Begr. S. 60). Es wird weder vorausgesetzt, daß der Frachtführer die Beförderung mit eigenen Schiffen ausführt, noch daß er überhaupt solche besitzt. Vielmehr kommt als Frachtführer stets derjenige in Betracht, der sich in dem mit einem Dritten (Absender) geschlossenen Vertrag in eigenem Namen verpflichtet, mittels eines Schiffes Güter auf Binnengewässern zu befördern (RGZ 20, 342; 25, 112; RG in SeuffA 55 Nr. 218). Es ist unerheblich, in welcher Weise er diese Güter dann befördert; er kann dies mit gecharterten, eigenen oder fremden Schiffen, aber auch dergestalt erledigen, daß er, als Hauptfrachtführer, mit einem Schiffseigner einen weiteren Frachtvertrag abschließt, auf Grund dessen dieser Unterfrachtführer die Ausführung der Beförderung übernimmt (ROHG 9, 90; RGZ 25, 108, 112).

b) In der Regel wird der Frachtführer den Frachtvertrag mit eigenen oder als Ausrüster (§ 2) gecharterten Schiffen ausführen, also gleichzeitig auch Schiffseigner (§§ 1, 2) sein. Dann tritt er seinem Vertragsgegner, dem Absender, in beiden Eigenschaften, als Frachtführer und Schiffseigner, gegenüber, so daß in Ansehung der Haftung sowohl die §§ 58ff. und § 430 HGB als auch die §§ 3, 4 Platz greifen (RGZ 60, 377); ein solcher Frachtführer haftet deshalb, soweit ihm § 4 zur Seite steht, grundsätzlich nur mit Schiff und Fracht (vgl. § 4 Anm. 2b).

c) Erfolgt die Ausführung des Frachtvertrages nicht mit eigenen oder gecharterten, sondern mit fremden Schiffen, so hat der Hauptfrachtführer nicht die Stellung eines Schiffseigners, sondern nur die des Frachtführers; denn Schiffseigner bleibt allein der Unterfrachtführer (BGH vom 7. 7. 1960 — II ZR 209/58 in Z. f. Bi. 1960, 342 = VRS 1960, 251). Der Hauptfrachtführer ist dem Unterfrachtführer gegenüber als Absender anzusehen (so OLG Schleswig vom 29. 12. 1949 — 2 U. 120/49 — 5. O. 39/49 LG Lübeck). Dem Absender haftet ein solcher Schiffseigner (Unterfrachtführer) grundsätzlich nicht, es sei denn, daß er die Beförderung auf Grund eines durchgehenden Frachtbriefes oder Ladescheins ausführt (vgl. § 72 Anm. 6). Die Rechtsbeziehungen zwischen Unterfrachtführer und Hauptfrachtführer ergeben sich aus dem Befrachtungsvertrag, auf Grund dessen der Unterfrachtführer seine Ansprüche geltend machen kann.

4. Frachtführer und Absender

a) Der Vertragsgegner des Frachtführers beim Frachtgeschäft ist der Absender, der im Seefrachtgeschäft und mitunter im Binnenschiffahrtsverkehr auch als „Befrachter" bezeichnet wird. Es ist unerheblich, ob der Absender eigene oder fremde Güter anliefert (RG bei Bolze 2 Nr. 969) und ob er für eigene Rechnung (als sog. Versender) oder für fremde Rechnung (z. B. als Spediteur) handelt; demnach kommt als Absender stets derjenige in Betracht, der in eigenem Namen mit dem Frachtführer die Beförderung der Güter abschließt (OLG Königsberg in HansRZ 1923, 102 Nr. 16; KG vom 18. 12. 1951 — 2 U. 1891/51 in VRS 1952, 478 Nr. 254). Der Vertragschließende gilt als Absender, wenn der Frachtvertrag nichts darüber enthält, daß er nicht im eigenen Namen, sondern für einen anderen oder als Vermittler, etwa für den Empfänger auftreten wollte (KG vom 26. 6. 1941 — 12 U. 5437/40 — 52 C. 1067/40 AG Bln.).

b) Es bestehen hiernach grundsätzlich keine unmittelbaren Vertragsbeziehungen zwischen dem Frachtführer und demjenigen, der im Auftrag des Absenders die Frachtgüter in das Schiff einbringt; dieser „Verlader" oder „Ablader" ist nicht als

Absender anzusehen, so daß er auch zum Frachtführer in keinem Vertragsverhältnis steht (RG in Recht 1928, 91 Nr. 368; KG in OLG 6, 96; OLG Königsberg in HansRZ 1923, 102 Nr. 16).

5. Frachtführer und Empfänger

a) Durch den Abschluß des Frachtvertrages werden Rechtsbeziehungen zunächst nur zwischen dem Frachtführer und Absender geknüpft (vgl. Anm. 4a). Dieser Absender kann zugleich der „Empfänger", d. h. der Empfangsberechtigte, sein, an den die Güter am Bestimmungsort auszuliefern sind. Dann bestehen die vertraglichen Beziehungen zwischen Frachtführer und einem solchen Empfänger ohne weiteres auf Grund des Frachtvertrages. Bei Ausstellung eines Ladescheines ist Empfänger der darin vermerkten Ladung grundsätzlich derjenige, der im Ladeschein als solcher bezeichnet ist; nur in den Fällen, in denen der Ladeschein eine ausdrückliche Bezeichnung des Empfängers nicht enthält, kann der Absender zugleich als Empfänger angesehen werden (KG vom 18. 12. 1952 — 2 U 1891/51 in VRS 1952, 478 Nr. 254).

b) In der Regel ist der Empfänger aber ein Dritter, der den Frachtvertrag mit dem Frachtführer nicht abgeschlossen hat. Dann kommt als Empfänger derjenige in Betracht, der zur Entgegennahme der beförderten Frachtgüter in eigenem Namen, wenn auch nicht für eigene Rechnung, legitimiert ist und in dieser Weise die Ladung entgegennimmt (RG in JW 1927, 2418 Nr. 8; vgl. § 72 Anm. 5). Die in den §§ 434, 435 HGB bezeichneten Rechte des Empfängers entstehen dann zwar ebenfalls schon mit Abschluß des Frachtvertrages, sind aber bedingt und befristet, da sie grundsätzlich erst nach der Ankunft der Frachtgüter am Bestimmungsort und nur unter bestimmten Voraussetzungen geltend gemacht werden können (OLG Stuttgart in OLG 20, 409). Mit dieser Maßgabe erwirbt der Empfänger schon mit dem Abschluß des Frachtvertrages, der regelmäßig einen zu seinen Gunsten abgeschlossenen Vertrag (§ 328 Abs. 2 BGB) darstellt, Rechte (RGZ 73, 149; 87, 292; OLG Stuttgart in OLG 19, 408). Ein Frachtvertrag begründet also zunächst keine Verpflichtungen für die Empfängerin, da er nur ein zu seinen Gunsten abgeschlossener Vertrag ist (RG vom 13. 10. 1942 I 29/41 in VerkehrsrR 1943 Gr. 3b Bl. 133). Erst durch die Annahme des Frachtgutes und des Frachtbriefes oder des Ladescheins wird der Empfänger verpflichtet, nach Maßgabe dieser Frachtpapiere Zahlung zu leisten. Jedoch behält der Absender bis zur Ankunft der Güter am Ablieferungsort das stärkere Recht (§ 434 HGB). Erst nach der Ankunft der Ladung am Bestimmungsort verstärkt sich seine Rechtsstellung; insbesondere kann er dann im eigenen Namen die Rechte aus dem Frachtvertrag gegenüber dem Frachtführer geltend machen (§ 435 HGB). Das Verfügungsrecht des Absenders erlischt aber nach § 433 Abs. 2 Satz 1 HGB erst mit der Übergabe des Frachtbriefes oder der Ladung. Durch Annahme des Gutes und des Frachtbriefes wird der Empfänger nach dem Inhalt dieses Frachtpapieres Schuldner des Frachtführers (§ 436 HGB) neben dem Absender (KG in OLG 6, 96). Es handelt sich hierbei aber nicht um einen Eintritt des Empfängers in den Frachtvertrag, da der Empfänger auf Grund einer gesetzlichen Bestimmung und nach dem Inhalt des Frachtbriefes, also nicht nach dem Frachtvertrag, haftet (RG in Recht 1919 Nr. 980; JW 1909, 502 Nr. 16). In gleicher Weise kommt durch die Begebung eines Ladescheins, also durch dessen Aushändigung an den Absender, regelmäßig ein Vertrag zugunsten des Empfängers nach § 328 Abs. 2 BGB zustande (RGZ 75, 114; 87, 388; vgl. im übrigen § 72 Anm. 4d, 5b).

6. Der Abschluß des Frachtvertrages

a) Der dem Frachtgeschäft zugrunde liegende Frachtvertrag wird zwischen Frachtführer und Absender abgeschlossen. Ein Handeln von Bevollmächtigten ist auf seiten beider Vertragsteile zulässig und üblich (KG vom 18. 12. 1951 — 2 U 1891/51 in VRS 1952, 478); so wird der Schiffer (Schiffsführer) regelmäßig in gesetzlicher Vertretungsmacht oder in Vollmacht des Frachtführers den Abschluß vornehmen (vgl. §§ 15, 16). Nicht selten findet auch eine Vermittlung des Frachtgeschäfts durch einen gewerbsmäßigen Vermittler (Schiffsprokurör oder Schiffsmakler) statt, wobei vielfach ein Schlußschein ausgestellt wird; soweit darin ein Absender nicht bezeichnet und seine Benennung auch nicht vorbehalten ist, ist der Vermittler als Absender anzusehen (OLG Hamburg in HansGZ Hauptbl. 1885 Nr. 50, 1898 Nr. 2, 1915 Nr. 65; LG Stettin vom 30. 5. 1930 — 5/3 S 16/30 — AG Stettin 21 C 3447/29).

b) Eine besondere Form ist für den Abschluß des Frachtvertrages nicht vorgeschrieben; er kann also schriftlich und mündlich, auch telephonisch, zustande kommen. Es fehlt im Binnenschiffahrtsrecht eine dem Seerecht ähnliche Bestimmung (§ 557 HGB), daß jede Partei die Ausstellung einer Urkunde (Chartepartie) über einen Frachtvertrag verlangen kann, der nicht Stückgüter zum Gegenstand hat. Im Binnenschiffahrtsverkehr wird aber regelmäßig ein schriftlicher Frachtvertrag, auch Schiffsbefrachtungsschein, Schlußschein genannt, unterzeichnet.

7. Die Frachtpapiere (Frachtbrief und Ladeschein)

a) Nach § 26 in Verbindung mit § 426 Abs. 1 HGB kann der Frachtführer von dem Absender die Ausstellung eines Frachtbriefes verlangen. Der Frachtbrief stellt eine Beweisurkunde über den Inhalt des zwischen dem Frachtführer und Absender geschlossenen Frachtvertrages dar; er wird vom Absender ausgestellt, dann dem Frachtführer übergeben, und sein Inhalt hat Bedeutung für das Rechtsverhältnis zwischen Frachtführer und Absender (vgl. im übrigen § 72 Anm. 1a).

b) Der Ladeschein, der in Annäherung an die seerechtliche Regelung auch Konnossement genannt wird, dagegen wird nach § 72 von dem Frachtführer auf Verlangen des Absenders ausgestellt und diesem im Original übergeben; er ist eine Verpflichtungsurkunde des Frachtführers, die für seine Rechtsbeziehungen zum Empfänger entscheidend ist (vgl. hierzu § 72 Anm. 1b).

8. Der Inhalt des Frachtvertrages

a) Für das Zustandekommen des Frachtvertrages ist eine Einigung des Absenders und Frachtführers über die wesentlichen vertraglichen Bestandteile erforderlich. Hierzu gehört in erster Linie eine Einigung über die Beförderung von einem bestimmten oder bestimmbaren Ort (Abgangsort, Ladeort) nach dem Ablieferungsort oder Bestimmungshafen (vgl. § 27 Anm. 2, § 46 Anm. 2). Ferner muß eine Verständigung erzielt sein über den Gegenstand der Beförderung, also über die Frachtgüter, die im einzelnen genau bezeichnet sein können (z. B. bei Stückgütern), meist aber nur der Art oder Menge nach angegeben werden, oder deren Auswahl auch dem Absender überlassen wird, wie dies bei der Verfrachtung von „Gütern aller Art" nicht selten der Fall ist (vgl. §§ 27 Anm. 1, 38 Anm. 1).

b) Darüber hinaus werden regelmäßig weitere Vereinbarungen über den Inhalt des Frachtvertrages getroffen, ohne daß es sich dabei um wesentliche Bestandteile handelt. So braucht das Schiff, mit dem die Beförderung erfolgen soll, nicht bestimmt zu sein (vgl. § 42 Anm. 1), desgleichen nicht die Zeit des Antritts oder der Durchführung der Reise (vgl. § 42 Anm. 1, 3). Auch für die Höhe der Fracht ist eine Einigung nicht wesentlich, da nach § 632 Abs. 1 BGB in Ermangelung einer Vereinbarung die übliche Fracht entrichtet werden muß (vgl. § 63 Anm. 1a).

c) Wie im Seefrachtgeschäft kann auch der Frachtvertrag des Binnenschiffahrtsrechts entweder auf die Überlassung des ganzen Schiffes (Gesamtverfrachtung), eines verhältnismäßigen Teiles oder eines bestimmten Raumes (Teilverfrachtung) oder auf die Beförderung einzelner Güter (Stückgüterverfrachtung) gerichtet sein. Im allgemeinen unterliegen diese verschiedenen Verfrachtungsarten denselben gesetzlichen Bestimmungen; die Unterscheidung ist aber in rechtlicher Hinsicht für einzelne Fragen von erheblicher Bedeutung (vgl. §§ 27 Anm. 1, 38 Anm. 1, 39 Anm. 1, 53, 54).

9. Die rechtliche Natur des Frachtvertrages

a) Der Frachtvertrag stellt einen Beförderungsvertrag, also seiner rechtlichen Natur nach einen Werkvertrag dar, der eine Geschäftsbesorgung zum Gegenstand hat. Auch in steuerlicher Hinsicht sind Beförderungsverträge regelmäßig Werkverträge (RGZ 66, 12). Der Begriff der Beförderung ist gegeben, wenn eine der Raumüberwindung für Personen oder güterdienende Tätigkeit entfaltet wird (Bundesfinanzhof vom 14. 12. 1951 — BStBl. 1952 III S. 22). Der Frachtvertrag ist als eine Sonderform des Werkvertrages im Sinne von § 18 Abs. 1 Ziff. 2 UStG anzusehen; die Transportleistung stellt daher lediglich eine Teilleistung dar (BGHZ 1, 396; BGH vom 13. 7. 1954 — I ZR 31/53 in VRS 1954, 294). Der Frachtführer hat die Verpflichtung, die Güter zu befördern, also ein Werk, einen Erfolg herbeizuführen, während der Absender zur Zahlung der Fracht verpflichtet ist (OLG Hamburg in HansRZ 1936, 459 Nr. 163). Es gelten also in Ergänzung der besonderen Vorschriften der §§ 26ff. die allgemeinen bürgerlich-rechtlichen Bestimmungen der §§ 631, 675ff. BGB. Ferner ergibt sich hieraus, daß der Ablieferungsort (Bestimmungshafen) als Erfüllungsort für den Frachtvertrag im ganzen, insbesondere für die Verpflichtungen des Absenders und Frachtführers, in Betracht kommt (RGZ 38, 144; RG in JW 1905, 147 Nr. 30; OLG Hamburg in OLG 9, 132; KG in OLG 20, 135). Für die Entlöschung und die sich daraus ergebenden Rechtsfolgen ist entsprechend den seerechtlichen Grundsätzen das am Ablieferungsort geltende Recht maßgebend, sofern nicht der Vertrag entgegenstehende Bestimmungen enthält, und zwar ohne Rücksicht darauf, welches Recht sonst den Frachtvertrag beherrscht (BGHZ 9, 221, 224; RGZ 122, 316, 319; BGHZ 6, 127, 134).

b) Die Beförderung eines Schiffes durch ein anderes, mit eigener Triebkraft ausgestattetes Schiff, also im Wege eines Schleppvertrages, stellt in der Regel keinen Frachtvertrag, sondern einen Werk-, Miet- oder Dienstvertrag dar; ein Frachtvertrag ist grundsätzlich nur anzunehmen beim Schleppen von nautisch unselbständigen, unbemannten Schiffskörpern, die in die Obhut des Schleppschiffes genommen werden (RG in JW 1927, 2411 Nr. 2; RGZ 82, 427; RGZ 67, 10; BGH vom 16. 3. 1956 — I ZR 132/54 in VersR 56, 367; BGH vom 14. 3. 1957 — II ZR 334/55 in VersR 57, 286). In der Regel handelt es sich bei einem Schleppvertrag um einen Werkvertrag, der auf einen durch Arbeits- oder Dienstleistung herbeizuführenden Erfolg, nämlich auf die Abschleppung eines Frachtkahnes vom Abgangs- bis zum Ablieferungsort gerichtet ist (RGZ 112, 41; BGH vom 16. 3. 1956 — I ZR 132/54; vom 14. 3. 1957 — II ZR 334/55 in Z. f. Bi. 1957, 460). Es finden daher auf diesen Schleppvertrag — von den §§ 4, 6, 104 abgesehen —, der nicht besonders geregelt ist, die §§ 1—25 und im übrigen die §§ 631, 651 BGB und ergänzend die allgemeinen Vorschriften über Rechtsgeschäfte und Schuldverhältnisse Anwendung, also auch § 271 BGB. Danach ist die Abschleppung und die Durchführung der Schleppreise ohne schuldhaftes Zögern vorzunehmen. Hierbei ist auf die besonderen Verhältnisse der Binnenschiffahrt, insbesondere auf Wind-, Wetter- und Wasserverhältnisse, Rücksicht zu nehmen. Nach § 9 AVB., aber auch nach Schiffahrtsbrauch, ist das Abschleppen von Fahrzeugen, insbesondere von Koppelstationen, spätestens innerhalb von 24 Stunden, an Sonn- und Feiertagen sowie gesetzlichen Gedenktagen ruht diese Frist, vorzunehmen (AG Hamburg vom 26. 5. 1943 — 32 C. 169/43). Diese Frist beginnt mit erklärter Schleppbereitschaft und gilt auch dann, wenn der Befrachter frei Schleppen zugesagt hat (Schifferbörse Duisburg-Ruhrort in 15 C. 1793/40 AG. Berlin). Dagegen ändert es nichts an der Rechtsnatur des Frachtvertrages, wenn der Absender der Frachtgüter im Vertrag die Verpflichtung übernommen hat, einen Schlepper zu beschaffen oder zu bezahlen, wie dies durch die Klauseln „frei Schleppen", „frei Dampf" häufig vereinbart wird (RGZ 95, 212; RG bei Bolze 7 Nr. 539; Nr. 406 c).

c) Die ausschließliche Einlagerung von Gütern in ein Binnenschiff stellt grundsätzlich keinen Frachtvertrag, sondern einen Verwahrungsvertrag (Lagervertrag) dar (OLG Hamburg in OLG 36, 50). Es kann sich aber hierbei auch um einen Frachtvertrag mit einer Nebenverpflichtung, um einen sog. Lager- und Frachtvertrag, handeln; insbesondere ist dies dann der Fall, wenn eine Beförderung nach der Einlagerung vereinbart oder in Aussicht genommen ist oder wenn die Lagerung während oder nach Abschluß der Reise erforderlich wird (RGZ 49, 93; RG in JW 1893, 100 Nr. 23; 1895, 148 Nr. 14; RG in HansGZ Hauptblatt 1904 Nr. 134; OLG Hamburg in HansGZ Hauptbl. 1894 Nr. 65; 1901 Nr. 54; in OLG 2, 281).

d) Die Abgrenzung des Frachtvertrages vom Mietvertrag ist schwierig und nur nach den Umständen des Einzelfalls zu entscheiden (OLG Kiel in OLG 12, 69; OLG Hamburg in Recht 1931 Nr. 1248). Miete ist grundsätzlich dann anzunehmen, wenn der Vertragsgegner des Frachtführers ohne Vorliegen eines Ausrüsterverhältnisses (§ 2), den Besitz des Schiffes oder die Verfügungsgewalt darüber eingeräumt erhält, selbst wenn der Schiffseigner durch seinen Schiffer Besitzer bleibt (RGZ 25, 108; 82, 427; OLG in HansGZ Hauptbl. 1904 Nr. 8; 1906 Nr. 105; 1914 Nr. 124; OLG Naumburg in OLG 12, 270). Dagegen liegt ein Frachtvertrag vor, wenn sich der gewerblich selbständig bleibende, die Verfügungsgewalt über sein Schiff behaltende Frachtführer verpflichtet hat, auf längere Zeit für den anderen Teil Frachtgüter einzuladen und zu befördern (RG in HansGZ Hauptbl. 1904 Nr. 134; OLG Hamburg vom 26. 6. 1951 — 2 U 225/50 in VRS 1953, 117).

10. Die Abänderbarkeit der gesetzlichen Vorschriften

a) Die „Bestimmungen des vierten Abschnittes enthalten im wesentlichen dispositives, d. h. durch Vereinbarung der Parteien abänderliches Recht" (Begr. S. 60). Die während der Beratung in der Reichstagskommission gemachten Anregungen, die Freiheit der Vertragschließenden zu beschränken, wurden zurückgewiesen (vgl. KommBer. S. 9, 10, 16, 17, 23, 26). Es kommt daher in erster Linie auf die vertraglichen Abmachungen der Parteien im Frachtvertrag sowie auf den Inhalt der Frachtpapiere an; nur in Ermangelung solcher Vereinbarungen gelten die gesetzlichen Bestimmungen. Diese Vertragsfreiheit findet ihre Schranke in den §§ 276 Abs. 2, 138, 242 BGB; danach ist eine Vereinbarung nichtig, die gegen die „guten Sitten" oder gegen „Treu und Glauben" verstößt (vgl. hierzu § 58 Anm. 8a).

b) Von der Vertragsfreiheit ausgenommen, also den Vereinbarungen der Beteiligten entzogen, sind die von den Frachtenausschüssen festgesetzten Entgelte für Verkehrsleistungen. Nach § 21 BSchVG (Binnenschiffsverkehrsgesetz, Gesetz über den gewerblichen Binnenschiffsverkehr vom 1. 10. 1953 — BGBl. I S. 1453 — in der Fassung vom 1. 8. 1961 — BGBl. I S. 1163) — werden die Entgelte für Verkehrsleistungen der Schiffahrt und Flößerei zwischen deutschen Lade- und Löschplätzen (Transportsätze, Schiffsanteilfrachten, Schlepplöhne, Schiffsmieten, Vermietungen für sonstige mit der Schiffsbeförderung unmittelbar zusammenhängenden Nebenleistungen), durch Frachtenausschüsse der Binnenschiffahrt festgesetzt, sofern die Verkehrsleistungen entweder ganz oder im Falle einer durchgehenden Beförderung streckenweise auf Bundeswasserstraßen erbracht werden. Diese festgesetzten Entgelte sind Festentgelte oder Mindest-Höchstentgelte. Die nach § 21 BSchVG erlassenen Beschlüsse der Frachtenausschüsse und der ermächtigten Unterausschüsse bedürfen nach § 28 BSchVG der Genehmigung des Bundesministers für Verkehr. Die in diesen genehmigten Beschlüssen festgesetzten Entgelte für Verkehrsleistungen sind nach § 31 BSchVG zwingend und unabdingbar, schließen also jede abweichende Vereinbarung der Beteiligten aus und an die Stelle solcher teilweise abweichenden Vereinbarungen tritt das vom Frachtenausschuß festgesetzte Entgelt (BGH vom 12. 12. 1960 — II ZR 41/59 in VRS 1961, 1999). Diese genehmigten Frachtenausschußbeschlüsse werden als Rechtsverordnungen im Verkehrsblatt (Amtsblatt des Bundesministers für Verkehr) veröffentlicht, auch im Bundesanzeiger bekannt gemacht, jedoch nur mit dem Anfang und dem Ende der Geltung der festgestzten Entgelte; dabei wird darauf hingewiesen, daß die Inhalte der Frachtenausschußbeschlüsse im einzelnen dem „FTB" (Frachten- und Tarifanzeiger der Binnenschiffahrt) entnommen werden können.

c) Durch Ortsgebräuche, d. h. örtliches Gewohnheitsrecht, können die gesetzlichen Vorschriften nicht geändert werden. Der Entwurf stand allerdings noch auf einem anderen Standpunkt und verwies an zahlreichen Stellen auf den Ortsgebrauch (Begr. S. 60). Allein der Reichstagsausschuß strich dies, um die Einheitlichkeit des Rechts zu wahren. Es können deshalb Vorschriften des BSchG nur durch allgemeines Gewohnheitsrecht außer Kraft gesetzt werden. Dagegen werden Handels- oder Schiffahrtsbräuche sowie Ortsübungen, d. h. tatsächliche Übungen im Verkehr, nicht durch das Binnenschiffahrtsgesetz berührt; das Gesetz selbst verweist vielfach auf solche Ortsübungen, wie in den §§ 24, 27, 28, 40, 46, 55. Sie sind eine wichtige Quelle für die Erforschung des Parteiwillens und eine überaus bedeutsame Ergänzung des Binnenschiffahrtsgesetzes (vgl. Zschucke,

Handelsgebräuche). Solche tatsächlichen Übungen schließen als sog. „stillschweigende Vereinbarungen" die Anwendung entgegenstehender nicht zwingender gesetzlicher Vorschriften aus. Das Handeln der am Binnenschiffahrtsverkehr Beteiligten ist grundsätzlich an Hand solcher tatsächlicher Übungen auszulegen und zu ergänzen, selbst wenn den Parteien die Übungen nicht bekannt waren, es sei denn, daß ein ausdrücklicher Vorbehalt über die Nichtanwendbarkeit der Übung gemacht wurde (§§ 157, 242 BGB; § 346 HGB). Schiffahrtsbräuche und Übungen gelten also auch, ohne daß die Parteien sich ihrer Anwendung ausdrücklich unterworfen oder sie auch nur gekannt haben (RGZ 95, 243; 54, 182). Es muß sich aber um anerkannte tatsächliche Schiffahrtsbräuche oder Ortsübungen handeln, die sich durch langjährige dahingehende Übung unter Billigung der beteiligten Verkehrskreise entwickelt haben (OLG Hamburg in JW 1932, 209 Nr. 6). Es können also Handelsbräuche nicht allein dadurch geschaffen werden, daß bestimmte Geschäftsbedingungen oder Übungen von Handelskammern oder Verbänden zu Handelsgebräuchen erklärt werden.

d) Ergänzend treten weiter die Verordnungen der höheren Verwaltungsbehörden hinzu, soweit in den gesetzlichen Bestimmungen ihre Anwendbarkeit im Vorrang vor den nicht zwingenden gesetzlichen Vorschriften vorgesehen ist, wie in den §§ 27 Abs. 2, 29 Abs. 2, 4, 31 Abs. 2, 33, 46 Abs. 2, 48 Abs. 2, 4, 50 Abs. 2, 53).

Ladeort und Ladeplatz

§ 27

Ist das Schiff im ganzen verfrachtet, so hat der Frachtführer dasselbe zur Einnahme der Ladung an den von dem Absender ihm angewiesenen Platz hinzulegen.

Wenn die Anweisung nicht rechtzeitig erfolgt, oder wenn die Wassertiefe, die Sicherheit des Schiffes oder die örtlichen Verordnungen oder Einrichtungen die Befolgung der erteilten Anweisung nicht gestatten, so kann der Frachtführer, falls der Absender auf die Aufforderung nicht unverzüglich einen geeigneten Ladeplatz bezeichnet, an einem der ortsüblichen Ladeplätze anlegen. Er hat bei der Wahl des Ladeplatzes das Interesse des Absenders tunlichst zu berücksichtigen.

Die Verladung an verschiedenen Ladeplätzen des Abgangsortes vorzunehmen ist der Frachtführer nur verpflichtet, wenn dies besonders vereinbart ist. Er hat in diesem Falle Anspruch auf Ersatz der entstehenden Mehrkosten. Die Dauer der Ladezeit wird durch die übernommene Verpflichtung nicht berührt.

1. Gesamtverfrachtung und Teilverfrachtung

a) Der § 27 gilt nach dem ausdrücklichen Hinweis nur, wenn „das Schiff im ganzen verfrachtet" ist, eine sog. Gesamtverfrachtung vorliegt. Ebenso wie im Seerecht (§§ 567, 587 HGB) wird im Binnenschiffahrtsrecht zwischen einer solchen Gesamtverfrachtung und der Teilverfrachtung unterschieden. Nach § 38 liegt eine Teilverfrachtung vor, wenn „nicht das Schiff im ganzen, sondern ein verhältnismäßiger Teil oder ein bestimmt bezeichneter Raum" verfrachtet wird (ebenso die seerechtliche Vorschrift des § 587 Abs. 1 HGB). Es ist für die Unterscheidung der beiden Verfrachtungsarten entscheidend, ob nach dem Inhalt des Frachtvertrages das Schiff mit allen seinen Laderäumen oder nur ein bestimmter Teil des Schiffes, also einzelne Laderäume, zur Beförderung der Frachtgüter angenommen werden. Demnach kommt es auf den Inhalt des Frachtvertrages, also nicht darauf an, wie die Frachtgüter in den Laderäumen untergebracht werden. Wird beispielsweise ein Schiff im ganzen angenommen, dann aber nur in einigen der Laderäume vom Absender beladen, so bleibt dies trotzdem eine Gesamtverfrachtung. Es ist unerheblich, ob die Ladung an verschiedenen Ladeplätzen eingenommen wurde, für mehrere Empfänger bestimmt war, verschiedene Löschplätze in Betracht kamen; entscheidend ist allein, daß nach dem Frachtvertrag das gesamte Binnenschiff mit allen seinen Laderäumen für die Beförderung der Frachtgüter angenommen wurde (AG Berlin vom 27. 5. 1941 — 50 C. 389/41; 30. 7. 1941 — 19 C. 63/41; 8/7. 41 — 26 C. 520/41 — 9/9. 41 — 19 C. 335/41; vom 4. 12. 1942 — 161 C. 113/42; LG Berlin vom 3. 3. 1942 — 279 S. 2756/41).

b) Für die Unterscheidung der beiden Verfrachtungsarten ist es nicht ausschlaggebend, ob ein oder mehrere Absender vorhanden sind. In der Regel werden bei der Teilverfrachtung mehrere Absender in Betracht kommen (vgl. Materialien S. 69, 70), die mit dem Frachtführer getrennte Frachtverträge abschließen, während bei der Gesamtverfrachtung vielfach nur ein Absender auftritt. Es ist aber nicht selten, daß mehrere Absender ein Schiff im ganzen verfrachten und daß ein Absender bestimmt bezeichnete Räume eines Schiffes in getrennten Frachtverträgen verfrachtet. Im Frachtgeschäft der Binnenschiffahrt kommen Teilverfrachtungen nur selten vor. Meist wird das Schiff im ganzen für die Beförderung von Frachtgütern angenommen.

2. Ladeort (Abgangsort)

a) Im § 27 Abs. 3 werden verschiedene Ladeplätze des Abgangsortes erwähnt. Unter diesem Abgangsort (Ladeort) wird der Ort (Hafen) verstanden, an dem nach dem Frachtvertrag die Einnahme der Frachtgüter erfolgen soll. Im § 27 wird von „einem" Abgangsort ausgegangen. Meist wird auch bei einer Gesamtverfrachtung im Frachtvertrag für einen Absender nur ein Ladeort bestimmt sein, der genau bezeichnet zu werden pflegt. Es ist nicht immer entscheidend, wie dieser Ort verwaltungsmäßig begrenzt ist, sondern es wird regelmäßig diejenige Stelle des Ortes gemeint sein, an der üblicherweise Schiffe ihren Ladeplatz einzunehmen haben; ob diese Stelle noch innerhalb oder schon außerhalb des eigentlichen Ortsbereichs liegt, ist ohne Bedeutung, wenn nur der verkehrsmäßige Zusammenhang mit dem Ort gewahrt ist (KG in JW 1933, 2466 Nr. 1). Enthält der Frachtvertrag nur die Angabe eines einzigen Ladeortes, so ist der Absender nicht berechtigt, nachträglich einen anderen Ort einseitig zu bestimmen (OLG Hamburg in HansGZ Hauptbl. 1903 Nr. 88); der Frachtführer ist nicht verpflichtet, an anderen Orten Frachtgüter einzuladen. Es besteht auch kein Handelsbrauch, nach dem der Frachtführer an anderen Orten Zuladungen zu übernehmen hat (LG Berlin vom 21. 4. 1933 — 212 S. 7302/32 — und das darin erstattete Gutachten der HK Berlin vom 1. 3. 1933 — XIII/33 —).

b) Es kommt aber nicht selten vor, daß im Frachtvertrag mehrere Ladeorte oder ein Hauptladeort mit mehreren Zuladungsorten (Stationen) vorgesehen wird, insbesondere wenn bei Vertragsschluß die Verhältnisse für den Absender noch nicht übersehbar sind. Die Bestimmung solcher mehreren Ladeorte kann verschiedene Bedeutung haben. So kann sich der Absender damit nur die Möglichkeit offenhalten wollen, aus mehreren vorgesehenen Ladeorten einen einzigen auszuwählen; dies wird im Frachtgeschäft der Binnenschiffahrt wie folgt bezeichnet: Berlin °/ (oder) Brandenburg. Es können aber die mehreren Ladeorte auch nebeneinander Bedeutung haben (z. B. Berlin und Brandenburg) oder es kann dies noch dem Absender zur Auswahl überlassen sein (Berlin u. o. [und/oder] Brandenburg) (OLG Hamburg in HansGZ Hauptbl. 1916 Nr. 110). Die Bezeichnung des Abgangsortes, auch ein etwaiger Vorbehalt weiterer Zuladungsorte muß unter Berücksichtigung dieser Übungen eindeutig sein; etwaige Unklarheiten gehen zu Lasten des Absenders (LG Breslau in VerkehrsrR Bd. 1910 [1931] S. 304 Nr. 232).

3. Ladeplatz

a) Unter dem Ladeplatz versteht man die Stelle am Abgangsort (Ladeort), die der Frachtführer zur Einladung der Frachtgüter aufzusuchen hat. Im Frachtvertrag ist nicht selten ein bestimmter Ladeplatz vereinbart. Dann kann der Absender nicht verlangen, daß der Frachtführer einen anderen Ladeplatz aufsucht; aber auch der Frachtführer ist an diese im Frachtvertrag getroffene Anweisung des Ladeplatzes gebunden (KG in OLG 1, 247; OLG Hamburg in HansGZ Hauptbl. 1913 Nr. 67). Auch bei einer Vereinbarung eines bestimmten Ladeplatzes darf der Frachtführer nach Treu und Glauben damit rechnen, daß dieser für die Einnahme der Frachtgüter und für sein Schiff geeignet ist, insbesondere daß das Anlegen des Kahnes an der Ladestelle und die Beladung keine besonderen Schwierigkeiten bereitet (OLG Hamburg in OLG 32, 192; HansGZ Hauptbl. 1913 Nr. 107).

b) Enthält der Frachtvertrag keinen bestimmten Ladeplatz, so hat der Frachtführer nach § 27 Abs. 1 bei einer Gesamtverfrachtung das Schiff an den von dem Absender ihm angewiesenen Platz hinzulegen. Die Auswahl des Ladeplatzes steht daher grundsätzlich dem Absender zu. In den Verfrachtungsbedingungen wird dies aber mitunter dahin abgeändert, daß der Frachtführer den Ladeplatz auswählt (so § 3 Abs. 1 Oderbedingungen und auf dem Rhein). Der Ladeplatz wird, je nach den örtlichen Verhältnissen, seiner Lage und Beschaffenheit nach verschieden sein. Meist wird ein Ufer, Bollwerk oder Speicher, manchmal aber auch die Seite eines Seeschiffes (RG in HansGZ Hauptbl. 1908 Nr. 101; OLG Hamburg in HansGZ Hauptbl. 1900 Nr. 21) in Betracht kommen. In der Anweisung eines beliebigen Ladeplatzes wird der Absender häufig durch örtliche Verordnungen und Verfügungen der Hafen- oder Wasserpolizeibehörde beschränkt, die vielfach die Vornahme der Beladung nur an bestimmten Plätzen gestatten.

c) Nach § 27 hat der Frachtführer das Schiff „an den von dem Absender ihm angewiesenen Platz hinzulegen". Hiernach kann der Absender grundsätzlich nur einen Ladeplatz anweisen; damit ist sein Anweisungsrecht erloschen. Der Frachtführer ist auch nicht verpflichtet, nachdem er den angewiesenen Platz eingenommen hat, mehrmalig mit seinem Schiff an- und abzulegen. Er kann also auch für ein im Interesse der Beladung vorgenommenes mehrmaliges An- und Ablegen ein angemessenes Entgelt verlangen (AG Stettin 19 C 837/35; vgl. § 27 Abs. 3 Anm. 3d). Die Kosten für das Hinlegen des Schiffes an den Ladeplatz, also auch die etwaigen Schlepp- und Bugsiergelder, fallen dem Frachtführer zur Last (§ 66; Gutachten Nr. 14 S. 31). Es kann durch besondere Verhältnisse die Anweisung eines weiteren Ladeplatzes erforderlich sein, wenn der aufgegebene Ladeplatz nicht geeignet ist, z. B. wegen Hoch- oder Niedrigwasser oder Eisganges; das gleiche muß gelten, wenn die zuständige Behörde die Beladung an dem zunächst angewiesenen Ladeplatz verbietet. Dann ist der Absender berechtigt und verpflichtet, einen anderen geeigneten Ladeplatz dem Frachtführer anzuweisen (OLG Hamburg in HansGZ Hauptbl. 1890 Nr. 93).

d) Nach § 27 Abs. 3 ist der Frachtführer im übrigen zur Einladung „an verschiedenen Ladeplätzen des Abgangsortes" nur verpflichtet, wenn dies besonders vereinbart ist. Diese Verpflichtung kann sich auch aus einem Ortsgebrauch ergeben. Nach dem für die Duisburg-Ruhrorter Häfen geltenden Handelsbrauch muß der Frachtführer einmal den Ladeplatz innerhalb desselben Hafens wechseln, auch wenn ein bestimmter Ladeplatz vereinbart war (Gutachten Nr. 67). Es ist „als Regel festzustellen, daß es zu der Verladung an verschiedenen Ladeplätzen des Abgangsortes einer besonderen Vereinbarung bedarf" (so die Begr. KB S. 22). Nach § 27 Abs. 3 Satz 2 hat der Frachtführer in diesem Falle stets Anspruch auf Ersatz der entstehenden Mehrkosten, z. B. Schlepplohn für die Beförderung seines Kahnes vom ersten zum zweiten Ladeplatz, Hafengebühren, Ufergelder, Schleusengebühren. Ferner wird die Dauer der Ladezeit durch eine solche Verpflichtung nicht berührt. Die Ladezeit läuft also ununterbrochen, auch für die Zeit der Beförderung des Schiffes vom ersten zum zweiten Ladeplatz, weiter; der Zeitverlust des Frachtführers geht zu Lasten des Absenders.

4. Anweisung des Ladeplatzes durch den Absender

a) Nach § 27 Abs. 1 in Verbindung mit § 121 BGB hat der Absender den Ladeplatz unverzüglich nach Abschluß des Frachtvertrages, also nach den Umständen des Falles ohne schuldhaftes Zögern, dem Frachtführer zu bezeichnen. Die Anweisung muß auf jeden Fall so rechtzeitig erfolgen, daß der Frachtführer sein Schiff vor dem Beginn der Ladezeit (§ 29) an den angewiesenen Platz legen und die Vorbereitung zur Beladung treffen kann. Dies wird vor allem in Betracht kommen, wenn der Ladeplatz dem Frachtführer erst mitgeteilt werden kann, wenn dieser sich ladebereit meldet (§ 28). Im übrigen ist aus dem Frachtvertrag und den Umständen des Einzelfalles zu ermitteln, wann der Absender die Anweisung des Ladeplatzes in dieser Weise rechtzeitig erteilen muß. Eine „Verzögerung der Anweisung liegt auch dann vor, wenn mehrere Absender gemeinsam den Frachtvertrag über das Schiff im ganzen geschlossen haben und dann nicht sämtlich den gleichen Ladeplatz anweisen, weil unter der bezeichneten Voraussetzung eine rechtswirksame Anweisung dann überhaupt nicht erteilt ist" (vgl. Begr. S. 61).

b) Aus der Vorschrift des § 27 Abs. 2 folgt, daß der Absender in der Auswahl eines beliebigen Ladeplatzes beschränkt ist, da er stets einen „geeigneten Ladeplatz" anweisen muß. Der Ladeplatz ist nicht geeignet, wenn „die Wassertiefe, die Sicherheit des Schiffes oder die örtlichen Verordnungen oder Einrichtungen die Befolgung der erteilten Anweisung nicht gestatten". Nach dieser grundsätzlichen Bestimmung muß der Ladeplatz so beschaffen sein, daß er unter Berücksichtigung der Ortsverhältnisse zur Beladung angemessen erscheint und nicht erst durch umständliche besondere Aufwendungen oder Vorrichtungen für die Durchführung der Beladung oder Entlöschung hergerichtet werden muß (RG vom 12. 1. 1951 I ZR 8/50; KG in OLG 1, 247; BGHZ 1, 47/51). Der Ladeplatz muß die Beladung unmittelbar am Ufer und der Anlagestelle des Schiffes, mit dem üblichen Ladegerät und ohne örtliche Hindernisse ermöglichen (LG Breslau vom 16. 11. 1939 — 21 S. 10/39 — AG Breslau 96 C 858/38). So liegt ein geeigneter Ladeplatz nicht vor, wenn das Schiff infolge der geringen Wassertiefe nicht ohne Gefahren an diese Stelle hingelegt werden kann. Dies gilt auch dann, wenn irgendwelche anderen Behinderungen in der Beschaffenheit des Ladeplatzes, beispielsweise ein vor dem

Platz angebrachter Tunnel (LG Berlin vom 7. 2. 1935 — 212 S. 1004/34 — in VerkehrsrR Bd. 14 S. 288 Nr. 63) oder die Lage des Nachbargrundstücks (LG Berlin vom 16. 6. 1932 — 212 S. 2353/32 —), das Anlegen des Schiffes verhindern oder erschweren. Zu dem gleichen Ergebnis muß man gelangen, wenn diese Behinderungen nicht unmittelbar von dem Ladeplatz ausgehen, aber in unmittelbarem Zusammenhang damit stehen; wenn der Frachtführer einen angewiesenen Ladeplatz beispielsweise nicht erreichen kann, weil in dem Joch einer zu durchfahrenden, vor dem Platz gelegenen Brücke ein anderes Schiff in Grund liegt, am Abgangsort aber andere Ladeplätze nicht vorhanden sind (AG Stettin vom 10. 7. 1934 — 22 C 345/34). In gleicher Weise hat es der Absender zu vertreten, wenn eine auf der Fahrt zur Ladestelle gelegene Brücke nicht rechtzeitig geöffnet wird (AG Liebenwalde vom 18. 7. 1939 — 2 C 30/39). Auch durch Eisgang oder sonstige durch den Winterfrost hervorgerufene Vereisung kann das Aufsuchen des Ladeplatzes behindert werden (AG Hamburg vom 9. 10. 1934 — 5 HS 3210/33 —). Ein Ladeplatz ist auch dann nicht geeignet, wenn die zuständige Behörde, sei es allgemein durch Verordnung oder durch besondere Verfügung, das Aufstellen des Schiffes verbietet. Häufig wird aber auch durch die Beschaffenheit des Ladeplatzes selbst die Beladung erschwert, insbesondere wenn der Frachtführer die Beladung selbst zu besorgen hat, z. B. durch Auskarren von Steinen. Auf den Märkischen Wasserstraßen ist nach Schiffahrtsbrauch in solchen Fällen ein Ladeplatz nur dann als geeignet anzusehen, wenn die Uferhöhe nicht mehr als 1,80 m über dem Wasserspiegel liegt und der Kahn so nahe an das Ufer herangelegt werden kann, daß der Karrsteg mit einer höchstens 6 m langen Bohle erbaut werden kann; ferner muß der Ladeplatz am Ufer so eingerichtet sein, daß die zu entladenden Frachtgüter unmittelbar am Ufer, höchstens bis zu 30 m entfernt, aufgestellt werden können (AG Berlin vom 5. 6. 1936 — 161 C 754/35 —; LG Berlin vom 25. 8. 1936 — 212 S 4202/36 —; AG Berlin vom 10. 11. 1934 — 162 C 647/34 —; Gutachten der HK Berlin Nr. 2969 C 21573/26 XII A 9). Der Ladeplatz ist auch dann nicht als geeignet nach § 27 Abs. 2 anzusehen, wenn er von anderen Fahrzeugen besetzt ist, so daß eine Beladung bei Beginn der Ladezeit nicht möglich ist (OLG Hamburg in SeuffA Bd. 54 Nr. 165). Auch die Unmöglichkeit der Beladung wegen anderweiter Benutzung des Kais ist Risiko des Absenders und geht allein zu dessen Lasten (AG Berlin vom 13. 3. 1940 — 51/53 C 1515/39). Dem Anweisungsrecht des Absenders entspricht eine Anweisungspflicht, so daß es seine Aufgabe ist, dem Frachtführer rechtzeitig einen zur Vornahme der Beladung freien geeigneten Ladeplatz anzuweisen.

c) Nach § 27 Abs. 2 kann der Frachtführer, wenn der Absender sein Anweisungsrecht nicht oder nicht gehörig ausübt, an einem der ortsüblichen Ladeplätze anlegen. Er muß dann aber vorher den Absender auffordern, ihm unverzüglich einen geeigneten Ladeplatz zu bezeichnen. Wenn der Absender dieser Aufforderung nicht nachkommt, so ist der Frachtführer befugt, einen ortsüblichen Ladeplatz aufzusuchen, dessen Wahl ihm grundsätzlich freisteht, jedoch soll er bei der Wahl des Ladeplatzes „das Interesse des Absenders tunlichst berücksichtigen". Diese Einschränkung hinsichtlich der Aufforderung „erscheint gerechtfertigt, um nachträglichen Zweifeln und Streitigkeiten darüber, ob eine Verzögerung der Anweisung stattgefunden hat, vorzubeugen und um dem Absender Gelegenheit zu geben, eine von ihm erteilte, aber als unausführbar befundene Anweisung zu verbessern" (vgl. Begr. S. 61). Der Frachtführer ist aber nach § 27 Abs. 2 (im ausdrücklichen Gegensatz zu der seerechtlichen Vorschrift im § 560 Abs. 2 HGB) nicht verpflichtet, sondern nur berechtigt, einen anderen ortsüblichen Ladeplatz aufzusuchen. Er kann weitere Anweisungen des Absenders abwarten, also auch am ungeeigneten Ladeplatz liegenbleiben. Der Frachtführer ist nicht verpflichtet, dem Absender außer der Anzeige der Ladebereitschaft (§ 28) noch besonders mitzuteilen, daß der ihm angewiesene Ladeplatz von anderen Fahrzeugen besetzt oder sonst ungeeignet ist. Es ist vielmehr Aufgabe des Absenders, rechtzeitig Vorsorge dafür zu treffen, daß die Beladung schnellstens erfolgen kann (LG III Berlin vom 23. 10. 1928 — 7 S 450/28 — 3 C 1104/28 AG Pankow). Nur unter besonderen Umständen, wenn eine anderweitige Anweisung des Absenders nicht erwartet werden kann, ist der Frachtführer „nach den Grundsätzen von Treu und Glauben verantwortlich, wenn er es unterläßt, von der ihm eingeräumten Befugnis des Aufsuchens eines ortsüblichen Ladeplatzes Gebrauch zu machen und dem Absender die Kosten, die durch längeres Warten auf die Anweisung entstehen, zu ersparen" (vgl. Begr. S. 61).

d) Wenn der Frachtführer von seiner Befugnis Gebrauch macht, so darf er nicht einen bliebigen Ladeplatz auswählen, sondern muß an einem ortsüblichen Ladeplatz anlegen. Was hierunter zu verstehen ist, bestimmt sich nach den örtlichen Verordnungen, den Verfügungen der Hafen- oder Wasserpolizeibehörde, nach den örtlichen Verhältnissen und den Übungen am Ladeort. Bei der Auswahl des Ladeplatzes soll der Frachtführer das Interesse des Absenders tunlichst berücksichtigen, beispielsweise also nicht einen aus mehreren Ladeplatzen auswählen, der von dem Platz des Absenders zu weit entfernt liegt. Diese Verpflichtung des Frachtführers zur Berücksichtigung des Interesses des Absenders „geht aber nur so weit, als er imstande ist, dies Interesse zu übersehen" (vgl. Begr. S. 61). Auch der Frachtführer muß die Verordnungen der Hafen- und Wasserpolizeibehörde beachten. Er muß also den ihm von dieser Behörde angewiesenen Platz einnehmen; denn dann ist „weder für ein Wahlrecht des Absenders noch für ein solches des Frachtführers Raum, da auch jede anderweitige Anweisung des Absenders von vornherein als unausführbar zu betrachten sein würde" (vgl. Begr. S. 62).

5. Haftung des Frachtführers und des Absenders

a) Auf Grund des Frachtvertrages in Verbindung mit den §§ 276, 278 BGB ist der Frachtführer dem Absender schadensersatzpflichtig, wenn er schuldhaft einer von ihm erteilten ordnungsmäßigen Anweisung nicht rechtzeitig oder nicht gehörig nachkommt oder wenn er bei der Auswahl des Ladeplatzes das Interesse des Absenders nicht tunlichst berücksichtigt. Es wird sich regelmäßig um ein Verschulden des mit der Führung des Schiffes beauftragten Schiffers (§ 7) handeln, für das der Frachtführer dem Absender nach dem Frachtvertrag in Verbindung mit den §§ 276, 278 BGB, aber auch nach § 3 haftet. Jedoch haftet der Schiffseigner nach § 4 Abs. 1 Nr. 2 nur beschränkt mit Schiff und Fracht (vgl. § 4 Anm. 5a). Der Schiffer haftet nach § 7 daneben, da es sich um eine Verletzung seiner Dienstobliegenheiten handelt, persönlich, und zwar sowohl dem Schiffseigner als auch den Ladungsbeteiligten (Absender und Empfänger) (vgl. § 7 Anm. 3a, c).

b) Nach § 27 Abs. 2 hat der Absender nicht nur ein Anweisungsrecht, sondern dem Frachtführer gegenüber auch eine Anweisungspflicht (OLG Hamburg in SeuffA Bd. 54 Nr. 165). Hieraus folgt aber nicht ohne weiteres, daß eine Haftung des Absenders für die Geeignetheit des angewiesenen Ladeplatzes schlechthin gegeben ist. Denn die nicht rechtzeitige oder nicht gehörige Anweisung eines Ladeplatzes hat nach § 27 Abs. 2 die Folge, daß der Absender seines Anweisungsrechts verlustig geht und für eine Überschreitung der Ladezeit Liegegeld zu zahlen hat (vgl. §§ 29, 30). Eine Haftung des Absenders für die Geeignetheit des Ladeplatzes kann daher nur angenommen werden, wenn ihm die Anlegestelle gehört und ihn ein Verschulden trifft (RGZ 40, 300, 301). Dann wäre auch eine Haftung aus § 823 BGB gegeben, weil jeder, der eine Einrichtung für den Verkehr freigibt, für den ordnungsmäßigen Zustand und die Erhaltung der Verkehrssicherheit verantwortlich ist (RGZ 89, 136; 95, 154; 104, 278; 106, 340; OLG Hamburg in HansRGZ 1935 B 285). Für die Beschaffenheit ihm nicht gehöriger Ladeplätze kann der Absender grundsätzlich nicht schadensersatzpflichtig gemacht werden. Er ist aber verpflichtet, ihm bekannte Mängel dem Frachtführer mitzuteilen (OLG Hamburg in HansGZ Hauptbl. 1908, 191 Nr. 90). Dagegen wird unter Umständen eine Haftung des Eigentümers des betreffenden Ladeplatzes oder des Staates für öffentliche Anlegestellen nach § 823 BGB aus dem Gesichtspunkt der Erhaltung der Verkehrssicherheit in Betracht kommen. Für Wasserstraßen und Hafenanlagen gilt wie für Wege und Plätze der Grundsatz, daß derjenige, der dort einen Verkehr eröffnet hat oder andauern läßt, nach § 823 BGB für eine Gefahrenlage verantwortlich ist, die bei ordnungswidrigem Zustand der Anlage entsteht (RGZ 54, 53, 56; 147, 275, 278; BGHZ 9, 373, 386; 16, 95). Auch das Fehlen oder die mangelhafte Beschaffenheit wasserbaulicher Anlagen und Einrichtungen begründen eine solche, auch auf § 823 BGB zu stützende Haftung (RGZ 84, 38 — JW 1914, 483; RGZ 106, 34; 147, 275 — JW 1935 1930 Nr. 2). So hat eine Stadtgemeinde, die einen Hafen bestimmter Tiefe zur Verfügung stellt, gegenüber dem Schiffsverkehr die Verpflichtung, den Hafen in der diesen Zwecken entsprechenden Verfassung zu erhalten, auch wenn die Regelung des Schiffsverkehrs einer anderen Behörde obliegt (RG v. 29. 4. 1937 — VI 374/36 in VerkehrsrR 1937 IIIb Heft 11 S. 415). Es entbindet die Verantwortlichen nicht von der eigenen Sorgfaltspflicht, daß eine Anlage (z. B. Elevator) von der zuständigen Behörde genehmigt ist (RG vom 24. 11. 1937 in VerkehrsrR 1938, 499). So haftet das unterhaltungspflichtige Land nach den §§ 31, 89, 823 Abs. 1 BGB wegen Verletzung der Unterhaltungspflicht, wenn ein Schiff auf einen in der Fahrstraße liegenden Anker gerät, der bei genügender Bemühung und Umsicht schon vorher gefunden wäre (RG vom 1. 7. 1942 — III 34/42 in Z. f. Bi. 1943, S. 39). Aus einer schuldhaften Verletzung der Unterhaltungspflicht entsteht grundsätzlich ein bürgerlich-rechtlicher Schadensersatzanspruch nach dem § 823 BGB (RGZ 144, 273; 155, 1). Für die Verletzung der Pflichten durch den Vorsteher des Wasserbauamtes haftet der Staat nach den §§ 31, 89 BGB. Nur wenn es sich um die Unterlassung verhältnismäßig leicht ausführbarer eiliger Sicherheitsmaßnahmen handelt, kommt eine Haftung nach Art. 34 GG; § 839 BGB in Frage (RG vom 1. 7. 1942 III 35/42; vom 1. 12. 1939 III 29/39). Bei nur fahrlässiger Amtsverletzung entfällt nach § 839 Abs. 1 S. 2 BGB die Schadensersatzpflicht, soweit der Verletzte auf andere Weise Ersatz zu verlangen vermag; hierzu gehört auch die Ausgleichung eines Schadens auf Grund eines Versicherungsvertrages (RGZ 138, 209; 145, 56; 152, 20). Die nicht oder nicht ordnungsmäßige Setzung von Schiffahrtszeichen (RGZ 159, 8; III 48/44), die wassergesetzliche Unterhaltungspflicht (§§ 114, 115 z. WassG in Verbindung mit dem StaatsV vom 31. 3. 1921 (RGBl. S. 961), VO vom 15. 4. 1943 (RGBl. II S. 131) deckt sich mit der allgemeinen privatrechtl. Verkehrssicherheitspflicht (RGZ 147 S. 275), die auch für die dem öffentlichen Verkehr gewidmeten Wasserläufe anzuerkennen ist. Die

Beseitigung von Hindernissen im Stromgebiet gehört grundsätzlich zur bürgerlichrechtlichen Aufgabe der Strombauverwaltung (RGZ 106, 340). Hierbei kann es keinen Unterschied machen, ob das Hindernis durch einen im Strombett befindlichen Pfahl oder Zementpfosten (RGZ 106, 340) oder durch ein Wrack oder durch einen verlorenen Anker (RG vom 1. 7. 1942 in Z. f. Wasserrecht Bd. 28/1942 S. 331 entstanden ist oder durch Brückentrümmer (BGHZ 1, 57). Der Umfang der Verkehrssicherungspflicht kann nicht allein aus den wasserpolizeilichen Vorschriften entnommen werden, sondern richtet sich nach dem allgemeinen Sorgfaltsmaßstab des § 276 BGB (BGH vom 3. 5. 1955, I ZR 100/55 in VRS 1955/105). Die Verletzung der Verkehrssicherungspflicht hinsichtlich öffentlicher Wege und Wasserstraßen einschließlich der Schleusen ist nach privatrechtlichen Grundsätzen zu beurteilen, auch wenn die Herstellung und Unterhaltung dieser Verkehrswege eine Aufgabe des Staates oder anderer Körperschaften des öffentlichen Rechts ist und hoheitlich bewältigt wird (RGZ 68, 158, 365; 105, 99, 100; 106, 340; 121, 404; 128, 149; 154, 16; BGH vom 30. 4. 1953 — III ZR 377/51 —; BGHZ 9, 373; BGH vom 30. 11. 1954 — I ZR 232/52 in VRS 1955, 174). Die Wasser- und Schiffahrtsverwaltung kann aus der Beseitigung von Wrackteilen kriegsversehrter Schiffe nach §§ 683, 679, 1004 BGB und der polizeilichen Zustandshaftung (§ 823 Abs. 2 BGB nach § 242 BGB) die Hebungskosten nur aus den beim Verkauf der Wrackteile erzielten Erlös erhalten (BGH vom 14. 12. 1954 — 1 ZR 134/53 in VRS 1955 S. 243 Nr. 34). Aus der schuldhaften Verletzung dieser Pflicht haftet der Staat, nach bürgerlich-rechtlichen Grundsätzen nach den §§ 823, 31, 89 BGB (RGZ 155, 1, 8, RG vom 28. 8. 1949 — III 48/44; BGHZ 9, 373, 387; 20, 57, 59; RGZ 154, 25; 147, 275; 106, 340; 68, 358; 54, 53; RhOG Köln vom 25. 10. 1940 — 3 U 113/39, vom 21. 1. 1949 — 3 U 313/47; vom 26. 1. 1950 — 3 U 6/49; vom 22. 5. 1951 — 3 U 33/50 vom 23. 10. 1952 — 3 U 1/51; vom 2. 10. 1952 — 3 U 64/51; vom 13. 11. 1952 — 3 U 68/52; OLG Hamm vom 11. 10. 1951 — 7 U 13/51; BGH vom 12. 1. 1951 in NJW 1951, 269; vom 8. 5. 1952 in VRS Bd. 4 S. 405, vom 13. 12. 1951 in BGHZ Bd. 4 S. 138, 151; OLG Karlsruhe — III ZR 40/51 — vom 18. 3. 1953 — 1 U 217/52; NJW 1952, 1085; 1953, 1297, OLG Hamburg vom 3. 11. 1953 — 2 U 292/53 in ZfB 1954, 98; BGHZ 16, 95; RG vom 9. 2. 1956 — III zu 255/54 in Z. f. Bi. 1959, 132 (15/95).

Anzeige der Ladebereitschaft

§ 28

Sobald der Frachtführer zur Einnahme der Ladung bereit ist, hat er dies dem Absender anzuzeigen.

Die Anzeige hat an einem Werktage vor dem Schlusse der ortsüblichen Geschäftsstunden zu erfolgen. Eine spätere oder an einem Sonntage oder allgemeinen Feiertage erfolgte Anzeige gilt als am nächsten Werktage erfolgt.

Weigert sich der Absender, den Zeitpunkt des Empfanges der Anzeige zu bescheinigen, so ist der Frachtführer befugt, auf Kosten des Absenders eine öffentliche Urkunde darüber errichten zu lassen.

Vorbemerkung: Die gesetzliche Regelung im § 28 Abs. 2 über den Zeitpunkt der Anzeige der Ladebereitschaft wurde durch eine Verordnung zur vorübergehenden Änderung einiger Vorschriften des Frachtrechts der Binnenschiffahrt vom 17. 5. 1943 (RGBl. I S. 311) mit Wirkung vom 1. 6. 1943 geändert und nach dem „Gesetz zur Aufhebung einiger Verordnungen und Bestimmungen des Binnenschiffahrtsrechts“

vom 9. 8. 1949 (Verordnungsblatt für die britische Zone Nr. 49/384) in folgender Fassung aufrechterhalten (vgl. Anm. 1 zu § 29).

1. Die Ladebereitschaft §(28) ist an Werktagen bis 18 Uhr anzuzeigen. Endet die ortsübliche Geschäftszeit vor diesem Zeitpunkt, so hat der Frachtführer seine Absicht, die Anzeige nach dem Schluß der Geschäftszeit zu bewirken, dem Absender innerhalb der ortsüblichen Geschäftszeit mitzuteilen (Voranmeldung).

2. Wird am Tage der Anzeige der Ladebereitschaft (Meldetag) in das Schiff geladen, so wird dieser Tag in die Ladezeit (§ 29) eingerechnet. Wird am Meldetag erst nach 13 Uhr geladen, so beginnt die Ladezeit um 13 Uhr des Meldetages und endet um 13 Uhr des der Dauer der Ladezeit entsprechenden Tages.

3. Vereinbarungen, die von diesen Vorschriften abweichen, sind unzulässig, soweit sie die Zeit für die Anzeige der Ladebereitschaft beschränken oder die Ladezeit verlängern.

4. Soweit die Vorschriften des Binnenschiffahrtsgesetzes (§ 28 Abs. 2, 29 Abs. 1, 3, § 47 Abs. 2, 48 Abs. 1, 3) diesen Vorschriften widersprechen, finden sie keine Anwendung.

1. Begriff der Ladebereitschaft

a) Nach § 28 Abs. 1 (ebenso im Seerecht § 567 Abs. 1 HGB) hat der Frachtführer, sobald er zur Einnahme der Ladung bereit ist, dies dem Absender anzuzeigen. Zweck dieser Vorschrift ist, die Beladung des Schiffes mit den Frachtgütern vorzubereiten. In subjektiver Hinsicht ist daher erforderlich, daß der Frachtführer hierzu bereit ist (RGZ 115, 216, 217). Nun kann aber die Einladung, d. h. die Ablieferung der Güter in das Schiff erst beginnen, wenn auch das Schiff „ladebereit" ist. Hierzu gehört, daß es derartig instand gesetzt, ausgerüstet und bemannt ist (vgl. § 8 Anm. 2), insbesondere die erforderlichen Laderäume frei hat, daß die Frachtgüter eingeladen werden können (KG [12] vom 18. 4. 1931 — 12 U 15209/30 — 11024/29 LG Potsdam). Dies muß daher in objektiver Hinsicht ebenfalls zur Ladebereitschaft vorliegen (RGZ 115, 216, 217; 122, 221; KG vom 18. 4. 1931 — 12 U 15209/30). Das Schiff ist dann als ladebereit anzusehen, wenn esvom Frachtführer vorgelegt wird und derartig instand gesetzt sowie ausgerüstet ist, insbesondere die Laderäume frei sind, so daßvon seiner Seite aus einer Beladung nichts entgegensteht; hinischtlich der Bemannung während der Beladung genügt es, daß die notwendige Mitarbeit vorgenommen werden kann, im übrigen ist die Frage der Bemannung für die Ladebereitschaft nicht von Bedeutung (AG Berlin 29. 4. 1943 — 16 C 716/42 sowie die darin erstatteten Auskünfte).

b) Für die Ladebereitschaft ist nicht erforderlich, daß der Frachtführer sofort mit der Beladung beginnen kann. Denn die Anzeige der Ladebereitschaft dient der Vorbereitung der Beladung und soll dem Absender ermöglichen, bis zum Beginn der Ladezeit die hierfür notwendigen Maßnahmen zu treffen, z. B. Annahme von Fuhrwerken für Anfuhr der Frachtgüter und von Leuten für die Beladungsarbeiten. Der Frachtführer braucht also mit seinem Schiff zur Zeit der Meldung noch nicht am Ladeplatz zu liegen, und zwar gleichgültig, ob dieser bereits im Frachtvertrag vereinbart war oder später angewiesen wurde. Dies ist bei Anweisung des Ladeplatzes nach Abschluß des Frachtvertrages sogar regelmäßig unmöglich, da ihm meist erst bei der Anzeige der Ladebereitschaft der Ladeplatz mitgeteilt wird. Es genügt für die Annahme der Ladebereitschaft, daß der Frachtführer bereit und in der Lage ist, bis zum Beginn der Ladezeit, also bis zu dem auf die Anzeige folgenden Werktag (§ 29), an den ihm angewiesenen Ladeplatz hinzulegen (RG in SeuffA Bd. 6 Nr. 207; KG in OLG 2, 370; RG vom 28. 9. 1897 — I 174/92 —; OLG Hamburg in Hauptbl. 1898 Nr. 53, 1911, 137). Es wird im Binnenschiffahrtsrecht ebensowenig wie nach der seerechtlichen Vorschrift des § 567 Abs. 1 HGB „verlangt, daß sich das Schiff bereits am Ladeplatz befindet, es muß vielmehr genügen, daß der Frachtführer seinerseits bereit ist, der Anweisung des Absenders in betreff des Ladeplatzes sofort nachzukommen und die Ladung daselbst in Empfang zu nehmen" (Begr. S. 62). Es gehört demnach in den Fällen der Raumverfrachtung (§§ 27, 38) zur Ladebereitschaft, nicht daß das Schiff schon am Ladeplatz liegt. Dagegen ist dies erforderlich, wenn der Frachtvertrag „Stückgüter unter 10000 kg" zum Gegenstand hat (§§ 39 Abs. 1, 40 Satz 1). Es schließt daher auch etwaiger Platzmangel die Ladebereitschaft des Frachtführers nicht aus, weil dies kein in der Person des Frachtführers liegendes Hindernis ist (OLG Hamburg in SeuffA 54 Nr. 165).

c) Am Abgangsort (Ladeort) muß das Schiff dagegen schon eingetroffen sein, wenn der Frachtführer die Ladebereitschaft erklären will. Dies ergibt sich aus § 27; danach hat der Frachtführer das Schiff am Abgangsort an den angewiesenen Ladeplatz hinzulegen (§ 27 Anm. 2a, 3a). Befindet sich das Schiff noch auf der Reise nach dem Abgangsort, so liegt die Ladebereitschaft selbst dann nicht vor, wenn der Frachtführer in der Lage wäre, den angewiesenen Ladeplatz rechtzeitig bis zum Beginn der Ladezeit zu erreichen. Für den Binnenschiffahrtsverkehr in Berlin besteht nach langjährigem Handels- und Schiffahrtsbrauch insofern eine Besonderheit, als der Frachtführer die Ladebereitschaft anzeigen kann, sobald er an der Weichbildgrenze des Berliner Hafengebietes angekommen ist, wenn er sicher imstande ist, den Ladeplatz mit Beginn des auf die Anzeige folgenden Werktags zu erreichen (KG in OLG 2, 370; Gutachten der HK Berlin C 5636/33 XII 3 in 233 C 458/33 AG Berlin; C 4523/31 XIII/3).

d) Der Frachtführer ist nur verpflichtet, mit dem im Frachtvertrag aufgeführten Schiff (das meist seiner Tragfähigkeit und näheren Bezeichnung nach angegeben wird) ladebereit zu sein; seine Ladebereitschaft wird dadurch nicht beeinträchtigt, daß die Frachtgüter aus einem in ihrer Beschaffenheit liegenden Grund nicht eingeladen werden können, z. B. weil die zu verfrachtenden Kabel auf Trommeln einen zu großen Durchmesser haben (KG in JW 1932, 2090 Nr. 3).

2. Anzeige der Ladebereitschaft

a) Nach § 28 Abs. 1 ist erforderlich, daß der Frachtführer seine Ladebereitschaft dem Absender anzeigt. Eine besondere Form ist nicht vorgeschrieben (Begr. S. 62). Die Anzeige kann daher schriftlich oder mündlich, auch telefonisch, erfolgen. Der Frachtführer ist aber berechtigt, von dem Absender eine schriftliche Bescheinigung (vgl. § 368 BGB) über den Zeitpunkt des Empfanges der Anzeige zu verlangen, gleichgültig in welcher Form diese erfolgt ist; im Frachtgeschäft der Binnenschiffahrt wird diese Empfangsbescheinigung meist auf den im Besitz des Frachtführers befindlichen Ladeschein oder Frachtbrief gesetzt, und zwar unter genauer Zeitangabe, da diese nach § 28 Abs. 2 von Bedeutung sein kann. Wenn der Absender diese Bescheinigung verweigert, so ist der Frachtführer nach § 28 Abs. 3 (ebenso § 571 HGB) berechtigt, „durch eine öffentliche Urkunde, also mittels notariellen oder gerichtlichen Protestes" (Begr. S. 62) den Zeitpunkt der Anzeige der Ladebereitschaft auf Kosten des Absenders feststellen zu lassen;

hiermit sichert er sich den Beweis der gemachten Anzeige. Der Absender ist zum Ersatz der Protestkosten aber nur verpflichtet, wenn er sich geweigert hat, dem Frachtführer den Zeitpunkt der Anzeige zu bescheinigen (RGZ 3, 151, 152).

b) Ein bestimmter Inhalt ist für die Anzeige der Ladebereitschaft nicht vorgeschrieben. Es muß aus ihr zu entnehmen sein, daß der Frachtführer zur Einnahme der Ladung bereit ist. Daher genügt auch die Aufforderung an den Absender mit der Beladung zu beginnen (ROHG 7, 151).

c) Die Anzeige ist nach § 28 Abs. 1 an den Absender zu richten und bedarf nach § 28 Abs. 3 des Empfanges. Sie stellt also eine einseitige empfangsbedürftige Willenserklärung (§ 130 BGB) dar und wird als solche wirksam im Zeitpunkt des Zugehens an den Absender. Sie soll ihn davon in Kenntnis setzen, daß der Frachtführer mit seinem Schiff eingetroffen und ladebereit ist. Deshalb kann von der Anzeige nicht schon dann Abstand genommen werden, wenn der Absender auf andere Weise hiervon Kenntnis erlangt hat, da er hieraus nicht entnehmen kann, ob der Frachtführer gewillt ist, mit der Beladung zu beginnen. Die Anzeige braucht aber nicht dem Absender persönlich oder einem von ihm Bevollmächtigten zuzugehen, sondern es genügt, wenn sie in seinen Herrschaftsbereich gelangt (AG Köpenick vom 20. 5. 1932 — 14 C 278/32 —). Nicht selten wird der Frachtführer im Frachtvertrag (ROHG 7, 151; 15, 299) an eine andere Stelle (Spediteur, Schiffsmakler, Prokurör) oder an eine Meldeadresse, die dann auch für die Entgegennahme der Anzeige der Ladebereitschaft zuständig ist (AG Berlin 162 C 345/36), verwiesen. Die Angabe einer Meldeadresse auf dem Frachtbrief oder Ladeschein hat den Sinn, den Frachtführern die Meldung der Lade- und Löschbereitschaft zu erleichtern; sie verpflichtet den Frachtführer aber auch, sich bei dieser zu melden, was in Berlin auch von einer kaufmännischen Vermittlungsstelle aus geschehen kann. Dieser Handelsbrauch, sich bereits von der kaufmännischen Vermittlungsstelle aus telefonisch lade- oder löschbereit zu melden, besteht in Berlin auch dann für den Frachtführer, wenn in dem Frachtbrief oder Ladeschein eine Meldeadresse oder ein Löschplatz bezeichnet ist. Ein Handelsbrauch dahingehend, daß eine Meldung des Frachtführers bei einer kaufmännischen Vermittlungsstelle ordnungsmäßig im Sinne der §§ 47, 28 sei, gleichgültig, ob diese Stelle die Meldung des Frachtführers an den Absender bzw. Empfänger weitergeleitet hat, besteht nicht (so AG Berlin vom 29. 4. 1943 in 100/161 C 3912/43; 100/161 C 712/43). An manchen Binnenschiffahrtsplatzen, so in Berlin, sind solche kaufmännischen Meldestellen eingerichtet, deren Aufgabe die Entgegennahme und Weitergabe solcher Anzeigen ist; nach Handels- und Schiffahrtsbrauch gilt die mündliche oder telefonische Meldung bei einer solchen Meldestelle als ordnungsmäßige Anzeige, wenn der Frachtführer sicher imstande ist, den Ladeplatz so rechtzeitig zu erreichen, daß mit dem Beginn des auf die Meldung folgenden Werktages die Beladung in Angriff genommen werden kann (LG Berlin vom 16. 6. 1932 — 212 S 2353/32 — 232 C 1197/31 AG Berlin; AG Berlin 161 C 480/36; 15 C 2748/37; HK Berlin 4345/21 — 9097/21 A 9, C 4523/31 XIII 3, C 2171/33, C 5636/33). Wenn der Absender nicht zu ermitteln sein sollte, so ist die Anzeige unter entsprechender Anwendung des § 47 Abs. 4 durch öffentliche Bekanntmachung in ortsüblicher Weise vorzunehmen.

d) Nach § 28 Abs. 1 hat der Frachtführer die Anzeige zu machen, „sobald" er ladebereit ist; Voraussetzung ist also das Vorliegen der Ladebereitschaft (Anm. 1 a, b). Er wird schon im eigenen Interesse die Meldung mit Beschleunigung abgeben, damit die Ladezeit (§ 29) in Lauf kommt. Auf Grund des Frachtvertrages ist der Frachtführer aber grundsätzlich hierzu auch verpflichtet (AG Hamburg in HansGZ Hauptbl. 1899 Nr. 109; ROHG 3, 137). Denn in Ermangelung einer anderen Vereinbarung ist anzunehmen, daß der Frachtführer das Schiff unverzüglich (§ 121 BGB) instand zu setzen und sich dann sofort ladebereit zu melden hat (AG Hamburg in HansGZ Hauptbl. 1899 Nr. 109, Gutachten Nr. 70 S. 69). Manchmal wird im Frachtvertrag vereinbart, daß der Frachtführer an einem bestimmten Tag ladebereit sein muß; dann muß er sich am Werktage vorher melden (OLG Hamburg in Hauptbl. 1895 Nr. 56, 1903 Nr. 87; OLG 7, 389). Dagegen bedeutet die Klausel, sich nicht vor einem bestimmten Termin als angekommen zu melden, daß sich der Frachtführer einzurichten habe, nicht vor diesem Termin einzutreffen (OLG Hamburg in SeuffA 57 Nr. 16). Ist im Frachtvertrag eine Beladung „in Reihenfolge" vereinbart, so kann sich der Frachtführer sofort ladebereit melden; seine Ladezeit beginnt aber erst nach Ablauf der Ladezeiten der für denselben Absender und am gleichen Ladeplatz vorgemeldeten anderen Frachtführer; es beginnt aber auch in diesem Fall die Ladezeit mit dem auf die Meldung folgenden Werktag, wenn der Absender die Reihenfolge nicht einhält (OLG Hamburg in OLG 10, 352). Enthält der Frachtvertrag die Verpflichtung, aus einem bestimmt bezeichneten Seeschiff zu laden, so beginnt die Ladezeit, falls aus den Umständen nichts anderes zu entnehmen ist, erst mit der Ankunft dieses Seeschiffs (OLG Hamburg in HansGZ 1907 Nr. 117; OLG 20, 5; LG Hamburg in HansGZ Hauptbl. 1899 Nr. 109).

e) Nach § 28 Abs. 2 hat die Anzeige an einem Werktag vor dem Schluß der ortsüblichen Geschäftsstunden zu erfolgen. Endet die ortsübliche Geschäftszeit früher, z. B. an Sonnabenden, so kann der Frachtführer nach Voranmeldung innerhalb der ortsüblichen Geschäftsstunden die Anzeige auch bis 18 Uhr bewirken; die Zeiten für die Anzeige können durch Vereinbarung nicht beschränkt, der Beginn der Lade- und Löschzeiten nicht hinausgeschoben werden (vgl. Anm. 1 zu § 29). Es ist im § 28 Abs. 2 Satz 2 besonders hervorgehoben, daß eine spätere oder an einem Sonntag oder allgemeinen Feiertag erfolgte Anzeige als am nächsten Werktag erfolgt gilt; sie ist also nicht unwirksam, sondern gilt als für den nächsten Tag abgegeben. Dies wird vor allem bedeutsam sein für die schriftlichen Anzeigen, da bei diesen der Zeitpunkt des Einganges der Erklärung bei dem Absender maßgebend ist (§ 130 BGB). Als allgemeine Feiertage sind nur die „staatlich anerkannten allgemeinen Feiertage" (§ 193 BGB) anzusehen, an denen auf Grund bundesgesetzlicher oder landesgesetzlicher Vorschriften in öffentlichen und bürgerlichen Angelegenheiten Geschäftsruhe herrscht. Nach Art. 139 GG bleiben „der Sonntag und die stattlich anerkannten Feiertage oder Tage der Arbeitsruhe und der seelischen Erhebung gesetzlich geschützt". Es ist der landesgesetzlichen Regelung vorbehalten, welche Tage außer den Sonntagen als staatlich anerkannte Feiertage gelten. So sind außer den Sonntagen allgemeine Feiertage: der 1. Mai, der Neujahrstag, der Karfreitag, der Ostermontag, der Himmelfahrtstag, der Pfingstmontag, der Bußtag, der erste und zweite Weihnachtstag; ferner in Gegenden mit überwiegend evangelischer Bevölkerung das Reformationsfest, in katholischen Gegenden der Fronleichnamstag. Der „Schluß der ortsüblichen Geschäftsstunden" für die rechtzeitig an einem Werktag abzugebende Anzeige der Ladebereitschaft ist aus den anerkannten Übungen am Ladeort zu entnehmen. Es kommt also nicht darauf an, welche Gepflogenheiten in einem bestimmten

Geschäftszweig oder bei dem Absender bestehen, sondern maßgebend ist allein die anerkannte dahingehende Übung im Binnenschiffahrtsverkehr des Abgangsortes. So rechnet man diese ortsübliche Geschäftszeit an den größeren Binnenschiffahrtsplätzen, auch in Berlin, von 6 bis 18 Uhr (vgl. Zschucke, Handelsgebräuche in der ostdeutschen Binnenschiffahrt, Berlin 1924, S. 25, 30, 31, Gutachten der IHK Berlin vom 17. 7. 1935 — C 4300/35 in 162 C 214/35 AG Berlin; AG Berlin 15 C 2748/37), ebenso in Stettin (AG Stettin vom 18. 10. 1928 — 19 C 5330/26 —), in Hamburg früher bis 19 Uhr (OLG Hamburg in HansGZ Beiblatt 1887 Nr. 91), nach den neueren Verfrachtungsbedingungen und Übungen ebenfalls bis 18 Uhr, sonnabends bis 15½ Uhr (vgl. § 11 Ziff. 3 der Allgemeinen Verfrachtungsbedingungen für die Stromgebiete der Elbe und der Havel, in Kraft seit 1. 1. 1936). In Berlin und an anderen großen Binnenschiffahrtsplätzen währt die ortsübliche Geschäftszeit auch an den Sonnabenden und den Tagen vor allgemeinen Feiertagen nach langjährigem Schiffahrtsbrauch bis 18 Uhr, so daß der Absender, selbst wenn er sein Geschäft früher zu schließen pflegt, zur Entgegennahme derartiger Meldungen bereit sein muß (HK Berlin vom 17. 7. 1935 — C 4300/35 —, erstattet in 162 C 214/35 AG Berlin). — In Bremen ist es üblich, daß das Laden oder Löschen in der Zeit von 0 bis 24 Uhr durchgängig erfolgen kann (Bremer VO vom 28. 2. 1941, Ges. Bl. S. 27).

f) Nach § 27 ist der Frachtführer grundsätzlich nur zu einer einmaligen Anzeige verpflichtet. Er braucht dem Absender nicht mitzuteilen, daß eine rechtzeitige Beladung des Schiffes nicht möglich sein werde, z. B. weil der Ladeplatz nicht geeignet oder besetzt ist; es ist vielmehr Sache des Absenders, sich darum zu bemühen, daß die Beladung rechtzeitig erfolgen kann; eine besondere Aufforderung nach Anzeige der Ladebereitschaft ist nicht erforderlich (LG III Berlin vom 23. 10. 1928 — 7 S 450/28 — 3 C 1104/28 AG Berlin-Pankow). War es aber ein die Person des Frachtführers oder das Schiff treffendes Hindernis, so wird die Ladezeit unterbrochen und der Frachtführer muß sich nach dessen Beseitigung erneut ladebereit melden (OLG Hamburg in HansGZ Hauptbl. 1893 Nr. 86).

3. Fehlen der Ladebereitschaft

a) Voraussetzung für eine ordnungsmäßige Anzeige der Ladebereitschaft, die die Ladezeit mit dem folgenden Werktag in Lauf setzen soll (§ 29), ist, daß der Frachtführer tatsächlich ladebereit ist (Anm. 1 a). Wenn dies nicht der Fall ist, z. B. weil das Schiff ein Leck hat oder noch mit anderen Frachtgütern beladen ist, so ist die Anzeige wirkungslos; insbesondere wird die Ladezeit nicht in Lauf gesetzt (ROHG 23, 415; OLG Hamburg Hauptbl. 1897 Nr. 117). Außerdem ist der Frachtführer, wenn ihm ein Verschulden nachgewiesen werden kann, auf Grund des Frachtvertrages und der Schiffer wegen Verletzung einer Dienstobliegenheit nach den §§ 7, 8 verpflichtet, dem Absender den aus unnötigen Vorbereitungen in Erwartung der Abnahme der Frachtgüter entstandenen Schaden zu ersetzen (OLG Hamburg in HansGZ Hauptbl. 1888 Nr. 97).

b) Wenn der Frachtführer bei Abgabe der Meldung ladebereit war, aber durch spätere Ereignisse an dem Aufsuchen des Ladeplatzes oder an der sonstigen Durchführung der Beladung verhindert wurde, so kommt es für die Feststellung der Ladebereitschaft auf den Grund der Behinderung an. Ergibt sich die Ursache der Verhinderung aus der Person des Frachtführers (z. B. Krankheit, Verhaftung) oder aus seinem Schiff, das beispielsweise auf der Fahrt infolge

Hochwasser, Niedrigwasser, Eisgefahr oder Havarie liegenbleiben muß, so liegt entgegen seiner Erklärung keine Ladebereitschaft vor (AG Hamburg in HansGZ Hauptbl. 1887 Nr. 111; RG bei Bolze 19 Nr. 508; ROHG 19, 290). Das Gesetz geht in dieser Beziehung, ebenso wie das Seerecht, von dem Grundsatz aus, daß zunächst jeder der beiden Teile die Folgen derjenigen Hindernisse zu tragen hat, die auf seiner Seite eintreten; wird der Frachtführer an der Übernahme der Ladung durch den Zustand des Schiffes, durch Mangel an Mannschaft oder durch ähnliche Umstände gehindert, so fehlt die Ladebereitschaft (Begr. S. 65; OLG Düsseldorf in HansRGZ 1926, 262 Nr. 93). Im übrigen gehen aber alle sonstigen Hindernisse, die nicht in der Person des Frachtführers oder am Schiff liegen, zu Lasten des Absenders. Denn der Frachtführer hat nach § 28 nur die Pflicht, am Abgangsort ladebereit zu sein (vgl. Anm. 1 a—d). So hat der Absender es zu vertreten, wenn er einen ungeeigneten (vgl. § 27 Anm. 4 b) oder einen von anderen Fahrzeugen besetzten Ladeplatz anweist (Begr. S. 65 Abs. 2; OLG Hamburg in HansGZ Hauptbl. 1899 Nr. 18, 1900 Nr. 21; SeuffA 54, 309 Nr. 165; RG bei Bolze 15 Nr. 337; ROHG 15 Nr. 66).

4. Beweis der Anzeige der Ladebereitschaft

a) Die Abgabe der Anzeige der Ladebereitschaft, ebenso deren rechtzeitigen Zugang, muß der Frachtführer beweisen. Dieser Nachweis wird schwierig zu führen sein; deshalb wird meist von der im § 28 Abs. 3 vorgesehenen Befugnis Gebrauch gemacht, eine Bescheinigung von dem Absender über den Zeitpunkt des Empfanges der Anzeige zu verlangen.

b) Liegt eine ordnungsmäßige Anzeige der Ladebereitschaft vor, so hat grundsätzlich der Absender die Beweislast, wenn er das Vorhandensein der Ladebereitschaft bestreitet (ROHG 19, 285; OLG Marienwerder in SeuffA 48 Nr. 116; OLG Hamburg in OLG 2, 368). Wenn das Schiff aber bei Beginn der Ladezeit (§ 29) nicht am Ladeplatz liegt, so wird regelmäßig der Frachtführer zu beweisen haben, daß er trotzdem ladebereit war. Hat der Absender mit der Beladung begonnen, so liegt ihm der Nachweis ob, daß das Schiff nicht ladebereit war oder nicht mehr ist (OLG Hamburg vom 25. 3. 1902 — Bf. II 62/1902 —; ROHG 19, 94; OLG Marienwerder in SeuffA 48 Nr. 116; OLG Hamburg in HansGZ Hauptbl. 1901 Nr. 65; OLG 2, 369).

Die Ladezeit

§ 29

Mit dem auf die Anzeige der Ladebereitschaft folgenden Tage beginnt die Ladezeit.

Die Ladezeit beträgt bei Ladungen

bis zu 30000 Kilogramm zwei Tage,
bis zu 50000 Kilogramm drei Tage,
bis zu 100000 Kilogramm vier Tage

und so fort in Stufen von 50000 Kilogramm je einen Tag mehr für jede höhere Stufe bis zu Ladungen von 500000 Kilogramm; von da ab steigt die Ladezeit für je 100000 Kilogramm um je einen Tag. Bei Ladungen über 1000000 Kilogramm beträgt die Ladezeit achtzehn Tage.

Bei der Berechnung kommen auch diejenigen Tage in Ansatz, an welchen der Absender, wenngleich ohne sein Verschulden, an der Lieferung der Ladung verhindert

ist. Nicht in Ansatz kommen die Sonntage und allgemeinen Feiertage sowie die Tage, an welchen durch zufällige Umstände, insbesondere durch Hochwasser oder Eisgefahr, die Verladung nicht nur der bedungenen, sondern jeder Art von Gütern auf das Schiff verhindert ist.

Die Vorschriften im Absatz 2 finden nur insoweit Anwendung, als nicht durch Vereinbarung oder Verordnung der höheren Verwaltungsbehörde ein anderes bestimmt ist.

1. Die Anwendbarkeit der gesetzlichen Vorschriften

a) Die gesetzliche Regelung über die Dauer und die Berechnung der Ladezeit enthält nachgiebiges, nicht zwingendes Recht, kann also durch Vereinbarung abgeändert werden. Im § 29 Abs. 4 ist ausdrücklich hervorgehoben, daß die *gesetzlichen Ladezeiten* nur insoweit Anwendung finden, als nicht durch Vereinbarung oder Verordnung der höheren Verwaltungsbehörde ein anderes bestimmt ist. In erster Linie sind hiernach die in den Frachtverträgen *vereinbarten Ladezeiten* maßgebend. Solche Vereinbarungen werden nicht selten in den Frachtverträgen und in den darin für anwendbar erklärten Verfrachtungsbedingungen getroffen.

b) Bei Fehlen solcher vertraglich vereinbarter Ladezeiten kommt es auf die nach § 29 Abs. 4 durch Verordnung der höheren Verwaltungsbehörde festgesetzten Ladezeiten an. Diese *festgesetzten Ladezeiten* wurden eingeführt, weil die gesetzlichen Ladezeiten den veränderten Verhältnissen nicht mehr gerecht wurden und kürzere Ladezeiten zur Beschleunigung des Schiffsumlaufs notwendig waren.

c) Im Rahmen dieser von den höheren Verwaltungsbehörden festgesetzten Ladezeiten können die Frachtenausschüsse nach den §§ 21, 28, 29 BSchVG in ihren Beschlüssen über die Feststetzung von Entgelten von Verkehrsleistungen andere Ladezeiten zugrunde legen, die dann im Zusammenhang mit der Frachtfestsetzung verbindlich und unabdingbar sind (vgl. § 26 Anm. 10b). Die Frachtenausschüsse sind hiernach befugt, bestimmte Fristen ihren Frachtenfestsetzungen zugrunde zu legen, z. B. eine „halbe Ladezeit" oder eine „halbe gesetzliche Ladezeit". Hierbei sind unter „gesetzlichen Ladezeiten" die von den höheren Verwaltungsbehörden nach § 29 Abs. 4 festgesetzten Ladezeiten zu verstehen. Von dieser Befugnis zur Festsetzung von Lade- und Löschzeiten haben die Frachtenausschüsse in erheblichem Umfang Gebrauch gemacht. Die Frachtenausschüsse haben die Ladezeiten unterschiedlich für Schiffe ohne eigene Triebkraft (Schleppkähne) für Frachtgütermotorschiffe und Tankschiffe festgelegt; sie haben teilweise Ladezeiten nach dem Umfang der Ladung (75 oder 100 oder 175 t einen Ladetag), aber auch teilweise eine „halbe gesetzliche" Ladezeit oder eine zeitlich begrenzte Ladezeit festgelegt, manchmal auch hervorgehoben, daß die gesetzliche Ladezeit gelten soll. Bei Tankschiffen ist die Ladezeit je nach dem Umfang der Ladung auf Stunden bemessen worden. Diese von den Frachtenausschüssen beschlossenen Ladezeiten sind nach den §§ 21, 30 BSchVG zwingend und unabdingbar, haben also den Vorrang vor den von den höheren Verwaltungsbehörden festgesetzten Ladezeiten und auch vor den vereinbarten Ladezeiten. Es ist hiernach in jedem Einzelfall zunächst nachzuprüfen, ob solche vorrangigen, von den Frachtenausschüssen festgesetzten kürzeren Ladezeiten anzuwenden sind. Soweit die Frachtenausschüsse bei ihren Frachtfestsetzungen keine Ladezeiten festlegen, gelten in erster Linie die vereinbarten und sonst die von den höheren Verwaltungsbehörden festgesetzten Ladezeiten.

2. Zweck und Bedeutung der Ladezeit

Unter der Ladezeit ist nach § 29 die Frist zu verstehen, die der Frachtführer dem Absender ohne besondere Vergütung zu gewähren hat, damit die Frachtgüter in das Schiff eingeladen werden können. Das Entgelt für diese Ausnutzung des Schiffes während der Ladezeit ist in der Fracht enthalten; in Ermangelung anderer Vereinbarung kann der Frachtführer daher für die Ladezeit eine Vergütung nicht beanspruchen (vgl. § 567 Abs. 3 HGB, der dies für das Seerecht ausdrücklich hervorhebt). Während dieser Zeit soll der Absender in der Lage sein, die Beladung vorzunehmen; es ist seine Sache, wie er die Ladezeit ausnutzt, insbesondere ob er einige Tage unbenutzt läßt und an den anderen Tagen mehr Frachtgüter anliefert (RG bei Bolze 21 Nr. 450; OLG Hamburg in HansGZ Hauptbl. 1907, 280). Der Frachtführer ist aber nicht verpflichtet, deshalb seine Schiffsmannschaft zu verstärken oder sonstige besondere Anstrengungen bei ungleichmäßig starker Anlieferung von Frachtgütern zu machen (OLG Hamburg vom 8. 12. 1902 — Bf. IV 43/1902 —). Er ist, wenn er die Beladung selbst vorzunehmen hat, nur verpflichtet, an den einzelnen Ladetagen Durchschnittsmengen einzuladen, die sich aus der Gesamtladung und der Ladezeit errechnen; er braucht eine von ihm nicht zu vertretende Verzögerung nicht durch erhöhte Arbeitsleistung wieder einzuholen (LG III Berlin vom 20. 9. 1930 — 24 S 913/30 — 46 C 1646/29 AG Charlottenburg; AG Berlin-Wilmersdorf vom 5. 10. 1931 — 10 C 188/31 —).

3. Beginn der Ladezeit

Nach § 29 Abs. 1 beginnt die Ladezeit mit dem auf die Anzeige der Ladebereitschaft (vgl. § 28 Anm. 2a) folgenden Tag (Werktag); hierfür ist selbstverständliche Voraussetzung, daß die Ladebereitschaft wirklich vorhanden (vgl. § 28 Anm. 1) und die Anzeige ordnungsmäßig (vgl. § 28 Anm. 2) erfolgt ist. Diese Regelung greift aber nur Platz, wenn nichts anderes vereinbart ist. So wird mitunter im Frachtvertrag bestimmt, daß die Ladezeit schon mit der Einnahme des Ladeplatzes oder mit dem Beginn der Beladung in Lauf gesetzt wird. In den auf dem Rhein üblichen Verfrachtungsbedingungen wird die Geltendmachung eines Meldetages ausgeschlossen. Die Ladezeit beginnt dort mit der Ladebereitschaft des Schiffes am Ladeplatz. Nach § 2 VO vom 17. 5. 1943 (RGBl. I S. 311) und nach Schiffahrtsbrauch rechnet der Tag der Anzeige als erster Tag der Ladezeit, falls im Einverständnis von Frachtführer und Absender bereits an diesem Meldetag, wenn auch nur an einem Teil des Tages, mit der Beladung angefangen wird (so auch Duisburg-Ruhrorter Börsenbedingungen § 1, Gutachten 1915 S. 1; Handelsgebräuche S. 16; Gutachten Nr. 71 S. 70; AG Berlin vom 3. 11. 1943 — 161 C 362/41; HK Brandenburg vom 14. 5. 1930, erstattet in 2 C 1039/29 AG Wittenberge; a. A. anscheinend Mittelstein 2 S 165 Nr. 2; OLG Hamburg in HansGZ Hauptbl. 1900, 301 Nr. 136). Die Entstehung dieses Schiffahrtsbrauches hat ihre Berechtigung, da doch begrifflich mit dem tatsächlichen Beginn der Beladungsarbeiten auch die Ladezeit in Lauf gesetzt werden muß und dem Frachtführer die Vornahme oder Gestattung der Beladung am Meldetag, der der Vorbereitung dienen soll, sonst nicht zugemutet werden kann. In den Verfrachtungsbedingungen (z. B. im § 12 der Allgemeinen Verfrachtungsbedingungen für die Stromgebiete der Elbe und Havel) wird häufig besonders hervorgehoben, daß „die Ladezeit schon vom Tage der Meldung an zählt, wenn mit der Einladung bereits an diesem Tage begonnen wird". Manchmal wird auch ein späterer Beginn der

Ladezeit vereinbart, indem der Frachtführer die Verpflichtung übernimmt, sich nicht vor einem bestimmten Tag ladebereit zu melden (vgl. § 28 Anm. 2d). Die Verpflichtung, aus einem bestimmten Seeschiff die Ladung zu übernehmen, enthält eine solche anderweitige Vereinbarung über den Beginn der Ladezeit, die dann erst mit dem Eintreffen des Schiffes in Lauf gesetzt wird; dies gilt aber nur, wenn der Frachtführer tatsächlich die Verpflichtung übernommen hat, aus einem bestimmt bezeichneten Seeschiff zu laden; die Nennung des Namens genügt allein nicht (OLG Hamburg in OLG 20, 5). Auch aus der Abmachung der Beladung in Reihenfolge ist eine Vereinbarung des späteren Beginns der Ladezeit zu entnehmen (vgl. § 27 Anm. 2 d). Die Klausel, daß „für die Liegezeit bis zur Einladung irgendwelche Ansprüche nicht erhoben werden", enthält „lediglich eine Abmachung, daß die Ladezeit beginnen soll, wenn das Schiff nach regelmäßigem Betrieb an die Reihe kommt" (LG Guben vom 4. 12. 1925 — 1 S 282/25 —).

4. Die Dauer der Ladezeit

a) Nach § 29 Abs. 2 wird eine gesetzliche Ladezeit im Binnenschiffahrtsrecht, im Gegensatz zum Seerecht (§ 568 HGB), abgestuft nach dem Gewicht der Ladung festgesetzt. Danach soll die Ladezeit bei der Gesamtverfrachtung einer Ladung von 100000 kg (100 t) vier Tage betragen und sich um je einen Tag für 50000 kg bis zu 500000 kg und dann für 100000 kg erhöhen unter Festsetzung einer höchstzulässigen Ladezeit von 18 Tagen. Die Ladezeit ist in dieser Weise unter Berücksichtigung des Ladungsgewichtes geregelt, weil sie dem Absender die Möglichkeit gewähren soll, die Beladung vorzunehmen; deshalb ist die Ladezeit nicht, wie das Liegegeld (§ 32), nach der Tragfähigkeit des verwendeten Schiffes, sondern nach dessen jeweiliger Ausnutzung, dem Gewicht der Ladung, abgestuft (vgl. KommBer. S. 9, 22). Es ist grundsätzlich das tatsächlich eingeladene Gewicht bei der Feststellung der Dauer der Ladezeit zugrunde zu legen (AG Hamburg vom 12. 3. 1934 — 8 HS 701/33 —). Nach § 26 in Verbindung mit den §§ 436, 446 HGB ist aber die Gewichtsangabe in den Frachtpapieren (Frachtvertrag und Ladeschein), also für die Ladezeit die Angabe im Frachtbrief oder Frachtvertrag (§ 446 Abs. 2 HGB), maßgebend, wenn diese Frachtpapiere eine bestimmte Gewichtsangabe enthalten (LG Magdeburg vom 10. 3. 1931 — 12 S 57/36 — 2 C 18/30 AG Burg; AG Hamburg vom 27. 6. 1944 — 32 C 282/42). Die ungefähren oder schätzungsweise gemachten Angaben in den Frachtpapieren sind dann zugrunde zu legen, wenn bei der Einladung eine Gewichtsermittlung entweder überhaupt nicht oder nicht ordnungsmäßig erfolgt ist. Wird im Einverständnis mit dem Frachtführer mehr Ladung geliefert, als im Frachtvertrag vorgesehen ist, so entscheidet die tatsächlich eingeladene Menge (so auch Gutachten Nr. 72 S. 71). Ist der Umfang der Frachtgüter weder in den Frachtpapieren angegeben noch bei der Einladung festgestellt worden, so muß das Gewicht der Ladung geschätzt werden; einen Anhaltspunkt hierfür bietet die Pegelablesung am Schiff und der Eichschein (vgl. § 8 Anm. 2 d).

b) Nach § 29 Abs. 4 finden die Vorschriften über die Dauer der gesetzlichen Ladezeit nur insoweit Anwendung, als nicht durch Vereinbarung oder Verordnung der höheren Verwaltungsbehörde ein anderes bestimmt ist. Die Bedeutung dieser Bestimmung besteht darin, daß unter Ausschluß von Ortsgebräuchen „ausnahmsweise die gesetzlich geregelte Abstufung der Ladezeit durch Verordnung geändert werden kann" (KommBer. S. 9, 22). Es ist lediglich zur Klarstellung dabei hervorgehoben, daß in erster Linie, da es sich auch hier um eine nicht zwingende Vorschrift handelt, die Vereinbarung maßgebend sein soll. Solche vertraglichen Abmachungen, meist bestehend in einer erheblichen Verkürzung der Ladezeiten, werden im Frachtvertrag, vor allem in den darin aufgeführten Verfrachtungsbedingungen, häufig getroffen. Dies ist darauf zurückzuführen, daß die seit dem Inkrafttreten des Binnenschiffahrtsgesetzes unverändert gebliebenen gesetzlichen Ladezeiten unter Berücksichtigung der technisch besseren Beladungsvorrichtungen als übermäßig lang empfunden wurden. Zur Beseitigung dieses Mißstandes wurden seit Ende 1928 kürzere Lade- und Löschzeiten durch Verordnungen der höheren Verwaltungsbehörden (§ 133) festgesetzt, die mehrfach geändert wurden. In der Bundesrepublik gelten nach der Verordnung vom 12. 9. 1940 (BGBl. I S. 246) und den hierzu von den höheren Verwaltungsbehörden (Mittelbehörden) auf Grund der §§ 29, 48 BinnSchG erlassenen Verordnungen folgende festgesetzte Ladezeiten:

bis zu	125000 kg	(125 t)	1 Tag
„ „	300000 kg	(300 t)	2 Tage
„ „	500000 kg	(500 t)	3 Tage
„ „	750000 kg	(750 t)	4 Tage
„ „	1000000 kg	(1000 t)	5 Tage
„ „	1450000 kg	(1450 t)	6 Tage
„ „	2000000 kg	(2000 t)	7 Tage
„ „	2600000 kg	(2600 t)	8 Tage
darüber			9 Tage.

Für Stückgut- und Teilgutverfrachtungen gelten in verschiedenen Verordnungen Sonderregelungen.

Für das Land Berlin wurden auf Grund einer Anordnung der Alliierten Kommandantur vom 6. 4. 1949 unter Zugrundelegung einer Verordnung des früheren Oberpräsidenten der Provinz Mark-Brandenburg-Wasserstraßendirektion vom 7. 10. 1941 (Mitteilungsblatt Nr. 42/41) folgenden Lade- und Löschzeiten festgesetzt:

a) für loses Gut

bis zu	100 t	1 Tag
„ „	200 t	2 Tage
„ „	300 t	3 Tage
„ „	400 t	4 Tage
„ „	600 t	5 Tage
„ „	800 t	6 Tage
„ „	1000 t	7 Tage,

b) im übrigen

bis zu	50 t	1 Tag
„ „	100 t	2 Tage

für jede weitere 100 t je 1 Tag mehr,

c) bei Ladungen unter 50 t sind in jedem Fall mindestens 6,5 t stündlich umzuschlagen.

d) bei Schnittholz (Bretter und Bohlen), Balken und Langholz betragen die Mindestleistungen in den ersten 2 Tagen je 50 t und für jeden weiteren Tag 75 t.

Für die Ostzone wurden durch eine Verordnung der Deutschen Wirtschaftskommission vom 28. 9. 1949 folgende Lade- und Löschzeiten festgesetzt, die nach der Art der Beladung bzw. Entlöschung abgestuft sind:

Bei einer Gütermenge	Verwendung mechanischer Vorrichtungen a) ohne Handarbeit	b) mit Handarbeit	ohne dies	bei losem, Leicht- und Sperrgut
bis zu 50 t	½ Tag	1 Tag	1½ Tag	2½ Tage
„ „ 100 t	½ Tag	1 Tag	1½ Tag	3 Tage
„ „ 150 t	½ Tag	1 Tag	2½ Tage	3½ Tage
„ „ 200 t	1 Tag	2 Tage	2½ Tage	4 Tage
„ „ 300 t	1 Tag	2 Tage	3½ Tage	
„ „ 500 t	1½ Tag	3 Tage	5 Tage	
„ „ 750 t	2 Tage	4 Tage	6 Tage	
über 750 t	3 Tage	5 Tage	7 Tage	

Im übrigen wurden die Lade- und Löschzeiten für die Ostzone und mit Wirkung für den Ostsektor Berlins durch weitere Verordnungen geregelt, die dabei die „Allgemeinen Verfrachtungsbedingungen für die Stromgebiete der Elbe und der Havel“ in der früheren Fassung vom 1. 1. 1936 zugrunde legen.

Eine erhebliche Bedeutung haben die von den Frachtenausschüssen im Zusammenhang mit den Frachtfestsetzungen beschlossenen Ladezeiten (vgl. Anm. 1 c). Diese vom Bundesverkehrsminister genehmigten Frachtenausschußbeschlüsse werden nach § 29 BSchVG als Rechtsverordnungen erlassen und im Verkehrsblatt (Amtsblatt des Bundesministers für Verkehr) veröffentlicht, auch im Bundesanzeiger bekannt gemacht, jedoch nur mit dem Anfang und dem Ende der Geltung der darin erfolgten Festsetzungen. Dabei wird darauf hingewiesen, daß die Festsetzungen im einzelnen dem „FTB“, dem „Frachten- und Tarifanzeiger der Binnenschiffahrt“ entnommen werden können.

Es ist hiernach im Einzelfall zuerst zu prüfen, ob solche, von einem Frachtenausschuß beschlossenen unabdingbaren Ladezeiten in Betracht kommen. Ferner finden nach § 29 Abs. 4 die Vorschriften im Abs. 2 über die Dauer der Ladezeit nur insoweit Anwendung, als nicht durch Vereinbarung oder Verordnung der höheren Verwaltungsbehörde ein anderes bestimmt ist. Es ist also weiter im Einzelfall zu prüfen, ob in den Frachtverträgen oder Frachtpapieren (Frachtbrief, Ladeschein) oder in den darin als verbindlich angeführten Verfrachtungsbedingungen Bestimmungen über die Dauer der Ladezeiten enthalten sind. Dies wird, insbesonders wenn Verfrachtungsbedingungen auf Grund der Frachtpapiere oder nach Schiffahrtsbrauch maßgebend sind, regelmäßig der Fall sein. Diese vereinbarten Ladezeiten gelten dann an Stelle der gesetzlichen Ladezeiten. In zweiter Linie, wenn eine Vereinbarung über die Dauer der im Einzelfall anzuwendenden Ladezeit nicht feststellbar ist, sind nach § 29 Abs. 4 die durch Verordnung der höheren Verwaltungsbehörde bestimmten sogenannten festgesetzten Ladezeiten anzuwenden, soweit nicht kürzere Ladezeiten durch Frachtenausschußbeschluß unabdingbar vorgeschrieben wurden. Da regelmäßig solche festgesetzten Ladezeiten bestehen, sind die im § 29 Abs. 2 erwähnten gesetzlichen Ladezeiten in ihrer Anwendung praktisch ausgeschlossen. Es gelten hiernach, soweit nicht im Einzelfall vereinbarte Ladezeiten festgestellt werden können, an Stelle der gesetzlichen Ladezeiten die durch Frachtenausschußbeschluß oder sonst durch Verordnungen der höheren Verwaltungsbehörde festgesetzten Lade- und Löschzeiten.

5. Die Berechnung der Ladezeit

a) Nach § 29 Abs. 3 wird die Ladezeit nach Tagen in „ununterbrochen fortlaufender Reihenfolge (so im Seerecht § 573 Abs. 1 HGB) berechnet". Jedoch werden hierbei (abweichend von § 573 Abs. 1 HGB) die Sonntage und allgemeinen Feiertage (vgl. § 28 Anm. 2 e) nicht mitgezählt, weil „die Gesamtdauer der Ladezeit nach durchschnittlichen Tagesleistungen bemessen ist, für diese Leistungen aber der Regel nach nur die Werktage in Betracht kommen" (Begr. S. 65). Es hat sich aber immer mehr die Übung herausgebildet, einen Sonntag oder allgemeinen Feiertag, an dem ausnahmsweise im Einverständnis zwischen dem Frachtführer und Absender tatsächlich geladen wird, als vollen Tag der Ladezeit mitzurechnen (so z. B. § 12 Ziff. 3 der Allgemeinen Verfrachtungsbedingungen für die Stromgebiete der Elbe und Havel), selbst wenn nur an einem Teil des Tages gearbeitet wird (so HK Brandenburg vom 14. 5. 1930 in 2 C 1039/29 AG Wittenberge; Duisburg-Ruhrorter Gutachten 4/86; HK Berlin vom 6. 10. 1942 — J. Nr. 3433/42 V III/3 in 23 C 585/42 AG Berlin; AG Berlin vom 26. 11. 1942 — 16/23 C 585/42). Nach § 3 VO vom 17. 5. 1943 (vgl. Anm. 1 b) werden Sonntage und allgemeine Feiertage in die Ladezeit eingerechnet, wenn an diesen Tagen in das Schiff geladen wird. In den Rhein-Ruhr-Häfen besteht sogar die Übung, eine Nacht, in der geladen wird, als besonderen Ladetag zu rechnen (Duisburg-Ruhrorter Gutachten 4 S. 16—18; Gutachten Nr. 185 S. 161).

b) Die Ladezeit ist nach Tagen (Werktagen) festgesetzt. Es werden aber keineswegs diese Tage der Ladezeit vom Zeitpunkt des Ladebeginns bis zum entsprechenden Zeitpunkt des nächsten Tages und so fort bis zur Beendigung der Beladung berechnet. Vielmehr kommen die Kalendertage, gerechnet von Mitternacht zu Mitternacht, in Betracht (ebenso Mittelstein 1 zu § 29 Anm. 4 b; a. A. Landgraf S. 133 Nr. 10). Es ist aus § 29 nicht ersichtlich, daß der Gesetzgeber bei der Abstufung der Ladezeit nach Tagen nicht die übliche kalendermäßige Bezeichnung wählen wollte (vgl. auch § 32 Abs. 3). Es wäre aber unbillig, von dem Frachtführer zu verlangen, daß er 24 Stunden lang an den einzelnen Tagen der Ladezeit mit seiner Schiffsbesatzung für die Beladung oder Mitarbeit zur Verfügung steht. Eine solche Mitarbeit ist auch dann erforderlich, wenn die Beladung selbst von dem Absender besorgt wird, da das Anlegen, Verholen des Schiffes, Freimachen der Ladung, die Kontrolle des Gewichts von der Schiffsbesatzung vorgenommen werden muß. Es hat sich daher ein Schiffahrtsbrauch entwickelt, nach dem der Frachtführer in Ermangelung abweichender Vereinbarung nur während der „ortsüblichen Arbeitsstunden", die mit den ortsüblichen Geschäftsstunden des § 28 Abs. 2 (vgl. § 28 Anm. 2 e) übereinstimmen, verpflichtet ist, sein Schiff zur Beladung zur Verfügung zu stellen (vgl. die Gutachten bei Zschucke, Handelsgebräuche in der ostdeutschen Binnenschiffahrt S. 44; HK Berlin vom 12. 12. 1930 — C 12150/30 XIII 11 —, erstattet in 232 C 3129/30 des AG Berlin-Mitte). Der Frachtführer ist auch, mangels entsprechender Vereinbarung, nicht verpflichtet, gegen Überstundenvergütung über die ortsübliche Ladezeit hinaus laden zu lassen (LG Berlin vom 19. 1. 1939 — 212. S 5157/38 — AG Berlin 17 C 1800/38). In den Frachtpapieren wird nicht selten abgemacht, daß gegen Überstundenvergütung zu laden oder zu entlöschen ist. Auf den westdeutschen Wasserstraßen muß der Frachtführer auch zur Nachtzeit ladebereit sein und Ladung entgegennehmen; es gilt jede angebrochene Nacht nach Schiffahrtsbrauch für einen Tag (vgl. Handelsgebräuche S. 16; Gutachten Nr. 73 S. 72); hierbei zählt die Nacht von 8 Uhr abends bis 6 Uhr morgens (§ 3 Duisburg-Ruhrorter Börsenbedingungen); die Rheincharter sieht dagegen vor, daß „der Schiffer nur in besonders zu vereinbarenden Ausnahmefällen verpflichtet werden kann, auch nachts zu laden oder zu löschen, wobei die Nacht als Tag zählt". Es kann als allgemeiner Schiffahrtsbrauch angesehen werden, daß die ortsübliche Arbeitszeit bei Dunkelheit endet, wenn infolge der Verdunklungsmaßnahmen vollkommene Dunkelheit herrscht und keine ausreichende Notbeleuchtung vorhanden ist (Gutachten HK Frankfurt [Oder] vom 20. 4. 1940 in 4 C 30/40 AG Küstrin).

c) Bei der Berechnung der Ladezeit kommen die Tage, an denen die Schiffahrt geschlossen ist, z. B. wegen des alljährlich auftretenden Winterfrostes, wegen Hoch- oder Niedrigwasser, grundsätzlich in Ansatz. Denn „der Schluß der Schiffahrt bildet an sich kein Hindernis für die Beladung des Schiffes oder deren Fortsetzung, und der Schiffer hat ein berechtigtes Interesse daran, bei der Wiedereröffnung der Schiffahrt nicht erst auf die Vollendung der Beladung unentgeltlich warten zu müssen" (Begr. S. 66). Eine Beladung der Schiffe wird durch solche Hindernisse insbesondere dann nicht beeinträchtigt, wenn das Aufsuchen der Ladeplätze am Abgangsort möglich ist oder das Schiff bei Eintritt des Ereignisses bereits am angewiesenen Ladeplatz oder in dessen Nähe liegt. Es ist ohne Einfluß, ob und in welcher Weise der Absender die Ladezeit tatsächlich ausnutzt (vgl. Anm. 1). Der Frachtführer hat nur die Verpflichtung, für seine Ladebereitschaft zu sorgen (vgl. § 28 Anm. 1); fehlt es an dieser Ladebereitschaft, weil beispielsweise das Schiff nicht gehörig instand gesetzt war oder seine Schiffsmannschaft streikte, so kann die Ladezeit nicht beginnen oder fortlaufen, da notwendige Voraussetzung hierfür das Vorhandensein der Ladebereitschaft ist (OLG Düsseldorf vom 17. 3. 1915 in LZ IX Nr. 24 S. 1674). Demnach hat der Frachtführer Umstände, welche die Beladung hindern, nur zu vertreten, wenn sie in seiner Person oder am Schiff liegen; alle sonstigen Hindernisse fallen dem Empfänger zur Last (AG Liebenwalde vom 18. 7. 1939 — 2 C 30/39). Dagegen gehen die zufälligen Ereignisse, die den Absender an der Ausnutzung der Ladezeit hindern, allein zu dessen Lasten. Aus diesem Grundsatz ergibt sich, daß „die Folgen, wenn die Verladung selbst, d. h. die Verbringung der Güter auf und in das Schiff, durch Witterungsverhältnisse zeitweise unmöglich gemacht ist, von dem Absender getragen werden müssen, sofern sich die Unmöglichkeit der Verladung als eine Folge der besonderen Beschaffenheit der Güter darstellt; beispielsweise bildet der Eintritt von Regenwetter bei der Verladung von Getreide keinen Grund für eine Verlängerung der Ladezeit" (Begr. S. 64). Im § 29 Abs. 3 (ebenso im Seerecht § 574 HGB) ist deshalb besonders hervorgehoben, daß bei der Berechnung der Ladezeit auch diejenigen Tage in Ansatz kommen, an denen der Absender, wenngleich ohne sein Verschulden, an der Lieferung der Ladung verhindert ist. Es zählen in die Ladezeit, gehen also zu Lasten des Absenders, alle Tage, während deren er aus irgendeinem in seinen Verhältnissen liegenden Grund die Beladung verzögert oder unterbricht, gleichgültig ob die Behinderung von ihm verschuldet ist oder ob bloßer Zufall vorliegt (OLG Düsseldorf vom 17. 3. 1915 in LZ IX Nr. 24 S. 1674, vom 29. 1. 1926 in HansRGZ 1926, 262 Nr. 93). Wenn dieser „Hinderungsgrund aber ein derartiger ist, daß nicht bloß die Verladung der Güter, um deren Versendung es sich im Einzelfalle handelt, sondern die Verladung jeder Art von Gütern unmöglich sein würde, was namentlich bei Hochwasser oder Eisgefahr der Fall sein kann, so ist von einem Hinderungsgrund in den Verhältnissen des Absenders nicht die Rede; unter solchen Umständen erscheint es gerechtfertigt, die Ladezeit um die betreffenden Tage zu verlängern" (Begr. S. 64). Nach § 29 Abs. 3 Satz 2 (anders im Seerecht nach § 574 HGB) kommen deshalb ausnahmsweise bei der Berechnung der Ladezeit nicht in Ansatz die Tage, an denen durch zufällige Umstände, insbesondere durch Hochwasser oder Eisgefahr, die Verladung nicht nur der bedungenen, sondern jeder Art von Gütern auf das Schiff verhindert ist. Die Vereisung des Fahrwassers am Ladeplatz führt regelmäßig nicht einen Zustand herbei, der die Beladung jeder Art von Gütern verhindert; das Zufrieren ist überhaupt keine Eisgefahr, welche die Beladung verhindert (AG Brandenburg vom 14. 3. 1939 — 9 C 108/39). Es ist bedeutungslos, ob die Verladung der im Einzelfall zu verfrachtenden Güter unmöglich ist; entscheidend ist allein, ob eine Verladung jeder Art von Gütern infolge zufälliger Umstände nicht stattfinden konnte (LG Hamburg vom 9. 10. 1930 — H Bf. 282/30 — AG Hamburg 2 HS 2189/29). Die Verladung jeder Art von Gütern muß auch tatsächlich unmöglich, nicht etwa nur sehr erschwert sein (ROHG 5, 136; OLG Hamburg in HansGZ Hauptbl. 1897 Nr. 78; KG vom 4. 6. 1940 — 2 U 1483/40 212. Q 457/38 LG Berlin; AG Hamburg vom 16. 4. 1941 — 32 C 618/40). Die Erschwerung kann zu einer Verhinderung führen, wenn die Beladung des Schiffes nur unter Aufwendung von ungewöhnlichen Mitteln und Kosten möglich ist (RG in Recht 1908, 191; OLG Düsseldorf in HansRZ 1926, 268 Nr. 93; BGH vom 17. 4. 1951 — IZR 31/56 in BGHZ Bd. 2 S. 5 = NJW 1951, 64). Der Absender wird also regelmäßig nachweisen müssen, daß während der in Betracht kommenden Zeit am Abgangsort Schiffe mit Frachtgütern, gleichgültig welcher Art überhaupt nicht beladen werden konnten (AG Hamburg vom 9. 10. 1934 — 5 HS 3210/33; AG Stralsund vom 12. 4. 1940 — 6 C 69/40; LG Berlin vom 23. 1. 1940 — 212. O 64/39). Denn nur dann war tatsächlich die Verladung jeder Art von Gütern auf das Schiff im Sinne des § 29 Abs. 3 Satz 2 verhindert. Der Hinderungsgrund muß durch „zufällige Umstände" herbeigeführt sein; eine vom Absender zu vertretende Behinderung scheidet also aus. Die Aufzählung von Hochwasser und Eisgefahr ist nur eine beispielsweise; es können auch andere zufällige Ereignisse, wie Niedrigwasser, Kriegswirren, allgemeiner Streik, die Verladung jeder Art von Gütern verhindern (OLG Düsseldorf in HansRGZ 1926, 262 Nr. 93). Ein bei dem Absender ausgebrochener Streik oder ein sonstiger Teilstreik stellt aber keinen zufälligen Umstand im Sinne des § 29 Abs. 3 dar, da hierdurch lediglich die Verladung der zu verfrachtenden, nicht jeder Art von Gütern auf das Schiff verhindert ist (LG Guben vom 4. 12. 1925 — 1 S 282/25 —; LG I Berlin vom 14. 12. 1921 — 18 S 59/21 —, vom 3. 1. 1922 — 82 S 108/21 —; LG Prenzlau vom 9. 3. 1921 — S 4/21 —). Auch ein Hafenarbeiterstreik am Abgangsort stellt grundsätzlich kein zufälliges Ereignis dar, das die Verladung jeder Art von Gütern verhindert, es sei denn, daß die Einladung durch andere Leute oder durch die Schiffsbesatzung auf Grund behördlicher Anordnung verboten ist (a. A. OLG Königsberg in HansRZ 1921, 707 Nr. 199). Auch durch den Kriegsausbruch war die Verfrachtung von Gütern nicht zum Stillstand gekommen (AG Berlin vom 13. 11. 1939 — 25 C 1565/39). Jedoch könnte eine „Verhinderung" vorliegen, z. B. bei einer durch einen Fliegeralarm am Abgangsort verursachten Unterbrechung der Beladungsarbeiten, da hierdurch auch die Ladebereitschaft des Frachtführers beeinträchtigt wird, weil er mit seiner Bemannung ebenfalls den Luftschutzkeller aufsuchen muß und für die erforderliche Mitwirkung nicht zur Verfügung steht.

d) Die Ladezeit wird nach § 29 in ununterbrochen fortlaufender Reihenfolge (vgl. § 573 Abs. 1 HGB) nach Tagen berechnet. Nun kann aber eine Behinderung durch ein zufälliges Ereignis im Sinne des § 29 Abs. 3 Satz 2 unter Umständen nur für einen Teil des Tages Auswirkungen haben. Diese Grundsätze galten im Kriege insbesondere bei der durch einen Fliegeralarm hervorgerufenen zeitweiligen Unterbrechung der Beladungsarbeiten. Nach einem Erlaß des Reichsverkehrsministers vom 28. 3. 1944 sollte es von der Dauer des Alarms abhängen, ob diese Tage bei der Berechnung der Lade- oder Löschzeit mitzählen. Es sollte danach „nur wenn durch den Alarm an dem betreffenden Tage das Laden oder Löschen allgemein so behindert ist, daß dieser Tag als Arbeitstag nicht mehr gerechnet werden konnte, ein zufälliger Umstand im Sinne von § 29 Abs. 3, § 48 Abs. 2 BSchG vorliegen, der die Nichtanrechnung auf die Lade- oder Löschzeit rechtfertigte; bei kürzerem Alarm traf dies nicht zu; die Behinderung des Ladens oder Löschens sollte deshalb in diesen Fällen von dem Absender oder Empfänger hingenommen werden müssen". Eine den Grundsätzen von Treu und Glauben und der Billigkeit nach § 242 BGB entsprechende Auslegung muß dahin führen, solche Hindernisse, die nur einen Teil des Tages (Stunden) dauern, nicht als volle Tage oder überhaupt nicht, sondern nur für die Zeit der Behinderung zu bewerten, so daß lediglich eine Hemmung und entsprechende Verlängerung der Lade- oder Löschzeit in Betracht kommt. Soweit ein Ausgleich durch erhöhte Arbeitsleistung oder Überstunden erfolgte oder möglich und zumutbar war, kann sich der Ladungsbeteiligte nach § 242 BGB auf eine Verlängerung der Lade- oder Löschzeit um eine entsprechende Zeit nicht berufen. Dann ist die Überschreitung der Ladezeit nicht auf die zeitweilige Behinderung durch solche besonderen Umstände, sondern auf das Verhalten der Ladungsbeteiligten zurückzuführen. Im letzten Weltkrieg wurde durch Artikel 2 der VO zur Beschleunigung des Schiffsumlaufs in der Binnenschiffahrt vom 20. 9. 1944 (RGBl. I S. 214) folgende Regelung eingeführt: Wird die Verladung innerhalb der Ladezeit durch Fliegeralarm verhindert, so verlängert sich die Ladezeit um die Hälfte der Dauer der Verhinderung, wobei Bruchteile einer Stunde nicht berücksichtigt werden und die Verlängerung von dem Zeitpunkt ab rechnet, an dem die Ladezeit ohne die Verhinderung enden würde. Dem Fliegeralarm sollte während der Dunkelheit öffentliche Luftwarnung gleichstehen. Die höheren Verwaltungsbehörden konnten abweichende Bestimmungen treffen. Es kann in gleicher Weise die Ladebereitschaft des Frachtführers nur für einige Stunden oder Minuten am Tag fehlen, z. B. bei plötzlicher Erkrankung des Schiffers bis zum Einsetzen eines Stellvertreters (§ 9) oder bei einer dringenden Geschäftsbesorgung. Eine ausdrückliche Bestimmung, daß dann, wie bei dem Liegegeldanspruch nach § 32 Abs. 3, dieser „angebrochene Tag als voller Tag gerechnet wird", fehlt. Man kann auch aus dem Wortlaut des § 29 Abs. 3 Satz 2 nicht folgern, daß der ganze Tag bei der Berechnung der Ladezeit auch dann voll auszuscheiden habe, wenn nur für einen Teil des Tages oder für wenige Stunden das Hindernis oder das Fehlen der Ladebereitschaft bestand (so Mittelstein 1 zu § 29 Anm. 4f, 2 S. 169; Förtsch S. 122; sowie die ältere seerechtliche Rechtsprechung, OLG Hamburg im Hauptbl. 1888 Nr. 117, 1889 Nr. 106, 108, 1890 Nr. 51; OLG Marienwerder in SeuffA 54 Nr. 168). Eine Auslegung des § 29 Abs. 3 Satz 2 nach den Grundsätzen von Treu und Glauben und der Billigkeit muß dahin führen, Hindernisse, die nur einen

Teil des Tages (Stunden oder Minuten) dauern, nicht als volle Tage, sondern nur für die Zeit der Behinderung zu bewerten, so daß lediglich eine Hemmung und entsprechende Verlängerung der Ladezeit in Betracht kommt (so OLG Hamburg in HansGZ Hauptbl. 1901 Nr. 65; OLG 16, 140 und ebenso in einer Seesache OLG 2, 368). Es würde auch zu unbilligen Härten führen (vgl. Mittelstein 2 S. 169), wenn ein voller Tag von der Ladezeit abgerechnet wird, obwohl das Hindernis nur wenige Stunden, vielleicht nur an einem geringfügigen Teil des Tages, bestand, während in der übrigen Tageszeit die Beladung vorgenommen wurde oder möglich war. Auch bei einem Fehlen der Ladebereitschaft für einen Teil des Tages wird eben der Lauf der Ladezeit nur „gehemmt, solange der Frachtführer an der Übernahme der Ladung behindert ist" (vgl. Begr. S. 64). Wenn der Frachtführer an einzelnen Tagen der Ladezeit nicht stets ladebereit war, so berechtigt dies nur zum Abstrich dieser Stunden der Behinderung (OLG Hamburg in OLG 2, 369). Es muß aber das Hindernis mit seinen Auswirkungen, also die volle Dauer der hierdurch hervorgerufenen Arbeitsstörung, berücksichtigt werden; jedoch wird die durch das Hindernis hervorgerufene Hemmung in dem Lauf der Ladezeit spätestens mit der Fortsetzung der Beladungsarbeiten oder deren Ermöglichung beseitigt.

e) Eine Unterbrechung der Ladezeit mit der Wirkung, daß eine neue Ladezeit beginnt, kann eintreten, wenn sich der Frachtführer infolge fehlender Ladebereitschaft wiederholt ladebereit melden mußte, z. B. weil das Schiff infolge einer Havarie erst instand gesetzt werden mußte. Voraussetzung hierfür ist aber stets, daß ein Mangel in der Ladebereitschaft (vgl. § 28 Anm. 1) vorlag; hat der Frachtführer dagegen es nicht zu vertreten, daß der Ladeplatz nicht erreicht wird oder gewechselt werden mußte (vgl. § 28 Anm. b, d), so ist eine neue Anzeige der Ladebereitschaft nicht erforderlich und die begonnene Ladezeit läuft ununterbrochen fort.

f) Nach der Fassung des § 29 Abs. 3 hat der Absender die Beweislast, daß von der Ladezeit Tage abzusetzen sind oder daß sich die Ladezeit um die Zeit eines vorübergehenden Hindernisses verlängert. Er muß nicht nur den Eintritt und den Umfang dieser „zufälligen Umstände", sondern auch beweisen, daß und inwieweit hierdurch die Verladung jeder Art von Gütern verhindert war. Denn nach der grundsätzlichen Regelung des § 29 Abs. 3 Satz 1 kommen, nach rechtzeitiger Abgabe der Anzeige der Ladebereitschaft (vgl. § 28 Anm. 4), bei der Berechnung der Ladezeit auch diejenigen Tage in Ansatz, an denen der Absender, wenngleich ohne sein Verschulden, an der Lieferung der Ladung verhindert ist. In gleicher Weise hat der Absender auch die Beweislast, daß Tage oder Teile davon abzusetzen sind, weil die Beladung infolge Fehlens der Ladebereitschaft oder Verschuldens des Frachtführers verhindert war.

g) Die Vorschrift des § 29 Abs. 3 über die Berechnung der Ladezeit kann durch Vereinbarung abgeändert werden, wenn keine zwingenden und unabdingbaren Frachtenausschußbeschlüsse vorliegen (vgl. Anm. 1 c). Es finden sich nicht selten solche Abmachungen in den Frachtpapieren und den darin angeführten Verfrachtungsbedingungen. Manchmal wird auch eine bestimmte Ladezeit ohne Rücksicht auf das Gewicht der Ladung oder eine „laufende Ladezeit", d. h. unter Einrechnung der Sonn- und Feiertage, vereinbart.

Liegegeld für Überschreitung der Ladezeit

§ 30

Wenn der Absender die Ladung nicht so zeitig liefert, daß die Beladung innerhalb der Ladezeit vollendet werden kann, so gebührt dem Frachtführer Liegegeld für jeden Tag, um welchen infolgedessen die Ladezeit überschritten wird. Für Tage, an denen die Schiffahrt geschlossen ist, kann kein Liegegeld beansprucht werden.

1. Begriff des Liegegeldanspruches

a) Die Ladezeit hat der Frachtführer dem Absender zu gewähren, ohne hierfür eine besondere Vergütung neben der Fracht beanspruchen zu können (vgl. § 29 Anm. 1). Für die Tage der Überschreitung der Ladezeit dagegen kann der Frachtführer nach § 30 ein besonderes Liegegeld verlangen. Voraussetzung für den Liegegeldanspruch ist, daß der Absender die Ladung nicht so rechtzeitig liefert, daß die Beladung innerhalb der Ladezeit vollendet werden kann. Es ist ohne Bedeutung, ob der Frachtführer durch die Überschreitung der Ladezeit überhaupt einen Schaden erleidet (OLG Hamburg in SeuffA 56 Nr. 57; in HansGZ Hauptbl. 1900 Nr. 28); es handelt sich weder um einen Schadensersatzanspruch noch um einen Anspruch wegen Nichterfüllung des Frachtvertrages oder auf Vertragsstrafe (ROHG 19 Nr. 29). Der Liegegeldanspruch setzt auch nicht den Nachweis eines Verschuldens des Absenders voraus, sondern er entsteht auch dann, wenn der Absender durch Zufall an der rechtzeitigen Lieferung der Ladung verhindert ist (OLG Hamburg in OLG 2, 369; KG vom 4. 6. 1940 — 2 U 1483/40 — 212. O 457/38 und 2 U 1622/40 — 212. O 3/39 LG Berlin). Das Liegegeld stellt danach ein auf dem Frachtvertrag beruhendes gesetzliches Entgelt für die besondere zeitliche Inanspruchnahme des Schiffes dar (vgl. ROHG 19 Nr. 29; RG in SeuffA 48 Nr. 200; OLG Hamburg in HansGZ Hauptbl. 1890 Nr. 93; 1898 Nr. 63; in SeuffA 56 Nr. 57; IZR 8/50 vom 12. 1. 1951 S. 47, 50; BGHZ 1, 47, 50).

Das Liegegeld gehört nicht zur Fracht, sondern bildet einen besonderen, auf gesetzlicher Vorschrift beruhenden Anspruch; eine Ausgleichsquittung über die Fracht stellt daher keine Empfangsbescheinigung über das Liegegeld dar (RG bei Bolze 21 Nr. 174; AG Berlin vom 20. 6. 1934 — 161 C 406/34 —); das Liegegeld wird auch nicht mit der Fracht, sondern täglich fällig (OLG Hamburg in OLG 14, 390; LZ 1907, 670).

b) Hiernach braucht der Frachtführer für den Anspruch auf Liegegeld nur zu beweisen, daß und an welchem Tage die Ladezeit begonnen hat, also wann er sich ladebereit (vgl. § 28 Anm. 1) gemeldet (vgl. § 28 Anm. 2) hat (OLG Hamburg in OLG 2, 369). Der Absender kann einwenden, daß der Frachtführer nicht ladebereit war (vgl. § 28 Anm. 4; § 29 Anm. 4f.) oder daß die Überschreitung der Ladezeit durch ein Verschulden des Frachtführers verursacht ist; für diese Einwendungen ist er beweispflichtig (OLG 2, 369, 370; LG Berlin vom 20. 6. 1929 — 28 S 15/29 — AG Berlin Mitte 45 C 353/29; LG III Berlin vom 27. 9. 1929 — 5 S 178/29 — AG Berlin-Pankow 3 C 1870/28; AG Berlin-Schöneberg vom 5. 8. 1930 — 6 C 2362/29 —; AG Berlin-Wedding vom 3. 5. 1929 — 16 C 1984/28 —; AG Berlin 161 C 1170/33, 161 C 172/36 und 161 C 27/36; AG Berlin-Wilmersdorf vom 5. 10. 1931 — 10 C 188/31 —).

c) Nach § 30 steht dem Frachtführer Liegegeld zu, wenn der Absender die Ladung „nicht so zeitig liefert, daß die Beladung innerhalb der Ladezeit vollendet werden kann". Zur Lieferung der Ladung gehört auch die Abfertigung des Frachtführers, insbesondere die Aushändigung der Fracht- und Begleitpapiere, die unverzüglich nach Beladung, auf den westdeutschen Wasserstraßen spätestens innerhalb 24 Stunden, zu erfolgen hat (vgl. Handelsgebräuche S. 16). Zur Lieferung der Ladung rechnet auch die Übergabe der erforderlichen Begleitpapiere, einschließlich der notwendigen Genehmigung der Militärregierung, wie sich auch aus § 427 HGB ergibt (vgl. LG Hamburg vom 4. 10. 1946 — 9 S 218/46 in 3 O C 131/46 AG Hamburg). Der Liegegeldanspruch setzt keineswegs voraus, daß der Absender in der Ladezeit einen Teil der Frachtgüter angeliefert hat, sondern entsteht, wenn der Absender die Lieferung der Ladung in der Ladezeit vollständig oder teilweise unterlassen hat; auch die nicht rechtzeitige Anlieferung bei Beginn der Ladezeit fällt hierunter. Der Frachtführer ist weder berechtigt noch verpflichtet, eine Nachprüfung anzustellen, aus welchem Grunde der Absender die Ladung nicht oder nicht rechtzeitig anliefert. Denn es steht im Belieben des Absenders, wie er die Ladezeit ausnutzen will (vgl. § 29 Anm. 1). Der Frachtführer hat keinen Anspruch auf Lieferung der Ladung, sondern es stehen ihm nur die Rechte aus den §§ 30, 33, 34, 35 zu. Er ist aber auch nicht verpflichtet, von den Rechten aus den §§ 33, 34, die eine Auflösung des Frachtvertrages herbeiführen, Gebrauch zu machen. Vielmehr ist er nach § 30 berechtigt, weiter auf die Lieferung der Ladung zu warten und für jeden Tag der Überschreitung der Ladezeit Liegegeld zu verlangen. Diese „Erweiterung der Rechte des Frachtführers entspricht in Wahrheit dem Interesse beider Teile; denn auch für den Absender kann es nicht erwünscht sein, wenn der Frachtführer durch den Mangel jedes Vergütungsanspruches dahin gedrängt wird, sofort nach Ablauf der Ladezeit vom Vertrage zurückzutreten" (Begr. S. 66). Der Frachtführer darf so lange auf die Lieferung der Ladung warten, als er nach den Umständen damit rechnen kann, daß der Absender noch Ladung liefern wird. Zu dieser Annahme ist der Frachtführer grundsätzlich berechtigt, bis der Absender unzweideutig erklärt hat, daß er keine oder keine weiteren Frachtgüter (vgl. § 35 Abs. 1 Satz 2) anliefern werde (OLG Hamburg in HansGZ 1897, 283 Nr. 108). Macht der Frachtführer aber von seiner Befugnis aus § 33 Gebrauch, so ist diese Erklärung auch für ihn selbst bindend, so daß er nach Ablauf der Wartefrist Liegegeld nicht mehr fordern kann (KG vom 10. 6. 1933 — 12 U 433/33 — in JW 1933, 2466 Nr. 1).

2. Umfang des Liegegeldanspruches

a) Der Frachtführer hat den Anspruch auf Liegegeld „für jeden Tag" der Überschreitung der Ladezeit. Eine Bezugnahme auf § 29 Abs. 3 oder eine ähnliche Bestimmung ist im § 30 (anders im § 31 Abs. 3) nicht enthalten. Hieraus folgt, daß der Frachtführer das Liegegeld für jeden Kalendertag, einschließlich der Sonn- und Feiertage, zu erhalten hat (OLG Marienwerder in OLG 13, 58; OLG Hamburg in OLG 14, 390; SeuffA 62 Nr. 116; ebenso für das Seerecht OLG Hamburg vom 16. 1. 1905 — Bf. IV 332/1904 —).

b) Der Frachtführer ist auf seinen Liegegeldanspruch beschränkt; er kann einen darüber hinausgehenden Schadensersatzanspruch nicht geltend machen, weil es in seinem Belieben steht, ob er warten oder zur Auflösung des Frachtvertrages schreiten will (Begr. S. 79). Einen Anspruch auf Ersatz „eines höheren Schadens" außer dem Liegegeld hat das Gesetz dem Frachtführer nur für die Überschreitung der Löschzeit im § 49 Abs. 2 und nicht auch für die Ladezeitüberschreitung zugebilligt.

c) Nach § 30 Satz 2 kann „für Tage, an denen die Schiffahrt geschlossen ist", kein Liegegeld beansprucht werden. Der Lauf der Ladezeit wird grundsätzlich durch einen solchen Schiffahrtsschluß nicht berührt, weil die Beladung des Schiffes dadurch nicht verhindert wird (vgl. § 29 Anm. 4c). Dagegen soll der Liegegeldanspruch entfallen, weil angenommen wird, daß der Frachtführer, wenn er weiter auf die Beladung wartet, ohne den Frachtvertrag aufzulösen, anderweitig keine Einnahmen hätte erzielen können (OLG Hamburg in HansGZ Hauptbl. 1904 Nr. 119; OLG 10, 351). Es kommt aber nicht ein behördlich oder sonst erklärter Schiffahrtsschluß, sondern nur die tatsächliche Einstellung der Schiffahrt auf der gesamten zu durchfahrenden Strecke wegen äußerer Hindernisse (z. B. Hoch- und Niedrigwasser, Eisgefahren) in Betracht (LG Landsberg vom 12. 11. 1935 — 1 S 161/35 — AG Driesen 2 C 339/34). In einem anderen Fall, in dem Berlin Abgangsort und Hamburg Ablieferungsort war, wurde Schiffahrtsschluß angenommen, weil nur die kurze Strecke bis Spandau frei, von dort aber bis Hamburg durch Eis versperrt war (LG I Berlin vom 19. 3. 1910 — 34 S 6/1910 — AG Berlin-Mitte vom 10. 2. 1910 — 71 C 339/1909 —).

3. Schuldner des Liegegeldes

a) Nach § 30 steht der Anspruch auf Zahlung des Liegegeldes für Überschreitung der Ladezeit dem Frachtführer gegen den Absender zu. Der Anspruch gegen den Absender ergibt sich aus dem Frachtvertrag (OLG Karslruhe in OLG 13, 60); mehrere Absender haften als Gesamtschuldner (OLG Hamburg in SeuffA 53 Nr. 243). Nach § 26 in Verbindung mit § 440 Abs. 1 HGB hat der Frachtführer wegen aller durch den Frachtvertrag begründeten Forderungen, insbesondere der Liegegelder, ein gesetzliches Pfandrecht an den Frachtgütern. Nach § 442 HGB geht der Frachtführer seines Anspruches gegen den Absender verlustig, wenn er das Gut ohne Bezahlung abliefert und sein Pfandrecht nicht spätestens binnen drei Tagen nach der Ablieferung gerichtlich geltend macht. Denn zu den „Vormännern" im Sinne des § 442 HGB ist auch der Absender zu rechnen (RGZ 122, 221 = JW 1928, 921 Nr. 14). Voraussetzung hierfür ist aber, daß der Frachtführer einen Anspruch auf Zahlung des Liegegeldes für Überschreitung der Ladezeit gegen den Empfänger tatsächlich erheben kann und klar ersichtlich ist, daß dieser das Liegegeld schuldet (OLG 13, 60). Dann muß sich der Frachtführer grundsätzlich auch wegen seines Liegegeldanspruches an das Gut halten, da der Absender ein begründetes Interesse daran hat, daß dies nicht ohne Bezahlung der Liegegelder ausgeliefert wird; anderenfalls muß der Frachtführer nachweisen, daß er ohne Verschulden an der rechtzeitigen Geltendmachung verhindert war (RGZ 122, 221).

b) Einen Anspruch gegen den Empfänger auf Zahlung des Liegegeldes für Überschreitung der Ladezeit hat der Frachtführer nach § 26 in Verbindung mit §§ 436, 446 HGB nur, wenn der Empfänger das Gut sowie den Frachtbrief oder Ladeschein, in dem die Liegegelder vermerkt sein müssen, angenommen hat (OLG Königsberg in HansGZ 1923, 102 Nr. 16; OLG Düsseldorf in LZ IX, 1674 Nr. 24). Ist der Empfänger zugleich auch Absender, dann ist er auf Grund des Frachtvertrages und nach § 30 ohne diese besonderen Voraussetzungen Schuldner des Liegegeldes aus einer Überschreitung der Ladezeit.

Die Überliegezeit

§ 31

Die Bestimmung des § 30 gilt auch dann, wenn bedungen ist, daß der Frachtführer nach Ablauf der Ladezeit noch länger auf die Ladung warten soll (Überliegezeit).

Die Überliegezeit beginnt mit dem Ablaufe der Ladezeit. Auf die Dauer und die Berechnung der Überliegezeit finden die Bestimmungen über die Ladezeit (§ 29 Abs. 2 bis 4) mit der Maßgabe Anwendung, daß die Überliegezeit in Ermangelung einer besonderen Vereinbarung höchstens eine Woche beträgt.

1. Die Bedeutung der Überliegezeit

a) In den Kreisen der Binnenschiffahrttreibenden wird mit der „Überliegezeit" allgemein die Zeit nach Ablauf der Lade- oder Löschzeit gemeint. Nach § 31 (vgl. die seerechtliche Vorschrift des § 568 Abs. 2 HGB) versteht das Binnenschiffahrtsgesetz hierunter die vertragsmäßig festgesetzte, also nur die „vereinbarte Überliegezeit". Der Frachtführer muß sich verpflichtet haben, nach Ablauf der Ladezeit noch länger auf die Ladung zu warten. Die Überliegezeit ist also eine vereinbarte Verlängerung der Ladezeit, von der sie sich aber dadurch unterscheidet, daß die Ladezeit unentgeltlich zu gewähren ist, während für die Überliegezeit Liegegeld zu entrichten ist (vgl. Begr. S. 67). Dies ist im § 31 Abs. 1 durch die Bezugnahme auf § 30 hervorgehoben.

b) Nach § 31 ist ein besonderer Inhalt für die Vereinbarung der Überliegezeit nicht vorgeschrieben. Es muß nur zum Ausdruck kommen, daß der Frachtführer „nach Ablauf der Ladezeit noch länger auf die Ladung warten soll". Es ist auch nicht erforderlich, daß eine nach Tagen bestimmte Überliegezeit abgemacht wird. Denn nach § 31 Abs. 2 finden, in Ermangelung anderer Vereinbarungen, die Bestimmungen über die Dauer und die Berechnung der Ladezeit mit der Maßgabe Anwendung, daß die Überliegezeit höchstens eine Woche beträgt. So enthält die im Frachtvertrag mitunter enthaltene Klausel, daß der Absender „für eine Überschreitung oder Verzögerung der Ladezeit nicht verantwortlich sei", die Vereinbarung einer unbestimmten Überliegezeit, so daß nach § 31 Abs. 2 der Frachtführer eine Überliegezeit von einer Woche zu gewähren und der Absender hierfür Liegegeld zu entrichten hat (OLG Hamburg in HansGZ Hauptbl. 1899 Nr. 39 = SeuffA 54 Nr. 166, 62 Nr. 92). In gleicher Weise ist der Vermerk, daß „eine Garantie bezüglich Einhaltung der gesetzlichen Beladungsdauer nicht übernommen werde", auszulegen (OLG Hamburg in HansGZ Hauptbl. 1897 Nr. 108, 1898 Nr. 63).

c) Nach § 31 Abs. 1 findet die Bestimmung des § 30 auf die Überliegezeit Anwendung. Daher muß auch für die Dauer der Überliegezeit die Ladebereitschaft des Frachtführers (vgl. § 30 Anm. 1b) vorliegen. Es ist aber allein Sache des Absenders, ob und wie er die Überliegezeit verwenden will; es gelten auch die sonstigen für die Ladezeit aufgestellten Grundsätze (vgl. § 29 Anm. 2—4). Nach den §§ 31 Abs. 1, 30 Satz 2 kann auch für die Tage der Überliegezeit, an denen die Schiffahrt tatsächlich geschlossen ist, kein Liegegeld (vgl. Begr. S. 67) beansprucht werden (vgl. § 30 Anm. 2c). Im übrigen ist aber für die gesamte Überliegezeit nach § 31 Abs. 1 Liegegeld zu entrichten, und zwar für jeden Tag, also einschließlich der Sonn- und Feiertage (vgl. § 30 Anm. 2 a, c).

2. Beginn der Überliegezeit

Nach § 31 Abs. 2 beginnt die Überliegezeit mit dem Ablauf der Ladezeit. Es bedarf also nicht, wie im Seerecht (§ 569 Abs. 2 HGB), einer Mitteilung an den Absender, daß die Ladezeit abgelaufen sei; vielmehr schließt sich die vereinbarte Überliegezeit unmittelbar an die Ladezeit an.

3. Dauer der Überliegezeit

a) Nach § 31 Abs. 2 findet auf die Dauer der Überliegezeit § 29 Abs. 2—4 Anwendung. Es entscheidet also zunächst die Vereinbarung (§ 29 Abs. 4), in zweiter Linie die Verordnung der höheren Verwaltungsbehörde (§§ 31 Abs. 2, 29 Abs. 4); erst in Ermangelung solcher vertraglicher oder behördlicher Festsetzung kommen die Überliegezeiten nach § 29 Abs. 2 in Betracht. Jedoch beträgt die Überliegezeit „in Ermangelung einer besonderen Vereinbarung höchstens eine Woche"; es ist hiermit nicht eine Kalenderwoche, sondern eine Zeit von sieben Ladetagen, also Werktagen gemeint, da eben die Sonn- und Feiertage insoweit nicht mitrechnen. Hiernach kann eine längere Überliegezeit als eine Woche nur durch Vereinbarung, nicht auch durch eine Verordnung der höheren Verwaltungsbehörde festgesetzt werden.

b) Es sind demnach für die Überliegezeiten in erster Linie die Vereinbarungen, in zweiter Linie die erlassenen Verordnungen der höheren Verwaltungsbehörden (vgl. § 29 Anm. 3b) anzuwenden, weil § 31 Abs. 2 ausdrücklich auf § 29 Abs. 4 verweist. Die gesetzlichen Überliegezeiten aus den §§ 31 Abs. 2, 29 Abs. 2 haben damit ihre Bedeutung verloren.

4. Berechnung der Überliegezeit

a) In Ermangelung von Vereinbarungen der Parteien finden nach § 31 Abs. 2 die Bestimmungen des § 29 Abs. 3 über die Berechnung der Ladezeit Anwendung (vgl. § 29 Anm. 4). Es werden daher die Sonntage und allgemeinen Feiertage (OLG 13, 59) sowie die Tage, an denen durch zufällige Umstände die Verladung jeder Art von Gütern verhindert war, in die Überliegezeit nicht mit eingerechnet. Dagegen kommen in Ansatz die Tage, an denen die Schiffahrt zwar geschlossen, die Verladung jeder Art von Gütern aber nicht verhindert war. Es gelten eben für die Berechnung der Überliegezeit die gleichen Grundsätze wie bei der Ladezeit.

b) Die Überliegezeit endet ohne weiteres mit dem Ablauf des letzten Tages. Wenn dann die Einladung der Frachtgüter noch nicht beendet ist, so findet für diese weitere Überschreitung der Ladezeit die Regelung des § 30 Anwendung; es ist dann das Liegegeld weiterzuentrichten.

Die Höhe des Liegegeldes

§ 32

In Ermangelung vertragsmäßiger Festsetzung oder Verordnung der höheren Verwaltungsbehörde beträgt das Liegegeld für jeden Tag bei Schiffen von einer Tragfähigkeit

bis zu 50000 Kilogramm . . . . . . 12 Mark,
bis zu 100000 Kilogramm . . . . . . 15 Mark

und so fort in Stufen von 50000 Kilogramm je drei Mark mehr für jede höhere Stufe.

Über die Tragfähigkeit entscheidet der Inhalt des Schiffsbriefes (§ 125 Abs. 3).

Jeder angebrochene Tag wird als voller Tag gerechnet.

1. Die Bedeutung des Liegegeldes

a) Im Binnenschiffahrtsgesetz wird das Liegegeld in den §§ 30—32, 34—36, 38, 39 Abs. 4, 49, 50, 53, 54, 67 erwähnt. In allen Fällen ist hierunter ein auf dem Frachtvertrag beruhendes gesetzliches Entgelt für besondere zeitliche Inanspruchnahme des Schiffes für die Ladung zu verstehen (vgl. § 30 Anm. 1 a). Das Liegegeld stellt „eine Vergütung für die Entziehung einer anderweitigen Verwendung des ganzen Schiffes dar" (vgl. Begr. S. 67). Es soll damit dem Frachtführer ein angemessenes Entgelt für die längere, durch die Fracht nicht abgegoltene zeitliche Inanspruchnahme des Schiffes für die Zwecke der Ladung gewährt werden (BGHZ 1, 47, 50).

b) Diese Regelung der gesetzlichen Liegegelder enthält kein zwingendes Recht, sondern soll nur „in Ermangelung vertragsmäßiger Festsetzung oder Verordnung der höheren Verwaltungsbehörde" gelten. Es sind aber mit Vorrang und in erster Linie die von den Frachtenausschüssen beschlossenen Liegegelder anzuwenden. Nach den §§ 21, 28, 29 BSchVG sind die Frachtenausschüsse befugt, auch „sonstige mit der Schiffsbeförderung unmittelbar zusammenhängende Nebenleistungen" zu beschließen (vgl. § 26 Anm. 10 b). Zu diesen Vergütungen für Nebenleistungen gehören auch die Liegegelder für eine Überschreitung der Lade- und Löschzeiten, die an Stelle der nicht zwingenden gesetzlichen Regelung der §§ 30, 32, 49 vom Frachtenausschuß beschlossen und vom Bundesverkehrsminister im Wege der Rechtsverordnung nach § 29 BSchVG festgesetzt werden können. Dies bedeutet eine Änderung der im § 32 vorgesehenen Regelung, daß die Höhe der Liegegelder „in Ermangelung vertragsmäßiger Festsetzung" aus den Verordnungen der höheren Verwaltungsbehörden bestimmt wird. Die von den Frachtenausschüssen beschlossenen und vom Bundesverkehrsminister im Wege der Rechtsverordnung verkündeten Liegegelder sind nach den §§ 21, 31 BSchVG zwingend und unabdingbar (vgl. § 26 Anm. 10 b). Es ist hiernach in jedem Einzelfall zunächst zu prüfen, ob solche von Frachtenausschüssen beschlossenen Liegegelder bestehen. Die Frachtenausschüsse haben in erheblichem Umfang derartige Liegegelder festgesetzt; dabei wurde deren Höhe nicht nur nach der Tragfähigkeit des verwendeten Schiffes, sondern auch danach abgestuft, ob es sich um Schiffe ohne eigene Triebkraft (Schleppkähne), Frachtgütermotorschiffe oder Tankschiffe handelt. Mitunter wird in den Frachtenausschußbeschlüssen auch hervorgehoben, daß die Liegegelder nach den Festsetzungen des zuständigen Frachtenausschusses, d. h. nach den darin grundsätzlich beschlossenen Liegegeldbeträgen festgesetzt werden sollen. Manchmal wird auch in den Frachtenausschußbeschlüssen darauf hingewiesen, daß zu den gesetzlichen Liegegeldern ein Zuschlag erhoben wird oder daß die gesetzlichen Liegegelder gelten sollen. Es sind dann unter gesetzlichen Liegegeldern in diesem Sinne die im § 32 erwähnten Festsetzungen der Liegegelder durch Verordnung der höheren Verwaltungsbehörden gemeint.

c) In zweiter Linie bestimmt sich die Höhe des Liegegeldes im Einzelfall aus der Abmachung der Parteien (vereinbartes oder vertragliches Liegegeld), in dritter Linie aus etwaigen Verordnungen der höheren Verwaltungsbehörde (festgesetztes Liegegeld); erst „in Ermangelung" einer solchen vertragsmäßigen oder behördlichen Festsetzung sind die im § 32 angeführten „gesetzlichen" Liegegelder anzuwenden. In den Frachtverträgen und Frachtpapieren, insbesondere in den darin als verbindlich angeführten Verfrachtungsbedingungen werden regelmäßig höhere Liegegelder als diese gesetzlichen Liegegelder vereinbart (vgl. Anm. 2 a) und es haben sich hierzu auch Schiffahrtsbräuche entwickelt (vgl. Anm. 2 c). Die im § 32 vorgesehenen gesetzlichen Liegegelder sind hiernach bedeutungslos geworden.

2. Vertragliches Liegegeld

a) Im Frachtgeschäft der Binnenschiffahrt werden die Liegegeldsätze häufig der Höhe nach im Frachtvertrag vereinbart. Mitunter geschieht dies nicht durch Anführung eines festen Liegegeldsatzes, sondern durch Festsetzung von „Zuschlägen" zu den „gesetzlichen Liegegeldern" (vgl. Anm. 1 b). Dies erklärt sich daraus, daß die gesetzlichen Liegegelder seit dem Inkrafttreten des Binnenschiffahrtsgesetzes unverändert geblieben sind und den veränderten Verhältnissen, insbesondere der Steigerung der Schiffahrtsunkosten, nicht mehr gerecht werden (vgl. LG Stettin in JW 1928, 570 Nr. 1; LG I Berlin in JW 1930, 1989; KG in JW 1933, 2466 Nr. 1). In den Frachtpapieren (Frachtvertrag und Ladeschein) ist daher nicht selten der Vermerk enthalten, daß zu den „gesetzlichen" Liegegeldsätzen ein Zuschlag von 50 v. H. erhoben wird; ähnliche Vereinbarungen weisen auch viele „Verfrachtungsbedingungen und Nebengebührentarife" auf (so die §§ 15, 42 der Verfrachtungsbedingungen und Nebengebührentarife der Elbe-Reedereien, § 5 der Oder-Reedereien, §§ 15, 42 der Allgemeinen Verfrachtungsbedingungen für die Stromgebiete der Elbe und der Havel.

b) Neben den ausdrücklichen vertraglichen Vereinbarungen spielen für die Höhe des Liegegeldes auch die Handels- und Schiffahrtsbräuche als „stillschweigende Vereinbarungen" eine nicht unwesentliche Rolle. Es hat sich nämlich nach der von den verschiedensten Gerichten anerkannten Übung der Schiffahrtsbrauch entwickelt, dem Frachtführer bei einer Überschreitung der Lade- und Löschzeit einen Zuschlag in Höhe von 50 v. H. zu den gesetzlichen Liegegeldbeträgen des § 32 zu gewähren, weil diese infolge der veränderten Verhältnisse (vgl. Anm. 2 a) nicht mehr als ausreichend erachtet werden (so die Gutachten in den Mitteilungsblättern der HK Berlin, Jahrg. 1929 S. 349, 1930 S. 624; LG Stettin in JW 1928, 570 Nr. 1, vom 7. 2. 1930 — 5. 3. S 55/29 —; LG I Berlin in JW 1930, 1989; KG in JW 1933, 2466 Nr. 1 LG Berlin vom 7. 1. 1932 — 28 S 7575/31 — AG Berlin-Mitte 232 C 600/31; LG III Berlin vom 9. 7. 1930 — 29 S 93/30 — AG Berlin-Lichterfelde 8 C 3374/29; AG Berlin-Mitte 162 C 28/33; AG Berlin 161 C 460/34, 161 C 897/34; AG Stettin vom 28. 10. 1930 — 21 C 770/30 —; HK Berlin vom 13. 5. 1935 — C 262/35 III/17; a. A. LG Stettin vom 17. 4. 1931 — 5. 3. S 10/31 —; AG Stettin in JW 1934, 2875 Nr. 2; AG Hamburg vom 1. 3. 1937 — 34 C 1319/36 —). Die Gewährung des Zuschlages hat sich durch Schiffahrtsbrauch und gerichtliche Praxis zu einer Art Gewohnheitsrecht entwickelt (Gutachten der Reichsverkehrsgruppe Binnenschiffahrt vom 15. 1. 1940 in C 65/39 AG Loitz). Auch der Liegegeldzuschlag stellt lediglich ein Entgelt für die Bereithaltung des Schiffes dar (HK Berlin vom 22. 3. 1941 — C 6516/40; in 55 C 630/40 AG Berlin). Dieser Schiffahrtsbrauch ist nur in Ermangelung anderer ausdrücklicher vertraglicher Vereinbarungen anzuwenden; er gilt also nicht, soweit in dem Frachtvertrag feste Liegegeldsätze vorgesehen werden oder von einem Frachtenausschuß nach den §§ 21, 28, 29 BSchVG beschlossene unabdingbare Liegegelder anzuwenden sind. Dagegen ist der Zuschlag nach Schiffahrtsbrauch zu entrichten, wenn in den Frachtpapieren die „gesetzlichen Liegegeldbeträge" angezogen sind, ohne besonders hervorzuheben, daß die Zuschläge entfallen, weil dann nicht das im Gesetz bezifferte, sondern das nach der Übung zu entrichtenden Liegegeld gemeint sein wird (so AG Berlin vom 3. 12. 1930 — 29 C 3168/30 —, vom 11. 5. 1934 — 162 C 35/34 —; a. A. LG Stettin vom 13. 2. 1931 — 5. 3. S 39/30).

3. Festgesetztes Liegegeld

In Ermangelung einer ausdrücklichen oder stillschweigenden vertraglichen Vereinbarung (vgl. Anm. 2 a—c) kommt es nach § 32 Abs. 1 für die Höhe des Liegegeldes auf die etwaigen „Verordnungen der höheren Verwaltungsbehörden" (§ 133) an. Als eine solche Behörde hatte die Hamburgische Deputation für Handel und Schiffahrt für das Hamburger Gebiet durch eine, inzwischen aber wieder aufgehobene Verordnung vom 13. 1. 1920 Zuschläge von 50 bis 75 v. H., nach der Tragfähigkeit der Schiffe abgestuft, vorübergehend eingeführt (HansRZ 1920, 111). Sonstige derartige Verordnungen sind trotz dahingehender Bestrebungen der Binnenschiffahrttreibenden nicht erlassen. Dies Bedürfnis besteht nicht mehr, weil die Frachtenausschüsse diesen Wünschen Rechnung getragen haben, indem sie angemessene Liegegelder für die hauptsächlichsten Frachtgüter und Strecken festgesetzt (vgl. Anm. 2 b) und sich auch Schiffahrtsbräuche entwickelt haben (vgl. Anm. 2c).

4. Gesetzliches Liegegeld

a) Erst in letzter Linie, nämlich bei Fehlen vertragsmäßiger Vereinbarung und behördlicher Festsetzung, kommen die im § 32 bestimmten Liegegelder zur Anwendung. Diese gesetzlichen Liegegelder sind abgestuft nach der Tragfähigkeit des verwendeten Schiffes, nicht nach dem Gewicht der im Einzelfall verfrachteten Ladung, wie dies bei der Ladezeit geregelt ist (§ 29 Abs. 2). Denn bei dem Liegegeld „handelt es sich um eine Vergütung für die Entziehung einer anderweitigen Verwendung des ganzen Schiffes" (Begr. S. 67). Nach § 32 Abs. 2 bestimmt sich der Umfang der Tragfähigkeit nach dem Inhalt des Schiffsbriefes (vgl. § 125 Abs. 3). Es soll „ausschließlich der Inhalt des Schiffsbriefes entscheiden" (Begr. S. 67). Jedoch steht der Nachweis offen, daß die Angabe des Schiffsbriefes unrichtig ist. Eine solche Unrichtigkeit wird nicht selten vorkommen, da Neueichungen von Schiffen grundsätzlich nicht von Amts wegen, sondern nur auf Antrag eingetragen werden (§ 124 Ziff. 2). Der Nachweis der Unrichtigkeit kann vor allem durch Vorlage des Eichscheins oder einer Bescheinigung des Eichamts geführt werden.

b) Nach § 32 Abs. 1 ist das gesetzliche Liegegeld nach der Tragfähigkeit des verwendeten Schiffes in festen Beträgen abgestuft. Es beträgt bei einer Tragfähigkeit bis zu 50000 kg (50 t) 12 Mark und steigt für jede weiteren 50000 kg um 3 Mark. Eine Höchstgrenze ist im Gegensatz zu der Regelung bei der Ladezeit (§ 29 Abs. 2) nicht festgesetzt.

c) Die gesetzlichen Liegegelder sind „für jeden Tag" in der angeführten Höhe festgesetzt. Es ist also für jeden Kalendertag, auch für die Sonntage und allgemeinen Feiertage, Liegegeld zu entrichten (vgl. § 30 Anm. 2 a). Nach § 32 Abs. 3 wird „jeder angebrochene Tag als voller Tag gerechnet". Eine Aufteilung des täglichen Liegegeldbetrages je nach dem Umfang der Ausnutzung findet also nicht statt, sondern es ist der volle Tagessatz auch für „angebrochene Tage" zu entrichten. Diese Grundsätze gelten auch für die vertraglich vereinbarten Liegegelder, soweit hierüber nichts anderes vereinbart wurde.

5. Liegegeld und Schadensersatz

a) Nach den §§ 30, 31, 32 stehen dem Frachtführer die Liegegelder für eine Überschreitung der Ladezeit, also für ein vergebliches Warten auf Ladung, zu. Es können nun aber eine erhebliche Anzahl anderer Umstände den Frachtführer veranlassen, die Reise nicht anzutreten, z. B. die nicht rechtzeitige Abfertigung oder Ordererteilung durch den Absender, das Fehlen der Begleitpapiere, die Nichtgestellung des Schleppdampfers bei Zusicherung freien Dampfes, die Beschädigung des Schiffes bei der Einladung oder Entlöschung durch Verschulden der Erfüllungsgehilfen des Absenders oder Empfängers. In allen solchen Fällen kann ein Anspruch auf Zahlung von Liegegeld aus den §§ 30, 32 nicht geltend gemacht werden, sondern solche Ansprüche können nur auf andere Haftungsvorschriften, z. B. auf positive oder sonstige Vertragsverletzung, gestützt werden; denn es handelt sich dann nicht um die Erhebung von Entgelten für die längere zeitliche Inanspruchnahme des Schiffes über die Ladezeit hinaus, sondern um Schadensersatzansprüche, die auch auf positive Vertragsverletzungen gestützt werden können (BGH vom 13. 11. 1953 — I ZR 140/52 in VRS 1954, 85, 180; OLG Karlsruhe in OLG 6, 359; AG Hamburg in HansGZ Hauptbl. 1886 Nr. 103; AG Breslau in VerkehrsrR 2, 188). In den Verfrachtungsbedingungen werden mitunter solche Schadensersatzansprüche vereinbart; so hat nach den §§ 28, 41, 68, 104, 105, 108 AVB der Frachtführer einen Anspruch auf eine Vergütung in Höhe der Liegegelder für die durch Eingriffe von hoher Hand verursachten Aufenthalte an der Zonengrenze (BGHZ 8, 55).

b) Es ist gerechtfertigt, die Liegegelder, einschließlich der handelsüblichen Zuschläge, auch in anderen Fällen als Ersatz des vermuteten Mindestschadens zu bewilligen, wenn der Frachtführer oder Schiffseigner einen Schadensersatzanspruch aus anderen Rechtsgründen als aus einer Überschreitung der Lade- und Löschzeit geltend machen kann. Denn der wirkliche Schaden, der durch die Nichtbenutzung eines Schiffes entsteht, läßt sich häufig nicht zuverlässig ermitteln (OLG Karlsruhe in OLG 6, 359). Der Liegegeldsatz stellt das von den beteiligten Kreisen geschätzte Interesse an der Benutzbarkeit des Schiffes dar; er soll dem Frachtführer ein angemessenes Entgelt gewähren, das dem Durchschnittsverdienst im Schiffahrtsgewerbe entspricht (LG I Berlin vom 25. 3. 1929 — 28 O 487/28 —; OLG 6, 359; AG Hamburg in HansGZ 1886 Nr. 103; Prisengericht Kiel in LZ X Nr. 7 S. 558; Gutachten der Reichsverkehrsgruppe Binnenschiffahrt vom 15. 1. 1940 in C 65/39 AG Loitz; AG Stettin vom 9. 12. 1941 — 21 C 388/40). So ist die Zuerkennung der Liegegelder für eine verzögerte oder unterlassene Abschleppung eines Frachtkahnes aus einem Schleppvertrag gerechtfertigt (AG Stettin vom 20. 6. 1944 — 21 C 6/44). Die Beweislast, daß ein solcher Schaden in Höhe der Liegegelder nebst Zuschlägen nicht entstanden ist, trifft dann die Gegenseite (OLG Kiel in SeuffA 12 Nr. 15).

Die Wartezeit

§ 33

Nach Ablauf der Ladezeit oder der etwa vereinbarten Überliegezeit ist der Frachtführer nicht verpflichtet, noch länger auf die Lieferung der Ladung zu warten. Er muß jedoch seinen Willen, nicht länger zu warten,

bei Ladungen bis zu 10000 Kilogramm spätestens einen Werktag,
bei Ladungen bis zu 50000 Kilogramm spätestens zwei Werktage,
bei Ladungen über 50000 Kilogramm spätestens drei Werktage

vor Ablauf der Ladezeit oder der Überliegezeit dem Absender erklären. Ist dies nicht geschehen, so läuft die Wartezeit nicht eher ab, als bis die Erklärung nachgeholt ist und seit dem Tage, an dem sie erfolgt ist, die vorstehend bezeichneten Fristen verstrichen sind. Auf die Erklärung finden die Bestimmungen im § 28 Abs. 2, 3 entsprechende Anwendung.

Die Wartezeit läuft in keinem Falle ab, bevor eine der Ladezeit gleichkommende Frist seit dem Tage, an welchem das Schiff den Ladeplatz erreicht hat, verstrichen ist.

1. Die Bedeutung der Wartezeit

a) Der Frachtführer ist verpflichtet, bis zum Ablauf der Ladezeit und einer etwa vereinbarten Überliegezeit auf die Lieferung der Ladung durch den Absender zu warten (vgl. § 29 Anm. 1, § 31 Anm. 1 a). Er ist dagegen nach § 33 Abs. 1 Satz 1 nicht verpflichtet, aber berechtigt, auch noch länger in Erwartung der Ladung mit seinem Schiff liegenzubleiben; er hat dann für diese Tage der Überschreitung der Ladezeit Liegegeld zu beanspruchen (§ 30 Anm. 1 a; § 31 Anm. 4 b). Es steht in der freien Entschließung des Frachtführers, ob er von dieser Berechtigung, gegen Liegegeld weiter auf die Ladung zu warten, Gebrauch machen will. Er ist nach den §§ 33—35 befugt, bei Nichtlieferung der Ladung vom Frachtvertrag nach § 34 zurückzutreten und bei unvollständiger Beladung mit dieser die Frachtreise anzutreten (§ 35). Aus der Tatsache der Überschreitung der Ladezeit und der etwaigen Überliegezeit allein kann der Absender hiernach nicht schließen, von welchen dieser Rechte der Frachtführer Gebrauch machen will. Er muß vielmehr grundsätzlich annehmen, daß der Frachtführer auch nach Ablauf der Lade- und Überliegezeit weiter auf die Ladung warten will (vgl. Begr. S. 68). Deshalb ist im § 30 dem Frachtführer zur Pflicht gemacht, seinen „Willen, nicht länger zu warten, dem Absender ordnungsmäßig und rechtzeitig vorher zu erklären". Der Absender soll hierdurch in die Lage kommen, die Maßnahmen vorzubereiten, die zur Vermeidung der Entstehung übermäßiger Liegegelder und sonstiger Nachteile aus einem etwaigen Rücktritt des Frachtführers erforderlich sind (KG in OLG 20, 6). Deshalb sind diese weitergehenden Rechte aus den §§ 34, 35 dem Frachtführer nur unter der Voraussetzung eingeräumt, daß er vorher rechtzeitig die Erklärung aus § 33 abgegeben hat.

b) Es handelt sich bei dieser „Wartezeit" nicht etwa um eine weitere gesetzliche Überliegezeit, die im Anschluß an die Ladezeit (§ 29) oder die vereinbarte Überliegezeit (§ 31) in Kraft treten soll. Vielmehr versteht man nach § 33 darunter die gesetzliche Frist, die der Frachtführer für die Abgabe seiner Erklärung, nicht mehr länger auf Beladung zu warten, einhalten muß; sie ist also ihrer Rechtsnatur nach eine gesetzliche Kündigungsfrist. Dem Absender soll, nachdem der Frachtführer erklärt hat, daß er nicht länger warten werde, noch ein kurzer Zeitraum (eine Nachfrist) gewährt werden, um doch noch die Beladung bewirken zu können (Begr. S. 68). Mit dieser Erklärung hat der Frachtführer zum Ausdruck gebracht, daß er nach Ablauf der Wartezeit den Frachtvertrag als gelöst ansehen werde; eine solche Erklärung ist auch für ihn selbst bindend; er muß tatsächlich mit seinem Schiff bis zum Ablauf der Wartezeit auf die etwaige Lieferung der Ladung warten und er kann nach Ablauf der Wartezeit grundsätzlich Liegegeld nicht mehr fordern (KG in JW 1933, 2466 Nr. 1). Nach § 34 ist der Frachtführer nach ergebnislosem Ablauf der Wartezeit „an den Vertrag nicht länger gebunden". Der Frachtführer ist auch nicht berechtigt, seine Kündigung ohne Einverständnis des Absenders zurückzunehmen. Denn es handelt sich um eine einseitige empfangsbedürftige Kündigungserklärung (§§ 643, 130 BGB), die mit dem Zugehen wirksam wird (KG in OLG 20, 6). Dagegen liegt in der Fortsetzung der Lieferung von Ladung nach Ablauf der durch die Kündigung in Lauf gesetzten Wartezeit ein Vorschlag des Absenders auf Gewährung einer Überliegezeit (§ 31) gegen Zahlung der Liegegelder, der durch Gestattung der weiteren Beladung von dem Frachtführer angenommen wird; es läuft dann der Frachtvertrag weiter, so daß eine erneute Kündigung zu seiner Auflösung erforderlich wird (OLG Hamburg in OLG 16, 138).

2. Form, Inhalt und Zeit der Kündigung

a) Nach § 33 Abs. 1 Satz 1 muß der Frachtführer seinen Willen, nicht länger zu warten, erklärt haben. Eine besondere Form für diese, als Kündigung (nicht als Rücktritt, wie in Begr. S. 69) auszulegende Erklärung ist nicht vorgeschrieben; sie kann also schriftlich, mündlich, auch telefonisch abgegeben werden. Es brauchen auch nicht die Worte des Gesetzes verwendet zu werden, sondern es genügt jede Erklärung, aus der zu entnehmen ist, daß der Frachtführer von einem bestimmten Tage an nicht mehr länger warten wolle. Meist wird von den Binnenschiffahrttreibenden der Ausdruck der „Kündigung" der Ladezeit gebraucht.

b) Die Kündigung muß an den Absender gerichtet werden, der den Frachtvertrag mit dem Frachtführer im eigenen Namen abgeschlossen hat. Denn der Absender haftet für die Liegegelder; er hat ein Interesse daran, ein etwaiges Hindernis an der Lieferung der Ladung zu beseitigen (KG in OLG 20, 6). Die Kündigung muß der Frachtführer dem Absender erklären; sie muß ihm zugehen, also ebenso wie die Anzeige der Ladebereitschaft in seinen Herrschaftsbereich gelangen (vgl. § 28 Anm. 2 c). Der Nachweis der Absendung der Kündigung (anders im § 377 Abs. 4 HGB) genügt nicht, sondern es muß ein wirkliches Zugehen (§ 130 BGB) bewiesen werden (KG in OLG 20, 6). Zur Vermeidung der sich hieraus ergebenden Beweisschwierigkeiten finden nach § 33 Abs. 1 Satz 4 auf diese Kündigung die Bestimmungen im § 28 Abs. 2, 3 entsprechende Anwendung. Der Frachtführer ist also auch hier, wie bei der Anzeige der Ladebereitschaft, befugt, von dem Absender eine Bescheinigung über den Empfang der Kündigung zu verlangen und im Weigerungsfall die Errichtung einer öffentlichen Urkunde (Protest) aufnehmen zu lassen (vgl. § 28 Anm. 2 a).

c) Es ist nicht erforderlich, daß die Kündigung an einem bestimmten Tag vor oder nach Ablauf der Lade- oder Überliegezeit erklärt wird. Vielmehr kann der Frachtführer jederzeit, sogar schon mit der Anzeige der Ladebereitschaft, kündigen, sobald er mit seinem Schiff den Ladeplatz erreicht hat (§ 33 Abs. 2). Die Wartezeit kann also mit der Ladezeit zusammenfallen. Dies ist dann stets der Fall, wenn der Frachtführer schon bei der Meldung der Ladebereitschaft oder wenigstens rechtzeitig einen bis drei Werktage vor deren Ablauf kündigt. Dies wird der Frachtführer aber nur dann tun, wenn er nicht gegen Bezahlung von Liegegeld überliegen will. Die Wartezeit kann sich über die Lade- und Überliegezeit hinaus erstrecken, wenn der Frachtführer die Kündigung erst am Tage der Beendigung der Ladezeit oder noch später erklärt (KG in JW 1933, 2466 Nr. 1).

d) Nach § 33 Abs. 1 Satz 4, § 28 Abs. 2 muß die Kündigung an einem Werktag vor dem Schluß der ortsüblichen Geschäftsstunden erfolgen (vgl. § 28 Anm. 2 e). Eine spätere oder an einem Sonntag erfolgte Anzeige ist aber nicht unwirksam, sondern gilt als am nächsten Werktag erfolgt (§ 28 Abs. 2 Satz 2).

3. Beginn und Dauer der Wartezeit

a) Die Wartezeit beginnt mit der Erklärung des Frachtführers, nicht länger auf die Lieferung der Ladung zu warten. Sie kann also mit dem Anfang der Ladezeit zusammenfallen, wenn der Frachtführer die Kündigung zugleich mit der Anzeige der Ladebereitschaft abgegeben hat und mit seinem Schiff bereits am Ladeplatz liegt (§ 33 Abs. 2). Erreicht das Schiff den Ladeplatz erst zu einem späteren Zeitpunkt, so beginnt auch erst dann die Wartezeit.

b) Nach § 33 Satz 2 ist die Dauer der Wartezeit, ähnlich wie die Ladezeit (§ 29 Abs. 2), nach dem Umfang der Ladung abgestuft; sie beträgt bei Ladungen bis zu 10000 kg einen Werktag, bei Ladungen bis zu 50000 kg zwei und bei größeren Ladungen drei Werktage. Es ist auch hier, wie bei der Ladezeit, das in den Frachtpapieren vermerkte bestimmte Gewicht, in Ermangelung einer solchen Angabe das tatsächlich eingeladene Gewicht der Ladung maßgebend (§ 29 Anm. 3 a).

c) Nach § 33 Abs. 1 Satz 4 in Verbindung mit § 28 Abs. 2 kommen bei der Berechnung der Wartezeit die Sonntage und allgemeinen Feiertage (vgl. § 28 Anm. 4 a) nicht in Ansatz; es müssen also dem Absender je nach dem Umfang der Ladung ein bis drei Werktage als Wartezeit eingeräumt werden. Es ist unerheblich, ob der Absender an den Tagen der Wartezeit Maßnahmen der Beladung tatsächlich vornehmen konnte oder ob dies durch zufällige Umstände, wie Hoch- oder Niedrigwasser, Eisgefahr, verhindert war (vgl. § 29 Anm. 4 c); denn es handelt sich um eine Kündigungsfrist, nicht um eine verlängerte Ladezeit. Diese Auslegung wird dadurch bestätigt, daß eine entsprechende Anwendung des § 29 Abs. 3 im § 33 nicht vorgesehen ist.

d) Die Wartezeit endet mit dem Ablauf der im Einzelfall nach dem Umfang der Ladung in Betracht kommenden Frist von ein bis drei Tagen. Jedoch läuft nach § 33 Abs. 2 die Wartezeit in keinem Fall ab, „bevor eine der Ladezeit gleichkommende Frist seit dem Tage verstrichen ist, an dem das Schiff den Ladeplatz erreicht hat". Die Einführung dieser Bestimmung ist aus „Billigkeitsgründen" (Begr. S. 65) erfolgt, weil der Platzmangel grundsätzlich die Anzeige der Ladebereitschaft und den Beginn der Ladezeit nicht hindert (vgl. § 28 Anm. 1 b). Es könnte sich also ereignen, daß ein solches Hindernis während der gesamten Ladezeit andauert, so daß der Absender nicht in der Lage wäre, trotz besten Willens den Frachtvertrag zu erfüllen. Deshalb soll nach § 33 Abs. 2 die Wartezeit nicht eher ablaufen, als eine der Ladezeit entsprechende Frist seit der Erreichung des Ladeplatzes verstrichen ist. Der Frachtführer muß also auf jeden Fall bis zum Ablauf dieser Frist auf die Lieferung von Ladung — selbstverständlich gegen Liegegeld — warten, ehe er von seinen Rechten aus den §§ 34, 35 Gebrauch machen kann.

Ansprüche bei vollständigem Unterlassen der Beladung

§ 34

Hat der Absender bis zum Ablaufe der Wartezeit (§ 33) keine Ladung geliefert, so ist der Frachtführer an den Vertrag nicht länger gebunden und befugt, von dem

Absender ein Drittel der bedungenen Fracht als Entschädigung zu verlangen. Hierdurch wird ein bereits begründeter Anspruch auf Liegegeld (§§ 30, 31) nicht berührt.

1. Die Auflösung des Frachtvertrages

a) Nach § 34 Satz 1 ist der Frachtführer entsprechend der Regelung im Seerecht (§ 585 HGB) an den Frachtvertrag „nicht länger gebunden", wenn der Absender „bis zum Ablauf der Wartezeit (§ 33) keine Ladung geliefert hat". Der Frachtführer muß sich also ordnungsmäßig ladebereit gemeldet (vgl. § 28 Anm. 1, 2) sowie die Kündigung der Ladezeit erklärt haben (vgl. § 33 Anm. 2); ferner muß die Ladezeit (§ 29), die etwa vereinbarte Überliegezeit (§ 31) sowie die Wartezeit (§ 33) beendet sein und der Absender muß bis zum Ablauf der Wartezeit überhaupt keine Beladung vorgenommen haben. Für die Einhaltung dieser Erfordernisse ist es grundsätzlich ohne Bedeutung, aus welchen Beweggründen der Absender die Lieferung der Ladung unterläßt. Es wird aber unter Umständen in einer Erklärung des Absenders, überhaupt keine Ladung liefern zu wollen, eine Rücktrittserklärung nach § 34 von seiner Seite aus gefolgert werden müssen. Ferner wird bei größeren Abschlüssen (für mehrere Ladungen oder für eine längere Zeit, Jahresabschlüsse) eine fortlaufende Stellung aller Kähne in Ladebereitschaft nicht verlangt werden können, wenn der Absender für die ersten angedienten Schiffe keine Ladung liefert, da dann nach Treu und Glauben dem Frachtführer nicht zugemutet werden kann, auch noch alle weiteren Schiffe ladebereit zu stellen (KG in JW 1933, 2466 Nr. 1; OLG Hamburg in HansGZ 1901 Nr. 39; OLG Rostock in OLG 32, 194). Auch ein solcher einheitlicher Frachtvertrag, der die sich über einen gewissen Zeitraum erstreckende, eine Mehrzahl von Schiffsreisen erfordernde Beförderung einer großen Menge von Stückgütern oder andern Gütern bezweckt, kann nach den §§ 34, 36 zur Auflösung gebracht werden (RGZ 155, 180; RG vom 12. 6. 1942 — I 119/41 in ZfB 1942 S. 127flg. = DR. 1942, 1509; RGZ 155, 180). Das „Rücktrittsrecht des § 34 ist nur begründet, wenn der Absender bis zum Ablauf der Wartezeit gar keine Ladung geliefert hat" (Begr. S. 69). Sind diese Voraussetzungen erfüllt, so ist der Frachtführer an den Vertrag nicht länger gebunden, ohne daß es einer besonderen Kündigungs- oder Rücktrittserklärung durch den Frachtführer bedarf (KG in JW 1933, 2466 Nr. 1; KG vom 21. 7. 1930 — 12 U 14197/29 —). Eine „besondere Erklärung des Rücktritts ist dann nicht mehr erforderlich; sie liegt bereits in der nach § 33 abgegebenen Erklärung, nicht länger auf die Lieferung der Ladung warten zu wollen" (Begr. S. 69).

b) Nach § 34 ist dem Frachtführer ein Recht, vom Frachtvertrag zurückzutreten, wie dies im § 36 für den Absender vorgesehen ist, nicht eingeräumt. Vielmehr soll er „an den Vertrag nicht länger gebunden sein". Es handelt sich also um eine gesetzliche, zugunsten des Frachtführers vorgesehene Befreiung von den Verpflichtungen des Frachtvertrages, die durch die Kündigung des Frachtführers aus § 33 ausgelöst wird. Der Frachtvertrag wird weder rückwirkend noch überhaupt aufgehoben (vgl. den Wortlaut in § 68), sondern nur seinem Inhalt nach anders geregelt. Ein Frachtanspruch des Frachtführers (in Höhe der Fautfracht) sowie „ein bereits begründeter Anspruch auf Liegegeld" bleibt bestehen (§ 34 Satz 2). Es liegt demnach im rechtlichen Sinn kein Rücktritt (so Begr. S. 69), sondern eine Kündigung des Frachtvertrages durch den Frachtführer vor (vgl. § 33 Anm. 1b; so auch im Ergebnis Mittelstein 2 S. 176).

c) Nach Ablauf der Wartezeit ist der Frachtführer nicht mehr verpflichtet, den Frachtvertrag auszuführen. Er braucht also die ihm danach noch angelieferte Ladung nicht zu übernehmen, sondern kann mit seinem Schiff abfahren. Er ist aber auch berechtigt, einem dahingehenden Wunsch des Absenders zu entsprechen (vgl. § 33 Anm. 1 b); dann wird die Kündigung unwirksam und der Frachtvertrag wird mit seinem bisherigen Inhalt fortgesetzt (OLG Hamburg in OLG 16, 138).

2. Die Ansprüche des Frachtführers (Fautfracht und Liegegelder)

a) Nach § 34 ist der Frachtführer, wenn er von diesem Kündigungsrecht Gebrauch macht, „befugt, von dem Absender ein Drittel der bedungenen Fracht als Entschädigung zu verlangen", während im Seerecht eine „Fautfracht in Höhe der Hälfte der vollen Fracht" zugebilligt wird (vgl. §§ 586, 580 HGB). Es handelt sich bei dieser Fautfracht (auch Fehlfracht oder Reufracht genannt) nicht um einen Schadensersatzanspruch, sondern um „eine gesetzlich festgesetzte Entschädigung (besser Vergütung) für den Kontraktbruch (richtiger die Nichterfüllung) des Absenders und für den durch Einhalten der Lade- und Wartezeit dem Frachtführer entstandenen Zeitverlust" (OLG Hamburg vom 22. 12. 1897 — Bf. I 207/97 —; OLG Hamburg in HansGZ Hauptbl. 1900 Nr. 49; RGZ 169, 203, 212). Die Fautfracht ist die Abstandssumme, die der Absender für seine Loslösung vom Frachtvertrag an den Frachtführer zu zahlen hat (RGZ 169, 203, 212; BGH vom 12. 12. 1960 II ZR 41/59 in VRS 1961, 199). Für die Geltendmachung der Fautfracht ist also der Nachweis eines Verschuldens des Absenders nicht erforderlich.

b) Es ist auch unerheblich, ob und in welcher Höhe dem Frachtführer durch die Nichtlieferung der Ladung und Kündigung des Frachtvertrages ein Schaden entsteht. Der Anspruch auf die Fautfracht besteht auch, wenn dem Frachtführer kein Schaden entstanden ist; seine Verfolgung in voller Höhe kann nur unter besonderen Umständen unzulässig sein. — (RGZ 169, 203, 212). Es ist auch nicht angängig, den Fautfrachtanspruch deshalb in angemessener Weise herabzusetzen, weil dem Frachtführer kein Schaden entstanden sei (so OLG Hamburg vom 30. 3. 1938 — in HansRGZ 1938, 131). Denn die Fautfracht ist eine dem Frachtführer zustehende gesetzliche Abstandsumme für die Ausübung des dem Absender eingeräumten freien Kündigungsrechts (RG in DR 1942, 1513). Die Fautfracht soll dem Frachtführer gerade mit Rücksicht auf ersparte Schiffahrtsunkosten und die Möglichkeit einer anderweitigen Verwendung seines Schiffes eine auskömmliche Vergütung geben (OLG Hamm in OLG 40, 232). Es „brauchte als selbstverständlich im Gesetz nicht ausgesprochen zu werden, daß der Anspruch auf die Fautfracht ohne Rücksicht auf den mit dem freigewordenen Schiff anderweit erzielten Erwerb begründet ist" (Begr. S. 69). Demnach ist auf die Fautfracht nicht anzurechnen, was der Frachtführer durch sofortige anderweite Verwendung des Schiffes verdient (OLG Hamm in OLG 40, 232; LG Hamburg in HansGZ Hauptbl. 1897 Nr. 94). Es ist ohne Bedeutung, ob sich der Frachtführer infolge der Nichtausführung des Frachtvertrages besser oder schlechter steht als bei dessen Erfüllung (KG in JW 1933, 2466 Nr. 1; OLG Hamburg in HansGZ Hauptbl. 1900 Nr. 49; OLG 40, 232). Auch eine Ausgleichung etwaiger hierbei entstandener Vorteile des Frachtführers nach § 242 BGB ist begrifflich nicht möglich, da es für eine entsprechende Anwendung der Grundsätze von der Vorteilsausgleichung an der erforderlichen gesetzlichen Grundlage fehlt (RGZ 80, 153; OLG Hamburg vom

13. 8. 1941 — 6 U 87/41 — 26. O 60/40 LG Hamburg). Der Anspruch auf Zahlung der Fautfracht verstößt auch nicht gegen Preisbildung oder sonstige Preisstopvorschriften, denn es handelt sich nicht um eine Preiserhöhung, sondern um einen Vergütungsanspruch aus dem Vertrag (AG Hamburg vom 25. 11. 1940 — 31 C 448/40; DVN Nr. 273 vom 21. 11. 1940). Die Fautfrachtansprüche, die ihrer Höhe nach seit Jahrzehnten durch den Gesetzgeber und die Verfrachtungsbedingungen festgelegt sind, ermöglichen nur solchen Gewinn, der unter normalen Verhältnissen entstehen konnte (DVN Nr. 10/1941; RG 21. 6. 1942 — I 119/42; RG in DR 1942, 1518 = RGZ 169, 203, 212).

Auch unter dem Gesichtspunkt von Treu und Glauben ist eine Herabsetzung der Fautfrachtforderung nicht gerechtfertigt; denn der Anspruch auf Zahlung einer Fehlfracht ist vom Eintritt eines Schadens völlig unabhängig (LG Hamburg vom 21. 3. 1941 — 7 S 8/41 — 31 C 448/40 AG Hamburg). Es wäre für einen Verstoß gegen Treu und Glauben oder eine unzulässige Rechtsausübung der Nachweis erforderlich, daß sich die Geltendmachung ganz oder teilweise als unzulässige Rechtsausübung darstellt und daß die Kündigung ausnahmsweise keinerlei Nachteile verursacht habe. Es genügt nicht, wie das Oberlandesgericht Hamburg vom 30. 3. 1938 (HansRZ 1938, 131) meint, daß dem Frachtführer durch die Kündigung kein Schaden entstanden sei; denn die Fautfracht ist eine dem Frachtführer zustehende gesetzliche Abstandssumme für die Ausübung des dem Absender eingeräumten freien Kündigungsrechts, die nicht von dem Nachweis abhängt, daß dem Frachtführer tatsächlich ein Schaden entstanden ist (RGZ 169, 203, 212).

c) Die Höhe der gesetzlichen Fautfracht ist nicht, wie nach der seerechtlichen Vorschrift des § 580 HGB, auf die Hälfte, sondern nur auf ein Drittel der bedungenen Fracht festgesetzt. Diese Ermäßigung ist erfolgt mit „Rücksicht auf die geringeren Ausrüstungskosten der Binnenschiffe und die häufige Gelegenheit zu anderweiter Verwendung des Schiffes" (so KommBer. S. 10, 23). Die Fautfracht wird von der „bedungenen Fracht" errechnet, von der im Einzelfall vereinbarten gesamten Fracht des Frachtvertrages, also von der gesamten Vergütung, die dem Frachtführer für die Erfüllung seiner Pflichten aus dem Frachtvertrag zusteht (BGH vom 12. 12. 1960 II ZR 41/59 in VerR 61, 170, RGZ 169, 203, 212, KG in JW 1933, 2466 Nr. 1). Es ist unerheblich, ob in dieser Fracht irgendwelche Schiffahrtsunkosten (z. B. Schleusen- und Zollgebühren, Schleppgelder, Umschlagsengelte) mit enthalten sind. Der Absender kann nicht verlangen, daß ihm diese „ersparten Schiffahrtsunkosten" oder ein Teil davon gutgebracht werden (vgl. Materialien S. 67 zu § 45). Vielmehr müssen bei Vorliegen einer „reinen Fracht" bei der Berechnung der Fautfracht auch die etwaigen sonstigen Gegenleistungen des Frachtführers in Ansehung der Beförderung der Frachtgüter (z. B. die Schleusen- und Schleppgelder bei einer Abmachung „frei Dampf und Schleusengelder") mit eingerechnet werden (so auch Mittelstein 1 I zu § 34 Anm. 3). Der Frachtführer kann eben stets die Berechnung der Fautfracht nach der gesamten vereinbarten Fracht verlangen; dies gilt auch bei der Fautfracht aus größeren Abschlüssen (Jahresabschlüssen oder sonstigen für eine längere Zeit oder mehrere Reisen vereinbarten Frachtverträgen), selbst wenn ein solcher einheitlicher Frachtvertrag in mehreren Frachtreisen hätte erledigt werden müssen (KG in JW 1933, 2466 Nr. 1). Handelt es sich dagegen nicht um einen einheitlichen Frachtabschluß, sondern um mehrere zusammengesetzte Reisen oder um Reisen mit Rückladungen, für die lediglich eine Gesamtfracht vereinbart war, so wird die Fautfracht nicht von dieser Gesamtfracht, sondern von der Fracht für den noch nicht zurückgelegten Teil der Reise berechnet. Die „Fautfracht besteht hier, wenn ein Teil der Reise bereits erledigt ist, nicht in einem Drittel der Gesamtfracht, sondern muß von einer Quote der Fracht berechnet werden, die dem noch nicht zurückgelegten Teil der Reise entspricht; die Frachtforderung für den vollendeten Teil bleibt daneben in Wirksamkeit; Fälle dieser Art sind bei der Binnenschiffahrt nicht häufig, so daß besondere Bestimmungen, wie in den seerechtlichen Vorschriften der §§ 583, 584 HGB, zu entbehren waren (Begr. S. 69).

d) Die Fälligkeit der Fautfracht tritt nach § 34 sofort mit dem Ablauf der Wartezeit ein. Denn dann ist der Frachtführer an den Frachtvertrag nicht mehr gebunden und „befugt, die Entschädigung zu verlangen". Es gelten demnach für die Fälligkeit der Fautfracht nicht die etwaigen Abmachungen über die Zahlung der Fracht; eine vereinbarte Stundung oder Befristung der Fracht gilt demnach nicht für die Fälligkeit der Fautfracht (ebenso Mittelstein 2 S. 177; a. A. Mittelstein 1 I zu § 34 Anm. 2). Der Anspruch auf Zahlung der Fautfracht ist eben „nicht davon abhängig, daß er die im Vertrage bezeichnete Reise ausführt" (§ 586 Abs. 2 HGB), sondern entsteht infolge der Kündigung des Frachtführers im Zeitpunkt des Ablaufes der Wartezeit.

e) Nach § 34 Satz 2 wird „ein bereits begründeter Anspruch auf Liegegeld (§§ 30, 31) nicht berührt". Dies ist, ebenso wie in der seerechtlichen Vorschrift des § 586 Abs. 3 HGB, „zur Verhütung von Mißverständnissen" (Begr. S. 69) erwähnt. Ein Anspruch auf Liegegeld entsteht dann nicht, wenn die Wartezeit mit dem Ablauf der Ladezeit endet (vgl. § 33 Anm. 3 a). In den anderen Fällen sind für den Frachtführer Liegegelder vor dem Ablauf der Wartezeit begründet, und zwar entweder aus einer Überschreitung der vereinbarten Überliegezeit (§ 31) oder für sonstiges Überschreiten der Ladezeit (§ 30). Nach § 34 Satz 2 muß der Liegegeldanspruch bis zum Ablauf der Wartezeit begründet sein. Nach dem Ablauf der Wartezeit steht dem Frachtführer grundsätzlich ein Liegegeldanspruch nicht mehr zu, da er an seine Erklärung, nicht mehr länger warten zu wollen, ebenfalls gebunden ist (KG in JW 1933, 2466 Nr. 1). Es sind aber auch nach dem Ablauf der Wartezeit Liegegelder zu entrichten, wenn der Frachtführer im Einverständnis mit dem Absender auch nach Ablauf der Wartezeit noch die Lieferung von Frachtgütern entgegennimmt (vgl. § 33 Anm. 1 b).

f) Nach § 68 tritt der Frachtvertrag, wenn der „Antritt der Reise durch Zufall dauernd verhindert wird", außer Kraft, ohne daß der eine Teil zur Entschädigung des anderen verpflichtet ist. Als eine solche dauernde Verhinderung ist es nach § 68 Ziff. 2 anzusehen, wenn die zu befördernden Güter verlorengehen, vorausgesetzt, daß sie nicht bloß nach Art und Gattung, sondern speziell im Frachtvertrag bezeichnet waren. In solchem Fall hat der Frachtführer nur einen Anspruch auf Erstattung der Liegegelder und Auslagen, die bereits begründet waren, als das Hindernis eintrat (Begr. S. 93).

3. Die vereinbarte Fautfracht

a) Die Vorschriften des § 34 sind ihrem gesamten Inhalt nach nicht zwingender Natur, so daß sie nur in Ermangelung vertraglicher Vereinbarungen Anwendung finden. Solche Abmachungen werden häufig getroffen. So wird nicht selten vereinbart, daß dem Frachtführer die Fautfracht schon nach Ablauf der Ladezeit zustehen soll, ohne daß es einer besonderen Erklärung oder der Einhaltung einer Wartezeit bedarf (§ 5 Abs. 3 der Verfrachtungsbedingungen der Oder-Reedereien). Die Höhe der Fautfracht wird meist auf die Hälfte der bedungenen Fracht vereinbart (§ 17 der Verfrachtungsbedingungen der Elbe-Reedereien, § 17 der Allgemeinen Verfrachtungsbedingungen für die Stromgebiete der Elbe und der Havel, ebenso auch auf dem Rhein). Manchmal wird auch der „Ersatz eines erweislich höheren Schadens" neben der Fautfracht vorbehalten (§ 5 Abs. 3 der Verfrachtungsbedingungen der Oder-Reedereien).

b) Es wird auch häufig vereinbart, daß dem Frachtführer ein Anspruch auf Fautfracht auch zustehen soll, wenn es sich um die Verfrachtung von Gütern auf Abruf innerhalb einer vereinbarten Frist oder zu einer vereinbarten Zeit handelt; bei vorbehaltenem Abruf wird der Entschädigungsanspruch meist zugebilligt, falls dem Frachtführer nicht oder nicht rechtzeitig innerhalb einer bestimmten Frist Mitteilung von der Versandbereitschaft gemacht worden ist (vgl. § 6 der Verfrachtungsbedingungen der Oder-Reedereien). Diese Vereinbarungen sind deshalb von Bedeutung, weil sonst, wenn es sich nicht um einen einheitlichen und festen Frachtvertrag handelt (vgl. Anm. 1 a), dem Frachtführer nur ein Rücktrittsrecht und ein Schadensersatzsanpruch nach § 326 BGB zustehen würde. Deshalb wird häufig für solche Fälle die entsprechende Anwendung der Vorschriften über die Fautfracht ausbedungen (vgl. OLG Hamburg in HansGZ Hauptbl. Nr. 39).

Ansprüche bei teilweisem Unterlassen der Beladung

§ 35

Hat der Absender bis zum Ablaufe der Wartezeit die Ladung nur teilweise geliefert, so ist der Frachtführer befugt, sofern der Absender nicht von dem Vertrage zurücktritt (§ 36), die Reise mit der unvollständigen Ladung anzutreten. Auf Verlangen des Absenders muß er die Reise jederzeit auch ohne die volle Ladung antreten.

In diesen Fällen gebührt dem Frachtführer nicht allein die Fracht für die volle Ladung und das etwaige Liegegeld, sondern er ist auch berechtigt, soweit ihm durch die Unvollständigkeit der Ladung die Sicherheit für die volle Fracht entgeht, die Bestellung einer anderweitigen Sicherheit zu fordern. Außerdem sind ihm die Mehrkosten, welche infolge der Unvollständigkeit der Ladung ihm etwa erwachsen, zu erstatten.

1. Die Befugnisse des Frachtführers und Absenders

a) Nach § 35 Abs. 1 ist der Frachtführer berechtigt und auf Verlangen des Absenders verpflichtet, die Reise mit der unvollständigen Ladung anzutreten, wenn der Absender bis zum Ablauf der Wartezeit die Ladung nur teilweise geliefert hat. Dem Frachtführer steht kein Kündigungsrecht zu, wie bei der vollständigen Unterlassung der Beladung (§ 34 Anm. 1 a); er ist also nicht befugt, den Frachtvertrag einseitig zur Auflösung zu bringen und die eingeladenen Frachtgüter wieder zu löschen. Nur der Absender kann nach § 36 den Rücktritt erklären und damit den Vertrag außer Kraft setzen. Macht der Absender von diesem Rücktrittsrecht keinen Gebrauch, so ist der Frachtführer befugt, nach Ablauf der Wartezeit mit dem eingeladenen Teil der Frachtgüter die Reise anzutreten (ebenso § 579 HGB). Der Absender kann dies nur verhindern, indem er seinen Rücktritt vom Frachtvertrag nach den §§ 36, 37 erklärt.

b) Nach § 35 Abs. 1 Satz 2 (ebenso § 578 HGB) ist der Frachtführer „auf Verlangen des Absenders" verpflichtet, die Reise „jederzeit" ohne die volle Ladung anzutreten. Der Absender kann dies jederzeit, also auch schon vor Ablauf der Ladezeit oder der etwa vereinbarten Überliegezeit, fordern; das „berechtigte Interesse des Absenders, bei seinen geschäftlichen Verfügungen auf eine etwaige Änderung der Umstände Rücksicht nehmen zu können, gebietet eine derartige Bestimmung" (Begr. S. 69, 70).

c) Wenn der Absender von seinen Befugnissen, den Rücktritt nach § 36 zu erklären oder den Antritt der Reise nach § 35 Abs. 1 Satz 2 zu verlangen, keinen Gebrauch macht, so liegt es in der freien Entschließung des Frachtführers, ob er nach Ablauf der Wartezeit mit der unvollständigen Ladung die Reise antreten oder noch weiter warten will. Denn er ist zum Antritt der Reise nach § 35 Abs. 1 Satz 1 nur „befugt" und nach § 35 Abs. 1 Satz 2 nur auf Verlangen des Absenders hierzu „verpflichtet". Es steht dem Frachtführer aber für dies weitere Warten Liegegeld nur zu, wenn der Absender dann noch weitere Frachtgüter anliefert (vgl. § 33 Anm. 1 b).

2. Die Ansprüche des Frachtführers bei Antritt der Reise

a) Der Frachtführer hat nach § 35 Abs. 2 (ebenso § 578 HGB) einen Anspruch auf die Fracht für die volle Ladung, wenn er mit der unvollständigen Ladung die Reise antritt. Er ist also nicht, wie im § 34, auf die Fautfracht beschränkt. Vielmehr steht ihm die vereinbarte oder übliche Fracht für den gesamten aus dem Frachtvertrag zu entnehmenden Umfang der Frachtgüter zu. Er hat die gesamte Fracht zu beanspruchen, die er nach dem Frachtvertrag bei Ausführung der Reise verlangen konnte (OLG Breslau in JW 1933, 857 Nr. 7). Er war ja auch bereit, die vollständige Ladung zu befördern. Es ist ohne Bedeutung, ob sich der Frachtführer hierbei besser oder schlechter steht (KG in JW 1933, 2466 Nr. 1; OLG 40, 232); auch eine Ausgleichung etwaiger Vorteile kann von ihm nicht verlangt werden, weil eine ausdrückliche dahingehende gesetzliche Bestimmung nicht besteht und eine entsprechende Anwendung der aus § 242 BGB gefolgerten Grundsätze der Vorteilsausgleichung begrifflich nicht möglich ist (RGZ 80, 153). Der Frachtführer braucht sich also nicht anrechnen zu lassen, wenn er durch die Beförderung der unvollständigen Ladung Schleusengebühren, Schleppkosten oder sonstige Schiffahrtsunkosten erspart; vielmehr steht ihm die Fracht für die vollständige Ladung unverkürzt zu (OLG Breslau in JW 1933, 857 Nr. 7). Es ist auch im § 35 (anders als in den §§ 587 Abs. 1, 588 Abs. 2 HGB) nicht vorgesehen, daß eine Anrechnung der Frachten zu erfolgen habe, die der Frachtführer durch die etwaige Mitnahme von sonstigen Frachtgütern für dritte Personen an Stelle des vom Absender nicht gelieferten Ladungsteils erzielt. Eine solche Anrechnung läßt sich auch nicht aus den allgemeinen Rechtsgrundsätzen (so Mittelstein 1 I zu § 35 Anm. 2 a), insbesondere nicht aus den §§ 324, 562, 615, 616, 649 BGB (so Mittelstein 2 S. 182) entnehmen, weil eine entsprechende Anwendung dieser Bestimmungen infolge der besonderen Vorschrift des § 35 nicht zulässig ist. Auch die Grundsätze der Vorteilsausgleichung können nicht verwendet werden, da es sich nicht um einen Schadensersatzanspruch, sondern um einen gesetzlich begründeten Anspruch auf die Fracht für die volle Ladung handelt (RGZ 80, 153). Der Gesetzgeber hätte sonst in der allein maßgeblichen besonderen Bestimmung des § 35, wie in vielen anderen Vorschriften (z. B. § 649 BGB, §§ 587, 588 HGB), eine Anrechnung solcher anderweit erzielten Einnahmen sicher vorgeschrieben (OLG Breslau in JW 1933, 857 Nr. 7); vielmehr ist im § 35 Abs. 2 Satz 2 sogar bestimmt, daß dem Frachtführer die aus der Unvollständigkeit der Ladung erwachsenen Mehrkosten erstattet werden müssen, ohne daß die Anrechnung hierbei erzielter Vorteile vorgesehen ist. Auch hieraus ist zu entnehmen, daß sich der Frachtführer den Verdienst, den er durch die Mitnahme von sonstigen Frachtgütern für dritte Personen an Stelle der nicht gelieferten Ladungsteile oder durch anderweite Verwertung des freigewordenen Raumes erzielt, nicht anrechnen zu lassen braucht (so OLG Hamburg in HansGZ Hauptbl. 1900, 112 Nr. 49; LG Hamburg in HansGZ Hauptbl. 1897 Nr. 94; AG Breslau vom 4. 7. 1932 — 75 C 169/31 —; a. A. Mittelstein 2 I zu § 35 Anm. 2 b, 2 S. 182, LZ 1916, 220).

b) Nach § 35 Abs. 2 (ebenso § 578 HGB) „gebührt dem Frachtführer das etwaige Liegegeld". Hiermit sollte zum Ausdruck gebracht werden, daß die bis zum Ablauf der Wartezeit und bis zum Antritt der Reise entstandenen Liegegelder (§§ 30, 31) für Überschreitung der Lade- oder Überliegezeit neben der Fracht zu entrichten sind (vgl. § 33 Anm. 1 b).

c) Ferner sind dem Frachtführer nach § 35 Abs. 2 Satz 2 (ebenso § 578 Satz 3 HGB) die „Mehrkosten" zu ersetzen, die ihm infolge der Unvollständigkeit der Ladung etwa erwachsen. Es kann sich hierbei um unmittelbare Kosten handeln, die der Frachtführer zur sicheren Durchführung der Reise wegen der unvollständigen Ladung mehr aufwenden muß, z. B. durch besondere Verstauung oder Festlegen der Ladung, durch Mitnahme von Ballast. Darüber hinaus kommen auch die etwaigen mittelbaren Mehrkosten in Betracht, weil beispielsweise das Schiff bei einer großen Haverei infolge der unvollständigen Ladung in größerem Verhältnis beitragspflichtig ist (§§ 78, 85).

d) Außerdem ist der Frachtführer nach § 35 Abs. 2 Satz 1 (ebenso § 578 HGB) berechtigt, die Bestellung einer „anderweitigen Sicherheit" zu fordern, soweit ihm durch die Unvollständigkeit der Ladung die Sicherheit für die volle Fracht entgeht. Nach § 26 in Verbindung mit § 440 HGB hat der Frachtführer ein gesetzliches Pfandrecht an den Frachtgütern wegen aller durch den Frachtvertrag begründeten Forderungen. Diese Sicherheit kann beeinträchtigt sein, wenn die Frachtgüter nicht vollständig geliefert werden, insbesondere wenn der Wert der Ladung die volle Fracht nicht mehr deckt. Deshalb soll der Frachtführer berechtigt sein, die Bestellung einer ergänzenden Sicherheit (§§ 232ff. BGB) von dem Absender zu verlangen. Bis zur Leistung dieser Sicherheit kann er den Antritt der Reise verweigern (§ 273 BGB). Er kann den Absender hierzu im Wege der Klage oder eines Arrestes anhalten. Für den hierdurch entstehenden Aufenthalt kann er Schadensersatz beanspruchen (§ 642 BGB), der ihm grundsätzlich in Höhe der Liegegelder zu bewilligen ist (vgl. § 32 Anm. 5 b). Der „Umstand allein, daß der Absender solche Sicherheit nicht stellt, berechtigt den Frachtführer aber nicht zum Rücktritt" (Begr. S. 69, 70). Dagegen steht dem Frachtführer eine Kündigung des Frachtvertrages nach den allgemeinen bürgerlich-rechtlichen Vorschriften (§§ 326, 643 BGB) in diesem Fall zu (RGZ 15, 74, 76).

3. Anderweite Vereinbarungen

Die Vorschrift des § 35 ist nicht zwingender Natur; sie wird in ihrer Anwendung auch nicht selten durch Vereinbarungen ausgeschlossen. So wird dem Frachtführer im Frachtvertrag mitunter, ebenso wie dem Absender nach § 36 ein Rücktrittsrecht eingeräumt, falls nur ein Teil der zu verfrachtenden Ladung angeliefert wird, jedoch mit der Maßgabe, daß für die fehlende Menge die volle Fracht zu zahlen ist (§ 6 Abs. 4 der Verfrachtungsbedingungen der Oder-Reedereien); diese Rechte des Frachtführers werden manchmal nur von dem Ablauf der Ladezeit und einem Lieferungsverzug des Absenders abhängig gemacht (a. a. O. §§ 5 Abs. 3, 6 Abs. 4). In den Frachtverträgen finden sich auch mitunter Abmachungen, die dem Frachtführer die Mitnahme von Gütern für dritte Personen untersagen und die Anrechnung der hierdurch erzielten anderweiten Einnahmen und der ersparten Schiffahrtsunkosten (z. B. Schleusen- und Schleppgelder) vorschreiben (vgl. Anm. 2 a).

Kündigung des Absenders vor Antritt der Reise

§ 36

Vor Antritt der Reise kann der Absender von dem Vertrage unter der Verpflichtung zurücktreten, den Frachtführer nach Maßgabe des § 34 zu entschädigen.

Macht der Absender von diesem Rechte Gebrauch, nachdem Ladung geliefert ist, so muß er auch die Kosten der Verladung und Wiederausladung tragen.

Der Frachtführer ist verpflichtet, den Aufenthalt, welchen die Wiederausladung verursacht, sich gefallen zu lassen, selbst wenn dadurch die Ladezeit und eine etwa bedungene Überliegezeit überschritten wird, wogegen ihm Liegegeld für die Zeit nach Ablauf der Ladezeit und außerdem Ersatz des durch die Überschreitung der Lade- und Überliegezeit entstandenen Schadens gebührt, soweit der letztere den Betrag des Liegegeldes übersteigt.

Der Frachtführer ist, wenn der Absender nach erklärtem Rücktritt die Wiederausladung über die Wartezeit hinaus verzögert, berechtigt, die Güter selbst auszuladen und dieselben in einem öffentlichen Lagerhaus oder in anderer sicherer Weise zu hinterlegen.

1. Zweck und Bedeutung des Kündigungsrechts

a) Nach § 36 Abs. 1 (ebenso im Seerecht nach § 580 HGB) kann der Absender, solange nicht die Reise angetreten ist, nach seiner freien Entschließung und ohne Begründung vom Frachtvertrag „zurücktreten". Es ist unerheblich, ob die Ladung vollständig, teilweise oder überhaupt noch nicht angeliefert war. Diese Regelung stellt einen Ausfluß des nach den allgemeinen bürgerlich-rechtlichen Vorschriften herrschenden Grundsatzes dar, wonach bei einem Werkvertrag der Besteller bis zur Vollendung des Werkes jederzeit den Vertrag kündigen kann (§ 649 BGB). Es handelt sich auch bei der Vorschrift der §§ 35, 36, die von einem Rücktrittsrecht sprechen, in Wirklichkeit um eine solche Kündigung, da der Frachtvertrag damit nicht von Anfang an unwirksam, sondern nur für die Zukunft beendet wird, und zwar ohne daß es einer besonderen Nachfristsetzung bedarf (RG vom 26. 5. 1937 — I 190/36 — in VerkehrsR 1937 Gruppe 3 b S. 301; OLG Hamburg in HansGZ Hauptbl. 1915 Nr. 20; OLG Hamburg vom 26. 6. 1951 — 2 U 225/50 in VRS 1953, 117). Dieses Kündigungsrecht des Absenders ist nicht zu trennen von der nur zur näheren Bestimmung der als gesetzliche Folge der Kündigung eintretenden Verpflichtung des Absenders, dem Frachtführer eine Abfindung zu gewähren; insoweit nimmt § 36 auf § 34 Bezug (RG in JW 1937, 2608 Nr. 52). Soweit das besondere Kündigungsrecht des Bestellers aus § 36 gegeben ist, schließt dieses als Sonderregelung die andersartige Regelung des Kündigungsrechts aus § 649 BGB aus.

Dagegen ist eine Vertragsaufhebung aus einem der Gesichtspunkte der §§ 325, 326 BGB daneben möglich, ebenso eine Vertragsbeendigung aus dem Gesichtspunkt, daß die Vertragserfüllung infolge eines von keinem Teil zu vertretenden Umstandes dauernd oder zeitweilig unmöglich geworden ist (§ 323 BGB, §§ 68, 71). Für eine Kündigung aus wichtigem Grund ist bei Frachtverträgen neben der mit Absicht schematischen Sonderregelung kein Raum. Deshalb kann neben diesem Kündigungsrecht dem Absender regelmäßig kein Recht zur Kündigung aus wichtigem Grund zugebilligt werden (RG I 21/642 I 119/41 in R 1942 Nr. 2868 = DR 1942, 1508, Nr. 11; RGZ 162, 203). Nur bei Frachtverträgen von längerer Dauer könnte in Ausnahmefällen in Anlehnung an die aus den §§ 626, 723 BGB, §§ 92, 133 HGB zu entnehmenden Rechtsgedanken eine Kündigung aus wichtigem Grund erwogen werden (RGZ 169, 203). Es ist unerheblich, ob das Schiff im ganzen verfrachtet ist oder ein verhältnismäßiger Teil oder ein bestimmter Raum verfrachtet ist oder der Vertrag Stückgüter zum Gegenstand hat oder ob ein einheitlicher Frachtvertrag vorliegt, der sich über einen gewissen Zeitraum oder auf eine größere Ladungsmenge erstreckt (DR 1942,.1509; RGZ 155, 182).

b) Voraussetzung für die Ausübung des Kündigungsrechts ist stets, daß der Absender sich als solcher ausweist und verfügungsberechtigt ist (RG bei Bolze 19 Nr. 5, Nr. 40 und 41). Hatte der Frachtführer einen Ladeschein (§ 72) ausgestellt, so besteht die Verfügungsberechtigung des Absenders nur, wenn der Absender im Besitz des Originalladescheins ist (RGZ 44, 116) und diesen dem Frachtführer zurückgibt (§ 72, §§ 447 Abs. 3, 448 HGB).

c) Macht der Absender von diesem Kündigungsrecht Gebrauch, so ist der Frachtführer nicht mehr berechtigt, die Reise mit der unvollständigen Ladung anzutreten (§ 35 Abs. 1 Satz 1), da mit dem Zugang dieser Kündigung der Frachtvertrag beendet ist (Begr. S. 70); er hat vielmehr nur einen Anspruch auf Entschädigung nach den §§ 36, 34. Das Kündigungsrecht „gereicht nicht nur dem Absender zum Vorteil, der sich gegebenenfalls mit einem mäßigen Opfer von seiner Vertragspflicht befreien kann, sondern ebenso dem Frachtführer, der statt einer besonders zu begründenden Schadensersatzforderung eine feste Abfindung erhält, die ihm mit Rücksicht auf die ersparten Schiffahrtsunkosten und die Möglichkeit anderweiter Verwendung des Schiffes eine auskömmliche Vergütung bietet" (Begr. S. 70). Zweck des § 36 ist es also, einen billigen Ausgleich zwischen den Interessen des Frachtführers und des Absenders zu schaffen (RG in JW 1937, 2609).

d) Das Kündigungsrecht aus § 35 steht dem Absender nicht zu, wenn er es zu vertreten hat, daß der Antritt der Reise dauernd unmöglich wird; vielmehr kann der Frachtführer dann nach § 324 BGB die volle Fracht beanspruchen. Diese Regelung gilt beispielsweise, wenn das Schiff bei dem Einladen durch Verschulden des Absenders oder seiner Erfüllungsgehilfen (§§ 276, 278 BGB) zerstört oder erheblich beschädigt wird. Hat der Frachtführer es dagegen zu vertreten, daß der Antritt der Reise unmöglich wird, weil er sich beispielsweise unberechtigt weigert, sein Schiff zur Verfügung zu stellen, so kann der Absender nach § 325 BGB Schadensersatz wegen Nichterfüllung verlangen oder vom Frachtvertrag zurücktreten, ohne daß er eine Entschädigung an ihn zu zahlen braucht. Handelt es sich um eine zeitweilige schuldhafte Verhinderung des Antritts der Reise, so ist bei einem Verschulden des Absenders der Frachtführer und umgekehrt der Absender berechtigt, einen Schadensersatzanspruch wegen der Verzögerung der Reise geltend zu machen (§§ 276, 278 BGB). Liegen dagegen Beförderungshindernisse vor, die durch zufällige, von keiner der Parteien zu vertretende Ereignisse hervorgerufen wurden, so findet bei dauernder Verhinderung § 68 und bei zeitweiliger Verhinderung der Reise § 71 Anwendung.

2. Inhalt der Kündigung des Absenders

a) Der Absender kann nach § 36 Abs. 1 „vor Antritt der Reise" kündigen. Nach der seerechtlichen Bestimmung des § 580 Abs. 2 HGB „wird im Sinne dieser Vorschrift die Reise schon dann als angetreten erachtet, wenn die Ladung bereits ganz oder zu einem Teil geliefert ist und auf die Wartezeit verzichtet ist oder wenn der Schiffer bereits abgefertigt ist". Eine dahingehende einschränkende Bestimmung wurde für das Binnenschiffahrtsgesetz zurückgewiesen (Begr. S. 70). Es ist also nach § 36 unerheblich, ob die Ladung überhaupt noch nicht, teilweise oder vollständig geliefert und eingeladen ist. Maßgebend ist allein der tatsächliche Antritt der Reise; das Schiff muß mit irgendwelcher Ladung den Ladeplatz zwecks Antritt der Frachtreise verlassen haben (OLG Hamburg in SeuffA 71, 290 Nr. 172, OLG 34, 397, HansGZ Hauptbl. 1911 Nr. 138, 1916 Nr. 110, HansRGZ 1936, 47 Nr. 20). Es genügt das Ablegen des Kahnes vom Ladeplatz nach Abschluß der Beladung in der Absicht, die Frachtreise anzutreten, selbst wenn der beladene Kahn dann am Einladeort überwintern muß (KG vom 26. 6. 1941 — 12 U 5437/40 — 52 C 1067/40 AG Berlin). Wenn der Frachtführer auf Grund eines einheitlichen Frachtvertrages an verschiedenen Ladeplätzen oder an mehreren Abgangsorten Frachtgüter einzuladen hatte, so ist die Reise mit der Abfahrt von dem ersten Ladeplatz angetreten (OLG Frankfurt a. M. in SeuffA 62, 93). Handelt es sich dagegen nicht um eine einheitliche, sondern um eine zusammengesetzte Reise, so werden die einzelnen Reiseabschnitte gesondert behandelt werden müssen (anders die §§ 580, 640 HGB); es steht dann dem Absender das Rücktrittsrecht in jedem Abladungshafen zu, jedoch unter Berücksichtigung eines angemessenen Frachtteils für die einzelnen Reiseabschnitte (vgl. Begr. S. 69 Abs. 2).

b) Eine besondere Form oder ein bestimmter Inhalt ist für die Kündigungserklärung des Absenders nicht vorgeschrieben; sie kann also schriftlich, mündlich, auch telefonisch erfolgen und muß lediglich erkennen lassen, daß der Absender sich endgültig und vollständig vom Frachtvertrag lossagen will (RG in JW 1937, 2608 Nr. 52; RG in Warn. 1911, 28 Nr. 23). Deshalb stellt auch die Weigerung des Absenders, die Ladung zu liefern, weil er beispielsweise den rechtswirksamen Abschluß eines Frachtvertrages bestreitet, eine Kündigung des Vertrages dar, wenn dieser tatsächlich zustande gekommen ist (RG in VerkehrsrR 1937 Gruppe 3 b S. 301; Handelsgericht Hamburg vom 5. 12. 1867 in HansGZ 1867, 396). Die Tatsache der Nichtlieferung der Ladung allein stellt eine Kündigung des Frachtvertrages grundsätzlich nicht dar, weil der Frachtführer dann die Auflösung des Frachtvertrages nach den §§ 33, 34 betreiben (vgl. § 33 Anm. 1 a) oder weiter auf Lieferung der Frachtgüter warten kann (vgl. § 33 Anm. 1 b, § 34 Anm. 1 c). Dagegen wird in der Erklärung des Absenders, keine Ladung liefern zu wollen, eine Kündigung regelmäßig zu erblicken sein (vgl. § 34 Anm. 1 a); die Weigerung des Absenders, das Ladegut zu stellen, wird regelmäßig als eine zur Zahlung der Reufracht verpflichtende Kündigung anzusehen sein (RG in JW 1937, 2608 Nr. 52); ebenso die Weigerung des Absenders, den Frachtvertrag voll zu erfüllen (RGZ 155, 180; 169/103; BGH vom 12. 12. 1960 — II ZR 41/59). So ist ein Schreiben, daß „weitere Lieferungen und Transporte abgestoppt werden", als eine Kündigung des Frachtvertrages aufzufassen (RGZ 155, 180; 169, 203, 211). Die Setzung einer Nachfrist oder das gleichzeitige Anbieten der Fautfracht ist für die Rechtswirksamkeit der Kündigung nicht erforderlich (OLG Hamburg in HansGZ Hauptblatt 1915 Nr. 20; OLG Hamm in OLG 40, 232).

3. Die Ansprüche des Frachtführers

a) Nach § 36 ist der Absender bei Kündigung des Frachtvertrages verpflichtet, den Frachtführer nach Maßgabe des § 34 zu entschädigen. Diese Bezugnahme auf § 34 bedeutet, daß sich die Höhe der Entschädigung, die man in den Kreisen der Binnenschiffahrttreibenden ebenfalls als Fautfracht (Fehlfracht, Reufracht) bezeichnet, auf ein Drittel der bedungenen Fracht errechnet (OLG Hamm in OLG 40, 232). Es handelt sich auch hier, wie bei der Fautfracht aus § 34, um eine gesetzlich festgelegte Vergütung, die weder den Nachweis eines Schadens noch eines Verschuldens des Absenders voraussetzt (vgl. § 34 Anm. 2 a, b). Das Recht auf diese Fehlfracht setzt irgendwelche besonderen Gegenleistungen des Frachtführers, insbesondere ein weiteres vergebliches Warten mit dem zur Beförderung bereit gehaltenen Schiff, nicht voraus, da der Absender durch seine Kündigung auf diese Gegenleistungen gerade verzichtet (OLG Rostock in OLG 32, 193). Die Ausübung des Kündigungsrechts hängt nur von der Entschließung des Absenders ab und ist an weitere Voraussetzungen, insbesondere das Bereitstellen eines ladebereiten Schiffes durch den Frachtführer, nicht gebunden (RG in JW 1937, 2608 Nr. 52). Es ist auch unerheblich, ob der Frachtführer sein Schiff sofort anderweit benutzen kann, da ihm die Entschädigung gerade mit Rücksicht auf die Möglichkeit dieser anderweiten Verwendung und auf ersparte Schiffahrtsunkosten eine auskömmliche Vergütung gewähren soll (OLG Hamm in OLG 40, 232). Die Fautfracht berechnet sich auch hier in Höhe eines Drittels der gesamten vereinbarten Fracht, ohne Abzug etwaiger ersparter Schiffahrtsunkosten (vgl. § 34 Anm. 2 c).

b) Der Frachtführer ist ferner, wie nach § 34, berechtigt, die für die Zeit nach Ablauf der Ladezeit entstandenen Liegegelder zu verlangen (vgl. § 34 Anm. 2 e). Waren bei dem Zugang der Kündigungserklärung überhaupt noch keine Frachtgüter eingeladen, so sind die Liegegelder nur bis zu diesem Zeitpunkt zu entrichten; denn damit ist der Frachtvertrag beendet. Muß dagegen eine Wiederausladung schon gelieferter und eingeladener Frachtgüter vorgenommen werden, so erhält der Frachtführer nach § 36 Abs. 3 für dies Warten auf die Wiederausladung über die Lade- und Überliegezeit hinaus nicht nur das Liegegeld (§ 32), sondern er kann den Ersatz eines höheren Schadens (§§ 249, 252 BGB) beanspruchen (ebenso § 581 HGB). Ein solcher Schaden kann ihm entstehen, wenn er verhindert wurde, ein günstiges neues Frachtgeschäft anzunehmen oder einen bereits abgeschlossenen anderen Frachtvertrag zu erfüllen. Dafür ist der Frachtführer aber nach § 36 Abs. 2 verpflichtet, sich den durch die Wiederausladung verursachten Aufenthalt gefallen zu lassen. Er kann nach § 36 Abs. 4 die Güter selbst ausladen und auf Kosten des Absenders in einem öffentlichen Lagerhaus oder in anderer sicherer Weise hinterlegen, wenn der Absender nach erklärtem Rücktritt die Wiederausladung „über die Wartezeit hinaus" verzögert. Der Frachtführer ist also berechtigt, dem Absender nach Zugang der Kündigung zu erklären, daß er für die Wiederausladung nur die Wartezeit (§ 33) zur Verfügung stelle. Nach Ablauf dieser Wartezeit ist der Frachtführer befugt, die dann noch immer nicht vorgenommene Wiederausladung auf Kosten des Absenders selbst zu besorgen, und zwar ohne gerichtliche Inanspruchnahme dann die Hinterlegung vorzunehmen und sich wegen des ihm zustehenden Pfandrechts (§ 440 HGB) aus den Frachtgütern zu befriedigen.

c) Nach § 36 Abs. 2 (ebenso § 581 Abs. 1 HGB) muß der Absender auch die Kosten der Verladung und Wiederausladung tragen, wenn er von seinem Kündigungsrecht Gebrauch macht, nachdem Ladung geliefert war. Er hat dem Frachtführer nicht nur die Kosten der Wiederausladung, sondern abweichend von der Regelung des § 41 auch die für die Einladung gemachten Aufwendungen zu erstatten. Es ist unerheblich, wer die Beladung der Frachtgüter nach dem Frachtvertrag zu besorgen und die Kosten zu tragen hatte. Selbst dann, wenn der Frachtführer die Einladung oder die Mithilfe dabei auf Grund des Frachtvertrages ohne besondere Vergütung neben der Fracht vornehmen mußte, hat er im Falle der Wiederausladung auch einen Anspruch auf Ersatz dieser durch seine Mitwirkung bei der Einladung entstandenen Kosten.

Wiederausladung nach Antritt der Reise

§ 37

Nachdem die Reise angetreten ist, kann der Absender die Wiederausladung der Güter vor Ankunft derselben am Ablieferungsorte nur gegen Berichtigung der vollen Fracht sowie aller sonstigen Forderungen des Frachtführers und gegen Berichtigung oder Sicherstellung der Beiträge zur großen Haverei und der Bergungs- oder Hilfskosten, welche auf den Gütern haften, fordern.

Im Falle der Wiederausladung hat der Absender nicht nur die hierdurch entstandenen Mehrkosten, sondern auch den Schaden zu ersetzen, welcher aus dem durch die Wiederausladung verursachten Aufenthalt dem Frachtführer entsteht.

1. Das Anweisungsrecht des Absenders

a) Nach § 26 in Verbindung mit § 433 Abs. 1 HGB kann der Absender den Frachtführer anweisen, das Gut anzuhalten, zurückzugeben oder an einen anderen auszuliefern. Eine Anweisungsänderung im Sinne von § 433 HGB liegt jedoch nur vor, wenn es sich um Anweisungen handelt, die von ursprünglichen im Frachtvertrag festgelegten Weisungen abweichen, also nicht, wenn lediglich die dem Vertrag zugrunde liegende Weisung durchgeführt werden soll (BGH vom 14. 4. 1953 — IZR 152/52 in VRS 1953, 437).

Der Frachtführer ist verpflichtet, eine solche Anweisung zu befolgen (RG in JW 1897, 13 Nr. 33). Zur Durchführung dieser grundsätzlichen Regelung (vgl. Begr. S. 70/71) ist im § 37 Abs. 1 (ebenso wie in der seerechtlichen Vorschrift des § 582 HGB) bestimmt, daß der Absender, nachdem die Reise angetreten ist, die Wiederausladung der Güter vor Ankunft am Ablieferungsort verlangen kann. Der Absender kann nicht die Wiederausladung eines Teils, sondern nur der gesamten Ladung verlangen.

b) Die Wiederausladung hat an demjenigen Ort zu erfolgen, an dem sich das Schiff im Zeitpunkt dieser Anweisung des Absenders befindet. Der Absender ist (ebenso wie nach der ausdrücklichen seerechtlichen Vorschrift des § 582 Abs. 3 HGB) nicht berechtigt, „eine Änderung der Reiserichtung oder die Zurücklegung einer weiteren Strecke zu verlangen" (Begr. S. 71). Der Frachtführer braucht also nicht nach dem Abgangsort zurückzufahren; er ist aber nach dem Grundsatz von Treu und Glauben (§ 242 BGB) verpflichtet, eine für die Wiederausladung geeignete, in der Reiserichtung liegende Stelle aufzusuchen. Bei einer behördlichen Beschlagnahme tritt an die Stelle des angewiesenen Ablieferungsortes der behördlich angeordnete Ablieferungsort. Dieser Anordnung müssen die Ladungsbeteiligten sich fügen, wenn sie nicht eine Aufhebung der Beschlagnahme durchsetzen (KG vom 11. 2. 1941 — 2 U 5850/40 — 161 C 202/40 AG Berlin-Mitte).

c) Voraussetzung für die Ausübung dieser Pflicht ist auch hier, daß sich der Absender als solcher ausweist und verfügungsberechtigt ist (RG bei Bolze 19 Nr. 5, 40, 41). Nach § 26 in Verbindung mit § 433 Abs. 2 HGB erlischt das Verfügungsrecht des Absenders, wenn nach der Ankunft des Gutes am Ort der Ablieferung der Frachtbrief dem Empfänger übergeben wird. Ist ein Ladeschein ausgestellt, so besteht die Verfügungsberechtigung des Absenders nur, wenn er im Besitz des Originalladescheins (RGZ 44, 116) ist (vgl. § 36 Anm. 1 b).

d) Ferner muß die Reise tatsächlich angetreten sein; das Schiff muß mit Ladung den Ladeplatz zwecks Antritt der Reise verlassen haben (vgl. § 36 Anm. 2a).

2. Die Ansprüche des Frachtführers

a) Nach § 37 kann der Absender die Wiederausladung der Güter „nur gegen Berichtigung der vollen Fracht" verlangen. Der Frachtführer ist also berechtigt, die volle unverkürzte Fracht für die ganze Reise nach dem Frachtvertrag zu verlangen, ohne ersparte Schiffahrtsunkosten oder anderweit sofort erzielte Frachteinnahmen zur Anrechnung zu bringen (OLG Breslau in JW 1933, 857 Nr. 7; § 35 Anm. 2a). Zu der Fracht gehören alle aus dem Frachtvertrag sich ergebenden Forderungen des Frachtführers, also auch Spesen und Auslagen. Ist eine Bruttofracht vereinbart, in der sämtliche, den Frachtführer treffende Unkosten, wie Schleusengelder und Schlepplohn, enthalten sind, so kann der Frachtführer die volle vereinbarte Bruttofracht beanspruchen, ohne sich die durch die Nichtausführung ersparten Unkosten anrechnen lassen zu müssen. Das gleiche gilt bei Vereinbarung einer Nettofracht (Anteilfracht), wenn der Frachtführer eine reine Fracht erhalten und der Absender die Zahlung der Schleusen- und Schleppgelder übernehmen soll.

b) Ferner sind alle sonstigen Forderungen des Frachtführers von dem Absender zu begleichen. Hierzu gehören die Liegegelder (§ 30) für das Liegen im Abladehafen, die verauslagten Schleusen- und Zollgelder und sonstigen für die Frachtgüter gemachten Auslagen. Einer Anzeige der Löschbereitschaft bedarf es nicht; sie kann auch in der Mitteilung der beschlagnahmenden Behörde an diejenigen, zu deren Gunsten die Beschlagnahme erfolgt ist, daß die Ladung für ihn bereit liegt, gefunden werden (KG vom 11. 2. 1941 — 2 U 5850/40 — 161 C 202/40). So genügt es auch, wenn dem Frachtführer die Wiederausladung mitgeteilt wird und er hiermit sein Einverständnis erklärt (KG vom 26. 6. 1941 — 12 U 5437/40 — 52 C 1067/40 AG Berlin-Mitte).

c) Weiter ist der Frachtführer berechtigt, eine Berichtigung oder Sicherstellung der anteiligen, auf die Ladung entfallenden Beiträge zur großen Haverei (§ 91) und der Bergungs- und Hilfskosten (§ 99) zu fordern.

d) Außerdem hat der Frachtführer nach § 37 Abs. 2 (ebenso § 582 HGB) einen Anspruch auf Ersatz der ihm durch die Wiederausladung entstandenen „Mehrkosten". Er kann also nicht, wie im § 36 Abs. 2, die gesamten Kosten der Wiederausladung von dem Absender erstattet verlangen (vgl. § 36 Anm. 3 c), sondern nur die ihm gegenüber der ordnungsmäßigen Entladung nach vollendeter Reise am Abladeort verursachten höheren Kosten. Es muß also davon ausgegangen werden, in welcher Weise die Entladung nach dem Frachtvertrag vorzunehmen war, welche Kosten dem Frachtführer hierdurch entstanden wären und welche höheren Kosten er durch die Wiederausladung tatsächlich gehabt hat.

e) Endlich muß der Absender nach § 37 Abs. 2 (ebenso § 582 HGB) dem Frachtführer auch den Schaden ersetzen, der durch den Aufenthalt am Abladeort infolge der Wiederausladung verursacht wird. Der durch die Anweisung des Absenders erforderlich gewordene Aufenthalt am Abladeort geht zu Lasten des Absenders. Den gesamten hierdurch verursachten Schaden kann der Frachtführer erstattet verlangen, z. B. die höheren Hafengebühren, einen über die Liegegelder hinausgehenden Schaden. Die durch die vorzeitige Beendigung der Reise erwachsenen Vorteile braucht sich der Frachtführer auch auf diesen Schaden nicht anrechnen zu lassen (vgl. Anm. 2 a; § 35 Anm. 2 a).

f) Nur „gegen Berichtigung" dieser gesamten Ansprüche braucht der Frachtführer die Wiederausladung der Frachtgüter vorzunehmen. Er kann also Zug um Zug gegen Auslieferung die Begleichung verlangen. Nach § 26 in Verbindung mit § 440 HGB hat er wegen aller dieser Ansprüche ein gesetzliches Pfandrecht an den Frachtgütern.

3. Zufällige oder schuldhaft herbeigeführte Beförderungshindernisse

Wenn die Fortsetzung der Reise durch ein zufälliges Ereignis verhindert wird, so kommen die besonderen Vorschriften der §§ 68—70 zur Anwendung, während bei schuldhaft verursachter Herbeiführung eines solchen Hindernisses die allgemeinen bürgerlich-rechtlichen Vorschriften gelten (vgl. § 36 Anm. 1 d).

Teilverfrachtung und Stückgüterverfrachtung

§ 38

Ist nicht das Schiff im ganzen, sondern ein verhältnismäßiger Teil oder ein bestimmt bezeichneter Raum desselben verfrachtet oder hat der Frachtvertrag Stückgüter im Gewichte von 10000 Kilogramm oder mehr zum Gegenstande, so kommen die Vorschriften der §§ 28 bis 37 mit folgenden Abweichungen zur Anwendung:

1. die Ladezeit beträgt für den einzelnen Absender bei einer von ihm zu liefernden Ladung

bis zu 50000 Kilogramm einen Tag,
bis zu 100000 Kilogramm zwei Tage

und so fort in Stufen von 50000 Kilogramm je einen Tag mehr für jede höhere Stufe bis zu Ladungen von 500000 Kilogramm; von da ab steigt die Ladezeit für je 100000 Kilogramm um je einen Tag; bei Ladungen über 1000000 Kilogramm beträgt die Ladezeit sechzehn Tage. Eine Verpflichtung zur Entrichtung von Liegegeld (§ 30) tritt jedoch in keinem Falle vor Ablauf von drei Tagen seit dem Zeitpunkte ein, mit welchem die Ladezeit einem der Absender gegenüber zuerst zu laufen begonnen hat; der Frachtführer ist indes nicht berechtigt, von mehreren Absendern gleichzeitig für denselben Tag das Liegegeld mehrfach zu beanspruchen;

2. der Frachtführer erhält in den Fällen des § 34 und des § 36 Abs. 1 als Entschädigung nicht bloß ein Drittel, sondern die Hälfte der Fracht, es sei denn, daß sämtliche Absender keine Ladung liefern oder zurücktreten;

3. der Absender kann in den Fällen der §§ 36, 37 die Wiederausladung nicht verlangen, wenn dieselbe eine Verzögerung der Reise zur Folge haben oder eine Umladung oder Umstauung nötig machen würde, es sei denn, daß zugleich die Genehmigung aller übrigen Absender beigebracht und auch das Schiff durch die Wiederausladung nicht gefährdet wird. Außerdem ist der Absender verpflichtet, die Mehrkosten und den Schaden zu ersetzen, welche durch die Wiederausladung entstehen.

1. Der Begriff der Teil- und Stückgüterverfrachtung

a) Nach § 38 Abs. 1 finden die Vorschriften der §§ 28—37, in denen die Gesamtverfrachtung geregelt ist, auf die Teilverfrachtung und Verfrachtung von Stückgütern im Gewicht von 10000 kg oder mehr grundsätzlich Anwendung, soweit nicht „Abweichungen“ besonders vorgesehen sind. Eine solche Teilverfrachtung liegt nach § 38 Abs. 1 (ebenso wie nach der seerechtlichen Vorschrift des § 587 Abs. 1 HGB) dann vor, wenn nicht das Schiff im ganzen, sondern ein verhältnismäßiger Teil oder ein bestimmt bezeichneter Raum verfrachtet wird. Es ist also entscheidend, daß nach dem Inhalt des Frachtvertrages das Schiff nicht mit allen seinen verfügbaren Laderäumen, sondern nur ein bestimmter Teil des Schiffes, also einzelne Laderäume zur Beförderung der Frachtgüter angenommen werden (vgl. § 27 Anm. 1 a). Eine solche Teilverfrachtung kommt im Binnenschiffahrtsverkehr im Gegensatz zum Seeverkehr nur selten vor, da meist ein für den Umfang der Frachtgüter passendes Schiff im ganzen für die Beförderung ausgewählt wird.

b) Dagegen erfolgt die Beförderung von Stückgütern, d. h. von einzelnen nach Zahl, Maß oder Gewicht gekennzeichneten Frachtgütern, meist nicht im Wege der Gesamtverfrachtung, sondern entweder durch Annahme eines verhältnismäßigen Teils eines Schiffes oder ohne Hinweis auf den Schiffsraum. Es liegt also „an und für sich ein Frachtvertrag über Stückgüter stets vor, wenn weder das ganze Schiff zur Ausführung eines Frachtvertrages zu verwenden noch ein verhältnismäßiger Teil oder bestimmter Raum des Schiffes verfrachtet ist“ (Begr. S. 72; vgl. Materialien S. 71). Die „Menge und Beschaffenheit der Güter, insbesondere ob sie lose oder verpackt verladen werden, ist hierfür nicht von Erheblichkeit; unter den Begriff der Stückgüterverfrachtung können demnach auch Gütersendungen von sehr beträchtlichem Umfang fallen, bei welchem die Gewährung einer bestimmten und auskömmlichen Ladezeit ebensosehr als ein Bedürfnis anzuerkennen ist wie im Falle der Gesamt- oder Teilverfrachtung“ (Begr. S. 72). Deshalb ist in den §§ 38, 40 für die Stückgüterverfrachtung, soweit der Frachtvertrag Stückgüter im Gewicht von 10000 kg und mehr zum Gegenstand hat, die gleiche Regelung wie für die Teilverfrachtung vorgesehen, während für die Verfrachtung von Stückgütern unter 10000 kg im § 39 noch einige besondere Bestimmungen aufgenommen sind, insbesondere die Verpflichtung des Absenders zur unverzüglichen Lieferung der Ladung. Es erschien „unbillig, in den Fällen der Verfrachtung von Stückgütern im Gewicht von 10000 kg oder mehr dem Absender diese Verpflichtung zur unverzüglichen Lieferung der Güter aufzuerlegen“; es war daher gerechtfertigt,

„den Frachtvertrag, welcher Stückgüter betrifft, deren Gewicht über einen bestimmten Betrag hinausgeht, der Teilverfrachtung gleichzustellen“ (Begr. S. 72).

c) Nach § 131 Abs. 1 gelten die §§ 38—40 über die Teil- und Stückgüterverfrachtung nicht für den sog. Hafen- oder Ortsverkehr; sie finden „bei Schiffen, die nur zu Fahrten innerhalb desselben Ortes bestimmt sind“, keine Anwendung. Vielmehr regelt sich dieser Hafenverkehr nach den örtlichen Übungen und nach den allgemeinen bürgerlich-rechtlichen Vorschriften.

2. Die Regelung der Teil- und Stückgüterverfrachtung

a) Nach § 38 Abs. 1 kommen auf die Teil- und Stückgüterverfrachtung (im Gewicht von 10000 kg und mehr) die Vorschriften der §§ 28—37 über die Gesamtverfrachtung mit einigen „Abweichungen“ zur Anwendung, die in den §§ 38, 40 enthalten sind. Es handelt sich hierbei um Ausnahmen, so daß im übrigen alle sonstigen Bestimmungen der Gesamtverfrachtung anzuwenden sind. Demnach sind auch für diese Teil- und Stückgüterverfrachtung die Rechtsbeziehungen zwischen dem Frachtführer und Absender, insbesondere über die Ladebereitschaft, Ladezeit, Überliegezeit, Liegegeld, Wartezeit, Rücktritt, Fautfracht, in gleicher Weise geregelt wie bei der Gesamtverfrachtung (§§ 27—37), soweit nicht in den §§ 38, 40 die folgenden Abweichungen bei der Ladezeit, dem Liegegeld, der Fautfracht und bei der Wiederausladung bestimmt sind.

b) Nach § 38 Nr. 1 hat der Frachtführer jedem der verschiedenen Absender eine Ladezeit zu gewähren, während bei der Gesamtverfrachtung nur eine einheitliche Ladefrist in Betracht kommt, selbst wenn der Frachtvertrag mit mehreren Absendern geschlossen sein sollte (vgl. § 27 Anm. 1b; § 29 Anm. 3a). Bei der Teil- und Stückgüterverfrachtung „tritt jeder einzelne Absender dem Frachtführer selbständig gegenüber und für eine Gesamtfrist fehlt es in diesem Falle, da die mehreren Absender untereinander in keiner Beziehung stehen, an den nötigen Voraussetzungen; die Dauer der Ladezeit kann sich hier vielmehr für jeden Absender nur nach der Menge der von ihm zu verladenden Güter bestimmen und die Frist wird auch für jeden einzelnen und durch die ihm gegenüber von dem Frachtführer abgegebene Erklärung der Ladebereitschaft in Lauf gesetzt; es bestehen demnach so viele selbständige Ladefristen, als Absender vorhanden sind“ (Begr. S. 72). Diese Ladezeiten berechnen sich für die einzelnen Absender nach dem Gewicht der von diesen zu liefernden Teilladungen. Es ist auch hier grundsätzlich das tatsächlich eingeladene Gewicht der einzelnen Ladungen zugrunde zu legen; jedoch wird man eine bestimmte Gewichtsangabe in den Frachtpapieren auch hierfür maßgebend erachten müssen (vgl. § 29 Anm. 3 a).

c) Die Dauer der gesetzlichen Ladezeit ist gegenüber der Gesamtverfrachtung eine geringere, weil der Frachtführer jedem der Absender eine selbständige Ladezeit einzuräumen hat. Sie beträgt für den einzelnen Absender bei einer von ihm zu liefernden Ladung bis zu 50000 kg (50 t) einen Tag; sie steigt um je einen Tag für 50000 kg bis zu 500000 kg; von da ab steigt sie für je 100000 kg um je einen Tag mit einer Höchstgrenze von 16 Tagen — bei Ladungen über 1000000 kg —. Diese gesetzliche Ladezeit ist aber nicht zwingend vorgeschrieben, sondern findet nur insoweit Anwendung, als nicht durch Vereinbarung oder Verordnung der höheren Verwaltungsbehörde ein anderes bestimmt ist (§ 29 Abs. 4). Auch für die Teil- und Stückgüterverfrachtung werden in erheblichem Umfang Abmachungen über die Dauer der Ladezeit in den Frachtverträgen getroffen; ferner sind auch hier durch die Verordnungen der zuständigen höheren Verwaltungsbehörden (§ 133) kürzere Lade- und Löschzeiten festgesetzt worden (vgl. § 29 Anm. 3b).

Diese festgesetzten Ladezeiten gelten in der Bundesrepublik nach einer Verordnung vom 12. 9. 1940 (BGBl. I S. 246) und den hierzu von den höheren Verwaltungsbehörden (Mittelbehörden) auf Grund der §§ 29, 48 BSchG erlassenen Verordnungen. Die festgesetzten Ladezeiten finden Anwendung, wenn eine anderweite vertragliche Vereinbarung fehlt; die im § 38 Nr. 1 vorgesehenen längeren gesetzlichen Ladezeiten sind durch diese behördliche Festsetzung praktisch ausgeschaltet (vgl. § 29 Anm. 3 b).

d) Die Anzeige der Ladebereitschaft (§ 28) muß der Frachtführer jedem Absender machen. Er ist berechtigt, „mehreren Absendern die Ladebereitschaft für denselben Tag zu erklären und an diesem Tag die Verladung der betreffenden Güter auszuführen" (Begr. S. 73). Dabei hat er aber „dafür zu sorgen, daß die Verladung auch tatsächlich geschehen kann und nicht etwa durch die Güter anderer Absender verhindert wird; anderenfalls wird wegen Mangels der Ladebereitschaft die betreffende Ladezeit trotz der Bereitschaftsanzeige nicht in Lauf gesetzt" (Begr. S. 73). Auf diese Weise kann der Frachtführer vermeiden, daß bei einer Teilverfrachtung der gesamten Laderäume und bei einer größeren Anzahl von Absendern eine längere Ladezeit entsteht als bei einer Gesamtverfrachtung des Schiffes. Der Frachtführer wird daher „regelmäßig eine bestimmte Reihenfolge unter den mehreren Absendern festsetzen und die Absender hiervon verständigen" (Begr. S. 73).

e) Die vereinbarte Überliegezeit (§ 31) ist im § 38 nicht besonders erwähnt. Nach den §§ 31, 29 Abs. 2 finden für die Dauer der Überliegezeit die Bestimmungen über die Ladezeit Anwendung. Es gelten hier aber nicht die Sätze des § 29 Abs. 2, sondern des § 38 Nr. 1, jedoch mit der Begrenzung aus § 31 auf höchstens eine Woche. Auch bei den Teil- und Stückgutverfrachtungen gilt diese gesetzliche Überliegezeit nur in Ermangelung anderer Vereinbarungen oder der Verordnungen der höheren Verwaltungsbehörden (vgl. Anm. 2c; § 31 Anm. 3 a, b).

f) Für jeden Absender läuft eine besondere Ladezeit, die durch die Anzeige der Ladebereitschaft in Lauf gesetzt wird (vgl. Anm. b, c). Nach den §§ 36, 38 hat der Frachtführer einen Anspruch auf Zahlung von Liegegeld für Überschreitung der Ladezeit. Da der Frachtführer gleichzeitig mehreren Absendern die Ladebereitschaft anzeigen kann (vgl. Anm. c), so könnte er gegen mehrere Absender einen mehrfachen Liegegeldanspruch für denselben Tag der Überschreitung der Ladezeit erheben. Eine solche „widersinnige Begünstigung" des Frachtführers (StenBer. 1895 S. 1967, 1968) ist durch Aufnahme des Zusatzes im § 38 Nr. 1 ausgeschaltet; danach ist der Frachtführer nicht berechtigt, von mehreren Absendern gleichzeitig für denselben Tag das Liegegeld mehrfach zu beanspruchen. Es sollte aber keineswegs mit dieser Vorschrift die Haftung der mehreren in Betracht kommenden Absender als Gesamtschuldner beseitigt werden, sondern es sollte nur eine doppelte Liegegeldforderung für den gleichen Tag ausgeschlossen werden. Der Frachtführer ist berechtigt, wenn die Ladezeiten von mehreren Absendern überschritten werden, für die in Betracht kommende Zeit die mehreren hieran beteiligten Absender als Gesamtschuldner nach den §§ 421ff. BGB in Anspruch zu nehmen (ebenso Begr. S. 73). Eine weitere Einschränkung enthält der § 38 Nr. 1 insofern, als eine Verpflichtung zur Entrichtung von Liegegeld (§ 30) in keinem Fall vor Ablauf von drei Tagen seit dem Zeitpunkt eintritt, mit welchem die Ladezeit einem der Absender gegenüber zuerst zu laufen begonnen hat. Der Frachtführer kann hiernach Liegegeld frühestens von dem vierten Tag seit dem Beginn der ersten Ladezeit an verlangen.

g) Nach § 38 Nr. 2 erhält der Frachtführer, wenn die einzelnen Absender vom Frachtvertrag zurücktreten (§ 36 Abs. 1) oder keine Ladung liefern (§ 34), die Fautfracht nicht bloß in Höhe von einem Drittel, sondern von der Hälfte der vereinbarten Fracht (anders die seerechtliche Vorschrift des § 587 Nr. 1 HGB). Diese Erhöhung wurde vorgenommen, weil der Frachtführer bei dem Rücktritt oder der Nichtlieferung einzelner Teilverfrachter „insofern ungünstiger steht, als er die Reise für die übrigen Absender ausführen muß und es dahin steht, ob er gerade für diese Reise noch rechtzeitig Ladung für den freigewordenen Raum findet; ersparte Schiffahrtsunkosten und anderweit verdiente Fracht braucht sich der Frachtführer auch hier nicht anrechnen zu lassen" (Begr. S. 74; § 34 Anm. 2b, § 36 Anm. 3b). Die Fautfracht ermäßigt sich aber auf die Sätze der §§ 34, 36, also auf ein Drittel der Frachten, wenn „sämtliche Absender keine Ladung liefern oder zurücktreten" (§ 38 Nr. 2). Dann braucht der Frachtführer die Reise überhaupt nicht durchzuführen, kann also ein anderes Frachtgeschäft abschließen.

h) Nach § 38 Nr. 3 ist das dem Absender in den §§ 36, 37 eingeräumte Recht, die Wiederausladung der Frachtgüter vor oder nach Antritt der Reise zu verlangen, bei einer Teil- und Stückgüterverfrachtung erheblich eingeschränkt. Danach kann der Absender die Wiederausladung nicht verlangen, wenn dies eine Verzögerung der Reise zur Folge hat oder eine Umladung oder Umstauung nötig macht, es sei denn, daß die Genehmigung aller übrigen Absender beigebracht wird. Es sind also diesem Recht der Absender, eine Wiederausladung zu verlangen, „Schranken insofern gezogen, als dasselbe ausgeschlossen sein soll, wenn die Ausladung eine Verzögerung der Reise oder eine Umladung oder Umstauung nötig machen würde" (Begr. S. 74). Diese einschränkenden Erfordernisse werden regelmäßig anzunehmen sein, wenn die Wiederausladung nicht während der Einladung sonstiger Teilladungen erfolgen kann. Nur „wenn die übrigen Absender sämtlich ihre Genehmigung erteilen, deren Beschaffung und Beibringung allein Aufgabe des betreffenden Teilverfrachters ist, kann einem solchen Verlangen nach Wiederausladung entsprochen werden" (Begr. S. 74), wenn das Schiff hierdurch nicht gefährdet wird. Eine solche Gefährdung kann vor allem durch eine ungleichmäßige Belastung des Schiffes verursacht werden. Deshalb wird dem Frachtführer, der „neben dem Interesse der Gesamtheit der Absender einen selbständigen Schutz zu beanspruchen hat, das Recht gewährt, eine Wiederausladung von Gütern unabhängig von der etwa erteilten Genehmigung der übrigen Absender zu verweigern" (Begr. S. 74). Diese Regelung greift nicht Platz, wenn sämtliche Absender die Wiederausladung der von ihnen verfrachteten Güter verlangen; dann finden die §§ 36, 37 und nicht § 38 Nr. 3 Anwendung, weil diese Vorschrift lediglich das Verlangen einzelner Absender nach Wiederausladung betrifft (Begr. S. 74); eine Gefährdung des Schiffes kann in diesem Fall nicht eintreten, weil sich dann die Durchführung der Reise überhaupt erübrigt. Nach § 38 Nr. 3 Satz 2 sind die Absender, die Wiederausladung verlangen, stets verpflichtet, die hierdurch verursachten Mehrkosten und Schäden dem Frachtführer zu ersetzen (vgl. § 36 Anm. 3d; § 37 Anm. 2d).

Stückgüterverfrachtung unter 10 Tonnen

§ 39

Hat der Frachtvertrag Stückgüter im Gewichte von weniger als 10000 Kilogramm zum Gegenstande, so muß der Absender auf die Aufforderung des Frachtführers ohne Verzug die Lieferung bewirken.

Erfolgt die Lieferung nicht unverzüglich, so ist der Frachtführer nicht verpflichtet, auf die Lieferung der Güter zu warten, und kann, wenn er ohne dieselben die Reise antritt, die Hälfte der bedungenen Fracht als Entschädigung beanspruchen.

Der Frachtführer, welcher den bezeichneten Anspruch auf die Fracht gegen den säumigen Absender geltend machen will, ist bei Verlust des Anspruchs verpflichtet, dies dem Absender vor Antritt der Reise kundzugeben. Auf diese Erklärung findet die Vorschrift im § 28 Abs. 3 Anwendung.

Das Rücktrittsrecht des Absenders, sowie das Recht desselben, die Wiederausladung der Güter zu verlangen, bestimmt sich nach den Vorschriften des § 38.

1. Begriff dieser besonderen Stückgüterverfrachtung

a) Unter Stückgüter versteht das Gesetz einzelne nach Maß, Gewicht oder Menge gekennzeichnete Frachtgüter, die meist ohne besonderen Hinweis auf den Schiffsraum verfrachtet werden (vgl. § 38 Anm. 1b). Die Regelung dieser Stückgüterverfrachtung ist im Binnenschiffahrtsgesetz (anders § 588 HGB im Seerecht) verschieden nach dem Umfang der von dem Absender auf Grund des Frachtvertrages zu verfrachtenden Güter. Nach § 38 wird die Beförderung der Stückgüter im Gewicht von 10000 kg oder mehr in gleicher Weise wie die Teilverfrachtung und in Angleichung an die Gesamtverfrachtung behandelt (vgl. § 38 Anm. 1b), während für die Verfrachtung von Stückgütern unter 10000 kg nach § 39 besondere Vorschriften gelten; die §§ 28—37 über die Gesamtverfrachtung finden daneben grundsätzlich keine Anwendung.

b) Nach § 131 Abs. 1 gilt der § 39 nicht für den sog. Orts- oder Hafenverkehr. Die Beförderung der Stückgüter in Schiffen, die „nur zu Fahrten innerhalb desselben Ortes bestimmt sind", regelt sich vielmehr nach den örtlichen Übungen und den allgemeinen Vorschriften.

2. Die Aufforderung an den Absender

a) Nach § 39 Abs. 1 (ebenso § 588 Abs. 1 HGB) muß der Absender auf die Aufforderung des Frachtgutführers ohne Verzug die Lieferung der Stückgüter bewirken. Der Frachtführer braucht sich weder ladebereit zu melden noch dem Absender eine Ladezeit zu gewähren. Vielmehr ist der Frachtführer nur verpflichtet, eine Aufforderung an den Absender zu richten, die Lieferung der Ladung zu bewirken. Eine besondere Form ist für diese Aufforderung nicht vorgeschrieben; sie kann also mündlich, telefonisch oder schriftlich durch den Frachtführer oder dessen Vertreter an den Absender gerichtet werden. Es handelt sich auch hier, wie bei der Anzeige der Ladebereitschaft, um eine empfangsbedürftige Willenserklärung (§ 130 BGB), die mit dem Zugehen wirksam wird (vgl. § 28 Anm. 2c). Ein bestimmter Inhalt ist ebenfalls nicht erforderlich; es muß nur erkennbar sein, daß der Absender die Lieferung der Ladung an dem ihm aufzugebenden ortsüblichen Ladeplatz (§ 40) bewirken soll. Es genügt schon die Aufforderung, mit der Abladung zu beginnen (ROHG 23, 417).

b) Der Frachtführer muß im Zeitpunkt der Aufforderung mit seinem Schiff nicht nur am Abgangsort (Ladeort) eingetroffen sein (vgl. § 28 Anm. 1c), sondern er muß auch bereits an einem ortsüblichen oder angewiesenen Ladeplatz (§ 40) liegen. Denn die vom Frachtführer mit der Aufforderung verlangte unverzügliche Lieferung der Ladung ist nur durchführbar, wenn das Schiff schon am Ladeplatz liegt. Demnach gehört bei der besonderen Stückgüterverfrachtung des § 39 im Gegensatz zur Raumverfrachtung (Gesamt-, Teilverfrachtung und sonstigen Stückgüterverfrachtung) die Einnahme des Ladeplatzes (vgl. § 28 Anm. 1b) zur Ladebereitschaft des Frachtführers. Das Schiff muß auch sonst tatsächlich ladebereit sein, so daß die Frachtgüter sofort eingeladen werden können (vgl. § 28 Anm. 1a).

c) Es ist im § 39 nicht vorgesehen, daß die Aufforderung „an einem Werktag, innerhalb der ortsüblichen Geschäftsstunden" (vgl. § 28 Abs. 2) zu erfolgen hat (vgl. § 39 Abs. 3 Satz 2). Eine entsprechende Anwendung des § 29 Abs. 2 erübrigt sich auch, weil der Frachtführer für ein Zugehen seiner Aufforderung an den Absender Sorge tragen muß (vgl. Anm. 2a) und eine bestimmte Ladezeit oder sonstige Frist für die Lieferung der Stückgüter nicht vorgesehen ist (vgl. Anm. 3).

3. Die Lieferung der Stückgüter

Nach § 39 Abs. 1 (ebenso § 588 Abs. 1 HGB) ist die Lieferung der Stückgüter „ohne Verzug" von dem Absender zu bewirken. Eine bestimmte Frist, etwa 12 oder 24 Stunden (vgl. Materialien S. 71), ist nicht vorgesehen, sondern er soll sie unverzüglich ohne schuldhaftes Zögern (§ 121 Abs. 1 BGB) liefern. Es kommt also wesentlich auf die besonderen Umstände des Einzelfalles an (RG bei Bolze 15 Nr. 343). Von Bedeutung ist auch, in welchem Zeitpunkt der Frachtführer die Aufforderung übermittelt hat; so wird der Absender bei einer an einem Sonntag oder nach Schluß der ortsüblichen Geschäftsstunden eingegangenen Aufforderung in Ermangelung anderer Vereinbarungen die Lieferung erst bei Beginn des nächsten Werktages vorzunehmen brauchen. Denn der Schiffahrtsbrauch, daß die Beladung nur innerhalb der ortsüblichen Arbeitszeit verlangt und vorgenommen werden kann (vgl. § 29 Anm. 4b), gilt auch für Stückgüterverfachtungen unter 10000 kg (Gutachten HK Berlin vom 14. 6. 1933 — C 1911/33 — in 233 C 28/33 AG Berlin-Mitte).

4. Der Anspruch des Frachtführers auf Fautfracht

a) Nach § 39 Abs. 1 ist der Frachtführer, wenn auf seine Aufforderung die Lieferung der Stückgüter nicht unverzüglich erfolgt, nicht verpflichtet, auf die Lieferung der Ladung zu warten. Er ist, ohne daß es der Einhaltung einer Lade- oder Wartezeit bedarf, an den Frachtvertrag nicht länger gebunden (§ 34), sondern kann eine Vergütung (Fautfracht) verlangen. Der Frachtführer ist nach § 39 Abs. 3 (ebenso § 588 Abs. 3 HGB) aber „bei Verlust seines Anspruchs" verpflichtet, dies dem säumigen Absender „kundzugeben", und zwar vor Antritt der Reise. Er muß also mitteilen, daß er einen Fautfrachanspruch geltend macht; auch für diese Erklärung ist eine besondere Form nicht vorgeschrieben; sie muß aber dem Absender noch vor der Abreise des Schiffes zugehen (vgl. § 28 Anm. 2c). Zur Beweiserleicherung ist eine entsprechende Anwendung des § 28 Abs. 3 (Protesterhebung) vorgesehen (vgl. § 28 Anm. 2a).

b) Die Höhe der Fautfracht ist, wie im § 38 Nr. 2, auf die Hälfte der bedungenen Fracht festgesetzt; sie berechnet sich von der im Frachtvertrag vereinbarten Fracht, ohne daß ersparte Schiffahrtsunkosten oder anderweit erzielte Frachteinnahmen (Begr. S. 75) anzurechnen sind (vgl. § 38 Anm. 2g).

5. Der Rücktritt des Absenders und die Wiederausladung

a) Nach § 39 Abs. 4 bestimmt sich das Recht des Absenders auf Rücktritt vom Frachtvertrag und auf Wiederausladung der Frachtgüter „nach den Vorschriften des § 38". Der Absender kann also auch beim Stückgutvertrag vor Antritt der Reise (§ 36) zurücktreten und dann sowie nach deren Antritt (§ 37) die Wiederausladung verlangen, jedoch nur unter den einschränkenden Voraussetzungen wie bei der Teilverfrachtung (vgl. § 38 Anm. 2h). Das Rücktrittsrecht hat für den Absender wegen der besonderen Vorschriften des § 39 Abs. 2, 3 praktische Bedeutung nur wenn eine Wiederausladung der Stückgüter erforderlich wird.

b) Entsteht durch die Wiederausladung eine Verzögerung der Reise, so hat der Absender dem Frachtführer nach den §§ 39 Abs. 4, 38, 36 Abs. 3 hierfür Schadenersatz zu leisten, auch Liegegeld zu entrichten (vgl. § 38 Anm. 2h; § 36 Anm. 3d).

Der Ladeplatz bei Teil- und Stückgüterverfrachtung

§ 40

In den Fällen der §§ 38 und 39 hat der Frachtführer an einem der ortsüblichen Ladeplätze anzulegen. Ist durch Vereinbarung dem Absender das Recht zur Anweisung des Ladeplatzes eingeräumt, so finden die Bestimmungen des § 27 Abs. 2 und 3 entsprechende Anwendung

1. Nach § 40 Satz 1 hat der Frachtführer „in den Fällen der §§ 38 und 39" an einem der ortsüblichen Ladeplätze anzulegen. Diese Vorschrift regelt also das Aufsuchen des Ladeplatzes einheitlich für die Teilverfrachtung (§ 38) und für beide Arten der Stückgüterverfrachtung (§§ 38, 39), während § 27 für den Fall der Gesamtverfrachtung gilt (vgl. § 27 Anm. 1a, § 38 Anm. 1a). Unter Ladeplatz ist auch hier die Stelle am Abgangsort zu verstehen, an der die Einladung der Frachtgüter erfolgen kann (vgl. § 27 Anm. 3a).

2. Es muß sich um einen „ortsüblichen", d. h. nach den Übungen am Abgangsort zur Einladung von Frachtgütern geeigneten Ladeplatz handeln (vgl. § 27 Anm. 4d). Unter mehreren ortsüblichen Ladeplätzen hat der Frachtführer die Auswahl. Er braucht ferner nur an „einem" der ortsüblichen Ladeplätze anzulegen, also mehrere Ladeplätze nicht aufzusuchen (vgl. § 27 Anm. 4c).

3. Zum Aufsuchen eines solchen ortsüblichen Ladeplatzes ist der Frachtführer aber nach § 40 Satz 2 grundsätzlich nicht befugt, wenn dem Absender das Recht zur Anweisung des Ladeplatzes durch Vereinbarung eingeräumt ist. Dann steht die Auswahl des Platzes dem Absender zu (vgl. § 27 Anm. 3b), der aber nach den §§ 40, 27 Abs. 2 einen geeigneten Ladeplatz anzuweisen hat (vgl. § 27 Anm. 4b). Nach den §§ 40 Satz 2, 27 Abs. 2 kann der Frachtführer, wenn der Absender sein vertragliches Anweisungsrecht nicht oder nicht gehörig ausübt, doch an einem der ortsüblichen Ladeplätze anlegen, nachdem er vorher den Absender aufgefordert hat, ihm einen geeigneten Ladeplatz zu bezeichnen (vgl. § 27 Anm. 4c). Er muß dann bei der Auswahl des Platzes das Interesse des Absenders tunlichst berücksichtigen. Der Frachtführer ist aber nicht verpflichtet, sondern nur berechtigt, einen ortsüblichen Platz aufzusuchen; er kann auch am angewiesenen ungeeigneten Ladeplatz gegen Erstattung des ihm hierdurch entstehenden Schadens auf weitere Anweisung des Absenders warten.

4. Die Einladung an verschiedenen Ladeplätzen braucht der Frachtführer nach den §§ 40, 27 Abs. 3 nur vorzunehmen, wenn dies besonders vereinbart ist. Hierbei hat der Frachtführer dann stets Anspruch auf Ersatz der entstehenden Mehrkosten, z. B. der Schleppgelder und Schleusengebühren (vgl. § 27 Anm. 3c).

Die Beladung des Schiffes

§ 41

In Ermangelung einer besonderen Vereinbarung hat der Absender gepackte Güter auf das Schiff, lose Güter in das Schiff zu liefern, der Frachtführer dagegen die weitere Verladung der Güter zu bewirken.

1. Die Beladung und die Kostentragung

a) Der § 41 enthält eine allgemeine Regelung über die Beladung des Schiffes, ohne Rücksicht auf die Art der Verfrachtung; sie findet also sowohl auf die Gesamtverfrachtung (§§ 27—37) als auch auf die Teil- und Stückgüterverfrachtung (§§ 38, 39) Anwendung. Es wird im § 41 die Lieferung der Frachtgüter auf oder in das Schiff und die weitere Verladung geregelt, also davon ausgegangen, daß sich die Güter bereits in der Nähe des Schiffes am Ufer oder in einem Seeschiff befinden. Die Lieferung der Frachtgüter an das Schiff ist in Ermangelung anderer Abmachungen stets Aufgabe des Absenders, da es sich hierbei um eine die Beladung vorbereitende Maßnahme handelt. So hat „der Absender die Kosten für das Anrollen sowie für die Überführung in Schuten, Prähmen und ähnlichen Fahrzeugen nach dem Schiffe zu tragen“ (Begr. S. 76). Der Frachtführer hat sein Schiff an den Ladeplatz zu schaffen und es dort ladebereit zu stellen (vgl. § 28 Anm. 1b); er hat ferner das Schiff für die Ladung bereit zu halten, z. B. die Laderäume frei zu machen (RGZ 115, 214). Nach § 41 liegt dem Absender ob, gepackte Güter auf und lose Güter in das Schiff zu liefern, während der Frachtführer die weitere Verladung zu bewirken hat. Diese Regelung enthält eine erhebliche Abweichung gegenüber der seerechtlichen Vorschrift des § 561 HGB, nach der die Kosten der Einladung in das Schiff stets der Verfrachter zu tragen, der Befrachter diese nur kostenfrei bis an das Schiff zu bringen hat.

b) Im § 41 ist bestimmt, wer die Beladung des Schiffes mit den Frachtgütern vorzunehmen hat. Es handelt sich also bei dieser Vorschrift nicht nur, wie bei der seerechtlichen Bestimmung des § 561 HGB, um eine Kostenklausel, sondern darüber hinaus um eine Regelung, inwieweit diese Tätigkeiten der Beladung dem Absender oder Frachtführer obliegen; die Kostentragung folgt unmittelbar aus dieser Regelung; jeder Teil hat die Beladung, soweit es seine Aufgabe ist, auf seine Kosten zu bewirken (ebenso Begr. S. 76). Der § 41 bestimmt also umfassender, inwieweit die Beladung des Schiffes mit den Frachtgütern Aufgabe des Absenders oder Frachtführers ist und daß jeder Teil die Kosten für die ihm hierbei obliegende Tätigkeit zu tragen hat (KG in OLG 8, 390). Die Vorschrift regelt nur das Verhältnis zwischen Absender und Empfänger gegenüber dem Frachtführer, also nicht die Rechtsbeziehungen zwischen mehreren beteiligten Frachtführern (Haupt- und Unterfrachtführer) (so OLG Schleswig vom 29. 12. 1949 — 2 U 120/49 — 5 O 39/49 LG Lübeck).

2. Die Einladung loser und gepackter Güter

a) Für die Verteilung der Leistungen bei der Beladung zwischen Frachtführer und Absender ist es nach § 41 bedeutsam, ob es sich um „gepackte" oder „lose" Güter handelt. Der Absender hat gepackte Güter auf und lose Güter in das Schiff zu liefern. Bei dieser Regelung ist man von den Schiffen mit Verdeck (den Deckschiffen, im Gegensatz zu den offenen Schiffen) ausgegangen; denn nur bei solchen gedeckten Schiffen ist eine Lieferung auf das Schiff möglich; bei offenen Schiffen können die Frachtgüter, gleichgültig ob es sich um lose oder gepackte Frachtgüter handelt, stets nur in das Schiff geliefert werden, da ein Deck, auf dem sie aufgestellt werden könnten, nicht vorhanden ist. Der Gesetzgeber hat bei der Fassung des § 41 die auf dem Rhein bestehenden Übungen zugrunde gelegt, nach denen „Stückgüter an Bord des Schiffes auf Deck geliefert und vom Schiffer dann die Verstauung bewirkt wurde, während Rohprodukte in das Schiff geliefert wurden" (Begr. S. 76). Demnach sind bei Schiffen ohne Verdeck (offenen Schiffen) auch gepackte Güter von dem Absender auf seine Kosten und Gefahr in die Laderäume, also in das Schiff, zu liefern (Begr. S. 76).

b) Die Unterscheidung in gepackte oder lose Güter ist hiernach von Bedeutung, wenn es sich um ein Schiff mit Verdeck, um ein Deckschiff, handelt. Denn dann braucht der Absender die gepackten Güter nur an Bord, auf das Verdeck des Schiffes zu liefern. Es fehlt eine nähere Erläuterung für diese im Binnenschiffahrtsgesetz im Gegensatz zum Seerecht (§ 561 HGB) gewählte Unterscheidung in lose und gepackte Güter. Man wird den Unterschied nicht in der etwa vorhandenen oder fehlenden äußeren Umhüllung, der „Verpackung", erblicken können (so Förtsch S. 148). Denn im § 41 wird nicht von „verpackten", sondern von „gepackten" Gütern gesprochen. Es wird also darauf abgestellt, ob die Güter im Schiff gepackt, d. h. durch Aufstellung, Stapelung, Stauung besonders gelagert werden müssen. Diese Auslegung wird auch durch die Erwägung bestätigt, daß die Übungen auf dem Rhein die jetzige Fassung des § 41 veranlaßt haben, bei der die Stückgüter auf Deck und die Rohprodukte in das Schiff geliefert wurden; als „lose Güter" wurden danach solche bezeichnet, bei denen eine besondere Verstauung durch den Schiffer nicht erforderlich ist, die vielmehr einfach in den Schiffsraum geschüttet oder geworfen werden, wie z. B. loses Getreide, Erze, Kohlen, Kies, Sand" (Begr. S. 76), auch Schüttbriketts (Auskunft der Reichsverkehrsgr. Bi. vom 28. 3. 1943 in 16 C 716/42 AG Berlin). Nach alledem sind gepackte Güter im Sinne des § 41 solche Güter mit oder ohne äußere Umhüllung, die üblicherweise besonders durch Aufstellung, Stapelung oder sonstige Verstauung im Schiff gelagert werden, während als lose Güter alle anderen in Betracht kommen, die ohne solche Verstauung in das Schiff geworfen oder geschüttet werden (so auch Mittelstein 1 I zu § 41 Anm. 2a, 2 S. 183; a. A. Förtsch S. 148). Demnach sind die Massengüter, wie Kohlen, ungesacktes Getreide, Erze, Kies, Sand, auch Brennholz, Bruchsteine lose Güter, während die Stückgüter sowie Getreide in Säcken, aber auch Briketts, Bretter, leere Fässer gepackte Güter darstellen.

c) Die losen Güter hat der Absender in das Schiff zu liefern, also in die Laderäume hineinzuschütten oder hineinzuwerfen. Es ist seine Aufgabe, die hierfür erforderlichen Gerätschaften und Vorrichtungen bereit zu halten sowie die notwendigen Hilfskräfte für diese Beladung zu stellen. Die Kosten für diese Leistungen hat der Absender zu tragen (vgl. Anm. 1b). Der Frachtführer hat die weitere Verladung der Güter zu bewirken; er muß für gleichmäßige Verteilung auf alle

Laderäume, also z. B. für ein Wegschaufeln, sorgen (KG vom 18. 12. 1951 — 2 U 1891/51 in VRS 1952, 478 Nr. 254).

d) Die gepackten Güter dagegen sind von dem Absender nur auf das Schiff zu liefern, also auf dem Deck abzusetzen. Nach Rheinschiffahrtsbrauch hat bei Charterverträgen der Absender auch gepackte Güter in das Schiff zu liefern. Hat das verwendete Schiff kein Verdeck, handelt es sich also um ein offenes Schiff, so sind auch die gepackten Güter in das Schiff zu schaffen, da dann die Unterscheidung in lose und gepackte Güter gegenstandslos ist (vgl. Anm. 2a). Der Frachtführer hat die weitere Verladung zu bewirken; er muß für die sichere Unterbringung und gleichmäßige Verteilung auf die Laderäume sowie für die Verstauung (vgl. § 8 Abs. 2) sorgen.

e) Der Frachtführer hat nach § 41 die weitere Verladung der Güter zu bewirken. Er ist aber auch sonst an der Beladung „nicht völlig unbeteiligt, sondern hat hierbei mitzuwirken" (RGZ 115, 214). Er hat sein Schiff an den Ladeplatz zu schaffen und es dort ladebereit zu stellen (vgl. § 29 Anm. 1). Die Mitwirkung des Frachtführers und seiner Schiffsbesatzung erstreckt sich ferner auf das Freimachen der Laderäume, auf das Öffnen der Ladeluken bei einem Deckkahn; auch die Beladung selbst „besteht nicht in einer einseitigen, von dem Willen und Handeln der Schiffsbesatzung unabhängigen Tätigkeit des Absenders, sondern erfordert vielmehr ein gewisses Mitwirken und gegebenenfalls Hand-in-Hand-Arbeiten auf seiten des Frachtführers" (RGZ 115, 214). So ist der Frachtführer verpflichtet, das infolge der Beladung seines eigenen Schiffes notwendige „Verholen" zu besorgen; dies besteht im Bewegen seines Schiffes am Ladeplatz, um eine gleichmäßige Beladung nach Maßgabe der vorhandenen Beladungsvorrichtungen zu ermöglichen. Jedoch braucht der Frachtführer nur zu verholen, soweit ihm dies ohne Gefährdung seines Schiffes möglich ist und nach den Umständen zugemutet werden kann (KG vom 18. 4. 1931 — 12 U 15209/30 — LG Potsdam vom 24. 10. 1930 — 11024/29 —). Ferner ist der Frachtführer nur zu dem für die Beladung notwendigen Verholen verpflichtet; er kann mehrfaches Verholen aus Gründen des Landbetriebes, ebenso mehr als einmaliges An- und Ablegen seines Schiffes zum Ladeplatz verweigern oder diese Mitwirkung von einer angemessenen Entschädigung abhängig machen (Gutachten der HK Berlin vom 16. 10. 1934 — C 6848/34 — in 162 C 525/34 AG Berlin). Im übrigen kann aber nicht verlangt werden, daß der Frachtführer und die Schiffsbesatzung bei der sonstigen, nach § 41 dem Absender obliegenden Beladungstätigkeit mitwirken. Führt der Frachtführer mit seiner Schiffsbesatzung solche Beladungsarbeiten aus, so hat der Absender nach den allgemeinen bürgerlich-rechtlichen Grundsätzen der §§ 612, 683 BGB hierfür ebenfalls eine angemessene Vergütung zu entrichten (ebenso Begr. S. 76).

f) Der Frachtführer ist in Ermangelung anderer Vereinbarungen dem Absender gegenüber nicht verpflichtet, eine Feststellung des Umfanges der Frachtgüter, also durch Zählen, Messen oder Wiegen, vorzunehmen; auch für den Absender besteht keine solche Verpflichtung. Denn die Feststellung des Umfanges der Güter gehört begrifflich nicht zur Beladung (OLG Hamburg in HansGZ Hauptbl. 1888 Nr. 66, 1899 Nr. 114, 1901 Nr. 56; a. A. 1888 Nr. 89). Der Frachtführer kann sich gegen die nachteiligen Folgen der Übernahme einer Ladung, deren Umfang ihm nicht vorgeführt worden ist, schützen, indem er die Zeichnung eines bestimmten Gewichtes in den Frachtpapieren ablehnt oder die Freizeichnungsklausel aus § 73 („Zahl, Maß, Gewicht unbekannt") aufnimmt. Zur Aufnahme dieser Klausel ist der Frachtführer nach § 73 Abs. 2 nicht befugt, wenn sich der Absender bereit erklärt, die „Zuwiegung auf seine Kosten vorzunehmen". Der Absender ist auch sonst nach dem Frachtvertrag berechtigt, auf seine Kosten die Feststellung des Umfanges der einzuladenden Frachtgüter vorzunehmen, da dies nicht nur für die Höhe der Fracht, sondern auch für das Verhältnis zum Empfänger von Bedeutung ist. Dem Frachtführer gegenüber hat eine solche Gewichtsermittlung oder sonstige Feststellung des Umfanges der Frachtgüter nur Bedeutung, wenn er vorher hiervon benachrichtigt worden ist und wenn die Verwiegung auf einer amtlich geeichten Waage unter seiner Kontrollmöglichkeit in der Nähe des Schiffes vorgenommen wurde, so daß diese Vorgänge beobachtet werden konnten (RGZ 101, 238; 104, 209; LG I Berlin vom 26. 3. 1929 — 45 S 1/28 —; LG III Berlin vom 24. 5. 1932 — 5 S 3947/30 —; Gutachten HK Berlin vom 18. 6. 1935 — C 4030/35, C 37941/21, C 26748/20, C 4167/22). An einer solchen ordnungsmäßigen Feststellung des Umfanges der Frachtgüter hat der Frachtführer für seinen Teil mitzuwirken und kann hierfür keine Kosten berechnen.

3. Die Haftung aus der Vornahme der Beladung

a) Auf Grund des Frachtvertrages und nach § 41 ist der Absender verpflichtet, die ihm obliegende Beladung des Schiffes sachgemäß vorzunehmen. Er ist dem Frachtführer für das Vorhandensein und die ordnungsmäßige Beschaffenheit der Beladungsvorrichtungen sowie für deren Anwendung in der technisch richtigen Weise verantwortlich (KG vom 18. 12. 1951 — 2 U 1891/51 in VRS 1952, 478; LG I Berlin vom 28. 3. 1929 — 51 O 402/29 —; AG Charlottenburg vom 26. 6. 1919 — 30 C 30/17 —). Die Beladungstätigkeit des Absenders ist Erfüllung einer Vertragsverbindlichkeit, so daß dieser dem Frachtführer nicht nur für eigenes, sondern auch für Verschulden seiner Erfüllungsgehilfen nach den §§ 276, 278 BGB haftet (RG in SeuffA 76 Nr. 34; OLG Hamburg in SeuffA 66 Nr. 15; OLG Hamburg vom 20. 10. 1927 — Bf. II 437/27 — in VerkehrsrR 7 [1928] Nr. 33 S. 44). Der Absender haftet nach § 278 BGB für seine gesamten Erfüllungsgehilfen, so auch für die Speicherleute (RG in SeuffA 76 Nr. 34) und für die Leute der Firmen (Ablader), die er mit der Durchführung der Beladung beauftragt hat (OLG Hamburg in SeuffA 66 Nr. 15, Handelsgebräuche S. 120). Dagegen besteht grundsätzlich zwischen dem Frachtführer und diesen Abladerfirmen kein Vertragsverhältnis (RG I 230/27 in VerkehrsrR Bd. 7 [1928] Nr. 100 S. 144).

b) Nach dem Frachtvertrag und nach § 41 besteht auch eine Haftung des Frachtführers gegenüber dem Absender, soweit er schuldhaft bei den ihm obliegenden Beladungsarbeiten handelt. Er haftet ferner nach den §§ 276, 278 BGB für das Verschulden seiner Erfüllungsgehilfen (vgl. § 3 Anm. 1). Weiter besteht für den Frachtführer in seiner Eigenschaft als Schiffseigner nach den §§ 3, 4 eine Haftung für Verschulden seiner Schiffsbesatzung in Ausführung ihrer Dienstverrichtungen (vgl. § 3 Anm. 3, 4). Endlich ist der Schiffer (Schiffsführer) nach den §§ 7ff. dem Absender und Empfänger verantwortlich.

4. Besondere Vereinbarungen über die Beladung

Nach § 41 gilt die gesetzliche Regelung nur „in Ermangelung einer besonderen Vereinbarung". Es muß sich also um eine Abmachung handeln, die diese Regelung ändert oder ausschließt. Die Bestimmung im Frachtvertrag, daß sich der Absender verpflichtet, das Schiff innerhalb der gesetzlichen Ladezeit zu beladen, bedeutet keine Abweichung von der gesetzlichen Regelung, enthält also keine besondere Vereinbarung (so Auskunft der Reichsverkehrsgr. Bi. vom 28. 3. 1943 in 16 C 716/42 AG Berlin). Solche vertraglichen Abmachungen über die Anlieferung und Verladung der Frachtgüter werden im Frachtgeschäft der Binnenschiffahrt häufig getroffen. So wird vielfach „freies Ein- und Ausladen" im Frachtvertrag vereinbart; diese Klausel entbindet den Frachtführer von jeder Verpflichtung zum Einladen, so daß er insbesondere ein Anschlagen der Güter an die Kranketten nicht vorzunehmen braucht und diese entgegenkommenderweise doch geleistete Mithilfe jederzeit einstellen kann (KG vom 11. 6. 1927 — 12 U 1235/26 —). Dagegen bezieht sich die Klausel „Frei Ankunftschiff" nur auf die Verteilung der Kosten zwischen Absender und Empfänger, nicht auch auf die Nebenverpflichtungen des Frachtführers (LG Berlin vom 25. 9. 1933 — 2 S 31/33 —). Die Abmachung „kahnfrei" enthält keine Verpflichtung des Frachtführers, für die Beschaffung der Einladung, wenn auch auf Kosten des Absenders, zu sorgen, sondern nur eine Wiederholung der Regelung des § 41 (OLG Hamburg in HansGZ Hauptbl. 1901 Nr. 21). Ebenso ist die Klausel „frei an Bord" auszulegen (OLG Kiel in SeuffA 56 Nr. 83). Aus dem Vermerk „frei Schiff" folgt, daß der Absender die Kosten der Beladung zu tragen hat (RG bei Bolze 19 Nr. 511). Dagegen besagt die Klausel „ab Waggon . . . (Abgangsort)", daß in Abweichung von der gesetzlichen Regelung die Frachtgüter von dem Absender nicht auf oder in das Schiff, sondern nur an das Schiff zu liefern waren und der Frachtführer die Ausladung der Waggons auf seine Kosten zu besorgen hatte (KG in JW 1933, 2466 Nr. 1 = HansRGZ 1933, 691 Nr. 261). In den Verfrachtungsbedingungen findet sich nicht selten die Bestimmung, daß der Absender die Güter stets, also auch gepackte Güter, in das Schiff zu liefern und der Frachtführer nur die weitere Verladearbeit zu bewirken hat (§ 24 der Allgemeinen Verfrachtungsbedingungen für die Stromgebiete der Elbe und der Havel).

Zeit für die Beladungsarbeiten und Antritt der Reise

§ 42

Der Frachtführer hat die ihm hinsichtlich der Beladung obliegenden Arbeiten mit tunlichster Beschleunigung auszuführen. Zur Übernahme der Güter an Sonntagen und allgemeinen Feiertagen ist er nicht verpflichtet, es sei denn, daß ein Notfall vorliegt.

Ist über die Zeit, binnen welcher der Frachtführer den Transport bewirken soll, im Frachtvertrage nichts bedungen, so ist die Reise binnen einer den Umständen des Falles angemessenen Frist anzutreten.

1. Die zeitliche Durchführung der Beladung

a) Nach § 42 Abs. 1 Satz 1 hat der Frachtführer die ihm obliegenden Beladungsarbeiten (§ 41) „mit tunlichster Beschleunigung" auszuführen. Es ist dies „eine Folge seiner durch den Frachtvertrag begründeten allgemeinen Sorgfaltspflicht" (Begr. S. 76). Er soll dazu beitragen, daß die Beladung so bald als möglich beendet wird. Dies gilt für die gesamten Einladungsarbeiten, also auch dann, wenn der Absender die Beladung zu erledigen hat; denn eine Mitwirkung des Frachtführers und seiner Schiffsbesatzung ist stets erforderlich (vgl. § 41 Anm. 2e). Dem Frachtführer wird im § 41 Abs. 1 Satz 1 nicht etwa eine außergewöhnliche Beschleunigung seiner Arbeitsleistungen vorgeschrieben, sondern nur eine den Umständen des Einzelfalles Rechnung tragende beschleunigte Erledigung. Er muß dafür sorgen, daß die für sein Schiff angemessene Besatzung, deren Umfang sich meist nach den wasserpolizeilichen Vorschriften richtet, vorhanden ist (OLG Hamburg in HansGZ 1895 Nr. 79). Ferner hat er seine Schiffsbesatzung anzuhalten und zu kontrollieren, die ihnen obliegenden Arbeiten mit Beschleunigung durchzuführen. Er muß darauf achten, daß so viel „geschafft wird, als die ordnungsmäßige Besatzung gehörig leisten kann" (OLG Hamburg in OLG 7, 161). Der Frachtführer ist aber nicht verpflichtet, seine Mannschaft zu verstärken oder sonstige besondere Anstrengungen zu machen, wenn der Absender einige Tage der Ladezeit unbenutzt läßt oder die Frachtgüter ungleichmäßig stark anliefert (OLG Hamburg vom 8. 12. 1902 — Bf. IV 43/1902). Er braucht nur die für das betreffende Schiff vorgeschriebene oder sonst zugelassene Bemannung zu stellen, der Schiffer selbst ist auch nicht zur Mitarbeit verpflichtet, da er für die Kontrolle bei der Durchführung der Beladungs- sowie Entlöschungsarbeiten und für die Beaufsichtigung frei sein muß (Gutachten der Reichsverkehrsgruppe Binnenschiffahrt vom 4. 5. 1940 in 51 C 299/40 AG Berlin). Der Frachtführer muß dafür sorgen, daß die Schiffsmannschaft für die vertragliche oder gesetzliche Mithilfe zur Verfügung steht. Er muß in Ermangelung anderer Abmachungen hierzu die „vorschriftsmäßige" Bemannung stellen. In Ermangelung anderer Vereinbarungen muß der Frachtführer auf Verlangen der Ladungsbeteiligten für die fehlende oder nicht vollständige Bemannung Ersatzkräfte beschaffen oder, wenn ihm dies nicht möglich ist, dem Ladungsbeteiligten die dahingehenden Aufwendungen erstatten, soweit er vertraglich oder gesetzlich die Beladung oder Entlöschung zu besorgen hat und diese ihm obliegenden Leistungen nicht mit der vorhandenen Bemannung ordnungsmäßig und innerhalb der Lade- und Löschzeit durchführen kann. Insbesondere ist der Frachtführer zur Verstärkung der Mannschaft oder zu besonderen Anstrengungen nicht verpflichtet. Er ist, wenn er die Beladung selbst vorzunehmen hat, nur verpflichtet, an den einzelnen Ladetagen Durchschnittsmengen einzuladen, die sich aus der Gesamtladung und der Ladezeit errechnen; er braucht eine von ihm nicht zu vertretende Verzögerung nicht durch erhöhte Arbeitsleistungen wieder einzuholen (LG III Berlin vom 20. 9. 1930 — 24 S 913/30 — 46 C 1646/29 AG Charlottenburg; AG Berlin-Wilmersdorf vom 5. 10. 1931 — 10 C 188/31 —).

b) Nach § 29 Abs. 3 werden bei der Berechnung der Ladezeit die Sonntage und allgemeinen Feiertage nicht mitgezählt (vgl. § 29 Anm. 4a). In Übereinstimmung mit dieser grundsätzlichen Regelung bestimmt der § 42 Abs. 1 Satz 2, daß der Frachtführer zur Übernahme der Güter an Sonntagen und allgemeinen Feiertagen nicht verpflichtet ist, es sei denn, daß ein „Notfall" vorliegt. Es müssen hierunter „nicht nur Notfälle der Schiffahrt, wie drohendes Hoch- oder Niedrigwasser, Winterfrost, sondern auch solche kommerzieller Natur, wie drohender Verderb der Güter, verstanden werden" (KommBer. S. 11). Die Schiffahrtsverhältnisse, die Beschaffenheit oder Bestimmung der Frachtgüter müssen eine außergewöhnliche Beschleunigung dringend erforderlich machen. Die Beweislast über das Vorliegen eines solchen Notfalles liegt grundsätzlich dem Absender ob.

c) Es ist weder im § 29 bei der Ladezeit noch im § 41 oder an anderer Stelle ausdrücklich geregelt, ob der Frachtführer während der Ladezeit oder deren Überschreitung an den einzelnen Ladetagen nach Belieben des Absenders, also Tag und Nacht, 24 Stunden lang, mit seiner Schiffsbesatzung für die Beladung oder

Mitarbeit zur Verfügung stehen muß. Dies wäre ein unbilliges, auch nicht durchführbares Verlangen. Es hat sich deshalb der Schiffahrtsbrauch entwickelt, nach dem der Frachtführer in Ermangelung abweichender Vereinbarungen nur während der ortsüblichen Arbeitsstunden das Schiff zur Beladung zur Verfügung zu stellen braucht; diese Arbeitsstunden rechnen nach den Übungen an den größeren Binnenschiffahrtsplätzen von 6 bis 18 Uhr (vgl. die Gutachten bei Zschucke, Handelsgebräuche in der ostdeutschen Binnenschiffahrt S. 44; HK Berlin vom 12. 12. 1930 — C 12150/30 XIII/11 —, erstattet in 232 C 3129/30 AG Berlin-Mitte; AG Stettin vom 18. 10. 1926 — 19 C 5330/26; HK Berlin vom 3. 10. 1941 — C 4494/41 V/6 — 4 C 498/41 — HK Berlin vom 3. 3. 1941 — C 6925/40 V/6 in 19 C 1418/40 AG Berlin); nach den Duisburg-Ruhrorter Börsenbedingungen werden als Tagesarbeitsstunden die Stunden von früh 6 Uhr bis abends 8 Uhr gerechnet (vgl. Handelsgebräuche S. 16). Die Nachtzeit ist also im Frachtgeschäft der Binnenschiffahrt regelmäßig keine ortsübliche Arbeitszeit. Es ist auch im § 41, anders als bei der Übernahme an Sonntagen, nicht vorgesehen, daß der Frachtführer in Notfällen auch des Nachts die Beladung vornehmen oder gestatten muß. Es läßt sich „im allgemeinen eine solche Verbindlichkeit jedenfalls nicht aufstellen; aus den Umständen des Falls, den am Ort bestehenden Einrichtungen und Gewohnheiten und der mit Rücksicht hierauf zu ermittelnden Absicht der Beteiligten kann sich jedoch das Gegenteil ergeben“ (Begr. S. 76; HansGZ Hauptbl. 1889 Nr. 106, 108, 1891 Nr. 27).

d) Im Frachtgeschäft der Binnenschiffahrt kommt es nun häufig vor, daß die Beladung der Schiffe in mehreren Arbeitsschichten, über acht Stunden täglich hinaus mit Überstunden vorgenommen wird. Hierbei ist stets eine Mitarbeit des Frachtführers und der Schiffsbesatzung erforderlich, selbst wenn er die eigentlichen Beladungsarbeiten nicht auszuführen hat (vgl. § 42 Anm. 2e). Dem Frachtführer und der Schiffsbesatzung kann nicht zugemutet werden, die Mitarbeit bei der Beladung im Interesse des Absenders ohne besondere Vergütung über acht Stunden täglich hinaus zu leisten. Es hat sich die Übung entwickelt, dem Frachtführer für seinen Schiffer und die Schiffsmannschaft (§ 3) eine Überstundenvergütung zu gewähren, soweit über eine tägliche achtstündige Arbeitszeit oder über die ortsübliche Arbeitszeit hinaus eine Beladung vorgenommen wird; der Frachtführer ist berechtigt, für seine gesamte Schiffsbesatzung zu der auch ein sein Schiff selbst führender Schiffseigner (vgl. § 4 Anm. 9a) gehört, eine solche Überstundenvergütung als Zuschlag zur Deckung der allgemeinen Geschäftsunkosten zu erheben. Nach den Gutachten (HK Berlin XII A 9 C 984/34, C 7224/35, erstattet in 163 C 298/35 AG Berlin) hat sich aus diesen Übungen ein dahingehender Handels- und Schiffahrtsbrauch entwickelt. Dieser Schiffahrtsbrauch gilt auch für verkürzte Lade- und Löschzeiten (HK Berlin vom 3. 10. 1941 — C 4494/41 V/6 vom 9. 7. 1942 — C 263/42, erstattet in 4 C 498/40 AG Rathenow). Die Höhe dieser Überstundenvergütungen ist aus den jeweilig anzuwendenden Frachtenausschußbeschlüssen, Tarifverträgen oder sonst aus den örtlichen Übungen zu ermitteln.

2. Die Zeit für den Antritt der Reise

a) Nach § 42 Abs. 2 ist in Ermangelung einer anderen Vereinbarung die Frachtreise binnen einer den Umständen des Falles angemessenen Frist anzutreten. Die im § 428 Abs. 1 HGB enthaltene Bestimmung, daß sich die Frist in erster Linie nach dem Ortsgebrauch richtet, ist im § 26 nicht angezogen; sie gilt daher für das Binnenschiffahrtsrecht nicht. Es wurde zu dieser Klarstellung der § 42 Abs. 2 von der Reichstagskommission eingeführt, um „über die Zeit des Antritts der Reise generell" zu bestimmen (KommBer. S. 11). Es sind stets die Umstände des Einzelfalls maßgebend, soweit besondere Anweisungen des Absenders nicht vorliegen.

b) Nach dem Frachtvertrag ist der Frachtführer grundsätzlich verpflichtet, den Antritt der Reise nicht schuldhaft zu verzögern. War das Schiff im ganzen verfrachtet, so hat der Frachtführer nach vollendeter Beladung ohne Verzug die Reise anzutreten. Dies gilt aber nur bei offener, eisfreier und auch sonst unbehinderter Schiffahrt; der Frachtführer muß zur Sicherheit für Schiff und Ladung pflichtgemäß die Witterungs- und Wasserstandsverhältnisse beachten, z. B. Hoch- und Niedrigwasser sowie Eisgefahren (OLG Hamburg in HansGZ Hauptbl. 1898 Nr. 8, OLG 13, 60). Handelt es sich um die Verfrachtung von Stückgütern, so muß der Frachtführer auf die anderen Absender gebührend Rücksicht nehmen (vgl. § 39 Anm. 3, 5). Wird die Ladung nur teilweise geliefert, so liegt es in der freien Entschließung des Frachtführers, ob er mit der unvollständigen Ladung die Reise antreten oder noch weiter warten will (vgl. § 35 Anm. 1 c).

c) Eine Bestimmung binnen welcher Zeit die Reise durchgeführt werden muß, fehlt im Gesetz (anders § 428 Abs. 1 HGB). Auf den westdeutschen Wasserstraßen muß nach Schiffahrtsbrauch der Antritt der Reise, ebenso das Abschleppen spätestens innerhalb 24 Stunden nach erfolgter Beladung und Schleppbereitschaft erfolgen (vgl. Handelsgebräuche S. 178; Gutachten S. 17). Nach der Schleppordnung für den Bundesschleppbetrieb auf den westdeutschen Kanälen beträgt die Abschleppfrist höchstens 24 Stunden. Nach den Handelsgebräuchen in der Rheinschiffahrt — S. 163ff. — soll unter normalen Verhältnissen ein solcher Schiffahrtsbrauch bestehen. In einer Auskunft vom 28. 5. 1954 hat der Vorstand der Schifferbörse Duisburg dem Amtsgericht Duisburg-Ruhrort — 5 C 752/53 — erklärt, es sei „nicht einheitlich zu bestimmen, ob dieser Brauch allgemein für den Niederrhein gilt, also auch für abgelegene Stellen, namentlich, falls ein gewisser Mangel an Schleppkraft an der Ruhr zu verzeichnen ist". Nach § 62 Abs. 1 haftet der Frachtführer für den durch verspätete Ablieferung des Gutes entstandenen Schaden, der durch die Sorgfalt eines ordentlichen Frachtführers nicht abgewendet werden konnte. Der Frachtführer hat daher auch die weitere Durchführung der Reise nach deren Antritt ohne schuldhaftes Zögern vorzunehmen; so darf er unterwegs keinen unnötigen Aufenthalt nehmen. Abweichungen vom direkten Weg, um an einem abseits gelegenen Platz Beiladung mitzunehmen, wird vielfach nach Handelsbrauch für zulässig erklärt (Gutachten Nr. 56 S. 61). Jedoch hat der Frachtführer auch auf der Reise in erster Linie für die Sicherheit von Schiff und Ladung zu sorgen und die Wasserstandsverhältnisse und Witterungsumstände zu beachten (vgl. Anm. 2 c). Er muß ferner für die Annahme eines Schleppdampfers sorgen, wenn es sich um ein Schiff ohne eigene Triebkraft handelt und die Beschaffung des Schleppers ihm obliegt (Handelsgericht Hamburg in HansGZ Hauptbl. 1871 Nr. 263). Es steht ihm aber frei, wenn eine besonders schnelle Reisezeit nicht vereinbart ist, sich eines Schleppdampfers zu bedienen oder zu segeln, zu staken (LG Berlin vom 16. 6. 1932 — 212 S 2353/32 — AG Berlin 232 C 1197/31) oder sich mit dem Strom treiben zu lassen, wie dies auf manchen Strömen, z. B. auf der Oder, auch allgemein üblich ist. Mangels bestimmter Vereinbarungen, insbesondere über die Reisedauer und die Beförderungsart (Dampf-, Segel- oder Alleinfahrt) muß davon ausgegangen werden, daß die Ladungsbeteiligten dies in das Ermessen des Frachtführers stellen, der in seinen Entschließungen vom Wetter und Wind abhängig ist, andererseits aber kein Interesse daran haben kann, die Reise länger als nötig auszudehnen (LG Berlin vom 31. 8. 1942 — 281 S 1232/42 — 161 C 46/42 AG Berlin). Der Frachtführer ist in Ermangelung anderer Vereinbarungen nicht verpflichtet, über nicht schuldhaft hervorgerufene Aufenthalte Meldung zu erstatten; nur wenn er vom Absender ausdrücklich die Auflage erhält, über den jeweiligen Standort des Kahnes dem Absender oder Empfänger Nachricht zu geben, ist er hierzu verpflichtet.

d) Nach § 131 Abs. 1 findet diese Regelung keine Anwendung auf die Schiffe, die nur zu Fahrten innerhalb desselben Ortes bestimmt sind; für diesen Orts- oder Hafenverkehr gelten die allgemeinen bürgerlich-rechtlichen Vorschriften (§§ 323, 645 BGB). Diese gelten auch für die Schleppverträge, da nach § 26 die Anwendung des § 42 auf die Frachtverträge beschränkt ist (vgl. § 26 Anm. 9b).

3. Anderweite Vereinbarungen

Nach § 42 Abs. 2 findet die gesetzliche Regelung nur Anwendung, soweit im Frachtvertrag „nichts bedungen ist"; auch § 41 Abs. 1 enthält kein zwingendes Recht, so daß in erster Linie die Vereinbarungen der Parteien maßgebend sind. In den Frachtverträgen wird nicht selten die Abmachung aufgenommen, daß der Frachtführer an Sonntagen und allgemeinen Feiertagen sowie nach Schluß der ortsüblichen Arbeitsstunden gegen Erstattung der Überstundengelder zur Mithilfe verpflichtet sei. In den Verfrachtungsbedingungen wird die Übernahme der Güter an Sonntagen und gesetzlichen Feiertagen sowie außerhalb der üblichen oder tarifvertraglich festgelegten Arbeitszeit abgelehnt, wenn nicht ein Notfall vorliegt (so § 25 der Allgemeinen Verfrachtungsbedingungen, § 25 der Elbebedingungen); ferner wird dem Frachtführer eine Überstundenvergütung eingeräumt, wenn über die ortsübliche achtstündige Arbeitszeit hinaus geladen oder gelöscht wird (§§ 68, 70 der Allgemeinen Verfrachtungsbedingungen; §§ 68, 70 der Elbebedingungen; §§ 3 Abs. 5, 9 der Oderbedingungen). Die Übernahme einer festen Lieferzeit oder einer bestimmten Frist, innerhalb der die Reise anzutreten oder durchzuführen ist, wird in den Verfrachtungsbedingungen meist abgelehnt. Solche bestimmten Fristen werden auch nur selten vereinbart, weil die Dauer der Reise durch die Witterungs- und Wasserstandsverhältnisse beeinflußt wird; eine etwaige Ablieferungsfrist wird daher fast immer mit dem Vorbehalt der „freien und ungehinderten Schiffahrt" vereinbart.

Die Beförderung von Ersatzgütern

§ 43

Der Frachtführer muß statt der vertragsmäßigen andere von demselben Absender nach dem Ablieferungsorte ihm angebotene Güter annehmen, wenn dadurch seine Lage nicht verschlechtert wird.

1. Im Frachtgeschäft der Binnenschiffahrt, vor allem bei der Gesamtverfrachtung (vgl. § 27 Anm. 1a), kommt es nicht selten vor, daß im Frachtvertrag die zu befördernden Güter weder als solche noch der Art nach bezeichnet werden, sondern daß das Schiff für die Beförderung einer Ladung „Güter" oder „Güter aller Art" angenommen wird (OLG Hamburg vom 23. 3. 1916 — Bf. VI

298/1915 — in HansGZ Hauptbl. 1897 Nr. 108, 1898 Nr. 31). Auch der Umfang der Frachtgüter ist oft nicht fest bestimmt, insbesondere bei Abschluß einer wasserstandsgemäßen Ladung (vgl. § 8 Anm. 3c). Dann kann der Absender ohne die im § 43 vorgesehene Einschränkung die Art der zu verfrachtenden Güter auswählen; er muß dabei nur auf die Bauart (offenes oder gedecktes Schiff) und Eignung des Schiffes Rücksicht nehmen; wenn der Umfang der Frachtgüter nicht festgelegt ist, so wird in der Regel anzunehmen sein, daß eine wasserstandsgemäße Ladung abgeschlossen sein sollte, die der Frachtführer nach den jeweiligen Wasserstandsverhältnissen ohne Schwierigkeiten befördern kann (vgl. § 8 Anm. 3c).

2. Der Frachtvertrag kann aber auch über bestimmte einzelne Frachtgüter, wie häufig bei der Stückgüterverfrachtung (vgl. § 39 Anm. 1a), oder über Gattungsgüter, d. h. nur der Art oder Gattung nach bezeichnete Frachtgüter, abgeschlossen sein, die im Verkehr nach Zahl, Maß oder Gewicht (§ 91 BGB) bestimmt werden, z. B. Bretter, Kies, loser Weizen. Dann muß der Frachtführer nach § 43 (ebenso lautet § 562 Abs. 1 HGB) statt der vertragsmäßigen andere Güter von demselben Absender nach dem gleichen Ablieferungsort annehmen, wenn „dadurch seine Lage nicht verschlechtert wird". Der Frachtführer wird dann „regelmäßig kein besonderes Interesse daran haben, daß gerade die ursprünglich in Aussicht genommenen Güter verladen werden" (Begr. S. 77). Zur Beförderung dieser Ersatzgüter ist der Frachtführer unter diesen Voraussetzungen also auch dann grundsätzlich verpflichtet, wenn die ursprünglich abgemachten Güter nicht nur der Art nach, sondern als solche einzeln und bestimmt im Frachtvertrag bezeichnet waren. Denn eine der seerechtlichen Vorschrift des § 562 Abs. 2 HGB gleichlautende Vorschrift, nach der eine Übernahme von Ersatzgütern nicht verlangt werden kann, wenn die Güter im Vertrag „speziell bezeichnet sind", ist „absichtlich im § 43 fortgelassen" (vgl. Begr. S. 77).

3. Eine „Verschlechterung der Lage" des Frachtführers liegt nicht nur bei einer „erschwerten", sondern bei jeder ungünstigen Gestaltung seiner Lage vor (KommBer. S. 11); der Frachtführer darf in keiner Weise irgendwelche Nachteile durch den Austausch der Frachtgüter erleiden (so auch Mittelstein 1 I zu §§ 44 Anm. 2; 2 S. 157). Eine solche Verschlechterung der Lage des Frachtführers kann vor allem durch die Beschaffenheit der Ersatzgüter hervorgerufen werden, wenn diese den übrigen Teil der Ladung oder das Schiff beschädigen oder sonst beeinträchtigen könnten. Dies wird der Fall sein, wenn schmutzige statt reiner Ladung (z. B. Kohlen an Stelle von Getreide) verfrachtet werden soll oder Leichtgut statt Schwergut oder gemischtes Gut statt einer einheitlichen Ladung (KommBer. S. 23). Auch die Annahme von Ersatzgütern mit einem geringeren Wert als die ursprüngliche Ladung verschlechtert die Lage des Frachtführers. Er erhält hierfür, wenn nicht eine bestimmte Fracht (Pauschalfracht) vereinbart ist, ein geringeres Entgelt. Selbst wenn ihm die Frachtdifferenz vergütet werden soll, so hat er doch eine geringere Sicherheit im Hinblick auf sein gesetzliches Pfandrecht an den Frachtgütern (§ 26, § 440 HGB). Es können auch die sonstigen Umstände des Einzelfalls, so die größeren Schwierigkeiten bei der Einladung oder Beförderung, eine Verschlechterung der Lage herbeiführen (ROHG 24 Nr. 111). Der Frachtführer ist ferner, ohne daß es auf eine etwaige Verschlechterung seiner Lage ankommt, nicht verpflichtet, für einen anderen Absender oder nach einem anderen Ablieferungsort Ersatzgüter anzunehmen. Ferner besteht für ihn keine Verpflichtung, Frachtgüter von einem anderen Abgangsort oder einer weiteren

Station als im Frachtvertrag vereinbart, als Ersatzgüter einzuladen (OLG Hamburg vom 21. 12. 1903 — Bf. V 118/1903 —).

4. Die Bestimmung des § 43 hat „nur dispositive Bedeutung" (Begr. S. 77); sie kommt daher nur in Ermangelung anderer Vereinbarungen zur Anwendung. In den Frachtverträgen und den Verfrachtungsbedingungen wird häufig vereinbart, daß der Absender statt der vertragsmäßigen Güter andere nach dem Ablieferungsort zu befördernde Güter nur bei ausdrücklicher Genehmigung des Frachtführers zum Transport einliefern darf (so § 7 der Oderbedingungen, § 26 der Elbebedingungen, § 26 der Allgemeinen Bedingungen). Es kann auch aus einer bestimmten Bezeichnung der Frachtgüter im Frachtvertrag und den besonderen Umständen gefolgert werden, daß der Frachtführer eine Verpflichtung nicht übernehmen wollte, statt der vertragsmäßigen Ladung Ersatzgüter anzunehmen. Es ist „eine Frage der Auslegung des Vertrages, ob im einzelnen Falle nach der Absicht der Beteiligten der Bezeichnung der Güter im Frachtvertrag eine solche weitergehende Bedeutung beigelegt werden muß" (Begr. S. 77). Hierbei hat der Frachtführer die Beweislast dieser besonderen Umstände, einschließlich der anderweiten Vereinbarungen, da nach § 43 die Annahme von Ersatzgütern grundsätzlich verlangt werden kann. Die Erfordernisse des § 43 dagegen muß der Absender beweisen, also auch eine nicht eintretende Verschlechterung der Lage des Frachtführers.

5. Eine Einschränkung erfährt die Regelung nach § 43 durch die besondere Bestimmung des § 68 Nr. 2. Danach tritt der Frachtvertrag außer Kraft, wenn die zu befördernden Güter durch Zufall verlorengehen, vorausgesetzt, daß sie nicht bloß nach Art und Gattung, sondern speziell im Frachtvertrage bezeichnet oder bereits verladen oder doch von dem Frachtführer übernommen waren.

Die Beförderung in einem Ersatzschiff

§ 44

Ist die Beförderung mittels eines bestimmten Schiffes bedungen, so darf der Frachtführer die Güter nicht in ein anderes Schiff verladen oder umladen. Im Falle einer Zuwiderhandlung haftet er für jeden Schaden, in Ansehung dessen er nicht beweist, daß derselbe auch dann entstanden und dem Absender zur Last gefallen sein würde, wenn die Güter nicht in das andere Schiff verladen worden wären.

Ist die Beförderung mittels eines bestimmten Schiffes nicht bedungen, so darf der Frachtführer in Ermangelung einer entgegenstehenden Vereinbarung bereits verladene Güter nicht ohne Erlaubnis des Absenders in ein anderes Schiff umladen, widrigenfalls er für allen, infolge der Umladung entstehenden Schaden haftet.

Auf die Umladung in ein anderes Schiff, welche in Fällen der Not oder wegen niedrigen Wasserstandes erforderlich wird, sowie auf die übliche Umladung in Leichterschiffe an Hafenplätzen finden die vorstehenden Bestimmungen keine Anwendung.

1. Beförderung ohne Bezeichnung eines bestimmten Schiffes

a) Im Frachtgeschäft der Binnenschiffahrt ist es nicht, wie in der Seefrachtschiffahrt (vgl. § 565 Abs. 1 HGB), die Regel, daß die Beförderung der Frachtgüter „mittels eines bestimmten Schiffes" bedungen wird. Vielmehr wird häufig, vor allem bei der Stückgüterverfrachtung (§ 39), aber auch bei der Gesamtverfrachtung (vgl. § 27 Anm. 1a), das zur Ausführung zu benutzende Schiff im Frachtvertrag nicht bestimmt bezeichnet. Dann kann der Frachtführer das Schiff frei auswählen; er muß aber auf den Umfang und die Beschaffenheit der Frachtgüter sowie auf die Gewährleistung einer sicheren Beförderung Rücksicht nehmen. Manchmal wird im Frachtvertrag nur die Gattung oder Art des auszuwählenden Schiffes näher bezeichnet (offenes Schiff oder Deckkahn, mit oder ohne eigene Triebkraft, ausgestattet mit dem Schiffsrevisionsattest erster oder zweiter Klasse). An solche Anweisungen ist der Frachtführer gebunden; er ist dem Absender schadensersatzpflichtig, wenn er solchen Anweisungen schuldhaft zuwiderhandelt (OLG Hamburg in HansGZ Hauptbl. 1911 Nr. 6).

b) Ferner darf der Frachtführer nach § 44 Abs. 2, wenn er ein Schiff ausgewählt hat, in das die Verladung der Frachtgüter erfolgt ist, eine Umladung in ein anderes Schiff ohne Erlaubnis des Absenders nicht mehr vornehmen, wenn nicht einer der im Abs. 3 vorgesehenen Ausnahmefälle gegeben ist. Nach Einladung der Frachtgüter beschränkt sich der Frachtvertrag auf das ausgewählte Schiff, selbst wenn die Beförderung mit einem bestimmten Schiff nicht verabredet war; jeglicher vertragswidriger Umladung kann sich der Absender widersetzen (OLG Hamburg in HansRGZ 1936, 47 Nr. 20). Denn nicht nur die „mit der Umladung verbundene Gefahr einer Beschädigung der Güter, sondern auch die Möglichkeit einer anderweiten Benachteiligung des Absenders spricht gegen die Zulassung eines solchen Verfahrens; insbesondere muß, schon um die Rechte des Absenders gegen den Versicherer (§ 137 Abs. 2 VVG) nicht zu gefährden, eine eigenmächtige Umladung durch den Frachtführer ausgeschlossen werden" (Begr. S. 78).

c) Nach § 44 Abs. 2 haftet der Frachtführer für allen infolge der Umladung entstehenden Schaden, wenn er vertragswidrig ohne Erlaubnis des Absenders die einmal eingeladenen Frachtgüter umladet. Der Absender, der „unter den obwaltenden Umständen Ersatz für einen von dem Frachtführer zu vertretenden Schaden beansprucht", muß außer der vertragswidrigen Handlung, beweisen, daß der Schaden ohne die Umladung nicht entstanden sein würde (Begr. S. 78).

2. Beförderung mittels eines bestimmten Schiffes

a) Der Frachtführer darf nach § 44 Abs. 1 Satz 1 (ebenso § 565 Abs. 1 HGB) die Güter nicht in ein anderes Schiff verladen oder umladen, wenn die Beförderung mittels eines bestimmten Schiffes vereinbart ist. Voraussetzung hierfür ist, daß das Schiff nicht nur der Gattung oder Art nach (vgl. Anm. 1 a), sondern als bestimmtes Schiff mit Namen, Eichzeichen oder Schiffsregisterzeichen im Frachtvertrag bezeichnet ist. Dann ist der Frachtführer nicht berechtigt, die Frachtgüter in ein anderes Schiff zu verladen, selbst wenn dies von gleicher Größe und Beschaffenheit, also gleichwertig sein sollte; es ist ferner Aufgabe des Absenders, sich ein geeignetes Schiff für die von ihm zu verfrachtenden Güter auszusuchen (KG vom 21. 6. 1930 — 12 U 14197/29 —). Die Verwendung dieses bestimmten Schiffes ist dann wesentlicher Vertragsbestandteil, so daß sogar mit dem Untergang dieses Schiffes vor Antritt der Reise durch ein zufälliges Ereignis nach § 68 Abs. 2 Nr. 1 der Frachtvertrag außer Kraft tritt. Der Frachtführer darf auch grundsätzlich ohne Einverständnis des Absenders keine Umladung in ein anderes Schiff vornehmen, soweit nicht die Erfordernisse des § 44 Abs. 3 vorliegen.

b) Nach § 44 Abs. 1 Satz 2 haftet der Frachtführer dem Absender „für jeden Schaden", wenn er vertragswidrig die Verladung oder Umladung in ein anderes Schiff vornimmt. Es wird hierbei angenommen, daß jeder Schaden, der die Frachtgüter in dem Ersatzschiff trifft, bei einer Beförderung mit dem vertragsmäßigen Schiff nicht entstanden sein würde. Den Frachtführer trifft also die Beweislast, daß der Schaden auch „dann entstanden und dem Absender zur Last gefallen sein würde, wenn die Frachtgüter nicht in das andere Schiff verladen oder umgeladen worden wären". Der Frachtführer ist „für jeden Schaden" verantwortlich; er hat also den gesamten Schaden des Absenders (§§ 249ff. BGB) zu ersetzen und die Haftung ist eine unbeschränkte persönliche (§ 276 BGB). Es handelt sich um eine vorsätzliche Verletzung der durch den Frachtvertrag begründeten und dem Umfang nach gesetzlich im § 43 festgelegten Pflichten des Frachtführers, so daß weder eine Beschränkung der Haftung nach § 4 noch nach den §§ 26, 58 in Verbindung mit § 430 HGB stattfindet (so auch Mittelstein I 1 zu § 44 Anm. 1 Abs. 3). Der Schaden kann dem Absender auch dadurch entstehen, daß sein Käufer die Abnahme der Frachtgüter aus einem anderen als dem vertragsmäßig bestimmten Schiff verweigert (ROHG 3 Nr. 49; OLG Hamburg in HansGZ Hauptbl. 1891 Nr. 59) oder daß die Frachtgüter in dem Ersatzschiff nicht als versichert gelten, weil die Versicherung für die Beförderung mit einem bestimmten Schiff abgeschlossen war (RGZ 28, 159).

3. Die Fälle der zulässigen Umladung

a) Nach § 44 Abs. 3 ist eine Umladung „in Fällen der Not" ohne Erlaubnis des Absenders stets zulässig. Es ist unerheblich, ob dieser Notfall vor oder nach Antritt der Reise (wie in der seerechtlichen Vorschrift des § 565, Abs. 2 HGB) eintritt. Weiter ist es nicht entscheidend, ob der Notfall das Schiff, die Ladung oder beide betrifft. So wird ein solcher Notfall vorliegen, wenn die Ladung einer Behandlung (Bearbeitung) bedarf, die im Schiff nicht vorgenommen werden kann, oder wenn das Schiff beschädigt worden ist (vgl. aber §§ 68, Nr. 1, 69).

b) Ferner kann „niedriger Wasserstand" eine Umladung erforderlich machen. Der Frachtführer muß, ebenso wie der Schiffer (§ 8), die in der Binnenschiffahrt häufig wechselnden jeweiligen Wasserstandsverhältnisse beachten; er muß sich über die Wasserstände der zu befahrenden Wasserstraßen, die durch Rundfunk und von den Wasserbauämtern bekanntgemacht werden, unterrichten. Trotzdem läßt sich bei den häufig und plötzlich wechselnden Wasserstandsverhältnissen nicht vermeiden, daß eine Umladung, meist durch Ableichterung eines Teils der Frachtgüter, notwendig wird; hierzu ist der Frachtführer nach § 44 Abs. 3 ohne Erlaubnis des Absenders berechtigt. Diese Vorschrift gelangt aber nicht zur Anwendung, wenn der Wasserstand schon zur Zeit des Vertragsschlusses und der Einladung so niedrig war, daß die Fahrt mit der eingeladenen Gütermenge unmöglich war; denn dann ist die Umladung nicht erst erforderlich geworden (OLG Hamburg in OLG 13, 60). Es wird auch „die Verantwortlichkeit des Schiffers bzw. des Schiffseigners in dem Fall, daß das Schiff mit Rücksicht auf die schon am Abgangsorte zu übersehenden Wasserstandsverhältnisse zu schwer beladen war (§ 8), hierdurch nicht berührt" (Begr. S. 78). Jedoch darf hierbei die Sorgfaltspflicht nicht überspannt werden, da eine vorherige Feststellung der wechselnden Wasserstände äußerst schwierig ist (OLG Hamburg vom 20. 1. 1903 — Bf. II 377/1902 —; RGZ 38, 5; § 8 Anm. 3c).

c) Weiter findet die Regelung des § 44 auf die „übliche Umladung in Leichterschiffe an Hafenplätzen" keine Anwendung. Dieser Zusatz wurde von der Reichstagskommission gemacht, weil „der Schutenverkehr an Hafenplätzen nicht in Betracht gezogen worden ist" (KommBer. S. 12).

4. Anderweite Vereinbarungen

Im Frachtgeschäft der Binnenschiffahrt wird häufig eine andere Regelung vereinbart, als sie in der nicht zwingenden Vorschrift des § 44 enthalten ist. So wird im Frachtvertrag nicht selten eine Umladeklausel dahingehend vorgesehen, daß der Frachtführer, auch wenn die Beförderung mittels eines bestimmten Schiffes bedungen ist, ohne jede Schadensersatzpflicht berechtigt ist, die Güter in ein anderes gleichwertiges Schiff zu verladen oder umzuladen (§ 7 Abs. 2 der Oderbedingungen). Ferner wird mitunter vereinbart, daß sich der Frachtführer das Recht vorbehält, falls die Beförderung mittels eines bestimmten Schiffes nicht bedungen ist, bereits verladene Güter ohne Erlaubnis des Verfügungsberechtigten ganz oder teilweise in andere Schiffe gleicher Klasse umzuladen, wenn der Schiffahrtsbetrieb dies erfordert; auch die Umladung in Leichter-, Lager- oder Windenschiffe wird vielfach allgemein vorbehalten (§ 27 Abs. 2 und 3 der Allgemeinen Bedingungen; § 27 Abs. 2 und 3 der Elbebedingungen). Nicht selten findet sich auch in den Frachtverträgen eine allgemeine Umladeklausel, die dem Frachtführer die Befugnis einräumt, die Frachtgüter jederzeit in ein anderes Schiff umzuladen (RGZ 14, 34). Die durch eine solche „vereinbarte Umladung" entstehenden besonderen Unkosten muß der Frachtführer grundsätzlich selbst tragen, ebenso etwaige Überliegegelder, wenn nicht die Umladung auf Verlangen der Beteiligten erfolgt. Wird im Frachtvertrag „Abladen auf Wasserstand" vereinbart, so hat der Absender das Recht, das Maß der Ladung nach dem Wasserstand zur Zeit der Abladung zu bestimmen; dafür hat er auch das Leichterrisiko zu tragen (RG in R 1905 Nr. 624; Gutachten Nr. 51 S. 58). Eine solche Vereinbarung kann auch stillschweigend zustande kommen, wenn nach den Übungen der beteiligten Verkehrskreise, insbesondere den Schiffahrtsbräuchen, auf bestimmte Strecken eine Umladung allgemein erfolgt und der andere Teil dies auch hätte wissen müssen, so bei der Beförderung von Massengütern auf der Oder und den mit der Wasserstandsklausel abgeschlossenen Frachtgeschäften (vgl. § 8 Anm. 3c).

Die Verantwortlichkeit des Absenders für die Bezeichnung der Frachtgüter und für Beschaffung der Begleitpapiere

§ 45

Der Absender, welcher unrichtige Angaben über die verladenen Güter macht oder Güter zur Verladung bringt, deren Ausfuhr oder deren Einfuhr in den Ablieferungsort verboten ist, oder welcher bei der Verladung die gesetzlichen Vorschriften, insbesondere die Polizei-, Steuer- oder Zollgesetze übertritt, wird, sofern ihm dabei ein Verschulden zur Last fällt, nicht bloß dem Frachtführer, sondern auch den übrigen Ladungsbeteiligten, den beförderten Personen und der Schiffsbesatzung für den durch seine Handlungsweise veranlaßten Schaden verantwortlich.

Dadurch, daß er mit Genehmigung des Frachtführers gehandelt hat, wird seine Verantwortlichkeit den übrigen Personen gegenüber nicht ausgeschlossen.

Er kann aus der Einziehung der Güter keinen Grund herleiten, die Zahlung der Fracht zu verweigern.

Gefährden die Güter das Schiff oder die übrige Ladung, so ist der Frachtführer befugt, dieselben an das Land zu setzen oder in dringenden Fällen über Bord zu werfen.

1. Die Haftung des Absenders für die Bezeichnung der Güter

a) Nach § 45 Abs. 1 (ähnlich im Seerecht §§ 563, 564 HGB) ist der Absender, der schuldhaft unrichtige Angaben über die verladenen Güter macht, für den durch seine Handlungsweise verursachten Schaden verantwortlich. Es handelt sich bei dieser Vorschrift um eine Erweiterung des sich aus § 242 BGB ergebenden Grundsatzes der Vertragstreue, wonach auf Grund eines Vertrages die Verpflichtung besteht, den Vertragsgegner über alle wesentlichen, für seine Entschließung bedeutsamen Tatsachen aufzuklären. Der Frachtführer hat ein erhebliches Interesse daran, daß ihm die Frachtgüter der Art, der Beschaffenheit und auch dem Umfang nach richtig bezeichnet werden, da dies nicht nur für die Höhe seiner Fracht (§ 63) sowie für seine Haftung (§§ 58, 73, 74), sondern vor allem für die Sicherheit seines Schiffes und für die ungefährdete Durchführung der Reise von Bedeutung ist.

b) Der Absender darf sich unter Umständen nicht damit begnügen, die Frachtgüter richtig zu bezeichnen, sondern er muß auch auf deren etwaige bedeutungsvolle Eigenschaften hinweisen, insbesondere, wenn diese geeignet sein können, das Schiff oder die anderen Frachtgüter zu beschädigen (RGZ 93, 163; OLG Hamburg in HansGZ Hauptbl. 1911 Nr. 138, Hauptbl. 1902 Nr. 71, 1903 Nr. 45, Hauptbl. 1915 Nr. 136, Hauptbl. 1916 Nr. 9, LZ 1912, 482). So wird ein Verschulden des Absenders anzunehmen sein, wenn er dem Frachtführer die besondere Natur des Gutes verheimlicht oder die ihm obliegende Sorgfalt bei der Verpackung und Aufgabe der Güter unterläßt (RGZ 15, 151). Der Absender muß auch auf eine etwaige Gefährlichkeit der Güter hinweisen, insbesondere wenn diese im Verkehr selten vorkommen und diese Besonderheit dem Absender bekannt sein mußte (RGZ 20, 79; 93, 163). Von dem Frachtführer oder der Schiffsbesatzung können dabei besondere Fachkenntnisse über die Gefährlichkeit der Frachtgüter nicht verlangt werden (RGZ 141, 315, 317; BGH vom 5. 5. 1960 — II ZR 174/58). Der schuldhaft unrichtigen Angabe steht das Unterlassen jeglicher Mitteilung gleich, wenn der Absender den schädigenden oder gefährlichen Charakter der Frachtgüter kennt (RGZ 93, 163; BGH vom 5. 5. 1960 — II ZR 174/58 in VRS 1960, 101). Der Absender kann grundsätzlich bei dem Frachtführer eine besondere Sach- oder Warenkunde hinsichtlich der Frachtgüter nicht erwarten (RGZ 141, 315; KG in JW 1932, 2449 Nr. 2).

c) Wenn der Absender schuldhaft solche unrichtigen Angaben über die verladenen Güter macht oder eine erforderliche Mitteilung unterläßt, so ist er dem Frachtführer schadensersatzpflichtig. Die Prüfungs- und Mitteilungspflicht ist eine dem Absender aus dem Frachtvertrag obliegende Schuldverpflichtung, die dem Schutz des Frachtführers dient; es ist unerheblich, ob der Absender sie in eigener Person erfüllen konnte (RGZ 160, 310, 314) oder dies durch Erfüllungsgehilfen tun läßt (BGHZ 13, 111; BGH vom 5. 5. 1960 — II ZR 174/58 in VRS 1960, 101). Diese Schadensersatzpflicht entfällt, wenn der Frachtführer in Kenntnis der Sachlage das Verhalten des Absenders genehmigt hatte (§ 45 Abs. 2); der Frachtführer hat hierbei auch gegen sich gelten zu lassen, wenn der Schiffer eine solche Genehmigung erteilt hatte (so ausdrücklich im Seerecht § 562 Abs. 2 HGB).

Schadensersatzpflichtig ist der Absender, also derjenige, der im eigenen Namen den Frachtvertrag abgeschlossen hat (vgl. § 7 Anm. 3c); es ist nicht ersichtlich, daß der Gesetzgeber den Begriff des Absenders im § 45 anders fassen, insbesondere auch den Ablader hierunter verstehen wollte, wie das Reichsgericht hat dahingestellt sein lassen (RGZ 93, 163).

d) Die Beweislast über das Vorliegen des Tatbestandes, aus dem sich die Verpflichtung des Absenders zu der Mitteilung ergibt, trifft den Frachtführer; der Absender hat nachzuweisen, daß er seine Vertragspflicht erfüllt, insbesondere auch die nötigen Schritte getan hat, um die Mitteilung an den Kläger gelangen zu lassen (RGZ 93, 163). Ebenso hat der Absender die etwaige Genehmigung (§ 45 Abs. 2) des Frachtführers zu beweisen. Damit wird aber nach § 45 Abs. 2 seine Verantwortlichkeit gegenüber dem Empfänger (vgl. § 7 Anm. 3c), den beförderten Personen und der Schiffsbesatzung (§ 45 Abs. 1) nicht ausgeschlossen.

e) Die Schadensersatzpflicht des Absenders kann dadurch eingeschränkt oder aufgehoben werden, daß der Frachtführer es unterläßt, die ihm möglichen Maßnahmen zur Beseitigung oder Minderung des gefährlichen Zustandes der Frachtgüter zu treffen (§ 254 BGB). So ist der Frachtführer nach § 45 Abs. 4 (ebenso § 563 Abs. 4 HGB) befugt, die das Schiff oder die übrige Ladung gefährdenden Güter vom Schiff zu entfernen, in dringenden Fällen über Bord zu werfen. Auch der Schiffer ist zu solchen Maßnahmen den Ladungsbeteiligten (Absender und Empfänger) gegenüber nach den §§ 7, 10 Abs. 2 verpflichtet. Der Frachtführer verliert seinen Schadensersatzanspruch gegen den Absender, wenn er eine gefährliche Ladung nicht auf diese Weise beseitigt (ROHG 21, 157; OLG Hamburg in HansGZ Hauptbl. 1915, 280 Nr. 136). In den Verfrachtungsbedingungen wird meist eine weitergehende Schadensersatzpflicht des Absenders und Empfängers aufgestellt. So bestimmen die §§ 34, 35, 85 AVB eine gesamtschuldnerische Haftung des Absenders und Empfängers für alle Schäden am Schiff, die durch gefährliche Güter entstanden sind (vgl. RG vom 13. 10. 1942 — I 129/41 in ZfB 1943 S. 19 = Verkehrsrechtliche Rundschau 1943, Gruppe 3b Bl. 135; LG vom 24. 11. 1954 — 12 O 9/54 in VRS Bd. 9, 198). Danach ist der § 85 Abs. 2 AVB so auszulegen, daß er nur eine Haftung für gefährliche Güter begründen wollte; ein Verstoß gegen die PreisstoppVO ist in einem solchen Schadensersatzanspruch nicht zu sehen. Nach § 85 Abs. 2 AVB hat der Frachtführer lediglich zu beweisen, daß seinem Schiff durch die Ladung ein Schaden zugefügt wurde (KG vom 24. 9. 1942 — 12 U 2443/41 — LG Bln. 212 O 176/40; KG vom 2. 12. 1951 — 2 U 1891/51). Es handelt sich bei § 85 AVB um eine Gefährdungshaftung ohne Verschulden. Diese Gefährdungshaftung besteht aber nur für Schäden, die durch gefährliche Güter entstanden sind. Gefährlich sind Güter entweder wegen ihrer natürlichen Beschaffenheit, z. B. entzündlicher oder explosiver Stoffe, oder deshalb, weil sie sich in einem Zustand oder in einer Verfassung befinden, durch die ihre Gefährlichkeit über das Maß erhöht wurde, das bei der Handhabung mit jedem Gut besteht; auch in der Art ihrer Verwertung kann die Gefährlichkeit begründet sein (RGZ 20, 76 [81]). So sind Braunkohlenbriketts zwar ihrer Gattung nach keine gefährlichen Güter, sie können sich aber bei der Verladung in einem gefährlichen Zustand, insbesondere in einer Verfassung befunden haben, die eine Selbstentzündung besorgen ließ. Der Einwand aus der PreisstoppVO entfällt schon deshalb, weil die AVB seit dem 1. 1. 1936 gelten, also am Stichtag der PreisstoppVO (18. 10. 1936) in Kraft waren. Nach den §§ 85, 34 Abs. 2 AVB besteht nur eine Haftung für den Schaden am Schiff, also für den dem Schiff unmittelbar zugefügten Schaden, nicht auch für entgangenen Gewinn (RGZ 170, 233 [245]).

2. Die Haftung des Absenders für Zollvorschriften und Begleitpapiere

a) Nach § 45 Abs. 1 darf der Absender keine Güter zur Verladung bringen, deren Ausfuhr oder Einfuhr in den Ablieferungsort verboten ist. Ferner muß der Absender bei der Verladung die Polizei-, Steuer- und Zollvorschriften beachten. Denn hierdurch kann nicht nur dem Absender selbst, sondern auch dem Frachtführer ein erheblicher Schaden entstehen, weil das Schiff angehalten oder der Frachtführer sonst in Mitleidenschaft gezogen werden kann. Hiervon können auch die übrigen Ladungsbeteiligten (die Empfänger), die Fahrgäste und die Schiffsbesatzung benachteiligt werden; deshalb besteht auch eine Verantwortlichkeit des Absenders gegenüber diesen Personen (§ 45 Abs. 1).

b) Der Absender hat auch dafür zu sorgen, daß die für die Verschiffung der Frachtgüter erforderlichen Papiere dem Frachtführer zugestellt werden; insbesondere gilt dies für die Begleitpapiere, die zur Erfüllung der Zoll-, Steuer- oder Polizeivorschriften erforderlich sind (§ 26, § 427 HGB). Der im ostdeutschen Frachtschiffahrtsverkehr vorgeschriebene „provisorische Fahrterlaubnisschein für den Interzonenverkehr“ ist nicht als Begleit- oder Warenpapier zu bewerten (OLG Halle vom 1. 2. 1950 — 1 U 258/49 in VRS Bd. 2 Seite 267). Der Absender haftet dem Frachtführer nach § 26 in Verbindung mit § 427 Satz 2 HGB für alle Folgen, die aus dem Mangel, der Unzulänglichkeit oder der Unrichtigkeit der Papiere entstehen. Er ist also für allen Schaden verantwortlich, der dem Frachtführer hieraus erwächst (ROHG 24, 214; OLG Marienwerder in SeuffA 52 Nr. 176). Der Nachweis eines Verschuldens ist hier nicht erforderlich (ROHG 24, 213, 214). Nur dann besteht keine Haftung des Absenders, wenn dem Frachtführer oder seinen Leuten (§ 26, § 431 HGB) ein Verschulden zur Last fällt (§ 427 Satz 2 HGB).

c) Der Absender hat diese Begleitpapiere so rechtzeitig zu liefern, daß dem Frachtführer hieraus keine Nachteile entstehen und daß keine Verzögerung des Antritts oder der Durchführung der Reise verursacht wird. Die seerechtliche Vorschrift, daß alle zur Verschiffung erforderlichen Papiere innerhalb der Lade- oder Überliegezeit zuzustellen sind (§ 591 HGB), ist in das Binnenschiffahrtsgesetz nicht übernommen worden, weil „hier unter Umständen auch eine Nachsendung der Papiere möglich ist und genügen muß“ (Begr. S. 78).

d) Unterläßt der Absender die Zustellung dieser Begleitpapiere oder die sonst erforderliche Erfüllung behördlicher Vorschriften und erfolgt deshalb eine Einziehung der Frachtgüter, so hat er hieraus nach § 45 Abs. 3 (ebenso § 563 Abs. 3 HGB) keine Einwendungen gegen den Frachtanspruch des Frachtführers.

Ablieferungsort und Löschplatz

§ 46

Ist das Schiff im ganzen verfrachtet, so hat der Frachtführer nach der Ankunft am Ablieferungsorte das Schiff zur Löschung der Ladung an den ihm von dem Empfänger angewiesenen Platz hinzulegen.

Wenn die Anweisung nicht rechtzeitig erfolgt, oder wenn die Wassertiefe, die Sicherheit des Schiffes oder die örtlichen Verordnungen oder Einrichtungen die Befolgung der erteilten Anweisung nicht gestatten, so kann der Frachtführer, falls

der Empfänger auf die Aufforderung nicht unverzüglich einen geeigneten Löschplatz bezeichnet, an einem der ortsüblichen Löschplätze anlegen. Er hat bei der Wahl des Löschplatzes das Interesse des Empfängers tunlichst zu berücksichtigen.

Die Ablieferung an verschiedenen Orten des Löschplatzes vorzunehmen ist der Frachtführer nur verpflichtet, wenn dies besonders vereinbart ist. Er hat in diesem Falle Anspruch auf Ersatz der entstehenden Mehrkosten. Die Dauer der Löschzeit wird durch die übernommene Verpflichtung nicht berührt.

1. Der Begriff der Gesamtverfrachtung

a) Nach dem Hinweis im § 46 Abs. 1 gilt diese Vorschrift (ebenso die §§ 47—52) nur für die Gesamtverfrachtung, also dann, wenn nach dem Frachtvertrag ein Schiff mit allen seinen Laderäumen verfrachtet ist (vgl. § 27 Anm. 1 a). Es ist auch hier, wie bei der Verladung der Frachtgüter, die Gesamtverfrachtung vorangestellt, weil diese in der Binnenschiffahrt die am meisten gehandhabte Verfrachtungsart darstellt (vgl. § 27 Anm. 1 b). Die Regelung über das Löschen ist „im engen Anschluß an die Vorschriften über die Verladung" (Begr. S. 78, 79) geregelt (§§ 27—45), so daß auf die Erläuterung zu diesen Bestimmungen häufig verwiesen werden muß. Nach § 26 in Verbindung mit § 446 Abs. 1 HGB ist, wenn ein Ladeschein (§ 72) ausgestellt ist, dessen Inhalt für die Rechtsbeziehungen zwischen dem Frachtführer und dem Empfänger entscheidend. Es kann sich dann aus dem Ladeschein ergeben, daß es sich um eine Teilverfrachtung handeln sollte; dies wird im Frachtgeschäft der Binnenschiffahrt meist durch Aufnahme des Vermerkes „Teilladung" oder „Teilverfrachtung" zum Ausdruck gebracht.

b) Es ist für die Unterscheidung der beiden Verfrachtungsarten nicht ausschlaggebend, ob ein oder mehrere Absender oder Empfänger vorhanden sind (vgl. § 29 Anm. 1 b). Es kommt bei der Gesamtverfrachtung, mitunter auch von Massengütern, wie Kohle, Getreide, Erze, vor, daß mehrere Empfänger angewiesen werden.

2. Der Ablieferungsort (Löschort)

a) Der Ablieferungsort (Löschort, Bestimmungshafen), an den die Frachtgüter befördert werden sollen, wird regelmäßig im Frachtvertrag bestimmt und im Frachtbrief oder Ladeschein bezeichnet sein (vgl. § 29 Anm. 2 a). Dann braucht der Frachtführer einen anderen Löschort nicht anzulaufen (OLG Hamburg in HansGZ Hauptbl. 1903 Nr. 88). Es kann aber auch die Auswahl des Ablieferungsortes dem Absender oder Empfänger überlassen sein; mitunter erfolgt die Anweisung des Bestimmungshafens erst während der Reise, wobei dem Frachtführer dann vorgeschrieben wird, diese „Order" an einer Unterwegsstation in Empfang zu nehmen. Der Ablieferungsort ist grundsätzlich, soweit nichts anderes vereinbart wurde, Erfüllungsort und maßgebend für die Rechtsnormen, die für die Entlöschung und die sich daraus ergebenden Rechtsfolgen anzuwenden sind (§ 26 Anm. 9 a).

b) Es können auch mehrere Ablieferungsorte (Stationen) vereinbart sein. Diese Vereinbarung kann verschiedene Bedeutung haben; die mehreren Löschorte können sämtlich nebeneinander oder nur nach Wahl des Absenders einer davon (vgl. § 29 Anm. 2 b) gelten sollen (ROHG 4, 172; OLG Hamburg in OLG 10, 352, HansGZ 1891 Nr. 12). So bedeutet die Klausel „Option" bzw. „oder", auch mit „o" abgekürzt, daß der Empfänger die gesamte Ladung wahlweise an einem oder dem anderen dieser Orte ausgeliefert verlangen kann, nicht aber Teillöschungen an verschiedenen dieser Orte (LG Berlin vom 8. 4. 1930 — 45 S 4/29 — AG Berlin 175 C 1690/29); dagegen kann der Empfänger die Ablieferung an jedem der mehreren Ablieferungsorte verlangen, wenn der Hinweis „Berlin und andere Stationen" oder „Berlin und/oder Brandenburg" verwendet wird (OLG Hamburg in HansGZ Hauptbl. 1916 Nr. 110). Die Klausel „Riesa, Option Außig" ist auszulegen, daß nicht nur Riesa oder Außig, sondern auch eine dazwischen liegende Station bestimmt werden kann. Jedoch ist die einmal ausgeübte Option endgültig und kann nicht einseitig widerrufen werden (AG Magdeburg vom 21. 1. 1942 — 38 C 249/41). Etwaige Unklarheiten in der Bedeutung mehrerer Ablieferungsorte gehen zu Lasten des Empfängers (LG Breslau in VerkehrsrR Bd. 10 [1931] S. 304 Nr. 232).

c) An diesem Ablieferungsort muß der Frachtführer nach § 46 Abs. 1 angekommen sein, um sein Schiff an den Löschplatz legen zu können. Damit hat der Frachtführer die eigentliche Frachtreise beendet und es kann die Ablieferung der Frachtgüter erfolgen. Bei Aufsuchen eines Zwischen-, Not- oder Winterstandhafens wird dieser erst dann Ablieferungsort, wenn sich die Ladungsbeteiligten für eine Entlöschung in diesem Hafen entschließen oder mit Inangriffnahme der Entlöschung (vgl. AG Magdeburg vom 15. 4. 1942 — 38 C 527/40). Die Grenzen des Ablieferungsortes bestimmen sich nach den örtlichen Gebräuchen und Übungen. Danach ist nicht immer die kommunale Abgrenzung maßgebend (vgl. für Berlin KG in OLG 2, 370; § 28 Anm. 1c). Entscheidend ist, wie nach Handels- und Schiffahrtsbrauch die Grenzen des Ablieferungsortes zu bestimmen sind (OLG Naumburg vom 20. 3. 1942 — 2 U 5/41).

3. Die Anweisung des Löschplatzes

a) Unter dem Löschplatz versteht man die Stelle am Ablieferungsort, an der die Frachtgüter zu entlöschen sind. Der Löschplatz kann im Frachtvertrag vereinbart und im Ladeschein bezeichnet sein, z. B. ein öffentlicher oder privater Speicher oder sonstiger Platz (OLG Hamburg in OLG 32, 192), ein bestimmtes Seeschiff (OLG Hamburg in SeuffA 69 Nr. 15; OLG Hamburg in HansGZ Hauptbl. 1901 Nr. 132, 1904 Nr. 21; RG in LZ 1915, 135). Für das Rechtsverhältnis zwischen dem Frachtführer und Empfänger ist auch insoweit nach § 26 in Verbindung mit § 446 Abs. 1 HGB der Ladeschein entscheidend. Auf den Frachtvertrag kommt es für die Bestimmung des Löschplatzes nur an, soweit im Ladeschein auf ihn Bezug genommen ist. Aus der Angabe der Anschrift des Empfängers allein kann eine solche Vereinbarung eines Löschplatzes nicht entnommen werden (OLG Hamburg vom 2. 5. 1903 — Bf. II 23/1903 —; LG Berlin vom 7. 2. 1935 — 212 S 10043/34 — in VerkehrsrR Bd. 14 [1935] 288 Nr. 163). Dagegen enthält der Vermerk „Breslau, Stadthafen, an die Firma . . ." nicht nur eine Angabe über den Ablieferungsort, sondern auch über den Löschplatz (LG Breslau in VerkehrsrR Bd. 2 Nr. 5, 101). An einen solchen vereinbarten Löschplatz ist nicht nur der Absender, sondern grundsätzlich auch der Frachtführer gebunden (KG in OLG 1, 247; OLG Hamburg in HansGZ Hauptbl. 1913 Nr. 67; LG Breslau in VerkehrsrR Bd. 2 Nr. 5 S. 101). Der Frachtführer muß aber auch hier damit rechnen können, daß der Löschplatz geeignet ist, insbesondere daß die Zufahrt an die Ausladestelle möglich ist und daß die Entlöschung keine besonderen Schwierigkeiten bereitet (OLG Hamburg in OLG 32, 192).

b) Ist ein bestimmter Löschplatz nicht in dieser Weise vereinbart worden (Anm. 1a), so steht das Anweisungsrecht nach § 46 Abs. 1 dem Empfänger zu. Die Auswahl des Platzes ist dem Empfänger überlassen, damit die Frachtgüter an derjenigen Stelle zur Entlöschung gelangen, die der Empfänger in seinem Interesse dafür geeignet hält; das Recht der Verfügung über die Frachtgüter steht ihm zu, und es ist natürlich, daß das Gesetz ihm die Bestimmung des Löschplatzes überläßt (KG in OLG 20, 4). Als Empfänger kommt nicht immer derjenige in Betracht, an den die Frachtgüter tatsächlich ausgeliefert werden, sondern nur der „empfangsberechtigte Empfänger", der nach § 26 in Verbindung mit den §§ 426, 435, 445ff. HGB berechtigt ist, die Auslieferung der Frachtgüter vom Frachtführer im eigenen Namen zu verlangen. Es ist unerheblich, ob er hierbei für eigene Rechnung (z. B. als Käufer) oder für fremde Rechnung (z. B. als Spediteur, Ablader) handelt und in welchen Rechtsbeziehungen er zum Absender steht (RG in SeuffA 55 Nr. 222 = HansGZ Hauptbl. 1900, 110 Nr. 48; LG Hamburg in Hauptbl. 1898 Nr. 34; RG bei Bolze 5 Nr. 652). Der Absender kann zugleich auch der Empfänger sein (OLG Hamburg in HansGZ Hauptbl. 1894 Nr. 52); nach § 26 in Verbindung mit § 445 Ziff. 4 gilt der Absender zugleich als Empfänger, wenn der Ladeschein nur an Order gestellt ist, ohne den Namen eines anderen Empfängers aufzuweisen. In der Regel wird der Empfänger aber eine andere Firma sein als der Absender. Dann kommt es für die Feststellung des Empfangsberechtigten in erster Linie auf den Inhalt der Frachtpapiere (Ladeschein, Frachtbrief, Frachtvertrag) an. Ist ein Ladeschein ausgestellt, so ist nach § 26, § 447 HGB derjenige zum Empfang berechtigt, an den „das Gut nach dem Ladeschein abgeliefert werden soll oder auf den der Ladeschein, wenn er an Order lautet, durch Indossament übertragen ist". Es können aber auch die Rechte aus einem Ladeschein durch Abtretung und Übergabe rechtswirksam übertragen sein (RGZ 122, 221; ROHG 25, 340; LG Hamburg in HansGZ Hauptbl. 1898 Nr. 34; RG in JW 1929, 921 Nr. 14, 1928, 227 Nr. 11). Stets muß der Empfänger seine Empfangsberechtigung aber auch durch den Besitz des Originalladescheins nachweisen (§ 447 HGB), der dem Frachtführer auf Verlangen vorzulegen und gegen Ablieferung der Güter zurückzugeben ist (§ 447 HGB). Der Frachtführer ist nicht nur verpflichtet, sondern auch berechtigt, den sich so ausweisenden Empfänger als Empfangsberechtigten zu behandeln, es sei denn, daß die Umstände erkennen ließen, daß der Abnehmende nicht für sich empfangen wollte (OLG Hamburg in SeuffA 47 Nr. 49; OLG Marienwerder in SeuffA 48 Nr. 119; LG Hamburg in HansGZ Hauptbl. 1897 Nr. 79). War ein Ladeschein nicht gezeichnet, so kommt es auf den Inhalt des etwa ausgestellten Frachtbriefes an (§ 426 Nr. 3 HGB). Enthält der Frachtbrief den Namen eines Empfängers nicht, so gilt auch hier der Absender als solcher. Fehlt auch ein Frachtbrief, so ist der Frachtvertrag maßgebend. Der Absender bleibt zugleich Empfänger, bis er einen anderen als Empfangsberechtigten bezeichnet hat. Der Absender kann auch seine Rechte aus dem Frachtvertrag an einen Dritten abtreten (ROHG 15, 145); in der Benachrichtigung dieser Abtretung liegt dann zugleich die Bezeichnung eines Empfängers. Ist ein Empfänger nicht bekannt oder seine Anschrift nicht zu ermitteln, so kann „der Frachtführer ohne weiteres einen angemessenen (ortsüblichen) Löschplatz aufsuchen, da hier die sonst vorgeschriebene besondere Aufforderung nach § 46 Abs. 2 unausführbar ist" (Begr. S. 79); der Frachtführer muß aber den Absender sofort hiervon benachrichtigen. Es können auch bei der Gesamtverfrachtung mehrere

Empfänger in Betracht kommen. Dann würde es „bedenklich sein, dem Frachtführer zuzumuten, mit den vielleicht zahlreichen Empfängern geringer Gütermengen wegen eines gemeinsamen Löschplatzes ins Benehmen zu treten; ist die Ladung an verschiedene Personen auszuliefern, so muß es in Ermangelung einer abweichenden Bestimmung des Frachtvertrages als der Absicht der Beteiligten entsprechend betrachtet werden, daß der Frachtführer an dem ortsüblichen Löschplatz anlegt" (Begr. S. 79). Meist wird aber in solchen Fällen ein bestimmter einheitlicher Löschplatz für alle Empfänger vereinbart oder es wird eine Meldeadresse (§ 72 Abs. 3) in den Frachtpapieren vermerkt, die dem Frachtführer die einzelnen Löschplätze für die verschiedenen Empfänger und die Reihenfolge anweist.

c) Nach § 46 Abs. 1 hat der Frachtführer, wenn kein bestimmter Löschplatz vereinbart war, das Schiff an den ihm von dem Empfänger angewiesenen Platz hinzulegen (vgl. hierzu § 27 Anm. 3b). Das Anweisungsrecht des Empfängers ist mit der Bestimmung dieses einen Löschplatzes grundsätzlich erloschen (vgl. § 27 Anm. 3c). Die Ablieferung an mehreren Löschplätzen braucht der Frachtführer nach § 46 Abs. 3 nur vorzunehmen, wenn dies besonders vereinbart ist; er hat dann stets einen Anspruch auf Ersatz der entstehenden Mehrkosten, z. B. Schlepplohn, Hafen- und Schleusengebühren; auch läuft die Löschzeit ununterbrochen weiter. Er ist auch nicht verpflichtet, nachdem er den angewiesenen Platz eingenommen hat, mehrmals mit seinem Schiff an- und abzulegen (vgl. § 27 Anm. 3c) oder beliebig zu verholen (vgl. § 41 Anm. 2e).

4. Die Anweisung des Löschplatzes durch den Empfänger

a) Nach § 46 Abs. 1 und 2 in Verbindung mit § 121 BGB muß die Anweisung des Löschplatzes rechtzeitig, ohne schuldhaftes Zögern, durch den Empfänger erfolgen. Die Anweisung muß auf jeden Fall so rechtzeitig vorgenommen werden, daß der Frachtführer das Schiff vor dem Beginn der Löschzeit (§ 48) an den angewiesenen Platz legen und die Vorbereitungen zur Entlöschung treffen kann (vgl. § 29 Anm. 3; § 27 Anm. 4a).

b) Der Empfänger hat kein unbeschränktes Anweisungsrecht, sondern er muß nach § 46 Abs. 2 einen „geeigneten Löschplatz" auswählen. Das Anweisungsrecht ist also kein unbedingtes Recht, sondern hat zur Voraussetzung, daß es rechtzeitig ausgeübt wird und daß ein geeigneter Löschplatz angewiesen wird (RGZ 15, 159). Der Löschplatz muß so beschaffen sein, daß er unter Berücksichtigung der Ortsverhältnisse zur Vornahme der Entlöschung angemessen erscheint (RGZ 15, 157, 159; KG in OLG 20, 4; im übrigen § 27 Anm. 4b). Insbesondere „darf die Sicherheit des Schiffes durch die Befolgung der Anweisung nicht gefährdet werden; die Entscheidung dieser Frage kann nicht dem rein subjektiven Ermessen des Schiffers überlassen sein, andererseits kann es aber auch nicht als maßgebend angesehen werden, ob das Ermessen des Schiffers objektiv richtig war". Vielmehr hat der Frachtführer „die erteilte Anweisung eines Löschplatzes nur dann zu befolgen, wenn er bei Anwendung der Sorgfalt eines ordentlichen Schiffers nach vernünftigem Ermessen annehmen darf, daß hierdurch die Sicherheit seines Schiffes nicht gefährdet wird, während er anderenfalls berechtigt und den in Betracht kommenden Personen gegenüber sogar verpflichtet ist, die Befolgung zu verweigern" (RGZ 15, 159, 160). Von einer Eignung des Löschplatzes kann nur gesprochen werden, wenn nicht nur die Sicherheit des Schiffes gewährleistet ist, sondern auch die örtlichen Umstände so beschaffen sind, daß die Entladung selbst unter normalen Bedingungen vorgenommen werden kann. Als eine geeignete Löschstelle kann nur die Löschstelle angesehen werden, welche die Entlöschung unmittelbar an der Anlegestelle des Kahnes ermöglicht und mit dem üblichen Ausladegerät und ohne örtliche Hindernisse (LG Breslau vom 16. 11. 1939 — 21 S 10/39 — AG Breslau 96 C 58/38). Die Befreiung des Frachtführers von der Verpflichtung zur Einnahme des angewiesenen ungeeigneten Löschplatzes ist nicht auf die hervorgehobenen Fälle beschränkt, die nur Beispiele darstellen. So kann der fehlenden Wassertiefe der Fall gleichgesetzt werden, daß der angewiesene Löschplatz einer besonders starken Vereisung ausgesetzt ist (KG vom 4. 2. 1941 2 U 4981/40). Es liegt eben ein geeigneter Löschplatz nicht vor, wenn das Schiff infolge irgendwelcher Hindernisse an den angewiesenen Platz nicht oder nicht ordnungsmäßig hingelegt werden kann (vgl. § 27 Anm. 4b). Die Sicherheit des Schiffes ist auch dann gefährdet, wenn die Einrichtungen an oder vor dem Löschplatz dessen ungehindertes Aufsuchen ohne Ableichterung (LG Berlin vom 26. 4. 1935 — 212 S 1351/35 —; LG Berlin vom 7. 2. 1935 — 212 S 10043/34 — in VerkehrsrR Bd. 14 [1935], 288 Nr. 163) oder die Rückfahrt nicht gestatten (ROHG 5, 372). Denn die Gefährdung der Sicherheit des Schiffes liegt auch dann vor, wenn der Frachtführer zwar den Löschplatz mit dem beladenen Schiff erreichen, mit dem entlöschten Schiff aber nicht ohne Gefahr für das Schiff oder nur unter Anwendung der Kosten einer außergewöhnlichen, nur durch das Aufsuchen des angewiesenen Löschplatzes bedingten Einnahme von Ballast wieder verlassen konnte (RGZ 15, 157, 158; KG in OLG 20, 4). Der Löschplatz ist auch dann nicht als geeignet anzusehen, wenn er von anderen Schiffen besetzt ist (vgl. § 27 Anm. 4b).

c) Nach § 46 Abs. 2 kann der Frachtführer, wenn der Empfänger sein Anweisungsrecht nicht oder nicht gehörig ausübt, an einem der ortsüblichen Löschplätze anlegen, nachdem er den Empfänger vorher aufgefordert hat, ihm unverzüglich einen geeigneten Löschplatz zu bezeichnen. Er ist aber nur berechtigt, nicht verpflichtet, einen ortsüblichen Löschplatz aufzusuchen; vielmehr kann er weitere Anweisungen des Empfängers abwarten (vgl. § 27 Anm. 4c). Bei der etwaigen Auswahl des ortsüblichen Löschplatzes muß der Frachtführer nach § 46 Abs. 2 Satz 2 das Interesse des Empfängers, soweit er dies übersehen kann und behördliche Verordnungen nicht entgegenstehen, berücksichtigen (vgl. § 27 Anm. 4d).

5. Haftung des Frachtführers und Absenders

a) Auf Grund des Frachtvertrages in Verbindung mit den §§ 276, 278 BGB ist der Frachtführer dem Absender schadensersatzpflichtig, wenn er schuldhaft einer ihm erteilten ordnungsmäßigen Anweisung eines geeigneten Löschplatzes nicht oder nicht gehörig nachkommt (vgl. im übrigen § 27 Anm. 5a). Er haftet unter den gleichen Voraussetzungen auch dem Empfänger, selbst wenn dies eine andere Person als der Absender ist, da der Frachtvertrag regelmäßig einen Vertrag zugunsten des Empfängers im Sinne des § 328 Abs. 2 BGB darstellen wird, aus dem dieser unmittelbar Rechte erwirbt (OLG Stuttgart in OLG 19, 408; RGZ 73, 148, 149 hat die Frage offengelassen). Eine Haftung des Frachtführers gegenüber dem Empfänger ergibt sich aber auch aus einem gesetzlichen Schuldverhältnis (§ 46 in Verbindung mit den §§ 276, 278 BGB) und aus dem mit der Annahme des

Ladescheins oder der Frachtgüter regelmäßig zustande gekommenen Vertrag (Begr. S. 92 Abs. 2; ROHG 4, 411, 20, 410; KG in OLG 6, 96). Daneben besteht aus § 7 die Haftung des Schiffers (vgl. § 27 Anm. 5a).

b) Der Empfänger hat nicht nur ein Anweisungsrecht, sondern dem Frachtführer gegenüber auch eine Anweisungspflicht (OLG Hamburg in SeuffA Bd. 54 Nr. 165). Hieraus folgt aber nicht eine Haftung des Empfängers für die Geeignetheit des angewiesenen Löschplatzes (vgl. § 27 Anm. 5b). In der Anweisung eines Löschplatzes liegt keine Zusicherung, daß der Platz für Schiff und Ladung volle Sicherheit bietet (RGZ 40, 300; OLG Hamburg in HansGZ Hauptbl. 1912 Nr. 109). Der Empfänger haftet aber für den Zustand eines seiner Verwaltung unterstehenden oder ihm gehörigen Löschplatzes, der sich in einem verkehrswidrigen Zustand befindet (vgl. § 27 Anm. 5b). Eine solche Haftung besteht auch, wenn er den Platz nicht instand gehalten oder den Frachtführer nicht auf seine Besonderheiten aufmerksam gemacht hat (RGZ 40, 300; OLG Hamburg in HansGZ Hauptbl. 1903 Nr. 90, 1912 Nr. 109). Der Empfänger ist auch verpflichtet, ihm bekannte und für den Frachtführer nicht ohne weiteres erkennbare Mängel eines von ihm nicht verwalteten Löschplatzes mitzuteilen (OLG Hamburg in HansGZ Hauptbl. 1908 Nr. 90).

Anzeige der Löschbereitschaft

§ 47

Sobald der Frachtführer zum Löschen bereit ist, hat er dies dem Empfänger anzuzeigen.

Die Anzeige hat an einem Werktage vor dem Schlusse der ortsüblichen Geschäftsstunden zu erfolgen. Eine später oder an einem Sonntage oder allgemeinen Feiertage erfolgte Anzeige gilt als am nächsten Werktage erfolgt.

Weigert sich der Empfänger, den Zeitpunkt des Empfanges der Anzeige zu bescheinigen, so ist der Frachtführer befugt, eine öffentliche Urkunde darüber auf Kosten des anderen Teiles errichten zu lassen.

Wenn der Empfänger nicht zu ermitteln ist, so muß die Anzeige der Löschbereitschaft durch öffentliche Bekanntmachung in ortsüblicher Weise erfolgen.

1. Begriff der Löschbereitschaft

a) Nach § 47 Abs. 1 (ebenso § 594 Abs. 1 HGB) hat der Frachtführer, sobald er zum Löschen der Ladung bereit ist, dies dem Empfänger anzuzeigen. Zweck dieser Vorschrift ist, den Empfänger von dem Eintreffen des Schiffes am Ablieferungsort in Kenntnis zu setzen und die Löschung der Frachtgüter vorzubereiten. Es ist auch hier, wie bei der Ladebereitschaft (§ 28), in subjektiver Hinsicht erforderlich, daß der Frachtführer zum Löschen bereit ist; ferner muß das Schiff auch objektiv löschbereit sein, d. h. die Frachtgüter müssen dem Empfänger zur Abnahme angewiesen und zugänglich gemacht werden (RGZ 115, 216, 217). Von einer solchen objektiven Löschbereitschaft kann nur gesprochen werden, wenn der Frachtführer für den Zeitpunkt des Beginnes der Löschzeit in der Lage ist, einen geeigneten angewiesenen oder einen ortsüblichen Löschplatz aufzusuchen und dort zur Löschung der Ladung in der im Vertrag vereinbarten Art der Löschung bereit sein kann (BGHZ 1, 47, 50, 51; OLG Düsseldorf vom 3. 5. 1950 — 7 U 149/49 in VRS 1951, 237). Das Schiff muß derartig instand gesetzt, ausgerüstet und bemannt sein (vgl. § 8 Anm. 2, § 28 Anm. 1a), daß mit der Herausgabe der Ladung begonnen werden kann (KG vom 18. 4. 1931 — 12 U 15209/30 — 11 O 24/29 LG Potsdam).

b) Für die Löschbereitschaft ist nicht erforderlich, daß der Frachtführer schon bei Abgabe der Anzeige mit seinem Schiff am Löschplatz liegt; er braucht nur bereit und in der Lage zu sein, den Platz bis zum Beginn der Löschzeit (§ 29) einzunehmen (vgl. § 28 Anm. 1b; RG in SeuffA 6 Nr. 207; KG in OLG 2, 370; OLG Hamburg in HansGZ Hauptbl. 1898 Nr. 53, 1911 Nr. 137). Es genügt, daß der Frachtführer seinerseits bereit ist, sein Schiff an den ihm angewiesenen Löschplatz zu legen und die Ladung daselbst zur Ablieferung zu bringen und daß keine Hinderungsgründe bei seinem Schiff vorliegen. So genügt es also, wenn das Schiff am Löschplatz eingetroffen ist und der Frachtführer alles seinerseits Erforderliche getan hat, um dem Empfänger die Entladung an dieser Stelle zu ermöglichen. Wenn die angewiesene Löschstelle nicht geeignet ist, so geht dies nicht zu Lasten des Frachtführers, sondern des Empfängers. Das Verholen des Schiffes und die Ermöglichung der Anlegung am Löschplatz gehört schon zur Löschung (KG vom 4. 2. 1941 — 2 U 4981/40 — LG Berlin 212 O 37/40). Er braucht nur sein Schiff zum Löschen zur Verfügung zu stellen; Umstände, die nicht in der Person des Schiffers oder am Schiff liegen, beeinträchtigen die Löschbereitschaft nicht (OLG Naumburg vom 2. 7. 1943 — 2 U 35/42 — 10. O 14/41 LG Magdeburg). Ist der angewiesene oder ortsübliche Löschplatz besetzt, so geht dieser Platzmangel zu Lasten des Empfängers, da dies kein in der Person des Frachtführers liegendes Hindernis ist (OLG Hamburg in SeuffA 54 Nr. 165 = HansGZ Hauptbl. 1899 Nr. 18).

c) Dagegen kann die Löschbereitschaft erst angezeigt werden, wenn das Schiff am Ablieferungsort (Bestimmungshafen) angekommen ist (BGHZ 1, 47, 50; 8, 55; so auch Mittelstein 1 I § 47 Anm. 1 Abs. 2; 2 S. 221; a. A. Förtsch S. 157 Nr. 2). Nach § 46 Abs. 1 hat der Frachtführer das Schiff „nach der Ankunft am Ablieferungsort" zur Löschung der Ladung an den angewiesenen Löschplatz zu legen (vgl. § 46 Anm. 2c); die für die Entlöschung der Frachtgüter erforderlichen Vorbereitungen können auch regelmäßig erst nach dem Eintreffen des Schiffes veranlaßt werden (vgl. § 28 Anm. 1a; KG in OLG 2, 370; ROHG 19, 285; LG Berlin in KGBl. 1901 S. 74). Bei Sendungen nach verschiedenen Ablieferungsorten kann nur für die am ersten Ablieferungsort abnehmenden Empfänger ein Meldetag berechnet werden (vgl. LG Hamburg vom 26. 4. 1945 — 23 O 8/44). Für den Binnenschiffahrtsverkehr in Berlin besteht nach Schiffahrtsbrauch die Besonderheit, daß sich der Frachtführer schon nach seinem Eintreffen an der Weichbildgrenze löschbereit melden kann, wenn er imstande ist, mit Beginn des folgenden Werktages an dem Löschplatz anzulegen (KG in OLG 2, 370; vgl. § 28 Anm. 1c; Gutachten bei Zschucke, Handelsgebräuche S. 29, 30).

2. Anzeige der Löschbereitschaft

a) Die Anzeige der Löschbereitschaft ist an eine Form nicht gebunden; sie kann schriftlich oder mündlich, auch telefonisch erfolgen (vgl. § 28 Anm. 2a). Es wird hierüber meist eine auf den Ladeschein oder Frachtbrief gesetzte Empfangsbescheinigung ausgestellt, die auch die genaue Zeitangabe enthält. Eine solche Bescheinigung kann der Frachtführer verlangen (§ 368 BGB); er ist nach § 47 Abs. 3 berechtigt, einen notariellen oder gerichtlichen Protest hierüber aufnehmen zu lassen, wenn der Empfänger diese Bescheinigung verweigert (vgl. § 28

Anm. 2a). Die Aufnahme des Protestes erfolgt „auf Kosten des anderen Teils"; der Frachtführer kann ihre Erstattung verlangen, braucht sie also in keinem Fall zu tragen (KommBer. S. 12); er kann die Protestkosten von dem Empfänger fordern, wenn dieser die Frachtgüter annimmt, im anderen Fall hat sie auf Grund des Frachtvertrages der Absender zu tragen.

b) Ein bestimmter Inhalt ist für die Anzeige der Löschbereitschaft nicht vorgeschrieben. Es genügt jede Meldung des Frachtführers, aus der entnommen werden kann, daß er zur Löschung der Ladung bereit ist (vgl. § 28 Anm. 2b). So ist eine Anzeige der Löschbereitschaft darin zu erblicken, daß der Frachtführer z. B. bei einer Beschlagnahme oder Wiederausladung auf der Frachtreise sein Einverständnis mit der ihm mitgeteilten Wiederausladung der Frachtgüter erklärt (KG vom 26. 6. 1941 — 12 U 5437/40 — 52 C 1067/40 AG Berlin).

c) Die Anzeige ist an den Empfänger zu richten und muß ihm als sog. empfangsbedürftige Willenserklärung zugehen; die Anzeige an eine in den Frachtpapieren vermerkte Meldeadresse oder in Berlin an die kaufmännischen Meldestellen ist ausreichend (vgl. § 28 Anm. 2c). Nach § 47 Abs. 4 (ebenso § 594 Abs. 2 HGB) muß der Frachtführer die Anzeige durch „öffentliche Bekanntmachung in ortsüblicher Weise" abgeben, wenn der Empfänger nicht zu ermitteln ist. Es ist also grundsätzlich Aufgabe des Frachtführers, diese Ermittlung des Empfängers nach seiner Anschrift vorzunehmen, z. B. durch Nachfrage bei dem Einwohnermeldeamt oder der Ortspolizeibehörde. Wenn eine Meldeadresse (§ 72 Abs. 3) in den Frachtpapieren angegeben ist, so genügt aber die Meldung bei dieser. Ist der Empfänger nicht zu ermitteln, so muß der Frachtführer stets den Absender hiervon sofort benachrichtigen und dessen Anweisungen einholen (§ 52 Abs. 2). Er wird sich hierbei vorsorglich auch bei dem Absender löschbereit melden, da dieser bis zur ordnungsmäßigen Bezeichnung oder bei Fortfall eines Empfängers als solcher gilt (vgl. § 46 Anm. 3b). Ferner ist der Frachtführer, soweit er keine anderen Anweisungen von dem Absender erhält, befugt, ohne weiteres einen ortsüblichen Löschplatz aufzusuchen, da „hier die sonst vorgeschriebene besondere Aufforderung nach § 46 Abs. 2 unausführbar ist" (vgl. Begr. S. 79). Der Frachtführer ist ferner berechtigt, aber grundsätzlich nicht verpflichtet, die öffentliche Bekanntmachung der Anzeige bei Nichtermittlung des Empfängers ohne Anweisung des Absenders vorzunehmen. Denn der Absender hat auf Grund des Frachtvertrages die Verpflichtung, den Empfangsberechtigten mit ausreichender Bestimmtheit, also auch mit richtiger Adresse, aufzugeben. Die Bekanntmachung hat nach der tatsächlichen Ortsübung, meist durch Veröffentlichung in bestimmten Zeitungen, zu erfolgen. Im § 47 Abs. 4 ist, im Gegensatz zu der Regelung der Protesterhebung nach § 47 Abs. 3, nichts über die Tragung der Kosten dieser öffentlichen Bekanntmachung bestimmt; hieraus folgt aber keineswegs, daß „der Frachtführer diese Kosten der Vorbereitung der Löschung" zu übernehmen hat (so Mittelstein 1 I § 47 Anm. 4 Abs. 3 u. 2 S. 224). Vielmehr kann der Frachtführer diese Kosten, die lediglich durch das vertragswidrige Verhalten der anderen Frachtbeteiligten infolge nicht vollständiger oder unrichtiger Angabe der Anschrift des Empfängers entstanden sind, erstattet verlangen, und zwar stets von dem Absender auf Grund des Frachtvertrages (§§ 276, 278, 249 BGB) und von dem Empfänger, wenn dieser die Frachtgüter später annimmt, nach dem damit zustande kommenden Vertrag (so im Ergebnis für das Seerecht AG und LG Hamburg in HansGZ Hauptbl. 1901 Nr. 63; vgl. § 46 Anm. 3b).

d) Nach § 47 Abs. 1 hat der Frachtführer die Anzeige zu erstatten, „sobald er zum Löschen bereit ist". Voraussetzung ist also das Vorliegen der Löschbereitschaft (vgl. Anm. 1a, b). In Ermangelung anderer Vereinbarungen hat sich der Frachtführer unverzüglich (§ 121 BGB) nach dem Eintreffen des Schiffes am Ablieferungsort löschbereit zu melden (vgl. § 28 Anm. 2d). Es wird aber nicht selten in den Frachtpapieren bestimmt, daß der Frachtführer nicht vor einem bestimmten Tag eintreffen oder sich löschbereit melden darf (OLG Hamburg in SeuffA 57 Nr. 16 vom 10. 5. 1901 — Bf. IV 326/1900 —). Auch die Entlöschung in Reihenfolge wird manchmal vorgesehen (vgl. § 28 Anm. 2d). Mitunter wird auch vereinbart, daß der Frachtführer seine Löschbereitschaft nicht anzuzeigen braucht, sondern sofort einen Löschplatz einnehmen und mit dem Löschen beginnen darf; es ist dann Aufgabe des Empfängers, die Ankunft des Schiffes zu erkundigen (RG bei Bolze 21 Nr. 450; OLG Hamburg in HansGZ Hauptbl. 1895 Nr. 58, 1900 Nr. 136). Nach den in den Frachtpapieren häufig angezogenen Verfrachtungsbedingungen hat der Frachtführer, falls nicht besondere Vereinbarungen getroffen werden, den Platz zur Löschung der Ladung zu bestimmen und es muß Ausladeorder vorher erteilt sein (vgl. § 17 Abs. 1, 5 der Oderbedingungen).

e) Die Anzeige hat nach § 47 Abs. 2 an einem Werktag vor dem Schluß der ortsüblichen Geschäftsstunden zu erfolgen (vgl. hierzu § 28 Anm. 2e). Eine spätere oder an einem Sonn- oder Feiertag erfolgte Anzeige der Löschbereitschaft ist aber nicht rechtsunwirksam, sondern gilt nach § 47 Abs. 2 als am nächsten Werktag erfolgt.

f) Der Frachtführer ist grundsätzlich nur zu einer einmaligen Anzeige verpflichtet (vgl. § 28 Anm. 2f). Sind die Frachtgüter an mehrere Empfänger auszuliefern, wie dies auch bei der Gesamtverfrachtung nicht selten vorkommt (vgl. § 46 Anm. 1b), so hat sich der Frachtführer bei allen Empfängern löschbereit zu melden, wenn nicht eine einheitliche Stelle oder Meldeadresse (§ 72 Abs. 3) in den Frachtpapieren vermerkt ist; der Frachtführer ist bei der Gesamtverfrachtung (anders bei der Teilverfrachtung, vgl. § 38 Anm. 2b, d) berechtigt, sich bei sämtlichen Empfängern gleichzeitig und sofort nach seinem Eintreffen löschbereit zu melden; denn von seiner Seite aus steht nichts im Wege, daß die Entlöschung sofort von sämtlichen Empfängern in Angriff genommen wird; es ist deren Aufgabe, sich wegen der Reihenfolge der Entlöschung auseinanderzusetzen, sonst kann der Frachtführer die für ihn günstigste Art wählen (OLG Hamburg in SeuffA 53 Nr. 243).

3. Fehlen der Löschbereitschaft

a) Voraussetzung für eine ordnungsmäßige Anzeige ist bei Fehlen anderweiter vertraglicher Abmachungen die tatsächlich vorliegende Löschbereitschaft, die auch während der Dauer der Löschzeit (§ 48) und einer etwa vereinbarten Überliegezeit (§ 50) vorhanden sein muß; die tatsächliche (objektive) Löschbereitschaft muß in dem Zeitpunkt, für welchen sie erklärt worden ist, vorhanden sein (vgl. Anm. 1; § 28 Anm. 3a; BGHZ 1, 47, 50; 2, 20, 22; KG vom 18. 4. 1931 — 12 U 15209/30 — 11 O 24/29 LG Potsdam). Meldet sich der Frachtführer löschbereit, obwohl er es in Wirklichkeit nicht ist, weil beispielsweise sein Schiff noch nicht am Ablieferungsort eingetroffen ist, so wird durch eine solche Anzeige die Löschzeit (§ 48) nicht in Lauf gesetzt; ferner ist der Frachtführer dem Empfänger schadensersatzpflichtig, wenn dieser in Vorbereitung der Löschung Aufwendungen gemacht hat, z. B. durch Annahme von Fuhrwerken oder Arbeitern (vgl. § 28 Anm. 3a).

b) Wenn die Entlöschung der Frachtgüter durch spätere Ereignisse verhindert wird, so kommt es auf den Grund der Behinderung an. Dem Frachtführer fallen nur solche Hindernisse zur Last, die seine Löschbereitschaft beeinträchtigen; alle sonstigen Hindernisse, die nicht in der Person des Frachtführers oder am Schiff liegen, hat der Empfänger zu vertreten (vgl. im übrigen § 28 Anm. 3b).

4. Beweis der Anzeige der Löschbereitschaft

Die Abgabe der Meldung der Löschbereitschaft und deren Rechtzeitigkeit hat der Frachtführer zu beweisen (vgl. § 28 Anm. 4a). Die Löschbereitschaft ist ein rechtlicher Begriff, dessen Vorliegen oder Fehlen vom Gericht nach den vorgetragenen Tatsachen festzustellen ist. Den Empfänger trifft die Beweislast, wenn er das Vorhandensein der Löschbereitschaft bestreitet (vgl. § 28 Anm. 4b; OLG Düsseldorf vom 3. 5. 1950 — 7 U 149/49 in VRS 1951 Nr. 93).

5. Die gesetzliche Regelung enthält nachgiebiges Recht, so daß in erster Linie etwaige Vereinbarungen des Frachtvertrages und des Ladescheines maßgebend sind.

Die Löschzeit

§ 48

Mit dem auf die Anzeige der Löschbereitschaft folgenden Tage beginnt die Löschzeit.

Die Dauer der Löschzeit bestimmt sich nach der auf die Ladezeit bezüglichen Vorschrift im § 29 Abs. 2.

Bei der Berechnung kommen auch diejenigen Tage in Ansatz, an welchen der Empfänger, wenngleich ohne sein Verschulden, die Ladung abzunehmen verhindert ist. Nicht in Ansatz kommen die Sonntage und allgemeinen Feiertage sowie die Tage, an welchen durch zufällige Umstände, insbesondere durch Hochwasser oder Eisgefahr die Löschung nicht nur der verladenen, sondern jeder Art von Gütern verhindert ist.

Die Vorschrift in Absatz 2 findet nur insoweit Anwendung, als nicht durch Vereinbarung oder Verordnung der höheren Verwaltungsbehörde ein anderes bestimmt ist.

1. Zweck und Bedeutung der Löschzeit

Die Löschzeit ist nach § 48 (ebenso § 594 HGB) die Frist, die der Frachtführer dem Empfänger ohne besondere Vergütung zu gewähren hat, damit die Frachtgüter aus dem Schiff entlöscht (ausgeladen) werden können. Der Frachtführer hat keinen Anspruch darauf, daß der Empfänger die Löschzeit überhaupt oder gleichmäßig ausnutzt; vielmehr soll der Empfänger nur in der Lage sein, die Entlöschung vornehmen zu können. Der Frachtführer ist aber nicht verpflichtet, seine Schiffsmannschaft zu verstärken oder sonstige besondere Anstrengungen zu machen, wenn der Empfänger die Frachtgüter nicht rechtzeitig mit Beginn der Löschzeit oder nicht gleichmäßig anliefert. Er braucht, wenn er selbst die Entlöschung zu besorgen hat, an den einzelnen Löschtagen nur Durchschnittsmengen zu entladen (vgl. im übrigen § 29 Anm. 2).

2. Beginn der Löschzeit

a) Nach § 48 Abs. 1 beginnt die Löschzeit mit dem auf die Anzeige der Löschbereitschaft folgenden Werktag. Diese Regelung gilt aber nur in Ermangelung anderer Vereinbarungen (vgl. § 29 Anm. 3). So wird mitunter abgemacht, daß die Löschzeit sofort mit dem Anlegen des Schiffes an den Löschplatz anfangen soll (RG bei Bolze 21 Nr. 455); auch ein späterer Beginn der Löschzeit wird manchmal vereinbart. Die vereinbarte Entlöschung in Reihenfolge bedeutet, daß die Löschzeit erst in Lauf gesetzt werden soll, wenn das Schiff nach den für denselben Löschplatz gemeldeten anderen Schiffen unter Berücksichtigung der laufenden Einhaltung der Löschzeiten an der Reihe ist, entlöscht zu werden (OLG Hamburg vom 23. 12. 1903 — Bf. V 131/1903 —, OLG 10, 352; § 27 Anm. 2d, § 29 Anm. 3). Der Tag der Anzeige (Meldetag) gilt nach Schiffahrtsbrauch als erster Tag der Löschzeit, falls im Einverständnis von Frachtführer und Empfänger bereits an diesem Tag, wenn auch nur an einem Teil des Tages, entlöscht wird (vgl. § 29 Anm. 3; Handelsgebräuche S. 16; a. A. Mittelstein 2 S. 228). In den Frachtpapieren und in manchen Verfrachtungsbedingungen wird diese Regelung mitunter ausdrücklich vorgesehen (vgl. § 41 Abs. 1 der Allgemeinen Verfrachtungsbedingungen).

b) Die Löschzeit beginnt auch gegenüber etwaigen mehreren Empfängern nach § 48 Abs. 1 mit dem auf die Anzeige folgenden Werktag (vgl. § 47 Anm. 2f.). Bei der Gesamtverfrachtung besteht auch gegenüber mehreren Empfängern eine einheitliche Löschzeit, die mit der an alle Empfänger zu richtenden Anzeige in Lauf gesetzt wird. Es ist dann Sache der Empfänger, eine Verständigung darüber herbeizuführen, in welcher Weise am zweckmäßigsten diese einheitliche Löschzeit auszunutzen ist. Es berührt den Frachtführer nicht, ob und in welcher Weise die einzelnen Empfänger die Teile der Löschzeit, die im Verhältnis untereinander auf sie entfallen, ausnutzen (OLG Hamburg in OLG 7, 161). Die Regelung ist eine andere bei der Teilverfrachtung (§ 53), bei der jedem Empfänger eine besondere Löschzeit einzuräumen ist. Die Entscheidung, welche dieser Verfrachtungsarten vorliegt, hängt von dem Inhalt der Frachtpapiere und bei Ausstellung eines Ladescheins nach § 26 in Verbindung mit § 446 Abs. 1 HGB von diesem ab. Aus der Tatsache, daß mehrere Empfänger und verschiedene Ladescheine in Betracht kommen, läßt sich ein Schluß nicht ziehen (vgl. § 46 Anm. 1a). Enthält der Ladeschein keinen Hinweis auf eine andere Verfrachtungsart (Teil- oder Stückgüterverfrachtung), wie dies durch Anführung der Vermerke „Teilladung" oder „Stückgüterverfrachtung" üblich ist, so ist eine Gesamtverfrachtung anzunehmen, da diese Verfrachtungsart an erster Stelle im Gesetz geregelt ist.

3. Die Dauer der Löschzeit

Nach § 48 Abs. 2 wird für die Dauer der Löschzeit auf die Vorschriften des § 29 Abs. 2 über die Dauer der Ladezeit verwiesen. Diese Regelung ist aber nach § 48 Abs. 4, ebenso wie bei der Ladezeit, nicht zwingend, sondern findet nur insoweit Anwendung, als nicht durch Vereinbarung oder Verordnung der höheren Verwaltungsbehörde ein anderes bestimmt ist. Es gelten daher in erster Linie die von den Frachtenausschüssen für ein solches Frachtgeschäft etwa vorgeschriebenen unabdingbaren Löschzeiten, in zweiter Rangfolge die in den Frachtpapieren vereinbarten Löschzeiten, in dritter Rangfolge die durch Verordnungen festgesetzten Löschzeiten (vgl. § 29 Anm. 1a—c, 4) und nur hilfsweise die gesetzlichen Löschzeiten; hierdurch ist die gesetzliche Regelung praktisch ausgeschaltet (vgl. § 29 Anm. 4a, b). Nach den §§ 48 Abs. 2, 29 Abs. 2 berechnet sich die Dauer der gesetzlichen Löschzeit, ebenso übrigens die festgesetzte und meist auch die vereinbarte Löschzeit, nach dem Gewicht der Ladung. Entscheidend ist nach § 26, §§ 436, 446 HGB grundsätzlich die Gewichtsangabe in den Frachtpapieren (Ladeschein oder Frachtbrief), nicht das davon abweichende, bei der Auslieferung ermittelte Gewicht, für das die Fracht bezahlt wird, es sei denn, daß eine Gewichtsangabe in den Frachtpapieren nicht enthalten ist (vgl. § 29 Anm. 4a).

4. Die Berechnung der Löschzeit

a) Nach § 48 Abs. 3 kommen bei der Berechnung der Löschzeit nur die Werktage in ununterbrochen fortlaufender Reihenfolge in Ansatz. Ein Sonn- und Feiertag, an dem tatsächlich, wenn auch nur an einem Teil, gelöscht wird, kommt nach Schiffahrtsbrauch als Tag der Löschzeit in Anrechnung (vgl. § 29 Anm. 5a; Gutachten Nr. 94, 95 S. 89; a. A. Mittelstein 1 I zu § 48 Anm. 4a). In den Frachtverträgen und Verfrachtungsbedingungen wird dies mitunter auch ausdrücklich vorgesehen (vgl. § 41 Ziff. 3 der Allgemeinen Verfrachtungsbedingungen).

b) Die Löschzeit rechnet nach Kalendertagen, von Mitternacht bis Mitternacht; jedoch braucht der Frachtführer in Ermangelung anderer Vereinbarungen nach Schiffahrtsbrauch nur während der ortsüblichen Arbeitszeit (von 6 bis 18 Uhr) sein Schiff für die Entlöschung zur Verfügung zu stellen (vgl. § 29 Anm. 5b).

c) Bei der Berechnung der Löschzeit kommen die Tage, an denen die Schiffahrt geschlossen ist, grundsätzlich in Ansatz; desgleichen nach § 48 Abs. 3 die Tage, an denen der Empfänger, wenngleich ohne sein Verschulden, an der Abnahme der Ladung verhindert ist. Demnach gehen auch die zufälligen Ereignisse, die den Empfänger an der Ausnutzung der Löschzeit hindern, allein zu dessen Lasten (vgl. im übrigen § 29 Anm. 5c). Es hat grundsätzlich jeder Teil die Nachteile aus Hindernissen hinzunehmen, die in seiner Sphäre auftreten. Für den Empfänger ergibt sich dies aus § 48 Abs. 3 S. 1, für den Frachtführer daraus, daß beim Eintritt solcher Hindernisse die objektive Löschbereitschaft fortfällt und damit der Lauf der Löschzeit unterbrochen ist (BGHZ 2, 20, 24, 25). Eine Beschädigung der Hafenbahn geht hiernach zu Lasten des Empfängers, ebenso ein Ausfall der Entlöschungsvorrichtungen (BGH vom 17. 4. 1951 — IZR 310/50 in BGHZ 2, 5 = NJW 1951, 654). Der Krieg und die durch ihn allgemein bedingten Schwierigkeiten, wie Zerstörungen, Fliegeralarm, gelten nicht als zufällige Ereignisse im Sinne des § 48 Abs. 3, können aber dazu führen, daß die Löschung, insbesondere bei Gefährdung von Menschen, nicht mehr zumutbar erscheint (OLG Düsseldorf vom 3. 5. 1950 — 7 U 149/49 in VRS 1951, 237). Die Frage, ob der Empfänger die Löschzeit benutzt, übt auf ihren Ablauf keinen Einfluß aus; selbst Zufälligkeiten gehen zu seinen Lasten (KG vom 16. 4. 1940 — 2 U 244/40 — 52 C 1799/39 AG Berlin). So hat es der Empfänger u. a. zu vertreten, wenn eine Verzögerung durch Erfüllung von Zollformalitäten eintritt, es sei denn, daß der Frachtführer dies ausdrücklich übernommen hat (AG und LG Hamburg in HansGZ Hauptbl. 1891 Nr. 45), wenn die Frachtgüter naß zu werden drohen (OLG Hamburg vom 27. 3. 1897 — Bf. II 2/1897 —; RG in HansGZ Hauptbl. 1914 Nr. 58; OLG Hamburg in HansGZ Hauptbl. 1913 Nr. 89), wenn er verhindert ist, die für die Abnahme erforderlichen Arbeiter (OLG Düsseldorf in LZ 1915, 1675 Nr. 7), Wäger oder Fuhrwerke (OLG Hamburg vom 4. 12. 1903 — Bf. IV 267/1903 —) zu stellen, Transportmittel oder geeignete Lagerräume zu beschaffen, da der Empfänger die Entlöschung zu bewirken und die Folgen eines Hindernisses zu tragen hat (KG vom 16. 4. 1940 — 2 U 244/40 — 52 C 1799/39 AG Berlin und 2 U 245/40 — 52 C 173/39 AG Berlin). Wird die Löschzeit überschritten, weil die Polizei aus Luftschutzgründen die Arbeit im Hafen während der Verdunkelung verboten hat, so kann für diese Zeit Überliegegeld gefordert werden (OLG Hamburg vom 28. 1. 1941 in HansRGZ 41 B 201 — R 1941 Nr. 4372). Bei Fliegeralarm galt im Kriege die Regelung in Artikel 2 der VO vom 20. 9. 1944 (RGBl. I S. 214). Ferner gehen zu Lasten des Empfängers die Verzögerungen aus einer Besichtigung der Frachtgüter im Schiff wegen etwaiger Mängel (OLG Hamburg in HansGZ Hauptbl. 1913 Nr. 89; Handelsgericht Hamburg in HansGZ Hauptbl. 1874 Nr. 128), die vom Empfänger verlangte Verklarung (Handelsgericht Hamburg in HansGZ Hauptbl. 1861, 75 Nr. 25), durch erschwerte Löschung für verschiedene Empfänger (OLG Hamburg in HansGZ Hauptbl. 1900 Nr. 95), durch Änderungen in der Weiterbegebung des Ladescheins oder in der Person des Empfängers (OLG Hamburg in HansGZ Hauptbl. 1881 Nr. 70). Nur solche Hindernisse, die eine Verhinderung der Löschung jeder Art von Gütern verursachen, kommen ausnahmsweise bei der Berechnung der Löschzeit nicht in Ansatz (vgl. hierzu § 29 Anm. 5c). Tritt ein derartiger Umstand erst nach der Beendigung der Löschzeit ein, so wird dadurch der Anspruch auf Liegegeld nicht berührt (vgl. OLG Naumburg vom 2. 7. 1943 — 2 U 35/42 — 10. 0. 14/41 LG Magdeburg), ebenso nicht durch ein notwendiges Aufsuchen eines Zwischenhafens. Es kommt nicht darauf an, ob durch zufällige Umstände die Entlöschung dieser Frachtgüter verhindert war; vielmehr ist der Nachweis erforderlich, daß die Entlöschung jeder Art von Gütern am Ablieferungsort verhindert war (AG Stralsund vom 12. 4. 1940 — 6 C 69/40). Die Verhinderung der Löschungsmöglichkeit bezieht sich nicht auf den gerade in Frage kommenden Kahn, sondern auf den gesamten Löschplatz (LG Berlin vom 23. 1. 1940 — 212 O 64/39). Es ist Voraussetzung für die Verlängerung der Löschzeit, daß an diesem Tage durch zufällige Umstände die Löschung nicht der verladenen, sondern jeder Art von Gütern verhindert war; dies ist vom Empfänger zu beweisen (KG vom 4. 6. 1940 — 2 U 1483/40 — 212 O 457/38 LG Berlin). Es kommt nicht darauf an, ob infolge der Vereisung des gesamten Stromgebietes neue Schiffe den Hafen nicht mehr erreichen konnten und die vorher eingetroffenen Kähne bereits entlöscht waren, sondern darauf, ob Schiffe, die sich nach dieser Zeit im Hafen befanden, an der Löschung jeder Art von Gütern verhindert waren. Dieser Einwand entfällt, wenn die Entlöschung der verladenen Güter durch Austragen hätte erfolgen können (KG vom 4. 2. 1941 — 2 U 4981/40 — LG Berlin 212 O 37/40).

d) Hat ein Hindernis nur für einen Teil des Tages Auswirkungen, so tritt nur für diese Zeit eine Hemmung und entsprechende Verlängerung der Löschzeit ein (vgl. § 29 Anm. 5d a. A. Mittelstein 2 S. 232).

e) Eine Unterbrechung der Löschzeit mit der Wirkung, daß eine neue Löschzeit beginnt, tritt ein, wenn sich der Frachtführer infolge fehlender Löschbereitschaft mehrfach löschbereit melden mußte (vgl. § 29 Anm. 5e).

f) Nach der Fassung des § 48 Abs. 3 hat der Empfänger die Beweislast, daß von der Löschzeit Tage abzusetzen sind oder daß sich diese um die Zeit eines vorübergehenden Hindernisses verlängert, vorausgesetzt, daß sich der Frachtführer ordnungsmäßig löschbereit gemeldet hatte (OLG Hamburg in HansGZ Hauptbl. 1898, 76 Nr. 31, 1901 Nr. 65 = OLG 2, 369). Der Empfänger muß nicht nur den Eintritt und den Umfang dieser „zufälligen Umstände“, sondern auch beweisen, daß und inwieweit hierdurch die Verladung jeder Art von Gütern verhindert war (vgl. § 29 Anm. 5f). Die Verhinderung jeder Löschungsmöglichkeit bezieht sich nicht auf das gerade in Frage kommende Schiff, sondern auf den gesamten Ablieferungsort (LG Berlin vom 23. 1. 1940 — 212 O 64/39 und 212 O 63/39).

g) Der seerechtliche Grundsatz, wonach für die Löschungsvornahme und die sich daraus ergebenden Rechtsfolgen das am Bestimmungshafen geltende Recht maßgebend ist, sofern in dem Frachtvertrag oder in den Frachtpapieren nichts Gegenteiliges bestimmt ist, findet im Zweifel auch im Binnenschiffahrtsrecht Anwendung (BGH vom 14. 4. 1953 — I ZR 152/52 in NJW 1953, 1140).

Liegegeld für Überschreitung der Löschzeit

§ 49

Wenn der Empfänger die Ladung nicht bis zum Ablaufe der Löschzeit abnimmt, so gebührt dem Frachtführer Liegegeld für jeden Tag, um welchen infolgedessen die Löschzeit überschritten wird. Die Höhe des Liegegeldes bestimmt sich nach § 32.

Außer dem Liegegelde kann der Frachtführer auch den Ersatz eines höheren Schadens verlangen, welcher ihm durch die Überschreitung der Löschzeit erwächst.

1. Begriff des Liegegeldanspruches

a) Während der Frachtführer die Löschzeit dem Empfänger ohne eine besondere Vergütung neben der Fracht zu gewähren hat (vgl. § 48 Anm. 1), kann er für die Überschreitung der Löschzeit nach § 49 (ebenso § 602 HGB) Liegegeld verlangen. Voraussetzung für diesen Anspruch ist, daß der Empfänger die Ladung nicht bis zum Ablauf der Löschzeit abnimmt; es ist also weder der Nachweis eines Verschuldens auf seiten des Empfängers noch eines Schadens erforderlich (vgl. § 30 Anm. 1a). Es handelt sich bei dem Liegegeldanspruch nicht um einen Schadensersatzanspruch, bei dem der ursächliche Zusammenhang und damit die Frage, ob dem Frachtführer ein Schaden bei sofortiger Löschung entstanden wäre, zu prüfen ist, sondern um ein auf dem Frachtverhältnis beruhendes gesetzliches Entgelt, für die besondere zeitliche Inanspruchnahme des Schiffes für die Zwecke der Ladung (BGHZ 1, 47, 50; KG vom 4. 2. 1941 — 2 U 498/40 — LG Berlin 212 O 37/40; KG vom 11. 2. 1941 — 2 U 5739/40 und 5850/40). Es kann gegenüber dem Liegegeldanspruch auch nicht eingewendet werden, daß der Frachtführer schon während des Wartens auf die Entlöschung ein Frachtgeschäft abgeschlossen und andere Frachtgüter eingeladen habe (OLG Hamburg in HansGZ Hauptblatt 1900 Nr. 28). Selbst wenn der Frachtführer dadurch, daß die Löschung während der Überwinterung geschah, einen gewissen Vorteil erlangt, kommt eine Vorteilsausgleichung nicht in Frage; denn der Vorteil beruht nicht auf dem Zutun des Empfängers. Dies gilt auch bei behördlicher Beschlagnahme des Gutes (KG vom 11. 2. 1941 — 2 U 5850/40 — 161 C 202/40), auch in der Winterzeit und bei Erschwerungen durch die Kriegsverhältnisse (LG Hamburg vom 7. 5. 1940 — 25 O 128/40). Auch der Einwand, die Entladung innerhalb der Löschzeit sei unmöglich gewesen, ist unerheblich. Dies „Wagenstandsgeld" (ebenso wie das Liegegeld) ist auch dann zu zahlen, wenn die Fristüberschreitung und die Verzögerung der Entladung auf Umständen beruht, die von keiner Partei zu vertreten, also zufällig sind (so KG vom 24.11.1948 — 6 U 1343/48 in VRS 1959, 235). Das Liegegeld stellt danach ein auf dem Frachtverhältnis beruhendes gesetzliches Entgelt für die besondere zeitliche Inanspruchnahme des Schiffes für die Zwecke der Ladung dar (vgl. § 30 Anm. 1a). Das Liegegeld bildet keinen Teil der Fracht; eine vorbehaltlose Quittung über die Fracht enthält also keinen Verzicht auf die Liegegelder (RG bei Bolze 21 Nr. 174; a. A. OLG Hamburg in HansGZ 1882 Nr. 18); das Liegegeld wird auch nicht mit der Fracht, sondern täglich fällig (OLG Hamburg in OLG 14, 390; LZ 1907, 670).

b) Der Liegegeldanspruch setzt voraus, daß der Frachtführer sich löschbereit gemeldet hat, während der Löschzeit die Löschbereitschaft bestand und nicht zufällige Ereignisse eintraten, die die Löschung nach § 48 Abs. 3 allgemein verhinderten (OLG Düsseldorf vom 5. 5. 1950 7 U 149/49 in VRS 1951, 237). Der Frachtführer hat für den Anspruch auf Liegegeld nur zu beweisen, an welchem Tage die Löschzeit begonnen, also wann er sich löschbereit gemeldet hat (vgl. § 47 Anm. 2 und 4); der Empfänger kann nur einwenden, daß die Löschbereitschaft nicht vorgelegen habe (vgl. § 47 Anm. 4) oder daß die Überschreitung der Löschzeit durch ein Verschulden des Frachtführers verursacht ist (vgl. hierzu § 30 Anm. 1b; OLG Hamburg in SeuffA 53 Nr. 243).

c) Nach § 49 steht dem Frachtführer das Liegegeld zu, wenn der „Empfänger die Ladung nicht bis zum Ablauf der Löschzeit" abnimmt. Das Gesetz hat es also nicht auf die Entlöschung allein abgestellt, wie im § 30 auf die „Vollendung der Beladung", sondern auf die Abnahme der Frachtgüter. Liegegeld ist also nicht nur zu entrichten, solange die Entlöschung vollständig oder teilweise unterbleibt (so AG Breslau in VerkehrsrR 2 (1923), 188 Nr. 8/9), sondern bis zur Abnahme der Frachtgüter nach deren Entlöschung (vgl. im übrigen § 30 Anm. 1c). Abnahme bedeutet die Annahme als Erfüllung; hierzu gehört aber nicht die Ausstellung der Leerbescheinigung oder die Frachtzahlung, die vielfach Nebenverpflichtungen darstellen (so HK Berlin C 4556/41 — XII 9).

2. Liegegeld und Schadensersatz

a) Der Liegegeldanspruch steht dem Frachtführer „für jeden Tag" der Überschreitung der Löschzeit, also einschließlich der Sonn- und Feiertage (vgl. § 30 Anm. 2a), zu. Die Ausnahmevorschrift des § 30 Satz 2, daß die Tage, an denen die Schiffahrt geschlossen ist (vgl. § 30 Anm. 2c), nicht vergütet werden, ist absichtlich fortgelassen (vgl. Materialien S. 77). Hieraus ergibt sich, daß dem Frachtführer Liegegeld auch für die Tage zusteht, an denen die Schiffahrt wegen äußerer Hindernisse (z. B. Hoch- und Niedrigwasser, Eisgefahren) tatsächlich eingestellt ist, denn der Frachtführer muß für baldige und zweckmäßige neue Fracht besorgt sein (AG Brandenburg vom 14. 3. 1939 — 9 C 108/39; KG vom 4. 6. 1940 — 2 U 1483/40 — 212 O 457/38 LG Berlin; LG Hamburg vom 7. 5. 1940 — 25 O 141/40).

b) Nach § 49 Abs. 1 bestimmt sich die Höhe des Liegegeldes nach § 32; diese Vorschrift gilt „für alle Fälle, in denen Liegegeld zu entrichten ist" (Begr. S. 80). Nach § 32 Abs. 1 gilt das gesetzliche, nach der Tragfähigkeit des verwendeten Schiffes abgestufte Liegegeld nur „in Ermangelung vertragsmäßiger Festsetzung oder Verordnung der höheren Verwaltungsbehörde". Demnach richtet sich auch die Höhe des Liegegeldes für Überschreitung der Löschzeit in erster Linie nach den von den Frachtenausschüssen beschlossenen unabdingbaren Liegegeldsätzen, in zweiter Rangfolge nach der Abmachung der Parteien (vertragliches Liegegeld), in dritter Rangfolge nach den Verordnungen der höheren

Verwaltungsbehörden (festgesetztes Liegegeld) und erst in letzter Linie nach der gesetzlichen Regelung (gesetzliches Liegegeld). Es finden die gleichen Grundsätze wie bei dem Liegegeld für Überschreitung der Ladezeit Anwendung (vgl. § 32 Anm. 1—4).

c) Der Frachtführer ist bei einer Überschreitung der Löschzeit nicht, wie bei der Ladezeit (vgl. § 30 Anm. 2b), auf seinen Liegegeldanspruch beschränkt. Er ist vielmehr nach § 49 Abs. 2 (ebenso § 602 HGB) berechtigt, außer dem Liegegeld auch den Ersatz eines höheren Schadens zu verlangen, der ihm durch die Überschreitung der Löschzeit erwächst; jedoch gilt dies nur für die Zeit nach einer etwa vereinbarten Überliegezeit (§ 50 Abs. 1 Satz 2). Er kann also vollen Schadensersatz (§§ 249, 252, 254 Abs. 2 BGB) fordern. Diese andere Regelung „rechtfertigt sich durch den Umstand, daß der Frachtführer bei einer Verzögerung der Löschung nicht, wie bei vollständiger oder teilweiser Versäumung der Beladung, in der Lage ist, einfach vom Vertrage zurückzutreten oder mit unvollständiger Ladung abzufahren; es bleibt ihm vielmehr nur der Weg, die Löschung der Güter selbst vorzunehmen, und dies wird in der Regel mit größerem Zeitverlust verbunden sein" (Begr. S. 79, 80). Auch für diesen Schadensersatzanspruch hat das Gesetz keine besonderen Voraussetzungen aufgestellt; es genügt also ebenfalls, wie bei dem Liegegeldanspruch, der Nachweis, daß die Löschzeit begonnen sowie überschritten wurde (vgl. Anm. 1b) und daß dem Frachtführer hieraus ein „höherer Schaden" erwachsen ist. Dieser Anspruch setzt ein Verschulden des Empfängers nicht voraus; der Frachtführer kann vielmehr als Zuschlag zum gesetzlichen Liegegeld diesen höheren Schaden verlangen (BGHZ 2, 20, 28). Es können aber als höhere Schäden nur Nachteile von gleicher oder ähnlicher Art erstattet verlangt werden, wie sie durch das gesetzliche Liegegeld gedeckt werden sollen (BGHZ 2, 5). Der Frachtführer muß sich auf seinen Gesamtschaden das Liegegeld aus § 49 Abs. 1 anrechnen lassen. Ein solcher höherer Schaden kann dem Frachtführer vor allem entstehen, wenn die Frachtsätze inzwischen gesunken sind oder wenn dem Frachtführer ein günstiges Frachtgeschäft infolge der Überschreitung der Löschzeit verlorengegangen ist. Es kann hierbei auch berücksichtigt werden, daß die Liegegelder infolge veränderter Verhältnisse, einschließlich der Steigerung der Schiffahrtsunkosten, ein ausreichendes und angemessenes Entgelt für die längere Inanspruchnahme des Schiffes für die Ladung nicht darstellen (vgl. § 32 Anm. 2a—c). Die neuere Rechtsprechung neigt aus diesen Gründen mit Recht dazu, eine abstrakte Schadensberechnung zuzulassen und dem Frachtführer ohne nähere Darlegung des höheren Schadens einen Zuschlag in Höhe von 50 v. H. zu den gesetzlichen Liegegeldbeträgen des § 32 zu bewilligen, wenn nicht der Empfänger den Nachweis erbringt, daß ein solcher höherer Schaden (z. B. bei Winterfrost oder irregulären Schiffahrtsverhältnissen) nicht entstehen konnte (so LG Stettin in JW 1928, 570 Nr. 1; LG Berlin in JW 1930, 1989; KG in JW 1933, 2466 Nr. 1; LG Berlin vom 7. 10. 1929 — 28 S 7/29 — 40 C 2866/28 AG Berlin-Mitte; AG Berlin vom 16. 1. 1931 — 235/232 C 3123/30 und 161 C 460/34 —; LG Stettin vom 7. 2. 1930 — 5/3 S 55/29 und 5/3 S 10/31 —; vgl. § 32 Anm. 2c). Ein weiterer Schaden im Sinne des § 49 Abs. 2, der dem Frachtführer durch die Zahlung von Hafengeld usw. entsteht, wird durch das um den Zuschlag erhöhte Liegegeld nicht abgegolten (HK Berlin vom 22. 3. 1941 — C 6516/40 V/6 in 55 C 630/40 AG Charlottenburg). Nach § 254 BGB kann der Frachtführer unter Umständen gehalten sein, den Empfänger oder Absender auf die Entstehung eines besonders hohen Schadens vorher hinzuweisen;

dies gilt aber nicht für einen Schaden, der sich in Höhe der angeführten Zuschläge oder im üblichen Rahmen hält.

d) Nach den §§ 49, 50 stehen dem Frachtführer die Liegegelder für eine Überschreitung der Löschzeit zu, wenn der Empfänger die Ladung nicht bis zu deren Ablauf abnimmt. Tritt eine Behinderung des Frachtführers in der anderweiten Ausnutzung seines Schiffes aus anderen Gründen ein, so handelt es sich nicht um einen Liegegeldanspruch, sondern um einen Schadensersatzanspruch, der nur auf andere Haftungsvorschriften gestützt werden kann (BGHZ 1, 47, 50; 8, 55, 57; vgl. § 32 Anm. 5a). So hat der Frachtführer einen Anspruch auf Liegegeld wegen eines Aufenthaltes seines beladenen Schiffs an der Zonengrenze nicht aus den §§ 30, 49, sondern aus § 37a AVB oder aus anderen gesetzlichen Haftungsgründen (AG Berlin-Charlottenburg vom 1. 6. 1954 — 40 C 462/54 in VRS 1954, 291). Es ist auch in diesen Fällen gerechtfertigt, die Liegegelder, einschließlich der Zuschläge von 50 v. H., als Ersatz des vermuteten Mindestschadens zu bewilligen (vgl. § 32 Anm. 5b).

3. Schuldner des Liegegeldes

a) Das Liegegeld ist ein auf dem Frachtverhältnis beruhendes gesetzliches Entgelt. Auf Grund des Frachtvertrages ist der Absender nicht nur verpflichtet, die am Abgangsort durch Überschreitung der Ladezeit entstandenen Liegegelder zu tragen (vgl. § 30 Anm. 3a), sondern er haftet nach § 26 in Verbindung mit §§ 435, 436, 447 HGB dem Frachtführer grundsätzlich auch für die Liegegelder aus einer Überschreitung der Löschzeit, und zwar neben dem Empfänger als Gesamtschuldner (RGZ 122, 221 = JW 1928, 921 Nr. 14). Nach dem Frachtvertrag ist der Frachtführer nun aber, wenn nichts anderes vereinbart ist, verpflichtet, das Liegegeld für Überschreitung der Löschzeit vom Empfänger zu erheben, der die Entstehung durch sein Verhalten veranlaßt hat; der Absender hat ein begründetes Interesse daran, daß der Frachtführer die Ladung nicht ohne Bezahlung des Liegegeldes ausliefert (RGZ 122, 221; OLG Karlsruhe in OLG 13, 60). Er muß zur Erlangung der Liegegelder unter Umständen das ihm nach § 26 in Verbindung mit § 440 HGB zustehende gesetzliche Pfandrecht an den Frachtgütern geltend machen. Der Frachtführer soll sich also wegen aller Ansprüche an die Frachtgüter halten; er muß, wenn er dem Absender für Liegegelder aus einer Überschreitung der Löschzeit in Anspruch nehmen will, nachweisen, daß er ohne Verschulden an der Einziehung dieser Forderung und an der rechtzeitigen Geltendmachung des Pfandrechts an der Ladung verhindert war (RGZ 122, 221; OLG 13, 60). Nach § 26 in Verbindung mit § 442 HGB geht der Frachtführer, der das Gut ohne Bezahlung abliefert und das Pfandrecht nicht spätestens binnen drei Tagen nach der Ablieferung gerichtlich geltend macht, des Rückgriffsrechts gegen die Vormänner verlustig, während der Anspruch gegen den Empfänger in Kraft bleibt; zu diesen „Vormännern" ist auch der Absender zu rechnen, so daß also infolge der Nichtgeltendmachung des Pfandrechts seine Ansprüche gegen den Absender untergehen (RGZ 122, 225; OLG 13, 60; OLG Hamburg vom 6. 10. 1943 — 3 U 58/43). Diese Wirkung tritt dann nicht ein, wenn der Absender zugleich Empfänger ist (vgl. § 46 Anm. 3b), wenn ein sonstiger Empfänger überhaupt nicht vorhanden, nicht ordnungsmäßig angewiesen oder es unklar ist, wer das Liegegeld schuldet (OLG Karlsruhe in OLG 13, 60). Mehrere Absender haften dem Frachtführer als Gesamtschuldner (OLG Hamburg in SeuffA 53 Nr. 243).

b) Einen Anspruch gegen den Empfänger auf Zahlung des Liegegeldes für Überschreitung der Löschzeit erlangt der Frachtführer nach § 26 in Verbindung mit den §§ 435, 436, 446, 447 HGB, wenn der Empfänger das Gut sowie den Frachtbrief oder Ladeschein angenommen hat (vgl. § 46 Anm. 3b). Denn damit gibt der Empfänger zu erkennen, daß er die Löschung in der Löschzeit bewirken und die durch sein Verhalten entstehenden Liegegelder tragen werde (ROHG 20 Nr. 104; OLG Düsseldorf in LZ 1915, 1674 Nr. 24, 1675 Nr. 7; OLG Königsberg in HansRZ 1923, 102 Nr. 16). Es ist unerheblich, ob der Empfänger diese Liegegelder in seinem Verhältnis zum Absender oder zu seinem sonstigen Vertragsgegner zu tragen hat (OLG Hamburg vom 20. 5. 1901 — Bf. IV 53/1900 —). Dagegen hat der Frachtführer einen Anspruch auf Zahlung der Liegegelder aus einer Überschreitung der Ladezeit gegen den Empfänger nur, wenn dieser das Gut sowie den Frachtbrief oder Ladeschein mit den in diesen Frachtpapieren ausdrücklich vorbehaltenen Liegegeldern angenommen hat (RGZ 71, 344; OLG Königsberg in HansRZ 1923, 102 Nr. 16; OLG Düsseldorf in LZ 1915, 1674 Nr. 24; RG in HansGZ Hauptbl. 1910 Nr. 2; Begr. S. 92 Abs. 2). Die Löschzeit beginnt bei der Gesamtverfrachtung auch gegenüber etwaigen mehreren Empfängern nach § 48 Abs. 1 mit dem auf die Anzeige folgenden Werktag (vgl. § 48 Anm. 2b), so daß aus der Überschreitung einer solchen einheitlichen Löschzeit der Liegegeldanspruch gegen diese mehreren Empfänger entstehen kann. Wird die Löschzeit von keinem der Empfänger eingehalten, so haften sie sämtlich nach § 49 in Verbindung mit den §§ 421, 426 BGB dem Frachtführer als Gesamtschuldner (OLG Hamburg in SeuffA 53, Nr. 243, in HansGZ Hauptbl. 1890 Nr. 46, 1898 Nr. 31). Der Frachtführer kann für jeden Tag nur einmal das Liegegeld beanspruchen, selbst wenn dieser Anspruch gegen einen jeden der mehreren Empfänger begründet sein sollte; dieser nur im § 53 Abs. 2 Satz 2 für die Teil- und Stückgutverfrachtung ausdrücklich ausgesprochene Grundsatz muß auch für die Gesamtverfrachtung in einem solchen Fall gelten, da es sich um einen auf demselben Rechtsverhältnis (Frachtvertrag) beruhenden gesamtschuldnerischen Anspruch handelt (ROHG 15, 224; AG Hamburg vom 19. 11. 1906 — A H 321/1906 —; OLG Hamburg vom 6. 11. 1897 — Bf. II 183/1897 —). Wird die Löschzeit von einigen Empfängern eingehalten, dann entsteht die Frage, ob auch diese als Gesamtschuldner mit den anderen Empfängern dem Frachtführer für das Liegegeld verantwortlich sind, ob also auch dann eine ungeteilte Haftung aller Empfänger besteht (so OLG Hamburg in HansGZ Hauptbl. 1898 Nr. 31, 1890 Nr. 46, SeuffA 53, Nr. 243). Man wird die Haftung aber auf diejenigen Empfänger beschränken müssen, die während der in Betracht kommenden Überschreitung der Löschzeit das Schiff noch mit ihren Frachtgütern in Anspruch genommen, d. h. über diese Zeit hinaus die Güter ganz oder teilweise im Schiff belassen hatten; denn nur von diesen Empfängern ist die vergütungsfreie Löschzeit überschritten worden (so im Ergebnis auch Mittelstein 1 I zu § 49 Anm. 1 Abs. 3, 2 S. 232). Der Frachtführer braucht aber im übrigen nicht nachzuprüfen, welcher der Empfänger durch Säumnis die Überschreitung der Löschzeit verursacht hat; denn der Liegegeldanspruch hat nur diese Überschreitung zur Voraussetzung und es berührt den Frachtführer nicht, ob und in welcher Weise die einzelnen Empfänger die auf sie im Innenverhältnis entfallenden Teile der einheitlichen Löschzeit ausnutzen (OLG Hamburg in OLG 7, 161). Es ist Aufgabe der Empfänger, die infolge der gemeinsamen Löschzeit in einem Gemeinschaftsverhältnis zueinander stehen, auf endgültige Tragung diejenigen in Anspruch zu nehmen, die durch ihr Verhalten die Überschreitung der Löschzeit verursacht haben; für dies Innenverhältnis ist in Ermangelung anderer Vereinbarungen die Löschzeit nach dem Umfang der Frachtgüter der einzelnen Empfänger zu verteilen und es sind die an den Frachtführer gezahlten Liegegelder entsprechend auszugleichen (OLG Hamburg in OLG 22, 216, in HansGZ Hauptbl. 1894 Nr. 43, vom 22. 4. 1908 — Bf. I 293/1907 —).

Die Überliegezeit nach einer Löschzeit

§ 50

Die Bestimmung des § 49 Abs. 1 gilt auch dann, wenn bedungen ist, daß der Frachtführer nach Ablauf der Löschzeit noch weiter auf die Abnahme der Ladung warten soll (Überliegezeit). Der Ersatz eines das Liegegeld überschreitenden Schadens kann in diesem Falle nur wegen Überschreitung der Überliegezeit verlangt werden.

Die Überliegezeit beginnt mit dem Ablaufe der Löschzeit. Auf die Dauer und die Berechnung derselben finden die Bestimmungen im § 29 Abs. 2 und § 48 Abs. 3 und 4 mit der Maßgabe Anwendung, daß die Überliegezeit in Ermangelung einer besonderen Vereinbarung höchstens eine Woche beträgt.

1. Die Bedeutung der Überliegezeit

a) Nach den §§ 50, 51 (ebenso § 594 Abs. 4 HGB) braucht der Frachtführer über die Löschzeit (§ 48) hinaus auf die Abnahme der Ladung nur zu warten, wenn dies vereinbart ist. Diese vertragsmäßig festgesetzte Überliegezeit, also nicht allgemein, wie nach Sprachgebrauch, die Zeit nach dem Ablauf der Löschzeit, versteht § 50, ebenso wie § 31 bei der Ladezeit, unter der Überliegezeit. Der Frachtführer muß sich verpflichtet haben, nach Beendigung der Löschzeit noch länger auf die Abnahme der Ladung zu warten. Die Überliegezeit ist also eine vereinbarte Verlängerung der Löschzeit; sie unterscheidet sich von dieser wesentlich dadurch, daß für die Überliegezeit Liegegeld zu entrichten ist (vgl. Begr. S. 67). Dies ist im § 50 Abs. 1 Satz 1 (ebenso § 594 Abs. 5 HGB) durch die Bezugnahme auf § 49 Abs. 1 besonders hervorgehoben. Für die gesamte Überliegezeit besteht ein Anspruch auf Liegegeld, also auch für Tage, an denen die Schiffahrt geschlossen ist, da der angezogene § 49 Abs. 1 die Ausnahmevorschrift des § 30 Satz 2 nicht enthält. Der Frachtführer kann aber nur Liegegeld (§ 49 Abs. 1) nicht auch den Ersatz eines höheren Schadens (§ 49 Abs. 2) beanspruchen. Dies ist erklärlich, da der Empfänger bei einer Inanspruchnahme der vereinbarten Überliegezeit nur von seinem vertragsmäßigen Recht Gebrauch macht. Dagegen ist eine Überschreitung der vereinbarten Überliegezeit liegegeld- und schadensersatzpflichtig (vgl. § 49 Anm. 1c).

b) Ein besonderer Inhalt ist für die Vereinbarung einer Überliegezeit nicht vorgeschrieben, sondern es muß nur bedungen sein, daß der Frachtführer nach Ablauf der Löschzeit noch weiter auf die Abnahme der Ladung warten soll. Es braucht auch nicht eine der Dauer nach fest bestimmte Überliegezeit vereinbart zu sein, da sie nach § 50 Abs. 2 „in Ermangelung einer besonderen Vereinbarung" höchstens eine Woche beträgt (vgl. § 31 Anm. 1b).

c) Es muß auch während der Dauer der Überliegezeit die Löschbereitschaft des Frachtführers vorliegen (vgl. § 31 Anm. 1c; § 47 Anm. 1).

2. Beginn der Überliegezeit

Nach § 50 Abs. 2 beginnt die Überliegezeit mit dem Ablauf der Löschzeit; sie schließt sich ohne weiteres und unmittelbar an die Löschzeit an, stellt sich also als eine vereinbarte Verlängerung der Löschzeit dar.

3. Dauer der Überliegezeit

a) Es finden nach § 50 Abs. 2 Satz 2 auf die Dauer der Überliegezeit die Bestimmungen der §§ 29 Abs. 2, 48 Abs. 4 Anwendung. Es entscheidet also zunächst die Vereinbarung, in zweiter Linie die Verordnung der höheren Verwaltungsbehörde und nur hilfsweise die gesetzliche Regelung (vgl. § 31 Anm. 3a). Jedoch beträgt die Überliegezeit, wenn nicht eine andere bestimmte Zeit vereinbart worden ist, höchstens eine Woche (§ 50 Abs. 2 Satz 2). Eine längere Überliegezeit als eine Woche kann also nur durch Vereinbarung, nicht durch eine Verordnung festgesetzt werden. Die Woche bedeutet hier, wie im § 31, sieben Werktage (vgl. § 31 Anm. 3a).

b) Auch für die Dauer der Überliegezeiten nach einer Löschzeit sind daher, soweit nichts anderes vereinbart ist, die erlassenen Verordnungen der zuständigen höheren Verwaltungsbehörden (§ 133) anzuwenden (§ 48 Abs. 4). Damit sind praktisch die gesetzlichen Überliegezeiten aus den §§ 50 Abs. 2, 29 Abs. 2 in ihrer Anwendung ausgeschlossen (vgl. § 31 Anm. 3b); von Bedeutung ist aber auch weiterhin die Bestimmung des § 50 Abs. 2 Satz 2, daß die Überliegezeit in Ermangelung einer besonderen Vereinbarung höchstens eine Woche beträgt.

c) Die Überliegezeit endet mit dem Ablauf des letzten Tages der vereinbarten oder gesetzlichen Frist von einer Woche. Wenn dann die Entlöschung der Frachtgüter nicht oder nicht vollständig beendet ist, so findet für die weitere Überschreitung der Löschzeit der § 49 Abs. 1 und 2 Anwendung; der Frachtführer hat also dann für diese Überschreitung der Überliegezeit einen Anspruch auf Liegegeld und Ersatz des höheren Schadens.

4. Berechnung der Überliegezeit

a) Nach § 50 Abs. 2 Satz 2 findet auf die Berechnung der Überliegezeit die Bestimmung im § 48 Abs. 3 Anwendung. Es kommen also auch die Tage in Ansatz, an denen der Empfänger, wenngleich ohne sein Verschulden an der Abnahme der Ladung verhindert ist. Auch zufällige Ereignisse, insbesondere während eines Schiffahrtsschlusses, hindern nicht den Lauf der Überliegezeit. Nicht in Ansatz kommen dagegen die Sonn- und Feiertage (vgl. § 29 Anm. 5a) sowie die Tage, an denen durch zufällige Umstände die Löschung jeder Art von Gütern verhindert ist (vgl. hierzu § 48 Anm. 5c; § 29 Anm. 5c).

b) Die Überliegezeit wird nach den §§ 50 Abs. 2, 48 Abs. 3 nach Werktagen in ununterbrochen fortlaufender Reihenfolge berechnet. Es kommt aber nicht selten vor, daß eine Behinderung durch ein zufälliges, jede Löschung ausschließendes Ereignis im Sinne des § 48 Abs. 3 nur für einen Teil des Tages Auswirkungen hat; ebenso kann die Löschbereitschaft des Frachtführers nur für eine kurze Tagezeit fehlen. Nach § 242 BGB ist es dann gerechtfertigt, nur einen Abstrich dieser kurzen Verhinderungszeit von der Überliegezeit zu machen, so daß lediglich eine Hemmung und entsprechende Verlängerung der Überliegezeit eintritt (vgl. § 29 Anm. 5d).

Die Wartezeit

§ 51

Nach Ablauf der Löschzeit oder der etwa vereinbarten Überliegezeit ist der Frachtführer nicht verpflichtet, auf die Löschung noch länger zu warten. Er muß jedoch seinen Willen, nicht länger zu warten,

bei Ladungen bis zu 10000 Kilogramm spätestens einen Werktag,
bei Ladungen bis zu 50000 Kilogramm spätestens zwei Werktage,
bei Ladungen über 50000 Kilogramm spätestens drei Werktage

vor Ablauf der Löschzeit oder der Überliegezeit dem Empfänger erklären. Ist dies nicht geschehen, so läuft die Wartezeit nicht eher ab, als bis die Erklärung nachgeholt ist und seit dem Tage, an dem sie erfolgt ist, die vorstehend bezeichneten Fristen verstrichen sind. Auf die Erklärung finden die Bestimmungen im § 47 Abs. 2, 3 entsprechende Anwendung.

Die Wartezeit läuft in keinem Falle ab, bevor eine der Löschzeit gleichkommende Frist seit dem Tage, an welchem das Schiff den Löschplatz erreicht hat, verstrichen ist.

1. Die Bedeutung der Wartezeit

a) Der Frachtführer muß bis zum Ablauf der Löschzeit und einer etwa vereinbarten Überliegezeit auf die Abnahme der Ladung durch den Empfänger warten (vgl. § 48 Anm. 1; § 50 Anm. 1a). Er ist dagegen nach § 51 Abs. 1 Satz 1 nicht verpflichtet, nach Ablauf der Löschzeit und der etwa vereinbarten Überliegezeit auf die Löschung noch länger zu warten. Es steht vielmehr in seiner freien Entschließung, ob er von diesem weiteren Warten gegen Erstattung des Liegegeldes und eines etwaigen höheren Schadens (§ 49 Abs. 1 und 2) Gebrauch machen will. Der Empfänger kann hiernach annehmen, daß der Frachtführer über die Löschzeit und eine etwaige vereinbarte Überliegezeit hinaus warten will, solange er keine andere Mitteilung erhalten hat. Der Frachtführer hat nun aber unter Umständen ein berechtigtes Interesse daran, daß die Ladung nicht länger in seinem Schiff verbleibt, damit er darüber wieder anderweit verfügen kann. Im Seefrachtrecht (§ 601 Abs. 1 HGB) ist der Schiffer in einem solchen Fall, „wenn der Empfänger die Abnahme über die von ihm einzuhaltenden Fristen verzögert, befugt, die Güter unter Benachrichtigung des Empfängers in einem öffentlichen Lagerhaus oder sonst in sicherer Weise zu hinterlegen“. Eine solche Befugnis zur Selbstentlöschung der Frachtgüter (§ 52) ohne vorherige Benachrichtigung und Fristsetzung des Empfängers ist dem Frachtführer im Binnenschiffahrtsrecht nicht zugebilligt worden. Nach der Begründung zum Binnenschiffahrtsgesetz „konnte im Binnenschiffahrtsverkehr dem Schiffer schon mit Rücksicht darauf, daß er dem Seeschiffer häufig an Sachkenntnis nachsteht, nicht wohl die Befugnis eingeräumt werden, mit dem Ablauf der Löschzeit sofort die Güter auszuladen und auf dem Lande unterzubringen; vielmehr mußte der Empfänger in die Lage versetzt werden, von einer solchen Absicht so zeitig Mitteilung zu erhalten, daß ihm eine angemessene Frist zur Wahrnehmung seiner Interessen verbleibt (vgl. Begr. S. 80). Nach § 51, der „diese Frage in genauem Anschluß an § 33 geregelt hat“ (so Begr. S. 80), ist daher dem Frachtführer auferlegt worden, die Absicht einer Selbstentlöschung dem Empfänger vorher unter Fristsetzung anzukündigen. Er muß seinen „Willen, nicht länger zu warten“, dem Empfänger ordnungsmäßig und rechtzeitig vorher erklären.

Dieser soll hierdurch die Möglichkeit haben, die Maßnahmen vorzubereiten, die zur Vermeidung der Entstehung übermäßiger Liegegelder und sonstiger Nachteile, insbesondere aus der Selbstentlöschung und Hinterlegung der Frachtgüter, erforderlich sind (KG in OLG 20, 6). Der Frachtführer ist zu dieser Erklärung und Fristsetzung aber nur berechtigt, nicht auch verpflichtet. Er braucht also auch nicht die Selbstentlöschung der Frachtgüter (§ 52) vorzunehmen; im Binnenschiffahrtsrecht ist im Gegensatz zum Seerecht (§ 601 Abs. 2 HGB) eine Verpflichtung des Frachtführers zur Selbstentlöschung nicht aufgestellt.

b) Bei dieser „Wartezeit" handelt es sich nicht etwa um eine weitere gesetzliche Überliegezeit, sondern um eine gesetzlich bestimmte Frist, die der Frachtführer einzuhalten hat, ehe er zur Selbstentlöschung der Frachtgüter schreitet, also um eine gesetzliche Kündigungsfrist. Die Erklärung des Frachtführers, nicht mehr länger auf die Abnahme der Ladung warten zu wollen, ist demnach auch für ihn bindend; er muß tatsächlich bis zum Ablauf der Wartezeit warten und kann nach Ablauf der von ihm selbst dem Empfänger gesetzten Frist grundsätzlich kein Liegegeld fordern (KG in JW 1933, 2466 Nr. 1). Der Frachtführer ist auch nicht berechtigt, die einmal erklärte Kündigung ohne Einverständnis des Empfängers zurückzunehmen (vgl. im übrigen hierzu § 33 Anm. 1b).

2. Form, Inhalt und Zeit der Kündigung

a) Für die Kündigung ist nach § 51 eine besondere Form nicht vorgeschrieben, sie kann also schriftlich, mündlich, auch telefonisch abgegeben werden. Es braucht auch ein besonderer Inhalt nicht angewendet zu werden; es muß nur erkennbar sein, daß der Frachtführer von einem bestimmten Tag an nicht mehr länger warten will. Der Hinweis auf die „Kündigung", den „Rücktritt" (so Begr. S. 69) oder die „Selbstentlöschung" genügt demnach ebenfalls.

b) Die Kündigung muß an den Empfänger gerichtet werden. Sind mehrere Empfänger vorhanden, so ist die Erklärung allen Empfangsberechtigten gegenüber abzugeben, deren Frachtgüter der Frachtführer nach Ablauf der Wartezeit selbst entlöschen will. Nach § 51 Abs. 1 Satz 3 finden auf die Erklärung die Bestimmungen im § 47 Abs. 2, 3 entsprechende Anwendung. Die Kündigung muß dem Empfänger zugehen, also in seinen Herrschaftsbereich gelangen (vgl. § 47 Anm. 2c; § 28 Anm. 2c). Der Frachtführer ist auch hier befugt, von dem Empfänger eine Bescheinigung über den Empfang der Kündigung zu verlangen und im Weigerungsfall die Aufnahme einer öffentlichen Urkunde (Protest) zu veranlassen (vgl. § 47 Anm. 2a; § 28 Anm. 2a).

c) Der Frachtführer kann die Kündigung jederzeit, sogar schon mit der Anzeige der Löschbereitschaft (§ 47), erklären; er muß dann aber bereits am Löschplatz mit seinem Schiff liegen, anderenfalls läuft die Wartezeit nicht eher ab, als eine der Löschzeit gleichkommende Frist seit dem Tage der Erreichung des Löschplatzes verstrichen ist (§ 51 Abs. 2). Die Wartezeit kann mit der Löschzeit zusammenfallen; dies tritt regelmäßig ein, wenn der Frachtführer rechtzeitig unter Einhaltung einer der Wartezeit gleichkommenden Frist oder zusammen mit der Anzeige der Löschbereitschaft kündigt; anderenfalls erstreckt sich die Wartezeit über die Löschzeit hinaus (KG in JW 1933, 2466 Nr. 1).

d) Nach § 51 in Verbindung mit § 47 Abs. 2 muß die Kündigung an einem Werktage vor dem Schluß der ortsüblichen Geschäftsstunden erfolgen;

eine spätere oder an einem Sonntag erfolgte Erklärung ist aber nicht unwirksam, sondern gilt als am nächsten Werktag erfolgt (vgl. § 28 Anm. 2e).

3. Beginn und Dauer der Wartezeit

a) Die Wartezeit beginnt nach der Erklärung des Frachtführers, nicht länger auf die Abnahme der Ladung zu warten. Nach § 51 Abs. 1 läuft die Wartezeit in keinem Fall ab, bevor „eine der Löschzeit gleichkommende Frist seit dem Tage, an dem das Schiff den Löschplatz erreicht hat, verstrichen ist". In Wirklichkeit handelt es sich hierbei um eine Hinausschiebung des Beginns der Wartezeit (vgl. § 33 Anm. 3a); diese soll frühestens mit der Erreichung des Löschplatzes anfangen, damit der Empfänger auf jeden Fall in der Lage ist, die Herausnahme der Frachtgüter zu veranlassen.

b) Nach § 51 Abs. 1 ist die Dauer der Wartezeit, wie die Lade- und Löschzeit (§§ 29 Abs. 2, 48 Abs. 2), nach dem Umfang der Ladung abgestuft; sie beträgt bei Ladungen bis zu 10000 kg (10 t) einen Werktag, bei Ladungen bis zu 50000 kg zwei und bei größeren Ladungen drei Werktage. Es ist auch hier das in den Frachtpapieren vermerkte bestimmte Gewicht, in Ermangelung einer solchen Angabe das tatsächlich ausgelieferte Gewicht, maßgebend (vgl. § 29 Anm. 4a).

c) Die Wartezeit wird nach § 51, wie die Lade- und Löschzeit, nach Werktagen gerechnet. Es kommen aber auch die Tage hierbei in Anrechnung, an denen der Empfänger durch zufällige Umstände an der Abnahme verhindert war (vgl. § 33 Anm. 3c).

d) Die Wartezeit endet mit dem Ablauf der im Einzelfall nach dem Umfang der Ladung in Betracht kommenden Frist von 1 bis 3 Tagen; hierbei ist aber die Vorschrift des § 51 Abs. 2 zu beachten (vgl. § 33 Anm. 3d). Die Wartezeit kann hiernach den etwaigen mehreren Empfängern gegenüber verschieden ablaufen, da jedem Empfänger eine nach dem Umfang seiner Frachtgüter zu bestimmende Wartezeit zu gewähren ist.

4. Anderweite Vereinbarungen

Die Regelung im § 51 ist nicht zwingend vorgeschrieben. Sie wird auch nicht selten in den Frachtpapieren anderweit vereinbart. So bedingen sich die Frachtführer mitunter aus, daß sie nicht verpflichtet sein sollen, nach Ablauf der Löschzeit noch länger auf die Löschung zu warten, ohne daß es einer Fristsetzung und Einhaltung einer Wartezeit bedürfe (so § 18 Abs. 8 der Oderbedingungen; die rheinischen Verfrachtungsbedingungen).

Ablieferungshindernisse und Selbstentlöschung

§ 52

Nach Ablauf der Wartezeit ist der Frachtführer berechtigt, die Löschung selbst vorzunehmen und die Güter in einem öffentlichen Lagerhause oder in anderer sicherer Weise zu hinterlegen.

Ist der Empfänger des Gutes nicht zu ermitteln oder verweigert er die Annahme oder ergibt sich ein sonstiges Ablieferungshindernis, so hat der Frachtführer den Absender unverzüglich hiervon in Kenntnis zu setzen und dessen Anweisung einzuholen. Ist dies den Umständen nach nicht tunlich oder ist der Absender mit der Erteilung der Anweisung säumig oder die Anweisung nicht ausführbar, so kann der Frachtführer nach der Bestimmung im Absatz 1 verfahren, auch wenn die Wartezeit

noch nicht abgelaufen ist. Er kann, falls das Gut dem Verderben ausgesetzt und Gefahr in Verzug ist, das Gut auch gemäß § 373 Abs. 2 bis 4 des Handelsgesetzbuches verkaufen lassen.

Von der Hinterlegung und dem Verkaufe des Gutes hat der Frachtführer den Absender und den Empfänger unverzüglich zu benachrichtigen; im Falle der Unterlassung ist er zum Schadensersatze verpflichtet. Ist der Empfänger nicht zu ermitteln, so hat die Benachrichtigung von der Hinterlegung durch öffentliche Bekanntmachung in ortsüblicher Weise zu erfolgen; im übrigen dürfen die Benachrichtigungen unterbleiben, soweit sie untunlich sind.

1. Bedeutung des Rechts zur Selbstentlöschung

Nach dem Eintreffen des Schiffes am Ablieferungsort können sich der Löschung der Frachtgüter und deren Abnahme durch den Empfänger Hindernisse entgegenstellen. Diese können darin bestehen, daß der Empfänger die Ladung nicht innerhalb der Löschzeit oder der vereinbarten Überliegezeit und der durch die Kündigung des Frachtführers in Lauf gesetzten Wartezeit abnimmt (vgl. § 51 Anm. 1a). Es können aber auch „sonstige Ablieferungshindernisse", z. B. eine behördliche oder gerichtliche Beschlagnahme der Frachtgüter, eintreten. Der Frachtführer kann in solchen Fällen ein berechtigtes Interesse daran haben, nicht weiter auf die Beseitigung dieser Hindernisse und die Abnahme der Ladung zu warten, sondern sich davon zu befreien, um mit seinem Schiff ein anderes günstiges Frachtgeschäft ausführen zu können. In Anlehnung an die Regelung des Seefrachtrechts (§ 601 HGB) wird dem Frachtführer deshalb unter gewissen Voraussetzungen im § 52 ein Recht zur Selbstentlöschung der Frachtgüter eingeräumt (vgl. § 51 Anm. 1a), das ihm die Befugnis gewährt, die „Güter in einem öffentlichen Lagerhause oder in anderer sicherer Weise zu hinterlegen (§ 52 Abs. 1) und sich wegen seiner Forderung auf Grund des ihm zustehenden gesetzlichen Pfandrechts (§ 26 in Verbindung mit § 440 HGB) durch Pfandverkauf (§ 1257 BGB) zu befriedigen".

2. Die Selbstentlöschung nach Ablauf der Wartezeit

Nach § 52 Abs. 1 ist der Frachtführer zu einer solchen Selbstentlöschung befugt, wenn der Empfänger die Frachtgüter nicht nach Ablauf der Löschzeit (§ 48), einer etwa vereinbarten Überliegezeit (§ 50) und der durch die Kündigung in Lauf gesetzten Wartezeit (§ 51) abnimmt. Einer besonderen Androhung dieser Selbstentlöschung bedarf es nicht; vielmehr hat der Frachtführer nach Ablauf der Wartezeit ohne weiteres die gesetzliche Befugnis zu dieser Maßnahme (§ 51 Anm. 1a). Der Frachtführer ist zu einer solchen Kündigung nur berechtigt, nicht auch verpflichtet; er hat im Gegensatz zu der Regelung des Seerechts (§ 101 Abs. 2 HGB) auch keine Verpflichtung zur Selbstentlöschung der Frachtgüter (vgl. § 51 Anm. 1a). Eine solche Verpflichtung könnte nur aus § 254 Abs. 2 BGB zur Abwendung eines drohenden Schadens gerechtfertigt sein, wenn sonst ein schuldhafter Verstoß gegen Treu und Glauben vorliegen würde (OLG Hamburg vom 31. 5. 1948 — 3 U 533/47). Der Frachtführer ist berechtigt, auch nach Ablauf der Wartezeit die Frachtgüter in seinem Schiff zu belassen; er kann dann aber nach dieser von ihm selbst gesetzten Frist grundsätzlich kein Liegegeld mehr fordern (KG in JW 1933, 2466 Nr. 1; vgl. § 51 Anm. 1a).

3. Die Ablieferungshindernisse

a) Nach § 52 Abs. 2 (wörtlich übereinstimmend mit § 437 Abs. 1 HGB) wird an erster Stelle als Ablieferungshindernis erwähnt, daß der Empfänger des Gutes nicht zu ermitteln ist. Nach dem Frachtvertrag liegt es dem Absender ob, den Empfänger ordnungsmäßig, also mit Firma und richtiger Anschrift, zu bezeichnen, während der Frachtführer grundsätzlich die Aufgabe hat, Ermittlungen nach dem Empfänger anzustellen (vgl. § 47 Anm. 2c). Bleiben diese Ermittlungen ohne Erfolg, so ist die Ablieferung der Frachtgüter behindert; es ist dann Aufgabe des Absenders, dem Frachtführer andere Anweisungen zu erteilen (vgl. § 47 Anm. 2c).

b) Ferner wird im § 52 Abs. 2 als weiteres Ablieferungshindernis angeführt, daß der Empfänger die Annahme der Ladung verweigert. Eine solche Annahmeverweigerung liegt vor, wenn der Empfänger die Annahme der für ihn bestimmten Frachtgüter allgemein oder zu den vom Frachtführer gestellten Bedingungen ablehnt. Hierzu gehört es, wenn der Empfänger die Ladung nur frachtfrei (ROHG 2, 416), nicht Zug um Zug gegen Zahlung der Fracht (RG bei Bolze 20 Nr. 482) oder nicht an dem vom Frachtführer eingenommenen Löschplatz (RGZ 14, 5) abnehmen will oder wenn er sich unberechtigterweise weigert, vor vollständiger Löschung Sicherheit zu leisten (KG in OLG 20, 6; R 1910 Nr. 798). Es ist unerheblich, mit welcher Begründung der Empfänger die Abnahme verweigert. Dagegen ist ein bloßes Schweigen des Empfängers auf die Anzeige der Löschbereitschaft (§ 47) oder auf die Kündigung des Frachtführers (§ 51) nach dem Binnenschiffahrtsgesetz im Gegensatz zum Seerecht (§ 601 Abs. 2 HGB) der Annahmeverweigerung ebensowenig gleichgestellt wie eine Verzögerung in der Löschung der Ladung (Begr. S. 81). Denn es besteht für den Empfänger grundsätzlich keine Verpflichtung, sich auf die Anzeige der Löschbereitschaft zu äußern, und es ist ihm überlassen, ob und in welcher Weise er die Löschzeit ausnutzen will (vgl. § 48 Anm. 1). Der Frachtführer hat in solchen Fällen stets die Möglichkeit, durch rechtzeitige Kündigung unter Umständen schon gleichzeitig mit der Anzeige der Löschbereitschaft (vgl. § 51 Anm. 2c), sofort nach Ablauf der Wartezeit zur Selbstentlöschung der Frachtgüter zu schreiten (vgl. Anm. 3a). Er ist ferner in der Lage, den Empfänger zu einer Aufklärung aufzufordern, ob sein Schweigen oder die Verzögerung der Löschung als eine Weigerung der Abnahme der Frachtgüter angesehen werden solle.

c) Unter „sonstigen Ablieferungshindernissen" nach § 52 Abs. 2 sind solche Ereignisse zu verstehen, die trotz vorliegender Löschbereitschaft des Frachtführers der Löschung und Ablieferung der Frachtgüter Schwierigkeiten bereiten, die der Frachtführer nicht beseitigen kann oder braucht und deren Beseitigung er nicht abzuwarten braucht. Es ist also stets Voraussetzung, daß die Löschbereitschaft vorliegt (vgl. § 47 Anm. 1a); denn ein in seiner Person oder an seinem Schiff begründetes Hindernis hat der Frachtführer zu vertreten; er muß also selbst für dessen sofortige Beseitigung sorgen. Ein solches sonstiges Ablieferungshindernis liegt vor, wenn die Frachtgüter behördlich (z. B. von der Zollverwaltung) oder gerichtlich (z. B. durch einstweilige Verfügung) beschlagnahmt werden.

4. Die Mitteilungspflicht des Frachtführers

a) Nach § 52 Abs. 2 (ebenso für das sonstige Frachtrecht § 437 Abs. 1 HGB) ist der Frachtführer verpflichtet, den Absender von einem solchen Ablieferungshindernis (vgl. Anm. 3a—c) „unverzüglich in Kenntnis zu setzen und seine Anweisungen einzuholen“. Die Benachrichtigung des Absender hat „ohne schuldhaftes Zögern“ (§ 121 Abs. 1 BGB), also unter Umständen telefonisch oder telegrafisch, zu erfolgen, wenn sonst erhebliche Nachteile drohen, anderenfalls auch schriftlich. Dem Absender soll die Möglichkeit gewährt werden, durch seine Maßnahme die Entstehung von Liegegeldern oder sonstigen Nachteilen zu vermeiden (KG in OLG 20, 6).

b) Die Mitteilung ist an den Absender zu richten, der den Frachtvertrag im eigenen Namen abgeschlossen hat, der also beim Fehlen besonderer Befreiungsgründe für die Liegegelder haftet (vgl. § 49 Anm. 3a) und deshalb, auch wenn er über das Gut nicht mehr verfügen kann, ein Interesse daran hat, ein Ablieferungshindernis zu beseitigen (KG in OLG 20, 6). Es ist streitig, ob der Frachtführer nur die Absendung einer solchen Mitteilung (wie im § 377 Abs. 4 HGB beim Handelskauf) oder auch das Zugehen (§ 130 BGB) in den Herrschaftsbereich des Absenders beweisen muß. Die Benachrichtigung soll dem Absender die Möglichkeit gewähren, Maßnahmen zur Vermeidung von Nachteilen zu treffen und dem Frachtführer Anweisungen zu geben; aus dieser Zweckbestimmung in Verbindung mit der Tatsache, daß eine dem § 377 Abs. 4 HGB gleichlautende Bestimmung fehlt, muß aus § 52 Abs. 2 in Verbindung mit § 130 BGB gefolgert werden, daß der Frachtführer im Bestreitungsfall den Zugang der Mitteilung nachzuweisen hat (so auch KG in OLG 20, 6; a. A. Mittelstein 2 S. 245). In den Verfrachtungsbedingungen ist denn auch nicht selten eine Freizeichnung von einer solchen Mitteilungspflicht ausbedungen (vgl. § 18 Abs. 9 der Oderbedingungen). Von der Benachrichtigung des Absenders kann der Frachtführer absehen, wenn sie „den Umständen nach nicht tunlich ist“; dies wird vor allem dann anzunehmen sein, wenn sofortige Maßnahmen infolge drohenden Verlustes oder Verderbs der Frachtgüter erforderlich sind oder wenn der Absender nicht oder schwer erreichbar ist.

c) Bei einer schuldhaften Verletzung der ihm obliegenden Mitteilungspflicht ist der Frachtführer dem Absender auf Grund des Frachtvertrages in Verbindung mit § 276 BGB schadensersatzpflichtig (OLG Hamburg in HansGZ Hauptbl. 1901 Nr. 102; vom 20. 5. 1901 — Bf. IV 53/1900 —). Der Schaden kann darin bestehen, daß die Frachtgüter inzwischen an Wert verloren haben (ROHG 20, 6) oder wegen weiteren drohenden Verderbs unter Preis verkauft werden müssen (OLG Hamburg vom 5. 4. 1902 — Bf. III 288/1901 —). Ferner verliert der Frachtführer auch seinen Liegegeldanspruch für die durch sein schuldhaftes Verhalten entstandenen Tage der verzögerten Löschung der Frachtgüter; denn er ist dem Absender schadensersatzpflichtig, muß also nach § 249 BGB den Zustand herstellen, der ohne sein schuldhaftes Verhalten bestehen würde (vgl. OLG 20, 6). Dies gilt aber nicht, wenn das Ablieferungshindernis auf einem schuldhaften Verhalten des Absenders beruhte, weil er z. B. die Anschrift des Empfängers nicht oder unvollständig angegeben hatte. Ferner kann sich der Empfänger nicht weigern, das Liegegeld für die gesamte Zeit zu entrichten, wenn er die Frachtgüter trotz anfänglicher Weigerung später doch abgenommen hat; denn ihm gegenüber hatte der Frachtführer lediglich die Verpflichtung, sich löschbereit zu melden und dies auch zu tun (OLG Hamburg in HansGZ 1901, 256 Nr. 2).

5. Die Selbstentlöschung bei Ablieferungshindernissen

Nach § 52 Abs. 1 ist der Frachtführer nach Ablauf der Wartezeit ohne weiteres zur Vornahme der Selbstentlöschung der Ladung berechtigt (vgl. Anm. 2). Dieses Recht zur Selbstentlöschung wird dem Frachtführer ausnahmsweise „vor Ablauf der Wartezeit" bei Eintritt eines Ablieferungshindernisses eingeräumt; dies gilt aber nicht, wie bei der Regelung im § 52 Abs. 1, schlechthin, sondern nur beschränkt auf bestimmte Fälle. Die Mitteilung an den Absender von dem Vorliegen des Ablieferungshindernisses muß nicht tunlich sein; der Absender muß mit der Erteilung der Anweisung säumig oder diese muß nicht ausführbar sein (§ 52 Abs. 2 Satz 2). Demnach geht die gesetzliche Regelung davon aus, daß der Absender die Möglichkeit haben soll, zur Vermeidung ihm entstehender übermäßiger Nachteile die erforderlichen Maßnahmen zu treffen, ehe von einer Selbstentlöschung durch den Frachtführer Gebrauch gemacht wird (KG in OLG 20, 6). Eine Mitteilung an den Absender ist nicht tunlich, wenn dieser nicht oder schwer erreichbar ist oder sofortige Maßnahmen (z. B. bei drohendem Verlust oder Verderb der Frachtgüter) getroffen werden müssen. Der Absender ist mit der Erteilung der Anweisung säumig, wenn er auf die Mitteilung nicht in gleicher Weise postwendend, z. B. auf ein Telegramm nicht telegrafisch, antwortet (RG bei Bolze 10 Nr. 442). Die Unausführbarkeit der etwa erteilten Anweisung des Absenders kann auf tatsächliche oder rechtliche Gründe zurückzuführen sein. So ist eine Anweisung des Absenders, die Frachtgüter an einen Empfangsberechtigten auszuliefern, der sich nicht im Besitz des Originalladescheins befindet, nach § 26 in Verbindung mit den §§ 447, 448 HGB unausführbar, wenn der Absender den Ladeschein nicht mehr besitzt (RG bei Bolze 15, 26) oder sein Verfügungsrecht sonst erloschen war (RGZ 15, 26); dagegen wäre in einem solchen Fall die Hinterlegung der Frachtgüter zugunsten des wirklichen Empfangsberechtigten, der sich durch den Besitz des Ladescheins ausweisen kann, ausführbar. Der Frachtführer ist auch nicht verpflichtet, auf Anweisung des Absenders über den Frachtvertrag hinaus Leistungen zu übernehmen, wie die Rückbeförderung der Frachtgüter nach dem Abgangsort oder nach einem anderen Bestimmungshafen.

6. Die Durchführung der Selbstentlöschung

a) Der Frachtführer hat unter den dargelegten Voraussetzungen eine Befugnis, das Gut selbst zu entlöschen und sicher zu hinterlegen. Er ist hierzu aber im Gegensatz zu der Regelung im Seefrachtrecht (§ 601 Abs. 2 HGB) grundsätzlich nicht verpflichtet; eine solche Verpflichtung besteht also „auch dann nicht, wenn der Empfänger die Abnahme verweigert oder bis zum Ablauf der Löschzeit nicht zu ermitteln ist" (Begr. S. 80; Komm.Ber. S. 12). Dagegen ist der Frachtführer als verpflichtet zu erachten, eine ausführbare Hinterlegung zugunsten des wirklichen Empfangsberechtigten vorzunehmen (vgl. Anm. 5).

b) Die Hinterlegung hat nach erfolgter Selbstentlöschung „in einem öffentlichen Lagerhaus oder in anderer sicherer Weise" zu erfolgen (§ 52 Abs. 1). Der Frachtführer ist also nicht berechtigt, mit den Frachtgütern nach seinem Belieben zu verfahren, sie irgendwo abzuladen, zu stätten, mit ihnen weiterzufahren oder sie an den Absender zurückzusenden. Vielmehr muß er die Güter in sicherer Weise am Ablieferungsort hinterlegen. Die Hinterlegung hat in einem öffentlichen Lagerhaus oder in ähnlicher sicherer Weise, bei einem Lagerhalter oder Spediteur, also bei einem Dritten, zu erfolgen; der Frachtführer darf die Frachtgüter also nicht etwa in eigener Verwahrung behalten. Ist am Ablieferungsort eine solche sichere Einlagerungsmöglichkeit nicht vorhanden, so ist der Frachtführer berechtigt, die Frachtgüter zum nächsten Hafen zu schaffen, der solche Einrichtungen aufweist; in den Verfrachtungsbedingungen wird manchmal ausdrücklich bestimmt, daß die am Ablieferungsort nicht ausführbare Hinterlegung am nächsten in der Fahrtrichtung gelegenen Ort zu bewirken ist (§ 45 Abs. 5 der Allgemeinen Verfrachtungsbedingungen; § 45 Ziff. 5 der Elbebedingungen). Der Frachtführer kann unter Umständen auch einen Lagerkahn zu diesem Zweck annehmen. Die Hinterlegung wird der Frachtführer zur Erhaltung seines Pfandrechts im eigenen Namen, aber für Rechnung und Gefahr des Absenders und des nach den Frachtpapieren sonst zum Empfang Berechtigten vornehmen.

c) Die Kosten der Selbstentlöschung und der Hinterlegung hat auf Grund des Frachtvertrages der Absender zu tragen. Denn es sind Aufwendungen, die im Interesse der Ladung und für Rechnung des Absenders von dem Frachtführer gemacht werden mußten (vgl. § 66). Daneben hat der Frachtführer auch einen Anspruch gegen den Empfänger, der die Frachtgüter nach anfänglicher Weigerung doch angenommen hat. Ferner steht dem Frachtführer wegen dieser Forderung aus dem Frachtvertrag nach § 26 in Verbindung mit § 440 HGB ein gesetzliches Pfandrecht an den Frachtgütern zu.

7. Die Feststellung des Zustandes der Frachtgüter

Nach § 488 Abs. 1 ZPO ist der Frachtführer berechtigt, ein gerichtliches Beweissicherungsverfahren zur Feststellung des Zustandes der Frachtgüter einzuleiten. Zuständig ist hierfür das Gericht, in dessen Bezirk sich die Ladung befindet. Hiermit schafft der Frachtführer eine Grundlage für den ihm meist obliegenden Beweis, in welchem Zustand sich die Frachtgüter bei der Beendigung der Frachtreise befunden haben; dies wird vor allem dann erforderlich sein, wenn die Frachtgüter verdorben oder sonst beschädigt angekommen sind. Die etwaige Verschlechterung oder Veränderung der Ladung während der Hinterlegung hat der Frachtführer nicht zu vertreten; denn er hat mit der berechtigten Hinterlegung den Frachtvertrag ordnungsmäßig erfüllt (RG bei Bolze 6 Nr. 534).

8. Die Verkaufsbefugnis des Frachtführers

a) Nach § 52 Abs. 2 Satz 3 (ebenso § 437 Abs. 2 Satz 2 HGB) kann der Frachtführer bei Vorliegen eines Ablieferungshindernisses (vgl. Anm. 3a—c), wenn die Frachtgüter dem Verderben ausgesetzt sind und Gefahr in Verzug ist, den Verkauf der Frachtgüter vornehmen, und zwar nach § 373 Abs. 2—4 HGB, die folgenden Wortlaut haben:

> „Er ist ferner befugt, nach vorgängiger Androhung die Ware öffentlich versteigern zu lassen; er kann, wenn die Ware einen Börsen- oder Marktpreis hat, nach vorgängiger Androhung den Verkauf auch aus freier Hand durch einen zu solchen Verkäufen öffentlich ermächtigten Handelsmakler oder durch eine zur öffentlichen Versteigerung befugte Person zum laufenden Preise bewirken. Ist die Ware dem Verderb ausgesetzt und Gefahr im Verzuge, so bedarf es der vorgängigen Androhung nicht; dasselbe gilt, wenn die Androhung aus anderen Gründen untunlich ist.
>
> Der Selbsthilfeverkauf erfolgt für Rechnung des säumigen Käufers.

Der Verkäufer und der Käufer können bei der öffentlichen Versteigerung mitbieten."

Diese Bestimmungen sind entsprechend anzuwenden; nicht maßgebend ist der Hinweis im § 373 Abs. 2, daß eine „vorgängige Androhung" erforderlich ist, weil nach § 52 nur eine Mitteilung an den Absender von dem Eintritt des Ablieferungshindernisses vorgeschrieben ist. Der Frachtführer ist danach berechtigt, ohne eine solche Androhung und ohne Mitwirkung des Gerichts das gefährdete Frachtgut durch einen dazu ermächtigten Versteigerer öffentlich versteigern zu lassen. Wenn die Frachtgüter einen Marktpreis haben, so können sie auch freihändig durch einen solchen Versteigerer verkauft werden. Der Empfänger und auch der Frachtführer können hierbei mitbieten. Die Versteigerung und der freihändige Verkauf erfolgen für Rechnung des Absenders oder des sonst durch die Frachtpapiere legitimierten Empfangsberechtigten; der Überschuß über die hierdurch entstehenden Kosten sowie über die Fracht und die sonstigen Forderungen des Frachtführers hinaus steht dem Absender oder sonstigen Empfangsberechtigten zu.

b) Der Frachtführer ist auch berechtigt, für seine gesamten Ansprüche aus dem Frachtvertrag das ihm nach § 26 in Verbindung mit § 440 HGB zustehende gesetzliche Pfandrecht an den Frachtgütern geltend zu machen. Er kann also einen seine Ansprüche deckenden Teil der Frachtgüter einbehalten und sich dann daraus nach Androhung und Ablauf einer Frist von einer Woche im Wege des durch einen Gerichtsvollzieher vorzunehmenden öffentlichen Pfandverkaufs befriedigen (§§ 1257, 1228ff. BGB). Auch nach erfolgter Selbstentlöschung und Hinterlegung kann der Frachtführer noch einen solchen Pfandverkauf vornehmen, soweit er über das im eigenen Namen hinterlegte Gut noch verfügen kann.

9. Die Benachrichtigung des Frachtführers

a) Nach § 52 Abs. 3 hat der Frachtführer von der Hinterlegung und dem Verkauf der Frachtgüter den Absender und den Empfänger unverzüglich zu benachrichtigen. Er muß diese Frachtbeteiligten von der „erfolgten Hinterlegung in Kenntnis setzen" (Begr. S. 81). Demnach ist keineswegs eine vorherige besondere Mitteilung von der beabsichtigten Hinterlegung (so Förtsch S. 170 Nr. 9), sondern nur eine nachträgliche Benachrichtigung vorgeschrieben (so auch Mittelstein 1 I zu § 52 Anm. 7 Abs. 2; 2 S. 247). Nach § 52 Abs. 3 dürfen die Benachrichtigungen unterbleiben, soweit sie untunlich (vgl. Anm. 4b) sind. Die Benachrichtigung von der Hinterlegung muß dem Empfänger, wenn dieser nicht zu ermitteln ist, durch öffentliche Bekanntmachung in ortsüblicher Weise zugestellt werden (vgl. § 47 Anm. 2c).

b) Die Unterlassung dieser Benachrichtigungen macht nicht die Hinterlegung oder den Verkauf nachträglich rechtsunwirksam (ROHG 9, 231; OLG Hamburg in HansGZ Hauptbl. 1885 Nr. 59). Vielmehr ist der Frachtführer nach § 52 Abs. 3 Satz 1 im Falle der Unterlassung zum Schadensersatz verpflichtet. Der Frachtführer kann aber den Nachweis erbringen, daß eine solche Benachrichtigung untunlich war (vgl. Anm. 4b).

Löschung bei Teil- und Stückgüterverfrachtung

§ 53

Die §§ 47 bis 52 kommen auch dann zur Anwendung, wenn ein verhältnismäßiger Teil oder ein bestimmt bezeichneter Raum des Schiffes verfrachtet ist oder

der Frachtvertrag Stückgüter im Gewichte von 10000 Kilogramm oder mehr zum Gegenstande hat.

Die Löschzeit beträgt für den einzelnen Empfänger bei einer von ihm abzunehmenden Ladung

bis zu 50000 Kilogramm einen Tag,
bis zu 100000 Kilogramm zwei Tage

und so fort in Stufen von 50000 Kilogramm je einen Tag mehr für jede höhere Stufe bis zu Ladungen von 500000 Kilogramm; von da ab steigt die Löschzeit für je 100000 Kilogramm um je einen Tag; bei Ladungen über 1000000 Kilogramm beträgt die Löschzeit sechzehn Tage. Eine Verpflichtung zur Entrichtung von Liegegeld oder zum Schadensersatze (§ 49) tritt jedoch in keinem Falle vor Ablauf von drei Tagen seit dem Zeitpunkte ein, mit welchem die Löschzeit einem der Empfänger gegenüber zuerst zu laufen begonnen hat. Der Frachtführer ist indes nicht berechtigt, von mehreren Empfängern gleichzeitig für denselben Tag das Liegegeld mehrfach zu beanspruchen.

1. Der Begriff der Teil- und Stückgüterverfrachtung

a) Nach § 53 finden die §§ 47—52, in denen die Gesamtverfrachtung geregelt ist, auf die Teilverfrachtung und die Verfrachtung von Stückgütern im Gewicht von 10000 kg oder mehr grundsätzlich Anwendung, soweit nicht Abweichungen besonders vorgesehen sind. Eine solche Teilverfrachtung liegt nach § 53 Abs. 1 (ebenso § 38 Abs. 1 und die seerechtliche Vorschrift des § 587 Abs. 1 HGB) dann vor, wenn nicht das Schiff im ganzen, sondern ein verhältnismäßiger Teil oder ein bestimmt bezeichneter Raum verfrachtet wird. Es ist also entscheidend, daß nach dem Inhalt der Frachtpapiere das Schiff nicht mit allen seinen verfügbaren Laderäumen, sondern nur ein bestimmter Teil des Schiffes zur Beförderung der Frachtgüter angenommen ist. Ist ein Ladeschein ausgestellt, so entscheidet dessen Inhalt nach § 26 in Verbindung mit § 446 Abs. 1 HGB für die gesamten Rechtsbeziehungen zwischen Frachtführer und Empfänger, also auch über die Frage der Verfrachtungsart. Die Teilverfrachtung, die im Binnenschiffahrtsverkehr nur selten vorkommt, wird in den Frachtpapieren mit dem Vermerken „Teilladung" oder „Partien" gekennzeichnet.

b) Dagegen erfolgt die Beförderung von Stückgütern, d. h. von einzelnen nach Zahl, Maß oder Gewicht bezeichneten Frachtgütern, meist nicht im Wege der Gesamtverfrachtung, sondern durch Annahme eines verhältnismäßigen Teiles eines Schiffes oder ohne besonderen Hinweis auf den Schiffsraum (vgl. § 38 Anm. 1b). Deshalb ist für die Verfrachtung von Stückgütern im Gewicht von mehr als 10000 kg die gleiche Regelung wie für die Teilverfrachtung vorgesehen.

c) Nach § 131 Abs. 1 finden die §§ 53—55 über die Teil- und Stückgüterverfrachtung auf den Hafen- und Ortsverkehr keine Anwendung (vgl. § 38 Anm. 1c).

2. Die Regelung der Teil- und Stückgüterverfrachtung

a) Nach § 53 kommen die §§ 47—52 über die Gesamtverfrachtung zur Anwendung. Es gelten daher für diese Teil- und Stückgüterverfrachtung, insbesondere für Löschbereitschaft, Löschzeit, Überliegezeit, Liegegeld, Wartezeit, die gleichen Bestimmungen wie bei der Gesamtverfrachtung (§§ 47—52), soweit nicht die folgenden Abweichungen bei der Löschzeit und dem Liegegeld vorgesehen sind.

b) Nach § 53 muß der Frachtführer, ebenso wie im § 38 bei der Ladezeit, jedem Empfänger eine besondere Löschzeit gewähren, während bei der Gesamtverfrachtung nur eine einheitliche Löschzeit in Betracht kommt (vgl. § 48 Anm. 2b). Es tritt also jeder einzelne Empfänger dem Frachtführer selbständig gegenüber (vgl. § 38 Anm. 2b); die Löschzeit wird für jeden einzelnen Empfänger durch die ihm gegenüber abzugebende Erklärung in Lauf gesetzt und die Dauer der Löschzeit bestimmt sich für jeden einzelnen Empfänger selbständig (RGZ 114, 163). Diese Löschzeiten berechnen sich nach den von den einzelnen Empfängern „abzunehmenden Ladungen"; hierbei ist grundsätzlich das in den Frachtpapieren (Ladeschein oder Frachtbrief) vermerkte Gewicht und nur in Ermangelung einer bestimmten Gewichtsangabe das tatsächlich ausgelieferte Gewicht maßgebend (vgl. § 29 Anm. 4a).

c) Die Dauer der gesetzlichen Löschzeit ist nach § 53 Abs. 2 eine geringere als bei der Gesamtverfrachtung, weil der Frachtführer jedem der Empfänger eine selbständige Löschzeit einzuräumen hat. Diese gesetzliche Löschzeit findet aber nach den §§ 53, 48 Abs. 4 nur insoweit Anwendung, als nicht durch Vereinbarung oder Verordnung der höheren Verwaltungsbehörden ein anderes bestimmt ist. Solche Vereinbarungen über die Dauer der Löschzeit werden in den Frachtpapieren häufig getroffen, und zwar werden meist kürzere Löschzeiten bestimmt. Ferner ist die gesetzliche Regelung praktisch ausgeschaltet durch die von den höheren Verwaltungsbehörden (§ 133) seit Ende 1928 im Verordnungswege festgesetzten verkürzten Löschzeiten (vgl. § 38 Anm. 2c; § 29 Anm. 4b).

d) Die Anzeige der Löschbereitschaft (§ 47) muß der Frachtführer jedem Empfänger machen. Er muß nur darauf achten, daß die Löschung auch tatsächlich geschehen kann (vgl. § 38 Anm. 2d). Es wird regelmäßig Sache der Empfänger sein, eine bestimmte Reihenfolge der Entlöschung untereinander zu vereinbaren und dem Frachtführer mitzuteilen (RGZ 114, 163). Hierbei müssen die Empfänger aber in erster Linie auf die Sicherheit des Schiffes und die erforderliche gleichmäßige Entlöschung Rücksicht nehmen; der Frachtführer hat, soweit dies nicht ausdrücklich vereinbart ist, keine Verpflichtung, die einzelnen Partien bei der Verladung getrennt zu halten; es sind für ihn die Gesichtspunkte der Sicherheit von Schiff und Ladung sowie der Ausnutzung des Schiffsraumes maßgebend (OLG Hamburg in SeuffA 56 Nr. 8).

e) Die Dauer der vereinbarten Überliegezeit (§ 50) richtet sich, ebenso wie im § 38, nach den verkürzten Sätzen des § 53 mit der Begrenzung auf höchstens eine Woche. Jedoch gilt diese gesetzliche Überliegezeit nur in Ermangelung anderer Vereinbarungen oder Verordnungen der höheren Verwaltungsbehörden (vgl. § 38 Anm. 2e).

f) Der Frachtführer ist nach § 53 Abs. 2 nicht berechtigt, von mehreren Empfängern gleichzeitig für denselben Tag das Liegegeld mehrfach zu beanspruchen; damit sollte eine doppelte Liegegeldforderung für den gleichen Tag ausgeschlossen werden, dagegen nicht die Haftung der mehreren Empfänger als Gesamtschuldner (vgl. § 49 Anm. 2b). Eine Einschränkung des Liegegeldanspruches enthält der § 53 Abs. 2 Satz 2 insofern, als eine Verpflichtung zur Entrichtung von Liegegeld (§ 49 Abs. 1) oder Schadensersatz (§ 49 Abs. 2) in keinem Fall vor Ablauf von drei Tagen seit dem Zeitpunkt eintritt, mit dem die Löschzeit einem der Empfänger gegenüber zuerst zu laufen begonnen hat. Der Frachtführer kann hiernach frühestens vom vierten Tag seit dem Beginn der ersten Löschzeit an Liegegeld verlangen. Es ist aber unerheblich, ob die Empfänger diese ersten drei Tage ausgenutzt haben; denn die Bestimmung spricht ausdrücklich nur von einer Verpflichtung des Empfängers (OLG Hamburg in SeuffA 56 Nr. 89).

Löschung bei Stückgüterverfrachtung unter 10 t

§ 54

Hat der Frachtvertrag Stückgüter im Gewichte von weniger als 10000 Kilogramm zum Gegenstande, so muß der Empfänger auf die Aufforderung des Frachtführers ohne Verzug die Abnahme bewirken.

Hinsichtlich der Aufforderung findet § 47 Abs. 4 und hinsichtlich der Hinterlegung des Gutes § 52 entsprechende Anwendung.

Für die Tage, um welche durch die Säumnis des Empfängers oder durch das Hinterlegungsverfahren die Frist, binnen welcher das Schiff würde entlöscht worden sein, überschritten ist, hat der Frachtführer Anspruch auf Liegegeld unbeschadet des Rechts, einen höheren Schaden geltend zu machen.

1. Begriff der eingeschränkten Stückgüterverfrachtung

a) Unter Stückgüter versteht das Gesetz einzelne, nach Maß, Gewicht oder Menge besonders gekennzeichnete Frachtgüter, die meist ohne Hinweis auf den Schiffsraum verfrachtet werden (vgl. § 39 Anm. 1a; § 38 Anm. 1b). Während der § 53 die Löschung von Stückgütern im Gewicht von mehr als 10000 kg in gleicher Weise wie die Teilverfrachtung regelt (vgl. § 53 Anm. 1b), sind im § 54 Bestimmungen über die Stückgüterverfrachtung im eingeschränkten Sinne enthalten. Es wird auch bei der Löschung, ebenso wie der Einladung (§ 39), die Verfrachtung von Stückgütern im Gewicht von „weniger als 10000 kg" besonders behandelt. Nach § 54 soll es für die Feststellung dieser Verfrachtungsart darauf ankommen, ob „der Frachtvertrag Stückgüter im Gewicht von weniger als 10000 kg zum Gegenstand hat". Der Inhalt des Frachtvertrages oder des etwa ausgestellten Frachtbriefes muß also ergeben, daß solche Stückgüter, d. h. nach Maß, Gewicht oder Menge besonders und einzeln gekennzeichnete Frachtgüter im Gewicht unter 10000 kg, befördert werden sollen. Bei Ausstellung eines Ladescheins ist nach § 26 in Verbindung mit § 446 Abs. 1 HGB für die Rechtsbeziehungen zwischen Frachtführer und Empfänger nur dessen Inhalt entscheidend, so daß eine Stückgüterverfrachtung im eingeschränkten Sinne unter Anwendung der Regelung des § 54 dann nur vorliegt, wenn die Stückgüter als solche im Ladeschein, ebenso wie im Frachtvertrag, bezeichnet sind oder wenn eine allgemeine Bezugnahme auf den Frachtvertrag oder ein sonstiger Hinweis auf diese Verfrachtungsart enthalten ist. Denn nach § 446 Abs. 1 HGB sind die nicht in den Ladeschein aufgenommenen Bestimmungen des Frachtvertrages dem Empfänger gegenüber unwirksam, sofern nicht der Ladeschein ausdrücklich auf sie Bezug nimmt.

b) Nach § 131 Abs. 1 gilt der § 54 nicht für den Orts- oder Hafenverkehr. Die Löschung von Stückgütern aus Schiffen, die nur zu Fahrten innerhalb desselben Ortes bestimmt sind, regelt sich nach den örtlichen Übungen und den allgemeinen Vorschriften.

2. Die Aufforderung zur Abnahme der Stückgüter

a) Nach § 54 Abs. 1 (ebenso im Seerecht nach § 604 Abs. 1 HGB allgemein für alle Stückgüter) muß der Empfänger auf die Aufforderung des Frachtführers ohne Verzug die Abnahme der Stückgüter bewirken. Der Frachtführer braucht sich also weder löschbereit zu melden noch dem Empfänger eine besondere Löschzeit einzuräumen. Vielmehr tritt an die Stelle der Anzeige der Löschbereitschaft die Aufforderung zur Abnahme der Frachtgüter. Eine besondere Form ist für diese Aufforderung nicht vorgesehen; sie kann also mündlich, telefonisch oder schriftlich erfolgen. Es handelt sich auch hier um eine empfangsbedürftige Willenserklärung (§ 130 BGB), die mit dem Zugehen in den Herrschaftsbereich des Empfängers wirksam wird (vgl. § 47 Anm. 2c; § 28 Anm. 2c). Ein besonderer Inhalt ist für die Aufforderung nicht vorgeschrieben; es muß für den Empfänger erkennbar sein, daß dieser die Abnahme an dem ihm aufzugebenden ortsüblichen Löschplatz (§ 55) bewirken soll. Die Aufforderung, mit der Abnahme zu beginnen, genügt (ROHG 23, 417). Unter Umständen muß auch eine von dritter Seite übermittelte Nachricht an den Empfänger für ausreichend erachtet werden (ROHG 15, 230), dagegen nicht allein dessen Kenntnis von dem Eintreffen des Schiffes (OLG Hamburg in HansGZ Hauptbl. 1900, 91 Nr. 39), da der Empfänger hieraus noch nicht entnehmen kann, ob der Frachtführer zur Löschung der für ihn bestimmten Stückgüter bereit ist. Wenn der Empfänger nicht zu ermitteln ist, so muß die Aufforderung durch öffentliche Bekanntmachung in ortsüblicher Weise erfolgen (vgl. § 47 Anm. 2c). Mitunter wird im Frachtvertrag ausdrücklich vereinbart, daß es Aufgabe des Empfängers sein soll, sich um die Abnahme zu kümmern, und daß der Frachtführer anderenfalls selbst entlöschen darf (so für einen Fall aus dem Seefrachtrecht OLG Hamburg in HansGZ Hauptbl. 1900 Nr. 39; SeuffA 51 Nr. 126).

b) Der Frachtführer muß im Zeitpunkt der Aufforderung mit seinem Schiff nicht nur, wie bei der Gesamtverfrachtung, am Ablieferungsort eingetroffen sein (vgl. § 47 Anm. 1c), sondern er muß auch bereits an einem ortsüblichen oder angewiesenen Löschplatz (§ 55) liegen. Denn die unverzügliche Abnahme der Stückgüter ist nur durchführbar, wenn sich das Schiff am Löschplatz befindet. Die Einnahme des Löschplatzes gehört daher bei der eingeschränkten Stückgüterverfrachtung zur Löschbereitschaft (anders bei der Raumverfrachtung; vgl. § 47 Anm. 1b; § 28 Anm. 1b). Der Frachtführer muß auch sonst tatsächlich löschbereit, d. h. von sich aus bereit und in der Lage sein, mit der Herausgabe der Stückgüter zu beginnen (vgl. § 47 Anm. 1a).

3. Die Abnahme der Stückgüter

Nach § 54 Abs. 1 (ebenso § 604 Abs. 1 HGB) muß der Empfänger die Abnahme der Stückgüter „ohne Verzug" bewirken. Eine bestimmte Frist, etwa 12 oder 24 Stunden, ist nicht vorgesehen; vielmehr hat die Abnahme ohne schuldhaftes Zögern (§ 121 Abs. 1 BGB) zu erfolgen. Es kommt also entscheidend auf die besonderen Umstände des Einzelfalles an (RG bei Bolze 15 Nr. 343). Der Empfänger muß grundsätzlich sofort nach Erhalt der Aufforderung mit der Abnahme beginnen, also die hierfür erforderlichen Maßnahmen (Stellung der Leute und Fuhrwerke) ohne schuldhafte Säumnis treffen. Von wesentlicher Bedeutung ist daher auch, in welchem Zeitpunkt der Frachtführer die Aufforderung übermittelt hat; so braucht der Empfänger in Ermangelung anderer Vereinbarungen bei einer an einem Sonntag oder nach Schluß der ortsüblichen Geschäftsstunden (6 bis 18 Uhr) eingegangenen

Aufforderung die Abnahme der Stückgüter erst mit Beginn des nächsten Werktages vorzunehmen (vgl. § 39 Anm. 3). Der Empfänger kann grundsätzlich nicht verlangen, daß ihm die an verschiedenen Stellen des Schiffes befindlichen Stückgüter gleichzeitig ausgeliefert werden, da für die Verteilung der Güter auf die einzelnen Laderäume und die Verstauung die Sicherheit des Schiffes in erster Linie zu berücksichtigen ist (OLG Hamburg in HansGZ Hauptbl. 1908, 294; DJZ 1901, 440).

4. Die Selbstentlöschung und Hinterlegung der Stückgüter

a) Nach § 54 Abs. 2 (anders ist die Regelung im Seerecht nach § 604 Abs. 2 HGB) findet der § 52 für die Hinterlegung der Stückgüter „entsprechende Anwendung". Der Frachtführer ist hiernach berechtigt, bei Vorliegen eines Ablieferungshindernisses (vgl. § 52 Anm. 3) und nach einer hiervon dem Empfänger gemachten Mitteilung (vgl. § 52 Anm. 4a) die Selbstentlöschung und Hinterlegung der Stückgüter in einem öffentlichen Lagerhaus oder in anderer sicherer Weise vorzunehmen (vgl. § 52 Anm. 6b). Auch ohne Vorliegen eines solchen Ablieferungshindernisses ist der Frachtführer zu dieser Selbstentlöschung und Hinterlegung nach § 54 Abs. 2 in Verbindung mit § 52 Abs. 1 befugt; er muß jedoch vorher an Stelle der hier nicht vorgeschriebenen Kündigung und des Fehlens der damit in Lauf gesetzten Wartezeit dem Empfänger diese Hinterlegung androhen, wenn dieser auf die Aufforderung die Abnahme der Stückgüter nicht unverzüglich bewirkt hat (ebenso Mittelstein 1 I zu § 54 Anm. 3; a. A. Förtsch S. 173).

b) Die Kosten der Selbstentlöschung und der Hinterlegung hat der Absender auf Grund des Frachtvertrages zu tragen; daneben besteht auch ein Anspruch gegen den Empfänger, der die Stückgüter nach anfänglicher Weigerung angenommen hat (vgl. § 52 Anm. 6c).

c) Der Frachtführer kann auch nach erfolgter Hinterlegung nach § 26 in Verbindung mit § 440 HGB auf Grund seines gesetzlichen Pfandrechts den Pfandverkauf der Stückgüter zur Befriedigung seiner Forderungen aus dem Frachtvertrag vornehmen (vgl. § 52 Anm. 8b). Er ist auch berechtigt, nach den §§ 54, 52 Abs. 2 bei Vorliegen eines Ablieferungshindernisses und eines Notfalls, nämlich bei drohendem Verderb der Güter und bei Gefahr im Verzug, den Verkauf der Stückgüter zu veranlassen (vgl. § 52 Anm. 8a). Von der erfolgten Hinterlegung und dem Verkauf der Stückgüter hat der Frachtführer den Absender und den Empfänger unverzüglich zu benachrichtigen (vgl. § 52 Anm. 9a); anderenfalls macht er sich schadensersatzpflichtig (vgl. § 52 Anm. 9b).

5. Liegegeld und Schadensersatz

a) Nach § 54 Abs. 3 steht dem Frachtführer ein Anspruch auf Liegegeld und Ersatz des höheren Schadens zu, wenn die Frist, binnen der das Schiff sonst entlöscht sein würde, durch die Säumnis eines Empfängers überschritten wurde. Diese besondere Regelung erklärt sich daraus, daß es bei der eingeschränkten Stückgüterverfrachtung, anders als bei der Raumverfrachtung, eine gesetzliche Löschzeit (§ 48) oder vereinbarte Überliegezeit (§ 50) nicht gibt; vielmehr hat jeder Empfänger die Abnahme seiner Stückgüter auf die Aufforderung des Frachtführers unverzüglich zu bewirken (§ 54 Abs. 1). Jedem Empfänger steht also eine nach dem Umfang seiner Stückgüter anteilige „Löschzeit" von der gesamten angemessenen Frist zur Verfügung. Es soll daher ein Liegegeld- und Schadensersatzanspruch des Frachtführers nur bestehen, wenn und insoweit diese für die Löschung der Stückgüter aller Empfänger angemessene Frist durch Säumnis der Empfänger überschritten wurde. Die Dauer dieser angemessenen Frist richtet sich nach den Umständen des Einzelfalles, insbesondere nach dem Umfang der einzelnen Stückgütersendungen.

b) Der Liegegeld- und Schadensersatzanspruch setzt auch bei der eingeschränkten Stückgüterverfrachtung weder ein Verschulden noch einen Verzug auf seiten des Empfängers voraus (vgl. § 49 Anm. 1a), sondern lediglich die Tatsache der nicht unverzüglich erfolgten Abnahme der Stückgütersendung. Der Anspruch steht dem Frachtführer gegen die sämtlichen säumigen Empfänger als Gesamtschuldner zu (vgl. § 49 Anm. 3b).

Der Löschplatz bei Teil- und Stückgüterverfrachtung

§ 55

In den Fällen der §§ 53 und 54 hat der Frachtführer an einem der ortsüblichen Löschplätze anzulegen. Ist durch Vereinbarung dem Empfänger das Recht zur Anweisung des Löschplatzes eingeräumt, so finden die Bestimmungen im § 46 Abs. 2 und 3 Anwendung.

1. Nach § 55 hat der Frachtführer „in den Fällen der §§ 53 und 54“ an einem der ortsüblichen Löschplätze anzulegen. Diese Vorschrift regelt also das Aufsuchen des Löschplatzes einheitlich für die Teilverfrachtung (§ 53) und für beide Arten der Stückgüterverfrachtung (§§ 53, 54), ebenso wie dies im § 40 bei der Einnahme des Ladeplatzes geschehen ist (vgl. § 40 Anm. 1). Der Frachtführer soll einen „ortsüblichen Löschplatz“ aufsuchen, also einen nach den Übungen am Ablieferungsort zur Löschung der Stückgüter geeigneten Platz. Hierbei steht dem Frachtführer unter mehreren ortsüblichen Löschplätzen die Auswahl zu. Er braucht ferner in Ermangelung anderer Vereinbarungen nur an „einem“ der ortsüblichen Löschplätze anzulegen (vgl. § 40 Anm. 2; § 27 Anm. 4c). Dies gilt auch dann, wenn mehrere Empfänger vorhanden sind; meist wird dann aber in den Frachtpapieren eine besondere Regelung vereinbart.

2. Zum Aufsuchen eines solchen ortsüblichen Löschplatzes ist der Frachtführer nach § 52 Satz 2 grundsätzlich nicht befugt, wenn dem Empfänger durch Vereinbarung das Recht zur Anweisung des Löschplatzes eingeräumt ist. Dann steht die Auswahl des Platzes dem Empfänger zu. Maßgebend ist der Inhalt der Frachtpapiere, also die in den etwa ausgestellten Ladescheinen vorgesehene Regelung (vgl. § 46 Anm. 3b). Die Angabe der Anschriften der Empfänger allein enthält keine Anweisung eines Löschplatzes (OLG Hamburg vom 2. 5. 1903 — Bf. II 23/1903 —; LG Berlin vom 7. 2. 1935 — 212 S 10043/34 — in VerkehrsrR Bd. 14 [1935] 288 Nr. 163). Enthalten die Ladescheine für die mehreren Empfänger verschiedene Löschplätze oder ein dahingehendes Anweisungsrecht, so ist der Frachtführer zu deren Aufsuchen verpflichtet; er hat dann nach § 46 Abs. 3 Satz 2 einen Anspruch auf Ersatz der durch die Ablieferung an mehreren Löschplätzen entstehende Mehrkosten. Ferner wird in entsprechender Anwendung des § 46 Abs. 3 Satz 3 die Dauer der angemessenen Löschungsfrist (vgl. § 54 Anm. 5a) durch eine solche Verpflichtung zum Aufsuchen mehrerer Löschplätze nicht berührt, also nicht deshalb verlängert. Die Reihenfolge der Entlöschung an mehreren verschiedenen Löschplätzen bestimmt grundsätzlich der Frachtführer, da in erster Linie die Sicherheit des Schiffes und die gleichmäßige Entlöschung berücksichtigt werden muß. Er wird nach dieser von ihm auszuwählenden Reihenfolge die Aufforderungen an die mehreren Empfänger richten und die verschiedenen Löschplätze aufsuchen. In den Verfrachtungsbedingungen wird von den Frachtführern mitunter ausbedungen, daß diese „den Platz der Löschung zu bestimmen haben" (vgl. § 17 Abs. 1 der Oderbedingungen). Nach den §§ 55, 46 Abs. 2 ist der Frachtführer berechtigt, an einem ortsüblichen Löschplatz anzulegen, wenn der Empfänger einen ungeeigneten Löschplatz (vgl. § 46 Anm. 4b) anweist oder auf die Aufforderung von seinem Anweisungsrecht nicht rechtzeitig Gebrauch macht (vgl. § 46 Anm. 4a); er muß aber vorher den Empfänger auffordern, ihm unverzüglich einen geeigneten Löschplatz zu bezeichnen (vgl. § 46 Anm. 4c). In den Verfrachtungsbedingungen wird meist vorgesehen, daß der Frachtführer ohne weiteres zu dem Aufsuchen eines ortsüblichen Löschplatzes befugt ist, wenn die Anweisung nicht rechtzeitig erfolgt oder wenn die Wassertiefe, die Sicherheit des Schiffes, namentlich bei Eisgefahr, oder die örtlichen Verordnungen oder Einrichtungen die Befolgung der erteilten Anweisung nicht gestatten oder an dem angewiesenen Platz wegen Überfüllung nicht angelegt werden kann (vgl. §§ 49, 39 Ziff. 2 der Allgemeinen Verfrachtungsbedingungen; § 49 der Elbebedingungen). Bei der Auswahl dieses ortsüblichen Löschplatzes muß der Frachtführer nach § 46 Abs. 2 Satz 2 das Interesse des Empfängers, soweit er es übersehen kann, berücksichtigen (vgl. § 46 Anm. 4c, § 27 Anm. 4d). Der Frachtführer ist zu diesem Aufsuchen eines ortsüblichen Löschplatzes an Stelle eines angewiesenen ungeeigneten Löschplatzes aber nur berechtigt, nicht auch verpflichtet (vgl. § 40 Anm. 3).

Die Löschung der Frachtgüter

§ 56

Sofern nicht durch Vereinbarung ein anderes bestimmt ist, hat der Empfänger gepackte Güter auf dem Schiffe, lose Güter in dem Schiffe abzunehmen und die weitere Entladung zu bewirken.

Die Bestimmungen des § 42 Abs. 1 finden entsprechende Anwendung.

1. Die Löschung und die Kostentragung

a) Der § 56 enthält eine allgemeine Regelung über die Löschung (Entladung) des Schiffes, die für alle Verfrachtungsarten (Gesamt-, Teil- und Stückgüterverfrachtung) gilt. Der Frachtführer hat sein Schiff an den Löschplatz zu schaffen und es dort löschbereit zu stellen; er hat das Schiff für die Abnahme der Frachtgüter bereit zu halten; ferner ist er auch an der Entlöschung selbst nicht völlig unbeteiligt, sondern hat insofern mitzuwirken, als er die Güter im Schiff dem Empfänger zur Abnahme anweisen und ihm zugänglich machen muß, also unter Umständen bei einem Schiff mit Verdeck (Deckschiff) dessen Luken aufdecken muß (RGZ 115, 214). Im übrigen liegt es dem Empfänger nach § 56 ob, gepackte Güter auf dem Schiff, lose Güter in dem Schiff abzunehmen und die weitere Entladung zu bewirken. Diese Regelung bedeutet eine erhebliche Abweichung gegenüber der seerechtlichen Bestimmung des § 593 HGB, nach der die Kosten der Ausladung aus dem Schiff von dem Verfrachter, alle übrigen Kosten der Löschung von dem Empfänger getragen werden. Nach § 56, der der Vorschrift des § 41 über die Beladung entspricht, besteht auch die Entlöschung nicht in einer einseitigen, von dem Willen und Handeln des Frachtführers unabhängigen Tätigkeit des Empfängers, sondern erfordert immer ein gewisses Mitwirken und „gegebenenfalls Hand-in-Hand-arbeiten" des Frachtführers und seiner Schiffsbesatzung (RGZ 115, 214).

b) Im § 56 ist bestimmt, wer die Entlöschung der Frachtgüter vorzunehmen hat. Es handelt sich also bei dieser Vorschrift, ebenso wie bei § 41, nicht nur um eine Kostenklausel (wie die seerechtlichen §§ 561, 593 HGB), sondern um eine umfassendere Regelung, inwieweit die Entlöschung Aufgabe des Empfängers oder des Frachtführers ist, und daß jeder Teil die Kosten der ihm hierbei obliegenden Leistung zu tragen hat (KG in OLG 8, 390; vgl. § 41 Anm. 1b).

c) Nach § 131 Abs. 1 kommt die Regelung des § 56 im Hafen- oder Ortsverkehr nicht zur Anwendung.

2. Die Entlöschung loser und gepackter Güter

a) Für die Verteilung der Leistungen bei der Entlöschung zwischen Frachtführer und Empfänger ist es nach § 56 (ebenso wie im § 41 bei der Beladung) entscheidend, ob es sich um „gepackte" oder „lose" Güter handelt. Diese Unterscheidung ist praktisch ohne Bedeutung, wenn es sich um ein offenes Schiff (ohne Verdeck) handelt, da bei diesem eine Abnahme auf dem Schiff nicht möglich ist, so daß also nicht nur die losen, sondern auch die gepackten Güter von dem Empfänger im Schiff abgenommen werden müssen (vgl. hierzu § 41 Anm. 2a).

b) Unter „losen Gütern" sind solche zu verstehen, die ohne besondere Verstauung in den Schiffsraum geschüttet oder geworfen werden, wie ungesacktes Getreide, Kohlen, Kies, Sand. Demnach kommen als „gepackte Güter" solche in Betracht, die üblicherweise besonders, nämlich durch Aufstellung, Stapelung oder sonstige Verstauung im Schiff, gelagert werden, gleichgültig ob diese Güter mit oder ohne äußere Umhüllung versehen sind, wie Getreide in Säcken, Briketts, Bretter, leere Fässer (vgl. im übrigen § 41 Anm. 1b).

c) Die losen Güter hat der Empfänger in dem Schiff abzunehmen. Er muß also die Herausnahme dieser losen Güter aus den Laderäumen des Schiffes und die Beförderung auf das Land vornehmen; es ist auch seine Aufgabe, die hierfür erforderlichen Gerätschaften und Vorrichtungen bereit zu halten sowie die Kosten zu tragen. Der Frachtführer braucht also die losen Güter dem Empfänger nur im Schiff bereitzustellen.

d) Die gepackten Güter dagegen braucht der Empfänger nur auf dem Schiff abzunehmen. Der Frachtführer hat die gepackten Güter also aus den Laderäumen bis auf das Deck des Schiffes zu schaffen und dort zur Abnahme bereitzustellen (RGZ 52, 400); hieraus ergibt sich, daß bei einem offenen Schiff (ohne Deck) auch die gepackten Güter vom Empfänger im Schiff abgenommen werden müssen.

e) Die Entlöschung erfordert, ebenso wie die Beladung, ein Zusammenarbeiten zwischen Frachtführer und Empfänger. Der Frachtführer muß sein Schiff an den Löschplatz schaffen, es löschbereit stellen, die Ladung frei machen, bei einem Deckkahn die Luken aufdecken; auch während der Entlöschung ist ein gewisses Mitwirken und Hand-in-Hand-Arbeiten erforderlich (RGZ 115, 214). So muß der Frachtführer das durch die Entlöschung erforderliche „Verholen" besorgen, soweit ihm dies ohne Gefährdung seines Schiffes möglich ist; er braucht aber nicht darüber hinaus im Interesse des Landbetriebes verholen oder mehrfach an- oder abzulegen (vgl. hierzu § 41 Anm. 2e).

f) Nach § 56 Abs. 2 in Verbindung mit § 42 Abs. 1 hat der Frachtführer die ihm hinsichtlich der Entladung obliegenden Arbeiten mit „tunlichster Beschleunigung" auszuführen. Er muß dafür sorgen, daß die für das Schiff wasserpolizeilich vorgeschriebene oder sonst angemessene Besatzung vorhanden ist, die er bei der Durchführung der Arbeiten zu kontrollieren hat (OLG Hamburg in HansGZ 1895 Nr. 79, 1903 Nr. 62, OLG 7, 161). Er braucht aber keine besonderen Anstrengungen zu machen, wenn der Empfänger die Frachtgüter ungleichmäßig abnimmt oder einige Tage der Löschzeit unbenutzt läßt. Wenn er selbst die Entlöschung besorgt, so braucht er an den einzelnen Tagen nur Durchschnittsmengen zu entladen (vgl. § 42 Anm. 1a). Zur Mitarbeit ist der Frachtführer nur innerhalb der ortsüblichen Arbeitsstunden (von 6 bis 18 Uhr) und an Sonn- und Feiertagen nur im Notfall verpflichtet (vgl. § 42 Anm. 1b, c); ferner ist er nach Schiffahrtsbrauch berechtigt, für die Mitwirkung der Schiffsbesatzung über acht Stunden täglich oder über die ortsübliche Arbeitszeit eine angemessene Überstundenvergütung zu verlangen (vgl. § 42 Anm. 1d).

g) Die Feststellung des Umfanges der Frachtgüter gehört begrifflich nicht zur Löschung (OLG Hamburg in HansGZ Hauptbl. 1888 Nr. 66; 1899 Nr. 114; 1901 Nr. 56; 1913 Nr. 60; SeuffA 55 Nr. 93, 68 Nr. 158; a. A. HansGZ Hauptbl. 1888 Nr. 89). Der Frachtführer ist grundsätzlich nicht verpflichtet, den Umfang der Ladung durch Zählen, Messen oder Wägen zu ermitteln (RG in JW 1901, 804 Nr. 13). Der Empfänger kann aber verlangen, daß eine Gewichtsfeststellung bei der Löschung von ihm vorgenommen wird; er wird hieran besonders interessiert sein, wenn dem Frachtführer ein bestimmtes Gewicht übergeben war (OLG Hamburg in HansGZ Hauptbl. 1899, 311 Nr. 114). Diese Kosten der Gewichtsfeststellung hat der Empfänger zu tragen (OLG Hamburg in HansGZ Hauptbl. 1913 Nr. 60). Für den Frachtführer sind die Ergebnisse einer solchen Gewichtsfeststellung nur dann von Bedeutung, wenn er vorher hiervon benachrichtigt worden ist und die Verwiegung auf einer amtlich geeichten Waage unter seiner Kontrollmöglichkeit in der Nähe des Schiffes vorgenommen wurde (vgl. hierzu § 41 Anm. 2f.). Auch der Frachtführer ist berechtigt, eine Feststellung des Umfanges der Frachtgüter zu verlangen, wenn sich danach seine Fracht (§ 63) errechnet oder dies für seine Haftung von Bedeutung ist; die hierdurch entstehenden Kosten hat in Ermangelung anderer Vereinbarungen der Frachtführer zu tragen (OLG Hamburg in HansGZ 1899, Nr. 114, 1894 Nr. 64; LG Hamburg in HansGZ Hauptbl. 1888 Nr. 66).

3. Die Haftung aus der Entlöschung

Nach § 26 in Verbindung mit §§ 435, 436, 446ff. HGB entstehen zwischen dem Frachtführer und dem Empfänger spätestens mit der Annahme des Gutes und des Frachtbriefes oder Ladescheins vertragliche Beziehungen (ROHG 8, 411; 20, 410; OLG Hamburg in HansGZ Hauptbl. 1888 Nr. 56; KG in OLG 6, 96). Die Entlöschungstätigkeit des Empfängers ist demnach Erfüllung einer Vertragsverbindlichkeit, so daß er dem Frachtführer nach den angeführten Vorschriften sowie nach § 56 in Verbindung mit den §§ 276, 278 BGB für den hierbei entstehenden Schaden verantwortlich ist (RGZ 20, 78; RG in SeuffA 76 Nr. 34). Der Empfänger haftet auch für die ordnungsmäßige Beschaffenheit der Löschvorrichtungen, für deren Anwendung in der technisch richtigen Weise, für das Verschulden der gesamten Erfüllungsgehilfen, einschließlich der von ihm beauftragten eigenen oder fremden Leute (RG in SeuffA 76 Nr. 34; LG I Berlin vom 28. 3. 1929 — 51 O 402/29 —; Handelsgebräuche S. 120; AG Königsberg vom 16. 5. 1941 — 9 C 760/40; vgl. hierzu § 41 Anm. 3a, b).

4. Anderweite Vereinbarungen über die Löschung

Nach § 56 gilt die gesetzliche Regelung nur, sofern nicht durch Vereinbarung ein anderes bestimmt ist. Solche vertraglichen Abmachungen sind häufig in den Frachtpapieren enthalten. Insbesondere wird vielfach „freies Ein- und Ausladen" ausbedungen; diese Klausel entbindet den Frachtführer von jeder Mithilfe beim Einladen, so daß er dann nur sein Schiff löschbereit zu stellen und erforderlichenfalls zu verholen braucht (KG vom 1. 6. 1927 — 12 U 12235/26 —). Dagegen enthält der Vermerk „frei Schiff" nur eine Kostenklausel, wonach der Empfänger die Kosten der Löschung zu tragen hat (RG bei Bolze 19 Nr. 511). Nicht selten übernimmt der Frachtführer auch die gesamten Leistungen der Entlöschung; vor allem geschieht dies häufig bei der Verfrachtung von Baustoffen (Steinen, Kies, Sand) mittels Auskarren (KG in OLG 1, 247). Wenn der Frachtführer die Entlöschung übernommen hat, so steht ihm die volle Fracht grundsätzlich auch dann zu, wenn der Empfänger die Frachtgüter mittels Greifer herausnimmt (LG vom 13. 3. 1926 — 18 S 7/26 — AG Berlin-Mitte 20 C 1927/25).

Umladung in Leichterschiffe

§ 57

Wenn zur Erleichterung des Schiffes die Ladung ganz oder teilweise in Leichterfahrzeuge übergeladen worden ist, so hat der Frachtführer dem Leichterschiffer eine Abschrift des Frachtbriefes oder Ladescheines sowie eine Bescheinigung über die Ladung, die der Leichterschiffer übernommen hat, zu behändigen.

Die Dauer der Löschzeit wird dadurch, daß die Ladung ganz oder teilweise in Leichterfahrzeuge übergeladen worden ist, nicht verändert, vielmehr teilen sich Hauptschiff und Leichterfahrzeug in dieselbe nach dem Verhältnisse der in dem Hauptschiffe verbliebenen und der in das Leichterfahrzeug überschlagenen Ladung. Ergeben sich bei der Berechnung Bruchteile, so wird bis einhalb nach unten, über einhalb nach oben abgerundet. Hat ein Leichterschiff Ladung von verschiedenen Hauptschiffen übernommen, so berechnet sich die Löschfrist selbständig für jede einzelne Ladung nach Maßgabe vorstehender Grundsätze.

Der Empfänger hat nach der Reihenfolge der Anzeigen der Löschbereitschaft die Löschung vorzunehmen, ist aber nicht verpflichtet, Hauptschiff und Leichterschiff gleichzeitig zu löschen.

Das von dem Empfänger bei Überschreitung der Löschzeit zu zahlende Liegegeld berechnet sich nach der Tragfähigkeit desjenigen Schiffes, bei dem die Löschzeit überschritten ist.

1. Die Bedeutung der Leichterung

a) Unter Leichterung, auch Leichtern oder Ableichtern, versteht man nach Sprachgebrauch die Umladung eines Teils der Ladung aus einem in ein anderes Schiff. Ein solches Ableichtern wird in der Binnenschiffahrt häufig erforderlich, insbesondere bei einem durch den sinkenden Wasserstand hervorgerufenen Niedrigwasser oder bei Überwindung seichter Stellen; auf manchen Strömen, so auf der Oder, ist während eines erheblichen Teils des Jahres mit einem solchen Leichtern zu rechnen. Es kann aber auch durch andere Ursachen, so durch eine Beschädigung von Schiff oder Ladung (§ 82 Nr. 2), eine Leichterung der Frachtgüter notwendig werden. Hierbei kann sich herausstellen, daß die Fortsetzung der Reise mit dem ursprünglich ausgewählten Schiff auch nach Umladung eines Teils der Frachtgüter unmöglich ist, so daß die gesamte Ladung in andere Schiffe (Leichterschiffe) übergeladen werden muß. Deshalb wird im § 52 „zur gesetzlichen Regelung der Verhältnisse bei einer zur Erleichterung des Schiffes stattfindenden Überladung in Leichterfahrzeuge" (KommBer. S. 24) nicht nur die Leichterung eines Teils der Ladung, sondern die Umladung der gesamten Frachtgüter übereinstimmend behandelt.

b) Im § 57 ist nicht bestimmt, unter welchen Voraussetzungen der Frachtführer zu einer solchen Leichterung berechtigt oder verpflichtet ist. Die dahingehende Regelung ist im § 44 enthalten. Danach ist der Frachtführer, wenn die Beförderung der Frachtgüter mittels eines bestimmten Schiffes vereinbart war oder die Güter bereits in ein Schiff verladen waren, zu einer Umladung (Ableichterung) in ein anderes Schiff nur in Fällen der Not, bei niedrigem Wasserstand oder bei einem üblichen Überschlagen in Leichterschiffe an Hafenplätzen (§ 44 Abs. 3) befugt (vgl. § 44 Anm. 3a—c). Jedoch ist diese Regelung keine zwingende, so daß es in erster Linie auf den Inhalt des Frachtvertrages und der Frachtpapiere ankommt (vgl. § 44 Anm. 4). Nach diesen vertraglichen Abmachungen richtet es sich auch, ob der Frachtführer eine Verpflichtung zu einer Leichterung hat.

c) Eine solche Umladung eines Teils oder der gesamten Ladung in ein anderes Schiff hat stets erhebliche Auswirkungen auf die Durchführung des Frachtvertrages, auch für die Rechtsbeziehungen des Frachtführers zum Empfänger. Insbesondere wird die Rechtslage verändert, wenn die Frachtgüter nicht in ein anderes Schiff desselben Frachtführers, sondern in ein Leichterschiff übergeladen werden, das einem anderen Schiffseigner (Leichterschiffer) gehört. Denn dann muß der Frachtführer entweder den Eintritt dieses Leichterschiffers in den Frachtvertrag veranlassen oder einen neuen Vertrag mit diesem abschließen. Ferner wird die Dauer der Löschzeit durch eine solche Leichterung verändert. Diese Folgen der Umladung von Frachtgütern in ein anderes Schiff werden im § 57 im Anschluß an § 44 geregelt.

d) Die Bestimmung des § 57 findet, ebenso wie § 44, nach § 131 Abs. 1 keine Anwendung auf die Umladung in Leichterfahrzeuge (Schuten) im Hafen- oder Ortsverkehr.

2. Hauptschiff und Leichterschiff

a) Nach § 57 Abs. 1 hat der Frachtführer dem Leichterschiffer „eine Abschrift des Frachtbriefes oder Ladescheins sowie eine Bescheinigung über die Ladung, die der Leichterschiffer übernommen hat, zu behändigen". Der Frachtführer soll also nicht einen neuen selbständigen Frachtvertrag mit dem Leichterschiffer abschließen, sondern soll ihm die Ausführung der Beförderung der abgeleichterten Frachtgüter entsprechend der Regelung des § 26 in Verbindung mit § 432 HGB übertragen, also den Eintritt des Leichterschiffers in den ursprünglichen Frachtvertrag veranlassen. Der Leichterschiffer übernimmt damit die selbständige Verpflichtung zur Ausführung des Frachtvertrages sowie die Haftung (§ 432 Abs. 2 HGB), und zwar als Gesamtschuldner mit dem Frachtführer (§ 432 Abs. 1 HGB). Der Frachtführer hat dem Leichterschiffer eine Abschrift des Frachtbriefes (§ 426 HGB) oder Ladescheins (§ 445 Abs. 3 HGB) zu übergeben, damit der Eintritt in den Frachtvertrag wirksam wird und damit sich der Leichterschiffer gegenüber dem Empfänger ausweisen kann. Die Aushändigung einer „Bescheinigung über die übernommene Ladung" ist nur erforderlich, wenn nicht die ganze Ladung in ein Leichterschiff umgeladen, sondern nur ein Teil der Frachtgüter abgeleichtert wird. Denn sonst ergibt sich der Umfang der vom Leichterschiff übernommenen Ladung ohne weiteres aus den Frachtpapieren. Mitunter wird auch in den Frachtverträgen, insbesondere in den Verfrachtungsbedingungen, bestimmt, daß der Frachtführer nicht verpflichtet ist, falls die Überladung der Ladung ganz oder zum Teil in Leichterfahrzeuge, Stand- oder Lagerkähne stattfindet, dem Leichterschiffer eine Abschrift des Frachtbriefes, Ladescheins oder eine Bescheinigung über die abgeleichterte Ladung auszuhändigen (vgl. § 7 Abs. 4 der Oderbedingungen).

b) Nach § 57 Abs. 2 besteht der Grundsatz, daß durch eine Umladung der ganzen Frachtgüter oder durch eine Ableichterung eines Teils in andere Schiffe die Dauer der Löschzeit unverändert bleiben soll. Deshalb wird vorgeschrieben, daß sich Hauptschiff und Leichterfahrzeuge in die für die ursprüngliche Gesamtladung bestehende Löschzeit zu teilen haben, und zwar nach dem Verhältnis ihrer Anteile an der Ladung. Es ist dies eine folgerichtige Durchführung der grundsätzlichen Regelung, daß bei der Gesamtverfrachtung nach § 48 Abs. 2 die Dauer der Löschzeit nach dem Gewicht der Ladung berechnet wird (vgl. § 48 Anm. 3). Da sich die Löschzeit nach Werktagen, also nach Kalendertagen, von Mitternacht zu Mitternacht in ununterbrochen fortlaufender Reihenfolge bestimmt (vgl. § 48 Anm. 4b), so kann es vorkommen, daß sich bei einer solchen Aufteilung der Löschzeit auf Hauptschiff und Leichterfahrzeuge Bruchteile von Tagen ergeben; nach § 57 Abs. 2 Satz 2 werden diese bis einhalb (also 12 Stunden) nach unten, über einhalb (über 12 Stunden) nach oben abgerundet. Hiernach kann die Gesamtlöschzeit durch diese Aufteilung, wenn auch in geringerem Ausmaß, kürzer oder länger werden. Hat ein Leichterfahrzeug von verschiedenen Hauptschiffen Frachtgüter übernommen, so berechnet sich die Löschzeit in dieser Weise selbständig für jede Ladung (§ 57 Abs. 2 Satz 3); es soll dann also jede Ladung als Einheit aufgefaßt werden.

c) Es handelt sich bei dem Hauptschiff und den Leichterfahrzeugen um verschiedene Schiffe, die also auch zu verschiedenen Zeiten am Ablieferungsort eintreffen können. Dies wird vor allem dann eintreten, wenn die Leichterfahrzeuge aus verschiedenen Hauptschiffen Frachtgüter abgeleichtert haben. Selbst wenn das Hauptschiff mit seinen Leichterfahrzeugen gemeinsam die Frachtreise fortsetzt und wenn sie zusammen am Ablieferungsort eintreffen, so müssen sich die Hauptschiffer und Leichterschiffer selbständig löschbereit melden, da es sich um verschiedene Schiffe handelt (vgl. § 47 Anm. 1c). Nach der Reihenfolge dieser Anzeigen der Löschbereitschaft hat der Empfänger nach § 57 Abs. 3 die Löschung vorzunehmen. Es kann nun vorkommen, daß sich Hauptschiffer und Leichterschiffer zur gleichen Zeit löschbereit melden; dann ist der Empfänger nicht verpflichtet, Hauptschiff und Leichterschiff gleichzeitig zu löschen (§ 57 Abs. 3), vielmehr bleibt ihm in diesem Ausnahmefall die Auswahl der Reihenfolge überlassen. In den Verfrachtungsbedingungen wird manchmal vorgesehen, daß der Empfänger, wenn eine solche gleichzeitige Andienung vorgenommen wird, verpflichtet sein soll, ein Leichterschiff vor dem Hauptschiff zu löschen (vgl. § 51 Ziff. 2 der Allgemeinen Verfrachtungsbedingungen).

d) Nach § 49 ist der Empfänger zur Zahlung von Liegegeld verpflichtet, wenn die Löschzeit überschritten wird; maßgeblich ist hierbei die sich aus der Aufteilung zwischen Hauptschiff und Leichterfahrzeug ergebende Löschzeit (vgl. Anm. 2b). Die Höhe des Liegegeldes bestimmt sich nach den §§ 49, 32 nach der Tragfähigkeit des verwendeten Schiffes. Nach § 57 Abs. 4 ist nicht die Tragfähigkeit des ursprünglichen, sondern desjenigen Schiffes maßgebend, bei dem die Löschzeit tatsächlich überschritten worden ist; das kann also sowohl das Hauptschiff als auch eines der Leichterschiffe sein.

Haftung des Frachtführers für Verlust und Beschädigung

§ 58

Der Frachtführer haftet für den Schaden, welcher seit der Empfangnahme bis zur Ablieferung durch Verlust oder Beschädigung des Frachtgutes entstanden ist, sofern er nicht beweist, daß der Verlust oder die Beschädigung durch Umstände herbeigeführt ist, welche durch die Sorgfalt eines ordentlichen Frachtführers nicht abgewendet werden konnten.

Die Haftung des Frachtsführer ist insbesondere ausgeschlossen, wenn der Verlust oder die Beschädigung aus einem mangelhaften Zustande des Schiffes nebst Zubehör oder der Lade- oder Löschgerätschaften entstanden ist, welcher trotz der Sorgfalt eines ordentlichen Frachtführers nicht zu entdecken war.

Für den Verlust oder die Beschädigung von Kostbarkeiten, Kunstgegenständen, Geld und Wertpapieren haftet der Frachtführer nur, wenn ihm die Beschaffenheit oder der Wert des Gutes bei der Übergabe zur Beförderung angegeben worden ist.

1. Die Haftung des Frachtführers, insbesondere aus der Empfangnahme

a) Im § 58 Abs. 1 wird entsprechend der Regelung in den §§ 429, 606 HGB der Grundsatz aufgestellt, daß der Frachtführer für den Schaden haftet, der seit der Empfangnahme bis zur Ablieferung durch Verlust oder Beschädigung der ihm zur Beförderung anvertrauten Frachtgüter entstanden ist. Es handelt sich also nicht um eine ausschließliche und umfassende Regelung der Verantwortlichkeit des Frachtführers, sondern nur um einen Haftungsfall, nämlich aus der Empfangnahme (ex recepto) der Frachtgüter, die ihm damit zur Obhut überlassen wurden. Vor dem Inkrafttreten des Binnenschiffahrtsgesetzes galt im deutschen Frachtrecht der Grundsatz, daß der Frachtführer für Verlust oder Beschädigung der Frachtgüter bis zur Grenze der höheren Gewalt zu haften habe (Art. 395 ADHGB). Gegen die Übernahme dieser weitgehenden Haftung in das Binnenschiffahrtsrecht hatten die Binnenschiffahrttreibenden eingewendet, daß eine solche Verantwortlichkeit des Frachtführers für jedes Versehen der Besatzung zu weit gehe und der Beweis des Vorliegens der höheren Gewalt fast unmöglich sei. Deshalb wurde nach Beratungen der Reichstagskommission diese strengere Haftung bis zur Grenze der höheren Gewalt nicht in das Binnenschiffahrtsrecht übernommen, sondern die Haftung des Frachtführers auch insoweit auf schuldhafte Handlungen beschränkt (KommBer. S. 14); jedoch wurde vorgeschrieben, daß der Frachtführer das Nichtvorliegen eines Verschuldens beweisen, den sog. Entlastungsbeweis führen muß. In Angleichung an den § 58 Abs. 1 wurde auch im

Handelsgesetzbuch bei dessen Neufassung nach dem Inkrafttreten des Binnenschiffahrtsgesetzes die gleiche Regelung für das sonstige Frachtrecht im § 429 Abs. 1 HGB eingeführt.

b) Neben der Verantwortlichkeit des Frachtführers nach § 58 aus der Empfangnahme der Frachtgüter bleibt seine Haftung nach den Grundsätzen des bürgerlichen Rechts und aus besonderen Haftungsvorschriften bestehen; es wird durch § 58 diese Haftung des Frachtführers auf Grund anderer Vorschriften nicht ausgeschlossen (RG in JW 1930, 1944, Nr. 12; RG in Recht 1928, 1802, 1930 Nr. 31; OLG Hamburg in OLG 20, 2). So haftet der Frachtführer auf Grund des Frachtvertrages nach den allgemeinen bürgerlich-rechtlichen Vorschriften für eigene vorsätzliche und fahrlässige Handlungen (§ 276 BGB) sowie nach den §§ 276, 278 BGB für solche seiner Erfüllungsgehilfen (vgl. § 3 Anm. 1). Seine Haftung erstreckt sich ferner nach § 26 in Verbindung mit § 431 HGB auf die Verantwortlichkeit für das Verschulden seiner Leute bei der Ausführung der Beförderung sowie in seiner Eigenschaft als Schiffseigner nach der Sondervorschrift des § 3 für das Verschulden seiner Schiffsbesatzung bei Ausführung ihrer Dienstverrichtungen (vgl. § 3 Anm. 1, 3). Daneben besteht die Verantwortlichkeit des Frachtführers aus den besonderen binnenschiffahrtsgesetzlichen Haftungsvorschriften, wie nach § 62 aus der verspäteten Ablieferung der Frachtgüter, nach §§ 73, 74 aus der Ladescheinzeichnung, nach §§ 27, 46 aus einer Einnahme eines vertragswidrigen Lade- und Löschplatzes, nach §§ 41, 42, 56 aus einer schuldhaften Verzögerung der Beladung, Entlöschung oder des Antritts der Reise, nach § 44 aus der Stellung eines vertragswidrigen Schiffes, nach § 52 aus einer unberechtigten Selbstentlöschung und Hinterlegung der Frachtgüter. Endlich haftet der Frachtführer auch für schuldhafte unerlaubte Handlungen nach § 823 BGB und nach § 831 BGB insoweit auch für das Verschulden seiner Erfüllungsgehilfen.

2. Die Obhut von der Empfangnahme bis zur Ablieferung

a) Die Haftung des Frachtführers aus § 58 erstreckt sich auf den Schaden, der an den Frachtgütern seit deren Empfangnahme bis zu ihrer Ablieferung entsteht, also auf den Zeitraum, währenddessen die Güter der Obhut des Frachtführers anvertraut sind (ROHG 20, 120). Unter Empfangnahme ist die Übernahme zum Zwecke der Beförderung zu verstehen, wie sich aus § 58 Abs. 3 ergibt. Regelmäßig werden die Frachtgüter dem Frachtführer nach Abschluß des Frachtvertrages auf oder in das Schiff geliefert und von ihm entgegengenommen (OLG Kiel in SeuffA 56 Nr. 83). Handelt es sich um die Lieferung von Massengütern, wie Kohlen, Erze, auf Grund einer Gesamtverfrachtung, so wird die Empfangnahme meist erst nach Beendigung der Einladung anzunehmen sein; dagegen werden Stückgüter (Kisten, Ballen, Fässer) üblicherweise einzeln übernommen (OLG Hamburg in HansGZ Hauptbl. 1884 Nr. 139). Die Empfangnahme ist grundsätzlich mit der Abladung der Frachtgüter in das Schiff und der ausdrücklichen oder durch schlüssige Handlungen erklärten Übernahme durch den Frachtführer beendet (OLG Kiel in SeuffA 56 Nr. 83), also nicht erst mit dem Beginn der Frachtreise (ROHG 9, 302). Auch schon vor der Einladung der noch an Land liegenden Frachtgüter in das Schiff kann eine Empfangnahme unter Umständen anzunehmen sein, wenn der Frachtführer die Güter dort zur Beförderung bereits übernommen hat (RGZ 20, 65; RG in JW 1893, 272, Nr. 25 — in HansGZ Hauptbl. 1893 Nr. 71); es kann in solchen Fällen aber auch ein dem Frachtvertrag vorangehender Verwahrungsvertrag in

Betracht kommen. Vor Abschluß des Frachtvertrages wird eine Empfangnahme der Frachtgüter nur vorliegen, wenn der Frachtführer die ihm in das Schiff gelieferten Güter entgegennimmt (ROHG 20, 120, 121). Für den Frachtführer ist eine Haftung aus dem Empfangnehmen der Frachtgüter für eine Minderung nur gegeben, wenn eine ordnungsmäßige Ermittlung des Ladungsumfanges bei der Beladung und Löschung stattgefunden hat (AG Magdeburg vom 8. 7. 1949 — 5 C 35/48 in VRS Bd. 2 S. 269). Die Übergabe zur Beförderung muß in einer einwandfreien und zuverlässigen Weise erfolgen (LG I Berlin vom 26. 3. 1929 — 45 S 1/28 —). Werden die Frachtgüter dem Frachtführer zugezählt, zugemessen oder zugewogen, so muß die Feststellung des Umfanges unter seiner vorherigen Benachrichtigung sowie Kontrolle und Kontrollmöglichkeit in der Nähe des Fahrzeuges vorgenommen werden (RGZ 101, 238; 104, 209; LG I Berlin vom 22. 4. 1932 — 425 O 606/30 — LG III Berlin vom 24. 5. 1932 — 5 S 3947/30 —; AG Berlin-Mitte vom 2. 1. 1950 7 C 284/48 in VRS 1951, 73; Gutachten Nr. 119 S. 106 (vgl. § 56 Anm. 2 g; § 41 Anm. 2f). Eine Gewichtsermittlung muß auf einer amtlich geeichten und richtig arbeitenden Waage vorgenommen werden (LG I Berlin vom 26. 3. 1929 — 45 S 1/28 —). Dem Frachtführer steht nach II 1 bis 3 der Ausführungsverordnung zum Maß- und Gewichtsgesetz vom 20. 5. 1936 (RGBL I S. 459) das Recht auf Überprüfung der verwendeten selbsttätigen Waage zu und es muß ihm nach § 2 Abs. 2 die Möglichkeit geboten werden, das Einspielen der Waage im unbelasteten Zustand ohne wesentliche Umstände zu beobachten. Dem Verlangen des Schiffseigners wäre dadurch Rechnung zu tragen, daß ihm das Einspielen der selbsttätigen Waage nach Ausschaltung der automatischen Einrichtung im unbelasteten und hierauf mehrmals nacheinander im belasteten Zustand vorgeführt wird. Nach einem langjährigen Schiffahrtsbrauch ist eine Gewichtsfeststellung für den Frachtführer nur verbindlich, wenn die Verwiegung auf einer amtlich geeichten, in der Nähe der Löschstelle gelegenen Waage so vorgenommen wird, daß der Frachtführer die Vorgänge im Schiff und an der Waage ohne größere Schwierigkeiten kontrollieren kann (Gutachten HK Berlin XII A 9 Nr. 4167/22, Nr. 37941/21, Nr. 10704/21, Nr. 26748/20, Nr. 4030/35; LG I Berlin vom 26. 3. 1929 — 45 S 1/28 —; AG Berlin 162/233 C 1150/32; vgl. im übrigen § 41 Anm. 2f.). Die Zuziehung des Frachtführers zu der Verwiegung kann aber als ein Anerkenntnis der Gewichtsermittlung nicht gewertet werden (LG III Berlin vom 24. 5. 1932 — 5 S 3947/30 — AG Berlin-Charlottenburg 30/39 C 2202/30, ebenso AG Charlottenburg 47 C 128/32).

b) Unter der Ablieferung ist nicht schon jede von dem Frachtführer vorgenommene Aufgabe des durch die Empfangnahme erlangten Besitzes zu verstehen, also nicht die Herausnahme auf das Land, die Umladung oder Ableichterung in ein anderes Schiff, es sei denn, daß es sich um eine vorzeitige Beendigung und nicht nur um eine Unterbrechung der Beförderung handelte (RG in JW 1911, 600 Nr. 58, bei Bolze 9 Nr. 370). Vielmehr liegt eine Ablieferung im Sinne des § 58 nur vor, wenn der Frachtführer den zum Zwecke der Beförderung erhaltenen Gewahrsam an den Frachtgütern nach der Beendigung des Transports mit ausdrücklichem oder stillschweigendem Einverständnis des Empfängers wieder aufgibt (RGZ 114, 313; OLG Hamburg vom 21. 2. 1919 — Bf. IV 307/1918 — in HansRZ 1919, 289 Nr. 45, in OLG 2, 186, in OLG 42, 217; KG in OLG 8, 340; RG in LZ 1912, 466; OLG Königsberg in OLG 19, 409; OLG Hamburg in HansGZ Hauptbl. 1904 Nr. 24; 1912 Nr. 109; 1900 Nr. 137; 1897 Nr. 23). Diese Ablieferung erfolgt zwar regelmäßig am Ablieferungsort (Bestimmungsort), sie kann aber schon vorher stattfinden (RG in LZ 1912, 466). Die Ankunft des beladenen Schiffes am Ablieferungsort, die Erklärung der Löschbereitschaft (KG in OLG 8, 390), die Einnahme des Löschplatzes (OLG Hamburg in HansGZ Hauptbl. 1912 Nr. 109), die Übergabe des Frachtbriefes (RG in LZ 1912, 466), die Nachzählung (RG in LZ 1912, 467) und andere Maßnahmen, die bezwecken, den Empfänger in den Stand zu versetzen, über die Frachtgüter zu verfügen, sind nur die Ablieferung vorbereitende Handlungen (RGZ 108, 342; OLG Hamburg in OLG 2, 186). Zum Begriff der Ablieferung gehört es, daß das Gut aus der Verfügungsgewalt des Frachtführers in die des Empfängers gelangt (OLG Hamburg in HansRZ 1919, 289 Nr. 45). Regelmäßig wird der Empfänger die Frachtgüter auf oder in dem Schiff (vgl. § 56 Anm. 1a) abnehmen (OLG Hamburg in HansGZ Hauptbl. 1904 Nr. 24). Die Abnahme kann aber auch erst auf dem Lande erfolgen, wenn der Frachtführer diese Entladungstätigkeit übernommen hat, wie bei der Lieferung in die Wagen des Empfängers (RGZ 52, 400) oder bei dem Auskarren von Baustoffen (vgl. § 56 Anm. 4). Meist wird hiernach die Ablieferung in einem Zusammenarbeiten zwischen dem Frachtführer, der die Frachtgüter ausliefert, und dem Empfänger, der sie abnimmt, also in einem zweiseitigen Akt, bestehen (RG in LZ 1912, 475; RGZ 52, 400, RG in JW 1904, 46 Nr. 16); begrifflich ist dies aber nicht erforderlich, sondern es genügt die einseitige Aufgabe des Gewahrsams an den Frachtgütern mit Einverständnis des Empfängers (RGZ 5, 32; 13, 169). Manchmal wird schon nach der Art der vorzunehmenden Auslieferung nur ein einseitiges Handeln des Frachtführers in Betracht kommen, wie bei der bestimmungsgemäß vorgenommenen Ausschüttung von Steinen, Sand, Schutt über Bord ins Wasser (KG in OLG 9, 237), bei der Niederlegung der Ladung bei einem Dritten (OLG Hamburg in OLG 6, 92), bei der Belassung der Frachtgüter im Schiff auf Grund eines mit dem Empfänger geschlossenen Lager- oder Verwahrungsvertrages (ROHG 14, 295; OLG Hamburg in HansGZ Hauptblatt 1904 Nr. 86). Die Niederlegung der Frachtgüter bei einer Zollbehörde vor Ankunft am Ablieferungsort stellt grundsätzlich keine Ablieferung dar (OLG Marienwerder in SeuffA 52 Nr. 176); erfolgt eine solche Hinterlegung am Bestimmungsort vertragsgemäß oder nach behördlicher Anordnung, so liegt eine Ablieferung vor, sobald der Frachtführer dem Empfänger durch Übergabe der notwendigen Papiere die Möglichkeit gegeben hat, über die Frachtgüter zu verfügen (ROHG 2, 254; 8, 26; RGZ 67, 336). Die Selbstentlöschung und Hinterlegung der Ladung nach § 52 stellt einen Ersatz der Ablieferung dar, sofern sie berechtigt war und der Frachtführer den Empfänger von der Hinterlegung benachrichtigt hat (vgl. § 52 Anm. 6a, b).

3. Die Haftung für Verlust und Beschädigung

a) Nach § 58 Abs. 1 (ebenso die §§ 429, 606 HGB) haftet der Frachtführer für den seit der Empfangnahme (vgl. Anm. 2a) bis zur Ablieferung (vgl. Anm. 2b) entstandenen „Verlust" des Frachtgutes. Nach der Fassung dieser Vorschrift (ebenso nach den Begriffen des täglichen Lebens und des Geschäftsverkehrs) sind Verlust und Beschädigung verschiedene Dinge (OLG Hamburg in OLG 20, 1). Ein Verlust der Frachtgüter, im Gegensatz zur Beschädigung, liegt vor, wenn der Frachtführer nicht in der Lage ist, dem Empfänger die Frachtgüter vollständig oder teilweise auszuliefern (OLG Hamburg in HansGZ Hauptbl. 1920, 306 Nr. 143). Es fällt also hierunter der gänzliche Verlust (Totalverlust), wenn die gesamten Frachtgüter verbrannt, vernichtet oder sonst zugrunde gegangen sind (RGZ 70, 175) und auch ein teilweiser Verlust (Minderung), wenn nur die Auslieferung eines Teiles erfolgen kann (RGZ 60, 45; 66, 39; RG in Recht 1918 Nr. 684). Es braucht aber keineswegs stets eine Vernichtung der Frachtgüter vorzuliegen; vielmehr liegt ein Verlust im Sinne des § 58 auch vor, wenn die Frachtgüter körperlich noch vorhanden sind, der Frachtführer aber außerstande ist, sie an den Empfänger auszuliefern. Dies kann seine Ursache darin haben, daß er die Frachtgüter an einen anderen ausgeliefert hat oder daß sie ihm mit oder ohne sein Zutun ohne Aussicht auf alsbaldige Wiedererlangung abhanden gekommen sind (RGZ 49, 92; RG bei Bolze 14 Nr. 398; OLG Hamburg in HansGZ Hauptblatt 1904 Nr. 23; ROHG 15, 30; RG in JW 1902, 398 Nr. 34; OLG Hamburg in OLG 9, 277). Demnach ist ein Verlust auch anzunehmen, wenn die Frachtgüter ganz oder teilweise durch Handlungen des Frachtführers oder seiner Leute vernichtet oder beiseite geschafft wurden (OLG Hamburg in HansGZ Hauptbl. 1920, 306 Nr. 143). Es ist eben zum Verlust nicht gänzliches Abhandenkommen der Güter und vollständige Unkenntnis über ihren Verbleib erforderlich, sondern für den Frachtführer ist das Gut schon dann verloren, wenn er außerstande ist, es auszuhändigen, ohne Unterschied, worin das seinen Grund hat (RG in Recht 1918 Nr. 684; ROHG 15, 30). So stellt auch die Beschlagnahme der Frachtgüter im Wege des Arrestes oder durch einen Gerichtsvollzieher einen Verlust dar (ROHG 4, 14).

b) Eine „Beschädigung“ der Frachtgüter im Sinne des § 58 ist nicht schon jede Wertminderung der Frachtgüter, sondern nur eine solche, die auf einer stofflichen (qualitativen) Verminderung beruht, wie Annahme von Feuchtigkeit oder Geruch, Bruch, Rost oder eine sonstige äußere oder innere Verschlechterung (RGZ 60, 45; RG bei Bolze 5 Nr. 625; RG in HansGZ Hauptbl. 1914 Nr. 58; OLG Hamburg in HansGZ Hauptblatt 1913 Nr. 89). Es ist unerheblich, in welchem Umfange die Ladung infolge einer solchen inneren oder äußeren stofflichen Veränderung im Wert vermindert worden ist (RG bei Bolze 5 Nr. 625); es kommt auch nicht darauf an, auf welche Ursachen dies zurückzuführen ist. Eine Beschädigung der Frachtgüter kann sich auch zu einem teilweisen oder gänzlichen Verlust auswirken, so bei einer durch Wasser angreifbaren Ladung oder bei Feuer im Schiff (RGZ 15, 134). Solange das Gut, wenn auch erheblich entwertet, vorhanden ist, liegt eine Beschädigung vor. Dagegen wird ein Verlust anzunehmen sein, wenn nur noch wertlose stoffliche Bruchstücke oder Scherben vorhanden sind (RGZ 15, 134).

4. Die Schadensersatzberechtigten

a) Im § 58 ist nicht ausdrücklich bestimmt, wer einen solchen Schadensersatzanspruch gegen den Frachtführer geltend machen kann. Auf Grund des Frachtvertrages ist grundsätzlich der Absender der Ersatzberechtigte (RGZ 1, 2; RG bei Bolze 14 Nr. 406; OLG Hamburg in HansGZ Hauptbl. 1910 Nr. 132). Dies ergibt sich auch aus § 26 in Verbindung mit den §§ 430, 431 HGB. Es ist unerheblich, ob der Absender den Frachtvertrag für eigene oder fremde Rechnung (z. B. als Spediteur) abgeschlossen hatte, da seine Sachbefugnis ausschließlich auf dem Vertrag beruht, so daß er also insoweit auch einen „fremden Schaden“ geltend machen kann, gleichviel, ob er den Frachtvertrag für eigene oder fremde Rechnung geschlossen und ob er seinen Auftraggeber bereits entschädigt hat (ROHG 2, Nr. 81; RGZ 1, 2; 62, 335; 75, 172; KG vom 17. 10. 1944 — 2 U 1556/44 — 407 O 163/42, OHG Hamburg in HansGZ Hauptbl. 1894 Nr. 109, 1910 Nr. 132). Der Absender ist aber schadensersatzberechtigt, soweit er das Verfügungsrecht über die

Frachtgüter hat; er verliert dies Recht, wenn ein Ladeschein ausgestellt ist, nach § 26, §§ 446 bis 450 HGB mit dessen Übergabe an den Empfänger, sonst mit der Ankunft der Frachtgüter am Ablieferungsort (§ 435 HGB) und allgemein mit der Abtretung seiner Rechte aus dem Frachtvertrag an einen Dritten oder mit der an den Frachtführer erteilten Ermächtigung (vgl. § 434 HGB), die Auslieferung der Güter an den Empfänger vorzunehmen. Insoweit hiernach der Empfänger oder eine andere Person berechtigterweise die Ansprüche aus dem Frachtvertrag geltend machen kann, ist der Absender hierzu nicht mehr befugt; das gleiche gilt, wenn die Frachtgüter dem berechtigten Empfänger (§§ 435, 436, 447 HGB) bereits ausgeliefert sind (vgl. im übrigen § 46 Anm. 3b, 5a, b).

b) Nach § 26 in Verbindung mit den §§ 426, 435, 445ff. HGB ist der empfangsberechtigte Empfänger befugt, die Auslieferung der Frachtgüter von dem Frachtführer zu verlangen (vgl. Anm. 4a; § 46 Anm. 3b). Es ist hierbei unerheblich, in welchem Rechtsverhältnis der Empfänger zu der Ladung steht (ROHG 2 Nr. 81; RGZ 1, 2; OLG Hamburg in HansGZ Hauptbl. 1894 Nr. 109), ob er für eigene (z. B. als Käufer) oder fremde Rechnung (z. B. als Spediteur, Ablader) handelt und welche Rechtsbeziehungen zum Absender vorliegen (RG in SeuffA 55 Nr. 22; RG bei Bolze 5 Nr. 652; LG Hamburg in HansGZ Hauptbl. 1898 Nr. 34). Der für fremde Rechnung (z. B. als Spediteur oder Ablader) handelnde Empfänger kann insoweit den „fremden Schaden" geltend machen (ROHG 2 Nr. 81; RGZ 1, 2; 62, 333; 75, 172). Macht der Eigentümer als solcher Ansprüche gegen den Frachtführer aus Verlust oder Beschädigung geltend, so kann sich der Frachtführer auch ihm gegenüber zu seiner Entlastung stets auf den Frachtvertrag berufen (OLG Hamburg in HansGZ 1910 Nr. 97); nach der überwiegenden Ansicht ist die Berufung auf den Frachtvertrag nur zulässig, wenn der Eigentümer gleichzeitig Absender oder Empfänger ist oder wenn diese Frachtbeteiligten (z. B. als Spediteur oder Ablader) in seinem Auftrag ihre Rechtsstellung erhalten haben (RG in HansGZ Hauptbl. 1912 Nr. 22).

5. Die Beweislastverteilung

Nach § 58 hat derjenige, der einen Anspruch gegen den Frachtführer aus der Empfangnahme geltend machen will, den Beweis zu führen, daß der Frachtführer die Frachtgüter ordnungsmäßig (vgl. Anm. 2a), vollständig (vgl. Anm. 3a) und im unbeschädigten (vgl. Anm. 3b) Zustand empfangen hat, insoweit er sie nicht, unvollständig oder beschädigt abgeliefert hat, und welcher Schaden hieraus entstanden ist (RG in JW 1930, 1944, Nr. 12; OLG Hamburg in OLG 20, 2). Es ist also nicht richtig, wie für das entsprechende Seerecht (§ 606 HGB) mitunter behauptet wird, daß nicht der Ersatzberechtigte den Verlust, sondern der Verfrachter die Ablieferung zu beweisen habe. Denn nach der Fassung des § 58 gehört zu den klagebegründenden Tatsachen der Nachweis eines „seit der Empfangnahme bis zur Ablieferung durch Verlust oder Beschädigung des Frachtgutes entstandenen Schadens". Der Ersatzberechtigte muß also auch den Beweis erbringen, daß die Frachtgüter vollständig und unbeschädigt dem Frachtführer übergeben worden sind (ROHG 27 Nr. 16; RG in JW 1896, 7 Nr. 28); anderenfalls liegt dem Ersatzberechtigten der Nachweis ob, daß der behauptete Schaden seit der Empfangnahme bis zur Ablieferung eingetreten ist (RG in LZ 1909, 241). Handelt es sich um einen teilweisen Verlust (Minderung) der Frachtgüter, so hat der Ersatzberechtigte die Beweislast, welche Menge der Frachtführer empfangen und wieviel er weniger ausgeliefert hat; bestreitet der Frachtführer die einwandfreie Empfangsnahme, so muß der Empfangsberechtigte auch beweisen, daß eine ordnungsmäßige, den Abmachungen oder den Schiffahrtsbräuchen entsprechende Feststellung des Umfanges der Ladung bei der Ein- und Ausladung erfolgt ist (vgl. Anm. 2a). Hat der Frachtführer einen „reinen" Ladeschein mit einem bestimmten Umfang der übernommenen Frachtgüter gezeichnet, so kann er sich nach § 73 nicht darauf berufen, weniger empfangen zu haben. Bei einem vollständigen Verlust wird der Frachtführer auf Grund seiner Obhutspflicht aufzuklären haben, in welcher Weise die Frachtgüter vernichtet, verloren oder abhanden gekommen sind (OLG Hamburg in HansGZ Hauptbl. 1894, Nr. 54; vom 4. 3. 1914 — Bf. I 75/1913 —). Im übrigen muß aber auch hier der Empfänger die vollständige Empfangnahme und den Verlust beweisen (OLG Hamburg in HansGZ Hauptbl. 1898 Nr. 37, 71, 59; AG Brandenburg vom 17. 1. 1941 — 8 C 535/40). In gleicher Weise hat der Empfangsberechtigte die behauptete Beschädigung der Frachtgüter und die unversehrte Empfangnahme zu beweisen (vgl. aber § 74). Ein Verschulden des Frachtführers oder seiner Erfüllungsgehilfen braucht der Empfangsberechtigte aber nicht darzutun. Denn nach der Fassung des § 58 Abs. 1 liegt der Nachweis, daß der Verlust oder die Beschädigung von ihm nicht zu vertreten ist, dem Frachtführer ob.

6. Der Entlastungsbeweis des Frachtführers

a) Nach § 58 Abs. 1 kann sich der Frachtführer von einer Haftung aus der Empfangnahme durch den Nachweis befreien, daß der Verlust oder die Beschädigung der Frachtgüter durch Umstände herbeigeführt ist, die durch die Sorgfalt eines ordentlichen Frachtführers nicht abgewendet werden konnten. Es liegt ihm hiernach ob, die Umstände darzulegen, auf die der Verlust oder die Beschädigung zurückzuführen ist und aus denen sich zugleich ergeben soll, daß sie durch die Sorgfalt eines ordentlichen Frachtführers nicht abzuwenden waren (RGZ 66, 39, 41; RG in Recht 1915 Nr. 1865; 1916 Nr. 1968; 1923 Nr. 674; OLG Rostock in OLG 22, 71; OLG Hamburg in SeuffA 56 Nr. 58). Der Frachtführer hat im Wege dieses Entlastungsbeweises darzutun, daß er die im Binnenschiffahrtsverkehr erforderliche Sorgfalt eines ordentlichen Frachtführers beachtet hat; hierzu gehören die Befolgung der wasserpolizeilichen und sonstigen für die Schiffahrt erlassenen Vorschriften, die Beachtung der Schiffahrtsbräuche und nautischen Grundsätze, die sorgfältige Behandlung der ihm anvertrauten Frachtgüter, überhaupt alle Maßnahmen zur sicheren Erfüllung seiner Verpflichtungen aus der Empfangnahme der Frachtgüter (OLG Hamburg in HansGZ Hauptbl. 1896 Nr. 62). Er hat auf die Jahreszeit, die Witterungs- und Wasserstandsverhältnisse sowie auf die besonderen Umstände des Einzelfalles hierbei Rücksicht zu nehmen (OLG Hamburg in HansGZ 1913 Nr. 121; 1915 Nr. 139; 1897 Nr. 22; RG in HansGZ Hauptbl. 1914 Nr. 95). Er muß ein nach dem Frachtvertrag geeignetes Schiff verwenden (RG in Recht 1915 Nr. 2340); er darf kein offenes Schiff statt eines Deckkahns (OLG Hamburg in HansGZ Hauptbl. 1911 Nr. 6), kein Schiff mit einer geringeren oder ohne Klasse an Stelle eines erstklassigen Schiffes auswählen (OLG Hamburg in HansGZ Hauptbl. 1912 Nr. 141). Das Schiff muß gehörig ausgerüstet, bemannt (vgl. § 8 Anm. 1c) und fahrtüchtig (vgl. § 8 Anm. 2) sein; er muß den Schiffer (Schiffsführer), dem nach § 8 diese Dienstverrichtungen obliegen, sorgfältig auswählen und anweisen, während er die nautische Leitung grundsätzlich dem Schiffer überlassen kann (OLG Hamburg in HansGZ Hauptbl. 1913 Nr. 121; RG in HansGZ Hauptbl. 1914 Nr. 95). Eine ständige Bewachung des nicht in Fahrt befindlichen Schiffes ist weder wasserpolizeilich vorgeschrieben noch üblich; eine Bewachung wird aber unter besonderen Umständen, insbesondere bei wertvollen Ladungen oder in abgelegenen Gegenden, erforderlich sein (OLG Hamburg in HansGZ Hauptbl. 1903 Nr. 67, Nr. 80; 1904 Nr. 23, Nr. 110; 1899 Nr. 5). Es wird hierbei regelmäßig ein Wächter für mehrere Schiffe genügen (OLG Hamburg in HansGZ Hauptbl. 1899 Nr. 5; 1911 Nr. 80). Wenn dem Frachtführer ein bestimmter Vorwurf einer Verletzung seiner Sorgfaltspflicht gemacht wird, so hat er nachzuweisen, daß dieser nicht begründet (ROHG 12, 386; 19, 216) oder nicht ursächlich ist. Wird ein Verschulden seiner Leute behauptet, so hat er zu beweisen, daß auch diese ein ordnungsmäßiges, sorgfältiges Verhalten beobachtet haben, da er nach § 26 in Verbindung mit § 431 HGB auch für seine Beförderungsgehilfen haftet (OLG Rostock in OLG 22, 71). Der Entlastungsbeweis ist als erbracht anzusehen, wenn der Frachtführer und seine Leute alles getan haben, was sie nach den Umständen des Falles tun konnten (LG Hamburg vom 29. 6. 1931 — H XIII 508/30 — AG Hamburg HS 4434/30). Es genügt, wenn der Frachtführer die für den Schaden ursächlichen Umstände und die Unmöglichkeit nachweist, diesen durch ordnungsmäßige Sorgfalt abzuwenden (OLG Hamburg in SeuffA 56 Nr. 58). Eine Überspannung des Entlastungsbeweises ist nicht zu billigen; sind die Umstände, die den Unfall herbeigeführt haben, aufgeklärt, so muß dem Frachtführer ein Verschulden nachgewiesen werden. Bleibt die Ursache des Schadens unaufgeklärt, so geht dies grundsätzlich zu Lasten des Frachtführers (RGZ 66, 39; RG in Recht 1916 Nr. 1968, Nr. 6748). Es muß aber für die Aufklärung der Ursachen entsprechend den allgemeinen bürgerlich-rechtlichen Grundsätzen der Nachweis genügen, daß die vom Frachtführer dargelegte Ursache so sehr wahrscheinlich ist, daß nach menschlicher Erfahrung eine andere Erklärung nicht anzunehmen ist (ROHG 13, 320; RG in HansGZ Hauptbl. 1897 Nr. 65; RG in JW 1898, 577 Nr. 23; OLG Hamburg in LZ 1908, 715). In der höchstrichterlichen Rechtsprechung wird mitunter die strengere Auffassung vertreten, daß der Frachtführer nur dann befreit sei, wenn ihn hinsichtlich aller möglicherweise in Betracht kommenden Ursachen ein Verschulden offenbar nicht trifft (RGZ 66, 39, 42; 71, 106; RG in Recht 1908 Nr. 1689; 1916 Nr. 1968; 1923 Nr. 674; RG bei Bolze 14 Nr. 406; RG in HansGZ Hauptbl. 1897 Nr. 65).

b) Nach § 58 Abs. 2 soll die Haftung des Frachtführers „insbesondere ausgeschlossen sein“, wenn die Ursache des Verlustes oder der Beschädigung auf einem Mangel des Schiffes, seines Zubehörs, seiner Lade- oder Löschgerätschaften beruht, der trotz der Sorgfalt eines ordentlichen Frachtführers nicht zu entdecken war. Diese Bestimmung, die „zur Verhütung irrtümlicher gerichtlicher Entscheidungen oder doch mindestens falscher Auslegungen“ (KommBer. S. 14) eingefügt wurde, stellt lediglich einen Anwendungsfall des im Abs. 1 angeführten Grundsatzes der Sorgfaltspflicht dar. Der Frachtführer kann sich hiernach von seiner Haftung nach § 58 aus der Empfangnahme durch den Nachweis befreien, daß seine Leute (§ 431 HGB) und er die erforderliche Sorgfalt bei der Auswahl des Schiffes beobachtet (RG in Recht 1915 Nr. 1865), also ein geeignetes, fahrtüchtiges, gehörig ausgerüstetes Schiff verwendet haben (OLG Hamburg in HansGZ Hauptbl. 1892 Nr. 81; 1893 Nr. 53; 1898 Nr. 62; 1901 Nr. 71). Der Frachtführer hat hierbei aber nach § 26 in Verbindung mit § 431 HGB ein Verschulden seiner

Leute, insbesondere des Schiffseigners (§ 8 Abs. 4) und des Schiffers (§ 8 Abs. 1), zu vertreten (vgl. § 8 Anm. 2).

c) Nach § 58 Abs. 3 haftet der Frachtführer für die Beschädigung von Kostbarkeiten, Kunstgegenständen, Geld und Wertpapieren nur, wenn ihm diese Güter deklariert worden sind. Diese Vorschrift entspricht einem allgemeinen, auch im sonstigen Frachtrecht (§§ 429 Abs. 2, 607 HGB) geltenden Grundsatz, daß für „kostbare Güter" nur auf Grund einer gehörigen Deklaration gehaftet wird. Kostbarkeiten sind Güter, die in keiner Weise vermuten lassen, daß im Verhältnis zu ihrem Gewicht und Umfang ihr Wert im Vergleich zu anderen Waren das gewohnte Maß erheblich übersteigt (RGZ 111, 76), z. B. wertvolle Pelze, künstlerische Fotos, besonders wertvolle Skizzen (RGZ 75, 190; 94, 115, 119; 103, 194; 120, 315). Kunstgegenstände sind Erzeugnisse der Kunst oder des Kunstgewerbes mit einem, wenn auch geringen Kunstwert. Wertpapiere sind hier im weitesten Sinne gemeint, einschließlich der Beweis- und Legitimationsurkunden, also nicht nur nach Wertpapierrecht. Der Frachtführer soll in die Lage versetzt werden, die erforderlichen Sicherungsmaßnahmen vorher zu treffen. Deshalb hat diese Deklaration spätestens bei der Übergabe zu erfolgen; sie wird meist in den Frachtpapieren vermerkt. Sie kann darin bestehen, daß dem Frachtführer diese Güter der Beschaffenheit nach als Kostbarkeit oder dem Wert nach angegeben werden (RGZ 7, 126; 13, 38). Die einseitige Wertangabe befreit den Absender nicht vom Beweis des tatsächlichen Wertes (ROHG 11, 424).

d) Der Frachtführer kann ferner nach § 254 BGB einwenden, daß bei der Entstehung des Schadens ein Verschulden des Beschädigten oder dessen Erfüllungsgehilfen (§ 278 BGB) mitgewirkt hat; er kann sich auf diese Weise vollständig entlasten, wenn der Schaden vorwiegend hierdurch verursacht worden ist. Ein solches Verschulden wird auf seiten des Absenders vor allem in den Fällen des § 45 in Betracht kommen. Dem Frachtführer steht aber auch sonst nach § 254 BGB der Nachweis offen, daß der Verlust oder die Beschädigung durch ein Verschulden des Verfügungsberechtigten (Absender, Empfänger, Eigentümer) oder dessen Erfüllungsgehilfen allein oder mit verursacht wurde (RG in JW 1898, 576 Nr. 23; RGZ 15, 151; ROHG 12, 107).

7. Der Umfang der Ersatzleistung

a) Nach § 58 Abs. 1 haftet der Frachtführer für den durch Verlust oder Beschädigung der Frachtgüter „entstandenen Schaden". Es handelt sich hierbei aber in Wirklichkeit um eine „Ersatzleistung auf Grund des Frachtvertrages" im Sinne des nach § 26 anwendbaren § 430 HGB. Nach dieser Vorschrift ist bei einem gänzlichen oder teilweisen Verlust der Frachtgüter nur der gemeine Handelswert und in dessen Ermangelung der gemeine Wert zu ersetzen, den ein Gut derselben Art und Beschaffenheit am Ort der Ablieferung in dem Zeitpunkt hatte, in dem die Ablieferung zu bewirken war (§ 430 Abs. 1 HGB). Der Ersatzberechtigte kann also nicht, wie nach den §§ 249ff. BGB, vollen Schadensersatz, sondern nur den gemeinen Handelswert (Verkehrswert) und in dessen Ermangelung den gemeinen Wert des Gutes ersetzt verlangen (RG bei Bolze 14 Nr. 406b; RG in LZ 1909, 403; OLG Hamburg in HansGZ Hauptbl. 1894 Nr. 90). Es ist unerheblich, ob der tatsächliche Schaden des Ersatzberechtigten größer oder kleiner oder ein solcher überhaupt nicht vorhanden ist (ROHG 13, 393; RGZ 15, 89). Es wird aber unter Umständen dem Frachtführer eine Einwendung nach § 812 BGB aus ungerechtfertigter Bereicherung zustehen (RGZ 1, 2; 20, 70; OLG Hamburg in HansGZ Hauptbl. 1887 Nr. 68). Hat das Gut weder einen Handelswert noch einen gemeinen Wert, so entfällt die Ersatzpflicht. Bei einem vollständigen oder teilweisen Verlust der Frachtgüter ist der gemeine Handelswert oder der gemeine Wert zu ersetzen, den Güter derselben Art und Beschaffenheit am Bestimmungsort im Zeitpunkt der Ankunft hatten oder im Falle des vollständigen Verlustes in dem Zeitpunkt gehabt hätten, in dem sie bei regelmäßigem Verlauf der Reise angekommen sein würden (ROHG 8 Nr. 77). Von diesem durch den Ersatzberechtigten nachzuweisenden Wert ist nach § 430 Abs. 1 HGB der vom Frachtführer nachzuweisende Betrag der ersparten Frachten, Zölle und Kosten abzusetzen. Bei einer Beschädigung der Frachtgüter ist nach § 430 Abs. 2 HGB der Unterschied zwischen dem Verkaufswert des Gutes im beschädigten Zustand und dem gemeinen Handelswert oder sonstigen gemeinen Wert am Ort und zur Zeit der Ablieferung zu ersetzen (OLG Hamburg in HansGZ Hauptbl. 1889 Nr. 20). Diesen Wert hat der Ersatzberechtigte nachzuweisen (OLG Hamburg in HansGZ Hauptbl. 1890 Nr. 131; 109 Nr. 64). In Abzug kommt hierbei, was infolge der Beschädigung an Zöllen und sonstigen Kosten erspart ist (§ 430 Abs. 2 HGB). Es kann ausnahmsweise der volle Handelswert unter Herausgabe der Güter verlangt werden, wenn diese derartig beschädigt sind, daß sie, auch nach einer Ausbesserung, keinen Wert mehr für den Ersatzberechtigten haben (RG in JW 1893, 39 Nr. 13). Der Frachtführer ist unter Umständen nach § 812 BGB nach den Grundsätzen der ungerechtfertigten Bereicherung berechtigt, die Herausgabe der Frachtgüter zu verlangen, die er als verloren oder abhanden gekommen ersetzt hat, wenn sie sich später wieder auffinden sollten (RGZ 1, 2; 20, 70; OLG Hamburg in HansGZ Hauptbl. 1887 Nr. 68).

b) Nach den §§ 58, 26 in Verbindung mit § 430 Abs. 3 HGB kann ausnahmsweise Ersatz des vollen Schadens (§§ 249ff. BGB) gefordert werden, wenn der Verlust oder die Beschädigung der Frachtgüter durch Vorsatz oder grobe Fahrlässigkeit des Frachtführers oder seiner Leute (§ 431 HGB) herbeigeführt ist (RGZ 7, 129; 13, 37). Der Ersatzberechtigte kann dann außer dem gemeinen Wert (Anm. 7a) den darüber hinausgehenden gesamten Schaden erstattet verlangen; der Nachweis des Vorsatzes oder der groben Fahrlässigkeit und des ursächlichen Zusammenhanges liegt ihm ob (RG in LZ 1909, 403). Der Beweis einer gewöhnlichen Fahrlässigkeit genügt für diesen Anspruch nicht, sondern es muß eine besonders schwere, für jedermann auf den ersten Blick einleuchtende Verletzung der im Verkehr erforderlichen Sorgfalt dargetan werden (RG in JW 1904, 384 Nr. 7; 1908, 412 Nr. 16; 1909, 108 Nr. 5; 1915, 22).

c) Nach § 4 Abs. 1 Ziff. 2 haftet der Schiffseigner nicht persönlich, sondern nur mit Schiff und Fracht, wenn ein Anspruch auf die Nichterfüllung oder auf die unvollständige oder mangelhafte Erfüllung eines von dem Schiffseigner abgeschlossenen Vertrages gegründet wird, insofern die Ausführung des Vertrages zu den Dienstobliegenheiten des Schiffers gehört, ohne Unterschied, ob die Nichterfüllung oder die unvollständige oder mangelhafte Erfüllung von einer Person der Schiffsbesatzung verschuldet ist oder nicht. Diese beschränkte Haftung mit Schiff und Fracht gilt nach § 4 Abs. 1 Ziff. 2 allgemein für den Schiffseigner, also auch bei der Haftung aus dem Frachtvertrag nach § 58, wenn der Schiffseigner zugleich Frachtführer ist und seine Verantwortlichkeit auf seine Eigenschaft als Frachtführer gegründet wird (RGZ 60, 377; OLG Rostock in OLG 22, 71). Es wird durch die Vorschrift des § 58 allein die Haftung aus § 4 nicht erweitert, so daß bei einem Nichtdurchdringen mit dem Entlastungsbeweis nur eine Haftung mit Schiff und Fracht in Anspruch genommen werden kann; soll der Schiffseigner darüber hinaus persönlich verantwortlich gemacht werden, so muß ihm ein eigenes Verschulden nach § 4 Abs. 2 Satz 1 nachgewiesen werden (RGZ 60, 378; RG in Recht 1929, 655 Nr. 2431; 1930 Nr. 31; OLG Hamburg in OLG 20, 3). Demnach entfällt die beschränkte Haftung mit Schiff und Fracht bei eigenem Verschulden des Frachtführers und Schiffseigners, und auch der Umfang seiner Verantwortlichkeit bestimmt sich dann ausschließlich nach den §§ 58, 26 in Verbindung mit § 430 HGB. Der Frachtführer und Schiffseigner haftet hierbei unter Umständen unbeschränkt persönlich auch für Versehen in der Auswahl der Erfüllungsgehilfen (§ 278 BGB), wenn er die Wahl selbst vornimmt (OLG Hamburg in OLG 20, 2); ferner entsteht eine unbeschränkte persönliche Haftung, wenn er ein von dem Schiffer unter Überschreitung seiner gesetzlichen Vertretungsmacht geschlossenes Geschäft genehmigt oder sich mit einer Pflichtwidrigkeit des Schiffers einverstanden erklärt (vgl. § 4 Anm. 5b).

8. Anderweite Vereinbarungen (Freizeichnung)

a) Die im § 58 vorgesehene Haftungsregelung ist nicht zwingenden Rechts; sie kann also durch Vereinbarungen ausgeschlossen oder abgeändert werden. Auf Grund der auch insoweit bestehenden Vertragsfreiheit ist sowohl eine strengere als auch eine erleichterte Haftung (Freizeichnung) zulässig (RG 52, 396, 402; RG in JW 1911, 600 Nr. 56; KG in OLG 2, 182). Die Grenze, bis zu der eine solche Freizeichnung vorgenommen werden kann, ergibt sich aus den allgemeinen bürgerlichrechtlichen Vorschriften der §§ 276 Abs. 2, 138, 242 BGB. Nach § 276 Abs. 2 BGB kann dem Frachtführer die Verantwortlichkeit für eigenes vorsätzliches Verhalten nicht im voraus erlassen werden, wohl aber für sonstiges eigenes Verschulden (RG in JW 1911, 600 Nr. 56; LZ 1912, 240; RG in HansGZ Hauptbl. 1889 Nr. 56; LZ 1912, 240; RG in HansGZ Hauptbl. 1889 Nr. 37), auch für eigene grobe Fahrlässigkeit und für Vorsatz und Fahrlässigkeit seiner Leute (RG in JW 1911, 600 Nr. 56; LZ 1912, 240). Eine solche Freizeichnung des Frachtführers von der Verantwortlichkeit für ein etwaiges Verschulden seiner Leute umfaßt nicht nur die vertragliche, sondern regelmäßig auch die nach § 3 begründete Haftung des Frachtführer-Schiffseigners (RG in JW 1910, 952; RG in HansGZ Hauptbl. 1902 Nr. 89; 1910 Nr. 128; OLG Hamburg in HansGZ 1898 Nr. 122); durch die in einem Frachtvertrag enthaltene Freizeichnungsklausel wird aber die etwaige außervertragliche Haftpflicht des Frachtführers aus den §§ 823ff. BGB gegenüber den an diesem Vertrag unbeteiligten Dritten an sich nicht berührt (RG in Recht 1928, 1802), es sei denn, daß es sich um allgemein bekannte und veröffentlichte Verfrachtungsbedingungen handelt. Mit Wirkung für und gegen Dritte, z. B. den nicht unmittelbar an dem Vertrage beteiligten Kahneigner, kann eine solche Vereinbarung nur getroffen werden, wenn dieser an dem Abschluß des Vertrages selbst interessiert ist (§§ 677, 328 BGB) oder ein Auftrag hierzu angenommen werden kann (so OLG Hamburg vom 9. 2. 1940 in RVB-Nachrichten 1940, S. 204). Im übrigen findet die Vertragsfreiheit ihre Schranken in den §§ 138, 242 BGB, wonach eine Vereinbarung nichtig ist, die gegen die „guten Sitten“ oder „Treu und Glauben“ verstößt. Nach den in der Rechtsprechung ausgebildeten Grundsätzen ist eine solche Freizeichnung nichtig, die unter ungebührlicher Ausnutzung einer verkehrsbeherrschenden Stellung (Monopolstellung) erfolgt, wenn sie sich auch auf Schadensfälle bezieht, die durch das eigene Verschulden des Unternehmers (Frachtführers) oder seiner leitenden Angestellten verursacht worden sind (RGZ 102, 396; 99, 107; 113, 430; 143, 28; 103, 82; 106, 386; 115, 218; RG in SeuffA 85 Nr. 181). Hiernach ist sogar der Ausschluß jeder Haftung rechtlich zulässig, wenn der Frachtführer über eine solche Monopolstellung nicht verfügt. Es bestehen also erst recht keine Bedenken, wenn der Frachtführer seine Haftung nur für bestimmte Beförderungsarten (OLG Hamburg in HansGZ Hauptbl. 1906 Nr. 7), für das Ein- und Ausladen oder für sonstige bestimmte Ereignisse ausschließt (RGZ 52, 39, 6; OLG Hamburg in OLG 20, 1, in HansGZ Hauptbl. 1907 Nr. 78, Nr. 122; 1909 Nr. 97; 1910 Nr. 24, 40, 128). Demnach ist auch eine Beschränkung des im § 58 festgesetzten Umfanges der Haftung und eine anderweite Verteilung der Beweislast dahin zulässig, daß dem Frachtführer das Verschulden seiner Leute nachgewiesen werden muß (KG in OLG 2, 182). Es sind auch umfassende Befreiungsklauseln rechtswirksam (RZG 52, 306, 396). Stets sind solche Geschäftsbedingungen so auszulegen, wie Treu und Glauben mit Rücksicht auf die Verkehrssitte es erfordern (RGZ 88, 416; 89, 329; 98, 123). So kann sich der Unternehmer auf eine unterlassene Schadensanzeige nicht berufen, wenn seine Besatzung oder er auf andere Weise Kenntnis erhalten hat (RGZ 98, 123; 126, 324; OLG Hamburg in HansRGZ 29, B 387). Eine solche Freizeichnung muß aber klar und unmißverständlich sein; etwaige Zweifel und Unklarheiten gehen zu Lasten des Frachtführers (RGZ 110, 124; 120, 42; 125, 422; OLG Hamburg in OLG 20, 1). Insbesondere muß der Ausschluß der Haftung klar und deutlich zum Ausdruck gebracht werden; Freizeichnungsklauseln sind bei weitgehendem Haftungsausschluß eng auszulegen (RG in JW 1938, 1594; RGZ 142, 353). Soweit allgemeine Verfrachtungsbedingungen, wie z. B. die allgemeinen Schleppbedingungen für die Stromgebiete der Elbe und der Havel von den beteiligten Wirtschaftsgruppen aufgestellt sind, ist zu vermuten, daß nicht nur die Interessen der Frachtführer, sondern auch die der Kundengruppe in ausreichender Weise gewahrt sind und zwischen beiden ein tragbarer Ausgleich ermittelt worden ist, so daß der Zwang, der hinter solchen Vertragsbedingungen steht, erheblich abgeschwächt erscheint (OLG Dresden vom 19. 4. 1938 — 11 U 244/37 — LG Dresden 23 O 126/37).

b) Eine solche Freizeichnung ist einer Vertragspartei gegenüber wirksam, wenn sie Gegenstand des Vertrages geworden ist. Soweit dies nicht durch ausdrückliche Anführung im Frachtvertrag oder Frachtbrief geschieht, ist grundsätzlich eine Bezugnahme hierauf bei Vertragsschluß erforderlich; dies geschieht meist durch Hinweis auf die allgemeinen oder besonderen Geschäftsbedingungen (Verfrachtungsbedingungen), in denen diese Freizeichnungsklauseln enthalten sind. Es genügt grundsätzlich, wenn bei Einleitung der Geschäftsbeziehungen oder sonst vor Abschluß des Frachtvertrages auf solche Verfrachtungsbedingungen hingewiesen wird, wie z. B. durch dahingehende Vordrucke auf den Briefen, Übersendung der Bedingungen oder Verweisung auf allgemein veröffentlichte Verfrachtungsbedingungen (RGZ 13, 77; 58, 155; 66, 39; RG in LZ 1908, 383 Nr. 2; 1915 Nr. 12; OLG Hamburg in HansRZ 1, 86). Es ist nicht erforderlich, daß der Vertragsgegner die Verfrachtungsbedingungen kennt oder daß sie ihm ausgehändigt wurden (RG in JW 1922, 1675). Es bedarf aber stets einer Unterwerfung unter diese Verfrachtungsbedingungen, die auch stillschweigend erfolgen kann (BGH vom 3. 2. 1953 — I ZR 61/52 in VRS 1953, 274; BGHZ 3, 200, 203; 9, 1, 3). Der Auftraggeber braucht den Inhalt der Geschäftsbedingungen im einzelnen nicht zu kennen; weil es andererseits seines Unterwerfungswillens bedarf, kann sich sein Einverständnis nur auf solche Bedingungen beziehen, mit deren Aufstellung er billiger- und gerechterweise rechnen kann (RGZ 103, 84; RG in JW 1936, 2093; BGHZ 17, 1, 3). Zur Verbindlichkeit allgemeiner Geschäftsbedingungen im Transportwesen und ähnlichen Gewerben, in denen das Publikum mit dem Bestehen solcher Bedingungen rechnet und sich ihnen freiwillig unterwirft, genügt die Aufstellung und Veröffentlichung dieser allgemeinen Geschäftsbedingungen sowie ihre sonstige Verbreitung, um die Verbindlichkeit dieser Bedingungen sicherzustellen (so RGZ 103, 86; 109, 304). Im Regelfall stellt aber sonst die Aufstellung und Verbreitung von Geschäftsbedingungen nur eine Vorbereitungshandlung dar, die erst mit einem auf Grund dieser Bedingungen abgeschlossenen Vertrage rechtliche Bedeutung erlangt. So können Verfrachtungsbedingungen durch Frachtenausschlußbeschlüsse verbindlich werden, ohne in den Frachtpapieren vermerkt zu sein (vgl. § 26 Anm. 10b; RG vom 12. 6. 1942 — I 119/41 in Zeitschrift für Binnenschiffahrt 1942 S. 127 flg.), auch durch Handels- und Schiffahrtsbräuche, wie die AVB (RG vom 13. 10. 1942 — I 129/41 in VerkehrsrR 1943, Gruppe 3b Bl. 133). So gelten kraft Schiffahrtsbrauch die AVB für alle in ihrem Bereich abgeschlossenen Frachtgeschäfte, wenn sie nicht ausdrücklich ausgeschlossen sind, auch wenn in den Frachtpapieren oder im Bestätigungsschreiben auf die Bedingungen nicht ausdrücklich verwiesen ist (RG in JW 1925, 779; in SeuffA 83, 341); bei einer länger dauernden Geschäftsverbindung ist die einmalige Übersendung der Geschäftsbedingungen ausreichend, um sie auch zur Vertragsgrundlage für die späte Geschäftsverbindung werden zu lassen (RG in JW 1927, 1467; OLG Dresden in SeuffA 75, 257; OLG Hamburg in JW 1918, 236). Im übrigen kann sich der Frachtführer auf solche Verfrachtungsbedingungen nicht berufen, wenn er sie erst nach dem Abschluß des Frachtvertrages in Bezug nimmt, z. B. durch einseitige Anführung in dem Ladeschein (RGZ 66, 40), einem Lieferschein (OLG Hamburg in HansGZ 1, 86; LZ 1915, 859) oder einer Quittung (KG in OLG 14, 371). Die Anführung in dem Ladeschein oder Frachtbrief genügt, wenn die Anwendbarkeit der Verfrachtungsbedingungen in dem Frachtvertrag vereinbart oder sonst allgemein üblich war (KG in OLG 2, 182; 14, 373; LG Berlin vom 13. 6. 1935 — 212 S 2785/33 — AG Berlin 233 C 1185/32). Die AVB stellen allgemein normativ festgelegte Vertragsbedingungen für eine Vielzahl von Verträgen dar, denen die Personen sich unterworfen haben. Ihre Bestimmungen tragen also nicht den Charakter vertraglicher Vereinbarungen, sondern den einer Rechtsordnung, die der freien Würdigung des Revisionsgerichts unterliegen (BGHZ 1, 83; 5, 11; 8, 55); sie sind als typische Geschäftsbedingungen ähnlich wie gesetzliche Vorschriften zu behandeln, das bedeutet, daß nicht die Belange des Vertragspartners im Einzelfall, sondern die Belange beider Wirtschaftskreise, denen die Vertragschließenden angehören, in billiger Weise gegenüber abzuwägen sind (RGZ 170, 24; DR 1942 A 753, 1171; OLG Hamburg vom 21. 2. 1952 — 6 U 253/51; BGHZ 7, 365; 17, 3). Auf eine Unkenntnis der Geschäftsbedingungen kann sich der Beteiligte nicht berufen (so hinsichtlich der ADSp OLG Kiel vom 9. 3. 1950 — 5 U 234/49 in VRS Band 2 Seite 251). Es ist nicht erforderlich, daß der andere Teil die Verfrachtungsbedingungen im einzelnen kennt (OLG Rostock in OLG 32, 193). Er muß nur hierauf hingewiesen sein und die Möglichkeit haben, sich eine solche Kenntnis zu verschaffen (OLG Hamburg in HansRZ 1, 87). Dem Empfänger gegenüber, der nicht gleichzeitig Absender ist, gelten solche Verfrachtungsbedingungen nach § 26 in Verbindung mit § 446 Abs. 1 HGB nur, insoweit der Ladeschein hierauf verweist, sei es durch besondere oder allgemeine Bezugnahme auf den Frachtabschluß (KG in OLG 2, 182; LG Berlin vom 13. 6. 1935 — 212 S 2785/33 —). Soweit allgemeine Verfrachtungsbedingungen auch sonstigen dritten Personen gegenüber wirksam sind (vgl. Anm. 8a), wird eine allgemein zugängliche Veröffentlichung regelmäßig nachzuweisen sein, z. B. durch Aushang oder Drucklegung (RGZ 13, 77; 103, 84; 109, 304). Es steht nichts im Wege, vertraglich zu vereinbaren, daß Haftungsausschließungen und Haftungsminderungen im Rahmen des Zulässigen sich auch auf außervertragliche Schadensersatzansprüche auswirken sollen (RGZ 63, 308 [312]; 161, 210 [215]). Solche Befreiungsklauseln sind eng und streng auszulegen (RGZ 103, 414, 416; 142, 353, 355; BGHZ 24, 39, 43).

c) Im Frachtgeschäft der Binnenschiffahrt wird von einer solchen Möglichkeit der Freizeichnung in erheblichem Umfang Gebrauch gemacht, um die weitgehende Haftung aus § 58 und die Schwierigkeiten des dort vorgesehenen Entlastungsbeweises zu vermeiden. Ein Ausschluß jeder Verantwortlichkeit für eigenes Verschulden oder solches der Leute findet sich nur selten; vielmehr beschränkt sich die Freizeichnung meist auf bestimmte Ereignisse, Güter, eine anderweite Beweislastregelung oder auf den Umfang (vgl. die §§ 84, 85, 93 der Elbebedingungen und der Allgemeinen Verfrachtungsbedingungen, §§ 8, 10 der Oderbedingungen, die rheinischen Verfrachtungsbedingungen). Die besondere Wesensart solcher allgemeinen Verfrachtungsbedingungen als allgemein gültige sog. typische Geschäftsbedingungen bedingt, daß sie nach anderen Grundsätzen auszulegen sind als sonstige Vertragsbestimmungen; sie stellen eine Unterwerfung unter eine fertig vorliegende Rechtsordnung dar (RG vom 31. 1. 1941 VII 95/40 in DR 1941, 1210 Nr. 12), sind also wie gesetzliche Vorschriften auszulegen. Bei ihrer Auslegung ist in erster Linie das Gemeinschaftsinteresse zu wahren. Es sind die Belange beider Verkehrskreise gegebenenfalls abzuwägen und gegen die Gültigkeit solcher Verfrachtungsbedingungen, so die AVB, können Einwendungen nicht erhoben werden (RGZ 170, 233 [240]; 99, 107; 106, 386; 115, 218; 143, 20; BGHZ 1, 83, VRS Bd. 3 S. 156; BGHZ 5, 111; BGH vom 18. 11. 1952 — I ZR 60/52 in VRS 1953 Nr. 64 S. 109; DR 1942 A 753, 1171; RG in HansRGZ 1942 B 234). Manchmal wird ausbedungen, daß der Frachtführer nur zu haften braucht, soweit ihm eigenes oder ein Verschulden seines Schiffsführers nachgewiesen wird, während die Haftung für Unterfrachtführer ausgeschlossen ist (vgl. § 8 Abs. 1 der Oderbedingungen).

Einschränkung der Haftung für bestimmte Güter

§ 59

Der Frachtführer haftet nicht

1. **in Ansehung der Güter, welche nach Vereinbarung mit dem Absender auf Deck verladen oder in Schiffen ohne Verdeck befördert werden,**
   für den Schaden, welcher aus der mit dieser Beförderungsweise vorhandenen Gefahr entstanden ist;
2. **in Ansehung der Güter, welche, obgleich ihre Natur eine Verpackung zum Schutze gegen Verlust oder Beschädigung auf dem Transport erfordert, nach Inhalt des Frachtbriefes oder Ladescheines unverpackt oder mit mangelhafter Verpackung aufgegeben sind,**
   für den Schaden, welcher aus der mit dem Mangel oder der mangelhaften Beschaffenheit der Verpackung verbundenen Gefahr entstanden ist;

3. in Ansehung der Güter, deren Verladung und Ausladung von dem Absender oder Empfänger besorgt wird,
für den Schaden, welcher aus der mit dem Verladen und Ausladen oder mit einer mangelhaften Verladung verbundenen Gefahr entstanden ist;

4. in Ansehung der Güter, welche vermöge ihrer eigentümlichen natürlichen Beschaffenheit der besonderen Gefahr ausgesetzt sind, Verlust oder Beschädigung, namentlich Bruch, Rost, inneren Verderb, außergewöhnliche Leckage, Austrocknung und Verstreuung zu erleiden,
für den Schaden, welcher aus dieser Gefahr entstanden ist;

5. in Ansehung lebender Tiere,
für den Schaden, welcher aus der mit der Beförderung dieser Tiere für dieselben verbundenen besonderen Gefahr entstanden ist.

Ist ein Schaden eingetreten, welcher nach den Umständen des Falles aus einer der bezeichneten Gefahren entstehen konnte, so wird bis zum Beweise des Gegenteils vermutet, daß der Schaden aus der betreffenden Gefahr entstanden ist.

Eine Befreiung von der Haftpflicht kann auf Grund der vorstehenden Bestimmungen nicht geltend gemacht werden, wenn nachgewiesen wird, daß der Schaden durch Verschulden des Frachtführers oder seiner Leute entstanden ist.

1. Die Bedeutung dieser Haftungseinschränkung

a) Die im § 59 vorgesehene Haftungseinschränkung für gewisse Güter und Verfrachtungsarten ist eine aus dem Eisenbahnrecht (Art. 424 ADHGB; § 459 HGB; § 77 EVO) übernommene, aber auch im Binnenschiffahrtsverkehr schon vorher nach den Übungen gehandhabte Regelung; sie enthält aber im Gegensatz zu der Vorschrift des § 459 HGB kein zwingendes Recht, so daß in erster Linie die Vereinbarungen maßgebend sind. So wird in den Verfrachtungsbedingungen häufig eine Ausdehnung dieser Grundsätze auf andere ähnlich gelagerte Fälle ausbedungen (Oderbedingungen § 8 Abs. 8—11; Allgemeine Verfrachtungsbedingungen § 80; Elbebedingungen § 80). Der Frachtführer soll nach § 59 bei bestimmten Frachtgütern (lebenden Tieren sowie Gütern von eigentümlicher natürlicher Beschaffenheit) oder gewissen Verfrachtungsarten (auf Deck, nicht gehörig verpackt) für den Schaden „nicht haften", der aus einer mit solchen Umständen verbundenen natürlichen Gefahr entstanden ist; vielmehr soll nach § 59 Abs. 2 bei Eintritt eines Schadens, der nach den Umständen aus einer solchen Gefahr entstehen konnte, „bis zum Beweis des Gegenteils vermutet" werden, daß der Schaden aus der betreffenden Gefahr entstanden ist. Es handelt sich demnach um eine Einschränkung der gesetzlichen Haftung aus der Empfangnahme der Frachtgüter (§ 58 Abs. 1) durch Aufstellung einer Beweisvermutung zugunsten des Frachtführers, in deren Aufstellung der „Schwerpunkt" des § 59 liegt (vgl. Begr. S. 85). Die im § 59 Ziff. 1—5 hervorgehobenen Gefahren sind eine Folge „der Beschaffenheit der in Frage stehenden Güter oder ihrer Verladung oder Verpackung, eine Beweisvermutung entspricht daher der natürlichen Sachlage; der Nachweis, daß der eingetretene Schaden in irgendeinem anderen Umstande seine Ursache habe, ist billigerweise von demjenigen zu erwarten, der den Ersatzanspruch erhebt" (vgl. Begr. S. 85).

b) Hat der Ersatzberechtigte den Verlust oder die Beschädigung der Frachtgüter bewiesen (vgl. § 58 Anm. 5), so braucht der Frachtführer keinen „Entlastungsbeweis" (vgl. § 58 Anm. 6a), sondern nur den Beweis zu führen, daß ein solcher Schaden aus einer der im § 59 Ziff. 1—5 bezeichneten Gefahren „entstehen konnte", also möglicherweise daraus entstanden ist. Regelmäßig wird sich die Beweispflicht des Frachtführers auf das Vorhandensein einer solchen Gefahr beschränken, da hieraus nach den Erfahrungen zu entnehmen sein wird, daß der Schaden möglicherweise aus dieser Gefahr entstanden ist. So wird bei einer Eisenladung ohne weiteres anzunehmen sein, daß eine Rostbildung auf die eigentümliche natürliche Beschaffenheit dieser Frachtgüter zurückzuführen ist. Bis „zum Beweis des Gegenteils" ist dann nach § 59 Abs. 2 zu vermuten, daß der Schaden tatsächlich aus der betreffenden Gefahr entstanden ist. Es liegt also dem Ersatzberechtigten ob, den Gegenbeweis zu erbringen, daß der Schaden nicht auf eine solche Gefahr, sondern auf andere Ursachen zurückzuführen ist (RGZ 10, 109; Begr. S. 85). Gelingt dieser Gegenbeweis, so findet § 58 Anwendung, so daß der Frachtführer berechtigt und verpflichtet ist, den Entlastungsbeweis zu führen, daß der Verlust oder die Beschädigung der Frachtgüter durch Umstände herbeigeführt ist, die durch die Sorgfalt eines ordentlichen Frachtführers (vgl. § 58 Anm. 6) nicht abgewendet werden konnten (ROHG 17, 304). Der Frachtführer kann sich ferner nach § 59 Abs. 3 auf „eine Befreiung (besser Einschränkung) von der Haftpflicht auf Grund der vorstehenden Bestimmungen" nicht berufen, wenn nachgewiesen wird, daß der Schaden durch eigenes Verschulden oder solches seiner Leute entstanden ist. Denn es ist durch den § 59 nichts an der Verpflichtung des Frachtführers zur Einhaltung der erforderlichen Sorgfalt geändert, wenn auch bei Beurteilung dieser Frage die Besonderheiten des Einzelfalles zu berücksichtigen sind (RGZ 20, 121, 122; 34, 46). Der entstandene Schaden ist nach § 254 BGB zu verteilen, wenn verschiedene, nur zum Teil vom Frachtführer zu vertretende Ursachen oder ein Verschulden des Ersatzberechtigten bei der Entstehung des Schadens mitgewirkt haben (RGZ 67, 172; RG in JW 1906, 12 Nr. 9).

2. Haftung bei Beförderung in Schiffen ohne Verdeck

a) Im Frachtgeschäft der Binnenschiffahrt wird ein großer Teil der Frachtgüter, insbesondere die unter Witterungseinflüssen nicht leidenden Massengüter (wie Kohlen, Erze, Kies, Sand, Baustoffe), in offenen Schiffen befördert (vgl. OLG Hamburg in HansGZ 1893 Nr. 53; 1897 Nr. 51). Diese haben im Gegensatz zu den Deckkähnen kein Verdeck, d. h. keinen festen, wenn auch entfernbaren oberen Abschluß des Schiffgefäßes (RGZ 10, 106). Die in solchen offenen Schiffen beförderten Frachtgüter sind den Witterungseinflüssen (wie Regen, Schnee, Sonnenglut) vollständig ausgesetzt; dieser Nachteil wird auch nur unwesentlich gemindert, wenn die Ladung mit Planen oder einem behelfsmäßigen Bretterdach abgedeckt wird; damit wird das offene Schiff keineswegs zu einem Deckschiff (vgl. RGZ 10, 106; OLG Kassel in OLG 16, 136; AG Fürstenwalde vom 4. 3. 1932 — 2 C 1183/30 —); der Frachtführer hat nach seinem pflichtgemäßen Ermessen unter Beobachtung der Sorgfalt eines ordentlichen Frachtführers zu entscheiden, ob eine Beförderung der ihm anvertrauten Güter in einem offenen oder in einem gedeckten Schiff vorzunehmen ist. Er hat hierbei in erster Linie die erteilten Anweisungen und im übrigen die Beschaffenheit der Frachtgüter, die Witterungseinflüsse, die Jahreszeit sowie die Gebräuche und Übungen zu berücksichtigen. In Ermangelung anderer Anweisungen wird er, wenn nicht ein bestimmtes Schiff Gegenstand des Frachtvertrages ist, ein offenes Schiff nur für solche Frachtgüter auswählen, die unter den unmittelbaren Einflüssen der Witterung keinen Schaden erleiden können (vgl.

RGZ bei Bolze 14 Nr. 404; OLG Hamburg in HansGZ Hauptbl. 1893 Nr. 53, 1897 Nr. 51).

b) Nach § 59 Ziff. 1 haftet der Frachtführer in Ansehung der Güter, die „nach Vereinbarung mit dem Absender" auf Deck verladen oder in Schiffen ohne Deck befördert werden, nicht für den Schaden, der aus der mit dieser Beförderungsweise verbundenen Gefahr entstanden ist. Es ist nicht erforderlich, daß eine ausdrückliche Vereinbarung über diese Verfrachtung vorliegt; vielmehr genügt auch eine durch schlüssige Handlungen oder stillschweigend zustande gekommene dahingehende Abmachung, wie die Bezeichnung des Schiffes als offenes Fahrzeug in den Frachtpapieren und deren widerspruchslose Entgegennahme, die Einladung durch den Absender selbst in Kenntnis, daß es sich um ein offenes Schiff handelt. So enthält ein Vermerk in dem Ladeschein, daß die Beförderung in einem „Fahrzeug mit/ohne Bretterverdeck" unter Herstellung eines Daches aus gelieferten Brettern zu erfolgen habe, eine solche Vereinbarung über die Verladung in ein Schiff ohne Verdeck (LG Hamburg vom 29. 6. 1931 — H XIII 508/30 —; AG Fürstenwalde vom 4. 3. 1932 — 2 C 1183/30 —). Auch aus einem Ortsgebrauch kann eine stillschweigende Vereinbarung entnommen werden (OLG Hamburg vom 23. 2. 1903 — Bf. IV 379/1902 —). Bei Ausstellung eines Ladescheins ist nach § 26 in Verbindung mit § 446 Abs. 1 HGB für die Rechtsbeziehungen zu dem Empfänger nur dessen Inhalt maßgebend, so daß die etwaige mit dem Absender getroffene Vereinbarung dem Empfänger nur eingewendet werden kann, wenn sie sich aus dem Ladeschein ergibt; es genügt aber regelmäßig, wenn das verwendete Schiff als „offenes Fahrzeug" darin vermerkt ist.

c) Der Frachtführer haftet bei solchen vereinbarungsgemäß in einem offenen Schiff oder auf Deck eines Deckschiffes beförderten Frachtgütern nicht für die damit naturgemäß infolge der unmittelbaren Witterungseinflüsse verbundenen Gefahren. Hierunter fallen aber auch sonstige mit einer solchen Beförderungsweise zusammenhängende Gefahren, wie Funkenflug (RG in JW 1909, 170 Nr. 22; RG bei Bolze 18 Nr. 63) oder leichtere Beraubungsmöglichkeit (ROHG 19, 133).

d) Der Frachtführer hat auch für die vereinbarungsgemäß in einem offenen Schiff oder auf Deck beförderten Güter im übrigen die Sorgfalt eines ordentlichen Frachtführers anzuwenden. Er darf bei feuerempfindlicher Ladung nicht an einer Stelle anlegen, an der besondere Feuersgefahr besteht (RG bei Bolze 18 Nr. 63; vgl. auch ROHG 15, 83; RGZ 34, 46). Er muß unter Umständen empfindliche Güter, wie Getreide, durch geeignete Plane bei Eintritt von Regen abdecken (RG in JW 1891, 297 Nr. 3; 1906, 12 Nr. 9). Hat er die Herstellung eines Bretterdaches übernommen, so braucht er nur ein ihm technisch mögliches behelfsmäßiges Verdeck zu bauen und haftet nicht für ein Eindringen von Regen (LG Hamburg vom 29. 6. 1931 — H XIII 508/30 —).

3. Haftung bei mangelhafter Verpackung

a) Der Absender hat dem Frachtführer die Güter im beförderungsfähigen Zustand zu übergeben; es ist seine Aufgabe, Frachtgüter, die ihrer Natur nach eine äußere Umhüllung, Verpackung zum Schutz gegen Verlust oder Beschädigung auf dem Transport erfordern, ordnungsmäßig verpackt anzuliefern. Der Frachtführer hat hierauf keinen Einfluß und kann sich nur um den äußerlich wahrnehmbaren Zustand der Frachtgüter kümmern. Er wird schon zur Beschränkung seiner Haftung nach § 76 eine bei der Verladung äußerlich erkennbare mangelhafte Verpackung in den Ladeschein aufnehmen. Nach § 59 Ziff. 2 wird von ihm verlangt, daß er im Frachtbrief oder Ladeschein vermerkt, wenn ihm solche der Verpackung bedürftige Güter unverpackt oder mit mangelhafter Verpackung aufgegeben werden. Ein anderer Vermerk, z. B. ein sonstiger mündlicher oder schriftlicher Protest, genügt hierfür nicht.

b) Ist ein solcher Vermerk in den Frachtbrief oder Ladeschein aufgenommen, so haftet der Frachtführer nach § 59 Ziff. 4 nicht für den Schaden, der aus einer mit diesem Verpackungsmangel verbundenen Gefahr entstanden ist. Hat der Frachtführer dagegen den Vermerk unterlassen, so muß er nach § 58 den Entlastungsbeweis führen (vgl. § 58 Anm. 6); es wird aber regelmäßig der Nachweis genügen, daß der Absender trotz Hinweis auf die fehlende oder mangelhafte Verpackung die Beförderung verlangt habe. Bei Vorliegen eines Ladescheins ist aber dem Empfänger gegenüber ein solcher Beweis nicht ausreichend, da der Frachtführer nach § 76 bei Nichtaufnahme des erforderlichen Vermerks für den sich aus dem Mangel ergebenden Minderwert verantwortlich ist.

4. Haftung bei dem Ein- und Ausladen

a) Nach § 41 hat der Absender in Ermangelung einer besonderen Vereinbarung gepackte Güter auf das Schiff, lose Güter in das Schiff zu liefern; in ähnlicher Weise hat der Empfänger nach § 56, sofern nicht durch Vereinbarung ein anderes bestimmt ist, gepackte Güter auf dem Schiff, lose Güter in dem Schiff abzunehmen und die weitere Entladung zu bewirken. Soweit der Absender oder Empfänger hiernach, sei es auf Grund einer Vereinbarung oder nach der gesetzlichen Regelung der §§ 41, 56, die Einladung (Verladung) oder Löschung (Ausladung) besorgt, geschieht dies auf deren Gefahr (ROHG 13, 131) und der Frachtführer ist dafür nicht verantwortlich (vgl. § 41 Anm. 1b; § 56 Anm. 1b).

b) In folgerichtiger Durchführung dieser in den §§ 41, 56 aufgestellten grundsätzlichen Regelung soll der Frachtführer nach § 59 Ziff. 3 für den Schaden nicht zu haften brauchen, der aus einer solchen mit dem Verladen und Ausladen oder mit einer mangelhaften Verladung verbundenen Gefahr entstanden ist.

5. Haftung aus der natürlichen Beschaffenheit der Güter

a) Nach § 58 haftet der Frachtführer für den Verlust oder die Beschädigung der Frachtgüter, die seit der Empfangnahme bis zur Ablieferung entstanden ist. Ein solcher Schaden kann auch auf eine eigentümliche natürliche Beschaffenheit der Güter zurückzuführen sein; dies wird vor allem der Fall sein bei solchen Gütern, die vermöge dieser eigentümlichen Beschaffenheit besonders den Beförderungsgefahren ausgesetzt sind. Für solche auf natürliche Umstände zurückzuführende Schäden braucht der Frachtführer nicht zu haften; es wäre daher auch unbillig, von ihm den Entlastungsbeweis zu verlangen. Deshalb schreibt der § 59 Ziff. 4 vor, daß der Frachtführer für einen Schaden, der aus einer solchen Gefahr entstanden ist, nicht zu haften braucht. Er hat dann nur zu beweisen, daß der Verlust oder die Beschädigung aus einer solchen Gefahr, der die Frachtgüter im regelmäßigen Verlauf der Beförderung ausgesetzt waren, entstanden sein kann (RGZ 64, 171).

b) Es muß sich um solche Güter handeln, die besonders den Beförderungsgefahren infolge ihrer eigentümlichen natürlichen Beschaffenheit ausgesetzt sind, denen also eine natürliche Empfindlichkeit oder leichte Verletzlichkeit eigentümlich ist (RGZ 15, 149). So besteht regelmäßige Bruchgefahr für Eier (RGZ 64, 169), Glas, Dachziegel (LG Hamburg in HansGZ Hauptbl. 1913 Nr. 71), Rostgefahr für alle Eisenteile, die Gefahr des inneren Verderbs für alle empfindlichen Güter, wie Frostgefahr für Eier, Kartoffeln, die Gefahr außergewöhnlicher Leckage, d. h. des Ausfließens einer Flüssigkeit aus einem Gefäß, für alle in Fässern oder sonstigen Behältern beförderten Flüssigkeiten (RGZ 56, 402), die Gefahr der Austrocknung und Verstreuung für Kohlen und loses Getreide. Bei Kartoffeln besteht die Gefahr der Eintrocknung, des Abgangs des anhaftenden nassen Schmutzes, Fäulnis der Kartoffeln usw. (HK Berlin vom 22. 5. 1942 — C 467/42 — V/6 in 8 C 72/1941 AG Brandenburg). Diese Regelung hat nicht nur bei einer auf solche natürlichen Umstände zurückzuführenden Beschädigung, sondern vor allem bei einem teilweisen Verlust der Ladung eine besondere Bedeutung erlangt. Nach den auf langjährigen Übungen beruhenden Schiffahrtsbräuchen hat der Frachtführer nämlich eine auf natürlichen Schwund, Austrocknung und Verstreuung beim Ein- und Ausladen zurückzuführende Minderung nicht zu vertreten. Die Entstehung dieses Schiffahrtsbrauches beruht auf der Erfahrung, daß bei gewissen Gütern, wie Getreide, Kohlen, infolge der Witterungsverhältnisse und sonstigen Umstände der Umfang der eingeladenen Güter nicht mit dem der ausgeladenen ganz gleich zu sein pflegt; dieser Brauch hat eine besondere Bedeutung erlangt, weil eine gesetzliche Freigrenze (Franchise) im § 60 Abs. 1 wohl vorgesehen, aber mangels Erlaß dahingehender behördlicher Verordnungen praktisch nicht eingeführt worden ist. Dieses nach Schiffahrtsbrauch z u l ä s s i g e M a n k o g e w i c h t, wie es von den Binnenschiffahrttreibenden meist genannt wird, beträgt bei Kohlen, je nach der Dauer der Reise und der Jahreszeit, 2 bis 3 v. H. (Gutachten HK Berlin XII 26748/20, 60648/20, 8779/21, 29467/21, 49902/22, 10993/22, 40273/23, 49185/23, 26171/26, vom 20. 5. 1935 — 2917/35 — in 163 C 70/35 AG Berlin; AG Stettin in HansRZ 1932, 205 Nr. 50; vgl. Zschucke, Handelsgebräuche S. 106ff. S. 123, Gutachten Nr. 164 S. 143; 166 S. 144; OLG Stettin in JW 1922, 599 Nr. 10; bei losem Getreide $^1/_4$ bis 1 v. H. der Ladung LG III Berlin vom 11. 6. 1929 — 2a S 405/29 — AG Charlottenburg 11 C 2137/28; vom 5. 6. 1923 — 45 O 92/23 —); auch bei Brennholzladungen ist je nach dem Umfang der Frachtgüter ein zulässiges Mankogewicht zu gewähren (AG Berlin-Mitte vom 31. 1. 1921 — 159 C 264/20 —). Der Anwendung dieses Schiffahrtsbrauches steht es nicht entgegen, daß die Frachtpapiere den Vermerk enthalten, der Frachtführer habe für ein Gewichtsmanko zu haften, da sich dies nicht auf eine solche Minderung bezieht, mit deren Eintritt nach der Natur der Dinge gerechnet werden muß (LG Stettin in JW 1922, 195; 1931, 1543 in R 1923 Nr. 56). Der Schiffahrtsbrauch wird auch nicht durch eine Klausel in den Frachtpapieren ausgeschlossen, daß der Frachtführer für ein bei der Ablieferung sich ergebendes Fehlgewicht, gleichviel wodurch es entstanden sein möge, haften solle (LG III Berlin vom 11. 6. 1929 — 2a S 405/29 — AG Charlottenburg 11 C 2137/28). Bei nachweisbarem Verschulden des Frachtführers oder seiner Leute steht dem Ersatzberechtigten ein Ersatzanspruch zu; jedoch trifft den Ersatzberechtigten dann die volle Beweislast hierfür (vgl. § 60 Abs. 1, § 431 HGB). In den Verfrachtungsbedingungen wird häufig eine bestimmte Freigrenze (Franchise) für gewisse Güter ausbedungen, wie bei trockenen und verstaubten Gütern bis zu 1 v. H., bei stark eintrocknenden sowie flüssigen bis 3 v. H. (vgl. § 8 Abs. 3 der Oderbedingungen), bei Weizen und Roggen bis zu $^1/_2$ v. H., bei Gerste, Hafer, Mais bis zu 1 v. H. und bei gesacktem Getreide bis zu ½ v. H. (vgl. § 81 Abs. 2 der Allgemeinen Verfrachtungsbedingungen).

6. Haftung bei der Beförderung lebender Tiere

Nach § 59 Ziff. 6 haftet der Frachtführer bei der Beförderung von lebenden Tieren nicht für den Schaden, der aus einer hiermit für diese verbundenen besonderen Gefahr entstanden ist. Diese kann darin bestehen, daß die Tiere unterwegs infolge der Eigenarten der Beförderung sterben oder sich infolge der beschränkten Raumverhältnisse an Bord beschädigen. Im § 65 Satz 2 ist ausdrücklich vorgesehen, daß für unterwegs gestorbene Tiere die volle Fracht zu zahlen ist.

Freigrenze und Vermischung loser Güter

§ 60

Die Zentralbehörden der Bundesstaaten und bei den die Gebiete mehrerer Bundesstaaten berührenden Wasserstraßen der Bundesrat sind befugt, für gewisse Güter zu bestimmen, daß für ein Mindergewicht oder ein Mindermaß, das einhalb vom Hundert nicht übersteigt, der Frachtführer nicht verantwortlich sein soll, es sei denn, daß ihm nachweisbar ein Verschulden zur Last fällt.

Sind lose geladene Güter von gleichartiger Beschaffenheit für verschiedene Empfänger an Bord, ohne daß die einzelnen Partien durch dichte Wände getrennt lagern, so ist das Mindergewicht oder Mindermaß und ebenso ein etwaiges Übergewicht oder Übermaß unter die einzelnen Empfänger nach dem Verhältnisse der für sie bestimmten Mengen zu verteilen.

1. Die Freigrenze (Franchise)

a) Nach § 60 Abs. 1 werden „die Zentralbehörden“ ermächtigt, im Verordnungswege gesetzliche Freigrenzen (Franchisen) einzuführen, wonach der Frachtführer bei gewissen Gütern für eine Minderung bis zu ½ v. H. nicht verantwortlich sein soll, es sei denn, daß ihm nachweisbar ein Verschulden zur Last fällt. Diese Bestimmung wurde zur Erleichterung der Haftung des Frachtführers eingeführt, weil sich bei gewissen Gütern erfahrungsgemäß infolge der Witterungs- und Lagerungsverhältnisse eine Minderung während der Reise herausstellt (vgl. KommBer. S. 14). Diese im Verordnungswege etwa festgesetzten Freigrenzen stellen nicht zwingendes Recht dar, so daß damit die durch Freizeichnung vereinbarten und durch Schiffahrtsbrauch eingeführten Franchisen (zulässigen Mankogewichte) nicht berührt werden (vgl. § 59 Anm. 5b).

b) Eine praktische Bedeutung hat § 60 Abs. 1 bisher auch sonst nicht erlangt, da solche gesetzlichen Freigrenzen im Verordnungswege nicht eingeführt worden sind. Dies hat sich auch mit Rücksicht auf § 59 Ziff. 4 und die hierzu herausgebildeten Schiffahrtsbräuche als überflüssig erwiesen (vgl. § 59 Anm. 5b).

2. Der Ausgleich bei Vermischung loser Güter

a) Im Frachtgeschäft der Binnenschiffahrt kommt es nicht selten vor, daß lose Güter von gleichartiger Beschaffenheit, wie Kohlen, Getreide, ungetrennt in den Laderäumen eines Binnenschiffes verladen werden und dann an verschiedene Empfänger ausgeliefert werden müssen. Dies bereitet keine Schwierigkeiten, wenn die Auslieferung nach den Frachtpapieren an eine einzige, von den verschiedenen Empfängern bestimmte Stelle oder an alle Empfänger gemeinsam zu erfolgen hat (vgl. OLG Hamburg in HansGZ Hauptbl. 1915 Nr. 70). Dann bleibt es völlig den Empfängern überlassen, die Verteilung der einheitlich abgelieferten Ladung nach Maßgabe der für sie bestimmten Partien vorzunehmen (vgl. § 752 BGB). Dagegen muß der Frachtführer diesen Ausgleich zwischen verschiedenen Empfängern veranlassen, wenn an diese nach den Frachtpapieren bestimmte Teile der Ladung (Partien) auszuhändigen sind; denn solche verschiedenen Partien loser Güter von gleichartiger Beschaffenheit können, wenn sie nicht durch dichte Wände (Schotten), sondern überhaupt nicht oder nur durch lose Bretter oder Matten getrennt im Schiff geladen werden, leicht miteinander vermischt werden (vgl. KommBer. S. 15). Deshalb soll nach § 60 Abs. 2 ein etwaiges Mindermaß, ebenso wie ein etwaiges Übergewicht oder Übermaß, aus Billigkeitsgründen unter die einzelnen Empfänger nach dem Verhältnis der für sie bestimmten Mengen verteilt werden.

b) Es muß sich nach § 60 Abs. 2 um lose, also um solche Güter handeln, die ohne besondere Verstauung in das Schiff geworfen oder geschüttet werden (vgl. § 41 Anm. 2b; § 56 Anm. 2b). Ferner müssen die Güter von gleichartiger Beschaffenheit (z. B. Getreide von derselben Sorte), für verschiedene Empfänger bestimmt und die einzelnen Partien müssen im Schiff nicht durch dichte Wände getrennt geladen sein. Der Frachtführer ist bei Vorliegen dieser Erfordernisse berechtigt und verpflichtet, eine verhältnismäßige Verteilung der Ladung auf die einzelnen Empfänger vorzunehmen, also ein Über- oder Untergewicht der Gesamtladung auf alle Empfänger im Verhältnis der für sie bestimmten Partien zu verteilen. Dies wird im Einzelfall nicht so leicht sein, da meist vor der Auslieferung nicht genau festgestellt werden kann, ob ein Über- oder Untergewicht vorliegt; die Ermittlung des Gewichts der Gesamtladung durch Pegelablesung in Verbindung mit dem Eichschein liefert keine genauen oder bindenden Ergebnisse. Der Frachtführer wird hiernach befugt sein, die Partien zunächst nur teilweise zu entlöschen, um das etwaige Untergewicht feststellen zu können. Falls dies oder eine gemeinsame Ablieferung an alle Empfangsberechtigten nicht möglich oder nicht zumutbar ist, ist der Frachtführer berechtigt, die anteiligen Frachtgüter zu entlöschen und kann es den mehreren Empfangsberechtigten überlassen, den Ausgleich untereinander vorzunehmen (§§ 741, 752 BGB).

c) Tritt bei solchen ungetrennt im Schiff geladenen Gütern von gleichartiger Beschaffenheit eine Vermischung oder Vermengung der Partien ein, so werden die hieran beteiligten verschiedenen Empfänger Miteigentümer der ineinandergeratenen Ladungen; die Anteile bestimmen sich nach dem Wert der für sie bestimmten Partien (vgl. §§ 948, 947 BGB). Es entsteht also unter diesen Empfängern ein Gemeinschaftsverhältnis nach den §§ 741ff. BGB; jeder beteiligte Empfänger hat einen Anspruch auf Teilung oder auf Herausgabe der etwa bei der Ablieferung zuviel zugeteilten Mengen, hilfsweise auf Geldersatz; der mit einer solchen Teilungsklage in Anspruch genommene Empfänger kann den Kläger nicht an den Frachtführer verweisen (RGZ 4, 41; OLG Hamburg in HansGZ Hauptbl. 1899, 59, Nr. 22). Bei Vorliegen der Erfordernisse des § 60 Abs. 2 hat der Frachtführer die Verteilung bei der Ablieferung unter die einzelnen Empfänger vorzunehmen.

Das Erlöschen der Ansprüche aus einer Beschädigung oder Minderung

§ 61

Nach der Annahme des Gutes durch den Empfangsberechtigten können wegen einer Beschädigung oder Minderung des Gutes, die bei der Annahme äußerlich erkennbar ist, Ansprüche nur geltend gemacht werden, wenn vor der Annahme der Zustand des Gutes durch amtlich bestellte Sachverständige festgestellt ist.

Wegen einer Beschädigung oder Minderung des Gutes, die bei der Annahme äußerlich nicht erkennbar ist, kann der Frachtführer auch nach der Annahme des Gutes in Anspruch genommen werden, wenn der Mangel in der Zeit zwischen der Übernahme des Gutes durch den Frachtführer und der Ablieferung entstanden ist und die Feststellung des Mangels durch amtlich bestellte Sachverständige unverzüglich nach der Entdeckung und spätestens binnen einer Woche nach der Annahme beantragt wird. Ist dem Frachtführer der Mangel unverzüglich nach der Entdeckung und binnen der bezeichneten Frist angezeigt, so genügt es, wenn die Feststellung unverzüglich nach dem Zeitpunkte beantragt wird, bis zu welchem der Eingang einer Antwort des Frachtführers unter regelmäßigen Umständen erwartet werden darf.

Die Kosten einer von dem Empfangsberechtigten beantragten Feststellung sind von dem Frachtführer zu tragen, wenn ein Verlust oder eine Beschädigung ermittelt wird, für welche derselbe Ersatz leisten muß.

Der Frachtführer kann sich auf die Vorschriften der Absätze 1, 2 nicht berufen, wenn er den Schaden durch Vorsatz oder grobe Fahrlässigkeit herbeigeführt hat.

1. Die Bedeutung dieser Vorschrift

a) Im gesamten deutschen Frachtrecht (Land-, Binnen- und Seefrachtrecht) besteht der Grundsatz, daß „mit der Annahme der Frachtgüter durch den Empfänger entweder schlechthin oder doch unter gewissen Voraussetzungen die Geltendmachung von Schadensersatzansprüchen wegen des Zustandes des Gutes ausgeschlossen wird“ (vgl. Begr. S. 85). So sind nach § 438 Abs. 1 HGB im Landfrachtrecht „alle Ansprüche gegen den Frachtführer aus dem Frachtvertrag erloschen, wenn die Fracht nebst den sonst auf dem Gute haftenden Forderungen bezahlt und das Gut angenommen ist, es sei denn, daß die Beschädigung oder Minderung durch amtlich bestellte Sachverständige festgestellt ist“. Im Seerecht tritt nach den §§ 608, 609 HGB das Erlöschen der Ansprüche wegen Beschädigung oder teilweisen Verlustes der Ladung ein, wenn die Besichtigung durch amtlich bestellte Sachverständige nicht spätestens am zweiten Werktag nach dem Tage der Übernahme erfolgt. Diese grundsätzliche, mit dem § 61 auch in das Binnenschiffahrtsrecht übernommene Regelung „beruht auf dem Bedürfnis, den Frachtführer gegen die nachträgliche Erhebung von Ansprüchen zu schützen, deren Zurückweisung für ihn nach der Auslieferung des Gutes mit besonderen Schwierigkeiten verbunden ist“ (vgl. Begr. S. 85, 86). Der Empfänger soll hierdurch zu einer sofortigen Prüfung des Gutes und zur Geltendmachung seiner Ansprüche veranlaßt werden; der Frachtführer soll gegen verspätete Ansprüche geschützt und es soll durch die objektive und unparteiliche Feststellung des amtlich bestellten Sachverständigen eine Grundlage für die Austragung späterer Rechtsstreitigkeiten geschaffen werden (OLG Hamburg in OLG 13, 62; LG Berlin in JW 1932, 2105 Nr. 2). Deshalb wird dem Empfänger nach § 61 vorgeschrieben, zur Erhaltung seiner etwaigen Ansprüche aus einer Beschädigung oder Minderung der Frachtgüter die Nachprüfung durch einen amtlich bestellten Sachverständigen bei der Annahme der Güter vornehmen zu lassen. Das Erlöschen der Ansprüche wird im § 61, ebenso wie in der seerechtlichen Vorschrift des § 609 HGB, auf die Annahme (Übernahme) der Frachtgüter, also nicht auf die Zahlung der Fracht, wie im § 438 abgestellt, während die Unterscheidung des § 438 HGB in äußerlich erkennbare oder nicht erkennbare Mängel auch vom § 61 übernommen worden ist.

b) Nach § 58 haftet der Frachtführer grundsätzlich für den Schaden, der seit der Empfangnahme bis zur Ablieferung durch Verlust oder Beschädigung der Frachtgüter entstanden ist. Diese weitgehende Haftung des Frachtführers aus der Empfangnahme der Ladung wird im § 61 dahin eingeschränkt, daß Ansprüche aus einer Beschädigung oder Minderung, also aus einem teilweisen Verlust der Frachtgüter, nur geltend gemacht werden können, wenn der Empfänger die Nachprüfung durch einen amtlich bestellten Sachverständigen veranlaßt hat; nur unter dieser Voraussetzung kann der Frachtführer aus solchen Mängeln in Anspruch genommen werden (vgl. § 61 Abs. 2). Es handelt sich demnach um ein Erlöschen der Ansprüche (vgl. §§ 362, 364 BGB) aus einer Beschädigung oder Minderung der Frachtgüter, die mit deren Annahme eintritt, wenn nicht eine Besichtigung durch amtlich bestellte Sachverständige erfolgt. Es kann den Ansprüchen also nicht nur eine Einrede, wie bei der Verjährung (§ 222 Abs. 1 BGB), entgegengesetzt werden, sondern sie gehen mit der Annahme bei Unterlassung der sachverständigen Besichtigung unter (RG in HansGZ Hauptbl. 1889 Nr. 48; LG Duisburg vom 27. 5. 1955 — II 8/55 in VRS 1955, 292). Eine auf diese Weise erloschene Forderung kann nicht gegen eine andere Forderung aufgerechnet werden (AG Magdeburg vom 26. 11. 1943 — 5 C 173/43); AG Berlin-Tiergarten vom 29. 5. 1954 — 3 C 79/54 in VRS 1954, 292); die Begleichung einer solchen erloschenen Forderung ist Leistung einer Nichtschuld. Trotzdem wird das Erlöschen der Ansprüche nach § 61 nicht von Amts wegen in einem Rechtsstreit berücksichtigt, sondern der Frachtführer muß sich hierauf berufen, da es sich um eine nicht zwingende Vorschrift handelt, die durch Vereinbarungen, auch durch Verzicht abgeändert und ausgeschlossen werden kann (RGZ 1, 3; 46, 6).

c) Nach § 61 erlöschen nicht alle Ansprüche aus der Empfangnahme der Frachtgüter (§ 58), sondern nur die Forderungen aus einer „Beschädigung oder Minderung". Demnach werden nur die Ansprüche aus einem teilweisen Verlust (Minderung) nicht auch die aus einem vollständigen Verlust (Totalverlust) von dieser Regelung erfaßt; dies folgt auch daraus, daß bei einem Totalverlust eine „Annahme" begrifflich überhaupt nicht möglich ist (ROHG 11, 35; 15, 143; RG bei Bolze 9, 367; RGZ 52, 404). Es ist aber nach § 61, im Gegensatz zum § 438 HGB, unerheblich, ob diese Ansprüche aus einer Beschädigung oder Minderung auf dem Frachtvertrag oder auf sonstigen Haftungsvorschriften, wie auf den §§ 73, 74 oder §§ 823ff. BGB, beruhen (RGZ 46, 7, 8; OLG Hamburg in HansGZ Hauptbl. 1887 Nr. 3, in HansRZ 1922, 462 Nr. 116). Auch der Hinweis auf ein einwandfreies Funktionieren der Waage ersetzt die Nachprüfung nicht (AG Berlin 51 C 1502/40). Die Berufung auf § 61 muß sich auch ein anderer Ersatzberechtigter als der Empfänger, wie der Absender, unbeschadet seines etwaigen Regreßanspruches gegen den Empfänger, entgegenhalten lassen, weil es sich bei der Vorschrift des § 61 um eine Schutzvorschrift zugunsten des Frachtführers handelt (AG Driesen vom 5. 6. 1930 — 2 C 391/29 —).

d) Nach § 61 Abs. 4, auch nach § 26 in Verbindung mit § 430 Abs. 3 HGB, kann sich der Frachtführer auf ein Erlöschen der Ansprüche aus einer Beschädigung oder Minderung der Frachtgüter nicht berufen, wenn er den Schaden durch Vorsatz oder grobe Fahrlässigkeit herbeigeführt hat (ebenso lautet der § 438 Abs. 5 HGB). Für die Annahme grober Fahrlässigkeit müssen Umstände nachgewiesen werden, aus denen eine besonders grobe Nachlässigkeit zu entnehmen ist (LG Hamburg in HansRZ 1932, 462 = Recht 22 Nr. 1279). Nach § 26 in Verbindung mit § 431 HGB hat der Frachtführer hierbei ein Verschulden seiner Leute und anderer Personen, deren er sich bei der Ausführung der Beförderung bedient, in gleichem Umfange zu vertreten wie eigenes Verschulden. Hierauf kann sich der Ersatzberechtigte auch gegenüber der Einwendung des Frachtführers berufen, daß sein Schadensersatzanspruch wegen Unterlassung des Feststellungsverfahrens erloschen sei (RGZ 1, 37; ROHG 14, 297; 15, 380). Der Ersatzberechtigte hat die Beweislast, daß ein solches ursächliches Verhalten des Frachtführers den Schaden herbeigeführt hat (RG in LZ 1908, 781; 1914, 1668).

e) Die im § 61 vorgeschriebene Nachprüfung durch einen amtlich bestellten Sachverständigen ist eine formale Voraussetzung für die Geltendmachung der Ansprüche aus einer Beschädigung oder Minderung der Frachtgüter (RGZ 101, 238; 104, 209). Die Feststellung des Sachverständigen schafft keineswegs ein die Parteien endgültig bindendes Ergebnis, sondern unterliegt der freien richterlichen Beweiswürdigung; es steht jeder Partei frei, die Unrichtigkeit dieser Feststellung durch andere Beweismittel darzulegen (LZ 12, 474).

2. Die Annahme der Frachtgüter

Mit der „Annahme" der Frachtgüter tritt das Erlöschen der Ansprüche nach § 61 (ebenso nach dem Seerecht in den §§ 606, 608, 609 HGB) ein, ohne daß es des Nachweises weiterer Erfordernisse, wie der Bezahlung der Fracht (so im Landfrachtrecht nach § 438 HGB), bedarf. Unter der „Annahme" in diesem Sinne ist nicht die der Ablieferung der Güter (vgl. § 58 Anm. 2b) durch den Frachtführer entsprechende tatsächliche Wegnahme durch den Empfänger zu verstehen, sondern die Übernahme der Ladung nach vertragsgemäß ausgeführter Beförderung, also als Erfüllung des in der Hauptsache erledigten Frachtvertrages (RG in LZ 1912, 475; RGZ 22, 146). Es wird regelmäßig in der tatsächlichen Übernahme der Frachtgüter auch eine solche Annahme als Erfüllung zu erblicken sein (RG in LZ 1914, 1668 Nr. 10). Der tatsächliche Übergang des Besitzes an den Frachtgütern auf den Empfänger nach Abschluß der Beförderung soll diesen veranlassen, mit dem größten Nachdruck die förmliche Feststellung des Mangels zu veranlassen, wenn er seines Anspruches nicht verlustig gehen will (RG in Recht 1914 Nr. 1902). Eine einseitige Beanstandung (Rüge) der etwaigen Mängel oder eine Verwahrung gegen eine Billigung der Leistung schließt das Vorliegen einer Annahme nicht aus (RG in JW 1909, 309 Nr. 3; 1907, 509 Nr. 8; LG Danzig vom 6. 6. 1932 — 9 S 1/32—), dagegen aber ein Vorbehalt, wonach die Frachtgüter nur „für Rechnung, wen es angeht, entgegengenommen werden sollen" (RG in JW 1909, 309 Nr. 3). Eine Annahme ist auch anzunehmen, wenn der Empfänger die Beschädigung oder Minderung zwar sofort rügt und die Abnahme zunächst verweigert, die Frachtgüter dann aber, wenn auch nur zur einstweiligen Aufbewahrung, auf Lager genommen hat (RG in Recht 1914 Nr. 1902). Es ist nicht immer eine körperliche Übergabe der Frachtgüter für die Feststellung einer Annahme erforderlich; vielmehr genügt auch eine sonstige „Übernahme“ (ebenso § 609 HGB), die eine „Aneignung“ des Ergebnisses des übernommenen und ausgeführten Transportes enthält (RGZ 22, 146). So liegt eine Annahme vor, wenn der Empfänger mit dem Frachtführer nach Beendigung der Beförderung vereinbart, daß dieser nunmehr die Ladung oder einen Teil in seinem Schiff auf Lager oder sonst in Verwahrung nehmen soll (ROHG 14, 293). Dagegen ist eine „Annahme“ nicht anzunehmen, wenn der Frachtführer mit dem Empfänger eine Weiterbeförderung der Güter über den Bestimmungsort vereinbart (OLG Hamburg in HansGZ Hauptbl. 1891 Nr. 12; 1901 Nr. 32) oder wenn aus dem am Ablieferungsort gesunkenen Fahrzeug ein Teil der treibenden Ladung vom Empfänger geborgen wird (OLG Hamburg in HansGZ Hauptbl. 1899 Nr. 72; 1907 Nr. 115).

3. Die Beschädigung oder Minderung der Frachtgüter

a) Eine Beschädigung der Frachtgüter ist nicht schon jede Wertminderung, sondern nur eine solche, die auf einer stofflichen Minderung beruht, wie die Annahme von Feuchtigkeit oder Geruch, Bruch, Rost oder eine sonstige äußere oder innere Verschlechterung (RGZ 60, 45; RG bei Bolze 5 Nr. 625; RG in HansGZ Hauptbl. 1914 Nr. 58; OLG Hamburg in HansGZ Hauptbl. 1913 Nr. 89). Er ist aber unerheblich, in welchem Umfang die Ladung im Wert vermindert worden und auf welche Ursachen dies zurückzuführen ist (vgl. § 58 Anm. 3b).

b) Unter einer „Minderung“ ist jeder Verlust eines Teils der Ladung, im Gegensatz zum Totalverlust, zu verstehen (vgl. § 58 Anm. 3a), also nicht nur ein Beschaffenheits-, sondern auch ein mengenmäßiger Mangel (OLG Hamburg vom 29. 3. 1944 — 2 U 109/43 — 30 C 499/42 AG Hamburg). Eine Minderung liegt daher vor, wenn nur die Auslieferung eines Teils der übernommenen Frachtgüter erfolgen kann (RGZ 60, 45; 66, 39; RG in Recht 1918 Nr. 684). Es ist auch hier unerheblich, auf welche Ursachen dieser teilweise Verlust beruht, insbesondere ob diese Frachtgüter vernichtet, verloren oder sonst abhanden gekommen sind (RGZ 49, 92; RG bei Bolze 14 Nr. 398; OLG Hamburg in OLG 9, 277, in HansGZ Hauptbl. 1904 Nr. 23; vgl. im übrigen § 58 Anm. 3a). Demnach stellt auch jeder teilweise Verlust an der Menge (Fehlmenge, Manko) der Ladung eine Minderung dar (RGZ 104, 209; OLG Hamburg in VerkehrsrR [1924], 42). Für die Unterscheidung einer Minderung von einem Totalverlust kommt es im Einzelfall stets auf die Bezeichnung der Frachtgüter in den Frachtpapieren (Ladeschein oder Frachtbrief) oder sonst auf den Inhalt des Frachtvertrages an. Denn maßgebend ist, ob nach dem Willen der Parteien ein einheitliches Gut oder eine Anzahl von Gütern verfrachtet werden sollten. Handelt es sich um die Beförderung von gleichartigen Gütern, wie Kohlen, losem oder gesacktem Getreide, so stellen die einzelnen Teile, die Kohlenstücke oder die Getreidekörner, kein selbständiges Gut dar, sondern es handelt sich um eine einheitliche Ladung, so daß der Verlust einzelner Teile, insbesondere jede Fehlmenge, stets als Minderung anzusehen ist (RGZ 13, 62; OLG Hamburg in HansGZ Hauptbl. 1898 Nr. 114; 1909 Nr. 20; 1910 Nr. 119; 1917 Nr. 97; a. A. OLG Hamburg in HansGZ Hauptbl. 1898 Nr. 100; 1899 Nr. 92; 1900 Nr. 96; LG Bremen in HansGZ Hauptbl. 1903 Nr. 14; OLG 13, 62; LG Duisburg vom 27. 5. 1955 — 11 S 8/55 in VRS 1955, 295). So liegt auch eine Minderung vor, wenn bei einer aus Getreide in Säcken bestehenden Ladung eine Anzahl Säcke fehlten oder eine andere Anzahl mit geringerem Gewicht ausgeliefert wird (OLG Hamburg in OLG 13, 75; OLG Hamburg vom 29. 3. 1944 — 2 U 109/43 —

30 C 499/42 AG Hamburg). Werden dagegen die Frachtgüter in den Frachtpapieren oder sonst im Frachtvertrag in den einzelnen Stücken getrennt nach Marken, Nummern oder sonstigen Kennzeichen besonders aufgeführt und zur Beförderung übernommen, wie es bei den Stückgütern regelmäßig geschieht, so liegt kein einheitliches Gut, sondern nur eine äußerliche Zusammenfassung einzelner, aus solchen Stücken bestehender Güter vor, so daß jeder Verlust eines solchen „Stückgutes" einen Totalverlust darstellt (ROHG 11 Nr. 14; 15 Nr. 44; OLG Hamburg in HansGZ Hauptbl. 1897, 264 Nr. 102; KG vom 18. 10. 1944 — 2 U 1556/44 — 407 O 103/42 LG Berlin). Hat der Empfänger die Ladung angenommen und behauptet er dann, der Frachtführer habe nicht die richtigen Frachtgüter ausgeliefert, sondern sie vertauscht, so entspricht es dem gesetzgeberischen Anlaß, auch in einem solchen Fall die rechtzeitige und gehörige sachverständliche Nachprüfung von dem Empfänger zu verlangen (RG in JW 1900, 298 Nr. 16; RGZ 46 Nr. 2; OLG Hamburg in OLG 13, 62, in HansGZ Hauptbl. 1901 Nr. 132).

4. Die Feststellung vor oder nach der Annahme

a) Nach § 61 hat der Empfänger zur Erhaltung der Ansprüche aus einer Beschädigung oder Minderung der Frachtgüter ein „Feststellungsverfahren" durch einen amtlich bestellten Sachverständigen zu veranlassen. Es wird hiermit eine objektive und unparteiische Grundlage für die Austragung späterer Streitigkeiten bezweckt (vgl. Anm. 1a). Die Einleitung dieses Verfahrens ist in allen Fällen erforderlich, in denen Ansprüche aus einer Beschädigung oder Minderung der Ladung erhalten bleiben sollen, also auch bei einer äußerlich erkennbaren Minderung (Fehlmenge); auch Zählen, Messen und Wägen sind vielfach nicht einfache, ohne Sachkunde auszuführende Handlungen, und oftmals fallen auch Minderung und Beschädigung zusammen, wie z. B. die Austrocknung bei Kohlenladungen (OLG Hamburg in SeuffA 73 Nr. 142, in OLG 38, 21). Im § 61 ist eben insoweit keine Ausnahme vorgesehen; vielmehr wird das Feststellungsverfahren auch bei einer Minderung für erforderlich erklärt (OLG Hamburg in OLG 38, 21). Diese gesetzliche Regelung ist auch nicht durch die Zeitverhältnisse als überholt anzusehen, sonst hätte der Gesetzgeber im Wege der Gesetzgebung den § 61 inzwischen geändert. Auf die Beachtung dieser Vorschrift kann auch nicht verzichtet werden; bei ihrem Wegfall würde der Frachtführer dem Empfänger ausgeliefert sein. Ohne eine solche Sicherung, die durch die unparteiliche und zuverlässige Feststellung etwaiger Mängel der Ladung durch die Sachverständigen gewährleistet wird, kann dem Frachtführer die Haftung für die übernommenen Güter nach ihrer Auslieferung an die Empfänger auch in Kriegszeiten nicht zugemutet werden, weil er dadurch nachträglich unübersehbaren Beweisschwierigkeiten ausgesetzt wird (OLG Hamburg vom 29. 3. 1944 — 2 U 109/43 — 30 C 499/42 AG Hamburg). Die Einleitung und Durchführung des Verfahrens ist Aufgabe des Empfängers. Der Frachtführer ist weder berechtigt noch verpflichtet, gegen ein solches Verfahren Einspruch zu erheben oder die Einleitung zu fordern; er braucht auch gegen eine Entlöschung, die die Befolgung des § 61 naturgemäß ausschließt, keinen Widerspruch zu erheben, da die Gefahr der Unterlassung einer solchen Feststellung ausschließlich der Empfänger zu tragen hat (OLG Hamburg in OLG 38, 21, in SeuffA Bd. 73 Nr. 142).

b) Für den Zeitpunkt der Einleitung des Feststellungsverfahrens ist es nach § 61 Abs. 1 und 2 (ebenso § 438 HGB) von Bedeutung, ob der Mangel (die Beschädigung oder Minderung) bei der Annahme äußerlich erkennbar war oder nicht. Es muß nämlich die Feststellung bei äußerlich erkennbaren Mängeln vor der Annahme erfolgen, während sie anderenfalls „unverzüglich nach der Entdeckung, spätestens binnen einer Woche nach der Annahme beantragt" werden muß (§ 61 Abs. 2). Eine solche äußere Erkennbarkeit eines Mangels liegt vor, wenn er ohne besondere, bei der Annahme auch nicht übliche Maßnahmen sinnlich wahrgenommen werden kann; es wird also keineswegs eine besondere Untersuchung oder Sachkunde verlangt. So liegt eine äußerlich erkennbare Beschädigung der Frachtgüter vor, wenn die Ballen naß sind (OLG Hamburg in HansGZ Hauptbl. 1901 Nr. 8), das Getreide schimmlig ist oder dumpf riecht (OLG Hamburg in HansGZ Hauptbl. 1898 Nr. 78); dagegen ist eine erst durch nähere Untersuchung, wie Ziehen einer Probe, Öffnen der Verpackung, festzustellende Beschädigung nicht äußerlich erkennbar. Die gleichen Grundsätze gelten auch für die Feststellung einer Minderung, insbesondere einer im Gewicht bestehenden Fehlmenge (OLG Hamburg in HansGZ Hauptbl. 1898 Nr. 118; 1917 Nr. 97; OLG Kolmar in LZ 1908, 251). Handelt es sich um eine einheitliche Ladung gleichartiger Güter, also nicht um einzeln in den Frachtpapieren bezeichnete Güter (vgl. Anm. 3b), so ist eine Fehlmenge bei der Annahme regelmäßig nicht mit Sicherheit äußerlich erkennbar, da die Art der Ausnutzung der Laderäume oder die Pegelablesung nur Schätzungen und keine genauen Ergebnisse ermöglichen. Außerdem ist auch ein Irrtum bei einer solchen Schätzung oder Pegelablesung, auch bei einem einfachen Zählen, sehr leicht möglich (OLG Hamburg in HansGZ Hauptbl. 1898 Nr. 118).

c) Nach § 61 Abs. 1 muß bei äußerlich erkennbaren Mängeln „der Zustand des Gutes" vor der Annahme festgestellt werden. Es muß also eine Besichtigung der Ladung durch den Sachverständigen erfolgen, um die Beschädigung oder Minderung festzustellen (so § 438 HGB); es ist auch bei einer Minderung, einschließlich eines Gewichtsmankos oder einer sonstigen Fehlmenge, die äußerlich erkennbar ist, diese Feststellung des Zustandes der Frachtgüter erforderlich, da eine Einschränkung im Gesetz nicht vorgesehen ist. Die Beschaffenheit der Frachtgüter ist auch bei einer Minderung vielfach von Bedeutung; auch Wägen, Zählen oder Messen bedürfen meist einer besonderen Sachkunde (OLG Hamburg in OLG 38, 21 in SeuffA Bd. 73 Nr. 142; KG in Blätter für Rechtspflege im Bezirk des Kammergerichts 1910 S. 94). Meist wird es sich aber bei solchen Fehlmengen um äußerlich nicht erkennbare Mängel handeln (vgl. Anm. 4b).

d) Dagegen kann das Feststellungsverfahren bei äußerlich nicht erkennbaren Mängeln der Annahme nachfolgen; es muß unverzüglich nach der Entdeckung einer Beschädigung oder Minderung, spätestens binnen einer Woche nach der Annahme beantragt werden. Es ist also nicht nötig, daß der Sachverständige bei der Entladung jedesmal von vornherein für die ganze Zeit hinzugezogen wird. Vielmehr genügt das, wenn das gesamte Entladeergebnis vorliegt und dann Meinungsverschiedenheiten auftreten. Wenn der Empfänger sichergehen will, darf er allerdings vor der endgültigen Klärung nicht mit dem Abrollen der Güter beginnen. Dem steht die gebotene Beschleunigung bei der Ausnutzung der Verkehrsmittel nicht entgegen (OLG Hamburg vom 29. 3. 1943 — 2 U 109/43 — 30 C 499/42 AG Hamburg). Der Empfänger muß den Antrag ohne schuldhaftes Zögern (§ 121 Abs. 1 BGB) und so rechtzeitig stellen, daß er innerhalb der Frist von einer Woche nach der Annahme bei dem Sachverständigen oder der sonst in Betracht kommenden Stelle eingeht. Es ist unerheblich, ob der Empfänger eine Untersuchung der Frachtgüter vorgenommen hat und ob er den Mangel innerhalb dieser Frist entdecken konnte. Es genügt aber nach § 61 Abs. 2 Satz 2, wenn der Empfänger dem Frachtführer den Mangel unverzüglich nach der Entdeckung und binnen der bezeichneten Frist von einer Woche nach der Annahme anzeigt. Er darf dann bis zu dem Zeitpunkt warten, bis zu dem der Eingang einer Antwort des Frachtführers unter regelmäßigen Umständen erwartet werden darf. Erhält der Empfänger innerhalb dieser Frist keine oder eine die Haftung oder Anerkennung ablehnende Antwort, so muß er nunmehr unverzüglich die Feststellung veranlassen.

5. Die Nachprüfung durch amtlich bestellte Sachverständnisse

a) Im § 61 ist nicht ausdrücklich bestimmt, wer die Einleitung des Feststellungsverfahrens zu veranlassen hat. Regelmäßig wird es der Empfangsberechtigte, also der Empfänger sein (vgl. § 61 Abs. 3); er hat ein Interesse an der Erhaltung der Ansprüche aus einer etwaigen Beschädigung oder Minderung der Frachtgüter, er wird auch meist dem Absender gegenüber (als Käufer oder Spediteur) hierzu verpflichtet sein (ROHG 6, 104; 2, 328; OLG Hamburg in SeuffA Bd. 73 Nr. 143, in OLG 38, 21). Aus der Fassung des § 61 folgt, daß auch andere hieran interessierte Personen, wie der Absender, der Frachtführer, der Schiffseigner oder der Schiffer, das Verfahren betreiben können.

b) Es müssen „amtlich bestellte Sachverständige" beauftragt werden. Es brauchen aber nicht mehrere Sachverständige zu sein, sondern es genügt (ebenso wie im § 438 HGB) ein Sachverständiger (a. A. Förtsch S. 192 Nr. 3); es ist nicht ersichtlich, aus welchen Beweggründen der Gesetzgeber mehrere Sachverständige hätte vorschreiben sollen. Es muß aber stets ein von der gesetzlich zuständigen Stelle, meist von den Handelskammern, amtlich bestellter Sachverständiger mit der Nachprüfung beauftragt werden (RGZ 101, 239; 104, 209); als solcher gilt nicht ein nur für die Verwiegung mit Dezimalwaagen bestellter Sachverständiger bei einer automatischen Verwiegung (RGZ 104, 209; AG Berlin 233 C 1150/32; LG I Berlin vom 20. 3. 1930 — 28 S 1/30 —), ferner nicht ein Zollbeamter (OLG Kolmar in LZ 1908, 251) oder ein für die Verwiegung beeideter Wäger (RGZ 103, 23; 104, 203; OLG Naumburg vom 3. 3. 1933 — 2 U 158/32 — LG Magdeburg 15 O 112/31; LG Berlin vom 11. 7. 1932 — 212 S 3296/32 — AG Berlin 232 C 168/32; vom 12. 2. 1938 — 52 C 77/38 — AG Hamburg 32 C 255/44; AG Berlin vom 12. 10. 1944 — 100 C 60/44). Ein vereidigter Wäger kann als ein solcher unparteilicher Sachverständiger nicht bezeichnet werden, wie aus den Auskünften des Magistrats und der Deutschen Wirtschaftskommission hervorgeht, da er als an dem Waagevorgang Beteiligter nicht als unparteiisch angesehen werden kann und auch nicht sachverständig im Sinne des § 61 ist (AG Berlin-Mitte vom 1. 8. 1949 — 3 C 514/47 in VRS Bd. 2 S. 271). Auch eine Verwiegung durch Angestellte der Eisenbahn ist keine Feststellung im Sinne des § 61 (OLG Hamburg in HansGZ 1920, 129 Nr. 65, in HansRZ 1920, 323 Nr. 62), desgleichen nicht eine kaiamtliche Verwiegung (OLG Hamburg in HansGZ 1923, 81 Nr. 45). Es muß sich um eine amtlich bestellte unparteiische, also um eine nicht für ein sonstiges Interesse des Empfangsberechtigten tätig werdende sachkundige Person handeln, die in der Lage ist, den Zustand der Frachtgüter zu prüfen und eine objektive Grundlage für die Austragung späterer Streitigkeiten zu schaffen (LG Berlin in JW 1932, 2105 Nr. 2, AG Stettin vom 17. 3. 1928 — 22 C 3703/26 —, vom 1. 11. 1930 — 22 C 2723/29 —; LG Dessau vom 15. 6. 1933 — 6 O 84/31 —). Sind solche amtlich bestellten Sachverständigen nicht vorhanden und von anderen Stellen nicht zu beschaffen, so kann die Bestellung nach § 164 FGG durch das zuständige Amtsgericht beantragt werden. Eine Berufung darauf, daß am Ort kein Sachverständiger amtlich bestellt sei, greift nicht durch, da dann nach den §§ 485 flg. ZPO oder § 164 FGG oder auch im Wege der freien Vereinbarung die Hinzuziehung eines unparteiischen Sachverständigen bewirkt werden muß (AG Berlin-Mitte vom 1. 8. 1949 — 3 C 514/47 in VRS Bd. 2 S. 271). Es wird aber auch die rechtzeitige Einleitung eines Beweissicherungsverfahrens nach § 485 ZPO für ausreichend erachtet werden müssen (so auch Mittelstein 1 I zu § 61, 5d, *a* S. 257).

c) Der Sachverständige hat nach § 61 Abs. 1 bei einem äußerlich erkennbaren Mangel vor der Annahme „den Zustand" der Güter und bei äußerlich nicht erkennbaren Mängeln nach § 61 Abs. 2 diese festzustellen. Es genügt daher nicht schon die Stellung des Antrages (LG Magdeburg in Recht 1901, 239) oder die Nachprüfung der Wiegeergebnisse an Hand der Wiegezettel (OLG Hamburg in HansGZ Hauptbl. 1909 Nr. 20). Vielmehr soll der Sachverständige den Zustand des Gutes, und zwar persönlich, besichtigen, um hierdurch eine objektive und verläßliche Grundlage für die Austragung etwaiger Streitigkeiten zu schaffen (ROHG 12, 249). Der Sachverständige soll bei äußerlich nicht erkennbaren Mängeln nach § 61 Abs. 2 den „Mangel" feststellen, also den Zustand der Frachtgüter. Denn es ist kein Grund ersichtlich, die Vorschriften über das Feststellungsverfahren mit Ausnahme der Frage des Zeitpunktes seiner Einleitung im § 61 Abs. 1 und 2 voneinander abweichend zu gestalten (OLG Hamburg vom 21. 5. 1941 — 6 U 32/40 — 30 C 969/39 AG Hamburg in DJ 1942 S. 281; HansRGZ 1941 Nr. 47/48). Der Sachverständige hat hierzu die Vorgänge bei der Auslieferung, die Wiegevorrichtungen sowie den Zustand, also die Beschaffenheit der Güter nachzuprüfen. Der Umfang der Feststellung richtet sich im übrigen nach den besonderen Umständen, insbesondere danach, ob die Frachtgüter nach vollständig und unversehrt vorhanden sind. Die Nachprüfung ist auch dann nicht überflüssig, wenn sie schwer ausführbar ist; denn eine Nachprüfung der Vorgänge bei der Auslieferung und die Feststellung des Zustandes wird fast immer möglich sein; außerdem sind diese Schwierigkeiten ausschließlich von dem Empfänger durch die Art der Abnahme der Güter hervorgerufen, also von ihm allein zu vertreten (OLG Hamburg in HansRZ 1920, 323 Nr. 62; OLG Kolmar in LZ 1908, 251 Nr. 6; LG III Berlin vom 24. 5. 1932 — 5 S 3947/30 — AG Berlin-Charlottenburg 30/39 C 2202/30; AG Berlin vom 12. 2. 1938 — 52 C 77/38). Der Empfänger kann sich also auch nicht darauf berufen, daß die sicherlich oft zweckmäßige Art der Löschung der Frachtgüter (unmittelbar in ein anderes Schiff hinüber, teilweise unter Hinzuschüttung zu anderen gleichartigen Gütern) dem Frachtführer jede Möglichkeit einer Beweissicherung genommen habe; diese Schwierigkeit ist dem Empfänger von vornherein bekannt und er hätte die Besichtigung durch Sachverständige auch vorher veranlassen können (OLG Hamburg vom 21. 5. 1941 — 6 U 32/40 — 30 C 969/39 AG Hamburg in DJ 1942 S. 281; HansRGZ 1941 Nr. 47/48). Wenn der Empfänger sichergehen will, darf er vor der Klärung etwa auftauchender Streitfragen über den Umfang der Ladung nicht mit dem Abtransport beginnen, auch wenn sich die Entladung auf mehrere Tage hinzieht. Dem steht die gebotene Ausnutzung der Verkehrsmittel nicht entgegen; hieraus sich etwa ergebende Schwierigkeiten müssen durch besseren Einsatz der Verkehrsmittel und zweckentsprechende Zeitunterteilung nach Möglichkeit ausgeglichen werden (OLG Hamburg vom 29. 3. 1944 — 2 U 107/43 — 30 C 499/42 AG Hamburg). Der Frachtführer hat eine solche Besichtigung zu dulden; er ist aber nicht verpflichtet, hierzu besondere Vorkehrungen, wie etwa eine vorläufige Löschung der Frachtgüter, vorzunehmen (OLG Hamburg in HansGZ Hauptbl. 1896 Nr. 58; 1909 Nr. 20). Der Frachtführer muß aber durch den Empfänger von der Sachlage rechtzeitig unterrichtet werden, daß eine ihn bindende Feststellung getroffen werden soll; denn eine Ermittlung des Umfanges der Frachtgüter oder eine Besichtigung erfolgt häufig auch zu anderen Zwecken (RGZ 101, 238; 104, 209, 210). Es ist also eine Ladung des Frachtführers zur Teilnahme erforderlich (AG Berlin-Schöneberg vom 22. 7. 1939 — 27 C 338/39); ferner eine Unterrichtung des Frachtführers, daß die Nachprüfung erfolgt, um eine ihn bindende Feststellung zu treffen und seine Hinzuziehung zu den Nachprüfungen des Sachverständigen (OLG Hamburg vom 21. 5. 1941 — 6 U 32/40 — 30 C 969/39 AG Hamburg in DJ 1942 S. 282 — HansRGZ 1941 Nr. 47/48).

d) Die Kosten dieser Nachprüfung durch den amtlich bestellten Sachverständigen hat diesem gegenüber der Antragsteller zu tragen. Der Empfangsberechtigte kann nach § 61 Abs. 3 (ebenso nach den §§ 438 Abs. 4, 610 Abs. 2 HGB) die Kosten einer von ihm beantragten Feststellung von dem Frachtführer erstattet verlangen, wenn ein Verlust oder eine Beschädigung ermittelt wird, für die der Frachtführer Ersatz leisten muß. Es ist hierfür aber nicht entscheidend, ob der Sachverständige eine Beschädigung oder Minderung feststellt, sondern allein die durch Anerkenntnis oder durch rechtskräftige gerichtliche Entscheidung ermittelte Ersatzpflicht des Frachtführers. In gleicher Weise hat unter entsprechender Anwendung des § 61 Abs. 3 nach § 242 BGB der Frachtführer einen Anspruch auf Erstattung der Kosten gegen die Frachtbeteiligten (Absender und Empfänger), wenn er berechtigterweise die Einleitung des Feststellungsverfahrens beantragt hat, um eine behauptete Ersatzpflicht aus einer angeblichen Beschädigung oder Minderung der Ladung auf diese Weise zu widerlegen, weil beispielsweise der Empfänger ihm die Fracht deshalb einbehalten oder mit einem angeblichen Schadensersatzanspruch aufgerechnet hat. Von diesen Ausnahmefällen abgesehen sind die Kosten auch endgültig von demjenigen zu tragen, der in seinem Interesse das Feststellungsverfahren eingeleitet hat (OLG Hamburg in SeuffA 68, 285).

6. Anderweite Vereinbarungen

a) Die Vorschrift des § 61 enthält ebensowenig wie die §§ 438, 608, 609 HGB zwingendes Recht; sie findet daher nur Anwendung, soweit nicht eine andere Regelung vereinbart ist (RG in Recht 1921 Nr. 1453; KG in OLG 6, 360; OLG Hamburg in HansGZ Hauptbl. 1898 Nr. 78). Mitunter wird bereits bei Abschluß des Frachtgeschäfts ausbedungen und in den Frachtpapieren (Frachtbrief oder Ladeschein) vermerkt, daß eine Nachprüfung durch einen amtlich bestellten Sachverständigen nicht erforderlich sein soll. Nach § 26 in Verbindung mit § 446 Abs. 1 HGB ist eine solche Abmachung dem Empfänger gegenüber, soweit er nicht gleichzeitig Absender ist, für den Frachtführer bei Ausstellung eines Ladescheins nur verbindlich, wenn in diesem Frachtpapier eine solche Bedingung oder eine allgemeine Bezugnahme auf den Frachtvertrag enthalten ist. Die Klausel, daß der Frachtführer mit einer Entlöschung durch Elevator und Verwiegung auf einer automatischen Waage einverstanden sei, enthält dagegen keine Vereinbarung, daß eine Nachprüfung durch amtlich bestellte Sachverständige nicht erforderlich sein soll (LG Berlin in JW 1932, 2450 Nr. 3); das gleiche gilt von einem Vermerk, daß die Entlöschung durch vereidete Wäger oder Elevator erfolge, da hieraus nicht mit Sicherheit zu entnehmen ist, daß eine sachverständige Nachprüfung nicht veranlaßt zu werden braucht (RGZ 104, 212). Eine dahingehende Vereinbarung kann auch nach Abschluß des Frachtvertrages zwischen dem Frachtführer und dem Empfänger getroffen werden. Dies wird aber selten vorkommen, da der Frachtführer damit auf eine für ihn günstige und seine weitgehende Haftung einschränkende Schutzvorschrift verzichtet. Es sind deshalb auch „strenge Anforderungen" an eine durch schlüssige Handlungen behauptete nachträgliche Abmachung zu stellen; es genügt keineswegs ein „Einverständnis" mit der vom Empfänger veranlaßten Art der Abnahme der Frachtgüter, wie die „Duldung" der Verwiegung auf einer automatischen Waage ohne Hinzuziehung eines Sachverständigen oder seine Mitwirkung dabei und die sofortige Fortschaffung oder Vermischung der Frachtgüter mit anderen gleichartigen Gütern, da der Empfänger den Frachtführer durch eine solche Abnahme nicht einseitig in seinen Rechten beschränken kann (KG vom 7. 12. 1929 — 12 U 6316/29 — LG II Berlin 45 O 491/29; OLG Naumburg vom 3. 3. 1933 — 2 U 158/32 — LG Magdeburg 15 O 112/31; LG Berlin in JW 1932, 2450 Nr. 3; OLG Hamburg in HansGZ 192, 129 Nr. 65; LG III Berlin vom 24. 5. 1932 — 5 S 3947/30 —; AG Berlin-Charlottenburg vom 22. 3. 1932 — 47 C 128/32 —); der Frachtführer ist weder berechtigt noch verpflichtet, gegen eine solche Art der Abnahme der Frachtgüter Einspruch zu erheben oder den Empfänger auf die Einhaltung des Feststellungsverfahrens hinzuweisen (OLG Hamburg in OLG 38, 21; vgl. Anm. 4a, 5a). Der Empfänger kann sich auch nicht darauf berufen, daß die Nachprüfung durch einen Sachverständigen „unmöglich" oder „erschwert" sei, da dies durch die von ihm gewählte Art der Abnahme hervorgerufen worden ist, so daß der Frachtführer die Folgen nicht zu vertreten braucht (OLG Kolmar in LZ 1908, 251 Nr. 9). Es genügt auch nicht, wenn sich der Empfänger einseitig die behaupteten Schadensersatzansprüche durch Erklärung gegenüber dem Frachtführer vorbehält (Begr. S. 87; RG vom 12. 6. 1901 — I 58/1901 —). Ein solcher einseitiger Vorbehalt genügt selbst dann nicht, wenn die Beschädigung oder Minderung an sich, nicht aber die Ursachen, auf denen dieser Mangel beruht, unstreitig sind (LG Danzig in VerkehrsrR [1933], S. 60). Auch die Anwesenheit des Frachtführers bei der Verwiegung reicht nicht aus (AG Berlin vom 12. 2. 1938 — 52 C 77/38). Selbst dann, wenn der Frachtführer das Vorhandensein der Mängel „anerkannt" hat, würde er sich seiner Rechte aus § 61 grundsätzlich nicht begeben (LG I Berlin vom 10. 1. 1929 — 28 S 6/28 — AG Berlin-Mitte 58 C 1016/28). Gegen die Annahme eines behaupteten Verzichts des Frachtführers auf die Einhaltung des Feststellungsverfahrens nach Abschluß des Frachtvertrages besteht schon das rechtliche Bedenken, daß es sich hierbei nicht um eigene Rechte des Frachtführers, sondern um ein von dem Empfänger einzuhaltendes Verfahren handelt (LG Halle vom 19. 6. 1929 — 6 S 93/29 — AG Halle 6 C 2111/28). Ein solcher Verzicht muß sich zumindest aus schlüssigen Handlungen unzweideutig ergeben, folgt also nicht aus einem Einverständnis mit einer Verwiegung oder einer sonstigen Art der Abnahme der Ladung (OLG Naumburg vom 3. 3. 1933 — 2 U 152/32 —; LG Berlin in JW 1932, 2450 Nr. 3). Auch die Unterzeichnung einer Ablieferungsbescheinigung, die eine Beschädigung oder Minderung enthält, kann nicht als ein Verzicht auf die Vorschrift des § 61 aufgefaßt werden (LG I Berlin vom 1. 3. 1928 — 28 S 1/28 —). Es ist vielmehr der Nachweis erforderlich, daß der Frachtführer nicht nur die gerügten Mängel als vorhanden, sondern auch seine Ersatzpflicht anerkannt hat oder daß er seine Zustimmung mit der Abstandnahme von der sachverständigen

Nachprüfung erklärt hat (RG in Recht 1921 Nr. 1453; KG vom 7. 12. 1929 — 12 U 6316/29 — LG I Berlin 45 O 491/29; AG Berlin-Mitte vom 23. 8. 1932 — 232 C 439/32 —). Es besteht auch kein allgemeiner Handels- oder Schiffahrtsbrauch, wonach bei Entlöschung der Frachtgüter durch Elevator oder Greifer nach anschließender Verwiegung auf einer amtlich geeichten Waage durch einen vereidigten Wäger allgemein oder bei einer Minderung der Frachtgüter von der Einhaltung des Feststellungsverfahrens aus § 61 Abstand genommen werden könnte, da sich eine solche langjährige Übung in Übereinstimmung der sämtlichen beteiligten Verkehrskreise trotz verschiedener Gutachten der Handelskammern nicht feststellen läßt LG I Berlin vom 15. 4. 1929 — AG Berlin-Mitte 158 C 1931/28 —, vom 19. 12. 1932 — 212 S 6714/32 —, AG Berlin-Mitte 232 C 706/32 in VerkehrsR [1934], S. 223, vom 22. 4. 1932 — 301/45 O 606/30 —; LG III Berlin vom 24. 5. 1932 — 5 S 3947/30 — AG Berlin-Charlottenburg 39 C 2202/30; LG Guben vom 21. 9. 1928 — 1 S 582/27 —; AG Halle vom 8. 12. 1928 — 6a C 1630/28 —; AG Berlin-Mitte vom 14. 1. 1933 — 232 C 962/32 —; vom 12. 2. 1938 — 52 C 77/38; LG Frankfurt a./O. vom 17. 4. 1929 — 2 S 720/28 —; HK Berlin C 32474/26; a. A. HK Berlin in Zschucke, Handelsgebräuche S. 63, 64). Beeidigte Wäger können im Einzelfall nach etwaigem Handelsbrauch dann als Sachverständige genügen, wenn die bloße Verwiegung bzw. Zählen und Messen ausreichen, um eine verläßliche Grundlage für die Austragung späterer Rechtsstreitigkeiten zu schaffen. Dieser Sinn wird da nicht erfüllt, wo ein derart enger Zusammenhang zwischen der Beschaffenheit des Gutes und seiner Minderung bestehen kann, daß eine bloße Verwiegung keine solche genügende Grundlage bildet. Dieser enge Zusammenhang ist bei losem Getreide ohne weiteres gegeben, weil die Beschaffenheit der Ware einen Rückschluß darauf zuläßt, in wie hohem Maße die eingetretene Gewichtsminderung auf Schwund zurückzuführen ist (OLG Hamburg vom 21. 5. 1941 — 6 U 32/40 in DJ 1942 S. 281 = R 1942 Nr. 1659; KG in KG Bl. 1910, 94 = HansGZ 1941 Nr. 48).

b) In den Frachtverträgen der Binnenschiffahrt, insbesondere in den Frachtpapieren (Frachtbrief oder Ladeschein) und den dort in bezug genommenen Verfrachtungsbedingungen, finden sich nicht selten Vereinbarungen, die die im § 61 vorgesehene Regelung aufheben oder abändern. So wird mitunter, insbesondere in den rheinischen Verfrachtungsbedingungen, ausbedungen, daß mit der Annahme des Gutes durch den Empfangsberechtigten jede Verantwortlichkeit der Reederei erloschen sein soll. Ferner wird nicht selten bei Verlust jeden Anspruchs eine sofortige schriftliche Benachrichtigung sowie eine Feststellung durch gerichtlich ernannte Sachverständige spätestens innerhalb 24 Stunden nach der Annahme vorgeschrieben (§ 8 Ziff. 19, 20 der Oderbedingungen). Auch eine Verständigung über eine anderweite Art der Schadensfeststellung wird mitunter vorgesehen (§ 99 der Allgemeinen Verfrachtungsbedingungen, §§ 90, 99 der Elbebedingungen). Manchmal wird auch die Anwendung des § 61 in den Frachtpapieren durch Aufnahme eines Verzichts des Frachtführers auf die Zuziehung eines Sachverständigen ausgeschlossen.

Das Erlöschen der sonstigen Ansprüche aus dem Frachtvertrag

§ 62

Der Frachtführer haftet für den durch verspätete Ablieferung des Gutes entstandenen Schaden, es sei denn, daß die Verspätung auf Umständen beruht, die durch die Sorgfalt eines ordentlichen Frachtführers nicht abgewendet werden konnten.

Ist die Fracht nebst den sonst auf dem Gute haftenden Forderungen bezahlt und das Gut angenommen, so kann der Anspruch nicht geltend gemacht werden, es sei denn, daß der Frachtführer die Verspätung durch Vorsatz oder grobe Fahrlässigkeit herbeigeführt hat.

Die Vorschrift im Abs. 2 findet auch auf andere Ansprüche gegen den Frachtführer aus dem Frachtvertrag Anwendung, soweit die Ansprüche nicht den Vorschriften des § 61 unterliegen.

1. Die Ansprüche aus einer verspäteten Ablieferung

a) Nach § 42 Abs. 2 hat der Frachtführer, soweit im Frachtvertrag nichts anderes vereinbart ist, die Reise binnen einer den Umständen nach angemessenen Frist anzutreten. Von der Festsetzung von Beförderungsfristen hat das Gesetz (anders im Landfrachtrecht nach den §§ 428, 429 HGB) Abstand genommen, weil diese infolge der Eigenart der Binnenschiffahrt durch Wasserstands- und Witterungsverhältnisse sowie durch die Jahreszeit bedingt sind. Der Frachtführer hat die Frachtreise ohne schuldhaftes Zögern (§ 121 BGB) durchzuführen; hierbei hat er aber in erster Linie für die Sicherheit von Schiff und Ladung zu sorgen (vgl. im übrigen § 42 Anm. 2c).

b) Nach § 62 Abs. 1 haftet der Frachtführer grundsätzlich für den durch eine verspätete Ablieferung des Gutes entstandenen Schaden. Der Ersatzberechtigte hat die Verspätung, also die Überschreitung der aus den gesamten Umständen zu entnehmenden angemessenen Frist (vgl. Anm. 1a), und die Entstehung des Schadens zu beweisen. Der Schaden kann darin bestehen, daß die Frachtgüter infolge der zu langen Reise an Marktwert verloren haben (ROHG 20, 347), daß der Ersatzberechtigte eine Lieferfrist nicht erfüllen konnte oder daß der Empfänger wegen der Verspätung die Annahme verweigert und die Güter nur mit Verlust verwertet werden können (RG in HansGZ Hauptbl. 1897 Nr. 13). Es kann aber auch ein Schaden entstehen, weil die Frachtgüter infolge der übermäßig langen Reise teilsweie verlorengehen oder verderben; für einen solchen Mangel (Verlust oder Beschädigung) würde der Frachtführer nach § 58 in Verbindung mit § 430 HGB nur zum Ersatz des gemeinen Wertes verpflichtet sein; er haftet aber nach § 62 Abs. 1 auf vollen Schadensersatz (§§ **249ff.** BGB), wenn der Nachweis erbracht wird, daß der Schaden gerade durch die verspätete Ablieferung verursacht ist (RG und OLG Hamburg in HansGZ Hauptbl. 1897 Nr. 13).

c) Der Frachtführer kann sich nach § 62 Abs. 1 gegenüber einem solchen Schadensersatzanspruch durch den Nachweis entlasten, daß die Verspätung auf Umständen beruht, die durch die Sorgfalt eines ordentlichen Frachtführers nicht abgewendet werden konnte. Er wird insbesondere geltend machen können, daß die längere Dauer der Reise auf die von ihm nicht zu vertretenden Witterungs- oder Wasserstandsverhältnisse, auf behördliche Anordnungen oder Sperrungen von Wasserstraßen, auf Schiffsunfälle zurückzuführen ist (vgl. im übrigen § 58 Anm. 6a; § 42 Anm. 2c). Unter Umständen wird sich der Frachtführer auch nach § 254 BGB darauf berufen können, daß der Ersatzberechtigte auf das Erfordernis einer besonderen Beschleunigung der Reise, insbesondere auf etwaige von ihm übernommene Lieferfristen, hätte hinweisen müssen.

2. Das Erlöschen der Ansprüche aus verspäteter Ablieferung

a) Auch die Schadensersatzansprüche aus einer verspäteten Ablieferung der Ladung sind, wie die Ansprüche aus einer Beschädigung oder Minderung (§ 61), einem „Erlöschen" ausgesetzt; jedoch ist dies nicht, wie im § 61, von der Annahme der Frachtgüter allein, sondern auch von der Bezahlung der Fracht und der sonst auf dem Gut haftenden Forderungen abhängig gemacht (so auch im Landfrachtrecht nach § 438 Abs. 1 HGB). Es genügt also allein weder die Annahme des Gutes (RG bei Bolze 14 Nr. 403) noch die Zahlung der Fracht (OLG Hamburg in HansGZ Hauptbl. 1889 Nr. 15), sondern es müssen beide Erfordernisse gegeben sein. Aus einem solchen beiderseits erfüllten Geschäft sollen keine Ansprüche mehr hergeleitet werden können (ROHG 13, 415; 15, 143). Es ist aber nach § 62 Abs. 2 lediglich entscheidend, daß tatsächlich die Frachtforderungen bezahlt und die Frachtgüter angenommen, also die Leistungen vollständig erfüllt sind; es ist unerheblich, in welcher Reihenfolge und von welcher Seite die Erfüllung vorgenommen wurde (OLG Hamburg in OLG 14, 384, in LZ 1908, 85; Mittelstein 2 S. 293). Demnach erlöschen die Ansprüche auch, wenn nach erfolgter Annahme der Frachtgüter durch den Empfänger bei Frankosendungen (§ 67) die Zahlung der Fracht durch den Absender erfolgt (OLG Hamburg in OLG 14, 384; Mittelstein 2 S. 293; a. A. ROHG 13, 414; 15, 143; Mittelstein 1 I zu § 62 Anm. 3b). Man wird auch das Erlöschen der Ansprüche schon mit der Annahme der Frachtgüter eintreten lassen müssen, wenn überhaupt keine Fracht zu entrichten ist.

b) Es müssen die Fracht (§ 63) und alle sonstigen „auf dem Gut haftenden Forderungen" bezahlt sein, die auf Grund des Frachtvertrages geltend zu machen sind und vom gesetzlichen Pfandrecht (§ 440 HGB) erfaßt werden. Diese Forderungen müssen vollständig, also nicht nur teilweise entrichtet sein (RGZ 25, 33; OLG Hamburg in HansGZ Hauptbl. 1889 Nr. 101); der Zahlung werden sonstige gesetzliche Schuldbeendigungsgründe, wie Aufrechnung, Hingabe an Zahlungs Statt, gleichgestellt, dagegen genügt nicht ein Schuldversprechen oder die Hingabe eines Wechsels (RGZ 25, 33). Durch einen einseitigen Vorbehalt bei der Zahlung wird das Erlöschen der Ansprüche nicht aufgehalten (ROHG 1, 181; RGZ 20, 6; RG in JW 1905, 509 Nr. 9; OLG Hamburg in HansGZ Hauptbl. 1889 Nr. 20). Es ist aber unerheblich, ob die Fracht vor, bei oder nach der Annahme bezahlt wird und ob sie der Empfänger, der Absender oder ein Dritter entrichtet (OLG Hamburg in OLG 14, 384).

c) Außer der Zahlung der Fracht muß die Annahme der Frachtgüter erfolgt sein, wenn ein Erlöschen der Ansprache eintreten soll. Unter der Annahme ist, wie im § 61, nicht die rein tatsächliche Abnahme der Frachtgüter durch den Empfangsberechtigten, sondern die Annahme als Erfüllung des in der Hauptsache ausgeführten Frachtvertrages anzusehen (vgl. hierzu § 61 Anm. 2).

d) Mit der Zahlung der Fracht und der Annahme der Ladung erlöschen nach § 62 Abs. 2 ohne weiteres alle Ansprüche aus einer verspäteten Ablieferung; sie können „nicht mehr geltend gemacht werden", sind also untergegangen (RG in HansGZ Hauptbl. 1889 Nr. 48 S. 126). In Angleichung an die Vorschrift des § 61 Abs. 4 tritt aber nach § 62 Abs. 2 (ebenso wie in § 438 HGB) ein solches Erlöschen nicht ein, wenn der Ersatzberechtigte nachweist, daß der Schaden durch Vorsatz oder grobe Fahrlässigkeit des Frachtführers oder seiner Leute herbeigeführt ist (vgl. § 61 Anm. 1d).

3. Das Erlöschen sonstiger Ansprüche aus dem Frachtvertrag

a) Nach § 61 erlöschen die Ansprüche gegen den Frachtführer aus einer Beschädigung oder Minderung der Frachtgüter mit deren Annahme, während nach

§ 62 ein Erlöschen der Ansprüche auf einer verspäteten Ablieferung mit der Annahme der Güter und der Zahlung der Fracht eintritt. Für alle sonstigen Ansprüche gegen den Frachtführer aus dem Frachtvertrag findet nach § 62 Abs. 3 die „Vorschrift im Abs. 2" Anwendung. Es tritt also auch ein Erlöschen dieser sonstigen Ansprüche aus dem Frachtvertrag, soweit sie nicht unter § 61 fallen, mit der Bezahlung der Frachtforderungen und der Annahme der Ladung ein. Es muß sich aber stets um Ansprüche handeln, die in dem Frachtvertrag ihren Rechtsgrund haben, wie z. B. aus einer verzögerten Abnahme der Güter, aus nicht rechtzeitiger oder nicht vertragsgemäß erfolgter Schiffsgestellung (LG Hamburg vom 19. 8. 1910 — H VII 19/1910 —). Dagegen gehören nicht hierher die auf sonstige Haftungsvorschriften gestützten Ansprüche, wie z. B. auf Rückerstattung zuviel bezahlter Fracht (ROHG 15, 33; RGZ 6, 104), aus einem besonderen Lager- oder Verwahrungsvertrag (ROHG 24, 305), aus Bereicherung oder unerlaubter Handlung.

4. Anderweite Vereinbarungen

Im Frachtgeschäft der Binnenschiffahrt wird häufig die nicht zwingende Haftungsregelung des § 62 Abs. 1 anderweit vereinbart. So bedingen sich die Frachtführer nicht selten aus, daß eine Haftung aus einer verspäteten Ablieferung, wenn nicht bestimmte Lieferfristen abgemacht sind, überhaupt nicht geltend gemacht werden kann (vgl. § 16 Abs. 1 der Oderbedingungen). Manchmal wird auch die Gewährleistung und Einhaltung einer bestimmten Lieferzeit grundsätzlich abgelehnt (vgl. § 94 Abs. 1 der Allgemeinen Verfrachtungsbedingungen, § 94 Abs. 1 der Elbebedingungen). Eine solche Freizeichnung ist rechtlich zulässig (vgl. § 58 Anm. 8a).

Die Berechnung der Fracht

§ 63

Wenn die Fracht nach Maß, Gewicht oder Menge der Güter bedungen ist, so ist die Angabe in dem Frachtbriefe oder Ladescheine über Maß, Gewicht oder Menge für die Berechnung der Fracht entscheidend. In Ermangelung einer solchen Angabe ist anzunehmen, daß Maß, Gewicht oder Menge der abgelieferten und nicht der übernommenen Güter für die Höhe der Fracht entscheiden soll.

1. Die Arten der Frachtberechnung

a) Nach § 26 in Verbindung mit den §§ 435, 447 HGB erhält der Frachtführer als Gegenleistung für die von ihm übernommene Beförderung der Frachtgüter ein als Fracht bezeichnetes Entgelt. Die Höhe dieser Fracht kann in einem festen Betrage (Pauschalfracht) vereinbart, auch nach der Zeit der Beförderung unter Zugrundelegung eines Tagesfrachtsatzes (Tagesfracht) festgesetzt sein (OLG Karlsruhe in DJZ 1898, 475 Nr. 21; OLG Hamburg in OLG 10, 351; 45, 74; in HansGZ Hauptbl. 1904 Nr. 119). Eine Klausel „10 Tage fest oder garantiert", ist nach Schiffahrtsbrauch so aufzufassen, daß die vereinbarte Tagesfracht für mindestens 10 Tage bezahlt werden muß, wenn das Schiff auch weniger in Anspruch genommen ist (OLG Köln vom 18. 4. 1941 — 3 U 59/40 in Zeitschr. f. Binnenschiffahrt 1941 S. 87). Es kann auch eine ausdrückliche Vereinbarung über die Fracht fehlen; dann ist nach § 632 Abs. 1, 2 BGB, da der Frachtvertrag seiner rechtlichen Natur nach einen Werkvertrag darstellt, die Entrichtung der am Ort der Einladung üblichen Fracht als stillschweigend vereinbart anzusehen (KG vom 31. 7. 1951 — 7 U 3540/49 in VRS 1951, 459). Manchmal wird auch für die Höhe der Fracht auf allgemein veröffentlichte Tarifsätze, wie z. B. auf die von den Frachtausschüssen festgesetzten Frachten oder auf die etwaigen Frachttarife des Frachtführers, Bezug genommen.

b) Meist wird nun aber die Fracht nach Maß, Gewicht oder Menge, also nach dem Umfang der Frachtgüter unter Zugrundelegung eines festen Einheitssatzes (nach Raummeter, Kilogramm, Kubikmeter) vereinbart. Das geschieht vor allem deshalb, weil bei Abschluß des Frachtvertrages vielfach noch nicht feststeht, wieviel Ladung geliefert werden wird. Für diesen meist vorliegenden Fall, daß die Fracht nach dem Umfang der Güter abgeschlossen ist, sieht der § 63 Auslegungsregeln vor, in welcher Weise die für die Errechnung der Fracht zugrunde zu legende Menge ermittelt werden soll.

2. Die Berechnung der Fracht nach dem Umfang der Ladung

a) Nach § 63 Satz 1 ist die Angabe in dem Frachtbrief oder Ladeschein über Maß, Gewicht oder Menge der Frachtgüter für die Berechnung der Fracht entscheidend, wenn die Fracht nach dem Umfang der Ladung vereinbart ist. Voraussetzung für die Anwendung dieser Auslegungsregel ist also, daß der Frachtbrief oder Ladeschein eine bestimmte Angabe über den Umfang der Frachtgüter enthält. Bei einem Ladeschein folgt die Verbindlichkeit einer solchen Angabe für das Rechtsverhältnis zwischen Frachtführer und Empfänger auch aus § 26 in Verbindung mit § 446 Abs. 1 HGB. Für den Frachtbrief soll nach § 63 Satz 1 eine gleiche Regelung gelten; nach § 26 in Verbindung mit § 426 Abs. 3 HGB haftet der Absender dem Frachtführer für die Richtigkeit und Vollständigkeit der in den Frachtbrief aufgenommenen Angaben. Meist wird im Frachtgeschäft entweder ein Ladeschein oder ein Frachtbrief ausgestellt; sollten für eine Verfrachtung beide Frachtpapiere gezeichnet sein, so kommt es für die Rechtsbeziehung zwischen dem Frachtführer und dem Empfänger auf den Inhalt des Ladescheins (§ 446 Abs. 1 HGB), für das Rechtsverhältnis zwischen Frachtführer und Absender dagegen auf den Frachtbrief (§ 446 Abs. 2 HGB) an. Der Empfänger wird durch die Annahme des Frachtgutes und des Ladescheins bzw. Frachtbriefes verpflichtet, nach Maßgabe dieser Frachtpapiere Zahlung zu leisten, also wird er Schuldner aller dahingehenden Ansprüche des Frachtführers (so RG vom 13. 10. 1942 — I 129/41). Die Angabe in diesen Frachtpapieren über den Umfang der Frachtgüter ist für die Berechnung der Fracht „entscheidend", also allein und unter Ausschluß des Gegenbeweises maßgebend, so daß es nicht darauf ankommt, welche Menge der Frachtführer eingeladen oder ausgeliefert hat (ROHG 12, 370; 14, 298; RGZ 14, 116, 117; OLG Hamburg in HansGZ Hauptbl. 1894 Nr. 52; KG vom 24. 4. 1951 — 2 U 272/51 in VRS 1951, 317; KG vom 31. 7. 1951 — 7 U 3540/49 in VRS 1951, 459). Diese gesetzliche Auslegungsregel findet aber dann keine Anwendung, wenn der Ladeschein oder Frachtbrief eine hiervon abweichende Vereinbarung über die Berechnung der Fracht enthält (ROHG 6, 348), z. B. die Bestimmung, daß das eingeladene oder ausgelieferte Gewicht maßgebend sein soll. Dagegen genügt hierfür nicht eine allgemeine Bezugnahme auf den Frachtvertrag (RGZ 14, 117) oder die Klausel „Zahl, Maß, Gewicht, unbekannt" (§ 73), da diese eine andere Bedeutung hat (Begr. S. 100; ROHG 12, 370; KG vom 31. 7. 1951 — 7 U 3540/49 in VRS 1951, 459). Ferner sind etwaige die bestimmte Mengenangabe einschränkende Vermerke zu berücksichtigen, wie „nicht geprüft" oder „unter Protest" oder „etwa"; solche die Bestimmtheit der Gewichtsangabe entkräftende Zusätze machen diese grundsätzlich auch für die Frachtberechnung unanwendbar. Die gleiche Bedeutung wird meist auch der sog. Zirkaklausel („ca." oder „ungefähr") beigemessen (so Mittelstein 2 S. 252). Nach Schiffahrtsbrauch wird aber bei einer Ladungsübernahme mit der Angabe einer Zirkaklausel ein Mehr oder Weniger von 5 v. H., nach den Duisburg-Ruhrorter Börsenbedingungen und Gutachten von nur 2½% (vgl. Handelsbräuche S. 16; Gutachten Nr. 16 S. 24) der angegebenen Menge verstanden und die Fracht ist mindestens für diese Frachtmenge abzüglich 5 v. H. zu bezahlen (HK Berlin XII A 9. 30125/22, XIII/3 C 17920/36). Ferner ist nach Schiffahrtsbrauch die in den Frachtpapieren vermerkte Menge der Frachtgüter, selbst wenn es sich nur um eine ungefähre Angabe handelt, dann maßgebend, wenn der Empfänger eine ordnungsmäßige Ermittlung des Umfanges der abgelieferten Frachtgüter in der Nähe des Fahrzeuges unter vorheriger Benachrichtigung und Kontrollmöglichkeit des Frachtführers unterläßt (vgl. § 58 Anm. 2a); das gleiche gilt, wenn die Fracht zwar nach dem ausgelieferten Gewicht zu bezahlen ist, der Empfänger aber eine Verwiegung überhaupt nicht oder nicht ordnungsmäßig in dieser Weise vornimmt (LG Berlin vom 12. 5. 1932 — 212 S 2231/32 — AG Berlin-Mitte 232 C 9/32). Der Frachtführer hat in Ermangelung anderer Vereinbarungen keine Pflicht zum Verwiegen, da ihm die Frachtgüter anzuliefern sind und er sich, insbesondere sofern ein Frachtbrief ausgestellt wird, auf die Angaben des Absenders hinsichtlich des Gewichts verlassen darf (KG vom 31. 7. 1951 — 7 U 3540/49 in VRS 1951, 459). Falls der Frachtführer die Fracht nicht von dem Empfänger, sondern von dem Absender einfordert, wie dies bei Frankosendungen der Fall ist, so steht es ihm, ebenso wie dem Absender, frei, den Nachweis zu erbringen, daß nach dem Frachtvertrag (vgl. §§ 426 Abs. 3, 446 Abs. 2 HGB) die Angaben des Ladescheins oder Frachtbriefs über den Umfang der Frachtgüter nicht richtig, also mehr oder weniger eingeladen und befördert, sind (OLG Kolmar in Recht 1906, 317 Nr. 858).

b) Soweit aus den dargelegten Gründen die Angaben in dem Ladeschein oder Frachtbrief über den Umfang der Ladung nicht in Betracht kommen oder die Frachtpapiere überhaupt keine Frachtmenge enthalten (z. B. bei einer wasserstandsgemäßen Ladung), soll nach der weiteren Auslegungsregel des § 63 Satz 2 Maß, Gewicht oder Menge der abgelieferten und nicht der übernommenen Güter für die Höhe der Fracht entscheiden. Es kommt also nicht darauf an, wie groß der Umfang der Frachtgüter bei der Einladung war, sondern welche Frachtmenge bei der Auslieferung ermittelt wurde (OLG Hamburg in HansGZ Hauptbl. 1897 Nr. 53). Erfolgt eine Ermittlung des Umfanges der Frachtgüter bei der Auslieferung entweder überhaupt nicht oder nicht ordnungsmäßig (vgl. Anm. 2a), so kann sich der Frachtführer auf die etwaige bei der Einladung ermittelte Frachtmenge berufen; er kann aber auch eine Schätzung nach dem bei der Auslieferung abgelesenen Pegelstand seines Schiffes verlangen. In solchen Fällen wird das durch den Pegelstand ermittelte Ladungsgewicht in der Schiffahrt der Frachtberechnung zugrunde gelegt (vgl. Handelsgebräuche S. 73).

c) Es kommt nicht selten vor, daß bei der Ablieferung ein größerer Umfang an Frachtgütern ermittelt wird, als sich aus den Frachtpapieren ergibt. Für ein solches bei der Ablieferung ordnungsmäßig ermitteltes, nicht auf andere Umstände zurückzuführendes Übergewicht (Mehrgewicht) hat der Frachtführer auf Grund allgemeinen Schiffahrtsbrauches nach dem vereinbarten oder sonst üblichen Satz ebenfalls die Fracht zu beanspruchen (vgl. die Gutachten HK Berlin in Zschucke, Handelsgebräuche S. 79, 80). Dies ergibt sich auch aus den allgemeinen bürgerlichrechtlichen Vorschriften (§§ 631, 632, 242 BGB), wonach der Frachtführer für eine auftragsgemäß vorgenommene Leistung über den vereinbarten Umfang hinaus eine Vergütung verlangen kann.

d) Nach § 26 in Verbindung mit den §§ 435ff. HGB ist die Fracht gegen Ablieferung der Frachtgüter zu zahlen. Diese Zug-um-Zug-Leistung bereitet häufig Schwierigkeiten und ist nach § 242 BGB zu beurteilen. Bei einem einheitlichen Frachtvertrag tritt hiernach die Fälligkeit schon mit dem Beginn der Löschung ein. Eine solche rechtlich einheitliche Forderung aus dem Frachtvertrag muß bei Änderung der Währungsbestimmungen auch einheitlich umgestellt werden (BGH vom 13. 4. 1951 I ZR 64/50 in VRS 1951 Nr. 92).

3. Die Vereinbarungen über die Berechnung der Fracht

In den Frachtpapieren und den darin angezogenen Verfrachtungsbedingungen finden sich häufig Vereinbarungen über die anderweite Errechnung der Fracht. So wird meist bestimmt, daß die Fracht stets für das im Frachtbrief oder Ladeschein enthaltene Gewicht, Maß oder die Stückzahl, mindestens für 100 kg und für weiter angefangene 10 kg, zu bezahlen ist (vgl. § 22 Abs. 1 der Oderbedingungen). Ferner wird vielfach ausbedungen, daß dem Frachtführer für einen bei der Ablieferung ermittelten Überschuß über das in den Frachtpapieren angegebene Gewicht, das nicht etwa durch unnatürliche oder äußere Einflüsse entstanden ist, oder für eine Mehrlieferung die Fracht zusteht (vgl. § 69 der Allgemeinen Verfrachtungsbedingungen; § 69 der Elbebedingungen; § 22 Abs. 1 der Oderbedingungen). Bei Streitigkeiten über das Gewicht ungewogen übernommener Güter läßt sich der Frachtführer mitunter das Recht einräumen, eine Verwiegung am Ablieferungsort auf Kosten des Empfangsberechtigten vornehmen zu lassen (vgl. § 69 der Allgemeinen Verfrachtungsbedingungen). Auch Schiffahrtsbräuche spielen bei verschiedenen Frachtgüterarten eine bedeutsame Rolle; so ist bei Faschinen nach Schiffahrtsbrauch der Umfang der für die Frachtberechnung maßgebenden Ladung durch Landmaß festzustellen (LG Neuruppin vom 24. 11. 1937 — 2 S 91/37 — 1 C 96/37 AG Havelberg). Sind mehrere Stationen als Ablieferungsorte vereinbart, ohne die Mengen der dorthin zu befördernden Frachtgüter auf die einzelnen Stationen zu verteilen, so hat der Frachtführer einen Anspruch auf Zahlung der vollen Fracht bis zur weitestgelegenen Station (Handelsgebräuche S. 36).

Distanzfracht für verlorengegangene Güter

§ 64

Für Güter, welche durch einen Unfall verlorengegangen sind, ist die Fracht nach dem Verhältnisse des zur Zeit des Unfalls bereits zurückgelegten Teiles der Reise zur ganzen Reise zu entrichten (Distanzfracht).

Bei Berechnung der Distanzfracht kommt in Anschlag nicht allein das Verhältnis der bereits zurückgelegten Entfernung, sondern auch das Verhältnis des Aufwandes an Kosten, Zeit und Mühen, welche durchschnittlich mit dem vollendeten und dem nicht vollendeten Teile der Reise verbunden sind.

1. Nach den allgemeinen bürgerlich-rechtlichen Grundsätzen hat bei einem Werkvertrag der Unternehmer einen Vergütungsanspruch nicht, wenn das Werk durch Zufall vor der Übergabe untergeht. In Angleichung an diese grundsätzliche Regelung ist im Seefrachtrecht bestimmt, daß für Güter, die durch irgendeinen Unfall verlorengegangen sind, keine Fracht zu bezahlen und die etwa vorausbezahlte zu erstatten ist (§ 617 Abs. 1 HGB). Eine gleichlautende Bestimmung war im ersten Gesetzentwurf (§ 61) vorgesehen (vgl. Begr. S. 89); auf Grund der Beratungen in der Reichstagskommission wurde aber zum Schutz des Frachtführers beschlossen, dem Frachtführer für solche durch Unfall verlorengegangene Güter Distanzfracht zu gewähren, weil „der Frachtführer seine Fracht nicht zu versichern pflege und häufig a conto derselben Schlepplöhne zahle" (vgl. KommBer. S. 15).

2. Nach § 64 Abs. 1 hat der Frachtführer für die durch einen Unfall verlorengegangenen Güter ein Entgelt zu beanspruchen. Die Frachtgüter müssen verloren, also nicht mehr als solche vorhanden sein; sie müssen „entweder aufgehört haben zu existieren oder durch eine physische Veränderung ihre ursprüngliche Beschaffenheit eingebüßt haben oder doch gänzlich entwertet oder ihrem Eigentümer ohne Aussicht auf Wiedererlangung entzogen sein" (RGZ 13, 125; ROHG 25, 12). Diese Erfordernisse liegen u. a. vor, wenn Frachtgüter über Bord geraten und nicht wieder gehoben werden können, wenn eine derartige Beschädigung vorliegt, daß nur noch wertlose oder unbedeutende Bruchstücke (Scherben) vorhanden sind.

3. Der Verlust der Frachtgüter muß durch einen „Unfall" verursacht sein. Hierunter ist ein zufälliges, also weder von dem Frachtführer noch von den Ladungsbeteiligten (Absender und Empfänger) oder deren Erfüllungsgehilfen schuldhaft herbeigeführtes Ereignis zu verstehen (ebenso wie in den §§ 68, 69 BSchG und 617 HGB); es ist nicht erforderlich, daß es unerwartet eintraf, sondern jedes die Frachtgüter treffende nicht verschuldete Ereignis reicht aus (LG Breslau in HansRZ 1923, 415, Nr. 109). So fallen hierunter die Vernichtung von Frachtgütern auf Anordnung der Polizei aus öffentlichen Gründen, z. B. wegen Seuchen- oder Ansteckungsgefahr (OLG Hamburg in HansGZ Hauptbl. 1894 Nr. 108) oder durch den Frachtführer zur Abwendung einer Schiff und Ladung drohenden unverschuldeten Schiffahrtsgefahr (§ 78). Wenn der Absender den Verlust der Frachtgüter zu vertreten hat, so hat der Frachtführer die volle Fracht zu beanspruchen (§ 324 BGB); dagegen entfällt der Anspruch, wenn der Verlust durch Verschulden des Frachtführers oder seiner Leute herbeigeführt ist.

4. Der Verlust der Frachtgüter muß nach deren Einladung und vor der Auslieferung entstanden sein. Es ist nach dem Wortlaut des § 64 Abs. 1 nicht erforderlich, daß sich der Unfall während der eigentlichen Frachtreise, also auf der Fahrt, ereignet hat (so Mittelstein 1 zu § 64 Anm. 2b). Soweit die Frachtgüter erst am Ablieferungsort nach vollendeter Frachtreise verlorengehen, steht dem Frachtführer die volle Fracht zu (LG I Berlin vom 17. 12. 1911 — 55 C 1519/1907 —).

5. Die Beweislast, daß die Frachtgüter durch einen solchen Unfall verlorengegangen sind, trifft den Frachtführer. Beansprucht er die volle Fracht für Frachtgüter, die er nicht bis zum Ablieferungsort befördert hat, so muß er außerdem beweisen, daß der andere Teil den Verlust zu vertreten hat. Dieser kann einwenden, daß der Frachtführer oder dessen Leute den Verlust schuldhaft herbeigeführt haben.

6. Zur Begründung der Höhe der „Distanzfracht" muß der Frachtführer nach § 64 Abs. 1 ferner den Beweis erbringen, wo sich der Unfall der Frachtgüter ereignet hat. Denn er hat nur die Fracht „nach dem Verhältnis des zur Zeit des Unfalls bereits zurückgelegten Teils der Reise zur ganzen Reise" zu beanspruchen. Es soll dies aber nicht allein entscheidend sein; vielmehr sollen außer den bereits zurückgelegten Entfernungen die Aufwendungen an „Kosten, Zeit und Mühen, die durchschnittlich mit dem vollendeten und nicht vollendeten Teil der Reise verbunden sind", mit berücksichtigt werden. Es sind daher auch die Leistungen und Kosten bei der Ein- und Ausladung sowie die auf der Reise aufgewendeten Kosten, wie Ableichterung oder Annahme von Schleppkraft, bei der Bemessung der Höhe der Distanzfracht mit heranzuziehen.

7. Es ist für die Anwendung des § 64 ohne Bedeutung, ob die Fracht im voraus, bei der Auslieferung oder nachdem zu entrichten ist und wer zur Zahlung der Fracht verpflichtet ist. Hat der Frachtführer die Fracht vorausbezahlt erhalten, so muß er den die Distanzfracht übersteigenden Betrag zurückerstatten (vgl. § 617 Abs. 1 HGB). Dagegen ist die Regelung des § 64 nicht anzuwenden, wenn die Fracht in einem bestimmten festen Betrag, in einer Pauschalfracht oder nach Tagen, als Tagesfracht (vgl. § 63 Anm. 1a), vereinbart ist. Ist die Fracht nach Maß, Gewicht oder Menge der abgelieferten Güter bedungen, so müßte der sich auf § 64 berufende Frachtführer, der Distanzfracht für verlorengegangene Güter verlangt, beweisen, daß er mehr eingeladen und dieses Mehr an Frachtgütern durch einen Unfall verloren hat.

8. Im Frachtgeschäft der Binnenschiffahrt wird von den Frachtführern im Gegensatz zu der nicht zwingenden Regelung des § 64 nicht selten ausbedungen, daß die volle Fracht zu entrichten ist, wenn infolge eines von ihnen nicht zu vertretenden Schiffahrtsunfalles Frachtgüter verlorengehen. Manchmal wird auch vorgesehen, daß mit Rücksicht auf den Aufwand an Mühe und Kosten mindestens ein Drittel der auf das verlorengegangene Gut entfallenden Fracht zur Erhebung gelangt (vgl. § 71 Ziff. 2 der Allgemeinen Verfrachtungsbedingungen, § 71 Abs. 2 der Elbebedingungen).

Fracht für natürlichen Gewichtsverlust

§ 65

Für Güter, welche infolge ihrer natürlichen Beschaffenheit zugrunde gegangen oder an Gewicht vermindert sind, ist die volle Fracht zu bezahlen. Das gleiche gilt in Ansehung von Tieren, welche unterwegs gestorben sind.

1. Nach § 59 Ziff. 4 haftet der Frachtführer nicht für den Verlust oder die Beschädigung von Frachtgütern, die auf deren natürliche Beschaffenheit zurückzuführen sind, insbesondere nicht für Bruch, Rost, inneren Verderb, außergewöhnliche Leckage, Austrocknung und Verstreuung. In folgerichtiger Durchführung dieses Grundsatzes wird dem Frachtführer nach § 65 Satz 1 (ebenso im Seerecht nach § 618 Abs. 1 HGB) für einen auf die natürliche Beschaffenheit der Güter zurückzuführenden vollständigen oder teilweisen Verlust die volle Fracht zugebilligt. Während der Frachtführer nach § 64 für einen durch einen Unfall verursachten Verlust nur Distanzfracht erhält, soll er für einen solchen auf natürliche Umstände zurückzuführenden Verlust die volle Fracht fordern können, weil dieser lediglich infolge der eigenartigen Beschaffenheit der Frachtgüter eingetreten ist, also auf deren besonderer Natur beruht, so daß die Gefahr von den Ladungsbeteiligten zu tragen ist (Begr. S. 89).

2. Es muß sich nach § 65 Satz 1 um einen nach der Übernahme der Frachtgüter eingetretenen vollständigen oder teilweisen Verlust der Frachtgüter am „Gewicht" handeln. Die Güter müssen „zugrunde gegangen", also als solche vollständig verloren, oder „an Gewicht vermindert sein", also eine Gewichtsminderung aufweisen; es muß dies ferner die Folge der natürlichen Beschaffenheit der Frachtgüter, also die alleinige unmittelbare Ursache des vollständigen oder teilweisen Verlustes, sein. Solche Gewichtsverluste oder Gewichtsminderungen treten bei gewissen Gütern infolge ihrer eigenartigen natürlichen Beschaffenheit, namentlich durch inneren Verderb, Schwund, gewöhnliche Leckage (vgl. § 618 Abs. 1 HGB), regelmäßig ein, ohne daß eine andere Ursache, wie etwa ein Unfall, mitgewirkt zu haben braucht (vgl. § 59 Anm. 5b). Ein Verlust im Sinne des § 65 ist beispielsweise anzunehmen, wenn eine Ladung Briketts infolge Selbstentzündung verbrennt, während § 64 anzuwenden sein würde, wenn die Ursache in einer durch Funkenflug ausgebrochenen Feuersbrunst zu erblicken wäre.

3. Der Frachtführer, der die volle Fracht beansprucht, muß beweisen, daß der vollständige oder teilweise Gewichtsverlust eine ursächliche Folge der natürlichen Beschaffenheit der Frachtgüter ist. Handelt es sich um Güter, denen eine natürliche Empfindlichkeit oder leichte Verletzlichkeit eigentümlich ist (RGZ 15, 149), so wird regelmäßig ein dahingehender Hinweis und die Darlegung des Verlustes genügen, da sich dann aus den Umständen ergibt, daß es sich um einen auf die natürliche Beschaffenheit zurückzuführenden Verlust handelt (vgl. § 59 Anm. 5b). Es bleibt dem anderen Teil dann überlassen, den Nachweis zu erbringen, daß andere Ursachen, wie z. B. ein Schiffahrtsunfall (§ 64), vorliegen oder mitgewirkt haben. Der Anspruch des Frachtführers auf die volle Fracht entfällt auch dann, wenn ihm nachgewiesen werden kann, daß er den Verlust schuldhaft herbeigeführt hat (§ 58). Von der Einfügung eines dahingehenden Zusatzes im § 65 wurde abgesehen, da diese Regelung als selbstverständlich angesehen wurde (vgl. KommBer. S. 15, 16).

4. Es ist für die Anwendung des § 65 ohne Bedeutung, ob die Fracht in einer festen Summe (Pauschalfracht), nach Tagen (Tagesfracht) oder nach dem Umfang der beförderten Frachtgüter vereinbart ist. Bestimmt sich aber die Fracht nach dem abgelieferten Gewicht (§ 63 Satz 2) und wird eine ordnungsmäßige Ermittlung des Gewichts vorgenommen (vgl. § 63 Anm. 2b), so ist diese für die Berechnung der Fracht maßgebend; der Frachtführer kann nicht geltend machen, daß er eine weitere Fracht für einen auf die natürliche Beschaffenheit zurückzuführenden Gewichtsverlust verlangen könne.

5. Der Frachtführer kann nach § 65 Satz 1 die „volle Fracht" beanspruchen. Er braucht sich nicht mit der Fracht für das bei der Ablieferung ermittelte Gewicht zu begnügen, sondern kann die Fracht für die volle Ladung, also auch für den auf natürliche Umstände zurückzuführenden Gewichtsverlust, verlangen. Er braucht sich etwaige Ersparungen, z. B. an Schleusenzöllen, Schleppgeldern oder sonstigen Schiffahrtsunkosten, nicht anrechnen zu lassen (vgl. § 35 Anm. 2a).

6. Nach § 65 Satz 2 soll die gleiche Regelung in Ansehung von Tieren gelten, die unterwegs gestorben sind. Denn auch das Versterben lebend zur Beförderung übernommener Tiere stellt einen auf solche natürlichen Umstände zurückzuführenden Verlust dar. Der Frachtführer, der die volle Fracht geltend macht, muß beweisen, daß die Tiere unterwegs, also nach der Übernahme, auf der Frachtreise gestorben sind. Demnach gelangt § 65 Satz 2 grundsätzlich nicht zur An-

wendung, wenn der Tod die Tiere durch einen Schiffahrtsunfall oder durch Verschulden des Frachtführers oder seiner Leute eingetreten ist. Man wird aber dem Frachtführer die volle Fracht nach § 242 BGB zubilligen müssen, wenn er die Tötung veranlaßt hat, um die Todesqualen des Tieres abzukürzen oder eine Ansteckung der anderen Tiere zu verhindern.

Die Verteilung der Schiffahrtsunkosten

§ 66

In Ermangelung einer besonderen Vereinbarung fallen die Unkosten der Schiffahrt, insbesondere die Hafen-, Schleusen-, Kanal- und Brückengelder, die Lotsengebühren sowie die im regelmäßigen Verlaufe der Reise aufgewendeten Kosten für Schlepplohn und Ableichterung dem Frachtführer zur Last; dagegen gehören die Ufer-, Kran- und Wiegegelder, ingleichen die Kosten einer auf Verlangen der Ladungsbeteiligten vorgenommenen Auseisung sowie die besonderen Kosten, welche durch die auf Verlangen der Ladungsbeteiligten bewirkte Übernahme oder Ablieferung der Güter bei Eis, Sturm, Hochwasser, zur Nachtzeit oder an Sonntagen und allgemeinen Feiertagen entstehen, zu denjenigen Auslagen und Aufwendungen, deren Ersatz der Frachtführer verlangen kann.

Die Fälle der großen Haverei werden durch die vorstehenden Bestimmungen nicht berührt.

1. Die Fracht und die Schiffahrtsunkosten

Für die mit der Beförderung der Frachtgüter übernommenen Leistungen erhält der Frachtführer die Fracht (§ 63), die also ein Entgelt nicht nur für die Zurverfügungstellung und Bemannung des Schiffes, sondern auch für die Ausführung der Beförderung darstellt (OLG Hamburg in HansGZ Hauptbl. 1894, 253 Nr. 90). Hieraus folgt, daß der Frachtführer in Ermangelung anderer Vereinbarungen von der Fracht auch die durch den regelmäßigen Verlauf der Beförderung entstehenden Aufwendungen, die eigentlichen Schiffahrtsunkosten, grundsätzlich zu tragen hat. Diese „Verpflichtung des Frachtführers zur Tragung der eigentlichen Schiffahrtsunkosten ist eine notwendige Folge der Übernahme des Transports bis zum Bestimmungsort“ (Begr. S. 90). Nach der Regelung im Seefrachtrecht hat der Verfrachter sogar „die gewöhnlichen und ungewöhnlichen Kosten der Schiffahrt in Ermangelung einer entgegenstehenden Abrede allein zu tragen, selbst wenn er zu den Maßregeln, die die Auslagen verursacht haben, auf Grund des Frachtvertrages nicht verpflichtet war“ (so § 621 Abs. 2 HGB). Nach § 66 dagegen hat der Frachtführer nur die bei der Ausführung der Beförderung regelmäßig entstehenden „eigentlichen Schiffahrtsunkosten“ zu tragen, während ihm besondere Aufwendungen, die nur im Interesse der Ladung notwendig sind oder auf Verlangen der Ladungsbeteiligten entstehen, erstattet werden müssen (Begr. S. 90). In welcher Weise die Kosten der Beförderung zwischen dem Frachtführer und den Ladungsbeteiligten zu verteilen sind, wird im § 66 Abs. 1 geregelt. Danach hat der Frachtführer die im regelmäßigen Verlauf der Reise aufgewendeten Schiffahrtsunkosten zu tragen, während die Ladungsbeteiligten die sonstigen besonderen Kosten zu ersetzen haben, die nur im Interesse der Ladung notwendig werden oder deren Aufwendung von ihnen verlangt wurde (BGHZ 2, 20, 24; 8, 55, 57).

2. Schiffahrtsunkosten zu Lasten des Frachtführers

a) Hafengelder werden in öffentlichen und privaten Häfen für deren Benutzung, meist nach bekanntgemachten Tarifen, erhoben; sie dürfen nicht mit den Ufergeldern verwechselt werden, die für eine Inanspruchnahme der Ufereinrichtungen (Bollwerke) beim Beladen oder Entlöschen entrichtet, also lediglich im Interesse der Ladung aufgewendet werden. Manchmal werden in den Häfen einheitliche, Hafen- und Ufergelder enthaltende Benutzungsgebühren erhoben; es muß dann in Ermangelung einer anderen Vereinbarung eine angemessene Verteilung vorgenommen werden, die häufig schwierig sein wird.

b) Die Schleusengelder sind für Durchfahren und Benutzen der Schleusen zu entrichten; nach den veröffentlichten Schleusentarifen wird bei beladenen Schiffen der Umfang der Ladung meist zugrunde gelegt. Es handelt sich hierbei um regelmäßig durch die Beförderung entstehende Kosten, die deshalb der Frachtführer zu tragen hat. Manchmal sind auch ohne Durchführung einer Schleuse Abgaben an Hebestellen zu entrichten; für diese ist dann die gleiche Regelung anzuwenden. Häufig wird im Frachtgeschäft der Binnenschiffahrt dem Frachtführer „freier Zoll" eingeräumt; dies bedeutet, daß in die Fracht die Schleusen- und sonstigen Zollgebühren nicht mit eingerechnet, sondern ihm zu erstatten sind.

c) Kanalgelder werden für die Befahrung der künstlich hergerichteten Wasserstraßen, also für die Benutzung solcher Kanäle, erhoben; die Tarifsätze richten sich bei beladenen Schiffen meist nach dem Umfang der Ladung. Trotzdem handelt es sich auch hier um regelmäßige, durch die Beförderung aufzuwendende Kosten, mit denen der Frachtführer zu rechnen hat. Manchmal ist in den Kanälen eine einheitliche Abgabe zu entrichten, die ein Entgelt für die Benutzung des Kanals einschließlich seiner gesamten Einrichtungen (Häfen, Ufer) darstellt; es muß dann auch hier eine angemessene Verteilung vorgenommen werden. Mitunter enthält die Kanalabgabe gleichzeitig ein Entgelt für die vorgeschriebene Benutzung des Schleppmonopols, wie im Teltowkanal, in dem die Beförderung der Schiffe durch die am Ufer laufenden Treidellokomotiven erfolgt. Es ist üblich, in solchen Fällen in den Frachtpapieren zu vermerken, ob die Fracht einschließlich („inkl.") oder ausschließlich („exkl.") Teltowkanalkosten vereinbart wurde. Fehlt ein solcher Hinweis, so sind die Teltowkanalgebühren nach Schiffahrtsbrauch in voller Höhe dem Frachtführer zu erstatten, wenn eine Entlöschung im Teltowkanal oder eine Befahrung dieses Kanals aus anderen Gründen notwendig ist; denn es handelt sich um Pauschalgebühren, die auch Hafen- und Ufergelder sowie ein Entgelt für die Benutzung des Schleppmonopols enthalten und im Interesse der Ladung aufgewendet werden müssen (LG Berlin JW 1933, 2719 Nr. 1 = HansRGZ 1934, 3 Nr. 1; HK Berlin vom 29. 8. 1931 — XVI/15 C 5030/31 — in AG Berlin 232 C 321/31, vom 13. 1. 1931 — XIII C 11184/30 — in AG Berlin-Tempelhof 7 C 1413/30, vom 7. 4. 1931 — V/III C 17283/36 — in AG Berlin 162 C 589/36).

d) Die Brückengelder, die für die Durchfahrung einer Brücke erhoben werden, kommen auf den großen, dem öffentlichen Verkehr dienenden Wasserstraßen nur noch selten vor; sie sind dagegen häufig noch auf Nebenwasserstraßen, insbesondere auf privaten Gewässern, anzutreffen. Es handelt sich hierbei um eigentliche Schiffahrtsunkosten, die im regelmäßigen Verlauf der Reise entstehen.

e) Die Lotsengebühren, die durch Hinzuziehung einer für die betreffende Wasserstraße besonders sachkundigen Person entstehen, fallen dem Frachtführer zur Last. Es ist unerheblich, ob es sich um die nach den öffentlich-rechtlichen Vorschriften zwingend vorgeschriebene Annahme eines „Zwangslotsen" oder um einen sonstigen Lotsen handelt (vgl. § 3 Anm. 3).

f) Die Schleppgelder gehören zu den vom Frachtführer zu tragenden Schiffahrtsunkosten in Ermangelung anderer Vereinbarungen nur, wenn sie „im regelmäßigen Verlauf der Reise aufgewendet werden". Sie fallen nicht hierunter, wenn ihre Aufwendung durch besondere außergewöhnliche Ereignisse, wie Schiffahrtsunfälle (§ 78), Hoch- oder Niedrigwasser oder Eisgefahren (§ 93), erforderlich wird. Vielfach wird von den Frachtführern auch die Erstattung der im regelmäßigen Verlauf aufzuwendenden Schleppgelder durch entsprechende Abmachungen („frei Schleppen" oder „frei Dampf") ausbedungen (RG bei Bolze 7 Nr. 539, 14 Nr. 406c). Die Klauseln „frei Schleppen" und „frei Dampf" bedeuten, daß der Absender verpflichtet ist, auf seine Kosten dem Frachtführer den zum Schleppen des Schiffes erforderlichen Dampfer zu stellen; der Frachtführer braucht sich also den Dampf nicht selbst zu besorgen. Die Bedeutung dieser Klausel erschöpft sich nicht in der negativen Seite, sondern gibt dem Frachtführer das Recht, diese Schlepphilfe zu verlangen (LG Hamburg vom 26. 9. 1939 — 25 S 15/39; HK Berlin vom 29. 5. 1935 — C 3285/35 — in AG Berlin 162 C 864/34). Nach Schiffahrtsbrauch hat die Abschleppung spätestens innerhalb 48 Stunden nach erfolgter Erklärung der Schleppbereitschaft zu erfolgen (AG Stettin vom 9. 12. 1941 — 21 C 388/40).

g) Die Leichterkosten, die im regelmäßigen Verlauf der Reise aufgewendet werden (§§ 44, 57), um einen Teil der Frachtgüter in ein anderes Schiff umzuladen, fallen dem Frachtführer zur Last (vgl. § 44 Anm. 3). Auf manchen Wasserstraßen ist für bestimmte Strecken, ohne Rücksicht auf die Jahreszeit und die Witterungsumstände, eine volle Ausnutzung der Schiffe nicht möglich, so daß ein Ableichtern eines Teils der Ladung regelmäßig erforderlich wird. Dagegen fällt es nicht unter die Regelung des § 66, wenn durch besondere Ereignisse, wie Hoch- und Niedrigwasser, eine außergewöhnliche Leichterung notwendig wird (KG vom 8. 1. 1910 — 12 U 6593/1909 —; AG Kalkberge vom 17. 6. 1930 — 2 C 213/26 —). Hieraus folgt aber weder, daß der Frachtführer verpflichtet ist, eine solche außergewöhnliche Ableichterung vorzunehmen, noch, daß er stets die Kosten erstattet verlangen kann. Eine Verpflichtung zur Ableichterung besteht vielmehr nur, wenn dies vertraglich vereinbart ist; anderenfalls kann dem Frachtführer nicht zugemutet werden, sich diese erheblichen Unkosten zu machen, so daß er den Eintritt vollschiffigen Wasserstandes abwarten kann (KG vom 8. 1. 1910 — 12 U 6593/1909 —). Er muß die Ableichterung vornehmen, wenn die Ladungsbeteiligten dies verlangen; dann ist er berechtigt, für diese auf besonderes Verlangen im Interesse der Ladung vorgenommene Ableichterung Ersatz der Kosten zu beanspruchen. Wird ein solches Verlangen nicht gestellt, so „wird man im Zweifel davon auszugehen haben, daß der Frachtführer vorwiegend im eigenen Interesse gehandelt hat, also auch die Kosten seiner Anordnung tragen muß" (Begr. S. 91). Im Verhältnis von Hauptfrachtführer und Unterfrachtführer fallen nach Schiffahrtsbrauch die Ableichterkosten dem Frachtführer, also dem Hauptfrachtführer zur Last, wenn nicht zwischen diesen Beteiligten etwas anderes vereinbart wurde; erhält der Unterfrachtführer nur die reine Anteilfracht, so fallen die Ableichterkosten dem Hauptfrachtführer zu (so HK Berlin vom 29. 6. 1943 — C 866/43 — V/6 in 161 C 754/42 AG Berlin).

h) Auch sonstige „Unkosten der Schiffahrt", die im regelmäßigen Verlauf der Reise entstehen, hat der Frachtführer zu tragen; die Aufzählung im § 66

Abs. 1 ist keine vollständige, sondern nur eine beispielsweise. Hierzu gehören auch die im § 66 (anders im § 621 Abs. 2 HGB) nicht besonders erwähnten „Quarantänegelder", die durch eine Desinfektion des Schiffes auf Grund behördlicher Anordnung entstehen (RGZ 25, 94; RG bei Bolze 21 Nr. 692; OLG Hamburg in HansGZ Hauptbl. 1894 Nr. 72, Nr. 90).

3. Kosten zu Lasten der Ladungsbeteiligten

a) Die Ufer-, Kran- und Wiegegelder werden für die Einladung und Entlöschung der Frachtgüter, also lediglich im Interesse der Ladungsbeteiligten, aufgewendet; sie entstehen durch Benutzung der Ufer und der dort vorhandenen Beladungs- oder Entlöschungsvorrichtungen. Nach den §§ 41, 56 sind die Frachtgüter auf das Schiff zu liefern und auf dem Schiff abzunehmen (vgl. § 41 Anm. 2; § 56 Anm. 2). An dieser Regelung sollte durch § 66 nichts geändert werden (Begr. S. 91); vielmehr sollte nur hervorgehoben werden, daß diese im Interesse der Ladung aufgewendeten Kosten nicht zu den Schiffahrtsunkosten gehören, sondern dem Frachtführer zu erstatten sind. Die Ufergelder, ebenso die Wiegegelder, sind dem Frachtführer auch dann zu erstatten, wenn er die Beladung oder Entlöschung übernommen hatte. Dagegen hat er nach den §§ 41, 56 die Krangelder selbst zu tragen, wenn er in einem solchen Falle diese Einrichtungen benutzt.

b) Ferner kann der Frachtführer von den Ladungsbeteiligten diejenigen Kosten beanspruchen, die durch ausdrücklich verlangte Leistungen über die Verpflichtungen des Frachtvertrages hinaus entstehen. Hierunter fallen die im § 66 aufgezählten Leistungen, nämlich die Auseisung des Schiffes, die Übernahme oder Ablieferung der Güter bei Eis, Sturm, Hochwasser, zur Nachtzeit, an Sonn- oder Feiertagen. Ferner gehören hierzu auch alle sonstigen von dem Frachtführer auf Verlangen der Ladungsbeteiligten gemachten Aufwendungen, wie die Ableichterung oder Annahme eines Schleppers unter außergewöhnlichen Umständen (vgl. Anm. 2g).

c) Auch die Aufzählung der Kosten zu Lasten der Ladungsbeteiligten ist im § 66 keine vollzählige. Es fallen hierunter vielmehr auch die sonstigen, lediglich im Interesse der Ladung aufgewendeten Kosten, wie z. B. die unmittelbar für die Frachtgüter verauslagten Zollkosten. In gleicher Weise betrifft auch die sog. „statistische Gebühr" ausschließlich die Ladung, gehört also nicht zu den Schiffahrtsunkosten (OLG Hamburg in OLG 38, 23). Das gleiche gilt für die während der Frachtreise aus einer besonderen Behandlung der Frachtgüter, z. B. Umstechen, Umschütten oder Umlagern, entstehenden, durch die Fracht nicht abgegoltenen Mehrkosten.

4. Kosten der großen Haverei

Im § 66 Abs. 2 ist „zur Verhütung von Mißverständnissen" bestimmt, daß die Fälle der großen Haverei (§ 78) nicht berührt werden (Begr. S. 91). In ähnlicher Weise enthält die seerechtliche Bestimmung des § 621 Abs. 3 HGB einen Vorbehalt für „die Fälle der Aufwendung von Kosten zur Erhaltung, Bergung und Rettung der Ladung". Die zur Abwendung einer gemeinsamen Gefahr für Schiff und Ladung von dem Schiffer aufgewendeten Kosten der großen Haverei werden von Schiff und Ladung gemeinschaftlich getragen (§ 78 Abs. 2).

5. Anderweite Vereinbarungen

Nach der ausdrücklichen Hervorhebung in der Einleitung gilt die Regelung des § 66 nur „in Ermangelung einer besonderen Vereinbarung". Im Frachtgeschäft der Binnenschiffahrt werden häufig solche Abmachungen über eine anderweite, meist für den Frachtführer günstigere Verteilung der Kosten der Beförderung getroffen. Mitunter wird im Frachtvertrag oder in den Verfrachtungsbedingungen vorgesehen, daß die Fracht lediglich als für den Transport auf dem Wasserweg vereinbart gilt und daß alle verauslagten Gebühren und Spesen dem Frachtführer zu erstatten sind (§ 22 Abs. 2 und 3 der Oderbedingungen). Vielfach wird auch eine genaue Aufzählung aller in Betracht kommenden Nebengebühren vorgenommen und deren Erstattung ausbedungen (vgl. §§ 68—70 der Allgemeinen Verfrachtungsbedingungen, §§ 68—70 der Elbebedingungen). Nach den §§ 68, 70, 41, 28 AVB müssen außergewöhnliche Kosten, insbesondere die durch behördliche Eingriffe gegen die Ladung entstehenden Aufwendungen und Kosten von den Ladungsbeteiligten getragen werden, weil dem Frachtführer nur die im regelmäßigen Verlauf der Reise aufzuwendenden Kosten der Schiffahrt zur Last fallen (BGH vom 18. 11. 1952 — I ZR 60/52 in VRS 1953 Nr. 64 S. 108; BGHZ 2, 20; 8, 55, 57). Der Frachtführer übernimmt auch nicht die nach dem Gesetz den Ladungsbeteiligten zufallenden Unkosten, insbesondere nicht die Ufergelder, bei Vorliegen der Klauseln „frei auf Wagen" (HK Berlin Nr. 1118), „frei aufs Land" (HK Berlin Nr. 1119), „Lieferung franko inkl. Kosten" (HK Berlin Nr. 1122).

Das Pfandrecht, insbesondere bei Frankoablieferung

§ 67

Enthält der Frachtbrief oder Ladeschein die Bestimmung, daß der Frachtführer franko abzuliefern hat, so steht dies im Zweifel der Geltendmachung des Pfandrechts des Frachtführers (§ 440 des Handelsgesetzbuchs) wegen der Zollgelder sowie wegen der sonstigen Auslagen und der Liegegelder für die Zeit nach dem Antritt der Reise nicht entgegen.

1. Die Bedeutung des Pfandrechts

a) Nach § 26 in Verbindung mit den §§ 435, 436 HGB hat der Frachtführer die Frachtgüter gegen Erfüllung der sich aus dem Frachtvertrag ergebenden Verpflichtung dem Empfänger auszuliefern. Es handelt sich demnach um eine Leistung „Zug um Zug" (§ 320 BGB). Der Frachtführer braucht also in Ermangelung anderer Vereinbarungen nicht vorzuleisten, sondern kann gegen Auslieferung der Frachtgüter die Zahlung der Fracht verlangen. Er ist (anders im Seerecht nach § 624 HGB) auch nicht verpflichtet, sich mit einer Hinterlegung der Frachtforderungen zu begnügen (ROHG 14, Nr. 88; OLG Kiel in OLG 38, 214); von der Aufnahme einer dahingehenden Verpflichtung wurde ausdrücklich abgesehen (vgl. KommBer. S. 16). Regelmäßig wird der Frachtführer sogar dem Absender gegenüber verpflichtet sein, die Fracht von dem Empfänger bei der Auslieferung einzuziehen; er hat hieran stets ein Interesse, weil er sonst unter Umständen sein Rückgriffsrecht gegen den Absender aus dem Frachtvertrag verliert (§ 440 HGB). In welcher Weise diese Auslieferung der Frachtgüter Zug um Zug gegen Zahlung der Fracht durchzuführen ist, richtet sich nach dem Einzelfall unter Anwendung der Grundsätze von Treu und Glauben (§§ 320 Abs. 2, 242 BGB). Handelt es sich um einzelne, besonders gekennzeichnete Güter (Stückgüter), so bereitet die Herausgabe gegen Zahlung der Fracht keine Schwierigkeiten. In anderen Fällen wird der Frachtführer, wenn der Empfänger an sich zur Zahlung von Fracht bereit ist, mit der Auslieferung beginnen; er kann dann Abschlagzahlungen bis zur Höhe der Fracht für die jeweilig ausgelieferten Güter verlangen und schließlich einen seine Ansprüche deckenden Teil der Frachtgüter einbehalten (ROHG 20, Nr. 94; RG bei Bolze 20 Nr. 497; LG Neuruppin vom 27. 5. 1929 — 3 S 85/29 —).

b) Nach § 26 in Verbindung mit dem im § 67 angezogenen § 440 HGB steht dem Frachtführer neben den Rechten aus dieser Zug-um-Zug-Auslieferung der Ladung zur Sicherung seiner Ansprüche ein stärkerer Schutz in dem gesetzlichen Pfandrecht zu, das er wegen aller durch den Frachtvertrag begründeten Forderungen an den Frachtgütern hat. Dieses Pfandrecht gewährt ihm die Möglichkeit, einen seine Ansprüche deckenden Teil der Ladung einzubehalten und sich daraus im Wege der öffentlichen Pfandversteigerung (§§ 1257, 1228ff. BGB) zu befriedigen.

2. Die Bedeutung der Frankoablieferung

a) Nach § 67 soll im Zweifel die Geltendmachung dieses gesetzlichen Pfandrechts wegen der Zollgelder und der sonstigen Auslagen und Liegegelder für die Zeit nach dem Antritt der Reise nicht ausgeschlossen sein, wenn der Frachtbrief oder Ladeschein die Bestimmung enthält, daß „franko abzuliefern" sei. Unter dieser Frankoklausel versteht das Gesetz die Vereinbarung, daß die Frachtgüter „frei von Fracht" auszuliefern sind. Damit verzichtet der Frachtführer zwar dem Absender gegenüber nicht auf sein gesetzliches Pfandrecht; dagegen übernimmt er mit einer solche Frankoablieferung die Verpflichtung, die Ladung ohne Bezahlung der Fracht, d. h. des Entgelts für die Beförderung, an den Empfänger auszuliefern. Dies soll „im Zweifel" gelten, soweit sich aus den Vereinbarungen und Umständen nicht ein anderes ergibt. Es handelt sich demnach bei der Vorschrift des § 67 um eine Auslegungsregel über den Umfang des Pfandrechts bei einer solchen Frankoablieferung.

b) Von einer einheitlichen und zusammenfassenden Regelung des gesetzlichen Pfandrechts ist im Binnenschiffahrtsgesetz Abstand genommen worden. Vielmehr verweist § 67 auf § 440 HGB. Ferner finden nach § 26 die §§ 440—443 HGB aus dem Landfrachtrecht entsprechende Anwendung. Diese Bestimmungen, die für die Erläuterungen von wesentlicher Bedeutung sind, haben folgenden Wortlaut:

> **§ 440 HGB.** Der Frachtführer hat wegen aller durch den Frachtvertrag begründeten Forderungen, insbesondere der Fracht, und Liegegelder, der Zollgelder und anderer Auslagen, sowie gegen der auf das Gut geleisteten Vorschüsse ein Pfandrecht an dem Gute.
>
> Das Pfandrecht besteht, solange der Frachtführer das Gut noch im Besitze hat, insbesondere mittels Konnossements, Ladescheins oder Lagerscheins darüber verfügen kann.
>
> Auch nach der Ablieferung dauert das Pfandrecht fort, sofern der Frachtführer es binnen drei Tagen nach der Ablieferung gerichtlich geltend macht und das Gut noch im Besitze des Empfängers ist.
>
> Die im § 1234 Abs. 1 des Bürgerlichen Gesetzbuchs bezeichnete Androhung des Pfandverkaufs sowie die in den §§ 1237, 1241 des Bürgerlichen Gesetzbuchs vorgesehenen Benachrichtigungen sind an den Empfänger zu richten. Ist dieser

nicht zu ermitteln oder verweigert er die Annahme des Gutes, so hat die Androhung und Benachrichtigung gegenüber dem Absender zu erfolgen.

§ 441 HGB. Der letzte Frachtführer hat, falls nicht im Frachtbrief ein anderes bestimmt ist, bei der Ablieferung auch die Forderungen der Vormänner sowie die auf dem Gute haftenden Nachnahmen einzuziehen und die Rechte der Vormänner, insbesondere auch das Pfandrecht, auszuüben. Das Pfandrecht der Vormänner besteht solange als das Pfandrecht des letzten Frachtführers.

Wird der vorhergehende Frachtführer von dem nachfolgenden befriedigt, so gehen seine Forderungen und sein Pfandrecht auf den letzteren über. In gleicher Art gehen die Forderung und das Pfandrecht des Spediteurs auf den nachfolgenden Spediteur und den nachfolgenden Frachtführer über.

§ 442 HGB. Der Frachtführer, welcher das Gut ohne Bezahlung abliefert und das Pfandrecht nicht binnen drei Tagen nach der Ablieferung gerichtlich geltend macht, ist den Vormännern verantwortlich. Er wird, ebenso wie die vorhergehenden Frachtführer und Spediteure, des Rückgriffs gegen die Vormänner verlustig. Der Anspruch gegen den Empfänger bleibt in Kraft.

§ 443 HGB. Bestehen an demselben Gute mehrere nach den §§ 397, 410, 421, 440 begründete Pfandrechte, so geht unter denjenigen Pfandrechten, welche durch die Versendung oder durch die Beförderung des Gutes entstanden sind, das später entstandene dem früher entstandenen vor.

Diese Pfandrechte haben sämtlich den Vorrang vor dem nicht aus der Versendung entstandenen Pfandrechte des Kommissionärs und des Lagerhalters sowie vor dem Pfandrechte des Spediteurs und des Frachtführers für Vorschüsse.

3. Die Entstehung des Pfandrechts

a) Nach § 440 Abs. 2 HGB entsteht das Pfandrecht mit der Übergabe der Frachtgüter, also mit deren Übernahme durch den Frachtführer zum Zwecke der Beförderung (vgl. § 58 Abs. 3). Regelmäßig werden die Güter dem Frachtführer nach Abschluß des Frachtvertrages auf oder in das Schiff geliefert und von ihm entgegengenommen (OLG Kiel in SeuffA 56, Nr. 83). Es kann unter Umständen aber schon vor der Einladung in das Schiff eine Empfangnahme der noch an Land liegenden Frachtgüter in Betracht kommen (vgl. § 58 Anm. 2a). Dann entsteht auch das gesetzliche Pfandrecht bereits mit einer solchen Empfangnahme (OLG Kiel in OLG 6, 97).

b) Es ist unerheblich, ob der Absender Eigentümer der Ladung ist oder nicht; auch bei Übergabe der Frachtgüter durch den Nichteigentümer (Spediteur, Ablader), der die Verfrachtung im eigenen Namen, aber für fremde Rechnung vornimmt, entsteht das Pfandrecht, selbst wenn der Frachtführer wissen sollte, daß der Absender nicht der Eigentümer der Ladung ist. Es genügt nach § 366 HGB der gute Glaube des Frachtführers an die Verfügungsberechtigung des Absenders; es ist hierbei auch gleichgültig, ob der Absender als Kaufmann gilt und ob er im Betriebe seines Handelsgewerbes gehandelt hat (OLG Kiel in OLG 6, 97).

c) Das Pfandrecht ergreift die gesamten auf Grund des Frachtvertrages zur Beförderung übergebenen Frachtgüter (RG bei Bolze 19, Nr. 451). Mit der Entgegennahme der Güter gelangt das Pfandrecht zur Entstehung.

4. Der Umfang des Pfandrechts

a) Nach § 440 Abs. 1 HGB steht dem Frachtführer das Pfandrecht wegen aller „durch den Frachtvertrag begründeten Forderungen“ zu. Hierzu gehören in erster Linie die Frachtgelder, einschließlich der Fehlfracht (Fautfracht) aus den §§ 34, 36, 38, 39 und der Fracht für ein abgeliefertes Übergewicht (vgl. § 63 Anm. 2c). Ferner fallen hierunter die Liegegelder, die am Abgangs- oder Ablieferungsort entstehen (RGZ 15, 76), die Zollgelder (vgl. § 66 Anm. 3c), die sonstigen erstattungsfähigen Auslagen, z. B. für die Benutzung von Schleusen, Kanälen, Hafen- und Uferanlagen, aus einer erforderlichen Behandlung der Frachtgüter oder einer Ableichterung (vgl. § 66 Anm. 3a, b) sowie die auf das Gut geleisteten Vorschüsse, zu denen auch etwaige Nachnahmen gehören, die der Frachtführer vor der Einziehung verauslagt hat (LG Hamburg in HansGZ Hauptbl. 1890 Nr. 21; ROHG 15 Nr. 58).

b) Nach § 26 in Verbindung mit § 446 HGB ist für die Rechtsbeziehung zwischen dem Frachtführer und dem Empfänger der Inhalt des Ladescheins „entscheidend“. Der Ladeschein ist für die gesamten Rechtsbeziehungen maßgebend, also auch für die dem Empfänger gegenüber geltend zu machenden Forderungen. Enthält der Ladeschein den Hinweis auf die Zahlung einer Fracht überhaupt nicht, so sind die Frachtgüter frachtfrei auszuliefern. In gleicher Weise ist ein Vermerk „Fracht bezahlt“ dahin aufzufassen, daß die Entrichtung der Fracht vom Empfänger nicht verlangt werden kann (OLG Hamburg in JW 1932, 2093 Nr. 6). Das gleiche gilt bei Aufnahme der Frankoklausel, da die Güter dann franko, also frei von Fracht, dem Empfänger zu übergeben sind. Hierin liegt dann zugleich auch die Vereinbarung, daß der Frachtführer dem Empfänger gegenüber das Pfandrecht für solche aus dem Ladeschein nicht ersichtlichen Forderungen nicht geltend machen werde (OLG Karlsruhe in SeuffA 51 Nr. 282). Bei Ausstellung eines Ladescheins beschränkt sich also das Pfandrecht auf die Forderungen, die aus diesem Frachtpapier begründet werden können (OLG Hamburg vom 20. 4. 1901 — Bf. III 55/1901 —). Dies gilt aber nicht für die erst nach der Aushändigung des Ladescheins entstandenen Forderungen, wie Auslagen auf der Reise, Liegegelder am Ablieferungsort, da deren Aufnahme in den Ladeschein begrifflich nicht möglich ist (OLG Karlsruhe in OLG 6, 359; KG vom 24. 9. 1927 — 12 U 4857/27 —). Der Frachtführer hat also alle bis zur Aushändigung des von ihm ausgestellten Ladescheins entstandenen Forderungen zur Erhaltung seines Pfandrechts gegenüber dem Empfänger im Ladeschein zu vermerken; eine allgemeine Bezugnahme auf den Frachtvertrag im Ladeschein genügt nur für die ohne weiteres aus dem Vertrag ersichtlichen Forderungen, also z. B. nicht für die am Abgangsort entstandenen Liegegelder. Eine entsprechende Anwendung dieser Regelung auf den Frachtvertrag ist nicht gerechtfertigt; vielmehr bestimmt sich dann der Umfang des Pfandrechts allein aus dem Frachtvertrag.

c) Es ist für die Entstehung des Pfandrechts grundsätzlich ohne Bedeutung, ob die Fracht und die sonstigen Forderungen vor, bei oder nach der Auslieferung fällig werden. Nach den §§ 1257, 1204 BGB entsteht das Pfandrecht mit dem Abschluß des Frachtvertrages und der Entgegennahme der Frachtgüter (vgl. Anm. 3a). Der Frachtführer kann daher unter Umständen, insbesondere bei begründeten Bedenken gegen die Zuverlässigkeit oder Zahlungsfähigkeit des Empfängers oder bei dessen Weigerung, die Fracht zu zahlen oder Sicherheit zu leisten, das Pfandrecht auch geltend machen, wenn die Fracht „nach ordnungsmäßiger Ablieferung" zu zahlen ist (KG in OLG 20, 6).

d) Der Frachtführer ist nicht verpflichtet, sich mit einer Hinterlegung der ihm zustehenden Forderungen zu begnügen. Vielmehr ist er berechtigt, Zahlung zu verlangen; er handelt also nicht rechtswidrig oder schikanös, wenn er trotz Hinterlegung sein Pfandrecht geltend macht und die Herausgabe deshalb verweigert (OLG Kiel in OLG 38, 214). Der Empfänger kann daher die Geltendmachung des Pfandrechts nicht durch Hinterlegung abwenden.

e) Das Pfandrecht steht nach § 440 Abs. 1 HGB dem Frachtführer zu. Nach § 26 in Verbindung mit § 425 HGB ist dies derjenige, der nach dem Frachtvertrag die Ausführung der Beförderung übernommen hat. Bei Ausstellung eines Ladescheins kommt als Frachtführer dem Empfänger gegenüber nur in Betracht, wer dies Frachtpapier im eigenen Namen gezeichnet hat, also bei Unterzeichnung durch einen Bevollmächtigten nicht dieser, sondern der Vollmachtgeber (§ 446 Abs. 1 HGB).

5. Die Dauer des Pfandrechts

a) Nach § 440 Abs. 2 HGB besteht das Pfandrecht, solange der Frachtführer das Gut noch im Besitz hat, insbesondere mittels Ladescheins oder Lagerscheins darüber verfügen kann. Es ist nicht erforderlich, daß das Gut im unmittelbaren Besitz (§ 854 BGB) des Frachtführers ist; vielmehr genügt auch der mittelbare (§ 868 BGB) Besitz (RG in Warn. 1935 Nr. 8). Das Pfandrecht erlischt auch nicht durch Umwandlung des unmittelbaren Besitzes an der Ladung in einen mittelbaren Besitz oder in ein Besitzverhältnis nach § 868 BGB; denn der Frachtführer hat das Gut im Sinne des § 440 Abs. 2 HGB auch dann im Besitz, wenn er es nur mittelbar besitzt (RG in JW 1934, 2971 Nr. 3).

b) Nach § 440 Abs. 3 HGB dauert das Pfandrecht auch nach der Ablieferung der Frachtgüter an den Empfänger fort, jedoch mit der Einschränkung, daß der Frachtführer es binnen drei Tagen gerichtlich geltend macht und der Empfänger noch im Besitz des Gutes ist. Es ist dies eine Besonderheit des gesetzlichen Pfandrechts des Frachtführers, deren Einführung erfolgt ist, um diejenigen Frachtführer zu schützen, die im Vertrauen auf eine zugesagte oder erwartete Erfüllung des Frachtvertrages die Frachtgüter ausgeliefert haben, ohne Zug um Zug gegen Auslieferung die Fracht zu verlangen oder Frachtgüter einbehalten zu haben. Unter der Ablieferung ist die Aufgabe des Gewahrsams an den Frachtgütern nach der Beendigung der Beförderung mit ausdrücklichem oder stillschweigendem Einverständnis des Empfängers, also die Übertragung des Besitzes auf diesen, zu verstehen (vgl. § 58 Anm. 2b). Der Empfänger muß nach einer solchen Ablieferung „noch im Besitz" der Frachtgüter sein; es genügt auch hier der mittelbare Besitz des Empfängers (RG in Warn. 1935 Nr. 8). Ferner muß der Frachtführer das Pfandrecht binnen drei Tagen nach der Ablieferung „gerichtlich" geltend machen. Hierfür ist jede rechtzeitige gerichtliche Geltendmachung ausreichend, wie der Antrag auf Erlaß einer einstweiligen Verfügung auf Untersagung der Verwertung oder Fortschaffung der Frachtgüter oder auch eine Klage auf deren Herausgabe. Diese gerichtlichen Maßnahmen müssen binnen drei Tagen nach der Ablieferung, also spätestens am dritten Werktag danach (vgl. die §§ 187 Abs. 1 193 BGB), eingeleitet werden.

6. Der Inhalt des Pfandrechts

a) Nach § 1257 BGB finden die Vorschriften über das durch Rechtsgeschäft bestellte Pfandrecht (§§ 1204ff. BGB) auf ein kraft Gesetzes entstandenes Pfandrecht entsprechende Anwendung. Aus § 1204 BGB folgt das Recht des Frachtführers, zur Deckung seiner gesamten Frachtforderungen Befriedigung aus den Frachtgütern zu suchen. Er ist hiernach berechtigt, zu dem Zweck der Befriedigung einen seine Ansprüche deckenden Teil der Frachtgüter einzubehalten. Nach Treu und Glauben ist er grundsätzlich nicht berechtigt, die gesamte wertvolle Ladung zurückzuhalten, wenn auch ein Teil davon zur Deckung seiner Forderungen ausreicht. Er braucht aber keine dahingehenden Ermittlungen anzustellen und kann wegen der Einbehaltung größerer Mengen nur verantwortlich gemacht werden, wenn dies offenbar ungerechtfertigt war und er dies ohne weiteres erkennen konnte. So wird es nicht als zulässig angesehen werden können, wenn der Frachtführer wegen eines verhältnismäßig geringfügigen Betrages die ganze Ladung, deren Wert die Forderung um ein Vielfaches übersteigt, zurückbehält (OLG Königsberg in HansRZ 1921, 207 Nr. 18, Nr. 199).

b) Neben dem gesetzlichen Pfandrecht kann der Frachtführer auch sein Zurückbehaltungsrecht aus § 273 BGB oder aus § 369 HGB geltend machen; diese Rechte können nebeneinander bestehen und ausgeübt werden (RG in JW 1934, 2971 Nr. 3 = Warn. 1935 Nr. 8).

7. Die Durchführung des Pfandrechts

Nach § 26 in Verbindung mit § 440 HGB handelt es sich um ein gesetzliches Pfandrecht. Deshalb erfolgt die Durchführung der Geltendmachung des Pfandrechts nach den §§ 1257, 1228 bis 1241, 1245, 1246 BGB. Danach erfolgt die Befriedigung des Frachtführers durch außergerichtlichen, im Wege der öffentlichen Versteigerung vorzunehmenden Verkauf der Frachtgüter. Die für die Pfandveräußerung erforderliche Pfandreife ist eingetreten, sobald die Frachtforderung nach § 1228 Abs. 2 BGB ganz oder teilweise fällig geworden ist (KG vom 8. 12. 1926 — 12 U 9576/26 —). Dem Pfandverkauf muß eine Androhung vorausgehen, die nach § 440 Abs. 4 HGB an den Empfänger, wenn dieser nicht zu ermitteln ist oder die Annahme verweigert, an den Absender zu richten ist, aber auch unterbleiben kann, wenn sie untunlich ist. Der Verkauf darf nicht vor dem Ablauf einer Woche nach der Androhung erfolgen (§ 368 HGB); ist die Androhung untunlich, so wird die Frist von dem Eintritt der Verkaufsberechtigung an gerechnet. Die Androhung des Pfandverkaufs kann bereits bei der Geltendmachung des Pfandrechts mit ausgesprochen werden. Der Verkauf erfolgt im Wege der öffentlichen Versteigerung, also grundsätzlich durch den zuständigen Gerichtsvollzieher; haben die Güter einen Börsen- oder Marktpreis, so kann der Verkauf freihändig durch einen zu solchen Verkäufen ermächtigten Versteigerer bewirkt werden. Pfandschuldner und Gläubiger können, unter Zustimmung etwaiger sonstiger Beteiligter, eine hiervon abweichende Verkaufsart vereinbaren; ebenso kann das Amtsgericht des Ortes, an dem das Pfand aufbewahrt wird, auf Antrag eines Beteiligten eine andere Art des Pfandverkaufs anordnen (§ 1246 BGB, § 166 FGG).

8. Das Pfandrecht mehrerer Frachtführer

a) Nach § 440 HGB haben alle Frachtführer, die an der Beförderung der Frachtgüter aufeinanderfolgend beteiligt sind, ein gesetzliches Pfandrecht an den Frachtgütern. Nach § 441 Abs. 1 Satz 2 HGB besteht das Pfandrecht der „Vormänner" so lange wie das Pfandrecht des letzten Frachtführers; es dauert also auch nach der Ablieferung der Ladung an den Empfänger unter den Erfordernissen des § 440 Abs. 3 HGB fort. Es ist hierbei unerheblich, ob ein einheitlicher Frachtbrief, mehrere Frachtbriefe oder überhaupt keine Frachtbriefe vorhanden sind.

b) Soweit der Frachtführer die Vormänner befriedigt, gehen deren Ansprüche und die dafür bestehenden Pfandrechte auf ihn kraft Gesetzes über (§ 441 Abs. 2, 3 HGB). Der letzte Frachtführer ist, falls nicht im Frachtbrief ein anderes bestimmt ist, bei der Ablieferung der Ladung berechtigt und verpflichtet, auch die Ansprüche der von ihm nicht befriedigten Vormänner sowie die auf der Ladung haftenden Nachnahmen einzuziehen und die Rechte der Vormänner, insbesondere auch das Pfandrecht, auszuüben (§ 441 Abs. 1 Satz 1 HGB). Im Fall einer Verletzung dieser Pflichten ist er den Vormännern verantwortlich (§ 442 Satz 1 HGB); er geht ferner selbst, ebenso wie die vorhergehenden Frachtführer, des Rückgriffs gegen die Vormänner verlustig (§ 442 Satz 2 HGB), soweit diese aus den mit dem Pfandrecht behafteten Gütern hätten befriedigt werden können. Zu diesen Vormännern im Sinne des § 442 HGB gehört auch der Absender (RG in JW 1928, 921 Nr. 4 = RGZ 122, 221; OLG Darmstadt in OLG 2, 24; LG Berlin vom 10. 10. 1903 — 34 S 132/1906 —). Dagegen hat die Nichtgeltendmachung des Pfandrechts nicht zur Folge, daß die gegen den Empfänger begründeten Ansprüche auf Begleichung der Frachtforderungen aus § 26 in Verbindung mit den §§ 436ff. HGB untergehen; vielmehr bleiben sie nach der ausdrücklich aufgenommenen Vorschrift des § 442 Satz 3 HGB in Kraft.

9. Die Rangfolge mehrerer Pfandrechte

Nach den §§ 1257, 1209 BGB wäre für die gesetzlichen Pfandrechte, ebenso wie für die vertraglich begründeten, für die Rangfolge mehrerer Pfandrechte die Zeit der Entstehung maßgebend; das früher entstandene würde dem später zur Entstehung gelangten Pfandrecht vorgehen. Von dieser Regelung treffen die Sondervorschriften der §§ 102, 116 sowie der § 443 HGB abweichende Bestimmungen. Danach ergibt sich folgende Rangfolge: Zunächst kommen die Pfandrechte aus den §§ 102, 116 wegen der Beiträge zur großen Haverei und der Bergungs- und Hilfskosten, die den im § 443 HGB bezeichneten Pfandrechten vorgehen (§ 116 Abs. 1). Dann folgen die Pfandrechte des Kommissionärs (§ 397 HGB), des Spediteurs (§ 410 HGB) und Frachtführers (§ 440 HGB), die durch die Beförderung des Gutes entstanden sind, wobei abweichend von der Regel des bürgerlichen Rechts untereinander das später entstandene dem früher entstandenen Pfandrecht vorgeht (§ 443 Abs. 1 HGB). Hiernach kommen die übrigen mit dem gesetzlichen Pfandrecht ausgestatteten Forderungen der aufgeführten Personen, wobei nach der Regel des bürgerlichen Rechts das ältere dem jüngeren Pfandrecht vorgeht.

10. Die Frankoablieferung

a) Nicht selten verpflichtet sich der Frachtführer, die Ladung „franko" oder „frei von Fracht" an den Empfänger auszuliefern. Hierin liegt die Vereinbarung, daß er das Pfandrecht wegen der Fracht nicht gegen den Empfänger geltend machen werde (vgl. Anm. 2; HK Berlin XII A 9 7422/22).

b) Manchmal wird auch eine Ablieferung „franko Fracht gegen Lieferschein" ausbedungen. Dann hat der Absender grundsätzlich die Fracht erst zu zahlen, wenn ihm der Frachtführer durch Vorlage eines vom Empfänger (oder Ablader) unterzeichneten Lieferscheins den Nachweis erbringt, daß eine ordnungsmäßige Ablieferung erfolgt ist (RG in JW 1929, 921 Nr. 14). Der Frachtführer ist dann berechtigt, von dem Empfänger einen ordnungsmäßigen „reinen" Ablieferungsschein zu verlangen, anderenfalls auf dessen Ausstellung gegen ihn zu klagen (OLG Hamburg in HansGZ Hauptbl. 1876 Nr. 149; 1890 Nr. 78; 1898 Nr. 2; OLG Hamburg vom 2. 7. 1900 — Bf. I 340/99 —). Der Lieferschein ist der Beleg über die ordnungsmäßige Ablieferung der Ladung und stellt die Quittung über deren Empfang dar; der Frachtführer muß sofort nach der Entlöschung den Lieferschein erhalten, da sich sonst etwa auftretende Unstimmigkeiten nicht oder nur sehr schwer klären lassen. Er braucht nicht damit einverstanden zu sein, daß der Lieferschein später nachgesandt oder dem die Fracht zahlenden Absender übersandt wird (Gutachten HK Berlin vom 10. 5. 1939 — C 4559/39 — V III/3 in 55 C 244/39 AG Berlin). Nimmt der Frachtführer den Absender ohne Vorlage eines solchen reinen Ladescheins auf Zahlung der Fracht in Anspruch, so muß er entweder beweisen, daß er trotzdem ordnungsmäßig ausgeliefert hat, oder für einen aus dem Lieferschein ersichtlichen Mangel nicht zu haften braucht.

c) Wenn der Frachtbrief oder der Ladeschein nur die Bestimmung enthält, daß „franko" abzuliefern ist, so steht dies nach der gesetzlichen Auslegungsregel im § 67 der Geltendmachung des Pfandrechts gegen den Empfänger nicht entgegen, soweit es sich um Zollgelder und sonstige Auslagen für die Zeit nach dem Antritt der Reise handelt.

11. Anderweite Vereinbarungen

a) Im Frachtgeschäft der Binnenschiffahrt bedingen sich die Frachtführer meist ein weitergehendes Pfandrecht vertraglich aus. So wird nicht selten in den Verfrachtungsbedingungen vorgesehen, daß dem Frachtführer wegen aller fälligen und nicht fälligen Ansprüche, die ihm aus laufender Rechnung oder aus sonstigen Gründen gegen den Auftraggeber zustehen, ein Pfandrecht und ein Zurückbehaltungsrecht an den in seiner Verfügungsgewalt befindlichen Gütern eingeräumt wird (§ 22 Abs. 14 der Oderbedingungen; ähnlich § 77 Abs. 1 der Allgemeinen Verfrachtungsbedingungen und die rheinischen Verfrachtungsbedingungen). Mitunter wird auch vereinbart, daß der Frachtführer berechtigt sein soll, bei einem Verzug des Schuldners die Pfandgüter ohne gerichtliches Verfahren verkaufen zu lassen (§ 77 Ziff. 3 der Allgemeinen Verfrachtungsbedingungen).

b) Ferner behalten sich die Frachtführer in den Frachtverträgen vielfach vor, Frachtbriefe oder Ladescheine mit dem Vermerk „franko gegen Lieferschein" als unzulässig zurückzuweisen (vgl. § 22 Abs. 8 der Oderbedingungen). Mitunter wird ferner ausbedungen, daß sich der Frachtführer auch wegen der Fracht bei solchen Frankoablieferungen an den Empfänger halten kann, sofern nicht die dann sofort mit der Einladung fällige Fracht bei Ankunft am Bestimmungsort bezahlt ist (vgl. § 22 Abs. 6, 7 der Oderbedingungen), oder daß die Fracht vom Absender im voraus zu bezahlen ist (so die rheinischen Verfrachtungsbedingungen). Häufig wird auch vereinbart, daß die vereinbarte Frankoablieferung der Geltendmachung des

Pfandrechts wegen der Fracht und der vor Antritt der Reise entstandenen Auslagen und Nebengebühren nicht entgegenstehen soll (§ 77 Ziff. 5 der Allgemeinen Verfrachtungsbedingungen; § 77 Nr. 5 der Elbebedingungen).

Dauernde Verhinderung des Reiseantritts durch Zufall

§ 68

Wird der Antritt der Reise durch Zufall dauernd verhindert, so tritt der Frachtvertrag außer Kraft, ohne daß der eine Teil zur Entschädigung des anderen verpflichtet ist.

Als dauernde Verhinderung ist es insbesondere anzusehen:

1. **wenn das Schiff, mit welchem die Beförderung zu erfolgen hatte, verlorengeht, oder derart beschädigt wird, daß die Reise nicht ohne eine umfassende Ausbesserung des Schiffes angetreten werden kann; als Ausbesserung dieser Art gilt namentlich eine solche, welche die vollständige Löschung der Ladung notwendig macht;**
2. **wenn die zu befördernden Güter verlorengehen, vorausgesetzt, daß sie nicht bloß nach Art und Gattung, sondern speziell im Frachtvertrage bezeichnet oder bereits verladen oder doch von dem Frachtführer übernommen waren.**

1. Die Bedeutung von Beförderungshindernissen

a) Die Durchführung der von dem Frachtführer nach dem Frachtvertrag übernommenen Beförderung der Frachtgüter kann durch Hindernisse beeinträchtigt werden. Diese Beförderungshindernisse können vor oder nach Antritt der Frachtreise entstehen und die Ausführung des Frachtvertrages zeitweilig oder dauernd unmöglich machen. Das Binnenschiffahrtsgesetz enthält im Gegensatz zum Seerecht (§§ 628—641 HGB) keine zusammenfassende Regelung der Wirkungen solcher Beförderungshindernisse; vielmehr werden nur einige Fälle in den §§ 68—71 behandelt, nämlich im § 68 die dauernde zufällige Verhinderung des Reiseantritts, im § 69 die dauernde zufällige Verhinderung der Reisefortsetzung, im § 70 die Fürsorge für die Ladung bei einem Verlust des Schiffes und im § 71 die zeitweilige Verhinderung des Antritts oder der Fortsetzung der Reise. Diese Bestimmungen zeigen gegenüber den seerechtlichen Vorschriften (§§ 628—641 HGB) wesentliche Abweichungen; insbesondere ist im Binnenschiffahrtsrecht im Gegensatz zum Seefrachtrecht eine einheitliche Regelung für alle Verfrachtungsarten (Gesamt-, Teil- und Stückgüterverfrachtung) vorgesehen (vgl. Begr. S. 92, 93). Ergänzend finden die allgemeinen bürgerlich-rechtlichen Vorschriften Anwendung (§§ 324, 325 BGB).

b) In den §§ 68—71 sind die „zufälligen" Beförderungshindernisse geregelt, also die weder vom Frachtführer noch vom Empfänger zu vertretenden Ereignisse (§ 323 BGB), die das Schiff oder die Güter treffen. Hat der Absender das Vorliegen des Beförderungshindernisses schuldhaft herbeigeführt, so ist § 324 BGB anzuwenden; dem Frachtführer steht dann grundsätzlich die volle Fracht zu. Jedoch kommt nur die Berechnung von Fehlfracht nach den §§ 34, 36 in Betracht, wenn der Absender keine Frachtgüter anliefert; ferner kann der Absender nach § 36 bis zum Antritt der Reise mit dieser Maßgabe auch den Rücktritt vom Frachtvertrag erklären. Hat der Frachtführer dagegen den Eintritt des Beförderungshindernisses zu vertreten, so kann der Absender nach § 325 BGB Schadensersatz wegen Nichterfüllung verlangen oder vom Frachtvertrag zurücktreten (vgl. im übrigen § 36 Anm. 1d).

2. Die dauernde Verhinderung des Reiseantritts

a) Es muß sich nach § 68 Abs. 1 um ein „zufälliges" Ereignis handeln, das aber nicht „unerwartet" einzutreten braucht; vielmehr kommt jedes, weder vom Frachtführer noch von den Ladungsbeteiligten (Absender oder Empfänger) zu vertretendes Beförderungshindernis in Betracht, das Schiff oder Ladung oder beide trifft (OLG Breslau in HansRZ 1933, 415 Nr. 109). Dies liegt auch vor, wenn das Schiff oder die Ladung durch behördliche Anordnung, z. B. infolge eines Einfuhr-, Ausfuhr- oder Durchfuhrverbotes, beschlagnahmt oder festgehalten wird (Begr. S. 93; KommBer. S. 25).

b) Der Antritt der Reise muß durch ein solches zufälliges Ereignis dauernd verhindert werden. Es muß dem Frachtführer also unmöglich sein, den Frachtvertrag durch Einnahme der Ladung und Antritt der Frachtreise zu erfüllen. Das Ereignis muß vor dem tatsächlichen Antritt der Reise, bevor das Schiff mit irgendwelcher vertragsmäßiger Ladung den Ladeplatz zwecks Vornahme der Frachtreise verlassen hat, eingetreten sein (vgl. hierzu § 36 Anm. 2a).

c) Es muß eine „dauernde Verhinderung" des Antritts der Reise vorliegen. Demnach fällt unter § 68 nicht die zeitweilige Verhinderung durch ein vorübergehendes behebbares Ereignis, dessen Folgen vielmehr im § 71 geregelt sind. Es genügt auch nicht zur Annahme einer solchen dauernden Verhinderung, wenn mit einem verhältnismäßig langen Aufenthalt zur Behebung des Hindernisses zu rechnen ist (OLG Marienwerder in SeuffA 52 Nr. 176). So stellt nach der ausdrücklichen Vorschrift des § 71 Abs. 3 die Notwendigkeit, infolge Winterfrost mit dem Schiff überwintern zu müssen, nur eine zeitweilige Verhinderung dar (ROHG 3, 135). Auch sonstige Verhinderungen des Antritts der Reise infolge des Winterfrostes, z. B. bei empfindlichen Ladungen, wie Kartoffeln (OLG Hamburg in HansGZ Hauptbl. 1911 Nr. 138), oder infolge sonstiger Witterungsverhältnisse (Hoch- oder Niedrigwasser), selbst wenn diese in ungewöhnlicher Zeit oder Stärke auftreten, sind nicht als dauernde Verhinderung anzusehen; denn hierdurch wird der Antritt der Reise nur vorübergehend beeinträchtigt, da nach Ablauf einer gewissen Zeit normale Schiffahrtsverhältnisse regelmäßig wieder zurückzukehren pflegen (RG in HansGZ Hauptbl. 1906 Nr. 128, Nr. 125, 1908 Nr. 11; RG bei Bolze 17 Nr. 430; a. A. OLG Hamburg in LZ 1907, 671). Es ist für die Annahme einer dauernden Verhinderung zwar „nicht unbedingt erforderlich, daß die Möglichkeit der Reise für alle Zeiten ausgeschlossen ist; es muß vielmehr genügen, wenn nach den Umständen des Falles der erkennbare Zweck der Reise durch das Hindernis unerreichbar geworden ist" (so Begr. S. 93; RG in HansGZ Hauptbl. 1906 Nr. 128; BGH vom 23. 11. 1959 — III ZR 132/58 in ZfB 1960, 52). Demnach muß der Antritt der Reise mit den im Frachtvertrag oder durch die Vornahme der Einladung ausgewählten bestimmten Schiffen oder Ladungen für eine nicht voraussehbarer Zeit unmöglich geworden sein. Dies wird, abgesehen von den im § 68 Abs. 2 beispielsweise hervorgehobenen Fällen, vorliegen, wenn die Reise durch einen Krieg oder durch ein Schiff oder Ladung betreffendes Ein- oder Ausfuhrverbot verhindert wird (ROHG 4, 172; OLG Düsseldorf vom 7. 3. 1916 in EVE 33 S. 311). Ein dauerndes Hindernis ist dagegen nicht anzunehmen, wenn nur das in Aussicht genommene

Schiff oder Frachtgut, das weder im Frachtvertrag als solches bezeichnet noch durch Einladung ausgewählt ist, von einem solchen dauernden Hindernis betroffen wird. Demnach ist auch ein Streik in der Fabrik des Absenders oder dessen Auftraggebers grundsätzlich belanglos (OLG Hamburg in OLG 10, 353).

3. Verlust oder Beschädigung des Schiffes

a) Als dauernde Verhinderung ist es nach § 68 Abs. 2 Nr. 1 anzusehen, wenn das Schiff, mit dem die Beförderung zu erfolgen hatte, verlorengeht. Es muß aber die Beförderung mit einem bestimmten Schiff nicht nur erst in Aussicht genommen, sondern tatsächlich vereinbart oder wenigstens durch die Einladung von Frachtgütern begonnen sein. Entweder muß die Beförderung in einem bestimmt im Frachtvertrag mit Namen, Eichzeichen oder Schiffsregisterzeichen bezeichneten Schiff von vornherein vereinbart sein (vgl. § 44 Anm. 2a) oder es müssen bereits Frachtgüter in Erfüllung des Frachtvertrages eingeladen sein (vgl. § 44 Anm. 1b), als das Schiff verlorenging. Hatte der Frachtführer die Ladung vertragswidrig in ein anderes als das vereinbarte Schiff eingeladen, so findet der § 68 keine Anwendung. Ein Verlust des Schiffes ist nicht nur anzunehmen, wenn es vollständig vernichtet (verbrannt oder zertrümmert), sondern auch wenn es gesunken ist und nicht sofort wieder gehoben werden kann. Es muß sich aber stets um einen von den Beteiligten (Frachtführer und Ladungsbeteiligten) nicht verschuldeten Verlust handeln (vgl. Anm. 1b); die Beschlagnahme des Schiffes durch Arrest (§ 931 ZPO) oder im Wege der Zwangsversteigerung (§§ 162ff. ZVG) kommt demnach grundsätzlich hierfür nicht in Betracht, weil es sich nicht um solche zufälligen Ereignisse handelt.

b) Dem Verlust des Schiffes wird nach § 68 Abs. 2 Nr. 1 eine so erhebliche Beschädigung gleichgestellt, daß die Reise nicht ohne eine umfassende Ausbesserung des Schiffes angetreten werden kann. Es ist nicht, wie im Seerecht (§§ 628 Nr. 1, 479 HGB), erforderlich, daß das Schiff reparaturunfähig oder reparaturunwürdig ist. Vielmehr genügt schon eine solche Ausbesserung, die die vollständige Löschung der Ladung notwendig macht. Denn „der Aufenthalt, der in einem solchen Falle entsteht, ist regelmäßig so erheblich, daß bei der stets vorhandenen Gelegenheit zur Benutzung eines anderen Transportmittels dem Absender nicht zugemutet werden kann, die Vollendung der Ausbesserung abzuwarten; auch im Interesse des Frachtführers selbst wird es meist liegen, daß er so bald als möglich die freie Verfügung über sein Schiff erhält und nicht genötigt wird, die Reparatur an dem Ort vorzunehmen, wo das Schiff sich gerade befindet" (vgl. Begr. S. 93). Ein Bombenschaden, der ein Auflandsetzen des Schiffes erforderlich macht, setzt den Frachtvertrag außer Kraft (AG Hamburg vom 24. 3. 1950 — 34 C 1686/49 in VRS Bd. 2 S. 270).

4. Verlust der zu befördernden Güter

a) Ferner ist es nach § 68 Abs. 2 Nr. 2 als dauernde Verhinderung anzusehen, wenn die zu befördernden Güter verlorengehen. Hierunter fällt jeder vollständige zufällige Verlust (Untergang) der Güter, gleichgültig auf welchen Ursachen er beruht; die dauernde Transportunfähigkeit kann dem Verlust nicht gleichgestellt werden (a. A. Förtsch S. 207 Nr. 10). Es genügt aber nicht, daß die vom Absender etwa in Aussicht genommenen Güter untergehen. Denn „in einem solchen Fall ist eine objektive Unmöglichkeit der Vertragserfüllung auf seiten des Absenders nicht vorhanden" (vgl. Begr. S. 93); der Absender ist in der Lage, Güter von gleicher Art und Beschaffenheit oder andere Ersatzgüter (§ 43) zu verfrachten. Es wird daher für die Anwendung des § 68 Abs. 2 Nr. 2 vorausgesetzt, daß die Güter „nicht bloß nach Art und Gattung, sondern speziell im Frachtvertrag bezeichnet oder bereits verladen oder doch vom Frachtführer übernommen waren"; die Güter müssen entweder „von Anfang an" in den Frachtpapieren als solche nicht nur der Art oder Gattung nach, sondern als bestimmte Güter bezeichnet oder „durch die Verladung oder Übergabe an den Frachtführer fest bestimmt" worden sein (Begr. S. 93). Es genügt nicht, daß der Absender die nur der Art oder Beschaffenheit nach bezeichneten Frachtgüter aussondert und nach dem Ladeplatz schafft; vielmehr muß noch eine Empfangnahme durch den Frachtführer hinzukommen (OLG Hamburg in OLG 10, 353; OLG Rostock in OLG 32, 193).

b) Der teilweise Verlust der zu befördernden Frachtgüter ist dem vollständigen Verlust nach § 68 Abs. 2 Nr. 2 nicht gleichgestellt. Hierüber fehlt, im Gegensatz zum Seerecht (§ 636 HGB), eine besondere Vorschrift. Daraus folgt aber nicht, daß die allgemeine bürgerlich-rechtliche Vorschrift des § 323 Abs. 1 BGB zur Anwendung gelangt, so daß sich der Frachtführer eine entsprechende Minderung seiner Fracht gefallen lassen müßte (so Mittelstein 1 I zu § 68 Anm. 4 Abs. 3; 2 S. 190). Vielmehr ist der Absender dann nach § 43 nur berechtigt, andere, die Lage des Frachtführers nicht erschwerende Ersatzgüter zu liefern oder gegen Zahlung der Fautfracht nach den §§ 36, 34 zurückzutreten. Nach § 35 ist der Frachtführer befugt, sofern der Absender nicht zurücktritt, mit der unvollständigen Ladung die Reise anzutreten; er ist nicht verpflichtet, in eine teilweise Herabsetzung seiner Frachtordnung zu willigen. Aus diesen Sondervorschriften ergibt sich, daß die unvollständige Lieferung von Ladung, die auf einem teilweisen Verlust von Frachtgütern beruht, nicht als eine Unmöglichkeit im Sinne des § 323 Abs. 1 BGB angesehen werden kann. Dem Frachtführer steht daher, wenn der Absender weder Ersatzgüter liefert noch zurücktritt, die volle Fracht zu.

c) Eine Beschädigung der Frachtgüter kommt nach § 68 im Gegensatz zu einer Beschädigung des Schiffes als Auflösungsgrund nicht in Betracht, weil dadurch eine objektive Unmöglichkeit der Beförderung nicht hervorgerufen wird (vgl. Materialien S. 85; RGZ 14, 40, 41). Dies kann selbst dann nicht angenommen werden, wenn eine so erhebliche Beschädigung der Güter vorliegt, daß diese transportunfähig sind, auch nicht ausgebessert werden können (so auch Mittelstein 1 I zu § 68 Anm. 5; a. A. Förtsch S. 207 Nr. 10). Es stehen dem Absender in diesem Fall nur die Rechte aus den §§ 34—36, 43 zu.

5. Der Einfluß der zufälligen Beförderungshindernisse auf den Frachtvertrag

a) Nach § 68 Abs. 1 „tritt der Frachtvertrag außer Kraft", wenn der Antritt der Reise durch Zufall dauernd verhindert wird. Der Frachtvertrag wird also nicht von Anfang an nichtig, sondern erreicht mit dem Eintritt des zufälligen Beförderungshindernisses sein Ende; jedoch gilt die Einschränkung, daß kein Teil „zur Entschädigung des anderen verpflichtet ist". Hiernach hat der Frachtführer keinen Anspruch auf Zahlung der Fracht oder eines Teils davon; er kann auch keine Fehlfracht, Distanzfracht oder Entschädigung beanspruchen. Er ist ferner verpflichtet, einen bereits erhaltenen Frachtvorschuß zurückzuzahlen (§§ 323 Abs. 3, 812 BGB). Im übrigen bleiben aber seine Ansprüche, die er bis zu dem Zeitpunkt der vorzeitigen Beendigung des Frachtvertrages erworben hatte, bestehen, insbesondere also seine Forderungen auf Begleichung der Liegegelder und Auslagen, die bei Eintritt des Hindernisses bereits begründet waren (vgl. Begr. S. 93). Der Frachtvertrag ist endgültig außer Kraft getreten und lebt auch nicht wieder auf, wenn das dauernde zufällige Beförderungshindernis wider Erwarten bald beseitigt werden sollte.

b) Wenn bei Eintritt des zufälligen Beförderungshindernisses bereits Frachtgüter in das Schiff eingeladen waren, so muß deren Wiederausladung erfolgen. Es ist im § 68 (im Gegensatz zu der seerechtlichen Vorschrift des § 639 HGB) nicht geregelt, wer diese Wiederausladung vorzunehmen und die Kosten hierfür zu tragen hat. Die im Frachtvertrag insoweit vorgesehene oder die aus den §§ 41, 56 ersichtliche Regelung kann nicht herangezogen werden, da der Frachtvertrag mit dem Hindernis außer Kraft getreten ist; auch der § 36 Abs. 2 findet keine Anwendung, weil dies eine besondere Vorschrift für den Rücktritt des Absenders darstellt. Es kann auch nicht aus „den Grundsätzen des bürgerlichen Rechts" entnommen werden, daß „derjenige, in dessen Person sich der Zufall ereignet hat, die schon eingenommene Ladung aus dem Schiff zu schaffen habe", so daß der Absender bei einem Fall des § 68 Abs. 2 Nr. 2 und der Frachtführer bei § 68 Abs. 2 Nr. 1 die Wiederausladung vorzunehmen und die Kosten zu tragen habe (so Mittelstein 1 I zu § 68 Anm. 6; 2 S. 192). Man kann auch nicht folgern, daß „die im gemeinsamen Interesse notwendig gewordene Wiederausladung auf gemeinschaftliche Kosten zu geschehen habe" (so Förtsch S. 206 Nr. 4). Es ist endlich auch eine entsprechende Anwendung der seerechtlichen Regelung (§ 639 HGB) begrifflich nicht zulässig, wonach bei einem nur die Ladung betreffenden Zufall der Absender die Kosten allein zu tragen hat, während sonst der Verfrachter die Kosten der Ausladung aus dem Schiff zu übernehmen hat. Vielmehr muß davon ausgegangen werden, daß nach § 68 Abs. 1 der Frachtvertrag mit dem Eintritt des dauernden zufälligen Beförderungshindernisses, nicht erst mit der Entlöschung nach erfolgter Wiederausladung, außer Kraft tritt, also für die Zukunft beendet wird; der Frachtführer ist lediglich verpflichtet, die etwa schon eingeladenen Frachtgüter, gleichgültig wer die Einladung besorgt hatte und wer zur Entlöschung am Bestimmungsort bei Erfüllung des Vertrages verpflichtet gewesen wäre, dem Absender zur Herausgabe zur Verfügung zu stellen (so auch OLG Hamburg vom 31. 5. 1948 — 3 U 533/47). Nach § 52 ist der Frachtführer zur Wiederausladung in diesen Fällen berechtigt, aber grundsätzlich nicht verpflichtet, soweit dies nicht zur Abwendung eines Schadens nach § 254 Abs. 2 BGB erforderlich ist (vgl. OLG Hamburg 3 U 533/47). Er kann die hierfür aufgewendeten Kosten ersetzt verlangen. Zu weiteren Leistungen ist der Frachtführer nicht verpflichtet, so daß er auch keine Kosten hierfür zu übernehmen braucht; vielmehr fallen diese stets dem Absender zur Last.

6. Die Beweislastverteilung

Wer sich auf ein dauerndes zufälliges Beförderungshindernis aus § 68 beruft, hat die Erfordernisse dieser Bestimmung und die damit erfolgte Beendigung des Frachtvertrages zu beweisen. Diese Beweislastverteilung wird insbesondere von Bedeutung für den Absender gegenüber einem auf § 34 gestützten Anspruch des Frachtführers auf Zahlung der Fehlfracht wegen Nichtlieferung von Ladung. Der Absender kann gegenüber einem solchen Anspruch einwenden, daß ein Fall des § 68 Abs. 2 Nr. 2 vorliege, so daß deshalb keine Entschädigung, auch keine Fehlfracht, gefordert werden könne. Dann ist der Absender für diese Erfordernisse des

§ 68 in vollem Umfang beweispflichtig; er muß also beweisen, daß die im Frachtvertrag nicht nur der Art oder Gattung nach, sondern bestimmt bezeichneten Güter durch Zufall dauernd verlorengegangen sind. Ferner ist aber auch der Frachtführer, dem vom Absender Ersatzgüter nach § 43 an Stelle der vertragsmäßigen Güter zur Beförderung angeboten werden, berechtigt, dies mit dem Nachweis abzulehnen, daß die im Frachtvertrag bestimmt bezeichneten oder bereits eingeladenen Güter nach § 68 Abs. 2 Nr. 2 verlorengegangen seien. Denn das Recht des Absenders aus § 43 ist für die Fälle des § 68 Abs. 2 Nr. 2 nach dieser besonderen Regelung ausgeschlossen. Die Einführung der im Seefrachtrecht eingeräumten Befugnis, „statt der verlorengegangenen Güter andere zu liefern" (§ 628 Abs. 2 HGB) wurde für das Binnenschiffahrtsrecht ausdrücklich abgelehnt (Begr. S. 93).

7. Anderweite Vereinbarungen

Im Frachtgeschäft der Binnenschiffahrt werden nicht selten gegenüber der nicht zwingenden Regelung des § 68 andere Vereinbarungen getroffen. So wird mitunter ausbedungen, daß der Frachtführer bei einem sein Schiff treffenden zufälligen dauernden Beförderungshindernis berechtigt sein soll, die Beförderung der Frachtgüter mit einem anderen gleichklassigen Schiff auszuführen (§ 7 Abs. 2 der Oderbedingungen). Ferner wird vielfach vorgesehen, daß dem Frachtführer stets außer den Liegegeldern, Schleppgeldern und Auslagen die Kosten der Reisevorbereitung und bei einer erforderlich werdenden Wiederausladung für den damit verbundenen Aufwand an Kosten, Zeit und Mühen eine Entschädigung von mindestens einem Viertel der Fracht zu gewähren ist (§ 104 Abs. 1, 3 der Allgemeinen Verfrachtungsbedingungen; § 104 der Elbebedingungen).

Dauernde Verhinderung der Reisefortsetzung durch Zufall

§ 69

Wird nach dem Antritt der Reise die Fortsetzung derselben durch Zufall dauernd verhindert, so finden die Bestimmungen des § 68 mit der Maßgabe Anwendung, daß für den zurückgelegten Teil der Reise Distanzfracht (§ 64 Abs. 2) zu entrichten ist.

1. Nach § 69 findet in Annäherung an die seerechtliche Vorschrift des § 630 HGB die im § 68 vorgesehene Regelung Anwendung, wenn die Fortsetzung der Reise nach deren Antritt durch Zufall dauernd verhindert wird. Es muß sich auch hier um ein weder vom Frachtführer noch von den Ladungsbeteiligten (Absender und Empfänger) zu vertretendes dauerndes Beförderungshindernis handeln (vgl. § 68 Anm. 1b, 2c). Das zufällige Hindernis kann sowohl das Schiff als auch die Ladung oder beide betreffen (vgl. § 68 Anm. 3a, b, 4a).

2. Der teilweise zufällige Verlust der beförderten Frachtgüter ist auch hier dem vollständigen Verlust nicht gleichgestellt (vgl. § 68 Anm. 4b). Vielmehr hat der Frachtführer auf Grund des Frachtvertrages die volle Fracht zu beanspruchen. Soweit es sich um einen auf die natürliche Beschaffenheit zurückzuführenden Verlust handelt, ergibt sich dies auch aus § 65 (vgl. auch § 59 Ziff. 4).

3. Eine Beschädigung der Frachtgüter fällt nicht unter § 69, weil damit eine objektive Unmöglichkeit der Fortsetzung der Beförderung nicht verursacht wird (vgl. § 68 Anm. 4c; Materialien S. 85; RGZ 14, 40, 41). Dies ist auch dann der Fall, wenn die Beschädigung so erheblich ist, daß die Frachtgüter nicht mehr weiterbefördert werden können, also transportunfähig werden (vgl. § 68 Anm. 4c).

Erst recht muß dies gelten, wenn die Güter durch eine Fortsetzung der Reise nur gefährdet werden, weil z. B. eine Kohlenladung naß geworden ist (OLG Hamburg in HansGZ Hauptbl. 1893 Nr. 101) oder eine Kartoffelladung vom Frost bedroht ist (ROHG 3 Nr. 27). Selbst dann, wenn der Frachtführer infolge einer Beschädigung der Frachtgüter genötigt ist, die Reise zu unterbrechen oder auf Anweisung der Ladungsbeteiligten eine Ausladung vor Erreichung des Bestimmungsortes vorzunehmen, findet § 69 keine Anwendung; vielmehr ist dem Frachtführer nach § 37 die volle Fracht zu entrichten (vgl. Begr. S. 85).

4. Das Beförderungshindernis muß nach § 69 nach dem Antritt der Reise eintreten. Das Schiff muß mit irgendwelcher vertragsmäßigen Ladung den Ladeplatz zwecks Vornahme der Frachtreise verlassen haben (vgl. § 36 Anm. 2a). Die Fortsetzung der Reise muß durch das Hindernis verhindert sein; dieses muß vor dem Eintreffen des Schiffes am Ablieferungsort, also vor der Beendigung der Reise, entstanden sein.

5. Nach den §§ 69, 68 tritt der Frachtvertrag mit dem Beförderungshindernis außer Kraft, wird also mit diesem Zeitpunkt beendet. Im Gegensatz zu der Regelung des § 68 steht dem Frachtführer aber eine „Entschädigung" für den zurückgelegten Teil der Reise in der Distanzfracht zu. Dies wurde „aus Billigkeitsgründen unter Abweichung von den allgemeinen Grundsätzen über den Werkvertrag" vorgesehen, weil der Frachtführer mit der teilweisen Durchführung der Frachtreise schon erhebliche Aufwendungen hat (vgl. Begr. S. 94). Nach dem Oberrheinkonnossement ist an Stelle von Distanzfracht stets die volle Fracht zu zahlen. Bei der Berechnung der Distanzfracht ist nach dem für entsprechend anwendbar erklärten § 64 Abs. 2 nicht allein das Verhältnis der bereits zurückgelegten Entfernung, sondern auch das Verhältnis des Aufwandes an Kosten, Zeit und Mühen zu berücksichtigen, die durchschnittlich mit dem vollendeten und dem nicht vollendeten Teil der Reise verbunden sind (vgl. § 64 Anm. 6). Daneben hat der Frachtführer einen Anspruch auf Begleichung der entstandenen Liegegelder und Auslagen (vgl. § 68 Anm. 5a). Die etwa erforderliche vorzeitige Ausladung der Frachtgüter geht auch hier zu Lasten der Ladungsbeteiligten (vgl. § 68 Anm. 5b).

Sorge für die Ladung bei Verlust oder Beschädigung des Schiffes

§ 70

Im Falle des Verlustes oder der Beschädigung des Schiffes ist trotz der Auflösung des Frachtvertrages der Schiffer verpflichtet, bei Abwesenheit der Beteiligten für das Beste der Ladung zu sorgen. Er ist im Falle der Dringlichkeit berechtigt und verpflichtet, auch ohne vorherige Anfrage, je nachdem es den Umständen entspricht, entweder die Ladung für Rechnung der Beteiligten mittels eines anderen Schiffes nach dem Ablieferungsorte befördern zu lassen oder die Auflagerung derselben zu bewirken. Von den getroffenen Maßregeln sind die Beteiligten unverzüglich in Kenntnis zu setzen.

1. Bei Verlust oder schwerer Beschädigung des Schiffes vor oder nach Antritt der Reise tritt nach den §§ 68, 69 der Frachtvertrag außer Kraft. Dies entbindet den Schiffer (Schiffsführer), der nach den §§ 7, 10 den Ladungsbeteiligten (Absender und Empfänger) für die sorgfältige Wahrnehmung seiner Dienstverrichtungen haftet, nicht von der Pflicht, bei Abwesenheit dieser Beteiligten „für das Beste der Ladung zu sorgen". Es handelt sich demnach bei § 70 um einen Anwendungsfall einer gesetzlichen Dienstverrichtung des Schiffers, so daß diese Vorschrift im Anschluß an die Regelung der §§ 7, 10 hätte eingefügt werden müssen. Der Gesetzgeber hat hiervon „des besseren Zusammenhangs wegen" und in Übereinstimmung mit der im Seefrachtgeschäft vorgesehenen ähnlichen Bestimmung des § 632 HGB Abstand genommen.

2. Nach § 70 (ebenso im Seerecht nach § 632 HGB) hat der Schiffer, also nicht der Frachtführer, der aber auch als Privatschiffer zugleich in einer Person Schiffsführer sein kann, von einem Verlust oder einer Beschädigung des Schiffes den Ladungsbeteiligten sofort Mitteilung zu machen und ihre Anweisungen einzuholen (§ 10). Er hat während der Reise schon nach den §§ 10 Abs. 2, 7 Abs. 2 für das Beste der Ladung nach Möglichkeit Sorge zu tragen. Er ist hierzu nach § 70 Satz 1, trotzdem der Frachtvertrag an sich mit dem Eintritt eines solchen dauernden Beförderungshindernisses aufgelöst ist, bei Abwesenheit der Beteiligten in gleicher Weise verpflichtet, für das Beste der Ladung zu sorgen. Unter Beteiligten in diesem Sinne sind die Ladungsbeteiligten (Absender, Empfänger) zu verstehen, die ein erhebliches Interesse an den Frachtgütern haben und die deshalb in ihrer Abwesenheit der Fürsorge durch den Schiffer bedürfen (ROHG 15, 66; RG in HansGZ Hauptbl. 1895 Nr. 20). Nach § 70 Satz 2 ist der Schiffer „im Falle der Dringlichkeit" berechtigt und verpflichtet, auch ohne vorherige Anfrage, also selbständig, Entschlüsse zu fassen. Ein solcher Fall der Dringlichkeit wird vor allem gegeben sein, wenn die Frachtgüter dem Verderben oder einer sonstigen Wertminderung ausgesetzt sind und deshalb eine sofortige Behandlung der Güter erforderlich ist.

3. In einem solchen Fall der Dringlichkeit ist der Schiffer berechtigt und verpflichtet, je nach den Umständen die Ladung mit einem anderen Schiff nach dem Bestimmungsort befördern zu lassen oder sie aufzulagern. Diese Auflagerung ist nicht gleichbedeutend mit der Hinterlegung im Sinne der §§ 36, 52, sondern stellt eine vorläufige Stättung (Aufbewahrung) an einer sicheren, von dem Frachtführer auszuwählenden Stelle dar. Er kann die Güter auch auf eigenes Lager nehmen. Diese beiden Maßnahmen hat der Schiffer nach den Umständen zweckentsprechend auszuwählen. Er ist nicht berechtigt, die Frachtgüter ganz oder teilweise zu verpfänden oder zu veräußern; dies darf er selbst dann nicht, wenn er sich damit die Mittel zur Weiterbeförderung verschaffen will (anders im Seerecht nach § 632 Abs. 1 HGB). Nach § 70 Satz 3 muß der Schiffer die Beteiligten (Absender, Empfänger) unverzüglich (§ 121 Abs. 1 BGB) in Kenntnis setzen.

4. Verletzt der Schiffer schuldhaft eine dieser ihm obliegenden Dienstverrichtungen, so haftet nach § 7 der Schiffer den Ladungsbeteiligten (Absender und Empfänger) sowie dem Schiffseigner auf Schadenersatz; seine Haftung gegenüber diesen begünstigten Personen ist nach § 7 Abs. 2 aber ausgeschlossen, wenn er auf Anweisung des Schiffseigners gehandelt hat (vgl. § 7 Anm. 3c). Nach § 7 Abs. 3 wird durch die Erteilung einer solchen Anweisung der Schiffseigner persönlich verpflichtet; es besteht grundsätzlich eine unbeschränkte Haftung des Schiffseigners, es sei denn, daß er sein Schiff selbst geführt hat und ein Verschulden bei der Führung des Schiffes (§ 4 Ziff. 3) vorliegt (vgl. § 7 Anm. 3d). Hat der Schiffer auf Anweisung eines Ladungsbeteiligten gehandelt, so kann er regelmäßig die Verantwortung für die getroffenen Maßregeln ablehnen (ROHG 12, 109). Der Schiffer, ebenso der

Frachtführer, ist ferner berechtigt, die Ladung zu hinterlegen, wenn sich die Ladungsbeteiligten trotz Benachrichtigung nicht um diese kümmern (RGZ 38, 146).

5. Nach § 70 erfolgen solche Maßregeln „für Rechnung der Beteiligten", deren Interessen wahrzunehmen waren. Der Schiffer kann Ersatz seiner Auslagen von den Ladungsbeteiligten fordern (§§ 683, 670 BGB). Er hat auch einen Anspruch auf Vergütung (ROHG 15, 66; RGZ 38, 146); regelmäßig wird ihm ein solcher Vergütungsanspruch nur zustehen, wenn sein Dienstverhältnis zu dem Schiffer beendet und er für die Ladungsbeteiligten darüber hinaus tätig war (ROHG 15 Nr. 23; OLG Hamburg vom 20. 1. 1948 — 30 U 520/47). Der Schiffer braucht vor Bezahlung dieser Forderungen die Güter dem Empfänger oder Absender nicht auszuliefern, da ihm ein Zurückbehaltungsrecht nach § 273 BGB zusteht (Begr. S. 94).

Zeitweilige Verhinderung der Reise

§ 71

Wird der Antritt oder die Fortsetzung der Reise ohne Verschulden des Absenders zeitweilig verhindert, so braucht der Absender die Aufhebung des Hindernisses nicht abzuwarten, er kann vielmehr vom Vertrage zurücktreten.

In diesem Falle sind dem Frachtführer die Kosten der Vorbereitung der Reise, die Kosten der Wiederausladung und für den zurückgelegten Teil der Reise Distanzfracht (§ 64 Abs. 2) zu vergüten.

Muß der Frachtführer überwintern, so findet ein Rücktritt des Absenders nach Maßgabe der vorstehenden Bestimmung nicht statt. In diesem Falle ist der Absender zur Zurücknahme der Güter nur nach den Bestimmungen der §§ 36 bis 39 berechtigt.

1. In Übereinstimmung mit der Regelung im Landfrachtrecht (§ 428 Abs. 2 HGB) ist dem Absender im § 71 „ein Rücktrittsrecht" eingeräumt, wenn der Antritt oder die Fortsetzung der Reise ohne sein Verschulden verhindert wird. Während nach den §§ 68, 69 die dauernde Verhinderung des Antritts und der Fortsetzung der Reise eine Auflösung des Frachtvertrages zur Folge hat, wird dem Absender bei zeitweiliger Verhinderung ein „Rücktrittsrecht" eingeräumt. Die unterschiedliche Behandlung ist damit zu erklären, daß mit der baldigen Beseitigung eines zeitweiligen Beförderungshindernisses gerechnet werden kann, so daß es dem Absender überlassen bleiben soll, ob er dies abwarten oder den Frachtvertrag zur Auflösung bringen will. Der Absender hat nach § 71 die Möglichkeit, bei Eintritt eines von ihm nicht verschuldeten zeitweiligen Beförderungshindernisses den Frachtvertrag einseitig aufzulösen, und braucht dann an Stelle der vollen Fracht nur die Distanzfracht zu zahlen. Es handelt sich also sei der Vorschrift des § 71 um eine zugunsten des Absenders gegenüber den allgemeinen Bestimmungen der §§ 36, 37 getroffene Ausnahmebestimmung (OLG Breslau in JW 1933, 857 Nr. 7).

2. Es ist unerheblich, welcher Art das „Hindernis" ist; es muß nur ohne Verschulden des Absenders eingetreten sein und den Antritt oder die Fortsetzung der Reise zeitweilig verhindert haben. Deshalb kommen etwaige Ablieferungshindernisse (§ 52), die nach vollendeter Reise die Ablieferung der Frachtgüter am Bestimmungshafen verhindern, nicht in Betracht.

3. Die Reise muß „zeitweilig" verhindert sein. Es muß sich um ein Schiff oder Ladung treffendes vorübergehendes Hindernis von nicht nur geringfügiger Dauer handeln (ROHG 4, 174; OLG Hamburg vom 14. 6. 1913 — Bf. VI 55/1913 —). Es darf also kein dauerndes Hindernis sein, das die Erfüllung des erkennbaren Zwecks der Reise unerreichbar macht (vgl. § 68 Anm. 2c). Das Unvermögen des Empfängers oder Absenders, die Frachtgüter abzunehmen, bildet kein solches Hindernis, mit der Übernahme der Ladung zu beginnen und die Fahrt anzutreten (LG Hamburg vom 21. 3. 1941 — 7 S 8/41 — 31 C 448/40 AG Hamburg). Die Folgeerscheinungen von Hoch- oder Niedrigwasser und sonstigen Witterungsverhältnissen (Winterfrost) machen die Reise nur vorübergehend unmöglich, selbst wenn sie in ungewöhnlicher Zeit oder Stärke auftreten, so daß sie als zeitweilige Hindernisse in Betracht kommen, wenn sie nicht nur von geringfügiger Dauer sind (RG in HansGZ Hauptbl. 1906 Nr. 128, 1908 Nr. 101). Es kommt aber regelmäßig auf die Umstände des Einzelfalles an (ROHG 3 Nr. 27). So wird eine zeitweilige Verhinderung anzunehmen sein, wenn infolge niedrigen Wasserstandes, Eisgefahren, Frost, Erhitzung oder behördlicher Anordnung, Streiks eine Unterbrechung der Reise erforderlich wird (ROHG 3, 135; 4, 174; OLG Hamburg in HansGZ Hauptbl. 1894 Nr. 70; 1908, 216; 1911, 138; OLG Breslau in Recht 1903, 507; RG bei Bolze 17 Nr. 430; OLG Marienwerder in SeuffA 52 Nr. 176; OLG 10, 354).

4. Das Hindernis muß die Durchführung der Reise „ohne Verschulden des Absenders“ zeitweilig verhindert haben. Es brauchen die zugrunde liegenden Ereignisse also nicht außergewöhnlich und unvorhersehbar (RG in JW 1932, 2081 Nr. 1) oder sonstige zufällige Naturereignisse zu sein; vielmehr kommen auch die von anderen Beteiligten als dem Absender verschuldeten Hindernisse in Betracht (vgl. Begr. S. 95). Nur dann, wenn der Absender selbst den Eintritt des zeitweiligen Beförderungshindernisses verschuldet hat, entfällt die Anwendung des § 71; er hat dann nicht nur die volle Fracht zu zahlen, sondern ist auf Grund des Frachtvertrages in Verbindung mit den §§ 276, 278 BGB dem Frachtführer schadensersatzpflichtig, insbesondere für die dadurch hervorgerufene Verzögerung der Reise. Fällt dagegen dem Frachtführer eine Schuld oder Mitschuld zur Last, so hat der Absender nicht nur das Rücktrittsrecht aus § 71, sondern er ist auch berechtigt, den Frachtführer nach dem Frachtvertrag in Verbindung mit § 276 BGB auf Schadensersatz in Anspruch zu nehmen.

5. Nach § 71 Abs. 1 braucht der Absender die Aufhebung des Hindernisses nicht abzuwarten; er kann vielmehr „vom Vertrage zurücktreten“. Es handelt sich aber im rechtlichen Sinne nicht um ein Rücktrittsrecht mit den Folgen aus den §§ 347 ff. BGB, sondern um eine fristlose, den Frachtvertrag für die Zukunft auflösende Kündigung (vgl. § 36 Anm. 1a). Einer besonderen Nachfristsetzung bedarf es nicht (OLG Hamburg in HansGZ Hauptbl. 1915 Nr. 20). Das Kündigungsrecht soll nach § 71 Abs. 1 dem Absender zustehen; es hätte folgerichtiger heißen müssen: „Absender oder verfügungsberechtigten Empfänger“. Denn Voraussetzung für die Geltendmachung der Rechte aus § 71 ist, ebenso wie bei den §§ 36, 37, daß sich der Absender als solcher ausweist und verfügungsberechtigt ist (RG bei Bolze 19 Nr. 5, Nr. 40, Nr. 41). So besteht bei Vorliegen eines Ladescheins (§ 72) die Verfügungsberechtigung des Absenders nur, wenn er im Besitz des Originalladescheins ist (RGZ 44, 116) und diesen dem Frachtführer zurückgibt (§ 72 in Verbindung mit §§ 447 Abs. 3, 448 HGB). Die Kündigung braucht nicht sofort bei Eintritt des Hindernisses, muß aber während dessen Dauer erklärt werden; nach Beseitigung des Hindernisses steht ein Kündigungsrecht nicht mehr zur Verfügung (OLG Hamburg in HansGZ Hauptbl. 1895 Nr. 81). Vielmehr ist die volle Fracht zu entrichten, wenn der Absender oder verfügungsberechtigte Empfänger entweder überhaupt nicht oder nicht rechtzeitig während des Bestehens des zeitweiligen Hindernisses kündigt (OLG Hamburg in HansRZ 1925, 739 Nr. 200 = HansGZ 1925, 29 Nr. 20). Die Vorschrift des § 71 Abs. 1 gewährt nur das Recht, den ganzen Frachtvertrag aufzukündigen; nimmt der Absender vor Beendigung der Reise die Frachtgüter nur teilweise heraus und läßt nach Aufhebung des Hindernisses die Reise auch nur mit einem Teil fortsetzen, so gelangt nicht § 71, sondern § 37 zur Anwendung, so daß die volle Fracht zu zahlen ist (OLG Breslau in JW 1933, 857 Nr. 7; vgl. § 37 Anm. 2a). Der § 71 gewährt auch nur das Recht, den Frachtvertrag wegen unmöglicher Ausführung der Reise völlig aufzukündigen und von dem Vertrag zurückzutreten; wird die Reise ausgeführt und nur ein Teil der Ladung wieder herausgenommen, so hat der Frachtführer nach § 37 Anspruch auf die volle Fracht (AG Duisburg vom 11. 7. 1944 — 2 C 454/43). Der Frachtführer hat dagegen kein Kündigungsrecht; er muß die Beseitigung des zeitweiligen Hindernisses abwarten und die dadurch entstehende Verzögerung sowie etwaige Mehrkosten tragen (RG bei Bolze 9 Nr. 370 = JW 1890, 130 Nr. 5; OLG Hamburg vom 26. 6. 1951 — 2 U 225/50 in VRS 1953, 117; RG I 69/06 vom 4. 7. 1906; BGH vom 23. 11. 1959 — III ZR 132/58 in VersR 60, 79). Im Falle der verzögerten Anlieferung der Frachtgüter durch den Absender stehen ihm die Rechte aus § 34 zu.

6. Nach § 71 Abs. 2 sind dem Frachtführer, wenn der Absender oder verfügungsberechtigte Empfänger von seinem Kündigungsrecht Gebrauch macht, die Kosten der Vorbereitung der Reise, wie für Reinigung und Bereitstellung des Schiffes, für Einladung der Frachtgüter, Schleppbeträge, Schleusenzölle, sowie die Kosten der Wiederausladung, d. h. die für die vorzeitige Herausnahme entstehenden Aufwendungen, zu vergüten. Es ist im Gegensatz zu der Regelung im § 37 Abs. 2 nicht vorgesehen, daß der Absender „nicht nur die infolge der Wiederausladung entstehenden Mehrkosten, sondern auch den Schaden zu ersetzen hat, der aus dem durch die Wiederausladung verursachten Aufenthalt dem Frachtführer entsteht". Demnach kann der Frachtführer für die Verzögerung, die bei der Wiederausladung durch den hierfür notwendigen Aufenthalt verursacht wird, einen Ersatz nicht beanspruchen; dagegen kann er auf Grund des Frachtvertrages den ihm durch schuldhafte Verzögerung (§ 276 BGB) der Wiederausladung entstehenden Schaden erstattet verlangen. Der Frachtführer hat ferner nach § 71 Abs. 2 für den im Zeitpunkt der Kündigung zurückgelegten Teil der Reise Distanzfracht zu beanspruchen. Nach dem für entsprechend anwendbar erklärten § 64 Abs. 2 sind bei der Bemessung der Distanzfracht außer den bereits zurückgelegten Entfernungen die Aufwendungen an Kosten, Zeit und Mühen, die durchschnittlich mit dem vollendeten und nicht vollendeten Teil der Reise verbunden sind, mit zu berücksichtigen (vgl. § 64 Anm. 6). Dabei ist in Betracht zu ziehen, daß der Frachtführer einen Teil dieser Kosten, nämlich die der Vorbereitung der Reise und der Wiederausladung nach § 71 Abs. 2, gesondert erstattet erhält.

7. Nach § 71 Abs. 3 findet ein solcher „Rücktritt des Absenders nicht statt, wenn der Frachtführer überwintern muß". Unter der „Überwinterung" ist die durch den Winterfrost und seine Folgewirkungen (Eisgang, Zufrieren) auf den Wasserstraßen hervorgerufene vorübergehende tatsächliche Einstellung der Schiffahrt zu verstehen, die den Frachtführer veranlaßt, den abgeschlossenen Frachtvertrag nicht sofort auszuführen, sondern an sicherer Stelle die freie und unbehinderte Schiffahrt abzuwarten. Diese Ereignisse treten alljährlich, wenn auch nicht zu bestimmten Zeiten und in verschiedener Stärke, auf. Deshalb „geht man nicht nur auf den östlichen Strömen, sondern auch auf dem Rhein davon aus, daß sich der Absender wie der Frachtführer den durch die Überwinterung bedingten Aufenthalt als ein bei dem Betriebe der Schiffahrt zur Winterzeit nicht unerwartetes Ereignis gefallen lassen müssen" (Begr. S. 95). Es ist unerheblich, ob die Überwinterung vor oder nach dem Antritt der Reise und mit oder ohne Ladung notwendig wird, da eine solche Einschränkung im Gesetz nicht enthalten ist; es kommt also jede Überwinterung in Betracht, die nach Abschluß des Frachtvertrages erforderlich wird. Nach § 71 Abs. 3 steht dem Absender in den Fällen der Überwinterung ein Kündigungsrecht nur nach den allgemeinen Vorschriften der §§ 36 bis 39 zu. Er kann nach den §§ 71 Abs. 3, 36 vor dem Antritt der Reise nur unter der Verpflichtung kündigen, dem Frachtführer neben den entstandenen Kosten eine Fautfracht in Höhe von einem Drittel der vereinbarten Fracht zu entrichten; nach Antritt der Reise hat er nach den §§ 71 Abs. 3, 37 die volle Fracht zu entrichten. Er kann auch die „Zurücknahme der Güter" nur nach den §§ 36 bis 39 verlangen (§ 71 Abs. 3 Satz 2), muß also die Kosten der Wiederausladung, die etwaigen Liegegelder sowie einen etwaigen höheren Schaden tragen (§§ 36 Abs. 2, 3, 37 Abs. 2, 38 Ziff. 3, 39 Abs. 4). Diese Regelung greift aber dann nicht Platz, wenn die Überwinterung durch Verschulden des Frachtführers, z. B. durch schuldhafte Verzögerung der Reise, notwendig geworden ist; vielmehr hat der Absender dann unter Umständen ein Recht zur Kündigung (Begr. S. 95). Ferner sind die in den §§ 78, 82 Ziff. 5 besonders geregelten Fälle der großen Haverei zu beachten.

8. Die im § 71 vorgeschriebene Regelung ist nicht zwingender Natur (so auch LG Hamburg vom 23. 3. 1941 — 7 S 8/41). Es werden auch im Frachtgeschäft der Binnenschiffahrt häufig andere, meist für den Frachtführer günstigere Vereinbarungen getroffen. So behalten sich die Frachtführer vielfach bei allen „unfreiwilligen Vorkommnissen" das Recht vor, die Beförderung ganz oder teilweise einzustellen und die geschlossenen Frachtverträge aufzuheben (vgl. § 16 Abs. 2 bis 6 der Oderbedingungen, §§ 108, 110 der Elbebedingungen, §§ 108, 110 der Allgemeinen Verfrachtungsbedingungen; ebenso auch verschiedene rheinische Verfrachtungsbedingungen). Ferner wird im Falle einer Kündigung des Absenders mitunter eine „Entschädigung" in Höhe der halben Fracht ausbedungen, die sich auf die volle Fracht erhöht, wenn die Wiederausladung bei angetretener Reise später als vierzehn Tage nach Eintritt des Hindernisses verfügt wird (§ 109 der Allgemeinen Verfrachtungsbedingungen; § 109 Abs. 2 der Elbebedingungen).

Ladeschein, Meldeadresse

§ 72

Auf Verlangen des Absenders ist demselben von dem Frachtführer nach Verladung der Güter ein Ladeschein auszustellen, durch welchen der Frachtführer sich zur Auslieferung der Güter an den legitimierten Besitzer des Scheines verpflichtet. Das Verlangen ist vor Beginn der Verladung der Güter zu stellen.

Der Ladeschein hat außer den im § 445 des Handelsgesetzbuches aufgeführten Angaben auch die Bezeichnung des Schiffes zu enthalten, in welches die Güter verladen sind.

Wird der Ladeschein an die Order einer Person ausgestellt, welche am Ablieferungsorte weder ihren Wohnsitz noch eine Niederlassung hat, so kann der Frachtführer die Bezeichnung einer Meldeadresse verlangen, bei welcher ihm nach der Ankunft am Ablieferungsorte die Person des Ladescheinbesitzers bekanntzugeben ist. Die Meldeadresse ist auf dem Ladeschein zu vermerken.

1. Die Frachtpapiere (Frachtbrief und Ladeschein)

a) Der Abschluß eines Frachtvertrages ist gesetzlich an eine Form nicht gebunden, kann also schriftlich oder mündlich erfolgen. Es wird im Frachtgeschäft der Binnenschiffahrt aber meist ein schriftlicher Frachtvertrag (Schiffsbefrachtungsschein, auch Schlußschein genannt) aufgesetzt. Die Regelung des Seerechts (§ 557 HGB), daß „jede Partei verlangen kann, daß über den Vertrag, der nicht Stückgüter zum Gegenstand hat, eine schriftliche Urkunde (Chartepartie) errichtet wird", ist in das Binnenschiffahrtsrecht nicht mit übernommen. Dagegen kann nach § 26 in Verbindung mit § 426 Abs. 1 HGB der Frachtführer die Ausstellung eines Frachtbriefes von dem Absender verlangen. Nach § 26 in Verbindung mit den §§ 435, 436 HGB erfolgt die Auslieferung der Frachtgüter nach Maßgabe des Frachtbriefes. Der Frachtbrief stellt also eine Beweisurkunde über den Inhalt des zwischen dem Frachtführer und dem Absender geschlossenen Frachtvertrages dar; er wird vom Absender ausgestellt, meist auch vom Frachtführer gegengezeichnet, dann dem Frachtführer übergeben, und sein Inhalt hat Bedeutung für das Rechtsverhältnis zwischen Absender und Frachtführer. Der Frachtbrief stellt zunächst nur eine einseitige Erklärung des Absenders dar und wird über eine solche Beweisurkunde hinaus zur Vertragsurkunde durch die vorbehaltlose Annahme des Frachtführers; er hat auch Bedeutung für den Empfänger, da dieser durch die Annahme des Gutes und des Frachtbriefes verpflichtet wird, dem Frachtführer nach Maßgabe des Frachtbriefes Zahlung zu leisten (§ 436 HGB). Das Binnenschiffahrtsrecht enthält keine besonderen Bestimmungen über den notwendigen, sondern nur über den regelmäßigen Inhalt (§ 426 HGB) des Frachtbriefes; erforderlich ist auf jeden Fall die Angabe der zu befördernden Frachtgüter und die Unterschrift des Absenders. Meist wird auch noch die Bezeichnung des Schiffes, des Frachtführers, des Empfängers und des Ablieferungsortes aufgenommen. Der Frachtführer kann aber verlangen, daß der Frachtbrief den im § 426 HGB vorgesehenen regelmäßigen Inhalt erhält. Im Binnenschiffahrtsverkehr werden häufig, vor allem auf den westdeutschen Wasserstraßen, solche Frachtbriefe verwendet, und zwar manchmal auch neben einem Ladeschein, der auf den ostdeutschen Wasserstraßen mehr verbreitet ist. Mit der „Ausstellung eines Ladescheins wird ein besonderer Frachtbrief in der Regel als überflüssig unterbleiben, denn zum Beweis gegenüber dem Absender genügt auch eine von diesem unterzeichnete Abschrift des Ladescheins (§ 445 Abs. 3 HGB); nur wenn zwischen dem Absender und dem Frachtführer Abreden getroffen sind, die sich auf das Verhalten zwischen diesen beiden beschränken und dem Empfänger gegenüber keine Wirksamkeit haben sollen, kann Veranlassung zur Ausstellung eines besonderen Frachtbriefes vorliegen" (Begr. S. 94).

b) Der Ladeschein (in Annäherung an die seerechtliche Regelung auch Fluß- oder Binnenkonnossement, auch Konossement genannt) dagegen wird nach § 72 von dem Frachtführer auf Verlangen des Absenders ausgestellt. In dem Ladeschein verpflichtet sich der Frachtführer zur Auslieferung der Frachtgüter „an den legitimierten Besitzer des Scheins". Der Ladeschein ist also eine Verpflichtungsurkunde des Frachtführers, die für seine Rechtsbeziehungen zum Empfänger entscheidend ist (§ 446 Abs. 1 HGB); deshalb erhält ihn auch nach Ausstellung im Original der Absender, während dem Frachtführer nur ein Duplikat verbleibt. Der Originalladeschein dient dem Empfänger zum Nachweis seiner Empfangsberechtigung (§ 447 HGB); seine Begebung ersetzt die Übergabe der Frachtgüter (§ 450 HGB), und nur gegen seine Rückgabe ist der Frachtführer zur Ablieferung der Güter verpflichtet (§ 448 HGB). Es sind demnach in erheblichem Umfang die handelsgesetzlichen Vorschriften des Landfrachtrechts, nicht des Seerechts (§§ 642ff. HGB), für den Inhalt und die Bedeutung des Ladescheins maßgebend; nach § 26 finden die folgenden, im Wortlaut mitgeteilten §§ 445 bis 450 HGB Anwendung:

§ 445 HGB. Der Ladeschein soll enthalten:

1. den Ort und den Tag der Ausstellung;
2. den Namen und den Wohnort des Frachtführers;
3. den Namen des Absenders;
4. den Namen desjenigen, an welchen oder an dessen Order das Gut abgeliefert werden soll; als solcher gilt der Absender, wenn der Ladeschein nur an Order gestellt ist;
5. den Ort der Ablieferung;
6. die Bezeichnung des Gutes nach Beschaffenheit, Menge und Merkzeichen;
7. die Bestimmung über die Fracht und über die auf dem Gute haftenden Nachnahmen sowie im Falle der Vorausbezahlung der Fracht einen Vermerk über die Vorausbezahlung.

Der Ladeschein muß von dem Frachtführer unterzeichnet sein.

Der Absender hat dem Frachtführer auf Verlangen eine von ihm unterschriebene Abschrift des Ladescheins auszuhändigen.

§ 446 HGB. Der Ladeschein entscheidet für das Rechtsverhältnis zwischen dem Frachtführer und dem Empfänger des Gutes; die nicht in den Ladeschein aufgenommenen Bestimmungen des Frachtvertrages sind dem Empfänger gegenüber unwirksam, sofern nicht der Ladeschein ausdrücklich auf sie Bezug nimmt.

Für das Rechtsverhältnis zwischen dem Frachtführer und dem Absender bleiben die Bestimmungen des Frachtvertrags maßgebend.

§ 447 HGB. Zum Empfange des Gutes legitimiert ist derjenige, an welchen das Gut nach dem Ladeschein abgeliefert werden soll oder auf welchen der Ladeschein, wenn er an Order lautet, durch Indossament übertragen ist.

Der zum Empfange Legitimierte hat schon vor der Ankunft des Gutes am Ablieferungsorte die Rechte, welche dem Absender in Ansehung der Verfügung über das Gut zustehen, wenn ein Ladeschein nicht ausgestellt ist.

Der Frachtführer darf einer Anweisung des Absenders, das Gut anzuhalten, zurückzugeben oder an einen anderen als den durch den Ladeschein legitimierten Empfänger auszuliefern, nur Folge leisten, wenn ihm der Ladeschein zurückgegeben wird; verletzt er diese Verpflichtung, so ist er dem rechtmäßigen Besitzer des Ladescheins für das Gut verhaftet.

§ 448 HGB. Der Frachtführer ist zur Ablieferung des Gutes nur gegen Rückgabe des Ladescheins, auf dem die Ablieferung des Gutes bescheinigt ist, verpflichtet.

§ 449 HGB. Im Falle des § 432 Abs. 1 wird der nachfolgende Frachtführer, der das Gut auf Grund des Ladescheins übernimmt, nach Maßgabe des Scheines verpflichtet.

§ 450 HGB. Die Übergabe des Ladescheins an denjenigen, welcher durch den Schein zur Empfangnahme des Gutes legitimiert wird, hat, wenn das Gut von dem Frachtführer übernommen ist, für den Erwerb von Rechten an dem Gute dieselben Wirkungen wie die Übergabe des Gutes.

2. Die Ausstellung des Ladescheins

a) Nach § 72 Abs. 1 ist ein Ladeschein von dem Frachtführer „auf Verlangen des Absenders" auszustellen. Für den sog. Orts- oder Hafenverkehr findet nach § 131 Abs. 1 diese Vorschrift des § 72 Abs. 1 für einen solchen Verkehr keine Anwendung, so daß insoweit § 444 HGB gilt. Das Verlangen des Absenders nach Ausstellung eines Ladescheins ist an eine besondere Form nicht gebunden, kann also schriftlich oder mündlich erfolgen. Es kann von vornherein im Frachtvertrag festgelegt sein, aber auch noch später „bis zum Beginn der Verladung der Güter" ausgesprochen werden; dieser Zusatz im § 72 Abs. 1 Satz 2 wurde gemacht, „um zu fixieren, bis zu welchem spätesten Termin der Verlader (besser Absender) von dem Frachtführer die Ausstellung eines Ladescheins verlangen kann" (KommBer. S. 25). Der Frachtführer braucht einem späteren Verlangen des Absenders nicht nachzukommen. Er kann aber auch von dem Absender nicht fordern, daß dieser einen Ladeschein annimmt, obwohl eine Ausstellung weder im Frachtvertrag vereinbart noch später vom Absender verlangt war.

b) Es kann nur die Ausstellung „eines" Ladescheins verlangt werden. Die seerechtliche Bestimmung des § 642 Abs. 1 HGB, daß die Ausstellung in „mehreren Exemplaren" gefordert werden kann, wurde in das Binnenschiffahrtsrecht nicht mit übernommen (vgl. Begr. S. 87; Materialien S. 86, 87). Es wird aber vielfach vereinbart und ist auch üblich, von dem Originalladeschein Duplikate auszustellen, von denen eines der Frachtführer behält. Werden auf Verlangen mehrere Ausfertigungen ausgestellt, so genügt zur Ausübung der Rechte aus dem Ladeschein der Besitz einer Ausfertigung und der Frachtführer ist verpflichtet, dem legitimierten Besitzer auch nur eines Exemplars des Ladescheins die Güter auszuliefern, wie dies im Seerecht in den §§ 642, 645 HGB geregelt und nach § 242 BGB oder entsprechend anzuwenden ist. Nicht ausdrücklich vorgesehen ist, daß der Absender, wenn die Frachtgüter für verschiedene Empfänger bestimmt sind, mehrere Ladescheine über diese „Teilpartien" verlangen kann; man wird dies nach § 242 BGB bejahen müssen, soweit der Frachtführer hierdurch nicht ungewöhnlich belastet wird (so auch Mittelstein 1 I zu § 72 Anm. 3d; 2 S. 143).

c) Der Frachtführer hat den Ladeschein auszustellen. Er kann sich bei der Zeichnung durch Bevollmächtigte vertreten lassen; dann gelten nicht diese, sondern der Vollmachtgeber als Frachtführer (KG vom 24. 9. 1927 — 12 U 4857/27 —). Eine gesetzliche Vollmacht zur Ausstellung eines Ladescheins steht dem Schiffer (Schiffsführer) nach § 16 Abs. 2 zu. Er handelt dabei nicht als Vertreter des Schiffseigners als solcher, sondern des Schiffseigner-Frachtführers. Soweit Schiffahrtsfirmen (Reedereien) Beförderungen durch Privatschiffer ausführen, lassen sie die Ladescheine vielfach von den Privatschiffern, Kleinschiffern (Unterfrachtführer) oder deren Schiffsführer (Erfüllungsgehilfen) mit unterzeichnen, während als Aussteller (Hauptfrachtführer) also Frachtführer dem Empfänger gegenüber die Reederei zeichnet. Es kommt auch vor, daß die Reederei den Ladeschein im Namen des Privatschiffers auf Grund der ihr erteilten Vollmacht ausstellt; regelmäßig wird aber die Reederei den Ladeschein im eigenen Namen ausstellen, um auch dem Empfänger gegenüber als Frachtführer zu gelten. Die Vorschrift des § 16 Abs. 2 kann durch Parteivereinbarung geändert werden, wie dies u. a. im § 2 Abs. 1 AVB geschehen ist. Jedoch kann dann die durch den Vertreter ohne Vertretungsmacht erfolgte Zeichnung des Ladescheins nach den §§ 177 Abs. 2, 184 Abs. 1 BGB genehmigt werden, und zwar auch durch schlüssige Handlungen, wenn die Güter trotz Kenntnis der fehlerhaften Zeichnung auf Grund des Ladescheins entgegengenommen werden (RG vom 13. 10. 1942 — I 129/41 in Zeitschrift für Binnenschiffahrt 1943 S. 19). Der Frachtführer hat das Original des Ladescheins nach Ausstellung dem Absender auszuhändigen; diese Begebung des Ladescheins ist wesentlich für die Geltendmachung der Rechte aus diesem Frachtpapier; mit der ordnungsmäßigen Begebung wird regelmäßig ein Vertrag zugunsten des Empfangsberechtigten zustande kommen (RGZ 87, 388; ROHG 17, 97; OLG Hamburg in HansGZ Hauptbl. 1915 Nr. 133). Ein als „Ladeschein" bezeichnetes Frachtpapier, dessen Original im Besitz des Frachtführers verbleibt, stellt lediglich eine Empfangsbescheinigung dar; ein solches „Fahrkonnossement" wird vielfach als Beweisurkunde im Verhältnis zwischen den Schiffahrtsfirmen (Reedereien) und den Privatschiffern verwendet, dient also nicht dem Verkehr mit dem Empfänger. Liegt ein ordnungsmäßiger Begebungsvertrag nicht vor, ist die Übergabe des Ladescheins beispielsweise nur zur vorübergehenden Aufbewahrung erfolgt, so liegt ein Mangel im Begebungsvertrag vor (RGZ 87, 388). Der Frachtführer kann nach § 445 Abs. 3 HGB (ebenso im Seerecht nach § 642 Abs. 3 HGB) verlangen, daß ihm der Absender eine von ihm unterzeichnete Abschrift des Ladescheins aushändigt (vgl. OLG Karlsruhe in SeuffA 51 Nr. 281). Dies hat den Zweck, dem Frachtführer eine Kontrolle über den Inhalt des weitergegebenen Ladescheins zu ermöglichen. Meist werden außer dem Original mindestens zwei Duplikate ausgestellt, von denen der Absender und Frachtführer je eines behalten.

d) Der Ladeschein ist nach dem Wortlaut des § 71 Abs. 1 Satz 1 auf Verlangen des Absenders „nach der Verladung der Güter" auszustellen. Hiermit sollte aber nicht zum Ausdruck gebracht werden, daß ein vor Verladung ausgestellter Ladeschein rechtsunwirksam sei; vielmehr bedeutet diese Fassung nur, wann der Absender einen Ladeschein verlangen kann, d. h. in welchem Zeitpunkt er ein Recht auf dessen Übergabe erwirbt. Demnach ist der Frachtführer auf Verlangen des Absenders zwar nicht verpflichtet, aber berechtigt, einen Ladeschein auch schon vor Verladung der Frachtgüter auszustellen; es können Absender und Frachtführer ausdrücklich oder stillschweigend vereinbaren, daß der Ladeschein über noch nicht verladene, aber vom Frachtführer bereits zur Beförderung übernommene Güter ausgestellt wird (RGZ 106, 337, 339). Man spricht dann von einem „Übernahmeladeschein", der eine gleiche Bedeutung wie das im § 642 Abs. 5 HGB für das Seerecht ausdrücklich geregelte Übernahmekonnossement hat.

3. Der Inhalt des Ladescheins

a) Nach § 72 Abs. 1 hat der Ladeschein die Verpflichtung des Frachtführers zu enthalten, die Frachtgüter „an den legitimierten Besitzer" des Scheins (den sog. Empfangsberechtigten) auszuliefern. Ferner soll im Ladeschein nach § 72 Abs. 2 außer den im § 445 HGB aufgeführten Angaben auch die Bezeichnung des

Schiffes enthalten sein, in das die Güter verladen sind. Der Frachtführer ist berechtigt und auf Verlangen des Absenders in Ermangelung anderer Vereinbarungen auch verpflichtet, einen Ladeschein mit diesem „regelmäßigen Inhalt“ auszustellen (ROHG 17, 97); in welcher Weise die Angaben zu § 445 Ziff. 1 bis 7 aufgenommen werden, ergibt sich aus dem Frachtvertrag. Absender und Frachtführer können verlangen, daß der Ladeschein dem Inhalt des Frachtvertrages entspricht. Vielfach wird von dem Frachtführer ausbedungen, daß die von ihm entworfenen Ladescheinformulare verwendet werden, die nicht selten von der gesetzlichen Regelung abweichende Bestimmungen enthalten und auf allgemein veröffentlichte Verfrachtungsbedingungen verweisen. Manchmal werden auch von den Absendern (Spediteuren) solche Ladescheinformulare vorgelegt, die der Frachtführer dann nur ausfüllt und unterzeichnet; auch in diesem Fall kann verlangt werden, das der Inhalt des Ladescheins dem Frachtvertrag und den sonstigen Abmachungen entspricht (ROHG 17, 97; RG bei Bolze 15 Nr. 336).

b) Der notwendige Inhalt des Ladescheins, den er unter allen Umständen enthalten muß, um als solcher zu gelten, hängt in erheblichem Maße von den Umständen des Einzelfalles ab (RGZ 106, 337, 339; 20, 57; RG bei Bolze 5 Nr. 624; ROHG 17, 97). Nicht wesentlich ist die Bezeichnung als Ladeschein (ROHG 20, 231; OLG Karlsruhe in SeuffA 51 Nr. 282; LG Hamburg in HansGZ Hauptbl. 1891 Nr. 38); nicht selten lauten die Überschriften auch irrtümlich „Frachtbrief“ oder „Konnossement“, obwohl es sich nach dem Inhalt, auf den es allein ankommt, um einen Ladeschein handelt. Ferner sind nicht wesentlich die Aufnahme der Bezeichnungen des Schiffes, des Ortes und Tages der Ausstellung, der Fracht. Dagegen muß der Ladeschein Bestimmungen über den Empfang und die Auslieferung der Frachtgüter enthalten (RGZ 106, 337). Es muß nach § 72 Abs. 1 Satz 1 aus ihm ersichtlich sein, daß sich der Frachtführer verpflichtet hat, die empfangenen Frachtgüter an den Empfangsberechtigten auszuliefern (RGZ 13, 75; OLG Hamburg in HansGZ Hauptbl. 1886 Nr. 3; 1898, 176 Nr. 71; KG vom 31. 7. 1951 — 7 U 3540/49 in VRS 1951, 459). Der Ladeschein braucht aber nicht eine ausdrückliche Erklärung über den Empfang oder die Auslieferung zu enthalten, sondern es genügt, wenn sich diese Verpflichtungen dem Sinne nach aus dem Inhalt des Scheins entnehmen lassen (RGZ 106, 339 = Recht 1923, 430 Nr. 1479; RG bei Bolze 5 Nr. 624). Ein Ladeschein, der nur ein Empfangsbekenntnis und keine Auslieferungsverpflichtung enthält, kann als Ladeschein nicht angesehen werden (RGZ 13, 74, 75; RG bei Bolze 19 Nr. 40). Ferner muß der Ladeschein nach § 445 Abs. 2 HGB von dem Frachtführer unterzeichnet sein; die Unterschrift (§ 126 BGB) des Frachtführers, die nicht durch bloßen Stempeldruck ersetzt werden kann (anders beim Frachtbrief nach § 426 Nr. 9 HGB), ist ebenfalls wesentliches Erfordernis (OLG Hamburg in HansGZ Hauptbl. 1920, 306 Nr. 143). Nach § 16 Abs. 2 hat auch der Schiffer die Befugnis zur Ausstellung von Ladescheinen. Jedoch kann diese Bestimmung durch Parteivereinbarung ausgeschlossen sein (so § 2 Abs. 2 AVB). Eine durch einen Vertreter ohne Vertretungsmacht erfolgte Ausstellung eines Ladescheins kann nach den §§ 177 Abs. 2, 184 Abs. 1 BGB nachträglich genehmigt werden (RG vom 13. 10. 1942 — I 129/41 = RGZ 170, 233). Auf einen Mangel in der Ausstellung kann die Empfängerin sich nicht berufen, wenn sie trotz Kenntnis der fehlerhaften Zeichnung die Auslieferung auf Grund des Ladescheins verlangt (RG vom 13. 10. 1942 — I 129/41; RGZ 153, 61; 170, 233, 236; vgl. § 16 Anm. 2).

c) Im § 72 Abs. 1, 2 und im § 445 Ziff. 1 bis 7 HGB sind (ebenso wie im Seerecht nach § 643 HGB) Hinweise über den regelmäßigen Inhalt des Ladescheins enthalten. Die Ausstellung eines Ladescheins mit diesem Inhalt können Absender und Frachtführer in Ermangelung anderer Abmachungen verlangen (vgl. Anm. 3a). Hieraus folgt aber keineswegs, daß es sich bei den sämtlichen Angaben um wesentliche Erfordernisse eines Ladescheins handelt (vgl. Anm. 3b). Nur die im § 72 Abs. 1 vorgesehene Verpflichtung zur Auslieferung der Frachtgüter an den Empfangsberechtigten und die Unterschrift des Frachtführers nach § 445 Abs. 2 HGB ist regelmäßig wesentlich, soweit sich nicht aus den besonderen Umständen des Einzelfalls etwas anderes ergibt (RGZ 106, 337, 339). Die nach § 72 Abs. 2 vorgeschriebene Bezeichnung des Schiffes, in das die Güter verladen sind, hat den „Zweck, die Güter, auf welche sich die Urkunde bezieht, noch genauer kenntlich zu machen; findet während der Reise eine Umladung statt, so wird hierdurch der Auslieferungsanspruch des Ladescheininhabers selbstverständlich nicht berührt“ (Begr. S. 97). Nach § 445 Nr. 1 HGB soll der Ladeschein den Ort und Tag seiner Ausstellung enthalten, damit dessen Erwerber ersehen kann, wann der Absender die Güter verfrachtet und der Frachtführer sie übernommen hat; wegen schuldhaft unrichtiger Ausstellung ist der Frachtführer den Ladungsbeteiligten schadensersatzpflichtig (RGZ 5, 81). Mit der im § 445 Nr. 2 HGB vorgesehenen Angabe von Namen und Wohnort des Frachtführers soll die Identität des Frachtführers für den Empfangsberechtigten festgelegt werden; mitunter wird auch der Schiffer (Steuermann) mit angegeben. Die Anführung des Namens des Absenders hat ebenfalls vor allem Bedeutung für den Erwerber des Ladescheins; wesentlich kann die Aufnahme der Bezeichnung des Absenders im Ladeschein sein, wenn dieser nur an Order gestellt ist; dann gilt nach § 445 Ziff. 4 HGB der Absender zugleich als Empfänger. Nach § 445 Ziff. 4 HGB soll der Name des Empfangsberechtigten angegeben werden, an den oder an dessen Order das Gut abgeliefert werden soll. Der Empfangsberechtigte kann mit Namen bezeichnet werden; dann handelt es sich um ein sog. Namenspapier (Rektaladeschein). Es kann der Ladeschein aber auch nur „an Order“ lauten; er wird dann Orderpapier, Orderladeschein genannt (vgl. § 363 HGB). Der Ladeschein kann an die Order des mit Namen bekannten Empfängers oder schlechthin an Order gestellt sein; in diesem Fall ist die Order des Absenders maßgebend (§ 445 Nr. 4 HGB). Schließlich ist es auch zulässig, den Ladeschein auf den Inhaber, also ohne Bezeichnung eines bestimmten Empfängers, auszustellen; dann bestimmt sich die Empfangsberechtigung aus dem Besitz des Ladescheins. Die im § 445 Ziff. 5 HGB vorgesehene Bezeichnung des Ortes der Ablieferung ist bedeutsam, um den Umfang der Beförderungsleistung des Frachtführers, vor allem für das Rechtsverhältnis zum Empfänger, festzulegen. Es können auch mehrere Ablieferungsorte (Stationen), und zwar wahlweise oder nebeneinander, vorgesehen sein (vgl. § 46 Anm. 2a, b); ferner kann die Bezeichnung des Ablieferungsortes auch ausdrücklich oder durch Angabe eines Orderhafens, wie z. B. durch den Vermerk „zu melden oder Order in ...“, vorbehalten sein, bei welchem Ort der Frachtführer ihn dann zu erfragen hat; ein Hinweis auf den Ablieferungsort kann auch im Ladeschein fehlen, dann muß der Frachtführer in Ermangelung anderer Vereinbarungen die Frachtgüter an den vom Absender oder Empfangsberechtigten auszuwählenden Bestimmungshafen befördern. Nach § 445 Nr. 6 HGB soll eine Bezeichnung des Gutes nach Beschaffenheit, Menge und Merkzeichen aufgenommen werden, weil der

Frachtführer die tatsächlich übernommenen Güter auch wieder auszuliefern hat; zur Feststellung des Umfanges seiner Haftung (§§ 73—76) und für die Frachtzahlung (§ 63) ist dies aber auch für den Frachtführer von großer Bedeutung (vgl. RG in JW 1899, 343 Nr. 27; bei Bolze 15 Nr. 336; OLG Hamburg in HansGZ Hauptbl. 1897 Nr. 26; LG Hamburg in HansGZ Hauptbl. 1900 Nr. 41). Die im § 445 Ziff. 7 HGB vorgeschriebene Bestimmung über Fracht, Nachnahmen und Frachtvorschüsse ist für das Rechtsverhältnis zwischen Frachtführer und Empfänger von Bedeutung, weil der Inhalt des Ladescheins nach § 446 Abs. 1 HGB entscheidend ist, soweit es sich um die bis zur Ausstellung entstandenen Ansprüche handelt (vgl. § 63 Anm. 2a); das gleiche gilt für die sonstigen am Abgangsort entstandenen Forderungen und Auslagen, vor allem von den Liegegeldern für Überschreitung der Ladezeit (RGZ 44, 28).

4. Die Bedeutung des Ladescheins

a) Nach § 26 in Verbindung mit § 446 Abs. 1 HGB entscheidet der Ladeschein für das Rechtsverhältnis zwischen dem Frachtführer und dem Empfänger, ebenso wie im Seefrachtrecht das Konnossement zwischen dem Verfrachter und dem Empfänger nach § 651 Abs. 1 HGB maßgebend ist. Die nicht in den Ladeschein aufgenommenen Bestimmungen des Frachtvertrages sind dem Empfänger gegenüber nach der zur Klarstellung hervorgehobenen Vorschrift im § 446 Abs. 1 HGB unwirksam, sofern nicht der Ladeschein ausdrücklich auf sie Bezug nimmt. Es ist unerheblich, ob dem Empfänger bei Erwerb des Ladescheins auch der Frachtvertrag mit vorgelegt wurde oder ob er von dessen Inhalt auf andere Weise Kenntnis hatte. Für das Rechtsverhältnis zwischen Frachtführer und Empfänger werden die Abmachungen des Frachtvertrages nur wirksam, wenn sie durch Aufnahme in den Ladeschein dessen Bestandteil geworden sind (ROHG 17, 74; RG bei Bolze 8 Nr. 479; 21 Nr. 449). Es genügt aber, daß allgemein auf den Frachtvertrag verwiesen wird, wie dies häufig durch die Vermerke „auf Grund des Frachtvertrages“ oder „im übrigen gelten die Bestimmungen des Frachtvertrages“ geschieht (RGZ 63, 30; 71, 34; RG in HansGZ Hauptbl. 1910 Nr. 2). Diese allgemeine Bezugnahme auf den Frachtvertrag macht auch dessen Inhalt zum Bestandteil der Rechtsbeziehungen zwischen Frachtführer und Empfänger (RGZ 64, 75; OLG Marienwerder in OLG 13, 43; OLG Karlsruhe in SeuffA 51 Nr. 282). Mit einem solchen allgemeinen Hinweis werden aber nicht die am Abgangsort entstandenen Liegegelder aus einer Überschreitung der Ladezeit oder ein Anspruch auf Fautfracht wegen unvollständiger Ladung erfaßt (OLG Hamburg in HansGZ Hauptbl. 1886 Nr. 23; vom 4. 5. 1903 — Bf. I 530/1902 —; in OLG 7, 2). Die Klausel, daß die „Fracht laut Frachtvertrag“ zu zahlen sei, umschließt regelmäßig nicht die sonstigen Abmachungen des Frachtvertrages, insbesondere nicht über Löschzeit, Überliegezeit und Liegegeld (vgl. die seerechtliche Vorschrift des § 651 Abs. 2 Satz 2 HGB). Besteht zwischen dem eigentlichen Inhalt des Ladescheins und dem in Bezug genommenen Frachtvertrag ein Widerspruch, so gehen die in dem Ladeschein enthaltenen ausdrücklichen Bestimmungen vor (RG in JW 1932, 1452 Nr. 11; OLG Hamburg in HansGZ Hauptbl. 1889 Nr. 80; 1894 Nr. 26). Vielfach, insbesondere auf dem Rhein lassen die Frachtführer den Ladeschein von dem Absender mit unterzeichnen; damit erkennt dieser dessen Inhalt, einschließlich der darin vermerkten Verfrachtungsbedingungen an.

b) Der Ladeschein entscheidet mit diesem Inhalt nach § 446 Abs. 1 HGB für das Rechtsverhältnis zwischen dem Frachtführer und Empfänger nicht nur für die Fracht und die sonstigen Forderungen, sondern ausschließlich und in allen Beziehungen, insbesondere auch für den Inhalt und Umfang der Auslieferung der Frachtgüter, für den Ablieferungsort, für die Feststellung der Person des Empfängers und des Frachtführers (ROHG 17, 98; RGZ 15, 107; 34, 78; KG vom 24. 4. 1951 — 2 U 272/51 in VRS 1951, 317).

Der Ladescheininhaber, der das Gut angenommen hat, wird Schuldner aller Ansprüche des Frachtführers, die sich aus dem Ladeschein ergeben (RG vom 13. 10. 1942 — I 129/41; in VerkehrsrR 1943 Gruppe 3b Blatt 133). Zwischen Frachtführer und Empfänger werden Bestimmungen des Frachtvertrages nur wirksam, soweit sie im Ladeschein in Bezug genommen sind und der Empfänger diesen und das Gut angenommen hat (RG vom 13.10.1942 — I 129/41 in VerkehrsrR Gruppe 3b Blatt 133/43). Für die Rechtsbeziehungen des Frachtführers und Empfängers ist nur die Regelung maßgebend, die sich aus dem Inhalt des Ladescheins ergibt; nach dem Wesen des Ladescheins können Ansprüche zwischen Frachtführer und Empfänger nur insoweit hergeleitet werden, als sie aus dessen Inhalt ersichtlich sind (RGZ 139, 263 = JW 1933, 1878 Nr. 4). Diese Regelung gilt nicht nur für die im Ladeschein fehlenden, sondern auch für alle in ihn aufgenommenen Bestimmungen, insbesondere also auch für die am Abgangsort entstandenen Liegegelder (AG Berlin vom 3. 1. 1930 — 17 C 4155/29 — und LG Berlin — 28 S 2/30 —) sowie für die Frachtzahlung und die Person des Frachtzahlers (LG Berlin vom 20. 11. 1930 — 28 S 13/30, 175 C 1080/29 —). Der Empfänger kann gegenüber dem Anspruch auf Liegegeld und Schadensersatz nicht einwenden, er habe das Gut „frei Ausladestelle seines Werkes“ gekauft; dem Frachtführer kann nur das entgegen gehalten werden, was im Ladeschein vermerkt ist (LG Berlin vom 7. 2. 1935 in VerkehrsrR 1935, 285; AG Berlin vom 13. 3. 1940 — 51/53 C 1515/39). Mit der vorbehaltlosen Zeichnung des Ladescheins ohne Hinweis auf solche vor der Begebung entstandenen Forderungen verzichtet der Frachtführer auch auf die Geltendmachung seines Pfandrechts für diese Forderungen gegenüber dem Empfänger (OLG Karlsruhe in SeuffA 51 Nr. 282; KG vom 24.9.1927 — 12 U 4857/27 —). Die Bestimmung des § 446 Abs. 1 HGB hat auch zur Folge, daß der Empfänger, selbst wenn ihm der Absender alle Rechte aus dem Frachtvertrag abgetreten hat, mit Gegenforderungen aus diesem Frachtvertrag, die aus dem Ladeschein nicht ersichtlich sind, dem Frachtführer gegenüber nicht aufrechnen kann (LG III Berlin vom 16. 10. 1931 — 16 S 2816/31 —; AG Berlin-Charlottenburg vom 23. 6. 1931 — 29 C 2308/30 —). Der Empfänger kann auch sonstige Einreden aus der Person des Absenders nicht erheben, es sei denn, daß er dies gleichzeitig in einer Person ist.

c) Eine Ausnahme von dieser Regelung besteht für die erst nach der Begebung des Ladescheins entstandenen Ansprüche, wie Auslagen auf der Reise, Liegegelder für Überschreitung der Löschzeit am Ablieferungsort, Bergungs- und Hilfeleistungskosten (§§ 93, 97), Havereibeiträge (§§ 78, 91), da die Aufnahme solcher Forderungen in den Ladeschein begrifflich nicht möglich ist (ROHG 8, 411; OLG Karlsruhe in OLG 6, 359; KG vom 24. 9. 1927 — 12 U 4857/27 —). Solche erst nach der Aushändigung des Ladescheins entstehenden Forderungen, die nach § 26 in Verbindung mit § 440 HGB durch das gesetzliche Pfandrecht an den Frachtgütern gesichert sind, kann der Frachtführer dem Empfänger gegenüber auch geltend machen, wenn sie aus dem Ladeschein nicht ersichtlich sind; das gleiche gilt für die durch Verhalten des Empfängers verursachten Forderungen, wie Schadensersatzansprüche gegen diesen (vgl. § 67 Anm. 4b; OLG Hamburg in HansGZ Hauptbl. 1915 Nr. 84).

d) Nach § 72 Abs. 1 verpflichtet sich der Frachtführer mit der Ausstellung des Ladescheins zur Auslieferung der Frachtgüter an den Empfangsberechtigten. Der Ladeschein ist also nicht nur Beweisurkunde, sondern wertpapiermäßiger Träger der Forderung auf Ablieferung des Gutes; man nennt dies auch die schuldrechtliche (obligatorische) Wirkung des Ladescheins. Nach § 436 HGB, der sinngemäß auch für das Binnenschiffahrtsrecht gilt, wird der Empfänger durch Annahme des Frachtgutes verpflichtet, nach Maßgabe des Frachtbriefes Zahlung zu leisten. Entsprechendes hat aber auch zu gelten, wenn kein Frachtbrief, sondern ein Ladeschein ausgestellt wurde. Dies bedeutet, daß der Ladescheininhaber, der auf Grund des Ladescheins das Gut angenommen hat, dadurch Schuldner aller Ansprüche des Frachtführers wird, die sich aus dem Ladeschein ergeben. Der Empfänger, der Ladeschein und Gut angenommen hat, haftet also nach Maßgabe des Ladescheins (RGZ 170, 233, 235; Mittelstein BiRecht Bd. I § 436a, Mi. Band VII 1 § 47 Seite 214). Dasselbe besagt auch § 75 Abs. 1 AVB. Der Inhalt des Ladescheins ist auch nach § 446 HGB (§ 3 AVB) für das Rechtsverhältnis zwischen Frachtführer und Empfänger entscheidend. Die in dem Schein enthaltenen Erklärungen werden zugleich zugunsten desjenigen abgegeben, der mit dem Erwerb des Ladescheins die Rechte daraus erlangt. Durch die Begebung des Ladescheins, also durch dessen Aushändigung an den Absender, kommt ein Vertrag zugunsten des Empfangsberechtigten zustande, der damit unmittelbar nach § 328 BGB Rechte erwirbt (RGZ 75, 114; 87, 388). Für den Inhalt und den Umfang dieser Rechte ist aber nicht der Frachtvertrag, sondern allein der Ladeschein entscheidend (vgl. Anm. 4a, b). Trotzdem übernimmt der Frachtführer mit der Ausstellung und Begebung des Ladescheins dem Empfänger gegenüber keine „selbständige, von den Bedingungen des Frachtvertrages unabhängige Verpflichtung" (so OLG Karlsruhe in SeuffA 51 Nr. 282). Die Verpflichtung des Frachtführers wird nicht zu einer abstrakten, sondern ursächlich bleibt der Frachtvertrag; lediglich zum Schutz des Verkehrs ist nach § 446 Abs. 1 HGB vorgesehen, daß sich der Inhalt des Rechtsverhältnisses zwischen Frachtführer und Empfänger aus dem Ladeschein bestimmt (RGZ 34, 79; 74, 194; Begr. S. 99). Der Frachtführer hat dem Empfänger gegenüber die Angaben des Ladescheins zu vertreten; er haftet nicht nur für schuldhaft unrichtige Angaben, sondern hat darüber hinaus eine Gewährleistungspflicht (RGZ 5, 19; 34, 79; 57, 65; 74, 194).

e) Nach § 26 in Verbindung mit 450 HGB hat die Übergabe des Ladescheins an den Empfangsberechtigten, wenn das Gut von dem Frachtführer übernommen ist, für den Erwerb von Rechten an dem Gut dieselben Wirkungen wie dessen Übergabe. Die Übergabe des Ladescheins wird der Übergabe des Gutes gleich behandelt, sie ersetzt diese; der Ladeschein stellt das Gut insofern dar, als der Erwerber mit dem Besitz des ordnungsmäßig begebenen Ladescheins den mittelbaren Besitz der darin vermerkten Frachtgüter erlangt, da der Frachtführer den unmittelbaren Besitz für ihn ausübt (RGZ 32, 30; KG in OLG 8, 62, 390). Diese „dingliche Wirkung des Ladescheins", die ihn zu einem sog. Traditionspapier macht, ist im Interesse einer Erleichterung des Rechtsverkehrs zur Ermöglichung einer besseren Verfügung über die Frachtgüter eingeführt. In welchem

Umfang der Empfangsberechtigte darüber hinaus weitergehende dingliche Rechte, wie Eigentum oder Pfandrecht an den Pfandgütern, erwirbt, entscheidet sich nach dem Inhalt der Rechtsbeziehungen zwischen Veräußerer und Erwerber des Ladescheins, also nach den Abmachungen bei der Weiterbegebung (RGZ 12, 83; OLG in HansGZ Hauptbl. 1892 Nr. 103 = SeuffA 49 Nr. 78). Der gute Glaube beim Erwerb des Ladescheins wird hierbei in gleichem Umfang geschützt, wie dies bei der Übergabe der Frachtgüter selbst der Fall wäre (§§ 932, 936, 1007, 1207 BGB; § 366 HGB). Erforderlich ist aber, daß der Frachtführer zur Zeit der Übergabe des Ladescheins im Besitz der Frachtgüter ist, da auch der Inhaber des Ladescheins den mittelbaren Besitz verliert, wenn der Frachtführer den unmittelbaren Besitz aufgibt oder sich den Besitz selbst aneignet (RGZ 16, 4). Nach § 26 in Verbindung mit § 450 HGB muß das Gut „von dem Frachtführer übernommen sein". Der Frachtführer muß bereits den unmittelbaren Besitz erlangt haben; ein mittelbarer Besitz nach den §§ 868, 930 BGB genügt hierbei nicht (so auch Mittelstein 1 I zu § 72 Anm. 8b; 2 S. 146). Denn unter der „Übernahme" im Sinne des § 450 HGB ist die Empfangnahme zum Zwecke der Beförderung, also die unmittelbare Herrschaftsgewalt über die Frachtgüter, zu verstehen (vgl. § 58 Anm. 2a), damit der Frachtführer in die Lage kommt, den mittelbaren Besitz dem Empfangsberechtigten zu überlassen. Wenn der Frachtführer den Ladeschein begeben hatte, ehe er diesen unmittelbaren Besitz an den Gütern erlangte, so tritt die dingliche Wirkung nach § 450 HGB erst mit der späteren Übernahme der Ladung ein.

5. Die Empfangsberechtigung

a) Nach § 26 in Verbindung mit § 448 HGB ist der Frachtführer zur Ablieferung des Gutes nur „gegen Rückgabe des Ladescheins" verpflichtet; er darf ferner nach § 447 Abs. 3 HGB eine Anweisung des Absenders nur befolgen, wenn ihm der Ladeschein zurückgegeben wird. Die Verpflichtung des Frachtführers zur Auslieferung der Ladung besteht nach § 72 Abs. 1 gegenüber dem „legitimierten Besitzer des Scheins". Danach ist für die Empfangsberechtigung stets der Besitz des Ladescheins, und zwar des Originalladescheins, erforderlich (OLG Hamburg in HansGZ Hauptbl. 1894 Nr. 39). Der Empfänger muß sich dem Frachtführer gegenüber durch Vorlage des Originalladescheins ausweisen; er muß dessen Einsichtnahme gestatten, die der Frachtführer regelmäßig zu vermerken pflegt, um etwaige Nachteile aus einer rechtswidrigen Weiterbegebung zu vermeiden. Der Empfänger muß auch während der Entlöschung im Besitz des Ladescheins sein und diesen fortdauernden Besitz dem Frachtführer auf Verlangen nachweisen. Der Frachtführer kann auch verlangen, daß der Originalladeschein während der Entlöschung an sicherer Stelle hinterlegt wird; dies ergibt sich daraus, daß die Ablieferung der Frachtgüter nach § 448 HGB nur Zug um Zug gegen Rückgabe des Ladescheins zu erfolgen braucht. Ferner ist der Frachtführer berechtigt, nach der Ablieferung eine auf den Ladeschein gesetzte Ablieferungsbescheinigung zu verlangen. Wenn der Empfangsberechtigte behauptet, daß der Originalladeschein verloren oder sonst abhanden gekommen sei, so muß er dies dem Frachtführer beweisen. Dieser Nachweis kann regelmäßig nur durch Vorlage eines gerichtlichen, vom Empfangsberechtigten zu erwirkenden Ausschlußurteils erfolgen (§ 365 Abs. 2 Satz 1 HGB; § 799 BGB; §§ 1003ff. ZPO). Bei einem auf den Namen eines bestimmten Empfängers ausgestellten Namenspapier (Rektaladeschein) wird die Einwilligung des Absenders mit der Auslieferung an diesen Empfänger genügen, da der Frachtführer gegen eine etwaige Abtretung der Ansprüche aus einem solchen Ladeschein durch die Vorschrift des § 407 BGB geschützt ist.

b) Nach § 26 in Verbindung mit § 447 Abs. 1 HGB ist zum Empfang der Frachtgüter derjenige berechtigt, an den diese nach dem Ladeschein ausgeliefert werden sollen, oder auf den der Ladeschein, wenn er an Order lautet, durch Indossament übertragen ist. Bei einem auf den Inhaber ausgestellten Ladeschein (Namenspapier, Rektaladeschein) ergibt sich die Empfangsberechtigung ohne weiteres aus dem Besitz des Scheines. Ist der Ladeschein an Order gestellt, so muß dieser an die Order des Inhabers gestellt sein oder ein auf ihn lautendes Indossament oder ein Blankoindossament (vgl. §§ 363 Abs. 2 bis 365 HGB) aufweisen (ROHG 25, 341; RGZ 4, 145; RG. in HansGZ Hauptblatt 1900 Nr. 48; OLG Hamburg in HansGZ Hauptbl. 1885 Nr. 61). Es kann aber auch ein an Order lautender Ladeschein durch formlose Abtretung (§ 398 BGB) mit Übergabe übertragen werden; der dingliche Rechtserwerb an der Ladung (Eigentum) vollzieht sich dann aber nicht nach § 450 HGB, sondern durch Abtretung des dinglichen Herausgabeanspruchs nach § 931 HGB, verbunden mit der Übergabe des nicht oder nicht richtig indossierten Ladescheins (RG in JW 1928, 227, Nr. 11, in JW 1928, 1732 Nr. 13; RG in JurRdsch. 1929 Nr. 323, Nr. 447; LG Berlin vom 8. 11. 1926 — 44 S 235/26 —). Das für die Empfangsberechtigung erforderliche Indossament kann also durch einfache Abtretung ersetzt werden; demnach ist regelmäßig eine Abtretung als erwiesen anzunehmen, wenn sich eine Firma im Besitz des Ladescheins befindet, mit der Entlöschung begonnen oder Liegegeld gezahlt hat (LG I Berlin vom 8. 11. 1926 — 44 S 235/26 —). Bei einem auf den Namen des Empfängers ausgestellten Ladeschein (Namenspapiere, Rektaladeschein) ist die Empfangsberechtigung des im Ladeschein vermerkten, im Besitz des Scheins befindlichen Empfängers nach § 447 Abs. 1 HGB ohne weiteres gegeben. Ist der Ladeschein einem früheren Inhaber abhanden gekommen und ist der jetzige Inhaber zwar formell legitimiert, aber dem Berechtigten zur Herausgabe des Ladescheins verbunden, weil er bösgläubig erworben hat, so kann ihm der Mangel seiner Berechtigung auch von dem aus dem Ladeschein Verpflichteten entgegengehalten werden (RG vom 12. 9. 1941 — I 121/40 in HansRGZ — 1 B 345; DR 6/1, 2613; R 1942 Nr. 113). Die Empfangsberechtigung anderer Personen muß durch Abtretung nachgewiesen werden (ROHG 25, 341); die Rechte am Gut werden hier durch Abtretung des Anspruchs auf dessen Herausgabe (§§ 870, 931 BGB) erworben. Das auf einen solchen nicht an Order lautenden Ladeschein (Namenspapier) gesetzte Indossament hat nicht die in den §§ 447 Abs. 1, 363 Abs. 2 HGB vorgesehenen Wirkungen; es kann aber aus der Indossierung in Verbindung mit dem Besitz des Ladescheins unter Umständen eine Abtretung gefolgert werden (RG vom 3. 11. 1928 = I 33/28 —; RGZ 122, 221). Nach § 447 Abs. 2 HGB hat der Empfangsberechtigte schon vor der Ankunft des Gutes am Ablieferungsort gewisse Rechte; er kann nach den §§ 447 Abs. 2, 433 HGB den Frachtführer anweisen, das Gut anzuhalten, zurückzugeben oder an einen anderen als den bezeichneten Empfänger auszuliefern, wobei er die Mehrkosten dem Frachtführer zu erstatten hat. Voraussetzung ist aber auch hier, daß sich der Empfangsberechtigte im Besitz des Originalladescheins befindet und dies sowie seine Empfangsberechtigung dem Frachtführer nachweist (RGZ 119, 215). Der Absender ist nach § 441 Abs. 3 HGB zu einer solchen Verfügung über die Frachtgüter nur berechtigt, soweit er sich im Besitz des Originalladescheins befindet und diesen dem Frachtführer zurückgibt.

Der Frachtführer darf nur gegen Rückgabe des Ladescheins einer Anweisung des Absenders nachkommen; anderenfalls ist er dem rechtmäßigen Besitzer des Originalladescheins „für das Gut verhaftet". Er kann von diesem auf Lieferung des Gutes belangt werden, muß dieses auf seine Kosten beschaffen und im Unvermögensfall den Sachwert ersetzen (RG in HansGZ Hauptbl. 1898 Nr. 7; OLG Hamburg in HansGZ Hauptblatt 1887 Nr. 118, 1900 Nr. 39). Darüber hinaus kann der wirkliche Empfangsberechtigte vollen Schadensersatz nach § 58 in Verbindung mit § 430 Abs. 3 HGB beanspruchen, wenn er nachweist, daß der Verlust der Frachtgüter durch Vorsatz oder grobe Fahrlässigkeit des Frachtführers herbeigeführt ist (OLG Hamburg in HansGZ Hauptbl. 1894 Nr. 39).

6. Durchgehender Ladeschein bei nachfolgenden Frachtführern

a) Nach § 26 in Verbindung mit § 432 Abs. 1 HGB haftet der Frachtführer, der zur Ausführung der von ihm übernommenen Beförderung das Gut einem anderen Frachtführer übergibt, für die Ausführung der Beförderung bis zur Ablieferung des Gutes an den Empfänger. Der nachfolgende Frachtführer tritt nach § 432 Abs. 2 HGB dadurch, daß er das Gut mit dem ursprünglichen Frachtbrief annimmt, in den Frachtvertrag ein und übernimmt die selbständige Verpflichtung, die Beförderung nach dem Inhalt des Frachtbriefes auszuführen. Nach den §§ 440, 441 HGB haben diese an der Ausführung der Beförderung aufeinanderfolgend beteiligten mehreren Frachtführer auch ein gesetzliches Pfandrecht an den Frachtgütern, solange als das Pfandrecht des letzten Frachtführers besteht (vgl. § 67 Anm. 8a). Erfolgt die Übernahme der Ausführung der Beförderung durch einen nachfolgenden Frachtführer auf Grund eines „durchgehenden" Ladescheins (auch Durchladeschein genannt), so hat die Auslieferung der Frachtgüter nach § 446 Abs. 1 HGB nach Maßgabe des Ladescheins zu erfolgen. Der nachfolgende Frachtführer wird nach dem Inhalt des Ladescheins berechtigt und verpflichtet; der Empfangsberechtigte kann die Auslieferung nur nach den aus dem Ladeschein ersichtlichen Bedingungen verlangen. Voraussetzung ist, daß ein wirklicher „durchgehender Ladeschein" vorliegt; der nachfolgende Frachtführer muß die Frachtgüter in Kenntnis eines ausgestellten Ladescheins auf Grund dieses Scheins zur Beförderung übernehmen, ohne einen neuen Frachtvertrag selbständigen Inhalts abzuschließen. Dann wird der nachfolgende Frachtführer (Unterfrachtführer) nach Maßgabe dieses nicht von ihm, sondern von einem vorhergehenden Frachtführer (Hauptfrachtführer) ausgestellten Ladescheins berechtigt und verpflichtet, und zwar sowohl dem Hauptfrachtführer als auch dem Empfangsberechtigten gegenüber, dem er als Gesamtschuldner mit dem Hauptfrachtführer haftet.

b) Der vom Empfangsberechtigten auf Schadensersatz in Anspruch genommene Haupt- oder Unterfrachtführer kann gegen denjenigen Frachtführer, der den Schaden durch sein Verschulden herbeigeführt hat, nach § 432 Abs. 3 HGB Rückgriff nehmen. Dies gilt auch bei der Haftung aus einem durchgehenden Ladeschein, obwohl im § 449 HGB nur der § 432 Abs. 1 HGB angezogen ist, weil sich die entsprechende Anwendung der gesamten Vorschriften des § 432 HGB aus der vorgesehenen Regelung ohne weiteres ergibt; im übrigen würde auch eine Anwendung des § 426 BGB über die Ausgleichungspflicht zu dem gleichen Ergebnis führen. Läßt sich ein „schuldiger Frachtführer" nicht ermitteln, so trägt grundsätzlich derjenige Frachtführer den Schaden, auf dessen Beförderungsstrecke er entstanden ist; wenn dies nicht festgestellt werden kann, so haben die sämtlichen am durchgehenden Ladeschein beteiligten Frachtführer den Schaden nach dem Verhältnis ihrer Anteile an der Fracht gemeinsam zu tragen (§ 432 Abs. 3 Satz 2 HGB).

7. Frachtführer und Absender

a) Nach § 26 in Verbindung mit § 446 Abs. 2 HGB bleiben für das Rechtsverhältnis zwischen dem Frachtführer und dem Absender auch nach Ausstellung eines Ladescheins die Bestimmungen des Frachtvertrages maßgebend. Die Bedeutung des Ladescheins liegt eben in seiner Wirksamkeit für die Rechtsbeziehungen zwischen Frachtführer und Empfänger (vgl. Anm. 3a, b), während der Frachtvertrag das Rechtsverhältnis zwischen Frachtführer und Absender bestimmt. In der Regel wird der Inhalt des Ladescheins mit dem Frachtvertrag übereinstimmen (vgl. Anm. 3a); soweit dies nicht der Fall sein sollte, kann sich weder der Frachtführer noch der Absender auf ihm günstigere Bedingungen des Ladescheins berufen (RG bei Bolze 17 Nr. 429; OLG Hamburg in SeuffA 51 Nr. 282; LG Schneidemühl vom 1. 7. 1936 — 3 S 97/36 —, AG Schneidemühl 2 C 424/34). So ist es für das Verhältnis zwischen Frachtführer und Absender bedeutungslos, wenn in dem Ladeschein eine andere Firma als Absenderin und Empfängerin bezeichnet ist (KG vom 26. 6. 1941 — 12 U 5437/40 — 52 C 1067/40 — AG Berlin-Mitte).

b) Dies gilt aber dann nicht, wenn der Absender zugleich Empfänger ist, da dann die Rechtsbeziehungen auf beiderlei Rechtsgründen (Frachtvertrag und Ladeschein) nebeneinander bestehen (RGZ 20, 68; 46, 5; RG in HansGZ Hauptbl. 1892 Nr. 47 = SeuffA 49 Nr. 36; OLG Hamburg in SeuffA 38 Nr. 332, in HansGZ Hauptbl. 1893 Nr. 29). Dem steht es gleich, wenn der Empfänger zwar nicht die gleiche Person wie der Absender ist, wenn er aber lediglich für diesen, insbesondere auf dessen Rechnung, handelt, z. B. als Spediteur (RGZ 57, 64; 46, 5).

c) Die Ausstellung eines Ladescheins mit einem vom Frachtvertrag abweichenden Inhalt kann die Bedeutung einer Änderung des Frachtvertrages haben (vgl. OLG Hamburg in SeuffA 52 Nr. 102), wenn sich aus den Umständen des Einzelfalles ergibt, daß der Wille der Beteiligten auf eine nachträgliche Ergänzung oder Berichtigung des Frachtvertrages gerichtet war; dann kann in der Ausstellung eines solchen Ladescheins mit abweichendem Inhalt und seiner widerspruchslosen Entgegennahme durch den Absender auch durch solche schlüssigen Handlungen eine Vereinbarung über die Änderung zustande kommen. Denn grundsätzlich „bleibt" eben nach § 446 Abs. 2 HGB auch nach Ausstellung des Ladescheins für das Rechtsverhältnis zwischen Frachtführer und Absender der Inhalt des Frachtvertrages allein maßgebend; daher kann der Inhalt des Ladescheins regelmäßig als den Frachtvertrag ändernd und ergänzend nicht angesehen werden (RG vom 28. 5. 1936 — I 298/35 — in VerkehrsrR 1936 Gruppe 3b S. 368; einschränkend RGZ 112, 310, 311).

8. Die Bedeutung einer Meldeadresse

a) Nach § 72 Abs. 3 kann der Frachtführer die Bezeichnung einer „Meldeadresse" verlangen, wenn der Ladeschein an die Order einer Person ausgestellt ist, die am Ablieferungsort weder ihren Wohnsitz noch eine Niederlassung hat. Diese Aufnahme einer solchen Meldeadresse soll den Zweck haben, dem Frachtführer die Ermittlung des Empfängers und die Anzeige der Löschbereitschaft (§ 47) zu erleichtern, indem ihm von der Meldeadresse am Ablieferungsort die aus dem Ladeschein nicht ersichtliche Person des empfangsberechtigten Ladescheinbesitzers bekanntzugeben ist. Aus einem Ladeschein, der nicht auf den Namen eines bestimmten Empfängers, sondern an die Order einer Firma gestellt ist, die am Bestimmungshafen keine Niederlassung hat, kann der Frachtführer den Empfangsberechtigten eine Anzeige der Löschbereitschaft nach seinem Eintreffen am Ablieferungsort nicht umgehend erstatten. Er wäre „in Ermangelung weiterer Mitteilungen über die Person des Empfängers genötigt, sofort nach der Ankunft am Ablieferungsort sein Eintreffen und seine Löschbereitschaft öffentlich bekanntzumachen (vgl. § 47 Abs. 4); es liegt daher in seinem Interesse wie in demjenigen der übrigen Beteiligten, daß ihm von Anfang an eine bestimmte Adresse angegeben wird, bei welcher er sich zur Entgegennahme der erforderlichen Anweisungen zu melden hat, um die Person des Ladescheininhabers in Erfahrung zu bringen" (vgl. Begr. S. 97). Der Frachtführer kann bei einem an Order gestellten Ladeschein die Aufnahme einer solchen Meldeadresse vornehmen, ist hierzu also berechtigt, aber nicht verpflichtet; deshalb stellt die Meldeadresse auch kein wesentliches Erfordernis des Ladescheins dar. Der Frachtführer ist aber verpflichtet, eine von ihm aufgenommene Meldeadresse zu beachten, sich also bei dieser Stelle zu melden.

b) Im Frachtgeschäft der Binnenschiffahrt werden in den Ladescheinen auch sonst Meldeadressen vermerkt, ohne daß diese Erfordernisse des § 72 Abs. 3 vorzuliegen brauchen. Insbesondere ist dies üblich, wenn mehrere Empfänger in Betracht kommen oder wenn bei Ausstellung des Ladescheins der Empfänger überhaupt noch nicht vorhanden ist, weil die Frachtgüter von dem Absender oder dessen Auftraggeber noch nicht verkauft sind. Solche Meldeadressen haben nach Schiffahrtsbrauch die Bedeutung, daß sich der Frachtführer nach seinem Eintreffen am Ablieferungsort bei dieser Stelle nicht nur nach der Person des Ladescheinbesitzers erkundigen, sondern sich dort auch löschbereit melden kann (vgl. AG Berlin vom 4. 7. 1936 — 162 C 345/36 —).

c) In den Verfrachtungsbedingungen behalten sich die Frachtführer vielfach vor, daß ihnen stets eine Meldeadresse zu bezeichnen ist (§ 1 Abs. 5 der Oderbedingungen). Häufig wird auch die Bezeichnung der Meldeadresse nur für den Ladeschein für erforderlich erklärt, der an die Order einer Person lautet, die am Ablieferungsort keine Niederlassung hat (§ 5 Ziff. 4 der Allgemeinen Verfrachtungsbedingungen und Elbebedingungen).

Haftung des Frachtführers aus dem Ladeschein für den Umfang der Frachtgüter

§ 73

Der Frachtführer haftet für die Richtigkeit der im Ladescheine enthaltenen Bezeichnung der Zahl, des Maßes oder des Gewichtes der verladenen Güter, es sei denn, daß durch den Zusatz: „Zahl, Maß, Gewicht unbekannt" oder durch einen gleichbedeutenden Vermerk ersichtlich gemacht ist, daß die Güter dem Frachtführer nicht zugezählt, zugemessen oder zugewogen sind.

Erklärt sich der Absender bereit, die Zuzählung, Zumessung oder Zuwiegung der Güter auf seine Kosten vornehmen zu lassen, so ist der Frachtführer nicht berechtigt, einen Zusatz der im Abs. 1 bezeichneten Art in den Ladeschein aufzunehmen.

Die Bestimmungen des § 60 bleiben unberührt.

1. Die Bedeutung der Haftung aus dem Ladeschein

a) Nach § 58 haftet der Frachtführer grundsätzlich für den Schaden, der seit der Empfangnahme bis zur Ablieferung durch Verlust oder Beschädigung der Frachtgüter entstanden ist (vgl. § 58 Anm. 1a). Erfolgt die Beförderung auf Grund eines von dem Frachtführer ausgestellten Ladescheins, so tritt zu der Haftung des § 58 aus einer Empfangnahme (ex recepto) nach den §§ 73 bis 76 diejenige aus der Schrift des Ladescheins (ex scriptura). Nach dem Wesen des Ladescheins können Ansprüche nach seiner Ausstellung und Begebung auch gegen den Frachtführer durch den Empfänger nur insoweit hergeleitet werden, als sie aus dem Inhalt des Ladescheins ersichtlich sind (RGZ 139, 263 = JW 1933, 1878 Nr. 4). Der Empfänger soll sich darauf verlassen können, daß er die Frachtgüter erhält, die im Ladeschein bezeichnet sind (ROHG 25, 196; RGZ 46, 6). Der Frachtführer übernimmt mit der Ausstellung und Begebung des Ladescheins die Gewähr für die Richtigkeit seiner darin enthaltenen Angaben (vgl. § 72 Anm. a, d). Es ist deshalb in den §§ 73 bis 76, in Anlehnung an die seerechtliche Regelung (§ 651 HGB), eine zwar ebenfalls auf dem Frachtverhältnis beruhende, von dem Frachtvertrag aber unabhängige selbständige Haftung des Frachtführers gegenüber dem Empfänger aus der Schrift des Ladescheins aufgestellt (RGZ 4, 91; 46, 5; RG in HansGZ Hauptbl. 1898 Nr. 113). Es sollte hiermit „wenigstens in den wichtigsten Beziehungen Sicherheit dafür geschaffen werden, daß die Güter, so wie der Ladeschein sie bezeichnet, auch tatsächlich verladen worden sind, damit der Ladeschein seinen Zweck, als Dispositionspapier den Umsatz der Güter zu vermitteln, erfüllen kann; auf der anderen Seite war zu berücksichtigen, daß bei der Binnenschiffahrt der Schiffer im allgemeinen weniger als bei der Seeschiffahrt befähigt sein wird, die ihm übergebenen Waren nach Art und Beschaffenheit zuverlässig zu beurteilen, und daß ihm auch der Beirat anderer sachverständiger Personen nicht ohne weiteres zur Verfügung steht“ (so Begr. S. 99).

b) Diese erweiterte Haftung des Frachtführers gegenüber dem Empfänger aus dem Ladeschein umfaßt sowohl die Haftung aus der schriftlichen Erklärung als auch aus der Übernahme der Güter zur ladescheinmäßigen Beförderung (RGZ 139, 263). Daneben bleibt aber die Verantwortlichkeit des Frachtführers aus dem Frachtvertrag, insbesondere aus § 58, bestehen (RG in SeuffA 49 Nr. 36; OLG Hamburg in HansGZ Hauptbl. 1898 Nr. 71). Hierauf kann sich auch der Empfänger berufen, muß dann aber die Empfangnahme der unversehrten Frachtgüter und den Verlust oder die Beschädigung beweisen (RG in HansGZ Hauptbl. 1898 Nr. 113; OLG Hamburg in HansGZ Hauptbl. 1898 Nr. 37, 71; KG vom 23. 10. 1929 — 12 U 7036/29 —; LG Potsdam vom 23. 4. 1929 — 5 O 121/27 —).

c) Eine Einschränkung dieser erweiterten Haftung des Frachtführers aus der Schrift des Ladescheins folgt aus § 61, wonach ein Erlöschen der Ansprüche aus einer Beschädigung oder Minderung eintritt, wenn eine Nachprüfung durch einen amtlich bestellten Sachverständigen unterblieben ist (vgl. § 61 Anm. 1a, b). Auch dem Empfänger gegenüber kann sich der Frachtführer auf § 61 berufen, da diese Vorschrift allgemein von dem Erlöschen der Ansprüche aus einer Beschädigung oder Minderung handelt, ohne Rücksicht, auf welchen Haftungsvorschriften diese beruhen (RGZ 46, 78; OLG Hamburg in HansGZ Hauptbl. 1887 Nr. 3, in HansRZ 1922, 462 Nr. 116; vgl. § 61 Anm. 1c). Weiter kann sich der Frachtführer nach § 73 Abs. 3 auch auf § 60 berufen (vgl. § 60 Anm. 1a, b). Wichtiger ist die Haftungseinschränkung aus § 59 Ziff. 1 bis 5, die auch dem Empfänger gegenüber bei einem Anspruch aus § 73 eingewendet werden kann (vgl. § 59 Anm. 1a).

d) Der Frachtführer kann sich ferner von seiner Haftung aus der Schrift des Ladescheins (§§ 73 bis 76) befreien, indem er den Nachweis führt, daß der empfangsberechtigte Ladescheininhaber die Unrichtigkeit des Inhalts kannte oder sich ungerechtfertigt bereichern würde (RGZ 20, 68).

e) Ferner kann der Frachtführer einwenden, daß der Empfänger gleichzeitig Absender oder dessen Vertreter ist und daher die Frachtgüter nur in dem Umfang und in der Beschaffenheit ausgeliefert verlangen könne, wie er sie geliefert habe (RGZ 20, 67; RG in HansGZ Hauptbl. 1892 Nr. 47 = SeuffA 49 Nr. 36).

f) Endlich kann der Frachtführer seine Haftung aus der Schrift des Ladescheins durch die darin aufzunehmenden Freizeichnungsklauseln ausschließen oder beschränken. Eine solche Freizeichnung ist, ebenso wie für die Haftung aus § 58, rechtswirksam, soweit sie sich in den Schranken der §§ 276 Abs. 2, 138, 242 BGB hält (vgl. § 58 Anm. 8a, b). Es muß aber im Ladeschein mit genügender Deutlichkeit zum Ausdruck kommen, daß sich die Freizeichnung auch auf die Empfangsbekenntnisse beziehen soll (RGZ 139, 263). So wird von den Frachtführern in den Verfrachtungsbedingungen nicht selten ausbedungen, daß der Frachtführer nur dann für die Richtigkeit der im Ladeschein enthaltenen Bezeichnung des Maßes oder des Gewichts der verladenen Güter haftet, wenn ihm die Güter zugemessen oder zugewogen sind (vgl. § 1 Abs. 7 der Oderbedingungen). Ferner wird mitunter vorgesehen, daß Feststellungen, die nicht sofort bei der Ausladung und an der Ausladestelle stattfinden, für den Frachtführer unverbindlich sein sollen (vgl. § 81 Ziff. 5 der Elbebedingungen; § 81 Ziff. 6 der Allgemeinen Verfrachtungsbedingungen).

2. Die Bezeichnung der Frachtmenge und die Freizeichnungsvermerke

a) Nach § 73 Abs. 1 (ebenso § 655 HGB) haftet der Frachtführer für die Richtigkeit der im Ladeschein enthaltenen Bezeichnung der Zahl, des Maßes oder des Gewichts der verladenen Güter. Es handelt sich also um einen Anwendungsfall der Haftung aus der Schrift des Ladescheins (vgl. Anm. 1a), nämlich für den darin vorbehaltlos vermerkten Umfang der Frachtgüter. Es muß eine bestimmte Angabe über Zahl, Maß oder Gewicht der verladenen Güter in den Ladeschein aufgenommen sein (vgl. § 63 Anm. 2a). Der Absender wird schon mit Rücksicht auf dessen leichtere Begebbarkeit ein Interesse an dieser Aufnahme haben. Nach § 26 in Verbindung mit § 445 Nr. 6 HGB kann der Absender verlangen, daß in den Ladeschein „die Bezeichnung des Gutes nach seiner Menge vermerkt wird". Der Frachtführer ist hierzu nach § 73 Abs. 2 verpflichtet, wenn sich der Absender bereit erklärt, die Zuzählung, Zumessung oder Zuwiegung auf seine Kosten vornehmen zu lassen. Diese Ermittlung des Umfanges der verladenen Frachtgüter muß ordnungsmäßig, also unter Kontrollmöglichkeit des Frachtführers in der Nähe des Schiffes, vorgenommen sein (vgl. § 58 Anm. 2a). Nur die Ergebnisse einer solchen ordnungsmäßigen Feststellung braucht der Frachtführer in den Ladeschein vorbehaltlos aufzunehmen.

b) Findet eine Ermittlung des Umfanges der Frachtgüter bei der Einladung entweder überhaupt nicht oder nicht ordnungsmäßig statt, so ist der Frachtführer nicht verpflichtet, einen reinen, vorbehaltlosen Ladeschein zu zeichnen.

Er ist vielmehr berechtigt, durch den Zusatz „Zahl, Maß, Gewicht unbekannt“ oder durch einen gleichbedeutenden Vermerk ersichtlich zu machen, daß ihm die Güter nicht oder nicht ordnungsmäßig zugezählt, zugemessen oder zugewogen sind. Einen solchen Freizeichnungsvermerk darf der Frachtführer nicht aufnehmen, wenn sich der Absender bereit erklärt, eine ordnungsmäßige Feststellung des Umfanges der verladenen Güter auf seine Kosten vornehmen zu lassen (§ 73 Abs. 2).

c) Zu den gleichbedeutenden Freizeichnungsvermerken im Sinne des § 73 Abs. 1 ist jede in den Ladeschein aufgenommene Klausel zu rechnen, die erkennbar macht, daß die Güter dem Frachtführer nicht zugezählt, zugemessen oder zugewogen sind. Dies gilt beispielsweise für die Vermerke „Gewicht und Qualität unbekannt (HK Berlin XII A 931, 696/23), nicht verwogen, unverwogen übernommen, ohne Haftung für Gewicht oder Stückzahl“. Wann sonst diese Erfordernisse vorliegen, kann „nur im einzelnen Fall nach der im Verkehr beigelegten Bedeutung entschieden werden; insbesondere gilt dies für den Fall, daß das im Ladeschein angegebene Gewicht lediglich als Eisenbahngewicht bezeichnet ist“ (Begr. S. 99, 100). Zu dieser schon in der Begründung zum Binnenschiffahrtsgesetz erörterten Frage, ob eine Bezeichnung nach „angegebenem Eisenbahngewicht“ einen solchen gleichbedeutenden Freizeichnungsvermerk darstellt, hat sich eine einheitliche Verkehrsauffassung nicht herausgebildet. So wurden die Klauseln „laut Eisenbahnfrachtbrief“ und „nach Eisenbahngewicht“ als Freizeichnungsvermerk anerkannt (KG vom 24. 4. 1951 — 2 U 272/51 in VRS 1951, 317; KG vom 31. 7. 1951 — 7 U 3540/49 in VRS 1951, 459; LG I Berlin vom 13. 11. 1923 — 45 S 2/22 —; LG III Berlin vom 12. 11. 1921 — 12 O 15/20 —), ebenso der Hinweis „laut Eisenbahnfrachtbrief ungezählt übernommen“ (AG Fürstenwalde vom 4. 3. 1932 — 2 C 1183/30 —). Dagegen soll es bei den Klauseln „laut angegebenem Bahngewicht“ oder „laut übernommenem Bahngewicht“ darauf ankommen, welche besondere Bedeutung diesen Vermerken im Binnenschiffahrtsverkehr oder nach den Umständen des Einzelfalles beigelegt werden sollte; nach den eingeholten Gutachten verschiedener Handelskammern ergibt sich hierüber keine klare Verkehrsauffassung (OLG Stettin vom 23. 3. 1933 — 2 U 289/31 —; LG Stettin vom 29. 1. 1932 — 5/3 S 11/31 — AG Stettin 19 C 3887/30). Eine Freizeichnung sei aber dann schon anzunehmen, wenn dem Frachtführer nicht die sämtlichen Frachtgüter bahnamtlich zugewogen worden seien, da er dies dann mit den angeführten Vermerken zum Ausdruck bringen wollte (OLG Stettin vom 23. 3. 1933 — 2 U 289/31 —). Wenn die Frachtgüter nicht zugewogen wurden, so können solche Zusätze keinen anderen Zweck haben, als daß sich der Frachtführer wegen der Haftung für das Ladescheingewicht freizeichnen wollte (KG vom 31. 7. 1951 — 7 U 3540/49 — in VRS 1951, 459). Es soll sich über die Bedeutung der Klausel „laut Eisenbahnwagen empfangen“ ein Handelsbrauch, daß damit die Haftung für das Gewicht ausgeschlossen wäre, nicht gebildet haben (HG Berlin XII A 9 31696/23). Man wird grundsätzlich in der Bezeichnung des Gewichts als Eisenbahngewicht einen Freizeichnungsvermerk zu erblicken haben, wenn sich nicht aus den besonderen Umständen ergibt, daß der Frachtführer eine Haftung für das ihm nicht vorgeführte Gewicht trotzdem übernehmen wollte. Ebenso sind die Zusätze „laut Eichschein“ oder „laut Pegelstand“ auszulegen, da sich der Frachtführer üblicherweise durch eine solche Bezugnahme auf den Tiefgang seines Schiffes gegen eine Haftung schützen will, indem er darauf hinweist, daß das Gewicht nur schätzungsweise nach dem aus dem Tiefgang abgelesenen Pegelstand in Verbindung mit dem Eichschein angegeben sei (HK Breslau 1 C 311). Jedoch werden diese Klauseln in Verbindung mit der Aufnahme eines bestimmten Gewichts auch anders ausgelegt (OLG Stettin in JW 1922, 599 Nr. 10 = HansRZ 1922, 20 Nr. 6, Nr. 50, in HansRZ 1922, 891 Nr. 183). Die Bezeichnung des Umfanges der Frachtgüter mit einem Zirkagewicht (ca., zirka, ungefähr) ist als ein gleichlautender Vermerk regelmäßig nicht anzusehen, da er lediglich besagt, daß das Gewicht nicht ganz genau stimmt (vgl. § 63 Anm. 2a).

3. Die Haftung des Frachtführers aus dem Inhalt des Ladescheins

a) Nach § 58 haftet der Frachtführer aus der Empfangnahme auf Auslieferung der tatsächlich übernommenen Güter, wenn er nicht den vorgesehenen Entlastungsbeweis führt (vgl. § 58 Anm. 1a). Aus der Schrift des Ladescheins dagegen besteht eine Haftung auch für nicht von ihm übernommene Güter, wenn er den Ladeschein unrichtig ausgestellt und keinen Freizeichnungsvermerk aufgenommen hat. Aus einem vorbehaltlos gezeichneten reinen Ladeschein kann der Empfänger so viel Güter verlangen, als darin nach dem Empfangsbekenntnis des Frachtführers vermerkt sind (vgl. OLG Hamburg vom 24. 2. 1903 — Bf. III 433/1902 —). Der Empfänger braucht also für seinen Anspruch nicht zu beweisen, daß dieser Umfang an Frachtgütern tatsächlich eingeladen worden ist, sondern es genügt der Nachweis unter Bezugnahme auf den reinen Ladeschein und die ordnungsmäßige Gewichtsermittlung bei der Ablieferung. Den Frachtführer trifft dann die Beweislast, daß er für den Verlust an Gütern nach den §§ 61, 58, 59 Ziff. 1 bis 5 oder aus sonstigen Gründen nicht zu haften habe (vgl. Anm. 1b bis f). Er kann nicht einwenden, daß er schon weniger empfangen habe, aber geltend machen, daß er für den nach der Empfangnahme, etwa auf der Frachtreise, entstandenen Verlust nach den §§ 58 bis 61 nicht einzutreten habe.

b) Handelt es sich dagegen um einen mit einem Freizeichnungsvermerk versehenen, nicht rein gezeichneten Ladeschein, so ist für den Erwerber eines solchen Scheines ersichtlich, daß der Frachtführer die darin enthaltene Angabe über den Umfang der Frachtgüter nicht gelten lassen will (vgl. § 655 Abs. 2 HGB fürs Seerecht; ROHG 15, 381). Damit entfällt dann die Haftung des Frachtführers für die Richtigkeit der im Ladeschein über den Umfang der Ladung gemachten Angaben (LG I Berlin vom 13. 11. 1923 — 45 S 2/22 —; AG Fürstenwalde vom 4. 3. 1932 — 2 C 1183/30 —). Der Empfänger kann sich dann dem Frachtführer gegenüber auf die ziffernmäßigen Angaben des Ladescheins nicht berufen, sondern muß nach § 58 beweisen, daß der von ihm behauptete Verlust seit der Empfangnahme bis zur Ablieferung entstanden ist (§ 58 Anm. 1a, 2). Er muß also auch den Nachweis erbringen, welchen Umfang an Gütern der Frachtführer tatsächlich übernommen hat. Dies gilt auch dann, wenn der Ladeschein überhaupt keine ziffernmäßigen Angaben über den Umfang der Ladung enthält (ROHG 15, 381).

c) Der Frachtführer haftet für den durch schuldhaft unrichtige Erklärungen im Ladeschein entstandenen Schaden jedem späteren legitimierten Inhaber aus dem Begebungsvertrag nach §§ 328, 276, 278 BGB. Der Frachtführer kann sich auf die Freizeichnung von der Haftung für eine schuldhaft unrichtige Gewichtsangabe im Ladeschein nicht berufen, wenn er gleichzeitig ein Gewichtszertifikat hat ausstellen lassen, das ein bestimmtes Gewicht der Güter bescheinigt (BGH 2. 2. 1961 — II ZR 178/59 in NJW 1961, 823).

Haftung des Frachtführers aus dem Ladeschein für die Bezeichnung der Güter

§ 74

Der Frachtführer haftet für die Richtigkeit der im Ladescheine enthaltenen Bezeichnung der Güter, sofern er nicht beweist, daß die Unrichtigkeit der Bezeichnung bei Anwendung der Sorgfalt eines gewöhnlichen Frachtführers nicht zu erkennen war.

Sind dem Frachtführer die Güter in Verpackung oder in geschlossenen Gefäßen übergeben und ist dies aus dem Ladeschein zu ersehen, so trifft den Frachtführer keine Verantwortlichkeit für die richtige Bezeichnung des Inhalts, es sei denn, daß ihm eine bösliche Handlungsweise nachgewiesen wird.

1. Die Bedeutung dieser Haftung

Nach § 74 Abs. 1 (ebenso im Seerecht § 652 Satz 1 HGB) haftet der Frachtführer für die Richtigkeit der im Ladeschein enthaltenen Bezeichnung der Güter. Es handelt sich um einen Anwendungsfall der im Schiffahrtsrecht bestehenden grundsätzlichen Haftung aus der Schrift des Ladescheins (vgl. § 73 Anm. 1a). Die Verantwortlichkeit des Frachtführers aus § 74 Abs. 1 ist aber nicht so weitgehend wie im Seerecht nach § 652 HGB oder wie nach § 73; vielmehr kann sich der Frachtführer hiervon durch den Nachweis entlasten, daß die Unrichtigkeit der Bezeichnung bei Anwendung der Sorgfalt eines gewöhnlichen Frachtführers nicht zu erkennen war. Er kann sich im übrigen auch gegenüber dem auf § 74 gestützten Anspruch des Empfängers auf die §§ 58—61 berufen (vgl. § 73 Anm. 1c—f).

2. Die Bezeichnung der Güter

Es muß sich um eine in den Ladeschein aufgenommene „Bezeichnung" der Güter handeln. Der Absender kann nach § 26 in Verbindung mit § 445 Nr. 6 HGB verlangen, daß in den Ladeschein die Bezeichnung des Gutes nach Beschaffenheit, Menge und Merkzeichen aufgenommen wird. Es ist aber nach der Entstehungsgeschichte der §§ 73, 74 nicht daraus zu folgern, daß im § 74 diese Bezeichnung nach „Beschaffenheit und Merkzeichen" gemeint war (vgl. Begr. S. 90; KommBer. S. 17, 25, 26); vielmehr sollte hierunter die Bezeichnung nach Gattung, Art und Beschaffenheit (KG in JW 1932, 2449 Nr. 2) verstanden werden, z. B. „gesunder, trockener amerikanischer Mais" (so auch Mittelstein 1 I zu § 74 Anm. 2). Demnach besteht aus § 74 Abs. 1 grundsätzlich keine Haftung des Frachtführers für die Angabe besonderer Merkzeichen der Frachtgüter, soweit es sich hierbei nicht um Beschaffenheitszeichen handeln sollte (RG bei Bolze 11 Nr. 367; OLG Hamburg in HansGZ Hauptbl. 1890 Nr. 18; 1898 Nr. 71).

3. Der Entlastungsbeweis des Frachtführers

a) Nach § 74 Abs. 1 kann sich der Frachtführer von der Haftung für die Bezeichnung der Güter im Ladeschein durch den Nachweis entlasten, daß die Unrichtigkeit der Bezeichnung bei Anwendung der Sorgfalt eines gewöhnlichen (einfachen) Frachtführers nicht zu erkennen war. Die Haftung beschränkt sich auf den für einen gewöhnlichen Frachtführer ohne kaufmännische Sach- und Warenkenntnis äußerlich erkennbaren Zustand der Güter nebst Verpackung (RGZ 141, 315). Es soll die Haftung aus § 74 nur eintreten, wenn der Frachtführer bei der Beurteilung der Bezeichnung der Güter nach Gattung, Art und Beschaffenheit die einem gewöhnlichen, ohne besondere Warenkunde ausgestatteten Frachtführer obliegende Sorgfaltspflicht verletzt (KG in JW 1932, 2449 Nr. 2). Es stellt dies eine erhebliche, dem Seerecht (§ 652 HGB) unbekannte Einschränkung der Gewährleistung und Haftung des Frachtführers aus der Schrift des Ladescheins dar; dessen Verantwortlichkeit wurde „auf die Sorgfalt eines gewöhnlichen (statt ordentlichen) Frachtführers beschränkt, um den regelmäßig über eine besondere Warenkunde nicht verfügenden Kleinschiffer, der sein Schiff selbst führt, zu schützen" (vgl KommBer. S. 17).

b) Der Frachtführer braucht hiernach eine besondere Untersuchung der Frachtgüter nach Gattung, Art und Beschaffenheit nicht vorzunehmen. Er wird sich grundsätzlich auf die Angaben des kaufmännisch erfahrenen und branchekundigen Absenders verlassen können. Seine Sorgfaltspflicht beschränkt sich auf diejenige eines gewöhnlichen Frachtführers, der keine besondere Warenkunde zu haben braucht (RGZ 141, 315; KG in JW 1932, 2449 Nr. 2).

c) Der Frachtführer ist auch berechtigt, seine Haftung aus § 74 für die auf Verlangen des Absenders im Ladeschein vermerkte Bezeichnung der Güter nach Gattung, Art oder Beschaffenheit durch einen Zusatz, wie „Beschaffenheit oder Qualität unbekannt", einzuschränken. Er wird die Aufnahme eines solchen „Freizeichnungsvermerkes" vornehmen, wenn er irgendwelche berechtigten Bedenken über die Richtigkeit der ihm angegebenen Bezeichnung hat. So enthält die im Ladeschein vorgenommene Bezugnahme auf eine „in der Ladung befindliche versiegelte Sackprobe" einen solchen Freizeichnungsvermerk über die Beschaffenheit der Frachtgüter (OLG Hamburg in OLG, 6, 361).

4. Die Haftung bei Beförderung von verpackten Gütern

a) Nach § 74 Abs. 2 fällt dem Frachtführer bei Gütern, die nach dem Inhalt des Ladescheins in Verpackung oder in geschlossenen Gefäßen übergeben werden, die erweiterte Haftung aus § 74 Abs. 1 nicht zur Last. Es muß aber aus dem Ladeschein zu ersehen sein, daß es sich um verpackte Güter handelt, wie Getreide in Säcken, Konserven in Kisten, Benzin in Fässern; die Tatsache, daß es sich um solche verpackte Güter handelt, reicht demnach nicht aus, sondern der Frachtführer muß dies im Ladeschein erkennbar machen. Es soll damit für den empfangsberechtigten Erwerber des Ladescheins ersichtlich sein, daß der Frachtführer den Inhalt der Verpackung nicht prüfen konnte und auch nicht geprüft hat, also für die Richtigkeit der Bezeichnung der Güter nicht einstehen will. Einen ausdrücklichen, die Haftung ablehnenden Freizeichnungsvermerk braucht der Frachtführer dann im Ladeschein nicht zu machen.

b) Der Frachtführer ist auch berechtigt, einen besonderen Freizeichnungsvermerk in den Ladeschein aufzunehmen, aus dem hervorgeht, daß er für den Inhalt der in Verpackung gelieferten Güter nicht haften wolle. Dies ist dann von Bedeutung, wenn die Tatsache der Anlieferung verpackter Güter aus dem Ladeschein sonst nicht ersichtlich ist; denn grundsätzlich greift die Haftung nach § 74 Abs. 1 für die Bezeichnung der Güter auch dann Platz, wenn diese in Verpackung oder geschlossenen Gefäßen übergeben werden. Es wird dann regelmäßig durch die Klausel „Inhalt unbekannt" oder durch einen ähnlichen Zusatz eine Freizeichnung von der Haftung für die Bezeichnung der verpackten Frachtgüter aufgenommen; mitunter wird die Angabe der Bezeichnung auch durch Hinzufügung von „angeblich" entkräftet oder es wird auf eine entnommene versiegelte Probe verwiesen (OLG Hamburg in OLG 6, 331, in HansGZ Hauptbl. 1903 Nr. 40).

c) Nach § 74 Abs. 2 haftet der Frachtführer in diesen Fällen für die richtige Bezeichnung verpackter Güter nur, wenn ihm eine „bösliche Handlungsweise" nachgewiesen wird. Hierfür genügt keineswegs der Beweis einer groben „Fahrlässigkeit" vielmehr muß dem Frachtführer ein vorsätzliches oder sonstiges frevelmütiges, im Bewußtsein der rechtswidrigen Folgen trotzdem vorgenommenes Verhalten nachgewiesen werden (ROHG 17, 301; RGZ 1, 22, 37; vgl. § 4 Anm. 9e). Die Beweislast hierfür hat derjenige, der die bösliche Handlungsweise behauptet (RGZ 1, 37). In einem solchen Fall haftet der Frachtführer nach § 75 Satz 2 auf vollen Schadensersatz.

Der Umfang der Haftung aus der Schrift des Ladescheins

§ 75

In den Fällen des § 73 Abs. 1 und des § 74 beschränkt sich die Haftung des Frachtführers auf den Ersatz des Minderwerts, welcher aus der Nichtübereinstimmung der Güter mit der im Ladescheine enthaltenen Bezeichnung sich ergibt. Fällt dem Frachtführer eine bösliche Handlungsweise zur Last, so hat er den vollen Schaden zu ersetzen.

1. Nach den §§ 26, 58 in Verbindung mit § 430 HGB haftet der Frachtführer aus der Empfangnahme der Frachtgüter auf Grund des Frachtvertrages für deren gänzlichen oder teilweisen Verlust auf Ersatz des gemeinen Handelswertes (vgl. § 58 Anm. 7a). Diese Haftungsbeschränkung auf den gemeinen Wert findet bei der Verantwortlichkeit des Frachtführers aus der Schrift des Ladescheins (§§ 73 Abs. 1, 74) keine Anwendung; vielmehr geht dieser Anspruch auf Gewährleistung grundsätzlich auf Schadensersatz. Mit Rücksicht auf die Erleichterung des Verkehrs ist aber auch die Haftung aus der Schrift des Ladescheins nach § 75 in ähnlicher Weise beschränkt auf den Ersatz des Minderwertes, der sich aus der Nichtübereinstimmung der Güter mit der im Ladeschein enthaltenen Bezeichnung nach Zahl, Maß, Gewicht (§ 73 Abs. 1) oder nach Gattung, Art und Beschaffenheit (§ 74) ergibt. Der Umfang der Haftung des Frachtführers aus einer unrichtigen Bezeichnung der Güter (§ 74) oder ihrer Menge (§ 73 Abs. 1) ist also nach einem rein sachlichen Maßstab begrenzt. Die Haftung beschränkt sich auf den Ersatz des Minderwertes der abgelieferten Güter gegenüber dem gemeinen Handelswert (§ 430 HGB), wie er bei richtiger Bezeichnung vorhanden gewesen wäre. Hierdurch wird „der Besitzer des Ladescheins des besonderen Nachweises eines ihm persönlich entstandenen Schadens enthoben; die Bestimmung schließt sich dem allgemeinen Grundsatz des Handelsgesetzbuches an (§ 430 HGB) und stimmt im wesentlichen auch mit der auf das Konnossement bezüglichen Vorschrift (§ 652 Satz 2 HGB) überein" (Begr. S. 100).

2. Nach § 75 ist also, ebenso wie bei der Haftung aus § 58, der Handelswert oder der gemeine Wert (§ 430 HGB) der Frachtgüter für die Bemessung des Schadensersatzanspruches zugrunde zu legen, der im Streitfalle durch Sachverständige zu ermitteln ist (vgl. § 58 Anm. 7a). Maßgebend ist der gemeine Wert, wie er bei richtiger Bezeichnung der Frachtgüter im Ladeschein anzunehmen wäre. Von diesem gemeinen Wert ist dann der Verkehrswert abzusetzen, den das tatsächlich gelieferte Gut hat; der sich hierbei ergebende Unterschied ist als Minderwert dem Empfänger zu ersetzen. Hat der Empfänger ein völlig anderes als das im Ladeschein bezeichnete Gut geliefert erhalten und angenommen, z. B. Roggen statt

Weizen, so errechnet sich dieser Minderwert aus dem Unterschied der beiden Marktpreise. Es ist unerheblich, ob der tatsächliche Schaden größer oder kleiner ist (ROHG 13, 393; RGZ 15, 89).

3. Nach § 75 Satz 2 hat der Frachtführer unter Abweichung von dieser grundsätzlichen Regelung den vollen Schaden (§§ 249ff. BGB) zu ersetzen, wenn ihm „eine bösliche Handlungsweise" zur Last fällt. Hierunter fällt ein vorsätzliches oder frevelmütiges Verhalten, das sich der rechtswidrigen Folgen bewußt ist (RGZ 1, 22, 37; RG bei Bolze 1 Nr. 1026, 4, Nr. 693, 16 Nr. 401; vgl. § 4 Anm. 9e). Die Beweislast trifft denjenigen, der die bösliche Handlungsweise behauptet (RGZ 1, 37). Es genügt also für einen auf die Schrift des Ladescheins gestützten Anspruch auf Ersatz des vollen Schadens nicht der Nachweis einer groben Fahrlässigkeit des Frachtführers oder seiner Erfüllungsgehilfen, während dies für die Haftung aus der Empfangnahme (§§ 58, 61 Abs. 4) und für die übrigen Ansprüche aus dem Frachtvertrag (§ 26, § 430 Abs. 3 HGB) ausreicht.

Übernahme von Gütern mit erkennbaren Mängeln

§ 76

Übernimmt der Frachtführer Güter, deren Beschädigung, schlechte Beschaffenheit oder mangelhafte Verpackung bei der Verladung äußerlich erkennbar ist, so hat er den Mangel im Ladeschein zu vermerken, widrigenfalls er dem Empfänger für den aus dem Mangel sich ergebenden Minderwert der Güter verantwortlich ist.

1. Nach den §§ 73, 74 haftet der Frachtführer aus der Schrift des Ladescheins für die Richtigkeit der darin aufgenommenen Bezeichnungen der Frachtgüter nach Menge, Gattung, Art und Beschaffenheit. Darüber hinaus ist er nach § 76 sogar verpflichtet, bei der Übernahme von Gütern, deren Beschädigung, schlechte Beschaffenheit oder mangelhafte Verpackung bei der Verladung äußerlich erkennbar ist, diese etwaigen Mängel im Ladeschein zu vermerken, widrigenfalls er dem Empfänger für den aus dem Mangel sich ergebenden Minderwert der Güter verantwortlich ist. Diese Vorschrift beruht, ebenso wie die gleichlautende seerechtliche Bestimmung des § 658 HGB, auf der Erwägung, daß der Empfänger auf das Nichtvorhandensein von äußerlich erkennbaren Mängeln bei der Übergabe vertrauen soll, wenn solche aus dem Ladeschein nicht ersichtlich sind (ROHG 3, 26; RGZ 4, 88). Es handelt sich demnach bei der Vorschrift des § 76 um einen weiteren Anwendungsfall der Haftung des Frachtführers aus der Schrift des Ladescheins.

2. Es muß sich nach § 76 um eine Beschädigung, eine schlechte Beschaffenheit oder eine mangelhafte Verpackung der Frachtgüter handeln. Unter einer Beschädigung ist hier, wie im § 58, eine stoffliche (qualitative) Wertminderung zu verstehen, wie Annahme von Feuchtigkeit, Geruch, Bruch, Rost (vgl. § 58 Anm. 3b), während unter schlechter Beschaffenheit jeder andere äußerlich erkennbare, den Wert vermindernde Zustand gemeint ist. Unter mangelhafter Verpackung ist die schlechte Beschaffenheit der äußeren Umhüllung verpackter Frachtgüter zu verstehen (vgl. § 74 Anm. 4a).

3. Diese Mängel müssen äußerlich erkennbar, also ohne besondere Untersuchung und ohne besonderen Sachverstand sinnlich (durch Sehen, Riechen) ohne weiteres wahrnehmbar sein; z. B. die Ballen sind naß, das Getreide ist schimmlig und riecht dumpf (vgl. § 61 Anm. 4b; KG in JW 1932, 2249 Nr. 2; OLG Hamburg in HansGZ Hauptbl. 1886 Nr. 3; 1898 Nr. 78; 1901 Nr. 8, Nr. 34). Unter einer äußerlich erkennbaren schlechten Verpackung ist auch eine zwar unbeschädigte, aber sichtbar unzulängliche Verpackung zu verstehen; denn die Verpackung ist erheblich für die Widerstandsfähigkeit des Gutes gegen die Zufälle der Beförderung und damit zugleich mittelbar für den Wert der Ware (RGZ 139, 267).

4. Der Frachtführer braucht zwar eine besondere Untersuchung der Frachtgüter auf Mängel nicht vorzunehmen, hat aber bei seinen Wahrnehmungen die Sorgfalt eines ordentlichen, nicht bloß eines gewöhnlichen Frachtführers, wie im § 74 Abs. 1, anzuwenden. Er ist nicht verpflichtet, sich eine besondere Warenkunde zu verschaffen, und hat hierauf zurückzuführende, im Ladeschein nicht vermerkte Mängel nicht zu vertreten, wie geringe Feuchtigkeit des Getreides, eine blaugrüne Farbe von Brettern, geringes Lecken von Ölfässern (RGZ 4, 90; RG bei Bolze 6 Nr. 531). Wenn von einem vereideten Probenehmer eine Probe entnommen und ohne Beanstandung versiegelt wird, wie dies bei Getreideladungen häufig geschieht, so kann sich der Frachtführer darauf verlassen, daß erkennbare Mängel nicht vorhanden sind (KG in JW 1932, 2449 Nr. 2).

5. Wenn der Frachtführer solche äußerlich erkennbaren Mängel an den Frachtgütern bei der Übernahme wahrnimmt, so muß er nach § 76 einen dahingehenden Freizeichnungsvermerk in den Ladeschein aufnehmen. Es genügt hierfür keineswegs ein bloßer Hinweis, daß die Güter mangelhaft seien. Auch durch allgemeine Klauseln, wie „Qualität unbekannt" oder „Beschaffenheit unbekannt", kann sich der Frachtführer regelmäßig nicht von der Haftung für äußerlich erkennbare Mängel freizeichnen, da sich diese Vermerke auf innere und nicht auf äußerlich erkennbare Mängel beziehen (RGZ 24, 91; OLG Hamburg in HansGZ Hauptbl. 1901 Nr. 34; 1906 Nr. 112; LG Hamburg in HansRZ 1921, 761 Nr. 19, Nr. 215 = HansGZ 1921, 267 Nr. 131; a. A. Mittelstein 2 S. 309). Der Zusatz „Inhalt unbekannt" kann vom Frachtführer ebenfalls nicht mit Erfolg zu einer solchen Freizeichnung verwendet werden (RGZ 4, 91). Der Frachtführer hat vielmehr „den Mangel im Ladeschein zu vermerken", also seine dahingehenden Wahrnehmungen über bestimmte Mängel ersichtlich zu machen, wie z. B.: „eine Kiste Konserven stark beschädigt", „ein Ballen Baumwolle durchnäßt", „Getreide schimmlig und riecht dumpf" (OLG Hamburg in OLG 6, 361; in HansGZ Hauptbl. 1903 Nr. 40).

6. Der Frachtführer ist nach § 76 für den aus dem nicht vermerkten Mangel sich ergebenden Minderwert der Frachtgüter verantwortlich. Er haftet also auch hier, wie nach den §§ 73, 74, nicht auf vollen Schadensersatz, sondern beschränkt auf Ersatz des Minderwertes, der sich aus der Nichtübereinstimmung der Güter mit der im Ladeschein enthaltenen Bezeichnung ergibt (vgl. § 75 Anm. 1, 2). Es ist im § 76 im Gegensatz zu der sonstigen Verantwortlichkeit aus der Schrift des Ladescheins (§§ 73, 74, 75) nicht besonders hervorgehoben, daß der Frachtführer bei einer böslichen Handlungsweise auf vollen Schadensersatz haftet (vgl. § 75 Anm. 3), jedoch bestehen gegen eine entsprechende Anwendung der dahingehenden grundsätzlichen Bestimmung des § 75 Satz 2 keine Bedenken (so OLG Hamburg in HansGZ Hauptbl. 1886 Nr. 3).

7. Die Ersatzansprüche aus § 76 stehen dem Empfänger zu. Hierunter ist der empfangsberechtigte legitimierte Besitzer des Ladescheins zu verstehen (vgl. § 72 Anm. 5). Auch dem Empfänger, der nicht Rechtsnachfolger des Absenders ist, stehen die Rechte aus § 76 als eigene Rechte zu; es berührt seine Ansprüche also auch nicht, wenn der Frachtführer auf Anweisung des Absenders die Aufnahme eines solchen Freizeichnungsvermerks in den Ladeschein unterlassen oder der Absender den reinen Ladeschein vorbehaltlos angenommen hat (OLG Hamburg in HansGZ Hauptbl. 1922, 226 Nr. 106).

8. Der Empfänger hat bei einem reinen Ladeschein ohne Vermerk von Mängeln nachzuweisen, daß die Frachtgüter zur Zeit der Übernahme an Bord (Annahme) durch den Frachtführer die Mängel nicht hatten, deren Ersatz verlangt wird (RGZ 141, 315). Er hat ferner die Beweislast, daß diese Mängel bei der Übernahme äußerlich erkennbar waren (vgl. Anm. 4; KG in JW 1932, 2449 Nr. 2). Für den Anspruch aus § 76 gehört nach dessen Wortlaut, anders als im Seerecht nach den §§ 658, 653 Abs. 2 HGB, nicht nur das Vorhandensein, sondern auch die äußerliche Erkennbarkeit der Mängel zu den klagebegründenden Tatsachen, so daß der im Seerecht ausgebildete Grundsatz, daß sich der Frachtführer bei einem reinen Ladeschein entlasten müßte (ROHG 3, 26; RGZ 4, 88; OLG Hamburg in HansGZ Hauptbl. 1885 Nr. 28), auf das Binnenschiffahrtsrecht nicht übertragen werden kann. Der Nachweis, daß die äußerlich erkennbaren Mängel zur Zeit der Übernahme bereits vorhanden waren, erübrigt sich aber, wenn sich der Frachtführer nur darauf beruft, daß die Mängel erst auf der Frachtreise entstanden seien; denn dann steht es fest, daß die Güter frei von Mängeln von dem Schiff übernommen sind, so daß es Aufgabe des Frachtführers ist, zu seiner Entlastung den Nachweis zu führen, daß die Güter bei ihrer Abnahme den behaupteten Mangel hatten und daß hierdurch der Schaden auf der Reise verursacht ist (RGZ 141, 315); anderenfalls muß der Frachtführer nach § 58 Abs. 1 dann nachweisen, daß er auf der Reise die Sorgfalt eines ordentlichen Frachtführers angewendet hat, wie z. B. durch Umstechen warm gewordenen Getreides oder sofortige Benachrichtigung der Ladungsbeteiligten (KG in JW 1932, 2449 Nr. 2). Hatte der Frachtführer den Mangel im Ladeschein vermerkt, so kann der Empfänger gegen ihn einen Anspruch aus § 76 nicht geltend machen.

9. Die Vorschrift des § 76 enthält kein zwingendes Recht, so daß eine Freizeichnung von dieser Haftung zulässig ist. Es muß aber aus dem Ladeschein für den empfangsberechtigten Erwerber klar ersichtlich sein, daß der Frachtführer für die bei der Übernahme äußerlich erkennbaren Mängel nicht einstehen will. Häufig bedingen sich die Frachtführer in ihren im Ladeschein angezogenen Verfrachtungsbedingungen aus, daß sie für äußerlich erkennbare Mängel der Verpackung auch dann nicht zu haften haben, wenn diese im Ladeschein nicht vermerkt, aber nachgewiesen werden (§ 89 der Allgemeinen Verfrachtungsbedingungen).

Haftung aus einer Personenbeförderung

§ 77

Für Verlust oder Beschädigung von Reisegepäck haftet der Schiffseigner, sofern das Gepäck von dem Schiffer oder einer dazu bestellten Person übernommen ist, in gleicher Weise wie der Frachtführer für Frachtgüter.

Er hat wegen des Frachtgeldes ein Pfandrecht an dem Gepäck, solange dasselbe zurückbehalten oder hinterlegt ist. Die Wirkungen und die Geltendmachung des Pfandrechts bestimmen sich im übrigen nach den für das Pfandrecht des Frachtführers an den Frachtgütern geltenden Vorschriften.

1. Die Personenbeförderung auf Binnengewässern

a) Für den Begriff des Schiffseigners (§ 1) und des Ausrüsters (§ 2) ist es ohne Bedeutung, zu welchen Zweck die Schiffahrt betrieben wird, insbesondere ob dies zur Beförderung von Gütern oder Personen geschieht (vgl. § 1 Anm. 5); auch ein Personenschiff (Fahrgastschiff) ist ein zur Schiffahrt auf Binnengewässern bestimmtes Schiff im Sinne des § 1. Das Binnenschiffahrtsgesetz enthält im Gegensatz zum Seerecht (§§ 664—678 HGB) keine zusammenfassende Regelung der eine solche Personenbeförderung auf Binnengewässern betreffenden Rechtsverhältnisse. Die §§ 26—76 gelangen nicht zur Anwendung, weil diese nur von der Beförderung von Gütern handeln (vgl. § 425 HGB). Es gelten dagegen die Vorschriften der §§ 1—25. Daneben finden sich im Binnenschiffahrtsgesetz nur noch vereinzelte Bestimmungen über die Personenbeförderung, wie die §§ 7 Abs. 2, 8 Abs. 4, 45, 77, 85 in Verbindung mit § 723 Nr. 3 HGB, §§ 104, 131 Abs. 3. Im übrigen werden die Rechtsbeziehungen der Personenschiffahrt, insbesondere der Fahrgäste zum Personenschiffahrtsunternehmer, nach dem bürgerlichen Recht (§§ 343ff. HGB und §§ 631ff. BGB) geregelt.

b) Der Personenbeförderungsvertrag ist ein Werkvertrag im Sinne der §§ 631ff. HGB, da die Erzielung eines Erfolges, nämlich die Beförderung einer Person nach einem Bestimmungsort, wesentlicher Bestandteil ist (RGZ 62, 120; BGH vom 16. 4. 1959 — II ZR 164/57 in NJW 1959, 1366).

Es handelt sich aber nicht, wei bei dem Frachtvertrag, um einen Vertrag, der eine Geschäftsbesorgung zum Gegenstand hat (§ 675 BGB). Eine besondere Form ist für den Abschluß eines solchen Personenbeförderungsvertrages nicht vorgeschrieben; es werden aber regelmäßig Fahrscheine (Fahrkarten) ausgegeben. Der Unternehmer ist verpflichtet, den Fahrgast an den Bestimmungsort zu befördern, während dieser die Verpflichtung hat, den Fahrpreis zu entrichten (§ 631 Abs. 1 BGB). Es besteht für den Fahrgast keine Verpflichtung zum Antritt der Fahrt, aber auch keine Berechtigung, vom Vertrag zurückzutreten und nur einen Teil oder die Hälfte des Fahrpreises, wie dies im Seerecht (§ 667 HGB) bestimmt ist, zu entrichten (§ 649 HGB).

c) Aus dem Personenbeförderungsvertrag besteht für den Unternehmer die Verpflichtung, den Fahrgast wohlbehalten (unbeschädigt) an den Bestimmungsort zu befördern (RGZ 55, 335; 62, 120; 66, 15; 86, 32). Die Beförderungspflicht endet regelmäßig nicht schon, wenn die Fahrgäste das Schiff verlassen, sondern erst, wenn sie an Land kommen. Das Anlandbringen ist eine Hauptverpflichtung des Unternehmers, für deren ordnungsmäßige Erfüllung er die Beweislast trägt, wenn ein Fahrgast zu Schaden kommt (BGH vom 16. 4. 1959 — II Zr 164/57 — in NJW 1959, 1366). Der Unternehmer haftet dem Fahrgast aus dem Beförderungsvertrag dafür, daß alle zur sicheren Beförderung des Fahrgastes gebotenen Einrichtungen und Maßnahmen getroffen sind und sachgemäßer Aufsicht und Überprüfung unterliegen (OLG Köln vom 8. 2. 1939 — 3 U 257/38 in Zeitschr. für Binnenschiffahrt 1939, S. 133); soweit die Erfüllung der erwähnten Verpflichtungen zu den Dienstverrichtungen des Schiffes gehört, z. B. zur Füsorge für die gehörige Einrichtung des Schiffes (§ 8 Abs. 1), oder zu den Dienstverrichtungen einer anderen Person der Schiffsbesatzung, ergibt sich die Haftung des Schiffseigners aus den §§ 3, 4 (RGZ 126, 329; 124, 49). Ferner haftet der Unternehmer aus dem Beförderungsvertrag für eigenes Verschulden aus § 276 BGB und für Verschulden seiner Erfüllungsgehilfen aus § 278 BGB; daneben besteht die allgemeine Rechtspflicht, für die Sicherheit des Verkehrs auf dem Schiff zu sorgen, und die daraus folgende außervertragliche Haftung auf Grund von § 823 BGB (vgl. RGZ 126, 329). Ist der Personenschiffahrtsunternehmer zugleich Schiffseigner, so haftet er nur beschränkt nach § 4 (KG in KGBl. 1906, 42). Die Beweislast für das schadensursächliche Verschulden trifft in allen Fällen grundsätzlich den Ersatzberechtigten; rechtfertigt sich jedoch aus der Sachlage, z. B. aus dem Versagen einer Einrichtung, zunächst der Schluß, daß die pflichtmäßige Sorgfalt verletzt worden ist, so ist der erste Anschein eines Verschuldens gegeben und es muß dem Unternehmer überlassen bleiben, diesen Beweis des ersten Anscheins zu entkräften (RGZ 126, 329; BGHZ 1, 5; 6, 169, 171; BGH vom 15. 2. 1955 — I ZR 45/54 in VRS 1955, 282). Der Unternehmer hat auf Grund des Beförderungsvertrages kraft seiner Vertragspflicht dafür zu sorgen, daß die zu befördernden Personen unbeschädigt an das Reiseziel gelangen; er haftet für den Schaden, den sie auf der Reise durch Beförderungsvorgänge oder Beförderungseinrichtungen an ihrer Gesundheit erleiden, wenn er nicht nachweist, daß ihn kein Verschulden trifft (RG in JW 1937, 2190, 2192 Nr. 5; RGZ 126, 141; 148, 150). Bei einem solchen Anspruch auf Schadensersatz wegen Verschuldens ist bis zum Beweis des Gegenteils der Beweis des Verschuldens schon dann als geführt anzusehen, wenn nachgewiesen ist, daß die Ursache aus einem Gefahrenkreise hervorgegangen ist, für den im Zweifel der Unternehmer verantwortlich ist (RG in JW 1937, 2190, 2192 Nr. 5).

d) Der Schiffseigner, der Personen gewerbsmäßig befördert, ist im Gegensatz zu dem Frachtführer (§ 1 Abs. 2 Nr. 5 HGB) grundsätzlich als solcher kein Kaufmann. Als Handelsgewerbe gelten aber nach § 1 Abs. 2 Nr. 5 HGB die Geschäfte der zur Beförderung von Personen auf Binnengewässern bestimmten Anstalten, d. h. der größeren Personenschiffahrtsbetriebe, deren Inhaber also als Kaufleute anzusehen sind.

2. Die Haftung des Personenschiffahrtsunternehmers für das Reisegepäck

a) Nach § 77 Abs. 1 (ebenso im Seerecht nach § 673 Abs. 2 HGB) haftet der Schiffseigner für Verlust oder Beschädigung von Reisegepäck (Reisegut). Hierunter ist die auf der Reise mitgeführte persönliche Habe des Fahrgastes zu verstehen, die von dem Schiffer oder einer dazu bestellten Person übernommen ist (vgl. OLG Hamburg in HansGZ Hauptbl. 1887 Nr. 15), also zur Mitbeförderung übergeben wurde. Mit dieser Übergabe des Gepäcks, die meist gegen Aushändigung eines Gepäckscheins geschieht, kommt regelmäßig ein besonderer Beförderungsvertrag zustande. Diese Rechtsbeziehungen zwischen dem Frachtführer und dem Fahrgast über die Mitbeförderung des Reisegepäcks haben eine gewisse Ähnlichkeit mit dem Frachtgeschäft über die Beförderung von Gütern (§§ 26—76), da auch das Reisegepäck mit der Übergabe in die Obhut des Schiffseigners gelangt. Deshalb soll dieser für Verlust oder Beschädigung des Reisegepäcks in gleicher Weise wie der Frachtführer für die Frachtgüter haften. Es finden also die §§ 58, 59, 61 sowie die §§ 430, 431 HGB insoweit entsprechende Anwendung. Der Umfang der Haftung bestimmt sich nach § 430 HGB; es ist daher, abgesehen von der Haftung auf vollen Schadensersatz für Vorsatz und grobe Fahrlässigkeit, nur der gemeine Handelswert der verlorenen oder beschädigten Güter zugrunde zu legen und es sind die Ersparungen an Zöllen, Gepäckfracht und sonstige Kosten abzuziehen. Für eine verspätete Ablieferung von Reisegepäck haftet der Schiffseigner nach den bürgerlichrechtlichen Grundsätzen, also nicht nach § 62, da diese entsprechende Anwendung der Bestimmungen des Frachtgeschäfts auf den „Verlust oder die Beschädigung" beschränkt ist.

b) Das Reisegepäck muß „von dem Schiffer oder einer dazu bestellten Person übernommen", also dieser übergeben und von ihr zur Mitbeförderung angenommen sein. Das Mitbringen von Sachen auf das Schiff genügt also ebensowenig wie das Hinlegen des Gepäcks in einen Raum des Schiffes, selbst wenn es sich dabei um den Gepäckraum handeln sollte. Dagegen ist es unerheblich, ob die Mitbeförderung des Reisegepäcks gegen oder ohne eine besondere Gebühr erfolgt; denn der Preis für die Beförderung des Fahrgastes kann zugleich diese Gebühr mit umfassen. Es kommt auch nicht darauf an, in welcher Weise der Vertrag über die Mitbeförderung des Reisegepäcks abgeschlossen wird und ob zu dessen Bestätigung ein Gepäckschein oder eine sonstige Bescheinigung ausgehändigt wird.

c) Nach § 77 Abs. 1 entsteht eine Haftung des „Schiffseigners". Hierbei wurde davon ausgegangen, daß „der Schiffseigner, welcher Personen befördert, regelmäßig auch Güter befördere und deshalb auch Frachtführer sein werde" (vgl. Begr. S. 100, 101). Es sollte daher derjenige Schiffseigner (Unternehmer) gemeint sein, in dessen Namen der Beförderungsvertrag mit dem Fahrgast über die Mitnahme des Reisegepäcks abgeschlossen wurde. Regelmäßig wird dieser Personenschiffahrtsunternehmer auch Schiffseigner im Sinne der §§ 1, 2 sein; notwendig ist dies aber nicht.

d) In den Beförderungsbedingungen (Fahrbedingungen) pflegen die Personenschiffahrtsunternehmer nicht selten ihre Haftung für Reisegepäck zu beschränken, insbesondere hinsichtlich der Höhe des zu leistenden Ersatzes.

3. Die Haftung für das Handgepäck

a) Der Fahrgast ist in Ermangelung anderer Vereinbarungen berechtigt, ein angemessenes persönliches Gepäck (Handgepcäk) mit auf das Schiff zu bringen, ohne hierfür ein besonderes Entgelt entrichten zu müssen (OLG Stuttgart in SeuffA 48 Nr. 280). Dies Handgepäck wird nicht zur Mitbeförderung auf Grund eines besonderen Vertrages aufgegeben, sondern verbleibt in der eigenen Obhut des Fahrgastes.

b) Für solches Handgepäck haftet der Unternehmer nicht nach § 77, sondern nach den Grundsätzen des bürgerlichen Rechts, slao nach den §§ 276, 278 BGB für schuldhafte Verletzung des der Mitnahme dieses Handgepäcks zugrunde liegenden Personenbeförderungsvertrages und als Schiffseigner für Verschulden der Schiffsbesatzung nach den §§ 3, 4. Bei einer Beschädigung oder einem Verlust von Handgepäck hat der Fahrgast die volle Beweislast nicht nur für die Entstehung des Schadens, sondern auch für das ursächliche schuldhafte Verhalten des Unternehmers oder seiner Leute.

4. Das Pfandrecht des Unternehmers am Reisegepäck

a) Der Personenschiffahrtsunternehmer hat nach § 77 Abs. 2 wegen des Fahrgeldes ein gesetzliches Pfandrecht an dem von ihm zur Beförderung übernommenen Reisegepäck. Nach der seerechtlichen Vorschrift des § 674 Abs. 1 HGB heißt es, daß das Pfandrecht „wegen des Überfahrtgeldes" bestehe. In den Entwürfen zum Binnenschiffahrtsgesetz war zunächst nur das „Fahrgeld" erwähnt und vorgeschlagen, die „Gepäckfracht" mit einzuschalten; dies wurde aber nicht für nötig gehalten, weil ja für das Gepäck die Grundsätze für den Frachtvertrag anzuwenden seien (vgl. Materialien S. 88). Hiernach ist unter „Frachtgeld" nicht nur die etwa für die Mitbeförderung des Reisegepäcks besonders vereinbarte Gepäckfracht (so Mittelstein 1 I § 77 Anm. 5), sondern auch das Fahrgeld zu verstehen (so auch Mittelstein 2 S. 314).

b) Das Pfandrecht am Reisegepäck besteht nach § 77 Abs. 2 Satz 1 (ebenso im Seerecht § 674 Abs. 2 HGB), solange es „zurückbehalten oder hinterlegt" ist. Es dauert also nicht, wie das gesetzliche Pfandrecht des Frachtführers an den Frachtgütern (§ 440 Abs. 3 HGB), nach der Ablieferung fort (vgl. § 67 Anm. 5b); für die Übernahme dieses Grundsatzes bestand „kein Bedürfnis" (vgl. Begr. S. 101). Das Pfandrecht des Personenschiffahrtsunternehmers am Reisegepäck endet mit dessen Ablieferung oder Hinterlegung, also mit der Aufgabe des Besitzes.

c) Im übrigen bestimmen sich aber die „Wirkungen und die Geltendmachung des Pfandrechts" nach den für das Pfandrecht des Frachtführers an den Frachtgütern geltenden Vorschriften. Es finden also die §§ 440 Abs. 4, 441, 443, 368 HGB, auch § 442 HGB, jedoch ohne Hinweis auf das Pfandrecht nach der Ablieferung, und die §§ 1228—1241, 1245, 1246 BGB entsprechende Anwendung (vgl. § 67 Anm. 6, 7). Neben dem Pfandrecht besteht auch hier das Zurückbehaltungsrecht (vgl. § 67 Anm. 6b).

d) Dagegen hat der Frachtführer (im Gegensatz zum Seerecht nach § 674 HGB) kein Pfandrecht am Handgepäck. Vielmehr ist er insoweit auf sein Zurückbehaltungsrecht beschränkt, wenn das Handgepäck in seinen Besitz gelangt sein sollte.

Fünfter Abschnitt

Haverei

Große und besondere Haverei

§ 78

Große Haverei sind alle Schäden, welche einem Schiffe oder der Ladung desselben oder beiden zum Zweck der Errettung beider aus einer gemeinsamen Gefahr von dem Schiffer oder auf dessen Geheiß vorsätzlich zugefügt werden, sowie auch die durch solche Maßregeln ferner verursachten Schäden einschließlich des Verlustes der Fracht für aufgeopferte Güter, desgleichen die Kosten, welche zu dem bezeichneten Zweck von dem Schiffer oder nach seiner Anweisung von einem der Ladungsbeteiligten aufgewendet werden.

Die große Haverei wird von Schiff und Ladung gemeinschaftlich getragen; die Havereiverteilung tritt jedoch nur ein, wenn sowohl das Schiff als auch die Ladung, und zwar jeder dieser Gegenstände entweder ganz oder teilweise wirklich gerettet worden sind.

Alle nicht zur großen Haverei gehörigen, durch einen Unfall verursachten Schäden und Kosten (besondere Haverei) werden von den Eigentümern des Schiffes und der Ladung, von jedem für sich allein getragen.

1. Die Bedeutung der großen und der besonderen Haverei

a) Unter Haverei (auch Havarie genannt) versteht man im Schiffahrtsrecht ein Ereignis, bei dem durch einen Unfall am Schiff oder an der Ladung Schäden oder Kosten entstehen, die über die regelmäßigen Aufwendungen der Schiffahrt hinausgehen (RGZ 93, 170). Das Binnenschiffahrtsgesetz hat diesen Begriff aus dem Seerecht übernommen, das in den §§ 700—739 HGB, zwischen der großen (gemeinschaftlichen) und der besonderen (einfachen) Haverei (§ 701 HGB) unterscheidet und außerdem hierzu auch den Zusammenstoß von Schiffen (§§ 734—739 HGB) rechnet. Das Binnenschiffahrtsgesetz hat diese Unterscheidungen beibehalten und schließt sich in der Regelung „den seerechtlichen Vorschriften des Handelsgesetzbuches an; nur soweit die besonderen Vorschriften der Binnenschiffahrt es erfordern, ist vom Handelsgesetzbuch abgewichen" (Begr. S. 103); dies war erforderlich, um den besonderen Verhältnissen des Binnenschiffahrtsverkehrs Rechnung zu tragen.

b) Zur großen Haverei gehören nach § 78 Abs. 1 (ebenso im Seerecht nach § 700 HGB) alle Aufwendungen, die von dem Schiffer gemacht worden sind, um Schiff und Ladung aus einer gemeinsamen Gefahr zu retten. Diese aus einer gemeinsamen Gefahr verursachten Kosten sollen auch gemeinschaftlich getragen werden (§ 78 Abs. 2); dies rechtfertigt sich aus dem Gedanken der Gefahrengemeinschaft von Schiff und Ladung (ROHG 8, 294; OLG Hamburg in HansGZ Hauptbl. 1905, 29 Nr. 12; RGZ 165, 166, 171; BGHZ 6, 324, 327). Alle nicht zur großen Haverei gehörigen, durch einen Unfall verursachten Schäden und Kosten fallen unter den Begriff der besonderen Haverei und werden nach § 78 Abs. 3 (ebenso § 701 HGB) von den betroffenen Eigentümern des Schiffes und der Ladung, also nicht gemeinschaftlich, sondern von jedem für sich allein, getragen.

2. Der Begriff der großen Haverei

a) Die Erfordernisse der großen Haverei sind im § 78 Abs. 1, in fast wörtlicher Übereinstimmung mit der seerechtlichen Vorschrift des § 700 Abs. 1 HGB, aufgestellt. Danach muß eine für Schiff und Ladung gemeinsame Gefahr vorgelegen haben; zur Errettung beider müssen dem Schiff oder der Ladung von dem Schiffer vorsätzlich Schäden oder Kosten zugefügt sein. Ferner müssen diese vom Schiffer angeordneten Rettungsmaßnahmen auch erfolgreich gewesen sein; sowohl das Schiff als auch die Ladung muß nach § 78 Abs. 2 ganz oder teilweise wirksam gerettet worden sein.

b) Diese gemeinsame Gefahr von Schiff und Ladung wird regelmäßig auf der Frachtreise eintreten; sie kann aber schon am Abgangsort oder erst am Bestimmungshafen entstehen (ROHG 25, 137; RGZ 11, 106). Die dahingehende Gemeinschaft von Schiff und Ladung beginnt, sobald die Frachtgüter auf oder in das Schiff an Bord gelangen (ROHG 25, 138); sie endet mit der endgültigen Entlöschung der Güter, gleichgültig ob dies im Bestimmungshafen, Zwischen- oder Nothafen geschieht, aber nicht schon mit einer Ableichterung oder einer sonstigen vorläufigen Trennung vom Schiff (OLG Hamburg in HansGZ Hauptbl. 1880, 38; 1888 Nr. 8). Es muß sich aber hierbei stets um Frachtgüter handeln, die auf oder in das Schiff gebracht werden, also dessen „Ladung" darstellen; hierunter fallen also nicht die von einem Schleppschiff im Anhang beförderten Frachtschiffe. „In Ansehung von Aufwendungen, welche der Schleppschiffer zum Besten des Schleppzuges macht, trifft der Begriff der großen Haverei nicht zu, da die geschleppten Schiffe nicht als die Ladung des Schleppschiffes betrachtet werden können, weil eine gemeinsame Gefahr für Schiff und Ladung im Sinne des § 78 nicht in Frage steht" (vgl. Begr. S. 105, 106).

c) Es läßt sich „im einzelnen durch gesetzliche Vorschrift nicht feststellen, wie die Gefahr im Sinne des § 78 beschaffen sein muß" (so Begr. S. 103). Während das Seerecht im § 706 HGB verschiedene Fälle beispielsweise anführt, hat das Binnenschiffahrtsgesetz hiervon Abstand genommen und die Begrenzung des Gefahrenbegriffs der Rechtsprechung überlassen. Eine erst drohende, zu befürchtende künftige Gefahr, deren Eintritt vorgebeugt werden soll, genügt nicht (OLG Hamburg in OLG 7, 162). So kann eine Gefahr nicht festgestellt werden, wenn erst ein künftiger Eisgang sie herbeiführen würde (OLG Hamburg in OLG 7, 161). Es muß eine schon eingetretene oder unmittelbar drohende, gegenwärtige gemeinsame Gefahr für Schiff und Ladung vorliegen, also eine Sachlage, die notwendigerweise im weiteren Verlauf regelmäßig einen Schaden an Schiff und Ladung herbeiführen kann (vgl. Begr. S. 103, 108; RGZ 38, 4; RG in HansGZ 1885, 167 Nr. 72; 1905, 189; OLG Hamburg in HansGZ 1901, 281 Nr. 119; 1905, 27; 1909, 35, 43; 1911, 17; in OLG 7, 162). Die Gefahr darf keine eingebildete, sondern muß eine wirklich vorhandene sein; die Grenzen menschlicher Voraussicht verbieten es aber, einen rein objektiven Maßstab anzulegen, sondern es genügt, wenn eine die sofortige Anwendung von Rettungsmaßregeln rechtfertigende Gefahr verständigerweise vom Schiffer als vorhanden angenommen werden durfte (ROHG 8, 298; 23, 344; RGZ 38, 5; OLG Hamburg in HansGZ 1897, 81 Nr. 37; 1901, 281 Nr. 119, 245; 1905, 27, 66; 1906, 243; in SeuffA 53 Nr. 106; OLG Düsseldorf vom 12. 11. 1952 — 7 U 295/51 — II O 5/51 LG Düsseldorf). Es reicht aus, wenn auch nur subjektiv nach Ansicht des Schiffers die Gefahr wirklich und gegenwärtig war, wenn er in seiner den Umständen nach gerechtfertigten Annahme eine nur subjektiv zweckmäßige Maßregel zur Errettung aus der vermeintlichen Gefahr ergreift (BGH vom 12. 10. 1961 — II ZR 279/59 in ZfB 1961, 463; OLG Naumburg in OLG 13, 63). Ein plötzlicher Eintritt der Gefahr wird nicht erfordert, sondern nur eine gegenwärtige unmittelbare Gefahr, die auch langsam ansteigend auftreten kann (AG Kalkberge vom 17. 6. 1930 — 2 C 213/26 —). Es ist unerheblich, auf welche Ursachen die Gefahr zurückzuführen ist, insbesondere, ob sie durch höhere Gewalt (Blitz), Naturereignisse (Nebel, Sturm, Eisgang, Hoch- oder Niedrigwasser) oder von Menschenhand veranlaßt ist. Selbst wenn die Gefahr infolge eines schuldhaften Verhaltens eines Dritten oder eines Beteiligten herbeigeführt ist, wird nach § 79 Abs. 1 die Anwendung der Bestimmungen über die große Haverei nicht ausgeschlossen.

d) Schiff und Ladung müssen gemeinsam von derselben Gefahr bedroht sein, so daß für ein Schiff ohne Ladung eine große Haverei nie in Betracht kommen kann (RGZ 14, 40; OLG Hamburg in HansGZ Hauptbl. 1923, 129); das gleiche gilt, wenn nur das Schiff oder die Ladung (§ 78 Abs. 3) im Zeitpunkt der Einleitung der Rettungsmaßnahmen bedroht ist (ROHG 13, 409; OLG Hamburg in HansGZ Hauptbl. 1901, 281). Eine zunächst nur für die Ladung bestehende Gefahr kann aber im weiteren Verlauf auch für das Schiff gefährlich werden, wie dies auch in umgekehrter Reihenfolge der Fall sein kann; dann liegt eine große Haverei vor, wenn die zunächst eingetretene besondere Haverei nicht vor Eintritt der „gemeinsamen Gefährdung", z. B. durch Hinausschaffen oder Überbordwerfen der Frachtgüter, ohne Schwierigkeiten beseitigt werden konnte (OLG Hamburg in HansGZ Hauptbl. 1901 Nr. 119). Die Bedrohung von Schiff und Ladung muß auf dieselbe Grundursache zurückzuführen sein (RGZ 14, 41); die Gefahr braucht aber für Schiff und Ladung keine gleichmäßige zu sein; so kann drohender Untergang für das Schiff die Gefahr der Beschädigung und für die Ladung die der Vernichtung bedeuten (OLG Hamburg in HansGZ Hauptbl. 1913 Nr. 41; Schaps zu § 700 Anm. 9; a. A. Mittelstein 2 S. 334). „Eine Gefährdung, welche zunächst das Schiff oder die Ladung betrifft, bedingt auf Binnengewässern, nicht so häufig wie auf der See, eine gleichzeitige

Gefährdung der übrigen beteiligten Interessen. Bestimmte Regeln lassen sich auch in dieser Beziehung nicht aufstellen; die Entscheidung kann vielmehr immer nur unter Würdigung der Umstände des einzelnen Falles getroffen werden" (Begr. S. 103; vgl. HansGZ Hauptbl. 1888 Nr. 53; 1901 Nr. 119).

e) Es müssen zur Errettung von Schiff und Ladung aus einer solchen gemeinsamen Gefahr einem von beiden Schäden zugefügt sein; es ist also nicht erforderlich, daß Schiff und Ladung beschädigt wurden. Es brauchen ferner nicht immer unmittelbare Schäden, wie Überbordwerfen von Frachtgütern, zu sein, sondern es kommen auch die durch die Rettungsmaßnahmen ferner verursachten (mittelbaren) Schäden nach § 78 Abs. 1 in Betracht, die sich als Folgeerscheinung im natürlichen Verlauf der Ereignisse (vgl. auch § 82) einstellen (vgl. ROHG 25, 100). Im § 78 Abs. 1 wird als ein solcher mittelbarer Schaden der Verlust der Fracht für aufgeopferte Güter „der Deutlichkeit wegen" hervorgehoben (Begr. S. 104); ferner werden die von dem Schiffer oder nach seiner Anweisung von einem der Ladungsbeteiligten aufgewendeten Kosten zur Rettung von Schiff und Ladung erwähnt, z. B. Leichter- und Schleppkosten (vgl. OLG Hamburg in HansGZ Hauptbl. 1894 Nr. 90; 1914 Nr. 41). Es darf sich aber bei diesen Aufwendungen nicht um regelmäßige Schäden und Kosten handeln, wie sie jede Frachtreise mit sich bringt, da die Verteilung solcher Schiffahrtsunkosten im § 66 geregelt ist (AG Kalkberge vom 17. 6. 1930 — 2 C 213/26 —); vielmehr müssen außergewöhnliche Aufwendungen (Opfer) gemacht sein (OLG Hamburg in HansGZ Hauptbl. 1885 Nr. 72; 1888 Nr. 53; 1894, 253; 1901 Nr. 104; 1913 Nr. 177; SeuffA 40 Nr. 30; 68 Nr. 38).

f) Für den Begriff der großen Haverei ist es von wesentlicher Bedeutung, daß die Schäden oder Kosten von dem Schiffer oder nach seiner Anweisung von einem der Ladungsbeteiligten aufgewendet worden sind; es muß sich also immer um Maßregeln handeln, die der Schiffer als „Vertreter des Schiffes und der Ladung befohlen hat" (OLG Hamburg vom 24. 4. 1929 — Bf. VII 98/29 —; in JurR 1929 Nr. 1938). Die Vertretungsbefugnis des Schiffers besteht bei dem Untergang des Schiffes fort, wenn Aussicht zur Hebung von Schiff und Ladung besteht und der Schiffer kraft seiner Fürsorgepflicht zu diesem Zweck tätig wird (RGZ 165, 166, 169). Der Schiffer braucht die schädigenden Rettungsmaßregeln nicht selbst ausgeführt zu haben; sie müssen aber auf sein „Geheiß" geschehen sein. Auch eine stillschweigende Ermächtigung an die Ladungsbeteiligten oder Versicherer kann angenommen werden (RGZ 98, 171; RG bei Bolze 23 Nr. 542; OLG Naumburg in OLG 13, 64; LG Hamburg in HansGZ Hauptbl. 1901, 281 Nr. 119; KG in HansRZ 1917, 150). Die Opfer an Schiff oder Ladung müssen in dieser Weise vom Schiffer vorsätzlich zugefügt oder die Folgen hiervon sein. Der Begriff des Vorsatzes ist hier aber nicht derselbe wie im Strafrecht und bürgerlichen Recht; vielmehr genügt es, daß es sich um wahrscheinliche oder mögliche Folgen einer von dem Schiffer auf Grund eines freiwillig gefaßten Entschlusses angeordneten Rettungsmaßnahme handelt, die voraussehbar und gegebenenfalls (evtl.) auch gewollt waren (RG in HansGZ 1885, 168), z. B. ein Steuerschaden beim Abbringen des havarierten Schiffes (OLG Naumburg in OLG 13, 62, 63; OLG Hamburg in HansGZ Hauptbl. 1906, 103 Nr. 18; in HansRZ 1920, 36). Dagegen fällt nicht hierunter eine nicht gewollte Schädigung, wie z. B. das Auflaufen eines Schiffes, das gerade vermieden werden sollte (RGZ 44, 139; KG in KGBl. 1904, 7; OLG Hamburg in HansGZ Hauptbl. 1904 Nr. 84). Es genügt auch nicht „eine nicht beabsichtigte Schädigung, die in einer gemeinsamen Gefahr das Schiff oder die Ladung trifft und im schließlichen Erfolge zur Rettung beider ausschlägt" (Begr. S. 104). So kann keine große Haverei angenommen werden, wenn die schon verdorbenen oder verbrannten Güter über Bord geworfen werden (ROHG 17, 189; OLG Celle vom 14. 1. 1908 — U 217/1907 —), wenn ein durch Sturm gebrochener Mast, der doch verloren wäre, vollständig gekappt wird (OLG Hamburg in HansGZ Hauptbl. 1892 Nr. 59), wenn die Schiffsmannschaft oder dritte Personen eigenmächtig, ohne Geheiß des Schiffers, einschreiten.

g) Die Aufwendungen müssen ferner zum Zweck der Errettung von Schiff und Ladung gemacht sein. Die gemeinsame Gefahr allein genügt nicht, sondern die Errettung von Schiff und Ladung aus dieser muß der Zweck der Rettungsmaßregeln sein. Es muß ein einheitliches Rettungswerk zur Rettung von Schiff und Ladung aus gemeinsamer Gefahr (Not) vorliegen (BGHZ 6, 324, 328). Das entscheidende Merkmal zur Abgrenzung des einheitlichen Rettungswerkes von Sondermaßnahmen ist in der Willensrichtung des Schiffers zu erblicken (RGZ 165, 166, 179).

Nicht zur großen Haverei gehören also Aufwendungen, die nur für die Ausführung des Frachtvertrages gemacht werden (RG in HansGZ 1882, 60; OLG Hamburg ebenda); eine „Aufwendung, die ausschließlich im Interesse des Schiffes oder der Ladung geschehen ist und lediglich durch eine Verbindung nicht vorhergesehener Umstände zur Rettung beider führt", ist nicht ausreichend (Begr. S. 104). Demnach liegt keine große Haverei vor, wenn das Schiff aufgeopfert wird, um die Ladung zu retten, oder wenn die Ladung lediglich im Interesse des Schiffes geopfert wird (OLG Hamburg in HansGZ Beibl. 1910 Nr. 37). Die Art und den Umfang der Rettungsmaßregeln bestimmt der Schiffer nach seinem pflichtgemäßen Ermessen; sachliche (objektive) Angemessenheit der Schäden und Kosten im Verhältnis zum Wert der zu rettenden Güter ist nicht zu verlangen. Denn der Schiffer hat „weder Zeit noch Gelegenheit, über die Sachgemäßheit seines Handelns Betrachtungen anzustellen" (so Materialien S. 90). Das „Erfordernis objektiver Angemessenheit der vom Schiffer ergriffenen Maßregeln und der sich hieraus ergebenden Ersatzansprüche ist nicht aufgestellt; eine solche Bestimmung würde voraussichtlich eine Quelle steter Streitigkeiten werden, sie wäre auch in Anbetracht der Lage, in der sich der Schiffer bei drohender Gefahr befindet, selbst sachlich nicht gerechtfertigt" (vgl. Begr. S. 104). Die Verantwortlichkeit des Schiffers für die genügende Sorgfalt bei der Auswahl der zur Rettung aus der Gefahr geeigneten Mittel ergibt sich aus § 7.

h) Bei der großen Haverei ist zu unterscheiden zwischen den unmittelbaren und den mittelbaren Schäden und Kosten. Nur die ersteren müssen unmittelbar auf einer Maßregel der Großen Haverei (Havereiakt) beruhen, also durch vorsätzliche Schadenszufügung oder Kostenaufwendung zum Zwecke der Errettung von Schiff und Ladung aus einer gemeinsamen Gefahr entstanden sein. Bei den mittelbaren Folgen dagegen genügt es, daß sie durch einschlägige Maßregeln verursacht sind (BGHZ 28, 285). Es ist daher zu prüfen, ob entstandene Schäden und Kosten sich als unmittelbare, selbständige Große Haverei-Maßnahmen oder als Folgeerscheinungen darstellen.

3. Die Tragung der großen Havereikosten

a) Nach § 78 Abs. 2 wird die große Haverei von Schiff und Ladung gemeinschaftlich getragen. Im Seerecht trägt nach § 700 Abs. 2 HGB außerdem auch die Fracht bei. Es ist dies die bedeutsamste Abweichung von der seerechtlichen Regelung, daß die Fracht nicht an der Tragung der Schäden und Kosten der großen Haverei teilnimmt (vgl. § 85 Anm. 14b). Dies wurde aus der Erwägung eingeführt, daß man „die Fracht des Schiffseigners nicht schmälern dürfe“ (vgl. Komm-Ber. S. 17). Für das deutsche Rheinstromgebiet besteht ein Übereinkommen, daß die Fracht grundsätzlich zum Ladungsbeitrag zugeschlagen wird. In welchem Umfang diese Verteilung der Schäden und Kosten auf Schiff und Ladung stattfindet, bestimmt sich nach § 85.

b) Die Havereiverteilung tritt nach § 78 Abs. 2 (in wörtlicher Übereinstimmung mit § 703 HGB) jedoch nur ein, wenn sowohl das Schiff als auch die Ladung ganz oder teilweise wirklich gerettet worden sind. Es ist dies eine folgerichtige Durchführung des Grundsatzes, daß eine Gefahrengemeinschaft zwischen Schiff und Ladung besteht; deshalb sollen nur solche Rettungsmaßregeln gemeinschaftlich getragen werden, die für beide Teile einen, wenn auch nur teilweisen Erfolg gebracht haben. War die Errettung von Schiff und Ladung mit den Maßregeln bezweckt, aber nur eines von beiden mit Erfolg gekrönt, so kann unter Umständen ein Anspruch aus Geschäftsführung ohne Auftrag oder ungerechtfertigter Bereicherung gegeben sein. Es wird nicht zu erfordern sein, daß der Erfolg durch die Maßnahmen des Schiffers herbeigeführt sein muß (OLG Hamburg in HansGZ Hauptbl. 1905 Nr. 32). Schiff und Ladung müssen nach Beendigung der Rettungsmaßnahmen wenigstens zum Teil, wenn auch beschädigt, vorhanden sein. Danach ist die Ladung teilweise gerettet, wenn beschädigte Reste verbleiben; das Schiff muß wenigstens als Wrack, wenn auch in reparaturunfähigem Zustand, erhalten sein. Eine Ausnahme besteht nach § 82 Nr. 3 im Fall der absichtlichen Strandung, bei der eine Havereiverteilung nicht stattfindet, wenn das Schiff nach der Abbringung oder Hebung als reparaturunfähig befunden wird.

4. Die besondere Haverei

a) Nach § 78 Abs. 3 fallen unter die besondere Haverei „alle nicht zur großen Haverei gehörigen, durch einen Unfall verursachten Schäden und Kosten“ an Schiff oder Ladung. Ist eines der gesetzlichen Erfordernisse des § 78 Abs. 1, 2 für die Annahme eines Falles der großen Haverei nicht gegeben, so findet § 78 Abs. 3 Anwendung. Der Unterschied zur großen Haverei liegt also wesentlich darin, daß diese auf einem menschlichen Willensakt bei bevorstehender Gefahr beruht, während es sich bei der besonderen Haverei regelmäßig um die Fogen eines Unfalls (Naturereignisses) handelt. Auch dann, wenn „ein das Schiff oder die Ladung treffender Unfall eine für beide gemeinsame Gefahr herbeiführt, deren Abwendung demnächst Kosten oder Schäden verursacht, welche als große Haverei zu betrachten sind, bleibt doch immer der Unfall selbst mit seinen besonderen Folgen dem unmittelbar Beteiligten ausschließlich zur Last; insbesondere (vgl. § 82 Nr. 3 Abs. 3) gilt dies von den Herstellungskosten im Fall einer zufälligen Beschädigung des Schiffes, während allerdings die Aufwendungen, welche zur Beseitigung einer aus dieser Beschädigung für Schiff und Ladung erwachsenden Gefahr erforderlich werden, als große Haverei zu behandeln sind“ (vgl. Begr. S. 105).

b) Eine Havereiverteilung findet bei der besonderen Haverei nicht statt; vielmehr werden solche durch einen Unfall verursachten Schäden und Kosten von dem davon betroffenen Beteiligten allein getragen. Hiermit sollte aber keineswegs bestimmt werden, daß ein Ersatzanspruch gegen den schuldigen Beteiligten ausgeschlossen ist; vielmehr bewendet es insoweit bei den allgemeinen und besonderen Haftungsvorschriften (z. B. §§ 58ff., 3, 4).

5. Anderweite Vereinbarungen

a) Die Vorschriften des Binnenschiffahrtsgesetzes über die große Haverei enthalten, ebenso wie die des Seerechts (vgl. RGZ 89, 285), nicht zwingendes Recht (ROHG 25, Nr. 1); sie können also durch Vereinbarungen der Beteiligten ausgeschlossen oder abgeändert werden, die dann in erster Linie maßgebend sind. Hierbei ist aber zu berücksichtigen, daß eine solche Abmachung grundsätzlich nur von allen am Havereiverfahren Beteiligten getroffen werden kann oder ihnen gegenüber sonst verbindlich sein muß, z. B. aus der Annahme des Ladescheins (RG in JW 1917, 292 Nr. 5); anderenfalls wirkt sie nur gegenüber der betreffenden Vertragspartei. Zu diesen Beteiligten gehören alle Personen, die auf Grund des Havereifalles entweder einen Vergütungsanspruch haben oder denen eine Beitragspflicht zur Last fällt, und zwar insoweit, als sie an Schiff oder Ladung unmittelbar beteiligt sind (KG in Recht XIX. Jahrg. Nr. 19/20 S. 2352). Die Versicherer sind grundsätzlich nicht als Beteiligte anzusehen, es sei denn, daß ihnen in der Dispache eine Beitragspflicht auferlegt wird (KG in OLG 12, 227). Trotzdem müssen die Beteiligten das Einverständnis ihrer Versicherer zu einer solchen anderweiten Regelung einholen, da diese nach den Versicherungsbedingungen sonst die Dispache nicht anzuerkennen brauchen (vgl. auch §§ 133, 147 VVG).

b) In den Ladescheinen sowie in den darin angezogenen Verfrachtungsbedingungen werden nicht selten solche anderweiten Abmachungen über die große Haverei getroffen (vgl. Anl. C der Allgemeinen Verfrachtungsbedingungen und der Elbebedingungen; § 11 der Oderbedingungen; ebenso in verschiedenen rheinischen Verfrachtungsbedingungen).

Schuldhafte Herbeiführung der Gefahr

§ 79

Die Anwendung der Bestimmungen über große Haverei wird dadurch nicht ausgeschlossen, daß die Gefahr infolge des Verschuldens eines Dritten oder auch eines Beteiligten herbeigeführt ist.

Der Beteiligte, welchem ein solches Verschulden zur Last fällt, kann jedoch wegen der ihm etwa entstandenen Schäden keine Vergütung fordern und ist den Beitragspflichtigen für den Verlust verantwortlich, welchen sie dadurch erleiden, daß der Schaden als große Haverei zur Verteilung kommt.

Ist die Gefahr durch eine Person der Schiffsbesatzung verschuldet, so trägt die Folgen dieses Verschuldens auch der Schiffseigner nach Maßgabe der §§ 3 und 4.

1. Nach § 79 Abs. 1, der wörtlich mit der seerechtlichen Vorschrift des § 702 Abs. 1 HGB übereinstimmt, gehört zu dem Begriff der großen Haverei nicht, daß die gemeinsame Gefahr für Schiff und Ladung ohne Verschulden herbeigeführt wurde, sondern die §§ 78ff. gelangen auch zur Anwendung, wenn ein schuldhaftes Verhalten eines Dritten oder eines Beteiligten festgestellt wird. Es handelt sich eben bei der großen Haverei um die Verteilung von Schäden und Kosten, die als Folgen der Maßnahmen des Schiffers aus Anlaß einer gemeinsamen Gefahr von Schiff und Ladung eingetreten sind. Deshalb ist es unerheblich, auf welche Ursachen diese Gefahr zurückzuführen ist (vgl. § 78 Anm. 2a). Der geschädigte Beteiligte soll sich nicht an den schuldigen Täter halten müssen, sondern Verteilung des Schadens auf Schiff und Ladung verlangen können; dies ist für ihn von wesentlicher Be-

deutung vor allem deshalb, weil er dann den Nachweis des Verschuldens nicht zu führen braucht. Das Verschulden eines Dritten ist nach § 79 Abs. 2 nicht nur für die Feststellung der großen Haverei, sondern auch für die Verteilung der Schäden und Kosten in einem solchen Verfahren ohne Bedeutung.

2. Nach § 79 Abs. 2 ist dagegen das Verschulden eines Beteiligten an der Herbeiführung der Gefahr von erheblichem Einfluß für die Havereiverteilung. Ein solcher Beteiligter kann nämlich „wegen der ihm entstandenen Schäden keine Vergütung fordern" und ist außerdem den Beitragspflichtigen für den Verlust verantwortlich, den sie dadurch erleiden, daß der Schaden als große Haverei zur Verteilung kommt. Nach Treu und Glauben kann den übrigen Beteiligten nicht zugemutet werden, die Folgen eines solchen schuldhaften Verhaltens mit tragen zu helfen.

3. Als Beteiligte an der großen Haverei sind alle Personen anzusehen, die auf Grund des Havereifalles entweder einen Vergütungsanspruch haben oder denen eine Beitragspflicht zur Last fällt, und zwar insoweit, als sie an Schiff oder Ladung unmittelbar beteiligt sind; nach Aufmachung der Dispache kann sich der Kreis der Beteiligten erweitern, insoweit darin jemand eine Beitragspflicht, wenn auch zu Unrecht auferlegt wird (KG in Recht XIX. Jahrg. Nr. 19/20 S. 2352) Es muß sich dabei aber um Teilnehmer der Gefahrengemeinschaft von Schiff und Ladung handeln; Berger oder sonstige Dritte scheiden hiernach aus (BGHZ 29, 225). Demnach kommen als Beteiligte zunächst nur die „Teilnehmer an der Gefahrengemeinschaft" in Betracht, nämlich der Schiffseigner oder Ausrüster (§§ 1, 2), der Frachtführer, die Ladungsbeteiligten, Absender und Empfänger (§ 7 Abs. 2) sowie nach § 85 in Verbindung mit § 723 Nr. 2, 3 HGB die Schiffsbesatzung und die Fahrgäste. Dagegen sind die Versicherer des Schiffes und der Ladung grundsätzlich nicht als Beteiligte anzusehen (KG in OLG 12, 227); sie können es aber mit der Aufmachung der Dispache werden, wenn ihnen darin eine Beitragspflicht auferlegt ist (so KG a. a. O.).

4. Es muß ein ursächliches Verschulden eines solchen Beteiligten an der Herbeiführung der Gefahr vorliegen. Das Verschulden braucht aber kein persönliches, dem Beteiligten selbst zur Last fallendes zu sein; vielmehr genügt auch ein Verschulden seiner Erfüllungsgehilfen oder sonstiger Personen, für die er einzutreten hat, so daß auch das nach § 3 vom Schiffseigner zu vertretende Verschulden der Schiffsbesatzung darunter fällt (OLG Hamburg in OLG 7, 162, in HansGZ Hauptbl. 1901 Nr. 84). Doch haftet der Schiffseigner auch hier nach § 4 nur beschränkt mit Schiff und Fracht (§ 79 Abs. 3). Für einen durch fehlerhafte Führung des Schiffes entstandenen Schaden haftet nach § 4 Abs. 2 Satz 2 auch der sein Schiff selbst führende Schiffseigner-Schiffer nur in dieser Weise beschränkt mit Schiff und Fracht (so KommBer. S. 27). Eine Freizeichnung des Schiffseigners von der Haftung für Verschulden der Besatzung ist grundsätzlich auch für § 79 zu berücksichtigen (RGZ 60, 401; 74, 335; RG in HansGZ Hauptbl. 1905, 189; OLG Hamburg in OLG 7, 163, in HansGZ Hauptbl. 1904, 270, 271; 1905, 27 Nr. 12, 86; 1907, 255). Voraussetzung für das Verschulden des Frachtführers ist die Feststellung, daß er „die Sorgfalt eines ordentlichen Schiffers (§ 7) oder Frachtführers (§ 58) außer acht gelassen hat" (KommBer. S. 27). Wird behauptet, daß der Frachtführer infolge drohenden Eisganges, Hoch- oder Niedrigwasser die Frachtreise überhaupt nicht hätte antreten dürfen, so müssen die Verhältnisse zur Zeit des Frachtabschlusses berücksichtigt werden; grundsätzlich ist ferner anzunehmen, daß der Frachtführer nach dem Willen der Frachtbeteiligten sofort nach der Abfertigung mit seinem beladenen Schiff abfahren soll (vgl. § 42 Abs. 2), selbst wenn die vollständige Durchführung der

Reise nicht zu übersehen, sondern mit einer Unterbrechung von vornherein zu rechnen ist (OLG Hamburg in HansGZ Hauptbl. 1899 Nr. 8; 1902 Nr. 75; 1905 Nr. 54). In gleicher Weise kann der Vorwurf einer zu schweren Beladung des Schiffes nicht für ein Verschulden ausreichen, wenn der Frachtführer bei der Abfahrt damit rechnen konnte, daß er mit dem Tiefgang noch weiterkommen würde (OLG Hamburg vom 20. 1. 1903 — Bf. II 372/1902 —; AG Kalkberge vom 17. 6. 1930 — 2 C 213/26 —). Ein Verschulden des Frachtführers ist dagegen anzunehmen, wenn er ein für die Beförderung ungeeignetes Schiff gestellt oder unrichtige Angaben über dessen Klasse gemacht hat (RGZ 38, 6; 62, 424; OLG Hamburg in OLG 20, 7). Das Verschulden des Absenders kann darin erblickt werden, daß er gefährliche Güter verfrachtet hat (vgl. § 45). Die Beweislast für ein solches ursächliches Verschulden hat der Ersatzberechtigte, der sich darauf beruft (OLG Hamburg in HansGZ 1905, 28; 1913, 96); die hiervon abweichenden Grundsätze der Beweislastregelung beim Frachtvertrag (§ 58) kommen nicht zur Anwendung (OLG Hamburg in HansGZ Hauptbl. 1913, 96 Nr. 41). Der schuldige Beteiligte kann nicht geltend machen, daß die Besatzung eines anderen, einem Dritten gehörigen Schiffes mitschuldig sei, da dessen Eigentümer nicht Beteiligter am Havereiverfahren ist und der § 254 BGB keine Anwendung findet (RGZ 62, 420).

5. Ein solcher Beteiligter, der die Gefahr durch sein Verschulden herbeigeführt hat, kann nach § 79 Abs. 2 wegen der ihm entstandenen Schäden und Kosten keine Havereivergütung beanspruchen. Es ist für ihn ein Anspruch auf anteilige Vergütung nicht entstanden (OLG Hamburg in OLG 20, 7, in HansGZ Hauptbl. 1886, 101). Wenn der Schiffseigner in dieser Weise als schuldiger Beteiligter in Betracht kommt und nur sein Schiff Schaden erlitten hat, so findet eine Havereiverteilung überhaupt nicht statt (OLG Hamburg in HansGZ Hauptbl. 1886 Nr. 39). Wurde eine Havereiverteilung vorgenommen, so können die Beitragspflichtigen, soweit sie einen Beitrag leisten mußten, diesen von dem schuldigen Beteiligten ersetzt verlangen (RG in Recht 1909 Nr. 2728; OLG Hamburg in HansGZ Hauptbl. 1913 Nr. 41). Darüber hinaus hat der schuldige Beteiligte nach § 79 Abs. 2 die Verpflichtung, den übrigen Beteiligten den Schaden zu ersetzen, den sie durch die Behandlung des Unfalls in großer Haverei erlitten haben, z. B. durch Heranziehung zu Beiträgen und Kosten.

Die Beitragspflicht bei späterer besonderer Haverei

§ 80

Die Verpflichtung, von einem geretteten Gegenstande beizutragen, wird dadurch, daß derselbe später von besonderer Haverei betroffen wird, nur dann vollständig aufgehoben, wenn der Gegenstand ganz verlorengeht.

1. Nach § 78 Abs. 2 tritt die Havereiverteilung nur ein, wenn sowohl das Schiff als auch die Ladung ganz oder teilweise wirklich gerettet worden sind. Es besteht also der Grundsatz, daß die geretteten Gegenstände zur großen Haverei nur beizutragen haben, wenn und soweit sie am Ende der Reise noch vorhanden sind. Nun können auch spätere Ereignisse nach dem Fall der großen Haverei, insbesondere ein weiterer, als besondere Haverei anzusehender Unfall, einen Totalverlust eines beitragspflichtigen Gegenstandes herbeiführen, so daß dieser am Ende der Reise nicht mehr vorhanden ist. In folgerichtiger Durchführung des angeführten Grundsatzes und seiner Beschränkung auf den Totalverlust bestimmt § 80, und zwar in wört-

licher Übereinstimmung mit der seerechtlichen Vorschrift des § 704 HGB, daß nur der spätere vollständige Verlust eines beitragspflichtigen Gegenstandes (Schiff oder Ladung) die Beitragspflicht des betreffenden Beteiligten aufhebt. Die Vorschrift beruht, ebenso wie § 81, „auf dem auch für die Binnenschiffahrt zutreffenden Gedanken, daß die Reise ein Ganzes bildet und daß daher für die Rechte und Pflichten der bei der großen Haverei Beteiligten nicht ohne weiteres die Sachlage, wie sie sich unmittelbar nach der Rettungsmaßregel gestaltet hat, sondern im allgemeinen die Sachlage am Ende der Reise entscheidend ist" (Begr. S. 108).

2. Der beitragspflichtige Gegenstand muß von „einer besonderen Haverei" betroffen sein; es muß also ein ihn betreffender weiterer Unfall (vgl. § 78 Abs. 3); eingetreten sein. Erfolgte der Untergang des Gegenstandes infolge inneren Verderbs oder einer ihm anhaftenden eigentümlichen natürlichen Beschaffenheit, so findet § 80 keine Anwendung. Das gleiche gilt, wenn der Unfall durch das Verschulden eines Dritten oder eines Beteiligten verursacht wurde, da dann ebenfalls derselbe Ausfall bei der Havereiverteilung vorhanden ist; jedoch können die Vergütungsberechtigten dann für diesen Ausfall den schuldigen Beteiligten haftbar machen, auch Ersatz des weiteren Schadens, insbesondere durch Heranziehung zu höheren Beiträgen, verlangen.

3. Es muß sich aber stets um einen „gänzlichen Verlust", also um einen sog. Totalverlust eines geretteten Gegenstandes, handeln. Das Schiff oder die Ladung müssen vollständig verbrannt, vernichtet oder sonst zugrunde gegangen sein (RGZ 70, 175; vgl. § 58 Anm. 3a). So sind die Gegenstände auch dann als gänzlich verloren zu betrachten, wenn Schiff oder Ladung an einer Stelle gesunken sind, an der Aussicht auf ihre Hebung nicht besteht (ROHG 15, 30; RG in Recht 1918 Nr. 684). Ein solcher Totalverlust beseitigt die Beitragspflicht in Ansehung der dann im Zeitpunkt der Verteilung, am Ende der Reise, nicht mehr vorhandenen Gegenstände. Dagegen findet § 80 keine Anwendung, wenn Schiff und Ladung stark beschädigt werden oder die Frachtgüter nur teilweise verlorengehen. Selbst wenn der beitragspflichtige Gegenstand dann nicht mehr für den auf ihn entfallenden Beitrag ausreicht, so hebt dies die Havereiverteilung nicht auf, sondern mindert nur die Beitragspflicht.

4. Der Totalverlust eines geretteten Gegenstandes muß auf Grund einer „späteren" besonderen Haverei verusracht sein. Diese muß sich also nach der Errettung von Schiff und Ladung aus der gemeinsamen, einen Fall der großen Haverei bildenden Gefahr ereignet haben; sie muß ferner vor Beendigung der Frachtreise, also vor dem Erreichen des Bestimmungsortes, eingetreten sein.

Die Vergütungsberechtigung bei nachfolgender besonderer Haverei

§ 81

Der Anspruch auf Vergütung einer zur großen Haverei gehörenden Beschädigung wird durch eine besondere Haverei, welche den beschädigten Gegenstand später trifft, sei es, daß er von neuem beschädigt wird oder ganz verlorengeht, nur insoweit aufgehoben, als bewiesen wird, daß der spätere Unfall mit dem früheren nicht allein in keinem Zusammenhange steht, sondern daß er auch den früheren Schaden nach sich gezogen haben würde, wenn dieser nicht bereits entstanden gewesen wäre.

Sind jedoch vor Eintritt des späteren Unfalls zur Wiederherstellung des beschädigten Gegenstandes bereits Aufwendungen gemacht, so bleibt rücksichtlich dieser der Anspruch auf Vergütung bestehen.

1. Für den Umfang der Vergütungsberechtigung ist nach § 81 in wörtlicher Übereinstimmung mit der seerechtlichen Vorschrift des § 705 HGB, ebenso wie für die Beitragsverpflichtung (§ 80), nicht der Zeitpunkt des Eintritts der großen Haverei, sondern der Beendigung der Frachtreise maßgebend. Dies beruht auf dem Grundsatz, daß die Gefahrengemeinschaft zwischen Schiff und Ladung bis zum Ende der Reise fortdauert und daß erst dann die Schäden und Kosten der großen Haverei zu verteilen sind. Deshalb geht das Gesetz von der Annahme (Fiktion) aus, daß ein durch die große Haverei beschädigter Gegenstand in diesem Zustand weiter unversehrt bis zum Ende der Reise bleibt; tritt eine weitere Beschädigung oder ein Verlust dieses Gegenstandes infolge einer nachfolgenden besonderen Haverei ein, so soll sich trotzdem der Umfang der Vergütungsberechtigung nach dem Zustand des Gegenstandes bei Beendigung der Reise bemessen. Es soll der Vergütungsanspruch eines Beteiligten grundsätzlich nicht dadurch beeinträchtigt werden, daß dieser beschädigte Gegenstand infolge einer späteren besonderen Haverei vollständig verlorengeht oder weiter beschädigt wird. Ein der großen Haverei nachfolgender Unfall und der hierdurch hervorgerufene vollständige Verlust oder die weitere Beschädigung von Schiff oder Ladung soll grundsätzlich den Umfang der Vergütungsberechtigung nicht verändern.

2. Dagegen wird nach § 81 Abs. 1 für die Havereiverteilung der Ersatz für solche Schäden und Kosten ausgeschlossen, die auch „ohne die vorangehende große Haverei entstanden sein würden". Denn sonst wären diese Vergütungsberechtigten gegenüber den übrigen Beteiligten bevorzugt behandelt, wenn ihnen alle weiteren Schäden nach der großen Haverei ohne Rücksicht auf den Zusammenhang mit dieser ersetzt würden. Jedoch wird der Vergütungsanspruch zur großen Haverei nur insoweit aufgehoben, als bewiesen wird, daß „der spätere Unfall mit dem früheren nicht allein in keinem Zusammenhang steht, sondern daß der nachfolgende Unfall auch den früheren Schaden nach sich gezogen haben würde, wenn dieser nicht bereits entstanden gewesen wäre". Es muß daher von dem sich hierauf Berufenden nachgewiesen werden, daß keinerlei Zusammenhang zwischen dem späteren Unfall und der großen Haverei besteht, daß sich vielmehr der Unfall auch ohne die vorangehende Haverei ereignet hätte und daß der spätere Unfall auch sonst den früheren Schaden der großen Haverei mit verursacht haben würde. Dieser Nachweis wird nur schwierig und ausnahmsweise zu führen sein; als Beispiele solcher völligen Unabhängigkeit der nachfolgenden Unfallschäden gegenüber dem gemeinschaftlichen Havereifall wurden in Erläuterung der gleichlautenden seerechtlichen Bestimmung des § 705 HGB die Fälle erwähnt, daß ein Schiff nach vorausgegangenen Überbordwerfen von Schiffsgerätschaften sinkt, daß eine bei der großen Haverei leicht benetzte Kiste mit Seidenwaren später durch einen nicht damit in Zusammenhang stehenden Unfall ins Wasser fällt und hierdurch gründlich durchnäßt wird.

3. Nach § 81 Abs. 2 bleibt der Vergütungsanspruch aber stets insoweit bestehen, als bereits vor Eintritt des späteren Unfalls Aufwendungen zur Wiederherstellung des beschädigten Gegenstandes gemacht wurden. Hat beispielsweise eine Ausbesserung beschädigter Schiffsteile, wie die Beseitigung eines Lecks, bereits stattgefunden und wird das Schiff dann erneut beschädigt oder vernichtet, so wäre es unbillig, dem geschädigten Beteiligten diese aufgewendeten mit dem Havereifall in Zusammenhang stehenden Ausbesserungskosten nicht zu ersetzen. Für solche Aufwendungen, die in der durch die große Haverei verursachten Ausbesserung einer Beschädigung an Schiff oder Ladung bestehen, soll der Vergütungsanspruch auch dann gegeben sein, wenn der beitragspflichtige Gegenstand später erneut beschädigt wird oder vollständig verlorengeht. Sind aber sowohl das Schiff als auch die Ladung vollständig verlorengegangen, so erlischt auch jeder Vergütungsanspruch, da dann nach § 78 Abs. 2 eine Havereiverteilung überhaupt nicht stattfindet.

Umfang der großen Haverei in einzelnen Fällen

§ 82

In bezug auf den Umfang der großen Haverei gelten, sofern die allgemeinen Voraussetzungen derselben vorhanden sind, die folgenden Bestimmungen:

1. **Wenn Waren, Schiffsteile oder Schiffsgerätschaften über Bord geworfen, Taue oder Segel weggeschnitten, Masten, Anker, Ankertaue oder Ankerketten gekappt worden sind, so gehören zur großen Haverei sowohl diese Schäden selbst als die durch solche Maßregeln an Schiff oder Ladung ferner verursachten Schäden.**
2. **Wenn zur Erleichterung des Schiffes die Ladung ganz oder teilweise in Leichterfahrzeuge übergeladen worden ist, so gehört zur großen Haverei sowohl der Leichterlohn, als der Schaden, welcher bei dem Überladen in das Leichterfahrzeug oder bei dem Rückladen in das Schiff der Ladung oder dem Schiffe zugefügt worden ist, sowie der Schaden, welcher die Ladung auf dem Leichterfahrzeuge betroffen hat.**

   Muß die Erleichterung im regelmäßigen Verlaufe der Reise erfolgen, so liegt große Haverei nicht vor.
3. **Wenn das Schiff absichtlich festgefahren ist, um das Sinken desselben abzuwenden, oder wenn das Schiff absichtlich zum Sinken gebracht ist, um eine Zerstörung desselben und der Ladung durch Feuer zu verhüten, so gehören zur großen Haverei sowohl die durch die Maßregel entstandenen Schäden als auch die Kosten und Schäden der Abbringung oder Hebung.**

   Wird das Schiff nicht abgebracht oder gehoben oder wird es nach der Abbringung oder Hebung als reparaturunfähig befunden, so findet eine Havereiverteilung nicht statt.

   Ist das Schiff gesunken, ohne daß dies zur Rettung von Schiff und Ladung vorsätzlich herbeigeführt war, so gehören zwar nicht die durch den Unfall veranlaßten Schäden, wohl aber die zur gemeinsamen Hebung von Schiff und Ladung verwendeten Kosten sowie die zu diesem Zweck dem Schiffe oder der Ladung absichtlich zugefügten Schäden zur großen Haverei.
4. **Wenn zur Abwendung einer durch Eisgang oder durch andere Umstände verursachten Gefahr, zu deren Beseitigung die ordnungsmäßige Bemannung des Schiffes nicht ausreicht, Hilfsmannschaften oder Schleppdampfer angenommen werden, so gehören die hierdurch entstehenden Kosten und Schäden zur großen Haverei. Erfolgt die Annahme von Schleppdampfern oder Hilfsmannschaften im regelmäßigen Verlaufe der Reise, so liegt große Haverei nicht vor.**
5. **Wenn das Schiff wegen Eintritts des Winterfrostes gezwungen ist, einen Zwischenhafen aufzusuchen, so gehören zur großen Haverei die Kosten des**

Ein- und Auslaufens, die Schlepplöhne, die Hafengebühren, die für die Bewachung des beladenen Schiffes erforderlich gewordenen Kosten und, wenn zur Erleichterung des Schiffes die Ladung ganz oder teilweise in Leichterfahrzeuge übergeladen worden ist, der Leichterlohn sowie der durch die Leichterung entstandene Schaden gemäß der Bestimmung unter Nr. 2.

1. Zweck und Bedeutung dieser Vorschrift

a) Die Anwendung der im § 78 aufgestellten Grundsätze der großen Haverei und die Ermittlung der hiernach in Betracht kommenden Fälle, bei denen ihr Vorliegen festgestellt werden kann, bietet bei der Eigenart des Schiffahrtsverkehrs und den zu berücksichtigenden verschiedenartigen Interessen der Beteiligten erhebliche Schwierigkeiten. Deshalb hat das Gesetz im § 82 in Übereinstimmung mit der seerechtlichen Regelung (§ 706 HGB) die wichtigsten und häufigsten Fälle der großen Haverei einzeln aufgestellt, um „auf diese Weise etwaigen Zweifeln und Streitigkeiten vorzubeugen, namentlich aber der Geltendmachung übermäßiger Ersatzansprüche aus Schäden, welche nur mittelbar durch große Haverei veranlaßt sind, entgegenzutreten“ (Begr. S. 106, 107). Es sollte damit vor allem auch für die Aufmachung richtiger Dispachen die notwendige feste Grundlage geschaffen werden (ROHG 8, 218).

b) Es handelt sich nicht um eine erschöpfende Aufzählung aller als große Haverei in Betracht kommenden Fälle, sondern um eine beispielsweise Anführung der wichtigsten und häufigsten Fälle (Begr. S. 106; ROHG 8, 218; BGHZ 28, 285, 289). Deshalb kann auch in sonstigen Fällen, bei denen die allgemeinen Erfordernisse des § 78 gegeben sind, das Vorliegen der großen Haverei festgestellt werden. Im § 82 sind eben nur die Hauptbeispiele der großen Haverei zusammengestellt (Begr. S. 106).

c) In dieser Zusammenstellung der Hauptbeispiele der großen Haverei ist aber nicht der alleinige Zweck der Vorschrift des § 82 zu erblicken. Vielmehr werden „für jeden der betreffenden Fälle die Folgen in erschöpfender Weise festgestellt“, um die Möglichkeit von Zweifeln und Streitfragen auszuschalten (Begr. S. 106). Dies wird im § 82 Abs. 1 dadurch zum Ausdruck gebracht, daß dessen Bestimmungen „in bezug auf den Umfang der großen Haverei gelten“ sollen. Es muß daher angenommen werden, daß in jedem der im § 82 Ziff. 1—5 geregelten Fälle nur dasjenige zur großen Haverei gehört, was in dieser Bestimmung als dahin gehörig benannt ist (ROHG 8, 218; 13, 407; RG in HansGZ Hauptbl. 1888 Nr. 84). Der Umfang und die Folgen der großen Haverei in diesen besonders im § 82 geregelten Fällen dürfen weder aus der allgemeinen Vorschrift des § 78 noch sonst ergänzt oder erweitert werden.

2. Sonderregelung und allgemeine Voraussetzungen der großen Haverei

a) Im § 82 Abs. 1 wird hervorgehoben, daß auch in den darin aufgeführten Fällen „die allgemeinen Voraussetzungen der großen Haverei vorhanden“ sein müssen. Zutreffender heißt es in der insoweit übereinstimmenden seerechtlichen Vorschrift des § 706 Abs. 1 HGB, daß dies nur insoweit gelten solle, als „in den folgenden Vorschriften nichts Besonderes bestimmt ist“ (RGZ 44, 140). Ebenso ist auch der § 82 Abs. 1 zu verstehen, da in einzelnen seiner Fälle die allgemeinen Voraussetzungen nicht sämtlich vorzuliegen brauchen (vgl. § 82 Nr. 2 Abs. 2, Nr. 3 Abs. 2, Nr. 4 Satz 2), teilweise werden aber auch höhere Anforderungen an das Vorhandensein der großen Haverei gestellt; so muß nach § 82 Nr. 3 bei dem Fall der Strandung die Absicht, das Schiff zur Abwendung des Unterganges festzufahren, festgestellt werden. Es muß daher in jedem Fall zunächst untersucht werden, ob die allgemeinen Voraussetzungen des § 78 erfüllt sind; ist dies nicht der Fall, so kann große Haverei nur angenommen werden, wenn die etwaigen geringeren Erfordernisse des § 82 gegeben sind.

b) Im übrigen müssen aber, von dieser Sonderregelung (Anm. 2a) abgesehen, die allgemeinen, im § 78 aufgestellten Voraussetzungen „auch in den Fällen des § 82 jedesmal zutreffen, damit große Haverei angenommen werden kann" (Begr. S. 106). Es muß also eine gemeinsame Gefahr für Schiff und Ladung sowie die Anordnung der Rettungsmaßnahmen auf Geheiß des Schiffers (vgl. § 78 Anm. 2, 3) vorliegen (RG in SeuffA 44 Nr. 40; RG in HansRZ 1917, 150 Nr. 10; OLG Hamburg in HansGZ Hauptbl. 1888 Nr. 8).

3. Die Opferung von Schiffsteilen oder Frachtgütern

a) Nach § 82 Nr. 1 ist die unmittelbare Opferung von „Waren (Frachtgütern), Schiffsteilen oder Schiffsgerätschaften" oder sonstigen Schiffszubehör in Übereinstimmung mit der seerechtlichen Vorschrift des § 706 Nr. 1 HGB an erster Stelle als Hauptbeispiel der großen Haverei aufgeführt. Es handelt sich bei diesem „Seewurf", wie er im Seerecht bezeichnet wird, um den ältesten und bekanntesten Fall, von dem die Aufstellung des Begriffs der großen Haverei überhaupt erst ausgegangen ist. Dieser Seewurf ist auch von weittragender Bedeutung für alle Beteiligten, da er regelmäßig den völligen Verlust der geworfenen Gegenstände bedeutet. Seine Ursachen können verschiedenartig sein, so die Strandung oder ein Leckwerden des Schiffes.

b) Es muß sich hierbei aber stets um eine Opferung von Gegenständen zum Zwecke der Errettung aus einer gemeinsamen, für Schiff und Ladung bestehenden Gefahr handeln; nur vorbeugende Maßnahmen fallen nicht hierunter, insbesondere nicht das im § 45 Abs. 4 vorgesehene Überbordwerfen von gefährlichen Gegenständen (ROHG 21, 157). Ferner gehört nicht hierher das Werfen wertlos gewordener Gegenstände, die wegen ihres Zustandes unverschiffbar geworden sind (ROHG in HansGZ Hauptbl. 1877, 155; OLG Hamburg in HansGZ Hauptbl. 1892, 162). Ferner müssen auch die sonstigen allgemeinen Erfordernisse des § 78, also die Vornahme dieser Maßnahmen auf Anordnung des Schiffers, gegeben sein (vgl. § 78 Anm. 2, 3).

c) Zu einer solchen großen Haverei bei einem Abwurf von Gegenständen gehören nicht nur diese Schäden selbst, sondern auch die durch solche Maßregeln an Schiff oder Ladung ferner verursachten Schäden, wie die Beschädigung der sonstigen Frachtgüter infolge der für das Abwerfen erforderlichen Öffnung der Luken oder des Decks.

4. Die Leichterung von Frachtgütern

a) Eine Leichterung, d. h. Umladung von Frachtgütern in Leichterfahrzeuge, ist nach § 44 Abs. 3 in Fällen der Not ohne Erlaubnis des Absenders stets zulässig (vgl. § 44 Anm. 3a, b). Häufig erfolgt eine solche Ableichterung im regelmäßigen Verlauf der Reise; in diesem Fall liegt nach § 78 Nr. 2 Abs. 2 (ebenso im Seerecht § 706 Abs. 2 HGB) ein Fall der großen Haverei nicht vor, sondern die hierdurch entstehenden Kosten sind nach § 66 zu verteilen (vgl. § 66 Anm. 2g). Es muß sich vielmehr um eine zur Errettung von Schiff und Ladung aus einer gemeinsamen Gefahr notwendige, von dem Schiffer angeordnete Ableichterung, also um außergewöhnliche Aufwendungen, handeln (RG in HansGZ Hauptbl. 1882, 60; OLG Hamburg in HansGZ 1882, 221). Eine solche Gefahr wird vor allem durch außergewöhnliche Witterungs- und Wasserstandsverhältnisse, wie Sturm, plötzliches Absinken des Wasserstandes durch Niedrigwasser infolge Strandung, Festgeraten oder Leckwerden des Schiffes, hervorgerufen. Ein niedriger Wasserstand kann aber auch als regelmäßiger Reiseverlauf angesehen werden, insbesondere auf den Strömen, die zu gewissen Zeiten stets ein Fallen des Wasserstandes aufweisen. Immerhin „läßt sich nicht behaupten, daß durch niedrigen Wasserstand niemals eine wirkliche Gefahr für Schiff und Ladung herbeigeführt und eine Ableichterung des Schiffes zur Beseitigung dieser Gefahr notwendig werden könnte; eine allgemeine Bestimmung des Inhalts, daß eine Ableichterung des Schiffes, welche wegen niedrigen Wasserstandes erfolgt, unter keinen Umständen als große Haverei gelten solle, wäre deshalb nicht gerechtfertigt" (Begr. S. 107). So wurde ein solcher außergewöhnlicher Fall angenommen, weil eine Leichterung infolge plötzlichen Abfallens des Wassers das Aufsitzen des Kahnes befürchten ließ (RGZ 38, 1).

b) Bei einer solchen außergewöhnlichen Leichterung gehören zu den Kosten der großen Haverei der Leichterlohn sowie der beim Überladen und Rückladen entstandene Schaden an Schiff und Ladung. Hierzu gehören die Kosten des Umladens in das Leichterfahrzeug, der Rückladung in das Hauptschiff, der Schlepplohn, die Leichterfracht nebst Nebenkosten, wie Lotsen- und Hafengelder, sowie die durch die Leichterung verursachten Schäden an Schiff und Ladung (so auch Mittelstein 1 S. 340 Anm. 3 zu § 82 für die Nebenspesen). Es ist nicht erforderlich, daß die Schäden an der Ladung stets in unmittelbarem Zusammenhang mit der Umladung stehen, sondern jeder die Frachtgüter auf dem Leichterfahrzeug betreffende Schaden fällt hierunter, also auch die durch einen Zusammenstoß des Leichterfahrzeuges mit einem anderen Schiff herbeigeführte Beschädigung der Güter. Es ist umstritten, ob unter Umständen die gesamte Leichterfracht und der Schlepplohn der Leichterfahrzeuge bis zur Beförderung der abgeleichterten Frachtgüter an den Bestimmungsort als sog. stellvertretende Kosten im Wege der großen Haverei anerkannt werden müssen, wenn eine Rückladung in das Hauptschiff nicht möglich ist, z. B. weil dies erheblich beschädigt wurde oder die gleichen oder sogar erheblich höhere Kosten verursacht hätte. Wenn aus Gründen der Kostenersparnis im einzelnen Fall statt der Rückladung eine andere Maßnahme zur weiteren Durchführung der Beförderung der abgeleichterten Güter gewählt wird, so tritt eben diese Maßnahme an die Stelle der Rückladung; es entspricht dann einem Gebot der Billigkeit und Gerechtigkeit, wenn die durch die gewählten Maßnahmen erwachsenen Kosten hinsichtlich der Ersatzpflicht in gleicher Weise behandelt werden wie die Kosten der sonst erfolgten Rückladung (OLG Karlsruhe in HansRZ 1922, 150 Nr. 39; OLG Düsseldorf vom 12. 11. 1952 — 7 U 295/51 — II O 5/51 LG Düsseldorf). Die an sich nicht zur großen Haverei gehörenden, aber an Stelle von großer Havereikosten aufgewendeten Kosten sind bis zur Höhe der erwarteten vergütungsberechtigten Kosten als stellvertretende Kosten zur Verteilung zu bringen (BGHZ 28, 285, 296; RGZ 98, 1; 71, 173).

5. Das absichtliche Festfahren oder Versenken des Schiffes

a) Im Seerecht ist die „absichtliche Strandung" seit längerer Zeit als ein Fall der großen Haverei anerkannt; nach § 706 Nr. 3 HGB liegt sie vor, wenn das Schiff „zum Zweck der Abwendung des Untergangs oder der Nehmung" auf Strand gesetzt wird. In Angleichung an diese Regelung wird im § 82 Nr. 3 als ein weiteres Hauptbeispiel einer großen Haverei der Fall an erster Stelle erwähnt, daß ein Schiff absichtlich festgefahren ist, um sein Sinken abzuwenden. Das Schiff muß auf eine seichte Stelle, also regelmäßig außerhalb der eigentlichen Fahrstraße, auf Strand gesetzt worden sein; ein sonstiges Festfahren oder Festgeraten fällt also nicht hierunter (OLG Hamburg in HansGZ Hauptbl. 1881 Nr. 126). Die Maßnahme muß von dem Schiffer oder auf seine Anordnung zur Errettung von Schiff und Ladung aus einer für beide bestehenden gemeinschaftlichen Gefahr erfolgt sein (vgl. § 78 Anm. 2, 3; OLG Köln in Recht XVII. Jahrg. Nr. 11 Ziff. 1653). Über diese allgemeinen Erfordernisse des § 78 hinaus muß in subjektiver Hinsicht hinzukommen, daß die Strandung, das Festfahren, „absichtlich" erfolgte, um ein Sinken des Schiffes abzuwenden. Es genügt also nicht das Auflaufen auf die Kanalböschung, um einem drohenden Zusammenstoß mit einem anderen Schiff zu entgehen, selbst wenn der Schiffer dabei die Möglichkeit der Strandung in den Kreis seiner Erwägungen gezogen hat (RGZ 44, 139; OLG Hamburg in HansGZ Hauptbl. 1901 Nr. 84). Es ist aber nicht erforderlich, daß die Strandung die einzige Rettungsmöglichkeit war oder ob der Schiffer noch eine Wahl unter anderen Mitteln hatte. In der Regel wird eine Strandung vorgenommen werden, wenn das Schiff infolge eines Lecks zu sinken droht.

b) Ferner wird nach § 82 Nr. 3 das absichtliche Versenken des Schiffes bei Feuersgefahren als Fall der großen Haverei behandelt; es muß aber das Schiff zum Sinken gebracht sein, um „eine Zerstörung desselben und der Ladung zu verhüten". Unter einem „Sinken" im Sinne dieser Vorschrift ist nicht ein bloßes Untertauchen des Schiffes unter die Wasseroberfläche, sondern dessen Versenken zu verstehen (OLG Köln in Recht XVII. Jahrg. Nr. 11 Ziff. 1653). Es muß ferner auch hier eine gemeinsame Gefahr für Schiff und Ladung vorliegen (vgl. § 78 Anm. 2, 3); die Feuersbrunst muß Schiff und Güter erfaßt haben oder es muß wenigstens eine dahingehende gegenwärtige Gefahr drohen (vgl. § 78 Anm. 2). Weiter muß das Versenken des Schiffes vorgenommen sein, um das an Bord ausgebrochene Feuer zu löschen.

c) In diesen beiden Fällen der Strandung oder Versenkung des Schiffes gehören zur großen Haverei alle hierdurch entstandenen Schäden und Kosten an Schiff oder Ladung, die durch die Maßnahmen selbst sowie durch Abbringung oder Hebung des Schiffes verursacht werden. Es genügt aber nicht, daß die Schäden und Kosten während der Strandung oder Versenkung eintraten, sondern es muß ein ursächlicher Zusammenhang bestehen (OLG Hamburg in HansGZ Hauptbl. 1881, 376). Hierunter fallen auch diejenigen Schäden, die der Schiffer als wahrscheinliche oder mögliche Folgen einer von ihm angeordneten Rettungsmaßnahme vorausgesehen und evtl. gewollt hat, wie einen bei den Abbringungsversuchen entstehenden Steuerschaden (OLG Hamburg in SeuffA 62 Nr. 117). Wenn für die Abbringung oder Hebung des Schiffes die Herausnahme von Ladung erforderlich ist, so gehören zur großen Haverei auch die hierdurch sowie durch die spätere Wiedereinladung entstandenen Kosten, aber nicht die Löhne und die Kost der Schiffsbesatzung während der Strandung (ROHG 13, 407; OLG Hamburg in HansGZ Hauptbl. 1894, 253).

Jedoch findet nach § 82 Nr. 3 Abs. 2 (ebenso § 706 Nr. 3 Abs. 3 HGB) eine Havereiverteilung nicht statt, wenn das Schiff „nicht abgebracht oder gehoben oder nach der Abbringung oder Hebung als reparaturunfähig befunden wird". Es ist dies eine folgerichtige Durchführung des im § 78 Abs. 2 aufgestellten allgemeinen Grundsatzes, wonach Schiff und Ladung ganz oder teilweise gerettet sein müssen. Eine Abweichung von dieser grundsätzlichen Regelung des § 78 bedeutet es, daß die Rettung des Schiffes als Wrack nicht genügt, sondern daß das gerettete Schiff reparaturfähig sein muß. Diese Erweiterung der Erfordernisse soll „verhüten, daß Schiffe, die in Wirklichkeit schon vorher untauglich waren, unter dem Vorwand der Errettung aus einer Gefahr mißbräuchlich auf den Strand gesetzt werden, um demnächst noch von den Ladungsbeteiligten Ersatz in großer Haverei zu verlangen" (Begr. S. 107, 108). Es wird aber nicht vorausgesetzt, daß das Schiff auch im reparaturwürdigen Zustand abgebracht worden ist; die dahingehende seerechtliche Bestimmung des § 479 HGB ist nicht entsprechend anzuwenden, sondern die Reparaturunfähigkeit ist nach den Umständen des Einzelfalls im Zeitpunkt der Hebung oder Abbringung zu entscheiden. Es „wird Sache des Richters sein, im einzelnen Fall festzustellen, ob das beschädigte Fahrzeug wieder in brauchbaren Zustand gesetzt werden kann, oder ob eine Reparatur, sei es völlig unmöglich, sei es wegen des unverhältnismäßigen Kostenaufwandes nach vernünftigem Ermessen als ausgeschlossen anzusehen ist" (Begr. S. 107, 108).

d) Nach § 82 Nr. 3 sollen unter gewissen Voraussetzungen die Kosten der Hebung eines gesunkenen Schiffes auch dann zur großen Haverei gehören, wenn das Sinken erfolgte, ohne daß dies zur Rettung von Schiff und Ladung herbeigeführt war. Grundsätzlich stellen solche Aufwendungen für ein nicht absichtlich als Rettungsmaßnahme versenktes, sondern auf andere Weise gesunkenes Schiff keine große Haverei dar, weil es regelmäßig an der drohenden gemeinsamen Gefahr für Schiff und Ladung (vgl. § 78 Anm. 2b, c) fehlen wird. Dies Erfordernis kann aber unter Umständen gegeben sein, wenn sich Schiff und Ladung bei einem Verbleiben unter Wasser in gegenwärtiger gemeinsamer Gefahr befinden (OLG Köln in Recht 1913 Nr. 1653). Infolge des schädlichen Einflusses der Strömung und des Wassers wird eine solche gemeinsame Gefährdung für Schiff und Ladung regelmäßig anzunehmen sein (Begr. S. 108). In einem solchen Fall sollen nach § 82 Nr. 3 Abs. 3 die zur gemeinsamen Hebung von Schiff und Ladung verwendeten Kosten sowie die zu diesem Zweck dem Schiff oder der Ladung absichtlich zugefügten Schäden zur großen Haverei gehören. Es müssen aber tatsächlich „Schiff und Ladung gemeinsam", also nicht unabhängig voneinander, gehoben werden (Begr. S. 108). Im Gegensatz zu den im § 82 Nr. 3 Abs. 1 geregelten Fällen der absichtlichen Strandung und Versenkung genügt hier, daß das Schiff als Wrack gehoben wird, selbst wenn es reparaturunfähig sein sollte.

e) Die im § 82 Nr. 3 geregelten Fälle der Strandung und Versenkung eines Schiffes sind nur Hauptbeispiele der dahingehenden Fälle einer großen Haverei (vgl. § 78 Anm. 1b). Daneben können also weitere Fälle angenommen werden, wenn die allgemeinen Erfordernisse des § 78 festzustellen sind (vgl. § 78 Anm. 2, 3). Regelmäßig wird bei Strandung auf Binnengewässern, im Gegensatz zu denen auf hoher See, eine gegenwärtige gemeinsame Gefahr für Schiff und Ladung nicht vorliegen. Es wird sich „hinsichtlich eines festgefahrenen Binnenschiffs nicht ohne weiteres annehmen lassen, daß Schiff und Ladung gleichmäßig gefährdet sind; deshalb ist dieser Fall nicht besonders hervorgehoben, womit aber nicht ausgeschlossen werden sollte, daß er gleichwohl als Havereifall auf Grund der allgemeinen Vorschrift des § 78 behandelt werden kann" (Begr. S. 108). Hierfür genügt nicht der Nachweis, daß das weitere Verbleiben des gesunkenen Schiffes im Wasser nicht zweckmäßig oder nicht erlaubt gewesen sei (RGZ 44, 140; OLG Hamburg in HansGZ Hauptbl. 1905, 66; 1906, 243). Vielmehr müssen sich Schiff und Ladung in einer beide gefährdenden Lage befinden, wie dies bei besonders starken Strömungen, in engem Fahrwasser bei regem Schiffsverkehr der Fall ist, wenn die Gefahr des Durchbrechens des Schiffes oder der weiteren Beschädigung von Schiff und Ladung durch andere Schiffe oder durch Abtreiben besteht (vgl. AG Hamburg in HansGZ Hauptbl. 1900, 249).

6. Die Annahme von Hilfsmannschaften oder Schleppdampfern

a) Es muß eine durch Eisgang oder andere Umstände verursachte Gefahr vorliegen. Die allgemeinen Erfordernisse des § 78 müssen hierbei erfüllt sein (vgl. § 78 Anm. 2); es muß sich also um eine gegenwärtige unmittelbare gemeinsame Gefahr für Schiff und Ladung handeln, zu deren Errettung auf Geheiß des Schiffers Maßnahmen getroffen werden (KG in HansRZ 1917, 150 Nr. 10; OLG Hamburg in HansGZ Hauptbl. 1905 Nr. 83; 1906 Nr. 48; 1913 Nr. 41). Solche Gefahr kann, abgesehen vom Eisgang auch durch andere ähnliche Umstände, wie Hoch- oder Niedrigwasser, Sturm, hervorgerufen werden (OLG Hamburg in HansRZ 1920, 281). Der „bloße Eintritt von Frostwetter und die hierdurch gegebene Möglichkeit eines gefährdenden Eisganges ist nicht genügend; auch eine Beschleunigung der Reise nur zu dem Zweck, der Überwinterung zu entgehen, oder die Kosten des gewöhnlichen Einlaufens in den Winterhafen begründen noch keine große Haverei". Die „Voraussetzungen für eine solche sind vielmehr erst gegeben, wenn die schleunige Aufsuchung des Winterhafens infolge einer tatsächlich bereits eingetretenen Eisgefahr zur Rettung von Schiff und Ladung geboten und ohne fremde Hilfe nicht zu bewerkstelligen war" (Begr. S. 108). Die Beseitigung der Gefahr muß nach § 82 Nr. 4 durch die eigene ordnungsmäßige Bemannung des Schiffes nicht möglich sein. Die Gefahr muß einen solchen Umfang haben, daß deren Abwendung aus eigener Kraft entweder überhaupt nicht oder jedenfalls nicht allein möglich ist.

b) Die Annahme von Schleppdampfern und Hilfsmannschaften „im regelmäßigen Verlauf der Reise" fällt nach § 82 Nr. 4 Satz 2 nicht hierunter. Hiermit sollte der auch für § 78 geltende allgemeine Grundsatz hervorgehoben werden, daß nur außergewöhnliche Maßnahmen einen Fall der großen Haverei begründen (vgl. § 78 Anm. 2e).

c) Unter diesen Voraussetzungen gehören die Kosten und Schäden, die durch die Annahme von Hilfsmannschaften oder Schleppdampfern entstehen, zur großen Haverei. Es ist nicht erforderlich, daß es sich hierbei um „fremde" Hilfsmannschaften handelt; vielmehr können auch Leute des Schiffseigners in Betracht kommen, die jedoch nicht zur ordnungsmäßigen, meist wasserpolizeilich vorgeschriebenen Bemannung gehören dürfen. Es kann auch ein eigener Schlepper des Schiffseigners zur Hilfeleistung angenommen werden (OLG Hamburg in HansGZ Hauptbl. 1905 Nr. 83).

7. Das Aufsuchen eines Nothafens

a) Nach § 82 Nr. 5 muß das Schiff „wegen Eintritts des Winterfrostes gezwungen sein, einen Zwischenhafen aufzusuchen". Die im Seerecht (§ 706 Nr. 4

HGB) vorgesehene, viel weitergehende Regelung, daß jedes „Einlaufen in einen Nothafen zur Vermeidung einer dem Schiff oder der Ladung im Falle der Fortsetzung drohenden gemeinsamen Gefahr" einen Fall der großen Haverei begründen soll, wurde in das Binnenschiffahrtsgesetz nicht übernommen, weil dies „leicht zu Mißbräuchen Anlaß geben könnte, da ein Binnenschiff fast jeden Augenblick in der Lage sei, einen Zwischenort anzulaufen" (Begr. S. 109). Deshalb wurde diese Sonderregelung auf das Einlaufen in einen Zwischenhafen „zur Abwendung einer durch Eintritt des Winterfrostes (Eisgang) verursachten Gefahr beschränkt, auch wenn solche eine außergewöhnliche nicht ist" (vgl. KommBer. S. 17). Diese Bestimmung des § 82 Nr. 5 wurde eingefügt, weil es „in vielen Fällen den wirtschaftlich schwachen Schiffer hart treffen würde, wenn er die Überwinterungskosten, insbesondere die Bewachungskosten, Schlepplöhne und Hafengebühren, stets allein tragen müßte, obwohl diese Kosten zu gleich im Interesse der Ladungsbeteiligten aufgewendet werden" (KommBer. S. 17, 18). Es wäre unter Berücksichtigung dieser grundsätzlichen Erwägung gerechtfertigt, solche Überwinterungskosten stets, also auch bei Überwinterung des beladenen Schiffes an sonstiger sicherer Stelle, in dieser Weise gemeinschaftlich zu verteilen, die Überwinterung also bei einer Neugestaltung der gesetzlichen Bestimmungen aus den Fällen der großen Haverei herauszunehmen. In den von den Frachtführern verwendeten Verfrachtungsbedingungen wird auch nicht selten ausbedungen, daß die Überwinterung nicht zur großen Haverei des Binnenschiffahrtsgesetzes gehöre, sondern daß die Ladung im Verhältnis des Wertes der beitragspflichtigen Güter alle hierdurch entstehenden Unkosten tragen soll, insbesondere die Kosten des Ein- und Auslaufens, die Schlepplöhne, die Hafengebühren, die für die Bewachung oder Beaufsichtigung des beladenen Schiffes erforderlichen Kosten, den Leichterlohn sowie die durch die Leichterung entstandenen Schäden (vgl. §§ 11 Nr. 6, 12 der Oderbedingungen).

b) Das Schiff muß nach § 82 Nr. 5 „gezwungen" gewesen sein, wegen „Eintritts des Winterfrostes" einen solchen Zwischenhafen als Nothafen anzulaufen. Hieraus und auch aus der Einleitung zu § 82 ergibt sich, daß die allgemeinen Erfordernisse des § 78 gegeben sein müssen. Es muß also für Schiff und Ladung eine gemeinsame gegenwärtige Gefahr bestehen, die durch den Eintritt des Winterfrostes mit seinen Folgeerscheinungen, wie Zufrieren, Eisgang, hervorgerufen sein muß (OLG Hamburg in HansGZ 1898 Nr. 70; 1899 Nr. 8; 1914, 11). Eine ungewöhnliche Gefährdung durch den Winterfrost und seine Folgeerscheinungen wird nicht verlangt, sondern nur das notwendige Aufsuchen eines Zwischenhafens bei Eintritt einer Gefahr durch den Winterfrost, auch bei normalem Verlauf des Winters (OLG Hamburg in SeuffA 53 Nr. 244). Es steht also der Anwendung des § 82 Nr. 5 nicht entgegen, daß es sich um die alljährlich zur Winterzeit in mehr oder weniger starkem Maße eintretende regelmäßige Eisbildung handelt (OLG Hamburg in HansGZ Hauptbl. 1898 Nr. 50, Nr. 70).

c) Es genügt für Annahme einer großen Haverei nicht jede solche Gefährdung von Schiff und Ladung durch den Winterfrost und seine Folgeerscheinungen; vielmehr müssen diese so beschaffen sein, daß das Schiff gezwungen wird, einen Zwischenhafen als Nothafen aufzusuchen, um Schiff und Ladung zu retten (OLG Hamburg in HansGZ Hauptbl. 1898 Nr. 70; in SeuffA 53 Nr. 244). Demnach wird auch hier entsprechend der allgemeinen grundsätzlichen Regelung aus § 78 eine vorsätzliche Schadenszufügung durch den Schiffer vorausgesetzt (vgl. § 78 Anm. 2f), die darin besteht, daß er die Reise ändert und einen Zwischenhafen als Nothafen anläuft (LG Hamburg in HansGZ Hauptbl. 1901, Nr. 21). Ein solcher Zwang setzt begrifflich voraus, daß das Schiff weder die Reise fortsetzen noch dort, wo es sich befindet, liegenbleiben kann, weil es in beiden Fällen infolge des Winterfrostes eine unverhältnismäßige Gefahr laufen würde (so OLG Hamburg in SeuffA 53 Nr. 244). Der Eintritt des Frostwetters muß in irgendeiner Weise (Einfrieren, Eisgang, Niederlegung der Wehre) eine derartige Verhinderung der Schiffahrtsverhältnisse bewirken, daß der Schiffer nach verständigem Ermessen Schiff und Ladung im Fall der Fortsetzung der Reise für gefährdet ansieht (ROHG 23, 345; KG in JW 1932, 2091).

d) Der Schiffer muß einen Zwischenhafen aufgesucht haben; es genügt also nicht, daß er auf der Reise an einem sonstigen geschützten Platz liegengeblieben ist oder diesen eingenommen hat (OLG Hamburg in OLG 2, 370; AG und LG Hamburg in HansGZ Hauptbl. 1901 Nr. 21). Unter einem Hafen in diesem Sinne ist nicht nur ein künstlich angelegter, sondern auch ein durch die Natur geschützter, an das Ufer grenzender Ankerplatz in einem Binnengewässer zu verstehen, der durch die Herrichtung gewisser Vorkehrungen geeignet ist, Flußschiffen zum Laden sowie zum Löschen zu dienen und ihnen in jeder Jahreszeit auf die Dauer einen gesicherten Ankerplatz zu bieten (RGZ 89, 277; OLG Hamburg in HansGZ Hauptbl. 1902, 123 Nr. 52; 1901 Nr. 55; 1906, 100). Eine Einrichtung, die nur Gelegenheit bietet, am Flußufer Schiffe ohne Ankerauswurf zu befestigen, macht diesen Platz noch nicht zu einem Hafen; denn sie verleiht ihm nicht die besondere Zweckbestimmung, Schiffen als Lade- und Löschplatz oder nötigenfalls als Zuflucht zu dienen (OLG Hamburg in OLG 2, 370). Es ist aber unerheblich, ob die erforderlichen Hafeneinrichtungen zur dauernden Benutzung oder nur für den einzelnen Fall getroffen sind und ob es sich um einen öffentlichen oder privaten Hafen handelt.

e) Der Ausdruck „Zwischenhafen" im § 82 Nr. 5 ist zeitlich, nicht räumlich, zu verstehen (OLG Karlsruhe in JW 1932, 2091 Nr. 4). Es muß sich um einen Hafen handeln, den das Schiff nach Antritt und vor Beendigung, aber nicht schon im gewöhnlichen Verlauf der Frachtreise, sondern in Abänderung der Reise als Nothafen anläuft, um einer bei deren Fortsetzung drohenden Gefahr zu entgehen (OLG Karlsruhe in JW 1932, 2091 Nr. 4; OLG Düsseldorf in JW 1932, 2298 Nr. 3; LG Bremen in HansGZ 1880, 38). Es macht keinen Unterschied, ob dieser Nothafen nahe oder fern vom Abgangsort oder Bestimmungshafen liegt und ob er auf dem ursprünglich vorgesehenen Reiseweg oder unter dessen Änderung angelaufen wird (OLG Hamburg in HansGZ 1888, 22; in OLG 7, 165). Auch der Abgangshafen kann als Zwischenhafen in Betracht kommen, wenn das Schiff nach Antritt der Reise und Verlassen des Abgangsortes gezwungen wird, den Abgangshafen als nächsten oder geeignetsten Nothafen aufzusuchen (OLG Karlsruhe in JW 1932, 2091 Nr. 4; OLG Düsseldorf in JW 1932, 2998 Nr. 3; OLG Hamburg in HansGZ Hauptbl. 1899, 148 Nr. 5; 1901, 258 Nr. 110). Unter den gleichen Voraussetzungen kann auch ein jenseits des Abgangsortes oder darüber hinaus liegender Hafen als Nothafen angesehen werden (OLG Hamburg in HansGZ 1901, 258 Nr. 110; in OLG 7, 165). Dagegen kann niemals der Bestimmungshafen oder ein bestimmungsmäßiger Zwischenhafen als Nothafen in Betracht kommen, weil mit dessen Erreichung die Frachtreise ihr beabsichtigtes Ziel gefunden hat (OLG Hamburg in HansGZ Hauptbl. 1899, 148; 1883, 133).

f) Der Schiffer muß einen solchen Nothafen „aufgesucht" haben. Es ist also grundsätzlich nicht ausreichend, daß er mit seinem Schiff im bestimmungsgemäß angelaufenen Abgangs- oder Zwischenhafen wegen inzwischen eingetretener Eisgefahren liegenbleibt oder dort einfriert (RGZ 39, 11; LG Hamburg in HansGZ

Hauptbl. 1900, 271, Nr. 123; 1901, 53). Einfrieren im Zwischenhafen ist kein Havereigrund, sondern ein gewöhnlicher Zufall der Schiffahrt (ROHG 23, 347). Ein bestimmungsmäßiger Zwischenhafen kann aber unter Umständen als Nothafen in Betracht kommen, wenn der Schiffer von dort aus die Fortsetzung der Reise vorgenommen hat und wegen Eisgefahren wieder zurückgekehrt ist (OLG Hamburg in HansGZ Hauptbl. 1899 Nr. 5, Nr. 34; in SeuffA 54 Nr. 167). Im übrigen stellt aber das „Liegenbleiben" an einem Zwischenort nach der ausdrücklichen Vorschrift des § 83 grundsätzlich keinen Fall der großen Haverei dar; ein solcher könnte nur angenommen werden unter den besonderen Voraussetzungen des § 78, also bei Eintritt einer nicht nur möglicherweise bevorstehenden, sondern einer gegenwärtigen unmittelbaren Gefahr für Schiff und Ladung (OLG Hamburg in HansGZ Hauptbl. 1883, 133; 1899 Nr. 34). Wenn der Schiffer sein im Zwischenhafen liegendes Schiff bei fallendem Wasser auf den Grund aufsitzen läßt, statt es zu leichtern, um die höheren Leichterkosten zu vermeiden, die die zu erwartenden Bodenschäden voraussichtlich übersteigen, so sind die Bodenschäden bis zu einer Höhe der ersparten vergütungsberechtigten Kosten der Leichterung als große Havereifolgen (sog. stellvertretende Kosten) anzuerkennen (BGH vom 30. 10. 1958 — II ZR 50/57 in NJW 59, 149).

g) Als Havereikosten kommen bei einem Aufsuchen eines Nothafens nach § 82 Nr. 5 nur die darin erwähnten Schäden und Kosten zur Verteilung (vgl. Anm. 1c); die Tragung aller sonstigen hierdurch entstehenden Kosten richtet sich nach § 66. An erster Stelle werden im § 82 Nr. 5, in Übereinstimmung mit der seerechtlichen Vorschrift des § 704 Nr. 4 HGB, die Kosten des Ein- und Auslaufens einschließlich der Schlepplöhne erwähnt. Hierunter fallen die etwaigen Lotsengelder, die etwa erforderlich werdenden Leichterkosten, falls der Tiefgang ein Einlaufen ohne Ableichterung nicht gestattet, die Bugsierlöhne (Schleppgelder) für die Ein- und Ausfahrt und die Bewegung des Schiffes im Hafen. Dagegen gehören nicht zur großen Haverei die Aufwendungen für die Fahrt nach und vom Nothafen, also die Schleppgelder der Hinfahrt zum Zwischenhafen und der Rückfahrt oder der Verbrauch an Brennstoffen bei Schiffen mit eigener Triebkraft, und zwar selbst dann nicht, wenn diese Fahrt durch Unwetter oder Frost verzögert wird (ROHG 13, 412; RG in HansGZ Hauptbl. 1888, 199; OLG Hamburg in HansGZ Hauptbl. 1883, 134; LG Hamburg in HansGZ Hauptbl. 1900, 250). Es kann aber ein solches durch Unwetter oder Frost eingetretenes Hindernis einen besonderen Fall einer großen Haverei nach § 82 Nr. 4 oder nach § 78 auslösen, weil § 82 nur eine beispielsweise Aufzählung von Schäden der großen Haverei enthält (so BGH vom 30. 10. 1958 — II ZR 50/57 in NJW 59, 149 —; RG in HansGZ 1888, 199). Als weitere zu verteilende Kosten werdem im §82 Nr. 5 die Hafengebühren aufgeführt; hierunter fallen alle Gebühren oder Abgaben, die für das Aufsuchen und die Benutzung des Zwischenhafens für Schiff und Ladung während der Dauer des notwendigen Aufenthalts entrichtet werden müssen. Von den sonstigen Aufenthaltskosten des Schiffes sind nach § 82 Nr. 5 nur die „für die Bewachung des beladenen Schiffes erforderlich gewordenen Kosten" als Havereikosten anerkannt. Es stellt dies eine bedeutsame Abweichung von der seerechtlichen Regelung dar; denn nach § 706 Nr. 4 gelangen zur Verteilung „die das Schiff selbst treffenden Aufenthaltskosten, die der Schiffsbesatzung während des Aufenthalts gebührende Heuer und Kost". Im Binnenschiffahrtsgesetz hat man sich auf die „für die Bewachung des beladenen Schiffes erforderlich gewordenen Kosten", auf die sog. Bewachungskosten, beschränkt (KommBer. S. 17, 18). Es soll dies einen Ausgleich dafür darstellen, daß die Schiffsbesatzung in einem solchen Fall nicht in die Heimat entlassen oder beurlaubt werden kann, sondern die Frachtgüter bewachen muß. Bei einem beladenen Schiff ist eine solche besondere Bewachung stets erforderlich, während bei Aufstellung von leeren Schiffen regelmäßig einem Schiffer für eine große Anzahl von Fahrzeugen die Aufsicht übertragen wird. Der Schiffer ist grundsätzlich nicht verpflichtet, während einer solchen Überwinterung im Nothafen stets selbst an Bord zu bleiben; er darf vielmehr die Bewachung einer anderen Person der Schiffsbesatzung oder auch einem sonstigen Wächter übertragen (OLG Hamburg in OLG 7, 16; in HansGZ Hauptbl. 1899 Nr. 8; 1901 Nr. 55; 1902 Nr. 57; 1901 Nr. 110). Der Schiffer, auch der sein Schiff selbst führende Schiffseigner-Schiffer, ist aber berechtigt, in eigener Person die Bewachung vorzunehmen und hierfür die übliche Vergütung einzusetzen; dem Interesse der Ladungsbeteiligten wird regelmäßig hiermit besser gedient als mit der Übertragung der Bewachung an andere Personen (OLG Stettin in Recht 1910 Nr. 110; OLG Hamburg in OLG 2, 370; in OLG 7, 165; OLG Hamburg in HansGZ Hauptbl. 1901, 125 Nr. 55; 1902, 112 Nr. 52; 177 Nr. 75; LG Frankfurt a. O. in KGBl. 1901, 86; a. A. die ältere Rechtsprechung, so OLG Hamburg in HansGZ Hauptbl. 1901, 259 Nr. 110). Die Höhe der Bewachungskosten ist im Gesetz nicht bestimmt; sie richtet sich nach den Schiffahrts- und Ortsgebräuchen, die übliche, auf den einzelnen Wasserstraßen verschiedene Sätze herausgebildet haben. Die Bewachungskosten sind in großer Haverei nur insoweit zu vergüten, als deren Voraussetzungen andauern, also bei einer Überwinterung nur so lange, wie ein Aufenthalt im Nothafen infolge der Eisgefahren notwendig ist. Es muß hierbei aber berücksichtigt werden, daß nach Beseitigung der Eisbehinderung nicht sämtliche Schiffe, die im Hafen Zuflucht gesucht haben, diesen sofort verlassen können, und daß der Schiffer auch Veranlassung haben kann, zunächst eine weitere günstigere Entwicklung der Witterungsverhältnisse abzuwarten. Schließlich werden im § 82 Nr. 5 die Schäden und Kosten zur großen Haverei gerechnet, die durch eine Ableichterung der Ladung oder eines Teils in Leichterfahrzeuge im Nothafen entstehen. Solche Leichterkosten können erforderlich werden, weil der geringe Tiefgang im Hafen sie schon beim Einlaufen erforderlich macht oder weil der Wasserstand später absinkt. Es ist bestritten, ob auch nach Überwinterung entstandene Leichterkosten zur großen Haverei rechnen, soweit die Leichterung im Zwischenhafen stattgefunden hat und erforderlich war, um ein Befahren der nach Auslaufen des Zwischenhafens wieder erreichten Stromstrecken zu ermöglichen (vgl. ZfB 1955, 81). Die Anwendung des § 82 Nr. 5 kann jedoch nur nach § 82 Nr. 2 erfolgen, d. h. die Leichterkosten dürfen nicht im regelmäßigen Verlauf der Reise entstanden bzw. zu erwarten gewesen sein; sie müssen zusätzlich durch die Überwinterung und das Anlaufen des Nothafens entstanden sein (BGHZ 28, 285, 295).

Aufenthalt im Zwischenort

§ 83

Wird außer dem Falle des § 82 Nr. 5 das Schiff genötigt, die Reise zu unterbrechen und an einem Zwischenorte liegen zu bleiben, so gehören die durch den Aufenthalt an diesem Orte entstehenden Kosten und Schäden nicht zur großen Haverei.

1. a) Nach § 82 Nr. 5 stellt es einen Fall der großen Haverei dar, wenn das Schiff wegen Eintritts des Winterfrostes gezwungen ist, einen Zwischenhafen als Nothafen aufzusuchen. Unter einem Hafen in diesem Sinne ist nicht jeder geschützte

Ankerplatz, sondern nur ein solcher zu verstehen, der durch die Herrichtung gewisser Vorkehrungen geeignet ist, Flußschiffen zum Laden sowie Löschen zu dienen und ihnen zu jeder Jahreszeit auf die Dauer einen gesicherten Ankerplatz zu bieten (vgl. § 82 Anm. 7d). Ferner muß der Schiffer nach § 82 Nr. 5 einen solchen Zwischenhafen als Nothafen aufgesucht haben; es genügt also nicht, daß er mit seinem Schiff wegen inzwischen eingetretener Eisgefahren liegenbleibt und dort einfriert (vgl. § 82 Anm. 7f). Zur Klarstellung wird im § 83 unter Bezugnahme auf diese grundsätzliche Regelung des § 82 Nr. 5 hervorgehoben, daß die sonstige Unterbrechung der Reise durch einen Aufenthalt an einem Zwischenort einen Fall der großen Haverei nicht darstellt.

b) Während im § 82 Nr. 5 von dem Aufsuchen eines Zwischenhafens gesprochen wird, erfaßt § 83 jedes Liegenbleiben an einem Zwischenort, zu dem der Schiffer in Unterbrechung der Reise genötigt wird. Es stellt dies eine bedeutsame Abweichung von der seerechtlichen Regelung (§ 706 Nr. 4 HGB) dar, die vorgesehen wurde, weil „die Verhältnisse bei der Binnenschiffahrt wesentlich anders liegen als bei der Seefahrt, da ein Binnenschiff fast jeden Augenblick in der Lage sei, einen Zwischenort anzulaufen, so daß Mißbräuchen Tür und Tor geöffnet werde" (Begr. S. 109).

2. a) Im Gegensatz zu der Regelung des § 82 Nr. 5 wird im § 83 nicht das Aufsuchen, sondern das Liegenbleiben als wesentliches Begriffsmerkmal aufgestellt; der Schiffer muß genötigt sein, die Reise zu unterbrechen und an einem Zwischenort liegenzubleiben. Demnach fällt das erforderlich gewordene Aufsuchen eines Zwischenortes nicht unter § 83. Hieraus folgt aber keineswegs, daß es sich dann um einen Fall der großen Haverei handelt; denn nach § 82 Nr. 5 ist die Annahme einer großen Haverei in solchen Fällen beschränkt auf das Einlaufen in einen Zwischenhafen wegen Eintritts des Winterfrostes, so daß das Aufsuchen eines sonstigen geschützten Platzes nicht ausreichend ist (vgl. § 82 Anm. 7d). Es kann auch keine „Ausnahme von dieser Regel" zugelassen werden, „wenn der Grund der Reiseunterbrechung selbst in großer Haverei besteht, d. h. wenn zur Rettung von Schiff und Ladung aus gemeinsamer Gefahr einem von beiden absichtlich eine Beschädigung zugefügt worden ist, welche dann ihrerseits die Unterbrechung der Reise und den Aufenthalt an einem Zwischenort notwendig macht; hier ist der Havereifall bereits mit der vorangegangenen Rettungsmaßregel, nicht erst mit dem durch sie bedingten Aufsuchen des Zwischenortes gegeben und die aus der Unterbrechung der Reise und dem Aufenthalt am Zwischenort entstehenden Kosten erscheinen daher nur als mittelbare Schadensfolge der ersten Maßregel" (Begr. S. 110). Es fehlt auch eine der seerechtlichen Vorschrift des § 706 Nr. 4 Abs. 1 gleichlautende Bestimmung über das „Einlaufen in einen Nothafen zur notwendigen Ausbesserung eines Schadens, den das Schiff während der Reise erlitten hat".

b) Dagegen gelangt der § 82 Nr. 4 auch bei dem Aufsuchen eines Zwischenortes zur Anwendung, wenn dies zur Abwendung einer durch Eisgang oder andere Umstände verursachten Gefahr erforderlich ist, zu deren Beseitigung die ordnungsmäßige Bemannung des Schiffes nicht ausreicht, sondern Hilfsmannschaften oder Schleppdampfer angenommen werden müssen. Diese „etwaigen besonderen Kosten, die zur Erreichung des Ortes bestritten werden mußten, insbesondere der Schlepplohn, der, um das Schiff mit der Ladung aus unmittelbarer Gefahr in Sicherheit zu bringen, bezahlt ist, sowie die in einem solchen Fall etwa aufgewendeten besonderen Kosten des Einlaufens in den Hafen gehören, auch wenn sich an das Einlaufen eine

Unterbrechung der Reise schließt, zu den nach Maßgabe des § 82 Nr. 4 zu verteilenden Aufwendungen" (vgl. Begr. S. 110). Dies folgt auch daraus, daß sich § 83 nur auf die Kosten des Aufenthalts am Zwischenort bezieht, während es sich im § 82 Nr. 4 um besondere, zur Abwendung einer gemeinsamen Gefahr aufgewendeten Kosten zur Erreichung eines geschützten Platzes handelt.

3. Die Vorschrift des § 83 enthält wohl eine Einschränkung, aber keineswegs einen Ausschluß in der Anwendung der grundsätzlichen Regelung des § 78 (vgl. § 82 Anm. 1 b). Es kann sich auch während des Aufenthalts des Schiffes an einem Zwischenort eine gemeinsame, gegenwärtige Gefahr für Schiff und Ladung einstellen, zu deren Abwendung Rettungsmaßregeln notwendig sind. Es wird durch die Bestimmung des § 83 „der Fall nicht berührt, daß während des Aufenthalts am Zwischenort eine neue selbständige Gefahr eintritt, die zur Rettung von Schiff und Ladung besondere Kosten und Schäden verursacht; dieser Fall kann beispielsweise infolge plötzlichen Rückganges des Wasserstandes und einer hierdurch notwendig werdenden Leichterung des Schiffes sich ergeben, sofern es sich dabei um die Beseitigung einer wirklichen Gefahr für Schiff und Ladung handelt" (Begr. S. 110; RGZ 38, 1). Es muß sich aber stets um eine nicht nur möglicherweise bevorstehende, sondern um eine gegenwärtige, unmittelbare, neu hinzugetretene Gefahr für Schiff und Ladung handeln (OLG Hamburg in HansGZ Hauptbl. 1883, 133; 1899, Nr. 34).

Die Kosten der Auseinandersetzung

§ 84

Wenn durch die Auseinandersetzung unter den Beteiligten Kosten entstehen, so gehören auch diese Kosten zur großen Haverei. Dies gilt insbesondere von den Kosten für die Ermittlung der Schäden und für die Aufstellung der Rechnung über die große Haverei (Dispache).

1. Nach § 78 gehören zur großen Haverei die „Kosten, die von dem Schiffer zur Errettung von Schiff und Ladung aus einer gemeinsamen Gefahr oder nach seiner Anweisung von einem Ladungsbeteiligten aufgewendet werden". In gleicher Weise wird im § 82 bei den dort aufgeführten Hauptbeispielen der großen Haverei die Verteilung gewisser Kosten vorgesehen. Hierbei handelt es sich im wesentlichen um Kosten, die unmittelbar durch die Rettungsmaßnahmen verursacht sind. Es erschien gerechtfertigt, aus dem Grundsatz der Gefahrengemeinschaft zwischen Schiff und Ladung (vgl. § 78 Anm. 1 b) auch die Havereiverteilung der durch die Auseinandersetzung entstandenen mittelbaren Kosten vorzusehen. Nach § 84 Satz 1 (ebenso im Seerecht § 706 Nr. 7) sollen deshalb auch diese „durch die Auseinandersetzung unter den Beteiligten entstandenen Kosten zur großen Haverei gehören".

2. Zu diesen bei der Havereiverteilung zu berücksichtigenden Auseinandersetzungskosten gehören nach § 78 Satz 2 die Kosten für die Ermittlung der Schäden. Solche Ermittlungskosten müssen regelmäßig aufgewendet werden, um die Schäden der großen Haverei dem Umfang und der Höhe nach festzustellen, z. B. durch Einholung von Auskünften oder Vernehmung von Sachverständigen. Auch die für die Abschätzung der entstandenen Schäden aufgewendeten Kosten und Auslagen eines Sachverständigen fallen hierunter; erfolgt aber deren Aufwendung nur im Interesse eines Beteiligten, so sind sie auch von ihm allein zu tragen (LG und OLG Hamburg in HansGZ Hauptbl. 1881, 223). Häufig wird zur Sicherung des Beweises bei einem Fall der großen Haverei eine gerichtliche Aufnahme des Tatbestandes im Wege der Verklarung nach den §§ 11—14 von dem Schiffer veranlaßt. Nach § 14 findet in solchen Fällen der großen Haverei der § 84 Anwendung. Demnach sind auch die Kosten einer solchen Verklarung als große Haverei zu vergüten (vgl. § 14 Anm. 3; Begr. S. 110). Wenn zur Feststellung des Tatbestandes, insbesondere der am Schiffsboden oder sonstigen Unterwasserteilen entstandenen Schäden, eine Landaufnahme notwendig ist, so sind auch diese Kosten zu vergüten (OLG Hamburg in HansGZ Hauptbl. 1900, 282). Auch die Gerichtskosten und die Anwaltskosten, soweit sie sich auf die Ermittlung der in der großen Haverei zu berücksichtigenden Schäden beziehen, kommen für die Havereiverteilung in Betracht (LG Hamburg in HansGZ Hauptbl. 1880, 75). Ferner sind nach § 84 Satz 2 die Kosten „für die Aufstellung der Rechnung über die große Haverei (Dispache)" zu vergüten. Eine solche Dispache ist nach § 87 Abs. 1 von dem Schiffer unverzüglich aufzustellen, der sich hierbei eines Sachverständigen (Dispacheurs) bedienen kann (§ 87 Satz 2). Die Dispache enthält eine Aufstellung der sämtlichen als große Haverei in Betracht kommenden Schäden und Kosten sowie deren Verteilung auf Schiff und Ladung unter Berücksichtigung der von dem Dispacheur zu ermittelnden oder abzuschätzenden Beitragswerte. Diese gesamten Dispachierungskosten, einschließlich der Gebühren und Auslagen des Dispacheurs, gehören ebenfalls zu den im Wege der großen Haverei zu verteilenden Aufwendungen (LG Hamburg in HansGZ Hauptbl. 1880, 76). Dagegen fallen nicht hierunter die durch eine gerichtliche Verhandlung über die Bestätigung der Dispache entstehenden Kosten, da an einem solchen Verfahren nicht notwendig alle Havereibeteiligten heranzuziehen sind; über die Verpflichtung zur Tragung dieser Kosten hat vielmehr das Gericht zugleich mit dem Beschluß über die Bestätigung der Dispache zu entscheiden.

3. Nach § 84 Satz 1 gehören zur großen Haverei die Kosten, die durch die Auseinandersetzung unter den Beteiligten entstehen. Die Aufzählung der Ermittlungs- und Dispachierungskosten im § 84 Satz 2 ist nur eine beispielsweise, wie die einleitende Fassung dieser Vorschrift („insbesondere") ergibt. Es sind daher für die Havereiverteilung auch alle sonstigen Auseinandersetzungskosten heranzuziehen; Voraussetzung ist aber stets, daß diese Kosten mit dem Fall der großen Haverei in ursächlichem Zusammenhang stehen und für die Durchführung der Auseinandersetzung notwendig waren (OLG Hamburg in HansGZ Hauptbl. 1881, 223; 1900, 282). Mit dieser Maßgabe können auch „die Verluste und Kosten, die durch die Beschaffung der zur Deckung der großen Haverei während der Reise erforderlichen Gelder verursacht werden" (so die seerechtliche Bestimmung des § 706 Nr. 7), bei der Havereiverteilung berücksichtigt werden (so auch Mittelstein 2 S. 349; a. A. Mittelstein 1 I zu § 84 Anm. 1 Abs. 3; Förtsch S. 258). Es fallen hierunter vor allem die Zinsen und Provisionen für eine solche erforderliche Geldbeschaffung (RG in HansGZ Hauptbl. 1885, 165 Nr. 72). Die Verklarungskosten gehören zu den Prozeßkosten; sie können im Kostenfestsetzungsverfahren geltend gemacht werden (OLG Köln vom 20. 12. 1956 — 3 U 118/56; 4. 10. 1956 — 3 U 117/56; vom 3. 5. 1956 — 3 U 11/56).

Die Berechnung der Vergütungen und Beiträge

§ 85

In bezug auf den Umfang und die Berechnung der für die große Haverei zu beanspruchenden Vergütungen und der für dieselbe zu leistenden Beiträge finden die auf

die Seeschiffahrt bezüglichen Bestimmungen der §§ 709—720, 722—724 des Handelsgesetzbuchs entsprechende Anwendung. Güter, welche sich zur Zeit des Havereifalles in einem Leichterfahrzeug befunden haben (Handelsgesetzbuch § 718), sind jedoch nur unter der Voraussetzung beitragspflichtig, daß sie sich mit dem Schiffe in Gefahr befunden haben. Auch findet bei der Ermittlung des von der Ladung zu leistenden Beitrags (Handelsgesetzbuch § 719) ein Abzug des Zolles für gerettete Güter nur insoweit statt, als der Zoll noch nicht entrichtet ist.

Bei der Schadensberechnung bleiben die Beschädigungen und Verluste außer Ansatz, welche betreffen:

1. **diejenigen Güter, über die weder ein Frachtbrief oder Ladeschein ausgestellt ist, noch das Manifest oder Ladebuch Auskunft gibt;**
2. **die Kostbarkeiten, Gelder und Wertpapiere, welche dem Frachtführer nicht bezeichnet sind.**

Die Ausnahme unter Nr. 1 gilt nicht für den Hafenverkehr.

1. Die Bedeutung der Vergütungen und Beiträge

a) Die Aufwendungen bei der großen Haverei werden gemacht, um Schiff und Ladung aus einer gemeinsamen Gefahr zu retten. Aus dieser zwischen Schiff und Ladung bestehenden Gefahrengemeinschaft rechtfertigt es sich, daß die sämtlichen durch diese Rettungsmaßnahmen verursachten Kosten nach § 78 Abs. 2 von Schiff und Ladung auch gemeinschaftlich zu tragen sind (vgl. § 78 Anm. 1b). Zur Aufstellung dieser Havereiverteilung bedarf es einer Klarstellung, welche Gegenstände vergütungsberechtigt sind, d. h. welche Vergütungen die geschädigten Beteiligten von der Gefahrengemeinschaft aller Beteiligten beanspruchen können. Ferner ist eine Feststellung notwendig, welche Beiträge von Schiff und Ladung zu leisten sind, damit die erforderlichen Mittel zur Errichtung der Vergütungen aufgebracht werden.

b) Nach § 133 VVG haftet der Versicherer im Falle der Versicherung eines Binnenschiffes gegen die Gefahren der Binnenschiffahrt auch für die Beiträge zur großen Haverei. Hierbei sind die §§ 835—839 HGB aus der Seeversicherung entsprechend anzuwenden.

2. Die vergütungsberechtigten Gegenstände

a) In Übereinstimmung mit der seerechtlichen Regelung (§ 708 HGB) bleiben nach § 85 Abs. 2 bei dieser gemeinschaftlichen Schadensberechnung die Beschädigungen und Verluste gewisser Güter außer Ansatz, weil sie entweder besonderen Gefahren ausgesetzt sind, wie die Kostbarkeiten (§ 85 Nr. 2), oder zu befürchten wäre, daß sie mißbräuchlich geopfert würden, wie dies bei den in den Frachtpapieren nicht bezeichneten Gütern (§ 85 Nr. 1) leicht der Fall sein könnte, da eine Nachprüfung erheblich erschwert ist. Nicht in das Binnenschiffahrtsgesetz übernommen ist die seerechtliche Bestimmung (§ 708 Nr. 1 HGB), wonach die „nicht unter Deck geladenen Güter" grundsätzlich nicht vergütungsberechtigt sein sollen; dies erklärt sich aus wesentlich anders gelagerten Verhältnissen des Binnenschiffahrtsverkehrs, bei dem die Beförderung von Frachtgütern in offenen Schiffen und auf Deck von Schiffen mit Verdeck häufig vorkommt, also im Gegensatz zum Seeverkehr nichts Außergewöhnliches darstellt (vgl. Begr. S. 112; § 59 Anm. 2a).

b) Nach § 85 Abs. 2 Nr. 1 bleiben bei der Schadensberechnung die Beschädigungen und Verluste der Güter außer Ansatz, die weder in dem Frachtbrief oder

Ladeschein noch in einem Manifest oder Ladebuch, also weder in den Frachtpapieren noch in den Ladepapieren, bezeichnet sind. Bei solchen Frachtgütern fehlt ein offenkundiger, jedem Beteiligten zugänglicher Nachweis der tatsächlich erfolgten Verfrachtung, so daß für die Feststellung der Vergütungsberechtigung schwierige Ermittlungen erforderlich wären. Es genügt aber für die Vergütungsberechtigung, wenn die Frachtgüter in einem der aufgeführten Frachtpapiere (Ladeschein, Frachtbrief) oder Ladepapiere (Manifest, auch Ladungsverzeichnis genannt, Ladebuch) bezeichnet sind; so ist die Anführung der Güter im Ladungsverzeichnis auch ausreichend, wenn sie in dem daneben ausgestellten Frachtbrief oder Ladeschein nicht erwähnt sind. Dem Verlust dieser Güter steht der an Fracht für sie gleich (vgl. § 715 HGB). Zu diesen Gütern gehört aber nicht die persönliche Habe der Besatzung und das Reisegut der Fahrgäste; vielmehr sind diese Gegenstände, die regelmäßig in den Fracht- und Ladepapieren nicht in Erscheinung treten, trotzdem vergütungsberechtigt (vgl. § 723 Abs. 2 Satz 1 HGB). Ferner kommt nach der ausdrücklichen Bestimmung des § 85 Abs. 3 die Ausnahmeregelung des § 85 Abs. 2 Nr. 1 nicht für den Hafenverkehr (§ 131) zur Anwendung, weil in diesem Verkehr die Frachtgüter vielfach ohne Fracht- und Ladungspapiere befördert werden.

c) Weiter bleiben nach § 85 Abs. 2 Nr. 2 bei der Schadensberechnung außer Ansatz die Verluste und Schäden an „Kostbarkeiten, Geldern und Wertpapieren, die dem Frachtführer nicht bezeichnet sind". Ebenso sind diese Gegenstände nach der seerechtlichen Vorschrift des § 708 Nr. 3 HGB nicht vergütungsberechtigt, wenn sie dem Schiffer „nicht gehörig bezeichnet worden sind". Nach § 85 Abs. 3 (ebenso im Seerecht § 607 HGB) haftet der Frachtführer nämlich für den Verlust oder die Beschädigung solcher Wertgegenstände (Kostbarkeiten) nur, wenn ihm die Beschaffenheit oder der Wert dieser Güter bei der Übergabe zur Beförderung angegeben worden ist. Der Frachtführer ist auf Grund einer solchen gehörigen Deklaration in der Lage, die erforderlichen Sicherungsmaßnahmen zu treffen, um ein solches, im Verhältnis zum Umfang der Ladung übermäßiges Risiko zu tragen (vgl. § 58 Anm. 6c). Unterbleibt eine solche gehörige Deklaration der Wertgegenstände, so sind diese auch für die Havereiverteilung nicht vergütungsberechtigt.

d) Nach § 85 Abs. 2 bleiben die Beschädigungen und Verluste der in dieser Bestimmung erwähnten Güter (vgl. Anm. 2b, c) „bei der Schadensberechnung außer Ansatz"; es entfällt also die Vergütungsberechtigung. Hieraus folgt keineswegs, daß diese Güter für die Havereiverteilung überhaupt unberücksichtigt bleiben können. Denn nach der grundlegenden Vorschrift des § 78 Abs. 2 wird die große Haverei von Schiff und Ladung gemeinschaftlich getragen; eine Befreiung von der Beitragspflicht ist im § 85 für diese nicht vergütungsberechtigten Güter nicht vorgesehen. Vielmehr folgt aus § 85 in Verbindung mit § 723 Abs. 3 HGB, daß auch diese Güter, soweit sie gerettet sind, zu den anteiligen Beiträgen heranzuziehen sind, eine Beitragspflicht also besteht (OLG Hamburg in HansGZ Hauptbl. 1911, 105).

3. Die Berechnung der Vergütungen und Beiträge

a) Nach § 85 finden „in bezug auf den Umfang und die Berechnung der für die große Haverei zu beanspruchenden Vergütungen und der für dieselbe zu leistenden Beiträge" die „auf die Seeschiffahrt bezüglichen Bestimmungen der §§ 709—720, 722—724 HGB entsprechende Anwendung". Dies ist erfolgt, weil insoweit „die Verhältnisse für die Binnenschiffahrt im wesentlichen gleich liegen" (vgl. Begr. S. 110, 111).

b) Es ist nur eine „entsprechende" Anwendung dieser seerechtlichen Bestimmungen vorgesehen. Damit sollte zum Ausdruck gebracht werden, daß die Anwendung unter Beachtung der in den §§ 78ff. für die große Haverei des Binnenschiffahrtsrechts aufgestellten Grundsätze sowie der sich daraus ergebenden Abweichungen und Ausnahmen zu erfolgen habe. Es ist demnach erforderlich, diese seerechtlichen Bestimmungen in ihrer Anwendung auf die Binnenschiffahrt im Anschluß zu erörtern.

§ 709 HGB Der an dem Schiffe oder dem Zubehör des Schiffes entstandene, zur großen Haverei gehörige Schaden ist, wenn die Ausbesserung während der Reise erfolgt, am Orte der Ausbesserung und vor dieser, sonst an dem Orte, wo die Reise endet, durch Sachverständige zu ermitteln und zu schätzen. Die Taxe muß die Veranschlagung der erforderlichen Ausbesserungskosten enthalten. Sie ist, wenn während der Reise ausgebessert wird, für die Schadensberechnung insoweit maßgebend, als nicht die Ausführungskosten unter den Anschlagssummen bleiben. War die Aufnahme einer Taxe nicht ausführbar, so entscheidet der Betrag der auf die erforderlichen Ausbesserungen wirklich verwendeten Kosten.

Soweit die Ausbesserung nicht während der Reise geschieht, ist die Abschätzung für die Schadensberechnung ausschließlich maßgebend.

4. Die Ermittlung des Schadens am Schiff nebst Zubehör

a) Nach § 709 HGB soll die zur großen Haverei gehörige Beschädigung am Schiff oder Zubehör grundsätzlich nicht auf Grund der Reparaturrechnungen der Bauhandwerker berücksichtigt werden; vielmehr soll eine Ermittlung und Abschätzung durch Sachverständige voraufgehen. Damit wird bezweckt, Unterschleife zu verhüten und zu verhindern, daß bei der Reparatur des Havereischadens mehr, als zu seiner Behebung notwendig ist, aufgewendet wird.

b) In welcher Weise diese Ermittlung und Abschätzung der Schäden durch Sachverständige zu erfolgen hat, ist im Gesetz nicht geregelt; es ist dies dem pflichtmäßigen Ermessen des Schiffers und dem von ihm auszuwählenden Sachverständigen überlassen. Diese Auswahl des Sachverständigen hat der Schiffer vorzunehmen, der die Ladungsbeteiligten hierbei nicht heranzuziehen braucht (RG in HansGZ Hauptbl. 1900, 281). Es braucht kein amtlich bestellter oder gerichtlich beeideter Sachverständiger beauftragt zu werden, da eine entsprechende Anwendung dahingehender Vorschriften, wie § 61 oder § 164 FGG, nicht vorgesehen ist; es wird aber regelmäßig bei der entscheidenden Bedeutung einer solchen Schadenstaxe ein solcher Sachverständiger damit betreut, um die Einwendung gegen die Geeignetheit zu vermeiden.

c) Der von dem Schiffer ausgewählte Sachverständige hat die zur großen Haverei gehörigen Schäden am Schiff nebst Zubehör zu ermitteln und zu schätzen. Er hat hierüber eine Taxe (Schadenstaxe) aufzustellen, die eine Veranschlagung der zur Beseitigung dieser Schäden erforderlichen einzelnen Ausbesserungskosten enthalten muß. Hierbei müssen solche Schäden, die auf früheren Frachtreisen, aus besonderen Havereien oder aus der gewöhnlichen Abnutzung entstanden sind, besonders vermerkt werden. Denn nur die „zur großen Haverei" gehörigen

Schäden kommen für die Havereiverteilung in Betracht. Ferner ist in der Taxe der Wert alter Teile mit anzugeben, wenn ein Ersatz alter Teile durch neue erfolgt.

d) Es sind in der Taxe die Schäden am Schiff und Zubehör anzuführen. Zum Schiff gehört der Schiffskörper, einschließlich aller Aufbauten und Einrichtungen, Masten, Maschinen, Kessel, auch Motoren, während alle übrigen, dem wirtschaftlichen Zweck des Schiffes dienenden beweglichen Sachen, wie Anker, Staken, Trossen, Handkahn, das Zubehör darstellen (vgl. § 1 Anm. 3d). Die Aufwendungen zur Hebung eines gesunkenen Schiffes stellen keine Ausbesserungskosten dar (RG in JW 1909, 467 Nr. 38).

e) Die Aufnahme der Schadenstaxe hat an dem Ort zu erfolgen, an dem die Reise endet, also regelmäßig am Ablieferungsort (Bestimmungshafen). Es ist nicht vorgeschrieben, daß die Taxe sofort nach dem Fall der großen Haverei, also während der Frachtreise, zu erfolgen hat. Dies ist nach § 709 Abs. 1 HGB nur dann erforderlich, wenn die Ausbesserung der Schäden vor Erreichung des Ablieferungsortes vorgenommen wird; dann muß die Aufnahme der Taxe, die ja den Ausbesserungsarbeiten voranzugehen hat, am Ort der Ausbesserung veranlaßt werden. Es unterliegt dem pflichtmäßigen Ermessen des Schiffers, ob er eine solche Ausbesserung während der Frachtreise vornehmen will. Selbst wenn der Schiffer einen Nothafen angelaufen hat (vgl. § 82 Nr. 5), ist er nicht verpflichtet, die Schäden am Schiff und Zubehör dort taxieren und reparieren zu lassen, sondern kann hiermit bis zum Eintreffen am Bestimmungshafen warten.

f) Erfolgt die Ausbesserung des Schadens während der Frachtreise, so sind für die Schadensberechnung der Havereiverteilung die tatsächlich aufgewendeten Kosten, jedoch nicht über den Betrag der Schadenstaxe hinaus, zu berücksichtigen. Wurde im Nothafen nur eine behelfsmäßige Ausbesserung vorgenommen, um die Durchführung der Reise zu ermöglichen, so sind auch die hierfür aufgewendeten Kosten zu vergüten. Wurde die Ausbesserung der Schäden nicht während der Reise, sondern am Bestimmungshafen vorgenommen, so ist für die Schadensberechnung ausschließlich die Taxe maßgebend, selbst wenn das Schiff nicht ausgebessert werden sollte. Denn nach Beendigung der Reise haben die übrigen Havereibeteiligten kein Interesse mehr an der Ausbesserung des Schiffes. War die Aufnahme einer sachverständigen Schadenstaxe dagegen nicht möglich, so ist stets der Betrag der tatsächlich aufgewendeten Reparaturkosten entscheidend.

g) Eine Vervollständigung oder Berichtigung der Schadenstaxe ist zulässig, wenn sich bei der Vornahme der Ausbesserungsarbeiten weitere Schäden herausstellen. Denn die Taxe ist nicht als Formalakt aufzufassen (RG in HansGZ Hauptbl. 1885, 169). Die Bedeutung der Taxe erschöpft sich aber keineswegs nur in ihrer Anwendung bei der Havereiverteilung (vgl. Anm. 4f); vielmehr geht in Ermangelung anderer Vereinbarungen der Schiffer, der die ausführbare Aufnahme einer Schadenstaxe unterläßt, seines Anspruchs auf die entsprechende Vergütung verlustig, da ein nicht durch eine Taxe belegter Schaden am Schiff oder Zubehör in die Dispache nicht aufzunehmen ist (OLG Hamburg in HansGZ Hauptbl. 1905, 119 Nr. 54). Die Schadenstaxe bindet die Beteiligten hinsichtlich der Ursächlichkeit des Unfalls aber nur dann, wenn sich dies aus dem feststellenden Teil der Taxe ergibt oder sonst festgestellt werden kann, daß sich die Experten in dieser Hinsicht geeinigt haben und die Beteiligten diese Einigung gegen sich gelten lassen müssen (OLG Hamburg 7. 7. 1959 — 2 U 135/58 — in VersR 60, 128).

§ 710 HGB. Der nach Maßgabe des § 709 ermittelte volle Betrag der Ausbesserungskosten bestimmt die zu leistende Vergütung, wenn das Schiff zur Zeit der Beschädigung noch nicht ein volles Jahr zu Wasser war.

Dasselbe gilt von der Vergütung für einzelne Teile des Schiffes, namentlich für die Metallhaut, sowie für einzelne Teile des Zubehörs, wenn solche Teile noch nicht ein volles Jahr in Gebrauch waren.

In den übrigen Fällen wird von dem vollen Betrag wegen des Unterschieds zwischen alt und neu ein Drittel, bei den Ankerketten ein Sechstel, bei den Ankern jedoch nichts abgezogen.

Von dem vollen Betrage kommen ferner in Abzug der volle Erlös oder Wert der noch vorhandenen alten Stücke, welche durch neue ersetzt sind oder zu ersetzen sind.

Findet ein solcher Abzug und zugleich der Abzug wegen des Unterschieds zwischen alt und neu statt, so ist zuerst dieser letztere und sodann von dem verbleibenden Betrage der andere Abzug zu machen.

5. Die Vergütung für Schiff, Zubehör und die Abzüge

a) Die Ausbesserung eines Schiffes führt mitunter eine Verbesserung herbei, wenn neue, unbeschädigte, also dauerhafte Teile an die Stelle abgenutzter, beschädigter Teile in das Schiff eingefügt werden. Aus dem Grundsatz der Gefahrengemeinschaft der an einer großen Haverei Beteiligten ergibt sich, daß nur die Wiederherstellung des früheren Zustandes, nicht aber eine Verbesserung der Vermögenslage des Beschädigten erfolgen soll. Deshalb hat sich im Seerecht der Brauch entwickelt, bei alten Schiffen oder Schiffsteilen von den Reparaturkosten einen Abzug „neu für alt“ bei der Havereiverteilung vorzunehmen (ROHG 23, 355). Es soll hierdurch vermieden werden, daß jemand durch die Beschädigung seines Schiffes einen Vorteil gegenüber den übrigen Beteiligten erlangt. Da die Feststellung, inwieweit durch eine Verbesserung des Schiffes nebst Zubehör eine Bereicherung eintritt, schwierig und zeitraubend ist, sind im § 710 HGB fest umgrenzte Richtlinien aufgestellt (OLG Hamburg in HansGZ Hauptbl. 1904 Nr. 136).

b) In Durchführung dieses Grundsatzes soll nach § 710 Abs. 1 HGB der nach Maßgabe des § 709 HGB ermittelte „volle Betrag der Ausbesserungskosten“ nur dann als Vergütung festgesetzt werden, wenn es sich um ein neues Schiff handelt, das „zur Zeit der Beschädigung noch nicht ein volles Jahr zu Wasser war“. In gleicher Weise soll dies nach § 710 Abs. 2 HGB für die einzelnen Schiffsteile und Zubehörteile gelten, soweit sie noch nicht ein volles Jahr „in Gebrauch waren“. Es wird aber nicht ein fortdauernder Gebrauch für den Zeitablauf eines Jahres vorausgesetzt, sondern es genügt der Ablauf eines Jahres nach dem Stapellauf des Schiffes oder der Ingebrauchnahme der Schiffsteile, um sie von neuen zu alten Gegenständen im Sinne des § 710 HGB werden zu lassen.

c) Für solche „alten“ Schiffe, Schiffs- und Zubehörteile wird nach § 710 Abs. 3 HGB von dem vollen Betrag der Anschaffungs- oder Ausbesserungskosten ein Abzug neu für alt in Höhe von einem Drittel, bei den Ankerketten jedoch nur in Höhe von einem Sechstel gemacht. Hiervon werden nach herrschender Ansicht, entsprechend dem Wortlaut des § 710 Abs. 3 HGB, auch die durch die Ausbesserung des Schiffes entstehenden Vorbereitungs- und Nebenkosten betroffen, wie Schlepplöhne zur Werft, Aufziehkosten (Slipkosten) sowie die sonstigen notwendigen Aufwendungen zur Vorbereitung der Ausbesserung (OLG Hamburg in SeuffA 61 Nr. 90; in HansGZ Hauptbl. 1904, 296 Nr. 136). Eine Ausnahme besteht lediglich für die Anker, bei denen ein Abzug nicht stattfindet. Nach den Übungen im Binnenschiffahrtsverkehr werden aber meist die Abzüge „neu für alt" nur bei tatsächlichen Erneuerungen des Zubehörs oder der Schiffsteile, nicht auch für sonstige Ausbesserungen oder Nebenkosten vorgenommen, wie dies auch gerechtfertigt erscheint, da der Gesichtspunkt der Verbesserung und Bereicherung entscheidend sein muß.

d) Ferner kommen nach § 710 Abs. 4 HGB in Abzug „der volle Erlös oder Wert der noch vorhandenen alten Stücke, die durch neue ersetzt sind". Denn dieser Erlös oder Wert des alten Materials hat mit der Ermittlung des Schadens nichts gemein, sondern soll dazu dienen, einen Teil der Vergütungsberechtigung abzutragen. Findet dieser Abzug zusammen mit dem Abzug neu für alt (vgl. Anm. 5c) Anwendung, so ist nach § 710 Abs. 5 HGB von den Ausbesserungskosten zunächst der Abzug neu für alt vorzunehmen; von dem verbleibenden Betrag ist dann der volle Erlös oder Wert der alten Stücke abzuziehen.

e) Diese gesetzlich festgesetzten Abzüge haben allgemeine Bedeutung; es ist daher ein Beweis, daß der Unterschied zwischen alt und neu im Einzelfall mehr oder weniger betrage, nicht zulässig (ROHG 23 Nr. 116). Dagegen ist eine Vereinbarung über eine anderweite Festsetzung der Abzüge oder über deren Ausschluß statthaft, da die gesetzlichen Bestimmungen nicht zwingender Natur sind (RGZ 89, 285; ROHG 25 Nr. 1). Eine dahingehende Abmachung muß aber zwischen allen am Havereiverfahren Beteiligten getroffen werden oder ihnen gegenüber sonst verbindlich sein (RG in JW 1917, 292 Nr. 5; § 78 Anm. 5a). Solche Vereinbarungen werden mitunter in den Verfrachtungsbedingungen in einem für den Schiffseigner günstigen Sinne, insbesondere für die Abzüge an den Schiffen und Schiffsteilen, getroffen. Dies erklärt sich daraus, daß die im Gesetz vorgesehenen Abzüge „neu für alt" in Höhe von einem Drittel nach einem Jahr des Stapellaufs oder der Ingebrauchnahme viel zu hoch sind und die veränderten Verhältnisse, insbesondere den Übergang von hölzernen zu eisernen Schiffen, und die technischen Fortschritte, nicht berücksichtigen; außerdem tritt eine wirkliche „Verbesserung" des Schiffes, nämlich eine objektive Werterhöhung, in der Regel nur bei dem Ersatz von alten Zubehörteilen durch neue und bei umfangreichen, dagegen nicht bei Teilausbesserungen ein. Es wäre daher gerechtfertigt, bei einer Änderung der gesetzlichen Bestimmungen dem Rechnung zu tragen.

§ 711 HGB. Die Vergütung für aufgeopferte Güter wird durch den Marktpreis bestimmt, welchen Güter derselben Art und Beschaffenheit am Bestimmungsorte bei dem Beginne der Löschung des Schiffes haben.

In Ermangelung eines Marktpreises oder sofern über den Marktpreis oder dessen Anwendung, insbesondere mit Rücksicht auf die Beschaffenheit der Güter, Zweifel bestehen, wird der Preis durch Sachverständige ermittelt.

Von dem Preise kommt in Abzug, was an Fracht, Zöllen und Kosten infolge des Verlustes der Güter erspart wird.

Zu den aufgeopferten Gütern gehören auch diejenigen, welche zur Deckung der großen Haverei verkauft worden sind (§ 706 Nr. 7).

6. Die Vergütung für aufgeopferte Güter

a) Die zwischen den Havereibeteiligten bestehende Gefahrengemeinschaft endet am Bestimmungsort (vgl. § 78 Anm. 1b; § 80 Anm. 1). Der geschädigte Beteiligte soll den Wert erstattet erhalten, den er gehabt hätte, wenn seine Frachtgüter nicht aufgeopfert worden wären. Deshalb ist für die Vergütung nicht der Fakturenbetrag oder der Wert am Abgangsort, sondern nach § 711 HGB der Wert der aufgeopferten, also verlorengegangenen Güter am Bestimmungsort maßgebend (OLG Düsseldorf vom 12. 11. 1952 — 7 U 295/91 — II C 5/51 LG Düsseldorf).

b) Zu den Gütern in diesem Sinne rechnen alle mit dem Schiff beförderten Gegenstände, jedoch mit Ausnahme der Schiffsteile, des Schiffszubehörs (vgl. §§ 709, 710 HGB), des Proviants, der Habe der Schiffsbesatzung und des Reiseguts der Fahrgäste (vgl. § 723 HGB). Demnach sind als Güter auch die Kohlen- und Brennstoffvorräte anzusehen. Die Güter müssen aufgeopfert, also in vollständigen Verlust geraten, nicht nur beschädigt sein. Es ist unerheblich, ob die Güter einem Dritten oder dem Schiffseigner gehören. Nach § 85 Abs. 2 bleiben aber bei der Havereiverteilung die Beschädigungen und Verluste der Wertgegenstände (Kostbarkeiten) sowie der in den Fracht- oder Ladepapieren nicht bezeichneten Güter außer Ansatz (vgl. Anm. 2a, b). Die Vorschrift des § 711 Abs. 4 HGB ist für die große Haverei des Binnenschiffahrtsrechts ohne Bedeutung, da der Schiffer ein Recht zum Verkauf von Gütern nicht hat (vgl. § 10 Anm. 2c).

c) Für die Vergütung dieser aufgeopferten Güter ist der Marktpreis maßgebend, den Güter derselben Art und Beschaffenheit am Bestimmungsort bei dem Beginn der Entlöschung haben (§ 711 Abs. 1 HGB). Hat sich ein solcher Marktpreis entweder überhaupt nicht oder nicht zweifelsfrei gebildet, wie dies bei ausgefallenen Waren nicht selten der Fall ist (vgl. OLG Hamburg in HansGZ Hauptbl. 1903, 209), so ist der Preis durch Sachverständige zu ermitteln (§ 711 Abs. 2 HGB), die den gemeinen Handelswert oder gemeinen Wert festzustellen haben.

d) Nach § 711 Abs. 3 HGB kommen von dem auf diese Weise ermittelten Marktpreis oder gemeinen Handelswert die Ersparungen an Fracht, Zöllen und Kosten, die infolge des Verlustes eintreten, in Abzug. Denn der Marktpreis, ebenso der gemeine Handelswert, am Bestimmungsort enthält diese Aufwendungen, die dem geschädigten Beteiligten bei einer Aufopferung der Güter vor Beendigung der Reise erspart bleiben. Ein Abzug findet aber nur insoweit statt, als tatsächlich eine Ersparung solcher Aufwendungen vorliegt. War also vereinbart, daß im Falle eines Verlustes der Güter die volle Fracht zu entrichten ist, oder daß die vorausbezahlte Fracht nicht zurückgezahlt wird, so tritt durch die Aufopferung der Güter eine Ersparung nicht ein. In Ermangelung anderer Vereinbarungen ist nach § 64 bei einem Verlust der Güter Distanzfracht zu zahlen, während im Seerecht (§ 617 HGB) keine Fracht zu entrichten ist (vgl. § 64 Anm. 1, 6); es kann daher bei der großen Haverei des Binnenschiffahrtsrechts nur der Unterschiedsbetrag zwischen der vereinbarten Fracht und der Distanzfracht in Abzug kommen. Zu den regelmäßig ersparten Zöllen und Kosten rechnen die Schleppkosten, die Schleusengebühren, da diese bei einer geringeren Ladung niedriger bemessen sind, die Kosten der Löschung und Lagerung der Güter, einschließlich der Hafen- und Ufergelder, sowie die etwaigen Einfuhrzölle.

§ 712 HGB. Die Vergütung für Güter, die eine zur großen Haverei gehörige Beschädigung erlitten haben, wird bestimmt durch den Unterschied zwischen dem durch Sachverständige zu ermittelnden Verkaufswerte, welchen die Güter im beschädigten Zustande am Bestimmungsorte bei dem Beginn der Löschung des Schiffes haben, und dem im § 711 bezeichneten Preise nach Abzug der Zölle und Kosten, soweit sie infolge der Beschädigung erspart sind.

7. Die Vergütung für beschädigte Güter

a) Bei der Feststellung der Vergütung für solche Güter, die nicht aufgeopfert, also verloren, sondern nur beschädigt sind, ist ebenfalls unter entsprechender Anwendung des § 711 HGB von dem Marktpreis oder gemeinen Handelswert am Bestimmungsort im Zeitpunkt der Entlöschung auszugehen. Von dem auf diese Weise ermittelten Betrag ist der Verkaufswert der Güter im beschädigten Zustand abzuziehen.

b) Der Verkaufswert ist durch „Sachverständige" zu ermitteln. Es ist also nicht der tatsächlich erzielte Verkaufspreis der beschädigten Güter, sondern der von einem Sachverständigen festzustellende gemeine Verkaufswert maßgebend, der also höher oder niedriger als der tatsächlich erzielte Verkaufspreis sein kann.

c) Von dem Marktpreis oder gemeinen Handelswert der Güter in unbeschädigtem Zustand sind die „infolge der Beschädigung ersparten Zölle und Kosten in Abzug zu bringen". Im Gegensatz zu der Regelung des § 711 HGB ist ein Abzug der Fracht nicht vorgesehen, weil nach den Vereinbarungen und auch nach dem Gesetz für beschädigte Güter regelmäßig die volle Fracht zu entrichten ist (vgl. §§ 63, 65).

d) Eine Beschädigung der Frachtgüter stellt jede Wertminderung dar, die auf einer stofflichen Minderung beruht (vgl. § 61 Anm. 3a). Bei einer Beschädigung eines Teils der Güter ist nur dieser Teil und nicht die ganze Ladung als beschädigt anzusehen, wenn die verschiedenen Teile nicht zusammengehören, sondern nach der Verkehrsanschauung als selbständige Sachen anzusehen sind (OLG Hamburg in HansGZ Hauptbl. 1878, 217, 403; vgl. § 61 Anm. 3b).

§ 713 HGB. Die vor, bei oder nach dem Havereifall entstandenen, zur großen Haverei nicht gehörenden Wertsverringerungen und Verluste sind bei der Berechnung der Vergütung (§§ 711, 712) in Abzug zu bringen.

8. Abzüge von der Vergütung für die Güter

a) Aus dem Grundsatz der Gefahrengemeinschaft folgt, daß eine Vergütung für solche Schäden nicht beansprucht werden kann, die auch ohne die Opfer der großen Haverei eingetreten wären. Nach § 713 HGB sind daher die „Wertverringerungen und Verluste", die vor, bei oder nach dem Havereifall entstanden sind und zur großen Haverei nicht gehören, bei der Berechnung der Vergütung in Abzug zu bringen. Denn sonst würde der geschädigte Ladungsbeteiligte eine größere Vergütung erhalten, als ihm nach Maßgabe des gebrachten Opfers gebührt, also auf Kosten der anderen Beteiligten ungerechtfertigt bereichert werden.

b) Hiernach werden bei beschädigten Gütern (§ 712 HGB), die nach dem Havereifall im Schiff zur Fortsetzung der Reise verbleiben, alle Wertverringerungen und Verluste bei der Feststellung der Vergütung in Abzug gebracht, die nicht als Folgen der großen Haverei in Betracht kommen. Es kann sich hierbei um unvermeidliche, auf die natürliche Beschaffenheit zurückzuführende Wertminderungen handeln, wie Schwund und Feuchtigkeit bei Getreide; es können aber auch Verluste oder Minderungen sein, die bereits vor der großen Haverei vorhanden waren oder nachher unvermeidlich entstehen mußten, z. B. wenn empfindliche Güter so naß geworden sind, daß sie auch ohne die Maßnahmen der großen Haverei bis zum Eintreffen am Bestimmungsort verdorben sind (LG Hamburg in HansGZ Hauptbl. 1876, 92). Soweit es sich um eine Beschädigung durch eine spätere besondere

Haverei handelt, ergibt sich die Regelung aus § 81; danach hebt ein von der großen Haverei unabhängiger späterer Unfall den Anspruch auf Vergütung insoweit auf, als er auch den Schaden der großen Haverei nach sich gezogen haben würde, wenn dieser nicht bereits entstanden gewesen wäre (vgl. § 81 Anm. 1, 2).

c) Bei aufgeopferten, also vollständig verlorenen Gütern sind ebenfalls alle Wertverringerungen und Verluste, die vor oder bei dem Havereifall entstehen und nicht zur großen Haverei gehören, bei der Berechnung der Vergütung in Abzug zu bringen (vgl. Anm. 8a, b). Es wird aber hier die Vergütung durch eine spätere besondere Haverei nicht gemindert, die bei der Fortsetzung der Reise auch die aufgeopferten Güter getroffen hätte, wenn sie noch an Bord gewesen wären. Dies ergibt sich aus § 81, wonach eine solche spätere Haverei nur auf die Vergütungsberechtigung beschädigter Frachtgüter von Einfluß ist (RGZ 25, 101).

§ 714 HGB. Endet die Reise für Schiff und Ladung nicht im Bestimmungshafen, sondern an einem anderen Orts, so tritt dieser letztere, endet sie durch Verlust des Schiffes, so tritt der Ort, wohin die Ladung in Sicherheit gebracht ist, für die Ermittlung der Vergütung an die Stelle des Bestimmungsorts.

9. Beendigung der Reise außerhalb des Bestimmungshafens

a) Die Gefahrengemeinschaft der an einer großen Haverei Beteiligten endet grundsätzlich im Bestimmungshafen, weil hier regelmäßig die Trennung von Schiff und Ladung erfolgt. Deshalb wird nach §§ 711, 712 HGB die Vergütung für aufgeopferte und beschädigte Güter nach dem Wert am Bestimmungsort ermittelt. Nun endet die Frachtreise aber nur bei einem normalen, bestimmungsmäßigen Verlauf am Ablieferungsort; bei einer anomalen Durchführung kann die Trennung von Schiff und Ladung in einem Not- oder Zwischenhafen oder auch an einem anderen Ort, unter Umständen sogar im Abgangshafen eintreten, wenn das Schiff nach der großen Haverei nach dort zurückkehrt. Eine solche vorzeitige Beendigung der Reise wird vor allem eintreten, wenn Schiff, Ladung oder beide vollständig verlorengehen oder so beschädigt werden, daß eine Weiterbeförderung nicht möglich oder eine Umladung notwendig ist.

b) Nach § 714 HGB soll in diesen Fällen der vorzeitigen Beendigung der Reise nicht der Ablieferungsort für die Ermittlung der Vergütung maßgebend sein. Vielmehr tritt an dessen Stelle, wenn die Nichterreichung des Zieles auf den Verlust des Schiffes zurückzuführen ist, der Ort, wohin die Ladung in Sicherheit gebracht ist, in anderen Fällen der Ort, an dem die Reise tatsächlich beendet wurde.

§ 715 HGB. Die Vergütung für entgangene Fracht wird bestimmt durch den Frachtbetrag, welcher für die aufgeopferten Güter zu entrichten gewesen sein würde, wenn sie mit dem Schiff an dem Orte ihrer Bestimmung oder, wenn dieser von dem Schiffe nicht erreicht wird, an dem Orte angelangt wären, wo die Reise endet.

10. Die Vergütung für entgangene Fracht

a) Infolge der Aufopferung von Gütern in großer Haverei wird die Frachteinnahme des Frachtführers geschmälert, da er nach § 64 dann nur die Distanzfracht erhält. Aus dem Grundsatz der Gefahrengemeinschaft folgt, daß auch ein solcher Verlust von allen Havereibeteiligten gemeinsam getragen werden muß. Hieran wird auch nichts dadurch geändert, daß die Fracht nach § 78 Abs. 2, im Gegensatz zu der seerechtlichen Regelung (§ 700 Abs. 2 HGB), nicht beitragspflichtig ist, da die

Schäden und Kosten der großen Haverei des Binnenschiffahrtsrechts nur von Schiff und Ladung getragen werden. Denn das Fehlen der Beitragspflicht hat keineswegs einen Ausschluß der hiervon zu unterscheidenden Vergütungsberechtigung zur Folge; vielmehr bestimmt sich die Vergütung für eine entgangene Fracht aus § 85 in Verbindung mit § 715 HGB (AG Kalkberge vom 17. 6. 1930 — 2 C 213/26 —).

b) Nach § 715 HGB besteht diese Vergütung für entgangene Fracht in dem Unterschiedsbetrag zwischen der vereinbarten Bruttofracht und der Distanzfracht (§ 64), die der Frachtführer tatsächlich nur erhält, weil die Reise nicht im Bestimmungshafen, sondern vorzeitig endet. Diese Vergütung kann nur verlangt werden, wenn tatsächlich eine solche Schmälerung der Fracht vorliegt, also nicht bei Vorliegen einer Vereinbarung, daß die volle Fracht zu entrichten ist. Erfolgte die Beförderung durch einen Unterfrachtführer (Unterverfrachter), so ist dessen Frachtforderung hierbei maßgebend (LG und OLG Hamburg in HansGZ Hauptbl. 1902 Nr. 19). Nach den allgemeinen Grundsätzen der großen Haverei, wonach eine Bereicherung vermieden werden soll, ist eine etwaige Ersatzpflicht, die durch Mitnahme anderer Güter an Stelle der aufgeopferten erzielt wird, in Anrechnung zu bringen.

c) Die Fahrgelder der Fahrgäste sind im Gegensatz zum Seerecht (§ 677 HGB) der Fracht nicht gleichgestellt (vgl. Begr. S. 105 Abs. 1, 121 Abs. 3). Deshalb kommen die Fahrgelder bei der großen Haverei des Binnenschiffahrtsrechts nicht in Ansatz.

§ 716 HGB. Der gesamte Schaden, welcher die große Haverei bildet, wird über das Schiff, die Ladung und die Fracht nach dem Verhältnisse des Wertes des Schiffes und der Ladung und des Betrags der Fracht verteilt.

11. Die Verteilung des Schadens

a) Nach § 78 Abs. 2 wird die große Haverei von Schiff und Ladung gemeinschaftlich getragen, während im Seerecht nach § 700 Abs. 2 HGB eine Verteilung auf Schiff, Fracht und Ladung stattfindet. Unter Wiederholung dieser grundsätzlichen Regelung wird im § 716 HGB bestimmt, daß „der gesamte Schaden" der großen Haverei über „Schiff, Ladung und Fracht" verteilt werden soll. Nach § 85 Abs. 1 findet diese Vorschrift nur „entsprechende" Anwendung; es ist also die grundlegende besondere Bestimmung des § 78 Abs. 2 zu beachten, daß im Binnenschiffahrtsrecht der Schaden nur von Schiff und Ladung getragen wird, so daß also eine Verteilung nur auf diese Gegenstände, unter Ausschluß der Fracht, stattfindet. Deshalb ist auch nach § 85 Abs. 1 die seerechtliche Vorschrift des § 721 HGB, die den Beitrag der Fracht erläutert, nicht für entsprechend anwendbar erklärt.

b) Der gesamte Schaden, der die große Haverei bildet, soll in dieser Weise zur Verteilung gelangen. Damit sollte zum Ausdruck gebracht werden, daß nicht nur die in den §§ 710—715 HGB angeführten Opfer und Schäden, sondern auch die verauslagten Havereikosten (§§ 78 Abs. 1, 82, 84) zu berücksichtigen sind. Dieser Gesamtschaden stellt die Passivmasse der Havereiverteilung dar.

c) Der gesamte Schaden ist nach § 716 HGB in Verbindung mit den §§ 85, 78 Abs. 2 über Schiff und Ladung zu verteilen. Der Zusatz, daß dies „nach dem Verhältnis des Wertes des Schiffes und der Ladung" zu erfolgen habe, ist ungenau und sollte nur die grundsätzliche Regelung andeuten; in welcher Weise Schiff und

Ladung beitragspflichtig sind, wird in den §§ 717—724 HGB bestimmt. Schiff und Ladung stellen also für die Havereiverteilung die Aktivmasse dar.

d) Hiernach wird der Prozentsatz, der auf die einzelnen Positionen der Aktivmasse als Beitrag entfällt, ermittelt, indem die Passivmasse durch die Aktivmasse geteilt (dividiert) wird. Auf Grund einer solchen Teilung kann festgestellt werden, zu welchem Prozentsatz die Beitragspflicht besteht.

e) Die Beitragspflicht und die Vergütungsberechtigung ist für Schiff und Ladung, also nicht unmittelbar für die Beteiligten (Schiffer, Absender oder Empfänger) aufgestellt. Erst aus deren Beziehungen zu Schiff und Ladung ergibt sich mittelbar, welche Personen beitragspflichtig und vergütungsberechtigt sind. Es bleibt den Havereibeteiligten überlassen, ihre Beziehungen zu Schiff und Ladung für die Verteilung, insbesondere dem Dispacheur gegenüber, klarzustellen; so ist eine stillschweigende Genehmigung des Absenders mit der Stellvertretung anzunehmen, wenn dieser die Wahrnehmung der Interessen der Ladung dem Empfänger überläßt (OLG Hamburg in HansGZ Hauptbl. 1890, 29).

§ 717 HGB. Das Schiff nebst Zubehör trägt bei:

1. mit dem Werte, welchen es in dem Zustand am Ende der Reise bei dem Beginne der Löschung hat;
2. mit dem als große Haverei in Rechnung kommenden Schaden an Schiff und Zubehör.

Von dem im Abs. 1 Nr. 1 bezeichneten Werte ist der noch vorhandene Wert derjenigen Ausbesserungen und Anschaffungen abzuziehen, welche erst nach dem Havereifall erfolgt sind.

12. Der Beitrag des Schiffes nebst Zubehör

a) Nach dem Grundsatz der Gefahrengemeinschaft, die erst am Ziel der Reise endet, ist auch für die Beitragspflicht, ebenso wie für die Vergütungsberechtigung (§§ 709, 711 HGB), der Wert maßgebend, den das Schiff nebst Zubehör „am Ende der Reise bei Beginn der Löschung“ hat. Es sollen eben nur die Werte beitragen, die der Gefahr ausgesetzt waren, aber gerettet und bei der Trennung von Schiff und Ladung vorhanden sind (vgl. Anm. 9a). Es ist also stets die tatsächliche Beendigung der Reise maßgebend, die durch die endgültige Trennung von Schiff und Ladung zum Ausdruck kommt; nur bei bestimmungsmäßigem Verlauf der Reise ist dies also der Ablieferungsort. Sind mehrere Ablieferungsorte vorgesehen oder werden sonst mehrere Häfen zur Entlöschung angelaufen, so entscheidet der letzte Ablieferungsort.

b) Das Schiff nebst Zubehör hat im Gegensatz zu der Regelung in verschiedenen außerdeutschen Seerechten mit seinem ganzen, also nicht mit einem anteiligen Wert beizutragen. Es ist für die Ermittlung dieses Wertes nicht, wie im § 709 HGB bei der Feststellung der auszubessernden Schäden, vorgeschrieben, daß eine Abschätzung durch Sachverständige zu erfolgen hat; hiernach ist der Wert von dem Schiffer oder dem beauftragten Dispacheur unter Berücksichtigung des Zustandes des Schiffes nebst Zubehör am Ende der Reise pflichtgemäß zu schätzen, wobei der Versicherungswert wohl mit herangezogen, aber keineswegs ohne weiteres zugrunde gelegt werden kann (OLG Hamburg in HansGZ Hauptbl. 1900 Nr. 127). Nach § 717 Abs. 2 HGB ist von dem auf diese Weise ermittelten Wert der „noch vorhandene Wert“ der nach dem Havereifall erfolgten

„Ausbesserungen und Anschaffungen" abzuziehen. Es kommen für einen solchen Abzug nicht nur die auf eine besondere Haverei (§ 78 Abs. 3) zurückzuführenden Ausbesserungen und Anschaffungen, sondern alle dahingehenden späteren Aufwendungen, also auch die infolge der großen Haverei vorgenommenen, in Abzug; denn solche nachträglichen Aufwendungen waren der gemeinsamen Gefahr der großen Haverei nicht ausgesetzt. Der Wert dieser Ausbesserungen und Anschaffungen muß aber am Ende der Reise noch vorhanden sein; dies ist nicht der Fall, wenn diese Aufwendungen durch neue Unfälle verlorengegangen sind.

c) Ferner hat der als „große Haverei in Rechnung kommende Schaden am Schiff und Zubehör", also die Vergütung aus den §§ 709, 710 HGB, beizutragen. Dies ergibt sich ebenfalls aus dem Grundsatz der Gefahrengemeinschaft, die einen Ausgleich unter den Beteiligten schaffen und nicht Vorteile einräumen soll. Die Beitragspflicht erfaßt den „in Rechnung kommenden" Schaden, also die volle Bruttovergütung für Schäden an Schiff und Ladung, ohne Abzug des zu leistenden Beitrages. Es sind aber nicht die Kosten (§§ 78, 82, 84), sondern nur die Schäden an Schiff und Ladung zu berücksichtigen.

§ 718 HGB. Die Ladung trägt bei:

1. mit den am Ende der Reise bei dem Beginne der Löschung noch vorhandenen Gütern oder, wenn die Reise durch den Verlust des Schiffes endet (§ 714), mit den in Sicherheit gebrachten Gütern, soweit in beiden Fällen diese Güter sich zur Zeit des Havereifalls an Bord des Schiffes oder eines Leichterfahrzeugs (§ 706 Nr. 2) befunden haben;
2. mit den aufgeopferten Gütern (§ 711).

13. Der Beitrag der Ladung

a) Aus dem Grundsatz der Gefahrengemeinschaft ergibt sich auch für die Ladung, ebenso wie für Schiff nebst Zubehör, daß für die Beitragspflicht der Wert „am Ende der Reise bei Beginn der Löschung" maßgebend ist (vgl. Anm. 12a). Es sollen nur die in diesem Zeitpunkt vorhandenen oder in Sicherheit gebrachten Güter beitragen, weil sich die Errettung aus der gemeinschaftlichen Gefahr auf diese beschränkt hat.

b) Maßgebend ist auch hier grundsätzlich der Ort der tatsächlichen Reisebeendigung (vgl. Anm. 12a). Ferner wird es abgestellt auf den Beginn der Entlöschung, also auf den Zeitpunkt, in dem eine endgültige Trennung von Schiff und Ladung stattfindet. Werden die Frachtgüter an verschiedenen Orten entlöscht, so ist für jeden Teil der Ladung der Ort, an dem entlöscht wird, als Reisebeendigung anzusehen (OLG Hamburg in HansGZ Hauptbl. 1888 Nr. 8). Wenn die Reise durch Verlust des Schiffes vorzeitig endet (vgl. § 714 HGB), so sind die in diesem Zeitpunkt auf dem Schiff befindlichen und in Sicherheit gebrachten Güter beitragspflichtig. Es ist im Gegensatz zu der Regelung bei der Vergütungsberechtigung (§ 85 Abs. 2) unerheblich, ob die Güter im Frachtvertrag und in den Fracht- oder Ladepapieren bezeichnet waren, da alle geretteten vorhandenen Güter beitragspflichtig sind (RG in HansGZ Hauptbl. 1913, 234; OLG Hamburg in HansGZ Hauptbl. 1911, 105; vgl. Anm. 2c).

c) Die Güter, die beitragen sollen, müssen sich „zur Zeit des Havereifalls an Bord des Schiffes befunden haben", aber gleichgültig, ob dies auf Grund eines Frachtvertrages geschah (RGZ 82, 417; OLG Hamburg in HansGZ Hauptbl. 1911

Nr. 47, Nr. 104); sie müssen nur der gemeinsamen Gefahr ausgesetzt gewesen sein. Es scheiden also diejenigen Güter aus, die erst nach Beseitigung der gemeinschaftlichen Gefahr eingeladen oder vor dem Havereifall bereits endgültig gelöscht waren (OLG Hamburg in HansGZ Hauptbl. 1888, 24). Dagegen sind die Güter, die sich zur Zeit des Havereifalls an Bord eines Leichterfahrzeuges befunden haben, im Binnenschiffahrtsrecht im Gegensatz zum Seerecht nicht ohne weiteres beitragspflichtig. Denn es kann in der Binnenschiffahrt „nicht, wie im Seerecht, angenommen werden, daß die in das Leichterfahrzeug übergeladenen Güter unter allen Umständen das Schicksal des Schiffes (Hauptschiffes) und der in diesem verbleibenden Ladung teilen" (vgl. Begr. S. 111). Deshalb ist im § 85 Abs. 1 Satz 2 insoweit eine Sonderregelung vorgesehen, daß solche Güter, die sich zur Zeit des Havereifalls in einem Leichterfahrzeug befunden haben, nur unter der Voraussetzung beitragspflichtig sind, daß sie sich mit dem Schiff (Hauptschiff) „in Gefahr befunden" haben. Es muß also für die auf dem Leichterfahrzeug befindlichen Güter die gleiche Gefahr wie für die auf dem Hauptschiff verbliebenen Frachtgüter vorgelegen haben.

d) Ferner sind die aufgeopferten Güter beitragspflichtig (§ 718 Nr. 2 HGB). Denn nach § 711 HGB werden die durch die Aufopferung entstandenen Schäden vergütet und es hat nach dem Grundsatz der Gefahrengemeinschaft eine gleichmäßige Tragung aller Schäden stattzufinden (vgl. §§ 711, 717 HGB). Diese Beitragspflicht der aufgeopferten Güter besteht nicht nur für die große Haverei, in der die Opferung erfolgte, sondern auch für spätere Havereien, die sich bis zum Ende der Reise ereignen (vgl. § 720 HGB).

§ 719 HGB. Bei der Ermittlung des Beitrags kommt in Ansatz:

1. für Güter, die unversehrt sind, der Marktpreis oder der durch Sachverständige zu ermittelnde Preis (§ 711), welchen sie am Ende der Reise bei dem Beginn und am Ort der Löschung des Schiffes oder, wenn die Reise durch Verlust des Schiffes endet (§ 714), zur Zeit und am Orte der Bergung haben, nach Abzug der Fracht, Zölle und sonstigen Kosten;
2. für Güter, die während der Reise verdorben sind oder eine zur großen Haverei nicht gehörige Beschädigung erlitten haben, der durch Sachverständige zu ermittelnde Verkaufswert (§ 712), welchen die Güter im beschädigten Zustande zu der in Nr. 1 erwähnten Zeit und an dem dort bezeichneten Orte haben, nach Abzug der Fracht, Zölle und sonstigen Kosten;
3. für Güter, die aufgeopfert worden sind, der Betrag, welcher dafür nach § 711 als große Haverei in Rechnung kommt;
4. für Güter, die eine zur großen Haverei gehörige Beschädigung erlitten haben, der nach Nr. 2 zu ermittelnde Wert, welchen die Güter im beschädigten Zustande haben, und der Wertsunterschied, welcher nach § 712 für die Beschädigung als große Haverei in Rechnung kommt.

14. Der Wert der beitragspflichtigen Güter

a) In Durchführung der im § 718 HGB aufgestellten Grundsätze wird für die einzelnen, in vier Gruppen geteilten Güter dargelegt, wie deren Beiträge zu ermitteln sind, welche Werte in Ansatz und welche Beträge in Abzug kommen. Dabei soll der Wert der vorhandenen Güter nach Maßgabe der §§ 711, 712 HGB ermittelt und eingesetzt werden (vgl. Anm. 6, 7). Die Einteilung in die Gruppen wird darauf abgestellt, ob und in welcher Weise die Güter durch die Maßnahmen der großen Haverei einen Verlust oder eine Beschädigung erfahren haben. Es wird daher unterschieden nach unversehrten, während der Reise verdorbenen, aufgeopferten oder beschädigten Gütern.

b) Für unversehrte Güter, die einen Schaden durch die große Haverei nicht erlitten haben, kommt nach § 719 Nr. 3 HGB der Wert in Anrechnung, den sie am Ende der Reise haben. Maßgebend ist der Marktpreis oder in dessen Ermangelung der durch Sachverständige zu ermittelnde Preis (§ 711 HGB).

c) Für die während der Reise ohne Bezug auf die große Haverei verdorbenen oder beschädigten Güter ist der nach § 712 HGB durch Sachverständige zu ermittelnde Verkaufswert, den die Güter im beschädigten Zustand am Bestimmungsort beim Beginn der Löschung des Schiffes haben, einzusetzen, nach Abzug der Fracht, Zölle und sonstigen Kosten (§ 719 Nr. 2 HGB).

d) Aufgeopferte Güter sind mit dem vollen Betrag ihres nach § 711 HGB zu errechnenden Schadens zu berücksichtigen (§ 719 Nr. 3 HGB).

e) Als beschädigte Güter, deren Beschädigung zur großen Haverei gehört, kommen mit dem so errechneten Schadensbetrag zuzüglich des Wertes der Güter im beschädigten Zustand (§ 712 HGB) in Anrechnung (§ 719 Nr. 4 HGB).

f) Nach § 719 Nr. 1 und 2 sollen bei den Gütern, die entweder unversehrt geblieben sind oder deren Wertminderung nicht auf die große Haverei zurückzuführen ist, die Fracht, Zölle und sonstigen Kosten in Abzug kommen. Es ist hierbei, im Gegensatz zu der Regelung in den §§ 711, 712 HGB, unerheblich, ob diese Aufwendungen tatsächlich erspart wurden. Dagegen werden solche Aufwendungen bei den durch die große Haverei aufgeopferten oder beschädigten Gütern (§ 719 Nr. 3, 4 HGB) nach den für anwendbar erklärten §§ 711, 712 HGB nur abgezogen, wenn sie erspart sind. Abweichend von dieser seerechtlichen Regelung wird in der besonderen Vorschrift des § 85 Abs. 1 Satz 3 bestimmt, daß „bei der Ermittlung des von der Ladung zu leistenden Beitrags (§ 719 HGB) ein Abzug des Zolls für gerettete Güter (§ 719 Nr. 1, 2 HGB) nur insoweit stattfindet, als der Zoll noch nicht entrichtet ist". Denn es ist „bei der Binnenschiffahrt davon auszugehen, daß der Untergang des Gutes auch den Verlust des gezahlten Zolls zur Folge haben würde" (vgl. Begr. S. 111). Nach § 719 HGB soll die ersparte (§ 719 Nr. 3, 4 HGB) oder nicht ersparte Fracht (§ 719 Nr. 1, 2 HGB) bei der Ermittlung des Beitrags der Ladung in Abzug kommen. Diese seerechtliche Bestimmung ist aber nach § 85 nur entsprechend anzuwenden. Sie erklärt sich daraus, daß im Seerecht Schiff, Ladung und Fracht an der Berechnung des Beitrages teilnehmen; deshalb ist nach § 719 HGB bei der Ermittlung des Wertes der Ladung als solche die Fracht abzusetzen, weil sie sonst doppelt, nämlich als selbständiges und als Ladungselement vorkommen würde; im Binnenschiffahrtsrecht dagegen nimmt die Fracht nicht an der Haftung teil, so daß es widersinnig wäre, sie bei der Wertermittlung von der Ladung abzuziehen, da sie dann bei der Havereiverteilung gänzlich ausfallen würde (so AG Kalkberge vom 17. 6. 1930 — 2 C 213/26 —). Aus diesen Erwägungen ist in der Binnenschiffahrt bei der Berechnung des Beitragswertes der Ladung die Fracht nicht in Abzug zu bringen; ebenso im Ergebnis die herrschende Lehre: LG Berlin und RG in HansRZ 152, 55; LG Magdeburg vom 25. 2. 1901 in DJ 1937, 371 Nr. 3842 = Holdheims Archiv 1901, 107; AG und LG Hamburg (35 C 1820/36 und 24 S 5/37) in HansRGZ 1937 B Nr. 35/36; LG Berlin vom 14. 5. 1915, Jahrbuch des Deutschen Rechts 1915, 684; KG vom 26. 1. 1919, KGBl. 1919, 42; Mittelstein 1 I zu § 719 Anm. c; a. A. LG Mannheim in HansRGZ 37 B 55; Martin in HansRGZ 37 A 81.

Es wird auch die Ansicht vertreten, daß nach § 85 in Verbindung mit § 719 HGB zwar ein Abzug der Distanzfracht nicht stattzufinden habe, daß aber der Unterschied zwischen Bruttofracht und Distanzfracht, für den nur Vergütung begehrt werden könne, abzusetzen sei (so Mittelstein 2 S. 355, in HansRZ 1, 141).

§ 720 HGB. Sind Güter geworfen, so haben sie zu der gleichzeitigen oder einer späteren großen Haverei im Falle ihrer Bergung nur beizutragen, wenn der Eigentümer eine Vergütung verlangt.

15. Die Beitragspflicht geworfener Güter

a) Sind Güter als Rettungsmaßnahmen über Bord geworfen (§ 82 Nr. 1), dann aber vor Aufmachung der Dispache (§ 87) geborgen, so hat deren Eigentümer ein Wahlrecht für die Beteiligung an der Havereiverteilung, das er vor der Auszahlung der Vergütungen ausüben muß. Er kann auf die Beteiligung verzichten; er erhält dann seine Güter heraus, aber keine Vergütung. Verlangt er dagegen eine Vergütung, so muß er „zu der gleichzeitigen oder einer späteren großen Haverei" beitragen. Dieses Wahlrecht kann nur einheitlich für alle ihm gehörigen geworfenen und dann geborgenen Güter ausgeübt werden.

b) Werden die geworfenen Güter erst nach Aufmachung der Dispache und erfolgter Havereiverteilung geborgen, so wäre deren Eigentümer ungerechtfertigt bereichert (§ 812 BGB), wenn er sowohl eine zugeteilte Vergütung als auch die geborgenen Güter behalten könnte. Es wird daher die Auffassung vertreten, daß er dann die durch die Vergütung erhaltene Bereicherung herauszugeben habe (so Mittelstein 1 I zu § 720 Anm. b). Es wird aber auch in diesem Fall unter entsprechender Anwendung des § 720 HGB ein Wahlrecht eingeräumt werden müssen, wonach er entweder die Vergütung zurückgeben, dafür die Güter an sich nehmen kann oder die Vergütung behalten und den Wert der ihm gehörigen geborgenen Güter der Havereigemeinschaft zu erstatten hat (so Ulrich 1927 S. 175 unter Bezugnahme auf die Protokolle 2778, 2794, 2795 zum ADHGB).

§ 722 HGB. Haftet auf einem beitragspflichtigen Gegenstand eine durch einen späteren Notfall begründete Forderung, so trägt der Gegenstand nur mit seinem Werte nach Abzug dieser Forderung bei.

16. Der Abzug wegen Forderungen aus späteren Notfällen

a) Schiff und Ladung tragen grundsätzlich mit dem Wert bei, den sie bei Aufhebung der Gefahrengemeinschaft am Ende der Reise bei Beginn der Löschung haben (§ 717 Nr. 1, § 718 Nr. 1 HGB). Ebenso wie stoffliche Wertminderungen, von denen die Gegenstände mit dem Havereifall betroffen werden, die Beitragspflicht mindern (§§ 717—719 HGB), so soll dies nach § 722 HGB auch für „eine durch einen späteren Notfall begründete Forderung" gelten. Es muß sich also um Forderungen handeln, die nach dem Havereifall entstanden sind, so daß die vor oder durch den Havereifall verursachten Forderungen ausscheiden. Ferner muß tatsächlich ein Notfall vorgelegen haben, der die Entstehung der Forderung erforderlich machte, z. B. eine Hilfeleistung in Schiffahrtsgefahr.

b) Es kommen ferner nur solche Forderungen in Betracht, die auf „einem beitragspflichtigen Gegenstand haften", also nur die mit dinglicher Belastung ausgestatteten Forderungen, für die ein Schiffsgläubigerrecht oder ein Pfandrecht an den Gütern besteht, wie z. B. aus einer Bergung oder Hilfeleistung nach den §§ 97, 100 (vgl. OLG Hamburg in HansGZ Hauptbl. 1891, 56 Nr. 22). Hierunter fallen auch Forderungen aus späteren großen Havereien, die sich unabhängig von der ersten Haverei ereignet haben (OLG Hamburg in HansGZ Hauptbl. 1891, 53).

§ 723 HGB. Zur großen Haverei tragen nicht bei:

1. die Kriegs- und Mundvorräte des Schiffes;
2. die Heuer und die Habe der Schiffsbesatzung;
3. das Reisegut der Reisenden.

Sind Sachen dieser Art aufgeopfert oder haben sie eine zur großen Haverei gehörige Beschädigung erlitten, so wird dafür nach Maßgabe der §§ 711—715 Vergütung gewährt; für Kostbarkeiten, Kunstgegenstände, Geld und Wertpapiere wird jedoch nur dann Vergütung gewährt, wenn sie dem Schiffer gehörig bezeichnet worden sind (§ 607). Sachen, für die eine Vergütung gewährt wird, tragen mit dem Werte oder dem Wertsunterschiede bei, welcher als große Haverei in Rechnung kommt.

Die im § 708 erwähnten Gegenstände sind beitragspflichtig, soweit sie gerettet sind.

Die Bodmereigelder sind nicht beitragspflichtig.

17. Die von der Beitragspflicht ausgeschlossenen Gegenstände

a) Nach dem Grundsatz der Gefahrengemeinschaft haben an sich alle auf dem Schiff befindlichen und geretteten Gegenstände beizutragen. Eine Ausnahme ist aber nach § 723 HGB für solche Gegenstände vorgesehen, deren Vorhandensein auf dem Schiff nur mittelbar mit der Beförderung zusammenhängt, weil sie für den persönlichen Gebrauch der Schiffsbesatzung oder Fahrgäste bestimmt sind.

b) Danach tragen die „Mundvorräte" des Schiffes zur großen Haverei nicht bei. Hierzu gehören nicht nur die Nahrungsmittel der Schiffsbesatzung und der Fahrgäste, sondern auch die Arzneimittel. Ferner bleiben unberücksichtigt die „Heuer und Habe der Schiffsbesatzung", also die Löhne sowie die sämtlichen Kleidungs- und Gebrauchsgegenstände, einschließlich der Wertsachen. Weiter ist von der Beitragspflicht das „Reisegut der Reisenden" befreit, d. h. die sämtlichen Sachen der Fahrgäste, jedoch mit Ausnahme der Waren, die als Frachtgut verladen sind oder hätten verladen werden müssen (OLG Hamburg in HansGZ Hauptbl. 1887, 30).

c) Trotzdem für diese Gegenstände eine Beitragspflicht nicht besteht, sind sie nach § 723 Abs. 2 HGB nach Maßgabe der §§ 711—715 HGB vergütungsberechtigt, wenn sie in großer Haverei aufgeopfert oder beschädigt sind. Wird für sie eine Vergütung gewährt, so sind sie auch mit dem Wert dieser Vergütung beitragspflichtig.

d) Nach § 723 Abs. 3 HGB sind „die in § 708 HGB erwähnten Gegenstände beitragspflichtig, soweit sie gerettet sind". Diese seerechtliche Bestimmung des § 708 HGB ist durch § 85 Abs. 2 ersetzt; aus der entsprechenden Anwendung des § 723 Abs. 3 HGB in Verbindung mit § 85 Abs. 1 folgt, daß die in den Fracht- oder Ladepapieren nicht bezeichneten Güter (§ 85 Abs. 2 Nr. 1) sowei die nicht deklarierten Wertgegenstände (§ 85 Abs. 2 Nr. 2), sofern es sich nicht um den Hafenverkehr (§ 131) handelt, als beitragspflichtig gelten, soweit sie gerettet sind.

§ 724 HGB. Wenn nach dem Havereifall und bis zum Beginne der Löschung am Ende der Reise ein beitragspflichtiger Gegenstand ganz verlorengeht (§ 704) oder zu einem Teile verlorengeht oder im Werte verringert, insbesondere gemäß § 722 mit einer Forderung belastet wird, so tritt eine verhältnismäßige Erhöhung der von den übrigen Gegenständen zu entrichtenden Beiträge ein.

Ist der Verlust oder die Wertsverringerung erst nach dem Beginne der Löschung erfolgt, so geht der Beitrag, welcher auf den Gegenstand fällt, soweit dieser zur Berichtigung des Beitrags unzureichend geworden ist, den Vergütungsberechtigten verloren.

18. Verlust oder Wertminderung nach dem Havereifall

a) Die zwischen den Havereibeteiligten bestehende Gefahrengemeinschaft endet nicht mit dem Havereifall, sondern erst mit dem Beginn der Löschung am Ende der Reise. In Durchführung dieses Grundsatzes wird im § 724 Abs. 1 HGB hervorgehoben, daß der Verlust oder die Wertminderung, die ein beitragspflichtiger Gegenstand nach dem Havereifall und bis zum Beginn der Löschung erleidet, eine verhältnismäßige Erhöhung der von den übrigen Gegenständen zu entrichtenden Beiträge zur Folge hat. Es handelt sich nur im wirtschaftlichen Sinne um eine „Erhöhung", da in rechtlicher Hinsicht die Beitragsverpflichtung für den Zeitpunkt der Beendigung der Reise aufzustellen ist.

b) Da die Gefahrengemeinschaft mit dem Beginn der Löschung endet, wird im § 724 Abs. 2 HGB folgerichtig bestimmt, daß spätere Verluste oder Wertminderungen beitragspflichtiger Gegenstände nach diesem Zeitpunkt ohne Einfluß sein sollen, so daß der betreffende Vergütungsberechtigte den Verlust allein zu tragen hat.

Der Ort der Schadensverteilung

§ 86

Die Verteilung der Schäden erfolgt an dem Orte, wo die Reise endet.

1. Die Bedeutung des Verteilungsverfahrens

Nach § 78 Abs. 2 wird die große Haverei von Schiff und Ladung gemeinschaftlich getragen. Die hierunter fallenden Schäden und Kosten (§§ 78, 82, 84, 85) mit den sich daraus ergebenden Vergütungen müssen daher aufgestellt, die hieraus zu errechnenden Beiträge eingezogen und die Vergütungen verteilt werden. Zu der Auseinandersetzung der Beteiligten ist daher eine Feststellung und Verteilung der Schäden erforderlich, wie es in der seerechtlichen Vorschrift des § 727 HGB umfassender heißt. Zu der Verteilung der Schäden im Sinne des § 86 gehört in Übereinstimmung hiermit die Berechnung der Beiträge und Vergütungen, bestehend in der Aufmachung der Dispache (§ 87), und die Auszahlung der darin errechneten Beiträge (vgl. Begr. S. 112).

2. Die Verteilung am Reiseendpunkt

a) Für den Umfang der Rechte und Pflichten der Beteiligten aus einer großen Haverei ist der Zeitpunkt der Beendigung der Reise maßgebend (vgl. die §§ 711—719 HGB); mit der endgültigen Trennung von Schiff und Ladung löst sich die Gefahrengemeinschaft auf. Deshalb soll auch die Feststellung und Verteilung am Endpunkt der Reise erfolgen. Dies wird regelmäßig der Ablieferungsort sein, wenn eine bestimmungsmäßige Durchführung der Reise erfolgt; wird der Bestimmungsort nicht erreicht, so ist die Verteilung an dem Ort vorzunehmen, an dem die Reise vorzeitig endet. Es kann daher auch ein Not- oder Zwischenhafen (§ 82

Nr. 5) als Endpunkt der Reise in Betracht kommen, ebenso der Ort der Bergung der Ladung, wenn das Schiff zugrunde geht oder eine Fortsetzung der Reise mit ihm unterbleiben muß. Erforderlich ist aber stets, daß hierbei der ganze oder ein Teil der Ladung ausgeladen wird, etwa zur Erleichterung des Fahrzeuges in Leichter (LG Duisburg vom 5. 8. 1951 — 4 T 197/41 — 3 II 12/41 AG Duisburg-Ruhrort). Maßgebend ist immer der Zeitpunkt, in dem sich Schiff und Ladung endgültig trennen.

b) Nun kommen nicht selten, insbesondere bei zusammengesetzten Reisen, mehrere Ablieferungsorte oder Zwischenhäfen in Betracht; wird an diesen ein Teil der Ladung endgültig gelöscht, so ist damit für diese Partie die Reise beendet. Es „steht dann nichts entgegen, daß der Schiffer, wenn er es vorzieht, die Aufstellung auch schon an einem solchen Zwischenorte bewirkt, wo sie ohne unverhältnismäßige Verzögerung der Reise erfolgen kann, wenn auch eine unbedingte Verpflichtung des Schiffers, die Dispache jedesmal an dem nächsten Orte aufzunehmen, an welchem auch nur ein Teil der Ladung gelöscht wird", nicht besteht; mit der Vorschrift des § 86 sollte lediglich bestimmt werden, daß „die Aufstellung der Dispache nicht über die Beendigung der Reise hinaus verzögert wird" (so Begr. S. 112). Es sollte damit also nicht bestimmt werden, daß die Dispache unbedingt an dem Orte erfolgen müßte, an dem der letzte Teil der havarierten Ladung entlöscht wird, also regelmäßig im letzten Bestimmungshafen (so Mittelstein 1 I zu § 86 Anm. 2, 2 S. 357); vielmehr sollte nur verhütet werden, daß die Aufstellung der Dispache über die endgültige Beendigung der Reise hinaus verzögert wird, so daß der Schiffer berechtigt, aber nicht verpflichtet ist, schon an einem solchen Zwischenort diese Aufstellung zu machen (so auch Ulrich S. 202, 203). Dies wird vor allem dann unter Umständen zweckmäßig sein, wenn vor dem letzten Bestimmungshafen beitragspflichtige Güter abzuliefern sind, da der Schiffer zur Vermeidung eigener Verantwortlichkeit zu deren Auslieferung nur gegen Berichtigung oder Sicherstellung der darauf ruhenden, durch die Dispache festzustellenden Havereibeiträge verpflichtet ist (§ 91); auf jeden Fall muß der Schiffer, wenn er zur Ersparung der höheren Kosten und im Interesse einer beschleunigten Fortsetzung der Reise nur eine einzige Dispache am letzten Bestimmungsort aufmacht, für die Feststellung der Schäden und Beiträge sowie für die Sicherstellung der von den ausgeladenen Gütern zu entrichtenden Havereibeiträge sorgen. Vielfach behalten sich die Frachtführer in ihren Verfrachtungsbedingungen ausdrücklich vor, die Verteilung der Schäden nach ihrer Wahl auch an einem Zwischenort vorzunehmen (§ 10 der Allgemeinen Verfrachtungsbedingungen und der Elbebedingungen). Mitunter bedingen sich die Frachtführer auch aus, daß die Verteilung an ihrem Wohnsitz oder Sitz zu erfolgen habe (§ 11 der Oderbedingungen).

c) An diesem nach § 86 zu bestimmenden Ort hat nicht nur die Feststellung, sondern auch die Verteilung, also die Erfüllung der Dispache zu erfolgen (LG Duisburg vom 5. 8. 1941 — 4 T 197/41 — 3 II 12/41 AG Duisburg-Ruhrort). Der Endpunkt der Reise ist daher auch als Leistungsort (§ 269 BGB) aller Zahlungen aus der großen Haverei anzusehen. Es kann also dort auch die Leistung der Beiträge beansprucht werden (vgl. aber § 90).

d) Ferner erfolgt die Feststellung und Verteilung nach dem an diesem Reiseendpunkt geltenden Recht; die große Haverei steht sowohl formell als auch materiell unter der Herrschaft des Rechts desjenigen Ortes, an dem die zwischen Schiff und Ladung gebildet gewesene Gemeinschaft aufhört (ROHG 7, 168; 8, 295; 25, 25;

RGZ 32, 6; 38, 3). Das auf die Dispachierung anzuwendende Recht entscheidet aber grundsätzlich nur über die Regulierung der großen Haverei, nicht auch über die Frage, welche Schäden entstanden sind (OLG Hamburg in HansGZ Hauptbl. 1893, 304). Ferner ist es den Beteiligten überlassen, die Anwendung eines anderen Rechts zu vereinbaren (RG in JW 1902, 446; ROHG 25, 3); es kann auch durch Vereinbarung sämtlicher Beteiligten ein bestimmtes Amtsgericht als zuständig vereinbart werden (OLG Hamburg in HansGZ Hauptbl. 1925, 99, 48). So bedingen sich die Frachtführer nicht selten aus, daß die Verteilung der Schäden an ihrem Wohnsitz bzw. Sitz ihrer Firma zu erfolgen habe (§ 11 der Oderbedingungen). Auch das Verfahren der Dispache, einschließlich der örtlichen Zuständigkeit, bestimmt sich grundsätzlich nach dem Recht des Endpunktes der Reise (vgl. § 149 FGG). Im übrigen wird aber eine besondere Zuständigkeit nach § 86 nicht begründet (OLG Hamburg in HansGZ Hauptbl. 1917, Nr. 57).

Die Dispache, der Dispacheur

§ 87

Die Dispache ist von dem Schiffer unverzüglich aufzustellen.

Derselbe ist berechtigt und auf Verlangen eines Beteiligten verpflichtet, die Aufstellung einem Sachverständigen (Dispacheur) zu übertragen. In Ermangelung eines für Havereifälle bei der Binnen- oder Seeschiffahrt ein für allemal bestellten Dispacheurs hat auf Antrag das Amtsgericht eine geeignete Person als Dispacheur besonders zu bestellen.

Jeder Beteiligte ist verpflichtet, die zur Aufstellung der Dispache erforderlichen Urkunden, soweit er sie zu seiner Verfügung hat, insbesondere Frachtbriefe, Ladescheine und Fakturen, dem Schiffer oder Dispacheur mitzuteilen.

1. Die Bedeutung der Dispache

a) Die Dispache ist die Rechnungslegung und der Verteilungsplan über die große Haverei sowie die Urkunde, in der die einzelnen Anteile nach Maßgabe der zu vergütenden Schäden und der beitragspflichtigen Werte ausgerechnet werden (vgl. § 86 Anm. 1). Die Dispache beginnt regelmäßig mit einer Schilderung des der großen Haverei zugrunde liegenden Sachverhalts unter Benutzung der etwa vorgenommenen Verklarung mit anschließender Aufstellung der zu ersetzenden Schäden an Schiff, Zubehör und Ladung sowie der Kosten einer Zusammenstellung der beitragspflichtigen Werte und einer Ausrechnung der Vergütungen sowie Beiträge.

b) Die Grundlage der Dispache wird meist die von dem Schiffer aufgenommene gerichtliche Beweisaufnahme, die Verklarung, bilden (vgl. § 11 Anm. 1a). Nach § 11 ist der Schiffer berechtigt und auf Verlangen des Schiffseigners oder eines Ladungsbeteiligten verpflichtet, bei jedem Unfall an Schiff oder Ladung eine solche Verklarung zu veranlassen. Eine Bestimmung, daß in den Fällen der großen Haverei auch ohne Verlangen eines Ladungsbeteiligten stets die Verklarung beantragt werden müßte, wurde im Entwurf zum Binnenschiffahrtsgesetz zwar vorgesehen, aber nicht aufgenommen (vgl. § 11 Anm. 2a).

c) Die Dispache stellt eine Rechnungslegung und ein Gutachten über den Verteilungsplan zur Schadensauseinandersetzung dar (OLG Hamburg in OLG 6, 357), dessen Verbindlichkeit für die Beteiligten der richterlichen Entscheidung unterliegt (vgl. Begr. S. 113; RGZ 3, 17; RG in JW 1896, 177 Nr. 41).

Wird dem Vorschlage der Dispache nicht entsprochen, so ist der Streit im Prozeßwege auszutragen (RGZ 3, 17; RG in JW 1891, 468 Nr. 13; in HansGZ Hauptbl. 1891 Nr. 97). Die Beteiligten können daher nicht nur in einem solchen gerichtlichen Verfahren irrtümliche, die Grundlage der Dispache bildende Wertangaben berichtigen, sondern auch nachweisen, daß die Voraussetzungen der großen Haverei nicht vorgelegen haben (OLG Hamburg in HansGZ Hauptbl. 1900 Nr. 117; in OLG 1, 162; ROHG 23, 180). Dagegen muß im Verfahren der Dispache erörtert werden, welche Schäden vergütungsberechtigt sind; die Führung eines vom Dispacheverfahren unabhängigen selbständigen Rechtsstreits über diese Frage ist nicht zulässig (OLG Hamburg in HansGZ Hauptbl. 1917, 99 Nr. 57). Nur auf Grund einer Dispache können Beiträge zur großen Haverei gefordert werden (OLG Hamburg in HansGZ Hauptbl. 1901 Nr. 84). Die Frage, ob ein Beteiligter wegen bestimmter Nachteile, die das Schiff oder die Ladung oder beide getroffen haben, beizutragen hat, ist erst auf der Grundlage des vorweg einzuleitenden Dispacheverfahrens auszutragen; betreibt ein Beteiligter die Dispache, so ist der von ihm zugezogene weitere Beteiligte genötigt, Widerspruch und Klage zu erheben, wenn nicht die Dispache gegen ihn in Kraft treten soll (OLG Hamburg in OLG 34, 394). Aus einer rechtskräftig gerichtlich bestätigten Dispache eines Dispacheurs findet nach § 158 Abs. 2 FGG die Zwangsvollstreckung in die beitragspflichtigen Güter statt.

2. Die Aufmachung der Dispache durch den Schiffer

a) Nach § 87 Abs. 1 ist die Dispache von dem Schiffer aufzustellen. Er gilt als die Person, die die Interessen aller an der großen Haverei Beteiligten zu vertreten hat. Nach § 87 Abs. 2 ist er berechtigt und auf Verlangen eines Beteiligten verpflichtet, die Aufstellung einem Sachverständigen (Dispacheur) zu übertragen. Er ist also im Gegensatz zur seerechtlichen Regelung (§ 729 HGB) befugt, wenn von den Beteiligten kein solches Verlangen gestellt wird, die Dispache selbst aufzumachen. Für das Binnenschiffahrtsrecht ist man hierbei davon ausgegangen, daß „bei klarer Sachlage und einfachen Rechnungsverhältnissen schon die Aufstellung der Berechnung durch den Schiffer oder für diesen durch den Schiffseigner ausreichen wird, um eine alle Beteiligten befriedigende Erledigung der Angelegenheit herbeizuführen“ (Begr. S. 112; KommBer. S. 18). Die Beteiligten sind nach § 87 Abs. 3 verpflichtet, den Schiffer bei der Aufmachung der Dispache zu unterstützen, ihm die hierzu erforderlichen Urkunden mitzuteilen. Der Schiffer ist verpflichtet, jedem Beteiligten Einsicht in die Dispache zu gewähren und diesen auf Verlangen eine Abschrift gegen Erstattung der Kosten zu erteilen (§ 152 Satz 2 FGG).

b) Die Aufmachung der Dispache hat „unverzüglich“, also ohne schuldhaftes Zögern (§ 121 Abs. 1 BGB), zu erfolgen. Die unverzügliche Aufstellung der Dispache gehört nach § 7 zu den Dienstobliegenheiten des Schiffers, der sich den Ladungsbeteiligten (Absender und Empfänger) sowie dem Schiffseigner gegenüber bei der Nichteinhaltung dieser Dienstverrichtung schadensersatzpflichtig macht (vgl. § 11 Anm. 1a). Nach § 88 ist jeder Beteiligte ferner berechtigt, die Aufstellung der Dispache durch einen Dispacheur selbst zu veranlassen, wenn der Schiffer die Aufmachung verzögert; eine Verpflichtung hierzu besteht aber nicht (OLG Hamburg in HansGZ Hauptbl. 1901 Nr. 84). Damit erlischt das Recht des Schiffers, von sich aus die Aufmachung der Dispache vorzunehmen (OLG Hamburg in HansGZ Hauptbl. 1890, 16 Nr. 5). Die Beteiligten können auch gegen den

Schiffer auf Erfüllung der Verpflichtung zur Aufstellung der Dispache klagen (RGZ 89, 285; OLG Hamburg in HansGZ Hauptbl. 1887, 19 Nr. 10).

c) Als Beteiligte an der großen Haverei sind alle diejenigen anzusehen, die auf Grund des Havereifalls entweder einen Vergütungsanspruch haben oder denen eine Beitragspflicht zur Last fällt, jedoch nur insoweit, als sie an Schiff oder Ladung unmittelbar beteiligt sind, also regelmäßig der Schiffseigner (Ausrüster), der Frachtführer, die Ladungsbeteiligten (Absender, Empfänger), nicht auch die Versicherer. Jedoch kann sich dieser Kreis der Beteiligten nach der Aufmachung der Dispache unter Umständen erweitern (vgl. § 79 Anm. 3; BGHZ 29, 225). Zu beachten ist ferner, daß nach den §§ 133 Abs. 2 Satz 1, 147 VVG eine vom Schiffer aufgestellte Dispache für den Versicherer nur verbindlich ist, wenn er der Aufstellung durch den Schiffer zugestimmt hat.

3. Der Dispacheur als Aufsteller der Dispache

a) Nach § 87 Abs. 2 Satz 1 ist der Schiffer berechtigt und auf Verlangen eines Beteiligten verpflichtet, die Aufmachung der Dispache einem Sachverständigen zu übertragen, den das Gesetz mit Dispacheur bezeichnet. Die Auswahl dieses Sachverständigen ist dem Schiffer überlassen; er darf aber keineswegs irgendeinen beliebigen Sachverständigen wählen, sondern nur einen „für Havereifälle bei der Binnen- oder Seeschiffahrt ein für allemal bestellten Dispacheur". Diese Einschränkung wurde vorgesehen, weil die Aufmachung der Dispache häufig eine umfangreiche, schwierige und für die Vermögensverhältnisse der Beteiligten bedeutsame Arbeit darstellt. Deshalb soll ein öffentlich bestellter Sachverständiger hiermit betraut werden. Ist ein solcher allgemein bestellter Dispacheur an dem Ort der Aufmachung der Dispache (§ 86) nicht vorhanden, so ist er von dem für diesen Ort zuständigen Amtsgericht (§ 149 FGG) besonders zu bestellen (§ 87 Abs. 2 Satz 2). Der einem solchen Antrag stattgebende gerichtliche Beschluß ist unanfechtbar; gegen einen ablehnenden Beschluß findet die sofortige Beschwerde statt (§ 148 Abs. 2 FGG).

b) Der Dispacheur ist verpflichtet, die Dispache aufzumachen. Dies ergibt sich aus seiner amtlichen oder gerichtlichen Berufung. Er darf die Aufmachung nur ablehnen, wenn offensichtlich die Voraussetzungen der großen Haverei fehlen (OLG Hamburg in OLG 1, 162); seine Auffassung hierzu ist nicht entscheidend, er ist nicht Partei, sondern hat eine öffentlich-rechtliche Stellung (KG in OLG 12, 227). Durch eine unberechtigte Weigerung würde er sich den Beteiligten gegenüber ersatzpflichtig machen. Hält der Dispacheur die Voraussetzung einer großen Haverei nicht für gegeben, so hindert dies nicht deren Aufmachung; regelmäßig wird der Dispacheur dann zum Ausdruck bringen, daß er die Dispache „unter Vorbehalt" (salvo iure) aufgestellt hat (OLG Hamburg in HansGZ Hauptbl. 1881, 335). Derartige Dispachen „unter Vorbehalt" können nicht als Dispachen im Sinne des Gesetzes angesehen werden (OLG Hamburg in HansGZ Hauptbl. 1905, 118). Lehnt der Dispacheur den Auftrag eines Beteiligten zur Aufmachung der Dispache ab, so entscheidet über die Verpflichtung des Dispacheurs auf Antrag des Beteiligten das Gericht (§ 150 FGG). Den Beteiligten bleibt es aber auch nach ihrer Wahl überlassen, ihre Ansprüche im ordentlichen Rechtsweg durch Klage geltend zu machen (OLG Hamburg in HansGZ Hauptbl. 1900, 251).

c) Aus dem Grundsatz der Gefahrengemeinschaft folgt, daß jeder Beteiligte verpflichtet ist, die erforderlichen Angaben für die Aufstellung der Dispache zu machen. Nach § 87 Abs. 3 sind die Urkunden, insbesondere Frachtbriefe, Ladescheine und Fakturen, dem Dispacheur mitzuteilen. Auf die Einhaltung dieser Verpflichtungen kann geklagt werden und ihre Verletzung begründet eine Schadensersatzpflicht. Ferner kann das zuständige Amtsgericht nach § 151 FGG auf Antrag des Dispacheurs die Vorlage solcher Schriftstücke unter Androhung von Ordnungsstrafen veranlassen. Der Dispacheur ist verpflichtet, jedem Beteiligten Einsicht in die Dispache zu gewähren und ihm auf Verlangen eine Abschrift gegen Erstattung der Kosten zu erteilen (§ 152 Satz 1 FGG).

d) Jeder am Havereiverfahren Beteiligte (vgl. Anm. 2c) ist befugt, eine gerichtliche Verhandlung über die von einem Dispacheur, also nicht über eine von dem Schiffer aufgemachte Dispache, bei dem Amtsgericht des Endpunktes der Reise (§ 149 FGG) zu beantragen. Das Gericht kann eine Vervollständigung der Belege anordnen, hat über etwaige Widersprüche der Beteiligten zu entscheiden und die Dispache zu bestätigen (§§ 153—156 FGG). Eine rechtskräftig bestätigte Dispache stellt einen vollstreckbaren Titel dar, aus dem nach den Vorschriften der Zivilprozeßordnung die Zwangsvollstreckung stattfindet (§ 158 FGG). Der rechtskräftig bestätigte Beschluß bindet aber nur die Teilnehmer der Gefahrengemeinschaft an Schiff und Ladung und nicht dritte Personen; soweit ein anderer Beteiligter in dem Beschluß zur Zahlung eines Bergelohnes verurteilt wird, ist dies nichtig (BGH vom 26. 1. 1959 — II ZR 119/57 in NJW 59, 723).

Im übrigen ergibt sich das gerichtliche Verfahren bei der Ausführung der von einem Dispacheur aufgestellten Dispache aus den in den wesentlichen Gesichtspunkten bereits erläuterten §§ 149—158 FGG die folgenden Wortlaut haben:

§ 149 FGG. Für die Verrichtungen, welche den Gerichten in Ansehung der nach dem Handelsgesetzbuch oder nach dem Gesetz, betreffend die privatrechtlichen Verhältnisse der Binnenschiffahrt, aufzumachenden Dispache obliegen, ist das Amtsgericht des Ortes zuständig, an welchem die Verteilung der Havereischäden zu erfolgen hat.

§ 150 FGG. Lehnt der Dispacheur den Auftrag eines Beteiligten zur Aufmachung der Dispache aus dem Grunde ab, weil ein Fall der großen Haverei nicht vorliege, so entscheidet über die Verpflichtung des Dispacheurs auf Antrag des Beteiligten das Gericht. Gegen die Verfügung findet die sofortige Beschwerde statt.

§ 151 FGG. Auf Antrag des Dispacheurs kann das Gericht einem Beteiligten unter Androhung von Ordnungsstrafen aufgeben, dem Dispacheur die in seinem Besitze befindlichen Schriftstücke, zu deren Mitteilung er gesetzlich verpflichtet ist, auszuhändigen. Die einzelne Strafe darf den Betrag von 300 Mark nicht übersteigen.

§ 152 FGG. Der Dispacheur ist verpflichtet, jedem Beteiligten Einsicht in die Dispache zu gewähren und ihm auf Verlangen eine Abschrift gegen Erstattung der Kosten zu erteilen. Das gleiche gilt, wenn die Dispache nach dem Gesetze, betreffend die privatrechtlichen Verhältnisse der Binnenschiffahrt, von dem Schiffer aufgemacht worden ist, für diesen.

§ 153 FGG. Jeder Beteiligte ist befugt, bei dem Gericht eine Verhandlung über die von dem Dispacheur aufgemachte Dispache zu beantragen. In dem Antrage sind diejenigen Beteiligten zu bezeichnen, welche zu dem Verfahren zugezogen werden sollen.

Wird ein Antrag auf gerichtliche Verhandlung gestellt, so hat das Gericht die Dispache und deren Unterlagen von dem Dispacheur einzuziehen und, wenn nicht offensichtlich die Voraussetzungen der großen Haverei fehlen, den Antragsteller sowie die von ihm bezeichneten Beteiligten zu einem Termine zu laden. Mehrere Anträge können von dem Gerichte zum Zwecke der gleichzeitigen Verhandlung verbunden werden.

Die Ladung muß den Hinweis darauf enthalten, daß, wenn der Geladene weder in dem Termin erscheine noch vorher Widerspruch gegen die Dispache bei dem Gericht anmelde, sein Einverständnis mit der Dispache angenommen werden würde. In der Ladung ist zu bemerken, daß die Dispache und deren Unterlagen auf der Geschäftsstelle eingesehen werden können.

Die Frist zwischen der Ladung und dem Termin muß wenigstens zwei Wochen betragen.

§ 154 FGG. Erachtet das Gericht eine Vervollständigung der Unterlagen der Dispache für notwendig, so hat es die Beibringung der erforderlichen Belege anzuordnen. Die Vorschriften des § 151 finden entsprechende Anwendung.

§ 155 FGG. In dem Termin ist mit dem Erschienenen über die Dispache zu verhandeln.

Wird ein Widerspruch gegen die Dispache nicht erhoben und ist ein solcher auch vorher nicht angemeldet, so hat das Gericht die Dispache gegenüber den an dem Verfahren Beteiligten zu bestätigen.

Liegt ein Widerspruch vor, so haben sich die Beteiligten, deren Rechte durch ihn betroffen werden, zu erklären. Wird der Widerspruch als begründet anerkannt oder kommt anderweit eine Einigung zustande, so ist die Dispache demgemäß zu berichtigen. Erledigt sich der Widerspruch nicht, so ist die Dispache insoweit zu bestätigen, als sie durch den Widerspruch nicht berührt wird.

Werden durch den Widerspruch die Rechte eines in dem Termin nicht erschienenen Beteiligten betroffen, so wird angenommen, daß dieser den Widerspruch nicht als begründet anerkenne.

§ 156 FGG. Soweit ein Widerspruch nicht gemäß § 155 Abs. 3 erledigt wird, hat ihn der Widersprechende durch Erhebung der Klage gegen diejenigen an dem Verfahren Beteiligten, deren Rechte durch den Widerspruch betroffen werden, zu verfolgen. Die das Verteilungsverfahren betreffenden Vorschriften der §§ 878, 879 der Zivilprozeßordnung finden mit der Maßgabe entsprechende Anwendung, daß das Gericht einem Beteiligten auf seinen Antrag, wenn erhebliche Gründe glaubhaft gemacht werden, die Frist zur Erhebung der Klage verlängern kann und daß an die Stelle der Ausführung des Verteilungsplans die Bestätigung der Dispache tritt.

Ist der Widerspruch durch rechtskräftiges Urteil oder in anderer Weise erledigt, so wird die Dispache bestätigt, nachdem sie erforderlichenfalls von dem Amtsgericht nach Maßgabe der Erledigung der Einwendungen berichtigt ist.

§ 157 FGG. Gegen die Verfügung, durch welche ein nach § 153 gestellter Antrag auf gerichtliche Verhandlung zurückgewiesen oder über die Bestätigung der Dispache entschieden wird, findet die sofortige Beschwerde statt.

Einwendungen gegen die Dispache, welche mittels Widerspruchs geltend zu machen sind, können nicht im Wege der Beschwerde geltend gemacht werden.

§ 158 FGG. Die Bestätigung der Dispache ist nur für das gegenseitige Verhältnis der an dem Verfahren Beteiligten wirksam.

Aus der rechtskräftig bestätigten Dispache findet die Zwangsvollstreckung nach den Vorschriften der Zivilprozeßordnung statt.

Für Klagen auf Erteilung der Vollstreckungsklausel sowie für Klagen, durch welche Einwendungen gegen die in der Dispache festgestellten Ansprüche geltend gemacht werden oder die bei der Erteilung der Vollstreckungsklausel als eingetreten angenommene Rechtsnachfolge bestritten wird, ist das Amtsgericht zuständig, welches die Dispache bestätigt hat. Gehört der Anspruch nicht vor die Amtsgerichte, so sind die Klagen bei dem zuständigen Landgerichte zu erheben.

Aufmachung der Dispache durch die sonstigen Beteiligten

§ 88

Wird die Aufstellung der Dispache verzögert, so ist jeder Beteiligte, unbeschadet seines Anspruchs auf Ersatz des durch die Verzögerung entstandenen Schadens, befugt, die Aufstellung der Dispache durch einen Dispacheur selbst zu veranlassen und zu betreiben.

1. Nach § 87 ist die Dispache von dem Schiffer unverzüglich aufzustellen. Verzögert er schuldhaft die Aufstellung, so soll nach § 88 jeder sonstige Beteiligte befugt sein, die Aufmachung durch einen Dispacheur zu veranlassen und zu betreiben. Die Vorschrift des § 88 stellt also eine Ergänzung der im § 87 vorgesehenen Regelung dar (vgl. § 87 Anm. 2b, c).

2. Die Aufstellung der Dispache durch den Schiffer muß „verzögert", also nicht rechtzeitig (so die seerechtliche Vorschrift des § 728 Abs. 2 HGB) veranlaßt sein. Diese Voraussetzungen sind gegeben, wenn der Schiffer die Aufmachung der Dispache entweder überhaupt nicht betreibt oder dies schuldhaft (§ 121 Abs. 1 BGB) verzögert (OLG Hamburg in HansGZ Hauptbl. 1890, 15). Hierbei ist auf die Umstände des Einzelfalls, insbesondere auf die etwaigen Schwierigkeiten bei der Klärung des Tatbestandes sowie bei den Ermittlungen der Schäden und beitragspflichtigen Werte, Rücksicht zu nehmen; es muß auch das Ergebnis eines rechtzeitig eingeleiteten Verklarungsverfahrens abgewartet werden (§ 87 Anm. 1b). Eine Verzögerung der Aufmachung der Dispache liegt auch denn vor, wenn der Schiffer trotz des dahingehenden Verlangens eines Beteiligten die Aufstellung durch einen Dispacheur unterläßt, sondern sie selbst vornimmt (vgl. § 87 Anm. 2a, 3a). Vor Erreichung des letzten Bestimmungshafens kann auch bei zusammengesetzten Reisen (vgl. § 86 Anm. 2b) eine Verzögerung niemals vorgenommen werden (so OLG Hamburg in HansGZ Hauptbl. 1927, 63 Nr. 31).

3. Liegt eine solche Verzögerung in der Aufmachung der Dispache durch den Schiffer vor, so ist jeder am Havereiverfahren Beteiligte (vgl. § 87 Anm. 2c) berechtigt, einen Dispacheur mit der Aufmachung zu beauftragen (OLG Hamburg in HansGZ Hauptbl. 1890 Nr. 10). Eine Verpflichtung hierzu besteht aber für den Beteiligten nicht (OLG Hamburg in HansGZ Hauptbl. 1901 Nr. 84). Es steht ihm also nicht, wie dem Schiffer (§ 87 Abs. 1), das Recht zu, die Dispache selbst aufzustellen; vielmehr muß er sich eines Dispacheurs bedienen (vgl. § 87 Anm. 2). Er ist aber nicht nur befugt, diese Aufmachung der Dispache durch einen Dispacheur zu veranlassen, sondern dann auch allein berechtigt, die Dispache zu „betreiben". Wenn auf diese Weise ein Beteiligter einen Dispacheur mit der Aufmachung der Dispache ordnungsmäßig beauftragt hat und das Verfahren eingeleitet ist, so

fehlt es jedem anderen Beteiligten an der Befugnis, die Aufmachung und Betreibung vorzunehmen; auch das Recht des Schiffers aus § 87 zur Aufstellung der Dispache ist infolge seiner Pflichtversäumnis erloschen (OLG Hamburg in HansGZ Hauptbl. 1890, 16 Nr. 5).

4. Diese Befugnisse sind jedem sonstigen Beteiligten nach § 88 „unbeschadet seines Anspruchs auf Ersatz des durch die Verzögerung entstandenen Schadens" eingeräumt. Es bleibt daneben also in Übereinstimmung mit der seerechtlichen Vorschrift des § 728 Abs. 1 Satz 2 HGB der Anspruch gegen den Schiffer aus der Verletzung seiner Dienstobliegenheiten (§ 7) auf Ersatz des durch die Verzögerung verursachten Schadens bestehen (vgl. § 87 Anm. 2b; § 11 Anm. 1a). Dieser Schadensersatzanspruch geht bei unterlassener Dispachierung auf Ersatz des vollen Schadens aus der großen Haverei, bei verzögerter Dispachierung auf Erstattung des hierdurch entstandenen Schadens, z. B. an Zins- und Nutzungsverlust. Hatte der Schiffer auf Anweisung seines Schiffseigners gehandelt (§ 7 Abs. 2), so haftet dem geschädigten Beteiligten nach § 7 Abs. 3 der Schiffseigner persönlich, anderenfalls nach den §§ 3, 4 nur mit Schiff und Fracht (vgl. OLG Hamburg in HansGZ Hauptbl. 1887, 19 Nr. 10).

5. Außerdem können die sonstigen Beteiligten den Schiffer zur Erfüllung seiner Pflicht zur Aufmachung der Dispache vor dem ordentlichen Gericht durch Klage veranlassen (RGZ 89, 285; OLG Hamburg in HansGZ Hauptbl. 1887, 19 Nr. 10). Jedoch steht den Beteiligten diese Klagebefugnis nur so lange zu, als nicht ein Beteiligter die Aufmachung der Dispache durch Erteilung eines dahingehenden Auftrages an einen Dispacheur eingeleitet hat; denn damit erlischt das Recht des Schiffers aus § 87 und diese Betreibung des Dispachierungsverfahrens ist wirksam für alle Beteiligten (OLG Hamburg in HansGZ Hauptbl. 1890, 15, 16 Nr. 5).

Das Schiffsgläubigerrecht und Pfandrecht der Vergütungsberechtigten

§ 89

Die Vergütungsberechtigten haben wegen der von dem Schiffe zu entrichtenden Beiträge die Rechte von Schiffsgläubigern (§§ 102—115).

Auch in Ansehung der beitragspflichtigen Güter steht den Verfügungsberechtigten an den einzelnen Gütern wegen des von diesen zu entrichtenden Beitrags ein Pfandrecht zu. Das Pfandrecht kann jedoch nach der Auslieferung der Güter nicht zum Nachteile des dritten Erwerbers, welcher den Besitz in gutem Glauben erlangt hat, geltend gemacht werden.

Das an den beitragspflichtigen Gütern den Vergütungsberechtigten zustehende Pfandrecht wird für sämtliche Berechtigte durch den Frachtführer ausgeübt. Die Geltendmachung des Pfandrechts durch den Frachtführer erfolgt nach Maßgabe der Vorschriften, die für das Pfandrecht des Frachtführers wegen der Fracht und der Auslagen gelten.

1. Die dingliche Sicherung der Vergütungsberechtigten

Nach § 90 (ebenso § 726 Abs. 1 HGB) wird grundsätzlich eine persönliche Verpflichtung zur Leistung der Beiträge durch den Havereifall nicht begründet. Es beruht dies auf dem Gedanken, daß die Beitragspflicht, die nach § 78 durch Handlungen des Schiffers zur Errettung von Schiff und Ladung hervorgerufen wird, nur mit dem Wert der Gegenstände eintreten könne, die einer solchen Gefahr ausgesetzt waren. Deshalb wird den Vergütungsberechtigten nur eine eingliche Inanspruchnahme dieser an der großen Haverei beteiligten Gegenstände eingeräumt, die sonst bei Nichtvornahme der Rettungsmaßnahmen wahrscheinlich in Verlust geraten wären (vgl. Begr. S. 113). Zur Sicherung dieser dinglichen, d. h. an den Gegenständen selbst haftenden Ansprüche wird den Vergütungsberechtigten nach § 89 Abs. 1 wegen der vom Schiff zu entrichtenden Beiträge (ebenso im Seerecht § 725 Satz 1 HGB) die Rechtsstellung als Schiffsgläubiger und nach § 89 Abs. 2, 3 (ebenso § 725 Satz 2 HGB) ein gesetzliches Pfandrecht an den beitragspflichtigen Gütern zugebilligt, um die bevorzugte Befriedigung der Vergütungsberechtigten zu gewährleisten.

2. Das Schiffsgläubigerrecht am Schiff

a) Nach § 89 Abs. 1 (ebenso § 725 Satz 1 HGB) haben die Vergütungsberechtigten die Rechte von Schiffsgläubigern (§§ 102—115) wegen der von dem Schiff zu entrichtenden Beiträge, wie dies im § 102 Nr. 3 Abs. 2 im 7. Abschnitt, der von den Schiffsgläubigern handelt, noch besonders hervorgehoben ist. Unter Schiffsgläubigern in diesem Sinne werden die mit bevorzugter Befriedigungsmöglichkeit ausgestatteten Gläubiger verstanden, die ein besonderes, mit Vorrang versehenes gesetzliches Pfandrecht an Schiff und Fracht haben.

b) Dies Schiffsgläubigerrecht erstreckt sich auf das Schiff nebst Zubehör (§ 103) sowie auf die Bruttofracht der Reise, aus der die Forderung entstanden ist (§ 104). Für den Inhalt und Umfang sowie die Durchführung des Schiffsgläubigerrechts wird im § 89 Abs. 1 auf die §§ 102—115 verwiesen, auf deren Erläuterung deshalb Bezug genommen wird.

3. Das Pfandrecht an den beitragspflichtigen Gütern

a) Nach § 89 Abs. 2 steht den Vergütungsberechtigten ein Pfandrecht an den beitragspflichtigen Gütern zu. Es handelt sich also um ein gesetzliches Pfandrecht, das durch den Havereifall ohne weiteres entsteht. Es ist hierbei unerheblich, wer Eigentümer der Güter ist. Das Pfandrecht entsteht ohne Rücksicht auf die Eigentumsverhältnisse an allen beitragspflichtigen, zur Ladung des Schiffes gehörenden Frachtgütern.

b) Gegenstand des Pfandrechts sind die sämtlichen beitragspflichtigen Güter (§ 85 mit §§ 718—724 HGB). Diese haften den Vergütungsberechtigten bis zur Auflösung der Gefahrengemeinschaft bei Beginn der Löschung am Ende der Reise (§ 724 Abs. 1 HGB). Das Pfandrecht besteht aber nicht für die gesamten Havereiverpflichtungen an allen Gütern (so Mittelstein 1 I zu § 89 Anm. 3b), sondern nach § 89 Abs. 2 Satz 1 nur „an den einzelnen Gütern wegen des von diesen zu entrichtenden Beitrags"; es kann also nicht für alle Beiträge an allen Gütern insgesamt geltend gemacht werden, vielmehr haftet jedes einzelne Gut wegen des auf ihn entfallenden Beitrags (RGZ 82, 417; Mittelstein 2 S. 360). Im Falle der Aufopferung eines solchen beitragspflichtigen Gutes tritt an dessen Stelle der dafür bestehende Vergütungsanspruch (§§ 116 Abs. 2, 115 Abs. 1).

c) Der Inhalt des Pfandrechts bestimmt sich nach den allgemeinen bürgerlichrechtlichen Vorschriften der §§ 1204—1258 BGB, da es sich um ein gesetzliches Pfandrecht handelt, für das nach § 1257 BGB die Vorschriften über die vertragsmäßigen Pfandrechte entsprechend anzuwenden sind.

d) Das Pfandrecht steht den Vergütungsberechtigten zu, deren Forderungen auf Entrichtung der Vergütungen für Schäden oder Kosten aus der großen Haverei hiermit gesichert werden sollen. Demnach erstreckt sich das Pfandrecht auf alle Vergütungen, die auf Grund der großen Haverei beansprucht werden können (vgl. § 85 Anm. 5—10); der Umfang und Inhalt dieser Vergütung wird durch die Dispache ausgewiesen (vgl. § 87 Anm. 1a).

e) Der Rang des Pfandrechts ergibt sich aus § 116. Hiernach geht dies Pfandrecht wegen der Havereibeträge den Pfandrechten der Spediteure, Kommissionäre, Lagerhalter, Frachtführer (§ 443 HGB) sowie dem Pfandrecht am aufgegebenen Reisegepäck (§ 77 Abs. 2) vor; untereinander und zusammen mit dem Pfandrecht aus Bergung oder Hilfeleistung (§§ 93, 97) hat das später entstandene vor dem früher entstandenen Pfandrecht den Vorzug, während gleichzeitig entstandene gleichberechtigt sind.

f) Bei der Geltendmachung des Pfandrechts ist zu unterscheiden, ob eine Auslieferung der beitragspflichtigen Frachtgüter stattgefunden hat. Denn nach § 89 Abs. 2 Satz 2 kann das Pfandrecht „nach der Auslieferung nicht zum Nachteil des dritten Erwerbers, der den Besitz in gutem Glauben erlangt hat, geltend gemacht werden". Unter der Auslieferung ist nicht schon wie unter der Ablieferung (vgl. §§ 58, 46) jede Aufgabe des Gewahrsams an den Frachtgütern durch den Frachtführer nach Beendigung der Beförderung (vgl. § 58 Anm. 2b), sondern nur die tatsächliche Herausgabe der Güter an den Empfangsberechtigten zu verstehen, der nach § 26 in Verbindung mit den §§ 426, 435, 445ff. HGB befugt ist, die Auslieferung der Frachtgüter vom Frachtführer zu verlangen (vgl. § 46 Anm. 3b). Bis zu einer solchen tatsächlichen Herausgabe der Frachtgüter besteht das Pfandrecht der Vergütungsberechtigten ohne Rücksicht auf die Eigentumsverhältnisse an diesen Gütern. Sind Güter ohne eine solche Auslieferung aus dem Besitz des Schiffers gelangt, so gilt nach § 1257 BGB die allgemeine Regel des bürgerlichen Rechts, wonach das Pfandrecht bestehen geblieben ist und gegen dritte Erwerber verfolgt werden kann, soweit nicht ein geschützter gutgläubiger Erwerb in Betracht kommt (§§ 1257, 1208, 932, 936 BGB, 366 HGB). Nach ordnungsmäßiger Auslieferung kann das Pfandrecht nicht zum Nachteil des dritten Erwerbers geltend gemacht werden, der den Besitz in gutem Glauben erlangt hat (§ 89 Abs. 2 Satz 2). Unter dem Begriff des „dritten Erwerbers" ist jeder andere Erwerber als der Absender oder Empfänger zu verstehen (vgl. OLG Hamburg in SeuffA 66 Nr. 214). Es ist aber nicht erforderlich, daß der dritte Erwerber den Besitz auf Grund einer Verfügung des Absenders oder Empfängers erworben hat, sondern es genügt jede Erlangung des Besitzes. In „gutem Glauben" hat der dritte Erwerber den Besitz erworben, wenn er das Bestehen der auf diesen Gütern lastenden Havereiverbindlichkeit nicht kannte und seine Unkenntnis auch nicht auf grober Fahrlässigkeit beruhte (§ 932 Abs. 2 BGB). Der bösgläubige Dritterwerber haftet also nach § 89 Abs. 2 Satz 1, und zwar dinglich mit den erworbenen beitragspflichtigen Gütern; hat er die Güter veräußert, so haftet er nach §§ 1257, 1255, 1227, 990, 989 BGB persönlich (OLG Hamburg in SeuffA 66 Nr. 214). Auf den Erwerb der Güter durch den Absender oder Empfänger findet dagegen die Ausnahmevorschrift des § 89 Abs. 2 Satz 2 keine Anwendung, da diese Frachtbeteiligten nicht zu den „dritten Erwerbern" gehören. Dem Absender und Empfänger gegenüber kann also das Pfandrecht auch nach der Auslieferung ohne Rücksicht auf gutgläubigen Erwerb geltend gemacht werden. Jedoch haften Absender und Empfänger nur dinglich, also mit den erhaltenen beitragspflichtigen Gütern. Die dingliche Haftung des Empfängers besteht auch dann nur, wenn er bei Empfangnahme der Frachtgüter von dem Bestehen der auf diesen lastenden Verbindlichkeiten keine Kenntnis hatte. Denn diese Kenntnis begründet nach § 90 Abs. 2 (ebenso im Seerecht § 726 Abs. 2 HGB) lediglich eine Erweiterung seiner Haftung; er haftet nämlich dann auch persönlich (OLG Hamburg in SeuffA 66 Nr. 214).

g) Nach § 89 Abs. 3 (ähnlich § 731 HGB) wird das an den beitragspflichtigen Gütern den Vergütungsberechtigten zustehende Pfandrecht für sämtliche Berechtigten durch den Frachtführer ausgeübt. Die Ausübung ist nicht dem Schiffer, sondern dem Frachtführer übertragen; es ist nicht ersichtlich, aus welchem Grunde diese anderweite Regelung gewählt worden ist, da der Schiffer sonst als Vertreter aller Beteiligten bei der Aufmachung und Durchführung der Dispache bestimmt ist (vgl. §§ 78ff., insbesondere § 91). Von wesentlicher praktischer Bedeutung wird dies aber nicht sein, weil häufig bei den Privatschiffern der Schiffer gleichzeitig Frachtführer ist, im übrigen aber dessen Vertretung durch den Schiffer insoweit allgemein üblich ist und innerhalb der Grenzen des § 15 auch eine gesetzliche Vertretungsmacht angenommen werden kann (HG Hamburg in HansGZ Hauptbl. 1870, 157; so auch Mittelstein 1 I zu § 89 Anm. 3g, 2 S. 361). Der Frachtführer übt das Pfandrecht für sämtliche Beteiligten, also unter deren Ausschluß, aus; er handelt insoweit als deren Treuhänder. Es ist nicht vorgesehen, daß nach der Auslieferung der Güter eine Änderung einzutreten hat. Demnach kann der Ansicht nicht beigepflichtet werden, daß nach der Auslieferung neben dem Frachtführer der Vergütungsberechtigte das Pfandrecht ausüben kann (so Mittelstein 1 I zu § 89 Anm. 3g, 2 S. 316). Vielmehr bleibt auch nach diesem Zeitpunkt der Frachtführer, der hierzu allein Berechtigte (so Ulrich S. 219). Dies ergibt sich auch aus § 91, wonach der „Schiffer" die Güter vor Berichtigung oder Sicherstellung der darauf lastenden Havereibeiträge nicht ausliefern darf, anderenfalls er sich insoweit verantwortlich macht. Die Ausübung des Pfandrechts durch den Frachtführer hat „nach Maßgabe der Vorschriften, die für das Pfandrecht des Frachtführers wegen der Fracht und der Auslagen gelten" (§ 89 Abs. 3 Satz 2), zu erfolgen, also nach § 26 in Verbindung mit §§ 440, 363 HGB, §§ 1257, 1228ff. BGB durch außergerichtlichen, im Wege der öffentlichen Versteigerung vorzunehmenden Verkauf der Güter (vgl. § 67 Anm. 7). Liegt eine rechtskräftige, gerichtlich bestätigte Dispache eines Dispacheurs vor (§ 158 FGG), so kann der Verkauf der beitragspflichtigen Güter auch im Wege der Mobiliarzwangsvollstreckung erfolgen (§ 1233 Abs. 2 BGB).

Die persönliche Beitragspflicht des Empfängers

§ 90

Eine persönliche Verpflichtung zur Entrichtung des Beitrags wird durch den Havereifall nicht begründet.

Der Empfänger beitragspflichtiger Güter wird jedoch, wenn ihm bei der Annahme der Güter bekannt ist, daß davon ein Beitrag zu entrichten sei, für den letzteren insoweit persönlich verpflichtet, als der Beitrag, falls die Auslieferung nicht erfolgt wäre, aus den Gütern hätte geleistet werden können.

1. Nach dem Grundsatz der Gefahrengemeinschaft soll die Verbindlichkeit der zu einer Beitragsleistung verpflichteten Beteiligten nicht weiter gehen als bis zum Wert der durch die Maßnahmen der großen Haverei geretteten Gegenstände, deren

Verlust bei Unterlassung dieser Maßregeln hätte eintreten können. Nach § 89 wird deshalb den Vergütungsberechtigten nur eine dingliche Inanspruchnahme der beitragspflichtigen Gegenstände eingeräumt (vgl. § 89 Anm. 1). Im § 90 Abs. 1 (ebenso im Seerecht § 726 Abs. 1 HGB) wird zur Klarstellung ausdrücklich hervorgehoben, daß eine persönliche Verpflichtung zur Entrichtung der Beiträge durch den Havereifall nicht begründet wird.

2. Der Ausschluß der persönlichen Verpflichtung bezieht sich nach § 90 Abs. 1 auf die „Entrichtung des Beitrags". Es ist hierbei unerheblich, ob sich der Beitrag aus den Schäden oder den Kosten (§§ 78, 82, 84, 85) der großen Haverei errechnet. Auch für die durch die Geltendmachung des Pfandrechts der Vergütungsberechtigten (§ 89) entstehenden Kosten wird eine persönliche Verpflichtung der beitragspflichtigen Beteiligten nicht begründet. Dagegen entsteht für die Zinsen und Kosten eines Rechtsstreits, der zur Erzwingung der Entrichtung des Beitrages geführt werden muß, eine persönliche Haftung der in Anspruch genommenen Beteiligten, die auf einem neuen, selbständigen, durch den Rechtsstreit (§§ 91ff. ZPO) gegebenen Verpflichtungsgrund beruht (RGZ 33, 86; RG in Recht 1931 Nr. 1247).

3. Nach § 90 Abs. 2 wird als Ausnahme von der grundsätzlichen Regelung des § 90 Abs. 1 eine beschränkt persönliche Verpflichtung desjenigen Empfängers begründet, dem bei der Annahme beitragspflichtiger Güter bekannt ist, daß davon ein Beitrag zu entrichten ist. Dies beruht auf der Erwägung, daß „die Auslieferung der mit Havereigeldern belasteten Güter weitaus die Regel bildet und ohne die größte Belästigung des Verkehrs nicht umgangen oder erschwert werden kann"; mit der Auslieferung wird der beitragspflichtige Gegenstand dem Zugriff der Vergütungsberechtigten entzogen, die ihrer dinglichen Sicherung verlustig gehen würden, sobald der Empfänger die Güter an einen gutgläubigen dritten Erwerber veräußert (vgl. § 89 Anm. 2f). Deshalb soll der Empfänger, der die Beitragsbelastung der Güter kannte, dem Vergütungsberechtigten persönlich haftbar sein.

4. Die persönliche Haftung entsteht für „den Empfänger beitragspflichtiger Güter". Hierunter ist der „empfangsberechtigte Empfänger" zu verstehen, der diese Frachtgüter im eigenen Namen ausgeliefert erhält; demnach kann auch der Absender als Empfangsberechtigter beitragspflichtiger Güter in Betracht kommen (vgl. § 46 Anm. 3b; RGZ 117, 388).

5. Für die Entstehung der persönlichen Verpflichtung eines solchen Empfangsberechtigten ist Voraussetzung, daß ihm bei der Annahme der Güter deren Belastung mit Havereibeiträgen bekannt war. Es ist aber nicht erforderlich, daß er die Höhe der Beiträge und die näheren Umstände der Haverei wußte, sondern es genügt seine Kenntnis, daß von den in Empfang zu nehmenden Gütern irgend „ein Beitrag" zu einer großen Haverei zu entrichten ist. Diese Kenntnis muß „bei der Annahme" der Güter vorliegen. Hierunter wird die tatsächliche Übernahme der Frachtgüter durch den Empfangsberechtigten zu erblicken sein, also nicht nur, wie in den §§ 58, 61, die Annahme als Erfüllung (vgl. § 58 Anm. 2b; § 61 Anm. 2). Denn es sollen durch die Vorschrift des § 90 die Vergütungsberechtigten vor einer sie benachteiligenden Auslieferung der Frachtgüter (vgl. § 91) geschützt werden. Es ist demnach ausreichend, wenn der Empfänger bei der mit der Auslieferung zusammenhängenden tatsächlichen Annahme der Güter deren Belastung mit Beiträgen erfährt. Eine durch grobe Fahrlässigkeit hervorgerufene Unkenntnis (vgl. § 89 Abs. 2 Satz 2) ist im Fall des § 90 Abs. 2 der Kenntnis nicht gleichgesetzt, so daß es unerheblich ist, ob sich der Empfänger diese Kenntnis hätte verschaffen können oder müssen. Es muß ihm vielmehr nachgewiesen werden, daß er bei Annahme der Güter diese Kenntnis hatte. Eine spätere Erlangung der Kenntnis ist unerheblich; es ist dem Schiffer überlassen, dem Empfänger vor oder bei der Auslieferung von der Beitragspflicht Mitteilung zu machen. Zur Sicherung des Nachweises dieser erfolgten Inkenntnissetzung wird vielfach von dem Empfänger die Ausstellung eines Verpflichtungsscheins, auch Havereirevers genannt, verlangt, indem sich der Empfangsberechtigte ausdrücklich zur Zahlung der Beiträge verpflichtet. Ein solcher Havereirevers ist eine Vereinbarung, die den Empfänger verpflichtet, den Dispachebeitrag als persönlich haftender Schuldner zu zahlen (RG in HansGZ Hauptbl. 1890 Nr. 5; 1897, 35, Nr. 14 = JW 1896, 705 Nr. 9; LG Hamburg in HansGZ Hauptbl. 1890 Nr. 5); ferner kann ein solcher Empfänger nicht geltend machen, es sei ihm bei der Annahme der Güter unbekannt gewesen, daß ein Havereibeitrag zu entrichten sei (OLG Hamburg in HansGZ Hauptbl. 1911, 105 Nr. 47). Das Recht des Empfängers, gegen die Dispache Widerspruch zu erheben, wird aber durch die Ausstellung eines solchen Verpflichtungsscheins nicht ausgeschlossen (RG in HansGZ Hauptbl. 1897, 36 Nr. 14).

6. Nach § 90 Abs. 2 wird der Empfänger, dem die Beitragspflicht der Güter bei deren Annahme bekannt war, nicht unbeschränkt persönlich verpflichtet; vielmehr haftet er „für den Beitrag nur insoweit, als der Beitrag, falls die Auslieferung nicht erfolgt wäre, aus den Gütern hätte geleistet werden können". Demnach ist die Haftung der Höhe nach begrenzt bis zur Höhe des Wertes der beitragspflichtigen Güter zur Zeit ihrer Auslieferung; es entsteht also nur eine beschränkt persönliche Haftung. Ferner kann der Empfänger einwenden, daß auch im Fall der Nichtauslieferung ein Verlust oder eine Wertminderung der Güter eingetreten oder Kosten entstanden wären, bevor sich der Vergütungsberechtigte hätte befriedigen können; gelingt dem Empfänger dieser Nachweis, so tritt in entsprechender Höhe eine Minderung seiner persönlichen Haftpflicht ein.

7. Die persönliche Haftung des Empfängers aus § 90 Abs. 2 ist eine zusätzliche Sicherung der Vergütungsberechtigten im Fall der Auslieferung der Frachtgüter; sie tritt also nicht an die Stelle, sondern neben die dingliche Haftung von Schiff und beitragspflichtigen Gütern (§ 89). Demnach kann der aus § 90 Abs. 2 persönlich in Anspruch genommene Empfänger den Vergütungsberechtigten nicht auf die Inanspruchnahme der dinglichen Haftung oder auf den etwaigen Anspruch gegen den Schiffer aus § 91 verweisen; vielmehr hat der Vergütungsberechtigte die freie Wahl unter diesen Ansprüchen. Von Bedeutung ist dies auch für das Konkursverfahren, da der Anspruch aus der persönlichen Haftung eine gewöhnliche Konkursforderung darstellt, während aus der dinglichen Haftung nach den §§ 48, 49 Nr. 2 KO sowohl für die Schiffsgläubiger (§ 89 Abs. 1) als auch für die Pfandrechtsgläubiger (§ 89 Abs. 2) eine bevorrechtigte abgesonderte Befriedigung aus den mit den dinglichen Rechten belasteten Gegenständen verlangt werden kann.

Die Auslieferung oder Hinterlegung beitragspflichtiger Güter

§ 91

Der Schiffer darf Güter, auf welchen Havereibeiträge haften, vor deren Berichtigung oder Sicherstellung nicht ausliefern, widrigenfalls er für die Beiträge in-

soweit verantwortlich wird, als diese, falls die Auslieferung nicht erfolgt wäre, aus den Gütern hätte geleistet werden können.

Gegen Hinterlegung des beanspruchten Beitrags bei einer öffentlichen Hinterlegungsstelle hat die Auslieferung der Güter zu erfolgen.

Wird diese Hinterlegung verzögert, so ist der Schiffer berechtigt, die Güter in einem öffentlichen Lagerhause oder in anderer sicherer Weise zu hinterlegen.

1. Nach § 89 haben die Vergütungsberechtigten ein gesetzliches Pfandrecht an Schiff und Ladung wegen der von diesen Gegenständen zu entrichtenden Beiträge. Diese Sicherung ihrer Vergütungsansprüche kann benachteiligt werden, wenn die beitragspflichtigen Gegenstände dem Zugriff entzogen werden. Deshalb wird nach § 91 Abs. 1 in Übereinstimmung mit der seerechtlichen Regelung (§ 731 Abs. 1 HGB) dem Schiffer vorgeschrieben, die Güter, auf denen Havereibeiträge haften, vor deren Berichtigung oder Sicherstellung nicht auszuliefern. Von der Übernahme einer das Schiff betreffenden Maßnahme, wie sie § 730 HGB mit der Aufstellung einer Sicherheitsbestellung vor Verlassen des Dispacheortes vorsieht, hat das Gesetz trotz dahingehender Vorschläge Abstand genommen, um „die Schifffahrt, namentlich die Kleinschiffer, nicht zu sehr zu behindern“ (KommBer. S. 19). Die vergütungsberechtigten Ladungsbeteiligten können also eine Sicherung ihrer Vergütungsansprüche nur durch Erwirkung eines Arrestes in das Schiff (§§ 916ff., 930 ZPO) erreichen.

2. Die Regelung im § 91 ist hiernach zum Schutz der Vergütungsberechtigten getroffen und betrifft die „Güter, auf denen Havereibeiträge haften“ (vgl. § 85). Der Umfang und die Höhe dieser Beiträge ist regelmäßig aus der Dispache (§ 87) zu ersehen. Es muß sich hierbei stets um Beiträge aus bereits entstandenen großen Havereien handeln; hierbei ist es aber gleichgültig, ob eine Dispache bereits aufgemacht ist oder nicht (ROHG 13, 410), wie z. B. bei der Auslieferung von Teilen der Güter an Zwischenorten (vgl. § 86 Anm. 2b).

3. Solche beitragspflichtigen Güter darf der Schiffer vor Berichtigung oder Sicherstellung der Havereibeiträge nicht ausliefern. Die Berichtigung wird regelmäßig an den Dispacheur (§ 87) erfolgen; der Schiffer muß sich hiervon überzeugen. Er selbst ist zur Entgegennahme der Havereibeiträge nur berechtigt als Vertreter des Frachtführers (vgl. § 89 Anm. 2g) oder im Einverständnis aller übrigen Beteiligten (HG Hamburg in HansGZ Hauptbl. 1870, 157, 158). Es genügt aber auch die Sicherstellung der Havereibeträge. Nach § 91 Abs. 2 ist insoweit ausdrücklich für ausreichend erachtet die „Hinterlegung des beanspruchten Beitrages bei einer öffentlichen Hinterlegungsstelle“ (§ 372 BGB). Aus dem Wortlaut dieser Bestimmung ergibt sich, daß auch jede andere ordnungsmäßige Sicherheitsleistung (§§ 232 bis 238 BGB) genügt. Den Nachweis einer solchen Sicherheitsleistung muß der Schiffer verlangen. Die Hinterlegung und Sicherheitsleistung erfolgt grundsätzlich auf Kosten des hinterlegenden Empfängers, der ein Interesse an der Herausgabe der Güter hat, aber eine Berichtigung der darauf lastenden Beiträge nicht vornimmt. Regelmäßig wird von dem Dispacheur ein Einschuß für die große Haverei von allen als beitragspflichtig in Betracht kommenden Beteiligten eingefordert, der bei diesem als Depot verbleibt und für den endgültigen Beitrag verwendet wird. Soweit dieser Havereieinschuß die Beiträge deckt, ist ebenfalls eine genügende Sicherstellung anzunehmen (RGZ 108, 304). Das Pfandrecht der Vergütungsberechtigten an den beitragspflichtigen Gütern bleibt nach § 89 Abs. 2 bestehen; außerdem erhalten sie ein zusätzliches Pfandrecht an dem hinterlegten Betrag (§ 233 BGB).

4. Erfolgt eine solche Berichtigung oder Sicherstellung der auf die beitragspflichtigen Güter haftenden Havereibeiträge nicht oder wird die dem Beitragspflichtigen nach § 91 Abs. 2 vorbehaltene Hinterlegung verzögert, so ist der Schiffer nach § 91 Abs. 3 berechtigt, diese Güter „in einem öffentlichen Lagerhause oder in anderer sicherer Weise zu hinterlegen". Diese Hinterlegung hat an einer sicheren dritten Stelle, z. B. bei einem Lagerhalter, Spediteur, zu erfolgen; der Schiffer darf die Güter nicht in eigener Verwahrung behalten (vgl. § 52 Anm. 6b). Die Kosten der Hinterlegung haben die beitragspflichtigen Ladungsbeteiligten zu tragen, es sei denn, daß die Vergütungsberechtigten oder der Schiffer die Notwendigkeit der Hinterlegung verschuldet haben. Von der Befugnis der Hinterlegung darf der Schiffer nur Gebrauch machen, wenn eine Verzögerung auf seiten des Beitragspflichtigen vorliegt, also wenn dieser die Berichtigung oder Sicherstellung (Hinterlegung) der Beiträge nicht umgehend nach erfolgter Anzeige der Löschbereitschaft (§ 47) oder nach der Aufforderung zur Abnahme von Stückgütern (§ 54) vornimmt. Einer besonderen Fristsetzung oder des Ablaufes der Wartezeit (vgl. § 52) bedarf es hierbei nicht. Die Hinterlegung wird der Frachtführer regelmäßig im eigenen Namen, aber für Rechnung und Gefahr des beitragspflichtigen Ladungsbeteiligten vornehmen (vgl. § 52 Anm. 6b). Der Empfangsberechtigte kann dann eine Aushändigung der Güter nur mit Einwilligung des Schiffers und nur gegen Berichtigung der Beiträge und der Hinterlegungskosten erreichen, also nicht auch durch deren nachträgliche Sicherstellung. Während der Hinterlegung bleibt das Pfandrecht der Vergütungsberechtigten (§ 89 Abs. 2, 3) bestehen. Der Schiffer ist zu einer solchen Hinterlegung aber nur berechtigt, nicht auch verpflichtet; er darf also von einer Herausgabe der Güter zur Hinterlegung Abstand nehmen und es den Vergütungsberechtigten überlassen, das ihnen an den beitragspflichtigen Gütern zustehende Pfandrecht (§ 89 Abs. 2) durch den Frachtführer (§ 89 Abs. 3) auszuüben.

5. Liefert der Schiffer entgegen diesen Verhaltungsmaßregeln beitragspflichtige Güter vor Berichtigung oder Sicherstellung der Havereibeiträge aus, unterläßt er also auch die Hinterlegung der Güter, so wird er nach § 91 Abs. 1 „für die Beiträge insoweit verantwortlich, als diese aus den Gütern hätten geleistet werden können, wenn die Auslieferung nicht erfolgt wäre". Der Schiffer haftet also im Gegensatz zu der seerechtlichen Regelung, die eine unbeschränkte persönliche Verantwortlichkeit aufstellt (§ 731 Abs. 1 HGB), in gleicher Weise und in demselben Umfang beschränkt persönlich wie der Empfänger nach § 90 Abs. 2. Seine Haftung ist begrenzt bis zur Höhe des Wertes der beitragspflichtigen Güter und gemindert durch den ihm offenstehenden Nachweis, daß auch im Fall der Nichtauslieferung ein Verlust, eine Wertminderung oder Kosten entstanden wären (vgl. § 90 Anm. 6).

6. Eine solche Auslieferung der Güter durch den Schiffer vor Berichtigung oder Sicherstellung der Beiträge stellt einen besonderen Fall einer Verletzung seiner Verpflichtung dar, bei allen Dienstvorrichtungen die Sorgfalt eines ordentlichen Schiffers anzuwenden (§ 7). Der Schiffer kann sich von seiner beschränkt persönlichen Haftung aus § 91 Abs. 1 nicht durch den Nachweis aus § 7 Abs. 2 befreien, daß er „auf Anweisung des Schiffseigners gehandelt" habe (so Mittelstein 1 I zu § 91 Anm. 2c; a. A. 2 S. 363). Denn damit wird seine besondere Haftung aus § 91 Abs. 1 nicht beseitigt; im § 91 Abs. 1 ist denn auch im Gegensatz zu der Regelung des § 99 Abs. 2 nicht vorgesehen, daß die Bestimmung des § 7 Abs. 2 Anwendung finden sollte. Hinzu kommt, daß auch die seerechtliche Vorschrift des § 731 HGB, die als Vorbild gedient hat, eine solche Haftungsbefreiung nicht kennt, sondern im § 731 Abs. 2 HGB ausdrücklich bestimmt, daß „der Schiffer durch eine Handlung auf Anweisung des Reeders von der Haftung nicht befreit" wird und daß der Reeder hierdurch ebenfalls „persönlich verpflichtet wird". Die Übernahme dieser seerechtlichen Bestimmung über die persönliche Haftung des Reeders wurde „für das Binnenschiffahrtsrecht für unnötig erachtet" (Begr. S. 115). Es war dies auch überflüssig, weil sich die Haftung des Schiffseigners, der die Anweisung zur Auslieferung beitragspflichtiger Güter ohne Berichtigung oder Sicherstellung der Beiträge trotz Unterrichtung über den Sachverhalt erteilt hat, aus § 7 Abs. 3 ergibt, da es sich hierbei um einen besonderen Fall der Verletzung einer Dienstobliegenheit durch den Schiffer handelt (§ 7 Abs. 1); außerdem folgt die Haftung des Schiffseigners in den sonstigen Fällen aus den §§ 3, 4, da eine solche Auslieferung regelmäßig ein Verschulden des Schiffers darstellt. Die Haftung des Schiffseigners ist nach den §§ 3, 4 Nr. 3 eine beschränkt persönliche, nämlich mit Schiff und Fracht, dagegen im Fall des § 7 Abs. 3 grundsätzlich eine unbeschränkt persönliche (vgl. im übrigen § 7 Anm. 3d). Schiffer und Schiffseigner werden sich gegenüber einer solchen Inanspruchnahme regelmäßig den Rückgriff gegen den Empfangsberechtigten sichern, indem sie sich von ihm einen Havereirevers vor Auslieferung der Güter ausstellen lassen (vgl. § 90 Anm. 5). Schiffseigner und Schiffer sowie Empfänger (§ 90 Abs. 2) haften den Vergütungsberechtigten als Gesamtschuldner (§ 421 BGB).

Sechster Abschnitt

Zusammenstoß von Schiffen, Bergung und Hilfeleistung

Schiffszusammenstoß

§ 92

In bezug auf die Schadensersatzpflicht beim Zusammenstoße von Schiffen auf Flüssen oder sonstigen Binnengewässern finden die Vorschriften der §§ 734 bis 739 des Handelsgesetzbuchs mit der Maßgabe entsprechende Anwendung, daß an die Stelle des Reeders der Schiffseigner tritt.

1. Die entsprechende Anwendung der seerechtlichen Vorschriften

a) Im Binnenschiffahrtsgesetz fehlt eine besondere Regelung über die Schadensersatzpflicht beim Zusammenstoß von Schiffen auf Flüssen oder sonstigen Binnengewässern; vielmehr sind nach § 92 die seerechtlichen Vorschriften der §§ 734—739 HGB, die den Zusammenstoß der zum Erwerb durch die Seefahrt dienenden Schiffe behandeln, für entsprechend anwendbar erklärt. Dies ist erfolgt, weil „eine vollständige Übereinstimmung der für die See- und Binnenschiffe geltenden Vorschriften mit Rücksicht auf die Fälle des Zusammenstoßes von Schiffen beider Gattung wünschenswert" sei. Die Mündungsstrecken der Binnenwasserstraßen werden als Zugangswege zum Meer häufig von Seeschiffen befahren, die auch vielfach weit stromauf ins Binnenland hineinfahren, während die Binnenschiffe nicht selten Strecken an der Küste über See fahren. Es konnte auch von einer Sonderregelung für die Binnenschiffahrt Abstand genommen werden, weil die allgemeinen Grundsätze bei einem Zusammenstoß von Schiffen gleichermaßen für See- und Binnenschiffe sowie auf See- und Binnengewässern gelten, wenn auch in nautischer Hinsicht die Verhältnisse vielfach verschieden zu beurteilen sind.

b) Die seerechtlichen Vorschriften der §§ 734—739 HGB finden nach § 92 „mit der Maßgabe entsprechende Anwendung, daß an die Stelle des Reeders der Schiffseigner tritt". Damit sollte hervorgehoben werden, daß bei der Anwendung die im Binnenschiffahrtsgesetz aufgestellten allgemeinen grundsätzlichen Bestimmungen zu beachten sind.

c) Diese entsprechende Anwendung der seerechtlichen Bestimmungen hat eine weittragende Bedeutung durch das Internationale Übereinkommen zur einheitlichen Feststellung von Regeln über den Zusammenstoß von Schiffen vom 23. 9. 1910 (RGBl. 1913 S. 49) erlangt, auf Grund dessen die §§ 734—739 HGB in dem Gesetz über den Zusammenstoß von Schiffen sowie über Bergung und Hilfeleistung in Seenot vom 7. 1. 1913 (RGBl. S. 90) eine neue Fassung erhalten haben. Nach der Bekanntmachung der Wiederverwendung des Übereinkommens vom 5. 3. 1954 (BGBl. II 467) wird es mit Wirkung vom 1. 11. 1953 auch im internationalen Verkehr mit den darin angeführten Staaten wieder angewendet. Es wurden die §§ 735—739 HGB, also auch § 735 Abs. 2 durch Artikel 1 Ziffer 1 des Gesetzes geändert (RG vom 19. 10. 1943 — I 42/43 in VerkehrsrR 1944, 2376 Nr. 1). Danach ist für die Verteilung des Schadens ausschließlich „das Verhältnis der Schwere des auf jeder Seite obwaltenden Verschuldens maßgebend" (§ 736 HGB), während, anders als nach § 254 BGB etwaige sonstige bei dem einen oder dem anderen Schiff vorliegende Umstände, die den Eintritt des Schadens oder seine Höhe ebenfalls beeinflußt haben, außer Betracht zu bleiben haben, soweit diese sonstigen Umstände nicht auch für die Frage des Verschuldens erheblich sind (RGZ 172, 92). Nach Art. 4 dieses Gesetzes wurden damit auch die für das Binnenschiffahrtsrecht entsprechend anwendbaren §§ 734—739 HGB geändert und erhielten folgende Fassung:

§ 734. Im Falle eines Zusammenstoßes von Schiffen findet, wenn der Zusammenstoß durch Zufall oder höhere Gewalt herbeigeführt ist oder Ungewißheit über seine Ursachen besteht, kein Anspruch auf Ersatz des Schadens statt, der den Schiffen oder den an Bord befindlichen Personen oder Sachen durch den Zusammenstoß zugefügt ist.

§ 735. Ist der Zusammenstoß durch Verschulden der Besatzung eines der Schiffe herbeigeführt, so ist der Reeder dieses Schiffes zum Ersatze des Schadens verpflichtet.

§ 736. Ist der Zusammenstoß durch gemeinsames Verschulden der Besatzung der beteiligten Schiffe herbeigeführt, so sind die Reeder dieser Schiffe zum Ersatze des Schadens, der durch den Zusammenstoß den Schiffen oder den an Bord befindlichen Sachen zugefügt wird, nach Verhältnis der Schwere des auf jeder Seite obwaltenden Verschuldens verpflichtet. Kann nach den Umständen ein solches Verhältnis nicht festgesetzt werden oder erscheint das auf jeder Seite obwaltende Verschulden als gleich schwer, so sind die Reeder zu gleichen Teilen ersatzpflichtig.

Für den Schaden, der durch die Tötung oder die Verletzung des Körpers oder der Gesundheit einer an Bord befindlichen Person entstanden ist, haften die Reeder der Schiffe, wenn der Zusammenstoß durch gemeinsames Verschulden herbeigeführt ist, dem Verletzten als Gesamtschuldner. Im Verhältnis der Reeder zueinander gelten auch für einen solchen Schaden die Vorschriften des Abs. 1.

§ 737. Hat sich das Schiff unter der Führung eines Zwangslotsen befunden, so ist der Reeder des Schiffes für den von dem Lotsen verschuldeten Zusammenstoß nicht verantwortlich, es sei denn, daß die zur Schiffsbesatzung gehörigen Personen die ihnen obliegenden Pflichten nicht erfüllt haben.

§ 738. Fügt ein Schiff durch Ausführung oder Unterlassung eines Manövers oder durch Nichtbeobachtung einer Verordnung einem anderen Schiffe oder den an Bord der Schiffe befindlichen Personen oder Sachen einen Schaden zu, ohne daß ein Zusammenstoß stattfindet, so finden die Vorschriften dieses Titels entsprechende Anwendung.

§ 739. Die Vorschriften dieses Titels gelten auch dann, wenn bei dem Unfall ein der Binnenschiffahrt dienendes Schiff beteiligt ist.

Unberührt bleiben die Vorschriften über die Beschränkung der Haftung des Reeders auf Schiff und Fracht und über seine Haftung aus Verträgen sowie die Vorschriften, nach denen die zur Schiffsbesatzung gehörigen Personen verpflichtet sind, für die Folgen ihres Verschuldens aufzukommen.

d) Die von den beteiligten Staaten fortgesetzten Verhandlungen zur einheitlichen Gestaltung der Regeln über den Zusammenstoß von Schiffen führten zu einem weiteren „Genfer Übereinkommen zur Vereinheitlichung einzelner Regeln über den Zusammenstoß von Binnenschiffen vom 15. 3. 1960". Dies Übereinkommen ist bisher nicht von allen Mitgliedstaaten unterzeichnet bzw. ratifiziert worden, also nicht in Kraft getreten. Die in den §§ 734—739 HGB enthaltenen Grundsätze, insbesondere der Verschuldungshaftung, werden auch in diesem Übereinkommen aufrechterhalten.

2. Die Abgrenzung zwischen unmittelbarer und entsprechender Anwendung

a) Nach § 739 Abs. 1 HGB gelten die „Vorschriften dieses Titels" auch dann, wenn bei dem Unfall (Zusammenstoß) ein der Binnenschiffahrt dienendes Schiff beteiligt ist. Hiermit sollte zum Ausdruck gebracht werden, daß die unmittelbare Anwendung der seerechtlichen Vorschriften der §§ 734ff. HGB nicht auf den Zusammenstoß von Seeschiffen beschränkt sei, sondern auch Platz zu greifen habe, wenn außer Seeschiffen auch Binnenschiffe beteiligt seien. Die Einführung dieser Bestimmung war notwendig, weil das erwähnte Internationale Übereinkommen (vgl. Anm. 1 c) nicht nur auf den Zusammenstoß von Seeschiffen der Vertragsstaaten, sondern auch bei Beteiligung von Binnenschiffen Anwendung findet, ohne Rücksicht darauf, ob der Zusammenstoß in See- oder Binnengewässern stattgefunden hat (Art. 1). Ist daher bei dem Zusammenstoß auf deutschen Binnengewässern ein Seeschiff beteiligt, so findet nach § 92 in Verbindung mit § 739 Abs. 1 HGB das Seerecht unmittelbar Anwendung. Für die Feststellung, ob es sich um ein See- oder Binnenschiff handelt, ist weder die Bauart noch die Eintragung in das See- oder Binnenschiffsregister, sondern allein die tatsächliche Verwendung entscheidend (vgl. § 1 Anm. 7b).

b) Für die im § 92 vorgesehene entsprechende Anwendung der §§ 734 bis 739 HGB kommen demnach nur die Fälle in Betracht, bei denen Binnenschiffe, d. h. für die Schiffahrt auf Binnengewässern bestimmte und hierzu verwendete Schiffe (vgl. § 1 Anm. 7b) auf diesen Binnengewässern mit anderen Binnenschiffen zusammenstoßen (vgl. § 1 Anm. 7a—c). Hiervon besteht noch insofern eine Ausnahme, als für die staatlichen Eisenbahnschiffahrtsbetriebe und für die nicht frei schwimmenden Fähren nach § 131 Abs. 4 der § 92 keine Anwendung findet (vgl. RG in LZ 1908, 65 Nr. 37; 63 Nr. 29).

c) Diese Abgrenzung ist von erheblicher praktischer Bedeutung; denn nach § 92 ist nur eine entsprechende Anwendung der §§ 734—739 HGB vorgesehen. Es finden daher für die Verjährung der Ansprüche aus dem Zusammenstoß von Binnenschiffen auf Binnengewässern die §§ 117 Nr. 7, 118 Anwendung, nach denen die Verjährungsfrist ein Jahr beträgt, während sie sich nach § 901 Nr. 2 HGB auf zwei Jahre beläuft; auch bei einer Beteiligung von See- und Binnenschiffen kann das belangte Seeschiff nicht die einjährige Verjährungsfrist aus § 117 Nr. 7 für sich beanspruchen (LG Hamburg vom 11. 3. 1915 — H VI 627/1914 —). Ferner bleiben nach dem entsprechend anzuwendenden § 739 Abs. 2 HGB unberührt die Vorschriften über die Haftungsbeschränkung des Schiffseigners und über seine Haftung aus Verträgen sowie über die Verantwortlichkeit der Schiffsbesatzung. Hiernach finden bei einem Zusammenstoß von Schiffen für die beteiligten Binnenschiffe die in den §§ 3, 4 vorgesehenen Bestimmungen über die Beschränkung der Haftung des Schiffseigners mit Schiff und Fracht Anwendung, die im Gegensatz zum Seerecht auch für den sein Schiff selbst führenden Schiffseigner-Schiffer gelten (vgl. § 4 Anm. 9a).

3. Die Abgrenzung zwischen deutschem und ausländischem Recht

a) Nach § 1 ist als Schiffseigner jeder Eigentümer eines zur Schiffahrt auf Binnengewässern bestimmten und hierzu von ihm verwendeten Schiffes anzusehen. Die Anwendung des Binnenschiffahrtsgesetzes ist nach dieser grundlegenden Bestimmung also nicht auf die Schiffseigner beschränkt, die die deutsche Reichs- oder Staatsangehörigkeit besitzen. Die Flaggenführung hat für die Binnenschiffe im Gegensatz zu den Seeschiffen keine rechtliche Bedeutung für den Nachweis der nationalen Zugehörigkeit des Schiffes; § 14 des Flaggengesetzes verbietet lediglich als deutsche Nationalflagge auf Binnenschiffen andere Flaggen als die Bundesflagge zu führen. Flaggen deutscher Länder und Städte dürfen nur neben der Bundesflagge gesetzt werden. Die Anwendung der Vorschriften über den Zusammenstoß von Binnenschiffen erstreckt sich auf alle deutschen Binnengewässer ohne Rücksicht auf die Nationalität des Schiffes oder seines Schiffseigners (RGZ 21, 38 Nr. 24; 37 Nr. 48); dies gilt auch für die beschränkte Haftung der beteiligten Schiffseigner aus § 4 (BGHZ 3, 321; 29, 237). Demnach ist auch der Schadensersatzanspruch eines Ausländers, dessen Binnenschiff in deutschen Binnengewässern von einem deutschen Binnenschiff beschädigt wurde, nach deutschem Recht zu beurteilen und in deutschem Geld zu tilgen (OLG Hamburg in SeuffA 78 Nr. 1).

b) Ereignete sich der Zusammenstoß auf ausländischen Binnengewässern, wie dies bei dem Wechselverkehr auf den großen deutschen Strömen nicht selten der Fall sein wird, so ist streitig, ob dann in Ermangelung anderer Vereinbarungen grundsätzlich das Recht des Ortes der unerlaubten Handlung, also der Ort des Schiffszusammenstoßes (RG in HansGZ Hauptbl. 1896 Nr. 90) oder das Flaggenrecht entscheidend sein soll. Nach Art. 12 EGBGB ist bei Schiffszusammenstößen auf ausländischen Schiffsgewässern das Recht des Staates, in dem die Havarie stattfand, dann anzuwenden, wenn die beteiligten Schiffe sämtlich die Nationalität des Staates besaßen, in dessen Gebiet sich der

Zusammenstoß ereignete; handelte es sich ausschließlich um deutsche Schiffe, so ist mit der höchstrichterlichen Rechtsprechung deutsches Recht nach der fortgeltenden Verordnung über die Rechtsanwendung bei Schädigungen deutscher Staatsangehöriger außerhalb des Reichsgebietes vom 7. 12. 1942 (RGBl. I, 70) anzuwenden (BGHZ 34, 222 = NJW 61, 731, RGZW 1938, OLG Hamburg in HansGZ 1913 Nr. 52; 1915, 69, 1940 Nr. 5), und zwar auch für die Ansprüche der Ladungsbeteiligten (BGH vom 2. 2. 1961 — II ZR 164/59 = NJW 1961, 1063, VRS 1961, 275). Nach herrschender Ansicht, insbesondere nach der höchstrichterlichen Rechtsprechung, ist im übrigen die Begründetheit des Anspruches nach dem betreffenden ausländischen Recht zu prüfen, dagegen richtet sich die Frage der Haftung des Schiffseigners für seine Schiffsbesatzung (§ 3) und der Umfang seiner Haftung (§ 4) nach deutschem Recht (so RGZ 19 Nr. 2; 29 Nr. 25; 49, 185; OLG Hamburg in HansGZ Hauptbl. 1906 Nr. 154; in OLG 14, 391; OLG Dresden vom 19. 4. 1938 — 11 U 244/37 — 23 O 126/37 LG Dresden; RG vom 5. 4. 1938 — I 216/37 in VerkehrsrR 1938, 747 flg.; ebenso für den Zusammenstoß von deutschen Seeschiffen OLG Hamburg in HansGZ Hauptbl. 1913 Nr. 52; Mittelstein 2 S. 366). Für das Seerecht wird die Auffassung vertreten, daß, wenn für Ansprüche des Reeders aus einem Zusammenstoß von Schiffen das Recht der Flagge maßgebend ist, dieses Recht auch für die Ansprüche der Ladungsbeteiligten gelte (BGHZ 34, 227 = NJW 61, 1063). Sind bei dem Zusammenstoß auf außerdeutschen Binnengewässern deutsche und ausländische Schiffe beteiligt, so wird das mit der Entscheidung befaßte deutsche Gericht in gleichem Umfange deutsches Recht anwenden, dem in Anspruch genommenen deutschen Schiffseigner aber die Berufung auf die für ihn etwa günstigeren dahingehenden Bestimmungen des am Ort des Zusammenstoßes geltenden ausländischen Rechts zu gestatten haben (so auch Mittelstein 2 S. 367). Es wird auch die Ansicht vertreten, daß dann das Recht der unerlaubten Handlung anzuwenden sei, wenn die Besatzung des beteiligten deutschen Schiffes schuldhaft gehandelt habe (RG vom 1. 7. 1896 in HansGZ Hauptbl. 1896 Nr. 20); auch das Gesamtvorbringen oder der sonst erkennbare Wille der Beteiligten wird für beachtlich erklärt, insbesondere, nach welchem Recht die Beteiligten die Unfallfolgen beurteilt haben wollen, weil eine solche Abmachung der Parteien auch nach deutschem Recht zulässig sei (OLG Köln vom 17. 12. 1953 — 3 U 49/53 in ZfB 1954 S. 210).

4. Die Zuständigkeit der Schiffahrtsgerichte

a) Für die gerichtliche Geltendmachung der Ansprüche aus einem Schiffszusammenstoß, der sich auf dem Rhein oder der Elbe ereignete, war bis zur Aufkündigung der „internationalen Stromakten" (der revidierten Rheinschiffahrtsakte vom 17. 10. 1868, der Elbeschiffahrtsakte vom 22. 2. 1922 mit Zusatzübereinkommen vom 27. 1. 1923, Reichsgesetzbl. II S. 183, 349) eine besondere Zuständigkeit der Rheinschiffahrtsgerichte und der Elbschiffahrtsgerichte gegeben (vgl. das Reichsgesetz über die Rheinschiffahrtsgerichte vom 5. 9. 1935, Reichsgesetzbl. I S. 1142, und die landesgesetzlichen Vorschriften für die Elbe, für Preußen Gesetzsamml. S. 543). Es handelte sich aber hierbei nicht um eine ausschließliche Zuständigkeit (RGZ 87, 251). Mit der durch die Note der Reichsregierung vom 14. 11. 1936 erklärten Kündigung dieser Stromakten durch die Reichsregierung wurde diese besondere Gerichtsbarkeit beseitigt (Reichsgesetzbl. II S. 361); damit wurden auch alle anderen Bestimmungen der internationalen Stromakten aufgehoben (OLG Karlsruhe in DR 1941, 210; DJ 1936, 1801). Eine Wiedereinsetzung der Rheinschiffahrtsgerichte erfolgte mit Wirkung vom 31. 12. 1946 durch die Anordnung Nr. 65 der britischen Militärregierung und durch Gesetz Nr. 9 der amerikanischen Militärregierung. Die Rheinschiffahrtsgerichte wurden danach in der Form wiederhergestellt, in der sie vor der Veröffentlichung der Note über die deutschen Wasserstraßen vom 14. 11. 1936 bestanden; ihre Tätigkeit regelte sich nach dem Gesetz über die Rheinschiffahrtsgerichte vom 5. 9. 1935 (RGBl. I S. 1142, 1167) und der revidierten Mannheimer Rheinschiffahrtsakte vom 17. 10. 1868 (Preuß. GesS 1869, 798). Diese Sonderbestimmungen und auch alle landesgesetzlichen Vorschriften über die Zuständigkeit in Binnenschiffahrtssachen wurden nach § 26 des Gesetzes über das gerichtliche Verfahren in Binnenschiffahrts- und Rheinschiffahrtssachen vom 27. 9. 1952 (BGBl. I S. 641) mit der Einführung eines einheitlichen gerichtlichen Verfahrens in Binnenschiffahrts- und Rheinschiffahrtssachen außer Kraft gesetzt.

b) Auf Grund eines Gesetzes über das „Verfahren in Binnenschiffahrtssachen" vom 30. 1. 1937 (RGBl. I S. 97) wurde die Entscheidung in den Binnenschiffahrtssachen den Schiffahrtsgerichten übertragen. Die Vorschriften dieses Gesetzes waren durch die Nachkriegsgesetzgebung, insbesondere durch die besatzungsrechtlichen und landesgesetzlichen Vorschriften (vgl. Anm. 4a) unübersichtlich geworden und entsprachen nicht mehr den Wünschen der Binnenschiffahrttreibenden; durch das Gesetz über das gerichtliche Verfahren in Binnenschiffahrts- und Rheinschiffahrtssachen vom 27. 9. 1952 (BGBl. I S. 641), das nach dem Gesetz vom 2. 12. 1952 (GVBl. S. 1051) auch in Berlin Anwendung findet, wurde die Rechtseinheit unter gleichzeitiger Ausgestaltung des Verfahrens in Binnenschiffahrtssachen hergestellt und die Zuständigkeit der Schiffahrtsgerichte erheblich erweitert und auch auf gewisse Strafsachen ausgedehnt. Die Schiffahrtsgerichte sind keine besonderen Gerichte, sondern die ordentlichen Gerichte, eben die Amtsgerichte, die auch für die Verhandlung und Entscheidung sonstiger Rechtsstreitigkeiten zuständig sind (RGZ 167, 305; RG vom 12. 9. 1941 — I 42/41 in DR 1941 S. 2450). Es sollte damit ein einheitliches Verfahrensrecht geschaffen und den Binnenschiffahrttreibenden ein den Besonderheiten angepaßtes und beschleunigtes Verfahren geboten werden (vgl. DJ 1937, 175, 226; 1939, 649). Das Gesetz bezieht sich aber nur auf solche bürgerliche Rechtsstreitigkeiten, die sich aus der Benutzung von inländischen Binnengewässern ergeben (OLG Karlsruhe vom 26. 9. 1940 — 3 U 85/40 in DR 1941, 209). Damit sind alle im Binnenland verlaufenden natürlichen oder künstlichen Gewässer gemeint, im Gegensatz zu den Küstengewässern und der offenen See, auf welche die Seewasserstraßenverordnung vom 31. 10. 1933 (RGBl. II, 833) Anwendung findet. Für Binnengewässer, auf denen die Seewasserstraßenverordnung anzuwenden ist, für den Nord-Ostsee-Kanal und für Seehäfen gelten die angeführten Vorschriften über Binnenschiffahrtssachen nach § 2 Abs. 1 des Gesetzes nur dann, wenn Seeschiffe an dem Vorfall nicht beteiligt sind, weil in solchen Fällen der Streitgegenstand oft einen sehr hohen Wert hat, so daß die erstinstanzliche Entscheidung beim Landgericht verbleiben soll. Als Seehafen werden die Häfen anzusehen sein, die üblicherweise von Seeschiffen angelaufen werden und dem Außenhandel dienen. In gleicher Weise gelten Strafsachen nach § 2 Abs. 2 des Gesetzes nicht als Binnenschiffahrtssachen, wenn die Zuwiderhandlung außerhalb eines Seehafens auf oder an Binnenwasserstraßen, auf denen die Seewasserstraßenordnung gilt, oder auf oder an dem Nord-Ostsee-Kanal begangen ist. Im übrigen kommt es nicht darauf an, ob die Schiffahrt von einem Binnenschiff oder Seeschiff auf den Binnengewässern betrieben wird. Soweit es sich um Schiffahrtsstrafsachen gegen Jugendliche oder Heranwachsende handelt, ist hinsichtlich der örtlichen Zuständigkeit dies Verfahrensgesetz, hinsichtlich der sachlichen Zuständigkeit das Jugendgerichtsgesetz anzuwenden (Beschluß BGH vom 13. 12. 1957 — 2 ARs. 188/57 in ZfB 1958, 372). Als Binnenschiffahrtssachen kommen unter erheblicher Erweiterung des bisherigen Umfanges nach § 2 Abs. 1 des Gesetzes bürgerliche Rechtsstreitigkeiten in Betracht, die mit der Benutzung von Binnengewässern durch Schiffahrt oder Flößerei zusammenhängen und zum Gegenstand haben: Schadensersatzansprüche aus unerlaubten Handlungen, aus einer Beschädigung oder Benutzung der Leinpfade und Ufer, vertragliche Schadensersatzansprüche aus einem Unfall, der durch ein Schiff oder ein Floß bei dem Betriebe entstanden ist, Schadensersatzansprüche wegen Amtspflichtsverletzung zur Sicherung des Verkehrs, Ansprüche aus Berge- oder Hilfeleistung, Ansprüche wegen der Zahlung der Schiffahrtsunkosten und schließlich auch Ansprüche, für deren Verhandlung und Entscheidung die Parteien die Zuständigkeit eines Schiffahrtsgerichts vereinbart haben. Es fallen demnach unter diese Sonderregelung nicht nur die vertraglichen Schadensersatzansprüche aus einem Schiffahrtsunfall, sondern alle Schadensersatzsprüche aus unerlaubter Handlung, die mit der Benutzung von Binnengewässern zusammenhängen. Hierzu gehören auch Schäden, die bei der Schiffahrt, d. h. bei der Benutzung und beim Betriebe des Schiffes durch eine der dabei beteiligten Personen angerichtet werden, desgleichen die Beschädigung eines Binnenschiffes durch einen zum Be- und Entladen benutzten Kran, weil auch in diesem Fall der Schaden bei einer für den Betrieb des Schiffes notwendigen und üblichen Verrichtung, also ebenfalls bei der Schiffahrt entstanden ist (OLG Köln vom 28. 6. 1939 — 3 U 54/39, in Zeitschr. für Binnenschiffahrt 1939, Heft 7/8 S. 272). Ein „Schiffahrtsunfall" liegt vor, wenn ein Schaden durch ein plötzliches, von außen wirkendes Ereignis herbeigeführt wird; es kommt aber nicht auf das zeitlich Plötzliche an, sondern es muß sich um ein unvorhergesehenes und unerwartetes Ereignis handeln (KG vom 7. 6. 1939 — 24 U 3430/38 — LG Berlin 402 O 177/37; a. A. OLG Hamburg Beschluß vom 6. 6. 1950 — 2 U 103/50 bei einer Beschädigung eines Schiffes durch einen Landkran, weil das angeblich nicht mit der Benutzung des Binnengewässers zusammenhängen soll und sich die Schadensersatzansprüche nicht aus der Benutzung ergeben sollen). Für diese Binnenschiffahrtssachen sind ohne Rücksicht auf den Streitwert im ersten Rechtszug als Schiffahrtsgerichte die Amtsgerichte zuständig, in deren Bezirk sich der Zusammenstoß ereignet hat, wobei die Binnenschiffahrtssachen einem Amtsgericht für den Bezirk mehrerer Amtsgerichte zugewiesen werden können. Von der gesetzlichen Ermächtigung, die Verhandlung und Entscheidung von Binnenschiffahrts- und Rheinschiffahrtssachen einem Amtsgericht für die Bezirke mehrerer Amtsgerichte zu übertragen, haben die Länder Gebrauch gemacht. Im Lande Berlin sind nach einer Verordnung vom 12. 4. 1954 (GVBl. S. 217) dem Amtsgericht Berlin-Charlottenburg die zivilrechtlichen und dem Amtsgericht Berlin-Tiergarten die strafrechtlichen Binnenschiffahrtssachen zugewiesen worden. Bedeutsam ist, daß die Berufung gegen die Urteile der Schiffahrtsgerichte ohne Rücksicht auf den Wert des Streitgegenstandes zulässig ist und ein obligatorisches Schiedsverfahren nicht stattfindet. Gegen die Urteile der Oberlandesgerichte (Schiffahrtsobergerichte) ist, wenn im übrigen, insbesondere der

Höhe des Streitwertes nach die Voraussetzungen hierfür vorliegen, die Revision zulässig (so RG vom 8. 2. 1940 V B 10/39 in JW 1940, 548 Nr. 11). Bei Amtspflichtverletzungen zur Sicherung des Verkehrs ist die Revision nach § 9 Abs. 2 des Gesetzes unbeschränkt zulässig.

c) Auch auf Grund dieser gesetzlichen Regelung wurde eine ausschließliche Zuständigkeit der Schiffahrtsgerichte für solche Binnenschiffahrtssachen nicht begründet. Vielmehr sind „abweichende Vereinbarungen" zulässig, die sich sowohl auf die örtliche als auch auf die sachliche Zuständigkeit beziehen können (vgl. DJ 1937 S. 226; BGH vom 30. 10. 1951 — I ZR 117/50). Nach einem Urteil des BGH vom 14. 10. 1955 — I ZR 5/54 — ist auch in Rheinschiffahrtssachen die Revision für zulässig erklärt worden, weil nach der Vorgeschichte der Rheinschiffahrtsakte die Annahme einer dritten Instanz nicht ausgeschlossen worden sei. Jedoch hat nach § 14 BinnSchVerkG die Mannheimer Akte vor abweichenden deutschen Vorschriften in jeder Hinsicht den Vorrang, daß somit auch im Revisionsverfahren nach Art. 39 der Mannheimer Akte keine Gerichtskosten verlangt werden dürfen, daß die Revisionsurteile ebenso wie die der Schiffahrtsgerichte in den anderen Uferstaaten vollstreckbar sind. Nach § 2 Abs. 1g des angeführten Gesetzes gelten als Binnenschiffahrtssachen auch alle sonstigen Ansprüche aus der Benutzung von Binnengewässern durch Schiffahrt oder Flößerei, für deren Verhandlung und Entscheidung die Parteien die Zuständigkeit eines Schiffahrtsgerichts vereinbart haben. Es ist hiernach auch zulässig, die Zuständigkeit eines sonst örtlich nicht in Betracht kommenden Schiffahrtsgerichts und die sachliche Zuständigkeit dieses Schiffahrtsgerichts für Ansprüche aus Vertragsverletzungen zu vereinbaren, soweit diese mit dem Schiffahrtsunfall in Zusammenhang stehen (RGZ 167, 305; OLG Köln vom 31. 1. 1941 — 3 U 24/40 in Zeitschrift für Binnenschiffahrt 1941 S. 46). Wenn derselbe Anspruch sowohl aus einem der in § 2 Abs. 1 des Gesetzes aufgeführten Tatbestände als auch aus einem anderen Rechtsgrund hergeleitet wird, sind die Schiffahrtsgerichte zur Entscheidung auch darüber zuständig, ob der Anspruch aus dem anderen Rechtsgrunde gerechtfertigt ist (RG vom 12. 9. 1941 — I 42/41 in DR 1941 S. 2450 Nr. 15 = HansRGZ 1942 Nr. 2).

Wird für eine Binnenschiffahrtssache die Zuständigkeit eines Gerichts vereinbart, das nicht ein Schiffahrtsgericht ist, so sind nach § 6 des angeführten Gesetzes dessen Vorschriften nicht anzuwenden; ebenso bestimmt dies § 14 Abs. 2 Satz 2 für die Rheinschiffahrtsgerichte.

d) Die Berufung gegen die Urteile der Schiffahrtsgerichte (Amtsgerichte), die nach § 9 Abs. 1 des Gesetzes ohne Rücksicht auf den Wert des Beschwerdegegenstandes zusteht, wird vom Oberlandesgericht (Schiffahrtsobergericht) entschieden. Die Zulässigkeit der Berufung wird nach § 17 des Gesetzes nicht dadurch berührt, daß sie statt bei dem zuständigen Oberlandesgericht bei dem Landgericht eingelegt wird, das dann die Sache von Amts wegen abgeben muß. In der Berufungs- und Beschwerdeinstanz vor dem Schiffahrtsobergericht kann nach § 12 des Gesetzes jeder in der Bundesrepublik und in Berlin zugelassene Rechtsanwalt die Prozeßvertretung übernehmen.

5. Der Zusammenstoß von Schiffen

a) Im § 92 und in den für entsprechend anwendbar erklärten §§ 734ff. HGB wird der „Zusammenstoß von Schiffen" geregelt. Es muß sich also in tatsächlicher und rechtlicher Hinsicht um Schiffe handeln, also um schwimmfähige, mit einem Hohlraum ausgestattete Fahrzeuge, die über eine Bewegungsmöglichkeit verfügen, zur Schiffahrt bestimmt und verwendet werden (vgl. hierzu § 1 Anm. 2). Nach § 131 Abs. 3, 4 gelten in rechtlicher Beziehung die Eisenbahnfähren sowie die nicht frei schwimmenden Fähren nicht als Schiffe. Im übrigen ist aber die Bauart und Beschaffenheit der Schiffe ebensowenig von Bedeutung wie deren Lage; es ist also unerheblich, ob sich das Schiff in fahrtüchtigem Zustand befunden hat, ob es in Fahrt oder gesunken war (OLG Hamburg in HansGZ Hauptbl. 1909 Nr. 16, 1911 Nr. 1). Ist aber nur ein Wrack übriggeblieben oder eine Hebung des gesunkenen Schiffes nicht möglich, so kann dies als Schiff nicht mehr angesehen werden (RG in SeuffA 84 Nr. 209; § 1 Anm. 2b).

b) Ein Zusammenstoß von Schiffen muß vorliegen; sie müssen also miteinander in körperliche Berührung geraten (RG in HansGZ Hauptbl. 1897 Nr. 3; OLG Hamburg in HansGZ Hauptbl. 1891 Nr. 65; in OLG 14, 389). Nicht erforderlich ist, daß sich die Schiffskörper berühren, sondern es genügt, daß mehrere voneinander unabhängige Schiffe mit irgendeinem Teil aneinandergeraten (OLG Kiel in HansRGZ 1935 B 631). Es scheiden die Fälle aus, in denen ein Schiff mit einem ortsfesten oder treibenden sonstigen Gegenstand zusammengerät (RGZ 40, 51; RG in JW 1927, 444 Nr. 9; ROHG 25, 230; OLG Hamburg in HansGZ 1909 Nr. 15; 1910 Nr. 66; OLG 14, 389; KG vom 8. 2. 1955 — 6 U 194/54 — in VRS 9, 193. Es genügt, daß ein Zusammenstoß von Schiffen vorausgegangen und in dessen Folge ein Schiff mit einem solchen Gegenstand in Berührung geraten ist (OLG Hamburg in HansGZ Hauptbl. 1905 Nr. 37; 1906 Nr. 5; in OLG 14, 389). Es ist streitig, ob es sich dabei um einen Zusammenstoß von „Schiffen", also von mindestens zwei Schiffen, handeln muß, die eine voneinander unabhängige und selbständige Fortbewegung haben, insbesondere nicht durch Trossen miteinander verbunden sind, wie dies bei einem Schleppverband zwischen dem Schlepper und seinen Anhangskähnen der Fall ist (RG in HansGZ Hauptbl. 1894 Nr. 75 = JW 1895, 187 Nr. 20; RG in JW 1901, 332 Nr. 17). Im Verhältnis der in Schleppverbindung stehenden Schiffe zueinander gelten bei einem Zusammenstoß zwischen dem Schlepper und seinen Anhangskähnen der Schleppvertrag und die §§ 3, 4 sowie die §§ 823ff. BGB (RG bei Bolze 13 Nr. 229); die Haftung kann auf den Schleppvertrag und auf die §§ 3, 4 Nr. 3, 102 Nr. 5, 114 oder § 823 BGB gestützt werden (ebenso Mittelstein, § 81 Nr. 3; Wüstendörfer 2. Aufl. § 29 I 4; Schaps Anm. 13 vor § 734), wobei für das Mitverschulden ebenfalls § 254 BGB gilt (§ 3 Anm. 6c). Dies gilt nicht nur, wenn ein Schlepper und das von ihm geschleppte Schiff zusammenstoßen, sondern auch dann, wenn ein Schlepper durch die Ausführung der Unterlassung eines Manövers einen Schaden des geschleppten Schiffes verursacht hat, auch wenn die schädigende Maßnahme des Schleppers darin bestand, daß er zur Unzeit den Schleppstrang abgeworfen hat (RG vom 9. 3. 1944 — I 61/43 in DR 1944, 585 Nr. 16; Schaps vor § 734 Anm. 13; a. A. OLG Köln vom 10. 12. 1930 — 3 U 96/29; vom 23. 3. 1932 — 3 U 170/29; anscheinend auch RGZ 63, 308; 120, 121, wonach es auch dem Anhangskahn frei stehen soll, aus welchem Rechtsgrund er seinen Schlepper in Anspruch nimmt). In weiteren höchstrichterlichen Entscheidungen wird die Auffassung vertreten, es stehe den an einem solchen Schleppverband Beteiligten frei, sich auf § 736 HGB zu berufen (RGZ 63, 308; 120, 121, RG vom 21. 9. 1944 — I 9/44; BGH vom 2. 10. 1958 — II ZR 37/57).

c) Nach § 738 HGB finden die Vorschriften der §§ 734 bis 737 HGB entsprechende Anwendung, wenn ein Schiff durch Ausführung oder Unterlassung eines Manövers oder durch Nichtbeobachtung einer Verordnung einem anderen Schiffe einen Schaden zufügt, ohne daß ein Zusammenstoß stattfindet. Zu den „beteiligten Schiffen“ gehören nicht nur diejenigen, die körperlich zusammengestoßen sind, sondern auch die mittelbar beteiligten Besatzungen der Fahrzeuge, deren Verschulden zu dem Zusammenstoß ursächlich mitgewirkt hat, ohne daß sie eines der anderen Schiffe berührt haben (RGZ 96, 166). Diese Voraussetzungen sind stets erfüllt, wenn die Ausführung oder Unterlassung von Maßnahmen durch die Schiffsbesatzung eines Schiffes oder deren schuldhafte Zuwiderhandlung gegen Schutzvorschriften die ursächliche Folge des an einem anderen Schiff entstandenen Schadens ist, also ein sog. mittelbarer Schiffszusammenstoß (eine Fernschädigung) vorliegt, so die Strandung eines Schiffes durch falsche Steuerung eines anderen Schiffes (RG in Recht 1928, 25 Nr. 102), der durch ein falsches Manöver veranlaßte Zusammenstoß anderer Schiffe (RGZ 44 Nr. 33; OLG Hamburg in HansGZ Hauptbl. 1898 Nr. 74, 1901 Nr. 84, 1902 Nr. 113), das Kentern eines Schiffes durch eine infolge zu großer Geschwindigkeit hervorgerufene Dünung eines Schiffes (RG in HansGZ Hauptbl. 1904 Nr. 7; OLG Hamburg in HansGZ Hauptbl. 1891 Nr. 65, 1898 Nr. 8, 1900 Nr. 61, 1915 Nr. 14, Nr. 138). Ein Manöver im Sinne des § 738 HGB ist jede Maßnahme des Schiffes oder der Besatzung, die darauf abzielt, die Lage des Schiffes gegenüber der Umwelt zu verändern oder eine solche Lageänderung zu verhindern wie z. B. das Umlegen des Ruders, das Setzen eines Segels oder das Fallenlassen des Ankers (RGZ 171, 97). Ein Manöver liegt auch vor, wenn der Schiffer eines auf Grund geratenen Schiffes einen ihm von einem Dampfer zugeworfenen Strang an seinem Schiff befestigt, damit das Schiff abgezogen werde oder einen zu diesem Zweck angenommenen Strang wieder abwirft (RGZ 171/97), sowie jede sonstige Maßnahme des Schiffers oder der Besatzung, die darauf abzielt, die Lage des Schiffes zu verändern oder eine solche Lageveränderung zu verhindern, wie z. B. das Anlegen des Ruders, das Setzen eines Segels oder das Fallenlassen des Ankers. Es muß aber immer ein Verstoß gegen die Sorgfaltspflicht in Beziehung auf ein anderes Schiff vorliegen. Dieser Tatbestand liegt in Übereinstimmung mit dem natürlichen Sprachgebrauch und der in erster Linie maßgebenden Verkehrsauffassung nicht vor, wenn ein auf der Reise befindliches Schiff auf Grund gerät und in weiterer Folge andere Schiffe bei dem Versuch, das festsitzende Schiff zu umfahren, zu Schaden kommen (RG vom 16. 7. 1943 — I 32/43 in VerkehrsrR 1943, 2309 Nr. 5 = DR 1944, 247 Nr. 21). Unter einer „Verordnung“ in diesem Sinne ist nur ein Schutzgesetz zu verstehen zum Schutze gewisser Interessen bei Vorhandensein eines näher umschriebenen Tatbestandes, der der Schiffsführung ein bestimmtes Verhalten zur Pflicht macht (RGZ 97, 13; RG vom 16. 7. 1943 — I 32/43 in ZfB 1943, 123; DR 1944, 247 Nr. 21).

d) Es ist in Rechtslehre und Rechtsprechung streitig, ob bei Verkehrsunfällen auf Wasserstraßen von dem für die Führung eines Kraftfahrzeuges verantwortlichen Beteiligten Fahrerflucht nach § 142 StGB begangen werden kann (so KG vom 29. 10. 1959 — 1 Ss 271/59 in VerkR 1959, 410 — NJW 1960, 72 Hinweis auf RGSt. 75, 355, 359). In einer grundlegenden Entscheidung vom 3. 2. 1960 (4 StR 562/59 in NJW 1960, 829) hat der Bundesgerichtshof eine solche Anwendung des § 142 StG abgelehnt.

6. Der unverschuldete Schiffszusammenstoß

a) Nach § 734 HGB findet kein Anspruch auf Ersatz des Schadens statt, wenn der Zusammenstoß „durch Zufall oder höhere Gewalt herbeigeführt ist oder Ungewißheit über seine Ursachen besteht". Für die Folgen eines unverschuldeten Schiffszusammenstoßes besteht also keine Haftung. Es handelt sich bei der Verantwortlichkeit des Schiffseigners aus einem Zusammenstoß nicht um eine Gefährdungshaftung, sondern um einen Anwendungsfall der Haftung für ein schuldhaftes Verhalten seiner Schiffsbesatzung (§§ 3, 4).

b) Der Begriff der „höheren Gewalt" setzt voraus, daß es sich um ein von außen auf den Betrieb einwirkendes, außergewöhnliches Ereignis handelt, das unvorhersehbar, auch bei Anwendung äußerster Sorgfalt ohne Gefährdung des ganzen Betriebes nicht abzuwenden, auch nicht wegen seiner Häufigkeit von dem Betriebsunternehmer in Rechnung zu ziehen ist (RGZ 93, 67; 95, 64; 104, 150; 109, 172; RG in JW 1916, 1931, 865, 1936; 1918, 176; RG in DR 1943, 993). Ereignisse, die mit einer gewissen Häufigkeit wiederkehren, stellen daher keine höhere Gewalt dar, auch wenn sie bei der Natur des Betriebes unvermeidlich sind (RG in JW 1932, 2081 Nr. 1). Frostwetter mit seinen Folgeerscheinungen ist kein außergewöhnliches Ereignis, da es mit einer gewissen Häufigkeit wiederkehrt und in jedem Winter erwartet werden kann (OLG Breslau vom 5. 7. 1940 — 7 U 1325/40 in Zeitschrift für Binnenschiffahrt 1941 S. 20); auch die Verdunkelung in der Kriegszeit ist nichts Außergewöhnliches, sondern ebenso wie der Krieg selbst eine historische Erscheinung, mit der zu jeder Zeit im Völkerleben gerechnet werden kann (RG in DR 1941, 170; 1942, 178 Nr. 14). Die infolge des Kriegszustandes vorgeschriebene allgemeine Verdunklung kann als höhere Gewalt nicht angesehen werden, weil es sich dabei um einen, die Allgemeinheit betreffenden Dauerzustand handelt, auf den sich jeder einstellen kann und muß (RG vom 18. 11. 1941 — VI 74/41). Die Verdunklung ist kein äußerer Zufall, kein außergewöhnliches, elementares Ereignis, sondern ein für die Kriegsdauer, also auf unbestimmte Zeit durch behördliche Anordnung herbeigeführter Zustand (RG vom 20. 12. 1941 — VI 44/41 in DR 1942 S. 578 Nr. 16).

c) Durch „Zufall" ist der Zusammenstoß herbeigeführt, wenn es sich um ein weder von dem Schiffseigner (§ 823 BGB) noch von seiner Schiffsbesatzung (§§ 3, 4) oder von anderen Personen zu vertretendes, nach menschlichen Erfahrungen nicht voraussehbares Ereignis handelt (vgl. § 68 Anm. 2a). So kann das Halten der falschen Fahrwasserseite schuldlos sein, wenn ein Schiff plötzlich und unabsichtlich, vielleicht unkontrollierbar oder unabwendbar durch Ausscheeren auf kurze Zeit in die falsche Fahrwasserseite gerät (OLG Hamburg in HansRGZ 1932 B 215; 1928 B Nr. 98, 284).

d) Die „Ungewißheit" über die Ursachen des Zusammenstoßes kann darin bestehen, daß der Sachverhalt überhaupt nicht aufzuklären ist, weil widersprechende Angaben vorliegen und Zeugen nicht vorhanden sind oder weil sich deren Aussagen widersprechen und keine der Bekundungen glaubwürdiger erscheint oder der ursächliche Zusammenhang zwischen einem Verschulden der Schiffsbesatzung und der Entstehung des Schadens nicht zweifelsfrei festgestellt werden kann; eine Ungewißheit liegt auch vor, wenn sich der Richter eine Überzeugung über den tatsächlichen Verlauf und die Ursachen nicht hat bilden können (RG in HansGZ Hauptbl. 1900 Nr. 129; RG in VerkehrsrR 1936, 242).

e) Eine Inanspruchnahme ohne Verschulden kann nach § 904 S. 2 BGB eintreten, da der Eigentümer eines im Wege des sog. Sachnotstandes beschädigten Schiffes „Ersatz des ihm entstandenen Schadens verlangen kann". Es muß sich aber hierbei um eine Einwirkung zur Abwendung einer gegenwärtigen Gefahr handeln; diese Voraussetzungen können u. a. vorliegen, wenn ein Schiff zur Rettung von Sturmschäden an einem anderen Fahrzeug festmacht (RGZ 88, 215), wenn sich ein Schiff trotz der Gefahr, die Hafenanlagen zu beschädigen, bei Sturm in den Hafen schleppen läßt (OLG Kiel in SchlAA 30, 146), wenn ein Schiff zur Abwendung der Strandungsgefahr den Anker schleifen läßt und dabei ein Kabel beschädigt (RGZ 113, 302), wenn ein Schleppzug wegen Versperrung der Fahrstraße durch andere Schiffe aufdreht und hierdurch seine Anhangskähne in Gefahr bringt (OLG Köln vom 2. 1. 1929 — 3 U 122/28). Die Ersatzpflicht würde an sich den handelnden Schiffer als Täter treffen; dieser steht aber in einem Abhängigkeitsverhältnis zum Schiffseigner und es ist ihm auf Grund seiner Berufung zur Führung des Schiffes die Aufgabe der Schadensabwendung übertragen, so daß sich hieraus eine unmittelbare Inanspruchnahme des Schiffseigners ergibt (RGZ 113, 303; ObGer. Danzig in JW 1938, 1205). Unter entsprechender Anwendung der §§ 3, 4 haftet der Schiffseigner nur beschränkt dinglich (OLG Köln vom 30. 5. 1917 — 3 U 189/16; vom 2. 1. 1929 — in 3 U 122/28). Der Ersatzpflichtige ist der Einwirkende, mag auch die Handlung zugunsten anderer gefährdeter Personen vorgenommen sein (RGZ 156, 190). Dies gilt auch zu Lasten des Schlepperführers, auf dessen Weisung die Anhangskähne die Anker abgeworfen haben, die ein Wasserkabel beschädigten (KG vom 16. 9. 1941 — 2 U 918/41 — 5078/40 LG Potsdam).

7. Der verschuldete Schiffszusammenstoß

a) Nach § 3 ist der Schiffseigner für den Schaden verantwortlich, den ein Mitglied der Schiffsbesatzung einem Dritten in Ausführung seiner Dienstverrichtungen zufügt. In Übereinstimmung mit dieser grundsätzlichen Regelung ist der Schiffseigner nach § 92 in Verbindung mit § 735 HGB für den durch Verschulden seiner Besatzung herbeigeführten Schaden eines Zusammenstoßes ersatzpflichtig. Die §§ 735ff. HGB enthalten indessen nur besonders geregelte Anwendungsfälle der Vorschriften über unerlaubte Handlungen (BGHZ 26, 152, 157; BGH vom 29. 6. 1959 — II ZR 3/58 in VersR 59, 608, 612). Die allgemeine Regel der §§ 3, 4 (§ 485 HGB im Seerecht) wird dadurch nicht berührt, soweit die Tatbestände der Sondervorschriften nicht eingreifen (RG vom 16. 7. 1943 — I 32/43 in VerkehrsrR 1943, 2309 Nr. 5). Die Regelung im § 735 HGB ist also ein Anwendungsfall der allgemeinen und im § 3 auch für das Binnenschiffahrtsrecht aufgestellten Grundsätze, wonach nur ein schuldhaftes Handeln eine Schadensersatzpflicht auslöst (RGZ 9, 160), eine darüber hinausgehende Gefährdungshaftung also nicht aufgestellt wird. Soweit das Besatzungsmitglied ausnahmsweise ohne Verschulden haftbar sein sollte (§ 827 BGB) oder aus gesetzlichen Gründen nicht verantwortlich gemacht werden kann (vgl. §§ 827, 828 BGB), besteht keine Haftung des Schiffseigners (vgl. § 3 Anm. 4d). In gleicher Weise haftet der Schiffseigner für einen von ihm herbeigeführten Zusammenstoß nach § 823 BGB nur bei Vorliegen eines Verschuldens. Ebenso finden die allgemeinen bürgerlichrechtlichen Vorschriften der §§ 823ff. BGB Anwendung, wenn weder der Schiffseigner noch die Besatzungen der beteiligten Schiffe, sondern ein Dritter den

Zusammenstoß verschuldet hat. Daneben bleiben die Schadensersatzansprüche aus Verträgen, wie aus dem Fracht- oder Schleppvertrag, für schuldhaftes Verhalten des Vertragsgegners (§ 276 BGB) und seiner Erfüllungsgehilfen (§ 278 BGB) bestehen (vgl. § 3 Anm. 1c, 2a), ebenso die Haftung des schuldigen Besatzungsmitgliedes (§ 823 BGB, §§ 7ff.). Mehrere solcher Schuldner haften nach § 830 BGB dem Geschädigten als Gesamtschuldner (vgl. § 3 Anm. 6b). Die Führung des Entlastungsbeweises, daß der Schiffseigner bei der Anstellung und Beaufsichtigung des Besatzungsmitgliedes die gehörige Sorgfalt angewendet habe (§ 831 BGB), ist gegenüber den aus den §§ 92, 3 hergeleiteten Ansprüchen, ebenso wie gegenüber vertraglichen Ansprüchen, ausgeschlossen (OLG Kiel in Recht 1921 Nr. 1464; § 3 Anm. 2b).

b) Der Begriff der Schiffsbesatzung im Sinne der §§ 734ff. HGB ist der gleiche wie nach § 3. Es gehören also hierzu der Schiffer, die Schiffsmannschaft und alle übrigen auf dem Schiff angestellten Personen mit Ausnahme der Zwangslotsen (vgl. § 3 Anm. 3). Der freiwillig angenommene Lotse ist nur Berater und Gehilfe, gehört also zur Schiffsbesatzung (RG in HansRGZ 1929 B 282; OLG Köln vom 11. 12. 1930 — 3 U 376/377/30); er haftet im Rahmen seiner Dienstobliegenheiten selbständig für begangene Fehler (OLG Hamburg in HansRGZ 1928 B 419). Das OLG Köln hat hiervon abweichend eine Haftung des Lotsen verneint, weil der Kapitän der allein verantwortliche Führer sei (OLG Köln vom 17. 3. 1912 — 3 U 86/11; 7. 12. 1934 — 3 U 180/33; vom 10. 7. 1936 — 3 U 287 (289)/35). Im § 737 HGB ist in Übereinstimmung mit dieser Regelung noch besonders hervorgehoben, daß der Schiffseigner „für den von dem Zwangslotsen verschuldeten Zusammenstoß nicht verantwortlich ist" (vgl. RG in Recht 1914 Nr. 3036). Er haftet in einem solchen Fall nur insoweit, als „die zur Schiffsbesatzung gehörigen Personen die ihnen obliegenden Pflichten nicht erfüllt, insbesondere die sachgemäße Unterstützung des Zwangslotsen unterlassen haben" (vgl. § 3 Anm. 3b). Die Schiffsbesatzung eines Schleppdampfers, der zur Beförderung eines mit eigener Triebkraft nicht ausgestatteten Schiffes benutzt wird, gehört also nicht zu dessen Schiffsbesatzung (vgl. hierzu § 3 Anm. 1b; RGZ 65, 382; 78, 380). Der Eigner des geschleppten Schiffes hat in der Binnenschiffahrt im Gegensatz zur Seeschiffahrt das Verschulden der Schlepperbesatzung nicht zu vertreten, selbst wenn die Handlungen des Schleppers dem geschleppten Schiff dienen (KG vom 7. 1. 1935 — 19 U 3431/32). Der Schlepper ist nicht der Erfüllungsgehilfe (§ 278 BGB) des Frachtführers in der Erfüllung des Frachtvertrages (RGZ 65, 382; 78, 380; 91, 243; BGH vom 4. 6. 1956 — III ZR 238/54). Eine Ausnahme besteht bei der Abschleppung von Schuten (OLG Hamburg vom 19. 11. 1941 — 1 U 114/41 — 24 O 11/41 LG Hamburg).

c) Das Verschulden der Schiffsbesatzung muß ein solches „in Ausführung der Dienstverrichtungen" sein (vgl. § 3 Anm. 4) und kann in einem vorsätzlichen oder fahrlässigen Handeln oder Unterlassen (§§ 276, 278, 823 BGB) bestehen (vgl. § 4 Anm. 4a, b). Die Grundlagen der Sorgfaltspflicht der Schiffsbesatzung, insbesondere des Schiffers, sind: beobachten, schließen und handeln (RGZ 18, 177). Das Verhalten der „schuldigen" Besatzung ist nicht auf Grund späterer kühler Erwägung, vom sog. grünen Tisch aus, sondern nach der Lage zur Zeit des Unfalls zu beurteilen (RG in Recht 1905 Nr. 193). Entscheidend ist der Augenblick des Handelns; der Richter darf seine Kenntnis des späteren Verlaufs nicht dazu benutzen, die Anforderungen zu steigern oder zu mindern (RG Hbl. 1914 Nr. 28).

Es ist dabei davon auszugehen, welche Besatzung die „Gefahrenlage" schuldhaft herbeigeführt hat (BGH vom 13. 1. 1953 — I ZR 105/52 — in VRS 5, 191; vom 14. 2. 1957 — II ZR 332/55 in VRS 1957, 258/260). Hierbei ist zu berücksichtigen, daß die gefahrvolle Lage ungewöhnliche und plötzliche Anforderungen an die Entschlußkraft und Geistesgegenwart stellte und mit einem Versagen gerechnet werden muß (RG in R 1911 Nr. 2823). Deshalb darf ein objektiv unrichtiges Verhalten in einer Lage, die schnellen Entschluß und tatkräftiges Handeln erfordert, nicht ohne weiteres immer als schuldhaft angesehen werden, z. B. beim Unterlassen des Strangloswerfens (OLG Köln vom 25. 6. 1937 — 3 U 32/37), beim Ankerwerfen (OLG Köln vom 23. 6. 1909 — 3 U 209/08), einem plötzlichen Kurswechsel des Gegenfahrers (OLG Köln vom 17. 4. 1935 — 3 U 214/34), plötzliches Auftauchen von Hindernissen und Gefahren (OLG Köln vom 21. 5. 1935 — 3 U 55/35; vom 1. 7. 1938 — 3 U 70/38). Für eine Unterlassung besteht jedoch eine Verantwortlichkeit nur, wenn eine Pflicht zum Handeln begründet war (vgl. § 3 Anm. 4a, b). Dies ist vor allem bei der Übertretung von Schiffahrtspolizeiverordnungen der Fall, wie der Binnenschiffahrtsstraßenordnung vom 19. 12. 1954 (BGBl. II S. 1135) in der Fassung vom 26. 11. 1957 (BGBl. II, 1689) und der für den Rhein vom Bundesminister für Verkehr erlassenen, von der Zentralkommission für die Rheinschiffahrt beschlossenen, mit der VO vom 24. 12. 1954 (BGBl. II S. 1411) eingeführten RheinschiffahrtspolVO, ebenso für die sonstigen Schutzgesetze (§ 823 Abs. 2 BGB); eine Nichtbeachtung der in solchen den Verkehr regelnden Verordnungen enthaltenen Vorschriften, mit deren Unkenntnis sich der Schiffahrttreibende regelmäßig nicht entschuldigen kann, stellt grundsätzlich ein Verschulden dar (RGZ 37, 179; 67, 50; RG in Recht 1913 Nr. 2414, 1915 Nr. 517, in JW 1909, 432 Nr. 40; OLG Hamburg in HansGZ Hauptbl. 1896 Nr. 109, 1907 Nr. 46). Verkehrsvorschriften werden durch ihre, selbst gewohnheitsmäßige Übertretung nicht aufgehoben; es handelt sich dann um eine Unsitte, der die rechtliche Anerkennung versagt werden muß (RG in LZ 1913, 299 Nr. 37). Es kann aber für die Verschuldensabwägung von Bedeutung sein, wenn dem die Vorschrift nicht Beachtenden bekannt war, daß sie auch von den amtlichen Stellen nicht beachtet wurden (RG vom 5. 4. 1938 — I 216/37 in VerkehrsrR 1938, 747 flg). Im übrigen kann eine Unkenntnis der Vorschriften nur entschuldigen, wenn sie nicht auf Fahrlässigkeit beruhte (RG in Warn. 1909 Nr. 297; in LZ 1916, 1241). Ein beachtlicher Rechtsirrtum kann vorliegen bei tatsächlicher Mißverständlichkeit des Gesetzes (RG in JW 1907, 251; RGZ 73, 337). Es muß sich aber um wasserpolizeiliche Vorschriften handeln, die ein bestimmtes Verhalten (Tun oder Unterlassen) ausdrücklich vorschreiben und im einzelnen klar regeln (OLG Hamburg in HansGZ Hauptbl. 1920, 81 Nr. 40), wie die Verständigung über das Ausweichen entgegenkommender Schiffe auf Strömen, da der Grundsatz des Ausweichens nach rechts in der Binnenschiffahrt abgeschwächt ist (OLG Hamburg in HansRGZ 35 B 279). Auch die Nichtbeachtung wasserpolizeilicher Vorschriften über die Bemannung und Ausrüstung der Schiffe mit allem Zubehör, einschl. der Taue (KG vom 9. 5. 1944 — 2 U 65/44 in Zeitschrift für Binnenschiffahrt 1944/71) einschließlich der Lichterführung stellt regelmäßig ein schuldhaftes Verhalten dar (RG in JW 1929, 2118 Nr. 4; RGZ 102, 111). Ein Verstoß gegen die Vorschriften, die ein bestimmtes Verhalten regeln, begründet regelmäßig einen Anscheinsbeweis eines ursächlichen Verschuldens. Enthält dagegen die Vorschrift, die der Schiffer verletzt hat, nur eine allgemeine Sorgfaltsregel, so bedarf es einer besonderen Prüfung sowohl dahin, ob der Schiffer schuldhaft gehandelt hat, d. h. ob er vorausgesehen hat, daß ein Schaden entstehen wird, oder ob er die Entstehung eines Schadens bei Anwendung der nötigen Sorgfalt hätte voraussehen können und müssen (RG vom 10. 9. 1943 — I 64/43). Die polizeilichen Vorschriften verfolgen eben den Zweck, für die ungehinderte Durchführung des Verkehrs zu sorgen und jede gefährliche Annäherung von Schiffen von vornherein zu vermeiden (RGZ 67, 49). Nach § 66 Abs. 2 BSchSO müssen stilliegende Fahrzeuge so gesichert werden, daß sie durch vorüberfahrende Fahrzeuge nicht gefährdet werden und andere nicht gefährden. Mangels üblicher Befestigungsmöglichkeiten entbindet den Schiffsführer das Verbot des Ankerns im Kanal und des Einschlagens von Pfählen, Eisenstangen oder Pflöcken auf der Uferböschung nicht von der Verpflichtung, solche Maßnahmen im Falle der Gefahr zur Abwendung eines unmittelbar drohenden Schiffsunglücks zu ergreifen (OLG Köln vom 23. 4. 1953 — 3 U 79/52 in ZfB 1953, 205). Nach § 47 Nr. 1 RhSchPVO ist ein Wenden verboten, wenn eine Gefahr dadurch entstehen kann (RGZ 172, 92, 96; BGH vom 17. 2. 1956 I 7 R 89/54 in VerkBl. 1956, 45 Nr. 18). In eine „Stromenge" darf nach den §§ 1, 43 Nr. 2 RhSchPVO nur eingefahren werden, wenn unzweifelhaft hinreichender Raum für die Begegnung vorhanden ist (BGH vom 16. 1. 1958 — II ZR 302/56 in ZfB 1958, 130). Bei einer Überholung und einem Begegnen ist die Vorbeifahrt nur zulässig, wenn unter Berücksichtigung aller örtlichen Umstände des Fahrwassers unzweifelhaft hinweichender Raum gewährt ist und bei Anwendung der erforderlichen Sorgfaltspflicht ohne eine Gefährdung der beteiligten Fahrzeuge die gleichzeitige Durchfahrt ausgeführt werden kann (RG vom 3. 12. 1943 — I 14/43 in VerkehrsrR 1944 Gruppe 3b S. 3872). Die Voraussehbarkeit braucht sich nicht auf die besondere Gestaltung des schädlichen Erfolges zu erstrecken, der nachher tatsächlich eingetreten ist. Dies gilt vor allem auch bei einem Verstoß gegen das in § 4 BSchSO aufgestellte Gebot. Es muß auch ein bestehendes Vorfahrtsrecht und eine Ausweichpflicht beachtet werden (RG in JW 1936, 450 Nr. 12); trotzdem ist es aber nicht angängig, daß ein Schiff, auf sein Wegerecht pochend, ein anderes, wenn auch ausweichpflichtiges Schiff überrennt (RG vom 7. 3. 1923 — I 802/22 — 62 O 94/18 LG I Berlin). Die Abweichung von einem Schutzgesetz ist nicht schuldhaft, wenn sie durch eine außergewöhnliche, vom Gesetz nicht vorgesehene Lage bedingt war (RG in JW 1909, 313; in HansRGZ 1933, 122 Nr. 47). Die Schiffsbesatzung muß auch über die Beschaffenheit des Fahrwassers der dem öffentlichen Verkehr freigegebenen, von ihr regelmäßig befahrenen Binnengewässer unterrichtet sein (OLG Hamburg in HansGZ Hauptbl. 1896 Nr. 109, 1907 Nr. 46); sie hat die Pflicht, ein mit eigener Steuerfähigkeit ausgestattetes Schiff innerhalb der durch Schiffahrtszeichen festgelegten Fahrstraße und weit genug von der abgetonnten erkennbaren Fahrwassergrenze zu halten (AG Duisburg-Ruhrort vom 9. 6. 1939 — 3 SchC 153/38); dagegen besteht keine Haftung für einen durch unbekannte Untiefen verursachten Schaden (OLG Hamburg in HansRGZ 1936, 303 Nr. 95). Der Führer eines auf Grund geratenen oder gesunkenen Schiffes ist, wenn er die nach den wasserpolizeilichen Vorschriften erforderliche Anzeige an die Strompolizeibehörde gemacht hat, nicht für den Schaden verantwortlich, den ein anderes Schiff durch das gesunkene Fahrzeug erleidet (RG in SeuffA 84 Nr. 209). Ferner hat die Schiffsbesatzung die Anweisung der Ladungsbeteiligten, die nautischen Grundsätze bei der Führung des Schiffes sowie anerkannte Schiffahrtsübungen zu beachten (RGZ 102, 111; OLG Hamburg in HansGZ 1897 Nr. 68, 1900 Nr. 5, Nr. 8, 1901 Nr. 12, Nr. 78, 1906

Nr. 152; sowie § 3 Anm. 4b, c). Der Schiffsführer handelt gegen die ihm obliegende Pflicht zu verkehrsmäßiger Sorgfalt, wenn er sich, ohne die Klärung der Sachlage abzuwarten, in seiner Kursführung bereits durch die entfernte Möglichkeit, daß das entgegenkommende Schiff das Signa :eines Kurswechsels geben werde, zu gefahrbringenden Maßnahmen verleiten läßt (RG vom 3. 10. 1941 — T 66/41 in DR 1942 S. 58 Nr. 21 = R 1942 Nr. 1660). Jeder Verkehrsteilnehmer muß sich so sorgfältig benehmen, daß durch sein Verhalten kein anderer geschädigt wird, wie dies in der Generalklausel der WasserpolizeiVO (§ 4 DBSchStO) und in den §§ 276, 278, 823 BGB zum Ausdruck kommt. Die Verpflichtung erschöpft sich nicht in der Beachtung der polizeilich auferlegten Fahrtvorschriften, sondern ein Schiffsführer hat auch die allgemeinen Vorschriften im Verkehr zu beobachten und die durch die Praxis oder die besonderen Umstände des Falles gebotenen Vorsichtsmaßregeln zu treffen (BGH vom 22. 11. 1955 — I ZR 51/54 in VRS 1956, 272; vom 13. 3. 1959 — II ZR 306/56; RGZ 97, 13). Er hat den Schiffahrtsbrauch zu beachten, d. h. die durch Übung und Herkommen festgelegte Handlungsweise eines sorgfältigen Schiffers. Hierzu gehört auch die Einhaltung des Fahrwassers und der üblichen Schiffahrtskurse, die sich aus Gründen der Sicherheit und zur reibungslosen Durchführung des Schiffahrtsverkehrs eingebürgert haben. Wer ohne zwingenden Grund von diesen Kursen abweicht, handelt schuldhaft (OLG Köln vom 23. 3. 1921 — 3 U 58/20; vom 19. 1. 1934 — 3 U 313/32). Innerhalb eines Schleppverbandes hat der Schlepperführer für eine sachgemäße Zusammenstellung des Schleppzuges nach Zahl, Reihenfolge der Anhangskähne und Länge der Schlepptrosse zu sorgen (RGZ 102, 47; RG in VerkehrsrR 1934, 548; OLG Hamburg in HansGZ Hauptbl. 1902 Nr. 115; 1903 Nr. 108, Nr. 133; 1910 Nr. 3; 1915 Nr. 9, Nr. 80, Nr. 130; 1916 Nr. 2); er muß die Witterungs- und Wasserstandsverhältnisse beachten (OLG Hamburg in HansGZ Hauptbl. 1904 Nr. 51), den Tiefgang der Anhänge erkunden und beachten (OLG Köln vom 29. 6. 1937 — 3 U 38/37; OLG Köln in 3 U 28/51, AG (Sch) Duisburg-Ruhrort vom 10. 4. 1953 — 3 C 196/51), die Stranglänge und ihre sachgemäße Befestigung prüfen (OLG Köln vom 2. 3. 1910 — 3 U 146/09; vom 1. 2. 1933 — 3 U 24/31), einen geeigneten Ankerplatz auswählen (OLG Köln vom 12. 6. 1912 — 3 U 39/11). Er muß, insbesondere als Führer eines Talschleppers prüfen, ob bei niedrigem Wasserstand oder bei beengtem Fahrwasser durch die Grund- und Strömungsverhältnisse für die Anhangskähne die Gefahr des Ausscheerens entstehen kann (RG vom 3. 12. 1943 — I 74/43). Ferner hat der Schlepperführer auf der Fahrt auf Grund des ihm zustehenden nautischen Oberbefehls die Leitung des Schleppzuges, also alle erforderlichen Anordnungen und Maßnahmen zu treffen (RG in SeuffA 81 Nr. 13; in HansGZ Hauptbl. 1909 Nr. 53; BGH vom 3. 7. 1958 — II ZR 279/56 in NJW 1958, 1636; vom 22. 11. 1955 — I ZR 51/54 in VRS 1956, 272; KG in KGBl. 1911, 101; OLG Hamburg in HansGZ Hauptbl. 1911 Nr. 73). So darf der Führer des Schleppers bei Wiederaufnahme der Fahrt die Weiterfahrt über die Liegestelle der Anker hinaus erst antreten, wenn sämtliche Anhangskähne ihre Anker hochgedreht und dies angezeigt haben (OLG Köln vom 2. 11. 1936 — 3 U 68/36; vom 1. 6. 1938 — 3 U 43/38 in Zeitschrift für Binnenschiffahrt 1938, 206); er darf nur so viel Anhänge aufnehmen, als er sicher zu führen vermag (OLG Köln vom 11. 7. 1934 — 3 U 241/33). Die Führer der Anhangskähne haben grundsätzlich, abgesehen vom Nachsteuern, die Befehle des Schlepperführers abzuwarten (BGH vom 22. 11. 1955 — I ZR 51/54 in VRS 1956, 272); RG in HansGZ Hauptbl. 1902 Nr. 83; OLG Hamburg in HansGZ 1911 Nr. 73).

Sie dürfen grundsätzlich ohne Anweisung des Schlepperführers weder den Anker setzen noch den Strang loswerfen (OLG Köln vom 4. 6. 1924 — 3 U 385/23; vom 1. 6. 1937 — 3 U 47/37). So kann es als ein Verschulden der Besatzung des Anhangskahnes nicht angerechnet werden, wenn in der Biegung eines Kanals ein Kahn nicht mehr zur Mitte gesteuert wird, da der Anhangskahn in einem Schleppverband auch nur beschränkt manövrierfähig war und eine Vorschrift nicht besteht, wonach die Schiffe in einer Biegung sich mehr zur Mitte der Fahrstraße halten sollen (KG vom 3. 3. 1944 — 2 U 3565/43 — 161 C 300/43 AG Berlin). Bei Eintreten einer unmittelbaren Gefahr haben sie auch selbständig die erforderlichen Maßnahmen zu treffen (RG in HansGZ Hauptbl. 1909 Nr. 53; in Recht 1921 Nr. 1844; OLG Königsberg in HansRGZ 1931, 355 Nr. 125; OLG Köln vom 11. 6. 1953 — 3 U 101/52 in ZfB 1953, 430) und müssen im übrigen auch sonst diejenigen Anordnungen veranlassen, die geeignet sind, das Folgen ihrer Schiffe in dem Kurs des schleppenden Schiffes zu bewirken, also gehörig nachsteuern und unter Umständen Bundstaken setzen (RGZ 63, 385; OLG Königsberg in HansRGZ 1931, 355 Nr. 125). Die Besatzungen der Anhangskähne müssen die Ankersignale des Schleppers sofort ausführen und haben unter Umständen auch ohne ein solches Signal die Pflicht zum Ankerabwurf, wenn lediglich hierdurch ein erkennbarer drohender Zusammenstoß vermieden werden kann (RG vom 7. 1. 1935 — 19 U 3431/32). So muß jeder Führer eines Schiffes bei der Einfahrt in eine Schleuse jede gefahrbringende Situation von vornherein vermeiden und so vorsichtig manövrieren, daß ein Zusammenstoß mit den Schleusenanlagen oder anderen Schiffen vermieden wird (OLG Schleswig vom 10. 12. 1948 — 1 U 417/48 in VRS Bd. 2 S. 257). Einem aus dem Schleppverband losgerissenen, auf Grund geratenen oder sonst beschädigten Anhangsschiff muß der Schlepperführer angemessene Hilfe leisten (RGZ 120, 121; 46, 205; RG in Recht 1928, 220; in HansGZ Hauptbl. 1900 Nr. 121). Er ist auch nach den wasserpolizeilichen Vorschriften und nach § 330 StGB zu einer Hilfeleistung zugunsten Dritter, in Gefahr befindlicher Fahrzeuge verpflichtet. Bei einem in Ruhe liegenden Schiff kann das Verschulden der Schiffsbesatzung darin bestehen, daß ein unerlaubter oder ungeeigneter Platz ausgewählt oder das Schiff nicht ordnungsmäßig vertäut wurde (RG in SeuffA 83 Nr. 204; OLG Hamburg in HansGZ 1906 Nr. 121; 1915 Nr. 15; in HansRGZ 1935, 107 Nr. 29; 1936, 391 Nr. 132). Mußte die Besatzung zur Abwendung einer plötzlich auftretenden, von ihr nicht verschuldeten Gefahr sofortige Maßregeln ergreifen, ohne hinreichende Zeit zum Überlegen zu haben, so stellt ein Versehen oder Vergreifen in den Maßnahmen regelmäßig ein Verschulden nicht dar (RG bei Bolze 4 Nr. 422; OLG Hamburg in HansGZ Hauptbl. 1906 Nr. 107), insbesondere wenn Bestürzung oder Verwirrung einen sachgemäßen Entschluß verhinderte (RGZ 92, 38; RG in JW 1917, 461 Nr. 4). Ebenso kann eine verantwortliche Verletzung nicht angenommen werden, wenn es an der Möglichkeit fehlt, eine Lage zu erkennen, für die ein bestimmtes Verhalten vorgeschrieben ist (RGZ 61, 64; 64, 97). So kann das Fehlen von Besatzungsmitgliedern in der Kriegszeit u. U. entschuldbar sein (RGZ 112, 46), ebenso das Unterlassen von Lichtsignalen wegen Petroleummangel oder Fliegergefahr (OLG Köln vom 29. 1. 1919 — 3 U 100/18). Von diesen Ausnahmefällen abgesehen, schließen die orschriften bestimmten Inhalts das Ermessen des Handelnden aus; er darf nicht andere Maßnahmen ergreifen, weil er sie angeblich für zweckmäßiger hielt (RG in JW 1909, 313; 1910, 1003). Der Schiffer muß bei seinen Maßnahmen auch berücksichtigen, daß es erfahrungsgemäß nicht selten vorkommt, daß jemand, der sich plötzlich und unerwartet einer Gefahrenlage gegenübersteht, nicht völlig sachgemäß handelt (RG vom 10. 9. 1943 — I 64/43 in ZfB 1943, 145).

d) Durch ein solches Verschulden der Schiffsbesatzung muß der Zusammenstoß „herbeigeführt" sein, es muß also ein ursächlicher Zusammenhang bestehen. Erst wenn feststeht, daß die Bedingung nicht weggedacht werden kann, ohne daß der Erfolg entfällt, ist weiter zu prüfen, ob die Bedingung adäquat ist (BGHZ 2, 138; 3, 261; BGH vom 11. 5. 1951 — I ZR 106/50). Der Zusammenstoß muß nicht nur durch das schuldhafte Verhalten bedingt, sondern dessen sog. adäquate Folge sein; das Verhalten muß auch nach den Erfahrungen des Lebens allgemein geeignet erscheinen, einen solchen Erfolg herbeizuführen, der also nicht außerhalb des natürlichen Verlaufs der Dinge liegen darf (BGH vom 23. 10. 1951 — I ZR 31/51). Dabei ist von der „gefahrvollen Lage" auszugehen, die die Ursache des Zusammenstoßes darstellen kann (so BGH vom 16. 1. 1958 — II ZR 302/56 in ZfB 1958, 130, RGZ 81, 359; RG in JW 1901, 409 Nr. 33; in HansGZ Hauptbl. 1904 Nr. 56; 1913 Nr. 56, 1914 Nr. 104; RGZ Hauptbl. 1908 Nr. 16; 1915 Nr. 57; 133, 126; 135, 149; 141, 169; RG in DJ 1938, 1602; OLG Hamburg in HansGZ Hauptbl. 1908 Nr. 16; 1915 Nr. 57). Es darf die Möglichkeit des eingetretenen Erfolges nicht von vornherein oder nicht gänzlich außerhalb der durch den erfahrungsgemäßen Verlauf gegebenen Möglichkeiten des Sachablaufes liegen (RGZ 153, 113, 119; 81, 359; 152, 401; 155, 41). Wenn bei Hilfsmaßnahmen zur Sicherung eines durch Unfall beschädigten Schiffes von der Besatzung oder fremder Hilfskräfte Fehler gemacht werden, so wird der ursächliche Zusammenhang der auf diese Fehler zurückzuführenden Schäden mit dem ursprünglichen Unfall nicht beseitigt. Die Fehler stellen lediglich mitwirkende weitere Ursachen und ein mitwirkendes zusätzliches Verschulden dar, das bei der Abwägung der gegenseitigen Schuld der Parteien zu berücksichtigen ist (OLG Köln vom 2. 7. 1959 — 3 U 206/57 in ZfB 1959, 458; BGH in ZfB 1958, 131).

e) Das Tatbestandserfordernis der Widerrechtlichkeit der Schadenszufügung entfällt, wenn eine Einwilligung in eine möglicherweise auf der Fahrt eintretende Beschädigung festgestellt werden kann (BGH in MDR 1951, 60). Ein Handeln auf eigene Gefahr ist anzunehmen, wenn ein Geschädigter sich, ohne durch ein gesetzliches, berufliches oder sittliches Gebot hierzu bestimmt zu sein, bewußterweise einer vermeidbaren Gefahr ausgesetzt hat. Die Gefahrübernahme braucht nicht ausdrücklich erklärt oder übernommen zu werden. Sie kann auch stillschweigend geschehen (AG (Sch) Duisburg-Ruhrort vom 10.4.1953 — 3 C 196/51 —).

8. Die Beweislast und die Beweisannahme

a) Nach § 92 in Verbindung mit § 735 HGB haftet der Schiffseigner nur, wenn der Zusammenstoß durch ein Verschulden der Besatzung seines Schiffes herbeigeführt ist (vgl. Anm. 7a). Die Beweislast dieser klagebegründenden Tatsachen hat der Schadensersatzberechtigte; er muß also nicht nur seinen Schaden, sondern auch das behauptete schuldhafte Verhalten der Besatzung und den ursächlichen Zusammenhang mit dem Zusammenstoß durch das Schiff des in Anspruch genommenen Schiffseigners beweisen (BGH vom 14. 2. 1957 — II ZR 332/55 in VRS 1957, 258). Die Tatsachen, die als Schadensursache in Betracht kommen, sind unter Berücksichtigung der Beweislast nach § 286 ZPO festzustellen, während über den ursächlichen Zusammenhang nach § 287 ZPO vom Gericht entschieden wird (BGHZ 2, 138; 7, 148); bei dieser Entscheidung ist das Gericht an die Verteilung der Beweislast nicht gebunden (RGZ 165, 37), wenn auch das Urteil auf einer Verkennung der Beweislast nicht beruhen darf (RG in JW 1954, 757; BGH vom 14. 3. 1957 — II ZR 334/55 — in ZfB 1957, 460; RGZ 124, 49; RG in JW 1929, 205 Nr. 5; RG in HansRZ 1920, 137; OLG Hamburg in HansGZ Hauptbl. 1900 Nr. 61, in SeuffA 55 Nr. 220). Das Gesetz enthält keine besonderen Rechtsvermutungen (wie z. B. der § 114 Abs. 2) für den ursächlichen Zusammenhang und das Verschulden (RG in JW 1909, 79 Nr. 16 = SeuffA 64 Nr. 157). Die Beweislast ist erleichtert bei der äußeren Zuwiderhandlung gegen solche Schutzgesetze, die ein bestimmtes Verhalten (Tun oder Unterlassen) erschöpfend regeln (RGZ 76, 295, 297; 97, 13; 128, 320, 329; BGHZ 7, 198, 204). Der Geschädigte hat nur die erfolgte Beschädigung und die äußere Zuwiderhandlung gegen das Schutzgesetz zu beweisen; der Schädiger muß sich dann entlasten (ROHG 23, 187; RGZ 21, 109; 91, 76; 113, 293; RG in JW 1909, 687; 1913, 864; 1937, 1917). Der ursächliche Zusammenhang ist bei der Verletzung solcher Vorschriften zu vermuten; deshalb wird auch häufig von Beweisvermutung oder einer Umkehrung der Beweislast gesprochen (RGZ 10, 14; 31, 64; 76, 295; 97, 13). Es handelt sich aber tatsächlich nur um eine Beweislastumstellung bei Vorliegen eines objektiven Verstoßes gegen ein Schutzgesetz (RGZ 138, 37; RG in HansRGZ 1932 B 3; 1936 B 63; OLG Köln vom 28. 5. 1937 — 3 U 331/36; vom 2. 11. 1936 — 3 U 149/36). Diese Beweislastumstellung befreit den Anspruchsberechtigten vom Nachweis des ursächlichen Verschuldens; es wird von ihm, ebenso wie im Falle des § 618 BGB nicht der volle Nachweis der anspruchsbegründenden Tatsachen gefordert (RGZ 198, 37; OLG Köln vom 10. 2. 1939 — 3 U 239/38). Ein Mitverschulden des Anspruchsberechtigten schließt die Beweislastumstellung nur aus, wenn dieser sich durch sein Verhalten als schutzunwürdig erwiesen hat (in RGZ 97, 15 dahingestellt). Im übrigen muß der Geschädigte grundsätzlich auch nachweisen, welches Mitglied der Schiffsbesatzung schuldhaft gehandelt hat; ergibt sich aber aus der Sachlage, daß offensichtlich ein Verschulden der Besatzung vorliegt, so genügt der Beweis, daß „irgendein Besatzungsmitglied" der Schuldige sein muß, ein „Verschulden des Schiffes" vorliegt (RG in HansGZ Hauptbl. 1885 Nr. 48; OLG Königsberg in VerkehrsrR 1927, 466 Nr. 328; § 3 Anm. 7c). Bei der Beweiswürdigung von Zeugenaussagen, die bei der Schilderung des Herganges vielfach erheblich voneinander abweichen, müssen diese Aussagen hinsichtlich ihrer Beweiskraft einer kritischen Wertung unterzogen werden, wobei die Bekundungen der am Ausgang des Rechtsstreits uninteressierten Augenzeugen von ausschlaggebender Bedeutung sind (OLG Köln vom 19. 7. 1939 — 3 U 76/39 in Zeitschrift für Binnenschiffahrt 1939, 313).

b) Der Geschädigte hat grundsätzlich, auch bei Verstoß gegen Generalklauseln, Blanketten und bei Verletzung der allgemeinen Sorgfaltspflichten die volle Beweislast für Schuld oder Ursächlichkeit (RGZ 97, 15; RG in JW 1904, 407). Das gilt auch dann, wenn die verkehrsnotwendige Sorgfalt vertraglich geschuldet wird (RGZ 124, 51; 126, 331). Ein solcher Nachweis wird häufig nur schwierig zu erbringen sein, weil sich die Vorgänge aus dem Schiff des in Anspruch genommenen Schiffseigners vielfach der Beobachtung des Schadensersatzberechtigten entziehen. Nach dem äußeren Tatbestand und dem regelmäßigen Zusammenhang der Dinge ist nicht selten ein Rückschluß auf den Verdacht (Anschein) eines ursächlichen Verschuldens der Beteiligten möglich. Deshalb ist in solchen Fällen eine Beweisannahme auf Grund des ersten Anscheines (prima facie) gerechtfertigt; es handelt sich hierbei nach anerkannter Ansicht nicht um eine Umkehrung der

Beweislast, auch nicht um eine anderweite Beweislastverteilung, auch nicht um eine tatsächliche Vermutung, sondern um eine dem Gebiet der Beweiswürdigung angehörende Regelung der Beweisannahme (RGZ 124, 49 = RG in JW 1929, 2052, Nr. 5; RG in JW 1936, 3234; RGZ 134, 237, 241, 242; 159, 239, 289; RG vom 10. 2. 1940 — VI 124/39 in DJ 1940, 373). Die Beweisregeln des ersten Anscheins betreffen nicht die Beweislast, sondern die Beweiswürdigung; sie werden daher auch nicht berührt durch eine in den Frachtpapieren enthaltene oder sonst vereinbarte Bedingung, daß der den Schadensersatz Begehrende die Beweislast trägt (so § 14 Abs. 1 der Allgemeinen Schleppbedingungen = OLG Hamburg vom 19. 6. 1944 — 1 U 68/44). Es gilt auch bei der Entscheidung über Ansprüche aus einem Schiffszusammenstoß der Grundsatz der freien Beweiswürdigung (§§ 286, 287 ZPO); der Richter hat hierbei aber die gewohnheitsrechtlichen Grundsätze der Beweisannahme des ersten Anscheins zu beachten (RG in JW 1937, 2228 Nr. 48, in JW 1909, 79, Nr. 16 = SeuffA 64 Nr. 157; RGZ 134, 237, 241). Nach diesem Beweisgrundsatz ist der Tatbestand zunächst unter Beiseitelassung bestrittener Einzelheiten daraufhin zu prüfen, wie er sich einer, nur den der Lebenserfahrung entsprechenden regelmäßigen Verlauf der Dinge ins Auge fassenden Betrachtung darstellt (RG in JW 1920, 554). Dann ist auf Grund der Gesamtheit aller feststehenden unstreitigen Tatsachen zu ermitteln, ob sich der tatsächliche Hergang als ein typischer Geschehensablauf erweist, der nach allgemeiner Erfahrung auf ein Verschulden einer beteiligten Besetzung schließen läßt. Es ist unzulässig unter Aufspaltung des unstreitigen Gesamttatbestandes in verschiedene Teilereignisse jedes für sich einer zergliedernden Betrachtung und Beurteilung zu unterwerfen, da sich die Eigenart des Unfallherganges erst aus der Gesamtheit aller ineinandergefundenen und zusammenwirkenden Tatsachen ergibt (RG vom 4. 7. 1944 — I 2/44). Die Anwendung dieser Grundsätze ist nicht auf objektive typische Geschehensabläufe beschränkt, sondern erstreckt sich auch auf den ursächlichen Zusammenhang und auf das Verschulden (RGZ 130, 263). Es muß aber für beide Erfordernisse eine solche Beweisannahme festgestellt werden können; grundsätzlich kann aus einer Verletzung eines öffentlich-rechtlichen Schutzgesetzes, z. B. einer wasserpolizeilichen Vorschrift, nicht nur auf den ursächlichen Zusammenhang, sondern auch auf ein Verschulden geschlossen werden (RGZ 91, 76; 113, 294 = JW 1927, 178). Der Anscheinsbeweis ist in erster Linie zur Erleichterung des Nachweises der Ursächlichkeit entwickelt worden; er ist dann auf die Frage ausgedehnt worden, ob ein ursächliches Verschulden vorliegt (RG vom 2. 3. 1938 — VI 185/37 in VerkehrsrR 1938 Gruppe 3b Heft 11 Bl. 63 S. 915). Der Anscheinsbeweis kann jeweils nach dem Umfang des zugrunde gelegten Erfahrungssatzes entweder mehrere mögliche oder auch nur eine schuldhafte Verursachung umfassen (BGH vom 2. 12. 1955 — I ZR 22/54 in VerkR 1956, 128). Die für Zusammenstöße entwickelten Grundsätze vom Beweis des ersten Anscheins gelten auch bei der Fernschädigung aus § 92 in Verbindung mit § 738 HGB (OLG Hamburg vom 8. 1. 1952 — 2 U 321/51 — in ZfB 1953, 308). In ähnlicher Weise ist bei Vorliegen einer vertragsmäßigen Verpflichtung zur ordnungsmäßigen Erfüllung eines Vertrages (z. B. Fracht-, Fahrgast- oder Schleppvertrages) eine Beweisannahme gerechtfertigt, daß die nicht ordnungsmäßige Erfüllung ein Verschulden des Verpflichteten darstellt. Der Beförderungsunternehmer haftet für die aus dem Gefahrenkreis des Betriebes entstandenen Schäden, wenn er nicht nachweisen kann, daß ihn kein Verschulden trifft (BGHZ 8, 239, 241; 23, 288, 290; RG in JW 1937,

2190 Nr. 5; RGZ 93, 39; 112, 42; 66, 16; 83, 343; 126, 141; 148/150 = JW 1935, 2885 Nr. 7; RG in JW 1935, 193; in WarnR 1932 Nr. 72; RG in JW 1930, 1942 Nr. 11); KG vom 21. 10. 1938 — 21 U 3047/38 — 3 O 116/37 LG Frankfurt/Oder. Grundsätzlich ist aus der Verletzung eines öffentlich-rechtlichen Schutzgesetzes, insbesondere einer wasserpolizeilichen Vorschrift der Schluß auf ein Verschulden und auf den ursächlichen Zusammenhang zwischen Verschulden und Schaden zu ziehen (OLG Hamburg vom 9. 1. 1951 — 2 U 361/50 — AG Hamburg 30 C 2498/49). Maßgebend ist bei der Anwendung der Beweisannahme des ersten Anscheines stets nur der unstreitige Sachverhalt, wie er sich aus dem Vorbringen der Beteiligten ergibt; dabei sind auch die unstreitigen Strom- und örtlichen Verhältnisse zu berücksichtigen, selbst wenn sie außergewöhnlicher Natur sind (OLG Breslau 4 U 301/43 — 96 C 45/42 AG Breslau). Es handelt sich um eine Beweislastwürdigung, die mitunter auch als eine Umkehrung der Beweislast bezeichnet wird (RG in SeuffA 58, 160; RGZ 66, 15).

c) Eine solche Beweisannahme des ersten Anscheins (Verdachts) eines Verschuldens ist nach den von der Rechtsprechung ausgebildeten Regeln anzunehmen, wenn der äußere unstreitige Tatbestand nach dem regelmäßigen Zusammenhang der Dinge die Folgerung rechtfertigt, daß der Schaden durch eine zu vertretende Versäumung der im Verkehr erforderlichen Sorgfalt verursacht ist (RGZ 112, 229; 121, 160; 130, 357; 135, 136; 138, 201; RG in JW 1926, 1438; 1931, 3210 Nr. 14; 1935, 2634 Nr. 16; 1936, 1890 Nr. 4). Jedoch beschränkt sich der Beweis des ersten Anscheins auf typische Geschehensabläufe, d. h. auf Fälle, in denen ein gewisser Tatbestand feststeht, der nach den Erfahrungen des Lebens auf eine bestimmte Ursache, insbesondere darauf hinweist, daß er nur durch eine Versäumnug der Sorgfaltspflicht herbeigeführt sein kann (RGZ 130, 359; 138, 201; RG in JW 1938, 2278 Nr. 12; LG Guben vom 2. 5. 1938 — 7 O 6/36); eine Verallgemeinerung dahin, daß der Kläger sich auf den Nachweis eines gewissen Grades von Wahrscheinlichkeit beschränken und dem Gegner die Entkräftung dieser Wahrscheinlichkeit überlassen dürfte, ist abzulehnen (RG in JW 1939, 1466 Nr. 34; RGZ 130, 359 = JW 1932, 107; RGZ 153, 137; 159, 283, 235; RG in JW 1940, 978 Nr. 12). Die auf allgemeine Lebenserfahrung gestützte tatsächliche Vermutung eines ursächlichen Verschuldensverdachtes kann durch den Nachweis der Möglichkeit eines anderen Geschehensablaufes entkräftet werden; dann fällt die volle Beweispflicht wieder der Gegenseite zu; die früher vom III. Senat vertretene Auffassung, daß die Wahrscheinlichkeit eines anderen Sachablaufes in rechtliche Beachtung gerückt sein müßte, ist aufgegeben (BGHZ 6, 169). Es ist bei einem Verschuldensverdacht Sache des Inanspruchgenommenen, etwaige besondere Umstände nachzuweisen, aus denen sich die Schuldlosigkeit der Personen ergibt, für die er einzustehen hätte (vgl. u. a. RG in JW 1931 Nr. 14). Dieser Entschuldigungsbeweis hat sich darauf zu erstrecken, daß aus den darzulegenden besonderen Gründen die feststehende Zuwiderhandlung oder Unterlassung als entschuldigt angesehen werden kann oder nicht ursächlich ist. Der Inanspruchgenommene ist aufklärungspflichtig und hat die seiner Entschuldigung dienenden Umstände voll zu beweisen; eine Wahrscheinlichkeit genügt insoweit nicht (RGZ 69, 434; RG in JW 1928, 1732, 1936, 3188; OLG Köln vom 19. 2. 1913 — 3 U 344/11). Es genügt also gegenüber dem festgestellten Anschein eines Verschuldens nicht, daß die Wahrscheinlichkeit eines anderen Gesamtherganges dargetan wird, in dem kein Verschulden auf seiner Seite zu erblicken sei (RGZ 69, 434; RG in JW 1910,

244 Nr. 34). Vielmehr müssen die Tatsachen, die als Grundlage der dem Verschuldensverdacht entgegengestellten Wahrscheinlichkeit dienen und diesen entkräften sollen, nachgewiesen werden (RG in JW 1928, 1732 Nr. 14 = LZ 1928, 545 Nr. 22; RG in JW 1938, 3187; RG in HGZ 1913 Nr. 109 S. 224; OLG Hamburg vom 15. 5. 1939 — 1 U 31/39 in DJ 1939, 1701); es ist voller Nachweis dieser „entlastenden Umstände“ erforderlich (BGHZ 8, 240; RG in Recht 1928, 8 Nr. 73; in JW 1936, 3187 Nr. 11). Umfaßt der Anscheinsbeweis mehrere mögliche Verursachungen, so kann er erst als widerlegt gelten, wenn alle unterstellten Ursachen widerlegt sind (BGH vom 2. 12. 1955 — I ZR 22/54 in VerkR 1956, 128). Die Partei, zu deren Ungunsten der Beweis des ersten Anscheins ausschlägt, hat einen Sachverhalt nachzuweisen, der die richterliche Überzeugung entweder zu ihren Gunsten kehrt oder zumindest erschüttert (BGHZ 2, 1; 6, 169; 8, 240; 120, 258, 264; RGZ 134, 237; 130, 357; 127, 28; 120, 264; RG in JW 1935, 2634 Nr. 16, 1936, 1944, 1961 Nr. 16). Es genügt aber, wenn die Gegenseite dartut, daß ein anderer Geschehensablauf auch nur in den Bereich ernstlich in Betracht zu ziehender Möglichkeit zu rücken ist (RGZ 159, 289; RG in DR 1940, 744 Nr. 22; RG vom 10. 2. 1940, 373; RG vom 4. 9. 1940 — VI 29/40 in DR 1940, 2116 Nr. 20), der ein schuldhaftes Verhalten nicht in sich schließen würde (OLG Dresden vom 23. 11. 1943 — 11 U 43/13). Es genügt, wenn dargetan wird, daß ein anderer Geschehensablauf in den Bereich ernstlich in Betracht zu ziehender Möglichkeit zu rücken ist (RGZ 159, 289; RG vom 10. 2. 1940 — VI 124/39 in DJ 1940, 373 = DR 1940, 744; BGH vom 23. 5. 1952 — I ZR 163/51 in VRS 1953, 516; BGHZ 2, 1; vom 20. 6. 1952, I ZR 22/52 in VRS 1953, 518). Es ist zulässig, den Gesamtablauf eines Vorganges nur bis zu einem bestimmten Ereignis nach dem Beweis des ersten Anscheins und für die Folgeereignisse nach der vollen Beweislast zu würdigen (RG vom 2. 3. 1938 — VI 185/37 in VerkehrsrR 1938, Gruppe 3b Heft 11 Bl. 63 S. 915). Diese Beweisregelung des ersten Anscheins, mitunter auch als Beweisvermutung (RGZ 131, 353), als Grundsatz der Beweiswürdigung (RGZ 130, 359) bezeichnet, hat das Rechtsverhältnis des ursächlichen Verschuldens zum Beweisgegenstand und stellt prozessuales Gewohnheitsrecht dar (RGZ 84, 384; 120, 316; 124, 49; 138, 37; 95, 68; 132, 388; 130, 359). Sie ist ein auf den Nachweis des ursächlichen Verschuldens beschränkter Rechtsbeweis, der seinem Gegenstand nach auf prozessualem Gewohnheitsrecht und auf den Vorschriften der ZPO beruht. Der Anspruchsberechtigte hat zu beweisen, daß keine Umstände vorlagen, die eine Anwendung des Erfahrungssatzes ausschließen würden, also z. B. die Geeignetheit der Liegestelle (RGZ 31, 64), die Erkennbarkeit der Lage (JW 1900, 666), die Abwesenheit eines Orkans von ungewöhnlicher Stärke (OLG Hamburg in HansRGZ 1935 Bl. 60), oder eines besonders ungünstigen Fahrwassers nebst starker Belegung des Reviers (OLG Köln vom 31. 3. 1937 — 3 U 297/36). Die aus dem Gesamtverlauf zu ziehenden Schlüsse, die auf dem Gebiet des Ursachenzusammenhanges und des Verschuldens liegen, dürfen aber nicht selbst Vermutungen sein, sondern sie müssen den Ausdruck der tatrichterlichen Überzeugung darstellen, denn der Beweis des ersten Anscheins kann sich nicht mit einer Wahrscheinlichkeit begnügen; auch er muß zu einer richterlichen Feststellung führen (RGZ 134, 237, 242; BGH in NJW 1951, 360; vom 23. 5. 1952 — I ZR 163/51; BGHZ 2, 1, 5). Der Anspruchsberechtigte muß den „typischen“, der Inanspruchgenommene den „atypischen“ Verlauf beweisen (BGH vom 23. 5. 1952 — I ZR 163, 51). Es ist unerheblich, ob ein Mitverschulden des Anspruchsberechtigten vorliegt oder dieser

Maßnahmen zur Schadensminderung unterließ; das schließt die Anwendung des Erfahrenssatzes nicht aus (HansRGZ 1935 B 107). Dagegen kann die Vermutung nicht Platz greifen, wenn polizeiliche Vorschriften verletzt wurden, die gerade zur Abwehr derartiger Gefährdungen bestimmt waren (OLG Hamburg in HansRGZ 1936 B 392; OLG Köln vom 26. 1. 1934 — 3 U 80/33). Der Beweis des ersten Anscheins kehrt die Beweislast nicht um. Gelingt es dem Gegner, Tatsachen zu beweisen, aus denen die Möglichkeit eines anderen Sachverhaltes als des erfahrungsmäßigen folgt, so verbleibt es bei der vollen Beweislast der von Anfang an beweispflichtigen Partei (BGH vom 17. 4. 1951 — I ZR 28/50 in BGHZ Bd. 2 S. 2 = NJW 1951, 654; RGZ 134, 24). Die Tatsachen, aus denen die Möglichkeit eines anderen Sachablaufes hergeleitet wird, müssen bis zur Erschütterung der richterlichen Überzeugung voll bewiesen werden (RG vom 28. 1. 1928 — I 159/27; RG I ZR 163/51 vom 23. 5. 1952; RG in JW 1928, 1732; RG in HansRGZ 1928 B 135, 1936, B 503; in JW 1936, 3188; BGHZ 6, 169, 171, BGH vom 23. 5. 1952 — I ZR 163/51 in VRS 1953, 516; vom 20. 6. 1952 — I ZR 22/52 — in VRS 1953, 518). Es genügt nicht, daß er nur die bloße Möglichkeit eines atypischen Ursachenverlaufs aufweist; vielmehr hat er Tatsachen zu behaupten und beweisen, die die ernsthafte Möglichkeit eines anderen Geschehensablaufes hinderte (BGHZ 2, 1, 5; 3, 307, 311; 6, 169, 171; 8, 239).

d) Eine feste Umgrenzung der Fälle, in denen eine solche Beweisannahme des ersten Anscheins gerechtfertigt erscheint, ist nicht möglich; denn die Vorgänge der Schiffahrt sind zu verschiedenartig gelagert, so daß es bei dieser dem Gebiet der Beweiswürdigung angehörenden Feststellung des Anscheins eines Verschuldens stets auf die Umstände des Einzelfalls ankommt (RGZ 134, 237). Diese Feststellung des Verschuldensverdachts ist nicht so schwierig, wenn ein in Ruhe oder sonst stilliegendes Schiff von einem in Bewegung befindlichen angefahren wird (KG vom 6. 4. 1932 — 15 U 876/32 — 212 O 182/31 LG I Berlin; OLG Naumburg in Recht 1901, 464 Nr. 1839); dabei muß die Berührung während des Festliegens unstreitig sein (OLG Hamburg vom 31. 3. 1953 — 2 U 3/53 in VRS 1954, 189); jedoch genügt regelmäßig dieser Sachverhalt nur dann zu der Annahme eines Verschuldensverdachts zu Lasten des in Fahrt befindlichen Schiffes, wenn das angefahrene Schiff an erlaubter oder sonst geeigneter Stelle ordnungsmäßig befestigt (vertäut) und bei Nacht beleuchtet gelegen hat (RGZ 31, 64; RG in SeuffA 83 Nr. 204; in HansGZ Hauptbl. 1900 Nr. 115; in HansRZ 1926, 776 Nr. 222; OLG Hamburg in HansRGZ 1935, 107 Nr. 29, 1936; 391 Nr. 132; in LZ 1913, 607 Nr. 3; in Warn. 1913, 266; KG vom 6. 4. 1932 — 15 U 876/32 — LG I Berlin vom 21. 12. 1931 — 212 O 182/31; OLG Köln vom 23. 3. 1930 — 3 U 245/28; vom 25. 2. 1920 — 3 U 27/19; vom 12. 5. 1939 — 3 U 37/32). Nach § 66 Abs. 2 BSchSO müssen stilliegende Fahrzeuge so gesichert werden, daß sie durch vorüberfahrende Fahrzeuge nicht gefährdet werden und andere nicht gefährden (OLG Köln vom 23. 4. 1953 — 3 U 79/52 in ZfB 1953, 205). Für die infolge Nebel oder aus anderen Gründen vorliegenden mangelhaften Sichtverhältnisse ist der Stillieger beweispflichtig. In gleicher Weise ist der Anschein eines Verschuldens gegeben, wenn ein solches an nautisch geeigneter Stelle liegendes Schiff durch die Dünung oder Sogwirkung eines mit zu großer Geschwindigkeit fahrenden Schiffes zum Sinken gebracht oder losgerissen und beschädigt wird (RG in HansRGZ 1926, 776 Nr. 222; 1932 B Nr. 198; 1933, 406 Nr. 173; a. A. OLG Hamburg in SeuffA 53

Nr. 78d). Das Abtreiben eines ankernden Schiffes ist nach der nautischen Erfahrung auf unzureichende Befestigung zurückzuführen; dabei ist die Sogwirkung eines vorbeifahrenden Schiffes als Entschuldigungsbeweis nur dann geeignet, wenn sie über das normale Maß hinausgegangen ist (RhSchOG vom 6. 12. 1951 — 3 U 53/51 in ZfB 1952, 132). Die gleiche Schuldvermutung spricht zu Lasten des anrennenden Schiffes auch dann, wenn der Geschädigte ohne Kursbeeinträchtigung des anderen, an geeigneter Stelle manövrierte, z. B. an- oder ablegte, mit dem Strom trieb. Mit einer gewissen Sogwirkung muß aber gerechnet werden (vgl. den Aufsatz „Schiffssog und seine Auswirkung" in Nr. 33 Neumanns Zeitschrift für Versicherungswesen, 15. 8. 1934). Der Verschuldensverdacht gilt auch dann, wenn das angefahrene Schiff still, wenn auch nicht befestigt lag (AG Duisburg-Ruhrort vom 26. 6. 1942 — 3 C 93/41). Der Führer des anrennenden Schiffes kann sich zu seiner Entlastung auf die unerlaubte oder ungeeignete Lage des angefahrenen Schiffes grundsätzlich nur berufen, wenn er nachweist, daß dies Schiff nicht sichtbar war oder daß er sich ihm nähern mußte (RGZ 67, 50; RG bei Bolze 2 Nr. 392; 12 Nr. 227). Eine Berufung auf ein Versagen der Maschinen oder der Steuereinrichtung kann ebenfalls allein als Entlastung nicht genügen, sondern es muß ferner der Nachweis erbracht werden, daß dies weder auf einen Mangel dieser Einrichtungen noch auf ein Versagen ihrer Bedienung zurückzuführen ist (RG in HansGZ Hauptbl. 1910 Nr. 49; OLG Hamburg in HansGZ Hauptbl. 1905 Nr. 59; 1911 Nr. 116; in HansRGZ 1930, 787 Nr. 274; 789 Nr. 275; OLG Köln vom 19. 11. 1938 — 3 U 110/37 — in ZfB 1940, 14). Diese Erwägungen lassen sich nicht auf Streitfälle übertragen, in denen das Festgeraten eines Kahnes, das Abtreiben des hinteren Teiles durch die Strömung trotz sofortigen Ankerwerfens und die Beschädigung eines stilliegenden Schiffes in ihrer ursächlichen Verknüpfung von vornherein feststehen (RG vom 4. 7. 1944 — I 2/44). Diese gleichen Grundsätze können angewendet werden, wenn ein in Bewegung befindliches Schiff gegen eine feststehende, gehörig erkennbare Brücke (RG in Recht 1928, 1223) oder gegen einen im Wasser fest verankerten sichtbaren Gegenstand (Tonne oder Boje) fährt (RG in JW 1936, 3187 Nr. 11; RGZ 120, 258; OLG Hamburg in HansGZ Hauptbl. 1923, 200 Nr. 112; oder gegen ein Schwimmdock (OLG Hamburg vom 15. 5. 1939 — 1 U 31/39 — in DJ 1939, 1701); wenn beim Einfahren eines Schleppzuges in eine Schleuse ein nachfolgender Kahn einen vorausfahrenden rammt, kann der Anschein eines Verschuldens zu Lasten dieses nachfolgenden Schiffes gegeben sein, da das Einfahren in die Schleuse langsam und mit großer Vorsicht zu geschehen hat (OLG Köln vom 6. 12. 1938 — 3 U 184/38 in ZfB 1939, 331). Die Beschädigung von Schutzpfählen begründet eine Schuldvermutung nur, wenn nachgewiesen ist, daß sie die notwendige Standfestigkeit besaßen, da solche Pfähle eben zum Abfangen unvermeidbarer Stöße bestimmt sind (OLG Hamburg in HansRGZ 1930 B 275). Dieser Verschuldensverdacht gilt nicht, wenn es sich um ein Leitwerk oder eine sonstige Anlage handelt, die zum Abfangen von Stößen der Schiffe bestimmt ist, es sei denn, daß der Anprall mit außergewöhnlicher Wucht erfolgte (OLG Hamburg vom 13. 11. 1929 in HansRGZ B S. 275; vom 3. 11. 1953 — 2 U 292/53 in ZfB 1954, 98 = VerkBl. 1956, 703). Es kann aber der Verdacht eines Verschuldens zu Lasten der Besatzung des in Bewegung befindlichen Schiffes nicht angenommen werden, wenn sich dies in einem Schleppzug befand und ein anderes Schiff eine Uferböschung oder ein Brückenjoch anfährt; vielmehr besteht dann regelmäßig der Anschein eines Verschuldens auf seiten des Schlepperführers, der mit der nautischen Leitung des Schleppverbandes beauftragt ist (BGH vom 21. 3. 1957 — II ZR 326/55 in VersR 57, 312; in HansRGZ 1934, 643 Nr. 183, in HansGZ 1916 Nr. 2; OLG Königsberg in JW 1933, 859 Nr. 9 = in HansRGZ 1933, 650 Nr. 246; OLG Hamburg in HansGZ 1899 Nr. 29). Hierbei wird die Ansicht vertreten, daß diese Vermutung nur dann gilt, wenn die Steuerfähigkeit der im Schleppanhang fahrenden Kähne völlig ausgeschaltet ist (so KG vom 8. 2. 1955 — 6 U 194/54 in VRS Bd. 9 Heft 3 S. 193). Auf dem Rhein wird vom OLG Köln in ständiger Rechtsprechung eine solche Schuldvermutung nur für die Talfahrt anerkannt, für die Bergfahrt abgelehnt, weil die Steuerfähigkeit der Berganhänge so groß ist, daß sie Schädigungen selbst vermeiden können und müssen (OLG Köln vom 11. 7. 1934 — 3 U 241/33; 5. 8. 1936 — 3 U 133/36). Die Schuldannahme richtet sich nach dem typischen Geschehensablauf gegen die Führung des Schleppzuges, nicht gegen die des Anhangs, es sei denn, daß unzweifelhaft ein Verschulden der Schlepperbesatzung nicht in Frage kommt (OLG Hamburg 1 U 204/34; 1 U 126/44 — 23 O 53/42 LG Hamburg). Gerät ein in einem solchen Schleppzug befestigter Anhangskahn auf Grund, so spricht ebenfalls die Vermutung dafür, daß dies auf den leitenden Schlepper zurückzuführen ist (RG in SeuffA 81 Nr. 13; in Recht 1927, 652 Nr. 2208), ebenso beim Festfahren, beim Ausscheren und bei dem Zusammenstoß von Anhängen mit Brückenpfeilern oder Kaimauern (BGH vom 7. 12. 1959 — II ZR 112/58 in VersR 60, 172; OLG München vom 31. 3. 1960 — 1 U 1320/59 in VersR 60, 976; OLG Köln vom 14. 10. 1932 — 3 U 279/280/31; vom 2. 3. 1934 — 3 U 443/31; vom 10. 6. 1932 — 3 U 423/30; vom 6. 12. 1938 — 3 U 39/38). Es bestehen keine grundlegenden Bedenken, der Beweiswürdigung des ersten Anscheins auch solche Fälle einer Fernschädigung zu unterstellen (RG in HansRGZ 1933, 122 Nr. 47); OLG Köln anerkennt ferner in ständiger Rechtsprechung eine Schuldvermutung gegen alleinfahrende Schiffe oder zu Berg verkehrende Schleppanhänge, die ausscheeren, weil erfahrungsgemäß das Ausscheren durch eigene Steuerfähigkeit bei Anwendung der notwendigen Sorgfalt vermieden werden kann (OLG Köln vom 22. 10. 1919 — 3 U 126/18; 13. 5. 1933 — 3 U 540/30; 17. 12. 1937 — 3 U 154/37). In einem Bergschleppzug, in welchem die Kähne an langen Schleppsträngen gefahren werden und erhebliche Bewegungsfreiheit nach beiden Seiten hin haben, wird ein Ausscheren in der Regel auf eine Unachtsamkeit der betreffenden Besatzung zurückzuführen sein. Für den Entlastungsbeweis genügt nicht der Hinweis auf ein Versagen der Steuereinrichtung; vielmehr ist eine weitgehende Aufklärung notwendig, auch notfalls die sofortige Untersuchung des Rudergeschirrs (OLG Hamburg in HansRGZ B 691; 1930 B 312; OLG Köln vom 21. 5. 1930 — 3 U 214/28; vom 31. 10. 1933 — 3 U 106/32). Auch aus der Verletzung der zur Sicherheit des Verkehrs erlassenen Verordnungen (Wasserpolizei-, Hafen- und Seestraßenverordnungen) kann eine Beweisannahme des ersten Anscheins aus dem Tatbestand der äußeren Ordnungswidrigkeit gefolgert werden. Es muß sich hierbei aber um solche Vorschriften handeln, die ein bestimmtes Verhalten (Tun oder Unterlassen) ausdrücklich vorschreiben und im einzelnen klar regeln (RGZ 18, 293; 21, 109; OLG Hamburg in HansGZ Hauptbl. 1920, 81 Nr. 40; OLG Köln vom 10. 2. 1939 — 3 U 239/38 in Zeitschrift für Binnenschiffahrt 1939 S. 130; BGH vom 15. 2. 1955 — I ZR 45/54 in VRS 1955, 282; vom 14. 2. 1957 — II ZR 332/55 in VRS 195/258). Dies gilt nicht bei nur allgemeinen Sorgfaltsregeln. Ferner muß nach dem unstreitigen Sachverhalt ein objektiver Verstoß und der ursächliche Zusammenhang vorliegen (RGZ 31, 64; RG in HansGZ

Hauptbl. 1911 Nr. 112; RG in JW 1926, 2533). Wenn ein Schiffer gegen eine Vorschrift verstoßen hat, die ihm bei Vorliegen eines bestimmten, näher umschriebenen Tatbestandes ein bestimmtes Verhalten gebietet, so ist in der Regel sowohl davon auszugehen, daß der Verstoß für einen eingetretenen Unfall ursächlich gewesen ist, als auch davon, daß den Schiffer ein Verschulden an dem Unfall trifft (RG vom 10. 9. 1943 — I 64/43 in ZfB 1943, 145). Solche bestimmten Verhaltungsmaßregeln enthalten die Schiffahrtspolizeiverordnungen u. a. über das Begegnen und Ausweichen der Schiffe, über Vorfahrtsrechte und Ausweichpflichten, über das Fahren im Nebel, die Lichterführung (KG vom 21. 3. 1939 — 2 U 6788/37 — 212 O 104/37 LG Berlin), die Einhaltung des Kurses (OLG Hamburg in HansGZ 1911 Nr. 77; 1912 Nr. 98; in HansRGZ 1936, 319 Nr. 102; KG vom 8. 2. 1955 — 6 U 194/54 in VRS 1955, 193). So genügt die Darlegung des Wege- oder Vorfahrtsrechtes und dessen Nichtbeachtung durch ein anderes Schiff, um zu Lasten seiner Schiffsbesatzung den Verdacht eines Verschuldens zu begründen (RG in HansRZ 1920, 670 Nr. 159). Eine Schuldannahme des ersten Anscheins ist zu Lasten der Schiffsbesatzung desjenigen Schiffes gegeben, das sich auf einer falschen Fahrwasserseite befindet (OLG Hamburg 1 U 277/39 — AG Magdeburg 5 C 6/1939). Richtet ein Schiff, das sich losgerissen hat, beim Abtreiben Schaden an, so ist ein Verschulden bei der Festlegung zu vermuten, weil z. B. die Anker unsachgemäß gesetzt oder zu schwach waren (OLG Köln vom 20. 5. 1938 — 3 U 11/38; vom 19. 2. 1913 — 3 U 344/11); der Hinweis auf stürmisches Wetter reicht zur Aufklärung nicht aus (RG in JW 1909, 79). Beim Trossenbruch ist eine Schuldvermutung gegen das Schleppschiff gegeben (RG in HansRGZ 1933 B 121; OLG Hamburg in HansRGZ 1939 B 179). Beim Begegnen von Schiffen ist der Anschein eines Verschuldens gegeben, wenn eine nach den wasserpolizeilichen Vorschriften vorgeschriebene Verständigung über die Seite des Ausweichens von der hierzu verpflichteten Besatzung nicht herbeigeführt wurde und nach dem äußeren Verlauf hierauf die gefahrvolle Annäherung der Schiffe zurückzuführen ist (OLG Hamburg in HansRZ 1935, 279 Nr. 72; 1936, 419 Nr. 145). Verlangt ein Bergschleppzug die Vorbeifahrt Steuerbord zu Steuerbord und kommt es dabei zu einem Zusammenstoß, so haften der Eigner und der Fahrer des Schleppers des Bergschleppzuges, wenn sie nicht beweisen, daß der Führer des Bergschleppzuges unter Berücksichtigung aller Umstände damit rechnen konnte, es werde bei sachgemäßem Verhalten, wie es von allen Beteiligten zu erwarten sei, kein Schaden entstehen; dagegen bleibt es bei der Regel, daß dem Verletzten die Beweislast obliegt, wenn geltend gemacht wird, daß der Schaden durch einen Fehler bei der Durchführung des Ausweichmanövers schuldhaft verursacht worden sei (RG vom 25. 1. 1944 — I 82/43 in DR 1944, 585 Nr. 15). Es ist entscheidend, ob die von den begegnenden Schiffen gefahrenen Kurse, also die von ihnen eingeschlagenen Fahrwege den Vorschriften entsprachen (BGH in VersR 1959, 609; BGH vom 26. 10. 1961 — II ZR 45/60 in ZfB 1962, 26). Erfolgte ein Zusammenstoß beim Überholen, indem das überholende Schiff das überholte anrannte, so kann ein Anschein eines Verschuldens zu Lasten der Besatzung des überholenden Schiffes gegeben sein (so für das Seerecht RG in JW 1912, 693 Nr. 20). In der Rheinschiffahrt besteht kein allgemeiner Rechtssatz, daß der Überholer die Gefahr des Überholmanövers zu tragen hat (BGH in ZfB 1960, 28; in VersR 1957, 194; 1960, 549; BGH vom 15. 2. 1962 — II ZR 32/60 — in ZfB 1962, 187). Der Überholende hat die Gefahr des Überholmanövers in dem Sinne zu tragen, daß er sich im Falle eines Zusammenstoßes zu entlasten hat; er hat die Voraussetzung des unzweifelhaft hinreichenden Raumes und den Standort der im Raum befindlichen Fahrzeuge zu beweisen (BGH vom 19. 1. 1961 — II ZR 183/59 in ZfB 1961, 171), so wenn der Überholer den zu Überholenden anfährt (BGH vom 2. 12. 1955 — I ZR 22/54 in VRS 10, 128). Aus der bloßen Tatsache des erlaubten Überholens allein kann aber keine Vermutung für ein ursächliches Verschulden des Überholenden hergeleitet werden; es kann sich lediglich aus dem Sachverhalt nach der Lebenserfahrung ein Schluß auf ein ursächliches Verschulden ziehen lassen (BGH vom 14. 2. 1957 — II ZR 332/55 — in VRS 1957, 258, 260). Dem Überholenden obliegt der Beweis für alle den hinreichenden Raum bestimmenden Umstände, die nach den wasserpolizeilichen Vorschriften verlangt werden. Nur mit dieser Einschränkung hat der Überholende die Gefahr des Überholmanövers zu tragen. Dies gilt auch bei einem Zusammenstoß mit einem Gegenfahrer und bei einer Fernschädigung (BGH vom 14. 2. 1957 — II ZR 332/57 in VersR 1957, 194; BGH vom 12. 5. 1960 — II ZR 208/58 in NJW 1960, 1452). Es muß für die Annahme eines Verschuldensverdachts ein vorschriftswidriges Überholen unter Verletzung der wasserpolizeilichen Bestimmungen vorliegen, da deren Hauptzweck die Verminderung der mit einer Überholung verbundenen Schwierigkeiten darstellt (KG vom 30. 10. 1934 — 2 U 8633/33 — 3b O 156/32 LG Frankfurt a. O.; KG vom 6. 11. 1934 — 2 U 6644/34 — 279 O 4117/32 LG Berlin). So stellt regelmäßig die Unterlassung des wasserpolizeilich vorgeschriebenen Überholungssignals ein solches Verschulden dar (RG in HansRGZ 1933, 122 Nr. 47; 1932 B Nr. 1). Auch die Verletzung sonstiger beim Überholen zu beachtender Vorschriften kommt hierbei in Betracht, wie z. B. die allgemeine Bestimmung, gegenseitige Behinderungen zu vermeiden und deshalb einen hinreichenden Abstand von dem zu überholenden Schiff zu halten (OLG Köln vom 19. 7. 1939 — 3 U 7/39 in ZfB 1939, 313). Der eine Überholung unternehmende Beteiligte trägt die Gefahr des Mißlingens; denn er muß die Überholung in einem jede Gefährdung ausschließenden Abstand durchführen und besondere Sorgfalt auf Vermeidung der gefährlichen Sogwirkung verwenden, also reichlichen Abstand halten und nicht zu schnell fahren (AG Minden vom 26. 6. 1942 — 2 C 47/42 BSch). Er muß bei außergewöhnlichen Wasserstandsverhältnissen, wie Niedrigwasser, das Überholen eines in der Anfahrt befindlichen Schleppzuges unterlassen oder wenigstens so vornehmen, daß dieser nicht behindert wird (OLG Breslau vom 8. 11. 1943 — 4 U 304/43 — AG Breslau 96 C 45/42). Die Ausweichpflicht des überholenden Schiffes bleibt bestehen, bis es das andere Schiff klar passiert hat, d. h. das Achterende des überholenden Schiffes über den Vordersteven des überholten Schiffes hinausgekommen ist, so daß auch ungewöhnliche Umstände einen Zusammenstoß nicht mehr herbeiführen können (RG in Recht 1921 Nr. 1717). Treffen Überholen und Begegnen zusammen und ist für beide gleichzeitige Manöver nicht unzweifelhaft hinreichend Raum vorhanden, so hat das Vorrecht der Gegenfahrer (BGH vom 12. 5. 1960 — 2 ZR 208/58 in NJW 60, 594). Die Hauptverantwortung für das Gelingen eines W e n d e m a n ö v e r s liegt bei der Führung des wendenden Schiffes. Eine Pflicht anderer Schiffe zur Geschwindigkeitsminderung oder Kursänderung besteht nur dann, wenn diese Maßnahmen nötig sind, damit das Wenden ohne Gefahr geschehen kann (BGH vom 5. 10. 1961 — II ZR 267/59 in ZfB 1962, 28). Der Wendende hat zu beweisen, daß er das Wenden in genügender Entfernung von dem anderen Fahrzeug angekündigt und begonnen hat (BGH vom 12. 3. 1962 — II ZR 169/60 in VRS 1962, 341).

Der Verdacht eines Verschuldens kann auch zu Lasten der Schiffsbesatzung desjenigen allein fahrenden Schiffes angenommen werden, das aus seiner Fahrtrichtung ausschert, also entgegen den wasserpolizeilichen Vorschriften eine plötzliche Kursänderung vornimmt und auf ein anderes Schiff auffährt (OLG Hamburg in HansGZ Hauptbl. 1905 Nr. 59; 1891 Nr. 25; vom 12. 10. 1934 — Bf. I 204/34 — H I 317/33 LG Hamburg; KG vom 3. 1. 1934 — 20 U 8252/32 — 45 O 642/30 LG I Berlin; KG vom 17. 8. 1937 — 2 U 2904/36 — 121 O 76/36 LG Berlin), auch wenn ein Schiff trotz genügender Fahrwassertiefe auf Grund gerät, da dann anzunehmen ist, daß es einen falschen Kurs gesteuert hat (OLG Köln vom 14. 10. 1938 — 3 U 102/38; vom 14. 10. 1929 — 3 U 299/28 — vom 25. 3. 1951 — 3 U 159/30 —). Dies gilt aber nur, wenn das Auffahren außerhalb der Fahrrinne erfolgte oder das Schiff nach dem jeweilig herrschenden Wasserstand zu tief beladen war; hierfür trägt nach der Grundregel der sich hierauf Berufende die Beweislast (OLG Dresden vom 23. 11. 1943 — 11 U 43/43 — 12 C 403/42 BSch AG Dresden), wenn es im Fahrwasser ohne hinreichende Kennzeichnung liegen bleibt (OLG Köln vom 1. 7. 1938 — 3 U 70/38 in ZfB 1938, 270), wenn ein Schiff auf einer an sich fahrbaren Stromstrecke auf einem bekannten und sogar sichtbaren Hindernis festkommt (OLG Köln vom 19. 11. 1938 in ZfB 1940, 14 — 3 U 110/37). Eine zu große Annäherung an das Ufer mit der Folge des Ausscherens durch den Ufersog deutet auf eine falsche Ruderführung hin und spricht für ein Verschulden der Schiffsbesatzung des ausgescherten Schiffes (BGH vom 22. 10. 1954 — I ZR 53/53 in VRS 1955, 358). Wenn auf einem Kanal ein Schiff in die falsche Fahrwasserhälfte gerät und es dort zu einem Zusammenstoß kommt, braucht dies nicht allein auf eine schuldhaft falsche Ruderführung zurückzuführen sein; es kann auch auf ein von der Schiffsführung zu vertretendes Versagen von Teilen der Schiffseinrichtung, z. B. der Ruderanlage, der Maschine beruhen (BGH vom 22. 10. 1954 — I ZR 53/55; RG in HansGZ 1916 Hauptbl. Nr. 2 S. 4).

Jedoch gelten diese Grundsätze nicht, wenn sich das ausscherende Schiff in einem Schleppzug befand, weil dann die Möglichkeit besteht, daß der den Oberbefehl führende Schleppführer den Zusammenstoß verschuldet hat (RGZ 80, 3245; für eine Beschädigung eines geschleppten Schiffes haftet der Eigentümer des Schleppers auch nach dem Schleppvertrag auf Grund der §§ 631, 276, 278 BGB, sofern er nicht nachweist, daß ihm oder seinen Erfüllungsgehilfen kein Verschulden an dem Unfall trifft (BGH vom 2. 10. 1958 — II ZR 337/56 in VersR 1958, 759; BGHZ 8, 239; 23, 288; 27, 236; RGZ 171, 168; 148, 50; RGZ 112, 42; 93, 39; KG vom 21. 10. 1938 — 21 U 3047/38 — 3 O 116/37 LG Frankfurt a. Oder; vgl. Anm. 8b am Ende); es besteht überhaupt der Anschein eines Verschuldens zu Lasten des Schlepperführers, wenn ein in seinem Schleppverband befindlicher Anhangskahn auf Grund oder gegen ein Hindernis gerät, weil dem Schlepperführer die nautische Leitung des Schleppverbandes obliegt (RG in HansGZ 1894 Nr. 60; 1903 Nr. 83, in HansRGZ 1934, 643 Nr. 183 in SeuffA 58 Nr. 52; OLG Hamburg in OLG 32, 196; OLG Hamburg vom 5. 2. 1941 — 1 U 229/40 — 25 O 13/39 LG Hamburg). So ist es Aufgabe des Schlepperführers, den Liegeplatz des Schleppzuges bei Unterbrechungen der Schleppreise richtig auszuwählen (OLG Köln vom 9. 4. 1952 — 3 U 176/51; vom 13. 11. 1958 — 3 U 771/58 —; vom 1. 2. 1962 — 3 U 191/61 in ZfB 1962/383). Verstößt eine Anordnung des Schlepperführers erkennbar gegen Gebots- oder Verbotsvorschriften bestimmten Inhalts oder in der Weise gegen einen Schiffahrtsbrauch, daß die Sicherheit der Schiffahrt gefährdet wird, so hat der Anhangsschiffer grundsätzlich das Recht und die Pflicht, die Ausführung der Anordnung zu verweigern (BGH vom 27. 3. 1958 — II ZR 338, 340/58; vom 3. 7. 1958 — II ZR 279/56 in VRS 1958, 260, vom 2. 10. 1958 — II ZR 37/57 — in VRS 1958, 407, 410, vom 24. 11. 1960 — II ZR 154/59 in VRS 1961, 192).

Ein Verschulden ist auch zu vermuten beim Versagen von Schiffseinrichtungen (RGZ 124, 51; 126, 329; in HansGZ 1916, 4), bei fehlender Schiffsbesatzung (OLG Köln vom 2. 11. 1936 — 3 U 68, 72/36) oder fehlender Besetzung des Steuers (OLG Köln vom 18. 10. 1935 — 3 U 79, 88/35). Diese Grundsätze scheiden aus, wenn das Schiff von einem Zwangslotsen geführt wurde (RGZ 80, 233).

e) Bei einem Beförderungs- oder sonstigen Werkvertrag trifft den Unternehmer die Beweispflicht, wenn sich aus der Sachlage zunächst der Schluß rechtfertigt, daß er die ihm obliegende Sorgfaltspflicht verletzt hat und die Schadensursache aus diesem Gefahrenkreis hervorgegangen ist (vgl. RG in JW 1932, 3704; RGZ 86, 321; 124, 49, 51; RGZ 148, 150; 160, 153, 155; 169, 84, 97; 171, 168; BGHZ 8, 233, 241). Der Unternehmer, der objektiv vertragswidrig handelt, hat sich zu entlasten; er muß bei von ihm zur Erfüllung des Vertrages verwendeten Einrichtungen (z. B. Schleppsträngen) beweisen, daß sie tauglich waren, oder daß ihn kein Verschulden trifft (BGH vom 14. 3. 1957 — II ZR 334/55 — in ZfB 1957, 460). Jedoch hat beim Schleppvertrag der Kahnschiffer für den fahrtüchtigen Zustand seines Anhangs zu sorgen, er hat richtig nachzusteuern und alle ihm zumutbaren Maßnahmen zu treffen (BGH vom 27. 3. 1958 — II ZR 338, 339/56, vom 8. 5. 1958 — II ZR 304/56 in VRS 1958, 84 = NJW 1958, 1629; BGHZ 28, 84).

f) Wenn sich aus einer Betrachtung und Beurteilung des unstreitigen Gesamttatbestandes kein Verschuldensverdacht entnehmen läßt, so sind die besonderen Umstände zugrunde zu legen, die durch ihr Zusammenwirken dem Tatbestand das Gepräge geben (RGZ 134, 237 [242]; RG vom 4. 7. 1944 — I 2/44).

9. Die Schadensersatzpflicht des Schiffseigners

a) Nach § 92 in Verbindung mit § 735 HGB ist der Schiffseigner (§§ 1, 2) desjenigen Schiffes zum Ersatz des Schadens verpflichtet, dessen Besatzung ihn schuldhaft herbeigeführt hat. Nach § 739 Abs. 2 HGB in Verbindung mit § 4 Abs. 1 Nr. 3 haftet der Schiffseigner aus einem solchen Verschulden einer Person der Schiffsbesatzung nicht persönlich, sondern nur beschränkt dinglich mit Schiff und Fracht (vgl. § 3 Anm. 6a). Diese Haftung kann nur zu einer Verurteilung auf Duldung der Zwangsvollstreckung in Schiff und Fracht führen (RGZ 67, 354). Es entsteht aber eine beschränkt persönliche Haftung nach § 114, wenn der Schiffseigner, wie dies regelmäßig geschehen wird, sein Schiff zu einer neuen Reise aussendet. Passiv legitimiert ist für die dingliche Inanspruchnahme grundsätzlich derjenige, der zur Zeit der Klageerhebung Eigentümer des Schiffes ist (OLG Hamburg in OLG 34, 101). Die Verantwortlichkeit des Schiffseigners und des schuldigen Besatzungsmitgliedes aus anderen Haftungsvorschriften bleibt daneben bestehen (vgl. § 3 Anm. 2). Es ist üblich, neben dem Schiffseigner auch das schuldige Besatzungsmitglied mit zu verklagen; erforderlich ist das nicht, weil die Haftung des Schiffseigners von der Verurteilung eines Besatzungsmitgliedes unabhängig ist, und es ist diese Maßnahme unzweckmäßig, wenn die Abgrenzung des Verantwortungsbereichs nicht möglich oder schwierig ist, da dann Abweisung dieser Klage mit entsprechender Kostenfolge erfolgen könnte.

b) Die Person des Schadensersatzberechtigten ist nach den allgemeinen bürgerlich-rechtlichen Grundsätzen zu bestimmen. Der Geschädigte kann nur ein Dritter, also ein anderer als der Täter selbst und der Schiffseigner, sein (RGZ 45, 55; § 3 Anm. 5a). Jedoch wird ein Schadensersatzberechtigter, in dessen Miteigentum das schuldige Schiff steht, als ein Dritter angesehen werden können, so daß er sich wegen seines ganzen Schadens an das Schiff halten kann (OLG Hamburg in OLG 38, 20). Wegen des Schadens am Schiff und an den an Bord befindlichen Sachen ist regelmäßig deren Eigentümer ersatzpflichtig (OLG Hamburg in HansGZ Hauptbl. 1914 Nr. 65). Im Falle der Verletzung von Personen sind diese und im Falle der Tötung die im § 844 Abs. 2 BGB bezeichneten Personen schadensersatzberechtigt.

c) Der Umfang der Schadensersatzpflicht aus einem Schiffszusammenstoß bestimmt sich, soweit der Anspruch auf § 92 in Verbindung mit den §§ 734ff. HGB gestützt ist, nach den allgemeinen bürgerlich-rechtlichen Vorschriften der §§ 249ff., 823ff., BGB, da diese Regelung einen Anwendungsfall einer unerlaubten Handlung darstellt (RGZ 153, 171 = JW 1937, 931 Nr. 7; RG in JW 1913, 862 Nr. 8). Nach den §§ 249ff. BGB muß dem Schadensersatzberechtigten der frühere Zustand wiederhergestellt werden; danach ist voller Schadensersatz, nicht nur Wertersatz, zu gewähren. Es ist nach den §§ 249 bis 255 BGB der unmittelbare und der mittelbare Schaden zu ersetzen (RGZ 57, 355; 61, 310). Der Geschädigte ist berechtigt, aber nicht verpflichtet, die Wiederherstellung selbst vorzunehmen; er kann nach seiner Wahl die Wiederherstellung oder Schadensersatz in Geld verlangen (RGZ 71, 214). Nach § 249 letzter Halbsatz sind die zur Wiederherstellung „erforderlichen", also alle Aufwendungen zu ersetzen, die „vom Standpunkt eines verständigen Mannes bei der gegebenen Sachlage zweckmäßig erscheinen" (RGZ 99, 183; 90, 154). Es soll ein rein objektiver Maßstab obwalten, d. h. der Betrag ist so festzusetzen, daß er alle Aufwendungen deckt, die vom Standpunkt eines verständigen Mannes aus bei der gesamten Sachlage zweckmäßig erscheinen (OLG Köln vom 27. 10. 1939 — 3 U 86/39). Für die Bemessung der Höhe des Schadens sind keineswegs nur die zur Zeit seines Eintritts bestehenden Verhältnisse maßgebend (RGZ 98, 56; 101, 420; OLG Köln vom 4. 10. 1933 — 3 U 348 u. 350/32); ebensowenig der Zeitpunkt der Erhebung der Klage (RGZ 98, 57), sondern die Verhältnisse zur Zeit des Urteilserlasses; es muß also Ersatz für alle Schäden geleistet werden, die in dem Zeitpunkt der Schadensleistung als unmittelbare oder mittelbare Folgen des Zusammenstoßes vorhanden sind (RGZ 102, 384; RG in SeuffA 63, 150; RG in DJZ 1913, 697; OLG Königsberg in HansRZ 1923, 769 Nr. 209). Wie der Geschädigte den Schadensbetrag verwendet, steht in seinem Belieben, und durch spätere Beeinträchtigung, z. B. durch einen anderen, einen vollständigen Verlust herbeiführenden Zusammenstoß geht der Anspruch auf Ersatz der zur Beseitigung der ersten Schäden erforderlich gewesenen Kosten nicht verloren (OLG Hamburg in HansGZ 1912, 234; in DR 1944, 242 Nr. 17). Geht das Schiff durch den Zusammenstoß unter und wird es nicht wieder gehoben, so ist sein Wert zu ersetzen. Der Geschädigte hat Anspruch auf das volle Interesse und braucht sich nicht mit dem Ersatz des objektiven Wertes zu begnügen, wenn die Sache einen besonderen Wert für ihn hatte (RGZ 71, 216; KG vom 19. 8. 1943 VI 67/43 in DR 1944, 242 Nr. 17). Er kann neben den Ersatz in Geld auch die Entbehrung der Sachnutzung fordern, jedoch nur für die nachgewiesene Lebensdauer und unter Berücksichtigung des Verschleißes und sonstiger Ausnutzungsmöglichkeiten. Der schadensersatzberechtigte Schiffseigner ist berechtigt, aber nicht verpflichtet, für die Hebung des gesunkenen Schiffes Sorge zu tragen, sondern kann dies dem Schädiger überlassen; veranlaßt er die Hebung, so kann er den Ersatz der hierdurch entstandenen Aufwendungen und die tatsächlichen Kosten der Ausbesserung nach den §§ 249, 251 Abs. 2 BGB verlangen, soweit diese zur Herstellung erforderlich und nicht unverhältnismäßig waren (RGZ 71, 212). Auch die Aufwendungen zur Hebung oder Entfernung des Wracks sind als mittelbare Schäden zu ersetzen (OLG Köln vom 30. 6. 1930 — 3 U 63/29; 3 U 258/30). Erweist sich die Herstellung des früheren Zustandes als unmöglich, so kann der geschädigte Schiffseigner Ersatz in Geld gegen Belassung des Schiffes beanspruchen (RG in JW 1904, 140 Nr. 5). Dabei kann der durch den Verlust der zerstörten Sache entstandene Schaden in wirtschaftlicher Hinsicht über den Verkehrswert der Sache hinausgehen; es kann also neben dem Wertersatz auch noch Ersatz für die entgangene Nutzung verlangt werden, wenn z. B. im Kriege infolge der Unmöglichkeit einer Ersatzbeschaffung ein Ersatzfahrzeug gemietet wurde, welcher Umstand als adäquate Folge des schädigenden Ereignisses bei der im § 251 Abs. 1 BGB vorgesehenen Geldentschädigung berücksichtigt werden muß (so RG vom 19. 8. 1943 — III 67/43). Der Geschädigte muß aber zur Schadensminderung beitragen, auch eine Betriebsumstellung vornehmen (OLG Kiel vom 19. 11. 1943 — 2 U 32/43). Die nachweisbar und tatsächlich notwendigen Ausbesserungskosten kann der Schiffseigner auch im Falle der Beschädigung des Schiffes ersetzt verlangen; dieser Anspruch setzt nicht voraus, daß die Ausbesserung tatsächlich erfolgt ist, da für Beschädigung einer Sache nach § 249 Abs. 2 BGB Geldersatz an Stelle der Wiederherstellung zu gewähren ist (OLG Hamburg in HansGZ Hauptbl. 1915 Nr. 86). Es besteht auch grundsätzlich für den Geschädigten bei steigenden Herstellungskosten keine Verpflichtung, die Ausbesserungsarbeiten sofort vorzunehmen (RG in LZ 21, 341); auch die Mehrkosten, die eine spätere Reparatur infolge einer Änderung der allgemeinen Verhältnisse verursacht, sind zu erstatten. Der Geschädigte muß die Ausbesserungskosten nur in Ausnahmefällen vorlegen, wenn Treu und Glauben es erfordern (RG in VerkehrsrR 1936, 4 b 17; OLG Köln in JW 1938, 2139). Er kann aber nicht Wiederherstellung an Stelle Geldersatz verlangen. Die Zahlung hat die gleiche Wirkung wie bei der Herstellung die Durchführung der Reparatur. In diesem Fall ist nach §§ 157, 242 BGB, 346 HGB für den Umfang und die Höhe des Schadens eine durch beiderseitige Sachverständige aufgenommene gemeinschaftliche kontradiktorische Schadenstaxe verbindlich, soweit nicht unter entsprechender Anwendung der §§ 317, 319 BGB (RGZ 96, 60; OLG Köln vom 1. 6. 1938 — 3 U 47/38) der Nachweis erbracht wird, daß die Taxe offenbar von der wirklichen Sachlage erheblich abweicht (OLG Hamburg in HansRGZ 1933 B 198 Nr. 84; 1931 Nr. 180, 1933 B Nr. 21; AG Duisburg-Ruhrort vom 29. 1. 1943 — 3 C 98/41 BSch.; vom 26. 11. 1937 — 1 U 133/37 in Hansa, Deutsche Schiffahrtszeitschrift vom 29. 1. 1938 Nr. 5; OLG Köln vom 1. 6. 1938 — 3 U 47/38, HansRGZ 1938 S. 3; 1939 B 179; Handelsgebräuche S. 106, 109, 111, 112, 114; AG Duisburg-Rhurort vom 29. 1. 1943 — 3 C 93/41 BSch). Hat sich eine Partei an der Schadensaufnahme nicht beteiligt, so entfällt die bindende Kraft der Taxe (OLG Köln vom 6. 4. 1934 — 3 U 166/33). Eine solche einseitige Schadensfeststellung kann aber, falls die Gegenseite zur Mitwirkung ordnungsmäßig aufgefordert war, ein wichtiges, nach den §§ 286, 287 ZPO zu würdigendes Beweismittel bilden (OLG

Hamburg in HansRGZ 1933 B 57; 1931 B 355). Hat ein Beteiligter eine Teilnahme absichtlich verweigert, so muß er die sonst ordnungsmäßige Schadenstaxe als maßgebliche Grundlage gelten lassen (OLG Köln vom 26. 1. 1934 — 3 U 85/33). Ist die Ausbesserung vorgenommen, so kann nur der etwaige geringere oder auch höhere Betrag der tatsächlich entstandenen und zur Wiederherstellung notwendigen Ausbesserungskosten erstattet verlangt werden. Denn es kann nach den §§ 249ff. BGB immer nur die Wiederherstellung des „früheren", d. h. eines, wenn auch nicht völlig gleichen, aber wirtschaftlich übereinstimmenden Zustandes gefordert werden (RGZ 83, 245; 91, 104; 95, 160; 96, 123). Das OLG Köln nimmt in ständiger Rechtsprechung an, daß die Entstehung sogar erheblich höherer oder geringerer Ausbesserungskosten weder zugunsten der einen noch der anderen Partei berücksichtigt werden können (OLG Köln vom 10. 3. 1933 — 3 U 268, 272/31; 25. 4. 1936 — 3 U 13/36; 6. 4. 1934 — 3 U 335/33). Das gleiche soll gelten für die Reparaturzeit, wenn sie nicht nur schätzungsweise, sondern mit einer festen Zahl von Arbeitstagen angegeben ist (OLG Köln vom 25. 4. 1936 — 3 U 13/36; 15. 5. 1935 — 3 U 47/35; vom 7. 8. 1942 — 3 U 125/41). Die Bindung einer solchen Taxe soll sich auch auf die Ursächlichkeit erstrecken (OLG Hamburg in HansRGZ 1939 B 179). Hieraus ergibt sich, daß unter besonderen Umständen neben dem zur Ausbesserung erforderlichen Geldbetrag der Ersatz des Minderwertes beansprucht werden kann, den das ausgebesserte Schiff im Vergleich mit seinem früheren unbeschädigten Zustand hat (RG in JW 1904, 140 Nr. 5); es muß regelmäßig eine Minderung des Wertes des gesamten Schiffes nachgewiesen werden, die aber auch darin bestehen kann, daß im Falle eines Verkaufs ein geringerer Preis erzielt werden wird (OLG Köln vom 19. 7. 1940 — 3 U 46/40 in ZfB 1941, S. 205). Führt die Ausbesserung zu einer Verbesserung (Werterhöhung) des Schiffes, wie dies aber regelmäßig nur bei umfangreichen durchgehenden Ausbesserungsarbeiten, z. B. Ersatz des gesamten Bodens oder der alten beschädigten Zubehörteile durch neue, der Fall sein wird, so findet trotzdem ein Abzug des Unterschiedes neu für alt nicht statt, da eine entsprechende Anwendung der dahingehenden Grundsätze der großen Haverei (§ 85, § 710 HGB) nicht zulässig ist, sondern nur eine entsprechende Kürzung der Reparaturkosten für eine nachweisbare, in einer objektiven Werterhöhung bestehende Verbesserung des Schiffes (ROHG 23, 354; OLG Hamburg in HansGZ Hauptbl. 1914 Nr. 3; 1915 Nr. 86; 1903 Nr. 139; 1890 Nr. 11; ROHG 23 Nr. 116). Nach Ansicht des Schiffahrtsobergerichts Köln soll der Abzug wegen Verbesserung nur in Frage kommen beim Ersatz selbständiger Schiffsteile, nicht dagegen bei Beschädigungen am Schiff selbst (OLG Köln vom 13. 6. 1906 — 3 U 6/06). Es können, ebenso wie bei Kraftwagen, keine Abzüge dafür vorgenommen werden, daß für alte Teile neue eingesetzt werden (HRR 41 Nr. 993). Eine objektive Werterhöhung liegt jedoch dann nicht vor, wenn das Schiff in seinem früheren Zustand in gleicher Weise für seine Zwecke brauchbar war wie nach erfolgter Ausbesserung (OLG Hamburg in HansGZ Hauptbl. 1914 Nr. 3). Neben diesen unmittelbaren Aufwendungen sind auch die mittelbaren Schäden zu ersetzen, wie der Schlepplohn für die Fahrt zur Werft (AG Duisburg-Ruhrort vom 29. 1. 1943 — 3 C 93/41 BSch), die Kosten der Besichtigung und Aufnahme der Schadenstaxe (OLG Hamburg in HansRGZ 1933 B 133 Nr. 52; OLG 31, 23), die sog. Expertisekosten (AG Duisburg vom 29. 1. 1943 — 3 C 93/41 BSch), die Auslagen für eine Verklarung und eine Dispache (OLG Hamburg vom 9. 2. 1914 — Bf. I 310/1913 —), die Bewachungskosten während der Reparaturzeit auf der Werft (OLG Hamburg vom 20. 2. 1951 — 2 U 407/50); die Anwaltskosten, da der Geschädigte nicht verpflichtet ist, seine Ersatzansprüche zunächst selbst geltend zu machen, um den Schaden zu mindern (R 42, 36); die Kosten einer in einem Arrestverfahren gegen das schuldige Schiff notwendigen Sicherheitsleistung (RG in Recht 1931 Nr. 1246). Grundsätzlich kann der Geschädigte nur den Ersatz derjenigen Kosten und Aufwendungen verlangen, die zur Verbringung auf die nächste geeignete und freie Werft erforderlich sind. Es wird aber in der Rechtsprechung auch die Ansicht vertreten, daß die Auswahl der Werft im Belieben des Geschädigten stehe und es könne ihm sogar nicht verwehrt werden, die Reparatur im Ausland ausführen zu lassen (OLG Köln vom 6. 7. 1927 — 3 U 484, 529, 556/26; vom 13. 6. 1928 — 3 U 311/26). Zu den mittelbaren Schäden sind auch die Kosten eines erfolglos angestellten Rechtsstreits gegen einen Dritten dann zu rechnen, wenn der Geschädigte nach der ihm möglichen Erkenntnis ohne Verschulden den Dritten als haftbar ansehen durfte oder der schuldige Teil mit Rücksicht hierauf seine Schadensersatzpflicht abgelehnt oder den Vorprozeß gebilligt hat, z. B. durch seinen Beitritt auf seiten des Geschädigten, oder wenn ein solcher Rechtsstreit zur Aufklärung des Sachverhalts sonst notwendig war (RGZ 91, 232; OLG Kiel in OLG 34, 400; OLG Hamburg in HansGZ Hauptbl. 1901 Nr. 32; 1905 Nr. 125; 1909 Nr. 39, 78; 1911 Nr. 46; 1913 Nr. 6; HansGZ 1934 B 547; 1936 B 107; 1939 B 368; OLG Köln vom 15. 11. 1935 — 3 U 247, 253/35; R 1936 Nr. 2377); die gleichen Grundsätze gelten, wenn zwei Beteiligte in Anspruch genommen sind und die Klage gegen einen Beklagten abgewiesen wird (OLG Hamburg in HansGZ Hauptbl. 1917 Nr. 34; in HansRGZ 1930 B 61; a. A. noch RGZ 41, 399). Eine einfache Zurückweisung des Anspruchs durch den Schuldigen begründet keine dahingehende Kostenerstattungspflicht (OLG Hamburg in HansRGZ 1930 B 51 und 56), dagegen unter Umständen der Beitritt des Schuldigen auf seiten der Gegenseite (OLG Köln vom 15. 11. 1935 — 3 U 247, 253/35), die Ablehnung des Schuldigen unter gleichzeitiger Verweisung an den anderen oder die Zurverfügungstellung von Material für den Vorprozeß. Nach § 254 BGB ist dem Schuldigen gegebenenfalls nur ein Teil der Vorprozeßkosten aufzuerlegen, wenn der Prozeß teilweise wegen Mitverschulden des Klägers verloren gehen mußte (OLG Köln vom 28. 6. 1932 — 3 U 371/31 — Der Rhein 1935, 203). Ferner kann eine Verzinsung des Schadensersatzbetrages beansprucht werden; der Zinsanspruch findet seine Grundlage in § 849 BGB, da die Ansprüche aus einem Schiffszusammenstoß einen Anwendungsfall einer unerlaubten Handlung nach § 823 BGB darstellen (RGZ 153, 171). Der nach § 849 BGB für den Beginn der Verzinsung maßgebende Wert eines verlorengegangenen Schiffes ist der Wert im Zeitpunkt des Totalverlustes; mit der Klageerhebung findet aber unabhängig vom Rechtsgrund und von der Beschränkung des Anspruchs in persönlicher und dinglicher Hinsicht der § 291 BGB Anwendung, so daß von diesem Zeitpunkt an eine unbeschränkt persönliche Zinspflicht besteht (RGZ 33, 79, 85; 153, 171, 173 = JW 1937, 931 Nr. 7; RG in JW 1913, 862 Nr. 8). Endlich gehört zum mittelbaren Schaden nach den §§ 251 Abs. 1, 252 BGB der Anspruch auf Ersatz für die zeitweilige Entbehrung der Nutzungen des gesunkenen oder beschädigten Schiffes (RGZ 71, 216). Es ist der entgangene Gewinn (der Nutzungsverlust) zu ersetzen, der aus der angetretenen Reise und durch die weitere Verwendung des Schiffes bis zu seiner Wiederherstellung (Ausbesserung, Neubeschaffung oder Schadensersatzleistung) mit Wahrscheinlichkeit erwartet werden konnte, also der sog. Nettogewinn (RGZ 71, 212, 216; RG in DR 1944, 242 Nr. 17; in HansGZ

Hauptbl. 1904 Nr. 42; OLG Hamburg in HansGZ Hauptbl. 1903 Nr. 78; 1905 Nr. 123; 1906 Nr. 72, Nr. 82; 1907 Nr. 98; 1915 Nr. 114). Der Geschädigte kann Ersatz seines Betriebsverlustes während der ganzen Zeit des Ausfalles seines Fahrzeuges verlangen, sofern nur der Ausfall in der ganzen Zeit auf die schuldhafte Havarie des Schädigers zurückzuführen ist, also auch für die Wartezeit an der Werft, selbst wenn die Arbeiten, insbesondere im Krieg wegen Arbeitsüberhäufung, nicht sofort in Angriff genommen werden können (OLG Köln vom 16. 7. 1941 — 3 U 30/41). Falls das Schiff infolge der Havarie in Grund geht, so beginnt die Verpflichtung zum Ersatz des Nutzungsverlustes von diesem Zeitpunkt, in allen anderen Fällen von der Außerbetriebsetzung des Schiffes an. Den Zeitpunkt der Außerbetriebsetzung bestimmt grundsätzlich der Geschädigte. Die Schätzung der Reparaturdauer in einer gemeinschaftlich aufgemachten Schadenstaxe stellt eine geeignete Grundlage für den Nachweis und für die Berechnung des Betriebsverlustes dar (OLG Hamburg in HansRGZ 1931 B 563; 1933 B 198; OLG Köln vom 25. 4. 1936 — 3 U 13/36, vom 6. 5. 1938 — 3 U 20/38 in ZfB 1938, 209; vom 11. 11. 1954 — 3 U 34/53; vom 2. 12. 1954 — 3 U 48/52; vom 19. 11. 1959 — 3 U 20/59 —; OLG Karlsruhe vom 16. 11. 1954 — 3 U 2/54 — in ZfB 1955, 293). Nach einer anderen Ancht hat die kontradiktorische Schadenstaxe die Bedeutung eines die Parteien grundsätzlich bindenden Schiedsgutachtens, auf das die §§ 317 bis 319 BGB entsprechende Anwendung finden; sie ist jedoch dann nicht bindend, wenn sie grobe Unrichtigkeiten enthält und damit der Billigkeit nicht entspricht (OLG Köln vom 14. 10. 1954 — 3 U 28/54 in ZfB 56, 421). Jedoch wird die Höhe des Betriebsverlustes während der Reparaturzeit von den Experten in der Schadenstaxe regelmäßig nur geschätzt und diese Schätzung ist nicht ohne weiteres für die Parteien verbindlich (vgl. OLG Köln vom 6. 4. 1931 — 3 U 335/33; vom 16. 7. 1941 — 3 U 30/41 — 3 SchC 103/40 AG Duisburg-Ruhrort). Ferner müssen erhebliche Abweichungen von der geschätzten Reparaturzeit, insbesondere im Kriege, die dem Einfluß der Parteien entzogen sind, als Schadensfolgen berücksichtigt werden (AG Duisburg-Ruhrort vom 29. 1. 1943 — 3 C 93/41 BSch). Nach anderer Ansicht soll eine gemeinschaftliche Taxe grundsätzlich auch hinsichtlich der erforderlich werdenden Reparatur bindende Kraft haben und die Verbindlichkeit soll unter entsprechender Anwendung des § 319 BGB nur zu verneinen sein, wenn die Schätzung offenbar unbillig ist (OLG Hamburg vom 27. 10. 1943 — 1 U 153/41 — 5 C 140/39 AG Magdeburg). Erhebliche Abweichungen von der geschätzten Reparaturzeit sind zu berücksichtigen (so AG Duisburg-Ruhrort vom 29. 1. 1943 — 3 C 93/31). Bei Verbindung von Ausbesserungsarbeiten mit einer Überholung des Schiffes besteht ebenfalls ein Anspruch auf Nutzungsverlust. Dies ist nicht beschränkt auf den Fall, daß der eigentliche Grund für die Außerbetriebsetzung die Notwendigkeit der Ausbesserungskosten darstellte (so OLG Hamburg in HansRGZ 1928, 725 Nr. 298). Es kann vielmehr nichts daraus hergeleitet werden, daß die Ausbesserung gleichzeitig mit anderen Reparaturen vorgenommen worden ist; der Anspruch auf Ersatz des entgangenen Gewinns entfällt nur dann, wenn feststeht, daß ein solcher überhaupt nicht entstanden ist (OLG Köln vom 2. 4. 1936 — 3 U 13/36, vom 6. 5. 1938 — 3 U 20/38 in ZfB 1938, 205). So entfällt der Nutzungsverlust, wenn kleinere Havarieschäden gelegentlich einer später notwendig werdenden Stillegung ohne besonderen Zeitverlust mitbeseitigt werden (OLG Köln vom 18. 1. 1935 — 3 U 88/34). Läßt der Schiffseigner in der Zeit, in der er einen Kollisionsschaden am Schiff reparieren läßt, gleichzeitig andere Wiederherstellungsarbeiten an ihm vornehmen, dann haftet der Schädiger nur anteilig für den Nutzungsverlust, berechnet nach dem Verhältnis des Zeitaufwandes, der für die Behebung der Kollisionsschäden erforderlich ist, zu dem Zeitaufwand, den die anderen Arbeiten beanspruchen (OLG Hamburg vom 13. 8. 1941 in HansRGZ 41 B 273 = R 1941 Nr. 4374). Die Grundsätze der Vorteilsausgleichung rechtfertigen eine Aufteilung der für sämtliche Reparaturen gemeinsamen Werftliegezeit; dies muß derjenige behaupten und beweisen, der sich auf eine solche Vorteilsausgleichung beruft (BGH vom 7. 7. 1960 — II ZR 57/59 in ZfB 1960, 453; RG in JW 1909, 455). Mit der Fertigstellung der Ausbesserungsarbeiten endet der Anspruch auf Erstattung des Nutzungsverlustes, da dann der frühere, d. h. ein wirtschaftlich übereinstimmender Zustand hergestellt ist (RGZ 83, 245; 96, 123). Im Falle eines Totalverlustes des gesunkenen oder nicht wiederherzustellenden Schiffes besteht der Nutzungsverlust bis zur Neubeschaffung oder Schadensersatzleistung. Der Nutzungsverlust kann in einer nach Größe, Wert und Beschäftigungsart des Schiffes angemessenen und üblichen Höhe gefordert werden, wobei die Entstehung eines Schadens durch die erzwungene Außerbetriebsetzung regelmäßig als wahrscheinlich unterstellt werden kann; es besteht für den geschädigten Schiffseigner keine Verpflichtung, die Ausbesserung bis zur Winterzeit oder der etwaigen regelmäßigen jährlichen Überholung aufzuschieben oder durch besondere Maßnahmen einem Entstehen von Nutzungsverlust sonst vorzubeugen (OLG Hamburg vom 10. 12. 1930 — Bf. I 291/30 — in Recht 1931 Nr. 730). Er kann sich den ihm genehmen Zeitpunkt aussuchen; die grundsätzliche Verpflichtung des Schädigers, den Nutzungsverlust auch wegen einer geringfügigen Reparatur zu erstatten, wird dadurch nicht berührt (OLG Köln vom 7. 7. 1933 — 3 U 348/32; OLG Köln vom 21. 10. 1954 — 3 U 37/53 in ZfB 1955, 292). Der Geschädigte braucht sich grundsätzlich nicht auf künftige Ereignisse verweisen zu lassen, die möglicherweise zur gänzlichen oder teilweisen Ausgleichung des Schadens führen (OLG Köln vom 20. 3. 1929 — 3 U 271/28; vom 5. 11. 1930 — 3 U 319/30; vom 8. 11. 1935 — 3 U 214/35; vom 27. 10. 1939 — 3 U 86/39 = Der Rhein 1940, 37). Der wirkliche (konkrete) Nutzungsverlust, den ein Schiffseigner durch die erzwungene Außerbetriebsetzung seines Schiffes erleidet, läßt sich nur schwierig, häufig überhaupt nicht zuverlässig ermitteln; deshalb hat sich in der Rechtsprechung der Grundsatz herausgebildet, die Liegegeldbeträge für Überschreitung der Lade- oder Löschzeit als vermuteten Mindestschaden in abstrakter Schadensberechnung zugrunde zu legen, weil sie das von den beteiligten Schiffahrtskreisen für den Normalfall geschätzte Interesse des Schiffseigners an der Benutzbarkeit seines Schiffes darstellen, also den Durchschnittssatz, der unter gewönhlichen Verhältnissen mit einem solchen Schiff täglich vereinnahmt wird (OLG Karlsruhe in OLG 6, 359; OLG Hamburg in OLG 6, 358, in Recht 1931, Nr. 730; OLG Kiel in SeuffA 12 Nr. 15; LG I Berlin vom 25. 3. 1929 — 28 O 487/28 —; AG Hamburg in HansGZ 1886 Nr. 103; AG Berlin vom 22. 1. 1933 — 162 C 936/34, KG vom 9. 1. 1945 — 2 U 1073/43 — 161 C 91/42 AG Berlin). Es bleibt dann der Gegenseite überlassen, den Nachweis zu erbringen, daß ein solcher Schaden in Höhe der Liegegelder nicht entstehen konnte (OLG Kiel in SeuffA 12 Nr. 15; § 32 Anm. 5b). Der Ersatz eines künftigen Nutzungsverlustes hat seine Grenzen in der Höhe des Schadens und soll nicht zu einer Bereicherung der Ersatzberechtigten führen. Es muß also nachgewiesen werden, daß nach dem gewöhnlichen Verlauf der Dinge ein Gewinnverlust mit Wahrscheinlichkeit eintreten wird (so Rheinschiffahrtsobergericht Köln vom 12. 4. 1951 — 2 U 15/49 —

3c 128/49 BSch. AG Duisburg-Ruhrort). Für außergewöhnliche Verhältnisse, insbesondere zur Winterzeit während der Schiffahrtsruhe, können die Liegegeldbeträge regelmäßig nicht ohne weiteres als maßgebend erachtet werden (OLG Hamburg in HansRZ 1933, 695 Nr. 262). In der Rheinschiffahrt hat sich diese abstrakte Schadensberechnung nach den Liegegeldbeträgen bislang nicht durchgesetzt (HansRGZ 1933 B 695); dagegen werden vielfach die üblichen Mietsätze zugrunde gelegt. Nach Ansicht des Schiffahrtsob. Hamburg können die Liegegeldbeträge nur bei längeren, nicht auch bei kürzeren Reparaturzeiten ohne weiteres maßgebend sein, weil bei Überschreiten der Lade- und Löschzeiten die laufenden Unkosten im wesentlichen unverändert bleiben, während dies bei längeren Reparaturen nicht der Fall ist (OLG Hamburg vom 25. 10. 1933 — Bf. I 233/33; vom 27. 10. 1943 — 1 U 153/41 — 5 C 1420/39 AG Magdeburg). Ein Anspruch auf Nutzungsverlust kann nicht geltend gemacht werden, wenn bei einem beschädigten Schiff der zur Ausbesserung erforderliche Geldbetrag verlangt, eine Ausbesserung aber überhaupt nicht vorgenommen wird (OLG Hamburg in HansGZ Hauptbl. 1912 Nr. 110). Soweit der Anspruch auf § 249 S. 2 Halbs. 2 BGB gestützt wird, ist maßgebend, ob und inwieweit die Art und der Umfang des Schadens nach sachverständigem Urteil die Außerdienststellung unter gewöhnlichen Umständen als erforderlich erscheinen lassen; mit dieser Einschränkung kann auch ein Nutzungsverlust für einen noch nicht beseitigten Reparaturschaden verlangt werden (s. OLG Köln vom 27. 10. 1939 — 3 U 86/39, in ZfB 1940 S. 17; vom 20. 3. 1929 — 3 U 271/28; vom 8. 11. 1935 — 3 U 214/35; a. A. OLG Köln vom 12. 4. 1951 — 3 U 15/49. Es ist streitig, ob ein Betriebsverlust auch vor Stillegung gefordert werden kann, wenn das beschädigte Schiff bei leichten Havarien zunächst im Betrieb bleibt und erst später zur Durchführung der Reparatur stillgelegt wird. Grundsätzlich kann der Ersatz eines Betriebsverlustes vor Stillegung nicht verlangt werden, so daß insoweit nur eine Feststellungsklage zulässig ist (OLG Hamburg in HansGZ 1912, 234, OLG Köln vom 12. 4. 1951 — 3 U 15/49; vom 15. 5. 1952 — 3 U 43/51 —; vom 10. 7. 1952 — 3 U 36/52 —). Unter Hinweis auf den von der Schifferbörse in Gutachten festgestellten Handelsbrauch hat OLG Köln in anderen Entscheidungen die Ansicht vertreten, bei einer vorbehaltlosen kontradiktorischen Schadenstaxe sei der Nutzungsverlust schon vor Schadensbeseitigung zu vergüten (OLG Köln vom 21. 10. 1954 — 3 U 37/53; vom 11. 11. 1958 — 3 U 85/51; vom 19. 11. 1959 — 3 U 20/59 —). Diese Auffassung ist bedenklich, da nach § 252 BGB nur der Ersatz eines entstandenen Schadens, nämlich der entgangene, nicht ein demnächst entgehender Gewinn verlangt werden kann. Wenn und bevor das Schiff nicht außer Dienst gestellt wird, ist die Entstehung eines Betriebsverlustes unmöglich (OLG Hamburg in HansGZ 1912, 234). Der Betriebsverlust entsteht eben nicht, wie der Reparaturschaden mit dem Zusammenstoß, sondern erst mit der Stillegung; er kann also vorher nur mit einer Feststellungsklage geltend gemacht werden. Bei Verlust der Ladung ist nicht nur deren voller Wert am Bestimmungsort, sondern der etwa darüber hinausgehende Verkaufswert unter Abzug der ersparten Aufwendungen zu ersetzen (HG Hamburg in HansGZ Hauptbl. 1879 Nr. 82); in gleicher Weise ist bei einer Beschädigung der Ladung voller Schadensersatz zu leisten, und es sind auch die Aufwendungen zu ersetzen, die notwendig waren, um die Frachtgüter zu retten, zu erhalten und an den Bestimmungsort weiterzubefördern (OLG Hamburg in HansGZ Hauptbl. 1889 Nr. 104). Es sind aber nur die Güter zu berücksichtigen, die sich in dem gesunkenen oder beschädigten Schiff tatsächlich befunden haben, also nicht die noch am Land oder in Leichterfahrzeugen untergebrachten Güter (RGZ 9 Nr. 36).

d) Nach den §§ 254, 242 BGB ist der Schadensersatzberechtigte verpflichtet, den Schaden abzuwenden oder zu mindern (RGZ 71, 213; 83, 19; RG in HansGZ Hauptbl. 1889 Nr. 104; OLG Hamburg in HansRGZ 1933, 408 Nr. 174). Er muß bei einem gesunkenen Schiff dafür Sorge tragen, daß die Stelle bezeichnet wird, damit weitere Schädigungen durch andere Schiffe vermieden werden; bei Beschädigung des Schiffes oder der Ladung muß er für deren Schutz und Erhaltung sorgen, insbesondere ein leck gewordenes Schiff mit den ihm zur Verfügung stehenden Mitteln behelfsmäßig abdichten oder auspumpen lassen, sowie den bei dem Zusammenstoß nicht selbst anwesenden Schadensersatzverpflichteten benachrichtigen (RG in HansGZ Hauptbl. 1889 Nr. 104; LG Berlin — 212 S 6094/36 — 161 C 1/36 AG Berlin). Dagegen ist der Schadensersatzberechtigte grundsätzlich nicht verpflichtet, für Hebung oder Ausbesserung des Schiffes zu sorgen (vgl. Anmerkung 9c); unterläßt er aber eine baldige Ausbesserung und nimmt diese erst nach längerer Zeit vor, etwa nach einer inzwischen erfolgten Außerbetriebsetzung infolge Winterruhe, so muß er die spätere Reparatur möglichst in einer Zeit ausführen lassen, die zu einem Nutzungsverlust nicht führt, anderenfalls verliert er seinen Anspruch auf Ersatz des entgangenen Gewinns (OLG Hamburg in HansRGZ 1933 B 408 Nr. 174). Die bloße Möglichkeit, daß durch die Maßnahmen, deren Nichtergreifung im Sinne des § 254 BGB zum Vorwurf gemacht wird, die Schadensfortdauer verhindert worden wäre, genügt nicht; vielmehr ist Voraussetzung für die Anwendbarkeit der ersten Alternative des § 254 Abs. 2 BGB, daß durch die Ergreifung dieser Maßnahmen der Schaden tatsächlich gemindert worden wäre (RG vom 4. 12. 1937 — I 170/37 in VerkehrsrR 1938, 497; in R 1913 Nr. 168). Der geschädigte Schiffseigner muß unter Umständen eine andere leistungsfähige Werft aufsuchen, wenn die Ausbesserungsarbeiten an der zunächst aufgesuchten Werft überhaupt nicht in Angriff genommen oder unverhältnismäßig lange verzögert werden sollten.

10. Die Schadensverteilung bei gemeinsamem Verschulden

a) Im § 736 HGB wird die Verteilung des Schadens bei gemeinsamem Verschulden der Besatzungen der beteiligten Schiffe geregelt. Es gilt insofern nicht die allgemeine bürgerlich-rechtliche Bestimmung des § 254 Abs. 1 BGB, wonach es auf die Feststellung ankommt, welcher Teil den Schaden vorwiegend verursacht hat; vielmehr sind die Rechtsfolgen gemeinsamen Verschuldens bei einem Zusammenstoß von Schiffen erschöpfend im § 736 HGB geregelt, so daß für eine Anwendung des § 254 Abs. 1 HGB kein Raum ist. Danach ist für eine Verteilung des Schadens ausschließlich das Verhältnis der Schwere des auf jeder Seite obwaltenden Verschuldens maßgebend; etwaige sonstige bei der Besatzung des einen oder anderen Schiffes vorliegenden Umstände, die den Eintritt des Schadens oder seine Höhe ebenfalls beeinflußt haben, und namentlich daß Maß der Verursachung außer Betracht zu bleiben haben, soweit diese sonstigen Umstände nicht auch für die Frage des Verschuldens erheblich sind (RGZ 172, 92; 171, 97; BGH vom 27. 3. 1958 — II ZR 338/56 in ZfB 1958, 244; RG vom 19. 10. 1943 — I 42/43 in VerkehrsrR 1944, Gruppe 3b, S. 2376 Nr. 1 = DR 1944, 463 Nr. 46; RGZ 78, 176; 94, 93; 125, 66; RG in HansRZ 1922, 421 Nr. 106; in LZ 1930, 644 Nr. 2; RG vom 5. 4. 1938 — I 216/37 in VerkehrsrR 1938, 747; OLG Köln vom 30. 12. 1952 — 3 U 71/51 — in VersR 53, 429). Auch aus einem mittelbaren Zusammenstoß (§ 738

HGB) haften die Schiffseigner nach dem Verhältnis des Verschuldens der Besatzungen und nicht nach dem Maß der Verursachung (RG in DR 1943, S. 64 Nr. 17). Dies gilt aber nur für das Verschulden der Besatzung und nicht auch für ein eigenes Verschulden des Schiffseigners, ebenso nicht für die Schadensminderung (vgl. Anm. 9d). Es wird im § 736 HGB unterschieden zwischen dem Sachschaden an Schiff und Ladung (§ 736 Abs. 1 HGB) und dem Personenschaden (§ 736 Abs. 2 HGB). Zum Ersatz des Sachschadens sind die Schiffseigner der beteiligten Schiffe „nach dem Verhältnis der Schwere des auf jeder Seite obwaltenden Verschuldens" verpflichtet; für Personenschäden haften sie den Verletzten als Gesamtschuldner, und diese verhältnismäßige Aufteilung des Schadens gilt nur für ihr Innenverhältnis.

b) Für die Anwendung des § 736 HGB ist erforderlich, daß der Zusammenstoß durch „gemeinsames Verschulden" der Besatzung der beteiligten Schiffe herbeigeführt war. Es muß also nicht nur die Besatzung eines der beteiligten Schiffe an dem Zusammenstoß schuld haben, sondern es muß ein ursächliches Verschulden der Besatzungen zweier oder mehrerer beteiligter Schiffe vorliegen. Es kann sich hierbei um einen unmittelbaren oder mittelbaren Zusammenstoß handeln (RG in HansRZ 1919, 493; RG vom 15. 11. 1940 — I 13/40). Nicht erforderlich ist, daß diese schuldigen Besatzungen einheitlich zusammengewirkt haben, sondern es genügt die Feststellung, daß ein für den Zusammenstoß ursächliches Verschulden der Besatzungen der beteiligten Schiffe gegeben ist. Es darf aber im Rahmen des § 736 Abs. 1 HGB ein Verschulden nur berücksichtigt werden, wenn es festgestelltermaßen und nicht bloß möglicherweise zur Herbeiführung des Zusammenstoßes beigetragen hat (RG vom 5. 4. 1938 — I 216/37 in VerkehrsrR 1938, 747). Auch das dem Zusammenstoß nachfolgende, ursächlich damit in Zusammenhang stehende Verschulden ist mit heranzuziehen (a. A. Schaps zu § 736 Anm. 12). Die spätere Verpflichtung zur Schadensminderung, insbesondere bei der Durchführung der Reparaturen dagegen regelt sich nach § 254 BGB).

c) Sind diese Voraussetzungen erfüllt, so ist der Sachschaden an Schiff und Ladung nach Verhältnis der Schwere des auf jeder Seite obwaltenden Verschuldens aufzuteilen. Es ist hierbei jedes Verschulden zu berücksichtigen, das für den Zusammenstoß ursächlich war, und aus der Schwere des gemeinsamen Verschuldens ist eine anteilmäßige Schadensverteilung nach Bruchteilen vorzunehmen (RGZ 67, 49; OLG Hamburg in HansGZ Hauptbl. 1911 Nr. 77; 1912 Nr. 98; 1915 Nr. 29). Hierbei ist vor allem darauf zu sehen, welches beteiligte Schiff die gefahrvolle Lage herbeigeführt hat (RGZ 67, 49 = JW 1908, 844). Eine Verteilung des Schadens ist auch dann vorzunehmen, wenn das gemeinsame Verschulden gleich groß ist (RG in HansRZ 1922, 421 Nr. 106); selbst ein geringer Grad eines mitwirkenden Verschuldens darf nicht völlig außer acht gelassen werden (RGZ 94, 93; RG in LZ 1930, 644 Nr. 2 = Recht 1931 Nr. 1042; a. A. Wassermeyer S. 29 Anm. 79, der in sinngemäßer Anwendung des § 254 BGB eine Absorbierung des leichteren Verschuldens annimmt). Wenn dies geringfügige Mitverschulden des einen Teils in seiner Ursächlichkeit völlig zurücktritt, kann es unberücksichtigt bleiben (RG in JW 1936, 2789 Nr. 3, 2792; RG in HansRG Hauptbl. 1904 Nr. 27; OLG Hamburg in HansGZ Hauptbl. 1902 Nr. 120). In gleicher Weise kann eine geringe Fahrlässigkeit außer Betracht bleiben, wenn die Besatzung eines der beteiligten Schiffe den Zusammenstoß vorsätzlich herbeigeführt hat (RG in HansGZ Hauptbl. 1893 Nr. 43; RG bei Bolze 15 Nr. 192; RG in JW 1935, 2620; 1936, 36).

Vorsätzliches Handeln muß überhaupt strenger beurteilt werden als Fahrlässigkeit. Ferner ist der Verstoß gegen die grundlegenden wasserpolizeilichen Vorschriften bestimmten Inhalts schwerer zu berücksichtigen, als die allgemeine Verletzung der verkehrsnotwendigen Sorgfalt (RGZ 67, 50). Es kommt nicht auf das zeitlich erste, sondern auf das schwere Verschulden, also auf den Grad der Verschuldung bei der Aufteilung an. Wesentlich ist aber, wer die gefahrvolle Lage der Schiffe zueinander, die Kollisionsgefahr geschaffen hat; der hierdurch in eine bedrängte Lage gebrachte Beteiligte haftet grundsätzlich geringer, wenn er im Zwang des Augenblicks unrichtige Maßnahmen trifft (vgl. Anm. 7c). Läßt sich ein solches Verhältnis der Schwere der mitwirkenden Verschulden nach den Umständen nicht feststellen, so sind nach § 736 Abs. 1 Satz 2 HGB die Schiffseigner zu gleichen Teilen ersatzpflichtig. Diese Regelung ist also nur anzuwenden, wenn sich ein anderer Maßstab nicht ermitteln läßt; eine unrichtige Beurteilung des Verschuldensmaßstabes weist auf eine Verkennung der für mitwirkendes Verschulden geltenden Rechtsgrundsätze hin und ist auch in der Revisionsinstanz zu berücksichtigen (RGZ 100, 164, 165 = HansGZ 1927, 297 Nr. 123). Die Eigentümer beschädigter Ladungen können ebenfalls alle Schiffseigner in Anspruch nehmen, deren Besatzungen den Zusammenstoß schuldhaft herbeigeführt haben (vgl. OLG Köln vom 7. 12. 1934 — 3 U 179/33). Jedoch muß sich der Ladungsbeteiligte nach § 736 das Mitverschulden der Besatzung des für die Beförderung verwendeten Schiffes anrechnen lassen (a. A. anscheinend OLG Köln vom 29. 8. 1934 — 3 U 210/33). In diesem Falle muß sich der Ladungsbeteiligte auch das Verschulden der Besatzungen der übrigen beteiligten Schiffe vorbehaltlich eines späteren Rückgriffs anrechnen lassen (a. A. anscheinend OLG Köln vom 1. 6. 1937 — 3 U 47/37). Daneben bleibt nach § 739 Abs. 2 HGB die Inanspruchnahme aus dem Frachtvertrag bestehen (ROHG 13, 113; JW 1902, 401). Wesentlich anders ist die Haftung aus Personenschäden nach § 736 Abs. 2 HGB. Für solche Personenschäden haften die beteiligten Schiffseigner, deren Besatzungen ein ursächliches Verschulden zur Last fällt, dem Verletzten als Gesamtschuldner. Der Verletzte kann also jeden dieser Schiffseigner oder alle auf Ersatz des gesamten Personenschadens in Anspruch nehmen. Nur im Innenverhältnis hat ein Ausgleich unter diesen beteiligten Schiffseignern nach Maßgabe der Schwere der Verschulden ihrer Schiffsbesatzungen stattzufinden (§ 736 Abs. 2 Satz 2 HGB); diese Ausgleichung greift für das Innenverhältnis auch dann Platz, wenn dem Verletzten gegenüber eine Haftung infolge Freizeichnung nicht bestehen sollte (OLG Hamburg in HansGZ Hauptbl. 1905 Nr. 75; RG in JW 1910, 952; BGH in NJW 1954, 877). Soweit nur eine Haftung mit Schiff und Fracht besteht, ist dies auch bei der Ausgleichung zu berücksichtigen; der Ausgleichsanspruch stellt einen selbständigen, durch das Gesetz (§§ 426, 840 BGB) begründeten Anspruch dar und unterliegt der dreißigjährigen Verjährung (a. A. RhOG Köln vom 2. 7. 1953 — 3 U 12/53 in ZfB 1953, 394), wonach der auf einen Schiffahrtsunfall beruhende Ausgleichsanspruch unter entsprechender Anwendung des § 117 Nr. 7 in einem Jahr verjähren soll. Ein binnenschiffahrtsrechtlicher Ausgleichsanspruch ist mit der Zahlung oder Feststellung der Hauptschuld fällig (BGH vom 8. 5. 1956 — 1 ZR 20/55). Es ist der Schuldanteil maßgebend, der sich aus den §§ 735, 736 Abs. 1, 739 HGB ergibt (RGZ 69, 422; OLG Hamburg in SeuffA 75 Nr. 42, Nr. 125; in OLG 39, 166, in Recht 1931 Nr. 825). Auch ein solcher Ausgleichsanspruch geht nach § 67 VVG auf den Versicherer über, soweit dieser dem Versicherungsnehmer den Schaden ersetzt (RG vom 19. 9. 1941 — VI 48/41 in DR 1942 S. 88 Nr. 6; OLG

München in HansRGZ 1937 A 59 Nr. 4). Die Abwägung des Verschuldens mehrerer Beteiligter ist Aufgabe der Tatsacheninstanz und sie kann mit der Rechtsrüge nur insoweit angegriffen werden, als sie auf rechtsirrigen Erwägungen beruht oder wenigstens mit der Möglichkeit eines Rechtsirrtums zu rechnen ist (RGZ 125, 203 [206], 157, 282, [287]; RG in JW 1936, 3383 Nr. 3; 1937, 2763 Nr. 2; 1938, 105 Nr. 2; BGH in NJW 52, 1329; BGHZ 3, 46, 52; RGZ 134, 56, 66; 141, 352, 357; 154, 355, 369). Ein solcher Rechtsfehler würde z. B. gegeben sein, wenn der Berufungsrichter einen Umstand, der für die Beurteilung der Schuldfrage von Bedeutung ist, überhaupt außer acht gelassen, oder die Rechtsbegriffe der Fahrlässigkeit oder des ursächlichen Zusammenhangs verkannt hat; die Beurteilung lediglich des Maßstabes des Verschuldens dagegen ist in aller Regel der Sachprüfung durch das Revisionsgericht entzogen (RGZ 172, 92; RG vom 19. 10. 1943 — I 42/43 in VerkehrsrR 1944, 2376 Nr. 1 = DR 1944, 463 Nr. 46).

d) Im § 736 HGB werden nur solche Fälle geregelt, in denen ein gemeinsames Verschulden der Besatzungen der beteiligten Schiffe vorliegt; diese Bestimmung kann also nicht für den Schiffseigner Anwendung finden, dessen Besatzung an einem solchen gemeinsamen Verschulden keinen Anteil hat. Scheidet also ein mitwirkendes Verschulden eines Schiffseigners und seiner Besatzung aus, so kommt im Verhältnis zu ihm lediglich das einseitige schuldhafte Verhalten der übrigen Beteiligten in Betracht; der „unschuldige Schiffseigner" kann also nach § 92 in Verbindung mit § 735 HGB die Eigentümer aller beteiligten „schuldigen Schiffe" auf Ersatz des vollen Schadens als Gesamtschuldner nach den §§ 830, 840 BGB in Anspruch nehmen, und zwar gleichgültig, ob diese Beteiligten den Zusammenstoß unmittelbar (§ 735 HGB) oder mittelbar (§ 738 HGB) schuldhaft herbeigeführt haben (RG in HansRZ 1919, 493 = RGZ 96, 164; OLG Hamburg in SeuffA 74 Nr. 145 = HansGZ 1919, 109 Nr. 67; in LZ 1911, 873 Nr. 11; in HansGZ 1919, 109 Nr. 67; OLG Kiel in JW 1933, 858 Nr. 8; OLG Köln vom 27. 4. 1932 — 3 U 334/31; vom 15. 11. 1933 — 3 U 340, 344/32; RG in DR 1944, 585 Nr. 16; a. A. OLG Hamburg in HansRZ 1918, 343; vom 22. 12. 1917 — Bf. II 332/1916 —). Es gilt in einem solchen Fall die Regelung des § 736 HGB nur für das Innenverhältnis der beteiligten „schuldigen Schiffe", deren Schiffseigner untereinander die Ausgleichung im Verhältnis der Schwere des Verschuldens ihrer Besatzungen vorzunehmen haben (OLG Hamburg in HansGZ Hauptbl. 1919, 109 Nr. 67); es bleibt ihnen also überlassen, diesen übrigen beteiligten schuldigen Schiffseignern in einem Rechtsstreit mit dem unschuldigen Schiffseigner den Streit zu verkünden und in einem neuen Rechtsstreit den Ausgleich zu beanspruchen (vgl. Anm. 10b, a. E.). Eine Ausgleichung kann auch wegen der Kosten des Rechtsstreits verlangt werden, wenn der Geschädigte mehrere Gesamtschuldner verklagt hatte. Dagegen können die Kosten, die einem allein verklagten Gesamtschuldner im Prozeß des Geschädigten erwachsen sind, nicht ausgeglichen werden, weil sich die Ausgleichung auf den Schaden des Gläubigers beschränkt und diese Kosten darauf beruhen, daß sich der Mitverpflichtete zu Unrecht verklagen ließ (RGZ 92, 148; OLG Köln vom 15. 5. 1935 — 3 U 47/35 = Der Rhein 1935, 205, a. A. LG Hamburg in HansRZ 1920, 267). Bei der Ausgleichung ist eine entsprechende Anwendung des § 254 BGB zulässig und hat zur Folge, daß die Ausgleichung zwischen den Gesamtschuldnern sich in eine angemessene Ausgleichung je nach der größeren oder geringeren Verursachung verwandelt, auch einem der mehreren

Ersatzpflichtigen im Verhältnis zueinander der ganze Schaden auferlegt werden kann (HRR 41 Nr. 1006).

Die Anwendbarkeit des § 840 BGB entfällt aber, wenn infolge einer Freizeichnung des weiteren Beteiligten kein Gesamtschuldner vorhanden ist (RG in JW 1910, 952; OLG Köln vom 11. 6. 1937 — 3 U 75/37).

Bergung und Hilfeleistung

§ 93

Wird ein in Gefahr befindliches, von der Schiffsbesatzung verlassenes Schiff, oder wird aus einem solchen, vom Untergange unmittelbar bedrohten Schiffe die Ladung ganz oder teilweise geborgen, so hat der Berger Anspruch auf Bergelohn.

Wird außer den bezeichneten Fällen ein Schiff oder dessen Ladung aus einer Schiffahrtsgefahr durch die Hilfe dritter Personen gerettet, so haben diese Anspruch auf Hilfslohn.

Der Besatzung des Schiffes steht ein Anspruch auf Berge- oder Hilfslohn nicht zu.

1. Die Bedeutung der Bergung und Hilfeleistung

a) Im Binnenschiffahrtsverkehr sind die Binnenschiffe häufig, insbesondere bei außergewöhnlichen Witterungs- oder Wasserstandsverhältnissen, erheblichen Gefahren ausgesetzt, aus denen sie sich ohne die Hilfe anderer mitunter nicht befreien können. Die Hilfeleistung von dritter Seite kann darin bestehen, daß ein bedrohtes Schiff oder dessen Ladung geborgen (Bergung § 93 Abs. 1) oder sonst zu ihrer Errettung Hilfe geleistet wird (Hilfeleistung § 93 Abs. 2). Bei plötzlich eintretenden Schiffahrtsgefahren, die ein sofortiges Handeln erforderlich machen, wird es dann vielfach nicht möglich sein, sich diese notwendige Hilfe von dritter Seite durch Vertrag zu sichern. Die allgemeinen bürgerlich-rechtlichen Bestimmungen der Geschäftsführung ohne Auftrag bieten keinen Anreiz zu einer Hilfeleistung, da sie nur einen Anspruch auf Ersatz von Aufwendungen (§ 683 BGB), nicht aber eine Entlohnung gewähren. Außerdem berücksichtigen sie nicht, daß grundsätzlich nur ein Interesse an der Entlohnung einer erfolgreichen Hilfeleistung besteht.

b) Im Seerecht wurde daher eine ergänzende Regelung getroffen durch Einführung der Berge- und Hilfeleistung in Seenot (§§ 740ff. HGB in Verbindung mit der Strandungsordnung vom 17. 5. 1874, RGBl. 73ff.). Diese Vorschriften erfordern das Vorliegen einer Seenot (RGZ 5, 91), die auf Binnengewässern nicht in Betracht kommt. Deshalb hat das Binnenschiffahrtsgesetz die Bergung und Hilfeleistung aus einer Schiffahrtsgefahr im Anschluß an das Seerecht in den §§ 93 bis 101 selbständig und mit erheblichen Abweichungen geregelt.

2. Der Geltungsbereich gegenüber den seerechtlichen Vorschriften

a) Nach § 740 HGB in seiner Neufassung nach dem Reichsgesetz vom 7. 1. 1913 (RGBl. 90ff.), die zur Durchführung des Internationalen Übereinkommens vom 23. 9. 1910 (RGBl. 1913, 66) erforderlich wurde, erstrecken sich die seerechtlichen Vorschriften auch auf die Bergung und Hilfeleistung an Binnenschiffen auf Binnengewässern; danach finden die §§ 740 bis 753 HGB Anwendung, wenn „von einem den Vorschriften des Handelsgesetzbuches unterliegenden Schiff (Seeschiff) ein der Binnenschiffahrt dienendes Schiff (Binnenschiff) geborgen oder einem solchen Schiffe Hilfe geleistet wird" (vgl. § 17c). Es gelten also diese seerechtlichen Vorschriften der §§ 740 bis 753 HGB an Stelle der §§ 93 bis 101 wenn ein Seeschiff einem Binnenschiff in einer Schiffahrtsgefahr Hilfe leistet; diese Ausnahmeregelung beschränkt sich aber auf die Anwendung dieser Bestimmungen, so daß im übrigen auch für solche Fälle das Binnenschiffahrtsrecht Platz greift, so für die Verjährung § 117 Nr. 4.

b) Hiernach gelangen die §§ 93 bis 101 nur zur Anwendung, wenn einem Binnenschiff auf Binnengewässern von einem Binnenschiff oder vom Lande aus und nicht von einem Seeschiff Hilfe geleistet wird. Insoweit gelten die §§ 93 bis 101 aber auf den sämtlichen deutschen Binnengewässern ohne Rücksicht auf die Nationalität der Schiffe oder ihrer Schiffseigner (vgl. § 92 Anm. 3a). Für eine Hilfeleistung auf außerdeutschen Binnengewässern ist in Ermangelung anderer Vereinbarungen das Recht des Ortes der Bergung oder Hilfeleistung anzuwenden; bei einer Entscheidung durch ein deutsches Gericht wird dieses das deutsche Recht anzuwenden haben, wenn alle Beteiligten Deutsche sind, denen aber die Berufung auf günstigere Bestimmungen des betreffenden fremden Rechtes gestattet werden muß (vgl. § 92 Anm. 3b).

c) Nach dem Gesetz über das gerichtliche Verfahren in Binnenschiffahrts- und Rheinschiffahrtssachen vom 27. 9. 1952 (BGBl. I S. 641), abgedruckt im Anhang ist für die gerichtliche Geltendmachung der Ansprüche auf Berge- und Hilfslohn wie für andere Binnenschiffahrtssachen eine Zuständigkeit der Schiffahrtsgerichte vorgesehen; es handelt sich aber nicht um eine ausschließliche Zuständigkeit, sondern abweichende Vereinbarungen sind zulässig (vgl. § 92 Anm. 4b, c).

3. Die Schiffahrtsgefahr für Schiff oder Ladung

a) Sowohl für die Bergung als auch für die Hilfeleistung ist nach § 93 Abs. 1 und 2 erforderlich, daß für das Binnenschiff oder seine Ladung eine Schiffahrtsgefahr vorlag. Hierunter ist eine durch die Schiffahrt auf Binnengewässern hervorgerufene hilflose Lage zu verstehen, die von der Schiffsbesatzung nicht allein überwunden werden kann und die Wahrscheinlichkeit eines Verlustes von Schiff oder Ladung in sich schließt (RG in HansGZ Hauptbl. 1904 Nr. 101; OLG Hamburg in HansGZ Hauptbl. 1890 Nr. 96; 1898 Nr. 86; 1903 Nr. 19; 1904 Nr. 80; 1915 Nr. 100; OLG Hamburg vom 5. 3. 1957 — 2 U 279/56; vom 18. 4. 1957 — 2 U 279/56 in VRS 1958, 26 Nr. 8). Es braucht sich also nicht um eine gegenwärtige, schon eingetretene oder unmittelbar drohende Gefahr zu handeln (RG in HansGZ Hauptbl. 1915 Nr. 7; OLG Hamburg in HansGZ 1904 Nr. 80; 1914 Nr. 97; a. A. OLG Hamburg in OLG 20, 72; in HansGZ Hauptblatt 1903 Nr. 28, Nr. 109). Es genügt, daß die Beteiligten bei vernünftiger Beurteilung der gegebenen Verhältnisse mit Grund eine Entwicklung der Sachlage annehmen konnten, die ohne die Rettungsmaßregeln zum Untergang oder zur Beschädigung des notleidenden Schiffes oder der Ladung führen werde (BGH vom 12. 10. 1961 — II ZR 279/59 in ZfB 1961, 463 in VRS 1962, 20, 463; RGZ 165, 175; RG in HansGZ Hauptbl. 1905 Nr. 20; 1915 Nr. 17; OLG Hamburg in HansGZ Hauptbl. 1904 Nr. 80; 1906 Nr. 142; vgl. im übrigen § 78 Anm. 2c und die dort angeführten Entscheidungen). Die Gefahr muß also derartig sein, daß ohne ein Eingreifen von dritter Seite ein Verlust an Schiff oder Ladung zu befürchten ist (RGZ 57, 25; 85, 371; OLG Hamburg in SeuffA 68 Nr. 244, in OLG 32, 194; HansGZ Hauptbl. 1903 Nr. 19; Hauptbl. 1898 Nr. 86). Eine Gefährdung von Menschen allein ist nicht ausreichend (OLG Hamburg in HansGZ Hauptbl. 1902, 15 Nr. 5; RG in SeuffA 49 Nr. 182; in HansGZ Hauptbl. 1893 Nr. 77; vgl. § 95 Abs. 2). Es ist nicht entscheidend, ob sich die Helfer bei den

Rettungsmaßnahmen besonderen Gefahren aussetzen; vielmehr ist dies nach § 94 nur von Bedeutung für die Festsetzung der Höhe des Hilfslohns (RG bei Bolze 19 Nr. 481). Welche Ursachen die Gefahr hervorgerufen hat, ist unerheblich; jedoch muß es sich stets um eine Schiffahrtsgefahr handeln, also um eine Lage, die die Schiffahrt mit sich gebracht hat (OLG Hamburg in OLG 20, 72; 22, 74). Nicht erforderlich ist, im Gegensatz zu der Regelung bei der großen Haverei (§ 78), daß die Gefahr Schiff und Ladung gemeinsam bedroht; es ist auch nicht ausschlaggebend, ob die Gefahr von außen, durch Witterungs- und Wasserverhältnisse hervorgerufen wurde oder auf dem Schiff oder an der Ladung ihren Ursprung hatte. So wird auch eine Feuersbrunst eine Gefahr für Schiff oder Ladung regelmäßig darstellen (OLG Hamburg in HansGZ Hauptbl. 1893 Nr. 52; 1915 Nr. 101). Dagegen kommt es auf die besonderen Umstände des Einzelfalls an, ob die Bedrohung eines am Ufer liegenden Schiffes durch einen an Land ausgebrochenen Brand eine Schiffahrtsgefahr darstellt (OLG Hamburg in OLG 34, 399). Ist auch sonst an der Stelle, an der das Schiff liegt, jederzeit Hilfe zu erreichen, so wird eine Gefahr regelmäßig nicht angenommen werden können (OLG Hamburg in HansGZ Hauptbl. 1893 Nr. 52; 1898 Nr. 86; OLG Hamburg vom 18. 4. 1957 — 2 U 279/56 in VRS 1958, 2 Nr. 8). War die Schiffahrtsgefahr nicht nur eingetreten, sondern bereits abgeklungen, so kann § 93 nur zur Anwendung gelangen, wenn eine weitere erhebliche Schädigung drohte; so kann eine Bergung eines bereits gesunkenen Schiffes nach § 93 Abs. 1 nur in Betracht kommen, wenn eine weitere Gefährung durch Versanden, durch völligen Zusammenbruch oder durch eine Beschädigung seitens vorüberfahrender Schiffe zu erwarten war (RG in JW 1937, 1234 Nr. 4; RGZ 70, 274, 276; OLG Hamburg in OLG 32, 194; in HansGZ Hauptbl. 1907 Nr. 94; 1913 Nr. 92; KG vom 14. 5. 1937 — 2 U 3060/36 — LG Potsdam 5 O 265/32; OLG Hamburg vom 18. 4. 1957 — 2 U 279/56 in VRS 1958, 26). Eine solche Schiffahrtsgefahr muß vorliegen zu dem Zeitpunkt, in dem die Rettung beginnt (BGH vom 12. 10. 1961 — II ZR 279/59 in ZfB 1961, 463; OLG Hamburg HansRZ 1919, 531).

b) Aus einer solchen Schiffahrtsgefahr müssen Schiff oder Ladung gerettet werden. Es muß sich um ein Binnenschiff, also um ein zur Schiffahrt auf Binnengewässern bestimmtes und hierzu verwendetes Schiff, handeln (vgl. § 1 Anm. 4 bis 6); nicht erforderlich ist, daß das Schiff zu Erwerbszwecken benutzt wurde (vgl. § 1 Anm. 5b). Zur Ladung gehören alle Frachtgüter, die sich im Zeitpunkt der Einleitung der Rettungsmaßnahmen an Bord des Schiffes befunden haben.

c) Schiff oder Ladung müssen nach § 93 (ebenso die ausdrückliche seerechtliche Bestimmung § 741 Abs. 1 HGB) aus der Schiffahrtsgefahr „gerettet" werden; es muß also ein Erfolg der Rettungsmaßnahmen zu verzeichnen sein (OLG Hamburg vom 21. 12. 1954 — 2 U 84/54 in VRS 1955, 447). In Ermangelung anderer Vereinbarungen entsteht ein Anspruch auf Berge- und Hilfslohn nach § 93 nur für die erfolgreiche Hilfeleistung (OLG Hamburg in OLG 22, 73). Es ist aber nicht erforderlich, daß die Ursache der Schiffahrtsgefahr endgültig beseitigt wird, vielmehr ist der Erfolg herbeigeführt, wenn das gefährdete Schiff in eine Lage gebracht wurde, in der es sich trotz seiner etwaigen Beschädigung in Sicherheit befand, selbst wenn dort neue Gefahren eintreten können; so genügt es, wenn ein leck gewordenes Schiff von einem Dampfer ausgepumpt und dann auf Strand gesetzt wird, selbst wenn es beim späteren Abschleppen durch den Eigentümer sinkt (OLG Celle in Recht 1927, 600 Nr. 1993). Bei einer vertraglichen Bergung oder Hilfeleistung auf Grund eines sog. Turnvertrages besteht der Anspruch auf

Vergütung auch dann, wenn ein Erfolg nicht erzielt wird, z. B. der Versuch des Abziehens des festgefahrenen Schiffes nicht zum Ziele führt (so RG in DR 1943, 864 Nr. 17).

4. Die Unterscheidung in Bergung und Hilfeleistung

a) Nach § 93 Abs. 1 liegt eine Bergung vor, wenn „ein in Gefahr befindliches, von der Schiffsbesatzung verlassenes Schiff geborgen wird". Es genügt hiernach, im Gegensatz zum Seerecht (§ 740 Abs. 1 Satz 1 HGB), nicht, daß das Schiff der Verfügung seiner Besatzung entzogen war (vgl. OLG Hamburg in HansGZ Hauptbl. 1901 Nr. 15). Unter einem von der Schiffsbesatzung verlassenen Schiff ist auch nicht jedes Schiff zu verstehen, auf dem in einem gegebenen Zeitpunkt tatsächlich die Besatzung nicht anwesend ist; vielmehr muß diese das Schiff verlassen, also aufgegeben haben, so daß es, ohne menschliche Aufsicht, gleichsam eine verlorene Sache (§ 965 BGB) darstellt, wobei nach § 856 Abs. 2 BGB der Besitz durch eine ihrer Natur nach nur vorübergehende Verhinderung in der Ausübung der Gewalt nicht beendet wird (RGZ 57, 23, 25; OLG Hamburg in SeuffA 68 Nr. 244; in HansGZ Hauptbl. 1919, 99 Nr. 59 = HansRZ 1919, 530 Nr. 74; in OLG 32, 194). So kann eine Bergung nicht angenommen werden, wenn der Führer eines im Schlepptau eines Dampfers befindlichen Anhangskahnes ins Wasser fällt (OLG Hamburg in HansGZ Hauptbl. 1902 Nr. 124), wenn sich die Schiffsbesatzung zwar von Bord begeben hat, aber bereit und in der Lage ist, jederzeit nach dort zurückzukehren (OLG Hamburg in HansGZ Hauptbl. 1903 Nr. 109). Es ist im übrigen aber unerheblich, wenn die Schiffsbesatzung zum Schiff zurückkehrt, nachdem die Rettungsmaßnahmen eingeleitet waren (LG Hamburg in HansGZ Hauptbl. 1893 Nr. 62).

b) Eine Bergung liegt nach § 93 Abs. 1 ferner vor, wenn aus einem solchen in Gefahr befindlichen, von der Schiffsbesatzung verlassenen Schiff (vgl. Anm. 4a), das „vom Untergang unmittelbar bedroht" ist, die Ladung ganz oder teilweise geborgen wird. Hierbei handelt es sich also nicht um die Errettung des Schiffes (vgl. Anm. 4a), sondern um die Rettung der mit diesem beförderten Güter (vgl. Anm. 3b). Im Gegensatz zu der seerechtlichen Regelung (§ 740 HGB) wird für diesen Fall das weitere Erfordernis aufgestellt, daß das Schiff unmittelbar vom Untergang bedroht war. Es muß also eine Lage bestanden haben, in der das Sinken des Schiffes unmittelbar einzutreten drohte; ein Auffischen von Frachtgütern nach deren Trennung vom Schiff fällt demnach nicht hierunter (OLG Hamburg vom 16. 11. 1934 — Bf. I 341/34 — in JurR 1935 Nr. 791).

c) Nach § 93 Abs. 2 ist eine Hilfeleistung anzunehmen, wenn außer den im § 93 Abs. 1 bezeichneten Fällen einer „Bergung ein Schiff oder dessen Ladung aus einer Schiffahrtsgefahr durch die Hilfe dritter Personen gerettet werden". Bergung und Hilfeleistung schließen sich also in ihrer Anwendung aus; soweit die Erfordernisse der Bergung festgestellt werden (vgl. Anm. 4a, b), kann nicht auch ein Fall einer Hilfeleistung vorliegen. Es müssen aber auch bei einer Hilfeleistung die allgemeinen Voraussetzungen der Errettung von Schiff oder Ladung aus einer Schiffahrtsgefahr gegeben sein (vgl. Anm. 3a bis c). Es kommt hierfür jede Hilfeleistung in Betracht, die für die Rettung von Schiff oder Ladung geeignet und erfolgreich ist, wie Auspumpen eines leck gewordenen, Abbringen eines festgeratenen oder Auseisen eines eingefrorenen Schiffes, Abschleppen eines durch Wasserstand, Eis oder Sturm gefährdeten Schiffes, Leichterung von Gütern aus einem gefährdeten

Schiff, Mithilfe bei dem Löschen einer auf dem Schiff ausgebrochenen Feuersbrunst, Begleiten eines beschädigten Schiffes durch einen stets hilfsbereiten Schleppdampfer (RGZ 85, 372; OLG Hamburg in HansGZ Hauptbl. 1914 Nr. 97).

5. Der Berge- und Hilfslohn

a) Nach § 93 Abs. 1 hat der Berger Anspruch auf Bergelohn; in gleicher Weise steht dem Helfer nach § 93 Abs. 1 ein Anspruch auf Hilfslohn zu. Es braucht kein besonderer Auftrag zur Vornahme der Bergung oder Hilfeleistung nachgewiesen werden, sondern es genügt, wenn die Leistung nicht ausdrücklich abgelehnt wurde (LG Berlin vom 30. 3. 1935 — 401 O 327/34 —). Die Tatsache der Bergung und Hilfeleistung allein begründet unabhängig von einem Vertrag einen Rechtsanspruch (RGZ 58, 190 Nr. 48; 32, 8). Dies ergibt sich auch aus § 96 Nr. 1, wonach derjenige keinen Anspruch auf Berge- oder Hilfslohn hat, der „seine Dienste aufgedrängt, insbesondere ohne Erlaubnis des anwesenden Schiffers das Schiff betreten hat". Eine solche vertragslose Bergung oder Hilfeleistung setzt lediglich voraus, daß der Berger oder Helfer nicht gegen den ausdrücklich erklärten oder aus schlüssigen Handlungen sich ergebenden Willen des Schiffseigners des gefährdeten Schiffes gehandelt hat (OLG Hamburg in HansGZ Hauptbl. 1903 Nr. 109). Die Bergung und Hilfeleistung wird aber nicht selten auf Grund eines vorher abgeschlossenen Vertrages vorgenommen. Ein solcher Turn- oder Hilfeleistungsvertrag wird vor allem deshalb häufig abgeschlossen, weil sonst nach § 93 Abs. 2 BSchG nur dann ein Anspruch auf eine Vergütung besteht, wenn die Hilfeleistung erfolgreich war, der Hilfeleistende also damit rechnen muß, daß er für den Zeitverlust und die entstehenden Unkosten keine Entschädigung erhält, während er aus einem Turnvertrag einen Anspruch auf Vergütung auch dann erhält, wenn die Hilfeleistung erfolglos blieb (RG in DR 1943, 864 Nr. 17). Der Hilfeleistungsvertrag wird auch häufig von dem Schiffsführer in vertraglicher oder gesetzlicher Vollmacht abgeschlossen. Die gesetzliche Vertretungsmacht aus § 15 besteht bei dem Untergang des Schiffes fort, wenn Aussicht zu seiner Hebung besteht und der Schiffer kraft seiner Fürsorgepflicht zu diesem Zweck tätig wird (RGZ 165, 166 [169]). Auch für eine solche vertragsmäßige Bergung oder Hilfeleistung gelten in Ermangelung anderer Vereinbarungen die gesetzlichen Bestimmungen (RGZ 32, 8, 9; 70, 274). Deren Anwendbarkeit wird auch nicht dadurch ausgeschlossen, daß die Bergung oder Hilfeleistung gewerbsmäßig betrieben wird (RGZ 51, 241; OLG Hamburg in HansGZ Hauptbl. 1888 Nr. 122, 1889 Nr. 5, 1895 Nr. 47, 1902 Nr. 5); auch einem Regierungsschiff oder einem sonstigen zum öffentlichen Dienst bestimmten Schiff steht ein Berge- oder Hilfslohn zu (OLG Kiel in SeuffA 68 Nr. 39, Nr. 222). Es ist ohne Einfluß, ob sich der Berger oder Helfer am Land, auf einem anderen oder auf dem gefährdeten Schiff befindet. Eine Ausnahme besteht nach § 93 Abs. 3 (ebenso § 742 Abs. 2 HGB) für die Besatzung des gefährdeten Schiffes, die keinen Anspruch auf Berge- oder Hilfslohn hat. Denn zur Mitarbeit bei der Errettung des Schiffes, auf dem sie beschäftigt wird, ist die Besatzung nach dem Dienstvertrag und nach den §§ 7, 10, 23 verpflichtet. Zur Besatzung gehören nach § 3 der Schiffer, die Schiffsmannschaft und alle übrigen auf dem Schiff angestellten Personen, selbst wenn sie nur vorübergehend, etwa bei den Rettungsmaßnahmen, von dem Schiffseigner oder Schiffer mit Schiffsdiensten beschäftigt werden (OLG Hamburg in HansGZ Hauptbl. 1902 Nr. 124; § 3 Anm. 3c); dagegen gehört der Zwangslotse nicht zur Besatzung, kann also für seine Mithilfe einen Berge- oder

Hilfslohn beanspruchen (so auch Mittelstein 2 S. 386). Dagegen steht der Besatzung des helfenden Schiffes ebenso wie dessen Schiffseigner (§ 95) ein Anspruch auf Berge- oder Hilfslohn selbst dann zu, wenn das gefährdete Schiff demselben Schiffseigner gehören sollte (so im Seerecht § 743 HGB). Denn die Tatsache der Bergung und Hilfeleistung begründet unabhängig von den Eigentumsverhältnissen am Schiff einen Rechtsanspruch (RGZ 58, 190 Nr. 48; 45 Nr. 11; 32, 10).

b) Die Besatzung des Schleppdampfers, in dessen Schleppverband sich das gefährdete Schiff (Anhangskahn) befand, gehört nicht zu dessen Besatzung (vgl. § 4 Anm. 10a); demnach ist auch die Besatzung eines solchen Schleppschiffes und dessen Eigentümer zur Geltendmachung eines Berge- oder Hilfslohnes berechtigt. Der Führer des Schleppschiffes ist verpflichtet, seinen Anhangskähnen auf Grund des Schleppvertrages in angemessenem Umfang bei einer Schiffahrtsgefahr Hilfe zu leisten; für eine darüber hinausgehende Leistung oder für Dienste besonderer Art (nach der seerechtlichen Vorschrift des § 742 Abs. 3 HGB nur für „außergewöhnliche Dienste"), die nicht als zur Erfüllung des Schleppvertrages gehörig angesehen werden können, hat er dagegen einen Anspruch auf Berge- und Hilfslohn, da der Schlepplohn nur eine Gegenleistung für den eigentlichen normalen Schleppdienst, also nicht eine Vergütung für außerordentliche Hilfeleistungen darstellt (BGH 27. 10. 1960 — II ZR 5/59 in NJW 1961, 122; RG in SeuffA 60 Nr. 154; RGZ 46, 205, 206; OLG Hamburg in HansRZ 1920, 323 Nr. 6, Nr. 63; OLG Hamburg in HansGZ Hauptbl. 1905, 182 Nr. 83; 1912 Nr. 108; 1920, 107 Nr. 54; OLG Königsberg in HansRGZ 1929, 499 Nr. 207). Es besteht aber kein Anspruch, auch nicht aus einem Turnvertrag, auf Ersatz der Schäden, die an dem hilfeleistenden Dampfer durch eigenes Verschulden der Schlepperbesatzung entstanden sind (RG in DR 1943, 864 Nr. 17 ZfB 1943, 97). Es dürfen hierbei aber mit Rücksicht auf die Gefährlichkeit jeder Hilfeleistung die Anforderungen an die Sorgfalt nicht überspannt und es muß berücksichtigt werden, daß die Entschlüsse rasch gefaßt werden müssen und daß jede Hilfeleistung eine gewisse Gefährdung mit sich bringt (BGH vom 12. 6. 1958 — II ZR 301/61 in VersR 58, 510; vom 20. 6. 1960 — II ZR 132/59 in VersR 60, 702). Die Beweislast, daß der Schaden trotz der Gefährlichkeit des Turnens bei Anwendung gehöriger Sorgfalt vermieden worden wäre, trifft den Eigner des abzuziehenden Schiffes (RG in DR 1943, 864 Nr. 17).

c) Nach den allgemeinen bürgerlich-rechtlichen Vorschriften (§§ 242, 823, 249 BGB) entfällt jeder Anspruch auf Berge- und Hilfslohn oder ein sonstiges Entgelt für diejenigen, die die Schiffahrtsgefahr, also den Unfall und die Notlage des Schiffes, schuldhaft, z. B. durch einen Zusammenstoß, herbeigeführt haben (so für das Seerecht § 748 HGB); denn solche Helfer haben mit der Hilfeleistung durch teilweise Wiedergutmachung des von ihnen angerichteten Schadens ein eigenes Geschäft besorgt (RGZ 59, 312; RG in SeuffA 60 Nr. 154). Dies gilt auch für die Schiffsbesatzung des Schleppschiffes, die den Unfall ihres Anhangskahns verschuldet hat (RGZ 3, 141; 46, 205; 59, 312; RG in JurR 1933 Nr. 937; a. A. Mittelstein 2 § 85 Nr. 70, 7). Auch aus einem Turnvertrag (Hilfeleistungsvertrag), wie er auf dem Rhein üblich ist, besteht keine Haftung für die Schäden, die an dem hilfeleistenden Dampfer durch eigenes Verschulden der Besatzung des Dampfers entstanden sind (RG in DR 1943, 864 Nr. 17). Wenn der Schiffer oder die Besatzung des turnenden, d. h. hilfeleistenden Schiffes das Auflaufen des gefährdeten Fahrzeuges verschuldet haben, so hat dessen Eigentümer Ersatz für die durch das Auflaufen entstandenen Schäden zu leisten und zu dem Schaden gehören auch die

Aufwendungen für das Turnen selbst. Hat der Helfer die Schiffahrtsgefahr nur mitverschuldet, so ist der Berge- oder Hilfslohn in sinngemäßer Anwendung des § 254 BGB nach dem für die Verteilung des Schadens angewandten Maßstab zu bemessen (RG in Recht 1932, 592 Nr. 721; RG in SeuffA 60 Nr. 154). Nach neuerer höchstrichterlicher Rechtsprechung ist nicht § 254 BGB, sondern § 92 mit § 736 Abs. 1 HGB anzuwenden, so daß es nur auf die Schwere des beiderseitigen Verschuldens ankommt (so RG in JW 1938 S. 1903 Nr. 45; RG in DR 1943, 864 Nr. 17; s. aaO zu § 92 Anm. 5c; Anm. 10b).

d) Wurde einem Schiff oder der Ladung Hilfe geleistet, ohne daß die Voraussetzungen einer Bergung oder Hilfeleistung nach § 93 festgestellt werden können, insbesondere weil es an einer Schiffahrtsgefahr fehlte, so gelten nicht die binnenschiffahrtsgesetzlichen, sondern die allgemeinen bürgerlich-rechtlichen Grundsätze, also Auftrag (§§ 611ff. BGB), oder Geschäftsführung ohne Auftrag (§§ 677ff. BGB), nach denen sich auch die Höhe des Entgelts zu bemessen hat (RG in JW 1937, 1234 Nr. 4; OLG Hamburg in OLG 22, 74; 20, 72; in HansGZ Hauptbl. 1898 Nr. 3; 1902 Nr. 31; in SeuffA 46 Nr. 186; vom 21. 12. 1954 — 2 U 84/54 — in VRS 1955, 447; a. A. OLG Hamburg in OLG 34, 399, das § 94 entsprechend anwenden will). Sind die §§ 93ff. aber lediglich deshalb nicht anwendbar, weil die Rettungsmaßnahmen keinen Erfolg hatten, so besteht für diese Tätigkeit auch nach den allgemeinen bürgerlich-rechtlichen Bestimmungen in Ermangelung anderer Vereinbarungen kein Anspruch (OLG Hamburg in OLG 22, 73; in JurR 1935 Nr. 791).

Die Festsetzung des Berge- und Hilfslohnes

§ 94

In Ermangelung einer Vereinbarung wird die Höhe des Berge- oder Hilfslohnes unter Berücksichtigung der Umstände des Falles durch das Gericht nach billigem Ermessen festgesetzt.

Der Berge- und Hilfslohn umfaßt zugleich die Vergütung für die Aufwendungen, welche zum Zweck des Bergens und Rettens geschehen sind.

Nicht darin enthalten sind die Kosten und Gebühren der Behörden, die Kosten für die Aufbewahrung, Erhaltung, Abschätzung und Veräußerung der geborgenen oder geretteten Gegenstände sowie die auf diesen ruhenden Zölle und sonstigen Abgaben.

Bei der Bestimmung des Betrages des Berge- oder Hilfslohnes kommen insbesondere in Anschlag: der bewiesene Eifer, die verwendete Zeit, die geleisteten Dienste, die geschehenen Aufwendungen, die Zahl der tätig gewesenen Personen, die Gefahr, welche dieselben ihre Person, ihre Fahrzeuge oder ihre Geräte ausgesetzt haben, sowie die Gefahr, welche den geborgenen oder geretteten Gegenständen gedroht hat, und der nach Abzug der Kosten (Absatz 3) verbliebene Wert derselben.

1. Der vereinbarte Berge- oder Hilfslohn

a) Nach § 94 Abs. 1 ist für die Höhe des Berge- und Hilfslohnes in erster Linie die Vereinbarung maßgebend. Ein solcher Hilfslohnvertrag kann vor, während oder nach der Hilfeleistung abgeschlossen werden; vielfach wird vor Inangriffnahme der Rettungsmaßnahmen eine Abmachung über die Art der Hilfeleistung und die Entlohnung getroffen. Auch für eine solche vertragsmäßige Bergung oder Hilfeleistung gelten die §§ 93ff., insbesondere auch § 93 Abs. 2 und 3, soweit nichts anderes vereinbart ist (vgl. § 93 Anm. 5a); es erübrigt sich dann lediglich die gerichtliche Festsetzung des Lohnes und die Anwendung des § 93 Abs. 4. Jedoch können die Beteiligten die Rechtsbeziehungen ganz oder teilweise anderweit regeln, insbesondere eine persönliche Haftung für den Lohn neben der sonst nur bestehenden dinglichen Verantwortlichkeit (§ 97) aufstellen; aus einer Vereinbarung über die Höhe des Lohnes allein kann nicht entnommen werden, daß eine solche persönliche Haftung begründet werden sollte (RGZ 70, 277; RG in HansGZ Hauptbl. 1893 Nr. 77, 1894 Nr. 68; OLG Hamburg in HansGZ Hauptbl. 1913 Nr. 103).

b) Ein solcher Hilfslohnvertrag kann rechtswirksam nicht nur von dem Schiffseigner, sondern auch von dem Schiffer (Schiffsführer) ohne besondere Vollmacht abgeschlossen werden, da es sich hierbei um ein zur Rettung von Schiff oder Ladung notwendiges Geschäft handelt, das die Ausführung der Reise (§ 15) erforderlich macht (RGZ 70, 274, 277; OLG Hamburg in HansGZ Hauptbl. 1901, 244 Nr. 103). Die hierdurch entstehende dingliche Haftung mit der Ladung (§ 97) müssen auch die Ladungsbeteiligten gegen sich gelten lassen, da der Schiffer bei solchen Rettungsmaßnahmen auch ihre Interessen verfolgt (ROHG 9, 369; OLG Hamburg in HansGZ 1897, 160, 161).

c) Der rechtswirksam abgeschlossene Hilfslohnvertrag kann im Gegensatz zur seerechtlichen Regelung (§ 747 HGB) vom Gericht auf Antrag auch dann nicht „geändert oder für nichtig erklärt werden, wenn der Vertrag zur Zeit und unter dem Einfluß der Gefahr geschlossen ist und die vereinbarten Bedingungen unbillig sind“. Vielmehr ist ein solcher Vertrag auch für das Gericht bindend, da diese seerechtliche Sondervorschrift für das Binnenschiffahrtsrecht auch nicht entsprechend anwendbar ist (Begr. S. 117); der Vertrag kann nur nach den allgemeinen bürgerlichrechtlichen Grundsätzen (§§ 138, 123, 242 BGB) angefochten oder für nichtig erklärt werden (OLG Hamburg in HansGZ Hauptbl. 1901 Nr. 103; 1907, 210; 1909, 40 Nr. 19).

2. Die gerichtliche Festsetzung des Lohnes

a) Nach § 94 Abs. 1 wird die Höhe des Berge- oder Hilfslohnes „in Ermangelung einer Vereinbarung“ durch das Gericht festgesetzt. Eine solche gerichtliche Festsetzung findet also nur hilfsweise statt, wenn weder ein Hilfslohnvertrag vorliegt noch nach der Hilfeleistung eine Einigung über die Höhe der Entlohnung zustande kommt. Es bleibt dann den Beteiligten überlassen, durch eine Klage vor dem ordentlichen Gericht die Festsetzung des Lohnes zu veranlassen (vgl. § 97).

b) Das Gericht hat den Berge- oder Hilfslohn nach § 94 Abs. 1 „unter Berücksichtigung der Umstände des Falles nach billigem Ermessen festzusetzen“. Es wird die im § 94 Abs. 2 bis 4 enthaltenen Richtlinien bei der Ermittlung des billigen und gerechten Lohnes berücksichtigen (ROHG 9, 420); auch kann es Zinsen (§ 291 BGB) zubilligen (RG in SeuffA 48 Nr. 249; OLG Hamburg in HansGZ Hauptbl. 1899 Nr. 11; 1904 Nr. 54). Maßgebend ist hierbei in Ermangelung anderer Vereinbarungen grundsätzlich das am Ort der Hilfeleistung maßgebende Recht (vgl. hierzu § 93 Anm. 2b).

3. Die Abgrenzung des Lohnes gegenüber sonstigen Aufwendungen

a) Nach § 94 Abs. 2 umfaßt der Lohn zugleich „die Vergütung für Aufwendungen, die zum Zwecke des Bergens und Rettens geschehen sind“. Denn nach § 94 Abs. 4 werden diese Aufwendungen bei der Festsetzung der Höhe des Lohnes bereits berücksichtigt, können also nicht außerdem noch selbständig ersetzt verlangt werden. Dies gilt von allen Aufwendungen an Zeit, Arbeit und Materialverbrauch, also auch für eine Beschädigung des helfenden Schiffes oder seiner Gerätschaften aus Anlaß der Rettungsmaßnahmen (OLG Hamburg in HansGZ Hauptbl. 1907 Nr. 43, 1910 Nr. 63). Diese Aufwendungen können auch dann in Ermangelung anderer Vereinbarungen nicht erstattet verlangt werden, wenn ein Berge- oder Hilfslohn infolge erfolgloser Rettungsmaßnahmen entfällt (vgl. § 93 Anm. 5e; RGZ 13, 136).

b) Dagegen sind nach § 94 Abs. 2 im Lohn nicht enthalten bestimmte Kosten, Gebühren und Auslagen, die erst nach erfolgter Rettung durch die Aufbewahrung, Erhaltung und Weitergabe der geborgenen oder geretteten Gegenstände entstehen. Nach den §§ 97, 100 steht den Helfern auch wegen dieser Bergungs- und Hilfskosten ein Schiffsgläubigerrecht, Pfandrecht und Zurückbehaltungsrecht zu (vgl. § 97).

4. Die Richtlinien für die Bemessung des Lohnes

a) Nach § 94 Abs. 1 hat das Gericht die Höhe des Lohnes nach den Umständen des Einzelfalles und billigem Ermessen festzusetzen (vgl. Anm. 2b). Es sind daher im Gegensatz zu der seerechtlichen Regelung (§§ 741 Abs. 2, 745 Abs. 2, 746, 747 HGB) keine festen Anweisungen oder Begrenzungen vorgesehen, die man „als nicht ohne weiteres zutreffend“ fortgelassen hat (vgl. Begr. S. 117). Demnach hat das Gericht ohne eine solche Bindung nach den Umständen des Einzelfalles und nach „billigem Ermessen“ zu entscheiden (OLG Hamburg in HansGZ Hauptbl. 1913, Nr. 32).

b) Die im § 94 Abs. 4 aufgestellten Richtlinien enthalten demnach keine bindenden Vorschriften, sondern nur Anhaltspunkte zur Ermittlung des billigen und gerechten Lohnes (vgl. Anm. 2b, 4a); es handelt sich ferner nicht um eine ausschließliche, sondern nur um eine beispielsweise Aufzählung der hauptsächlich („insbesondere“) in Betracht kommenden Gesichtspunkte. In erster Linie sind die besonderen Umstände des Einzelfalls, insbesondere die Gefährlichkeit der Rettungsmaßnahmen, die verwendete Zeit, die geleisteten Dienste, der Umfang der Aufwendungen und der Wert der geretteten Gegenstände zu berücksichtigen (RGZ 13, 139; RG in HansGZ Hauptbl. 1885 Nr. 43; OLG Hamburg in OLG 6, 361; 22, 76; in HansGZ Hauptbl. 1886 Nr. 118; 1900 Nr. 9; 1912 Nr. 151). Es bestehen auch keine Bedenken, wenn das Gericht bei der Ermittlung des billigen und gerechten Lohnes die Übungen in Schiffahrtskreisen, insbesondere die auf manchen Wasserstraßen (so auf der Elbe) bestehenden Verträge über die Regelung der großen Haverei, mit heranzieht (LG Berlin vom 30. 3. 1935 / 13. 11. 1935 — 401 O 327/34 —). Der sog. Elbevertrag vom 16. 3. 1904 / 2. 12. 1937 ist nach Handelsbrauch nicht nur für die ihm angeschlossenen Firmen, sondern für alle an der Elbeschiffahrt beteiligten Kreise, insbesondere auch für die Kleinschiffahrt maßgebend und bindend, auch soweit sie dem Vertrag nicht angeschlossen sind, wenn andere ausdrückliche Abmachungen nicht vorliegen (KG vom 9. 7. 1943 — 2 U 2829/42 in Zeitschrift für Binnenschiffahrt 1943 S. 126). Danach ist der Berechnung des Hilfslohnes nur die eingetragene Maschinenstärke des Dampfers zugrunde zu legen, und es kann für Zeitverlust neben den festgesetzten Vergütungen nichts beansprucht werden. Haben mehrere Schiffe nacheinander erfolgreiche

Rettungsmaßnahmen geleistet, so ist der Lohn auf sie nach dem Verhältnis ihrer Tätigkeit zu verteilen (OLG Hamburg in HansGZ Hauptbl. 1900, 21).

Die Verteilung des Berge- und Hilfslohnes

§ 95

Haben sich mehrere Personen an der Bergung oder Hilfeleistung beteiligt, so wird der Berge- oder Hilfslohn unter dieselben nach Maßgabe der persönlichen und sachlichen Leistungen der Einzelnen verteilt.

Zur entsprechenden Teilnahme sind auch diejenigen berechtigt, welche sich in derselben Gefahr der Rettung von Menschen unterzogen haben.

Wird ein Schiff oder dessen Ladung von einem anderen Schiffe geborgen oder gerettet, so hat der Schiffseigner des letzteren einen angemessenen Teil des Berge- oder Hilfslohnes zu beanspruchen.

1. Nach § 95 Abs. 1 wird der nach Maßgabe des § 94 vereinbarte oder festgesetzte Berge- oder Hilfslohn unter die mehreren an der Hilfeleistung beteiligten Personen „nach Maßgabe der persönlichen und sachlichen Leistungen der Einzelnen verteilt". Es werden regelmäßig bei einer Bergung oder Hilfeleistung eine größere Anzahl von Personen neben der Schiffsbesatzung des gefährdeten Schiffes tätig werden; soweit diese Personen von dem Helfer auf Grund eines Dienstvertrages oder einer sonstigen Abmachung angenommen wurden, sind sie nicht als selbständige Beteiligte anzusehen, haben also auch keinen Anspruch auf einen Lohnanteil (so auch Mittelstein 1 I zu § 95 Anm. 2). Eine Ausnahme besteht nach § 95 Abs. 2 (ebenso § 750 HGB), wonach zur Teilnahme auch diejenigen berechtigt sind, die sich in derselben Gefahr der Rettung von Menschen unterzogen haben. Die Errettung von Menschenleben stellt zwar keine Bergung oder Hilfeleistung dar (vgl. § 93 Anm. 3a, b), sichert aber die Beteiligung an dem Lohn, der sich hierdurch also für die übrigen Beteiligten entsprechend verringert, da die geretteten Menschen nicht für die Anteile ihrer Retter am Lohn zu haften haben. Wenn die Rettung durch ein anderes Schiff erfolgt, so ist außer dessen Besatzung, soweit sie bei den Rettungsmaßnahmen mitgeholfen hat, auch der Schiffseigner des betreffenden Schiffes als Beteiligter anzusehen (§ 95 Abs. 3), selbst wenn er sich nicht auf dem Schiff befunden haben sollte; denn der Vergütungsanspruch wird ihm in seiner Eigenschaft als Schiffseigner und Dienstherr der Besatzung zugebilligt (OLG Hamburg in HansGZ Hauptbl. 1895 Nr. 47; 1900 Nr. 18; 1902 Nr. 124; 1903 Nr. 19; 1912 Nr. 145). Die „allgemeinen Grundsätze über die Verteilung des Berge- und Hilfslohns unter mehreren Personen sollen (abweichend von der seerechtlichen Regelung im § 749 HGB) der Vereinfachung wegen auch in dem Fall Anwendung finden, wenn die Rettung von einem anderen Schiff aus geschah", wobei „auch der Eigner dieses Schiffes einen angemessenen Anteil zu beanspruchen hat" (Begr. S. 117).

2. Die Verteilung des Lohnes unter diese mehreren Helfer hat „nach Maßgabe der persönlichen und sachlichen Leistungen der Einzelnen" zu erfolgen (§ 95 Abs. 1). Im Gegensatz zu der Regelung im Seerecht (§ 749 HGB) hat das Binnenschiffahrtsgesetz feste und umgrenzte Richtlinien für diese Verteilung nicht aufgestellt; entscheidend soll allein der Umfang der persönlichen und sachlichen Aufwendungen der Helfer s. in. Läßt sich ein Unterschied in den Leistungen nicht feststellen, so ist eben insoweit eine gleichmäßige Zuteilung vorzunehmen. Bei der

Festsetzung des dem Schiffseigner des helfenden Schiffes nach § 95 Abs. 3 zustehenden Anteils ist vor allem zu berücksichtigen, daß sein Schiff die Rettung ermöglichte und daß ihm erhebliche Schäden an Schiff und Gerätschaften sowie durch eine Verzögerung der Reise entstehen; es muß ihm daher ein angemessener Anteil für diese bedeutsamen sachlichen Leistungen zugebilligt werden (OLG Hamburg in HansGZ Hauptbl. 1886 Nr. 118).

3. Falls eine Einigung nicht erfolgt, so muß eine Entscheidung durch Klage vor dem ordentlichen Gericht herbeigeführt werden, da eine Verteilung durch eine andere Stelle, wie im Seerecht durch das Seeamt (§ 749 Abs. 3 HGB), nicht vorgesehen ist. Diese gerichtliche Geltendmachung kann durch alle Helfer gemeinsam erfolgen; es ist aber auch jeder von ihnen als klageberechtigt in Höhe seines Anteils anzusehen (OLG Hamburg in HansGZ Hauptbl. 1901 Nr. 86). Erfolgte die Hilfeleistung von einem anderen Schiff aus, so ist dessen Schiffseigner nicht nur für seinen Anteil (§ 95 Abs. 3), sondern für den vollen Hilfslohn klageberechtigt, der auf seine Besatzung und auf die Leistung des Schiffes entfällt; denn der § 95 Abs. 3 regelt nur die Verteilung, nicht auch die Klageberechtigung (OLG Hamburg in OLG 22, 76; in HansGZ Hauptbl. 1902, 291 Nr. 124; 1905, 140 Nr. 64; 1910, 188 Nr. 80; 306 Nr. 130). Jedoch ist der Schiffseigner im Innenverhältnis gegenüber seiner Schiffsbesatzung in Ermangelung anderer Vereinbarungen, die hier im Gegensatz zum Seerecht (§ 749 Abs. 4 HGB) zulässig sind, verpflichtet, eine anteilmäßige Verteilung nach § 95 vorzunehmen; in den Dienstverträgen wird nicht selten ein Anspruch der Schiffsbesatzung gegenüber ihrem Schiffseigner auf eine Beteiligung am Berge- oder Hilfslohn abweichend geregelt, manchmal auch vollständig ausgeschlossen (RG bei Bolze 19 Nr. 491). Im Falle einer Vermietung des hilfeleistenden Schiffes steht der Hilfslohn dem Schiffseigner und seiner Besatzung, nicht dem Mieter zu, der grundsätzlich nicht als Ausrüster anzusehen ist (vgl. § 2 Anm. 1b; RG vom 9. 7. 1943 — 2 U 2829/42 in ZfB 1943, 125).

Der Ausschluß des Berge- und Hilfslohnes

§ 96

Auf Berge- und Hilfslohn hat keinen Anspruch:

1. **wer seine Dienste aufgedrungen, insbesondere wer ohne Erlaubnis des anwesenden Schiffers das Schiff betreten hat;**
2. **wer von den geborgenen Gegenständen dem Schiffer, dem Eigentümer oder der zuständigen Behörde nicht sofort Anzeige gemacht hat.**

1. Nach § 96 Nr. 1 hat keinen Anspruch auf Berge- und Hilfslohn, wer „seine Dienste aufgedrängt", insbesondere „ohne Erlaubnis des anwesenden Schiffers das Schiff betreten hat". Hiermit wird der Zweck verfolgt, „der Einmischung unbefugter Personen in das Rettungswerk vorzubeugen" (Begr. S. 117). Eine Hilfeleistung, die in Widerspruch zu dem erkennbaren Willen des Schiffers (Schiffsführers) vorgenommen, also ihm aufgedrängt wird, soll einen Anspruch auf Entlohnung nicht auslösen (RGZ 57, 23; 85, 369). Dies soll vor allem gelten, wenn der Helfer das gefährdete Schiff ohne Erlaubnis des anwesenden Schiffers betreten hat (RG in HansGZ Hauptbl. 1913 Nr. 122). Es braucht aber hierzu keine ausdrückliche Erlaubnis erteilt zu sein, sondern es genügt, wenn der Schiffer gegen das Betreten des gefährdeten Schiffes oder gegen die Einleitung der Rettungs-

maßnahmen keinen Einspruch erhebt; denn es soll lediglich vermieden werden, daß sich unbefugte Personen in das Rettungswerk in eigenem Erwerbsinteresse einmischen (OLG Hamburg in JurR 1935 Nr. 791; in HansGZ Hauptbl. 1903, 252 Nr. 109). Eine bessere und wesentlich günstigere Gestaltung der Lage des Hilfeleistenden enthält die auf Grund des Internationalen Übereinkommens neu gefaßte Bestimmung des § 742 Abs. 1 HGB, wonach nur eine Beistandsleistung „gegen ein ausdrückliches, nicht unverständiges Verbot des Schiffers" den Verlust des Lohnes herbeiführt. Eine entsprechende Anwendung dieser Vorschrift ist aber nach der Fassung des § 96 Nr. 1 nicht zulässig; demnach würde auch ein nach der Gefahrenlage unverständiger Einspruch des Schiffers den Verlust des Lohnes für die trotzdem geleisteten Rettungsmaßnahmen nach sich ziehen, selbst wenn das Rettungswerk im öffentlichen Interesse liegen sollte (a. A. OLG Hamburg in OLG 22, 75, 76, das den § 679 BGB anwenden will). Es kann aber in solchen Fällen eine Zustimmung des Schiffers aus schlüssigen Handlungen gefolgert werden, wenn gegen die Vornahme der Rettungsmaßnahmen keine Einwendungen erhoben werden, insbesondere wenn er von seinem Hausrecht keinen Gebrauch macht.

2. Der Anspruch auf Hilfslohn wird ferner nach § 96 Nr. 2 für den Helfer verwirkt, der „von den geborgenen Gegenständen dem Schiffer, dem Eigentümer oder der zuständigen Behörde nicht sofort Anzeige macht". Mit dieser Vorschrift sollte „dem Versuch der Veruntreuung geborgener Gegenstände vorgebeugt werden" (Begr. S. 117). Aus der Unterlassung einer solchen Anzeige über geborgene Gegenstände, die ein Helfer damit an sich genommen hat, ist zu entnehmen, daß er sie verheimlichen und nicht ausliefern will (vgl. die seerechtliche Vorschrift des § 748 HGB).

3. Ferner haben keinen Anspruch auf Berge- oder Hilfslohn die Besatzung des gefährdeten Schiffes (vgl. § 93 Anm. 5b), die auf Grund eines Dienstvertrages von den Helfern oder auch vom Schiffseigner angenommenen, also nicht selbständig tätig werdenden Personen (vgl. § 95 Anm. 1) sowie diejenigen, die die Schiffahrtsgefahr schuldhaft herbeigeführt haben (vgl. § 93 Anm. 5d).

Die Sicherung des Berge- und Hilfslohnes

§ 97

Wegen der Bergungs- und Hilfskosten, einschließlich des Berge- und Hilfslohnes, stehen dem Gläubiger im Falle der Rettung des Schiffes die Rechte der Schiffsgläubiger (§§ 102 bis 115) und im Falle der Rettung von Gütern ein Pfandrecht an diesen zu. Geborgene Gegenstände können bis zur Sicherheitsleistung zurückbehalten werden.

Die Pfandklage kann hinsichtlich des Schiffes und der Fracht und solange die Ladungsgüter noch nicht ausgeliefert sind, auch hinsichtlich dieser gegen den Schiffer gerichtet werden. Zuständig ist das Gericht, in dessen Bezirk die Bergung oder Hilfeleistung stattgefunden hat.

1. Die dingliche Sicherung der Helfer

a) Nach § 100 Abs. 1 (ebenso im Seerecht § 753 Abs. 1 HGB) wird „eine persönliche Verpflichtung zur Entrichtung der Bergungs- und Hilfskosten durch die Bergung oder Rettung nicht begründet", soweit nicht dahingehende Vereinbarungen (vgl. § 94 Anm. 1a) oder die Fälle der §§ 99, 100 Abs. 2 vorliegen.

Ein Lohnanspruch steht dem Helfer nach § 93 nur zu, wenn seine Rettungsmaßnahmen einen Erfolg gehabt haben (vgl. § 93 Anm. 3c); deshalb soll er sich grundsätzlich auch nur aus den der Gefahr ausgesetzten geretteten Gegenständen befriedigen können. Nach § 97 Abs. 1 (ebenso § 751 Abs. 1 HGB) wird den Helfern eine dingliche Inanspruchnahme an den geretteten Gegenständen eingeräumt; es steht ihnen wegen der Bergungs- und Hilfskosten, einschließlich des Berge- und Hilfslohnes, im Falle der Rettung des Schiffes ein Schiffsgläubigerrecht und im Falle der Rettung von Gütern ein Pfandrecht an diesen zu. Es ist dies also eine gleiche Regelung wie die Sicherstellung der Ansprüche der Vergütungsberechtigten aus einer großen Haverei nach den §§ 89 bis 91 (vgl. § 89 Anm. 1 bis 3; Begr. S. 117).

b) Es muß zur Erreichung dieser Sicherstellung eine Rettung von Schiff oder Ladung aus einer Schiffahrtsgefahr erfolgt sein (vgl. § 93 Anm. 3a bis c). Diese geretteten Gegenstände stehen dem erfolgreichen Helfer zur vorzugsweisen Befriedigung zur Verfügung; er kann sich im Falle der Rettung des Schiffes an dieses und im Falle der Errettung der Ladung an die geborgenen Güter halten, da ihm nach § 97 eine dingliche Sicherung und vorzugsweise Befriedigung eingeräumt ist. Dagegen hat er, wenn seine Rettungsmaßnahmen keinen Erfolg aufweisen, weder einen Anspruch auf Hilfslohn noch auf Ersatz seiner Aufwendungen (vgl. § 93 Anm. 5e, § 94 Anm. 3a).

2. Das Schiffsgläubigerrecht am Schiff

a) Nach § 97 Abs. 1 haben die Helfer „im Falle der Rettung des Schiffes die Rechte der Schiffsgläubiger (§§ 102 bis 115)“; dies wird im § 102 Nr. 3 Abs. 1 nochmals besonders hervorgehoben. Dies Schiffsgläubigerrecht gewährt ein gesetzliches Pfandrecht an Schiff und Fracht und eine bevorzugte Befriedigungsmöglichkeit aus diesen Gegenständen.

b) Dies Schiffsgläubigerrecht erstreckt sich auf das Schiff nebst Zubehör (§ 103) sowie auf die Bruttofracht der Reise (§ 104), aus der die Forderung entstanden ist (vgl. im übrigen die Erläuterungen zu den §§ 102 bis 115).

3. Das Pfandrecht an den geretteten Gütern

a) Nach § 97 Abs. 1 Satz 1 (ebenso § 751 Abs. 1 HGB) steht den Helfern „im Falle der Rettung von Gütern ein Pfandrecht an diesen zu“ wegen der Bergungs- und Hilfskosten, einschließlich des Berge- und Hilfslohnes. Es handelt sich um ein gesetzliches Pfandrecht, das mit der Bergung oder Rettung ohne weiteres entsteht. Hierbei ist es unerheblich, wer Eigentümer der Güter ist; das Pfandrecht entsteht ohne Rücksicht auf die Eigentumsverhältnisse an allen geretteten, zur Ladung gehörenden Gütern.

b) Gegenstand des Pfandrechts sind die sämtlichen geretteten Güter, die für die gesamte Forderung des erfolgreichen Helfers damit belastet sind (§§ 1257, 1222 BGB). Das Pfandrecht „besteht, wie sich aus allgemeinen Rechtsgrundsätzen ergibt, wegen des ganzen, dem Berechtigten zukommenden Anspruchs an jedem einzelnen der durch die Bergung oder Hilfeleitung geretteten Gegenstände und kann ohne Rücksicht auf die gleichzeitige Haftung anderer Gegenstände geltend gemacht werden“ (Begr. S. 118; RG in HansGZ Hauptbl. 1897 Nr. 14; LG Hamburg in HansGZ Hauptbl. 1910 Nr. 106). Jedoch können die in Anspruch genommenen Beteiligten im Innenverhältnis einen Ausgleich nach dem Verhältnis des Wertes von Schiff und Ladung, also gleichmäßige Verteilung verlangen (RG in JW 1896, 705 Nr. 49; RG bei Bolze 23 Nr. 542; OLG Hamburg in HansGZ 1905 Nr. 69; 1906 Nr. 142; in HansRGZ 1918, 539).

c) Der Inhalt des Pfandrechts bestimmt sich nach den §§ 1257, 1204 bis 1258 BGB. Es besteht nach § 97 Abs. 1 für den gesamten Berge- oder Hilfslohn, einschließlich der Kosten aus § 94 Abs. 3.

d) Der Rang des Pfandrechts ergibt sich aus § 116 (vgl. § 89 Anm. 3e).

4. Das Zurückbehaltungsrecht an geborgenen Gegenständen

a) Nach § 97 Abs. 1 Satz 2 (ebenso § 751 Abs. 1 HGB) können „geborgene Gegenstände bis zur Sicherheitsleistung zurückbehalten werden". Es steht dem Helfer hiernach an solchen durch die Bergung in seinen Besitz gelangten Gegenständen (Schiff, Schiffsteile, Zubehör und Güter) zugleich ein gesetzliches Zurückbehaltungsrecht zu, das ebenfalls an den sämtlichen von ihm geborgenen Gegenständen für den Betrag seiner Forderung geltend gemacht werden kann (OLG Hamburg in HansGZ Hauptbl. 1896 Nr. 1).

b) Dies Zurückbehaltungsrecht kann dem Eigentümer oder sonst an den geborgenen Gegenständen Berechtigten gegenüber ausgeübt werden; es ist aber nicht gegenüber eingetragenen Pfandrechtsgläubigern oder im Range vorgehenden Schiffsgläubigern wirksam (RG in DJZ 1905, 122; RG in HansGZ 1909 Nr. 25; a. A. Mittelstein zu § 97 Anm. 4; OLG Hamburg in HansGZ Hauptbl. 1896 Nr. 1).

c) Die Zurückbehaltung kann nach § 97 Abs. 1 Satz 2 nur „bis zur Sicherheitsleistung" erfolgen. Demnach erlischt das Pfandrecht, sobald dem Helfer für seine gesamte Forderung Sicherheit geleistet wird (vgl. §§ 232ff., 273 Abs. 3 BGB).

5. Die Verwertung der Sicherheiten

a) Wird dem Helfer der Berge- oder Hilfslohn, einschließlich der Kosten, nicht freiwillig entrichtet, so muß er sich aus den ihm zustehenden dinglichen Sicherheiten befriedigen. Hierzu bedarf er eines vollstreckbaren Titels (§ 103, Abs. 3), der beim ordentlichen Gericht zu erwirken ist (Begr. S. 117). Diese „Pfandklage" ist nach § 97 Abs. 2 sowohl zur Befriedigung aus Schiff und Fracht als auch für die Vollstreckung in die geretteten Güter erforderlich (Begr. S. 117, 118). Die Befriedigung aus dem Schiff nebst Zubehör erfolgt nach den §§ 162ff. ZVG aus der Fracht nach den §§ 828ff. ZPO und aus der Ladung nach den §§ 803ff. ZPO.

b) Die Pfandklage ist grundsätzlich, soweit es sich um eine Befriedigung aus Schiff und Fracht handelt, gegen den Schiffseigner (§ 103) und für eine Inanspruchnahme der geretteten Güter gegen deren Eigentümer zu richten (Begr. S. 118).

c) Nach § 97 Abs. 2 kann die Pfandklage auch „gegen den Schiffer" gerichtet werden. Die Ausübung des Pfandrechts würde „allzusehr erschwert sein, wenn der Berechtigte genötigt wäre, das Pfandrecht, soweit es Schiff und Fracht betrifft, gegen den Schiffseigner, und soweit es sich auf gerettete Güter bezieht, gegen den Eigentümer der letzteren gesondert zu verfolgen". Deshalb ist im § 97 Abs. 2 in Angleichung an die seerechtliche Regelung (§§ 696, 751, 761 Abs. 2 HGB) vorgesehen, daß „die Pfandklage hinsichtlich des Schiffes und der Fracht und, solange die Ladungsgüter noch nicht ausgeliefert sind, auch hinsichtlich dieser gegen den Schiffer gerichtet werden" kann. Dies bedeutet eine erhebliche Erleichterung der Rechtsverfolgung, da die Ermittlung der Eigentümer von Schiff und Ladung häufig sehr schwierig ist. Die Pfandklage ist gegen den Schiffer zu richten, der im Zeitpunkt der Klageerhebung das Schiff führt. In dem Gerichtsverfahren ist der Schiffer nicht nur der „prozessuale Vertreter der verschiedenen Interessenten" (so Begr. S. 118), sondern Partei, wenn er auch als Treuhänder von Schiff und Ladung deren, also fremde Interessen wahrzunehmen hat; die Klage ist daher gegen ihn zu richten, ohne daß die Angabe des Schiffseigners oder der Ladungsbeteiligten erforderlich ist (RG in JW 1903, 103 Nr. 22; LG Hamburg in HansGZ Hauptbl. 1900, 128 Nr. 58). Der interessierte Schiffseigner oder Eigentümer der Güter kann in diesem Prozeß als Nebenintervenient beitreten. Im Falle des Unterliegens sind die Kosten des Rechtsstreits dem Schiffer als Partei aufzuerlegen, jedoch nur unter Beschränkung auf die Haftung der in Anspruch genommenen geretteten Gegenstände (RGZ 33, 85; OLG Hamburg in HansGZ Hauptbl. 1897, 166 Nr. 66).

d) Nach § 97 Abs. 2 Satz 2 ist für die Erhebung dieser Pfandklage gegen den Schiffer „das Gericht zuständig, in dessen Bezirk die Bergung oder Hilfeleistung stattgefunden hat". Denn die Möglichkeit einer solchen Pfandklage gegen den Schiffer „würde für die Berechtigten ohne wesentlichen Nutzen sein, wenn nicht zugleich ein besonderer Gerichtsstand für die Klage geschaffen wird" (Begr. S. 118). Es handelt sich also nicht um die Begründung eines ausschließlichen, sondern eines zusätzlichen besonderen Gerichtsstandes zur Erleichterung der Rechtsverfolgung (OLG Hamburg in OLG 7, 166; Mittelstein 2 S. 396; a. A. Förtsch S. 306). Demnach kann die Pfandklage gegen den Schiffer auch an dessen allgemeinem oder an einem vereinbarten Gerichtsstand eingeleitet werden.

e) Die im § 97 Abs. 2 vorgesehenen Bestimmungen regeln aber nur die „Pfandklage" gegen den Schiffer und die Zuständigkeit des Gerichts für eine solche Klage; sie finden keine entsprechende Anwendung für die Geltendmachung von persönlichen Ansprüchen (OLG Hamburg in OLG 7, 166). Für solche persönlichen Ansprüche finden die allgemeinen Bestimmungen Anwendung, und zwar sowohl für die Inanspruchnahme als auch für die Zuständigkeit. Dies gilt insbesondere auch für die Geltendmachung des vereinbarten Berge- und Hilfslohnes, wenn eine persönliche Haftung des Vertragsgegners für die Lohnansprüche festgelegt war (vgl. § 94 Anm. 1a). Es bleibt dem Berechtigten aber vorbehalten, aus einem solchen Vertrag nur die dingliche Inanspruchnahme im Wege der gegen den Schiffer gerichteten Pfandklage durchzuführen; es stellt auch grundsätzlich keine Klageänderung dar, wenn von der Pfandklage zur Geltendmachung der persönlichen Ansprüche oder umgekehrt übergegangen wird (OLG Hamburg in OLG 7, 166).

Das Erlöschen des Pfandrechts nach Auslieferung der Güter

§ 98

Nach Auslieferung der Güter kann das Pfandrecht nicht zum Nachteile eines dritten Erwerbers geltend gemacht werden, welcher den Besitz der geborgenen oder geretteten Güter in gutem Glauben erlangt hat.

1. Nach § 97 Abs. 1 steht den Helfern im Falle der Rettung von Gütern ein Pfandrecht an diesen zu; sie können die geborgenen Gegenstände nach § 97 Abs. 1 Satz 2 bis zur Sicherheitsleistung zurückbehalten. Auch nach der Auslieferung der Frachtgüter an den Absender oder Empfänger bleibt diesen gegenüber das Pfandrecht bestehen. Hierbei ist es unerheblich, ob diese Empfangsberechtigten von der Belastung der Güter mit diesen Pfandrechten Kenntnis hatten (vgl. § 89 Anm. 3f.).

2. Nach § 98, der wörtlich übereinstimmt mit der bei der großen Haverei im § 89 Abs. 2 Satz 2 vorgesehenen Regelung, kann das Pfandrecht „nach Auslieferung der Güter nicht zum Nachteil eines dritten Erwerbers geltend gemacht werden, der den Besitz der geborgenen oder geretteten Güter in gutem Glauben erlangt hat". Es soll durch diese Vorschrift also der Erwerber geschützt werden, der die Frachtgüter vom Absender oder Empfänger gutgläubig erhalten hat. Nicht erforderlich ist aber, daß dieser dritte Erwerber den Besitz auf Grund einer Verfügung des Absenders oder Empfängers erworben hat, sondern es genügt jede Erlangung des Besitzes. Voraussetzung ist der gute Glaube beim Erwerb, der nur vorliegt, wenn der dritte Erwerber die Belastung der Güter mit dem Pfandrecht oder das Bestehen der hierauf ruhenden Verbindlichkeiten nicht kannte und seine Unkenntnis auch nicht auf grober Fahrlässigkeit (§ 932 BGB) beruhte (vgl. im übrigen § 89 Anm. 3f.).

3. Das Pfandrecht des Helfers an den geborgenen oder geretteten Gütern erlischt demnach mit deren Auslieferung an einen gutgläubigen dritten Erwerber. Deshalb ist dem Schiffer bei Vermeidung einer eigenen Verantwortlichkeit nach § 99 Abs. 1 aufgegeben, die Güter vor Befriedigung oder Sicherstellung des Gläubigers nicht auszuliefern. Ferner wird im § 100 Abs. 2 zur weiteren Sicherheit des durch eine Auslieferung der Güter benachteiligten Helfers vorgesehen, daß unter Umständen der Empfänger beschränkt persönlich verpflichtet wird.

Die Haftung des Schiffers und Schiffseigners nach Auslieferung

§ 99

Der Schiffer darf die Güter vor Befriedigung oder Sicherstellung des Gläubigers nicht ausliefern, widrigenfalls er dem Gläubiger insoweit verantwortlich wird, als dieser, wenn die Auslieferung nicht bewirkt wäre, aus den Gütern hätte befriedigt werden können.

Hat der Schiffseigner die Auslieferung der Güter angeordnet, so finden die Vorschriften im § 7 Abs. 2, 3 Anwendung.

1. Nach § 97 haben die Helfer ein gesetzliches Pfandrecht an den geretteten oder geborgenen Gegenständen (vgl. § 97 Anm. 1a). Diese dingliche Sicherung kann durch die Auslieferung der Frachtgüter benachteiligt werden (vgl. § 98 Anm. 1, 3). Deshalb wird der Schiffer nach § 99 Abs. 1 (ebenso im Seerecht § 752 Abs. 1 HGB) in Übereinstimmung mit der bei der großen Haverei im § 91 vorgesehenen Regelung angewiesen, die Güter „vor Befriedigung oder Sicherstellung des Gläubigers nicht auszuliefern". Diese zum Schutz der erfolgreichen Helfer getroffene Bestimmung bezweckt, die Bezahlung der auf den geretteten Gütern lastenden Verbindlichkeiten sicherzustellen. Die Auslieferungsbeschränkung bezieht sich daher nur auf die mit Berge- oder Hilfslohn, einschließlich der Kosten, belasteten Güter.

2. Der Schiffer darf solche mit Berge- oder Hilfslohn, einschließlich der Kosten, belasteten Güter „vor Befriedigung oder Sicherstellung" nicht ausliefern. Er hat sich also vor der Auslieferung der in seinem Besitz verbliebenen geretteten Güter davon zu überzeugen, ob die Helfer wegen ihrer Ansprüche aus den Rettungsmaßnahmen befriedigt sind. Ist dies nicht der Fall, so muß er die Sicherstellung

der Beträge verlangen. In welcher Weise diese zu erfolgen hat, ist im § 99 im Gegensatz zu der Regelung im § 91 Abs. 2 nicht bestimmt; hiernach kann die Sicherstellung in angemessener Weise durch Hinterlegung bei einer öffentlichen Hinterlegungsstelle (§ 372 BGB) oder nach den §§ 232—238 BGB vorgenommen werden (vgl. im übrigen § 91 Anm. 3). Die Sicherstellung hat nicht zugunsten des Schiffers, sondern für den Gläubiger zu erfolgen (OLG Hamburg in HansGZ Hauptbl. 1897 Nr. 66).

3. Liefert der Schiffer solche mit Berge- oder Hilfskosten belasteten Güter aus, bevor diese Kosten gedeckt oder sichergestellt sind, so wird er dem Gläubiger „insoweit verantwortlich, als dieser, wenn die Auslieferung nicht bewirkt wäre, aus den Gütern hätte befriedigt werden können". Es entsteht also eine beschränkt persönliche Haftung, die begrenzt ist bis zur Höhe des Wertes der geretteten Güter im Zeitpunkt der Auslieferung und gemindert wird durch den von ihm zu führenden Nachweis, daß der Gläubiger auch bei Nichtauslieferung der Güter in gleicher Weise mit seiner Forderung ausgefallen wäre (vgl. im übrigen § 91 Anm. 5). Ein besonderer Gerichtsstand ist für diesen gegen den Schiffer gerichteten, beschränkt persönlichen Anspruch nicht vorgesehen (Begr. S. 118); eine entsprechende Anwendung des § 97 Abs. 2 ist nicht zulässig, da sich diese Bestimmung auf die Pfandklagen beschränkt.

4. Diese Auslieferung der belasteten Güter vor Befriedigung oder Sicherstellung der Helfer enthält zugleich eine Verletzung der Dienstobliegenheiten des Schiffers (§ 7). Nach § 99 Abs. 2 finden die Vorschriften im § 7 Abs. 2, 3 Anwendung, wenn der Schiffseigner diese Auslieferung der Güter angeordnet hat. Handelte der Schiffer auf Anweisung des Schiffseigners, so ist er nur verantwortlich, wenn er es unterlassen hat, dem Schiffseigner die nach Lage des Falls erforderliche Aufklärung zu geben, oder wenn ihm eine strafbare Handlung zur Last fällt (vgl. § 7 Anm. 3c); durch eine Anweisung seines Schiffseigners wird der Schiffer also grundsätzlich von seiner eigenen Verantwortlichkeit befreit.

5. Nach § 99 Abs. 2 in Verbindung mit § 7 Abs. 3 wird der Schiffseigner durch die Erteilung einer solchen Anweisung nach erhaltener voraufgegangener Aufklärung persönlich verpflichtet (vgl. § 7 Anm. 3d). Diese Haftung des Schiffseigners ist grundsätzlich eine unbeschränkt persönliche. Regelmäßig wird sich der Schiffseigner gegen eine solche Inanspruchnahme den Rückgriff gegen den Empfangsberechtigten sichern, indem er sich von ihm vor Erteilung der Anweisung zur Auslieferung der geretteten Güter einen Verpflichtungsschein ausstellen läßt (vgl. RG in HansGZ Hauptbl. 1897 Nr. 14).

Die Haftung des Empfängers nach Auslieferung

§ 100

Eine persönliche Verpflichtung zur Entrichtung der Bergungs- und Hilfskosten wird durch die Bergung oder Rettung nicht begründet.

Der Empfänger von Gütern wird jedoch, wenn ihm bei der Annahme bekannt ist, daß davon Bergungs- oder Hilfskosten zu berichtigen sind, für diese Kosten insoweit persönlich verpflichtet, als sie, falls die Auslieferung nicht erfolgt wäre, aus den Gütern hätten berichtigt werden können.

Sind noch andere Gegenstände gemeinschaftlich mit den ausgelieferten Gütern geborgen oder gerettet, so geht die persönliche Haftung des Empfängers nicht über den

Betrag hinaus, welcher bei Verteilung der Kosten über sämtliche Gegenstände auf die ausgelieferten Güter fällt.

1. Nach § 97 steht den Helfern wegen der Bergungs- und Hilfskosten, einschließlich des Lohnes, ein Schiffsgläubigerrecht am Schiff sowie ein Pfandrecht an den geretteten Gütern zu (vgl. § 97 Anm. 1a). Eine von dieser dinglichen Sicherung losgelöste und darüber hinausgehende persönliche Verpflichtung zur Entrichtung der „Bergungs- und Hilfskosten", einschließlich des Lohnes, wird durch die Bergung oder Rettung nach § 100 Abs. 1 (ebenso § 753 Abs. 1 HGB) nicht begründet. Es haftet also den Helfern nur das gerettete Schiffs- und Ladungsvermögen, soweit nicht in den §§ 99, 100 Abs. 2 Ausnahmefälle vorgesehen sind. Der gesetzgeberische Grund dieser Beschränkung auf die dingliche Haftung ist der, daß dem Schiffseigner die Betreibung seines an sich schon mit großem Risiko verbundenen Unternehmens erleichtert und ihm für die Rettung des Schiffes nicht mehr Kosten aufgebürdet werden sollen, als dem Wert entspricht, der ihm durch die Rettung zugute kommt; außerdem sollen wirtschaftlich wertlose Rettungen tunlichst verhütet werden (RGZ 70, 276).

2. Auch das Vorliegen eines Bergungs- oder Hilfeleistungsvertrages begründet für sich allein keine persönliche Verpflichtung, da auch für eine solche vertragsmäßige Hilfeleistung die gleichen Grundsätze gelten (RGZ 70, 274; OLG Hamburg in HansGZ Hauptbl. 1913 Nr. 103; § 94 Anm. 1a). Eine persönliche Verpflichtung entsteht grundsätzlich auch dann nicht, wenn dem Helfer der Lohn für eine erfolglose Rettung zugesichert war (RG in HansGZ Hauptbl. 1893 Nr. 77); die persönliche Inanspruchnahme kann auch nicht auf ungerechtfertigte Bereicherung (§§ 812ff. BGB) oder Geschäftsführung gestützt werden (RGZ 70, 274; RG in JW 1901, 425 Nr. 9). Es kann aber eine persönliche Verpflichtung vertragsgemäß begründet werden; der dahingehende Wille der Vertragsbeteiligten muß unzweideutig aus dem Vertrag hervorgehen (RG in HansGZ Hauptbl. 1894, 195; OLG Hamburg in HansGZ Hauptbl. 1913 Nr. 103 = Recht 1913 Nr. 2470).

3. Nach § 100 Abs. 2 (ebenso § 753 Abs. 2 HGB) entsteht aber eine beschränkt persönliche Haftung des Empfängers aus der Annahme von Gütern, wenn er hierbei Kenntnis davon hatte, daß „davon Bergungs- und Hilfskosten zu berichtigen sind". Der Empfänger, der diese Belastung der Güter kannte, soll dem Retter, ebenso wie dies nach § 90 bei der großen Haverei vorgesehen ist, für dessen Kosten „insoweit persönlich verpflichtet sein, als diese bei Nichtauslieferung aus den Gütern hätten berichtigt werden können" (vgl. § 90 Anm. 3). Der Empfangsberechtigte (Absender oder Empfänger) haftet also dann in dieser Weise, wenn er bei tatsächlicher Annahme der geretteten Güter deren Belastung mit Ansprüchen aus Bergung oder Hilfeleistung erfährt; eine durch grobe Fahrlässigkeit hervorgerufene Unkenntnis ist nicht gleichbedeutend (vgl. hierzu § 90 Anm. 4, 5, 6). Empfänger von Gütern, die mit Hilfskosten belastet sind, ist derjenige, der zur Entgegennahme im eigenen Namen berechtigt ist und sie in dieser Weise entgegennimmt (RGZ 117, 388).

4. Das Pfandrecht an den geretteten Gegenständen aus § 97 besteht wegen der gesamten dem erfolgreichen Helfer zustehenden Ansprüche an jedem einzelnen der geretteten Gegenstände und kann ohne Rücksicht auf die gleichzeitige Haftung anderer Gegenstände geltend gemacht werden (vgl. § 97 Anm. 3b). Mit Rücksicht auf diese grundsätzliche Regelung ist im § 100 Abs. 3 bestimmt, daß die beschränkt persönliche Haftung des Empfängers nicht über den Betrag hinausgehen soll, der sich bei einer Verteilung der Kosten über sämtliche gerettete Gegenstände für die ausgelieferten Güter errechnen würde. Demnach wird die beschränkt persönliche Haftung des Empfängers gemindert durch den ihm offenstehenden Nachweis, daß eine Verteilung der gesamten durch die Hilfeleistung begründeten Ansprüche und Kosten auf sämtliche geretteten oder geborgenen Gegenstände (Schiff oder Güter) einen geringeren Betrag auf die erhaltenen ausgelieferten Güter ergeben würde, für den er nur zu haften brauche.

5. Diese beschränkt persönliche Haftung des Empfängers aus § 100 Abs. 2, 3 ist eine zusätzliche Sicherung der erfolgreichen Helfer. Daneben bleibt also die dingliche Haftung der geretteten Gegenstände aus § 97 bestehen (vgl. im übrigen § 90 Anm. 7), ebenso die beschränkt persönliche Haftung des Schiffers aus § 99 Abs. 1 und die persönliche Verantwortlichkeit des Schiffseigners aus § 99 Abs. 2.

Die Anwendbarkeit seerechtlicher Vorschriften

§ 101

Für die der See zunächst gelegenen Binnengewässer können durch Verordnung der Landesregierungen hinsichtlich des Verfahrens bei der Bergung und Hilfeleistung und hinsichtlich der zuständigen Behörden, sowie hinsichtlich der Behandlung der geborgenen Gegenstände und der Festsetzung der Bergungs- und Hilfskosten die für die Seeschiffahrt geltenden Vorschriften für anwendbar erklärt werden.

1. Nach § 101 kann „für die der See zunächst gelegenen Binnengewässer" die Anwendbarkeit seerechtlicher Vorschriften in bestimmt begrenztem Umfang für die Bergung und Hilfeleistung vorgeschrieben werden. Diese Bestimmung will verhindern, daß auf den der See zunächst gelegenen Binnengewässern, auf denen auch Seeschiffe zu verkehren pflegen, eine verschiedene Regelung besteht; deshalb soll die Möglichkeit bestehen, durch Verordnungen die für die Seeschiffahrt geltenden Vorschriften auch für die Binnenschiffahrt auf diesen Gewässern für anwendbar zu erklären, um „See- und Binnenschiffe gleichmäßig zu behandeln" (Begr. S. 116, 118). Es können aber nicht im Verordnungswege an die Stelle der §§ 93—100 andere Bestimmungen gesetzt, sondern nur die bestimmten, im § 101 aufgeführten Gebiete erfaßt werden, die für das Seerecht ihre Regelung in den §§ 14 bis 19, 23, 24, 26—34, 36—41 der Strandungsordnung vom 17. 5. 1874 (RGBl. S. 73), abgeändert am 27. 1. 1877 (RGBl. S. 41), am 10. 5. 1897 (RGBl. S. 437), am 30. 12. 1901 (RGBl. 1902, 1), am 7. 1. 1913 (RGBl. S. 90), am 19. 7. 1924 (RGBl. I 667), gefunden haben.

2. Von dieser im § 101 vorgesehenen Befugnis, im Verordnungswege diese seerechtlichen Vorschriften auch für bestimmte Binnengewässer für anwendbar zu erklären, ist kein Gebrauch gemacht worden. Es gelten daher auch für das Verfahren bei der Bergung und Hilfeleistung ausschließlich die binnenschiffahrtsgesetzlichen Vorschriften. Dies gilt auch dann, wenn die Hilfe von einem Seeschiff geleistet sein sollte; vor allem kommt auch in diesem Fall auf den der See zunächstgelegenen Binnengewässern für die Geltendmachung des Berge- oder Hilfslohnes nicht die Zuständigkeit des Strandamts (§ 36 StrandO) in Betracht (RGZ 38, 86; RG in HansGZ Hauptbl. 1890 Nr. 8; OLG Hamburg in HansGZ Hauptbl. 1902 Nr. 124). Dagegen kann § 25 StrandO auch für die Binnenschiffahrtstreibenden bedeutsam werden, weil seine Anwendung nicht auf Seeschiffe beschränkt ist, sondern sich auf alle Schiffe und auf das „Fahrwasser" erstreckt, das von Seeschiffen regelmäßig befahren wird (OLG Hamburg in HansGZ

Hauptbl. 1898 Nr. 3). Nach dieser Vorschrift ist „die Behörde befugt, die Beseitigung eines Hindernisses zu veranlassen, wenn die Schiffahrt dadurch beeinträchtigt wird, daß in einem Fahrwasser, auf einer Reede oder in einem Hafen ein Schiff oder Wrack hilflos treibt oder gestrandet oder gesunken ist, oder Anker oder sonstige Gegenstände auf den Grund geraten".

Siebenter Abschnitt

Schiffsgläubiger

Die Forderungen mit Schiffsgläubigerrecht

§ 102

Die nachstehenden Forderungen gewähren die Rechte eines Schiffsgläubigers:

1. die öffentlichen Schiffs- und Schiffahrtsabgaben, insbesondere die Brücken-, Schleusen-, Kanal- und Hafengelder;

2. die aus den Dienstverträgen herrührenden Forderungen der Schiffsbesatzung, Gehalts- und Lohnforderungen für die Vergangenheit, jedoch höchstens für den Zeitraum von sechs Monaten, gerechnet von der im Zwangsversteigerungsverfahren erfolgenden Beschlagnahme des Schiffes ab;

3. die Lotsengelder, sowie die Bergungs- und Hilfskosten, einschließlich des Berge- und Hilfslohnes

die Beiträge des Schiffes zur großen Haverei;

die Forderungen aus Geschäften, welche der Schiffer außerhalb der im § 15 bezeichneten Orte zur Abwendung einer dringenden Gefahr von Schiff oder Ladung geschlossen hat, auch wenn der Schiffer Eigentümer oder Miteigentümer des Schiffes ist;

4. die Forderungen wegen Nichtablieferung oder Beschädigung der Ladungsgüter und des im § 77 bezeichneten Reisegepäcks;

5. die nicht unter eine der vorigen Nummern fallenden Forderungen aus Rechtsgeschäften, welche der Schiffer als solcher kraft seiner gesetzlichen Befugnisse (§§ 15, 16) und nicht mit Bezug auf eine Vollmacht geschlossen hat, sowie die nicht unter eine der vorigen Nummern fallenden Forderungen wegen Nichterfüllung oder wegen unvollständiger oder mangelhafter Erfüllung eines von dem Schiffseigner geschlossenen Vertrages, insofern dessen Ausführung zu den Dienstobliegenheiten des Schiffes gehört hat (§ 4 Nr. 2);

die Forderungen aus dem Verschulden einer Person der Schiffsbesatzung (§ 3, § 4 Nr. 3), auch wenn dieselbe Eigentümer oder Miteigentümer des Schiffes ist;

6. die Forderungen, welche der Berufsgenossenschaft nach den Vorschriften über die Unfallversicherung, der Versicherungsanstalt nach den Vorschriften über die Invalidenversicherung und den Gemeinden und Krankenkassen nach den Vorschriften über die Krankenversicherung gegen den Schiffseigner zustehen.

1. Die Rechtsnatur des Schiffsgläubigerrechts

a) Der Schiffseigner haftet gewissen Gläubigern gegenüber, die ihre Forderungen aus der Verwendung des Schiffes zur Schiffahrt erworben haben, nicht unbeschränkt persönlich mit seinem gesamten Vermögen (Land- und Schiffsvermögen), sondern nur beschränkt mit dem Schiff und seiner Fracht (Schiffsvermögen). Diese

Beschränkung der Haftung, die in den besonders im Gesetz aufgeführten Fällen stattfindet (vgl. §§ 4 Abs. 1 Nr. 1 bis 3, Abs. 2, 109, 112, 113, 114, 115), beruht auf dem Grundsatz, daß derjenige, der in seinem Interesse ein, anderen Gefahr bringendes Gewerbe betreibt, für den durch die Verwendung des Schiffes verursachten Schaden wenigstens mit Schiff und Fracht einstehen muß (RGZ 45, 50, 55; vgl. § 4 Anm. 1 a). Soweit solche „Forderungen gegen den Schiffseigner auf die Befriedigung aus Schiff und Fracht beschränkt werden, ergibt sich von selbst die Notwendigkeit, ein gesetzliches Pfandrecht an diesen Vermögensgegenständen zugunsten der betreffenden Gläubiger anzuerkennen; ohne die Gewährung einer solchen Sicherheit würde die Haftungsbeschränkung in vielen Fällen dazu führen, die Gläubiger rechtlos zu machen" (so Begr. S. 118). Deshalb räumt das Binnenschiffahrtsgesetz in Übereinstimmung mit der im Seerecht bewährten Regelung (§§ 754ff. HGB) diesen Gläubigern die Rechtstellung als „Schiffsgläubiger" (§ 102) ein, die auf Grund eines gesetzlichen Pfandrechts an dem aus Schiff und Fracht bestehenden Schiffsvermögen (§§ 103, 104) ein Recht auf vorzugsweise Befriedigung aus diesem Schiffsvermögen erlangen. Diese Gesichtspunkte zwingen dazu, den gesetzlich fest umgrenzten Kreis der Schiffsgläubigerforderungen zu erweitern, wenn sonst beschränkt dingliche Haftungen auf dem Gebiet der Binnenschiffahrt entstehen, wie bei Notstandsmaßnahmen aus § 904 BGB durch den Ausrichter (BGHZ 6, 102). Nach einem Urteil des AG Hamburg v. 24. 7. 1953 (32 C 718/53 in VRS 1954, 129) soll auch dem Schiffsbewacher für die Kosten der Bewachung des Binnenschiffes aus der Zeit vor der Eröffnung des Zwangsversteigerungsverfahrens ein Schiffsgläubigerrecht zustehen, wie das für das Seerecht im § 754 Ziff. 1 HGB ausdrücklich bestimmt ist (aaO AG Hamburg v. 10. 7. 1953 — 17 C 622/53 — und LG Hamburg v. 23.12.1953 — 18 S 266/53).

Schiffsgläubiger sind demnach alle diejenigen Gläubiger, denen das Schiffsvermögen unter Vorzug vor anderen Gläubigern haftet (so Schaps I zu § 754 Anm. 1).

b) Das Schiffsgläubigerrecht ist kein gewöhnliches Pfandrecht, sondern ein am abgesonderten Schiffsvermögen (Schiff und Fracht) bestehendes gesetzliches Pfandrecht von eigenartiger Natur (RGZ 114, 380; 134, 116; RG in Recht 1927, 652 Nr. 2209). Das Pfandrecht der Schiffsgläubiger erfordert nicht den Besitz des Schiffes (§ 103), es erstreckt sich auch auf die Fracht (§ 104), ist gegen jeden dritten Besitzer des Schiffes verfolgbar (§ 103 Abs. 2) und gewährt ein Recht auf vorzugsweise Befriedigung aus dem Schiffsvermögen vor anderen Gläubigern (§ 109). Es ist daher weder unter die sonstigen gesetzlichen Pfandrechte noch unter die vertraglichen Schiffspfandrechte (§§ 1259ff. BGB) zu gruppieren; es fiel daher auch nicht unter die nach § 32 des Aufwertungsgesetzes der Aufwertung unterliegenden Schiffspfandrechte (RGZ 114, 380; RG in Recht 1926, 2276, 1927, 652 Nr. 2209). Im Fall des Konkurses gewährt das Schiffsgläubigerrecht ein Absonderungsrecht nach den §§ 47, 49 Nr. 2 KO.

c) Das Schiffsgläubigerrecht entsteht kraft Gesetzes, also ohne besondere Bestellung und bei registrierten Schiffen ohne Eintragung in das Schiffsregister für die im § 102 aufgeführten Forderungen, diese Aufzählung ist eine vollständige und ausschließliche, so daß auch eine entsprechende Anwendung dieser Bestimmungen nicht zulässig ist. Es handelt sich um zwingende, normative gesetzliche Bestimmungen auf einem Gebiet, das der Parteivereinbarung entzogen ist. Eine Ausdehnung der Fälle der Schiffsgläubigerrechte, wie z. B. nach § 754 Ziffer 1 HGB für

Seeschiffe ist nicht zulässig (AG Hamburg vom 25. 1. 1931 — C 1976/50). Der Gesetzgeber hat bewußt von der Aufnahme einer gleichartigen Bestimmung abgesehen (vgl. VRS 1951, 319). Damit wird die Entstehung anderer gesetzlicher oder vertraglicher Pfandrechte an demselben Stoff nicht ausgeschlossen; jedoch können diese Pfandrechte, z. B. das Werkmeisterpfandrecht aus § 647 BGB, niemals den Inhalt von Schiffsgläubigerrechten erlangen. Es gelten auch für diese „sonstigen Pfandrechte" nicht die §§ 102ff., sondern die allgemeinen bürgerlichrechtlichen Vorschriften, insbesondere auch § 1257 BGB, wonach diese sonstigen Pfandrechte mit der Aufgabe des Besitzes erlöschen; demnach geht auch das Werkmeisterpfandrecht (§ 647 BGB) mit der freiwilligen Herausgabe des Schiffes unter (RGZ 134, 116; KG in OLG 9, 292; a. A. noch RGZ 108, 163).

d) Die Entstehung des Schiffsgläubigerrechts beschränkt sich nicht auf solche Forderungen, für die eine Haftung des Schiffseigners nur mit Schiff und Fracht besteht. Es konnte „ebensowenig wie im Handelsgesetzbuch der Kreis der Schiffsgläubiger ausschließlich auf diejenigen begrenzt werden, für deren Forderungen der Schiffseigner nur mit Schiff und Fracht haftet; es ließ sich nicht vermeiden, auch einzelnen anderen Ansprüchen, bei denen entweder das öffentliche Interesse oder die Rücksicht der Billigkeit oder der Gesichtspunkt der nützlichen Verwendung eine Zurückstellung hinter jene Forderungen als ungerechtfertigt erscheinen lassen, den gleichen Vorzug zu gewähren" (Begr. S. 118, 119). So wird den im § 102 Nr. 1, Nr. 2, Nr. 3 Abs. 3, Nr. 5 Abs. 2, Nr. 6 aufgeführten Forderungen ein Schiffsgläubigerrecht eingeräumt, obwohl für diese Verbindlichkeiten auch eine unbeschränkte persönliche Haftung des Schiffseigners entstehen kann. Es besteht also in diesen Fällen das Schiffsgläubigerrecht neben der persönlichen Inanspruchnahme des Schiffseigners; der Gläubiger hat dann einen persönlichen und dinglichen Anspruch, also zweierlei Rechte, aus denen er sich nach seiner Wahl, aber nur einmal befriedigen kann.

e) Es ist für die Entstehung des Schiffsgläubigerrechts unerheblich, ob es sich um ein im Schiffsregister vermerktes oder nicht eingetragenes Binnenschiff handelt; auch die Art der Verwendung des Schiffes ist nicht von Bedeutung, insbesondere beschränkt sich die Entstehung von Schiffsgläubigerrechten im Gegensatz zu der Regelung des Seerechts (vgl. RGZ 79, 178) nicht auf die Schiffe, die dem Erwerb dienen (vgl. § 1 Anm. 5b). Auch an Dienstfahrzeugen der Strompolizei und sonstiger Behörden sowie an anderen dem öffentlichen Dienst gewidmeten Binnenschiffen ist eine solche Haftung mit dem Schiffsvermögen möglich (RGZ 151, 271; 79, 178; a. A RGZ 72, 347). Die Haftung beschränkt sich aber bei solchen Schiffen auf den Wert des in Anspruch genommenen Schiffes, da dieses infolge seiner öffentlichen Zweckbestimmung der an sich eintretenden dinglichen Haftung nicht zugänglich ist (RGZ 151, 271; 149, 167; 79, 178; 78, 176). Dies gilt auch dann, wenn die zugrunde liegende schuldhafte Handlung eine Amtspflichtverletzung darstellt (RG VerkehrsrR 1936 Gruppe 3b S. 183ff., S. 364ff.).

2. Die Entstehung und Übertragung des Schiffsgläubigerrechts

a) Das Schiffsgläubigerrecht entsteht kraft Gesetzes ohne besondere Bestellung mit der Begründung einer der im § 102 aufgeführten Forderungen (vgl. Anm. 1c). Es steht dem Gläubiger gegen einen bestimmten Schiffseigner als Schuldner zu, nämlich gegen den Schiffseigner des Schiffes, aus dessen Verwendung die Forderung herrührt. Es ist unerheblich, ob das Schiff ganz oder zum

Teil einem anderen als dem Schuldner gehört (RGZ 45, 54; OLG Hamburg in HansGZ Hauptbl. 1901, 243). In der Regel wird dieser Schiffseigner der Eigentümer (§ 1) oder Ausrüster (§ 2) des Schiffes sein. Demnach kann sich das Schiffsgläubigerrecht schon zur Zeit seiner Entstehung auf ein Schiff beziehen, das dem Schuldner nicht gehört. Mit diesem eigenen oder fremden Schiffsvermögen (Schiff und Fracht) haftet der Schiffseigner (Ausrüster) dem Schiffsgläubiger, also beschränkt dinglich (RGZ 45, 54; OLG Hamburg in OLG 34, 101; in HansRZ 1, 199); daneben kann auch eine unbeschränkte persönliche Haftung bestehen (vgl. Anm. 1d). An dem Fortbestehen dieser persönlichen Haftung wird durch eine Veräußerung des Schiffes nichts geändert; dagegen kann dann das dingliche Recht des Schiffsgläubigers nicht mehr gegen den bisherigen Schuldner, sondern nur noch gegen den Erwerber verfolgt werden, der Schiffseigner geworden ist; denn das Schiffsgläubigerrecht haftet am Schiff, ist gegen jeden dritten Besitzer verfolgbar (§ 103 Abs. 2) und muß gegen denjenigen geltend gemacht werden, der im Zeitpunkt der Klage Schiffseigner ist (RGZ 78, 308; OLG Hamburg in HansGZ Hauptbl. 1900 Nr. 37, 1901 Nr. 103, 1906 Nr. 145). Besteht kein persönlicher Anspruch, so kann nach einer Veräußerung des mit dem Schiffsgläubigerrecht belasteten Schiffes nur gegen den gegenwärtigen Schiffseigner vorgegangen werden.

b) Die Übertragung des Schiffsgläubigerrechts richtet sich nach der diesem dinglichen Recht zugrunde liegenden Forderung (§ 102) und nach deren Regeln. Für eine Abtretung gelten die §§ 398ff., 401 BGB, die nach § 413 BGB entsprechend anwendbar sind, soweit dem Schiffsgläubigerrecht eine Forderung nicht zugrunde liegen sollte; die Verpfändung regelt sich nach den §§ 1273ff. BGB. Ein gesetzlicher Übergang des Schiffsgläubigerrechts erfolgt, wenn die ihm zugrunde liegende Forderung beglichen wird (§ 1256 BGB).

c) Durch eine solche Begleichung der zugrunde liegenden Forderung kann auch der Schiffseigner das an seinem Schiff bestehende Schiffsgläubigerrecht erwerben. Denn es besteht für ihn, abgesehen von den besonderen Ausnahmefällen der §§ 112 bis 115, keine persönliche Verpflichtung, die Schiffsschuld zu bezahlen (RGZ 67, 353). Nimmt der Schiffseigner die Begleichung der Forderung aus seinem Landvermögen vor, ohne daß das Erlöschen des Schiffsgläubigerrechts gewollt ist, so geht dies auf ihn über (RGZ 32, 11; OLG Hamburg in HansGZ Hauptbl. 1899 Nr. 83; in HansRZ 1918, 199). Es ist umstritten, ob der Schiffseigner auch von vornherein ein Schiffsgläubigerrecht an seinem eigenen Schiff erwerben kann; allgemein anerkannt, fürs Seerecht sogar ausdrücklich vorgesehen (§ 743 HGB), ist dies nur für die Bergung und Hilfeleistung, wenn ein Schiff eines Schiffseigners einem anderen ihm gehörigen Schiff Hilfe in Schiffahrtsgefahr leistet (RGZ 32, 4; 58, 192; OLG Hamburg in HansGZ Hauptbl. 1901 Nr. 103). In der Rechtslehre wird eine Ausdehnung dieses Grundsatzes auf andere Fälle für zulässig erachtet, in denen kraft Gesetzes ein Schiffsgläubigerrecht entsteht, insbesondere also für die große Haverei und den Schiffszusammenstoß (so Mittelstein 2 S. 403; Schaps zu § 754 Anm. 5 bis 8). Auch in einer Entscheidung des Hanseatischen Oberlandesgerichts (OLG Hamburg in HansGZ Hauptbl. 1917 Nr. 140 = HansRZ 1918, 199) wurde dem Schiffseigner als Eigentümer eines an einem Zusammenstoß unschuldigen Schiffes ein Schiffsgläubigerrecht an dem ihm als Miteigentümer gehörenden schuldigen Schiff zugebilligt (OLG Hamburg in HansRZ 1918, 199 = LZ 1918, 337; dahingestellt RGZ 51, 365). Im übrigen steht die bisherige Rechtsprechung der weiteren Ausbildung dieses Grundsatzes über die Entstehung eines

Schiffsgläubigerrechts am eigenen Schiff ablehnend gegenüber (RGZ 45, 52; 47, 39, 171; OLG Hamburg in HansGZ Hauptbl. 1899 Nr. 83; 1900 Nr. 26, 114; 1901 Nr. 41; in SeuffA 72 Nr. 224; 55 Nr. 152). Diese Auffassung führt zu dem unbilligen Ergebnis, daß die bisherigen Schiffsgläubiger bei einem Totalverlust des schuldlosen Schiffes ausfallen (vgl. § 115 Anm. 2). Deshalb ist dem Schiffseigner aus dem Grundsatz der Selbständigkeit des Schiffsvermögens auch beim Zusammenstoß mehrerer ihm gehöriger Schiffe ein Gläubigerrecht am schuldigen Schiff in Höhe des dem schuldlosen Schiff entstandenen Schadens zu gewähren.

3. Die mit dem Schiffsgläubigerrecht ausgestatteten Forderungen

a) In Übereinstimmung mit der seerechtlichen Regelung (§ 754 HGB) werden im § 102 die sämtlichen Forderungen erschöpfend aufgeführt, denen die Rechte eines Schiffsgläubigers gewährt sind (vgl. Anm. 1c). Eine Ergänzung des Gesetzes durch Anerkennung weiterer dinglicher Rechte, die ihrem Wesen nach gleichgelagert sind, ist nach der höchstrichterlichen Rechtsprechung nicht ausgeschlossen, so für die Ansprüche aus § 904 Nr. 2 BGB (BGHZ 6, 102, 109; BGH vom 18. 11. 1955 — I ZR 219/53 in NJW 1956, 381). Die Reihenfolge dieser Forderungen im § 102 Nr. 1 bis 6 erklärt sich aus ihrer Natur und ihrer Bedeutung für die Erhaltung des Schiffsvermögens; diese Nummernfolge ist daher auch für die untereinander bestehende Rangordnung maßgebend (vgl. §§ 106 bis 108, insbesondere § 107 Abs. 1). Gemeinsam haben alle Forderungen, daß sie aus der Verwendung des Schiffes zur Schiffahrt entstanden sind. Die Aufzählung lehnt sich an die seerechtliche Bestimmung des § 754 HGB an, weist aber verschieden erhebliche Abweichungen auf, die sich aus den Besonderheiten des Binnenschiffahrtsverkehrs erklären.

b) Im § 102 Nr. 1 werden an erster Stelle „die öffentlichen Schiffs- und Schiffahrtabgaben" und beispielsweise (insbesondere) die darunter fallenden „Brücken-, Schleusen-, Kanal- und Hafengelder", die sog. eigentlichen Schiffahrtsunkosten (§ 66), aufgeführt. Diese Abgaben kommen nur dann in Betracht, wenn sie „öffentliche" sind, also für öffentliche Einrichtungen und Leistungen des Schiffahrtsverkehrs in die öffentliche Kasse fließen (so auch Schaps zu § 754 Anm. 38). Es ist aber unerheblich, ob die Abgaben auf Grund einer öffentlich-rechtlichen Vorschrift erhoben werden (OLG Hamburg in HansGZ Hauptbl. 1900 Nr. 37) und ob der Schiffseigner oder Schiffer für sie auch persönlich haftet. Die Kaigebühren in Hamburg gehören nicht zu diesen öffentlichen Hafenabgaben (OLG Hamburg in HansGZ Hauptbl. 1899 Nr. 9, Nr. 74, 1906 Nr. 2; a. A. OLG Hamburg in HansGZ Hauptbl. 1909 Nr. 37). Als Schiffahrtsabgaben können auch für die Binnenschiffahrt die Quarantänegelder (RGZ 25, 92) sowie die öffentlichen, meist zu den Hafenkosten erhobenen Lotsengebühren in Betracht kommen.

c) Die jetzige Fassung des § 102 Nr. 2 beruht auf einer im § 24 des „Gesetzes über den Vollstreckungsschutz für die Binnenschiffahrt" vom 24. 5. 1933 (RGBl. I S. 289, 292) vorgesehenen Änderung; danach wurde das Schiffsgläubigerrecht für die Gehalts- und Lohnforderungen, die länger als sechs Monate seit der Beschlagnahme des Schiffes zurückliegen, beseitigt, weil die frühere Regelung eine zu große Benachteiligung der sonstigen Schiffsgläubiger und der im Schiffsregister eingetragenen Schiffspfandrechtsgläubiger zur Folge hatte.

d) Der § 102 Nr. 2 erwähnt „die aus den Dienstverträgen herrührenden Forderungen der Schiffsbesatzung", obwohl der Schiffseigner für diese Verbindlichkeiten auch unbeschränkt persönlich haftet (vgl. § 5 Anm. 2a). Zu diesen Dienstforderungen gehören alle Forderungen, die in unmittelbarem Zusammenhang mit dem Arbeitsverhältnis stehen, gleichgültig ob sie auf dem Dienstvertrag, auf Tarifvertrag (Tarifordnung) oder auf den gesetzlichen Bestimmungen (§ 5) beruhen (vgl. § 5 Anm. 1). Demnach fällt hierunter auch ein Anspruch gegen den Schiffseigner auf Schadensersatz aus Vertragsverletzung oder auf Rückgabe einer Kaution (OLG Stettin in LZ 1911, 954); auszuscheiden sind aber solche Forderungen, die mit dem Dienstverhältnis nicht in unmittelbarem Zusammenhang stehen (OLG Hamburg in OLG 29, 249). Es ist stets die Art des Arbeitsverhältnisses entscheidend, insbesondere auch, ob nicht nach den verwandtschaftlichen Beziehungen, nach den außerordentlichen Verhältnissen oder sonstigen Umständen eine anderweite Regelung der Entlohnung Platz greifen sollte, wie dies häufig bei der Mitarbeit von Söhnen im elterlichen Betrieb der Fall ist (OLG Hamburg in HansRGZ 1935, 75 Nr. 23). Die Lotsengebühren gehören nicht zu diesen Dienstforderungen, sondern fallen unter § 102 Nr. 1, soweit es sich um öffentliche Lotsenabgaben handelt, anderenfalls unter § 102 Nr. 3, der sie als „Lotsengelder“ besonders erwähnt.

e) Im § 102 Nr. 3 werden nach dem „gemeinsamen Gesichtspunkt der nützlichen Verwendung in Notfällen“ und zur Ermöglichung einer „einfacheren Fassung des Rangverhältnisses der Schiffsgläubiger (so Begr. S. 119) die Lotsengelder sowie die Bergungs- und Hilfskosten, die Beiträge zur großen Haverei“ sowie die Forderungen aus den sogenannten Notgeschäften des Schiffers zusammengefaßt. Zu den Lotsengeldern gehören alle Forderungen eines Zwangslotsen oder freiwillig angenommenen Lotsen (vgl. § 66), soweit sie nicht schon als öffentliche Schiffahrtsabgaben unter § 102 Nr. 1 berücksichtigt werden (vgl. Anm. 3b). Die Bergungs und Hilfskosten, einschließlich des Berge- und Hilfslohnes (vgl. § 97), fallen hierunter auch dann, wenn diese aus einer Rettung von Schiff oder Ladung aus einer Schiffahrtsgefahr herrührenden Ansprüche auf Grund einer vertraglichen Abmachung zustehen, die auch eine persönliche Forderung des erfolgreichen Helfers daneben begründet (vgl. § 93 Anm. 5a; § 97 Anm. 1a). Die Beiträge des Schiffes zur großen Haverei (vgl. § 89 Abs. 1) stellen ebenfalls Rettungskosten aus einem Notfall dar (vgl. § 89 Anm. 1). Ferner rechnet § 102 Nr. 3 hierzu die von dem Schiffer außerhalb des Ortes der Heimat des Schiffes oder Schiffseigners (§ 15) abgeschlossenen Notgeschäfte. Es muß sich hierbei um Geschäfte handeln, die der Schiffer (Schiffsführer) „außerhalb der im § 15 bezeichneten Orte geschlossen hat“, an denen der Schiffer eine gesetzliche Vertretungsmacht hat, namens des Schiffseigners mit Verbindlichkeit für diesen Geschäfte abzuschließen (vgl. § 15 Anm. 1a, 4a). Hieraus folgt, daß nur die „zur Ausführung der Reise erforderlichen Geschäfte“ in Betracht kommen, die der Schiffer auf Grund seiner gesetzlichen Vertretungsmacht eingegangen ist (so auch Mittelstein 2 S. 406; Schaps zu § 754 Anm. 46; a. A. Förtsch S. 313). Entscheidend ist allein, daß der Abschluß des Geschäfts durch den Schiffer in gesetzlicher Vertretungsmacht erfolgte, also nicht, daß er auf Grund einer vorliegenden Vollmacht hätte handeln können (RG in Recht 1917 Nr. 1134). Die Tatsache, daß der Schiffer zugleich Eigentümer oder Miteigentümer des von ihm geführten Schiffes ist, steht nach der ausdrücklichen Vorschrift des § 102 Nr. 3 Abs. 3 der Entstehung des Schiffsgläubigerrechts nicht entgegen. Voraussetzung hierfür ist aber, daß der Schiffer nicht in seiner Eigenschaft als Schiffseigner, sondern als Schiffsführer das Geschäft eingegangen ist. Von diesen in gesetzlicher Vertretungsmacht abgeschlossenen Geschäften gewähren aber in Abweichung von der seerechtlichen Regelung (§ 748 Nr. 6 HGB) nur solche ein Schiffsgläubigerrecht, die

„zur Abwendung einer dringenden Gefahr von Schiff oder Ladung" eingegangen wurden. Es ist unerheblich, auf welche Ursachen diese Gefahren zurückzuführen sind und ob hierdurch Schiff oder Ladung gefährdet werden; häufig werden außergewöhnliche Wasserstands- oder Witterungsverhältnisse, ein Zusammenstoß oder ein sonstiger Unfall, aber mitunter auch drohende Veränderungen der Beschaffenheit der Güter sofortige Maßnahmen erforderlich machen, wie die Annahme eines Schleppers oder eines Leichterschiffes. Auch die Hereinnahme von Kohlen, Öl oder sonstigen Brennstoffvorräten durch ein mit eigener Triebkraft versehenes Schiff fern vom Heimatshafen kann zur Abwendung einer dringenden Gefahr notwendig werden, wenn das Schiff sonst auf offenem Wasser oder an einer sonstigen nicht gesicherten Stelle liegenbleiben müßte (LG III Berlin vom 24. 3. 1930 — 28 O 5451/29 —; LG Berlin vom 26. 8. 1935 — 212 S 4112/35 — AG Spandau 6 C 547/35).

f) Der § 102 Nr. 4 (ebenso § 754 Nr. 7 HGB) erwähnt „die Forderungen wegen Nichtablieferung oder Beschädigung der Ladungsgüter und des im § 77 bezeichneten Reisegepäcks". Es fallen herunter alle Ansprüche des Absenders oder Empfängers aus einer Nichtablieferung oder Beschädigung der Frachtgüter, gleichgültig auf welchen Rechtsgründen sie beruhen, also nicht nur die auf den Frachtvertrag oder auf die §§ 58, 59 Abs. 7, 61 Abs. 4 gestützten Ansprüche, sondern auch die Forderungen aus den §§ 73 bis 76 auf Grund eines Ladescheins (vgl. § 73 Anm. 1a). Das Schiffsgläubigerrecht steht dem Absender oder Empfänger aus solchen Ansprüchen auch dann zu, wenn sich diese gegen einen Frachtführer richten, der nicht zugleich Schiffseigner ist, also unbeschränkt persönlich haftet (vgl. § 58 Anm. 7c); denn das Schiffsgläubigerrecht entsteht an dem verwendeten Schiff und für alle Forderungen aus einer Nichtablieferung oder Beschädigung von Frachtgütern (so auch Mittelstein 2 S. 407). In gleicher Weise gewährt der Anspruch aus aus einem Verlust oder einer Beschädigung des Reisegepäcks, soweit dies von dem Schiffer oder einer dazu bestellten Person übernommen, also zur Mitbeförderung übergeben wurde (vgl. § 77 Anm. 2a, b), die Rechtsstellung als Schiffsgläubiger.

g) Im § 102 Nr. 5 Abs. 1 (ebenso § 754 Nr. 8 HGB) werden alle sonstigen, nicht bereits unter eine der vorangehenden Nummern fallenden Geschäfte erwähnt, die entweder der Schiffer in gesetzlicher Vertretungsmacht oder der Schiffseigner abgeschlossen hat, soweit die Ausführung solcher Verträge zu den Dienstobliegenheiten des Schiffers gehört, der Schiffseigner also nach § 4 Nr. 1 und 2 nur mit Schiff und Fracht haftet (vgl. hierzu § 4 Anm. 4, 5). Es ist bestritten, ob das Schiffsgläubigerrecht auch entsteht, wenn der Schiffseigner aus solchen Geschäften unbeschränkt persönlich haftet, weil er sein eigenes Schiff führt und als Schiffseigner abgeschlossen hat oder weil er selbst schuldhaft (§ 4 Abs. 2) gehandelt hat (vgl. § 4 Anm. 2b); aus der Erwägung, daß grundsätzlich die mit beschränkter Inanspruchnahme ausgestatteten Forderungen geschützt werden sollen, daß im § 102 Nr. 5 Abs. 1 ein Zusatz wie im § 102 Nr. 3 Abs. 3 fehlt und eine erweiternde Auslegung dieser Sonderbestimmungen nicht zulässig ist, wird aus solchen die persönliche Haftung des Schiffseigners nach sich ziehenden Geschäften ein Schiffsgläubigerrecht nicht zu gewähren sein (so auch RGZ 83, 130 = JW 1914, 92 Nr. 22; ROHG 11, 261; OLG Hamburg in HansGZ Hauptbl. 1887 Nr. 129; Mittelstein 2 S. 409; Schaps zu § 754 Anm. 49 bis 52; a. A. OLG Kiel in OLG 22, 69 = SeuffA 65, 416).

h) Der § 102 Nr. 5 Abs. 2 (ebenso § 754 Nr. 9 HGB) nennt die „Forderungen aus dem Verschulden einer Person der Schiffsbesatzung (§ 3, § 4 Nr. 3), auch wenn dieselbe Eigentümer oder Miteigentümer des Schiffes ist". Hierunter fallen vor allem die sämtlichen Ansprüche aus verschuldeten Schiffszusammenstößen (§ 92, §§ 735ff. HGB) einschließlich der Erstattungsansprüche des Schiffseigners gegen das schuldige Besatzungsmitglied (LG Hamburg in HansRZ 1920, 266), aber auch die sonstigen Ansprüche aus einem Verschulden der Schiffsbesatzung, gleichgültig ob sie auf Vertrag, sonstige gesetzliche Haftungsvorschriften oder unerlaubte Handlungen gegründet werden (RGZ 73, 8; RG in HansGZ Hauptbl. 1913 Nr. 128). Nach den §§ 3, 4 Nr. 3 haftet der Schiffseigner nur mit Schiff und Fracht, wenn der Anspruch auf das Verschulden einer Person der Schiffsbesatzung gestützt wird, ohne Rücksicht, welcher Rechtsgrund sonst in Anspruch genommen wird (vgl. § 4 Anm. 6). Der Ersatzberechtigte hat für solche Ansprüche die Stellung als Schiffsgläubiger auch dann, wenn das schuldige Besatzungsmitglied zugleich Eigentümer oder Miteigentümer des Schiffes ist, also wegen seiner eigenen Schuld auch persönlich haftet (§ 823 BGB), wie dies vor allem bei dem Schiffseigner-Schiffer in der Privatschiffahrt der Fall ist (vgl. § 4 Anm. 9); ein Schiffsgläubigerrecht entsteht auch bei Verschulden des Ausrüsters (LG Hamburg in HansRGZ 1934 B 215). Diese Regelung greift aber nicht Platz, wenn der Schiffseigner nicht als Mitglied der Schiffsbesatzung, sondern als Schiffseigner den Schaden schuldhaft herbeigeführt hat, z. B. durch Auswahl einer ungeeigneten Besatzung; dann entsteht nur eine unbeschränkt persönliche Haftung und kein Schiffsgläubigerrecht (so auch Mittelstein 2 S. 409).

i) Die im § 102 Nr. 6 erwähnten Forderungen der Berufsgenossenschaft, der Versicherungsanstalten und Krankenkassen gewähren ein Schiffsgläubigerrecht, obwohl der Schiffseigner für diese Verbindlichkeiten auch persönlich haftet.

Das Pfandrecht an Schiff und Zubehör

§ 103

Die Schiffsgläubiger haben an dem Schiffe nebst Zubehör ein Pfandrecht.

Das Pfandrecht ist gegen jeden dritten Besitzer des Schiffes verfolgbar.

Die Befriedigung aus dem Pfande erfolgt auf Grund eines vollstreckbaren Titels nach den Vorschriften über die Zwangsvollstreckung.

1. Die Entstehung und der Untergang des Pfandrechts

a) Nach § 103 Abs. 1 (ebenso § 755 HGB) haben „die Schiffsgläubiger" ein Pfandrecht an dem Schiff nebst Zubehör. Es handelt sich demnach um ein gesetzliches Pfandrecht, das keiner besonderen Bestellung bedarf (vgl. § 102 Anm. 1b, c), sondern mit der Entstehung der Forderung, die mit dem Recht eines Schiffsgläubigers ausgestattet ist (§ 102), ohne weiteres begründet wird.

b) Eine begrenzte Dauer ist für das Pfandrecht, insbesondere für seine Geltendmachung, nicht vorgesehen. Es erlischt mit dem Untergang des Schiffes oder mit dem Ausscheiden der verhafteten Gegenstände aus dem Schiffsvermögen, insbesondere des Zubehörs nach den §§ 1121, 1122 BGB. Der Untergang des Schiffes hat aber nur dann diese Wirkung, wenn eine Hebung nicht erfolgt; an dem Wrack und auch an den etwaigen Schiffstrümmern, die Bestandteile des Schiffsvermögens geblieben sind, besteht das Pfandrecht fort; jedoch haften die

Schiffstrümmer dem Gläubiger nur wie sonstige bewegliche Sachen, also nicht nach § 103 Abs. 2, da dann ein Schiff nicht mehr vorhanden ist, sondern nach den Grundsätzen des Mobiliarpfandrechts, so daß ein gutgläubiger Erwerb geschützt ist (OLG Hamburg in SeuffA 80 Nr. 64).

c) Ferner geht das Pfandrecht an dem Schiff nebst Zubehör durch dessen Zwangsversteigerung unter (§ 110 in Verbindung mit §§ 162, 169 ZVG). Es erlischt dagegen nicht durch eine sonstige Veräußerung des Schiffes (§ 103 Abs. 2), es sei denn, daß der Erwerber von seinem Recht nach § 110 Gebrauch macht, die unbekannten Schiffsgläubiger im Wege des Aufgebotsverfahrens mit ihren Rechten auszuschließen.

d) Eine Vereinigung des Pfandrechts mit der ihm zugrunde liegenden Schuld in einer Person, insbesondere die Begleichung der Forderung durch den Schiffseigner oder deren Übertragung auf ihn, bewirkt den Untergang des Pfandrechts nur, wenn dessen Erlöschen gewollt war (vgl. § 102 Anm. 2c). Ferner geht das Pfandrecht durch Aufgabeerklärung (§§ 1255, 1257 BGB) unter.

e) Der Untergang der Schiffsgläubigerforderung (§ 102), jedoch nicht der gleichzeitig bestehenden unbeschränkt persönlichen Forderung, bewirkt ebenfalls das Erlöschen des Schiffspfandrechts; Erfüllung, Verzicht oder Aufrechnung in Ansehung der zugrunde liegenden dinglichen Schiffsgläubigerforderung hat auch das Ende des Schiffsgläubigerrechts zur Folge. Die Verjährung dieser Forderung (§§ 117, 118) begründet nur eine Einrede (§ 222 BGB), also nicht ein Erlöschen des Pfandrechts, hindert aber den Schiffsgläubiger daran, sich aus dem Schiffsvermögen unter Widerspruch des Schuldners zu befriedigen.

2. Der Gegenstand des Pfandrechts

a) Nach § 103 Abs. 1 besteht das Pfandrecht „an dem Schiff nebst Zubehör" und nach § 104 auch an der Fracht, also am sogenannten Schiffsvermögen (ebenso die §§ 755, 756 HGB). Es handelt sich also um eine dingliche Haftung (Sachhaftung) des Schiffsvermögens. Nach § 115 (ebenso § 775 HGB) treten bestimmte Vergütungen oder Entschädigungen ersatzweise „an Stelle des Gegenstandes, für den die Vergütung bestimmt ist". Diese Bestandteile des Schiffsvermögens haften dem Schiffsgläubiger unbeschränkt und solidarisch; er kann also nach seiner Wahl daraus Befriedigung suchen, auch gleichzeitig alle Gegenstände hierfür in Anspruch nehmen (RGZ 33, 75; 45, 75).

b) Das Pfandrecht erfaßt dasjenige Schiff, durch dessen Verwendung zur Schiffahrt auf Binnengewässern die Schiffsgläubigerforderung (§ 102) entstanden ist (OLG Hamburg in HansGZ Hauptbl. 1899 Nr. 5). In wessen Eigentum das Schiff steht, ist unerheblich (vgl. aber § 2 Anm. 2c). Das Pfandrecht beschränkt sich auf das verwendete Schiff auch dann, wenn diesem Schiffseigner noch mehrere andere Schiffe gehören; denn jedes Schiffsvermögen wird insoweit als rechtliche Einheit behandelt (RGZ 32, 10; 45, 54; OLG Hamburg in HansGZ Hauptbl. 1897 Nr. 66). Das Pfandrecht erstreckt sich auf das Schiff mit allen seinen Bestandteilen (vgl. § 1 Anm. 3d); maßgebend ist hierbei der Bestand im Zeitpunkt der Geltendmachung des Schiffsgläubigerrechts, also regelmäßig die Beschlagnahme im Zwangsvollstreckungsverfahren (so auch Schaps zu § 755 Anm. 3 HGB).

c) Das Pfandrecht erfaßt nach § 103 Abs. 1 auch das Schiffszubehör. Hierzu gehören alle dem wirtschaftlichen Zweck des Schiffes (§ 97 BGB) dienenden beweglichen Sachen (vgl. § 1 Anm. 3d), gleichgültig ob sie im Eigentum des Schiffseigners oder dritter Personen stehen, da die Vorschrift des § 1265 BGB keine Anwendung findet (vgl. § 102 Anm. 1b). In Betracht kommt auch hier dasjenige Zubehör, das im Zeitpunkt der Geltendmachung des Schiffsgläubigerrechts vorhanden ist (so auch Mittelstein 2 S. 414).

3. Der Inhalt des Pfandrechts

a) Das Pfandrecht besteht für die gesamte Schiffsgläubigerforderung aus § 102, und zwar sowohl für das Kapital als auch für die Zinsen und Kosten (§ 105).

b) Das Pfandrecht gewährt dem Schiffsgläubiger für seine Forderung nicht nur eine Sicherstellung, sondern die Möglichkeit der Befriedigung. Nach § 103 Abs. 2 ist das Pfandrecht „gegen jeden dritten Besitzer des Schiffes verfolgbar", also auch gegen einen gutgläubigen Erwerber, gleichgültig auf welche Weise er in den Besitz gelangt ist. Hieraus ergibt sich aber keineswegs, daß der Schiffsgläubiger berechtigt ist, sich in den Besitz des Schiffes zu setzen. Denn seine Befriedigung erfolgt nach § 103 Abs. 3 auf Grund „eines vollstreckbaren Titels nach den Vorschriften über die Zwangsvollstreckung". Er kann daher nicht die Einräumung des Besitzes an Schiff und Zubehör verlangen (OLG Hamburg in HansGZ Hauptbl. 1901 Nr. 88; 1913 Nr. 104; Mittelstein 2 S. 419; Schaps zu § 755 Anm. 10 HGB); auch die Eintragung seines Pfandrechts in das Schiffsregister kann er nicht fordern, da dies weder eintragsfähig noch eintragungsbedürftig ist. Eine Sicherstellung des Pfandrechts kann nur nach den allgemeinen Vorschriften, also durch einstweilige Verfügung oder Arrest, erfolgen (OLG Hamburg in OLG 20, 1; in HansGZ Hauptbl. 1903 Nr. 94). Der Schiffsgläubiger ist auch nicht befugt, die etwa in seinen Besitz gelangten Teile des Schiffsvermögens zu verkaufen, sondern er muß auch insoweit seine Befriedigung nach § 103 Abs. 3 vornehmen.

4. Die Geltendmachung des Pfandrechts

a) Nach § 103 Abs. 3 erfolgt die Befriedigung aus dem Pfand (Schiff nebst Zubehör) „auf Grund eines vollstreckbaren Titels nach den Vorschriften über die Zwangsvollstreckung". Der Schiffsgläubiger ist daher, wenn die Forderung nicht freiwillig beglichen wird, darauf angewiesen, sich einen solchen Schuldtitel zu beschaffen. Ein besonderer Gerichtsstand ist für diese Pfandklage nicht vorgesehen, so daß die Klage bei dem nach dem Sitz oder Wohnsitz des Beklagten zuständigen ordentlichen Gericht einzuleiten ist (§§ 12ff. ZPO); daneben ist der Gerichtsstand des Heimatortes des Schiffseigners (§ 6) gegeben. Ferner wird nach den gewohnheitsrechtlichen Übungen für eine solche Pfandklage auch das Gericht des Standortes des Schiffes im Zeitpunkt der Klageerhebung als zuständig angesehen (OLG Hamburg in HansGZ Hauptbl. 1901 Nr. 20; in OLG 2, 291).

b) Für diese Pfandklage kommt als Beklagter derjenige in Betracht, der das mit dem Pfandrecht behaftete Schiff nebst Zubehör im Zeitpunkt der Erhebung der Klage, also nicht bei Entstehung der Schiffsschuld, als Schiffseigner (§ 1) oder Ausrüster (§ 2) in Verwendung hat (RGZ 78, 307, 308 = JW 1912, 544 Nr. 24; RG in Recht 1914 Nr. 526; 1927 Nr. 2102; OLG Hamburg in HansGZ Hauptbl. 1900 Nr. 37; 1901 Nr. 103; 1906 Nr. 145). Dies folgt aus § 2 Abs. 2, wonach dem Eigentümer ein Interventionsrecht nicht zusteht, wenn der Schiffsgläubiger die Befriedigung aus dem Schiff nachsucht; auch die zum Vergleich heranzuziehenden §§ 761 Abs. 2, 510 HGB sprechen hierfür (RGZ 78, 308). Eine

Besonderheit besteht für die Geltendmachung des Pfandrechts an der Fracht; diese Klage ist gegen den Gläubiger der Frachtforderung zu richten, also gegen den Schiffseigner (Frachtführer), dem sie zusteht (RGZ 40 Nr. 14; OLG Hamburg in HansGZ 1897 Nr. 59). Gegen den Schiffer (Schiffsführer) kann die Pfandklage im Gegensatz zu der seerechtlichen Regelung (§ 761 Abs. 2 HGB) nur nach § 97 Abs. 2 zur Geltendmachung des Pfandrechts wegen der Bergungs- und Hilfekosten, einschließlich des Berge- und Hilfslohnes (§ 102 Nr. 3 Abs. 1), gerichtet werden; es kommt dann derjenige Schiffer in Betracht, der das Schiff im Zeitpunkt der Klageerhebung führt (vgl. § 97 Anm. 5c). Eine Veräußerung des Schiffes oder ein Besitzwechsel während des Rechtsstreits ist ohne Einfluß (§ 265 ZPO); die Vollstreckungsklausel kann dann gegen den Rechtsnachfolger (§ 727 ZPO) erteilt werden (OLG Hamburg in HansGZ Hauptbl. 1893 Nr. 24; 1894 Nr. 18). Für den Fall, daß ein Schiffseigner im Zeitpunkt der Erhebung der Klage nicht vorhanden sein sollte, ist die Pfandklage gegen den Eigenbesitzer (§§ 872, 868 BGB; so auch Mittelstein 2 S. 420; Schaps zu § 761 Anm. 19), also nicht gegen den Eigentümer des Schiffes, zu richten; läßt sich auch ein Eigenbesitzer nicht ermitteln, so muß in entsprechender Anwendung der §§ 58, 787 ZPO ein Vertreter bestellt werden (LG Hamburg in HansGZ Hauptbl. 1900 Nr. 109).

c) Der Schiffsgläubiger macht mit der Pfandklage ein dingliches Recht, nämlich die Haftung des Schiffsvermögens auf Grund seines Schiffsgläubigerrechts, geltend. Der Klageantrag ist also auf Duldung der Zwangsvollstreckung in das zu bezeichnende Schiff nebst Zubehör und Fracht für die anzugebende Forderung nebst Zinsen und Kosten zu richten (RGZ 72, 352; 67, 354; OLG Hamburg in HansGZ Hauptbl. 1903 Nr. 128); manchmal wird auch der weniger klare Antrag auf Zahlung unter Beschränkung der Haftung oder Zwangsvollstreckung auf Schiff und Fracht gestellt (so RGZ 47, 410). Zur Schlüssigkeit der Klage gehört die Darlegung einer mit dem Schiffsgläubigerrecht ausgestatteten Forderung (§ 102), deren Entstehung durch die Verwendung des in Anspruch genommenen Schiffes und die Stellung des Beklagten als Schiffseigner, Schiffer oder Eigenbesitzer (vgl. Anm. 4b). Der klagende Schiffsgläubiger muß diese klagebegründenden Tatsachen im Bestreitungsfall auch nachweisen, also unter Umständen auch beweisen, daß ein Verschulden der Schiffsbesatzung (§ 2 Nr. 5) vorliegt (RG in Recht 1914 Nr. 527). Die Beschränkung der Haftung nur mit Schiff und Fracht ist auch von Amts wegen zu berücksichtigen (RGZ 67, 353); eine nicht schlüssige Klage auf Zahlung ist abzuweisen, jedoch gleichzeitig bei Vorliegen der Zuständigkeit auf Duldung der Zwangsvollstreckung zu erkennen, wobei die Kosten dem Kläger entsprechend aufzuerlegen sind (OLG Hamburg in HansGZ Hauptbl. 1901 Nr. 88; in SeuffA 59 Nr. 13; in OLG 7, 166; vgl. auch OLG Hamburg in HansGZ Hauptbl. 1900 Nr. 61). Soweit über den Grund des Anspruchs vorab entschieden wird (§ 304 ZPO), muß diese Beschränkung der Haftung auch im Zwischenurteil zum Ausdruck gebracht werden (RG in WarnR 1913 Nr. 438; RG in HansGZ Hauptbl. 1913 Nr. 148; 1914 Nr. 95; OLG Hamburg in HansGZ Hauptbl. 1900 Nr. 64).

d) Die Zwangsvollstreckung aus diesem vollstreckbaren Titel erfolgt nach § 103 Abs. 3 „nach den Vorschriften über die Zwangsvollstreckung", also bei einem im Schiffsregister eingetragenen Schiff nach § 864 ZPO, §§ 162ff. ZVG durch gerichtliche Zwangsversteigerung, bei den anderen nicht registrierten Schiffen nach den §§ 803ff. ZPO durch Pfändung, wie bei den sonstigen beweglichen Sachen (vgl. § 1 Anm. 3c). Das Schiffszubehör unterliegt den gleichen gesetzlichen Bestimmungen wie das Schiff; eine gesonderte Pfändung des Zubehörs ist ausgeschlossen (§ 865 ZPO). In die Fracht ist durch gerichtlichen Pfändungs- und Überweisungsbeschluß auf Grund des erwirkten vollstreckbaren Titels nach den §§ 828ff. ZPO zu vollstrecken.

Das Pfandrecht an der Fracht

§ 104

Das Pfandrecht der Schiffsgläubiger erstreckt sich außerdem auf die Bruttofracht derjenigen Frachtfahrt, aus welcher ihre Forderung entstanden ist.

Für die im § 102 unter Nr. 2 aufgeführten Forderungen der Schiffsbesatzung besteht ein Pfandrecht an der Fracht der sämtlichen Frachtfahrten, welche unter den Dienstvertrag fallen, aus dem die Forderungen entstanden sind.

Als Frachtfahrt gilt jede Reise, welche entweder auf Grund eines neuen Frachtvertrages oder nach vollständiger Löschung der Ladung angetreten wird.

Der Fracht steht im Sinne dieses Abschnitts das für die Beförderung von Personen zu entrichtende Fahrgeld und bei Schleppschiffen der Schlepplohn gleich.

1. Das Pfandrecht der Schiffsgläubiger erstreckt sich auf das gesamte Schiffsvermögen, aus dessen Verwendung die dem Schiffsgläubigerrecht zugrunde liegende Forderung (§ 102) entstanden ist, also auf Schiff nebst Zubehör (§ 103) und die Fracht (§ 104). Die Fracht fällt nicht unter den Begriff des Zubehörs, sondern ist ein selbständiger, aber kein notwendiger oder fester Teil des Schiffsvermögens, wie Schiff und Zubehör. Denn es kommt regelmäßig nur die Fracht der Fahrt in Betracht, aus der die Forderung entstanden ist (§ 104 Abs. 1). Dem Schiffsgläubiger haftet das gesamte Schiffsvermögen, also einschließlich der Fracht, unbeschränkt und solidarisch (vgl. § 103 Anm. 2a). Es ist unerheblich, wer Gläubiger der Frachtforderung ist, da es sich um eine dingliche Haftung (Sachhaftung) des Schiffsvermögens handelt. Der Schiffseigner, als „Schuldner" der Schiffsgläubigerforderung, kommt nur dann als Gläubiger der Frachtforderung in Betracht, wenn er den Frachtvertrag der betreffenden Frachtreise abgeschlossen und ausgeführt hat, also gleichzeitig Frachtführer ist.

2. Nach § 104 Abs. 1 erstreckt sich das Pfandrecht der Schiffsgläubiger auf die „Bruttofracht". Hierunter ist im Gegensatz zur Nettofracht die volle Fracht ohne Abzug der Schiffahrtsunkosten (§ 66) und sonstigen Aufwendungen zu verstehen, wie sie dem Frachtführer (Schiffseigner) zusteht. Es ist unerheblich, ob der Frachtanspruch auf Grund eines Vertrages oder nach dem Gesetz als Fracht, Distanz- oder Fautfracht (§§ 63, 64, 69, 34, 36) begründet ist und ob die Fracht noch aussteht oder an den Schiffer (vgl. § 112) schon gezahlt ist; auch der Frachtvorschuß rechnet zum Schiffsvermögen (RGZ 33, 72; 40, 51; OLG Hamburg in HansGZ Hauptbl. 1893 Nr. 16; 1897 Nr. 59). An die Stelle eines bereits von dem Frachtführer (Schiffseigner) eingezogenen Frachtbetrages tritt der Ersatzanspruch bestehend in der beschränkt persönlichen Haftung des Schiffseigners (§ 112). Es ist ohne Bedeutung, ob die Güter der Frachtfahrt im Zeitpunkt der Begründung der Schiffsgläubigerforderung noch an Bord des Schiffes waren (RGZ 38, 63; OLG Hamburg in HansGZ Hauptbl. 1897 Nr. 89).

3. Zur Fracht rechnet nach herrschender Ansicht nicht nur das eigentliche Entgelt für die Beförderung der Frachtgüter, sondern die gesamte auf dem Frachtvertrag beruhende Bruttoeinnahme des Schiffes aus seiner Inanspruchnahme bei der Frachtfahrt für die Zwecke der Ladung, also auch die Liegegelder und Überliegegelder (§§ 30, 31, 49, 50, 53, 54) für Überschreitung der Lade- und Löschzeiten (so auch Mittelstein 1 I zu § 104 Anm. 2; Schaps zu § 756 Anm. 2; a. A. Förtsch S. 317 Nr. 2). Dagegen gehören nicht hierher sonstige, außerhalb des Frachtvertrages erzielte oder außergewöhnliche Einnahmen, wie Auslagen für Ladungsinteressenten, Berge- und Hilfslöhne, Schleppgelder für sonstige Hilfeleistungen, Versicherungsgelder (vgl. RGZ 32, 11).

4. Nach § 104 Abs. 4 sind der Fracht in der Fahrgastschiffahrt (Personenschiffahrt) bei der Beförderung von Personen die von diesen zu entrichtenden Fahrgelder und in der Schleppschiffahrt der Schlepplohn gleichgestellt. Es unterliegen dem Pfandrecht der Schiffsgläubiger auch hier die gesamten Bruttoeinnahmen ohne jeden Abzug; bei den Schleppgeldern ist daher ein Abstrich für den Verbrauch von Trieb- oder Brennstoffen nicht gestattet. Es kommt aber auch hier nur die in Ausführung des Schleppvertrages, also durch bestimmungsgemäße Verwendung des Schleppschiffes, erzielte Bruttoeinnahme in Betracht.

5. Das Pfandrecht der Schiffsgläubiger beschränkt sich nach § 104 Abs. 1 (ebenso § 756 HGB) auf die Bruttoeinnahme „derjenigen Frachtfahrt, aus der die Forderung entstanden ist". Unter einer solchen Frachtfahrt ist nach § 104 Abs. 3 (ähnlich § 757 HGB) jede Reise zu verstehen, die „entweder auf Grund eines neuen Frachtvertrages oder nach vollständiger Löschung der Ladung angetreten wird". Bei der Beförderung von Gütern wird demnach der Beginn und das Ende der maßgeblichen Frachtfahrt nicht allein aus dem Frachtvertrag, sondern auch aus der Löschung der Ladung entnommen. Hiernach beginnt die Frachtfahrt nicht erst mit der Einladung der Frachtgüter, die vor oder regelmäßig nach Abschluß des Frachtvertrages stattfindet, sondern schon mit dem Hinfahren zum Einladungsort; sie endet spätestens mit der vollständigen Entlöschung dieser Frachtgüter, aber schon früher mit dem Antritt einer Reise auf Grund eines neuen Frachtvertrages, also z. B. bei einer Weiterbeförderung der Ladung oder eines Teiles ohne Entlöschung über den Bestimmungshafen hinaus (vgl. OLG Hamburg in HansGZ Hauptbl. 1891 Nr. 12). Dagegen dauert die Frachtreise fort, wenn Teile der Frachtgüter an Unterwegsstationen entlöscht werden; die Frachten hierfür werden auch von den Schiffsgläubigerrechten erfaßt, die erst später, im weiteren Verlauf der Reise bis zum Bestimmungshafen entstehen (RGZ 38, 63; RG und OLG Hamburg in HansGZ Hauptbl. 1897 Nr. 89). Diese Grundsätze haben „zunächst nur den Fall der Güterbeförderung ins Auge gefaßt; die entsprechende Anwendung auf den Fall des Personentransports wird jedoch keine Schwierigkeiten machen" (so Begr. S. 121). Demnach beginnt bei der Personenbeförderung die Fahrt mit dem Antritt der Reise und endet nicht schon an etwaigen Zwischenstationen, sondern am letzten gewählten Ziel (OLG Hamburg in HansGZ Hauptbl. 1900 Nr. 61; in SeuffA 55 Nr. 220). Bei Schleppschiffen ist die Dauer der Fahrt nach dem Inhalt des Schleppvertrages (OLG Hamburg in HansGZ Hauptbl. 1903 Nr. 128) und in Ermangelung dahingehender Vereinbarungen aus der Einheit der Schleppreise zu bestimmen, die grundsätzlich ihr Ende erst erreicht, wenn das letzte Anhangsschiff an seinen Bestimmungsort gebracht ist.

6. Eine Ausnahme von dieser Regelung besteht nach § 104 Abs. 2 (ähnlich § 758 HGB) für das Pfandrecht der im § 102 Nr. 2 aufgeführten Forderungen der Schiffsbesatzung aus den Dienstverträgen (vgl. § 102 Anm. 3c). Für diese Forderungen wird das Pfandrecht erstreckt auf die Fracht der sämtlichen Frachtfahrten,

die unter den Dienstvertrag fallen, aus dem die Dienstforderungen entstanden sind. Hiermit wird „dem Umstande Rechnung getragen, daß bei der Binnenschifffahrt die Lohnforderungen der Schiffsbesatzung regelmäßig nicht in Beziehung zu einer bestimmten Reise stehen, vielmehr unabhängig von den einzelnen Reisen lediglich durch den Fortgang des Dienstverhältnisses begründet werden" (Begr. S. 121).

Das Pfandrecht für Haupt- und Nebenforderungen

§ 105

Das einem Schiffsgläubiger zustehende Pfandrecht gilt in gleichem Maße für Kapitel, Zinsen und Kosten.

1. In Übereinstimmung mit der seerechtlichen Regelung (§ 760 HGB) soll dem Schiffsgläubiger nach § 105 das Schiffsvermögen nicht nur für die Hauptforderung, also für das Kapitel der Forderung aus § 102, sondern auch für die Nebenforderungen (Zinsen und Kosten) haften. Diese Bestimmung, die aufgenommen wurde, weil in vielen Landesgesetzgebungen den Zinsen und Kosten ein geringeres Vorrecht eingeräumt ist als der Hauptsumme, entspricht jetzt insoweit der allgemeinen bürgerlich-rechtlichen Regelung (§ 1210 BGB). Damit erschöpft sich aber keineswegs die Bedeutung des § 105, der außerdem bestimmt, daß das Pfandrecht des Schiffsgläubigers „in gleichem Maße" für Kapital, Zinsen und Kosten gelten soll. Haupt- und Nebenforderungen haben damit untereinander den gleichen Rang erhalten, so daß der Schiffsgläubiger die Berechtigung hat, sich für Zinsen und Kosten in gleichem Rang mit dem Kapitel aus dem Schiffsvermögen zu befriedigen. Es ist hierbei unerheblich, ob für Zinsen und Kosten neben der Sachhaftung auch eine unbeschränkt persönliche Haftung besteht.

2. Dies gleiche Rangverhältnis gilt aber nur gegenüber anderen Pfandrechten, nicht auch im Zwangsversteigerungsverfahren. Nach den §§ 162, 12 ZVG sind in einem solchen Verfahren der Zwangsversteigerung eines im Schiffsregister eingetragenen Schiffes in erster Rangordnung die Kosten, dann die Zinsen und zuletzt das Kapital der Schiffsgläubigerforderung zu berücksichtigen. Diese Rangordnung gilt auch dann, wenn die Hauptforderung und die dazu gehörigen Nebenforderungen von verschiedenen Gläubigern geltend gemacht werden (RG in Recht 1907 Nr. 765).

3. Unter „Kapital" ist der Betrag der Schiffsgläubigerforderung (§ 102) zu verstehen, der dem Pfandrecht, also der Sachhaftung, zugrunde liegt. Dieser Kapitalsbetrag muß sich aus dem vollstreckbaren Schuldtitel (§ 103 Abs. 3) auf Duldung der Zwangsvollstreckung ergeben.

4. Zu den „Zinsen" rechnen nicht nur die nach allgemeinen Grundsätzen festzusetzenden Verzugszinsen der Schiffsgläubigerforderung, sondern auch die Prozeßzinsen (§ 291 BGB), die sich ebenfalls nach dem Betrag der Forderung richten.

5. Als „Kosten" kommen alle zweckentsprechenden Aufwendungen der Befriedigung aus dem Schiffsvermögen in Betracht. Demnach fallen hierunter nicht nur die Aufwendungen zur Geltendmachung des Pfandrechts, die Kosten eines zu führenden Rechtsstreits und der Zwangsvollstreckung, sondern auch die Kosten eines zur Sicherung des Pfandrechts notwendigen Arrestverfahrens (OLG Hamburg in HansGZ Hauptbl. 1887 Nr. 128).

6. Die Vorschrift des § 105 enthält keine Bestimmung darüber, in welchem Umfang für Kapital, Zinsen und Kosten neben der Sachhaftung auch eine unbeschränkt persönliche Haftung besteht; es regelt sich dies nach der Natur der jeweiligen Schiffsgläubigerforderung (vgl. § 102 Anm. 1d). Es kann auch aus § 105 nicht gefolgert werden, daß für die Zinsen und Kosten, die durch die Pfandklage verursacht werden, nur eine Sachhaftung entstehen soll. Vielmehr wird durch einen solchen Rechtsstreit ein besonderer Verpflichtungsgrund für die Prozeßzinsen und Kosten nach den §§ 91ff. ZPO begründet, der eine persönliche Haftung des beklagten Schiffseigners für den Fall seiner Verurteilung zur Folge hat (RGZ 33, 86; RG in JW 1901, 183; in Recht 1931 Nr. 1247; OLG Hamburg in HansGZ Hauptbl. 1893 Nr. 72; so auch Mittelstein 1 I zu § 103 Anm. 6e). Nach einer anderen Ansicht soll der selbständige Verpflichtungsgrund im Prozeß erst eintreten, wenn sich der Beklagte einer Verurteilung widersetzt und damit entsprechend § 93 ZPO Veranlassung zum Übergang in das Streitverfahren gibt, so daß eine persönliche Haftung für Prozeßzinsen und Kosten nur für denjenigen Beklagten in Betracht kommen soll, der Einwendungen gegen den Anspruch erhebt.

Die Rangfolge der Schiffsgläubiger aus verschiedenen Fahrten

§ 106

Von den im § 102 unter Nr. 1 bis 5 aufgeführten Forderungen gehen die eine spätere Frachtfahrt betreffenden denjenigen vor, welche eine frühere Frachtfahrt betreffen. Zu den die letzte Frachtfahrt betreffenden Forderungen werden auch diejenigen gerechnet, welche nach Beendigung dieser Frachtfahrt entstanden sind.

Für die im § 102 unter Nr. 2 aufgeführten Forderungen der Schiffsbesatzung bestimmt sich das Vorzugsrecht nach der letzten Frachtfahrt, welche unter den Dienstvertrag fällt, aus dem die Forderungen entstanden sind.

1. In Anlehnung an die seerechtlichen Vorschriften der §§ 767 bis 770 HGB wird in den §§ 106 bis 108 die Rangfolge der Schiffsgläubiger untereinander geregelt, und zwar bestimmt § 106 die Rangordnung der Forderungen aus verschiedenen Fahrten und § 107 diejenige aus derselben Fahrt. Es gilt hierbei der aus dem Seerecht übernommene Grundsatz, daß die Schiffsgläubigerforderungen, die eine spätere Frachtfahrt betreffen, denjenigen vorgehen, die eine frühere Frachtfahrt betreffen. Dieser Grundsatz ist „auch für die Binnenschiffahrt zutreffend". Er „beruht einerseits auf dem für einen erheblichen Teil der in Betracht kommenden Forderungen maßgebenden Gesichtspunkt der nützlichen Verwendung, andererseits auf der Notwendigkeit, die Schiffe zu neuen Fahrten verwendbar zu erhalten" (so Begr. S. 121). Ferner sollen die Schiffsgläubiger hierdurch veranlaßt werden, ihre Pfandrechte nach Abschluß der Reise mit Beschleunigung geltend zu machen. Denn die Schiffsgläubigerrechte „sind nicht dazu bestimmt, den betreffenden Gläubigern für unbeschränkte Zeit die Sicherheit ihrer Forderungen zu gewährleisten" (Begr. S. 121).

2. Im § 106 Abs. 1 werden nur die im § 102 Nr. 1 bis 5 aufgeführten Forderungen erwähnt. Dies ist darauf zurückzuführen, daß nach § 108 die im § 102 Nr. 6 bezeichneten Forderungen eine besondere Stellung einnehmen, nämlich allen übrigen Schiffsgläubigerforderungen ohne Rücksicht auf die Zeit ihrer Entstehung nachfolgen (vgl. § 108 Anm. 1). Der Grundsatz, daß die aus einer späteren

Frachtfahrt herrührenden Schiffsgläubigerforderungen denjenigen aus einer früheren Fahrt im Range vorgehen, bezieht sich also nur auf die Forderungen aus § 102 Nr. 1 bis 5.

3. Eine Abweichung von dieser Regelung besteht für die Dienstforderungen der Schiffsbesatzung (§ 102 Nr. 2). Denn nach § 106 Abs. 2 bestimmt sich für diese Forderungen der Rang „nach der letzten Frachtfahrt, die unter den Dienstvertrag fällt, aus dem sie entstanden sind" (vgl. § 104 Anm. 6). Das Vorzugsrecht dieser Forderungen richtet sich also stets nach der letzten unter den Dienstvertrag fallenden Frachtfahrt. Es ist unerheblich, ob das Besatzungsmitglied seinen Lohn schon früher hätte einfordern können (RGZ 20, 188).

4. Es ist im § 106 (im Gegensatz zu § 767 HGB) nicht erläutert, was unter einer „Frachtfahrt" zu verstehen ist; es fehlt auch insoweit eine Bezugnahme auf § 104 Abs. 3. Jedoch bestehen keine Bedenken, diese Vorschrift für die Auslegung des wörtlich übereinstimmenden Begriffs der Frachtfahrt zu verwenden (vgl. § 104 Anm. 5). Eine Besonderheit gilt nach § 106 Abs. 1 Satz 2 (ebenso § 767 Abs. 1 HGB), wonach zu den „die letzte Frachtfahrt betreffenden Forderungen auch diejenigen gerechnet werden, die nach Beendigung dieser Frachtfahrt entstanden sind".

Die Rangfolge der Schiffsgläubiger aus derselben Fahrt

§ 107

Die Rangordnung der Forderungen, welche dieselbe Frachtfahrt betreffen oder als dieselbe Frachtfahrt betreffend anzusehen sind (§ 106), bestimmt sich durch die Nummernfolge, in welcher die Forderungen im § 102 aufgeführt sind.

Von den unter Nr. 1, 2, 4 und 5 bezeichneten Forderungen haben die unter derselben Nummer aufgeführten den gleichen Rang ohne Rücksicht auf die Zeit ihrer Entstehung.

Von den unter Nr. 3 bezeichneten Forderungen geht die später entstandene der früher entstandenen vor; die gleichzeitig entstandenen sind gleichberechtigt. Forderungen, welche aus Anlaß eines und desselben Notfalles entstanden sind, gelten als gleichzeitig entstanden.

1. Das Rangverhältnis der Schiffsgläubigerforderungen, die die gleiche Frachtfahrt betreffen, ist in Anlehnung an die seerechtliche Regelung (§§ 768, 769 HGB) nach ihrer Natur und Bedeutung bestimmt; es soll diejenige Forderung, durch welche das zur Befriedigung der anderen dienende Pfand erhalten wurde, dieser anderen im Rang vorgehen (vgl. § 102 Anm. 3a). Deshalb ist nach § 107 Abs. 1 für die Rangordnung der Schiffsgläubigerforderungen aus derselben Frachtfahrt die Nummernfolge im § 102 Nr. 1 bis 6 maßgebend.

2. Es kann hierbei der Fall eintreten, daß von solchen Schiffsgläubigerforderungen der Nummern 1 bis 5 mehrere Forderungen vorhanden sind. Dann sollen diese Forderungen derselben Nummer des § 102 Nr. 1, 2, 4 und 5 in ihrer Nummerngruppe untereinander den gleichen Rang haben ohne Rücksicht auf die Zeit ihrer Entstehung. Eine Besonderheit gilt also für die Schiffsgläubigerforderungen aus § 102 Nr. 3, die aus einer „nützlichen Verwendung in Notfällen" herrühren (vgl. § 102 Anm. 3a); nach § 107 Abs. 3 soll bei diesen Forderungen der Zeitpunkt der Entstehung und der allgemeine Grundsatz auch für die Rangordnung untereinander maßgebend sein, wonach die später entstandene der früher entstandenen Forderung vorgeht und nur die gleichzeitig entstandenen Forderungen dieser Nummerngruppe (§ 102 Nr. 3) gleichberechtigt sein sollen. Diese gleichzeitige Entstehung ist nach § 107 Abs. 3 anzunehmen, wenn der Anlaß hierzu ein und derselbe Notfall war (vgl. § 107 Abs. 3 Satz 2).

3. Als „dieselbe Frachtfahrt" betreffend sind nach der ausdrücklichen Hervorhebung im § 107 Abs. 1, der auf § 106 verweist, auch die Dienstforderungen der Schiffsbesatzung aus mehreren unter den Dienstvertrag fallenden Fahrten (§ 106 Abs. 2) sowie die nach Beendigung der letzten Frachtfahrt entstandenen Forderungen (§ 106 Abs. 1 Satz 2) anzusehen.

Die Rangfolge der Forderungen der öffentlichen Anstalten

§ 108

Die im § 102 unter Nr. 6 bezeichneten Forderungen stehen allen übrigen Forderungen von Schiffsgläubigern, ohne Rücksicht auf die Zeit ihrer Entstehung, nach.

1. Im § 108 (ebenso § 770 HGB) wird eine besondere Regelung für die Rangordnung der Schiffsgläubigerforderungen der Berufsgenossenschaften, Versicherungsanstalten und Krankenkassen vorgesehen (§ 102 Nr. 6). Diese Forderungen sollen, da sie keinerlei Beziehungen zu den einzelnen Frachtfahrten haben (Begr. S. 121), allen übrigen Schiffsgläubigerforderungen, ohne Rücksicht auf die Zeit ihrer Entstehung, nachgehen, also die letzte Stelle der Rangordnung erhalten.

2. Für den Fall, daß mehrere dieser Forderungen aus § 102 Nr. 6 bestehen, ist eine besondere Regelung nicht vorgesehen. Es findet daher für die Rangordnung der Schiffsgläubigerforderungen aus § 102 Nr. 6 untereinander die Regel des bürgerlichen Rechts Anwendung (§§ 1209, 1257 BGB), nach der sie unter sich nach der Zeit ihrer Entstehung den Rang erhalten.

Das Rangverhältnis des Schiffsgläubigerrechts zu anderen Pfandrechten

§ 109

Das Pfandrecht des Schiffsgläubigers hat den Vorrang vor den sonstigen Pfandrechten an Schiff oder Fracht, für die im § 102 unter Nr. 4 bis 6 aufgeführten Forderungen jedoch hinsichtlich des Schiffes nur insoweit, als jene Pfandrechte nicht früher entstanden sind.

Soweit hiernach die sonstigen Pfandrechte an dem Schiffe der Forderung eines Schiffsgläubigers vorgehen, haben sie zugleich den Vorrang vor den dieser Forderung nachstehenden Forderungen anderer Schiffsgläubiger.

Erleidet ein Schiffsgläubiger, welchem der Schiffseigner nur mit Schiff und Fracht haftet, dadurch einen Ausfall an seiner Forderung, daß seinem Pfandrecht an dem Schiffe das Pfandrecht eines Gläubigers vorgeht, der nicht Schiffsgläubiger ist, so wird der Schiffseigner in Höhe dieses Ausfalles persönlich verpflichtet.

1. Nach den Grundsätzen des bürgerlichen Rechts (§§ 1209, 1257 BGB) ist für das Rangverhältnis verschiedener Pfandrechte die Zeit der Entstehung maßgebend; das ältere Recht geht dem jüngeren vor. Im Seerecht ist dagegen den Pfandrechten der Schiffsgläubiger ein unbedingter Vorrang am gesamten Schiffsvermögen vor allen anderen Rechten von Pfandgläubigern oder sonstigen Gläubigern eingeräumt (§ 776 HGB). Das Binnenschiffahrtsgesetz hat allen Schiffsgläubigerforderungen eine so weit gehende Vorrangstellung nicht zugebilligt, sondern eine Zwischenlösung gewählt. Danach ist sämtlichen Schiffsgläubigerrechten aus § 102 Nr. 1 bis 6 ein unbedingter Vorrang nur an der Fracht (§ 104) eingeräumt, während an dem sonstigen Schiffsvermögen (Schiff nebst Zubehör) nur die Schiffsgläubiger der im § 102 Nr. 1 bis 3 aufgeführten Forderungen einen solchen Vorrang erhalten haben. Für diese Forderungen aus § 102 Nr. 1 bis 3, nämlich „für die öffentlichen Schiffs- und Schiffahrtsabgaben, die Ansprüche der Schiffsbesatzung aus den Dienstverträgen, die Lotsengelder, die Bergungs- und Hilfskosten, die Beiträge des Schiffes zur großen Haverei und die Ansprüche aus Rechtsgeschäften, die der Schiffer in Notfällen geschlossen hat, war ein unbedingtes Vorzugsrecht am gesamten Schiffsvermögen, also auch an Schiff und Zubehör, teils mit Rücksicht auf die Person der Gläubiger, teils aus dem Gesichtspunkt der nützlichen Verwendung, die auch im Verhältnis zu älteren Pfandrechten jeder Art durchgreift, geboten" (so Begr. S. 122). Dagegen gehen die im § 102 Nr. 4 bis 6 aufgeführten Schiffsgläubigerforderungen entsprechend der Regel des bürgerlichen Rechts den anderen Pfandrechten nur insoweit vor, als diese Pfandrechte nicht früher entstanden sind. Diese grundlegende Abweichung vom Seerecht wird damit begründet, daß die Forderungen aus § 102 Nr. 4 bis 6 „unter Umständen einen im Verhältnis zu dem Wert des Schiffes sehr erheblichen Betrag erreichen können", so daß dem Schiffseigner „kaum noch die Möglichkeit bliebe, sich im Falle des Bedürfnisses die ihm fehlenden Betriebsmittel mittels Verpfändung des Schiffes zu verschaffen", wenn auch diesen weiteren Schiffsgläubigerforderungen „ein unbedingtes Vorzugsrecht vor allen sonstigen Pfandrechten am Schiff eingeräumt würde" (so Begr. S. 122).

2. An der Fracht haben hiernach die sämtlichen Schiffsgläubiger wegen ihrer Forderungen aus § 102 Nr. 1 bis 6 an Kapital, Zinsen und Kosten (§ 105) den Vorrang vor allen „sonstigen Pfandrechten". Es ist hierbei ohne Bedeutung, ob diese anderen Pfandrechte durch Vertrag, gesetzliche Vorschrift oder richterliche Anordnung (z. B. Arrest) und ob sie früher entstanden sind (ROHG 22 Nr. 85). Das Schiffsgläubigerrecht geht auch im Falle der Abtretung diesem neuen Gläubiger vor (§ 112 Abs. 1 Satz 2) und es ist so lange wirksam, als die Fracht noch aussteht oder die Frachtgelder in den Händen des Schiffers sind (§ 112 Abs. 1 Satz 1). Es ist unerheblich, ob der Erwerber eines nicht bevorrechtigten Pfandrechts hinsichtlich des Schiffsgläubigerrechts gutgläubig war, da der Vorrang ein unbedingter ist.

3. An dem Schiff nebst Zubehör haben einen unbedingten Vorrang vor allen sonstigen Pfandrechten nur die im § 102 Nr. 1 bis 3 aufgeführten Schiffsgläubigerforderungen. Diese Schiffsgläubiger gehen jedem Pfandrechtsgläubiger und auch den Schiffsgläubigern aus § 102 Nr. 4 bis 6 im Rang vor, gleichgültig ob deren Rechte auf Vertrag, Gesetz oder richterlicher Anordnung beruhen und früher entstanden sind (ROHG 22 Nr. 85). Der Vorrang greift also auch gegenüber dem Werkmeisterpfandrecht (§ 607 BGB) durch, das der Schiffswerft, jedoch nur bis zum Zeitpunkt der freiwilligen Herausgabe, an dem Schiff für die Forderungen aus der Vornahme von Schiffsarbeiten zusteht (RGZ 134, 116 = JW 1932, 1208 Nr. 9). Es kann auch dem bevorrechtigten Schiffsgläubiger ein sonstiges Recht am Schiff, insbesondere ein Zurückbehaltungsrecht (vgl. § 97 Abs. 1 Satz 2; §§ 273 Abs. 2, 647, 1000 BGB) nicht wirksam entgegengesetzt werden; denn sein Schiffsgläubigerrecht geht allen anderen Berechtigten unbedingt vor

(§ 109 Abs. 1) und ist gegen jeden dritten Besitzer (§ 103 Abs. 2) verfolgbar (RG in HansGZ Hauptbl. 1909 Nr. 25 = DJZ 1905, 122; Mittelstein 2 S. 404; Schaps zu § 761 Anm. 37; a. A. OLG Hamburg in HansGZ Hauptbl. 1909 Nr. 25). Die im § 102 Nr. 4 bis 6 aufgeführten Schiffsgläubigerforderungen dagegen haben den Vorrang vor den sonstigen „Pfandrechten am Schiff" nur, wenn das Schiffsgläubigerrecht vor diesen Pfandrechten entstanden ist; die Rangordnung gegenüber den Schiffsgläubigerpfandrechten aus § 102 Nr. 1 bis 3 bestimmt sich nach den §§ 106 bis 108.

4. Demnach ergibt sich die folgende Rangordnung zwischen den Schiffsgläubigerpfandrechten und den sonstigen Pfandrechten: Es sind zunächst die Schiffsgläubigerforderungen des § 102 Nr. 1 bis 3 zu berücksichtigen; hierbei ist die Rangfolge dieser Forderungen untereinander nach den Grundsätzen der §§ 106, 107 zu entscheiden. Dann kommen die früher, d. h. vor den Schiffsgläubigerforderungen aus § 102 Nr. 4 bis 6 entstandenen sonstigen Pfandrechte, einschließlich der im Schiffsregister eingetragenen Schiffspfandrechte, anschließend die Schiffsgläubigerpfandrechte aus § 102 Nr. 4 bis 6 und darauf die später entstandenen sonstigen Pfandrechte; die Rangfolge untereinander richtet sich bei den Schiffsgläubigerpfandrechten nach den §§ 106 bis 108, bei den anderen Pfandrechten nach ihrer zeitlichen Entstehung. Diese Rangordnung ist auch nach den §§ 162, 105ff. ZVG im Verfahren der Zwangsversteigerung eines im Schiffsregister eingetragenen Schiffes maßgebend, jedoch mit der Maßgabe, daß an erster Stelle aus dem Erlös die gerichtlichen Kosten des Verfahrens berücksichtigt werden.

5. Diese Regelung, wonach „für einen Teil der Pfandrechte der Schiffsgläubiger der Grundsatz aufgestellt ist, daß in ihrem Verhältnis zu sonstigen Pfandrechten am Schiff das früher begründete Pfandrecht dem später begründeten vorgeht (vgl. § 106), führt insofern zu einem Konflikt, als im Verhältnis der Schiffsgläubiger untereinander nach § 107 (bei Forderungen aus derselben Frachtfahrt) der entgegengesetzte Grundsatz Anwendung findet" (so Begr. S. 123). Falls nämlich ein älteres sonstiges Pfandrecht einem jüngeren Schiffsgläubigerpfandrecht vorgeht, so könnte es zweifelhaft sein, wie ein älteres Schiffsgläubigerpfandrecht dem Range nach behandelt werden sollte, das nach schiffahrtsrechtlichen Grundsätzen dem jüngeren Schiffsgläubigerrecht nachstehen würde, weil es z. B. eine ältere Frachtfahrt betrifft (§ 106 Abs. 1 Satz 1). Dieser Konflikt ist im § 109 Abs. 2 zugunsten der sonstigen Pfandrechte in der Weise gelöst, daß diese, soweit sie „der Forderung eines Schiffsgläubigers vorgehen, auch zugleich den Vorrang vor den dieser Forderung nachstehenden Forderungen anderer Schiffsgläubiger" haben. Denn „der betreffende Schiffsgläubiger erscheint nicht benachteiligt, weil er, auch wenn das fragliche Pfandrecht nicht vorhanden wäre, gegenüber der späteren Forderung des zweiten Schiffsgläubigers zurückstehen müßte" (so Begr. S. 123).

6. Ein Schiffsgläubiger, der durch den Vorrang sonstiger Pfandrechte (vgl. Anm. 4) einen Ausfall an seiner Forderung erleidet, wird nach § 109 Abs. 3 durch Gewährung einer beschränkt persönlichen Inanspruchnahme des Schiffseigners entschädigt. Dies ist vorgesehen, weil in der Belastung des Schiffes mit einem sonstigen Pfandrecht, das nicht einem Schiffsgläubiger zusteht, eine Bereicherung des Landvermögens des Schiffseigners zum Nachteil seines Schiffsvermögens und der Schiffsgläubiger zu erblicken ist (Begr. S. 122). Der Schiffseigner wird einem solchen Schiffsgläubiger gegenüber „in Höhe dieses Ausfalles" persönlich verpflichtet; diese beschränkt persönliche Haftung entsteht also mit dem Eintritt eines solchen Ausfalles (vgl. OLG Hamburg in HansGZ Hauptbl. 1912 Nr. 56). Demnach haftet dem Schiffsgläubiger für den Ausfall derjenige Schiffseigner, der es bei dessen Entstehung war. Hat der Schiffsgläubiger neben seinem dinglichen Anspruch auch eine unbeschränkt persönliche Forderung gegen den Schiffseigner (vgl. § 102 Anm. 1d), so ist er auf diese beschränkt persönliche Haftung nicht angewiesen; dann haftet ihm der Schiffseigner nicht „nur mit Schiff und Fracht" (§ 109 Abs. 3), also nicht lediglich für den Ausfall, sondern für seine gesamte Forderung unbeschränkt persönlich.

Die Ausschließung von Schiffsgläubigern durch Aufgebot

§ 110

Wird außer dem Falle der Zwangsversteigerung das Schiff veräußert, so ist der Erwerber berechtigt, die Ausschließung der unbekannten Schiffsgläubiger mit ihren Pfandrechten im Wege des Aufgebotsverfahrens zu beantragen.

1. Nach den §§ 102, 103 Abs. 3 ist das für die Schiffsgläubigerforderungen bestehende Pfandrecht gegen jeden dritten Besitzer des Schiffes verfolgbar. Demnach erlischt das Pfandrecht nicht durch eine freiwillige oder unfreiwillige Veräußerung des Schiffes, abgesehen von der gerichtlichen Zwangsversteigerung (vgl. § 103 Anm. 1c). Nun kann der Erwerber eines Schiffes aber ein erhebliches Interesse daran haben, eine zuverlässige Kenntnis von der Belastung des Schiffes mit Schiffsgläubigerrechten zu erhalten und seine dingliche Haftung mit dem Schiff gegenüber unbekannten Schiffsgläubigern auszuschließen. Deshalb hat der § 110 (ebenso § 765 HGB) dem Erwerber das Recht eingeräumt, die Ausschließung der unbekannten Schiffsgläubiger mit ihren Pfandrechten im Wege des Aufgebotsverfahrens zu beantragen.

2. Ein solches Aufgebotsverfahren ist in allen Fällen der Veräußerung zulässig, soweit es sich nicht um die gerichtliche Zwangsversteigerung eines im Schiffsregister eingetragenen Schiffes nach den §§ 162ff. ZVG handelt; es fällt also darunter jede sonstige freiwillige oder unfreiwillige Veräußerung, auch der Pfandverkauf eines nicht registrierten Schiffes (so auch Mittelstein 2 S. 418; Schaps zu § 765 Anm. 1; a. A. Förtsch S. 323 Nr. 3).

3. Nur der Erwerber, also nicht auch der bisherige Eigentümer (Veräußerer), ist antragsberechtigt. Es erschien „nicht angängig, dem Eigentümer des Schiffes selbst mit Rücksicht auf eine nur beabsichtigte Veräußerung den Anspruch auf Einleitung des Verfahrens zu gewähren; derselbe würde damit tatsächlich in die Lage versetzt, jederzeit durch beliebige Stellung eines Aufgebotsantrages die Rechte der Schiffsgläubiger zu gefährden" (so Begr. S. 124). Nur der Erwerber, d. h. derjenige, der das Eigentum an dem Schiff übertragen erhalten hat (§§ 929ff. BGB), ist antragsberechtigt, nicht der jeweilige Eigentümer; hieraus wird mit Recht gefolgert, daß der Erwerber, bevor er das Schiff wieder auf Fahrt schickt, also wie ein Eigentümer darüber verfügt, das Ausschlußverfahren zu beantragen hat (so Mittelstein 2 S. 418). Im übrigen regelt sich das Aufgebotsverfahren nach den §§ 946ff. ZPO, insbesondere nach den §§ 1002, 1024 Abs. 1 ZPO.

4. Der Erwerber kann nur den Ausschluß der „unbekannten Schiffsgläubiger" im Wege des Aufgebotsverfahrens erreichen. Die ihm bekanntgewordenen Schiffsgläubigerrechte hat er nach § 1002 Abs. 4 ZPO dem Gericht anzugeben, ebenso etwaige später mitgeteilte Rechte. Unterläßt er eine solche Mitteilung, so bleiben trotzdem alle Schiffsgläubigerrechte bestehen, die bis zur Zeit der Rechtskraft des Urteils bekannt waren, sei es, daß sie sich bei dem Erwerber oder im gerichtlichen Aufgebotsverfahren gemeldet haben (RGZ 20, 218, 219). Die Beweislast für diese rechtzeitige Mitteilung liegt dem Schiffsgläubiger ob. Es ergeht denn auch das Ausschlußurteil nur dahin, daß die Pfandrechte derjenigen Schiffsgläubiger erlöschen, die sich weder im Verfahren gemeldet haben noch dem Antragsteller bekannt sind. Diese Ausschließung wirkt nur gegenüber dem Erwerber; die Ansprüche der ausgeschlossenen Schiffsgläubiger gegenüber dem Veräußerer werden hiervon nicht berührt.

5. Den nach § 110 ausgeschlossenen Schiffsgläubigern haftet der bisherige Eigentümer (Veräußerer) nach § 113 beschränkt persönlich (vgl. § 113 Anm. 1). Denn er hat durch Einziehung des Veräußerungserlöses sein Vermögen zum Nachteil der Schiffsgläubiger bereichert. Steht der Erlös noch aus oder befindet er sich im Besitz des Schiffers, so steht dem Schiffsgläubiger daran ebenfalls nach den §§ 113, 112 ein Pfandrecht zu. Daneben können gegen den Veräußerer Ansprüche nach den allgemeinen Grundsätzen der unerlaubten Handlung (§§ 823, 826 BGB) begründet sein.

6. Eines Aufgebotsverfahrens bedarf es nicht im Falle der gerichtlichen Zwangsversteigerung eines im Schiffsregister eingetragenen Binnenschiffs. Denn nach den §§ 162, 169, 110, 91, 52 ZVG erlöschen mit dem Zuschlagsbeschluß alle in einem solchen Verfahren nicht berücksichtigten Lasten, einschließlich der Schiffsgläubigerpfandrechte (vgl. § 103 Anm. 1c). Dagegen bewirkt die öffentliche Versteigerung nicht registrierter Schiffe nicht das Erlöschen der Schiffsgläubigerrechte; die §§ 935 Abs. 2, 936 Abs. 1 und 2, 1242 BGB sind gegenüber den besonderen Vorschriften der §§ 102, 103 Abs. 2, 110 nicht anwendbar.

Das Schiffsgläubigerrecht bei Veräußerung einer Schiffspart

§ 111

Die Vorschrift des § 110 findet keine Anwendung, wenn nur der Anteil eines Miteigentümers des Schiffes den Gegenstand der Veräußerung bildet.

1. Ein Aufgebotsverfahren zur Ausschließung unbekannter Schiffsgläubiger ist nach § 111 nicht zulässig, wenn „nur der Anteil eines Miteigentümers des Schiffes", eine Schiffspart (vgl. § 858 ZPO) den Gegenstand der Veräußerung bildet. Dies ergibt sich ohne weiteres aus der Natur der Schiffsgläubigerrechte, die nicht an Schiffsparten, sondern am gesamten Schiff entstehen, so daß die Veräußerung eines solchen Schiffsanteils keine Einwirkung auf das Fortbestehen dieser Rechte haben kann (vgl. Begr. S. 124). Das Schiffsgläubigerrecht bleibt am Schiffsvermögen, also am gesamten Schiff, aufrechterhalten, selbst wenn ein Miteigentumsanteil, eine Schiffspart eines Miteigentümers, veräußert werden sollte. Es folgt dies schon aus der besonderen Rechtsnatur der Schiffsgläubigerrechte, so daß eine solche Bestimmung im Seerecht des neuen Handelsgesetzbuches als überflüssig fortgelassen wurde.

2. Diese Regelung gilt nicht nur bei der freiwilligen, sondern auch bei einer unfreiwilligen Veräußerung. Der Erwerb des Eigentums an einer Schiffspart erfolgt nach den allgemeinen bürgerlich-rechtlichen Vorschriften, also durch Einigung und Übergabe, bestehend in der Einräumung des Mitbesitzes (§§ 1008, 929ff. BGB); auch für die Stellung des Miteigentümers gelten diese allgemeinen Vorschriften, während im Gegensatz hierzu das Seerecht dies Gebiet in der Rechtsform der „Reederei" besonders geregelt hat (vgl. §§ 489ff. HGB). Für die Verpfändung einer Schiffspart an einem im Schiffsregister eingetragenen Schiffe finden nach § 1272 BGB die Vorschriften über die Verpfändung eingetragener Schiffe Anwendung (vgl. § 1 Anm. 1b). Die Zwangsvollstreckung in eine Schiffspart regeln die §§ 857, 828ff. ZPO und bei registrierten Schiffen § 1272 BGB in Verbindung mit § 858 ZPO; der Arrest wird nach den Grundsätzen des § 930 ZPO vollzogen. Die Auseinandersetzung der Miteigentumsgemeinschaft erfolgt nach den §§ 753ff. BGB und bei den an registrierten Schiffen bestehenden Schiffsparten nach den §§ 180—184 ZVG im Wege der gerichtlichen Zwangsversteigerung. Auch eine solche unfreiwillige Veräußerung einer Schiffspart bewirkt kein Erlöschen der Schiffsgläubigerrechte.

3. Eine Besonderheit gilt im Fall einer unfreiwilligen Veräußerung einer an einem registrierten Schiff bestehenden Schiffspart im Wege des Verkaufs nach § 858 ZPO. Denn es erfolgt dann gleichzeitig die Anordnung einer Hinterlegung des Verkaufserlöses mit anschließendem Verteilungsverfahren auf Grund eines Teilungsplanes, in dem aber nur die Pfandrechte berücksichtigt werden, die im Schiffsregister an der zu veräußernden Schiffspart eingetragen sind (§ 1272 BGB), nicht auch die das ganze Schiff ergreifenden Pfandrechte, insbesondere also auch nicht die aus dem Schiffsregister nicht ersichtlichen Schiffsgläubigerpfandrechte. Demnach bleiben die Schiffsgläubigerrechte auch bei einer solchen Veräußerung im Wege der Zwangsvollstreckung weiter bestehen.

Die Dauer des Pfandrechts an der Fracht

§ 112

Das Pfandrecht der Schiffsgläubiger an der Fracht ist so lange wirksam, als die Fracht noch aussteht oder die Frachtgelder in den Händen des Schiffers sind. Dies gilt auch im Falle einer Abtretung der Frachtforderung.

Insoweit der Schiffseigner die Fracht eingezogen hat, haftet er den Schiffsgläubigern, welchen dadurch das Pfand ganz oder zum Teil entgeht, persönlich, und zwar einem jeden in Höhe desjenigen Betrages, welcher für denselben bei Verteilung des eingezogenen Betrages nach der gesetzlichen Rangordnung sich ergibt.

Dieselbe persönliche Haftung des Schiffseigners tritt ein in Ansehung der am Abladungsorte zur Abladungszeit üblichen Fracht für Güter, welche für seine Rechnung abgeladen sind.

Hat der Schiffseigner die Fracht zur Befriedigung eines oder mehrerer Gläubiger, welchen ein Pfandrecht an derselben zustand, verwendet, so ist er den Gläubigern, welchen der Vorzug gebührt hätte, nur insoweit verantwortlich, als erwiesen wird, daß er dieselben wissentlich verkürzt hat.

1. Nach § 104 erstreckt sich das Pfandrecht der Schiffsgläubiger auf das gesamte Schiffsvermögen, einschließlich der Fracht (vgl. § 104 Anm. 1, 2). Dies Pfandrecht ist nach § 112 Abs. 1 (ebenso § 771 HGB) nur „so lange wirksam, als die Fracht noch aussteht oder die Frachtgelder in den Händen des Schiffers sind". Die Zahlung der Fracht an den Schiffseigner oder an eine von diesem bezeichnete Stelle bringt also das Pfandrecht der Schiffsgläubiger zum Erlöschen, da dies nur an der ausstehenden und nicht mehr an der eingezogenen Fracht-

forderung besteht. Dagegen bleibt das Pfandrecht aufrechterhalten, solange der Schiffer (Schiffsführer) im Besitz der von ihm eingezogenen oder sonst erhaltenen Frachtgelder ist; denn dann hat der Schiffseigner gegen den Schiffer einen Anspruch auf Aushändigung dieser Beträge, auf die sich das Pfandrecht erstreckt (vgl. OLG Hamburg in HansGZ Hauptbl. 1894, 87). Es ist unerheblich, ob der Schiffer die Fracht in gesetzlicher Vertretungsmacht (§ 15 Abs. 1) oder als Bevollmächtigter eingezogen hat, da die Tatsache des Besitzes an den Frachtgeldern nach § 112 Abs. 1 Satz 1 entscheidend ist. Es besteht keine Pflicht für den Schiffer, die in seine Hände gelangten Frachtgelder zur Deckung von Schiffsgläubigerrechten zurückzuhalten, ebensowenig für die Ladungsbeteiligten (Absender oder Empfänger), hierauf bei der Zahlung der Fracht Rücksicht zu nehmen (vgl. Begr. S. 125). Es bleibt vielmehr den Schiffsgläubigern überlassen, rechtzeitig für die Sicherstellung der Befriedigung aus der Fracht, gegebenenfalls durch Erwirkung eines Arrestes, Sorge zu tragen.

2. Die gleiche Regelung gilt nach § 112 Abs. 1 Satz 2 „auch im Falle einer Abtretung der Frachtforderung". Den Schiffsgläubigern gegenüber ist eine Abtretung der Fracht, solange diese noch aussteht oder sich noch in den Händen des Schiffers befindet, „bis zur Einziehung durch den neuen Erwerber wirkungslos", so daß die Geltendmachung des Pfandrechts „auf Grund eines gegen den Schiffseigner erwirkten vollstreckbaren Titels ohne weiteres erfolgen kann" (so Begr. S. 125). Es kann daher auch im Fall einer solchen Abtretung das Schiffsgläubigerpfandrecht dem neuen Gläubiger gegenüber geltend gemacht werden, ohne daß es hierzu der Erwirkung eines weiteren Schuldtitels bedarf.

3. Die Befriedigung der Schiffsgläubiger aus der Fracht erfolgt nach den §§ 104, 103 Abs. 3 auf Grund eines vollstreckbaren Titels (vgl. § 103 Anm. 4b). Die dahingehende Pfandklage ist gegen den Schiffseigner (Frachtführer) zu richten, dem die Frachtforderung zusteht (RGZ 40 Nr. 14; OLG Hamburg in HansGZ Hauptbl. 1897 Nr. 59). Nach § 97 Abs. 2 kann auch der Schiffer als Beklagter in Anspruch genommen werden, wenn es sich um die Geltendmachung des Pfandrechts wegen der Bergungs- und Hilfskosten (§ 102 Nr. 3 Abs. 1) handelt. Auch bei einer vorliegenden Abtretung der noch ausstehenden oder im Besitz des Schiffers befindlichen Frachtforderung ist Beklagter derjenige Schiffseigner, dem die Frachtforderung ohne Berücksichtigung der rechtsunwirksamen Abtretung zusteht, also nicht der „neue Gläubiger". Die Zwangsvollstreckung ist nach § 103 Abs. 3 in Verbindung mit den §§ 828ff. ZPO durch Pfändung und Überweisung der Frachtforderung auf Grund des gegen den Schiffseigner oder im Fall des § 97 Abs. 2 gegen den Schiffer (vgl. § 808 ZPO) gerichteten Titels vorzunehmen. Eine Abtretung der Fracht, gleichgültig ob sie vor oder nach Entstehung des Schiffsgläubigerrechts erfolgte, ist unwirksam (§ 112 Abs. 1 Satz 2); das gleiche gilt für eine gerichtliche Pfändung oder Überweisung durch einen sonstigen Gläubiger, da das Schiffsgläubigerpfandrecht nach den §§ 104, 109 Abs. 1 vor allen sonstigen Pfandrechten an der Fracht den Vorrang hat. Es ist auch unerheblich, ob der Erwerber eines solchen sonstigen Pfandrechts gutgläubig war, da der Vorrang der Schiffsgläubiger ein unbedingter ist. Die Rangordnung der Schiffsgläubigerpfandrechte untereinander ergibt sich aus den §§ 106, 108. Wenn dieselbe Frachtforderung von mehreren Schiffsgläubigern gepfändet wird, so ist nach den §§ 853, 872ff. ZPO zu verfahren.

4. Nach § 112 Abs. 2 (ebenso § 771 Abs. 4 HGB) entsteht eine beschränkt persönliche Haftung des Schiffseigners zugunsten der benachteiligten Schiffsgläubiger, insoweit der Schiffseigner die Fracht eingezogen hat. Denn damit erlischt das Pfandrecht der Schiffsgläubiger und der Schiffseigner ist bereichert, soweit er die zum Schiffsvermögen gehörige Fracht seinem sonstigen Vermögen zuführt (ROHG 22, 96). Es ist unerheblich, in welcher Weise diese „Einziehung“ erfolgte; maßgebend ist allein der Untergang des Schiffsgläubigerpfandrechts durch Übergang der Frachtforderung in das sonstige Vermögen des Schiffseigners. Deshalb ist eine Einziehung der Fracht nicht nur anzunehmen, wenn der Schiffseigner die Fracht vom Frachtschuldner oder Schiffer gezahlt erhält, sondern auch, wenn die Frachtforderung durch Aufrechnung, Verzicht, Erlaß zugunsten des Schiffseigners beseitigt wird. Ferner liegt bei einer abgetretenen oder anderweit gepfändeten Frachtforderung (vgl. § 112 Abs. 1 Satz 2) eine „Einziehung“ vor, wenn der „neue“ Gläubiger die Fracht gezahlt erhält oder darüber zu seinen Gunsten anderweit verfügt, da auch in diesem Fall eine Bereicherung des sonstigen Vermögens des Schiffseigners durch Befreiung von einer Verbindlichkeit eintritt. Es ist ohne Bedeutung, ob der Schiffseigner bei einer solchen Einziehung die Schiffsgläubigerrechte kannte und ob diese schon entstanden waren.

5. Die unmittelbare Folge der Einziehung der Frachtforderung ist nach § 112 Abs. 1 das Erlöschen der Schiffsgläubigerpfandrechte an der Fracht. Ferner haftet der Schiffseigner den benachteiligten Schiffsgläubigern persönlich, aber nicht in voller Höhe ihrer Forderung oder für den gesamten Ausfall; vielmehr ist die Haftung gegenüber jedem der Schiffsgläubiger auf den Betrag beschränkt, der sich für ihn bei einer Verteilung des eingezogenen Frachtbetrages nach der gesetzlichen Rangordnung ergibt (vgl. RG in HansGZ Hauptbl. 1913 Nr. 128; OLG Hamburg in HansGZ Hauptbl. 1912 Nr. 63). Es handelt sich also um eine beschränkt persönliche Haftung des Schiffseigners, die sich gegenüber den einzelnen Schiffsgläubigern auf den Betrag begrenzt, den jeder von ihnen kraft seiner Rangstellung bei Verwertung der Frachtforderung als Schiffsvermögen, also ohne die Einziehung, erhalten hätte. Die dahingehende Beweislast trifft nicht den Schiffseigner, sondern den Schiffsgläubiger, der einen solchen Anspruch geltend macht.

6. Diese beschränkt persönliche Haftung des Schiffseigners tritt nach § 112 Abs. 3 (ebenso § 771 Abs. 5 HGB) in gleicher Weise ein, sofern Frachtgüter für Rechnung des Schiffseigners abgeladen sind, und zwar wird hierbei eine angenommene Fracht, nämlich die am Abladungsort zur Abladungszeit übliche Fracht, zugrunde gelegt. Es soll also dann so angesehen werden, als ob der Schiffseigner diese übliche Fracht eingezogen hätte, da bei einer Verfrachtung für eigene Rechnung eine Frachtforderung nicht zur Entstehung gelangt. Die beschränkt persönliche Haftung des Schiffseigners stellt also in diesem Fall keinen Ersatz für ein durch Einziehung erloschenes, sondern für ein überhaupt nicht zur Entstehung gelangtes Schiffsgläubigerpfandrecht dar; eine Bereicherung ist auch hier anzunehmen, weil auch bei der Verfrachtung für eigene Rechnung die übliche Fracht mit einkalkuliert werden muß.

7. Das Schiffsvermögen, einschließlich der Fracht, dient nach den §§ 102 bis 104 zur Befriedigung der Schiffsgläubiger, und zwar nach einer bestimmten Rangordnung (§§ 106—108). Bei dieser Verteilung können dem Schiffseigner sehr leicht Versehen unterlaufen, so daß einem Schiffsgläubiger ein Nachteil entstehen kann, wenn ein im Range nachstehender Schiffsgläubiger vor ihm durch den Schiffseigner befriedigt wird. Deshalb bestimmt § 112 Abs. 4 in Übereinstimmung mit der seerechtlichen Vorschrift des § 772 HGB, daß einem solchen Schiffsgläubiger gegenüber eine

Haftung des Schiffseigners nur insoweit bestehen soll, als er diesen mit Vorrang ausgestatteten Gläubiger „wissentlich verkürzt hat". Eine solche wissentliche Verkürzung ist nur anzunehmen, wenn der Schiffseigner sowohl die Forderungen der von ihm übergangenen Schiffsgläubiger als auch deren Vorrang gekannt hat, wobei eine grobfahrlässige Unkenntnis nicht gleichsteht. Diese Erfordernisse müssen „erwiesen" werden, so daß also die Beweislast den Schiffsgläubiger trifft. Unter diese Regelung des § 112 Abs. 4 fallen nur Schiffsgläubigerpfandrechte, also nicht auch sonstige Pfandrechte. Die Haftung des Schiffseigners gegenüber einem solchen wissentlich verkürzten Schiffsgläubiger ist ebenfalls eine beschränkt persönliche bis zur Höhe des Betrages der Kürzung.

Die Haftung des Schiffseigners bei Einziehung des Kaufgeldes

§ 113

Insoweit bei der Zwangsversteigerung oder bei einer sonstigen Veräußerung des Schiffes der Schiffseigner das Kaufgeld eingezogen hat, haftet er den Schiffsgläubigern, deren Pfandrechte infolge der Zwangsversteigerung oder infolge eines nach § 110 eingeleiteten Aufgebotsverfahrens erloschen sind, persönlich in gleicher Weise wie im Falle der Einziehung der Fracht.

1. Nach den §§ 162, 169, 110, 91, 52 ZVG erlöschen bei einer gerichtlichen Zwangsversteigerung eines im Schiffsregister eingetragenen Schiffes die in diesem Verfahren nicht berücksichtigten Schiffsgläubigerpfandrechte (vgl. § 110 Anm. 6). In gleicher Weise kann bei einer sonstigen Veräußerung ein Untergang der Schiffsgläubigerrechte eintreten, soweit der Erwerber des Schiffes deren Ausschließung im Wege des Aufgebotsverfahrens nach § 110 veranlaßt hat (vgl. § 110 Anm. 1, 4, 5). Zum Ausgleich der auf diese Weise benachteiligten Schiffsgläubiger wird ihnen nach § 113 (ebenso § 773 HGB) eine beschränkt persönliche Inanspruchnahme desjenigen Schiffseigners eingeräumt, der bei einer solchen freiwilligen oder unfreiwilligen Veräußerung das Kaufgeld eingezogen hat.

2. Voraussetzung für die Entstehung dieser beschränkt persönlichen Haftung des Schiffseigners ist neben der freiwilligen oder unfreiwilligen Veräußerung des Schiffes das Erlöschen von Schiffsgläubigerpfandrechten und die Einziehung des Kaufgeldes durch den veräußernden Schiffseigner. Es ist aber auch hier, wie im § 112, nicht erforderlich, daß der Schiffseigner in den Besitz des Kaufgeldes gelangt, sondern es genügt, daß die Kaufgeldforderung in das sonstige Vermögen des Schiffseigners übergeht, dieser also zum Nachteil des Schiffsvermögens und der Schiffsgläubiger bereichert wird (vgl. hierzu § 112 Anm. 4). Die Abtretung der Kaufgeldforderung ist im § 113 nicht ausdrücklich erwähnt; eine entsprechende Anwendung der im § 112 Abs. 1 Satz 2 vorgesehenen Regelung ist aber gerechtfertigt, so daß eine solche Abtretung bis zur Einziehung der Forderung durch den neuen Gläubiger den Schiffsgläubigern gegenüber unwirksam ist (so Schaps zu § 773 Anm. 2). Es wird auch die Ansicht vertreten, daß schon die Abtretung der Kaufgeldforderung eine Einziehung darstellen soll, da eine solche Abtretung im § 113 nicht, wie im § 112 Abs. 1 Satz 2, für wirkungslos erklärt worden sei (so Mittelstein 1 I zu § 113 Anm. 1 Abs. 4; 2 S. 58). Im Fall der gerichtlichen Zwangsversteigerung des Schiffes liegt eine „Einziehung der Kaufgeldforderung" nicht nur dann vor, wenn der Schiffseigner, wie dies nur selten vorkommen wird, einen Überschuß erhält,

sondern auch dann, wenn bei der Verteilung des Erlöses sonstige Gläubiger außer den Schiffsgläubigern befriedigt werden; denn insoweit wird der „veräußernde" Schiffseigner von seiner Schuldverbindlichkeit befreit, also zum Nachteil seines Schiffsvermögens und der bevorrechtigten Schiffsgläubiger bereichert.

3. Die Haftung des veräußernden Schiffseigners ist eine beschränkt persönliche. Denn er haftet den benachteiligten Schiffsgläubigern nach § 113 (ebenso § 773 HGB) „persönlich in gleicher Weise wie im Falle der Einziehung der Fracht", also nach Maßgabe des § 112 Abs. 2 und 4 (vgl. § 112 Anm. 5, 7).

Die Haftung des Schiffseigners bei Gefährdung des Schiffsvermögens

§ 114

Sendet der Schiffseigner, nachdem er von der Forderung eines Schiffsgläubigers, für welche er nur mit Schiff und Fracht haftet, Kenntnis erhalten hat, das Schiff zu einer neuen Reise aus, ohne daß dies zugleich im Interesse des Gläubigers geboten war, so wird er für die Forderung in Höhe desjenigen Betrages auch persönlich verpflichtet, welcher für den Gläubiger sich ergeben haben würde, falls der Wert, den das Schiff bei Antritt der Reise hatte, unter die Schiffsgläubiger nach der gesetzlichen Rangordnung verteilt worden wäre.

Bis zum Beweise des Gegenteils wird angenommen, daß der Gläubiger bei dieser Verteilung seine vollständige Befriedigung erlangt haben würde.

1. Die Bedeutung dieser Haftungsvorschrift

a) Nach § 114, der mit der seerechtlichen Vorschrift des § 774 HGB übereinstimmt, wird der Schiffseigner beschränkt persönlich haftbar, wenn er sein Schiff in Kenntnis von Schiffsgläubigerrechten zu einer im Interesse der Schiffsgläubiger nicht gebotenen neuen Reise aussendet. Der tragende Gesichtspunkt für die Einfügung dieser Vorschrift war, daß ein solcher Schiffseigner die Schiffsgläubigerrechte durch die Möglichkeit des Verlustes des Schiffes oder der Entstehung neuer Schiffsgläubigerrechte gefährdet (RGZ 151, 271, 277). Der § 114 bezweckt also, den Schiffseigner von der unbefugten Gefährdung des Schiffsvermögens abzuschrecken und den Schiffsgläubigern zum Ausgleich neben dem dinglichen Anspruch eine beschränkt persönliche Forderung zu gewähren; hierbei sollen die Gläubiger aber keine günstigere Stellung erhalten, als sie ohne die Gefährdung gehabt hätten (OLG Hamburg in HanzRZ 1919, 288).

b) Dieser beschränkt persönliche Anspruch des Schiffsgläubigers gegen den Schiffseigner entsteht nach § 114 mit der Aussendung des mit dem Schiffsgläubigerrecht behafteten Schiffes zu einer neuen Reise, also durch eine Handlung des Schiffseigners, und wegen der damit verbundenen Möglichkeit der Gefährdung des Schiffsvermögens (RGZ 107, 305). Es ist also ein schuldrechtlicher Anspruch, der zwar das Bestehen eines dinglichen Schiffsgläubigerrechts voraussetzt, aber mit diesem keine rechtliche Einheit in dem Sinne bildet, daß der beschränkt persönliche Anspruch aus § 114 etwa zu dem dinglichen Schiffsgläubigerrecht in dem Verhältnis einer durch ein Pfandrecht gesicherten Forderung steht (OLG Hamburg in HansGZ Hauptbl. 1919, 65 Nr. 40 = HansRZ 1919, 284 Nr. 43); die beschränkt persönliche Forderung besteht vielmehr neben dem dinglichen Anspruch und ist von diesem in ihrem Bestande völlig losgelöst, so daß beide Ansprüche, insbesondere beim Verkauf des Schiffes, verschiedene Wege gehen können (RGZ 151, 277; OLG Hamburg in SeuffA 74, Nr. 144).

c) Hiernach ist die beschränkt persönliche Haftung des Schiffseigners aus § 114 für die Schiffsgläubiger von größter Bedeutung, da ihnen schon mit Rücksicht auf die Möglichkeit einer Gefährdung des Schiffsvermögens mit dem Aussenden des Schiffes zu einer neuen Reise eine zusätzliche Sicherung ihrer Forderungen gewährt wird. Eine solche Weiterverwendung des Schiffes zur Schiffahrt wird regelmäßig stattfinden; auch bei einer Beschädigung des Schiffes durch einen Zusammenstoß oder eine sonstige Haverei wird das Schiff nach Vornahme der notwendigen Reparaturen seiner Bestimmung gemäß zu neuen Reisen ausgeschickt werden. Es wird daher fast immer für die Schiffsgläubiger dieser zusätzliche beschränkt persönliche Anspruch gegen den Schiffseigner entstehen.

2. Die Kenntnis des Schiffseigners von der Schiffsgläubigerforderung

a) Es muß nach § 114 Abs. 1 die Forderung eines Schiffsgläubigers bestehen, für die der Schiffseigner „nur mit Schiff und Fracht haftet". Demnach besteht der Anspruch aus § 114 nicht, soweit auch eine unbeschränkt persönliche Haftung des Schiffseigners für die Schiffsgläubigerforderung in Betracht kommt (vgl. § 102 Anm. 1d). Es ist unerheblich, ob die Schiffsgläubigerforderung aus der Verwendung des Schiffes durch den gegenwärtigen oder einen früheren Schiffseigner entstanden ist (OLG Hamburg in HansGZ Hauptbl. 1912 Nr. 82; a. A. OLG Hamburg in OLG 7, 166 = HansGZ Hauptbl. 1903 Nr. 128).

b) Von einer solchen Schiffsgläubigerforderung muß der Schiffseigner „Kenntnis erhalten haben". Es ist nicht erforderlich, daß die Schiffsgläubigerforderung gerichtlich festgestellt oder vom Schiffseigner anerkannt ist, sondern es genügt die Kenntnis des Schiffseigners von den Tatsachen, die zur Begründung der Forderung eines Schiffsgläubigers geeignet erscheinen (BGH vom 29. 6. 1951 — I ZR 27/51 in VRS 1951 Nr. 185, 450). Hierbei ist es gleichgültig, ob der Schiffseigner seine Kenntnis durch Mitteilung des Schiffsgläubigers oder auf andere Weise, etwa durch eigene Wahrnehmungen, erhalten hat (RGZ 33, 83). Die Beweislast dieser Erfordernisse trifft den benachteiligten Schiffsgläubiger; die in einem schwebenden Prozeß regelmäßig veranlaßte Streitverkündung an den Schiffseigner reicht zur Inkenntnissetzung aus (OLG Hamburg in HansGZ Hauptbl. 1900 Nr. 61). Es kommt hierbei auf die Kenntnis des in Anspruch genommenen Schiffseigners an; nach § 2 Abs. 1 gilt dies nicht nur für den Schiffseigner (§ 1), sondern auch für den Ausrüster, der Dritten gegenüber als Schiffseigner angesehen wird (OLG Hamburg in HansGZ Hauptbl. 1906 Nr. 145).

3. Die unbefugte Aussendung des Schiffes zur neuen Reise

a) Nach § 114 Abs. 1 muß der Schiffseigner in Kenntnis der Forderung eines Schiffsgläubigers (vgl. Anm. 2b) das Schiff „zu einer neuen Reise ausgesandt haben". Den Begriff der im § 114 nicht näher erläuterten „Reise" verwendet das Binnenschiffahrtsgesetz im § 104 Abs. 3 in gleicher Bedeutung wie die „Frachtfahrt" eines Schiffes; demnach ist der Schluß gerechtfertigt, daß unter einer „neuen Reise" jede Frachtfahrt anzusehen ist, die entweder auf Grund eines neuen Frachtvertrages oder nach vollständiger Löschung der Ladung angetreten wird (RGZ 33, 82). Demnach beginnt die neue Reise bei der Beförderung von Gütern nicht erst mit der Einladung neuer Frachtgüter, sondern schon mit dem Antritt der Fahrt zum Einladungsort oder Ladeplatz und auch mit der Weiterbeförderung der ursprünglichen Frachtgüter oder eines Teils davon auf Grund eines neuen Frachtvertrages (vgl. im übrigen § 104 Anm. 5); die neue Reise braucht keine Frachtreise zu sein, sondern es genügt jede Fahrt, die auf Grund eines neuen Frachtvertrages oder nach vollständiger Löschung der Ladung angetreten wird, weil ein Schiffseigner, solange er den Schaden nicht beglichen hat, das Schiff nicht der Gefahr aussetzen darf, daß es bei einer neuen Fahrt Schaden erleidet oder mit neuen Schiffsgläubigerrechten belastet wird (BGHZ 3, 34, 43), also eine Schiffsbewegung zu einem neuen selbständigen Zweck ausführt (BGH in NJW 1952, 66).

b) Zu dieser neuen Reise muß der Schiffseigner sein Schiff „aussenden". Es wird also eine Handlung des Schiffseigners vorausgesetzt, die auf Antritt einer neuen Reise gerichtet ist. Eine solche Aussendung kann also nicht bis zur Beendigung der alten Reise angenommen werden, die spätestens mit der Entlöschung der ursprünglichen Frachtgüter, aber schon früher mit deren Weiterbeförderung auf Grund eines neuen Frachtvertrages eintritt (vgl. § 104 Anm. 5). Ferner wird das Schiff nicht zu einer neuen Reise ausgesandt, wenn es nach Beendigung der alten Reise an eine sichere Stelle gelegt wird oder eine Werft zur Vornahme von Ausbesserungsarbeiten aufsucht. Die Fortsetzung der bisherigen Reise genügt also nicht. Es braucht aber keine neue „Frachtreise" zu sein, und es ist unerheblich, wie groß die Strecke ist, die das Schiff zurücklegt, auch ob das im Hafen- oder Ortsverkehr geschieht. Es muß sich aber um eine selbständige Reise mit einem neuen Zweck handeln (BGHZ 3, 34, 43; BGH vom 29. 6. 1951 — I ZR 27/51 in VRS 1951, 450 = NJW 52, 64 Nr. 15). Im übrigen wird aber die Zurücklegung einer erheblichen räumlichen Entfernung des Schiffes nicht erfordert, sondern es genügt jedes Aussenden zu einer neuen Reise, auch wenn dies im Hafen- oder Ortsverkehr erfolgt (OLG Hamburg in SeuffA 55 Nr. 220; BGHZ 3, 34, 43).

c) Diese Aussendung zu einer neuen Reise muß eine unbefugte sein, nämlich erfolgen, „ohne daß dies zugleich im Interesse des Gläubigers geboten war". Es ist also nicht erforderlich, daß eine solche Reise die schon vorhandenen Schiffsgläubigerrechte tatsächlich gefährdet oder eine Verschlechterung oder Mehrbelastung des Schiffsvermögens tatsächlich herbeiführt; es ist vielmehr ausreichend, daß die Möglichkeit der Gefährdung der Schiffsgläubigerrechte besteht, weil ein Verlust oder eine Beschädigung des Schiffes, wie auch dessen Belastung mit anderen Schiffsgläubigerrechten, entstehen kann (RGZ 151, 277; OLG Hamburg in HansGZ Hauptbl. 1900 Nr. 61). Eine solche mögliche Gefährdung der Gläubiger kann regelmäßig bei jeder neuen Reise eintreten, die nicht zugleich „im Interesse des Gläubigers geboten war", wie dies nur in Ausnahmefällen, z. B. beim Aufsuchen eines sicheren Liegeplatzes, der Fall sein wird, weil sich „das Schiff an einem Ort befindet, wo es mit Rücksicht auf den bevorstehenden Winter nicht hinreichend geschützt ist" (Begr. S. 125).

4. Die beschränkt persönliche Haftung des Schiffseigners

a) Die Folge der unbefugten Aussendungen des Schiffes zu einer neuen Reise ist die Entstehung einer zusätzlichen beschränkt persönlichen Haftung des Schiffseigners gegenüber dem benachteiligten Schiffsgläubiger; der Schiffseigner wird „auch" persönlich verpflichtet, so daß der Schiffsgläubiger zu dem bestehen bleibenden Schiffsgläubigerpfandrecht am Schiffsvermögen einen beschränkt persönlichen Anspruch gegen den Schiffseigner erhält, der die unbefugte Aussendung des Schiffes vorgenommen hat (vgl. Anm. 1b). Auch der Schiffseigner-Schiffer, der sein Schiff selbst führt, wird nach § 114 beschränkt persönlich haftbar, da die Aussendung des Schiffes als solche unbefugt ist, so daß § 4 Abs. 2 Satz 2 nicht zur Anwendung kommt.

b) Eine solche beschränkt persönliche Haftung kann auch für einen späteren Erwerber des Schiffes entstehen, selbst wenn bereits in der Person eines früheren Schiffseigners eine Haftung aus § 114 eingetreten war; denn diese Haftung gründet sich auf die mit dem Handeln des Schiffseigners verbundene Gefährdung der ihm bekannten Schiffsgläubigerrechte, und diese Gefährdung entsteht, auch wenn sie schon bei dem früheren Schiffseigner eingetreten war, neu und unter Umständen, z. B. bei inzwischen eingetretener Veränderung des Schiffswertes oder der Zahl der Schiffsgläubiger, in anderem Umfange als bei dem früheren Schiffseigner (RGZ 107, 305 = HansGZ Hauptbl. 1924, 77 Nr. 47; Mittelstein 2 S. 60; a. A. OLG Hamburg in OLG 7, 166 = HansGZ Hauptbl. 1903, 292 Nr. 128; KG vom 21. 3. 1939 — 2 U 6788/37 — 212 O 104/37 LG Berlin; Schaps zu § 774 Anm. 2). Der Erwerber haftet dann dinglich mit dem Schiffsvermögen nach den §§ 102, 103 Abs. 2 und daneben „auch persönlich" nach § 114. Mehrere Schiffseigner haften als Gesamtschuldner (RGZ 33, 87).

c) Die Haftung des Schiffseigners ist beschränkt, weil er nach § 114 Abs. 1 „nur in Höhe desjenigen Betrages verpflichtet ist, der sich für den Gläubiger ergeben haben würde, falls der Wert, den das Schiff bei Antritt der Reise hatte, unter die Schiffsgläubiger nach der gesetzlichen Rangordnung verteilt worden wäre". Die persönliche Haftung wird also nicht über denjenigen Betrag hinaus erweitert, den der benachteiligte Schiffsgläubiger erlangt hätte, wenn ihm zu dem maßgeblichen Zeitpunkt, nämlich bei der Aussendung zur neuen Reise, das Schiff zur Befriedigung überlassen worden wäre (vgl. Anm. 1a); seiner beschränkt persönlichen Haftung genügt also der Schiffseigner, wenn er den Betrag zahlt, den der benachteiligte Schiffseigner bei einer Verteilung des Schiffsvermögens nach der gesetzlichen Rangordnung (§§ 106—109) erhalten hätte (OLG Hamburg in OLG 6, 362; in HansGZ Hauptbl. 1893, 219 Nr. 72). Maßgebend für die Ermittlung dieses Betrages der beschränkt persönlichen Haftung ist daher nicht der Zeitpunkt unmittelbar nach dem Unfall oder der sonstigen Entstehung des Schiffsgläubigerrechts (so OLG Hamburg in OLG 6, 362); vielmehr ist der Wert zugrunde zu legen, den das Schiff bei der Aussendung zur neuen Reise hatte; es ist also auch der Wert der nach dem Unfall bis zu dieser Aussendung vorgenommenen Ausbesserungsarbeiten oder der sonstigen Verbesserungen, einschließlich der Aufwendungen zur Hebung eines gesunkenen Schiffes, nicht abzusetzen (RGZ 151, 277; 79, 178, 182; 33, 83; a. A. OLG Hamburg in OLG 6, 362; OLG Kiel in HansRGZ 1936, 167 Nr. 51). Es kann auch eine eingetretene Verschlechterung des Zustandes des Schiffes nicht ausgeglichen werden; denn maßgebend ist eben allein der Wert, den das Schiff bei der Fortsetzung seiner Verwendung, also in dem Zustand bei Antritt der neuen Reise, hat (RGZ 79, 180; 33, 83). Demnach hat auch jede Verringerung oder Erhöhung des Wertes des Schiffes, die nach dessen Aussendung eintritt, außer Betracht zu bleiben (OLG Hamburg in HansRZ 1919, 284).

d) Nach § 114 Abs. 2 wird bei dieser Feststellung des Betrages der beschränkt persönlichen Forderung „bis zum Beweise des Gegenteils angenommen, daß der Gläubiger bei dieser Verteilung seine vollständige Befriedigung erlangt haben würde". Es wird also zur Erleichterung des sonst sehr schwierigen Nachweises eine gesetzliche

Beweisvermutung zugunsten der vollständigen Befriedigung des Gläubigers aufgestellt (RG in HansGZ Hauptbl. 1913 Nr. 128; OLG Hamburg in HansRZ 1919, 285, in HansGZ Hauptbl. 1893 Nr. 72, 1912 Nr. 63). Dieser Vermutung ist aber der Boden entzogen, wenn feststeht, daß der Wert des Schiffes zur vollen Befriedigung nicht ausreicht (RG in HansRGZ 1931, 328 Nr. 116 = LZ 1931, 1132 Nr. 5; RG in Recht 1914 Nr. 1336); eine uneingeschränkte Verurteilung zur Zahlung darf nur erfolgen, wenn das Ausreichen des Schiffsvermögens dargetan ist (RG in LZ 1913, 847 = WarnR 1913, 530). Der Schiffsgläubiger hat also regelmäßig nur den Beweis zu führen, daß der in Anspruch genommene Schiffseigner bei der von ihm vorgenommenen Aussendung des Schiffes zu einer neuen Reise Kenntnis von der bestehenden Schiffsgläubigerforderung hatte. Der Schiffseigner kann sich von der beschränkt persönlichen Haftung dann nur durch den Gegenbeweis befreien, daß die Aussendung zugleich im Interesse der Schiffsgläubiger geboten war oder daß der Schiffsgläubiger auch bei einer Verteilung des Schiffsvermögens nichts erhalten haben würde oder welcher geringere Betrag dann auf ihn entfallen wäre.

e) Diese Grundsätze gelten entsprechend bei einem dem öffentlichen Dienst gewidmeten und daher dem dinglichen Zugriff entzogenen Schiff (vgl. § 102 Anm. 1e), da auch bei einem solchen Schiff durch die Aussendung zu einer neuen Reise eine Gefährdung der Schiffsgläubigerrechte eintritt; es tritt aber nicht eine Loslösung der beschränkt persönlichen Haftung unmittelbar nach dem Unfall ein, sondern es hat auch hier die Feststellung des Umfanges der persönlichen Haftung nach dem Zeitpunkt der Aussendung zur neuen Reise zu erfolgen (RGZ 151, 277 = JW 1936, 2702; a. A. OLG Kiel in HansRGZ 1936, 167 Nr. 51). Für alle sonstigen Binnenschiffe, insbesondere auch für den Hafen- und Ortsverkehr (§ 131), ist der § 114 unmittelbar anzuwenden (OLG Hamburg in SeuffA 55 Nr. 220).

5. Eine Anwendung des im § 114 aufgestellten Grundsatzes auf andere Fälle, in denen das Schiffsvermögen zum Nachteil der Schiffsgläubiger unbefugt durch den Schiffseigner verringert oder entzogen wird, ist im Gesetz nicht vorgesehen. Es ist bestritten, ob eine entsprechende Anwendung dieser Grundsätze möglich ist; eine solche entsprechende Anwendung wird für zulässig erachtet, wenn den Schiffsgläubigern das Schiffsvermögen durch Veräußerung des Schiffes in das Ausland in Kenntnis bestehender Schiffsgläubigerrechte entzogen wird (so Schaps zu § 774 Anm. 16; Mittelstein 1 I zu § 114 Anm. 1, der eine Ausdehnung auf die Fälle der Verschlechterung und Zerstörung des Schiffsvermögens für möglich hält). Einer solchen entsprechenden Anwendung oder ausdehnenden Auslegung steht aber entgegen, daß es sich bei den §§ 102ff., einschließlich § 114, um eine Ausnahme- und Sonderregelung handelt (vgl. § 102 Anm. 1c). Deshalb wird man den benachteiligten Schiffsgläubigern bei einer Veräußerung eines Binnenschiffes in das Ausland oder bei einer Entwertung des Schiffsvermögens nur einen Schadensersatzanspruch nach den allgemeinen bürgerlich-rechtlichen Vorschriften (§§ 823, 826 BGB) zubilligen können, der den Nachweis eines schuldhaften Verhaltens erfordert.

Das Schiffsgläubigerrecht an Ersatzforderungen

§ 115

Die Vergütung für Aufopferung oder Beschädigung in Fällen der großen Haverei tritt für die Schiffsgläubiger an Stelle des Gegenstandes, für den die Vergütung bestimmt ist.

Dasselbe gilt von der Entschädigung, die wegen des Verlustes oder der Beschädigung des Schiffes oder wegen der durch Verlust oder Beschädigung von Gütern herbeigeführten Entziehung der Fracht dem Schiffseigner von demjenigen gezahlt werden muß, welcher den Schaden durch eine rechtswidrige Handlung verursacht hat.

Hat der Schiffseigner die Vergütung oder Entschädigung eingezogen, so haftet er in Höhe des eingezogenen Betrages den Schiffsgläubigern persönlich in gleicher Weise wie den Gläubigern einer Reise im Falle der Einziehung der Fracht (§ 112).

1. Nach § 115 Abs. 1 und 2 (ebenso § 775 Abs. 1 HGB) treten bei der großen Haverei gewisse Ersatzforderungen zugunsten der Schiffsgläubiger an die Stelle des Schiffsvermögens. Es soll hierdurch verhindert werden, daß das Landvermögen eines Schiffseigners zum Nachteil seines Schiffsvermögens und der Schiffsgläubiger bereichert wird (Begr. S. 125, 126). Nach § 85 in Verbindung mit den §§ 709, 710 HGB entsteht bei der großen Haverei für die Schiffseigner durch die Aufopferung oder Beschädigung des Schiffes nebst Zubehör ein Vergütungsanspruch und nach § 715 HGB ein Entschädigungsanspruch für entgangene Fracht (vgl. § 85 Anm. 4 und 5). Zum Ausgleich der ihnen hierdurch entstehenden Nachteile wird den Schiffsgläubigern als Ersatz die Inanspruchnahme dieser gesetzlichen Ansprüche auf Vergütung oder Entschädigung zugebilligt. Diese Ansprüche treten ersatzweise an die Stelle des verminderten Schiffsvermögens, werden also nach § 115 in Verbindung mit den §§ 103, 104 von dem Schiffsgläubigerpfandrecht mit erfaßt. Dies Pfandrecht an der gesetzlichen Vergütung oder Entschädigung tritt neben die dingliche Haftung des sonstigen Schiffsvermögens.

2. Die gleiche Regelung gilt nach § 115 Abs. 2, wenn durch „eine rechtswidrige Handlung" ein Verlust oder eine Beschädigung des Schiffes oder eine Beeinträchtigung der Fracht bergeigeführt worden ist, für den Entschädigungsanspruch gegen den Schadensersatzverpflichteten. Hierunter fallen vor allem die Verluste oder Beschädigungen der Schiffe und Ladungen infolge eines Zusammenstoßes (§ 92, §§ 735ff. HGB) oder eines sonstigen Unfalles (vgl. § 64); auch die Schadensersatzforderungen des Schiffseigners gegen seine eigenen schuldigen Besatzungsmitglieder aus solchen Unfällen sowie die Ansprüche aus sonstigen eine Beschädigung oder einen Verlust des Schiffes hervorrufenden unerlaubten Handlungen (§§ 823ff. BGB) fallen hierunter. Eine Ausdehnung dieser Regelung auf andere, insbesondere durch rechtsgeschäftliche Handlungen erworbene Ansprüche ist nicht zulässig, da die Anwendung des § 115 auf die bestimmten, kraft Gesetzes anfallenden, durch rechtswidrige Handlungen herbeigeführten Ersatzansprüche beschränkt ist; deshalb haften die auf Grund eines Versicherungsvertrages entstehenden Versicherungsgelder den Schiffsgläubigern nicht. Für die Haftpflichtversicherung gelten nach der sog. Schwesterschiffsklausel die mehreren, demselben Versicherungsnehmer gehörigen Schiffe als mehreren Schiffseignern gehörig.

3. Die benachteiligten Schiffsgläubiger erhalten kein Recht auf die Vergütung oder Entschädigung selbst, sondern nur ein Schiffsgläubigerpfandrecht an diesen Ansprüchen (§§ 103, 104). Zur Befriedigung bedarf es daher eines vollstreckbaren Schuldtitels gegen den Schiffseigner oder Schiffer (§ 103 Abs. 3) und der Erwirkung eines gerichtlichen Pfändungs- und Überweisungsbeschlusses nach den §§ 828ff. ZPO (vgl. hierzu § 112 Anm. 3).

4. Nach § 115 Abs. 1 in Verbindung mit dem entsprechend anzuwendenden § 112 Abs. 1 ist dies Schiffsgläubigerpfandrecht an den Ersatzforderungen so lange wirksam, als diese „noch ausstehen oder die Gelder noch in den Händen des Schiffers sind"; dies gilt auch im Fall einer Abtretung, die also den Schiffsgläubigern gegenüber unwirksam ist (vgl. § 112 Anm. 2). Mit der Einziehung der Ersatzforderungen durch den Schiffseigner geht daher das Schiffsgläubigerpfandrecht unter (vgl. hierzu § 112 Anm. 1). Deshalb wird den hierdurch benachteiligten Schiffsgläubigern nach § 115 Abs. 3 eine beschränkt persönliche Inanspruchnahme des Schiffseigners eingeräumt, der die Forderungen eingezogen hat. Dieser Schiffseigner haftet „in Höhe des eingezogenen Betrages" persönlich, jedoch nur „in gleicher Weise wie die Gläubiger einer Reise im Falle der Einziehung der Fracht" (§ 112). Seine Haftung ist also der Höhe nach begrenzt auf die Summe der eingezogenen Ersatzforderungen und außerdem gemindert auf den Betrag, der sich für den einzelnen Schiffsgläubiger ergeben hätte, wenn diese Ersatzforderungen nach Maßgabe der gesetzlichen Rangordnung mit verteilt worden wären (vgl. hierzu § 112 Anm. 5).

Die Rangordnung der auf den Ladungsgütern haftenden Pfandrechte

§ 116

Die wegen der Beiträge zur großen Haverei und der Bergungs- und Hilfskosten auf den Ladungsgütern haftenden Pfandrechte gehen den im § 443 des Handelsgesetzbuchs bezeichneten Pfandrechten vor. Unter den ersteren Pfandrechten hat das späterentstandene vor dem früher entstandenen den Vorzug; die gleichzeitig entstandenen sind gleichberechtigt; Forderungen, welche aus Anlaß desselben Notfalles entstanden sind, gelten als gleichzeitig entstanden.

In den Fällen der großen Haverei und des Verlustes oder der Beschädigung durch rechtswidrige Handlungen finden die Vorschriften des § 115 entsprechende Anwendung.

1. In den §§ 106—108 ist die Rangordnung der Schiffsgläubiger (§ 102) untereinander und im § 109 die Rangfolge der an Schiff und Fracht bestehenden Schiffsgläubigerpfandrechte (§§ 103, 104) erläutert. Dagegen fehlt eine zusammenfassende Regelung über die Rangordnung der für einzelne Schiffsgläubigerforderungen (§§ 102 Nr. 3, 89 Abs. 2, 3, 97) an den Ladungsgütern eingeräumten Pfandrechte, insbesondere gegenüber anderen Pfandrechten an den Frachtgütern (vgl. § 89 Anm. 3e; § 97 Anm. 3d). Diese „Regelung des Rangverhältnisses der verschiedenen auf den Ladungsgütern haftenden Pfandrechte gehört an sich nicht in den Abschnitt über die Schiffsgläubiger; indessen ist ein gewisser Zusammenhang mit den Vorschriften über die Rangordnung der Schiffsgläubiger immerhin anzuerkennen und die Vorschriften haben deshalb hier (im § 116) ihre Stelle gefunden" (so Begr. S. 126).

2. Nach § 89 Abs. 2 steht den Vergütungsberechtigten aus einer großen Haverei an den einzelnen Gütern wegen des von diesen zu entrichtenden Beitrags ein Pfandrecht zu, das für sämtliche Berechtigte durch den Frachtführer ausgeübt wird (vgl. § 89 Anm. 3). In gleicher Weise haben die Berger oder Helfer nach § 97 Abs. 1 wegen der Bergungs- und Hilfkosten, einschließlich des Berge- und

Hilfslohnes, ein Pfandrecht an den geborgenen oder geretteten Gütern (vgl. § 97 Anm. 3). Diese auf den Ladungsgütern haftenden Pfandrechte sollen nach § 116 Abs. 1 Satz 1 im Anschluß an die seerechtliche Regelung (§ 777 HGB) „den im § 443 HGB bezeichneten Pfandrechten vorgehen". Es ist also, ähnlich wie im § 109 bei den Schiffsgläubigerpfandrechten an Schiff oder Fracht, diesen bevorrechtigten Ladungsgläubigerrechten ein Vorrang vor den sonstigen an den Ladungsgütern bestehenden Pfandrechten eingeräumt. Es sind zwar im § 116 Abs. 1 nur die im § 443 HGB aufgeführten Pfandrechte erwähnt; es bestehen aber keine Bedenken, diese grundsätzliche Regelung hinsichtlich des Vorrangs der Ladungsgläubigerpfandrechte aus den §§ 102 Nr. 3, 89 Abs. 2, 3, 97 auch auf anderweite sonstige Pfandrechte an den Gütern anzuwenden (so auch Schaps zu § 777 Anm. 3 HGB).

3. Die Rangfolge der bevorrechtigten Pfandrechte der Ladungsgläubiger untereinander ist im § 116 Abs. 1 Satz 2 (ebenso wie im § 107 Abs. 3) dahin geregelt, daß das später entstandene vor dem früher entstandenen Pfandrecht den Vorzug hat und daß gleichzeitig entstandene gleichberechtigt sind. Hierbei gelten nach § 116 Abs. 1 Satz 2 die aus Anlaß desselben Notfalls entstandenen Forderungen, also auch die Pfandrechte, als gleichzeitig entstanden. Die Rangfolge der sonstigen Pfandrechte untereinander ergibt sich aus § 443 HGB (vgl. hierzu § 67 Anm. 9) und für anderweite derartige Pfandrechte aus den §§ 1257, 1209 BGB.

4. Hiernach ist die folgende Rangordnung der an den Ladungsgütern bestehenden Pfandrechte aufzustellen. Zunächst sind die bevorrechtigten Pfandrechte der Ladungsgläubiger wegen der Beiträge zur großen Haverei (§ 89 Abs. 2) und der Bergungs- sowie Hilfskosten, einschließlich Bergungs- und Hilfslohn (§ 97), zu berücksichtigen; hierbei haben die später entstandenen vor den früher entstandenen Pfandrechten den Vorzug (§ 116 Abs. 1 Satz 2). Dann folgen die Pfandrechte aus § 443 HGB, nämlich des Kommissionärs (§ 397 HGB), des Spediteurs (§ 410 HGB), des Frachtführers am Frachtgut (§ 440 HGB) und am Reisegepäck (§ 77 Abs. 2), die durch die Beförderung der Ladungsgüter an diesen entstanden sind; hierbei geht ebenfalls das später entstandene dem früher entstandenen Pfandrecht vor (§ 443 Abs. 1 HGB). Hiernach kommen die übrigen mit dem gesetzlichen Pfandrecht ausgestatteten Forderungen der aufgeführten Personen, wobei das ältere Pfandrecht dem jüngeren vorgeht, und im Anschluß sind die anderweiten Pfandrechte an den Ladungsgütern zu berücksichtigen, die untereinander in gleicher Weise nach ihrer zeitlichen Entstehung rangieren (§§ 1257, 1209 BGB).

5. Nach § 116 Abs. 2 (ebenso § 777 Abs. 2 HGB) sind die Grundsätze des § 115 über das Schiffsgläubigerrecht an Ersatzforderungen auf die Pfandrechte der Ladungsgläubiger an den Ladungsgütern für entsprechend anwendbar erklärt. Danach tritt also der Vergütungs- und Entschädigungsanspruch aus einem Verlust oder einer Beschädigung der Ladungsgüter (§ 85, §§ 711—713 HGB) infolge einer großen Haverei oder durch rechtswidrige Handlungen zugunsten der hierdurch benachteiligten Ladungsgläubiger an die Stelle der betreffenden Güter. Diese gesetzlichen Vergütungs- und Entschädigungsansprüche stellen einen Ersatz des verminderten Ladungsvermögens dar, werden also nach den §§ 116 Abs. 2, 115 von dem Pfandrecht der Ladungsgläubiger mit erfaßt (vgl. im übrigen die Erläuterungen zu dem entsprechend anwendbaren § 115 Anm. 2—4).

Achter Abschnitt

Verjährung

Die Verjährungsfristen

§ 117

Mit dem Ablaufe eines Jahres verjähren:
1. **die öffentlichen Schiffs- und Schiffahrtsabgaben, insbesondere die Brücken-, Schleusen-, Kanal- und Hafengelder;**
2. **die aus den Dienstverträgen herrührenden Forderungen der Schiffsbesatzung;**
3. **die Lotsengelder;**
4. **die Bergungs- und Hilfskosten einschließlich des Berge- und Hilfslohnes;**
5. **die Beiträge zur großen Haverei;**
6. **die Forderungen aus Geschäften, welche der Schiffer kraft seiner gesetzlichen Befugnisse (§§ 15, 16) und nicht mit Bezug auf eine Vollmacht geschlossen hat;**
7. **die Forderungen aus dem Verschulden einer Person der Schiffsbesatzung (§ 3, § 4 Nr. 3, §§ 7, 92).**

1. Die Rechtsnatur der Verjährung

a) Nach Ablauf längerer Zeit ist erfahrungsgemäß eine Klarstellung streitiger tatsächlicher Verhältnisse nur schwer möglich, da sich die Vorgänge verwischen und die Beweise nicht mehr oder nicht ausreichend erbracht werden können. Demnach liegt es im allgemeinen Interesse der Erhaltung der Rechtssicherhiet, den Anspruchsberechtigten zur Geltendmachung seiner Ansprüche innerhalb einer bestimmten Zeit zu veranlassen. Es ist daher ein auf allen Rechtsgebieten bestehender allgemeiner Grundsatz, daß ein Anspruch, eine Forderung nach Ablauf einer gewissen, für die einzelnen Forderungen verschieden lang bemessenen Zeit, im § 117 als „Frist" bezeichnet, „verjährt". Nach der allgemeinen bürgerlich-rechtlichen Regel (§ 222 BGB) ist der „Verpflichtete nach der Vollendung der Verjährung berechtigt, die Leistung zu verweigern". Die Verjährung eines Anspruchs begründet also nicht dessen Erlöschen, sondern ein Leistungsverweigerungsrecht des Verpflichteten, der die „Einrede der Verjährung" erheben und damit den Anspruch zur Abweisung bringen kann. Der Anspruchsberechtigte ist nach Ablauf der Verjährungsfrist nicht in der Lage, seinen Anspruch gegen den Widerspruch des Verpflichteten mit Erfolg geltend zu machen, mag die Forderung noch so begründet sein. Denn der Verpflichtete kann die Befriedigung eines verjährten Anspruches ohne weitere Begründung verweigern. Wenn der Verpflichtete in einem Rechtsstreit die Einrede der Verjährung erhebt und die Verjährungsfrist tatsächlich abgelaufen ist, muß das Gericht die Klage des Anspruchsberechtigten ohne weitere Nachprüfung aus diesem formellen Grund der Verjährung abweisen.

b) Diese Verjährung eines Anspruchs wird keineswegs, wie vielfach irrtümlich angenommen wird, durch eine an den Verpflichteten gerichtete mündliche oder schriftliche Mahnung unterbrochen. Der Eintritt und Ablauf der Verjährung wird auch nicht vermieden, wenn der Anspruch sonst begründet ist, der Verpflichtete also keine Einwendungen dagegen erheben kann. Nach § 209 BGB tritt vielmehr eine Hemmung (vgl. §§ 202, 203, 205 BGB) oder Unterbrechung (§§ 208ff. BGB) der Verjährung nur in den gesetzlich besonders bestimmten Fällen ein; insoweit gelten die angeführten allgemeinen bürgerlich-rechtlichen Vorschriften (vgl. RGZ 36, 120;

OLG Hamburg in HansGZ Hauptbl. 1903 Nr. 86, 1906 Nr. 147). Nach § 209 BGB findet hiernach eine Unterbrechung der Verjährung u. a. durch Anerkenntnis des Verpflichteten sowie durch Erhebung der Klage und unter Umständen durch Streitverkündung statt, auch wenn sie vor dem unzuständigen Gericht erfolgen (OLG Köln vom 28. 9. 1910 — 3 U 303/09). Durch eine gerichtliche Geltendmachung eines Teiles eines Anspruchs wird die Verjährung nur in Höhe dieses Teilanspruchs, also nicht wegen des ganzen Anspruchs, unterbrochen, selbst wenn eine Erweiterung in der Klage vorbehalten war (RGZ 66, 366; 75, 302; 77, 215; AG Berlin vom 24. 10. 1930 — 235 C 1376/1930 —).

2. Die vereinbarten und gesetzlichen Verjährungsfristen:

a) Nach § 225 Satz 1 BGB kann die Verjährung durch Rechtsgeschäft weder ausgeschlossen noch erschwert werden. Dagegen ist nach § 225 Satz 2 BGB eine Erleichterung der Verjährung, insbesondere die Abkürzung der Verjährungsfristen, zulässig. Es kommt daher in erster Linie auf die vereinbarten Verjährungsfristen an. Solche kürzeren Verjährungsfristen werden auch im Binnenschiffahrtsverkehr vielfach angewandt. So enthalten die im Frachtgeschäft verwendeten Frachtpapiere (Schlußschein, Frachtvertrag Frachtbrief oder Ladeschein) nicht selten die Abmachung, daß die Einreichung der Klage oder die Austragung etwaiger Streitigkeiten innerhalb einer bestimmten Frist, meist von drei Monaten nach Ablieferung der Frachtgüter, zu erfolgen habe; auch in den Schleppscheinen und den darin angezogenen Schleppbedingungen befinden sich häufig solche kürzeren Verjährungs- oder Ausschlußfristen (vgl. OLG Hamburg in OLG 28, 41). Nach § 112 der Allgemeinen Verfrachtungsbedingungen „verjähren Ansprüche jeder Art, die wegen Verlustes, Minderung, Beschädigung, verspäteter Ablieferung des Gutes oder aus anderer Veranlassung an die Gesellschaft oder die von ihr angenommenen Schiffseigner erhoben werden sollen, in sechs Monaten, beginnend mit der Ablieferung, und müssen innerhalb dieser Frist durch gerichtliche Klageerhebung geltend gemacht worden sein" (ebenso § 112 der Elbebedingungen und ähnlich eine große Anzahl anderer Verfrachtungsbedingungen). Im § 16 der Allgemeinen Schleppbedingungen für die Stromgebiete der Elbe und Havel ist die Verjährungsfrist für alle „Ansprüche gegen das Unternehmen, die aus dem Schleppvertrag erhoben werden sollen", auf drei Monate festgestzt (so auch eine große Anzahl von anderen Schleppbedingungen, insbesondere der einzelnen Schiffahrtsgesellschaften).

b) Nur in Ermangelung solcher Vereinbarungen finden die gesetzlichen Verjährungsfristen Anwendung; denn sie sind nicht zwingender Natur, so daß es stets einer Feststellung bedarf, ob nicht eine kürzere vereinbarte Verjährungsfrist vorliegt. Die Dauer der im Binnenschiffahrtsrecht maßgeblichen gesetzlichen Verjährungsfristen ist nicht zusammenfassend geregelt. Vielmehr beschränkt sich § 117 darauf, eine kurze Verjährungsfrist von einem Jahr für einige Forderungen aufzustellen, und läßt es im übrigen bei den allgemeinen bürgerlichrechtlichen Grundsätzen bestehen.

3. Die Bedeutung der binnenschiffahrtsgesetzlichen Verjährungsfristen

a) Die im § 117 Nr. 1—7 aufgeführten, der einjährigen Verjährung unterliegenden Forderungen weisen gemeinsam die Eigentümlichkeit auf, daß es sich um Ansprüche handelt, die mit Schiffsgläubigerrechten ausgestattet sind (vgl. § 102 Nr. 1—3, 5). Es sind aber im Gegensatz zum Seerecht (§ 901 HGB) nicht alle Schiffsgläubigerforderungen in diese Regelung einbegriffen (vgl. § 102 Nr. 4, § 102 Nr. 5 Abs. 1, § 102 Nr. 6); ferner fehlt eine ausdrückliche Bestimmung entsprechend § 902 HGB, daß sich die Verjährung „zugleich auf die persönlichen Ansprüche bezieht, die dem Gläubiger etwa gegen den Reeder oder eine Person der Schiffsbesatzung zustehen". Hieraus wurde gefolgert, daß im § 117 nur die dinglichen Schiffsgläubigerforderungen, also nicht auch die persönlichen Ansprüche gemeint seien (so Förtsch S. 332, 333). Diese Ansicht ist nach der Entstehungsgeschichte des § 117 nicht gerechtfertigt, da diese Vorschrift eingefügt wurde, weil „die in Betracht kommenden Forderungen bei längerem Bestehen den Verkehr erheblich gefährden würden, zumal mit ihnen meistens ein Pfandrecht verbunden ist" (so Begr. S. 126). Demnach sollte also die Anwendung des § 117 nicht auf die dinglichen Schiffsgläubigerforderungen beschränkt bleiben, sondern auch die persönlichen Ansprüche dieser Art mit erfassen. Die Verhältnisse in der Binnenschiffahrt erfordern sowohl bei den dinglichen als auch bei den persönlichen Ansprüchen in gleicher Weise eine schleunige Abwicklung, weil eine zuverlässige Prüfung der tatsächlichen Vorgänge nach längerer Zeit häufig nicht mehr möglich ist (so RGZ 127, 74). Es ist daher herrschende Ansicht, daß sich die Verjährungsfristen des § 117 Nr. 1—7 auf alle Forderungen dieser Art, also sowohl auf die dinglichen, die beschränkt dinglichen (Haftung mit Schiff und Fracht) als auch auf die persönlichen Ansprüche, erstrecken (RGZ 127, 72; RG in JW 1930, 1950 Nr. 16; OLG Hamburg in OLG 40, 233; in HansRZ 1919, 284 Nr. 6, Nr. 43; in HansGZ Hauptbl. 1920, 136 Nr. 70; in HansRGZ 1932, 529 Nr. 162; in JurR 1932 Nr. 2280; so auch Mittelstein 2 S. 124; a. A. Förtsch S. 333). Auch die beschränkt persönlichen Ansprüche (z. B. aus den §§ 90 Abs. 2, 91 Abs. 1, 99, 100 Abs. 2), einschließlich des Anspruchs aus § 114, werden von der Regelung des § 117 erfaßt (RGZ 127, 72; OLG Hamburg in SeuffA 74 Nr. 144; in HansGZ Hauptbl. 1920, 136 Nr. 70). Die Forderungen können aber hinsichtlich des Ablaufes der Verjährungsfristen ein verschiedenes Schicksal haben, insbesondere wenn nur bei einem Teil besondere Hinderungsgründe (z. B. Hemmung, Unterbrechung) in Betracht kommen (RGZ 36, 116).

b) Den im § 117 Nr. 1—7 aufgeführten Forderungen liegen Ansprüche zugrunde, die sich teils auf Rechtsgeschäfte (§ 117 Nr. 2, 3, 6), teils auf unerlaubte Handlungen (§ 117 Nr. 7) und schließlich auch auf andere Haftungsvorschriften (§ 117 Nr. 1, 4, 5) beziehen. Die im § 117 Nr. 7 erwähnten Forderungen „aus dem Verschulden einer Person der Schiffsbesatzung" können nun aber ebenfalls innerhalb eines Vertrages, z. B. aus einem Fracht- oder Schleppvertrag, entstehen. Nach der herrschenden Lehre umfaßt die Regelung des § 117 nicht nur solche Ansprüche aus außervertraglichem Verschulden der Schiffsbesatzung, sondern auch die innerhalb eines Vertragsverhältnisses entstehenden Forderungen aus vertraglichem Verschulden der Besatzung (BGH vom 28. 4. 1953 — I ZR 47/52 in ZfB 1959, 133; RGZ 105, 198; so auch Mittelstein 2. S. 426; a. A. OLG Hamburg in HansGZ Hauptbl. 1903 Nr. 78, 1908 Nr. 28, 1909 Nr. 78). Der einjährigen Verjährungsfrist aus § 117 Nr. 7 unterliegen daher alle Forderungen aus einem Verschulden der Schiffsbesatzung, gleichgültig ob sie auf Vertrag, auf die §§ 3, 4 oder auf sonstige Haftungsvorschriften (z. B. §§ 7, 92 oder §§ 823ff. BGB) gestützt werden (RGZ 127, 73; 105, 198; OLG Köln v. 24. 11. 1960 — 3 U 102/60; LG Hamburg in HansRZ 1920, 265 Nr. 5, Nr. 46; OLG Köln vom 22. 1. 1913 — 3 U 70/12 = Der Rhein 1913, 88; a. A. OLG Köln vom 5. 6. 1936 — 3 U 304/35). Demnach fallen unter die Regelung des § 117 Nr. 7 auch die Ansprüche aus einem Verschulden des Schiffseigner-Schiffers (§ 4 Abs. 2 Satz 2) weil die Anführung der §§ 3, 4 Nr. 3, 7, 92 im § 117 Nr. 7 nur als eine beispielsweise anzusehen ist (BGHZ 19, 82; RGZ 127, 72, 76; RG in JW 1930, 1950 Nr. 16; KG in OLG 32, 190; OLG Hamburg in Recht 1932, 12 Nr. 15 = JurR 1932 Nr. 2280; AG Berlin-Mitte vom 24. 10. 1930 — 235 C 1367/30; a. A. OLG Köln vom 5. 6. 1936 — 3 U 304/35). Ferner gehören hierzu auch die Schadensersatzansprüche, die der Schiffseigner gegen den Schiffer oder gegen ein sonstiges Besatzungsmitglied aus einem schuldhaften Verhalten erhebt, da sich die Anwendung des § 117 Nr. 7 nach ihrem Wortlaut nicht auf Ansprüche gegen den Schiffseigner beschränkt, wie auch die Anführung des § 7 ergibt (LG Hamburg in HansGZ Hauptbl. 1920, 136 Nr. 70; OLG Dresden vom 10. 7. 1911 — 8 O 117/1911; OLG Köln vom 22. 1. 1913 — 3 U 70/12; Mittelstein 2 S. 427; a. A. anscheinend KG nach dem § 117 z. T. nicht anwendbar sein soll, wenn die allgemeinen Vorschriften des bürgerlichen Rechts über die Haftung für eigenes Verschulden und nicht die Sondervorschriften des Binnenschiffahrtsgesetzes die rechtliche Grundlage darstellen (KG vom 26. 4. 1938 — 2 U 6657/37 in VerkehrsrR 1938 Gruppe 3b Heft 9 Bl. 62 S. 844 = JW 1938, 2358 Nr. 40). In gleicher Weise findet auch bei den sonstigen Forderungen des § 117 Nr. 1—6 die einjährige Verjährungsfrist sowohl bei vertraglichen als auch bei außervertraglichen Ansprüchen dieser Art Anwendung, also auch bei der vertragsmäßigen und vertragslosen Bergung oder Hilfeleistung (§§ 93, 97; vgl. Anm. 4d) und bei den Dienstforderungen aus Vertrag und aus § 5 (vgl. Anm. 4b). Auch für den Verzugsschadensersatzanspruch gilt dieselbe Verjährungsfrist wie für den Hauptanspruch (BGH vom 19. 4. 1955 — I ZR 66/53 in VRS S. 1955, 401). Auch der Anspruch aus § 904 Satz 2 BGB gegen den Schiffseigner oder Ausrüster unterliegt der kurzen Verjährungsfrist, weil er in entsprechender Anwendung der §§ 3, 4 Ziff. 3 die dingliche Haftung und ein Schiffsgläubigerrecht im Range von § 102 Ziff. 5 begründet (BGH vom 18. 11. 1955 — I ZR 219/53 — in NJW 1956, 381 = BGHZ 19, 82).

c) Die Regelung im § 117 ist nicht zwingender Natur, so daß in erster Linie etwa vereinbarte kürzere vertragliche Verjährungsfristen maßgebend sind (vgl. Anm. 2a). Jedoch ist eine dahingehende Vereinbarung nur zwischen den Vertragsparteien maßgebend; besteht zwischen dem geltend gemachten Anspruch und dem Vertrag keine Beziehung, so ist auch die darin vereinbarte Verjährungsfrist für solche dritten Personen nicht maßgebend, sondern es gelten die gesetzlichen Verjährungsfristen (RG in JW 1910, 952 Nr. 36). Die im § 117 getroffene Regelung geht hierbei als Sonderrecht dem allgemeinen Recht vor; soweit daher diese Bestimmung Platz greift, können andere allgemeine Verjährungsvorschriften (z. B. § 852 BGB) auch dann nicht zur Anwendung gelangen, wenn der Anspruch gleichzeitig auf die §§ 823ff. BGB gestützt wird, da die Verjährung durch die §§ 117, 118 insoweit für die ihr unterworfenen Tatbestände erschöpfend geregelt ist (BGH vom 19. 4. 1955 — I ZR 66/53 in VRS 1955, 401; KG in OLG 32, 190; OLG Hamburg in HansG Beiblatt 1916 Nr. 83; vom 16. 6. 1932 — Bf. I 392/31 — in Recht 1932, 12 Nr. 15). Im übrigen folgt die Verjährung für jeden der Ansprüche seinen besonderen Bestimmungen (BGH vom 28. 4. 1953 — I ZR 47/52 in ZfB 1959, 133).

4. Die einzelnen binnenschiffahrtsgesetzlichen Verjährungsfristen

a) Die im § 117 Nr. 1 aufgeführten „öffentlichen Schiffs- und Schiffahrtsabgaben, insbesondere die Brücken-, Schleusen-, Kanal- und Hafengelder" stimmen überein mit den im § 102 Nr. 1 erwähnten, mit dem Schiffsgläubigerrecht ausgestatteten bevorrechtigten Forderungen (vgl. § 102 Anm. 3b), für die der Schiffseigner aber auch unbeschränkt persönlich haftet (vgl. § 102 Anm. 1d). Die kurze Verjährungsfrist von einem Jahr aus § 117 Nr. 1 gilt sowohl für den dinglichen Anspruch aus dem Schiffsgläubigerrecht als auch für diese persönliche Forderung (vgl. Anm. 3a).

b) Die im § 117 Nr. 2 erwähnten „aus den Dienstverträgen herrührenden Forderungen der Schiffsbesatzung" umfassen, wie im § 102 Nr. 2, alle Ansprüche der Besatzung aus dem Dienst- oder Arbeitsverhältnis (vgl. § 102 Anm. 3c; § 5 Anm. 1). Für diese Forderungen haftet der Schiffseigner aus dem Dienstvertrag (vgl. § 5 Anm. 2b) und nach § 5 unbeschränkt persönlich sowie nach § 5 auch beschränkt mit Schiff und Fracht; außerdem besteht nach § 102 Nr. 2 ein Schiffsgläubigerrecht (vgl. § 5 Anm. 2a; § 102 Anm. 1d, 3c). Die Verjährungsfrist von einem Jahr aus § 117 Nr. 2 findet für alle diese Forderungen Anwendung, gleichgültig ob eine unbeschränkt persönliche oder nur eine dingliche oder beschränkt dingliche Haftung gegeben ist (vgl. Anm. 3a). Zur Schiffsbesatzung im Sinne der Vorschrift des § 117 Nr. 2 gehört im Gegensatz zu der Regelung des § 3 nicht der freiwillig angenommene Lotse, da die Lotsengelder, soweit es sich um öffentliche Abgaben handelt, im § 117 Nr. 1 (vgl. § 102 Nr. 1) und im übrigen im § 117 Nr. 3 (vgl. § 102 Nr. 3) erfaßt werden (vgl. § 102 Anm. 3b, d).

c) Für die im § 117 Nr. 3 aufgeführten „Lotsengelder" ist nach den §§ 3, 5 regelmäßig sowohl eine unbeschränkte als auch eine auf Schiff und Fracht beschränkte Haftung des Schiffseigners gegeben; ferner gewähren auch diese Forderungen des Lotsen nach § 102 Nr. 3 Abs. 1 die Rechtsstellung eines Schiffsgläubigers (vgl. § 5 Anm. 2a; § 102 Anm. 1d, 3). Die kurze Verjährungsfrist von einem Jahr aus § 117 Nr. 3 erstreckt sich auf alle diese Forderungen des Lotsen.

d) Die im § 117 Nr. 4 erwähnten „Bergungs- und Hilfskosten, einschließlich des Berge- und Hilfslohnes" auf Grund der einem Binnenschiff auf Binnengewässern von einem anderen Binnenschiff oder vom Lande aus geleisteten Hilfe (§ 93 Abs. 1 und 2) gewähren nach den §§ 97 Abs. 1, 102 Nr. 3 Abs. 1 die Rechte eines Schiffsgläubigers an Schiff und Fracht sowie nach § 97 Abs. 1 ein Pfandrecht an den geretteten Gütern. Ferner kann für diese Forderungen nach § 99 eine beschränkt persönliche Haftung des Schiffseigners und nach § 100 Abs. 2, 3 eine solche des Empfängers eintreten; der Schiffseigner haftet auch unbeschränkt persönlich, wenn eine solche weitergehende Haftung bei einer vertragsmäßigen Hilfeleistung ausbedungen ist (vgl. § 93 Anm. 5a). Für alle diese Forderungen greift die einjährige Verjährungsfrist aus § 117 Nr. 4 Platz. Es ist aber zu beachten, daß der § 117 Nr. 4 nur anzuwenden ist, wenn einem Binnenschiff auf Binnengewässern oder vom Lande aus Hilfe geleistet oder eine Bergung vorgenommen wird. Denn nach der Neufassung des § 740 HGB, die auf dem „Internationalen Übereinkommen" beruht, finden die seerechtlichen Vorschriften der §§ 740ff. HGB Anwendung, wenn von einem Seeschiff „ein der Binnenschiffahrt dienendes Schiff geborgen oder einem solchen Schiffe Hilfe geleistet wird" (vgl. § 1 Anm. 7c; § 93 Anm. 2); es gilt also insoweit nach § 901 Nr. 2 HGB eine Verjährungsfrist von zwei Jahren.

e) Die im § 117 Nr. 5 erwähnten „Beiträge zur großen Haverei" gewähren nach den §§ 89 Abs. 1, 102 Nr. 3 die Rechte von Schiffsgläubigern und nach § 89 Abs. 2 in Ansehung der beitragspflichtigen Güter ein Pfandrecht an den einzelnen Gütern; außerdem können beschränkt persönliche Forderungen gegen den Schiffer (§ 91 Abs. 1) und den Empfänger (§ 90 Abs. 2) entstehen. Auf diese sämtlichen dinglichen und beschränkt persönlichen Ansprüche erstreckt sich die einjährige Verjährungsfrist aus § 117 Nr. 5.

f) Für die im § 117 Nr. 6 aufgeführten „Forderungen aus Geschäften, welche der Schiffer kraft seiner gesetzlichen Befugnisse (§§ 15, 16) und nicht mit Bezug auf eine Vollmacht geschlossen hat", haftet der Schiffseigner nach § 4 Nr. 1 grundsätzlich nur beschränkt mit Schiff und Fracht (vgl. § 4 Anm. 4a) und der Gläubiger hat nach § 102 Nr. 3, 5 die Rechte eines Schiffsgläubigers (vgl. § 102 Anm. 3d); es kann aber auch nach § 5 eine unbeschränkte persönliche Haftung des Schiffseigners in Betracht kommen, nämlich für die Dienstforderungen der von seinem Schiffer als gesetzlichen Vertreter angenommenen Besatzungsmitglieder (vgl. § 5 Anm. 2b). In allen diesen Fällen besteht die einjährige Verjährungsfrist aus § 117 Nr. 6.

g) Die im § 117 Nr. 7 erwähnten „Forderungen aus dem Verschulden einer Person der Schiffsbesatzung" beschränken sich nicht auf die Ansprüche aus außervertraglichem Verschulden (§§ 3, 4, 92), wie aus der Anführung dieser Bestimmungen etwa entnommen werden könnte, sondern erfassen alle derartigen Ansprüche aus einem schuldhaften Verhalten der Schiffsbesatzung, gleichgültig ob sie auf Vertrag auf die §§ 3, 4, auf sonstige gesetzliche Haftungsvorschriften (§§ 7, 92) oder auf unerlaubte Handlungen gestützt werden (vgl. hierzu Anm. 3b). Es ist auch unerheblich, ob auf Grund dieser Ansprüche die dingliche Haftung aus dem Schiffsgläubigerrecht (§ 102 Nr. 5 Abs. 2), die beschränkte Haftung mit Schiff und Fracht (§§ 4 Nr. 3, 92), die unbeschränkte persönliche Haftung (§§ 4 Nr. 3 Abs. 2 Satz 1; 7 Abs. 3; §§ 276, 278 BGB) oder die beschränkt persönliche Verantwortlichkeit aus § 114 geltend gemacht wird (vgl. Anm. 3a). Soweit es sich um einen Anspruch aus einem unmittelbaren oder mittelbaren Zusammenstoß (§ 92 mit §§ 735—738 HGB) eines Seeschiffes mit einem Binnenschiff handelt, findet § 117 Nr. 7 nur Anwendung, wenn sämtliche Beteiligte Deutsche sind, anderenfalls gilt nach Art. 7, 10 des Internationalen Übereinkommens (vgl. § 92 Anm. 2a) eine Verjährungsfrist von zwei Jahren, beginnend mit dem Ereignis; diese zweijährige Verjährungsfrist steht auch deutschen Berechtigten dann zur Seite, wenn sich ihre Ansprüche gegen ein Binnenschiff richten, dessen Schiffseigner einem fremden Vertragsstaat angehört, gleichviel ob der Zusammenstoß in deutschen oder fremden Gewässern oder auf hoher See erfolgt ist (RGZ 102, 47; RG in Recht 1921 Nr. 1993).

5. Die Verjährungsfristen der übrigen Schiffsgläubigerforderungen

a) Im § 117 Nr. 1—7 sind im Gegensatz zum Seerecht (§ 901 HGB) nicht alle mit dem Schiffsgläubigerrecht ausgestatteten Forderungen erfaßt (vgl. Anm. 3a). Es fehlt eine besondere Regelung über die Verjährung der Schiffsgläubigerforderungen aus § 102 Nr. 4, Nr. 5 Abs. 1, Nr. 6; insoweit sind die allgemeinen Vorschriften anzuwenden (OLG Hamburg in SeuffA 51 Nr. 283).

b) Die im § 102 Nr. 4 aufgeführten „Forderungen wegen Nichtablieferung oder Beschädigung der Ladungsgüter und des im § 77 bezeichneten Reisegepäcks", ebenso die im § 102 Nr. 5 erwähnten „Forderungen wegen

Nichterfüllung oder wegen unvollständiger oder mangelhafter Erfüllung eines vom Schiffseigner geschlossenen Vertrages" unterliegen einer Verjährungsfrist von einem Jahr. Dies ergibt sich aus § 26 in Verbindung mit § 439 HGB, der wiederum auf § 414 HGB verweist. Hierunter fallen alle Ansprüche gegen den Frachtführer, gleichgültig ob dieser gleichzeitig Schiffseigner ist oder nicht, aus dem Frachtvertrag wegen Verlust, Minderung, Beschädigung oder verspäteter Ablieferung der Güter (§ 439 HGB) oder des diesen gleichgestellten übernommenen Reisegepäcks (§ 77 Abs. 1). Die Verjährung beginnt nach § 414 Abs. 2 mit dem Ablauf des Tages, an dem die Ablieferung stattgefunden hat oder hätte stattfinden können (vgl. RGZ 75, 109; 49, 92). Für sonstige Ansprüche aus dem Frachtvertrag oder aus einem sonstigen Vertrag gilt nach § 195 BGB die allgemeine Verjährungsfrist von 30 Jahren.

c) Die Verjährungsfrist der im § 102 Nr. 6 erwähnten Schiffsgläubigerforderungen der Berufsgenossenschaften und öffentlichen Anstalten ist im § 29 Abs. 1 der Reichsversicherungsordnung auf zwei Jahre nach Ablauf des Kalenderjahres der Fälligkeit festgesetzt.

6. Die Verjährung der sonstigen Ansprüche gegen den Frachtführer oder Schiffseigner

a) Soweit es sich um Ansprüche aus dem Frachtvertrag wegen Verlust, Minderung, Beschädigung oder verspäteter Ablieferung der Frachtgüter oder des übernommenen Reisegepäcks handelt, gilt nach § 26 in Verbindung mit den §§ 439, 414 HGB eine einjährige Verjährungsfrist (vgl. Anm. 5b).

b) Im übrigen gelten die allgemeinen bürgerlich-rechtlichen Verjährungsfristen, insbesondere die §§ 195ff. BGB.

7. Die Verjährung der Ansprüche des Frachtführers

a) Es war im Entwurf des Binnenschiffahrtsgesetzes ursprünglich vorgesehen, auch die Verjährung der Ansprüche des Frachtführers aus dem Frachtvertrag besonders zu regeln. Hiervon wurde aber Abstand genommen, weil „eine Ausnahme von der Regel des Bürgerlichen Gesetzbuches" nicht zweckmäßig erschien. Es findet daher die Vorschrift des § 196 Nr. 3 BGB Anwendung, wonach die Ansprüche „der Frachtfuhrleute, Schiffer wegen des Fahrgeldes, der Fracht, mit Einschluß der Auslagen" in zwei Jahren verjähren, beginnend mit dem Schluß des Jahres, in dem der Anspruch entstanden ist. Hierunter fallen nicht nur kleine Gewerbetreibende, wie nach der Anführung der „Frachtfuhrleute, Schiffer" angenommen werden könnte, sondern die Ansprüche sämtlicher Frachtführer, auch der großen Beförderungsunternehmer (RGZ 61, 390; 86, 422; RG in Recht 1915 Nr. 1730). Es unterliegen dieser Verjährungsfrist aus § 196 Nr. 3 nicht nur die Forderungen des Frachtführers auf Zahlung der Fracht, sondern seine sämtlichen Ansprüche aus dem Frachtvertrag, wie Frachtzuschläge, Faut- oder Distanzfracht, Schadensersatzansprüche wegen Nichterfüllung, Auslagen, Liegegelder (RGZ 61, 390; 64, 287; RG in Recht 1915 Nr. 1730, Nr. 1732). Der Anspruch auf Mietzins für ein vom Schiffseigner selbst geführtes und bemanntes Schiff verjährt nach § 196 Nr. 6 BGB in zwei Jahren und, wenn es sich um sein einziges Schiff handelt, also eine gewerbsmäßige Vermietung nicht vorliegt, nach § 197 BGB in vier Jahren, weil die Schiffe bewegliche Sachen sind (BGH vom 28. 5. 1962 — II ZR 23, 61 in VRS 1962, 261).

b) Die Ansprüche des Schleppunternehmers auf Zahlung von Schlepplohn fallen unter § 196 Abs. 1 Nr. 1 BGB, verjähren also in vier Jahren (RG vom 12. 6. 1927 — 183/27 — in Recht 1927, 1889).

c) Die sonstigen Ansprüche des Schiffseigners, Frachtführers oder Schleppunternehmers unterliegen hinsichtlich der Verjährung den allgemeinen Vorschriften, also regelmäßig der Verjährungsfrist von 30 Jahren (§ 195 BGB); es kann auch, soweit keine besonderen Bestimmungen Platz greifen, die Verjährungsfrist von drei Jahren aus § 852 BGB für unerlaubte Handlungen anzuwenden sein. Der Ausgleichsanspruch aus den § 426, 823, 830ff. BGB, der insbesondere bei Schiffszusammenstößen von Bedeutung ist (vgl. § 92 Anm. 10c), ist aber kein Anspruch aus unerlaubter Handlung, sondern ein selbständiger Anspruch eigener Art, er unterliegt daher nach § 195 BGB der Verjährungsfrist von 30 Jahren (RG in JW 1935, 854 Nr. 4; RGZ 69, 422; BGH vom 8. 5. 1956 — I ZR 20, 55 hat dies dahingestellt sein lassen). Es wird in der Rechtsprechung aber auch die Auffassung vertreten, daß die auf einem Schiffsunfall beruhenden Ausgleichsansprüche unter Gesamtschuldnern aus § 426 BGB einer einjährigen Verjährungsfrist unterliegen (so OLG Köln vom 2. 7. 1953 — 3 U 12/53 — in ZfB 1953, 394). Der Ausgleichsanspruch wird erst mit der Zahlung oder Feststellung der Hauptschuld des ausgleichsberechtigten Gläubigers fällig (BGH vom 8. 5. 1956 — I ZR 20/55 —).

d) Soweit Ansprüche aus Vertrag, unerlaubter Handlung oder sonstigen gesetzlichen Haftungsvorschriften gegeben sind, unterliegt jeder Anspruch seiner eigenen Verjährungsfrist (BGHZ 9, 301, 303; RGZ 118, 141, 144).

Der Beginn der Verjährung

§ 118

Die Verjährung beginnt mit dem Schlusse des Jahres, in welchem die Forderung fällig geworden ist.

1. Diese Vorschrift bezieht sich, wie aus ihrer Stellung ersichtlich ist, nur auf die im § 117 aufgeführten Forderungen, stellt also keinen allgemeinen, auch für sonstige Binnenschiffahrtsforderungen geltenden Grundsatz auf.

2. Der Beginn der Verjährung ist nach § 118 auf den „Schluß des Jahres" festgesetzt, in dem „die Forderung fällig geworden ist". Es entspricht dies der Regelung des § 201 BGB. Es kommt also nicht auf die Entstehung der Forderung allein, sondern auf deren Fälligkeit an. Die Fälligkeit tritt regelmäßig mit der Entstehung des Schadens ein; es muß die Möglichkeit bestehen, den Schuldner in Anspruch zu nehmen. Hierzu genügt es, daß die Voraussetzungen einer Feststellungsklage gegeben sind; der Geschädigte kann also nicht abwarten, bis eine Leistungsklage erhoben werden kann (RGZ 83, 358). Dies gilt aber nur insoweit, als Schäden entstanden sind. Es entscheidet aber die Fälligkeit des Anspruches als solche; soweit daher eine Schadensersatzforderung in Gestalt einer Rente geltend gemacht wird, beginnt die Verjährung einheitlich mit dem Schluß des Jahres, in dem die Schadensersatzforderung überhaupt fällig geworden ist (OLG Hamburg in HansGZ Hauptbl. 1902, 226). Die Kenntnis von dem Schaden oder der Person des Ersatzpflichtigen ist nicht erforderlich, ebensowenig die Voraussehbarkeit des Schadens. Bei sog. Spätfolgen wird nach der Rechtsprechung des Reichsgerichts angenommen, daß die Einheitlichkeit des Schadens und damit der Verjährung so lange gewahrt bleibt, als die Schadensfolgen sich noch als eine nach den Anschauungen des Verkehrs

möglicherweise zu erwartende Weiterentwicklung der zum Schadensersatz verpflichteten Handlung ansehen lassen (RGZ 83, 364); mitunter wird es auch darauf abgestellt, ob solche späteren Schäden neue schädigende Folgen waren, die nicht vorausgesehen oder erwartet werden konnten (RGZ 70, 157; OLG Köln vom 22. 4. 1931 — 3 U 236, 241/28). Entsteht später ein solcher neuer selbständiger Schaden, so beginnt mit seinem Eintritt eine neue Verjährung. Von diesen nachträglich entstehenden Schäden sind scharf zu trennen die erst später, etwa gelegentlich der Reparatur erkannten, aber von Anfang an vorhandenen Schäden; bei diesen ist eine Erhöhung des Anspruches nach Ablauf der ursprünglichen Verjährung unmöglich, da man sich auf die Nichtkenntnis vom Schaden nicht berufen kann. Hiergegen kann sich der Geschädigte nur durch rechtzeitigen Feststellungsantrag schützen.

3. Der persönliche Anspruch kann die dingliche Forderung nicht überdauern; die Verjährung tritt gleichzeitig ein (OLG Köln vom 12. 4. 1922 — 3 U 69/20). Die Verjährung ergreift außer dem Schiffsgläubigerpfandrecht auch das Forderungsrecht (Motive S. 126). Der persönliche Anspruch kann geltend gemacht werden, solange die dingliche Forderung unverjährt ist (OLG Rostock in SeuffA 39 Nr. 41; RGZ 36, 119).

4. Im übrigen finden auf die Verjährung der im § 117 aufgeführten Forderungen die Vorschriften der §§ 202ff. BGB, insbesondere hinsichtlich der Hemmung und Unterbrechung, entsprechende Anwendung (vgl. § 117 Anm. 1b).

Neunter Abschnitt

Schiffsregister

(Früher §§ 119 bis 129 BSchG, jetzt Schiffsregisterordnung — SchiRegO, abgedruckt im Anhang)

1. Die gesetzliche Grundlage der Schiffsregister

Die im Neunten Abschnitt (Schiffsregister) enthaltenen Vorschriften der §§ 119 bis 129 BSchG sind nicht mehr in Kraft; sie wurden aufgehoben nach Artikel 1 Ziffer 5 einer Verordnung zur Durchführung des Gesetzes über Rechte an eingetragenen Schiffen und Schiffsbauwerken vom 21. 12. 1940 (RGBl. I S. 1609), die nach § 83 des Gesetzes über Rechte an eingetragenen Schiffen und Schiffsbauwerken vom 15. 11. 1940 erlassen worden ist. Die bisherige gesetzliche Regelung der damit aufgehobenen §§ 119 bis 129 BSchG über die Grundsätze des Schiffsregisters wurde zum Teil wörtlich, zum anderen Teil sinngemäß in die Schiffsregisterordnung vom 19. 12. 1940 (RGBl. I S. 1591) übernommen, die jetzt in der Fassung vom 26. 5. 1951 (BGBl. I S. 355) in der Bekanntmachung des geänderten Wortlautes vom 26. 5. 1951 (BGBl. I S. 359, II S. 109, durch das Übernahmegesetz vom 2. 9. 1953 (GVBl. 983) auch für Berlin gilt. Die Schiffsregisterordnung enthält eine Zusammenfassung der für das Schiffsregister maßgeblichen Vorschriften, die gegenüber der bis dahin geltenden Regelung der §§ 119—129 erheblich ausgestaltet worden sind. Im ersten Abschnitt der Schiffsregisterordnung (SchiRegO) sind die allgemeinen Vorschriften enthalten (§§ 1—8), der zweite Abschnitt (§§ 9—22) regelt die Eintragung des Schiffes der dritte Abschnitt (§§ 23—59) die Eintragung von Rechtsverhältnissen, der vierte Abschnitt

(§§ 60—63) die Schiffsurkunden, der fünfte Abschnitt (§§ 65—74) das Schiffsbauregister, der sechste Abschnitt (§§ 75—90) das Beschwerdeverfahren.

2. Die Bedeutung des Binnenschiffsregisters

a) Nach der Begründung zum Entwurf des Binnenschiffahrtsgesetzes ist dem Schiffsregister die Aufgabe zugewiesen, für „die Beteiligten ein zuverlässiges und allgemein zugängliches Mittel zur Auskunft über die tatsächlichen und rechtlichen Verhältnisse der einzelnen Schiffe zu schaffen“ (Begr. S. 127). Das Binnenschiffsregister soll also in erster Linie der Erleichterung des Rechtsverkehrs dienen, es soll damit die Ermittlung und Feststellung der Binnenschiffe sowie der an diesen bestehenden Rechte und Rechtsverhältnisse erleichtert werden.

b) Darüber hinaus ist das Binnenschiffsregister von grundlegender Bedeutung nunmehr auch für den Eigentumserwerb an einem „registrierten“, im Schiffsregister eingetragenen Binnenschiff. Nach § 3 Abs. 1 des Gesetzes über Rechte an eingetragenen Schiffen und Schiffsbauwerken ist zur Übertragung des Eigentums an einem im Binnenschiffsregister eingetragenen Schiff die Einigung des Eigentümers und des Erwerbers sowie die Eintragung des Eigentumsüberganges in das Binnenschiffsregister erforderlich. Vor dieser Registereintragung sind die Beteiligten nach § 3 Abs. 2 des angezogenen Gesetzes an die dingliche Einigung nur gebunden, wenn die Erklärungen gerichtlich oder notarisch beurkundet oder vor dem Registergericht abgegeben oder bei diesem eingereicht sind oder wenn der Eigentümer dem Erwerber eine den Vorschriften der Schiffsregisterordnung entsprechende Eintragungsbewilligung ausgehändigt hat.

c) Ferner ist das Binnenschiffsregister von erheblicher Bedeutung für die Verpfändung eines registrierten Schiffes. Nach § 8 Abs. 1 des Gesetzes über Rechte an eingetragenen Schiffen und Schiffsbauwerken, abgedruckt im Anhang, kann ein solches im Schiffsregister eingetragenes Schiff zur Sicherung einer Forderung in der Weise belastet werden, daß der Gläubiger berechtigt ist, wegen einer bestimmten Geldsumme Befriedigung aus dem Schiff zu suchen. Die Bestellung dieser Schiffshypothek erfolgt nach den §§ 8 Abs. 2, 3 Abs. 1 des angezogenen Gesetzes durch Einigung und Eintragung in das Schiffsregister, und zwar muß die Einigung nach § 37 SchiRegO durch öffentliche oder öffentlich beglaubigte Urkunden nachgewiesen werden.

d) Nach § 76 Abs. 1 des Gesetzes über Rechte an Schiffen und Schiffsbauwerken kann auch an einem auf einer Schiffswerft im Bau befindlichen Schiff (Schiffsbauwerk) eine Schiffshypothek bestellt werden, und zwar nach § 77 des angezogenen Gesetzes durch Eintragung in das Register für Schiffsbauwerke. Von diesem Zeitpunkt an gelten dann für den Eigentumserwerb an dem registrierten Schiffsbauwerk die gleichen Vorschriften wie bei den registrierten Binnenschiffen (vgl. Anm. 1b).

e) Nach § 9 des Gesetzes über Rechte an Schiffen und Schiffsbauwerken kann auch ein Nießbrauch an einem registrierten Binnenschiff bestellt werden, wenn damit eine Verpflichtung zur Bestellung des Nießbrauchs am ganzen Vermögen des Eigentümers oder an einer Erbschaft oder an einem Bruchteil des Vermögens oder der Erbschaft erfüllt werden soll.

f) Zur Sicherung des Anspruchs auf Einräumung oder Aufhebung eines Rechts an einem Schiff oder an einer Schiffshypothek oder auf Änderung des Inhalts oder des Rangs eines solchen Rechts kann eine Vormerkung in das Schiffsregister eingetragen werden. Die Vormerkung wird nach § 11 auf Grund einer einstweiligen Verfügung oder auf Grund der Bewilligung dessen eingetragen, dessen Schiff oder dessen Recht von der Vormerkung betroffen wird.

g) Nach § 21 des Gesetzes über Rechte an Schiffen und Schiffsbauwerken kann ein Widerspruch gegen die Richtigkeit des Schiffsregisters eingetragen werden, wenn der Inhalt des Schiffsregisters, soweit er das Eigentum, eine Schiffshypothek, ein Recht an einer solchen, einen Nießbrauch oder eine Verfügungsbeschränkung betrifft, mit der wirklichen Rechtslage nicht im Einklang steht. Der Widerspruch wird auf Grund einer einstweiligen Verfügung oder auf Grund einer Bewilligung des durch die Berichtigung des Schiffsregisters Betroffenen eingetragen.

h) Die Zwangsvollstreckung in ein eingetragenes Schiff erfolgt, wie bei einem Grundstück, durch gerichtliche Zwangsversteigerung nach den §§ 162ff. ZVG; hierbei sind die insoweit noch heute geltenden §§ 13—18 (Mindestgebot von $^{7}/_{10}$ des Schiffswertes) des Gesetzes über den Vollstreckungsschutz für die Binnenschiffahrt vom 24. 5. 1933 (Reichsgesetzbl. I S. 289) in Fassung der Verlängerungsgesetze vom 27. 3. und 30. 10. 1934 (Reichsgesetzbl. I S. 251, 1082) zu beachten. Bei den sonstigen Schiffen wird die Zwangsvollstreckung durch Pfändung vorgenommen (vgl. § 1 Anm. 3c). Ein Arrest wird in ein registriertes und in ein nicht registriertes Binnenschiff durch Pfändung nach den §§ 931, 930 ZPO vollzogen; jedoch ist das Arrestpfandrecht eintragbar, und es finden darauf die Vorschriften über die durch Rechtsgeschäft bestellten Pfandrechte (Registerpfandrechte) Anwendung (§ 931 Abs. 4 ZPO). Die besonderen Bestimmungen der §§ 1—12, 19—23 des Gesetzes über den Vollstreckungsschutz für die Binnenschiffahrt sind über den 31. 10. 1935 hinaus nicht verlängert worden (vgl. DJ 1935 S. 1543); es gelten insoweit die allgemeinen Vorschriften.

i) Nach § 435 Abs. 2 BGB ist der Verkäufer eines Schiffes verpflichtet, die im Schiffsregister eingetragenen, vom Käufer nicht übernommenen oder nicht mehr bestehenden Rechte auf seine Kosten zur Löschung zu bringen, wenn sie das dem Käufer zu verschaffende Recht beeinträchtigen würden. Der Verkauf eines eingetragenen Schiffes bedarf nicht, wie beim Grundstück, der gerichtlichen oder notariellen Beurkundung, sondern ist formlos gültig.

3. Die Schiffsregisterbehörden

a) Nach § 1 Abs. 1 SchiRegO werden die Schiffsregister von den Amtsgerichten geführt; eine gleiche Regelung bestand früher nach § 119 Abs. 1 BSchG. Es sind hiernach die Schiffsregister einheitlich und ohne Ausnahme von den Amtsgerichten zu führen.

b) Nach § 1 Abs. 2 SchiRegO bestimmt die Landesjustizverwaltung die Amtsgerichte, bei denen die Schiffsregister zu führen sind und die Registerbezirke. Auch nach der früheren aufgehobenen Regelung des § 119 Abs. 2 BSchG konnte die Führung der Schiffsregister einem Amtsgericht für die Bezirke mehrerer Gerichte übertragen werden. Eine dahingehende Ermächtigung für die „Landesregierungen" war schon in der ersten Fassung des Binnenschiffahrtsgesetzes (damals § 120 Abs. 2) aufgenommen. Es sollte hiermit einer „zu weit gehenden Zersplitterung" der Schiffsregister vorgebeugt sowie eine sachgemäße und einheitliche Handhabung gewährleistet werden (Begr. S. 129). Bereits unter der Herrschaft der früheren Bestimmungen wurde ein weitgehender Gebrauch von dieser Möglichkeit gemacht, einem Amtsgericht für die Bezirke mehrerer Gerichte die Führung der Schiffsregister zu übertragen.

c) Die mit der Führung des Schiffsregisters betrauten Amtsgerichte haben die Register einzurichten, die Eintragungen und Löschungen vorzunehmen sowie die Beteiligten zur Stellung der erforderlichen Anträge zu veranlassen. Die sachliche Zuständigkeit bestimmt nach § 2 SchiRegO die Landesjustizverwaltung.

d) Es werden nach § 3 SchiRegO die Seeschiffsregister und Binnenschiffsregister getrennt, aber ausschließlich von den Amtsgerichten geführt.

4. Die örtliche Zuständigkeit der Registergerichte

a) Nach § 4 Abs. 1 SchiRegO (ebenso früher § 121 BSchG) ist ein Binnenschiff in das Schiffsregister seines Heimatortes (Heimathafens) einzutragen. Die Auswahl des Registergerichts ist demnach nicht den Beteiligten freigegeben, sondern diese gesetzliche Regelung der örtlichen Zuständigkeit ist zwingend. Der hauptsächliche Zweck des Schiffsregisters besteht darin, den Beteiligten „ein zuverlässiges Mittel zur Auskunft über die tatsächlichen und rechtlichen Verhältnisse der einzelnen Schiffe zu schaffen" (Begr. S. 127). Deshalb mußte dafür gesorgt werden, daß jedes Schiff grundsätzlich in ein bestimmtes Register eingetragen werden muß.

b) Nach § 1 Abs. 2 SchiRegO bestimmt die Landesjustizverwaltung die Amtsgerichte, bei denen Schiffsregister zu führen sind. Die Landesjustizverwaltung kann also eine anderweitige Regelung herbeiführen, indem sie die Führung des Schiffsregisters für die Bezirke mehrerer Gerichte einem von diesen überträgt.

c) Das Amtsgericht des Heimatortes des Schiffes kommt als Registergericht in Betracht. Es entscheidet also nicht die Heimat, der Heimatort oder der Wohnsitz des Schiffseigners, sondern der Heimatort des Schiffes im Sinne des § 6, dessen Begriffsbestimmung zugrunde zu legen ist. Hiernach gilt als Heimatort derjenige Ort, von dem aus die Schiffahrt mit dem einzutragenden Schiff tatsächlich betrieben wird (vgl. § 6 BSchG Anm. 1b). Es ist grundsätzlich erforderlich, daß die dahingehende Absicht des Schiffseigners auch verwirklicht wird (KG in OLG 14, 389). Jedoch schließt dies nicht aus, daß ein Schiff schon vor seiner Verwendung zur Schiffahrt zur Eintragung angemeldet wird; es genügt dann die Glaubhaftmachung, daß die Schiffahrt in dieser Weise betrieben werden soll. Eine Verpflichtung zur Eintragung entsteht aber erst mit der Verwendung. Falls die Schiffahrt mit dem Schiff von mehreren Orten aus betrieben wird, wie dies meist der Fall sein wird, so sind für die Ermittlung der örtlichen Zuständigkeit des Registergerichts die im § 6 Abs. 2 und 3 aufgestellten „Fiktionen" heranzuziehen; danach sollen in folgender Reihenfolge entscheiden: die Geschäftsniederlassung, der Wohnsitz, die Veranlagung des Schiffseigners zur Gewerbe- oder Einkommensteuer (vgl. im übrigen § 6 BSchG Anm. 2, 3a).

d) Eine Ausnahme von dieser Regelung besteht für das Register der Schiffspfandrechte an im Bau befindlichen Schiffen. Nach § 67 SchiRegO ist für die Eintragung solcher Schiffsbauwerke das Amtsgericht des Erbauungsortes zuständig. Erst nach vollständiger Fertigstellung und Stapellauf ist das Schiff dann im Schiffsregister des Heimatortes einzutragen.

5. Die Öffentlichkeit des Schiffsregisters

a) Nach § 8 Abs. 1 SchiRegO (ebenso früher § 120 BSchG) ist das Schiffsregister öffentlich und die Einsicht in das Register ist jedem gestattet. Die hiernach vorgesehene Öffentlichkeit des Schiffsregisters ist der für die Handelsregister bestehenden Regelung nachgebildet.

b) Das Schiffsregister ist öffentlich, d. h. für jeden zugänglich. Es kann von jedermann eingesehen werden, ohne daß irgendein Interesse nachgewiesen oder glaubhaft gemacht werden muß. Es kann aber nur die Einsichtnahme, nicht etwa auch die Zusendung der Register verlangt werden. Die Öffentlichkeit des Schiffsregisters schließt nicht aus, daß für die Einsichtnahme Gebühren erhoben werden.

c) Diese unbeschränkte Öffentlichkeit erstreckt sich nur auf das Schiffsregister, also nicht auch auf die Schiffsregisterakten, d. h. auf die Vorgänge und Unterlagen, die bei der Führung des Schiffsregisters entstehen. Die Einsicht in diese Schiffsregisterakten sowie in die Urkunden und in die noch nicht erledigten Eintragungsanträge ist nach § 8 Abs. 2 SchiRegO einem Beteiligten nur insoweit gestattet, als er ein berechtigtes Interesse glaubhaft macht.

d) Nach § 8 Abs. 1 Satz 2 SchiRegO können von den Eintragungen Abschriften gefordert werden. Dies Recht zur Einforderung von Abschriften, das sich aus der Öffentlichkeit des Registers ergibt, steht ebenfalls jedermann ohne Glaubhaftmachung eines besonderen Interesses zu. Von den „Eintragungen", also von jedem im Schiffsregister in Erscheinung getretenen Vorgang und von dem gesamten Inhalt des Schiffsregisters, können Abschriften verlangt werden. Die Aushändigung dieser Schiffsregisterauszüge kann von der vorherigen Bezahlung der Kosten abhängig gemacht werden.

e) Die auf Antrag zu erteilenden Abschriften aus dem Schiffsregister sind nach § 8 Abs. 1 SchiRegO „auf Verlangen zu beglaubigen". Solche beglaubigten Schiffsregisterauszüge werden zum Nachweis über den Inhalt des Schiffsregister benötigt; so ist die Einreichung eines derartigen Schiffsregisterzeugnisses der Einleitung der Zwangsversteigerung eines eingetragenen Binnenschiffes nach den §§ 162ff. ZVG ausdrücklich vorgeschrieben.

6. Anmeldepflicht und Eintragungszwang

a) Nach § 3 Abs. 3 SchiRegO können in das Binnenschiffsregister nur solche zur Schiffahrt auf Flüssen und sonstigen Binnengewässern bestimmte Schiffe (Binnenschiffe nach § 1 BSchG) eingetragen werden, deren Tragfähigkeit mehr als 10 Tonnen beträgt oder die eine Maschinenleistung von wenigstens 50 effektiven Pferdestärken haben, ferner Schlepper, Tankschiffe und Stoßboote, auch wenn bei ihnen diese Voraussetzungen nicht vorliegen. Eine Anmeldepflicht, ein Eintragungszwang besteht nach § 10 Abs. 2 SchiRegO aber nur, wenn das Schiff eine Tragfähigkeit von mehr als 20 Tonnen oder eine Maschinenleistung von mehr als 100 effektiven Pferdestärken hat oder wenn das Schiff ein Schlepper, ein Tankschiff oder ein Stoßboot ist. Es liegt also nur insoweit ein Eintragungszwang vor, während für andere Schiffe nach § 3 Abs. 3 SchiRegO nur eine Eintragungsfähigkeit aufgestellt ist. Die Eintragung in das Register erfolgt nicht ohne weiteres von Amts wegen, sondern auf Antrag der Beteiligten (vgl. §§ 9, 10 SchiRegO). Die Stellung dieser Anträge ist aber nicht dem Belieben der Beteiligten überlassen; vielmehr sind sie vom Registergericht durch Ordnungsstrafen hierzu anzuhalten (vgl. § 19 Abs. 1). Es besteht also eine Anmeldepflicht, soweit die Binnenschiffe im § 10 für eintragungspflichtig und nicht nur, wie im § 3 Abs. 3 für eintragungsfähig erklärt worden sind.

b) Diese Anmeldepflicht liegt nach den §§ 10 Abs. 1, 18 Abs. 1 SchiRegO dem Eigentümer des Schiffes, also nicht dem Schiffseigner (§ 1) oder Ausrüster (§ 2), sondern demjenigen ob, in dessen Eigentum das Schiff im Zeitpunkt der Stellung des Antrages steht (vgl. § 1 BSchG Anm. 1a, b; KG in OLG 9, 294).

c) Es ist unerheblich, welchem Zweck die Schiffe dienen, insbesondere ob sie gewerblich oder sportlich verwendet werden (vgl. Begr. S. 129). Es muß sich aber um Binnenschiffe im Sinne des § 1 BSchG, d. h. um solche Schiffe handeln, die zur Schiffahrt auf Binnengewässern bestimmt und hierzu verwendet werden oder werden sollen (vgl. § 1 BSchG Anm. 2, 4, 5). Für Seeschiffe steht nicht das Binnenschiffsregister, sondern das ähnlich eingerichtete Seeschiffsregister zur Verfügung.

d) Die Anmeldepflicht beginnt mit der ersten Verwendung eines eintragungspflichtigen Binnenschiffes zur Schiffahrt auf Binnengewässern. Der Eigentümer kann die Anmeldung aber auch schon vorher vornehmen, wenn der künftige Heimatort feststeht.

e) Die Eintragungspflicht beschränkt sich nicht auf die Binnenschiffe, die im Eigentum von deutschen Staatsangehörigen stehen, sondern umfaßt auch die aus dem Ausland kommenden, im deutschen Staatsgebiet einen Heimatort erhaltenden Binnenschiffe (KG in OLG 42, 191). Denn eine Einschränkung in der Anwendung auf Schiffe deutscher Nationalität ist nicht vorgesehen; vielmehr ist im § 10 Abs. 2 SchiRegO die Eintragungspflicht für alle Schiffe vorgesehen, die den aufgestellten Erfordernissen entsprechen. Es kommen aber nur solche ausländischen Binnenschiffe in Betracht, die nicht nur gelegentlich oder vorübergehend, sondern für längere Dauer von einem bestimmten, im Staatsgebiet, also nicht im Ausland, gelegenen Ort aus die Schiffahrt betreiben; solche Schiffe sind auch dann eintragungspflichtig, wenn sie bereits in einem ausländischen Register eingetragen sind und dort vermerkt bleiben (KG in OLG 42, 191).

f) Nach § 10 Abs. 3 SchiRegO brauchen Schiffe im Eigentum und öffentlichen Dienst des Bundes, eines zum Bund gehörenden Landes oder einer öffentlich-rechtlichen Körperschaft oder Anstalt mit Sitz im Geltungsbereich des Grundgesetzes nicht zur Eintragung ins Schiffsregister angemeldet zu werden. Diese dem öffentlichen Dienst gewidmeten Schiffe unterliegen hiernach keinem Eintragungszwang und keiner Anmeldepflicht. Sie können aber unter den Voraussetzungen des § 3 Abs. 3 SchiRegO auf Antrag eingetragen werden.

g) Die im § 10 Abs. 2 SchiRegO vorgesehene Anmeldepflicht ist eine Folge des Eintragungszwanges für gewisse Binnenschiffe. Das Registergericht muß einer solchen Anmeldung entsprechen, wenn der Antrag den vorgeschriebenen Inhalt hat und das Schiff den aufgestellten Erfordernissen entspricht. Der Umfang des Eintragungszwanges war schon nach der seit dem 1. 1. 1937 in Kraft befindlichen Fassung des früheren § 122 BSchG erheblich erweitert. Es sind ohne Rücksicht auf Größe und Tragfähigkeit die „Tankschiffe, Schlepper und Stoßboote" für eintragungspflichtig erklärt; es besteht also für diese Schiffe ein unbeschränkter Eintragungszwang. Unter einem „Tankschiff" versteht man ein mit luftdicht „abzuschließenden Behältern versehenes, zur Beförderung von flüssigen oder gasförmigen Frachtgütern eingerichtetes Schiff", gleichgültig ob es eine eigene Triebkraft (Tankmotorschiff) hat oder nicht (Tankkahn). Ein „Schlepper" ist ein mit einer eigenen Triebkraft (Dampfmaschine oder Motor) ausgestattetes, für die Fortbewegung anderer Schiffe oder Flöße verwendetes Schiff. Als „Stoßboote" bezeichnet man kleinere, nicht zur Beförderung von Frachtgütern dienende, mit einer eigenen Triebkraft ausgestattete Fahrzeuge, die zur Fortbewegung von Schiffen ohne eigene Triebkraft verwendet werden.

h) Für alle anderen Binnenschiffe mit Ausnahme der Tankschiffe, Schlepper und Stoßboote besteht nur ein beschränkter Eintragungszwang; sie müssen nämlich nur dann zur Eintragung angemeldet werden, wenn ihre „Tragfähigkeit mehr als 20 Tonnen beträgt" oder wenn sie „eine eigene Triebkraft von mehr als 100 effektiven Pferdestärken haben". Demnach genügt es, wenn eine dieser Voraussetzungen erfüllt ist. Es sind also die kleineren Binnenschiffe mit einer geringeren Tragfähigkeit oder Pferdestärke nicht eintragungspflichtig, aber nach § 3 Abs. 3 SchiRegO eintragungsfähig. Die Tragfähigkeit der Binnenschiffe wird von den Eichämtern bei der gesetzlich vorgeschriebenen Eichung festgestellt; hierüber wird ein Eichschein ausgestellt (vgl. § 1 BSchG Anm. 4). Ein solcher Eichschein ist nicht dazu bestimmt, dem Verkehr auch eine Gewähr für die Richtigkeit der in ihm über das Schiff gemachten Einzelangaben zu geben; er bildet auch keineswegs die vorgeschriebene notwendige Grundlage für den Registerinhalt (RG in JW 1936, 647 Nr. 9). Die effektive Pferdestärke der Schiffe mit eigener Triebkraft (Dampf- oder Motorschiffe) ergibt sich aus den Unterlagen (Bescheinigungen) der Werften oder Lieferfirmen über die von diesen festgestellte Zugkraft des betreffenden Schiffes. Nach § 10 Abs. 2 SchiRegO ist es darauf abgestellt, daß das Schiff eine „eigene Triebkraft von mehr als 100 effektiven Pferdestärken" besitzt; es muß also eine auf dem Schiff selbst vorhandene, meist eingebaute Antriebskraft vorliegen, so daß eine vom Schiff gesonderte, z. B. in einem Stoßboot oder Schlepper eingebaute Triebkraft hierbei nicht berücksichtigt wird. Ferner muß die Antriebskraft mehr als 100 PS, also darüber hinaus, betragen oder es muß die Tragfähigkeit größer als 20 Tonnen sein.

i) Nach § 3 Abs. 3 SchiRegO können nur Binnenschiffe eingetragen werden, deren Tragfähigkeit mehr als 10 Tonnen beträgt oder die eine Maschinenleistung von wenigstens 50 effektiven Pferdestärken haben, ferner Schlepper, Tankschiffe und Stoßboote, auch wenn bei ihnen diese Voraussetzungen nicht vorliegen. Soweit ein Eintragungszwang nicht besteht, ist der Eigentümer zur Anmeldung nicht verpflichtet, aber berechtigt, wenn diese Mindestanforderungen vorliegen.

7. Eintragungsfähigkeit

a) Nach § 3 Abs. 3 SchiRegO können in das Binnenschiffsregister die Binnenschiffe eingetragen werden, deren Tragfähigkeit mehr als 10 Tonnen beträgt oder die eine Maschinenleistung von wenigstens 50 effektiven Pferdestärken haben, ferner Schlepper, Tankschiffe und Stoßboote, auch wenn bei ihnen diese Voraussetzungen nicht vorliegen. Es können hiernach die Binnenschiffe von bestimmter Bauart (Tankschiffe, Schlepper, Stoßboote) ohne Rücksicht auf ihre Größe und Tragfähigkeit und andere Schiffe eingetragen werden, wenn ihre Tragfähigkeit mehr als 10 Tonnen oder ihre eigene Triebkraft mehr als 50 effektive Pferdestärken beträgt. Ein Eintragungszwang und eine Anmeldepflicht besteht nach § 10 Abs. 2 SchiRegO aber nur für die ersterwähnten Schiffe bestimmter Bauart (Schlepper, Tankschiff, Stoßboot) und für die größeren Schiffe, die eine Tragfähigkeit von mehr als 20 Tonnen oder eine Maschinenstärke von mehr als 100 effektiven Pferdestärken haben (vgl. Anm. 6a, g).

b) Es ist auch für die Eintragungsfähigkeit unerheblich, welchem Zweck diese Binnenschiffe dienen, insbesondere ob sie gewerblich oder sportlich verwendet werden (vgl. Anm. 6a). Die im früheren § 128 BSchG vorgesehene Einschränkung, daß diese Schiffe „einem gewerblichen Betrieb dienen“ müssen, ist in Fortfall gekommen. Demnach sind jetzt auch die kleineren Schiffe, die eine Tragfähigkeit von mehr als 10 Tonnen oder eine Maschinenstärke von wenigstens 50 PS haben, eintragungsfähig, gleichgültig ob sie gewerblichen oder sportlichen Zwecken dienen.

c) Die Eintragungsfähigkeit setzt voraus, daß die Tragfähigkeit solcher Schiffe mehr als 10 Tonnen oder die eigene Triebkraft wenigstens 50 effektive Pferdestärken beträgt. Es genügt auch hier, wenn eines dieser Erfordernisse, nämlich eine Tragfähigkeit von mehr als 10 Tonnen oder eine Pferdestärke von „wenigstens“ 50 PS, vorliegt. Die Tragfähigkeit, die sich aus der amtlichen Eichung ergibt, muß größer als 10 Tonnen sein, während die Triebkraft 50 effektive Pferdestärken oder mehr betragen muß; die Antriebskraft muß auch hier auf dem Schiff vorhanden sein.

d) Zu einer Anmeldung eines solchen eintragungsfähigen Binnenschiffs ist der Eigentümer und jeder Miteigentümer berechtigt. Diese Berechtigung steht jedem Miteigentümer dem Registergericht gegenüber selbständig zu; hiermit ist aber nicht das Innenverhältnis der Miteigentümer zueinander geregelt. Eine Anmeldepflicht besteht nach § 3 SchiRegO im Gegensatz zu § 10 SchiRegO nicht, sondern nur eine Berechtigung, das eintragungsfähige Schiff anzumelden.

e) Für die Anmeldung findet § 12 SchiRegO und für die Eintragung der § 16 SchiRegO Anwendung. Die Anmeldung bedarf keiner besonderen Form, so daß auch eine schriftliche Erklärung ausreicht; jedoch müssen die erforderlichen Angaben §§ 12, 13 SchiRegO glaubhaft gemacht werden. Eine Androhung und Festsetzung von Ordnungsstrafen ist bei Einreichung einer unvollständigen Anmeldung nicht zulässig. Es handelt sich nicht um eine Anmeldepflicht und um einen Eintragungszwang, sondern um eine Eintragungsfähigkeit.

f) Nach § 17 Abs. 1 SchiRegO müssen nach erfolgter Eintragung eines nur eintragungsfähigen Schiffes die etwaigen Veränderungen in den eingetragenen Tatsachen oder Rechtsverhältnissen zur Eintragung angemeldet werden. Insoweit besteht also ein Eintragungszwang und eine Anmeldepflicht; die Veränderungen „sind“ nach § 17 Abs. 1 SchiRegO anzumelden. Auch für die eintragungsfähigen und auf Antrag eingetragenen Binnenschiffe soll eben das Schiffsregister ein zuverlässiges Auskunftsmittel über die rechtlichen und tatsächlichen Verhältnisse der Schiffe darstellen. Es muß also jede Veränderung angemeldet werden und die Beteiligten sind hierzu durch Ordnungsstrafen anzuhalten (vgl. § 19 Abs. 1 SchiRegO).

g) Nach § 20 Abs. 2 Satz 2 SchiRegO (früher § 129 Satz 1 BSchG) wird die Eintragung eines nur eintragungsfähigen Schiffes, dessen Anmeldung dem Eigentümer frei steht, gelöscht, wenn der Eigentümer die Löschung beantragt. Es bedarf für den Antrag auf Löschung keiner besonderen Begründung; vielmehr kann der Eigentümer jederzeit und ohne Angabe von Gründen die Löschung eines Schiffes anmelden, das nicht eintragungspflichtig (§ 10), sondern nur eintragungsfähig (§ 3 Abs. 3) ist. Einem solchen Antrage muß das Registergericht stattgeben, es sei denn, daß das Schiff durch inzwischen eingetretene Veränderungen (größere Tragfähigkeit oder Einbau einer Antriebskraft von mehr als 100 PS) eintragungspflichtig im Sinne des § 10 Abs. 2 SchiRegO geworden ist. Steht das eingetragene Schiff im Miteigentum mehrerer Personen, so bedarf es nach § 20 Abs. 2 Satz 2 SchiRegO zu einer solchen Löschung der Zustimmung aller Miteigentümer. Das Register gericht kann daher einer Löschungsanmeldung nur entsprechen, wenn ihm das Einverständnis aller Miteigentümer vorgelegt wird. Es genügt aber, wenn der Antrag, der keiner besonderen Form bedarf, von einem Miteigentümer gestellt und die schriftliche oder mündliche Zustimmung der anderen Miteigentümer dem Registergericht beigebracht wird. Ist das Schiff mit einem eingetragenen Pfandrecht (Registerpfandrecht) belastet, so muß außerdem die Zustimmung des Berechtigten, also des Schiffspfandrechtsgläubigers, beigebracht werden. Es bedarf also der Vorlage einer mündlichen oder schriftlichen, dem Registergericht beizubringenden Einverständniserklärung der eingetragenen Schiffspfandrechtsgläubiger oder derjenigen Gläubiger, die das Pfandrecht durch Abtretung oder Pfändung erworben haben und dies dem Registergericht glaubhaft machen. Der Vorlage der Zustimmungserklärung bedarf es dann nicht, wenn das Schiffspfandrecht durch Zahlung oder in sonstiger Weise erloschen ist und dies dem Registergericht glaubhaft gemacht wird; denn dann liegt eine „Belastung" des Schiffes mit einem eingetragenen Pfandrecht nicht vor.

8. Die meldepflichtigen Personen

a) Nach § 10 Abs. 2 SchiRegO sind zur Eintragung in das Schiffsregister alle Schiffe anzumelden, die den aufgestellten Erfordernissen entsprechen. Die Verpflichtung zur ersten Anmeldung eines solchen Binnenschiffes liegt dem Eigentümer ob. Zur Stellung des Antrages ist nicht der Schiffseigner (§ 1 BSchG) oder Ausrüster (§ 2 BSchG), sondern nur der Eigentümer berechtigt und verpflichtet, dem im Zeitpunkt der Anmeldung das Eigentum an dem Schiff zusteht (KG in OLG 9, 294). Dem Schiffseigner steht also dies Recht nur zu, wenn er gleichzeitig Eigentümer des von ihm zur Schiffahrt verwendeten Schiffes ist (vgl. § 1 BSchG Anm. 1a).

b) Gehört das einzutragende Schiff mehreren Eigentümern, so liegt die Anmeldepflicht jedem Miteigentümer ob. Es ist unerheblich, zu welchen Anteilen (Schiffsparten) das Miteigentum an dem Schiff besteht (vgl. § 1 BSchG Anm. 1b). Das Registergericht kann daher nach § 19 SchiRegO alle Miteigentümer zur Stellung der erforderlichen Anträge durch Ordnungsstrafen veranlassen.

c) Nach den §§ 9, 18, 19 SchiRegO genügt bei Vorhandensein mehrerer Pflichtigen die Anmeldung durch einen von ihnen. Es ist unerheblich, ob der anmeldende Pflichtige im Innenverhältnis berechtigt war, die anderen beteiligten Pflichtigen zu vertreten. Denn es handelt sich bei der Anmeldung „nicht um rechtsverbindliche Erklärungen", sondern um die Angabe rechtlicher und tatsächlicher Verhältnisse (Begr. S. 129); außerdem werden die Rechte der übrigen Beteiligten durch die in den §§ 12, 13 SchiRegO vorgeschriebene Glaubhaftmachung der tatsächlichen Eigentumsverhältnisse gewahrt. Demnach gilt dem Schiffsregister gegenüber auch jeder Miteigentümer als antragsberechtigt.

d) Nach den §§ 9, 18 SchiRegO ist bei den Handelsgesellschaften, den Genossenschaften und sonstigen juristischen Personen jeder gesetzliche Vertreter, ohne Rücksicht auf die etwaige gesetzliche oder rechtsgeschäftliche Beschränkung seiner Vertretungsmacht, zur Anmeldung verpflichtet. Es besteht demnach eine Anmeldepflicht auch für die von der Vertretung satzungsmäßig ausgeschlossenen Gesellschafter oder gesetzlichen Vertreter. Das Registergericht kann aber auch hier alle persönlich haftenden Gesellschafter oder gesetzlichen Vertreter nach § 19 durch Ordnungsstrafen zur Anmeldung anhalten.

e) Nach den §§ 18 Abs. 2, 19 SchiRegO genügt dem Registergericht gegenüber die Anmeldung durch einen persönlich haftenden Gesellschafter oder gesetzlichen Vertreter, selbst wenn mehrere Pflichtige vorhanden sind. Dies gilt „ohne Rücksicht darauf, ob für die im Namen der Gesellschaft abzugebenden rechtsverbindlichen Erklärungen gesetzlich oder statutarisch die Mitwirkung mehrerer Vertreter erforderlich ist" (vgl. Begr. S. 129, 130; Anm. 1c).

f) Nach § 10 Abs. 3 SchiRegO brauchen Schiffe im Eigentum und öffentlichen Dienst des Bundes, eines zum Bund gehörenden Landes oder einer öffentlich-rechtlichen Körperschaft oder Anstalt mit Sitz im Geltungsbereich des Grundgesetzes nicht zur Eintragung angemeldet zu werden.

9. Der Inhalt der Anmeldung

a) Nach § 10 Abs. 2 SchiRegO ist der Eigentümer eines Binnenschiffes zur Anmeldung verpflichtet, wenn das Schiff eine Tragfähigkeit von mehr als 20 Tonnen oder eine Maschinenleistung von mehr als 100 effektiven Pferdestärken hat oder wenn das Schiff ein Schlepper, ein Tankschiff oder ein Stoßboot ist. Ein nicht eintragungspflichtiges, aber nach § 3 Abs. 3 SchiRegO eintragungsfähiges Schiff (Tragfähigkeit mehr als 10 Tonnen oder Maschinenleistung von wenigstens 50 PS) wird nach § 9 SchiRegO in das Schiffsregister eingetragen, wenn der Eigentümer es zur Eintragung anmeldet. Die Eintragung erfolgt also nicht ohne weiteres, von Amts wegen, sondern auf Antrag der Beteiligten. Eine besondere Form, etwa gerichtliche oder notarielle Beurkundung oder Beglaubigung, ist für diese Anmeldung nicht vorgeschrieben; es genügt daher auch eine einfache schriftliche Erklärung. Jedoch müssen die Angaben für die im § 12 Ziff. 3, 4, 6, 7 aufgestellten Erfordernisse glaubhaft gemacht werden (§ 13 Abs. 1 SchiRegO).

b) Nach § 12 SchiRegO sind bei der Anmeldung, d. h. bei der Neuanmeldung eines Binnenschiffes bestimmte Angaben zu machen, die in den Ziffern 1 bis 7 aufgeführt sind (vgl. Anlage II S. 617). Diese Angaben gehören zum wesentlichen Inhalt der Anmeldung; eine Erklärung, die nicht diesen vorgeschriebenen Inhalt hat, ist nicht ordnungsmäßig, so daß das Registergericht die Eintragung nicht vorzunehmen braucht und den Beteiligten die Ergänzung einer unvollständigen Anmeldung durch Androhung und Festsetzung von Ordnungsstrafen aufgeben kann (vgl. § 19 Abs. 1 SchiRegO).

c) Nach § 13 Abs. 1 SchiRegO sind nur die im § 12 Nr. 3, 4, 6, 7 bezeichneten Angaben (Heimatort, Bauort und Jahr, Eigentümer, Erwerbsgrund) glaubhaft zu machen; außerdem ist der Eichschein vorzulegen. Es bedürfen hiernach keiner Glaubhaftmachung die Angaben über Name, Nummer oder sonstiges Merkzeichen (§ 12 Nr. 1), Gattung und Hauptbaustoff (§ 12 Nr. 2), Tragfähigkeit (§ 12 Nr. 5).

d) Nach § 12 Nr. 1 muß „der Name, die Nummer oder das sonstige Merkzeichen des Schiffes" angegeben werden. Es sollte hiermit keineswegs vorgeschrieben werden, daß jedes einzutragende Binnenschiff einen Namen und eine Nummer oder eines dieser beiden Merkzeichen aufweisen muß; vielmehr genügt auch jedes sonstige zur Unterscheidung des Schiffes von anderen Fahrzeugen geeignete Merkzeichen (vgl. Begr. S. 130). Führt das Binnenschiff einen Namen, eine Nummer oder ein anderes bestimmtes Merkzeichen, so müssen die Unterscheidungsmerkmale mit angemeldet werden. In den wasserpolizeilichen Vorschriften wird den

Binnenschiffahrttreibenden regelmäßig vorgeschrieben, daß die Schiffe an sichtbarer Stelle einen Namen, eine Nummer oder ein sonstiges Merkzeichen tragen müssen. In der Auswahl des Namens sind die Beteiligten grundsätzlich nicht beschränkt. Eine Glaubhaftmachung für Name, Nummer, Merkzeichen ist nach § 13 Abs. 1 SchiRegO nicht vorgesehen; es sind nur die Angaben über Heimatort, Bauort und Stapellauf, Eigentum und Erwerbsgrund glaubhaft zu machen; der Eichschein ist vorzulegen. Der öffentliche Glaube des Schiffsregisters erstreckt sich nicht auf diese tatsächlichen Angaben. Es besteht kein Namensschutz aus § 12 BGB.

e) Nach § 12 Nr. 2 SchiRegO muß „die Gattung und der Hauptbaustoff" angegeben werden, also ob es sich um ein Dampf- oder Motorschiff (Schlepp-, Eilgüter-, Fahrgast-, Personen- oder Frachtschiff, Segelschiff, Schleppkahn), mit oder ohne eigene Triebkraft sowie mit oder ohne festes Verdeck, Zille, Schute, Bagger, Boot oder ein sonstiges Binnenschiff handelt (vgl. § 1 Anm. 2, 4). Ferner muß das Material (Eisen, Holz oder beiderlei Stoffe) bezeichnet werden, aus dem die wesentlichsten Teile des Binnenschiffes hergestellt sind, wie z. B. Segelschiff aus Eisen mit Holzboden, Verdeck und Mast aus Eichenholz; Schleppschiff aus Eisen.

f) Nach § 12 Nr. 3 SchiRegO muß der „Heimatort" angegeben werden. Unter „Heimatort" ist nach § 12 Nr. 3, ebenso wie im § 4 Abs. 1 SchiRegO und § 6 BSchG nicht die Heimat, der Wohnsitz oder der Heimatort des Schiffseigners, sondern der Heimatort des Schiffes zugrunde zu legen. Es kommt also derjenige Ort in Betracht, von dem aus die Schiffahrt mit dem einzutragenden Schiff tatsächlich betrieben wird (vgl. § 6, Anm. 1b). Es kann nur die Eintragung eines Heimatortes verlangt werden; denn nach § 6 BSchG kann jedes Binnenschiff nur einen einzigen Heimatort haben (vgl. § 6 Anm. 1a). Wenn sich der Heimatort nach der Eintragung verändert, so ist dies anzumelden (§ 17 SchiRegO; Anm. 12f.). Eine Verlegung des Heimatortes ist als eine Veränderung nicht als Neueintragung anzusehen, ohne Unterschied, ob der neue Heimatort im oder außerhalb des bisherigen Gerichtsbezirkes liegt (KG in OLG 7, 247). Nach § 13 Abs. 1 SchiRegO ist Glaubhaftmachung erforderlich, wozu nach § 15 FGG, § 294 ZPO die eidesstattliche Versicherung ausreicht. Der öffentliche Glaube des Schiffsregisters erstreckt sich nicht auf die Richtigkeit der Eintragung des Heimatortes.

g) Nach § 12 Nr. 4 SchiRegO sind „der Bauort und das Jahr des Stapellaufs" anzugeben, „es sei denn, daß dies nur mit besonderen Schwierigkeiten zu ermitteln ist". Es soll hiernach die Zeit der Erbauung angegeben werden. Maßgebend ist hierbei, wann das einzutragende Schiff fertiggestellt, vom Stapel gelassen wurde; es genügt aber auch die ungefähre Zeitangabe, wie das Jahr der Erbauung. Dies wird regelmäßig in dem von der Schiffswerft ausgestellten Bauschein vermerkt, manchmal auch am Schiff selbst durch eine Platte oder in anderer Weise kenntlich gemacht. Bei Nichtermittlung ist zu vermerken: „Bauort und Stapellauf unbekannt". Der „Bauort" ergibt sich ebenfalls aus der von der Bauwerft ausgestellten Baubescheinigung. Es muß der Ort angegeben werden, an dem das Schiff tatsächlich erbaut wurde. Dies ist vor allem von Bedeutung für die Feststellung, ob bei dem Registergericht des Erbauungsortes bereits eine Eintragung des Schiffsbauwerks zum Zwecke der Bestellung von Schiffspfandrechten stattgefunden hat.

h) Nach § 12 Nr. 5 SchiRegO ist „die Tragfähigkeit und bei Schiffen mit eigener Triebkraft die Maschinenleistung" anzugeben. Unter der Tragfähigkeit eines Binnenschiffes versteht man den Raumgehalt, der das Schiff bei der Einnahme der entsprechenden Ladung (Belastung) von der unteren bis zur oberen Schwimmebene sinken läßt (vgl. Begr. S. 128). Nach der Eichordnung für Binnenschiffe vom 23. 3. 1928 (Reichsgesetzbl. II S. 147, 238, RMBl. S. 169) in Verbindung mit der VO zur Änderung der EichO für Binnenschiffe auf deutschen Wasserstraßen vom 19. 11. 1954 (BGBl. II S. 1048), die nach einer VO vom 28. 2. 1955 (GVBl. S. 153) auch in Berlin gilt, wird diese Tragfähigkeit bei der vorgeschriebenen amtlichen Eichung der Binnenschiffe festgestellt und in dem hierüber ausgestellten Eichschein vermerkt, der zugleich Angaben darüber enthält, wieviel Tonnen zu 1000 kg die Ladung bei der jeweiligen, am Pegel des Schiffes abzulesenden Tauchtiefe beträgt (vgl. § 1 Anm. 4). Er ist nach § 13 SchiRegO bei der Anmeldung vorzulegen. Der Eichschein ist nicht dazu bestimmt, dem Verkehr auch eine Gewähr für die Richtigkeit der in ihm über das Schiff gemachten Einzelangaben zu geben; er bildet auch keineswegs die vorgeschriebene notwendige Grundlage für den Registerinhalt (RG in JW 1936, 647 Nr. 9). Die Tragfähigkeit ist nach den §§ 10, Abs. 2, 3 Abs. 3 SchiRegO vor allem von Bedeutung für die Feststellung der Eintragungspflicht (§ 10 Abs. 2) oder der Eintragungsfähigkeit (§ 3 Abs. 3). Bei den Binnenschiffen mit eigener Treibkraft, die aus Dampf-, Motor-, Akkumulator- oder sonstiger Antriebskraft bestehen kann, ist die Stärke der Triebkraft (in Pferdestärken, PS) anzugeben. Zu den Schiffen mit eigener Treibkraft im Sinne des § 12 Nr. 5 SchiRegO gehören solche Schiffe mit einer eingebauten Antriebskraft, die ihnen die Fortbewegung des Schiffes, wenn auch nur auf gewissen (stauen) Gewässern, ermöglicht; ferner sind in den §§ 3 Abs. 3, 10 Abs. 2 SchiRegO besonders die Stoßboote erwähnt. Die Stärke der Triebkraft, die sogenannte effektive Pferdestärke, ergibt sich aus den Unterlagen (Bescheinigungen) der Werft oder der Lieferfirma des Motors oder der Maschine über die von dieser festgestellte Zugkraft des Schiffes. Der öffentliche Glaube des Schiffsregisters (§§ 15, 16) erstreckt sich nicht auf diese Angaben.

i) Nach § 12 Nr. 6 SchiRegO sind „der Eigentümer, bei mehreren Eigentümern die Größe der einzelnen Anteile" anzugeben. Es ist der Name des Eigentümers des einzutragenden Schiffes, und zwar vollständig, also mit Vor- und Zunamen, anzugeben. Die Angabe eines Wohnortes erübrigt sich, wenn der Eigentümer einen festen Landwohnsitz nicht unterhält, wie dies bei den Privatschiffern (Kleinschiffern) häufig der Fall ist. Es unterliegt aber auch sonst dem Ermessen der Registerbehörde, ob sie im Einzelfall die Angabe des Wohnortes zur näheren Bezeichnung für erforderlich halten will (RGSt. 7, 65). Steht das Schiff im Miteigentum mehrerer Personen, so sind nicht nur die Namen der Miteigentümer, sondern auch die Größe ihrer Anteile (Schiffsparten) anzumelden. Es muß angegeben werden, welche Anteile den mehreren Miteigentümern an dem Schiff zustehen, also welche Anteilsgemeinschaft besteht und wie groß die einzelnen in Bruchteilen bestehenden Anteile sind. Bei den Handelsgesellschaften, auch soweit sie, wie die offene Handeslgesellschaft, keine juristische Persönlichkeit haben, genügt die Angabe der Firma und des Sitzes der Gesellschaft. Die Eintragung einer Einzelfirma ist nicht zulässig, sondern nur ihres Inhabers persönlich (KG Jahrb. 26, 136; 37, 227). Es ist also nicht erforderlich, daß eine Aufstellung der Namen aller Gesellschafter mit eingereicht wird (vgl. Begr. S. 130). Der Sitz der Gesellschaft, also nicht auch der Wohnsitz der Gesellschafter, ist anzumelden. Auf die Eigentumseintragung erstreckt sich der öffentliche Glaube des Schiffsregisters.

k) Nach § 12 Nr. 7 SchiRegO muß „der Rechtsgrund für den Erwerb des Eigentums angegeben werden". Der Rechtsgrund, auf dem das Eigentum beruht, also der Eigentumserwerbsgrund, ist mit anzugeben. Es müssen die Tatsachen angeführt werden, auf die der Eigentumserwerb des einzutragenden Eigentümers gestützt wird. Handelt es sich um ein neuerbautes Schiff, so genügt die Darlegung, daß es laut Bestellung und Bauvertrag für Rechnung des Eigentümers auf der betreffenden Schiffswerft erbaut wurde. Bei einem bereits zur Schiffahrt verwendeten Binnenschiff ist die Einigung über den Eigentumsübergang sowie dessen Eintragung in das Binnenschiffsregister gemäß § 3 des Gesetzes über Rechte an eingetragenen Schiffen darzulegen (vgl. § 1 BSchG Anm. 3a). Der Einreichung einer Urkunde über den Eigentumserwerb bedarf es also nicht; die Anmeldung ist als Kaufvertrag oder sonstige Erwerbsurkunde auch steuerlich selbst dann nicht anzusehen, wenn darin zur Erklärung auf die Erwerbstatsachen Bezug genommen ist (RGZ 135, 283). Ferner soll der für die Berechnung der Gerichtskosten maßgebliche Wert des Schiffes mit angegeben werden; als solcher kommt bei einem neuerbauten Schiff der Baupreis und bei einem sonstigen Schiff grundsätzlich der Erwerbspreis in Betracht, es sei denn, daß der tatsächliche Wert nachweisbar höher ist.

10. Die Glaubhaftmachung der Angaben

a) Nach der Begründung zum Entwurf des Binnenschiffahrtsgesetzes soll das Binnenschiffsregister für „die Beteiligten ein zuverlässiges und allgemein zugängliches Mittel zur Auskunft über die tatsächlichen und rechtlichen Verhältnisse der einzelnen Schiffe schaffen" (Begr. S. 127). Dieser Zweck kann nur erreicht werden, wenn die Eintragungen im Schiffsregister diese tatsächlichen sowie rechtlichen Verhältnisse erschöpfen und auf einer zuverlässigen Feststellung beruhen. Deshalb wird in der Anmeldung eine Glaubhaftmachung der wichtigsten im § 12 SchiRegO in Nr. 3, 4, 6, 7 vorgeschriebenen Angaben verlangt. Es ist also ein Nachweis dieser Angaben, z. B. durch Vorlage von Urkunden oder Zeugenbeweis, nicht erforderlich, sondern es genügt die Glaubhaftmachung, die durch alle Beweismittel und auch durch Versicherung an Eides Statt (§ 15 FGG, § 294 ZPO) erbracht werden kann; auch eigene eidesstattliche Versicherungen der anmeldenden Eigentümer sind grundsätzlich hierfür ausreichend.

b) Die Art und Weise sowie der Umfang der Glaubhaftmachung bestimmt sich im übrigen nach den besonderen Umständen des Einzelfalls und ist auch für die einzelnen Angaben des § 12 Nr. 1—7 SchiRegO verschieden. Bei den Unterscheidungsmerkmalen (§ 12 Nr. 1 SchiRegO), der Gattung und dem Hauptbaustoff (§ 12 Ziffer 2 SchiRegO) ist nach § 13 Abs. 1 SchiRegO keine Glaubhaftmachung vorgeschrieben. Bei den übrigen Angaben, mit Ausnahme der Tragfähigkeit und der Maschinenleistung (§ 12 Nr. 5 SchiRegO) wird regelmäßig eine eidesstattliche Versicherung ausreichend sein; für die Glaubhaftmachung der Tragfähigkeit wird grundsätzlich eine Vorlage des Eichscheins oder eines Auszuges und für die Stärke der Triebkraft eine Bescheinigung der Werft oder der Lieferfirma des Motors oder der Maschine notwendig sein. Bei der ersten Eintragung eines neuerbauten Schiffes wird von den Gerichten neben der eidesstattlichen Versicherung des anmeldenden Eigentümers über die Angaben aus § 12 Nr. 3—7 SchiRegO und der Vorlage des Eichscheins noch eine Bescheinigung der Schiffsbauwerft über den Eigentumserwerb sowie eine Bescheinigung des Registergerichts des Erbauungsortes (vgl. Anm. 4b) verlangt. Als etwaige sonstige beizufügende Urkunden kommen in Betracht nach § 15 SchiRegO eine Bescheinigung des Registergerichts des Bauortes, nach § 14 Abs. 3 eine Bescheinigung der früheren ausländischen Registerbehörde, eine Devisenbescheinigung, wenn Ausländer beteiligt sind, eine vormundschaftsgerichtliche Genehmigung (§ 1821 Ziff. 5 BGB).

11. Die Eintragung des Schiffes in das Schiffsregister

a) Nach § 16 Abs. 1 SchiRegO hat die Eintragung des Schiffes (§ 9 SchiRegO) die im § 12 Nr. 1—7 bezeichneten Angaben, die Bezeichnung des Eichscheines und den Tag der Eintragung zu enthalten. Das Registergericht hat zu prüfen, ob die erforderlichen Angaben vorliegen und glaubhaft gemacht sind. Es hat alsdann jedes eintragungsfähige Schiff (§ 3 Abs. 3 SchiRegO) in das Schiffsregister unter einer besonderen Ordnungsnummer (BSR Nr. ...) einzutragen. Es erhält also jedes Schiff mit der Eintragung eine besondere Nummer, die sich aus der bei jedem Registergericht zu führenden Nummernfolge ergibt. Dies Schiffsregisterzeichen stellt nicht nur einen Nachweis über die erfolgte Eintragung des Schiffes, sondern gleichzeitig ein Unterscheidungsmerkmal dar, das dies Binnenschiff in Verbindung mit der Angabe des Registergerichts von anderen Schiffen unterscheidet.

b) Nach § 16 Abs. 1 SchiRegO sind in das Schiffsregister außer dieser Ordnungsnummer die im § 12 bezeichneten Angaben und der Tag der Eintragung aufzunehmen. Im übrigen regelt sich die Führung des Schiffsregisters und sein sonstiger Inhalt nach den §§ 23—59 SchiRegO.

c) Die Gerichtskosten, die für Eintragungen und Veränderungen erhoben werden, bestimmen sich nach den §§ 84, 85 des Gesetzes „über die Kosten in Angelegenheiten der freiwilligen Gerichtsbarkeit (Kostenordnung)" in der Fassung vom 26. 7. 1957 (BGBl. I 960). Nach § 84 dieser Kostenordnung wird für die Eintragung eines Schiffes oder von Veränderungen ein Viertel der vollen Gebühr erhoben; hierbei ist der Wert des Schiffes und bei Veränderungen sowie Verlegungen des Heimatortes deren zu schätzender Wert, regelmäßig 3000 DM, zugrunde zu legen. Die Gebühren sind nach den Werten gestaffelt und ergeben sich aus § 84 in Verbindung mit § 30 der Kostenordnung. Für die Eintragung und Löschung eines Schiffspfandrechts sowie der dahingehenden Veränderungen werden nach § 84 Abs. 3 der Kostenordnung die Hälfte der über die entsprechenden Eintragungen im Grundbuch geltenden Sätze, mindestens jedoch ein Viertel der vollen Gebühr erhoben.

d) Nach § 60 Abs. 1 SchiRegO ist von dem Registergericht über den Inhalt der Eintragung eines Binnenschiffes eine Urkunde auszustellen, die die Bezeichnung Schiffsbrief hat. Es sind in dieser Urkunde der vollständige Inhalt der Eintragungen aufzunehmen, also nicht nur die Ordnungsnummer, das Schiffsregisterzeichen, sondern auch die im § 12 SchiRegO bezeichneten Angaben, der Tag der Eintragung, die Schiffhypotheken und alle sonstigen Eintragungen des Registers. Der Inhalt des Schiffsbriefes muß mit dem Inhalt des Registers vollständig übereinstimmen. Deshalb soll auch der Schiffsbrief mit jeder Anmeldung einer Veränderung eingereicht werden, damit die Veränderungen auch im Schiffsbrief vermerkt werden.

e) Diese vollständige Übereinstimmung des Schiffsbriefes mit dem Registerinhalt ist vorgesehen, um den Schiffseigner oder Schiffer „in die Lage zu setzen, sich sowohl den Behörden wie allen Beteiligten gegenüber jederzeit über die Rechtsverhältnisse des Schiffes ausweisen zu können" (so Begr. S. 130). Der Schiffsbrief stellt demnach eine Ausweisurkunde dar. Nach § 8 Abs. 1 hat der Schiffer vor Antritt der Reise darauf zu sehen, daß die Schiffspapiere an Bord sind; zu diesen Schiffspapieren gehört in erster Linie auch der Schiffsbrief (KG in JurR 1932 Nr. 938 = Recht 1932, 881 Nr. 90; vgl. § 8 Anm. 2d). Die ständige Mitnahme des Schiffsbriefes an Bord des Schiffes stellt eine Dienstobliegenheit des Schiffers dar; es erübrigte sich eine dahingehende ausdrückliche Vorschrift, weil die Mitführung des Schiffsbriefes an Bord des Schiffes eine „schiffahrtspolizeiliche Frage ist" (Begr. S. 130) und in den Wasserpolizeiverordnungen regelmäßig solche Auflagen gemacht werden.

f) Für den Erwerb oder Verlust des Eigentums an dem Binnenschiff ist der Schiffsbrief nicht von Bedeutung; denn diese Rechtsveränderungen vollziehen sich bei „registrierten" Schiffen nach § 3 Abs. 1 des Gesetzes über Rechte an eingetragenen Schiffen und Schiffsbauwerken durch Einigung mit anschließender Eintragung des Eigentumübergangs in das Schiffsregister und bei „nicht registrierten" Schiffen durch Einigung und Übergabe nach den §§ 929ff. BGB (vgl. § 1 BSchG Anm. 3a, b). Es kann die hiernach erforderliche Übergabe des Schiffes durch die Hingabe des Schiffsbriefes nicht ersetzt werden; vielmehr erwirbt der Eigentümer des Schiffes ohne weiteres mit dem Eigentumserwerb auch das Eigentum an dem Schiffsbrief. Mit dem Wesen des Schiffsbriefes als bloße Ausweisurkunde ist auch die Bestellung eines gesonderten Pfand- oder Zurückbehaltungsrechts an dieser Urkunde unvereinbar. Denn der Schiffsbrief kann nicht zum Gegenstand von Rechtsgeschäften gemacht werden, die ihn seiner gesetzlichen Bestimmung als Ausweisurkunde entziehen würden; außerdem würde hierdurch auch die im öffentlichen Interesse gebotene Erhaltung der Übereinstimmung des Schiffsbriefes mit dem Registerinhalt gefährdet werden (KG vom 17. 11. 1932 — 1b X 645/32 — in JR 1932 Nr. 938 = Recht 1932, 881 Nr. 90 = LZ 1933, 958).

g) Wenn ein Schiffsbrief verlorengeht, so bedarf es keines Aufgebotsverfahrens, um die Ausstellung eines anderen zu erlangen; denn die dahingehenden gesetzlichen Vorschriften sind auf den Schiffsbrief als Ausweisurkunde auch nicht entsprechend anzuwenden. Vielmehr ist dem Berechtigten, der den Verlust des Schiffsbriefes glaubhaft machen kann, ein neuer Schiffsbrief vom Registergericht auszustellen.

h) Für die Erteilung des Schiffsbriefes sowie für den Vermerk von Veränderungen auf dem Brief wird nach § 84 Abs. 5 der Kostenordnung eine Gebühr von 3 bis 25 DM erhoben; für die Vermerke auf dem Brief werden Schreibgebühren erhoben (vgl. Anm. 11c).

12. Die Anmeldung von Veränderungen

a) Das Binnenschiffsregister kann seine Aufgabe, für die „Beteiligten ein zuverlässiges und allgemein zugängliches Mittel zur Auskunft über die tatsächlichen und rechtlichen Verhältnisse der einzelnen Schiffe zu schaffen" (Begr. S. 127), nur gerecht werden, wenn auch alle Veränderungen der eingetragenen Tatsachen und Rechtsverhältnisse darin vermerkt werden. Deshalb wird im § 17 Abs. 1 SchiRegO vorgeschrieben, daß alle solche Veränderungen zur Eintragung in das Schiffsregister anzumelden sind. Es müssen nach § 17 Abs. 1 SchiRegO die Veränderungen der nach § 12 Nr. 1—3, 5 bezeichneten, nach § 16 Abs. 1 SchiRegO eingetragenen Tatsachen unverzüglich zur Eintragung in das Schiffsregister angemeldet werden.

b) Diese Verpflichtung zur Anmeldung erstreckt sich nach § 17 Abs. 1 SchiRegO auf die eingetragenen Tatsachen und Rechtsverhältnisse, auf die im Register vermerkten Angaben, also auf den gesamten Registerinhalt. Es sind nicht nur die Veränderungen in den Merkmalen des Schiffes (Schleppkahn wird Motorschiff) oder in seiner Tragfähigkeit (durch Neueichung), sondern vor allem auch jeder Eigentumswechsel anzumelden. Nach § 17 Abs. 5 SchiRegO müssen die Veränderungen dem Registergericht glaubhaft gemacht werden.

c) Ferner ist auch anzumelden und glaubhaft zu machen, wenn „das Schiff zugrunde geht oder reparaturunfähig wird" (§ 17 Abs. 4 SchiRegO). Es ist unerheblich, auf welchen Vorgängen der Untergang des Schiffes beruht, also ob dies als eine Folge gewöhnlicher Abnutzung im Wege der Abwrackung freiwillig geschieht oder ob eine Haverei die Ursache ist; maßgebend ist allein, daß das Schiff als solches verlorengeht. Dem Untergang des Schiffes wird seine Ausbesserungsunfähigkeit gleichgestellt; in Anlehnung an die Begriffsbestimmung im § 82 Nr. 3 BSchG wird hierunter ein solcher beschädigter Zustand des Schiffes zu verstehen sein, der eine Reparatur und erneute Inbetriebsetzung unmöglich macht (vgl. § 82 BSchG Anm. 5c), so daß mit dem sicheren Verlust des Schiffes und der Abwrackung zu rechnen ist. Auf Grund einer solchen Anmeldung hat das Registergericht das untergegangene oder reparaturunfähige Schiff im Schiffsregister zu löschen. Von Amts wegen erfolgt eine solche Löschung auch dann nicht, wenn dem Gericht der Untergang des Schiffes auf andere Weise bekannt wird. Denn eine solche Befugnis ist dem Gericht mit Rücksicht auf etwa eingetragene Pfandrechte nicht zugebilligt (vgl. Begr. S. 131). Vielmehr hat das Gericht dann die Beteiligten nach § 19 SchiRegO zur Stellung der erforderlichen Anmeldungen durch Ordnungsstrafen anzuhalten. Eine Löschung des Schiffes wird das Gericht grundsätzlich nur vornehmen, wenn gleichzeitig die etwa eingetragenen Schiffspfandrechte zur Löschung gebracht werden; anderenfalls darf die Löschung erst nach Anhörung aller Beteiligten, einschließlich der eingetragenen Schiffspfandrechtsgläubiger, erfolgen. Nach § 17 Abs. 4 SchiRegO ist unverzüglich zum Schiffsregister anzumelden, wenn ein Schiff untergeht und als endgültig verloren anzusehen ist oder ausbesserungsunfähig wird.

d) Nach § 18 Abs. 1 SchiRegO ist zur Anmeldung der Veränderungen der Eigentümer verpflichtet. Sind mehrere Verpflichtete vorhanden, so genügt nach § 18 Abs. 2 SchiRegO die Anmeldung durch einen von ihnen; entsprechendes gilt, wenn der Eigentümer eine juristische Person oder eine Handelsgesellschaft ist, die durch mehrere Personen vertreten ist. Hiernach ist zur Anmeldung der Veränderungen der Eigentümer oder jeder Miteigentümer und bei Handelsgesellschaften jeder gesetzliche Vertreter verpflichtet; jedoch genügt, wenn mehrere Verpflichtete vorhanden sind, die Anmeldung durch einen von ihnen. Bei einer Veränderung durch Eigentumswechsel am Schiff oder an einem Schiffsanteil (Schiffspart) lag die Anmeldung nach der früheren Regelung im § 126 Abs. 2 Satz 2 BSchG nicht dem bisherigen, also noch eingetragenen Eigentümer, sondern dem Erwerber ob; der Veräußerer war dem Schiffsregistergericht gegenüber zu einer Anmeldung nicht verpflichtet. Er mußte aber regelmäßig mitwirken, weil er in seinem Rechtsverhältnis zum Erwerber für die Verschaffung des Eigentums einschließlich der Umschreibung im Schiffsregister sorgen mußte und weil die Registergerichte bei einem Eigentumswechsel zur Glaubhaftmachung neben der eidesstattlichen Versicherung des den Antrag stellenden Erwerbers eine Bescheinigung des Veräußerers verlangten. Es wurde denn auch die sogenannte Veräußerungsanzeige für das Registergericht regelmäßig vom Erwerber und Veräußerer unterzeichnet. Nach § 18 Abs. 1 SchiRegO ist jetzt der Eigentümer zur Anmeldung von Veränderungen verpflichtet; dies wird regelmäßig der Veräußerer sein.

e) Eine besondere Form ist für die Anmeldung von Veränderungen nicht vorgesehen; es genügt also auch die einfache Schriftform, nur müssen die Angaben klar und vollständig sowie nach § 11 Abs. 5 SchiRegO glaubhaft gemacht werden. Diese Formfreiheit gilt aber nach den §§ 17, 18, 19 SchiRegO nur für Anmeldung von Veränderungen der sog. Individualisierungstatsachen (Name, Gattung, Priorität, Tragfähigkeit usw.); für die Anmeldung der Veränderung in den privaten Rechtsverhältnissen ist nach den §§ 33, 29, 31 Abs. 2, 37 SchiRegO vorgeschrieben, daß die Eintragungsbewilligungen oder die sonstigen zu der Eintra gungerforderlichen Erklärungen vor dem Registergericht zur Niederschrift des Richters abgegeben. oder durch öffentliche oder öffentlich beglaubigte Urkunden nachgewiesen werden.

f) Nach § 17 Abs. 1 SchiRegO wird auch die Verlegung des Heimatortes als eine anmeldungspflichtige Veränderung einer eingetragenen Tatsache angesehen. Es ist unerheblich, ob es sich um eine Verlegung des Heimatortes aus Anlaß der Veräußerung des Schiffes (vgl. KG in OLG 14, 389) oder ohne eine solche handelt. Denn im § 17 Abs. 1 wird jede Verlegung des Heimatortes der Anmeldung und Eintragung unterworfen. Solche Veränderungen werden nicht selten vorzunehmen sein, da der Heimatort des Schiffes grundsätzlich nach dem Ort zu bestimmen ist, von dem aus die Schiffahrt tatsächlich betrieben wird (vgl. § 6 Anm. 1b). Eine Verlegung des Heimatortes ist hiernach als eine Veränderung, also grundsätzlich nicht als eine Neueintragung anzusehen; es ist unerheblich, ob der neue Heimatort im oder außerhalb des bisherigen Gerichtsbezirkes liegt (KG in OLG 7, 247). Die Verlegung des Heimatortes ist bei demjenigen Registergericht anzumelden, bei dem das Register des betreffenden Schiffes bisher geführt wurde, also auch dann, wenn der neue Heimatort in einem anderen Gerichtsbezirk liegt; nur das bisherige Registergericht ist für eine Verweisung an ein anderes Registergericht zuständig (KG in OLG 10, 354). Das bisherige Registergericht hat dann nach Vornahme der ihm obliegenden Eintragung der Veränderungen das Register zu schließen und den eingezogenen Schiffsbrief mit einer beglaubigten Abschrift des Registerinhalts dem neu zuständig werdenden Registergericht zur Bewirkung der Eintragung zu übersenden (KG in OLG 7, 247), das an diese Verweisung gebunden ist (KG in OLG 10, 354). In die zu übersendende „beglaubigte Abschrift ist der Registerinhalt nur insoweit aufzunehmen, als er noch Gültigkeit besitzt" (Begr. S. 131). Das neu zuständig werdende Registergericht hat nur nachzuprüfen, ob das frühere Gericht die ihm obliegenden Eintragungen vorgenommen hat und ob diese Eintragungen seine Zuständigkeit ergeben (KG in OLG 7, 247; 10, 354; KG in KGJ 28 A 243, 244). Für ein Binnenschiff, das bisher in einem ausländischeu Register eingetragen war, muß der Eigentümer nach § 14 Abs. 3 SchiRegO eine Bescheinigung über die dortige Löschung einreichen, die unterbleiben kann, wenn sie untunlich ist. Diese Vorschrift gilt nicht für die im Schiffsregister der Ostzone eingetragenen Schiffe, die in diesem Gebiet keine Heimatorte mehr haben. Hiernach sind Doppeleintragungen nicht ausgeschlossen; es ist eben der Heimatort der Schiffe nach § 4 SchiRegO für die Zuständigkeit des Registergerichts maßgebend. An diesem tatsächlichen Heimatort ist das Binnenschiff einzutragen; dies ist auch Sinn und Zweck des § 17 SchiRegO, wonach die Verlegung des Heimatortes unverzüglich angezeigt werden muß (OLG Hamburg vom 2. 6. 1953 — 2 W 61/53 — 1 T 424/31 LG Hamburg). Jeder Schiffseigentümer hat nach § 4 Abs. 1 SchiRegO einen Anspruch auf Eintragung seines registrierfähigen Binnenschiffes in das Schiffsregister des Heimatortes des Schiffes, gegebenenfalls als Neueintragung, wenn eine Verweisung nicht durchführbar ist, wie beispielsweise bei den in der Bundesrepublik oder im Lande Berlin fahrenden, in einem Schiffsregister der Ostzone eingetragenen Schiffen.

g) Eine Verweisung des Schiffsregisters ist nur zulässig, wenn der neue Heimatort im deutschen Staatsgebiet liegt. Denn man versteht unter „Registerbehörden" nur deutsche Registergerichte. Befindet sich daher der neue Heimatort im Ausland, so fällt die Verweisung, also die Mitteilung des bisherigen Registergerichts, an die etwaige ausländische Behörde fort. Es wird dann nur eine Schließung des Registers vorgenommen und es bleibt den Beteiligten überlassen, die Neueintragung des Schiffes in das ausländische Register zu veranlassen.

h) Für die Eintragung der Verlegung des Heimatortes werden vom Registergericht Gerichtskosten erhoben. Nach § 84 Abs. 1 der Kostenordnung wird ein Viertel der vollen Gebühr erhoben, jedoch nicht nach dem Wert des Schiffes, sondern nach einem zu schätzenden geringeren Wert, der regelmäßig 3000 DM beträgt.

13. Die Verhängung von Ordnungsstrafen

a) Die Eintragungen in das Schiffsregister erfolgen nicht ohne weiteres von Amts wegen, sondern nur auf Antrag; das gilt sowohl für die erste Anmeldung eines Binnenschiffes als auch für die Anmeldung von Veränderungen. Deshalb kann das Schiffsregister seiner Zweckbestimmung als „zuverlässiges Auskunftsmittel über die tatsächlichen und rechtlichen Verhältnisse" der eingetragenen Binnenschiffe (Begr. S. 127) nur gerecht werden, wenn die Beteiligten die ihnen obliegenden Anmeldungen auch vollständig einreichen. Hierzu sind die Beteiligten nach § 19 Abs. 1 SchiRegO durch Androhung von Ordnungsstrafen vom Gericht anzuhalten.

b) Das Registergericht hat die Beteiligten durch Ordnungsstrafen anzuhalten. Es liegt also nicht etwa im freien Ermessen des Gerichts, von dieser Befugnis Gebrauch zu machen; vielmehr muß das Gericht die Androhung von Ordnungsstrafen vornehmen, wenn ihm bekannt wird, daß anmeldepflichtige Vorgänge im Schiffsregister noch nicht vermerkt sind. Diese Berechtigung und Verpflichtung des Registergerichts umfaßt alle anmeldungspflichtigen Vorgänge, einschließlich der Veränderungen in den eingetragenen Tatsachen- oder Rechtsverhältnissen; auch die Einreichung des Schiffsbriefes kann durch Androhung von Ordnungsstrafen aufgegeben werden (KG in JurR 1932 Nr. 938).

c) Für das Verfahren bei der Androhung, Festsetzung und Durchführung der Ordnungsstrafen gelten nach § 19 Abs. 2 SchiRegO die §§ 132 bis 139 FGG des Gesetzes über die Angelegenheiten der Freiwilligen Gerichtsbarkeit vom 17. 5. 1898, in der Fassung vom 20. 5. 1898 (RGBl. 1898 S. 369, 771), welche Vorschriften als Anlage IV auf S. 659 abgedruckt sind.

14. Die Schiffsurkunden

a) Nach § 60 Abs. 1 SchiRegO ist über die Eintragung des Schiffes ins Binnenschiffsregister eine Urkunde auszustellen, die den vollständigen Inhalt der Eintragungen enthält. Auf diesem Schiffsbrief ist nach § 61 SchiRegO jede Eintragung so bald als tunlich zu vermerken, jedoch abgesehen von solchen Eintragungen, die nur die Belastung einer Schiffspart betreffen.

b) Bei Veränderungen (§ 17 SchiRegO), bei Löschungen (§ 20 SchiRegO) sowie beim Eigentumsübergang oder beim Erwerb einer Schiffspart ist der Eigentümer (§ 18 SchiRegO) verpflichtet, den Schiffsbrief beim Registergericht einzureichen.

c) Ein neuer Schiffsbrief darf nach § 63 SchiRegO nur erteilt werden, wenn die bisherige Urkunde vorgelegt oder glaubhaft gemacht wird, daß sie vernichtet oder abhanden gekommen ist.

15. Schiffsbauregister

a) Nach § 76 Abs. 1 des Gesetzes über Rechte an eingetragenen Schiffen und Schiffsbauwerken kann eine Schiffshypothek auch an einem auf einer Schiffswerft im Bau befindlichen Schiff (Schiffsbauwerk) bestellt werden. Diese Bestellung ist nach § 76 Abs. 2 zulässig, sobald der Kiel gelegt und das Schiffsbauwerk durch Namen oder Nummer an einer bis zum Stapellauf des Schiffes sichtbar bleibenden Stelle deutlich und dauernd gekennzeichnet ist. Zur Bestellung einer Schiffshypothek an einem Schiffsbauwerk ist nach § 76 des angeführten Gesetzes die Eintragung in das Register für Schiffsbauwerke erforderlich, das bei dem Schiffsregister des Bauortes geführt wird (§ 67 SchiRegO).

b) Nach § 66 SchiRegO wird ein Schiffsbauwerk in das Schiffsbauregister nur eingetragen, wenn zugleich eine Schiffshypothek an dem Schiffsbauwerk eingetragen wird oder die Zwangsversteigerung des Schiffsbauwerkes beantragt ist. Diese Regelung erklärt sich daraus, daß die Kreditaufnahme zur beschleunigten Fertigstellung des Schiffsbauwerkes erleichtert, aber auch eine Zwangsversteigerung ermöglicht werden soll.

c) Die Eintragung des Schiffsbauwerkes erfolgt nach § 68 Abs. 1 SchiRegO grundsätzlich auf Antrag des Inhabers der Schiffswerft, aber auch durch den Eigentümer, wenn dies eine andere Person als der Werftbesitzer ist. Auch der Gläubiger, der einen vollstreckbaren Schuldtitel besitzt, kann nach § 68 Abs. 2 SchiRegO die Eintragung verlangen.

16. Der öffentliche Glaube des Schiffsregisters

a) Nach § 3 Abs. 1 des Gesetzes über Rechte an eingetragenen Schiffen erfolgt die Eigentumsübertragung an einem registrierten Binnenschiff durch Einigung und Eintragung des Eigentumsüberganges. Der Eigentumswechsel vollzieht sich hiernach in wesentlichen Teilen außerhalb des Schiffsregisters, also nicht wie beim Grundstück durch Auflassung und Eintragung. Es wird deshalb nach § 15 Abs. 1 des angeführten Gesetzes nur „vermutet, daß Eigentümer des Schiffes ist, wer als Eigentümer im Schiffsregister eingetragen ist“. Der „öffentliche Glaube“ des Schiffsregisters ist in den §§ 15ff. des angezogenen Gesetzes zwar in Anlehnung an die für Grundstücke getroffene Regelung im § 892 BGB, aber enger gestaltet; nach § 15 Abs. 1 des angeführten Gesetzes besteht eine Vermutung für das Schiffseigentum des als Eigentümer eingetragenen Beteiligten. Der Inhalt des Schiffsregisters gilt nach § 16 Abs. 1 als richtig, es sei denn, daß ein Widerspruch gegen die Richtigkeit eingetragen oder die Unrichtigkeit dem Erwerber bekannt ist. Der „gute Glaube“ des Dritten wird, wie im Grundbuchrecht vermutet, und die Gegenseite hat nachzuweisen, daß entweder ein Widerspruch gegen die Richtigkeit eingetragen oder der Dritte schlechtgläubig ist, weil ihm die Unrichtigkeit der Eintragung bekannt ist. Auf die Widerlegung der Eigentumsvermutung sind die entsprechenden Grundsätze des § 891 BGB anzuwenden (BGH vom 17. 4. 1956 — I ZR 155/54). Zur Widerlegung des Gegenbeweises genügt die Widerlegung der von dem Eingetragenen behaupteten Erwerbsgründe; alle erdenkbaren Möglichkeiten des Eigentumserwerbes brauchen nicht in Betracht gezogen zu werden. Das Registergericht kann nach § 33 SchiRegO auch von Amts wegen die erforderlichen Ermittlungen anstellen, wenn sich Zweifel gegen die Richtigkeit der Eintragung des Eigentümers ergeben.

b) Nach den §§ 15 Abs. 2, 16 des Gesetzes über Rechte an Schiffen gilt eine gleiche Regelung für die im Schiffsregister eingetragenen Rechte aus einer Schiffshypothek, einem Recht an einer solchen (Pfandrecht) oder einem Nießbrauch. Zugunsten des Berechtigten, der ein solches Recht durch Rechtsgeschäft erwirbt, gilt der Inhalt des Schiffsregisters, soweit er diese Rechte betrifft, als richtig.

c) Auch das Erlöschen eines solchen dinglichen Rechtes wird vermutet. Ist nach § 15 Abs. 3 des Gesetzes über Rechte an Schiffen ein eingetragenes Recht gelöscht, so wird vermutet, daß es nicht mehr besteht.

d) Ist der Berechtigte in der Verfügung über ein im Schiffsregister eingetragenes Recht zugunsten einer bestimmten Person beschränkt, so ist nach § 16 Abs. 1 die Verfügungsbeschränkung dem Erwerber gegenüber nur wirksam, wenn sie aus dem Schiffsregister ersichtlich oder dem Erwerber bekannt ist.

Zehnter Abschnitt

Schlußbestimmungen

Die Zuständigkeit des Bundesgerichtshofes

§ 130

In bürgerlichen Rechtsstreitigkeiten, in welchen durch Klage oder Widerklage ein Anspruch auf Grund dieses Gesetzes geltend gemacht ist, wird die Verhandlung und Entscheidung letzter Instanz im Sinne des § 8 des Einführungsgesetzes zum Gerichtsverfassungsgesetze dem Bundesgerichtshof zugewiesen.

1. Nach § 8 des Einführungsgesetzes zum Gerichtsverfassungsgesetz in der Fassung des Gesetzes zur Wiederherstellung der Rechtseinheit vom 12. 9. 1950 (BGBl. 455, 501), für Berlin vom 9. 1. 1951 (VOBl. I 99) kann „durch die Gesetzgebung eines Bundeslandes, in dem mehrere Oberlandesgerichte errichtet werden, die Verhandlung und Entscheidung der zur Zuständigkeit des Bundesgerichtshofes gehörenden Revisionen in bürgerlichen Rechtsstreitigkeiten einem obersten Landesgericht zugewiesen werden". Diese Ermächtigung der Landesgesetzgebung sollte durch die Vorschrift des § 130 für alle auf Grund des Binnenschiffahrtsgesetzes im Wege der Klage oder Widerklage geltend zu machenden Ansprüche ausgeschlossen werden. Dies war „durch das Bedürfnis einer gleichmäßigen Anwendung des Gesetzes gerechtfertigt" (Begr. S. 139). Für die auf das Binnenschiffahrtsgesetz gestützten Ansprüche war früher das Reichsgericht und ist jetzt der Bundesgerichtshof die allein zuständige Revisionsinstanz.

2. Nach dem Geschäftsplan des früheren Reichsgerichts war früher für alle seiner Entscheidung unterbreiteten Streitigkeiten aus dem Binnenschiffahrtsgesetz die Zuständigkeit des I. Zivilsenats vorgesehen; beim Bundesgerichtshof ist hiermit der II. Zivilsenat betraut.

Die Ausnahmen für den Orts-, Trajekt- und Fährverkehr

§ 131

Bei Schiffen, welche nur zu Fahrten innerhalb desselben Ortes bestimmt sind, finden auf das Rechtsverhältnis des Schiffers sowie auf die Beförderung von Gütern die Bestimmungen in § 8 Abs. 4, §§ 15 bis 19, 27 bis 57 und § 72 Abs. 1 keine Anwendung.

Durch die Landesregierungen kann bestimmt werden, daß Fahrten zwischen benachbarten Orten der Fahrt innerhalb desselben Ortes im Sinne des ersten Absatzes gleichstehen.

Auf Schiffahrtsbetriebe, welche im Anschlusse an den Eisenbahnverkehr geführt werden und der staatlichen Eisenbahnaufsichtsbehörde unterstellt sind, finden die vorhergehenden Bestimmungen dieses Gesetzes keine Anwendung.

Das gleiche gilt bezüglich des Betriebes von Fähranstalten, soweit nicht der Betrieb mittels frei schwimmender Schiffe stattfindet.

1. Der Orts- und Hafenverkehr

a) Nach § 131 Abs. 1 finden für den Schiffahrtsverkehr innerhalb desselben Ortes durch Schiffe, die nur zu solchen Fahrten bestimmt sind, die angeführten Bestimmungen keine Anwendung. Es gelten für diesen Orts- und Hafenverkehr nicht die Vorschriften über die persönliche Haftung des Schiffseigners für Fahrtüchtigkeit des Schiffes bei Antritt der Reise (§ 8 Abs. 4), über die gesetzliche Vertretungsmacht des Schiffers (§§ 15—19), über die Einnahme und Beförderung der Ladung (§§ 27—40), über die Pflichten des Frachtführers und des Absenders hinsichtlich der Verladung (§§ 41—45), über die Entlöschung (§§ 46—57) und über die Verpflichtung des Frachtführers zur Ausstellung des Ladescheins (§ 72 Abs. 1).

b) Die Gründe für die Einführung dieser Ausnahmeregelung waren folgende (Materialien S. 101, Begr. S. 139): „Für den bloß örtlichen Schiffsverkehr zwischen verschiedenen Stellen desselben Platzes, wie z. B. für die Fahrten der zum Beladen und Entlöschen dienenden Schuten und ähnlicher Fahrzeuge, eignen sich die Vorschriften des Entwurfs nicht in allen ihren Teilen; insbesondere gilt dies von den Bestimmungen, welche im dritten Abschnitt in betreff der Einnahme des Lade- und Löschplatzes, der Lade- und Löschzeit und des Rücktrittsrechts des Absenders getroffen sind. In den fraglichen Beziehungen wird es bei der im örtlichen Verkehr bestehenden Übung bewenden müssen, und der erste Absatz des § 131 sieht deshalb vor, daß die §§ 27—56 auf Fahrten innerhalb desselben Ortes keine Anwendung zu finden haben, sofern solche Fahrten von Fahrzeugen ausgeführt werden, die lediglich zu diesem Zweck bestimmt sind. Das gleiche muß hinsichtlich der Verpflichtung des Frachtführers zur Ausstellung eines Ladescheins (§ 72 Abs. 1) gelten, da für einen in den bezeichneten Grenzen sich bewegenden Gütertransport der Gebrauch eines Dispositionspapiers von der Art des Ladescheins keinerlei Bedeutung hat; verlangt der Absender eine schriftliche Erklärung über die erfolgte Abladung der Güter, so wird eine einfache Empfangsbescheinigung des Schiffers genügen. Daß endlich auch die Vorschriften über die Befugnis des Schiffers, Rechtsgeschäfte mit verbindlicher Wirkung für den Schiffseigner abzuschließen (§§ 15—19), in jenem örtlichen Verkehr keine Anwendung finden können, bedarf einer näheren Begründung nicht." Der Schiffseigner eines Hafenschiffes ist hiernach auch von der strengen Haftung des § 8 Abs. 4 befreit, haftet also unbeschränkt mit Schiff und Fracht. Es ist streitig, ob das auch gilt, wenn der Schiffseigner zugleich Frachtführer ist, also nach den §§ 58ff. haftet (vgl. RGZ 60, 375, 377), weil diese Vorschriften im § 131 Abs. 1 nicht aufgeführt sind.

c) Die Ausnahmeregelung gilt für „Schiffe, die nur zu Fahrten innerhalb desselben Ortes bestimmt sind". Der Verwendungszweck muß auf den Orts- oder Hafenverkehr gerichtet sein; es muß sich also um Schiffe handeln, die nur zu solchen Fahrten bestimmt sind, wie Prähme, Ewer, Schuten. Hierunter können nicht nur Fahrt-, sondern auch Lagerschiffe fallen, deren Verwendungszweck ortsgebunden ist (so Oberelbisches Schiedsgericht in HansRZ 1922, 140, 141 Nr. 34). Die gelegentliche Verwendung eines sonst für den Fernverkehr benutzten Schiffes im Hafen- oder Ortsverkehr, z. B. für Lagergeschäfte, reicht aber hierzu nicht aus. Es genügt auch nicht allein der Verwendungszweck, sondern das Schiff muß auch im Einzelfall nur für den Orts- und Hafenverkehr tatsächlich verwendet werden. Deshalb muß sowohl der Verwendungszweck als auch die tatsächliche Verwendung im Einzelfall auf den Lokalverkehr beschränkt sein. Schuten oder Prähme, die für den Fernverkehr benutzt werden, fallen also insoweit nicht unter die Ausnahmeregelung des § 131 Abs. 1.

d) Es muß sich nach § 131 Abs. 1 bei solchen Schiffen um „Fahrten innerhalb desselben Ortes", also um einen Schiffahrtsverkehr zwischen verschiedenen Stellen desselben Ortes, handeln. Nach § 131 Abs. 2 können die Ausnahmevorschriften auf Fahrten zwischen „benachbarten Orten" ausgedehnt werden; so galten Hamburg, Altona und Harburg bisher als benachbarte Orte (HansRZ 1922, 139); seit dem Gesetz über Groß-Hamburg und schon vorher seit dem Gesetz über die Gründung einer Hafengemeinschaft zwischen Hamburg und Preußen vom 31. 5. 1929 (Preuß. Gesetzsamml. S. 59 und 1934 S. 311) — bilden die Hafengebiete jedoch wirtschaftlich eine Einheit.

e) Für diesen Hafen- und Ortsverkehr finden die im § 131 Abs. 1 angeführten Vorschriften des BinnSchG keine Anwendung; sie können also auch nicht entsprechend angewendet werden. Vielmehr gelten die allgemeinen bürgerlichrechtlichen Bestimmungen, also regelmäßig die über den Frachtvertrag (RG in HansRZ 1921, 105 Nr. 25); ergänzend sind die Handels- und Schiffahrtsbräuche sowie die im örtlichen Verkehr bestehenden Übungen heranzuziehen, so z. B. für eine „usancegemäße Löschzeit und Liegegeldentschädigung" (Oberelbisches Schiedsgericht in HansRZ 1922, 140 Nr. 34). An Stelle des Ladescheins (§ 72 Abs. 1) wird vielfach eine einfache Empfangsbescheinigung des Schiffers verwendet. Der Führer eines ortsgebundenen Hafenschiffs ist zwar auch als Schiffer anzusehen (vgl. § 7 Anm. 1a), er hat aber keine gesetzliche Vertretungsmacht und ist nicht zur Zeichnung von Ladescheinen befugt.

f) In allen anderen, im § 131 Abs. 1 nicht ausgenommenen Rechtsbeziehungen gelten auch für die Schiffe des Hafen- und Ortsverkehrs die Vorschriften des BinnSchG. So ist der Führer eines solchen Schiffes, z. B. der Ewer- oder Schutenführer, ebenfalls Schiffer im Sinne des § 7; es ist hierbei unerheblich, ob er mehr oder weniger beständig ein bestimmtes Schiff führt (RGZ 48, 64, 68; OLG Hamburg in OLG 2, 185; vgl. § 7 Anm. 1a). Unberührt bleibt auch die Haftung des Frachtführers aus der im § 131 Abs. 1 nicht ausgenommenen Vorschrift des § 58; die Haftung ist entweder eine persönliche oder nach § 4 auf Schiff und Fracht beschränkt (RGZ 60, 378; vgl. § 58 Anm. 7b, c).

2. Der Trajektverkehr

a) Nach § 131 Abs. 3 finden die Bestimmungen dieses Gesetzes auf Schiffahrtsbetriebe, die im Anschluß an den Eisenbahnverkehr geführt werden, auf den sog. Trajektverkehr, keine Anwendung. Die „enge Verbindung solcher Betriebe mit der Eisenbahn, an welche sie sich anschließen, hat zur Folge, daß auch hinsichtlich der durch Transporte auf den betreffenden Strecken begründeten Rechtsverhältnisse im wesentlichen die für Eisenbahnen geltenden Bestimmungen zu Anwendung kommen müssen" (so Begr. S. 140).

b) Es muß sich um Schiffahrtsbetriebe handeln, die im Anschluß an den Eisenbahnverkehr geführt werden und der staatlichen Eisenbahnaufsichtsbehörde unterstellt sind; beide Erfordernisse müssen gegeben sein, so daß die Führung eines Schiffahrtsbetriebes im Anschluß an den Eisenbahnverkehr allein nicht ausreicht. Danach fallen unter die Ausnahmeregelung des § 131 Abs. 3 nur die der Eisenbahnaufsichtsbehörde unterstellten Trajektbetriebe. Hierzu gehören in erster Linie die von der Deutschen Reichsbahn selbst betriebenen Trajektanstalten, auf denen Personen und Güter in und mit den Eisenbahnwagen übergesetzt werden (Begr. S. 140).

c) Auf diesen Trajektverkehr finden „die vorhergehenden Bestimmungen dieses Gesetzes keine Anwendung". Solche Schiffahrtsbetriebe „können hiernach den Vorschriften für die privatrechtlichen Verhältnisse der Binnenschiffahrt nicht unterstellt werden" (Begr. S. 140). Für diesen Trajektverkehr finden also die §§ 1 bis 130 keine Anwendung, sondern nur § 132 sowie „die für die Eisenbahnen geltenden Bestimmungen" und im übrigen die allgemeinen Vorschriften.

3. Der Fährverkehr

a) Nach § 131 Abs. 4 findet dies Gesetz in gleicher Weise keine Anwendung auf den Betrieb von Fähranstalten, soweit nicht der Betrieb mittels frei schwimmender Schiffe stattfindet. Dies hat seinen Grund darin, daß bei solchen nicht frei schwimmenden Fähranstalten „ein eigentlicher Schiffahrtsbetrieb nicht vorliegt" (Begr. S. 140).

b) Unter einer „Fähranstalt" versteht das Gesetz eine Einrichtung, mit der das Übersetzen von Personen oder Gütern mittels Schiffen von einem zum anderen Ufer betrieben wird (OVG 89, 266 Nr. 57). Nach § 2 BSchVO gelten als Fähren die Fahrzeuge, die dem Übersetzverkehr von einem Ufer zum anderen dienen. Solche Fähren können frei schwimmend, d. h. mit Maschine, Motor, Staken oder mit dem Strom treibend, unterhalten werden; sie können aber auch mittels Ketten von einem zum anderen Ufer gezogen werden, also nicht frei schwimmend sein. Für diese nicht frei schwimmenden Fähranstalten finden die §§ 1—130 keine Anwendung; es gelten also neben § 132 über den Befähigungsnachweis die allgemeinen Vorschriften des BinnSchG nicht, sondern lediglich die wasserpolizeilichen Vorschriften. Die privatrechtlichen Beziehungen regeln sich nach dem im Einzelfall abgeschlossenen Frachtvertrag und nach den §§ 425ff. HGB. Die Nebenverpflichtung des Frachtführers geht dahin, die Beförderung derart auszuführen, daß während deren Dauer kein Schaden an den beförderten Sachen oder Personen entsteht. Bei der Beförderung eines Kraftfahrzeuges auf einer Fähre steht der Frachtführer dafür ein, daß dieses gefahrlos mit seiner eigenen Kraft die Fähre verlassen kann (so OLG München vom 8. 2. 1955 — 5 U 1173/54 — in VRS 1955, 161).

c) Dagegen unterstehen die frei schwimmenden Fähren den sämtlichen binnenschiffahrtsgesetzlichen Vorschriften. Daneben gelten in erheblichem Umfang öffentlich-rechtliche Vorschriften. So bedarf die Einrichtung und der Betrieb einer Fähre einer Konzession; auch die Wasseranlieger können Fähren nur zum eigenen Gebrauch halten (OVG 57, 383; 89, 266; KG in 1 S 115/35).

Der Befähigungsnachweis für Schiffer und Maschinisten

§ 132

Der Bundesrat ist befugt, Bestimmungen über den Befähigungsnachweis der Schiffer und Maschinisten für Binnenschiffe zu treffen. Bezüglich der Schiffahrt auf Seen, welche keine fahrbare Verbindung mit einer anderen Wasserstraße haben, steht die Befugnis der Landesregierung zu.

Wer den Bestimmungen zuwider das Gewerbe eines Schiffers oder Maschinisten ausübt, wird mit Geldstrafe bis zu dreihundert Mark bestraft.

1. Nach § 132 Abs. 1 war der Bundesrat des Deutschen Reiches befugt, Bestimmungen über den Befähigungsnachweis der Schiffer und Maschinisten für Binnenschiffe zu treffen, jedoch wurde zunächst von dieser Befugnis kein Gebrauch gemacht. Befähigungsnachweise für Schiffer und Maschinisten wurden in die Wasserpolizeiverordnungen aufgenommen, die für die einzelnen Wasserstraßen teilweise erheblich verschiedenartige Regelungen enthielten. Erst die Deutsche Binnenschiffahrtspolizeiverordnung vom 12. 4. 1939 (RGBl. II S. 655) führte gemeinsame Vorschriften für alle Binnenwasserstraßen, daneben aber auch Sondervorschriften für die einzelnen Wasserstraßen ein. Danach wurde regelmäßig eine mehrjährige praktische Ausbildung und die Ablegung einer Prüfung verlangt, nach deren Bestehen das Patent, das Schiffsführer- oder Maschinistenzeugnis von der zuständigen Behörde (Wasserbauamt) ausgestellt wird. Nach der insoweit übereinstimmenden Regelung im § 2 Abs. 1 BSchSO und § 2 Abs. 1 RheinSchPVO muß der Schiffsführer eines Binnenschiffes „zur Führung seines Fahrzeuges geeignet sein"; diese Eignung gilt als vorhanden, wenn er ein Schifferpatent für die Fahrzeugart und für die zu befahrende Strecke besitzt". Solche Schifferpatente zur Führung bestimmter Schiffe sind auf sämtlichen Binnenwasserstraßen erforderlich. Auf dem Rhein zwischen Basel und der Spyckschen Fähre besteht eine solche Patentpflicht nach der VO über die Erteilung von Rheinschifferpatenten vom 15. 6. 1956 (BGBl. II S. 716). Für die Oberelbe ist die Berechtigung zur Führung von Binnenschiffen an ein Elbschifferzeugnis gebunden, und zwar nach der noch fortgeltenden VO über Elbschifferzeugnisse vom 2. 7. 1926 (RGBl. II S. 364). Auf den übrigen Binnenwasserstraßen wird ein Befähigungszeugnis zur Führung von Schleppern, Fahrgastschiffen und anderen Schiffen mit eigener Triebkraft sowie für die Fahrzeuge von 15 t und größerer Tragfähigkeit nach der VO über Befähigungszeugnisse in der Binnenschiffahrt vom 15. 6. 1956 (BGBl. II S. 722) verlangt.

2. Die nach § 132 Abs. 1 dem ehemaligen Bundesrat des Deutschen Reiches eingeräumte Befugnis ist nach Artikel 129 GG auf die in der Bundesrepublik „nunmehr sachlich zuständigen Stellen" übergegangen, und zwar auf dem Gebiet des Bundesrechts in Zweifelsfällen auf die Bundesregierung und auf dem Gebiet des Landesrechts auf die hierfür zuständigen Landesstellen. Nach Artikel 74 Ziffer 21 GG erstreckt sich die konkurrierende Gesetzgebung des Bundes auf „die Binnenschiffahrt und die dem allgemeinen Verkehr dienenden Binnenwasserstraßen". Die Zuständigkeit des Bundes ist in diesem verfassungsrechtlichen Rahmen geregelt in dem Gesetz über die Aufgaben des Bundes auf dem Gebiet der Binnenschiffahrt vom 15. 2. 1956 (BGBl. II S. 317). Auf diesen Gebieten wurden u. a. die folgenden einheitlichen Vorschriften für das gesamte Bundesgebiet erlassen.

I. Binnenschiffahrtsstraßenordnung

1. VO zur Einführung der Binnenschiffahrtsstraßenordnung vom 19. 12. 1954 in BGBl. II S. 1135.
2. Binnenschiffahrtsstraßenordnung idF der Berichtigung vom 8. 1. 1955 in BGBl. II S. 4, 100.
3. Erste VO zur Änderung der Binnenschiffahrtsstraßenordnung vom 26. 11. 1957 in BGBl. II S. 1689.
4. Zweite VO zur Änderung der Binnenschiffahrtsstraßenordnung vom 27. 3. 1961 in BGBl. II S. 297.

II. Rheinschiffahrtspolizeiverordnung

1. Gesetz zur Einführung der Rheinschiffahrtspolizeiverordnung vom 19. 12. 1954 in BGBl. II S. 1207.
2. VO zur Einführung der Rheinschiffahrtspolizeiverordnung vom 24. 12. 1954 in BGBl. II S. 1411.
3. Rheinschiffahrtspolizeiverordnung idF der Berichtigung vom 20. 1. 1955 in BGBl. II S. 88.
4. VO zur Änderung der Rheinschiffahrtspolizeiverordnung vom 29. 7. 1961 in BGBl. II S. 1102.

III. Nebenbestimmungen zu I

1. a) VO über Befähigungszeugnisse in der Binnenschiffahrt vom 15. 6. 1956 in BGBl. II S. 722.
   b) Erste VO zur Änderung der VO über Befähigungszeugnisse in der Binnenschiffahrt vom 12. 6. 1957 in BGBl. II S. 494.
   c) Zweite VO zur Änderung der VO über Befähigungszeugnisse in der Binnenschiffahrt vom 4. 7. 1958 in BGBl. II S. 258.
   d) Dritte VO zur Änderung der VO über Befähigungszeugnisse in der Binnenschiffahrt vom 3. 3. 1959 in BGBl. II S. 181.
   e) Vierte VO zur Änderung der VO über Befähigungszeugnisse in der Binnenschiffahrt vom 23. 12. 1960 in BGBl. II S. 1.
2. a) Gesetz über Schifferdienstbücher vom 12. 2. 1951 in BGBl. II S. 3.
   b) VO über die Geltung des Gesetzes über Schifferdienstbücher im Lande Berlin vom 24. 10. 1952 in BGBl. II S. 972.
3. VO über die Überwachung der Schiffssicherheit auf Bundeswasserstraßen vom 12. 4. 1956 in BGBl. II S. 483.
4. VO über Positionslaternen vom 11. 7. 1958 in BGBl. II S. 226.
5. SchiffsraumanstrichVO vom 7. 9. 1961 in BGBl. II S. 1713.
6. a) SchiffssicherheitsVO vom 31. 5. 1955 in BGBl. II S. 645.
   b) VO über die Schiffssicherheit in der Binnenschiffahrt vom 18. 7. 1956 BGBl. II S. 769.

IV. Nebenbestimmungen zu II

1. a) Gesetz über Rheinschifferpatente idF des zweiten Gesetzes vom 12. 2. 1951 in BGBl. II S. 5.
   b) VO zur Einführung der VO über die Erteilung von Rheinschifferpatenten vom 15. 6. 1956 in BGBl. II S. 714.
   c) Erste VO zur Änderung der VO über die Erteilung von Rheinschifferpatenten vom 30. 6. 1960 in BGBl. II S. 1862.
   d) Zweite VO zur Änderung der VO über die Erteilung von Rheinschifferpatenten vom 7. 9. 1961 in BGBl. II S. 1599.
2. VO über die Kennzeichnung der Rheinfahrzeuge auf dem Rhein vom 20.7.1960 in BGBl. II S. 1956.
3. VO zur Einführung der Lotsenordnung für den Oberrhein vom 15. 6. 1956 in BGBl. II S. 703.
4. VO über die Dämpfung der Fahrgeräusche der Rheinschiffe vom 27. 4. 1957 in BGBl. II S. 230.
5. a) VO zur Einführung der Vorschriften für die Reeden auf dem Rhein (SchiffahrtspolizeiVO zur Ergänzung der RheinschiffahrtspolizeiVO) vom 24. 12. 1954 in BGBl. II S. 1466.
   b) Vierte, fünfte und sechste VO zur Änderung der Vorschriften für die Reeden auf dem Rhein vom 12. 6. 1958 in BGBl. II S. 154, vom 27. 5. 1959 in BGBl. II S. 553, vom 15. 6. 1960 in BGBl. II S. 1847.

V. Verfahrensvorschriften

1. a) Gesetz über das Flaggenrecht der Seeschiffe und die Flaggenführung der Binnenschiffe (Flaggenrechtsgesetz) vom 8. 2. 1951 in BGBl. S. 79 und II S. 6.
   b) Zweite, Dritte und Vierte DVO zum Flaggenrechtsgesetz vom 31. 3. 1951 in BGBl. II S. 65, vom 3. 8. 1951 in BGBl. II S. 155, vom 5. 12. 1951 in BGBl. 52 II S. 403.
2. VO zur Änderung der Eichordnung auf deutschen Wasserstraßen vom 19. 11. 1954 in BGBl. II S. 1048.
3. a) Binnenschiffs-Untersuchungsordnung vom 18. 7. 1956 BGBl. II S. 769 mit Änderungen vom 30. 10. 1957 in BGBl. II S. 1685, 25. 8. 1960 in BGBl. II S. 2190, 22. 12. 1960 in BGBl. II S. 2453, 5. 5. 1961 in BGBl. II S. 541, 19. 12. 1961 in BGBl. II S. 1688.
   b) Zweite, Dritte und Vierte VO zur Änderung der Binnenschiffs-Untersuchungsordnung vom 25. 8. 1960 in BGBl. II S. 2190, vom 22. 12. 1960 in BGBl. II S. 2453, vom 5. 5. 1961 in BGBl. II S. 541.
4. a) VO zur Übertragung von Befugnissen auf dem Gebiet der Binnenschiffahrt vom 12. 4. 1956 in BGBl. II S. 483.
   b) Zweite, Dritte, Vierte und Fünfte VO zur Übertragung von Befugnissen auf dem Gebiet der Binnenschiffahrt vom 12. 3. 1957 in BGBl. II S. 36, vom 12. 7. 1958 in BGBl. II S. 259, vom 25. 2. 1959 in BGBl. II S. 173, vom 18. 12. 1959 in BGBl. II S. 1510, vom 11. 4. 1961 in BGBl. II S. 470.
5. a) Gesetz über weitere Maßnahmen auf dem Gebiete des Hypotheken- und Schiffsbankrechts sowie über Ausnahmen von § 247 Abs. I BGB vom 30. 4. 1954 in BGBl. I S. 115.
   b) Gesetz zur Änderung des Schiffsbankgesetzes vom 18. 8. 1961 in BGBl. I S. 1359.

6. a) Gesetz über die Statistik des Schiffs- und Güterverkehrs auf den Binnenwasserstraßen und die Fortschreibung des Schiffsbestandes der Binnenflotte vom 26. 7. 1957 in BGBl. II S. 742.
   b) Gesetz über die Statistik der Kosten und Leistungen im Güterverkehr mit Kraftfahrzeugen, Binnenschiffen und Eisenbahnen im Jahre 1959 vom 21. 12. 1958 in BGBl. I S. 988.

VI. Internationale Vereinbarungen

1. Bekanntmachung des deutschen Wortlauts der Art. 32 bis 40 der revidierten Rheinschiffahrtsakte sowie des Zusatzprotokolls vom 18. 9. 1895 vom 27. 9. 1952 in BGBl. I S. 645.
2. a) Bekanntmachung über die Wiederanwendung des Übereinkommens zur einheitlichen Feststellung von Regeln über den Zusammenstoß von Schiffen vom 5. 3. 1954 in BGBl. II S. 467.
   b) Ergänzungen vom 11. 11. 1954 (Schweiz) in BGBl. II S. 1134, vom 29. 9. 1955 (Türkei) in BGBl. II S. 894, vom 9. 12. 1955 (Ceylon) in BGBl. II S. 1135, vom 29. 6. 1956 (Australien, Indien, Kanada) in BGBl. II S. 765, vom 17. 11. 1958 (Dominikanische Republik) in BGBl. II S. 572.
3. a) Bekanntmachung über die Wiederanwendung des Übereinkommens zur einheitlichen Feststellung von Regeln über die Hilfeleistung und Bergung in Seenot vom 29. 3. 1954 in BGBl. II S. 467.
   b) Ergänzungen vom 24. 12. 1954 (Niederlande) BGBl. 55 II S. 2, vom 8. 12. 1955 (Ceylon) BGBl. II S. 1135.
4. a) Bekanntmachung über die Wiederanwendung des Internationalen Abkommens zur Vereinheitlichung von Regeln über Konnossemente vom 24. 2. 1954 in BGBl. II S. 466.
   b) Ergänzungen vom 2. 2. 1956 (Australien) in BGBl. II S. 326, vom 12. 3. 1957 (Türkei) in BGBl. II S. 41, vom 26. 11. 1959 (Israel) in BGBl. II S. 1498, vom 10. 4. 1962 (Elfenbeinküste) in BGBl. II S. 804.
5. Gesetz über den Beitritt der Bundesrepublik Deutschland zu dem Übereinkommen über ein einheitliches System der Schiffsvermessung vom 8. 10. 1957 in BGBl. II 1469 nebst Berichtigung vom 5. 2. 1958 in BGBl. II S. 67 sowie Bekanntmachung über das Inkrafttreten vom 12. 5. 1958 in BGBl. II S. 128 und den Geltungsbereich vom 29. 9. 1958 in BGBl. II S. 355.
6. a) Gesetz über den Beitritt der Bundesrepublik Deutschland zum Internationalen Schiffssicherheitsvertrag London 1948 vom 22. 12. 1953 in BGBl. II S. 603 nebst Bekanntmachung vom 24. 9. 1954 in BGBl. II S. 1042.
   b) Bekanntmachungen über den Geltungsbereich des Internationalen Schiffssicherheitsvertrages London 1948 vom 6. 9. 1955 (BGBl. II S. 884), 9. 4. 1956 (BGBl. II S. 550), 11. 10. 1956 (BGBl. II S. 964), 21. 11. 1956 (BGBl. II S. 1090), 9. 1. 1957 (BGBl. II S. 6), 29. 9. 1958 (BGBl. II S. 355), 13. 10. 1958 (BGBl. II S. 358), 5. 5. 1959 (BGBl. II S. 581).
7. Bekanntmachung über die Kündigung des Internationalen Übereinkommens zum Schutze des menschlichen Lebens auf See (Schiffssicherheitsvertrag London 1929) vom 3. 2. 1956 in BGBl. II S. 319.

Die höhere Verwaltungsbehörde

§ 133

Welche Behörden in jedem Bundesstaate unter der Bezeichnung „höhere Verwaltungsbehörde“ im Sinne dieses Gesetzes zu verstehen sind, wird durch die Zentralbehörde des Bundesstaates bekanntgemacht.

1. In den §§ 29, 31, 32, 48, 49, 50, 53 ist vorgesehen, daß die „höheren Verwaltungsbehörden“ im Verordnungswege bestimmte Rechtsbeziehungen regeln können. Infolge Zulassung solcher Verordnungen wurde der § 133 von der Reichstagskommission eingeschaltet (KommBer. S. 28).

2. Es ist der Landesgesetzgebung nach § 133 vorbehalten, diese höheren Verwaltungsbehörden zu bezeichnen, die denn auch in den einzelnen Ländern verschiedenen Behörden übertragen waren, so z. B. in Preußen den Oberpräsidenten. Nach Artikel 74 Ziff. 21 GG erstreckt sich die konkurrierende Gesetzgebung des Bundes auf die Binnenschiffahrt und die dem allgemeinen Verkehr dienenden Wasserstraßen. Soweit der Bund keine gesetzlichen Vorschriften erläßt, bleibt auch weiterhin nach Artikel 129 Abs. 2 GG die Bestimmung der höheren Verwaltungsbehörden den Ländern vorbehalten.

3. Von erheblicher Bedeutung wurde diese Befugnis der höheren Verwaltungsbehörden bei der Festsetzung der verkürzten Lade- und Löschzeiten (vgl. hierzu § 29 Anm. 4b; § 48 Anm. 3).

Gesetz, betr. die privatrechtlichen Verhältnisse der Flößerei

(Flößereigesetz — FlößG)
Vom 15. Juni 1895 (RGBl. 1895 S. 341)

EINLEITUNG

1. Geschichtliche Entwicklung

a) Bis zum Entwurf des Flößereigesetzes regelten sich die privatrechtlichen Verhältnisse der Flößerei nach den allgemeinen Vorschriften, im wesentlichen nach den Gebräuchen und Übungen, die in den einzelnen Gebieten sehr verschieden waren; vor allem wichen die Übungen im Westen Deutschlands sehr von denen im Osten ab. Eine einheitliche Regelung durch gesetzliche Festlegung des Flößereirechts wurde schon frühzeitig angestrebt, war aber wegen der damaligen Zersplitterung Deutschlands nicht zu erreichen. Bei der Beratung der „Grundzüge eines Gesetzes betreffend die privatrechtlichen Verhältnisse der Binnenschiffahrt" durch die Sachverständigenkommission im März 1893 wurde angeregt, auch das Flößereirecht im Binnenschiffahrtsgesetz zu berücksichtigen (vgl. Materialien S. 100, 101). In den ersten Regierungsentwurf zum Binnenschiffahrtsgesetz wurde darauf ein „Abschnitt XI: Flößerei mit verbundenen Hölzern" eingefügt, der eine Anzahl Bestimmungen des Binnenschiffahrtsgesetzes für entsprechend anwendbar erklärte und einige Grundsätze für das Flößereirecht aufstellte.

b) Die beteiligten Flößereiinteressenten hielten aber diese Regelung im Binnenschiffahrtsgesetz nicht für ausreichend, sondern wünschten den Erlaß eines selbständigen Flößereigesetzes (vgl. Begr. S. 8). Deshalb legte der Reichskanzler am 13. 12. 1894 dem Reichstag den Entwurf eines Gesetzes betreffend die privatrechtlichen Verhältnisse der Flößerei (§§ 1—33) nebst einer Begründung (12 Seiten) in der 9. Legislaturperiode, III. Session 1894/1895 zur verfassungsmäßigen Beschlußnahme vor. Dieser Entwurf wurde zusammen mit dem des Binnenschiffahrtsgesetzes beraten, zum ersten Male in der Sitzung am 26. 1. 1895, und an eine Kommission verwiesen, die einen Bericht erstattete (Drucksachen Nr. 254). Es fanden dann im Reichstag am 29. 4. sowie 4. 5. 1895 eine zweite und dritte Beratung statt (Stenographische Berichte S. 1974, 2079). Das Gesetz wurde darauf am 15. 6. 1895 sanktioniert und zusammen mit dem Binnenschiffahrtsgesetz im Reichsgesetzbl. 1895 S. 341ff. veröffentlicht.

c) Im Gegensatz zum Binnenschiffahrtsgesetz wurde das Flößereigesetz aus Anlaß der am 1. 1. 1900 in Kraft getretenen neuen Reichsgesetze (BGB, HGB, FGG) nicht geändert. Anscheinend hat man das Flößereigesetz hierbei übersehen; entsprechend der binnenschiffahrtsgesetzlichen Regelung wäre eine — wenn auch sachlich nicht bedeutsame — Änderung der §§ 22, 28, 30 Nr. 5, 31 notwendig gewesen.

d) Auch durch die neuere Gesetzgebung ist das Flößereigesetz nur in wenigen Bestimmungen geändert worden. So wurde der im § 11 Abs. 1 vorgesehene Höchstbetrag der Kosten des Verklarungsverfahrens in der Inflation mehrfach abgeändert (Reichsgesetzbl. 1923 I S. 10, 164, 745, 1186). Durch die Verordnung über die Kosten in Angelegenheiten der freiwilligen Gerichtsbarkeit (Kostenordnung) vom 25. 11. 1935 (Reichsgesetzbl. I S. 1371ff.) wurde § 11 Abs. 1 aufgehoben (§ 158 Abs. 2 der Kostenordnung) und durch § 50 Abs. 2 des Gesetzes über die Kosten in Angelegenheiten der freiwilligen Gerichtsbarkeit (Kostenordnung) in der Fassung vom 26. 7. 1957 (BGBl. I 960) ersetzt.

2. Der Inhalt des Flößereigesetzes

a) Es handelt sich um ein Gesetz betreffend die „privatrechtlichen" Verhältnisse der Flößerei. Diese Bezeichnung ist nicht genau, da es auch einzelne öffentlich-rechtliche Vorschriften, wie im § 32 über den Befähigungsnachweis der Floßführer, und prozessuale Bestimmungen enthält, wie in den §§ 8—11 (Verklarung), im § 28 Abs. 3 Satz 2 (Zuständigkeit für die Pfandklage des Retters) und im § 31 (Zuständigkeit des Reichsgerichts). Im übrigen beschränkt sich das Gesetz auf die Regelung der privatrechtlichen Verhältnisse der Flößerei. Die öffentlich-rechtlichen Vorschriften sind in den Schiffahrtspolizeiverordnungen und sonstigen Verordnungen enthalten.

b) Das Flößereigesetz enthält auch keineswegs, wie es nach seiner Bezeichnung den Anschein haben könnte, eine zusammenfassende Regelung des gesamten Flößereirechts, sondern nur der sog. „Flößerei mit verbundenen Hölzern". Hierunter ist die gewerbsmäßige Beförderung von Hölzern (Rundhölzern, meist unbearbeiteten Baumstämmen, aber auch von geschnittener Ware) auf dem Wasserweg zu verstehen, die zu diesem Zweck untereinander zu sog. Flößen verbunden sind. Es ist unerheblich, in welcher Weise diese Beförderung erfolgt, also ob das Floß durch die Strömung, durch Staken, Ziehen vom Lande aus oder durch einen Schlepper (Dampf- oder Motorschiff) fortbewegt wird. Die sog. Trift- oder Wildflößerei, d. h. die Fortbewegung von einzelnen losen (unverbundenen) Hölzern, ist im Flößereigesetz nicht geregelt; ein Bedürfnis zur Aufstellung besonderer privatrechtlicher Vorschriften über diese Trift- oder Wildflößerei bestand nicht, da diese Art der Flößerei regelmäßig nur auf den nicht schiffbaren Flüssen oder Bächen, insbesondere auf den Gebirgsgewässern, betrieben wird (vgl. Begr. S. 9), auf schiffbaren Flüssen und Strömen nach den Wasserpolizeiverordnungen wegen der Behinderung des Schiffahrtsverkehrs auch vielfach verboten ist; es gelten insoweit die allgemeinen Vorschriften, vor allem die §§ 425ff. HGB.

c) Diese gesetzliche Regelung der Flößerei mit verbundenen Hölzern konnte sich nach der beigegebenen Begründung in wesentlich engeren Grenzen halten als der Entwurf über die Binnenschiffahrt. Ein großer Teil der in dem letzteren zu berücksichtigenden Verhältnisse kommt bei der Flößerei überhaupt nicht in Betracht. Sodann sind für manche Fragen, welche auf dem Gebiete der Binnenschiffahrt der Regelung durch besondere Vorschriften bedürfen, bei der Flößerei die Vorschriften des geltenden Rechts ausreichend (so Begr. S. 8). Deshalb hat sich das Flößereigesetz auf die Regelung der folgenden grundlegenden Rechtsverhältnisse in den §§ 1—33 beschränkt:

in §§ 1—16: Der Floßführer, seine Rechte und Pflichten,
in §§ 17—21: die Rechtsverhältnisse der Floßmannschaft,
in §§ 22, 23: die Beschädigung durch Flöße,
in §§ 24—29: Bergung und Hilfeleistung,

in § 30: die Verjährung,
in § 31: die Zuständigkeit des Reichsgerichts,
in § 32: der Befähigungsnachweis,
in § 33: Inkrafttreten des Gesetzes.

Von einer systematischen Regelung des Flößereirechts wurde Abstand genommen. Bei einer gesetzlichen Neufassung wäre eine einheitliche, zusammenfassende Regelung in Anlehnung an die Gliederung des Binnenschiffahrtsgesetzes zu empfehlen.

3. Flößereigesetz, Binnenschiffahrtsgesetz und allgemeine Vorschriften

a) Das Flößereigesetz ist ein besonderes, selbständiges Gesetz, also kein Abschnitt des Binnenschiffahrtsgesetzes. Die „tatsächlichen Verhältnisse der beiden Betriebsarten (Flößerei und Schiffahrt) weisen im einzelnen zu erhebliche Verschiedenheiten auf, um eine Übertragung der für die Schiffahrt berechneten Vorschriften auf die Flößerei rätlich zu machen; aus diesem Grunde ist die Form eines selbständigen Gesetzes gewählt worden“ (Begr. S. 8). Hieraus ergibt sich, daß die weniger umfassenden Bestimmungen des Flößereigesetzes nicht durch Bestimmungen des Binnenschiffahrtsgesetzes ergänzt werden dürfen. Eine solche entsprechende Anwendung verbietet sich auch, weil sich das Binnenschiffahrtsgesetz um das Schiff gruppiert und ein Floß, selbst wenn es nicht nur Gegenstand der Beförderung ist, sondern auf ihm Waren oder Personen befördert werden, niemals als ein Schiff angesehen werden kann, da es über keinen Hohlraum verfügt (vgl. § 1 BSchG Anm. 2a).

b) Soweit die privatrechtlichen Verhältnisse der Flößerei mit verbundenen Hölzern im Flößereigesetz keine gesetzliche Festlegung erfahren haben, kommen die allgemeinen bürgerlich-rechtlichen Vorschriften zur Anwendung. In erster Linie kommen, vor allem für das Frachtgeschäft der Flößerei, die Bestimmungen des Handelsgesetzbuches in Betracht, da in den §§ 425ff. HGB allgemein die Beförderung von „Gütern auf Flüssen oder sonstigen Binnengewässern“ geregelt ist und auch die Floßhölzer als solche Güter anzusehen sind. Diese Ergänzung des Flößereigesetzes durch die §§ 425ff. HGB gilt nach der Begründung (S. 8, 9) „namentlich in Ansehung des Frachtgeschäfts. Die Flößerei wird teils in der Weise betrieben, daß der Eigentümer des Floßes (Holzhändler, Sägewerkbesitzer usw.) die Beförderung selbst besorgt, indem er den Floßführer und die sonst erforderliche Mannschaft anstellt und durch sie als seine Bediensteten das Floß nach dem Bestimmungsorte bringen läßt, oder — was als der häufigere Fall bezeichnet werden kann — in der Weise, daß die Beförderung des Floßes einem Unternehmer übertragen wird, der sie für die bedungene Gesamtvergütung zu besorgen hat. In dem letzteren Falle liegen hinsichtlich des Verhältnisses zwischen dem Unternehmer und dem Absender des Floßes die Merkmale des Frachtvertrages vor; der Flößereiunternehmer ist sonach, die Gewerbemäßigkeit seines Betriebes vorausgesetzt, Frachtführer im Sinne des Handelsgesetzbuchs. Zwar hat der Entwurf, um nicht zu einer Verwechslung mit dem Floßführer Anlaß zu geben, die Bezeichnung Frachtführer vermieden und dafür den auf manchen Strömen schon jetzt üblichen Ausdruck Frachtflößer gewählt. Sachlich fällt aber der Begriff des Frachtflößers im Sinne des Entwurfs mit dem des Frachtführers bei der Flößerei zusammen. In betreff der Rechte und Pflichten des Frachtflößers gegenüber dem Absender und dem Empfänger des Floßes finden deshalb die Bestimmungen der §§ 425—451 HGB Anwendung. Insbesondere gilt dies bezüglich der Haftung für Verlust, Beschädigung oder verspätete Ablieferung der Floßhölzer, bezüglich des Verhältnisses mehrerer aufeinanderfolgender Frachtflößer und der Geltendmachung der Ansprüche aus dem Frachtvertrage gegen den Empfänger, ferner bezüglich des Pfandrechts des Frachtflößers an den Floßhölzern wegen der Fracht nebst Auslagen usw. Die Vorschriften des Handelsgesetzbuchs sind auch im allgemeinen als ausreichend anzusehen. Der Entwurf hat deshalb besondere Bestimmungen über das Frachtgeschäft als solches nicht aufgenommen. Einzelne Vorschriften, welche das Verhalten des Floßführers betreffen (so die §§ 4, 12—14), berühren aber zugleich die Ausführung des von dem Frachtflößer geschlossenen Frachtvertrages und gehören daher insoweit auch dem Frachtrecht an". Daneben finden hilfsweise die Vorschriften über den Werkvertrag und in großem Umfang auch Gebräuche sowie Übungen Anwendung.

Der Floßführer und der Frachtflößer

§ 1

Floßführer ist, wer ein Floß auf Flüssen oder sonstigen Binnengewässern führt, gleichviel ob er bei einem Unternehmer, welcher die Beförderung des Floßes übernommen hat (Frachtflößer), oder bei dem Eigentümer des Floßes im Dienste steht, oder ob er die Beförderung des Floßes selbst als Frachtflößer übernommen hat.

1. Unter einem Floßführer versteht das Flößereigesetz den Führer eines Floßes auf Flüssen oder sonstigen Binnengewässern, also den nautischen Leiter, dem der Oberbefehl zusteht, den das Binnenschiffahrtsgesetz als Schiffer bezeichnet (vgl. § 7 BSchG). Es ist nicht erforderlich, daß es sich um die Führung eines fremden Floßes handeln und daß der Floßführer in einem Dienst- oder Arbeitsverhältnis zu dem Unternehmer (Frachtflößer) stehen muß, der die Beförderung des Floßes übernommen hat. Der Floßführer wird zwar „meistens in einem solchen Dienstverhältnis stehen, und zwar entweder zu dem Frachtflößer, wenn einem solchen die Beförderung des Floßes übertragen ist, oder zu dem Floßeigentümer, wenn dieser selbst die Beförderung besorgt und demnach auch die Floßbesatzung anstellt". Es ist aber durchaus möglich, daß „der Frachtführer zugleich die Stellung des Frachtflößers hat; er steht dann zwar ebenfalls in einem Vertragsverhältnis zu dem Floßeigentümer; dieses gründet sich aber nicht darauf, daß der Floßführer sich zum persönlichen Dienste als Führer des Floßes verdingt, der Vertrag hat vielmehr die Beförderung des Floßes als solche zum Gegenstand" (Begr. S. 9). Auch die Führung eines eigenen Floßes verschafft die Stellung als Floßführer, der demnach in einer Person gleichzeitig Floßführer und Floßeigentümer oder Frachtflößer sein kann.

2. Floßeigentümer ist der Eigentümer des Floßes, also derjenige, dem nach bürgerlichem Recht das Eigentum an dem Floß zusteht. Es ist unerheblich, in welcher Weise der Eigentümer sein Eigentumsrecht am Floß ausübt, insbesondere ob er die Floßhölzer zur Beförderung bestimmt hat. Ein dem Schiffseigner des Binnenschiffahrtsgesetzes (§§ 1, 2 BSchG) entsprechender Begriff eines Floßeigners ist nicht vorgesehen; vielmehr kennt das Flößereigesetz nur den Floßeigentümer als den Eigentümer des Floßes.

3. Der Frachtflößer ist der Unternehmer, der die Beförderung des Floßes übernommen hat (vgl. § 7). Der Frachtflößer entspricht also dem Frachtführer des

Frachtgeschäfts der Binnenschiffahrt (vgl. § 26 BSchG). Er wird regelmäßig wie der Frachtführer sein Unternehmen gewerbsmäßig betreiben, und es gelten dann für diese Frachtflößerei die gesamten handelsgesetzlichen Bestimmungen über das Frachtgeschäft (§§ 425ff. HGB; vgl. Einl. 3b).

4. Ein Floß besteht aus einer Anzahl von Hölzern (Rundhölzern, meist unbearbeiteten oder teilweise bearbeiteten Baumstämmen, seltener aus geschnittener Ware), die zum Zwecke der Beförderung auf einem Binnengewässer miteinander verbunden sind. Es handelt sich um eine Zusammenstellung schwimmender, zur Beförderung bestimmter Hölzer (so § 2 BSchUO). Mehrere solcher Floßhölzer bilden einen Floßverband. Ein solches Floß kann, selbst wenn auf ihm Waren oder Personen befördert werden, niemals als ein Schiff angesehen werden, weil kein Hohlraum vorhanden ist (vgl. § 1 BSchG Anm. 2a). Die verbundenen Hölzer müssen Gegenstand und Zweck der Beförderung, also nicht nur Beförderungsmittel sein; deshalb unterliegt ein Schwimmdock auch während eines Transports auf dem Wasser nicht den Vorschriften des Flößereigesetzes (RGZ 86, 431).

5. Die Beförderung des Floßes muß auf „Flüssen oder sonstigen Binnengewässern" erfolgen. Zu den Binnengewässern gehört nicht die offene See (vgl. § 1 BSchG Anm. 7a). Jedoch geht die Eigenschaft des Floßes nicht verloren, wenn es streckenweise über die offene See befördert wird, wie dies in den Küstengebieten mitunter vorkommt.

Die Sorgfalt und Haftung des Floßführers

§ 2

Der Floßführer ist verpflichtet, bei seinen Obliegenheiten, namentlich bei der Erfüllung der von ihm auszuführenden Verträge, die Sorgfalt eines ordentlichen Floßführers anzuwenden.

Er haftet für jeden durch die Vernachlässigung dieser Sorgfalt entstandenen Schaden nicht nur dem Dienstherrn, sondern auch dem Absender und dem Empfänger des Floßes sowie den Personen der Floßmannschaft, es sei denn, daß er auf Anweisung des Dienstherrn gehandelt hat.

Auch in dem letzteren Falle bleibt der Floßführer verantwortlich, wenn er es unterlassen hat, dem Dienstherrn die nach Lage des Falles erforderliche Aufklärung zu erteilen, oder wenn ihm eine strafbare Handlung zur Last fällt.

1. Der Floßführer hat die nautische Leitung des Floßes, das er sicher und ungefährdet an den Bestimmungsort schaffen soll. Diese „Obliegenheiten" hat er ebenso wie der Schiffer die Dienstverrichtungen (§ 7 BSchG) mit der Sorgfalt eines ordentlichen Floßführers zu erfüllen. Diese Sorgfaltspflicht hat der Floßführer nicht nur in nautischer Hinsicht bei der Führung des Floßes, sondern bei sämtlichen Maßnahmen und Handlungen, insbesondere auch bei der Erfüllung von Verträgen, zu beobachten (vgl. im übrigen § 7 BSchG Anm. 2). Das Gesetz hat, ebenso wie bei dem Schiffer, davon Abstand genommen, diese Obliegenheiten des Floßführers zusammenfassend und vollständig aufzuführen; nur die hauptsächlichsten Verrichtungen sind in den §§ 3—15 erläutert.

2. Bei Verletzung dieser Sorfaltspflicht haftet der Floßführer für jeden hieraus entstehenden Schaden. Er haftet mit seinem ganzen Vermögen. Diese unbeschränkte Haftung besteht auch für den Floßführer, der gleichzeitig Eigentümer des von ihm geführten Floßes ist (vgl. § 1 Anm. 1), da eine dem § 4 Abs. 2 Satz 2

BSchG gleichlautende Bestimmung im Flößereigesetz fehlt. Der Umfang der Haftung ergibt sich aus den allgemeinen bürgerlich-rechtlichen Vorschriften der §§ 249—255, 842—851 BGB.

3. Die Haftung des Floßführers aus einer Verletzung seiner Obliegenheiten besteht schon nach allgemeinen bürgerlich-rechtlichen Vorschriften (§ 276 BGB) in erster Linie gegenüber seinem Dienstherrn, der ihn angestellt hat; dies kann „je nach Lage des Falles entweder der Frachtflößer oder der Floßeigentümer" sein (vgl. Begr. S. 9; § 1 Anm. 1). Daneben haftet er nach § 2 Abs. 2 dem Absender des Floßes, d. h. demjenigen, der im eigenen Namen den Flößereivertrag mit dem Frachtflößer abgeschlossen, also „die Beförderung des Floßes übertragen" hat (Begr. S. 10). In der Regel wird als Absender der Floßeigentümer in Betracht kommen; es kann dies aber auch ein anderer Unternehmer sein. Weiter besteht eine Haftung gegenüber dem Empfänger, der das Floß in eigenem Namen bestimmungsgemäß ausgeliefert erhalten soll, an den „das Floß gestellt ist", also auf den der Frachtbrief oder Lieferschein lautet (vgl. hierzu § 46 BSchG Anm. 3b). Ferner haftet der Floßführer den Personen der Floßmannschaft, also allen zum Flößereidienst auf dem Floße angestellten Personen (§ 17). Die Verantwortlichkeit des Floßführers nach den allgemeinen bürgerlich-rechtlichen Vorschriften, insbesondere aus einem Vertragsverhältnis (§ 276 BGB) und aus unerlaubten Handlungen (§ 823 BGB), bleibt daneben bestehen. Die Besonderheit der im § 2 geregelten Haftung liegt in der gesetzlichen Verantwortlichkeit gegenüber den angeführten, an der sicheren Durchführung der Reise interessierten Personen, wie wenn er mit diesen in vertraglichen Beziehungen stehen würde (ebenso § 7 BSchG).

4. Diese Haftung des Floßführers gegenüber den an der Reise interessierten Personen soll nach § 2 Abs. 2 ausnahmsweise dann nicht bestehen, wenn er auf Anweisung des Dienstherrn gehandelt hat (ebenso § 7 Abs. 2 Satz 1 BSchG). Es ist unerheblich, ob es sich um eine besondere, für den Einzelfall erteilte Anweisung oder um eine allgemeine Dienstanweisung handelt (vgl. hierzu § 7 BSchG Anm. 3c). Auf eine solche haftungsbefreiende Anweisung kann sich der Floßführer aber nach § 2 Abs. 3 nicht berufen, wenn er es unterlassen hat, dem Dienstherrn die erforderliche Aufklärung zu erteilen, oder wenn ihm eine strafbare Handlung zur Last fällt. Die Anweisung des Dienstherrn deckt also nicht die etwaige strafbare Handlung des Floßführers oder eine von ihm unterlassene Aufklärung, die stets erforderlich sein wird, wenn der Floßführer bei Anwendung der erforderlichen Sorgfalt erkennen mußte, daß der Dienstherr die Anweisung in Unkenntnis der Verhältnisse erteilt hat (vgl. § 7 BSchG Anm. 3c). Eine „besondere Bestimmung, daß sich der Dienstherr durch eine solche Anweisung auch seinerseits verantwortlich macht (vgl. § 7 Abs. 3 BSchG), hat keine Aufnahme gefunden, da Verhältnisse, für welche die bezeichnete Verantwortlichkeit sich nicht schon aus allgemeinen Rechtsgrundsätzen ergäbe, bei der Flößerei nicht in Betracht kommen" (Begr. S. 10).

5. Die Haftung des Dienstherrn für den Floßführer ist im Gegensatz zum Binnenschiffahrtsgesetz (vgl. § 3 BSchG) im Flößereigesetz nicht geregelt; vielmehr bestimmt sich diese Haftung nach den allgemeinen bürgerlich-rechtlichen Vorschriften. Für schuldhafte Handlungen seines Floßführers haftet der Dienstherr den Vertragsgegnern nach den §§ 276, 278 BGB und dritten Personen nach § 831 BGB. Dienstherr kann sowohl der Floßeigentümer als auch der Frachtflößer sein. Soweit als Dienstherr der Frachtflößer in Betracht kommt, kann dessen Verantwortlichkeit für den Floßführer auch auf § 431 HGB gestützt werden (vgl. § 1

Anm. 3). Die grundsätzlich nur dingliche Haftung des Floßeigentümers mit dem Floß ist in den §§ 22, 23 geregelt.

Die besonderen Dienstobliegenheiten des Floßführers

§ 3

Der Floßführer hat vor Antritt der Reise dafür zu sorgen, daß das Floß fest und dauerhaft verbunden, gehörig ausgerüstet, insbesondere mit den nötigen Reserveausrüstungsgegenständen versehen und hinreichend bemannt ist.

Dauert die Reise voraussichtlich so lange, daß ein Übernachten der Floßmannschaft auf dem Floße nötig ist, so muß das letztere mit einem Schlafraume versehen sein.

1. In der Durchführung der im § 2 aufgestellten Sorgfaltspflicht eines ordentlichen Floßführers bei allen Dienstobliegenheiten wird im § 3 Abs. 1 in Übereinstimmung mit der Regelung im § 8 Abs. 1 BSchG bestimmt, daß der Floßführer vor Antritt der Reise für die dauerhafte Verbindung, gehörige Ausrüstung und hinreichende Bemannung zu sorgen hat. Eine nähere Erläuterung der hierfür erforderlichen Maßnahmen wurde von der Reichstagskommission wohl angeregt, aber „mit Rücksicht auf die Verschiedenheit der Verhältnisse auf den Flüssen und im Hinblick auf die Unfallverhütungsvorschriften der Binnenschifffahrts-Berufsgenossenschaften abgelehnt" (Bericht der Reichstagskommission S. 1, 4). Der Floßführer hat die Obliegenheiten mit der Sorgfalt eines ordentlichen Floßführers zu erfüllen; er muß die auf den einzelnen Flüssen erlassenen wasserpolizeilichen und sonstigen öffentlich-rechtlichen Vorschriften, die Unfallverhütungsvorschriften sowie die allgemeinen Gebräuche und Übungen beachten; denn die dem Floßführer nach § 3 auferlegte Verpflichtung „stellt sich nur als eine Folgerung aus der im § 2 anerkannten allgemeinen Verbindlichkeit des Floßführers zur sorgfältigen Wahrnehmung seiner Obliegenheiten dar" (vgl. Begr. S. 10). Er muß hiernach vor Antritt der Reise die Verbindung der einzelnen Hölzer auf ihre Festigkeit und Dauerhaftigkeit prüfen und für die Mitnahme der erforderlichen brauchbaren Ausrüstungsgegenstände, wie Ketten und Taue, sorgen.

2. Nach dem Antritt der Reise hat der Floßführer auf Grund des ihm zustehenden Oberbefehls für die richtige und sachgemäße nautische Führung zu sorgen (vgl. § 1 Anm. 1). Er muß die Einrichtung eines Schlafraumes für die Floßmannschaft veranlassen, wenn „die Reise voraussichtlich über einen Tag hinaus dauert; man erwog, daß ein als eintätig vorgesehener Transport durch widrigen Wind, Nebel wider die Absicht und das Erwarten des Floßführers sich auch die Nacht hindurch ausdehnen könne; dann solle ein Verschulden in dem Mangel eines Schlafraumes nicht gefunden werden können; die Art der Einrichtung des Schlafraumes hat sich nach den örtlichen Verhältnissen zu bestimmen" (so KommBer. S. 4).

3. Der Floßführer hat auf Grund der ihm obliegenden Sorgfaltspflicht für die Einhaltung dieser Erfordernisse „zu sorgen". Stellt er nach sorgfältiger Prüfung Mängel fest, so hat er diese seinem Dienstherrn (Frachtflößer oder Floßeigentümer) mitzuteilen und Abhilfe zu fordern. Unterläßt er dies schuldhaft, so haftet er nach § 3 den im § 2 aufgeführten Personen auf Schadensersatz. Er kann sich von dieser Haftung nach § 2 Abs. 2 unter Berufung auf eine Anweisung des Dienstherrn befreien, wenn der Dienstherr trotz Benachrichtigung und Aufklärung die

Abstellung der Mängel unterläßt und den Antritt der Reise fordert. Die persönliche Haftung des Dienstherrn wird aber hierdurch nicht berührt. Ist der Floßführer zugleich Frachtflößer, so muß er selbst für Abstellung etwaiger Mängel vor Antritt der Reise sorgen; anderenfalls macht er sich den Beteiligten schadensersatzpflichtig.

Die Haftung für Angaben in den Begleitpapieren

§ 4

Der Floßführer hat vor Antritt der Reise sich zu überzeugen, daß die Angaben über Stückzahl und Länge der Hölzer in den auf die Beförderung bezüglichen Urkunden (Frachtbrief, Lieferschein) richtig sind, und die Änderung unrichtiger Angaben herbeizuführen. Unterläßt er dies, so wird bis zum Beweise des Gegenteils angenommen, daß der Floßführer die Hölzer in der Zahl und Länge, wie sie in den Urkunden verzeichnet sind, empfangen hat.

Für Borkeverlust ist der Floßführer sowie der Frachtflößer nur im Falle einer böslichen Handlungsweise verantwortlich.

1. Es ist „gebräuchlich, daß der Floßführer, wenn die Beförderung des Floßes einem Frachtflößer übertragen ist, entweder einen von dem Absender ausgestellten Frachtbrief oder statt eines solchen, manchmal auch neben ihm, einen von dem Frachtflößer ausgefertigten Lieferschein erhält". Im letzteren Falle hat bei Ablieferung des Floßes der Floßführer dem Empfänger den Lieferschein zu übergeben oder sich von dem Empfänger auf dem Schein die Ablieferung bestätigen zu lassen. Besorgt der Floßeigentümer selbst die Beförderung des Floßes, so pflegt er dem Floßführer gleichfalls einen Lieferschein mitzugeben. Auf den östlichen Strömen hat der Lieferschein zum Teil auch die Bedeutung eines Konnossements oder Ladescheins, indem die Urkunde von dem Frachtflößer dem Absender ausgehändigt und von diesem indossiert und dem Empfänger übersandt wird. Der Floßführer bekommt in diesem Falle eine Abschrift der Urkunde (vgl. Begr. S. 11). Diese Urkunden, die sich auf die Beförderung des Floßes beziehen, werden meist als Begleitpapiere bezeichnet. Es ist aber nicht erforderlich, daß sich diese Urkunden stets im Besitz des Floßführers befinden müssen. Vielmehr ist es nicht selten üblich, daß der Frachtflößer den Lieferschein wie einen Ladeschein unterzeichnet und dann dem Absender zur Weiterbegebung an den Empfänger aushändigt, wobei er sich eine Abschrift regelmäßig zurückbehält (vgl. § 72 BSchG Anm. 1b).

2. Die Begleitpapiere haben den Zweck, den Umfang der zum Floß gehörenden Hölzer für alle Beteiligten klarzustellen. Deshalb ist dem Floßführer nach § 4 Abs. 1 die gesetzliche Sorgepflicht auferlegt, daß die in den Begleitpapieren enthaltenen Angaben über Stückzahl und Länge der Hölzer richtig sind. Er ist aber nicht verpflichtet, die Aufnahme solcher Angaben zu veranlassen, also auch nicht berechtigt, Begleitpapiere ohne einen solchen Inhalt zurückzuweisen. Werden ihm Angaben über die Stückzahl und Länge der zum Floß gehörenden Hölzer gemacht, so muß er sich davon überzeugen, ob sie richtig sind, und muß etwaige unrichtige Angaben in den Begleitpapieren berichtigen. Die Abgabe oder Aufnahme eines Protestes genügt regelmäßig nicht; vielmehr ist der Floßführer berechtigt und verpflichtet, die richtigen Angaben in die Begleitpapiere aufzunehmen; wird dies verweigert, so kann er den Antritt der Reise ablehnen.

3. Die gesetzliche Prüfungspflicht des Floßführers beschränkt sich auf die Angaben in den Begleitpapieren über „Stückzahl und Länge" der Hölzer, also auf den Umfang der zum Floß gehörenden Hölzer. „In betreff etwaiger Angaben der Urkunden über Stärke, Breite, Art oder Beschaffenheit der Hölzer kann dem Floßführer eine nähere Prüfung und Feststellung nicht ohne weiteres zugemutet werden; in diesen Beziehungen ist auch die Gefahr einer Schädigung des Floßeigentümers durch das Verhalten der Floßbesatzung keine erhebliche" (Begr. S. 11). Zu einer solchen Prüfung der Art oder Beschaffenheit der Hölzer ist der Floßführer grundsätzlich nur verpflichtet, wenn er dies vertraglich übernommen hat. Denn seine Verpflichtung beschränkt sich auf die Beförderung der ihm übergebenen Hölzer.

4. Unterläßt der Floßführer eine ihm obliegende Prüfung des Umfanges der Hölzer oder die Berichtigung der Begleitpapiere, so greift die gesetzliche Beweisvermutung Platz, daß der Floßführer die Hölzer in der Zahl und in der Länge empfangen habe, wie sie in den Begleitpapieren vermerkt waren. Es werden dann also die Angaben der Begleitpapiere als richtig angenommen, und dem Floßführer liegt der zulässige Gegenbeweis ob, daß er trotz des Inhalts der Begleitpapiere einen geringeren Umfang von Hölzern erhalten habe (Begr. S. 11). Diese Beweisvermutung beschränkt sich nicht zum Nachteil des Floßführers auf dessen Verhältnis zum Frachtflößer, sondern ist in gleicher Weise für die Haftung des Frachtflößers maßgebend, in dessen Diensten der Floßführer steht. Demnach hat auch der Frachtflößer die Angaben der Begleitpapiere bis zum Beweis des Gegenteils gegen sich gelten zu lassen. Falls ein Lieferschein als Ladeschein vom Frachtflößer ausgestellt und weiterbegeben ist, so genügt gegenüber dessen Inhalt der Nachweis der Unrichtigkeit der Angaben nicht, um den Frachtflößer von seiner Haftung für die Richtigkeit des Inhaltes des Ladescheins zu befreien (vgl. §§ 444 bis 449 HGB); vielmehr ist der Frachtflößer dem legitimierten Besitzer eines solchen Ladescheins für jeden Schaden verantwortlich, der diesem durch die von dem Frachtflößer oder seinem Floßführer verschuldete Unrichtigkeit der Angaben entstanden ist (RGZ 5, 81; Begr. S. 11).

5. Für Borkeverlust sind der Floßführer und der Frachtflößer nach § 4 Abs. 2 ausnahmsweise nur im Falle einer böslichen Handlungsweise verantwortlich. Denn ein Verlust der Borke der Hölzer wird bei der Art der Beförderung eines Floßes unvermeidlich sein (Begr. S. 11), ist also regelmäßig auf die natürlichen Gefahren der Beförderung zurückzuführen. Deshalb sollen Frachtflößer und Floßführer für solchen Borkeverlust nur haften, wenn ihnen nachgewiesen wird, daß sie einen solchen Verlust durch „bösliche Handlungsweise" herbeigeführt haben. Hierunter ist nicht etwa allgemein neben dem Vorsatz die grobe Fahrlässigkeit zu verstehen, sondern nur derjenige Frevelmut, der sich der rechtswidrigen Folgen seines Verhaltens bewußt ist (RGZ 1, 22; RG bei Bolze 1 Nr. 693; 16 Nr. 401; vgl. § 4 BSchG Anm. 9e).

Die Stellvertretung des Floßführers

§ 5

Wenn der Floßführer durch Krankheit oder andere Ursachen verhindert ist, das Floß zu führen, so darf er den Antritt oder die Fortsetzung der Reise nicht ungebührlich verzögern; er muß vielmehr, wenn Zeit und Umstände es gestatten, die Anordnung des Dienstherrn einholen und für die Zwischenzeit die geeigneten Vorkehrungen treffen, im entgegengesetzten Falle aber einen anderen Floßführer einsetzen.

Für diesen Stellvertreter ist er nur insofern verantwortlich, als ihm bei der Wahl desselben ein Verschulden zur Last fällt.

1. Der Floßführer darf auf Grund der ihm obliegenden Sorgfaltspflicht (§ 2) den Antritt und die Fortsetzung der Reise selbst dann nicht ungebührlich verzögern, wenn eine persönliche Behinderung durch Krankheit oder andere Umstände eintritt. Vielmehr ist er verpflichtet, sofortige Vorkehrungen zu treffen. Er muß, soweit Zeit und Umstände dies gestatten, die Anordnung seines Dienstherrn einholen und bis dahin geeignete Vorkehrungen treffen, um die Sicherheit des Floßes und die Durchführung der Reise zu gewährleisten (vgl. § 9 BSchG Anm. 2).

2. Wenn die Einholung der Anordnung des Dienstherrn nach Zeit und Umständen nicht tunlich ist, so hat der Floßführer einen Stellvertreter einzusetzen. Dies gilt auch dann, wenn der Floßführer zugleich Frachtflößer oder Floßeigentümer, ein Dienstherr also nicht vorhanden ist (vgl. § 1 Anm. 1). Denn alle Beteiligten haben ein Interesse daran, daß die Reise mit dem Floß beschleunigt durchgeführt wird. Von der Bestellung dieses Ersatz-Floßführers muß der verhinderte Floßführer seinen Dienstherrn benachrichtigen; dies ist im § 6, ebenso wie im § 10 Abs. 1 BSchG, besonders hervorgehoben (vgl. § 9 BSchG Anm. 3a)

3. Ein solcher Ersatz-Floßführer hat alle Rechte und Pflichten eines Floßführers, bis die Reise beendet oder er abberufen wird. Er ist also in rechtlicher Hinsicht kein Stellvertreter des verhinderten Floßführers, sondern gilt als vom Dienstherrn eingesetzt.

4. Der verhinderte Floßführer hat die Auswahl eines geeigneten „Stellvertreters" mit der Sorgfalt eines ordentlichen Floßführers vorzunehmen (§ 2). Er ist daher nach § 5 Abs. 2 insofern verantwortlich, als ihn bei der Auswahl ein Verschulden trifft; im übrigen haftet er für diesen Ersatz-Floßführer nicht.

Benachrichtigung des Dienstherrn

§ 6

Der Floßführer ist verpflichtet, von Beschädigungen des Floßes, von Verlusten an Ausrüstungsgegenständen sowie von der Einsetzung eines anderen Floßführers (§ 5) den Dienstherrn in Kenntnis zu setzen.

Er hat in allen erheblichen Fällen, namentlich wenn er die Reise einzustellen oder zu verändern sich genötigt findet, die Erteilung von Verhaltungsmaßregeln bei dem Dienstherrn nachzusuchen, sofern es die Umstände gestatten.

1. Die im § 6 Abs. 1 aufgestellte Benachrichtigungspflicht des Floßführers entspricht der im § 10 Abs. 1 BSchG vorgesehenen Regelung, jedoch unter Auslassung der Mitteilung „von eingegangenen Geschäften", da der Floßführer hierzu keine gesetzliche Vollmacht hat (§ 15). Eine solche Benachrichtigung ist für den Dienstherrn von erheblicher Bedeutung, damit er die erforderlichen Maßnahmen sofort anordnen und im Falle der Versicherung des Floßes seine Versicherungsgesellschaft benachrichtigen kann. Der Floßführer hat jede Beschädigung des Floßes oder seiner Hölzer sowie jeden Verlust an Ausrüstungsgegenständen dem Dienstherrn anzueignen; es ist hierbei gleichgültig, ob sich diese Umstände vor oder nach Antritt der Reise ereignet haben (vgl. § 10 BSchG Anm. 1a).

2. Auch von der Einsetzung eines Ersatz-Floßführers im Falle seiner persönlichen Verhinderung muß der Floßführer seinen Dienstherrn benachrichtigen (vgl. § 5 Anm. 2).

3. Eine darüber hinausgehende, von der Reichstagskommission angeregte Verpflichtung, den „Dienstherrn von den Begebnissen der Reise in Kenntnis zu setzen", wurde nicht aufgenommen (Bericht S. 4). Dagegen hat der Floßführer nach § 6 Abs. 2 „in allen erheblichen Fällen" die Erteilung von Verhaltungsmaßregeln bei dem Dienstherrn nachzusuchen. Als Beispiel solcher erheblicher Fälle wird die Einstellung oder Veränderung der Reise erwähnt; es kommen hierfür auch sonstige Umstände in Betracht, welche die Durchführung der Reise ganz oder teilweise unmöglich machen oder erheblich erschweren, wie Hochwasser, Niedrigwasser oder Eisgefahren. Die Einholung der Verhaltungsmaßregeln kann unterbleiben, wenn die Umstände es nicht gestatten, z. B. wenn der Floßführer das in gefährdeter Lage befindliche Floß nicht verlassen kann. Auch bei Untergang des Floßes besteht die Benachrichtigungspflicht.

4. Die Benachrichtigung und das Ersuchen um Verhaltungsmaßregeln ist an den Dienstherrn, also regelmäßig an den Frachtflößer, zu richten. Wenn der Floßführer zugleich Frachtflößer ist, so kommt ein Dienstherr nicht in Betracht. Dann sind die Benachrichtigungen dem Vertragsgegner des Frachtflößers, also dem Absender, zu übermitteln (vgl. §§ 7, 2 Anm. 2).

Benachrichtigung an den Absender

§ 7

Wenn der Floßführer nicht im Dienste eines Frachtflößers oder des Floßeigentümers steht, sondern selbst als Frachtflößer die Beförderung des Floßes übernommen hat, so sind die in den §§ 5 und 6 vorgeschriebenen Mitteilungen an den Absender zu richten.

Nach den §§ 5, 6 ist der Floßführer verpflichtet, seinen Dienstherrn von gewissen Beförderungshindernissen zu benachrichtigen (vgl. § 5 Anm. 1; § 6 Anm. 1, 2). Ein solcher „Dienstherr" fehlt, wenn der Floßführer überhaupt nicht in einem Dienstverhältnis zu einem Frachtführer oder Floßeigentümer steht, sondern Floßführer und Frachtflößer in einer Person ist (vgl. § 1 Anm. 1). Dann ist die Benachrichtigung und das Ersuchen um Verhaltungsmaßregeln an den Absender des Floßes zu richten, der die Beförderung in eigenem Namen übertragen hat (vgl. § 2 Anm. 3).

Die Dienstobliegenheiten des Floßführers bei der Verklarung

§ 8

Wird das Floß von einem Unfall betroffen, so ist der Floßführer berechtigt und auf Verlangen seines Dienstherrn, des Absenders oder des Empfängers des Floßes verpflichtet, vor dem Amtsgerichte des Ortes, an welchem die Reise endet, und wenn das Floß vorher an einem anderen Orte längere Zeit liegen bleiben muß, vor dem Amtsgerichte dieses Ortes eine Beweisaufnahme über den tatsächlichen Hergang sowie über den Umfang des eingetretenen Schadens und über die zur Abwendung oder Verringerung desselben angewendeten Mittel zu beantragen. Er hat sich selbst zum Zeugnisse zu erbieten und die zur Feststellung des Sachverhältnisses sonst dienlichen Beweismittel zu bezeichnen.

1. Der Floßführer hat als verantwortlicher nautischer Leiter des Floßes nach § 2 auch auf der Reise die Sorgfalt eines ordentlichen Floßführers anzuwenden. Er hat alle Vorkehrungen zu treffen, wenn das Floß von einem Unfall betroffen wird. Hierzu gehört auch eine Klärung und Festlegung des Unfalltatbestandes durch Einleitung eines besonderen Beweissicherungsverfahrens, das in Angleichung an die Regelung der §§ 11—14 BSchG als Verklarung bezeichnet wird (vgl. § 11 BSchG Anm. 1a, b). Wenn „das Floß von einem Unfall betroffen wird, bei welchem es selbst Schaden leidet, oder seinerseits eine Beschädigung verursacht, für welche nach den Bestimmungen der §§ 22, 23 die Haftung mit dem Floß eintritt, so liegt es ebenso wie bei Unfällen, die einem Schiff oder seiner Ladung zustoßen, im Interesse aller Beteiligten, daß der Sachverhalt in einem schleunigen Verfahren festgestellt und hierdurch eine zuverlässige Beurteilung der Frage ermöglicht wird, welchen Umfang der eingetretene Schaden hat und wer für ihn verantwortlich ist"; deshalb sind „die in den §§ 11—14 BSchG über das gerichtliche Beweisverfahren bei Schiffsunfällen mit den durch die Verschiedenheit der Verhältnisse bedingten Abweichungen auf die Flößerei übertragen" (so Begr. S. 12).

2. Es muß das Floß von einem Unfall betroffen sein. Eine Beschädigung des Floßes braucht aber nicht vorzuliegen, sondern es genügt auch jeder sonstige das Floß treffende Nachteil (vgl. hierzu § 11 BSchG Anm. 2a).

3. Der Floßführer ist bei Vorliegen eines solchen Unfalles berechtigt und nur auf Verlangen seines Dienstherrn, des Absenders oder des Empfängers verpflichtet, das Verfahren der Verklarung einzuleiten. Das Gericht kann also nicht von Amts wegen, sondern nur auf Antrag des Floßführers einschreiten. Antragsberechtigt ist nur der Floßführer (vgl. § 11 BSchG Anm. 2b).

4. Eine besondere Form ist für diesen Antrag nicht vorgesehen. Nach § 8 in Verbindung mit den §§ 11—13 FGG ist der Antrag schriftlich oder zu Protokoll der Geschäftsstelle einzureichen (vgl. § 11 BSchG Anm. 2c).

5. Für das Verklarungsverfahren ist ohne Rücksicht auf die Höhe der dem Unfall zugrunde liegenden Ansprüche das Amtsgericht zuständig. Grundsätzlich soll die Verklarung bei dem Amtsgericht des Ablieferungsortes vorgenommen werden; jedoch kann sie auch bei dem Amtsgericht des Aufenthaltsortes eingeleitet werden, wenn das Floß auf der Reise längere Zeit, z. B. gerade wegen des Unfalles, liegenbleiben muß (vgl. § 11 BSchG Anm. 3b).

6. Die Verklarung stellt ein besonderes gerichtliches Verfahren zur Aufnahme und Sicherung des Beweises dar. Die Beweiskraft der Verklarung in einem späteren Prozeß bestimmt sich also nach dem Grundsatz der freien Beweiswürdigung. Der Verklarung gebührt kein Vorrang vor anderen Beweismitteln; sie kann durch andere Beweismittel ergänzt, berichtigt, auch widerlegt werden (vgl. § 11 BSchG Anm. 1c).

Das Verklarungsverfahren

§ 9

Zur Aufnahme des Beweises bestimmt das Gericht einen tunlichst nahen Termin, zu welchem der Floßführer und die sonst bezeichneten Zeugen zu laden sind. Dem Dienstherrn des Floßführers sowie dem Absender und dem Empfänger des Floßes ist von dem Termine Mitteilung zu machen, soweit es ohne unverhältnismäßige Verzögerung des Verfahrens geschehen kann. Die Mitteilung kann durch öffentliche Bekanntmachung erfolgen.

1. Nach Eingang des Antrages des Floßführers sowie Prüfung seiner örtlichen und sachlichen Zuständigkeit hat das Gericht einen „möglichst nahen Termin" zu bestimmen. Gegen einen etwaigen ablehnenden Bescheid steht den

Beteiligten das Rechtsmittel der sofortigen Beschwerde zu (vgl. § 12 BSchG Anm. 1a).

2. Das Gericht erläßt nicht etwa einen Beweisbeschluß, sondern bestimmt einen Verklarungstermin (vgl. § 12 BSchG Anm. 1b). Zu diesem Termin sind der Floßführer und die bezeichneten Zeugen zu laden. Das Gericht ist nicht befugt, die Ladung benannter Zeugen als unerheblich oder überflüssig abzulehnen; es kann nur eine Ausdehnung der Beweisaufnahme nach § 10 Abs. 4 anordnen.

3. Die vorgesehene Benachrichtigung an die übrigen, am Verklarungsverfahren beteiligten Personen kann unterbleiben, wenn dadurch eine unverhältnismäßige Verzögerung eintreten würde (vgl. § 12 BSchG Anm. 1c).

Das Beweisaufnahmeverfahren

§ 10

Die Aufnahme des Beweises erfolgt nach den Vorschriften der Zivilprozeßordnung.

Soweit hiernach nicht die Beeidigung des Floßführers ausgeschlossen ist, beschließt über dieselbe das Gericht nach freiem Ermessen.

Der Dienstherr des Floßführers, der Absender und der Empfänger des Floßes sowie die etwa sonst durch den Unfall Betroffenen sind berechtigt, in Person oder durch Vertreter der Verhandlung beizuwohnen. Sie können eine Ausdehnung der Beweisaufnahme auf weitere Beweismittel beantragen.

Das Gericht ist befugt, eine Ausdehnung der Beweisaufnahme auch von Amts wegen anzuordnen, soweit dies zur Aufklärung des Sachverhalts erforderlich erscheint.

1. Die Durchführung der Beweisaufnahme erfolgt nach den Vorschriften der Zivilprozeßordnung (§§ 371ff. ZPO). Dies gilt vor allem für die Vernehmung und Beeidigung der Zeugen und Sachverständigen sowie der etwaigen Augenscheinseinnahme (vgl. § 13 BSchG Anm. 1a).

2. Zur Erreichung einer vollständigen Aufklärung des Unfalltatbestandes ist aber nach § 10 Abs. 4, ebenso wie im § 13 Abs. 3, BSchG vorgesehen, daß das Gericht eine Ausdehnung der Beweisaufnahme von Amts wegen anordnen, also sowohl weitere Zeugen laden als auch eine Augenscheinseinnahme oder Sachverständigenbeweis anordnen kann (vgl. § 13 BSchG Anm. 1b).

3. Außer den Zeugen ist auch der Floßführer zu vernehmen (vgl. § 13 BSchG Anm. 2a). Er kann, obwohl er zugleich Antragsteller ist, auf seine Aussagen beeidigt werden. Hierüber beschließt das Gericht nach freiem Ermessen (vgl. § 13 BSchG Anm. 2b).

4. Über das Ergebnis des Beweisaufnahmeverfahrens führt das Gericht ein Protokoll (§§ 160, 492 ZPO). Hierin hat sich das Gericht jeder eigenen Stellungnahme zu enthalten; es ergeht also weder ein Urteil noch eine sonstige Abschlußentscheidung (vgl. § 13 BSchG Anm. 3a). Die Einsichtnahme in dies Verklarungsprotokoll ist jedem gestattet, der ein berechtigtes Interesse glaubhaft macht (§ 34 FGG). Den Beteiligten ist auf Antrag eine einfache oder beglaubigte Abschrift zu erteilen.

Die Kosten der Verklarung

§ 11

Ist das Verfahren auf Verlangen des Absenders oder des Empfängers beantragt, so hat derselbe die entstandenen Kosten zu erstatten, soweit er nicht Anspruch auf

Ersatz des durch den Unfall ihm entstandenen Schadens hat. Die Verpflichtung des Dienstherrn, dem Floßführer die verauslagten Kosten zu erstatten, wird hierdurch nicht berührt.

1. Die Vorschrift des bisherigen Absatzes 1 über die Anwendung des Gerichtskostengesetzes wurde, nachdem der darin vorgesehene Höchstbetrag der Kosten in der Inflation mehrfach abgeändert war (RGBl. 1923 I S. 10, 164, 745, 1186), durch die §§ 158 Abs. 2, 44 Ziff. 5 der Verordnung über die Kosten in Angelegenheiten der freiwilligen Gerichtsbarkeit (Kostenordnung) vom 25. 11. 1935 (RGBl. I S. 1371ff.) mit Wirkung vom 1. 4. 1936 aufgehoben. Seit diesem Zeitpunkt bestimmen sich die Gerichtskosten des Verklarungsverfahrens nicht mehr nach dem Gerichtskostengesetz, sondern nach dem Gesetz über die Kosten in Angelegenheiten der freiwilligen Gerichtsbarkeit (Kostenordnung) in der Fassung vom 26. 7. 1957 (BGBl. I 960). Nach § 50 Abs. 2 KostO wird für die Aufnahme von Verklarungen nach dem Flößereigesetz das Doppelte der vollen Gebühr, mindestens ein Betrag von 20 DM und für die nachträgliche Ergänzung der Verklarung wird die volle Gebühr, mindestens 10 DM erhoben. Die Gebühren berechnen sich nach dem vom Gericht festzusetzenden Geschäftswert, der in Ermangelung genügender tatsächlicher Anhaltspunkte für eine Schätzung regelmäßig auf 3000 DM, ausnahmsweise niedriger oder höher, jedoch nicht unter 200 DM und nicht über eine Million, anzunehmen ist.

2. Für diese Gerichtskosten ist dem Gericht gegenüber der Floßführer als Antragsteller vorschußpflichtig. Der Floßführer ist dem Gericht gegenüber auch Kostenschuldner, soweit es sich nicht um Kosten handelt, die innerhalb des Verfahrens durch Anträge anderer Beteiligter verursacht werden (vgl. § 14 BSchG Anm. 1b).

3. Nach § 11 Abs. 2 hat der Floßführer einen Anspruch auf Erstattung der von ihm vorschußweise entrichteten oder eingezogenen Gerichtskosten gegen den Absender oder Empfänger, wenn die Einleitung des Verfahrens auf deren Verlangen erfolgte. Dieser Erstattungsanspruch entfällt, soweit der Absender oder Empfänger einen Anspruch auf Ersatz des durch den Unfall entstandenen Schadens hat, weil der Floßführer oder seine Leute den Unfall schuldhaft herbeigeführt haben. Es ist „selbstverständlich, daß der Floßführer derartige im Dienste seines Auftraggebers gemachte Auslagen nicht aus seiner Tasche zu tragen" hat (so Bericht der Reichstagskommission S. 4). Der Dienstherr (Frachtflößer oder Floßeigentümer) ist nach § 11 Abs. 2 Satz 2 verpflichtet, dem Floßführer die verauslagten Kosten zu erstatten.

4. Im Verklarungsverfahren können sich die Beteiligten durch Anwälte vertreten lassen (§§ 13, 29 FGG). Für die Berechnung dieser Anwaltskosten gelten nicht die Bestimmungen der Kostenordnung, sondern die allgemeinen Vorschriften (vgl. § 14 BSchG Anm. 2a). Die Erstattungsfähigkeit dieser Anwaltskosten ist zu bejahen, jedoch erfolgt eine Festsetzung im Verklarungsverahren selbst nicht (vgl. § 14 BSchG Anm. 2b).

Die Anzeige von der Ankunft am Ablieferungsort

§ 12

Sobald das Floß am Ablieferungsorte angekommen ist, hat der Floßführer dies dem Empfänger anzuzeigen.

Wenn der Empfänger nicht zu ermitteln ist, so muß die Anzeige durch öffentliche Bekanntmachung in ortsüblicher Weise erfolgen.

1. Nach der Ankunft am Ablieferungsort muß der Floßführer für die Ablieferung des Floßes an den Empfänger Sorge tragen. Er muß daher die Ankunft dem Empfänger anzeigen. Es ist dies eine ähnliche Regelung, wie sie in den §§ 46, 47, 52 BSchG für den Frachtführer vorgesehen ist. Diese Anzeige ist auch dann erforderlich, wenn der Floßführer nicht vom Frachtflößer, sondern vom Floßeigentümer mit der Beförderung beauftragt wurde. Das „Verhalten des Floßführers nach der Ankunft am Bestimmungsort bedarf der Regelung nicht bloß für den Fall, daß ein Frachtvertrag über die Beförderung des Floßes geschlossen ist, sondern auch für den Fall, daß der Floßeigentümer selbst die Beförderung besorgt und den Floßführer angestellt hat" (so Begr. S. 12).

2. Die Anzeige von der Ankunft des Floßes ist an den Empfänger zu richten. Als solcher kommt derjenige in Betracht, der das Floß in eigenem Namen bestimmungsgemäß ausgeliefert erhalten soll (vgl. § 2 Anm. 3).

3. Eine besondere Form ist für die Anzeige nicht vorgesehen; sie kann mündlich, telefonisch oder schriftlich erfolgen. Es ist auch nicht, wie im § 47 Abs. 2 BSchG, bestimmt, daß die Anzeige innerhalb der ortsüblichen Geschäftsstunden an einem Werktag zu erstatten ist; jedoch wird man eine ähnliche Regelung aus den allgemeinen Vorschriften der §§ 193, 242 BGB zu entnehmen haben, da dem Empfänger grundsätzlich nur zugemutet werden kann, die Anzeige an einem Werktag innerhalb der ortsüblichen Geschäftsstunden in Empfang zu nehmen.

4. Die Anzeige hat sofort nach dem Eintreffen des Floßes am Ablieferungsort, ohne schuldhaftes Zögern, zu erfolgen (§ 121 BGB). Eine „kostenfreie Liegezeit (Löschzeit), wie sie bei der Binnenschiffahrt dem Ladungsempfänger zum Zweck der Löschung gewährt werden muß, kann bei der Flößerei nicht in Betracht kommen" (Begr. S. 12).

5. Der Floßführer muß geeignete Ermittlungen nach dem Empfanger anstellen, insbesondere durch Nachfrage bei der Polizeibehörde (vgl. § 47 BSchG Anm. 2c). Führen diese Ermittlungen zu keinem Ergebnis, so muß die Anzeige nach § 12 Abs. 2 durch öffentliche Bekanntmachung in ortsüblicher Weise erfolgen. Die Kosten dieser öffentlichen Bekanntmachung kann der Floßführer vom Empfänger und Absender erstattet verlangen (vgl. hierzu § 47 BSchG Anm. 2c).

Die Ablieferung des Floßes

§ 13

Der Floßführer hat das Floß an dem ihm von dem Empfänger angewiesenen Platze festzulegen.

Wenn die Anweisung nicht rechtzeitig erfolgt, oder wenn die Wassertiefe, die örtlichen Verordnungen oder Einrichtungen oder die Sperrung des Platzes durch andere Flöße oder durch Schiffe die Befolgung der erteilten Anweisung nicht gestatten, so kann der Floßführer, falls der Empfänger auf die Aufforderung nicht unverzüglich einen geeigneten Platz bezeichnet, selbst einen Platz zum Festlegen des Floßes wählen.

Bei der Auswahl dieses Platzes hat der Floßführer das Interesse des Empfängers tunlichst zu berücksichtigen; auch hat er ihm unverzüglich von der Festlegung des Floßes Mitteilung zu machen.

Ist der von dem Empfänger bezeichnete Platz nur zeitweilig nicht zu erreichen, so ist der Floßführer auf Verlangen des Empfängers verpflichtet, mit der Mannschaft so lange bei dem Floße zu bleiben, bis es an diesem Platze festgelegt ist. Die durch den Aufenthalt entstehenden Mehrkosten hat der Empfänger zu ersetzen.

1. Nach der Ankunft am Ablieferungsort hat der Floßführer für die Ablieferung des Floßes an den Empfänger zu sorgen. Er muß das Floß zur Vorbereitung dieser Ablieferung an dem Platz festlegen, der ihm vom Empfänger von vornherein oder auf die nach § 12 erstattete Anzeige angewiesen wird. Mit dieser Festlegung am angewiesenen Platz „ist die Ablieferung des Floßes der Regel nach vollzogen" (so Begr. S. 12, 13), da der Empfänger hierüber verfügen kann.

2. Das Recht zur Anweisung des Platzes steht in Übereinstimmung mit der im § 46 BSchG vorgesehenen Regelung dem Empfänger zu, also demjenigen, der die Auslieferung des Floßes im eigenen Namen verlangen kann (vgl. § 2 Anm. 3; § 46 BSchG Anm. 3b). Diese Anweisung muß rechtzeitig (§ 13 Abs. 2), also ohne schuldhaftes Zögern (§ 121 BGB), erfolgen (vgl. § 46 BSchG Anm. 4a).

3. Der Empfänger hat kein unbeschränktes Anweisungsrecht, sondern er muß nach § 13 Abs. 2 einen „geeigneten Platz" auswählen, der unter Berücksichtigung der Orts- und Wasserstandsverhältnisse zur sicheren Festlegung des Floßes geeignet erscheint (vgl. hierzu § 46 BSchG Anm. 4b). Eine Besonderheit besteht im Flößereirecht bei einer zeitweiligen Behinderung der Erreichung des angewiesenen Platzes, z. B. bei dessen Besetzung durch andere Flöße; in diesem Fall ist der Floßführer gegen Erstattung der hierdurch entstehenden Mehrkosten auf Verlangen des Empfängers verpflichtet, bei dem Floße bis zu seiner Festlegung zu bleiben (§ 13 Abs. 4).

4. Der Floßführer kann nach § 13 Abs. 2 in Übereinstimmung mit der im § 46 Abs. 2 BSchG vorgesehenen Regelung an einem von ihm auszuwählenden Platz anlegen, wenn der Empfänger sein Anweisungsrecht nicht oder nicht gehörig ausübt und auch eine Aufforderung ergebnislos geblieben ist. Er ist aber zum Aufsuchen eines solchen von ihm ausgewählten geeigneten Platzes nur berechtigt, nicht auch verpflichtet; vielmehr kann er grundsätzlich die etwaigen weiteren Anweisungen des Empfängers abwarten (vgl. § 46 BSchG Anm. 4c).

5. Bei der Auswahl des Platzes hat der Floßführer nach § 13 Abs. 3 „tunlichst" das Interesse des Empfängers zu berücksichtigen. Er ist also in der Auswahl nicht völlig unbeschränkt, sondern muß bei Vorhandensein mehrerer geeigneter Plätze einen Platz einnehmen, der die Abnahme des Floßes durch den Empfänger nicht unbillig erschwert. Er ist verpflichtet, den Empfänger von der erfolgten Festlegung des Floßes unverzüglich, d. h. ohne schuldhaftes Zögern (§ 121 Abs. 1 BGB), zu benachrichtigen.

Ablieferungshindernisse

§ 14

Verweigert der Empfänger die Annahme des Floßes oder ist er nicht zu ermitteln, so ist der Floßführer befugt, das Floß einem Spediteur oder einem sonst geeigneten Dritten für Rechnung und Gefahr des Empfängers zu übergeben.

Er hat hiervon den Absender und, falls der Empfänger bekannt ist, auch diesen unverzüglich zu benachrichtigen.

1. Bei Annahmeverweigerung oder Unauffindbarkeit des Empfängers ist der Floßführer berechtigt, aber nicht verpflichtet, das Floß für Rechnung und Gefahr des Empfängers zu „hinterlegen". Eine solche Hinterlegung wird der Floßführer vornehmen, wenn er sich von seiner Beaufsichtigungspflicht befreien will.

2. Es ist im § 14 im Gegensatz zu der im § 52 BSchG vorgesehenen Regelung nicht bestimmt, daß der Floßführer den Absender vorher von dieser Hinterlegung in Kenntnis zu setzen hat. Nach § 14 Abs. 2 hat der Floßführer lediglich den Absender und Empfänger von der erfolgten Hinterlegung zu benachrichtigen. Eine öffentliche Bekanntmachung an den nicht ermittelten Empfänger, wie im § 52 Abs. 3 BSchG, ist nicht vorgeschrieben.

3. Diese Hinterlegung hat bei „einem Spediteur oder einem sonst geeigneten Dritten" zu erfolgen, indem diesen das Floß zur Aufbewahrung übergeben wird. Die ordnungsmäßig erfolgte Hinterlegung gilt als Ablieferung und geschieht auf Rechnung und Gefahr des Empfängers (vgl. § 52 BSchG Anm. 6).

4. Die Bedeutung sonstiger Ablieferungshindernisse ist im Flößereigesetz nicht geregelt; es gelten insoweit die allgemeinen bürgerlich-rechtlichen Vorschriften (§§ 320ff. BGB). Die Befugnisse des Frachtflößers (vgl. § 1 Anm. 1) bestimmen sich nach § 437 HGB.

Die Vertretungsbefugnis des Floßführers

§ 15

Zur Vornahme von Rechtsgeschäften für den Dienstherrn, insbesondere zur Einziehung der Frachtforderung desselben, ist der Floßführer nur auf Grund einer ihn hierzu ermächtigenden Vollmacht befugt.

1. Dem Floßführer ist nicht, wie dem Schiffer nach § 15 BSchG, eine beschränkte gesetzliche Vertretungsmacht eingeräumt, Rechtsgeschäfte für seinen Dienstherrn vorzunehmen. Für eine solche „gesetzliche Ermächtigung des Floßführers, während der Reise Rechtsgeschäfte für den Dienstherrn abzuschließen und Verbindlichkeiten für ihn einzugehen, ist kein Bedürfnis; die Verhältnisse, welche bei der Binnenschiffahrt die Anerkennung einer derartigen Vertretungsbefugnis des Schiffers angezeigt erscheinen lassen, liegen bei der Flößerei nicht vor" (so Begr. S. 13, 14). Eine gesetzliche Vertretungsmacht des Floßführers ist deshalb im § 15, um „etwaigen Zweifeln vorzubeugen", ausdrücklich ausgeschlossen worden.

2. Der Floßführer bedarf hiernach zu allen Rechtsgeschäften, die für und gegen den Dienstherrn wirksam sein sollen, einer ihn hierzu ermächtigenden Vollmacht. Diese Vollmacht braucht nicht für jeden Einzelfall gesondert, sondern kann allgemein erteilt sein. Für die als Geschäftsführer ohne Auftrag im Interesse des Dienstherrn vorgenommenen Geschäfte gelten die allgemeinen bürgerlich-rechtlichen Vorschriften der §§ 677ff. BGB.

3. So bedarf der Floßführer auch zur Einziehung der Frachtforderung „stets einer besonderen Vollmacht, für welche aber selbstverständlich ein entsprechender Vermerk auf dem Frachtbrief oder Lieferschein genügt". Dem Floßführer „die gesetzliche Befugnis zur Einziehung der Frachtgelder beizulegen, wäre schon deshalb nicht unbedenklich, weil sein Dienstverhältnis nach § 16 im Zweifel mit der Vollendung der Reise endigt" (so Begr. S. 13, 14). Jedoch ist der Floßführer, der gleichzeitig Frachtflößer ist (vgl. § 1 Anm. 3), in dieser Eigenschaft berechtigt, von dem Empfänger die Fracht einzuziehen. Denn seine Befugnisse ergeben sich aus dem Frachtvertrag, und hieran „wird durch den § 15 nichts geändert" (so Begr. S. 14).

4. Der Floßführer ist auch zur Einstellung und Entlassung von Flößern gesetzlich nicht ermächtigt, sondern bedarf hierzu einer Vollmacht seines Dienstherrn. Er hat auch nicht, wie der Schiffer nach § 15 BSchG, die beschränkte gesetzliche Befugnis, eine zur Ausführung der Reise notwendige Einstellung von Floßmannschaften vorzunehmen. Eine Ausnahme von dieser Regelung besteht nach § 5 für die im Falle seiner Behinderung erforderliche Einsetzung eines anderen Floßführers (vgl. § 5 Anm. 2, 3).

Das Dienstverhältnis des Floßführers

§ 16

Der Floßführer untersteht, soweit nicht in diesem Gesetze ein anderes bestimmt ist, den Vorschriften, welche für die im § 133a der Gewerbeordnung bezeichneten Personen gelten.

Das Dienstverhältnis des Floßführers endigt, sofern nicht ein anderes verabredet ist, mit der Vollendung der Reise und der Ablieferung des Floßes.

Hinsichtlich der Voraussetzungen, unter welchen beiden Teilen das Recht zusteht, die Auflösung des Dienstverhältnisses vor Ablauf der vertragsmäßigen Zeit und ohne Innehaltung einer Kündigungsfrist zu verlangen, bewendet es bei den Bestimmungen der §§ 133b bis 133d der Gewerbeordnung.

Ist ein die sofortige Entlassung rechtfertigender Grund nicht vorhanden, so kann der Floßführer zwar jederzeit seines Dienstes enthoben werden, jedoch unbeschadet seiner Entschädigungsansprüche für die vertragsmäßige Dauer des Dienstverhältnisses.

Wird das Dienstverhältnis vor der Ankunft des Floßes am Ablieferungsorte während der Reise aufgehoben, so hat der Floßführer Anspruch auf die Kosten der Rückreise nach dem Orte, an welchem er in Dienst getreten ist. Diese Bestimmung findet keine Anwendung, wenn der Floßführer sich einer Handlung schuldig gemacht hat, welche geeignet ist, seine sofortige Entlassung zu rechtfertigen.

1. Diese Vorschrift regelt das Dienstverhältnis des Floßführers, also seine Rechte und Pflichten gegenüber dem Dienstherrn. Die Anwendung des § 16 setzt voraus, daß ein Dienstverhältnis tatsächlich vorliegt; demnach gilt diese Regelung nur für den Floßführer, der im Dienste des Floßeigentümers oder des Frachtflößers steht, und nicht für denjenigen, der selbst Frachtflößer ist (vgl. § 1 Anm. 1).

2. Der Floßführer ist wie der Schiffer des Binnenschiffahrtsrechts gewerbliche Hilfsperson im Betrieb der Flößerei. Deshalb sollen nach § 16, ebenso wie im § 20 BSchG, die Vorschriften gelten, die für die Betriebsbeamten oder Werkmeister im § 133a GewO aufgestellt sind. Diese Regelung des § 16 stimmt wörtlich mit der Vorschrift des § 20 BSchG überein (vgl. hierzu § 20 BSchG Anm. 1—9).

3. Eine Besonderheit gilt im Flößereirecht lediglich für die Beendigung des Dienstverhältnisses des Floßführers (§ 16 Abs. 2). „Während bei der Binnenschiffahrt die Anstellung des Schiffers meistens ohne Bezug auf die Dauer der einzelnen Reisen erfolgt, das Dienstverhältnis demnach in der Regel durch Kündigung von der einen oder anderen Seite sein Ende findet, wird der Floßführer, da seine Obliegenheiten mit der Ablieferung des Floßes am Bestimmungsort ihr Ende finden, in den meisten Stromgebieten nur für eine bestimmte Reise angenommen" (so Begr. S. 14). Deshalb soll das Dienstverhältnis in Ermangelung anderer Vereinbarungen am Bestimmungsort mit der erfolgten Ablieferung des Floßes enden, ohne daß dies einer besonderen Kündigung bedarf.

Begriff der Floßmannschaft

§ 17

Zur Floßmannschaft gehören mit Ausnahme des Floßführers alle zum Flößereidienste auf dem Floße angestellten Personen.

Die Floßmannschaft untersteht der Gewerbeordnung.

1. Die Floßmannschaft umfaßt alle zu Flößereidiensten auf dem Floß angestellten Personen. Es ist gleichgültig, ob es sich um eine dauernde oder vorübergehende Anstellung handelt. Die Floßmannschaft entspricht demnach der Schiffsmannschaft des Binnenschiffahrtsrechts (vgl. § 21 BSchG Anm. 1). Es muß der Tätigkeit der Personen auf dem Floß stets eine Anstellung durch den Dienstherrn oder seinen Beauftragten zugrunde liegen (vgl. § 1 Anm. 1). Deshalb gehört der Lotse (Vertrags- oder Zwangslotse) nicht zur Floßmannschaft, weil er nicht auf Grund eines solchen Dienstverhältnisses, sondern kraft Auftrages als selbständiger Gewerbetreibender tätig wird.

2. Die Anstellung muß zum Flößereidienst auf dem Floß erfolgt sein. Die im Flößereibetrieb, insbesondere am Lande, mit anderen als Flößereidiensten beschäftigten Leute gehören nicht zur Floßmannschaft; deren Rechtsverhältnis ist vielmehr nach den allgemeinen bürgerlich-rechtlichen Vorschriften zu beurteilen (vgl. § 21 BSchG Anm. 1).

3. Nicht zur Floßmannschaft rechnet nach der ausdrücklichen Vorschrift des § 17 Abs. 1 der Floßführer. Er ist der Leiter des Floßes, also der Vorgesetzte der Mannschaft (vgl. § 1 Anm. 1). Der Floßführer und die Floßmannschaft bilden zusammen die Besatzung des Floßes. Im Gegensatz zu der Regelung der Schiffsbesatzung im § 3 Abs. 2 BSchG ist der Begriff der Floßbesatzung im Flößereigesetz nicht erläutert; nur im § 24 Abs. 1, 3 wird die „Besatzung des Floßes", die „Floßbesatzung", erwähnt. Zur Floßbesatzung gehören auch die zu anderen als Flößereidiensten auf dem Floß beschäftigten Personen.

4. Die für ein Floß erforderliche Besatzungsstärke und der Ausbildungsgang der Leute ist im Flößereigesetz nicht geregelt. Dies ist vielmehr wegen der Verschiedenartigkeit der Verhältnisse auf den einzelnen Wasserstraßen, insbesondere in der Länge und Zusammensetzung der Flöße den öffentlich-rechtlichen Vorschriften überlassen; dahingehende Bestimmungen befinden sich meist in den wasserpolizeilichen Vorschriften.

5. In Übereinstimmung mit der im § 21 Abs. 2 BSchG vorgesehenen Regelung „untersteht die Floßmannschaft der Gewerbeordnung". Mit diesem, von der Reichstagskommission gemachten Zusatz sollte klargestellt werden, daß die Leute

der Floßmannschaft nicht in einem Dienstbotenverhältnis zum Schiffer stehen, sondern als Gewerbegehilfen anzusehen seien. Dies gilt nach § 17 Abs. 2 allgemein, also auch dann, wenn der Dienstherr ausnahmsweise nicht Gewerbetreibender sein sollte. Die Floßmannschaft untersteht der Gewerbeordnung aber nur insoweit, als nicht im Flößereigesetz etwas anderes bestimmt ist (vgl. § 21 BSchG Anm. 4).

Der Dienstantritt der Floßmannschaft

§ 18

Die Verpflichtung des Floßmannes zum Dienstantritt beginnt, wenn nichts anderes verabredet ist, mit dem Abschlusse des Dienstvertrages. Tritt der Floßmann den Dienst nicht binnen vierundzwanzig Stunden an, so braucht er nicht mehr angenommen zu werden. Seine Verbindlichkeit zum Schadensersatze wird hierdurch nicht berührt.

1. Der Abschluß des Dienstvertrages ist an eine gesetzliche Form nicht gebunden und erfolgt nach den Übungen meist mündlich (vgl. § 22 Anm. 1). Der Dienstvertrag wird von dem Dienstherrn oder seinen Bevollmächtigten mit den anzustellenden Leuten der Floßmannschaft abgeschlossen; der Floßführer ist zur Einstellung der Floßmannschaft gesetzlich nicht ermächtigt, wird aber regelmäßig eine dahingehende Vollmacht erhalten (vgl. § 15 Anm. 1, 2). Die Anstellung darf nach den neueren öffentlichen Vorschriften nur erfolgen, wenn ein Arbeitsbuch vorgelegt wird (vgl. § 22 BSchG Anm. 2).

2. Der Dienstantritt hat in Übereinstimmung mit der im § 22 BSchG vorgesehenen Regelung sofort nach Abschluß des Dienstvertrages, spätestens innerhalb 24 Stunden, zu erfolgen, soweit nichts anderes verabredet ist. Diese vom § 616 BGB abweichende Regelung ist mit Rücksicht auf die Besonderheiten des Flößereibetriebes und die Sicherheit des Verkehrs eingeführt (vgl. § 22 BSchG Anm. 3, 4).

Die Dienstpflichten der Floßmannschaft

§ 19

Der Floßmann ist verpflichtet, in Ansehung des Floßdienstes den Anordnungen des Floßführers Folge zu leisten und jederzeit alle für die Flößerei ihm übertragenen Arbeiten zu verrichten.

Er darf das Floß ohne Erlaubnis des Floßführers nicht verlassen.

Wird das Floß von einem Unfall betroffen, so hat der Floßmann für Rettung der Personen und für Sicherheit der Floßteile und der Gerätschaften den Anordnungen des Floßführers gemäß nach besten Kräften zu sorgen.

1. Zu den „Arbeiten für die Flößerei, welche der Floßmann zu verrichten hat, gehören selbstverständlich nicht nur die auf die Fortbewegung des Floßes bezüglichen Verrichtungen, sondern auch die Arbeiten, welche behufs Herstellung des Floßes und gegebenenfalls behufs Verbringung der Hölzer an das Land erforderlich sind“ (so Begr. S. 14). Die Durchführung und der Zweck der Floßreise machen die verschiedensten Arbeiten erforderlich. Die Verhältnisse in der Flößerei sind insoweit die gleichen wie in der Binnenschiffahrt. Deshalb sind auch die Dienstpflichten der Floßmannschaften im § 19 in wörtlich übereinstimmender Weise mit der Vorschrift des § 23 BSchG über die Dienstpflichten der Schiffsmannschaft geregelt.

2. Die Floßmannschaft hat alle „für die Flößerei" übertragenen Arbeiten zu verrichten. Hierzu gehören nicht nur die Arbeiten auf dem Floß und bei dessen Herstellung, sondern alle sonstigen in Ansehung des Flößereidienstes erforderlichen Arbeiten (vgl. § 23 BSchG Anm. 2). Ferner sind im § 19, ebenso wie im § 23 BSchG, einige der hauptsächlichsten Dienstpflichten besonders hervorgehoben, wie die Gehorsamspflicht (vgl. § 23 BSchG Anm. 1), die Anwesenheitspflicht (§ 19 Abs. 2), die Hilfspflicht (§ 19 Abs. 3). Ein Anspruch auf Berge- und Hilfslohn steht der Besatzung des Floßes für Berge- oder Hilfeleistungen am eigenen Floß nach § 24 Abs. 3 nicht zu.

3. Die Floßmannschaft muß die ihr für die Flößerei übertragenen Arbeiten „jederzeit" verrichten, also grundsätzlich auch des Nachts sowie an Sonn- und Feiertagen. Eine Einschränkung besteht aber nach den neueren öffentlichrechtlichen Vorschriften, insbesondere der Arbeitszeitverordnung und den tarifvertraglichen Regelungen (vgl. § 23 BSchG Anm. 3).

4. Eine Verletzung dieser Dienstpflichten begründet für den Dienstherrn einen Grund zur fristlosen Auflösung des Dienstverhältnisses nach den §§ 21 Abs. 2, 17 Abs. 2 in Verbindung mit § 123 Nr. 2 GewO. Ferner entsteht aus einer schuldhaften Verletzung einer Dienstverpflichtung ein Schadensersatzanspruch des Dienstherrn nach § 276 BGB.

Der Löhnungstermin

§ 20

Wenn über die Zeit der Lohnzahlung nichts anderes vereinbart ist, so kann der Floßmann am Schlusse jeder zweiten Woche die Auszahlung des verdienten Lohnes verlangen.

1. In wörtlicher Übereinstimmung mit der Regelung des § 24 BSchG wird in Ermangelung anderer Vereinbarungen der Löhnungstermin auf den Schluß jeder zweiten Woche festgesetzt, da sich dies „nach Äußerungen aus den beteiligten Berufskreisen als subsidiäre Vorschrift auch für die Flößerei eignet", obwohl „sehr häufig die Einrichtung besteht, daß Akkordlöhne bedungen und nach Zurücklegung bestimmter Strecken der Reise Abschlagszahlungen geleistet, die Lohnreste aber erst nach der Ankunft am Bestimmungsort ausgezahlt werden" (Begr. S. 14).

2. Die gesetzliche Regelung gilt aber nur, soweit über die Zeit der Lohnzahlung nichts anderes vereinbart ist. Solche Abmachungen über den Löhnungstermin werden bei der Einstellung der Floßmannschaft regelmäßig getroffen; nicht selten werden Akkordlöhne oder Pauschallöhne vereinbart, die bei Beendigung der Floßreise oder nach Zurücklegung bestimmter Strecken fällig werden. Auch in den Tarifordnungen finden sich häufig zwingende und unabdingbare Vorschriften über die Zeit der Lohnzahlung.

3. Im übrigen gelten für die Zahlung des Arbeitslohnes ergänzend die allgemeinen Vorschriften, also nach § 17 Abs. 2 die §§ 115—119a GewO (vgl. hierzu § 24 BSchG Anm. 1).

4. Die Lohnforderungen sowie die sonstigen aus den Dienstverträgen herrührenden Forderungen der Floßmannschaft verjähren nach § 30 Nr. 2 mit dem Ablauf eines Jahres; die Verjährung beginnt nach § 30 Abs. 2 mit dem Schluß des Jahres, in dem die Forderung fällig geworden ist.

Die Dienstbeendigung

§ 21

Das Dienstverhältnis des Floßmannes endigt, sofern nicht ein anderes verabredet ist, mit der Vollendung der Reise und der Ablieferung des Floßes.

Hinsichtlich der Voraussetzungen, unter welchen beiden Teilen das Recht zusteht, die Auflösung des Dienstverhältnisses vor Ablauf der vertragsmäßigen Zeit zu verlangen, finden die Bestimmungen der §§ 123 bis 124a der Gewerbeordnung mit der Maßgabe Anwendung, daß die sofortige Entlassung des Floßmannes auch stattfinden kann, wenn der Antritt oder die Fortsetzung der Reise durch den Eintritt des Winters verhindert wird.

Ist ein die sofortige Entlassung rechtfertigender Grund nicht vorhanden, so kann der Floßmann zwar jederzeit seines Dienstes enthoben werden, jedoch unbeschadet seiner Entschädigungsansprüche für die vertragsmäßige Dauer des Dienstverhältnisses.

Wird das Dienstverhältnis vor der Ankunft des Floßes am Ablieferungsorte während der Reise aufgehoben, so hat der Floßmann Anspruch auf die Kosten der Rückreise nach dem Orte, an welchem er in Dienst getreten ist. Diese Bestimmung findet keine Anwendung, wenn der Floßmann sich einer Handlung schuldig gemacht hat, welche geeignet ist, seine sofortige Entlassung zu rechtfertigen.

1. Die Dauer des Dienstverhältnisses der Floßmannschaft bestimmt sich in erster Linie nach den Abmachungen im Dienstvertrag oder nach der etwa vorhandenen Festsetzung einer Tarifordnung; in zweiter Linie greift die gesetzliche Regelung Platz, wonach das Dienstverhältnis des Floßmannes, ebenso wie das des Floßführers (§ 16 Abs. 2), mit der Vollendung der Reise und der Ablieferung des Floßes endet. Der Floßmann gilt also in Ermangelung anderer Abmachungen nur als für diese Reise angestellt, so daß es zur Auflösung des Dienstverhältnisses am Ablieferungsort, anders als im § 25 Abs. 1 BSchG, keiner Kündigung bedarf. Mit dem Eintreffen am Bestimmungsort und der Ablieferung des Floßes, also regelmäßig mit dessen Festlegen an dem vom Empfänger angewiesenen Platz, ist die Dienstzeit vertragsgemäß abgelaufen (vgl. § 13 Anm. 1).

2. Vor Ablauf dieser vertragsmäßigen Zeit kann das Dienstverhältnis in Übereinstimmung mit der im § 25 BSchG vorgesehenen Regelung durch Kündigung zur Auflösung gebracht werden. Nach § 21 Abs. 3 kann der Floßmann jederzeit seines Dienstes enthoben werden; diese Enthebung vom Dienst stellt regelmäßig eine solche Kündigung dar, läßt aber die etwaigen Entschädigungsansprüche des Floßmannes unberührt. Denn vor Ablauf der vertragsmäßigen Zeit kann die Kündigung nur aus den bestimmten Gründen des § 21 Abs. 2 in Verbindung mit den §§ 123—124a GewO erfolgen (vgl. § 25 BSchG Anm. 2). In Übereinstimmung mit der im § 25 Abs. 1 BSchG vorgesehenen Regelung stellt die Verhinderung des Antritts oder der Fortsetzung der Reise infolge des Eintritts des Winters einen zulässigen Kündigungsgrund dar (vgl. hierzu § 25 BSchG Anm. 3).

3. Durch den Untergang des Floßes wird der Dienstvertrag beendet, wenn der Floßmann nicht auf Zeit, sondern für die betreffende Reise eingestellt war; im übrigen wird der Untergang oder sonstige Verlust des Floßes auch regelmäßig einen wichtigen Grund im Sinne des § 124a GewO darstellen (vgl. § 25 BSchG Anm. 4). Der Tod des Dienstherrn hebt den Dienstvertrag nicht auf; jedoch

wird auch dies Ereignis grundsätzlich als wichtiger Grund von den Erben und von dem Floßmann geltend gemacht werden können.

4. Der Floßmann hat einen Anspruch auf die Kosten der Rückreise nach dem Ort, an dem er in Dienst getreten ist. Dieser Anspruch besteht aber nur, wenn das Dienstverhältnis vor Ablauf der vertragsmäßigen Zeit während der Reise aufgehoben wurde; bei einer Beendigung des Dienstverhältnisses am Bestimmungsort nach Ablieferung des Floßes kann er die Erstattung der Kosten der Rückreise nicht verlangen. Er hat ferner keinen Anspruch darauf, die etwaigen höheren Kosten der Rückreise nach seinem Heimatort zu verlangen, wenn er an einem näher gelegenen anderen Ort in Dienst getreten ist. Der Anspruch entfällt überhaupt, wenn eine fristlose Entlassung aus wichtigem Grunde nach den §§ 123, 124a GewO gerechtfertigt war.

Die dingliche Haftung des Floßeigentümers

§ 22

Für Beschädigungen, welche infolge des Verschuldens des Floßführers oder einer Person der Floßmannschaft durch das Floß verursacht werden, haftet der Eigentümer mit dem Floße, unbeschadet seines Rückgriffsrechts gegen den Frachtflößer und gegen die schuldigen Personen. Für das Verschulden eines Zwangslotsen ist der Eigentümer nicht verantwortlich.

Dem Entschädigungsberechtigten steht wegen seines Anspruchs ein Pfandrecht an dem Floße mit den im § 41 der Konkursordnung bezeichneten Wirkungen zu. Das Pfandrecht ist, solange das geflößte Holz noch ein geschlossenes Floß bildet, gegen jeden Besitzer verfolgbar. Nach diesem Zeitpunkte kann das Pfandrecht nicht zum Nachteile des dritten Erwerbers, der den Besitz in gutem Glauben erlangt hat, geltend gemacht werden.

Die Klage kann, solange das Floß noch nicht abgeliefert ist, gegen den Floßführer gerichtet werden.

1. Nach den allgemeinen Bestimmungen des bürgerlichen Rechts haftet der Floßeigentümer für die etwaigen durch sein Floß verursachten Beschädigungen nur innerhalb eines Vertragsverhältnisses für das Verschulden seiner Erfüllungsgehilfen (§§ 276, 278 BGB), also dritten Personen gegenüber nur für eigenes Verschulden (§§ 276, 823 BGB); von der Haftung für das Verschulden von Verrichtungsgehilfen könnte er sich nach § 831 BGB dritten Personen gegenüber durch Führung des Entlastungsbeweises befreien, daß er bei deren Anstellung und Beaufsichtigung die erforderliche Sorgfalt angewendet habe (vgl. hierzu § 3 BSchG Anm. 1). Mit Rücksicht auf die Interessen der übrigen Verkehrsteilnehmer hat das Flößereigesetz in den §§ 22, 23 nach dem Vorbild der §§ 3, 4 BSchG diese Haftung des Floßeigentümers erweitert. In der Begründung zum Flößereigesetz (S. 15) heißt es hierzu: „Wer sein Material auf dem Wasser ohne Benutzung eines Schiffsgefäßes unter Umständen befördert, die, ähnlich wie die Bewegungen eines Fahrzeuges, mit besonderen Gefahren für andere verbunden sind, kann sich nicht darüber beschweren, daß dieses Material für den Schaden, den es bei dem Transporte anrichtet, von dem Geschädigten in Anspruch genommen wird." Jedoch hat das Flößereigesetz die Haftungsgrundsätze des BSchG nicht vollständig übernommen, sondern nur in beschränktem Umfang eine Erweiterung der Haftung vorgenommen, weil der

Floßeigentümer, abweichend vom Schiffseigner, „vielfach nicht in dem Verhältnis eines Dienstherrn zu den schuldigen Personen der Besatzung steht“ (so Begr. S. 15).

2. Die Erweiterung der Haftung besteht für die durch das Floß verursachten Beschädigungen. Es muß sich also um unmittelbar vom Floß ausgehende Beschädigungen handeln; jedoch ist es gleichgültig, ob diese Wirkungen von dem zusammengesetzten Floß oder von einzelnen seiner Stämme herbeigeführt werden, z. B. bei einem Auseinanderreißen des Floßverbandes (OLG Hamburg vom 3.11.1905 — Bf. IV 238/1905 — in OLG 13, 65, HansGZ Hauptbl. 1906, 22). Dagegen kann eine Haftung für mittelbare Wirkungen des Floßbetriebes, also für Schäden, die nicht unmittelbar durch das Floß, sondern in anderer Weise herbeigeführt werden, auf § 22 FlG nicht gestützt werden. Denn der dieser Vorschrift zugrunde liegende gesetzgeberische Gedanke besteht darin, daß „das Material für den Schaden, den es bei dem Transporte anrichtet, von dem Geschädigten in Anspruch genommen wird“. Es erscheint nicht zulässig, den „Floßeigentümer auch für Schäden verantwortlich zu machen, welche nicht unmittelbar durch das ihm gehörige Floß, sondern in anderer Weise durch Verschulden der Floßbesatzung in Ausführung ihrer Dienstverrichtungen hervorgebracht sind“ (Begr. S. 15).

3. Für Beschädigungen soll die erweiterte Haftung bestehen. Demnach fallen hierunter nicht nur Sachschäden, z. B. an Schiffen, sonstigen schwimmenden oder landfesten Sachen, sondern auch etwaige Personenschäden. Es ist also unerheblich, von welcher Art die durch das Floß verursachte Beschädigung ist.

4. Eine solche Beschädigung muß durch Verschulden des Floßführers oder der Floßmannschaft verursacht sein. Es muß also ein ursächliches Verschulden des Floßführers oder seiner Floßmannschaft festgestellt werden können (vgl. § 3 BSchG Anm. 4a). Für das Verschulden anderer Personen ist der Floßeigentümer nicht nach § 22, sondern nur nach den allgemeinen bürgerlich-rechtlichen Vorschriften verantwortlich (§§ 276, 278, 831 BGB). Das Verschulden umfaßt vorsätzliches oder fahrlässiges Handeln (vgl. § 3 BSchG Anm. 4a); es kann auch in einem Unterlassen bestehen, wenn eine Verpflichtung zum Handeln begründet war (vgl. § 3 BSchG Anm. 4b). Im Gegensatz zu der entsprechenden Vorschrift des § 3 BSchG ist im § 22 FlG nicht hervorgehoben, daß es sich um ein Verschulden in Ausführung der Dienstverrichtung handeln muß. Jedoch wird diese Einschränkung auch für § 22 FlG Platz greifen müssen, da diese erweiterte Haftung des Floßeigentümers darauf beruht, daß er die Beförderung des Floßes veranlaßt hat. Der Floßeigentümer haftet also nicht für schadenstiftende Handlungen oder Unterlassungen des Floßführers oder der Floßmannschaft außerhalb ihres Arbeitsgebietes oder bei Gelegenheit einer Dienstverrichtung (vgl. § 3 BSchG Anm. 4e).

5. Die Haftung des Eigentümers des Floßes für Floßführer und Floßmannschaft besteht ohne Rücksicht darauf, in welchem Verhältnis er zu diesen Personen steht. Denn nach § 22 FlG ist die Verantwortlichkeit des Floßeigentümers als solchen gegeben. Es ist daher unerheblich, ob der Floßeigentümer, der Frachtflößer oder eine andere Person den Floßführer und die Floßmannschaft eingestellt haben. Das Vorliegen eines Dienstverhältnisses zwischen Floßeigentümer und Floßführer wird nicht vorausgesetzt. Jedoch muß die Beförderung des Floßes mit Willen des Floßeigentümers erfolgt sein; sie darf also ihm gegenüber keine widerrechtliche Handlung darstellen. Der nach § 22 FlG in Anspruch genommene Floßeigentümer kann nach § 431 HGB Regreß gegen den Frachtflößer und die

schuldigen Personen nehmen (Begr. S. 16). Er kann auch ein ursächliches Mitverschulden des Beschädigten nach § 254 BGB geltend machen.

6. Der Eigentümer haftet nach § 22 Abs. 1 nicht persönlich, sondern mit dem Floß (vgl. § 23 Abs. 1). Es entsteht also eine beschränkt-dingliche Haftung mit dem Floß oder Floßverband, mit dem der Schaden angerichtet wurde. Eine „persönliche Verbindlichkeit des Floßeigentümers für die durch das Floß verursachte Beschädigung tritt an sich nicht ein, vielmehr ist seine Haftung ebenso wie diejenige des Schiffseigners regelmäßig eine beschränkte" (so Begr. S. 16), nämlich mit dem schadenstiftenden Floß, dem sog. Floßvermögen.

7. Diese beschränkt dingliche Haftung des Floßeigentümers mit dem Floßvermögen besteht gegenüber den Entschädigungsberechtigten, den sog. Floßgläubigern. Diesen steht ein gesetzliches Pfandrecht an dem Floß zu. Sie haben also die gleiche Rechtsstellung wie die Schiffspfandrechtsgläubiger nach den §§ 102, 103 BSchG. Dies Pfandrecht ist gegen jeden dritten Besitzer verfolgbar, entsteht also ohne Rücksicht auf den guten Glauben des Erwerbers (vgl. § 103 BSchG Anm. 3b).

8. Gegenstand des Pfandrechts ist das schadenstiftende Floß, d. h. dasjenige Floß, das den Schaden angerichtet hatte, und „in demjenigen Umfange, welchen es bei Zufügung des Schadens hatte". Jede „zu einem Ganzen verbundene, für sich schwimmende Menge von Floßhölzern muß als ein selbständiges Floß im Sinne des Gesetzes angesehen werden". Es ist auch ohne Bedeutung, ob ein Floß vorher mit anderen Flößen zu einem Ganzen verbunden war oder später mit anderen in dieser Weise verbunden wird. Namentlich wird hierdurch, selbst wenn die verschiedenen Teile eines solchen Gesamtfloßes demselben Eigentümer gehören, die Haftung des Eigentümers und das Pfandrecht des Geschädigten nicht auf andere Hölzer ausgedehnt als auf diejenigen, aus welchen das den Schaden verursachende Floß zur Zeit der Schadenszufügung bestand (so Begr. S. 16).

9. Das Pfandrecht „gewährt dem Geschädigten nur die Befugnis, vorzugsweise Befriedigung aus dem Floß im Wege der Klage zu erwirken; ein Recht des Geschädigten, das Floß oder Teile des Floßes an sich zu nehmen oder festzuhalten, ist nicht anerkannt" (Begr. S. 16). Das Pfandrecht gibt dem Floßgläubiger für seine Forderung nicht nur eine Sicherstellung, sondern die Möglichkeit der Befriedigung (vgl. § 103 BSchG Anm. 3b). Er kann den Floßeigentümer im Wege der Klage auf Verurteilung zur Duldung der Zwangsvollstreckung in das Floß in Anspruch nehmen (vgl. hierzu § 103 BSchG Anm. 4a, c). Diese Pfandklage, für die kein besonderer Gerichtsstand besteht, kann nach § 22 Abs. 3 bis zur Ablieferung des Floßes gegen den Floßführer gerichtet werden; im übrigen kommt als Beklagter derjenige in Betracht, der das mit dem Pfandrecht belastete Floß im Zeitpunkt der Erhebung der Klage unter sich hat (vgl. hierzu § 103 BSchG Anm. 4b). Für die Zwangsvollstreckung aus diesem vollstreckbaren Titel sind die allgemeinen Vorschriften maßgebend (vgl. § 103 BSchG Anm. 4d).

10. Das Pfandrecht des Floßhändlers geht nicht mit der Ablieferung des Floßes unter, sondern ist gegen jeden dritten Besitzer verfolgbar, solange noch ein geschlossenes Floß vorhanden ist. Es endet also mit der Auflösung des Floßes, gleichgültig ob diese am Ablieferungsort oder vorher erfolgt. Denn dann sind nur noch einzelne Stämme oder Hölzer und keine Floßverbände mehr vorhanden. Nach einer solchen Auflösung des Floßes sind die Hölzer nur wie sonstige bewegliche Sachen (Waren) zu behandeln und das Pfandrecht kann dann nach § 22

Abs. 2 Satz 3 nicht zum Nachteil des dritten gutgläubigen Besitzers geltend gemacht werden; es besteht dann nur noch gegen den bösgläubigen Erwerber solcher Hölzer.

Die persönliche Haftung des Floßeigentümers

§ 23

Eine persönliche Verpflichtung des Eigentümers wird durch die Bestimmungen des § 22 nicht begründet. Soweit jedoch im Falle der Veräußerung des Floßes das Pfandrecht an diesen erlischt, haftet der Veräußerer in Höhe des Erlöses persönlich.

Eine nach dem bürgerlichen Rechte begründete persönliche Haftung des Eigentümers des Floßes oder des Frachtflößers wird hierdurch nicht berührt.

1. Nach § 22 FlG haftet der Eigentümer für die Beschädigungen, die infolge des Verschuldens des Floßführers oder der Floßmannschaft durch das Floß verursacht werden, mit dem Floß, also beschränkt dinglich. Zur Klarstellung wird im § 23 Abs. 1 Satz 1 hervorgehoben, daß durch diese Regelung eine persönliche Verpflichtung des Eigentümers nicht begründet wird. Vielmehr verbleibt es nach § 23 Abs. 2 FlG insoweit bei den allgemeinen bürgerlich-rechtlichen Grundsätzen; danach haftet der Floßeigentümer seinen Vertragsgegnern nach § 276 BGB für eigenes Verschulden, nach § 278 BGB für das Verschulden seiner Erfüllungsgehilfen und nach § 831 BGB außervertraglich für seine Verrichtungsgehilfen (vgl. hierzu § 3 BSchG Anm. 1a, c). Hinzu kommt die Haftung aus § 431 HGB für das Verschulden der Floßbesatzung, deren sich der Floßeigentümer zur Erfüllung seiner Verbindlichkeiten als Dienstherr aus dem Frachtflößereivertrag bedient.

2. Für den Fall der Veräußerung eines Floßes hat der § 23 Abs. 1 Satz 2 FlG eine beschränkt persönliche Haftung des Floßeigentümers aufgestellt. Diese Regelung beruht in Angleichung an die Vorschrift des § 113 BSchG auf dem Gedanken, daß sich der grundsätzlich nur mit dem Floß haftende Eigentümer nicht zum Nachteil der Floßgläubiger durch die Veräußerung des Floßes mit dem Erlös bereichern dürfe. Mit einer solchen Veräußerung des Floßes ist regelmäßig dessen Auseinanderschlagen verbunden, so daß das Pfandrecht gegen den Erwerber nach § 22 Abs. 2 Satz 3 erlöschen wird; der Veräußerer wäre dann in Höhe des Verkaufserlöses zum Nachteil des Floßgläubigers bereichert. Deshalb soll in einem solchen Fall der veräußernde Floßeigentümer dem Floßgläubiger in Höhe des Erlöses, also beschränkt-persönlich, verantwortlich sein. Der Floßeigentümer „ist hiernach dem Schiffseigner gleichgestellt, der bei einem Verkaufe des Schiffes, durch welchen die Pfandrechte der Schiffsgläubiger zum Erlöschen gebracht sind, das Kaufgeld eingezogen hat“ (Begr. S. 16). Das Landvermögen soll nicht zum Nachteil des Floßvermögens bereichert werden.

Bergung und Hilfeleistung

§ 24

Wird ein in Gefahr befindliches, von der Floßbesatzung verlassenes Floß oder werden Teile eines Floßes, welche auf dem Wasser treiben oder an das Ufer getrieben sind, geborgen, so hat der Berger Anspruch auf Bergelohn.

Wird außer den bezeichneten Fällen ein Floß durch die Hilfe dritter Personen aus einer Gefahr gerettet, so haben diese Anspruch auf Hilfslohn.

Der Besatzung des Floßes steht ein Anspruch auf Berge- oder Hilfslohn nicht zu.

1. In Übereinstimmung mit der in den §§ 93—97 BSchG vorgesehenen Regelung, die nur für in Not befindliche Schiffe gilt, behandelt das Flößereigesetz in den §§ 24—29 die Bergung und Rettung (Hilfeleistung) von Flößen. Auch die Flöße sind, ebenso wie die Schiffe, häufig, insbesondere bei außergewöhnlichen Witterungs- oder Wasserstandsverhältnissen, erheblichen Gefahren ausgesetzt; es muß daher ein besonderer Anreiz auf dritte Personen ausgeübt werden, die erforderlichen Rettungsmaßnahmen umgehend einzuleiten (vgl. § 93 BSchG Anm. 1a).

2. Gegenstand der Bergung ist ein in Gefahr befindliches, von der Floßbesatzung verlassenes Floß. Es muß sich um eine hilflose Lage des Floßes handeln, die von der Floßbesatzung nicht allein überwunden werden kann und die Wahrscheinlichkeit eines Verlustes in sich schließt (vgl. § 93 BSchG Anm. 3a). Ferner muß das in einer solchen Gefahr befindliche Floß von der Floßbesatzung, also nicht nur von dem Floßführer und der Floßmannschaft, sondern auch von allen sonstigen auf dem Floß beschäftigten Personen, verlassen, also ohne jede menschliche Aufsicht sein.

3. Als Sonderfall der Bergung im Flößereibetrieb wird im § 24 Abs. 1 die Rettung von Teilen eines Floßes angeführt, die auf dem Wasser treiben oder an das Ufer gelangt sind. Dies ist „mit Rücksicht darauf bestimmt, daß die Auflösung von Flößen infolge von Naturereignissen ein nicht seltenes Vorkommnis ist" (Begr. S. 17). Es ist für diesen Sonderfall aber nicht bestimmt, daß eine Gefahr die Ursache des Floßuntergangs war. Vielmehr ist jede Rettung von allein treibenden Teilen eines Floßes als Bergung anzusehen. Dagegen unterliegt die Bergung von Hölzern unter anderen Umständen, z. B. aus dem Grund, den Bestimmungen des bürgerlichen Rechts.

4. Die Rettung eines Floßes aus einer Gefahr durch die Hilfe dritter Personen, ohne daß der Tatbestand der Bergung vorliegt, wird in Übereinstimmung mit der Regelung im § 93 Abs. 2 BSchG als Hilfeleistung bezeichnet. Bergung und Hilfeleistung schließen sich also in ihrer Anwendung aus. Die Hilfeleistung wird zwar auch einem in Gefahr befindlichen, aber von der Besatzung nicht verlassenen Floß gewährt (vgl. § 93 BSchG Anm. 4c).

5. Für solche Rettungsmaßnahmen wird ein gesetzliches Entgelt, der Berge- oder Hilfslohn, gewährt. Die Tatsache der Bergung oder Hilfeleistung allein begründet, unabhängig von einem Vertrag oder Auftrag, einen solchen Rechtsanspruch (vgl. hierzu § 93 BSchG Anm. 5a). Der Besatzung des Floßes, also dem Floßführer, der Floßmannschaft und allen sonstigen auf dem Floß beschäftigten Personen, steht nach § 24 Abs. 3 (ebenso nach § 93 Abs. 3 BSchG) ein Berge- oder Hilfslohn nicht zu, weil sie schon durch den Dienstvertrag zu solchen Leistungen regelmäßig verpflichtet sind (vgl. § 93 BSchG Anm. 5b). Der Berge- oder Hilfslohn steht eben nur dritten, d. h. auf dem Floß nicht beschäftigten, Personen zu. Die Besatzung des Schleppdampfers, in dessen Anhang sich das gefährdete Floß befand, gehört nicht zu dessen Besatzung, hat also für die über den Schleppvertrag hinausgehenden Leistungen einen Anspruch auf Berge- oder Hilfslohn (vgl. § 93 BSchG Anm. 5e). Ein solcher Anspruch entfällt aber für denjenigen, der die gefährdete Lage des Floßes schuldhaft herbeigeführt hat (vgl. hierzu § 93 BSchG Anm. 5d).

Der Berge- oder Hilfslohn

§ 25

In Ermangelung einer Vereinbarung wird die Höhe des Berge- oder Hilfslohnes unter Berücksichtigung der Umstände des Falles durch das Gericht nach billigem Ermessen festgesetzt.

Der Berge- und Hilfslohn umfaßt zugleich die Vergütung für die Aufwendungen, welche zum Zweck des Bergens und Rettens geschehen sind.

Nicht darin enthalten sind die Kosten und Gebühren der Behörden, die Kosten für die Aufbewahrung, Erhaltung, Abschätzung und Veräußerung der geborgenen oder geretteten Gegenstände sowie die auf diesen ruhenden Zölle und sonstigen Abgaben.

Bei der Bestimmung des Betrages des Berge- oder Hilfslohnes kommen insbesondere in Anschlag: der bewiesene Eifer, die verwendete Zeit, die geleisteten Dienste, die geschehenen Aufwendungen, die Zahl der tätig gewesenen Personen, die Gefahr, welcher dieselben ihre Person, ihre Fahrzeuge oder ihre Geräte ausgesetzt haben, sowie die Gefahr, welche den geborgenen oder geretteten Gegenständen gedroht hat, und der nach Abzug der Kosten (Abs. 3) verbliebene Wert derselben.

1. Für die Höhe des Berge- oder Hilfslohnes ist in erster Linie die Vereinbarung maßgebend. Auch für einen solchen Hilfslohnvertrag gelten im Zweifel die §§ 25ff. FlG, insbesondere auch § 25 Abs. 2, 3; es erübrigt sich dann lediglich die gerichtliche Festsetzung des Lohnes (vgl. § 94 BSchG Anm. 1a, c).

2. In Ermangelung einer solchen Vereinbarung wird die Höhe des Berge- oder Hilfslohnes durch das Gericht festgesetzt. Eine solche gerichtliche Festsetzung findet also nur hilfsweise statt, wenn weder ein Hilfslohnvertrag vorliegt noch nachher eine Einigung zustande kommt (vgl. § 94 BSchG Anm. 2a).

3. Das Gericht hat auf die Klage eines Beteiligten den Berge- oder Hilfslohn unter Berücksichtigung der Umstände des Falles nach billigem Ermessen festzusetzen; es hat hierbei die im § 25 Abs. 2—4 aufgestellten Richtlinien zu beachten (vgl. § 94 BSchG Anm. 2b, 3, 4).

Die Verteilung des Berge- oder Hilfslohnes

§ 26

Haben sich mehrere Personen an der Bergung oder Hilfeleistung beteiligt, so wird der Berge- oder Hilfslohn unter dieselben nach Maßgabe der persönlichen und sachlichen Leistungen der einzelnen verteilt.

Zur entsprechenden Teilnahme sind auch diejenigen berechtigt, welche sich in derselben Gefahr der Rettung von Menschen unterzogen haben.

1. Es werden sich regelmäßig mehrere Personen an den Rettungsmaßnahmen beteiligen. Soweit diese Personen von dem Floßführer oder einem Helfer auf Grund eines Dienstvertrages oder einer sonstigen Abmachung angenommen wurden, sind sie nicht als selbständige Beteiligte anzusehen. Dagegen sind nach § 26 diejenigen beteiligt, die sich in derselben Gefahr der Rettung von Menschen unterzogen haben. Die Errettung von Menschenleben stellt zwar keine Bergung oder Hilfeleistung dar, sichert aber die Beteiligung an dem Lohn (vgl. § 95 BSchG Anm. 1).

2. Die Verteilung des Lohnes unter diese mehreren Helfer hat im Verhältnis und nach dem Umfang ihrer persönlichen und sachlichen Leistungen zu erfolgen. Feste und umgrenzte Richtlinien hat der § 26 Abs. 1 FlG, der wörtlich mit der Vorschrift des § 95 Abs. 1 BSchG übereinstimmt, für diese Verteilung des Lohnes nicht aufgestellt (vgl. § 95 BSchG Anm. 2).

3. Wird eine Einigung über die Verteilung des Lohnes zwischen den mehreren beteiligten Helfern nicht erzielt, so muß eine Entscheidung im Wege der Klage vor dem ordentlichen Gericht herbeigeführt werden. Hierfür ist jeder beteiligte Helfer in Höhe seines Anteils als klageberechtigt anzusehen (vgl. § 95 BSchG Anm. 3).

Der Ausschluß des Berge- und Hilfslohnes

§ 27

Auf Berge- und Hilfslohn hat keinen Anspruch:

1. wer seine Dienste aufgedrungen, insbesondere wer ohne Erlaubnis des anwesenden Floßführers das Floß betreten hat;

2. wer von den geborgenen Gegenständen dem Floßführer, dem Eigentümer oder der zuständigen Behörde nicht sofort Anzeige gemacht hat.

1. Die Vorschrift des § 27 Nr. 1, die wörtlich mit der Regelung im § 96 Nr. 1 BSchG übereinstimmt, bezweckt, der Einmischung unbefugter Personen in das Rettungswerk vorzubeugen, die in Widerspruch zu dem Willen des Floßführers ihre Dienste aufdrängen, um den Berge- oder Hilfslohn zu erhalten (vgl. hierzu § 96 BSchG Anm. 1).

2. In Übereinstimmung mit der Vorschrift des § 96 Nr. 2 BSchG wird der Anspruch auf Hilfslohn nach § 27 Nr. 2 ferner für den Helfer verwirkt, der den Versuch der Veruntreuung geborgener Gegenstände macht. Aus der Unterlassung der Anzeige über geborgene Gegenstände wird entnommen, daß der Helfer sie verheimlichen und nicht ausliefern will (vgl. § 96 BSchG Anm. 2).

3. Außerdem ist ein Anspruch auf Berge- oder Hilfslohn ausgeschlossen für die Besatzung des gefährdeten Floßes (§ 24 Abs. 3), für die auf Grund eines Dienstvertrages von den Helfern oder auch vom Floßführer angenommen, also nicht selbständig tätig werdenden Personen (vgl. § 26 Anm. 1) sowie für diejenigen, die die Gefahr schuldhaft herbeigeführt haben (vgl. § 24 Anm. 5).

Die Sicherung des Berge- und Hilfslohnes

§ 28

Wegen der Bergungs- und Hilfskosten, einschließlich des Berge- und Hilfslohnes, steht dem Gläubiger an den geborgenen oder geretteten Gegenständen ein Pfandrecht mit den im § 41 der Konkursordnung bezeichneten Wirkungen zu. Geborgene Gegenstände können bis zur Sicherheitsleistung zurückbehalten werden.

In bezug auf die Verfolgbarkeit des Pfandrechts gegen dritte Besitzer finden die Bestimmungen des § 22 Abs. 2 und in bezug auf die persönliche Verpflichtung des Eigentümers des Floßes die Bestimmungen des § 23 Abs. 1 entsprechende Anwendung.

Die Pfandklage kann, solange die geretteten Gegenstände noch nicht an den Empfänger ausgeliefert sind, gegen den Floßführer gerichtet werden. Zuständig ist das Gericht, in dessen Bezirke die Bergung oder Hilfeleistung stattgefunden hat.

1. In Ermangelung anderer Vereinbarungen wird eine persönliche Verpflichtung zur Entrichtung des Berge- oder Hilfslohnes nicht begründet (vgl. hierzu § 94 BSchG Anm. 1a). Ein Lohnanspruch steht dem Helfer nur für eine erfolgreiche Rettungsmaßnahme zu; deshalb soll er sich auch nur aus den aus der Gefahr geretteten Gegenständen befriedigen können. In Angleichung an die im § 97 BSchG vorgesehene Regelung wird daher dem Helfer wegen der Bergungs- und Hilfskosten, einschließlich des Berge- und Hilfslohnes, ein Pfandrecht an den geborgenen oder geretteten Gegenständen, also eine dingliche Sicherung, eingeräumt (vgl. § 97 BSchG Anm. 1a). Diese geretteten Gegenstände stehen dem erfolgreichen Helfer zur vorzugsweisen Befriedigung zur Verfügung (vgl. § 97 BSchG Anm. 1b).

2. Dem erfolgreichen Helfer steht ein Pfandrecht an den geborgenen oder geretteten Gegenständen zur Verfügung. Es handelt sich um ein gesetzliches Pfandrecht, das mit der erfolgreichen Rettung ohne weiteres und ohne Rücksicht auf die Eigentumsverhältnisse an diesen Gegenständen entsteht (vgl. § 97 BSchG Anm. 3a). Gegenstand dieses Pfandrechts sind die sämtlichen geretteten und geborgenen Güter (vgl. § 97 BSchG Anm. 3b).

3. Das gesetzliche Pfandrecht gewährt dem erfolgreichen Helfer die Befugnis, geborgene Gegenstände bis zur Sicherheitsleistung zurückzubehalten, also ein gesetzliches Zurückbehaltungsrecht (vgl. § 97 BSchG Anm. 4). Ferner hat der Helfer ein Recht auf vorzugsweise Befriedigung aus den geretteten und geborgenen Gegenständen. Es finden für die „Verfolgbarkeit" des Pfandrechts die Bestimmungen des § 22 Abs. 2 für den Fall der Beschädigung durch ein Floß entsprechende Anwendung. Danach kann das Recht auf vorzugsweise Befriedigung nur im Wege der Klage beim ordentlichen Gericht geltend gemacht werden. Diese Pfandklage geht auf Verurteilung zur Duldung der Zwangsvollstreckung in die geretteten oder geborgenen Gegenstände. Die Pfandklage ist gegen denjenigen zu richten, der diese Gegenstände im Besitz hat; sie kann bis zur Auslieferung der Gegenstände auch gegen den Floßführer gerichtet werden (vgl. § 22 FlG Anm. 9). Für diese Pfandklage gegen den Floßführer ist im § 28 Abs. 3 Satz 2 eine besondere örtliche Gerichtszuständigkeit begründet.

4. Das Pfandrecht geht nicht mit der Auslieferung des Floßes unter, sondern ist gegen jeden dritten Besitzer verfolgbar. Nach der Auflösung des Floßes kann jedoch das Pfandrecht an den einzelnen Hölzern nicht zum Nachteil des dritten gutgläubigen Besitzers geltend gemacht werden (vgl. hierzu § 22 FlG Anm. 10).

5. Eine persönliche Verpflichtung des Floßeigentümers wird nach den §§ 22 Abs. 2, 23 Abs. 1 grundsätzlich nicht begründet (vgl. § 23 Anm. 1). Nur für den Fall der Veräußerung entsteht eine beschränkt persönliche Haftung des Floßeigentümers, nämlich in Höhe des Veräußerungserlöses (vgl. § 23 Anm. 2). Darüber hinaus kann eine persönliche Haftung des Floßeigentümers oder Floßführers vertraglich zur Entstehung gelangen.

Die Rangfolge der Pfandrechte

§ 29

Die Pfandrechte für Bergungs- und Hilfskosten haben den Vorrang vor den Pfandrechten für Ansprüche wegen Beschädigung durch das Floß (§ 22). Unter mehreren Pfandrechten der ersteren Art geht das später entstandene dem früher

entstandenen vor; mehrere Pfandrechte für Ansprüche wegen Beschädigung stehen im Range gleich.

Beide Arten von Pfandrechten gehen allen sonstigen Pfandrechten vor.

1. Das gesetzliche Pfandrecht soll den Floßgläubigern ein Recht auf vorzugsweise Befriedigung gewähren (vgl. § 28 Anm. 1, 3). Da nun „außer für Bergungs- und Hilfskosten noch für andere Ansprüche Pfandrechte an dem Floß begründet sein können, so muß die Rangordnung dieser Pfandrechte geregelt werden" (Begr. S. 18). Nach § 29 Abs. 2 haben die Pfandrechte für Bergungs- und Hilfskosten (§ 28) und für Beschädigungen durch das Floß (§ 22) den Vorrang vor allen sonstigen Pfandrechten; sie gehen allen anderen Pfandrechten, insbesondere also auch dem Pfandrecht des Frachtflößers (§ 440 HGB), im Range vor. Der Vorrang ist aus der Erwägung gewährt, daß diese Floßgläubiger auf die Haftung des Floßes beschränkt sind. Diese sich „hiernach ergebende Rangfolge stimmt mit den auf die Schiffsgläubiger" des Binnenschiffahrtsrechts „bezüglichen Vorschriften im wesentlichen überein" (Begr. S. 18).

2. Nach § 29 Abs. 1 haben die Pfandrechte für Bergungs- und Hilfskosten (§ 28) den Vorrang vor den Pfandrechten aus einer Beschädigung durch das Floß (§ 22). Es haben also die Bergungs- und Hilfskosten, „bei welchen der Gesichtspunkt der nützlichen Verwendung entscheidet, den ersten Rang, ihnen folgen die Pfandrechte wegen Beschädigung durch das Floß (§ 22); mehrere Pfandrechte der letzteren Art stehen sich im Range gleich, wogegen von Pfandrechten für Bergungs- und Hilfskosten das später entstandene dem früher entstandenen vorgeht" (Begr. S. 18).

Die Verjährung

§ 30

Mit dem Ablaufe eines Jahres verjähren:

1. **die öffentlichen Abgaben für die Flößerei, insbesondere die Brücken-, Schleusen-, Kanal- und Hafengelder;**
2. **die aus den Dienstverträgen herrührenden Forderungen des Floßführers und der Floßmannschaft;**
3. **die Ersatzansprüche wegen Beschädigung durch ein Floß sowie die Erstattungsforderung des Eigentümers des Floßes gegen den Frachtflößer und gegen den Floßführer oder die Floßmannschaft (§ 22 Abs. 1);**
4. **die Bergungs- und Hilfskosten, einschließlich des Berge- und Hilfslohnes;**
5. **die Forderungen des Frachtflößers wegen der Fracht mit Nebengebühren und Auslagen.**

Die Verjährung beginnt mit dem Schlusse des Jahres, in welchem die Forderung fällig geworden ist.

1. In Übereinstimmung mit der in den §§ 117, 118 BSchG vorgesehenen Regelung ist für bestimmte Ansprüche eine kurze Verjährungsfrist von einem Jahr eingeführt (vgl. § 117 BSchG Anm. 1). Damit ist die Verjährung nicht für alle mit dem Flößereirecht zusammenhängenden Ansprüche geregelt, sondern es ist im übrigen bei den Vorschriften des allgemeinen bürgerlichen Rechts geblieben. Ferner gilt diese Regelung nur in Ermangelung vereinbarter kürzerer Verjährungsfristen (vgl. § 117 BSchG Anm. 2).

2. Nach § 30 Abs. 2 beginnt die kurze Verjährungsfrist von einem Jahr mit dem Schluß des Jahres, in dem die Forderung fällig geworden ist. Es kommt also nicht auf die Entstehung der Forderung allein, sondern auf deren Fälligkeit an (vgl. § 118 BSchG Anm. 2). Im übrigen finden auf die Verjährung der im § 30 Abs. 1 aufgeführten Forderungen die Vorschriften der §§ 202ff. BGB, insbesondere hinsichtlich der Hemmung und Unterbrechung, entsprechende Anwendung (vgl. § 117 BSchG Anm. 1b).

3. Der für den § 117 BSchG maßgebliche Gesichtspunkt, daß „die in Betracht kommenden Forderungen bei längerem Bestehen den Verkehr erheblich gefährden würden, zumal mit ihnen meistens ein Pfandrecht verbunden ist", gilt in gleicher Weise auch für die Auslegung des § 30 Abs. 1. Demnach kann die Anwendung dieser Vorschrift nicht auf die dinglichen Floßgläubigerforderungen beschränkt bleiben, sondern muß auch die persönlichen Ansprüche dieser Art mit erfassen. Die Verjährungsfristen des § 30 Abs. 1 erstrecken sich auf alle Forderungen dieser Art, also sowohl auf die dinglichen, die beschränkt-persönlichen und auch auf die persönlichen Ansprüche (vgl. § 117 BSchG Anm. 3a). Es ist ferner unerheblich, ob diese Ansprüche aus vertraglichem oder außervertraglichem Verhalten entstanden sind (vgl. § 117 BSchG Anm. 3b).

4. Die im § 30 Nr. 1 aufgeführten „öffentlichen Abgaben für die Flößerei" umfassen alle derartigen Ansprüche, gleichgültig ob sie auf öffentlich-rechtlicher Satzung oder auf Vertrag beruhen. Die Anführung der Brücken-, Schleusen-, Kanal- und Hafengelder ist nur eine beispielsweise Aufzählung der wesentlichsten Abgaben (vgl. § 117 BSchG Anm. 4a).

5. Die „aus den Dienstverträgen herrührenden Forderungen des Floßführers und der Floßmannschaft" beziehen sich auf alle derartigen Ansprüche aus dem Dienst- oder Arbeitsverhältnis, also nicht nur auf die Lohnforderungen (vgl. § 117 BSchG Anm. 4b).

6. Dagegen beschränkt sich die Vorschrift des § 30 Nr. 3 auf die Schadensersatzforderungen wegen Beschädigung durch ein Floß (§§ 22, 23 Abs. 1) und auf die Regreßforderungen aus § 22 Abs. 1. Es fallen hierunter also nur die Forderungen der Floßgläubiger gegen den Floßeigentümer, und zwar sowohl der dingliche Anspruch als auch der beschränkt persönliche Anspruch aus § 23 Abs. 1 Satz 2, der für den dinglichen Anspruch eintreten kann (OLG Bamberg in SeuffA 71 Nr. 117); weiter gehört hierher die Regreßforderung des Floßeigentümers nach § 22 Abs. 1, der als solcher von den Floßgläubigern in Anspruch genommen wurde.

7. Die Bergungs- und Hilfskosten, einschließlich des Berge- und Hilfslohnes nach § 30 Nr. 4, umfassen alle derartigen Ansprüche, also auch dann, wenn der Hilfeleistung ein Vertrag zugrunde lag, aus dem eine persönliche Forderung neben dem dinglichen Anspruch (§ 28) entstanden ist (vgl. § 117 BSchG Anm. 4d). Ferner gehören hierzu nicht nur die Floßgläubigerforderungen nach § 28 Abs. 1, sondern auch die Ersatzforderungen im Falle der Veräußerung des Floßes aus den §§ 28 Abs. 2, 23 Abs. 1 Satz 2; demnach verjährt auch die beschränkt persönliche Verpflichtung des Veräußerers, bestehend in der Haftung mit dem Verkaufserlös, in einem Jahr.

8. Zu den Forderungen des Frachtflößers wegen der Fracht mit Nebengebühren und Auslagen nach § 30 Nr. 5 gehören alle derartigen Ansprüche aus dem Frachtvertrag. Diese Vorschrift steht im Gegensatz zu der binnenschiff-

fahrtsrechtlichen Regelung; nachdem die entsprechende Bestimmung des § 118 Nr. 8 BSchG a. F. durch EG zum HGB Art. 12 XX gestrichen wurde. Der § 30 Nr. 5 bezieht sich nur auf die dahingehenden Ansprüche des Frachtflößers aus dem Frachtvertrag; für die Verjährung der gegen ihn zu erhebenden Ansprüche gelten, ebenso wie im Binnenschiffahrtsrecht, die allgemeinen Vorschriften, insbesondere die §§ 439, 414 HGB (vgl. § 117 BSchG Anm. 5b, 6a).

Die Zuständigkeit des Bundesgerichtshofes

§ 31

In bürgerlichen Rechtsstreitigkeiten, in welchen durch die Klage ein Anspruch auf Grund der Bestimmungen dieses Gesetzes geltend gemacht ist, wird die Verhandlung und Entscheidung letzter Instanz im Sinne des § 8 des Einführungsgesetzes zum Gerichtsverfassungsgesetze dem Bundesgerichtshof zugewiesen.

Die „Bestimmung, daß in bürgerlichen Rechtsstreitigkeiten, in welchen durch die Klage ein Anspruch auf Grund der Bestimmungen des gegenwärtigen Gesetzes geltend gemacht wird, für die Entscheidung letzter Instanz auch da, wo ein oberstes Landgericht besteht, nicht dieses, sondern das Reichsgericht (jetzt Bundesgerichtshof) zuständig ist, entspricht dem Bedürfnis einer gleichmäßigen Gesetzesanwendung“ (so Begr. S. 18). Diese Vorschrift, die mit § 130 BSchG übereinstimmt, war notwendig, um die Ermächtigung der Landesgesetzgebung nach § 8 EGGVG auszuschließen, die Verhandlung und Entscheidung dieser Rechtsstreitigkeiten aus dem Binnenschiffahrtsrecht und Flößereirecht einem obersten Landesgericht für die Revisionsinstanz zu übertragen. Nach § 8 EGGVG in der Fassung des Gesetzes zur Wiederherstellung der Rechtseinheit vom 12. 9. 1950 (BGBl. 455, 501), für das Land Berlin vom 9. 1. 1951 (VOBl. I 99) kann „durch die Gesetzgebung eines Bundeslandes, in dem mehrere Oberlandesgerichte errichtet werden, die Verhandlung und Entscheidung der zur Zuständigkeit des Bundesgerichtshofes gehörenden Revisionen in bürgerlichen Rechtsstreitigkeiten einem obersten Landesgericht zugewiesen werden“. Für die auf das Flößereigesetz gestützten Ansprüche war früher das Reichsgericht und ist jetzt der Bundesgerichtshof die allein zuständige Revisionsinstanz.

Der Befähigungsnachweis für Floßführer

§ 32

Der Bundesrat ist befugt, Bestimmungen über den Befähigungsnachweis der Floßführer zu treffen. Bezüglich der Flößerei auf Wasserstraßen, auf welchen eine regelmäßige Schiffahrt nicht stattfindet, steht diese Befugnis der Landesregierung zu.

Wer den Bestimmungen zuwider das Gewerbe eines Floßführers ausübt, wird mit Geldstrafe bis zu dreihundert Mark bestraft.

1. Nach § 32 war in Übereinstimmung mit der Vorschrift in § 132 Abs. 1 BSchG der Bundesrat des Deutschen Reiches befugt, Bestimmungen über den Befähigungsnachweis der Floßführer zu treffen, soweit es sich um die Flößerei auf Wasserstraßen handelte, auf denen eine regelmäßige Schiffahrt stattfindet. Es wurde jedoch von dieser Ermächtigung, eine einheitliche Regelung der Befähigungsnachweise für Floßführer zu treffen, kein Gebrauch gemacht. Vielmehr sind die dahingehenden Bestimmungen in den Wasserpolizeiverordnungen und in den sonstigen den Flößereiverkehr regelnden öffentlich-rechtlichen Vorschriften enthalten (vgl. § 132 BSchG Anm. 1, 2).

2. Nach der Begründung zum Flößereigesetz ist eine „ausreichende Gewähr für die Befähigung" der Floßführer „im Interesse der Sicherheit des Verkehrs auf den wichtigeren Wasserstraßen ebensowenig zu entbehren wie in betreff der Schiffer und Schiffsmaschinisten" (so Begr. S. 18, 19). Die dem ehemaligen Bundesrat des Deutschen Reiches nach § 32 Abs. 1 eingeräumte Befugnis ist nach Artikel 129 GG auf die in der Bundesrepublik „nunmehr sachlich zuständigen Stellen" übergegangen (vgl. Anm. 2 zu § 132 BSchG).

3. Die Strafbestimmung im § 32 Abs. 2 entspricht der im § 132 Abs. 2 BSchG und § 147 GewO vorgesehenen Regelung.

Das Inkrafttreten des Gesetzes

§ 33

Dieses Gesetz tritt am 1. Januar 1896 in Kraft.

Gesetz
über den gewerblichen Binnenschiffsverkehr

(Binnenschiffsverkehrsgesetz — BSchVG)

Vom 1. Oktober 1953 (BGBl. I S. 1453, 1485; II S. 550)

In der Fassung des Gesetzes zur Änderung des Gesetzes über den gewerblichen Binnenschiffsverkehr vom 1. 8. 1961 (BGBl. I S. 1163, II S. 1094) im Lande Berlin anwendbar nach dem Gesetz zur Übernahme des Gesetzes über den gewerblichen Binnenschiffsverkehr vom 7. 10. 1953 (GVBl. S. 1217, 1361, GVBl. 1961 S. 1093).

EINLEITUNG

Entstehungsgeschichte und Inhalt des Gesetzes

Das Gesetz über den gewerblichen Binnenschiffsverkehr vom 1. 10. 1953 (BGBl. I S. 1453; II S. 550), das abgekürzt als „Binnenschiffsverkehrsgesetz“ bezeichnet wird, ist kein privatrechtliches Nebengesetz zum Binnenschiffahrtsgesetz, sondern stellt eine nach öffentlich-rechtlichen Gesichtspunkten vorgenommene Zusammenfassung der Vorschriften über eine staatliche Lenkung des gewerblichen Binnenschiffsverkehrs dar. Das Binnenschiffsverkehrsgesetz schafft kein wesentlich neues Recht, sondern verwertet die bewährten Grundsätze der bisherigen Gesetze und Verordnungen, die seit den Jahren 1931/1932 auf dem Gebiet des gewerblichen Binnenschiffsverkehrs erlassen worden sind (vgl. Vortisch-Zschucke a. a. O zu § 26 BSchG Anm. 10b). Diese bisherigen gesetzlichen Vorschriften, die als „planwirtschaftliche Maßnahmen“ in der Binnenschiffahrt bekanntgeworden sind, werden geordnet, vereinfacht und zusammengefaßt. Bislang war diese Regelung nach einer Anpassungsverordnung vom 23. 12. 1931 (RGBl. I S. 779, 783) in dem Gesetz zur Bekämpfung der Notlage der Binnenschiffahrt vom 16. 6. 1933 (RGBl. II S. 317) sowie in 36 Durchführungsverordnungen und in einer Verordnung über die Frachtenbildung in der Binnenschiffahrt vom 3. 10. 1941 (RGBl. I S. 622) enthalten. Eine solche gesetzliche „planwirtschaftliche“ Regelung des gewerblichen Binnenschiffsverkehrs wurde in Deutschland wie in den übrigen europäischen Staaten mit vergleichbaren Verkehrsverhältnissen im Laufe der letzten Jahrzehnte notwendig, weil die Verschiedenartigkeit der Unternehmungsformen und der Binnenschiffe sowie die allgemeinen Verkehrsinteressen und die internationale Gebundenheit des Binnenschiffsverkehrs eine staatliche Lenkung nach planwirtschaftlichen Gesichtspunkten bedingte. Die Entwicklung des Binnenschiffsverkehrs in Deutschland und den übrigen europäischen Staaten, insbesondere in den Nachkriegsjahren, erforderte es, die im Kriege oder kurz vorher erlassenen Gesetze und Rechtsverordnungen durch eine zusammenfassende, übersichtliche Neuordnung zu ersetzen, die auf Grund der konkurrierenden Gesetzgebungsbefugnis des Bundes nach Art. 74 Nr. 21 GG mit dem Binnenschiffsverkehrsgesetz vorgenommen worden ist. Durch das Gesetz zur Änderung des Gesetzes über den gewerblichen Binnenschiffsverkehr vom 1. 8. 1961 (BGBl. I S. 1163) wurden die §§ 14 Abs. 2, 21, 22, 24, 25, 26, 27, 28, 29 Abs. 2, 30, 33, 36 geändert und ein § 25a eingefügt. Mit diesen

Änderungen sollte der Binnenschiffsverkehr stärker den marktwirtschaftlichen Forderungen angepaßt, dem Wettbewerb ein größerer Spielraum verschafft und ein lauterer Wettbewerb bei marktgerechten Entgelten erreicht werden.

Das Binnenschiffsverkehrsgesetz, das auch im Lande Berlin Anwendung findet, enthält Vorschriften über die Verteilung von Fracht- und Schleppgut, die Schifferbetriebsverbände, die Frachtenbildung, den Frachtenausgleich, den Ausgleich widerstreitender Verkehrsinteressen und Mitwirkung der Länder, Ordnungs- und Strafvorschriften sowie Übergangs- und Schlußbestimmungen. Nach § 44 nimmt der Senator für Verkehr und Betriebe im Lande Berlin die in der Bundesrepublik den Wasser- und Schiffahrtsdirektionen zugewiesenen Aufgaben wahr.

Erster Abschnitt

Verteilung von Fracht- und Schleppgut

§ 1

Vereinbarungen von Schiffahrtsverbänden untereinander sowie zwischen Schiffahrtsverbänden und Schiffahrttreibenden über die Verteilung von Fracht- und Schleppgut, das ganz oder streckenweise auf Bundeswasserstraßen befördert werden soll, bedürfen der Genehmigung der Wasser- und Schiffahrtsdirektion. Ausgenommen hiervon sind Vereinbarungen, die die Verteilung von Fracht- und Schleppgut zur Beförderung innerhalb von Häfen zum Gegenstand haben. Die Genehmigung ist nur zu versagen, wenn Gründe der Verkehrspolitik es erfordern oder wenn die Vereinbarungen den Wettbewerb in unangemessener Weise einschränken würden.

Genehmigungspflicht für Verteilungsvereinbarungen von Fracht- und Schleppgut

1. Die vorgesehene Regelung über die Verteilung von Fracht- und Schleppgut geht davon aus, daß die Frachtgüter (Ladungen), die mit Schiffen befördert werden sollen (Frachtgut), sowie die beladenen oder unbeladenen Kähne (Frachtfahrzeuge, Schleppkähne), die durch Dampfer oder Motorschlepper geschleppt (befördert) werden sollen (Schleppgut), regelmäßig auf Grund privater Vereinbarungen auf die einzelnen Gruppen und Betriebe der Fracht- und Schleppschiffahrt verteilt werden. Solche Verteilungsvereinbarungen sollen unter Einschränkung des sonst bestehenden Grundsatzes der Vertragsfreiheit einer Genehmigungspflicht unterliegen, wenn sie zwischen den Schiffahrtverbänden untereinander sowie zwischen Schiffahrtverbänden und Schiffahrttreibenden über die Verteilung von Fracht- und Schleppgut zur Beförderung auf Bundeswasserstraßen abgeschlossen werden. Hierdurch soll sichergestellt werden, daß der Inhalt solcher Vereinbarungen mit den Grundsätzen der Verkehrspolitik und mit den Kartellvorschriften übereinstimmt.

2. a) Die Genehmigungspflicht ist beschränkt auf die Verteilungsvereinbarungen der Schiffahrtverbände untereinander und auf die Verteilungsvereinbarungen zwischen den Schiffahrtverbänden und den Schiffahrttreibenden. Als Schiffahrtverbände kommen die organisatorischen Zusammenschlüsse der Großschiffahrtgesellschaften und sonstigen Schiffahrtfirmen, meist als Reederverband oder Reedereivereinigung bezeichnet, und die Schifferbetriebsverbände als Organisationen der Partikulierschiffer (Privatschiffer, Kleinschiffer) in Betracht (vgl. §§ 11ff.). „Schiffahrttreibende" sind die natürlichen und juristischen Personen, die mit eigenen oder fremden Schiffen gewerbsmäßig auf Binnenwasserstraßen die Schiffahrt ausüben, also die Reedereien, die sonstigen Schiffahrtfirmen und die Privatschiffer (Partikulierschiffer, Kleinschiffer). Als „Reedereien" gelten in Angleichung an die seerechtliche Regelung (§ 489 HGB) solche Schiffahrtbetriebe, die mit einer kaufmännischen Einrichtung vom Lande aus Beförderungen auf Binnenwasserstraßen gewerbsmäßig übernehmen und sie mit eigenen oder hierzu angenommenen fremden Schiffen durchführen. Für die „Werkreedereien", die eigene Güter für eigene Zwecke mit eigenen Schiffen im „echten Werkverkehr" befördern, gilt nach § 5 Abs. 1 die Notstandsregelung aus den §§ 3, 4 nicht. „Privatschiffer" im Sinne des Gesetzes sind, wie aus § 13 Abs. 1 zu folgern ist, solche gewerblichen Binnenschiffahrttreibenden, die als Schiffseigner oder Ausrüster (§§ 1, 2 BSchG) in der Regel mit nicht mehr als drei Binnenschiffen gewerblich Güter für andere befördern und deren Betrieb dem eines Kleinschiffers entspricht (vgl. § 1 BSchG Anm. 8b, zu § 4 Anm. 9a). Die zwischen den Schiffahrttreibenden (Reedereien, sonstigen Schiffahrtfirmen und Privatschiffern) untereinander, also nicht mit den Schiffahrtverbänden getroffenen Verteilungsvereinbarungen sind einer Genehmigungspflicht nicht unterworfen. Der Grundsatz der Vertragsfreiheit bleibt hiernach auch für die Fracht-, Schlepp- oder sonstigen Beförderungsverträge bestehen, die von den Schiffahrttreibenden (Reedern, Partikulier- bzw. Privatschiffern) mit den Ladungsbeteiligten (Absendern) abgeschlossen werden, selbst wenn diese Abmachungen eine Verteilung von Fracht- oder Schleppgut zum Gegenstand haben sollten. Es sind also auch die Beförderungsverträge genehmigungsfrei, die eine Reederei oder sonstige Schiffahrtfirma als sog. Hauptfrachtführer mit anderen Schiffahrtfirmen oder Privatschiffern als Unterfrachtführer abschließt. Es werden eben nur die Verteilungsvereinbarungen der Schiffahrtverbände untereinander und zwischen Schiffahrtverbänden und Schiffahrttreibenden der Genehmigungspflicht unterworfen. Diese Genehmigungspflicht ist wegen der verkehrspolitischen Bedeutung solcher Verteilungsvereinbarungen und zur Verhütung von mißbräuchlichen Wettbewerbsbeschränkungen vorgesehen. Die im ersten Gesetzentwurf vorgesehene Erstreckung der Genehmigungspflicht auf die Verteilungsvereinbarungen zwischen den Schiffahrttreibenden untereinander ist auf den Einspruch des Zentralausschusses für deutsche Binnenschiffahrt und Empfehlung des Ausschusses für Verkehrswesen des Bundestages bei den Beratungen in Fortfall gekommen (vgl. Drucksache Nr. 4343 Deutscher Bundestag erste Wahlperiode 1949).

b) Im ersten Gesetzentwurf war in einer besonderen Vorschrift vorgesehen, daß diese Genehmigungspflicht für Verteilungsvereinbarungen sinngemäß auch für die Vereinbarungen über den Verkehr der Fahrgastschiffe (Personenschiffe) gelten sollte. Auf Grund der Beratungen im Verkehrsausschuß ist diese Vorschrift gestrichen worden, weil die etwaigen Verteilungsvereinbarungen auf dem Gebiet der Fahrgastschiffahrt regelmäßig nur zwischen Schiffahrttreibenden vorkommen und nicht von allgemeiner verkehrspolitischer Bedeutung sind. Hiernach unterliegen etwaige Verteilungsvereinbarungen über den Verkehr der Fahrgastschiffe keiner Genehmigungspflicht, weil sich die gesetzliche Regelung auf einen bestimmten Kreis von Vereinbarungen über die Verteilung von Fracht- und Schleppgut beschränkt.

3. Die Genehmigungspflicht für die Verteilungsvereinbarungen besteht für die Verteilung von Fracht- und Schleppgut, das ganz oder streckenweise auf Bundeswasserstraßen befördert werden soll. Es sind dies die der Hoheit des Bundes unterstellten öffentlichen Wasserstraßen, aber nicht die West-Berliner Gewässer, die nicht als Bundeswasserstraßen gelten. Auch solche Beförderungen sind mit einbegriffen, die sich über das Gebiet der Wasserstraßen des Bundes und des Landes Berlin (§ 44) anschließend hinaus in die Ostzone und den Ostsektor erstrecken. Für einen auf Landeswasserstraßen begrenzten Verkehr gilt das Gesetz nicht, und es findet nach § 42 grundsätzlich im Verkehr von und nach dem Ausland keine Anwendung.

4. a) Die unter § 1 fallenden Verteilungsvereinbarungen sind nur rechtswirksam, wenn sie behördlich genehmigt werden. Vor Erteilung der „Genehmigung" dürfen sie nicht durchgeführt werden. Es hätte richtiger statt Genehmigung „Zustimmung" heißen müssen, weil nach dem Sinn und Zweck dieser gesetzlichen Regelung nicht ausgeschlossen werden sollte, daß diese „Genehmigung" auch vorher (als Einwilligung) oder für eine Gruppe von Verteilungsvereinbarungen allgemein erteilt werden kann.

b) Liegen Versagungsgründe nicht vor, so muß die Genehmigung erteilt werden. Daraus folgt, daß unter diesen Voraussetzungen ein Rechtsanspruch auf die Erteilung der Genehmigung besteht.

c) Genehmigungsbehörden sind in der Bundesrepublik die Wasser- und Schiffahrtsdirektionen (§§ 1, 6), im Lande Berlin der Senator für Verkehr und Betriebe (§ 44 Abs. 3). Die Zuständigkeit der Genehmigungsbehörden ist im § 6 und in den hierzu erlassenen Verwaltungsvorschriften geregelt (vgl. § 6 Anm. 2, 3, 4).

d) Bis zur Erteilung der behördlichen Genehmigung sind die abgeschlossenen Verteilungsvereinbarungen schwebend unwirksam; sie gelten als von Anfang an rechtswirksam mit der Erteilung der behördlichen Genehmigung (§ 184 BGB). Nach Versagung der Genehmigung wird die schwebende Unwirksamkeit zur Nichtigkeit. Wer sich über die schwebende Unwirksamkeit einer nicht genehmigten Vereinbarung (§ 1) hinwegsetzt, handelt ordnungswidrig (§ 37 Abs. 1 Ziffer 2).

5. Von der Genehmigungspflicht sind allgemein die Vereinbarungen ausgenommen, die die Verteilung von Fracht- und Schleppgut zur Beförderung innerhalb von Häfen zum Gegenstand haben. Der Hafenverkehr ist, ähnlich wie im § 131 Abs. 1 BSchG bei den privatrechtlichen Vorschriften, von dieser gesetzlichen Sonderregelung ausgenommen worden, weil er nur von örtlich begrenzter Bedeutung ist (vgl. § 131 BSchG Anm. 1). Ferner gilt § 1 nicht für den Verkehr von und nach dem Ausland (§ 42), und seine Anwendung ist beschränkt bei Beförderung mit Seeschiffen (§ 43), wenn im durchgehenden Verkehr die Grenzen der Seefahrt überschritten werden.

6. Nach den §§ 3, 4 kann, wenn Notstände in der Binnenschiffahrt eingetreten sind oder sich anbahnen, die nicht durch Verteilungsvereinbarungen oder auf andere Weise behoben werden können, unter bestimmten Voraussetzungen die Verteilung von Fracht- und Schleppgut durch Rechtsverordnungen geregelt werden.

§ 2

(1) Die Genehmigung nach § 1 soll in der Regel nicht für einen längeren Zeitraum als drei Jahre erteilt werden; sie kann auf Antrag jeweils um den gleichen Zeitraum verlängert werden.

(2) Die Genehmigung kann von der Wasser- und Schiffahrtsdirektion widerrufen werden,

1. soweit sie durch rechtswidrige Einwirkung, wie arglistige Täuschung oder Drohung, durch den Antragsteller oder einen anderen herbeigeführt worden ist oder

2. wenn die an Vereinbarungen nach § 1 Beteiligten Geschäftsbedingungen anwenden, die einen Mißbrauch der Genehmigung darstellen.

Genehmigungsbescheid

1. Eine zeitliche Begrenzung der erteilten behördlichen Genehmigungsbescheide ist nicht zwingend vorgeschrieben. Eine über den Zeitraum von drei Jahren hinausgehende Genehmigung ist in vollem Umfange wirksam, solange sie nicht nach § 2 Abs. 2 widerrufen ist.

2. Die Dauer einer Genehmigung kann auf Antrag verlängert werden. Ein Rechtsanspruch auf eine solche Verlängerung besteht nach der anderweiten Fassung dieser Vorschrift im Gegensatz zu der Regelung im § 1 Satz 3 nicht.

3. Ein Widerruf einer erteilten Genehmigung einschließlich einer verlängerten Genehmigung ist nur bei Vorliegen der gesetzlichen Voraussetzungen zulässig.

4. Mit dem Ablauf der im Genehmigungsbescheid, im Verlängerungsbescheid oder im Widerruf festgesetzten Frist wird die zugrunde liegende Verteilungsvereinbarung rechtsunwirksam. Die Nichtbeachtung dieser Unwirksamkeit stellt eine Ordnungswidrigkeit nach § 37 Abs. 1 Ziff. 2 dar.

5. Nach § 37 Abs. 1 Ziff. 1 handelt ordnungswidrig, wer unrichtige oder unvollständige Angaben tatsächlicher Art macht oder benutzt, um für sich oder einen anderen eine nach § 1 erforderliche Genehmigung zu erschleichen (vgl. § 37 Anm. 1, 2).

§ 3

(1) Soweit Notstände in der Binnenschiffahrt eingetreten sind oder sich anbahnen und nicht durch Vereinbarungen nach § 1 oder auf andere Weise behoben werden können, wird der Bundesminister für Verkehr ermächtigt, die Verteilung von Fracht- und Schleppgut, das ganz oder streckenweise auf Bundeswasserstraßen befördert werden soll, durch Rechtsverordnungen zu regeln. Er kann diese Ermächtigung durch Rechtsverordnung auf die Wasser- und Schiffahrtsdirektionen übertragen.

(2) Die Wasser- und Schiffahrtsdirektionen sollen sich zur Vorbereitung ihrer Aufgaben nach Absatz 1 und zu ihrer Durchführung, soweit sie nicht hoheitlicher Art ist, der Selbstverwaltungseinrichtungen des Binnenschiffahrtsgewerbes bedienen.

(3) Die Absätze 1 und 2 gelten nicht für die Verteilung von Fracht- und Schleppgut, das lediglich innerhalb von Häfen befördert werden soll.

Notstandsregelung

1. a) Für Notstände in der Binnenschiffahrt ist eine behördliche Verteilung des Fracht- und Schleppgutes vorgesehen. In ähnlicher Weise war bereits durch die Notgesetzgebung seit dem Jahre 1931 ein staatliches Eingreifen zulässig. Während der Wirtschaftskrise in den Jahren 1931/32 und in der Kriegszeit wurde zur Erhaltung einer leistungsfähigen Binnenschiffahrt eine staatliche Verteilung des Fracht- und Schleppgutes durchgeführt. Dahingehende Vorschriften enthielten bereits der 3. Teil der Anpassungsverordnung vom 23. 12. 1931 (RGBl. I S. 779) und das Gesetz zur Bekämpfung der Notlage der Binnenschiffahrt vom 16. 7. 1933 (RGBl. II S. 317).

b) Ein „Notstand" der Binnenschiffahrt ist dann gegeben, wenn die hierfür in § 4 aufgestellten Voraussetzungen vorliegen (vgl. Anm. 1 zu § 4). Ein solcher Notstand muß entweder bereits eingetreten, also vorhanden sein, oder sich „anbahnen", d. h. es müssen die ersten Anzeichen eines Notstandes erkennbar sein. Die Feststellung eines derartigen Notstandes reicht aber für einen staatlichen Eingriff allein nicht aus, sondern es muß zusätzlich festgestellt werden können, daß die Notstände nicht durch Verteilungsvereinbarungen (§ 1) oder „auf andere Weise" beseitigt werden können. Die Ermächtigung zu solchen staatlichen Eingriffen ist hiernach, und zwar im Gegensatz zu dem ersten Entwurf, auf Einspruch der Binnenschiffahrttreibenden erheblich eingeschränkt worden. Es muß also vor solchen Eingriffen geprüft und gewürdigt werden, ob der Notstand nicht durch andere geeignete Mittel behoben werden kann.

2. a) Zuständig für den Erlaß solcher Rechtsverordnungen ist der Bundesminister für Verkehr, der die Ermächtigung durch Rechtsverordnung auf die Wasser- und Schiffahrtsdirektionen übertragen kann.

b) Die Selbstverwaltungseinrichtungen des Binnenschiffahrtgewerbes, die Schiffahrtverbände, Betriebsverbände, Transportzentralen, Schiffahrtstellen u. a. sollen schon bei der Vorbereitung mitwirken.

3. a) Als Inhalt dieser Rechtsverordnungen kommt die Regelung der Verteilung des Fracht- und Schleppgutes in Betracht. Eine bestimmte Art der Verteilung ist gesetzlich nicht vorgeschrieben; sie kann nach Quoten, Festmengen, durch Einführung eines Reihenfolgesystems bei der Vergabe von Beförderungsaufträgen oder auch in anderer Weise erfolgen. Die Rechtsverordnungen sind, gleichgültig ob sie befristet oder unbefristet erlassen werden, bei Beendigung des Notstandes aufzuheben.

b) Eine Verteilung durch staatlichen Eingriff ist nur zulässig, wenn es sich um Fracht- oder Schleppgut handelt, das ganz oder streckenweise auf Bundeswasserstraßen befördert wird.

4. Für den Hafenverkehr können nach § 3 Abs. 3 Rechtsverordnungen über eine Verteilung des Fracht- und Schleppgutes nicht getroffen werden (vgl. § 1 Anm. 5), auch nicht für den Werkverkehr (§ 5 Abs. 1).

5. Nach § 37 Abs. 1 Ziffer 3 werden Verstöße gegen solche Verordnungen als Ordnungswidrigkeiten geahndet.

§ 4

Ein Notstand im Sinne des § 3 ist gegeben,

1. wenn für die Binnenschiffahrt im gesamten Geltungsbereich dieses Gesetzes, in einzelnen Stromgebieten oder Teilen von Stromgebieten bei außergewöhnlichem Ladungsmangel ohne eine angemessene Verteilung des Ladungsguts nachhaltige wirtschaftliche Schäden bei einem erheblichen Teil des gesamten oder einzelner Zweige des Schiffahrtgewerbes eintreten würden oder

2. wenn die Privatschiffer im gesamten Geltungsbereich dieses Gesetzes, in einzelnen Stromgebieten oder Teilen von Stromgebieten am Verkehrsaufkommen mit Schiffsraum oder Schleppkraft nicht angemessen beteiligt werden.

Notstandsvoraussetzungen

1. Der Begriff des Notstandes ist zurückzuführen auf die Vorschriften der früheren Notgesetzgebung (vgl. § 3 Anm. 1a). Die Voraussetzungen hierfür sind ein außergewöhnlicher Ladungsmangel, das Fehlen einer angemessenen Verteilung des Ladungsgutes und die Gefahr des Eintritts nachhaltiger wirtschaftlicher Schäden, wenn auch nur für einzelne Zweige des Schiffahrtgewerbes.

2. Durch die besondere Notstandsregelung zum Schutz der Privatschiffer soll sichergestellt werden, daß die Privatschiffer angemessen, d. h. entsprechend der Gesamttonnage ihrer Schiffe und ihrer Bedeutung, an den Beförderungsaufträgen beteiligt werden. Soweit dies im freien Spiel der Kräfte oder auf Grund von Verteilungsvereinbarungen nach § 1 nicht erreicht werden kann, ist ein staatlicher Eingriff nach den §§ 3, 4 durch Notstandsmaßnahmen vorgesehen.

§ 5

(1) § 3 ist auf die Beförderung von eigenen Gütern für eigene Zwecke des Unternehmens mit eigenen Schiffen (Werkverkehr) nicht anzuwenden.

(2) Betreibt ein Schiffseigner neben dem Werkverkehr Schiffahrt zu gewerblichen Zwecken, so wird im Rahmen dieses Gesetzes der gesamte Schiffahrtbetrieb als gewerbliche Schiffahrt angesehen.

Werkverkehr

1. a) Diese Ausnahmeregelung gilt nur, wenn alle aufgestellten Voraussetzungen erfüllt sind, also ein echter Werkverkehr festgestellt wird. Es müssen hiernach eigene Frachtgüter für eigene Zwecke und mit eigenen Schiffen durch Unternehmen auf den Wasserstraßen befördert werden. Meist sind diese „Werkreedereien" anderen wirtschaftlichen Unternehmen angegliedert.

b) Die einen solchen Werkverkehr ausübende Werkschiffahrt wird von einer behördlichen Verteilung des Fracht- und Schleppgutes im Wege der Notstandsmaßnahmen nach den §§ 3, 4 ausgenommen.

2. Für einen Schiffseigner, richtiger wohl Schiffseigentümer, der gewerblich Güter befördert und auch einen Werkverkehr unterhält, gilt, und zwar für den gesamten Betrieb, diese Ausnahmevorschrift nicht, sondern ein solcher Schiffahrttreibender ist den Notstandsmaßnahmen nach den §§ 3, 4 für seinen gesamten Betrieb unterworfen.

§ 6

(1) Örtlich zuständig ist

1. in den Fällen der §§ 1, 2 diejenige Wasser- und Schiffahrtsdirektion, in deren Bezirk mindestens einer der an der Vereinbarung Beteiligten seinen Sitz, seinen Wohnsitz oder in Ermangelung eines Wohnsitzes seinen dauernden Aufenthalt hat,

2. in den Fällen des § 3 diejenige Wasser- und Schiffahrtsdirektion, in deren Bezirk der Notstand auftritt.

(2) Wird im Falle des Absatzes 1 Nr. 1 ein Antrag bei mehreren Wasser- und Schiffahrtsdirektionen gestellt, so ist diejenige Wasser- und Schiffahrtsdirektion zuständig, bei der ein Antrag zuerst gestellt worden ist.

(3) Der Bundesminister für Verkehr kann die den Wasser- und Schiffahrtsdirektionen nach den §§ 1 bis 3 obliegenden Aufgaben einer Wasser- und Schiffahrtsdirektion für den Bezirk mehrerer Wasser- und Schiffahrtsdirektionen zuweisen.

Behördliche Zuständigkeit

1. Nach § 1 ist die Genehmigung und nach § 2 Abs. 2 der Widerruf von Verteilungsvereinbarungen von der Wasser- und Schiffahrtsdirektion zu erklären, deren örtliche Zuständigkeit im Absatz 1 geregelt ist. Die Notstandsmaßnahmen nach den §§ 3, 4 werden von dem Bundesminister für Verkehr getroffen, der seine Ermächtigung auf die Wasser- und Schiffahrtsdirektionen übertragen kann.

2. Für die örtliche Zuständigkeit der Wasser- und Schiffahrtsdirektionen (WSD) ist zu unterscheiden, ob es sich um eine Verteilungsvereinbarung aus den §§ 1, 2 oder um eine Notstandsregelung (§ 3) handelt (vgl. Anm. 4). Die Genehmigung und der Widerruf von Verteilungsvereinbarungen (§§ 1, 2) werden nach § 6 Abs. 1 Nr. 1 von der WSD erteilt, in deren Bezirk (Bereich) einer der an der Vereinbarung Beteiligten (Schiffahrtverbände, Schiffahrttreibenden) seinen Sitz, Wohnsitz oder in Ermangelung eines Wohnsitzes seinen dauernden Aufenthalt hat. Es kommt also hier nicht, wie bei der Zugehörigkeit der Privatschiffer zu den Schifferbetriebsverbänden (§ 13 Abs. 1), auf den Heimatort der Schiffe, sondern auf den Sitz oder Wohnsitz der beteiligten Schiffahrtverbände oder Schiffahrttreibenden an. Bei den Schiffahrtverbänden und den Schiffahrtgesellschaften, Reedereien und Schiffahrtfirmen ist der Ort, an dem sich ihre Geschäftsniederlassung, also ihr Sitz, befindet, regelmäßig festzustellen, während dies bei den sonstigen Schiffahrttreibenden, insbesonders bei den Privatschiffern (Partikularschiffern), soweit sie auf dem Schiff wohnen und eine Landwohnung nicht unterhalten, häufig schwierig sein wird (vgl. § 6 BSchG Anm. 2b, c). Es soll dann, soweit ein Wohnsitz (§ 7 BGB) nicht feststellbar ist, der dauernde Aufenthalt eines Beteiligten entscheidend sein, der nicht der Antragsteller zu sein braucht. Wenn mehrere Beteiligte an einer Verteilungsvereinbarung deren Genehmigung bei verschiedenen WSD beantragen, die hiernach zuständig wären, so ist nach § 6 Abs. 2 diejenige WSD zuständig, bei der ein solcher Genehmigungsantrag zuerst eingebracht worden ist.

3. Nach § 6 Abs. 3 kann der BfV die Aufgaben der Genehmigungsbehörde einer WSD über ihren Bereich hinaus für mehrere Bezirke übertragen. Wenn ein Ort, an dem ein beteiligter Schiffahrtverband oder Schiffahrttreibender seinen Sitz, Wohnsitz oder seinen dauernden Aufenthalt hat, an mehreren Wasserstraßen liegt, die zum Zuständigkeitsbereich verschiedener WSD gehören, so ist entscheidend, in welchem Bereich sich „die Vereinbarung überwiegend auswirken soll". Liegt ein Ort an keiner dieser Wasserstraßen, so ist diejenige WSD zuständig, zu deren Bereich die dem Ort nächstgelegene Wasserstraße gehört. Im Regelfall wird sich eine Verteilungsvereinbarung auf den Zuständigkeitsbereich anderer WSD auswirken; es entscheidet dann die Genehmigungsbehörde „im Einvernehmen" mit diesen anderen WSD. Es genügt demnach nicht deren Anhörung, sondern sie müssen bei der Entscheidung beteiligt werden und ihr Einverständnis erteilen. Soweit eine WSD nicht Genehmigungsbehörde ist, muß sie von der Genehmigungsbehörde über die Erteilung, die Versagung oder den Widerruf einer Genehmigung benachrichtigt werden, wenn sie ohne die besondere Zuständigkeitsregelung zuständig wäre oder wenn sich die Vereinbarung auf ihren Bezirk auswirkt.

4. Nach § 3 Abs. 1 Satz 2 kann der BfV auch die Ermächtigung zur Regelung der Verteilung von Fracht- und Schleppgut zur Beseitigung von Notständen in der Binnenschiffahrt durch Rechtsverordnung auf die WSD übertragen. Es ist in solchen Fällen nach § 6 Abs. 1 Nr. 2 grundsätzlich die WSD zuständig, in deren Bezirk der Notstand auftritt. Jedoch wird sich der Notstand meist nicht auf den Bereich einer WSD beschränken, sondern sich darüber hinaus zumindest auf das gesamte Stromgebiet erstrecken, so daß dann mehrere WSD zuständig sein könnten. Nach § 6 Abs. 3 kann auch in solchen Fällen der BfV eine Genehmigungsbehörde für den Bezirk mehrerer WSD bestimmen. Diese Bestimmung kann allgemein durch weitere Verwaltungsvorschriften oder durch Verwaltungsanordnung im Einzelfall getroffen werden. Diese Zuständigkeitsregelungen werden in den Rechtsverordnungen getroffen.

§ 7

(1) Gegen die Entscheidung einer Wasser- und Schiffahrtsdirektion nach § 1, § 2 Abs. 2 ist die Verwaltungsbeschwerde an den Bundesminister für Verkehr zulässig. Sie ist innerhalb eines Monats nach Bekanntgabe der Entscheidung bei der Wasser- und Schiffahrtsdirektion einzulegen. Diese kann der Beschwerde abhelfen. Die Frist ist auch gewahrt, wenn die Beschwerde beim Bundesminister für Verkehr eingelegt ist.

(2) Soweit in Rechtsvorschriften der Einspruch als Voraussetzung der Klage beim Verwaltungsgericht vorgesehen ist, tritt an seine Stelle die Verwaltungsbeschwerde.

Beschwerdeverfahren

1. Die vorgesehene Verwaltungsbeschwerde gegen die Entscheidungen einer Wasser- und Schiffahrtsdirektion (§§ 1, 2 Abs. 2) ist eine sog. Einspruchsbeschwerde. Sie ist innerhalb Monatsfrist bei der erlassenden Stelle einzulegen, die der Beschwerde abhelfen kann oder sie anderenfalls dem Bundesminister für Verkehr zur Entscheidung vorlegen muß. In den ablehnenden Bescheiden der Wasser- und Schiffahrtsdirektionen muß auf dieses Rechtsmittel des Verwaltungsverfahrens in der Rechtsmittelbelehrung ausdrücklich hingewiesen werden. Mit der Verwaltungsbeschwerde kann sowohl die Rechtsmäßigkeit als auch die Zweckmäßigkeit der angefochtenen Maßnahme beanstandet werden.

2. Eine ablehnende Entscheidung des Bundesministers für Verkehr kann als Verwaltungsakt im Verwaltungsstreitverfahren vor dem zuständigen Verwaltungsgericht angefochten werden.

§ 8

(1) Vor Erlaß einer Rechtsverordnung nach § 3 Abs. 1 Satz 1 hat der Bundesminister für Verkehr die Verbände der beteiligten Binnenschiffahrt sowie die beteiligten Gewerkschaften zu hören.

(2) Sofern der Bundesminister für Verkehr nach § 3 Abs. 1 Satz 2 die Wasser- und Schiffahrtsdirektionen zum Erlaß von Rechtsverordnungen ermächtigt, wird bei diesen ein Beirat gebildet.

Anhörung der Verbände

1. Vor Erlaß von Notstandsmaßnahmen nach § 3 Abs. 1 Satz 1 müssen die Schiffahrtverbände und die Gewerkschaften gehört werden. Eine weitere Mitwirkung ist nicht vorgeschrieben. Bei der Bedeutung und den wirtschaftlichen Folgen solcher Notstandsmaßnahmen wäre eine weitergehende Mitwirkung der Schiffahrtverbände und Gewerkschaften — gegebenenfalls über einen Beirat — zweckmäßig gewesen.

2. Nur bei den Wasser- und Schiffahrtsdirektionen wird nach § 8 Abs. 2 ein Beirat gebildet, der nach § 9 aber nur eine beratende Aufgabe und nach § 10 ein beschränktes Einspruchsrecht hat.

§ 9

(1) Der Beirat hat die Aufgabe, die Wasser- und Schiffahrtsdirektion vor Erlaß einer Rechtsverordnung zu beraten.

(2) Der Beirat besteht aus

1. je sechs Vertretern der Reedereien und der Privatschiffer und

2. einem Vertreter aus dem Kreise der beteiligten Gewerkschaften.

(3) Die Vertreter der Reedereien und der Privatschiffer werden von den Verbänden der Binnenschiffahrt, der Vertreter der beteiligten Gewerkschaften von diesen vorgeschlagen und durch den Bundesminister für Verkehr für die Dauer von drei Jahren berufen; sie können durch ihn vor Ablauf dieser Zeit unter den in der Geschäftsordnung (Absatz 5) festgelegten Voraussetzungen abberufen werden. Sie sind nicht an Weisungen gebunden.

(4) Die Mitglieder des Beirats sind ehrenamtlich tätig.

(5) Der Beirat gibt sich eine Geschäftsordnung, die der Genehmigung der Wasser- und Schiffahrtsdirektion bedarf. Die Geschäftsordnung kann vorsehen, daß an den Sitzungen des Beirats Vertreter der Schiffahrtspediteure (Befrachter) ohne Stimmrecht teilnehmen.

Beirat

1. Der Beirat hat keine beschließende, sondern nur eine beratende Funktion und ein beschränktes Einspruchsrecht nach § 10.

2. Die Zusammensetzung des Beirats ist, soweit die Binnenschiffahrtkreise in Betracht kommen, paritätisch zwischen der sog. Groß- und Kleinschiffahrt aufgeteilt. Jeder Beirat besteht nämlich nach § 9 Abs. 2 aus je sechs Vertretern der Reedereien (Schiffahrtgesellschaften und Schiffahrtfirmen) und der Privatschiffer (Partikulier- bzw. Kleinschiffer) und einem Gewerkschaftsvertreter. Dies Teilnehmerrecht ist den Schiffahrtspediteuren in ihrer Eigenschaft als „Befrachter" zugebilligt, weil sie insoweit die Frachtverträge als Absender mit den Frachtführern abschließen (vgl. auch § 26 Abs. 2). Die „Reedereien" waren schon als solche erwähnt in dem Elbekartell, das auf gesetzlicher Grundlage unter dem Namen „Elbe-Reedereien-Vereinigung von 1934" errichtet worden war. Nach Ansicht der HK Hamburg folgt daraus, daß die Bezeichnung „Reederei" auch von Unternehmen der Binnenschiffahrt geführt werden darf (ZfB 1958, 374).

§ 10

Wenn mindestens sechs Mitglieder des Beirats es verlangen, hat die Wasser- und Schiffahrtsdirektion die von ihr beabsichtigte Rechtsverordnung unverzüglich

dem Bundesminister für Verkehr vorzulegen. Die Wasser- und Schiffahrtsdirektion entscheidet alsdann nach seinen Weisungen. § 8 Abs. 1 gilt entsprechend.

Mitwirkung des Beirats bei Notstandsregelungen.

1. Dem Beirat ist nur dies beschränkte Einspruchsrecht gegen etwaige von den Wasser- und Schiffahrtsdirektionen zu erlassende Rechtsverordnungen eingeräumt.

2. Bevor der Bundesminister für Verkehr auf Grund des Einspruchs Weisungen erteilt, muß er die Verbände der beteiligten Binnenschiffahrt und die beteiligten Gewerkschaften hören.

Zweiter Abschnitt

Schifferbetriebsverbände

§ 11

(1) Für das Stromgebiet des Rheins, der Oberelbe und der Unterelbe wird je ein Schifferbetriebsverband (Verband) errichtet.

(2) Als Stromgebiet des Rheins gilt die deutsche Rheinstrecke mit ihren Nebenflüssen und dem Spoykanal.

(3) Als Stromgebiet der Oberelbe gilt die Elbe bis Hamburg einschließlich mit ihren natürlichen und künstlichen Nebenwasserläufen sowie den Wasserstraßen bis Travemünde.

(4) Als Stromgebiet der Unterelbe gilt die Elbe unterhalb Hamburgs mit ihren natürlichen und künstlichen Nebenwasserstraßen, die Eider, der Nord-Ostsee-Kanal und der Kieler Hafen bis einschließlich Laboe.

Errichtung der Schifferbetriebsverbände

1. Die Schifferbetriebsverbände sind als Zusammenschlüsse der Privatschiffer (Partikulierschiffer, Kleinschiffer) mit gesetzlich begründeter Mitgliedschaft Körperschaften des öffentlichen Rechts (§ 12 Satz 2). Im ersten Weltkrieg hatte sich aus kriegswirtschaftlichen Gründen die Notwendigkeit herausgestellt, die Privatschiffer in dieser Weise zwangsweise in Betriebsverbänden zusammenzuschließen. Durch eine Bekanntmachung des Bundesrates über die Errichtung von Betriebsverbänden in der Binnenschiffahrt vom 18. 8. 1917 (RGBl. S. 720) wurde die erste gesetzliche Grundlage für solche Zusammenschlüsse der Privatschiffer geschaffen. Nach dem ersten Weltkrieg wurde diese Regelung beibehalten, weil die Privatschiffer nur zum Teil in Genossenschaften oder anderen Organisationen vereinigt waren und deshalb ein gesetzlicher Zusammenschluß notwendig blieb, um eine verkehrswirtschaftliche Verteilung von Fracht- und Schleppgut unter Aufrechterhaltung stabiler und angemessener Frachten und Schleppgelder zu gewährleisten. Ein Gesetz betr. die Errichtung von Kleinschifferverbänden vom 19. 5. 1922 (RGBl. II S. 129) ermöglichte die Umwandlung der damals bestehenden Betriebsverbände in öffentlich-rechtliche Kleinschifferverbände. Auch die Notlagegesetzgebung nach der Anpassungsverordnung vom 23. 12. 1931 (RGBl. I S. 779) und dem Gesetz zur Bekämpfung der Notlage der Binnenschiffahrt vom

16. 6. 1933 (RGBl. II S. 317) hielt diesen Grundsatz des Zusammenschlusses der Privatschiffer zu öffentlich-rechtlichen Verbänden aufrecht. Nach § 1a des Notlagegesetzes in Verbindung mit den hierzu erlassenen 10., 11. und 12. Durchführungsverordnungen waren diese Schifferbetriebsverbände Körperschaften des öffentlichen Rechts mit gesetzlich begründeter Mitgliedschaft.

2. a) Die für die Stromgebiete zu errichtenden Betriebsverbände werden als „Verbände" bezeichnet. Damit sollte zum Ausdruck gebracht werden, daß sie Schiffahrtverbände im Sinne des § 1 sind.

b) Es wurden zunächst drei Schifferbetriebsverbände für Rhein, Oberelbe und Unterelbe gebildet. Diese Schifferbetriebsverbände bestanden bereits auf Grund der früheren Notlagegesetzgebung (vgl. Anm. 1); sie gelten als nach § 11 errichtet (vgl. § 40). Es sind dies der Schiffer-Betriebsverband „Jus et Justitia" in Duisburg, die Schifferbetriebsverbände für die Elbe und Unterelbe in Hamburg (vgl. Vkbl. 1954 S. 233—239).

c) Die gebietsmäßige Zuständigkeit ist nach den Stromgebieten abgegrenzt.

§ 12

Der Verband faßt die Privatschiffer zu dem Zweck zusammen, um in seinem Bereich die mit diesem Gesetz erstrebte Ordnung im gewerblichen Binnenschiffsverkehr zu gewährleisten. Er ist Körperschaft des öffentlichen Rechts und untersteht der Aufsicht des Bundesministers für Verkehr. Dieser kann die Aufsicht einer Wasser- und Schiffahrtsdirektion übertragen.

Zweck der Schifferbetriebsverbände

1. Die Gewährleistung der Ordnung im gewerblichen Binnenschiffsverkehr soll durch diesen Zusammenschluß der Privatschiffer erreicht werden. Es soll hierdurch eine im Interesse der Allgemeinheit liegende stabile Frachtenlage und eine angemessene Verteilung von Fracht- und Schleppgut unter Berücksichtigung aller Binnenschiffahrttreibenden einschließlich der Privatschiffer ermöglicht werden, um eine leistungsfähige Binnenschiffahrt zur Erfüllung aller verkehrswirtschaftlichen Aufgaben zu erhalten. Neben diesen öffentlichen Aufgaben hat der Schifferbetriebsverband, wie jeder Verband, ohne daß dies im Gesetz besonders erwähnt wird, wirtschaftspolitische, insbesondere berufsständische Aufgaben zu erfüllen und dabei die besonderen wirtschaftlichen, sozialen und kulturellen Belange seiner Mitglieder zu fördern. Nach den von der Aufsichtsbehörde genehmigten Satzungen (Vkbl. 1954, S. 233—239) haben die Schifferbetriebsverbände als die berufenen Vertretungen der Privatschiffer ihres Stromgebietes außer diesen berufsständischen Aufgaben in erster Linie öffentliche Aufgaben zu erfüllen, nämlich den Zusammenschluß der Privatschiffer (Partikulierschiffer), die Durchführung des gesetzlichen Ordnungswerkes und die verkehrswirtschaftlichen Aufgaben zu sichern. Hierzu gehören folgende Aufgaben:

a) Verträge zur Beschäftigung der Mitglieder zu schließen,
b) Beschlüsse zu fassen über die Verteilung des anfallenden Fracht- und Schleppgutes auf die Mitglieder,
c) Verfügungen über die Einteilung und Bewegung der Schiffe zu treffen,
d) Frachtenausgleichsfonds zu bilden.

Zur Durchführung dieser öffentlichen Aufgaben werden Betriebsstellen gebildet, für die Betriebsstellenordnungen erlassen werden.

Eine auf Erwerb gerichtete Tätigkeit, insbesondere als Reeder, Befrachter oder Spediteur, ist den Schifferbetriebsverbänden nicht gestattet.

2. In Übereinstimmung mit der frühen Regelung erhalten die Betriebsverbände die Rechtsform der Körperschaften des öffentlichen Rechts verliehen und werden hinsichtlich ihrer öffentlichen Aufgaben einer behördlichen Aufsicht unterstellt. Die Aufsicht steht dem BfV zu, der seine Aufsichtsbefugnis auf die WSD übertragen kann, die damit Aufsichtsbehörden werden.

§ 13

(1) Mitglieder des Verbandes sind diejenigen deutschen Schiffseigner oder Ausrüster (§§ 1, 2 des Gesetzes betreffend die privatrechtlichen Verhältnisse der Binnenschiffahrt, in der Fassung vom 20. 5. 1898, Reichsgesetzbl. S. 868), die in der Regel mit nicht mehr als drei Binnenschiffen (Kähnen, Schleppern, Selbstfahrern), deren Heimatort im Stromgebiet liegt, gewerblich Güter für andere befördern und deren Gewerbebetrieb dem eines Kleinschiffers entspricht.

(2) Mitglieder des Schifferbetriebsverbandes Unterelbe sind unter den Voraussetzungen des Absatzes 1 auch Schiffseigner oder Ausrüster von Binnenschiffen mit dem Heimatort Hamburg, wenn sie überwiegend die Unterelbe befahren.

Mitgliedschaft

1. Der Schifferbetriebsverband ist ein Zusammenschluß der Privatschiffer (Partikulierschiffer, Kleinschiffer). Es gehören ihm als Zwangsmitglieder aber nur diejenigen Privatschiffer an, die „in der Regel mit nicht mehr als drei Binnenschiffen (Kähnen, Schleppern, Selbstfahrern) gewerblich Güter für andere befördern". Ein Binnenschiff ist nach § 1 BSchG ein zur Schiffahrt auf Flüssen oder sonstigen Binnengewässern bestimmtes und hierzu verwendetes Schiff. Es fallen hierunter Binnenschiffe ohne eigene Triebkraft (Schleppkähne), zur Beförderung solcher Frachtschiffe verwendete Dampf- oder Motorschleppschiffe (als Schlepper bezeichnet) und Güterfrachtschiffe mit eigener Triebkraft, als Selbstfahrer bezeichnet (§ 1 BSchG Anm. 4). Für die Zugehörigkeit zu einem der Schifferbetriebsverbände ist maßgebend, in welchem Stromgebiet der Heimatort dieser Binnenschiffe liegt. Nach § 6 BSchG ist Heimatort eines Binnenschiffes derjenige Ort, von dem aus die Schiffahrt mit dem Schiff tatsächlich betrieben wird (§ 6 BSchG Anm. 1). Es kommt hiernach auf die tatsächliche Handhabung des Schiffahrtbetriebes im Einzelfall an, so daß grundsätzlich die Eintragung des Heimatortes im Binnenschiffsregister nur als Anhaltspunkt, aber nicht entscheidend herangezogen werden kann. Bei mehreren hiernach in Betracht kommenden Orten gilt unter entsprechender Anwendung der Vermutungen aus § 6 Abs. 2 BSchG als Heimatort der Ort, wo die Geschäftsniederlassung, bei mehreren Niederlassungen die Hauptniederlassung und in Ermangelung einer Geschäftsniederlassung der Wohnsitz des Schiffseigners ist (§ 6 BSchG Anm. 2). Auch bei Anwendung dieser gesetzlichen Vermutungen können Schwierigkeiten in der Feststellung des Heimatortes entstehen. Wenn es sich um ein im Schiffsregister eingetragenes Schiff handelt, so kann aus den §§ 4 Abs. 1, 12, 17 Abs. 1 der Schiffsregisterordnung eine tatsächliche Vermutung gefolgert werden, daß der im Schiffsregister vermerkte auch der richtige und tatsächliche Heimatort des Schiffes ist (§ 6 BSchG Anm. 2e).

Diese Grundsätze gelten auch bei einer Veränderung des Heimatortes, die nach § 17 Abs. 1 der Schiffsregisterordnung zum Schiffsregister ebenfalls angemeldet werden muß. Der mit solchen Binnenschiffen unterhaltene Gewerbebetrieb muß „dem eines Kleinschiffers" entsprechen. Es muß hiernach festgestellt werden, daß es sich nach der Art und dem Umfang des Betriebes um einen handwerklichen Kleinbetrieb handelt, der einen kaufmännisch eingerichteten Landbetrieb nicht erfordert. Die Größe des Schiffsparkes bietet den ersten Anhaltspunkt. Nach der Entstehungsgeschichte (vgl. S. 9ff.) war der Besitz von nicht mehr als drei Binnenschiffen für eine Einordnung als Kleinschiffahrtsbetrieb schon früher bedeutsam. Jetzt soll dies nur „in der Regel" entscheidend sein, so daß auch ein Eigner von vier Schiffen Kleinschiffer sein kann, wenn er dem Betrieb nach „Kleingewerbetreibender" ist. Bei der Auslegung dieses Begriffes ist von § 4 Abs. 1 HGB auszugehen, also festzustellen, ob nach Art und Umfang des Betriebes ein in kaufmännischer Weise eingerichteter Geschäftsbetrieb erforderlich ist, also kaufmännische Buchführung, eigene Werbung, ins Handelsregister eingetragene Firma (§§ 1 Abs. 1 Ziff. 5, 4, 29 HGB).

2. Der unter die Mitgliedschaft zum Schifferbetriebsverband fallende Privatschiffer muß Schiffseigner oder Ausrüster sein. Er braucht demnach nicht „Eigentümer" des von ihm verwendeten Schiffes zu sein. Nicht der Eigentümer eines Schiffes als solcher ist nach § 1 BSchG Schiffseigner, sondern nur derjenige Eigentümer, der das zur Binnenschiffahrt bestimmte Schiff hierzu verwendet (vgl. Vortisch-Zschucke a. a. O. zu § 1 Anm. 1a). Nach § 2 BSchG gilt als Schiffseigner auch der Ausrüster, der ein ihm nicht gehöriges Schiff zur Binnenschiffahrt verwendet und es entweder selbst führt oder die Führung einem Schiffer anvertraut (vgl. Vortisch-Zschucke a. a. O. zu § 2 Anm. 1).

3. Die Ausnahmeregelung für die Mitglieder des Schifferbetriebsverbandes Unterelbe wurde bei den Beratungen im Verkehrsausschuß des Bundestages eingefügt. Demnach gehören als Mitglieder zum Schifferbetriebsverband für die Unterelbe auch solche Schiffseigner und Ausrüster, die den Heimatort ihrer Schiffe in Hamburg (Oberelbe) haben, aber überwiegend die Unterelbe befahren.

4. Die Mitgliedschaft zu dem zuständigen Schifferbetriebsverband ist eine Zwangsmitgliedschaft, die kraft Gesetzes eintritt, so daß es keiner Beitrittserklärung oder Aufnahme bedarf und auch eine Kündigung oder ein sonstiger Austritt ausgeschlossen ist. Die Entscheidung über die Mitgliedschaft trifft der Schifferbetriebsverband, in Zweifelsfällen die Aufsichtsbehörde (§ 14 Abs. 4) mit Nachprüfungsmöglichkeit im verwaltungsgerichtlichen Verfahren.

§ 14

(1) Schiffseigner oder Ausrüster, deren Schiffe überwiegend in der Hamburger Hafenschiffahrt beschäftigt sind, sind nicht Mitglieder des Verbandes.

(2) Schiffseigner und Ausrüster, die auf Grund der Mitgliedschaft bei einer reedereimäßig arbeitenden Genossenschaft oder durch den Abschluß von Beschäftigungsverträgen mit mindestens achtzehnmonatiger Dauer für ihre Betriebe die mit dem vorliegenden Gesetz erstrebte Ordnung gewährleisten, sind für die Dauer der Mitgliedschaft oder des Vertragsverhältnisses nicht Mitglieder des Verbandes. Die Satzung des Verbandes (§ 15) kann vorsehen, daß die Rechte und Pflichten gegenüber dem Verbande längstens drei Monate nach dem Zeitpunkt erlöschen, in welchem dem Verbande die Mitteilung über die nach Satz 1 die Mitgliedschaft beendende

Tatsache zugeht, und daß sie spätestens drei Monate nach dem Zeitpunkt wieder aufleben, in welchem ihm angezeigt wird, daß diese Tatsache fortgefallen ist.

(3) Schiffseigner oder Ausrüster, auf die die Voraussetzungen des Absatzes 2 zutreffen, können freiwillig Mitglieder des Verbandes sein. Sie haben jedoch nicht die Rechte und Pflichten, die sich für die Verbandsmitglieder aus § 18 Abs. 1 ergeben.

(4) In Zweifelsfällen entscheidet die Aufsichtsbehörde nach Anhörung des Verbandes über die Mitgliedschaft.

Ausnahmen und freiwillige Mitgliedschaft

1. Die Privatschiffer der Hamburger Hafenschiffahrt sind von der Mitgliedschaft zum Schifferbetriebsverband befreit. Es ist dies eine weitere Folge der Herausnahme des Hafenverkehrs aus dieser sondergesetzlichen Regelung (vgl. § 1 Satz 2) und entspricht auch der früheren Regelung in § 2 der 11. Durchführungsverordnung vom 15. 9. 1934 (Deutscher Reichs- und Preußischer Staatsanzeiger Nr. 219).

2. Für zwei bestimmte Gruppen von Privatschiffern wird ein zeitweiliges Ruhen der Mitgliedschaft geregelt. Es handelt sich dabei in erster Linie um solche Privatschiffer, die Mitglied (Genosse) einer Genossenschaft (Transport- oder Schiffseignergenossenschaft) sind, die wie eine Reederei, d. h. mit Verfügungsbefugnis über die Fahrzeuge ihrer Mitglieder einen Schiffahrtsbetrieb unterhält, um durch Werbung von Fracht- oder Schleppgut die Beschäftigung ihrer Mitglieder zu sichern. Dann werden diese Privatschiffer und ihre Binnenschiffe bereits bei diesen Genossenschaftsreedereien von dem Ordnungswerk erfaßt, so daß eine gesetzliche Zwangsmitgliedschaft dieser Privatschiffer bei einem Schifferbetriebsverband nicht erforderlich ist. Die zweite Gruppe betrifft solche Privatschiffer, die langfristige Beschäftigungsverträge für ihre Betriebe abgeschlossen haben und hierdurch die mit dem Gesetz erstrebte Ordnung gewährleisten. Im Einzelfall wird es schwierig sein, das Vorliegen dieser Voraussetzungen festzustellen; deshalb ist in Abs. 4 bestimmt, daß in „Zweifelsfällen" die Aufsichtsbehörde nach Anhörung des Verbandes entscheidet. Diese Entscheidung ist ein Verwaltungsakt, der beim Verwaltungsgericht angefochten werden kann. Die jetzige Fassung des Abs. 2 beruht auf dem Änderungsgesetz vom 1. 8. 1961 (BGBl. I S. 1163).

3. Eine freiwillige Mitgliedschaft zu den Betriebsverbänden ist über den Rahmen der gesetzlichen Zwangsmitgliedschaft hinaus nicht allgemein, sondern nur für solche Privatschiffer vorgesehen, deren Mitgliedschaft ruht. Diese Privatschiffer sollen auch für die Zeit des Ruhens ihrer Mitgliedschaft die Möglichkeit einer freiwilligen Zugehörigkeit haben. Die freiwilligen Mitglieder haben nach den §§ 14 Abs. 3, 18 Abs. 1 keinen Anspruch auf Berücksichtigung bei der Verteilung von Fracht- und Schleppgut, wie auch in den Satzungen der Verbände festgelegt ist.

§ 15

(1) Die Verfassung und die Verwaltung des Verbandes werden durch die Satzung geregelt. Die Satzung und ihre Änderungen bedürfen zu ihrer Wirksamkeit der Zustimmung der Mehrheit der Mitgliederversammlung, der Genehmigung der Aufsichtsbehörde sowie der Veröffentlichung im Verkehrsblatt — Amtsblatt des Bundesministers für Verkehr der Bundesrepublik Deutschland —.

(2) Die Satzung muß Bestimmung treffen über

1. **Namen und Sitz des Verbandes,**
2. **die Gegenstände, über die die Mitgliederversammlung zu beschließen hat, sowie die Voraussetzungen und die Form ihrer Einberufung und die Vertretung der Mitglieder in der Versammlung,**
3. **die Wahl des Vorsitzenden und seines Stellvertreters,**
4. **die Zusammensetzung und die Befugnisse der übrigen Organe, die Vertretung des Verbandes und die Geschäftsführung,**
5. **die Form der Bekanntmachungen des Verbandes,**
6. **die Aufstellung des Haushaltsplans, die Prüfung und Abnahme der Jahresrechnung,**
7. **die Erhebung von Beiträgen und Umlagen sowie die Voraussetzungen, unter denen der Verband ihre Einziehung nach § 17 beantragen kann.**

Satzung und Verwaltung

1. Für die früheren, auf Grund der Notgesetzgebung gebildeten Schifferbetriebsverbände wurde die Satzung vom Reichsverkehrsminister, also von der Aufsichtsbehörde erlassen. Jetzt wird die Satzung (Verfassung) nach demokratischen Selbstverwaltungsgrundsätzen von der Mitgliederversammlung durch Mehrheitsbeschluß festgelegt und bedarf lediglich zu ihrer Rechtswirksamkeit einer Genehmigung der Aufsichtsbehörde, die sie dann zu veröffentlichen hat. Im Gegensatz zu der früheren Regelung entscheiden die Schifferbetriebsverbände nicht nur bei der Festlegung der Satzung, sondern auch bei der Verwaltung des Verbandes selbst. Die beteiligten Behörden (Wasser- und Schiffahrtsdirektionen und Bundesminister für Verkehr) sollen sich auf die Aufsicht und auf die Entscheidung etwaiger Beschwerden der Mitglieder beschränken.

2. Der aufgestellte Inhalt der Satzung setzt nur die im öffentlichen Interesse zu erhebenden Mindestanforderungen fest. Im übrigen wird auch dies den Beschlüssen der Mitgliederversammlung überlassen.

3. Die von den Mitgliederversammlungen der Schifferbetriebsverbände beschlossenen und von der Aufsichtsbehörde genehmigten Satzungen regeln auf der Grundlage dieser gesetzlichen Bestimmungen die Verfassung und die Verwaltung der Verbände; sie enthalten darüber hinaus Vorschriften über deren berufsständische Aufgaben.

§ 16

(1) Der Vorsitzende und sein Stellvertreter bedürfen der Bestätigung durch die Aufsichtsbehörde.

(2) Der Vorsitzende hat den Haushaltsplan vor Beginn eines jeden Rechnungsjahres der Aufsichtsbehörde zur Genehmigung vorzulegen.

Vorsitz, Haushalt

1. Der Vorsitzende und sein Stellvertreter werden gewählt. Die Wahl bedarf der Bestätigung durch die Aufsichtsbehörde.

2. Der Vorsitzende leitet den Verband und ist für die rechtzeitige und ordnungsmäßige Vorlage des Haushaltsplanes verantwortlich.

3. Im übrigen ergeben sich die Befugnisse des Vorsitzenden aus seiner Stellung als Leiter des Verbandes und den Beschlüssen der Mitgliederversammlung.

Die Befugnisse der Aufsichtsbehörden sind in den einzelnen gesetzlichen Bestimmungen aufgeführt und werden durch die allgemeinen verwaltungsrechtlichen Grundsätze ergänzt.

§ 17

Mitgliedsbeiträge, sonstige Beiträge zur Unterhaltung der Einrichtung des Verbandes sowie Umlagen werden auf Antrag des Verbandes nach den Vorschriften der Reichsabgabenordnung beigetrieben.

Mitgliedsbeiträge

1. Schon für die früheren Betriebsverbände war nach § 4 des Gesetzes zur Bekämpfung der Notlage der Binnenschiffahrt vom 16. 6. 1933 (RGBl. II S. 317) vorgesehen, daß die den Verbänden von ihren Mitgliedern geschuldeten Leistungen nach den landesrechtlichen Vorschriften über die Beitreibung öffentlicher Abgaben eingezogen werden können. In Fortführung dieser Regelung sind die sämtlichen Leistungen der Mitglieder an den Verband auf Antrag des Verbandes nach den Vorschriften der Reichsabgabenordnung beizutreiben.

2. Diese Regelung erstreckt sich nicht nur auf die Mitgliedsbeiträge und sonstigen Beiträge, sondern auch auf die etwaigen Umlagen und sonstigen Leistungen der Mitglieder gegenüber dem Verband.

§ 18

(1) Der Verband kann nach Maßgabe der Satzung

1. Verträge mit Schiffahrttreibenden oder ihren Verbänden schließen,

2. durch Beschluß die Verteilung des Fracht- und Schleppgutes unter seinen Mitgliedern regeln,

3. Verfügungen für die Einteilung und Bewegung der Fahrzeuge seiner Mitglieder treffen, um die ordnungsmäßige Durchführung der Verträge nach Nummer 1 und der Beschlüsse nach Nummer 2 zu gewährleisten.

(2) Dem Verbande ist eine auf Erwerb gerichtete Tätigkeit, insbesondere als Reeder, Befrachter oder Spediteur, nicht gestattet.

(3) Beschlüsse nach Absatz 1 Nr. 2 sowie ihre Änderung oder Aufhebung unterliegen der Genehmigung durch die Aufsichtsbehörde.

Aufgaben der Schifferbetriebsverbände

1. Es werden nur die Befugnisse des Schifferbetriebsverbandes aufgeführt, die er aus der Mitwirkung bei der Verteilung des anfallenden Fracht- und Schleppgutes hat. Der Verband ist hiernach nicht nur ermächtigt, die im § 1 erwähnten Verteilungsvereinbarungen mit anderen Schiffahrttreibenden oder ihren Verbänden abzuschließen, sondern er kann auch die Verteilung unter seine Mitglieder regeln, und zwar durch „Beschluß" der Mitgliederversammlung (§ 18 Abs. 1 Ziff. 2). Solche Beschlüsse sowie ihre Änderung und Aufhebung sind genehmigungspflichtig. Diese Verteilung wird grundsätzlich zur Erreichung einer gerechten und gleichmäßigen Berücksichtigung aller Mitglieder nach einem Reihenfolgesystem der sich lade- bzw. aufnahmebereit meldenden Mitglieder vorgenommen werden. Beschäftigungsabkommen, die ein Schifferbetriebsverband mit den ihm nicht angehörenden Schiffahrtsunternehmen auf freiwilliger Grundlage über die Mitbeschäftigung von Privatschifferraum (Partikulierraum) abgeschlossen hat, sind nicht öffentlich-rechtliche Verteilungsvereinbarungen im Sinne des § 1, sondern privatrechtliche Verträge, die hiernach keiner Genehmigung der Aufsichtsbehörde bedürfen (VerwG Hamburg vom 27. 11. 1959 — VI G 1071/59 in ZfB 1961, 461).

2. Der Verband kann auch „Verfügungen", also Anordnungen ohne besonderen Beschluß der Mitgliederversammlung treffen, um die Einteilung und Bewegung der Fahrzeuge seiner Mitglieder zu regeln. Solche Verfügungen sind im Rahmen der gesetzlichen Bestimmungen und unter Beachtung der Beschlüsse der Mitgliederversammlung zulässig, soweit sie zur ordnungsmäßigen Durchführung der Verteilungsvereinbarungen (§§ 1, 18 Abs. 1 Ziff. 1) und der Verteilungsbeschlüsse (§ 18 Abs. 1 Ziff. 2) erforderlich sind. Hierzu gehören auch Maßnahmen, die eine ordnungsmäßige Verteilung vorbereiten oder sicherstellen, wie die Einrichtung von Meldestellen, Herausgabe von Meldestellenordnungen.

3. Nach § 37 Abs. 1 Ziff. 3 handelt ordnungswidrig, wer vorsätzlich oder fahrlässig gegen einen Beschluß oder eine Verfügung eines Schifferbetriebsverbandes nach § 18 Abs. 1 Nr. 2 und 3 verstößt, sofern die Verordnung oder die Verfügung ausdrücklich auf diese Bußgeldbestimmung verweist. Mit Rücksicht auf diese Befugnis, ein Bußgeld als Beugemittel anzudrohen und festzusetzen, wurde die im ersten Gesetzentwurf vorgesehene Möglichkeit einer Ersatzvornahme als Zwangsmittel der Verbände gestrichen.

§ 19

(1) Den Mitgliedern des Verbandes steht gegen Verfügungen des Verbandes die Verwaltungsbeschwerde an die Aufsichtsbehörde zu. Sie ist innerhalb eines Monats nach Bekanntgabe der Verfügung bei der Aufsichtsbehörde einzulegen und hat keine aufschiebende Wirkung. Die Frist ist auch gewahrt, wenn die Beschwerde bei dem Verbande eingelegt ist.

(2) Soweit in Rechtsvorschriften der Einspruch als Voraussetzung der Klage beim Verwaltungsgericht vorgesehen ist, tritt an seine Stelle die Verwaltungsbeschwerde.

Beschwerdeverfahren

Den Mitgliedern steht gegen alle Verfügungen des Verbandes eine Beschwerde zu, die als „Verwaltungsbeschwerde" entsprechend der Regelung bei einer Anfechtung der Entscheidungen der Wasser- und Schiffahrtsdirektionen (§ 7 Abs. 1) bezeichnet ist (vgl. § 7 Anm. 1, 2). Gegen die Entscheidungen der Aufsichtsbehörde ist das Verwaltungsstreitverfahren gegeben.

§ 20

(1) Der Bundesminister für Verkehr kann den Verband auflösen, wenn mindestens drei Viertel der Privatschiffer des Stromgebiets die Voraussetzungen des § 14 Abs. 2 erfüllen. Vor der Auflösung ist der Verband zu hören.

(2) Wird der Verband aufgelöst, so muß eine Abwicklung stattfinden. Die Vorschriften der §§ 48 bis 53 des Bürgerlichen Gesetzbuches sind entsprechend anzuwenden.

Auflösung

1. Eine Auflösung eines Schifferbetriebsverbandes kann nur durch Gesetz oder durch den Bundesminister für Verkehr vorgenommen werden. Diese Auflösung

ist an eine bestimmte Voraussetzung gebunden, nämlich, daß mindestens drei Viertel der Privatschiffer des Stromgebietes die Voraussetzungen des § 14 Abs. 2 erfüllen, d. h. auf Grund einer Mitgliedschaft bei einer reedereimäßig arbeitenden Genossenschaft oder durch Abschluß langfristiger Beschäftigungsverträge für ihre Betriebe die mit dem Gesetz erstrebte Ordnung gewährleisten.

2. Der Verband muß vor einer solchen behördlichen Auflösung gehört werden.

3. Eine sonstige Auflösung des Verbandes, insbesondere durch Beschluß der Mitgliederversammlung, ist nicht vorgesehen und kann demnach nicht rechtswirksam vorgenommen werden.

Dritter Abschnitt

Frachtenbildung

§ 21

(1) Die Entgelte für Verkehrsleistungen der Schiffahrt und Flößerei zwischen deutschen Lade- und Löschplätzen (Transportsätze, Schiffsanteilfrachten, Schlepplöhne, Schiffsmieten, Vergütungen für sonstige mit der Schiffsbeförderung unmittelbar zusammenhängende Nebenleistungen) werden durch Frachtenausschüsse der Binnenschiffahrt festgesetzt, sofern die Verkehrsleistungen entweder ganz oder im Falle einer durchgehenden Beförderung streckenweise auf Bundeswasserstraßen erbracht werden.

(2) Die Entgelte sollen den wirtschaftlichen Verhältnissen der Unternehmer der Schiffahrt und Flößerei Rechnung tragen; sie sind Festentgelte oder Mindest-Höchstentgelte. Bei Festsetzung von Mindest-Höchstentgelten sind unbillige Benachteiligungen landwirtschaftlicher und mittelständischer Wirtschaftskreise sowie wirtschaftlich schwacher und verkehrsungünstig gelegener Gebiete zu verhindern.

(3) Wer gewerbsmäßig Verkehrsleistungen der Schiffahrt oder Flößerei erbringt, für die ein nach diesem Gesetz festzusetzendes Entgelt noch nicht festgesetzt worden ist, hat dies dem gebietlich zuständigen Frachtenausschuß (§ 22 Abs. 1) unverzüglich schriftlich anzuzeigen.

Festentgelte

1. a) Neben der Verteilung von Fracht- und Schleppgut (§§ 1 bis 10) ist die Regelung der Frachten und sonstigen Entgelte für Verkehrsleistungen der Binnenschiffahrt, das sog. Frachtenbildungsverfahren, ein wesentlicher Bestandteil der staatlichen Lenkungsmaßnahmen innerhalb der Binnenschiffahrt. Auch bei der Frachtenbildung wird von den Grundsätzen der bisherigen Regelung ausgegangen. Auf Grund der Anpassungsverordnung vom 23. 12. 1931 (RGBl. I S. 779) und des § 1 des Gesetzes zur Bekämpfung der Notlage der Binnenschiffahrt vom 16. 6. 1933 (RGBl. II S. 317) in Verbindung mit den Durchführungsverordnungen vom 23. 3. und 26. 8. 1932 (Reichsverkehrsblatt 1932 S. 58, 145) wurden Frachtenausschüsse in der Binnenschiffahrt gebildet, die Mindest- und Höchstentgelte (Beförderungspreise, Anteilfrachten, Schlepplöhne, Maklerentgelte, Schiffsmieten, Vergütungen für die Einlagerung von Gütern in Binnenschiffen und dgl.) festsetzen konnten. Dies Frachtenbildungsverfahren wurde durch die 36. Durchführungsverordnung vom 20. 5. 1943 (Deutscher Reichs- und Preußischer Staatsanzeiger Nr. 118) und die Verordnung über die Frachtenbildung in der Binnenschiffahrt vom 3. 10. 1941 (RGBl. I S. 622) weiter ausgestaltet. Danach wurden diese Entgelte für Verkehrsleistungen in der Binnenschiffahrt von den Frachtenausschüssen festgesetzt, von der zuständigen Wasser- und Schiffahrtsdirektion als Aufsichtsbehörde genehmigt, von der Preisbehörde bestätigt und im Verkehrsblatt verkündet. In Fällen von grundsätzlicher Bedeutung bestätigte der Reichskommissar für die Preisbildung im Einvernehmen mit dem Reichsverkehrsminister die Frachtenausschußbeschlüsse. Diese Regelung wollte der erste Gesetzentwurf (Regierungsvorlage) mit der Maßgabe beibehalten, daß der Bundesminister für Verkehr im Einvernehmen mit dem Bundesminister für Wirtschaft die von den Frachtenausschüssen festgesetzten Entgelte genehmigen und die genehmigten Beschlüsse als Rechtsverordnungen erlassen sollte. Hiergegen erhob der Bundesrat das Bedenken, daß dadurch das verfassungsmäßige Verordnungsrecht des Bundesministers für Verkehr aus Art. 80 GG in unzulässiger Weise beschränkt werde. In den Beratungen des Verkehrsausschusses des Bundestages wurde jedoch der bisherige Grundsatz aufrechterhalten, daß die Entgelte von den Frachtenausschüssen festgesetzt werden (§ 21 Satz 1), daß diese Beschlüsse einer behördlichen Genehmigung bedürfen (§ 28) und daß die genehmigten Beschlüsse vom Bundesminister für Verkehr als Rechtsverordnung (§ 29) erlassen werden (vgl. den schriftlichen Bericht des Ausschusses für Verkehrswesen, 27. Ausschuß, 1. Wahlperiode Deutscher Bundestag 1949, Drucksache 4343). Die jetzige Fassung des § 21 beruht auf dem Änderungsgesetz vom 1. 8. 1961 (BGBl. I S. 1163). An Stelle der Frachtenausschüsse kann der Bundesminister für Verkehr nach § 30 die Entgelte festsetzen, wenn „Gründe des allgemeinen Wohls es erfordern oder wenn ein Frachtenausschuß einen Beschluß nicht faßt".

b) Dieses gesetzliche Frachtenbildungsverfahren erstreckt sich dem sachlichen Umfang nach auf die „Entgelte für Verkehrsleistungen der Schiffahrt und Flößerei". Die Aufzählung einzelner Entgelte stellt hiernach lediglich einen Hinweis, also keineswegs eine abschließende Zusammenfassung dar. Es werden auch andere Entgelte für Verkehrsleistungen und die „Vergütungen für sonstige mit der Schiffsbeförderung unmittelbar zusammenhängende Nebenleistungen" vom Frachtenbildungsverfahren erfaßt. Hierunter fallen u. a. auch die wasserstands- und witterungsbedingten Zuschläge, z. B. die Kleinwasserzuschläge, die Maklerentgelte, Speditionsprovisionen, Vergütungen für die Einlagerung von Gütern in Binnenschiffen, sofern sie mit der Schiffsbeförderung unmittelbar zusammenhängen (BGH vom 12. 12. 1960 — II ZR 41/59 in ZfB 1961, 134 = VRS 1961, 1999). Zu diesen Vergütungen für Nebenleistungen gehören auch die Liegegelder für Überschreitung der Lade- und Löschzeiten (§§ 30, 32, 49 BSchG), die unter Änderung der nicht zwingenden gesetzlichen Regelung (§ 32 BSchG) festgesetzt werden (§ 32 BSchG Anm. 2b). Die Frachtenausschüsse sind grundsätzlich aber nicht zuständig für die Festsetzung der Lade- und Löschzeiten (§§ 29, 48 BSchG), weil sie nach § 21 nur die „Entgelte" für Verkehrsleistungen festsetzen können. Im Rahmen der von den höheren Verwaltungsbehörden festgesetzten Lade- und Löschzeiten können die Frachtenausschüsse den Frachtfestsetzungen aber andere Lade- und Löschzeiten zugrunde legen, die dann im Zusammenhang mit der Frachtfestsetzung verbindlich und unabdingbar sind. Soweit die Frachtenausschüsse bei den Frachtfestsetzungen keine Lade- und Löschzeiten festlegen, gelten in erster Linie die vereinbarten und sonst die von den höheren Verwaltungsbehörden festgesetzten Fristen. Die Frachtenausschüsse sind nicht zuständig, sonstige Entgelte für Nebenleistungen festzusetzen, die in keinem unmittelbaren Zusammenhang mit der Beförderung stehen. So gehören andere selbständige, nicht mit einer Schiffsbeförderung unmittelbar zusammenhängende Leistungen nicht zu den Verkehrsleistungen, wie z. B. das Einlagern von Gütern in Binnenschiffe oder deren sonstige Benutzung als Lagerkähne ohne Verbindung mit einer vorherigen oder anschließenden Beförderung, selbst wenn damit eine geringe Veränderung des Lagerplatzes des Schiffes innerhalb eines Ortes verbunden sein sollte.

c) In räumlicher Hinsicht ist die Festsetzung der Entgelte für Verkehrsleistungen zwischen deutschen Lade- und Löschplätzen beschränkt. Bei einer „durchgehenden Beförderung" über dies Wasserstraßengebiet hinaus, wenn die Verkehrsleistungen streckenweise auf Bundeswasserstraßen erbracht werden, können die Entgelte im Interesse einer einheitlichen Tarifpolitik für die Gesamtstrecke auf diesen zusammenhängenden deutschen Wasserstraßen festgesetzt werden. Die gleiche Regelung gilt für die Entgelte für Verkehrsleistungen der Flößerei, also für die Floßfrachten, die Schlepplöhne und alle sonstigen mit der gewerbsmäßigen Beförderung von Flößen (verbundenen Hölzern) auf dem Wasserweg zusammenhängenden Nebenleistungen.

2. a) Die festgesetzten Entgelte sind Festentgelte oder Mindest-Höchstentgelte. Sie sollen den wirtschaftlichen Verhältnissen der Unternehmer der Schiffahrt und Flößerei Rechnung tragen.

b) Die festgesetzten Entgelte sind Normen des öffentlichen Rechts; sie sind Festentgelte, also Mindest- und Höchstentgelte zugleich. Sie sind zwingend und unabdingbar, d. h. sie schließen abweichende Vereinbarungen der Beteiligten aus, gleichgültig ob diese günstiger oder ungünstiger sein sollten. Die etwaigen tarifwidrigen Vereinbarungen sind nach § 134 BGB rechtsunwirksam (nichtig), und an ihre Stelle treten ohne weiteres die festgesetzten unabdingbaren tarifmäßigen Entgelte (BGH vom 12. 12. 1960 — II ZR 41/59 — in VRS 1961, 1999). Im § 31 Abs. 1 ist ausdrücklich unter Berücksichtigung der bisherigen Rechtsprechung hervorgehoben, daß etwaige abweichende Vereinbarungen die rechtliche Wirksamkeit eines solchen Vertrages nicht berühren und daß dann das festgesetzte Entgelt geschuldet wird.

§ 22

(1) Frachtenausschüsse werden durch Rechtsverordnung des Bundesministers für Verkehr errichtet. In der Rechtsverordnung ist ihre gebietliche Zuständigkeit zu bestimmen.

(2) Der Bundesminister für Verkehr errichtet durch Rechtsverordnung bei jedem Frachtenausschuß einen beratenden Ausschuß.

Frachtenausschüsse

1. Die Frachtenausschüsse werden durch Rechtsverordnung des Bundesministers für Verkehr errichtet. Dabei muß die gebietliche Zuständigkeit der einzelnen Frachtenausschüsse abgegrenzt werden, soweit nicht in diesem Gesetz bereits eine Zuständigkeit festgelegt ist (vgl. § 23).

2. Nach § 41 Satz 1 gelten als durch Rechtsverordnung (§ 22) errichtet die folgenden bei Inkrafttreten des Gesetzes auf Grund der früheren Notlagegesetzgebung vorhanden gewesenen Frachtenausschüsse: Duisburg, Dortmund, Bremen, Hamburg, Regensburg und der Frachtenausschuß für den Tankschiffsverkehr in Beuel. Das gleiche gilt nach § 41 Satz 2 für den Frachtenausschuß Berlin, nachdem das Binnenschiffsverkehrsgesetz auf Grund der Berlin-Klausel (§ 44 Abs. 1) auch im Lande Berlin Anwendung findet. Die Auflösung dieser und die Errichtung weiterer Frachtenausschüsse kann nur durch Rechtsverordnung erfolgen. Auch die gebietliche Zuständigkeit der Frachtenausschüsse muß nach § 22 Satz 2 durch Rechtsverordnung bestimmt werden; die ausführende Regelung enthält eine VO über die gebietliche Zuständigkeit der Frachtenausschüsse in der Binnenschiffahrt vom 22. 6. 1954 (BGBl. II S. 635).

3. Im Rahmen ihrer gebietlichen Zuständigkeit haben die Frachtenausschüsse die Entgelte für Verkehrsleistungen (§ 21) festzusetzen.

4. Bei jedem Frachtenausschuß ist ein beratender Ausschuß vorgesehen, der ebenfalls durch Rechtsverordnung vom Bundesminister für Verkehr errichtet wird.

§ 23

(1) Für Entgelte für Verkehrsleistungen, die über den Bereich eines Frachtenausschusses hinausgehen, ist der Frachtenausschuß zuständig, in dessen Bereich das Schiff beladen wird, soweit nicht der Bundesminister für Verkehr etwas anderes bestimmt.

(2) Die Frachtenausschüsse sind nicht zuständig für die Tarife der Fahrgastschiffahrt, des Bundesschleppbetriebes sowie des Schleppbetriebes auf dem Elbe-Lübeck-Kanal.

Einschränkungen der Zuständigkeit

1. Wenn die Beförderungsleistungen über den Bereich eines Frachtenausschusses hinausgehen, so ist der Frachtenausschuß des Einladeortes zuständig, in dessen Bereich das Schiff beladen worden ist. In der Regel wird der Einladeort auch der Ort sein, von dem aus „der Verkehr anfängt", die Beförderungsleistung beginnt. Die Entgelte für Verkehrsleistungen, die keine Beförderungsleistungen sind, werden ebenfalls von dem Frachtenausschuß festgesetzt, in dessen Bereich der Einladeort liegt.

Im übrigen ist für die Festsetzung der Entgelte für Beförderungsleistungen die sachliche Zuständigkeit der Frachtenausschüsse in den Rechtsverordnungen geregelt.

2. Die Herausnahme der Tarife der Fahrgastschiffahrt, des Bundesschleppbetriebes und der Schlepplöhne auf dem Elbe-Lübeck-Kanal stellt nach der Begründung zu dieser Vorschrift „einen seit langem bestehenden Zustand gesetzlich klar". Wegen der besonderen Verhältnisse in der Fahrgastschiffahrt (Personenschiffahrt) ist eine Festsetzung von Festentgelten nicht für erforderlich gehalten worden. Bei den angeführten Monopolschleppbetrieben ist sie nicht notwendig, weil die Schleppentgelte behördlich festgelegt werden.

§ 24

(1) Die Frachtenausschüsse und die beratenden Ausschüsse unterstehen der Aufsicht des Bundesministers für Verkehr. Dieser kann die Aufsicht auf die Wasser- und Schiffahrtsdirektionen übertragen.

(2) Die Aufsichtsbehörde kann zu den Sitzungen der Frachtenausschüsse und der beratenden Ausschüsse Vertreter entsenden.

Aufsicht

1. Die bei der Frachtenbildung (§ 21) eingeschalteten Frachtenausschüsse und die beratenden Ausschüsse (eingefügt durch das Änderungsgesetz vom 1. 8. 1961) werden nach § 22 durch Rechtsverordnung des Bundesministers für Verkehr errichtet; sie haben die „Entgelte für Verkehrsleistungen" festzusetzen, erfüllen also öffentliche Aufgaben. Deshalb werden sie, ebenso wie die Schifferbetriebsverbände (§ 12), einer Staatsaufsicht unterworfen, die vom Bundesminister für Verkehr ausgeübt wird. Die Frachtenausschüsse sind nicht wie die Schifferbetriebsverbände „Körperschaften des öffentlichen Rechts" (§ 12 Satz 2), sondern Einrichtungen mit öffentlichen Aufgaben, angegliedert der Verwaltung.

2. Von der Ermächtigung aus § 24 Abs. 1 Satz 2 hat der BfV in Verwaltungsvorschriften Gebrauch gemacht. Er hat die Frachtenausschüsse folgenden Aufsichtsbehörden unterstellt:

a) Frachtenausschuß für den Rhein in Duisburg
der Wasser- und Schiffahrtsdirektion Duisburg,

b) Frachtenausschuß Dortmund
der Wasser- und Schiffahrtsdirektion Münster,

c) Frachtenausschuß Bremen
der Wasser- und Schiffahrtsdirektion Bremen,

d) Frachtenausschuß Hamburg
der Wasser- und Schiffahrtsdirektion Hamburg,

e) Frachtenausschuß Regensburg
der Wasser- und Schiffahrtsdirektion Regensburg,

f) Frachtenausschuß Berlin
dem Senator für Verkehr und Betriebe.

Einer Aufsicht unterliegen auch die von den Frachtenausschüssen gebildeten Unterausschüsse (vgl. Anm. 6 zu § 27).

3. Die staatliche Aufsicht beschränkt sich nach § 28 Abs. 1 auf das Recht zur Genehmigung der Beschlüsse der Frachtenausschüsse und der ermächtigten Unterausschüsse sowie auf eine Teilnahme an den Sitzungen (§ 24 Abs. 1). Ein Weisungsrecht, eine Disziplinargewalt oder eine sonstige Dienstaufsicht steht der Aufsichtsbehörde nicht zu.

§ 25

(1) Die Mitglieder der Frachtenausschüsse werden auf Vorschlag der beteiligen Verbände der Binnenschiffahrt von der Aufsichtsbehörde für die Dauer von drei Jahren berufen; das gleiche gilt für ihre Stellvertreter. Die Mitglieder und ihre Stellvertreter können vor Ablauf dieser Zeit unter den in der Geschäftsordnung (§ 26) vorgesehenen Voraussetzungen durch die Aufsichtsbehörde abberufen werden. Beim Ausscheiden eines Mitgliedes oder eines Stellvertreters wird sein Nachfolger für den Rest der Amtsdauer des ausgeschiedenen Mitgliedes oder Stellvertreters berufen.

(2) Die Mitglieder der Frachtenausschüsse sind ehrenamtlich tätig; sie sind nicht an Aufträge oder Weisungen gebunden.

(3) Die beratenden Ausschüsse setzen sich aus Vertretern der Verlader zusammen. Die Mitglieder dieser Ausschüsse und ihre Stellvertreter werden von der Industrie und dem Handel, dem Handwerk, der Schiffahrtspedition und der Landwirtschaft vorgeschlagen. Im übrigen sind die Absätze 1 und 2 entsprechend anzuwenden.

Zusammensetzung der Frachtenausschüsse

Die früheren Frachtenausschüsse auf Grund der Notlagegesetzgebung waren mit der gleichen Anzahl von Beauftragten der Binnenschiffahrt (Reedereien und Privatschiffahrt) und der Verlader, einschließlich Spediteure, besetzt (§ 5 der 36. Durchführungsverordnung vom 20. 5. 1943 — Deutscher Reichs- und Preußischer Staatsanzeiger Nr. 118). Diese Regelung ist zunächst übernommen, aber durch die Neufassung dieser Vorschrift nach dem Änderungsgesetz vom 1. 8. 1961 beseitigt worden. Die Vertreter der „Vorlader" können aus dem Kreise der Ladungsbeteiligten (Absender, Versender, Verlader) und der Spediteure berufen werden.

§ 25 a

Die Frachtenausschüsse haben ihren beratenden Ausschüssen vor jeder Sitzung, in der über die Festsetzung von Entgelten beschlossen werden soll, nach Maßgabe der Geschäftsordnung Gelegenheit zur Stellungnahme zu geben.

Anhörung der beratenden Ausschüsse

Diese Vorschrift ist durch das Änderungsgesetz vom 1. 8. 1961 neu eingefügt worden. Sie soll sicherstellen, daß die beratenden Ausschüsse vor der Festsetzung von Entgelten für Verkehrsleistungen Gelegenheit zur Stellungnahme erhalten.

§ 26

Die Frachtenausschüsse und die beratenden Ausschüsse geben sich Geschäftsordnungen. Die Geschäftsordnungen bedürfen der Genehmigung der Aufsichtsbehörde.

Geschäftsordnung

Die Aufstellung einer Geschäftsordnung für die Fachausschüsse und deren beratenden Ausschüsse ist in Übereinstimmung mit der bisherigen Regelung vorgeschrieben; sie wird rechtswirksam mit der Genehmigung durch die Aufsichtsbehörde.

§ 27

(1) Die Frachtenausschüsse bilden auf Anordnung oder mit Genehmigung der Aufsichtsbehörde

1. Frachtenkommissionen für Tagesgeschäfte,

2. Bezirksausschüsse,

3. gemeinsame Ausschüsse,

4. Fachausschüsse.

Für die Ausschüsse zu Nr. 2 bis 4 gilt § 24 Abs. 2 entsprechend.

(2) Die Frachtenkommissionen für Tagesgeschäfte sind nach Maßgabe der Geschäftsordnung befugt, Entgelte für Verkehrsleistungen (§ 21) vorzuschlagen. Sie haben ihre Vorschläge unverzüglich dem Frachtenausschuß zur Beschlußfassung vorzulegen.

(3) Die Bezirksausschüsse und gemeinsamen Ausschüsse können nach Maßgabe der Geschäftsordnung selbständige Festsetzungsbefugnisse erhalten (ermächtigte Unterausschüsse). In diesem Falle sind die §§ 24 Abs. 1, 25 Abs. 2 entsprechend anzuwenden. Soweit die Mitglieder der Bezirksausschüsse nicht Mitglieder der Frachtenausschüsse sind, gilt ferner § 25 Abs. 1 sinngemäß; sie können jedoch auch für eine kürzere Dauer als drei Jahre berufen werden. In die gemeinsamen Ausschüsse können nur Mitglieder der Frachtenausschüsse entsandt werden.

(4) Die Fachausschüsse schlagen dem Frachtenausschuß Entgelte für Verkehrsleistungen vor.

(5) Bilden die Frachtenausschüsse ermächtigte Unterausschüsse nach Absatz 3, so sind die beratenden Ausschüsse berechtigt und auf Anordnung der Aufsichtsbehörde verpflichtet, bei diesen Ausschüssen entsprechende beratende Ausschüsse zu bilden. In diesem Falle sind die §§ 24, 25 Abs. 3 und § 25a entsprechend anzuwenden; die Mitglieder der beratenden Ausschüsse bei Bezirksausschüssen und deren Stellvertreter können jedoch auch für eine kürzere Dauer als drei Jahre berufen werden.

Frachtenkommissionen, Ausschüsse

1. Die nunmehr gesetzlich festgelegten Ausschüsse (Unterausschüsse) haben sich in der bisherigen Praxis der Frachtenausschüsse entwickelt und bewährt, weil sie das Festsetzungsverfahren vereinfachen und beschleunigen. Sie dürfen jedoch nur mit Genehmigung der Aufsichtsbehörde gebildet werden, um eine einheitliche Handhabung zu erzielen und eine Zersplitterung zu vermeiden. Auf Anregung des Verkehrsausschusses des Bundestages wurde in das Gesetz eingefügt, daß Unterausschüsse auf Anordnung der Aufsichtsbehörde gebildet werden müssen.

2. Die Frachtenkommissionen für Tagesgeschäfte, die nach Maßgabe der Geschäftsordnung aus den hierzu bestimmten Mitgliedern der Frachtenausschüsse bestehen, haben nur das Recht, Entgelte für Verkehrsleistungen vorzuschlagen. Eine Befugnis zur Festsetzung von vorläufigen Entgelten, wie dies die Regierungsvorlage vorgeschlagen hatte, ist ihnen nicht eingeräumt worden; auch ein Vorschlag des Bundesrates, die Festsetzungen dieser Frachtenkommissionen als Richtsätze gelten zu lassen, wurde nicht in das Gesetz übernommen.

3. Die Bezirksausschüsse sollen nach Bedürfnis für einen Teil des Gebietes gebildet werden.

4. Gemeinsame Ausschüsse können von mehreren Frachtenausschüssen gebildet werden, wenn sich die den Entgelten zugrunde liegenden Verkehrsleistungen über den Bereich eines Frachtenausschusses erstrecken. So kann der Frachtenausschuß, von dessen Bereich der Verkehr ausgeht, den Frachtenausschuß beteiligen, durch dessen Bereich dieser Verkehr führt. Auch diese gemeinsamen Ausschüsse können Festsetzungsbefugnisse erhalten. Den gemeinsamen Ausschüssen können nur Mitglieder der sie bildenden Frachtenausschüsse angehören.

5. Die Fachausschüsse sollen die Beschlüsse des Frachtenausschusses durch sachkundige Vorschläge vorbereiten. Sie haben nur ein Vorschlagsrecht und keine Festsetzungsbefugnis. Die Zusammensetzung der Mitglieder regelt die Geschäftsordnung.

6. Nach § 24 Abs. 1 unterstehen die Frachtenausschüsse, die beratenden Ausschüsse und die gebildeten Unterausschüsse der Aufsicht der Aufsichtsbehörde (vgl. § 24 Anm. 1). Zuständig ist die Aufsichtsbehörde des Frachtenausschusses, der den Unterausschuß gebildet hat. Für die von mehreren Frachtenausschüssen gebildeten gemeinsamen Ausschüsse (§ 27 Abs. 1 Nr. 3) hat sich der BfV vorbehalten, die Aufsicht jeweils durch Erlaß zu regeln.

7. Nach § 27 Abs. 1 Satz 1 bedarf die Bildung von Bezirksausschüssen und von gemeinsamen Ausschüssen (§ 27 Abs. 1 Nr. 2 u. 3), wie in II A 1 VerwV ebenfalls hervorgehoben wird, einer Anordnung oder Genehmigung des BfV.

§ 28

(1) Beschlüsse der Frachtenausschüsse und der ermächtigten Unterausschüsse, die Entgelt für Verkehrsleistungen festsetzen, bedürfen der Genehmigung des Bundesministers für Verkehr. Er entscheidet im Einvernehmen mit dem Bundesminister für Wirtschaft.

(2) Der Bundesminister für Verkehr soll, wenn er nicht vorher entscheidet, sich innerhalb von drei Wochen nach Eingang des Beschlusses gegenüber dem Frachtenausschuß oder dem ermächtigten Unterausschuß äußern und innerhalb von zwei Monaten nach Eingang des Beschlusses über die Genehmigung entscheiden.

(3) Der Bundesminister für Verkehr kann die Befugnis nach Absatz 1 auf die Wasser- und Schiffahrtsdirektionen übertragen. In diesem Falle ist Absatz 2 entsprechend anzuwenden. Die Entscheidungen der Wasser- und Schiffahrtsdirektionen bedürfen der Zustimmung des Bundesministers für Wirtschaft.

Genehmigung der Beschlüsse

1. Die Festsetzungsbeschlüsse der Frachtenausschüsse und der ermächtigten Unterausschüsse (§§ 21, 27) bedürfen zu ihrer Rechtswirksamkeit einer behördlichen Genehmigung, die als Rechtsverordnung (§ 29 Abs. 1) vom Bundesminister für Verkehr erteilt wird. Wegen der Bedeutung dieser Festsetzungen für die Wirtschaft ist das Einvernehmen des Bundesministers für Wirtschaft vorgeschrieben.

2. Die Genehmigungsbefugnis des Bundesministers für Verkehr kann unter den gleichen Voraussetzungen auf die Wasser- und Schiffahrtsdirektionen übertragen werden. Der BfV hat die Befugnis zur Genehmigung der Beschlüsse der Frachtenausschüsse und der ermächtigten Unterausschüsse, die Verkehrsleistungen festzusetzen, den WSD übertragen, die mit der Aufsicht über die Frachtenausschüsse beauftragt worden sind (vgl. § 24 Anm. 1; § 27 Anm. 6).

3. Wenn die Genehmigung versagt wird, so ist die bis dahin schwebend unwirksame Festsetzung des Frachtenausschußbeschlusses nichtig. Der Frachtenausschuß kann dann erneut beschließen, anderenfalls kann der Bundesminister für Verkehr nach § 30 an Stelle der Frachtenausschüsse die erforderliche Festsetzung der Entgelte durch Rechtsverordnung vornehmen.

§ 29

(1) Der Bundesminister für Verkehr erläßt die genehmigten Beschlüsse der Frachtenausschüsse und der ermächtigten Unterausschüsse als Rechtsverordnungen.

(2) Der Bundesminister für Verkehr kann aus Gründen des allgemeinen Wohls die Rechtsverordnungen aufheben; er bedarf hierzu des Einvernehmens mit dem Bundesminister für Wirtschaft.

Erlaß, Aufhebung der Beschlüsse

1. Die genehmigten Beschlüsse müssen als Rechtsverordnungen erlassen werden. Sie müssen nach Maßgabe der hierfür geltenden Bestimmungen auch als Rechtsverordnungen bekanntgemacht werden. Die Rechtsverordnungen werden nach § 2 Abs. 2 des Gesetzes über die Verkündung von Rechtsverordnungen vom 30. 1. 1950 (BGBl. S. 23) im Verkehrsblatt (Amtsblatt des Bundesministers für Verkehr) veröffentlicht, auch im Bundesanzeiger bekanntgemacht, jedoch nur mit dem Anfang und dem Ende der Geltung der festgesetzten Entgelte. Dabei wird darauf hingewiesen, daß die Festsetzungen im einzelnen dem „FTB, dem Frachten- und Tarifanzeiger der Binnenschiffahrt" entnommen werden können. Die Rechtsverordnungen treten, soweit nichts anderes darin festgelegt wird, nach § 3 des erwähnten Verkündigungsgesetzes mit dem vierzehnten Tage nach Ablauf des Ausgabetages in Kraft. Die Herstellung einer Sammlung aller bedeutsamen Frachtenausschußbeschlüsse wäre zu empfehlen.

2. Eine Aufhebung dieser Rechtsverordnungen kann ohne Beteiligung der Frachtenausschüsse oder der ermächtigten Unterausschüsse aus Gründen „des allgemeinen Wohls" durch den Bundesverkehrsminister erfolgen, der hierzu lediglich des Einvernehmens des Bundesministers für Wirtschaft bedarf. In der Regierungsvorlage war diese Aufhebungsbefugnis auf dringende „Gründe der allgemeinen Verkehrspolitik" beschränkt. In der ersten Fassung des Absatzes 2 hieß es „Gründe der Verkehrspolitik"; die jetzige Fassung ist durch das Änderungsgesetz vom 1. 8. 1961 eingeführt worden.

3. Zuwiderhandlungen gegen die nach den §§ 29, 30 erlassenen Rechtsverordnungen werden nach § 36 in Verbindung mit dem Wirtschaftsstrafgesetz bestraft (vgl. § 36 Anm. 1, 2).

§ 30

Der Bundesminister für Verkehr kann durch Rechtsverordnung an Stelle der Frachtenausschüsse oder der ermächtigten Unterausschüsse Entgelte für Verkehrsleistungen festsetzen, wenn Gründe des allgemeinen Wohls es erfordern oder wenn ein Frachtenausschuß oder ein ermächtigter Unterausschuß ein Entgelt nicht beschließt; er bedarf hierzu des Einvernehmens mit dem Bundesminister für Wirtschaft.

Festsetzung durch den Bundesminister für Verkehr

Nach den §§ 21, 27 werden die Entgelte für Verkehrsleistungen von den Frachtenausschüssen und den ermächtigten Unterausschüssen festgesetzt. Nur in zwei Fällen ist dem Bundesminister für Verkehr eine Festsetzungsbefugnis vorbehalten, nämlich nach Aufhebung eines durch Rechtsverordnung bestätigten Beschlusses eines Frachtenausschusses oder ermächtigten Unterausschusses (§ 29 Abs. 2), wenn Gründe des allgemeinen Wohls eine Festsetzung erfordern oder, um die Festsetzung eines Entgelts zu sichern, wenn eine Festsetzung durch einen Frachtenausschuß oder ermächtigten Unterausschuß nicht zustande kommt. Solche Festsetzungen sollten nicht notwendig werden, weil sich sicher auch die Frachtenausschüsse den Erfordernissen des allgemeinen Wohls nicht verschließen werden.

§ 31

(1) Werden in einem Vertrage für Verkehrsleistungen Entgelte vereinbart, die von den auf Grund dieses Gesetzes festgesetzten abweichen, so wird die rechtliche Wirksamkeit des Vertrages nicht berührt. In diesen Fällen wird das festgesetzte Entgelt geschuldet.

(2) Vereinbaren die Vertragsparteien in Kenntnis des festgesetzten Entgelts ein von diesem abweichendes Entgelt, so ist der Unterschiedsbetrag an den Bund zu entrichten. Er ist von der nach § 39 zuständigen Wasser- und Schiffahrtsdirektion einzuziehen.

Unabdingbarkeit der festgesetzten Entgelte

1. Die festgesetzten Entgelte sind nach § 21 Festentgelte, also zwingend und unabdingbar, d. h. sie schließen jede abweichende Vereinbarung der Beteiligten aus (vgl. § 21 Anm. 2b). Zur Klarstellung ist in Übereinstimmung mit der Rechtsprechung zu den §§ 134, 139 BGB hervorgehoben worden, daß bei abweichenden Vereinbarungen, also einem Verstoß gegen die festgesetzten Entgelte, nur dieser Teil der Vereinbarung nichtig ist und an seine Stelle das festgesetzte Entgelt tritt. Diese Vorschrift dient der Aufrechterhaltung von Verträgen über Verkehrsleistungen bei gesetzwidrigen Entgeltvereinbarungen und schließt eine Anwendung des § 139 BGB aus (BGH vom 12. 12. 1960 — II ZR 41/59 in VRS 1961, 1999).

2. Haben die Beteiligten solche abweichenden Entgelte in Kenntnis der festgesetzten Entgelte (vorsätzlich) vereinbart, so müssen sie „den Unterschiedsbetrag" an den Bund entrichten. Voraussetzung für diese Regelung aus § 31 Abs. 2 ist, daß die „Vertragsparteien", also die an der Vereinbarung beteiligten Vertragspartner, vorsätzlich gegen festgesetzte Entgelte verstoßen haben. Wenn nur eine Vertragspartei vorsätzlich ein abweichendes Entgelt vereinbart, so gelten an Stelle von § 31 Abs. 2 die allgemeinen gesetzlichen Vorschriften, also die §§ 276, 278, 823ff., 812ff. BGB, nach denen die tarifwidrigen überhöhten Entgelte zurückgefordert werden können.

3. Ein Unterbieten der festgesetzten Festentgelte kann eine Verletzung eines Schutzgesetzes im Sinne des § 823 Abs. 2 BGB darstellen, so daß bei einem schuldhaften Verstoß Schadensersatzansprüche geltend gemacht werden können (§ 26 BSchG Anm. 10b). Es können auch Unterlassungs- und Schadensersatzansprüche wegen Unterbietens von festgesetzten Entgelten nach den §§ 1, 3 UWG, §§ 823, 826 BGB geltend gemacht werden (NJW 1949, 558). Auch aus einer ungerechtfertigten Bereicherung können nach den §§ 812ff. BGB Ansprüche gegeben sein und vertragliche Ansprüche aus den §§ 276, 278, 242 BGB können bestehen.

Vierter Abschnitt

Frachtenausgleich

§ 32

Zur Sicherung volkswirtschaftlich angemessener Entgelte für Verkehrsleistungen und zur Vermeidung verkehrswirtschaftlicher Schäden in der Binnenschiffahrt kann der Bundesminister für Verkehr nach Anhörung der Verbände der beteiligten Schiffahrt im Einvernehmen mit dem Bundesminister für Wirtschaft durch Rechtsverordnung einen Frachtenausgleich anordnen. Er bestimmt in diesem Falle den Kreis der Schiffahrttreibenden, die zu der Ausgleichsabgabe heranzuziehen sind, die erhebende Stelle, die Höhe der Abgabe und das Erhebungsverfahren. Er bestimmt in gleicher Weise die Berechtigten, an die Ausgleichszahlungen zu leisten sind, die Bemessung der Leistungen sowie das Auszahlungsverfahren. Die Berechtigten erhalten einen Rechtsanspruch auf die Ausgleichszahlungen.

Frachtenausgleich, Ausgleichsabgabe

1. Neben der Verteilung von Fracht- und Schleppgut (§§ 1 bis 10) und der Frachtenbildung (§§ 21 bis 31) soll der Frachtenausgleich die Möglichkeit geben, volkswirtschaftlich angemessene Entgelte für Verkehrsleistungen zu sichern und verkehrswirtschaftliche Schäden in der Binnenschiffahrt abzuwenden. Für einen internen Frachtenausgleich, der sich nur zwischen den Schiffahrttreibenden vollzieht, wird hiermit die Rechtsgrundlage geschaffen. Das Frachtenausgleichsverfahren wird vom Bundesminister für Verkehr, und zwar ebenfalls durch Rechtsverordnung, angeordnet, in der auch die Ausgleichsabgabe, die Ausgleichspflichtigen und Ausgleichsberechtigten bestimmt werden. Der Ausgleich vollzieht sich in der Weise, daß die Schiffahrttreibenden bei Beförderung bestimmter frachtgünstiger Güter eine solche Abgabe leisten, die einem Fonds zufließt, aus dem bei dem internen Ausgleich unter bestimmten Voraussetzungen andere Schiffahrtbetriebe eine Vergütung erhalten oder bei dem ersten Ausgleich den Frachtführern ein Teil der Fracht zurückgezahlt wird.

2. Nach den gleichen Grundsätzen kann ein externer Frachtenausgleich zwischen den Binnenschiffahrttreibenden und den Frachtschuldnern (Ladungsbeteiligten, Absendern, Empfängern) angeordnet werden, bei dem die Frachtzahler (Absender oder Empfänger) begünstigt werden.

Fünfter Abschnitt

Ausgleich widerstreitender Verkehrsinteressen und Mitwirkung der Länder

§ 33

(1) Mit dem Ziel bester Verkehrsbedienung hat die Bundesregierung darauf hinzuwirken, daß die Wettbewerbsbedingungen der Verkehrsträger angeglichen werden und daß durch marktgerechte Entgelte und einen lauteren Wettbewerb der Verkehrsträger eine volkswirtschaftlich sinnvolle Aufgabenteilung ermöglicht wird.

(2) Die Leistungen und Entgelte der verschiedenen Verkehrsträger hat der Bundesminister für Verkehr insoweit aufeinander abzustimmen, als es die Verhinderung eines unbilligen Wettbewerbs erfordert.

(3) Der Bundesminister für Verkehr kann Richtlinien über die Genehmigung der Entgelte bekanntmachen.

Abstimmung der Leistungen und Entgelte

Die staatliche Lenkung des Binnenschiffsverkehrs, die im Interesse einer gesunden Verkehrspolitik und zur Erhaltung leistungsfähiger Binnenschiffahrtbetriebe eingeführt worden ist, soll nicht zur Benachteiligung einzelner Binnenschiffahrttreibenden oder anderer Verkehrsträger (Eisenbahn, Straßenverkehr) führen. Die jetzige umfassendere Regelung ist durch das Änderungsgesetz vom 2. 8. 1961 eingefügt worden. Damit soll der Binnenschiffsverkehr mehr als bisher den marktwirtschaftlichen Erfordernissen angepaßt und ein ungerechtfertigter Wettbewerb verhindert werden. Das Ziel der staatlichen Maßnahmen soll und muß die bestmögliche Förderung des gesamten Verkehrs und der Ausgleich von Gegensätzen sein. Die Beachtung dieser, nach dem Sinn und Zweck nicht nur deklamatorischen, sondern grundsätzlichen Bestimmungen bei der Auslegung und Ausführung des Gesetzes wird wesentlich zur Hebung des Verkehrs und Gesundung der Binnenschiffahrtbetriebe beitragen, vor allem auch die Zusammenarbeit aller Verkehrsträger sichern.

§ 34

Zur Herstellung einer ständigen Fühlung zwischen dem Bund und den Ländern auf dem Gebiete der gewerblichen Binnenschiffahrt wird beim Bundesminister für Verkehr ein Ausschuß aus Vertretern der Länder gebildet, der mindestens einmal vierteljährlich vom Bundesminister für Verkehr einberufen wird.

Ausschuß der Ländervertreter

Der hiernach zu bildende Ausschuß aus Vertretern der Länder soll die Mitwirkung der Länder im Rahmen des Gesetzes erleichtern.

§ 35

Anordnungen nach § 6 Abs. 3 und Rechtsverordnungen nach den §§ 22, 32 erläßt der Bundesminister für Verkehr im Benehmen mit den obersten Verkehrsbehörden der jeweils beteiligten Länder. Diese sind befugt, Vertreter zu den Sitzungen der Frachtenausschüsse und der ermächtigten Unterausschüsse zu entsenden.

Mitwirkung der Länder

Diese Vorschrift zählt die Maßnahmen auf, vor deren Erlaß die Länder „ins Benehmen" gesetzt, also unterrichtet und gehört werden sollen.

Sechster Abschnitt

Ahndung von Zuwiderhandlungen

§ 36

Eine Zuwiderhandlung im Sinne des § 1 Nr. 9 des Wirtschaftsstrafgesetzes 1954 vom 9. 7. 1954 (Bundesgesetzbl. I S. 175), zuletzt geändert durch Gesetz vom 21. 12. 1958 (Bundesgesetzbl. I S. 949), begeht, wer vorsätzlich oder fahrlässig den nach den §§ 29, 30 und 43 erlassenen Verordnungen des Bundesministers für Verkehr zuwiderhandelt, soweit diese ausdrücklich auf die Strafbestimmungen des Wirtschaftsstrafgesetzes verweisen.

Strafvorschrift

1. Die Verstöße gegen die Verordnungen (Rechtsverordnungen), die der Bundesminister für Verkehr nach den §§ 29, 30 auf dem Gebiet der Festsetzung von Entgelten für Verkehrsleistungen erläßt, stellen Zuwiderhandlungen nach dem Wirtschaftsstrafgesetz dar; sie sind Wirtschaftsstrafsachen und damit je nach der Schwere der Tat nach Maßgabe der Vorschriften des Wirtschaftsstrafgesetzes entweder Straftaten, die mit Gefängnis, Geldstrafen oder beiden Strafen geahndet werden können, oder Ordnungswidrigkeiten, die mit Geldbußen belegt werden.

Eine Zuwiderhandlung im Sinne des § 18 des Wirtschaftsstrafgesetzes begeht, „wer vorsätzlich oder fahrlässig einer Vorschrift oder schriftlichen Verfügung zuwiderhandelt, die Preise, Preisspannen, Zuschläge oder Abschläge, Zahlungsbedingungen, Preisauszeichnungen, Preisbindungen oder andere der Preisbildung oder dem Preisschutz dienende Maßnahmen betrifft".

Nach dem Wirtschaftsstrafgesetz (WStG) ist für die Abgrenzung zwischen Wirtschaftsstraftat und Ordnungswidrigkeit entscheidend, ob die Zuwiderhandlung ihrem Umfange oder ihrer Auswirkung nach oder wegen der vom Täter bekundeten Einstellung im Einzelfall als kriminelles Unrecht und dann als Straftat oder nur als Verwaltungsunrecht und somit als Ordnungswidrigkeit gewertet werden muß. Außer der Zuwiderhandlung muß ein vorsätzliches oder fahrlässiges Verhalten festgestellt werden. Nach dem Wirtschaftsstrafgesetz ist die Abgrenzung von Straftaten und Ordnungswidrigkeiten wie folgt geregelt: „Eine Zuwiderhandlung ist eine Straftat, wenn die Tat ihrem Umfang oder ihrer Auswirkung nach geeignet ist, die Ziele der Wirtschaftsordnung, insbesondere einer geltenden Marktordnung oder Preisregelung, erheblich zu beeinträchtigen, oder der Täter die Zuwiderhandlung hartnäckig wiederholt, gewerbsmäßig, aus verwerflichem Eigennutz oder sonst verantwortungslos handelt und durch sein Verhalten zeigt, daß er das öffentliche Interesse an dem Schutz der Wirtschaftsordnung, insbesondere einer geltenden Marktordnung oder Preisregelung mißachtet.“ In allen anderen Fällen ist die Zuwiderhandlung eine Ordnungswidrigkeit. Nach § 4 WStG wird eine Straftat, wenn sie vorsätzlich begangen wird, mit Gefängnis- und Geldstrafe bis zu 100000,— DM oder mit einer dieser Strafen, und wenn sie nur fahrlässig begangen wird, mit einer Geldstrafe bis zu 50000,— DM bedroht. Eine Ordnungswidrigkeit kann mit einer Geldbuße bis zu 50000,— DM geahndet werden, und es ist ein Unterwerfungsverfahren zulässig (§ 58 WStG). Auch eine Verletzung der Aufsichtspflicht kann nach § 5 WStG bestraft werden, wenn in einem Betrieb eine mit Strafe oder Geldbuße bedrohte Handlung begangen wird und der Inhaber oder Leiter oder der zur gesetzlichen Vertretung Berechtigte vorsätzlich oder fahrlässig seine Aufsichtspflicht verletzt hat und der Verstoß hierauf beruht.

2. Voraussetzung für eine Anwendung der Vorschriften des Wirtschaftsstrafgesetzes ist, daß in der betreffenden Rechtsverordnung ausdrücklich auf die Strafbestimmungen des Wirtschaftsstrafgesetzes verwiesen wird.

§ 37

(1) Ordnungswidrig handelt, wer

1. unrichtige oder unvollständige Angaben tatsächlicher Art macht oder benutzt, um für sich oder einen anderen eine nach § 1 erforderliche Genehmigung zu erschleichen,

2. sich über die Unwirksamkeit einer nicht genehmigten Vereinbarung nach § 1 hinwegsetzt,

3. vorsätzlich oder fahrlässig gegen eine Verordnung nach § 3 oder gegen einen Beschluß oder eine Verfügung eines Schifferbetriebsverbandes nach § 18 Abs. 1 Nr. 2 und 3 verstößt, sofern die Verordnung, der Beschluß oder die Verfügung ausdrücklich auf die Bußgeldbestimmung dieses Gesetzes verweist,

4. vorsätzlich oder fahrlässig die ihm nach § 21 Abs. 2 obliegende Anzeige nicht, nicht rechtzeitig oder nicht ordnungsgemäß erstattet.

(2) Die Ordnungswidrigkeit kann mit einer Geldbuße bis zu zehntausend Deutsche Mark geahndet werden.

Ordnungswidrigkeiten

1. Im Gegensatz zu der Regelung in § 36 stellen die Verstöße und strafbaren Tatbestände aus § 37 keine Wirtschaftsstrafsachen, sondern lediglich Ordnungswidrigkeiten dar und können ausschließlich mit einer Geldbuße bis zu

10000,— DM geahndet werden. Diese besonderen Ordnungswidrigkeiten aus § 37 stellen keine Wirtschaftsstraftaten nach dem Wirtschaftsstrafgesetz dar, sondern es findet für diese Ordnungswidrigkeiten das Gesetz über Ordnungswidrigkeiten (OWiG) vom 25. 3. 1952 (BGBl. I S. 177) Anwendung. Die Tatbestände dieser Ordnungswidrigkeiten sind im § 37 Nr. 1 bis 3 abschließend geregelt. Nach § 5 OWiG beträgt die Geldbuße mindestens zwei Deutsche Mark der Deutschen Bundesbank und nach § 37 Abs. 2 BSchVG höchstens 10 000,— DM. Eine Geldbuße ist nach § 7 OWiG nach pflichtmäßigem Ermessen der Verwaltungsbehörde (Wasser- und Schiffahrtsdirektion) festzusetzen (§ 39), wenn ein öffentliches Interesse an der Verfolgung besteht; ist eine Ordnungswidrigkeit unter Berücksichtigung aller Umstände ohne Bedeutung, so ist von einer Geldbuße abzusehen. In Fällen von geringer Bedeutung kann nach § 8 OWiG an die Stelle der Geldbuße eine gebührenpflichtige Verwarnung treten.

2. Nach § 11 OWiG können Ordnungswidrigkeiten nur bei vorsätzlichem Handeln geahndet werden, soweit nichts anderes gesetzlich bestimmt ist. Deshalb können Verstöße nach § 37 Nr. 1 und 2 nur bei vorsätzlichem Handeln geahndet werden, während Zuwiderhandlungen nach § 37 Nr. 3 auf Grund der ausdrücklichen Vorschrift bei vorsätzlichem und fahrlässigem Handeln geahndet werden. Es handelt sich dabei um Zuwiderhandlungen gegen die Verteilung des Fracht- und Schleppgutes auf Grund einer Notstandsverordnung (§ 3) oder um Verstöße gegen Beschlüsse und Verfügungen des Schifferbetriebsverbandes nach § 18 Abs. 1 Nr. 2 und 3. Eine strafbare Ordnungswidrigkeit kann aber nur festgestellt werden, wenn diese Verordnungen und Beschlüsse ausdrücklich auf die Bußgeldbestimmung des § 37 verweisen.

3. Die Verfolgung einer Ordnungswidrigkeit verjährt nach § 14 OWiG in sechs Monaten; die Strafvollstreckung verjährt in zwei Jahren.

§ 38

Räumt der Betroffene eine Ordnungswidrigkeit vorbehaltlos ein, so ist die Durchführung einer Unterwerfungsverhandlung nach § 67 des Gesetzes über Ordnungswidrigkeiten vom 25. 3. 1952 (Bundesgesetzblatt I S. 177) zulässig.

Unterwerfungsverfahren

Hiermit wird klargestellt, daß bei Ordnungswidrigkeiten ein Unterwerfungsverfahren zulässig ist, dessen Verfahren im § 67 OWiG geregelt ist.

§ 39

(1) Bei Zuwiderhandlungen nach den §§ 36, 37 ist zuständige Verwaltungsbehörde im Sinne des § 73 des Gesetzes über Ordnungswidrigkeiten die Wasser- und Schiffahrtsdirektion. Der Bundesminister für Verkehr kann abweichend von § 51 des Gesetzes über Ordnungswidrigkeiten eine Wasser- und Schiffahrtsdirektion als für den Bereich mehrerer Wasser- und Schiffahrtsdirektionen zuständig erklären. Er hat die hiernach zuständige Wasser- und Schiffahrtsdirektionen öffentlich bekanntzumachen.

(2) Setzt die nach Absatz 1 zuständige Wasser- und Schiffahrtsdirektion eine Geldbuße fest oder teilt sie eine Zuwiderhandlung der Staatsanwaltschaft zur zuständigen Verfolgung mit, so hat sie unverzüglich die nach § 6 zuständige Behörde oder die nach den §§ 12, 24 zuständige Aufsichtsbehörde zu benachrichtigen.

Ordnungsstrafverfahren

Sachlich zuständige Behörde für die Bearbeitung von Zuwiderhandlungen aus den §§ 36, 37 sind die Wasser- und Schiffahrtsdirektionen. Die hierdurch entstehenden Aufgaben können bei einer Dienststelle für mehrere Stellen zusammengefaßt werden.

Siebenter Abschnitt

Übergangs- und Schlußbestimmungen

§ 40

Der Schifferbetriebsverband „Jus et Justitia" in Duisburg-Ruhrort, der Schifferbetriebsverband für die Elbe und der Schifferbetriebsverband für die Unterelbe in Hamburg gelten als auf Grund des § 11 errichtet. Die drei Verbände haben der Aufsichtsbehörde innerhalb von sechs Monaten nach Inkrafttreten des Gesetzes eine neue Satzung zur Genehmigung vorzulegen. Bis zur Genehmigung der neuen Satzung bleibt die alte in Kraft, soweit ihre Bestimmungen nicht gegenstandslos geworden sind.

Fortbestehende Schifferbetriebsverbände

Diese Bestimmungen sollten es ermöglichen, die nach der früheren Notlagegesetzgebung bestehenden Schifferbetriebsverbände in der dem Gesetz angepaßten Form weiterbestehen zu lassen (vgl. § 11 Anm. 2b).

§ 41

Die bestehenden Frachtenausschüsse in Duisburg, Dortmund, Bremen, Hamburg, Regensburg und der Frachtenausschuß für den Tankschiffsverkehr in Beuel gelten als auf Grund des § 22 errichtet. Das gleiche gilt unter der Voraussetzung des § 44 Abs. 1 für den Frachtenausschuß Berlin. Sie haben der Aufsichtsbehörde innerhalb von sechs Monaten nach Inkrafttreten des Gesetzes eine neue Geschäftsordnung zur Genehmigung vorzulegen. Bis zur Genehmigung der neuen Geschäftsordnung bleibt die alte in Kraft, soweit ihre Bestimmungen nicht gegenstandslos geworden sind.

Fortbestehende Frachtenausschüsse

1. In gleicher Weise wie bei den Betriebsverbänden (§ 40) sollten diese Bestimmungen die Umgestaltung der noch bestehenden Frachtenausschüsse ermöglichen (vgl. § 22 Anm. 2, 3).

2. Nach § 26 Abs. 1 geben sich die Frachtenausschüsse eine Geschäftsordnung, die das Verfahren regelt und der Genehmigung der Aufsichtsbehörde bedarf.

§ 42

(1) Dieses Gesetz findet im Verkehr von und nach dem Ausland keine Anwendung; jedoch unterliegen auch in diesem Verkehr

1. die Mitglieder der Schifferbetriebsverbände den Beschlüssen und Verfügungen der Verbände nach § 18,

2. deutsche Schiffahrttreibende den Rechtsverordnungen nach § 32.

(2) Bestehende völkerrechtliche Vereinbarungen werden durch dieses Gesetz nicht berührt.

Auslandsverkehr

1. Hiermit wird der Binnenschiffsverkehr über eine ausländische Grenze, sei es von oder nach dem Ausland, von den gesamten Vorschriften dieses Gesetzes ausgenommen. Es war dies aus Wettbewerbsgründen notwendig, weil die ausländischen Binnenschiffahrttreibenden in diesem grenzüberschreitenden Verkehr den Vorschriften dieses Gesetzes nicht unterworfen werden können. Der Interzonenverkehr von oder nach den sowjetisch besetzten deutschen Gebieten (Ostzone und Ostberlin) ist kein „grenzüberschreitender", sondern innerdeutscher Verkehr, also von der Ausnahmeregelung nicht betroffen, unterliegt dem Binnenschiffsverkehrsgesetz.

2. Jedoch bleiben die deutschen Binnenschiffahrttreibenden auch für einen Auslandsverkehr einem etwa angeordneten Frachtenausgleich aus § 32 unterworfen. Ferner unterliegen die Privatschiffer, soweit sie Mitglieder der Schifferbetriebsverbände sind, den Beschlüssen und Verfügungen dieser Verbände auch bei einem solchen Verkehr von und nach dem Ausland.

§ 43

Dieses Gesetz findet keine Anwendung auf Beförderungen mit Seeschiffen, bei denen im durchgehenden Verkehr die Grenzen der Seefahrt im Sinne der Dritten Durchführungsverordnung zum Flaggenrechtsgesetz vom 3. 8. 1951 (Bundesgesetzbl. II S. 155) überschritten werden. Der Bundesminister für Verkehr kann jedoch durch Rechtsverordnung bestimmen, daß bei diesen Beförderungen, soweit sie zwischen deutschen Lade- und Löschplätzen ausgeführt werden, Entgelte berechnet werden, die den Erfordernissen einer einheitlichen Verkehrspolitik entsprechen.

Ausnahme für Beförderung mit Seeschiffen

1. Die Anwendung des Gesetzes ist auf den gewerblichen Schiffsverkehr auf Binnenwasserstraßen beschränkt. Es ist jedoch gleichgültig, ob die gewerbsmäßige Beförderung im Einzelfall mit Binnenschiffen oder mit Seeschiffen durchgeführt wird. Entscheidend für die oft recht schwierige Frage, ob es sich um ein Binnen- oder Seeschiff handelt, ist nach der herrschenden Ansicht in Rechtslehre und Rechtsprechung, in welcher Weise das Schiff regelmäßig verwendet wird (§ 1 BSchG Anm. 7b). Es werden häufig die Binnengewässer von Seeschiffen bis tief in das Binnenland befahren; auch kombinierte Reisen der Seeschiffe auf Binnenwasserstraßen und Meeresgebieten sind nicht selten. Deshalb wird die Anwendung des Gesetzes auf den reinen Binnenverkehr der Seeschiffe bis zur Grenze der Binnengewässer mit dem Meere beschränkt, die etwa in der Linie der Seeküste verläuft. Die Binnengewässer umfassen die gesamten Binnenwasserstraßen, also sowohl die natürlichen Ströme, Flüsse und sonstigen Wasserläufe als auch die Kanäle. Die Abgrenzung der Binnenwasserstraßen von den Seewasserstraßen ergibt sich aus § 1 der dritten Durchführungsverordnung zum Flaggenrechtsgesetz vom 3. 8. 1951 (BGBl. II S. 155), die mit Wirkung vom 4. 6. 1953 (GVBl. S. 1228) auch im Lande Berlin gilt (§ 1 BSchG Anm. 6a, b).

2. Für einen über diese Binnenwasserstraßen hinausgehenden, durchgehenden, d. h. anschließenden Verkehr auf das offene Meer mit Seeschiffen findet das Gesetz grundsätzlich keine Anwendung. Jedoch wird der Bundesminister für Verkehr ermächtigt, solche Entgelte den verkehrspolitischen Erfordernissen anzupassen.

§ 44

(1) Dieses Gesetz gilt nach Maßgabe des § 13 Abs. 1 des Dritten Überleitungsgesetzes vom 4. 1. 1952 (Bundesgesetzbl. I S. 1) auch im Lande Berlin.

(2) Rechtsverordnungen, die auf Grund der in diesem Gesetz enthaltenen Ermächtigungen erlassen werden, gelten im Lande Berlin nach § 14 des Dritten Überleitungsgesetzes.

(3) Gilt das Gesetz im Lande Berlin, so nimmt der Senator für Verkehr und Betriebe die den Wasser- und Schiffahrtsdirektionen zugewiesenen Aufgaben wahr.

Berlin-Klausel

1. Die durch diese Klausel ermöglichte Anwendung des Gesetzes im Lande Berlin ist durch das Gesetz zur Übernahme des Gesetzes über den gewerblichen Binnenschiffsverkehr vom 7. 10. 1953 (GVBl. 1217, 1361) erfolgt, das mit Wirkung vom 3. 10. 1953 in Kraft getreten ist. Auch das Gesetz zur Änderung des Gesetzes über den gewerblichen Binnenschiffsverkehr vom 1. 8. 1961 (BGBl. I S. 1163) gilt im Lande Berlin (GVBl. 1961 S. 1093).

2. Im Lande Berlin nimmt der Senator für Verkehrswesen die sämtlichen Aufgaben wahr, die in der Bundesrepublik den Wasser- und Schiffahrtsdirektionen zugeteilt sind.

§ 45

(1) Dieses Gesetz tritt am Tage nach seiner Verkündigung in Kraft.

(2) Am gleichen Tage treten außer Kraft:

1. das Gesetz betreffend die Errichtung von Kleinschifferverbänden vom 19. 5. 1922 (Reichsgesetzbl. II S. 129),

2. das Gesetz zur Bekämpfung der Notlage der Binnenschiffahrt vom 16. 6. 1933 (Reichsgesetzbl. II S. 317) nebst den zu seiner Durchführung ergangenen Verordnungen; jedoch bleibt die auf Grund der Sechsundzwanzigsten und Achtundzwanzigsten Durchführungsverordnung erlassene hamburgische Verordnung über Entgelte der Hafenschiffahrt im Gebiet des Hafens Hamburg vom 11. 12. 1951 (Hamburgisches Gesetz- und Verordnungsbl. S. 225) unverändert,

3. die Verordnung über die Frachtenbildung in der Binnenschiffahrt vom 3. 10. 1941 (Reichsgesetzbl. I S. 622).

Inkrafttreten, Außerkraftsetzung bisheriger Vorschriften

Das Gesetz ist in der Bundesrepublik am 3. 10. 1953, im Lande Berlin ebenfalls mit Wirkung vom 3. 10. 1953 und das Änderungsgesetz vom 1. 8. 1961 (BGBl. I S. 1163) am 9. 8. 1961 in Kraft getreten.

ANHANG

Sonstige binnenschiffahrtsrechtliche Nebengesetze

I.

Gesetz über Rechte an eingetragenen Schiffen und Schiffsbauwerken

Vom 15. November 1940 (Reichsgesetzbl. I S. 1499)

Hierzu DVO vom 21. 12. 1940 (RGBl. I S. 1609); die 2. DVO vom 16. 3. 1941 (RGBl. I S. 283) ist durch das Gesetz zur Änderung von Vorschriften über die Schiffsregister vom 26. 5. 1951 (BGBl. I S. 355) für das Bundesgebiet aufgehoben worden.

Erster Abschnitt

Allgemeine Vorschriften

§ 1

(1) Dieses Gesetz gilt nur für Schiffe, die im Schiffsregister eines deutschen Gerichts eingetragen sind.

(2) Der Erwerb und Verlust des Eigentums an einem Schiff, das im Schiffsregister eines deutschen Gerichts eingetragen ist, bestimmt sich nach den deutschen Gesetzen.

§ 2

(1) Zur Übertragung des Eigentums an einem im Seeschiffsregister eingetragenen Schiff ist erforderlich und genügend, daß der Eigentümer und Erwerber darüber einig sind, daß das Eigentum auf den Erwerber übergehen soll.

(2) Jeder Teil kann verlangen, daß ihm auf seine Kosten eine öffentlich beglaubigte Urkunde über die Veräußerung erteilt wird.

§ 3

(1) Zur Übertragung des Eigentums an einem im Binnenschiffsregister eingetragenen Schiff ist die Einigung des Eigentümers und des Erwerbers hierüber und die Eintragung des Eigentumsübergangs in das Binnenschiffsregister erforderlich.

(2) Vor der Eintragung sind die Beteiligten an die Einigung nur gebunden, wenn die Erklärungen gerichtlich oder notarisch beurkundet oder vor dem Registergericht abgegeben oder bei diesem eingereicht sind oder wenn der Eigentümer dem Erwerber eine den Vorschriften der Schiffsregisterordnung entsprechende Eintragungsbewilligung ausgehändigt hat.

(3) Die Erklärung des Eigentümers wird nicht dadurch unwirksam, daß er in der Verfügung beschränkt wird, nachdem die Erklärung für ihn bindend geworden und der Antrag auf Eintragung beim Registergericht gestellt worden ist.

§ 4

(1) Sind der Veräußerer und der Erwerber darüber einig, daß sich die Veräußerung auf das Zubehör des Schiffes erstrecken soll, so erlangt der Erwerber mit

dem Eigentum an dem Schiff auch das Eigentum an den zur Zeit des Erwerbs vorhandenen Zubehörstücken, soweit sie dem Veräußerer gehören.

(2) Erlangt der Erwerber durch die Veräußerung den Besitz von Zubehörstücken, die dem Veräußerer nicht gehören oder mit Rechten Dritter belastet sind, so sind die Vorschriften der §§ 932 bis 936 des Bürgerlichen Gesetzbuches anzuwenden; für den guten Glauben des Erwerbers ist der Zeitpunkt maßgebend, in dem der Erwerber den Besitz erlangt.

§ 5

Wer als Eigentümer eines Schiffs im Schiffsregister eingetragen ist, ohne daß er das Eigentum erlangt hat, erwirbt das Eigentum, wenn die Eintragung zehn Jahre bestanden und er während dieser Zeit das Schiff im Eigenbesitz gehabt hat. Die zehnjährige Frist wird in derselben Weise berechnet wie die Frist für die Ersitzung einer beweglichen Sache. Der Lauf der Frist ist gehemmt, solange ein Widerspruch gegen die Richtigkeit der Eintragung im Schiffsregister eingetragen ist.

§ 6

(1) Der Eigentümer eines Schiffs kann im Wege des Aufgebotsverfahrens mit seinem Recht ausgeschlossen werden, wenn das Schiff seit zehn Jahren im Eigenbesitz eines anderen ist. Die Besitzzeit wird in gleicher Weise berechnet wie die Frist für die Ersitzung einer beweglichen Sache. Ist der Eigentümer im Schiffsregister eingetragen, so ist das Aufgebotsverfahren nur zulässig, wenn er gestorben oder verschollen ist und eine Eintragung in das Schiffsregister, die der Zustimmung des Eigentümers bedurfte, seit zehn Jahren nicht erfolgt ist.

(2) Wer das Ausschlußurteil erwirkt hat, erlangt das Eigentum dadurch, daß er sich als Eigentümer in das Schiffsregister eintragen läßt.

(3) Ist vor der Erlassung des Ausschlußurteils ein Dritter als Eigentümer oder wegen des Eigentums eines Dritten ein Widerspruch gegen die Richtigkeit des Schiffsregisters eingetragen worden, so wirkt das Urteil nicht gegen den Dritten.

§ 7

(1) Das Eigentum an einem Schiff kann dadurch aufgegeben werden, daß der Eigentümer den Verzicht dem Registergericht gegenüber erklärt und der Verzicht in das Schiffsregister eingetragen wird.

(2) Das Recht zur Aneignung des herrenlosen Schiffs steht nur dem Reich zu. Das Reich erwirbt das Eigentum dadurch, daß es sich als Eigentümer in das Schiffsregister eintragen läßt.

§ 8

(1) Ein Schiff kann zur Sicherung einer Forderung in der Weise belastet werden, daß der Gläubiger berechtigt ist, wegen einer bestimmten Geldsumme Befriedigung aus dem Schiff zu suchen (Schiffshypothek). Eine Schiffshypothek kann auch für zukünftige oder eine bedingte Forderung bestellt werden. Das Recht des Gläubigers aus der Schiffshypothek bestimmt sich nur nach der Forderung.

(2) Für die Bestellung der Schiffshypothek gilt § 3 sinngemäß.

(3) Der Bruchteil eines Schiffes kann mit einer Schiffshypothek nur belastet werden, wenn er in dem Anteil eines Miteigentümers besteht.

§ 9

(1) Ein Nießbrauch kann an einem Schiff nur bestellt werden, wenn damit eine Verpflichtung zur Bestellung des Nießbrauchs am ganzen Vermögen des Eigentümers oder an einer Erbschaft oder an einem Bruchteil des Vermögens oder der Erbschaft erfüllt werden soll.

(2) Für die Bestellung des Nießbrauchs gilt § 3 sinngemäß.

§ 10

(1) Zur Sicherung des Anspruchs auf Einräumung oder Aufhebung eines Rechts an einem Schiff oder an einer Schiffshypothek oder auf Änderung des Inhalts oder des Rangs eines solchen Rechts kann eine Vormerkung in das Schiffsregister eingetragen werden. Die Eintragung einer Vormerkung ist auch zur Sicherung eines künftigen oder eines bedingten Anspruchs zulässig.

(2) Eine Verfügung, die nach der Eintragung der Vormerkung über das Schiff oder das Recht getroffen wird, ist insoweit unwirksam, als sie den Anspruch vereiteln oder beeinträchtigen würde. Dies gilt auch, wenn die Verfügung im Wege der Zwangsvollstreckung oder der Arrestvollziehung oder durch den Konkursverwalter erfolgt.

(3) Der Rang des Rechts, auf dessen Einräumung der Anspruch gerichtet ist, bestimmt sich nach der Eintragung der Vormerkung.

(4) Soweit der Anspruch durch die Vormerkung gesichert ist, kann sich der Erbe des Verpflichteten nicht auf die Beschränkung seiner Haftung berufen.

§ 11

(1) Die Vormerkung wird auf Grund einer einstweiligen Verfügung oder auf Grund der Bewilligung dessen eingetragen, dessen Schiff oder dessen Recht von der Vormerkung betroffen wird. Für die einstweilige Verfügung braucht eine Gefährdung des zu sichernden Anspruchs nicht glaubhaft gemacht zu werden.

(2) Bei der Eintragung kann zur näheren Bezeichnung des zu sichernden Anspruchs auf die einstweilige Verfügung oder die Eintragungsbewilligung Bezug genommen werden.

§ 12

Steht dem, dessen Schiff oder dessen Recht von der Vormerkung betroffen wird, eine Einrede zu, durch welche die Geltendmachung des durch die Vormerkung gesicherten Anspruchs dauernd ausgeschlossen wird, so kann er von dem Gläubiger die Beseitigung der Vormerkung verlangen.

§ 13

Ist der Gläubiger, dessen Anspruch durch die Vormerkung gesichert ist, unbekannt, so kann er im Wege des Aufgebotsverfahrens mit seinem Recht ausgeschlossen werden, wenn die im § 66 für die Ausschließung eines Schiffshypothekengläubigers bestimmten Voraussetzungen vorliegen. Die Wirkung der Vormerkung erlischt, sobald das Ausschlußurteil erlassen ist.

§ 14

(1) Soweit der Erwerb des Eigentums, einer Schiffshypothek, oder des Rechts an einer solchen oder eines Nießbrauches dem gegenüber, zu dessen Gunsten die Vormerkung besteht, unwirksam ist, kann dieser von dem Erwerber die Zustimmung

zu der Eintragung oder Löschung verlangen, die zur Verwirklichung des durch die Vormerkung gesicherten Anspruchs erforderlich ist.

(2) Das gleiche gilt, wenn der Anspruch durch ein Veräußerungsverbot gesichert ist.

§ 15

(1) Es wird vermutet, daß Eigentümer des Schiffes ist, wer als Eigentümer im Schiffsregister eingetragen ist.

(2) Ist im Schiffsregister für jemanden eine Schiffshypothek oder ein Recht an einer solchen oder ein Nießbrauch eingetragen, so wird vermutet, daß ihm das Recht zusteht.

(3) Ist ein eingetragenes Recht (Abs. 1, 2) gelöscht, so wird vermutet, daß es nicht mehr besteht.

§ 16

(1) Zugunsten dessen, der das Eigentum an einem Schiff, eine Schiffshypothek oder ein Recht an einer solchen oder einen Nießbrauch an einem Schiff durch Rechtsgeschäft erwirbt, gilt der Inhalt des Schiffsregisters, soweit er diese Rechte betrifft, als richtig, es sei denn, daß ein Widerspruch gegen die Richtigkeit eingetragen oder die Unrichtigkeit dem Erwerber bekannt ist. Ist der Berechtigte in der Verfügung über ein im Schiffsregister eingetragenes Recht (Satz 1) zugunsten einer bestimmten Person beschränkt, so ist die Beschränkung dem Erwerber gegenüber nur wirksam, wenn sie aus dem Schiffsregister ersichtlich oder dem Erwerber bekannt ist.

(2) Ist zum Erwerb des Rechts die Eintragung erforderlich, so ist für die Kenntnis des Erwerbers die Zeit der Stellung des Antrags auf Eintragung oder, wenn die Einigung erst später zustande kommt, die Zeit der Einigung maßgebend.

§ 17

§ 16 gilt sinngemäß, wenn an den, für den ein Recht (§ 16 Abs. 1 Satz 1) im Schiffsregister eingetragen ist, auf Grund dieses Rechts eine Leistung bewirkt oder wenn zwischen ihm und einem Dritten ein anderes, nicht unter § 16 fallendes Rechtsgeschäft vorgenommen wird, das eine Verfügung über das Recht enthält.

§ 18

(1) Steht der Inhalt des Schiffsregisters, soweit er das Eigentum, eine Schiffshypothek, ein Recht an einer solchen, einen Nießbrauch oder eine Verfügungsbeschränkung der im § 16 Abs. 1 Satz 2 genannten Art betrifft, mit der wirklichen Rechtslage nicht im Einklang, so kann der, dessen Recht nicht oder nicht richtig eingetragen oder durch die Eintragung einer nicht bestehenden Belastung oder Beschränkung beeinträchtigt ist, die Zustimmung zu der Berichtigung des Schiffsregisters von dem verlangen, dessen Recht durch die Berichtigung betroffen wird.

(2) Kann das Schiffsregister erst berichtigt werden, nachdem das Recht des nach Abs. 1 Verpflichteten eingetragen worden ist, so hat dieser auf Verlangen sein Recht eintragen zu lassen.

§ 19

Wer die Berichtigung verlangt, hat die Kosten der Berichtigung des Schiffsregisters und der dazu erforderlichen Erklärungen zu tragen, sofern sich nicht aus einem zwischen ihm und dem Verpflichteten bestehenden Rechtsverhältnis etwas anderes ergibt.

§ 20

Die im § 18 bestimmten Ansprüche unterliegen nicht der Verjährung.

§ 21

(1) In den Fällen des § 18 kann ein Widerspruch gegen die Richtigkeit des Schiffsregisters eingetragen werden.

(2) Der Widerspruch wird auf Grund einer einstweiligen Verfügung oder auf Grund einer Bewilligung des durch die Berichtigung des Schiffsregisters Betroffenen eingetragen. Die einstweilige Verfügung kann erlassen werden, ohne daß eine Gefährdung des Rechts des Widersprechenden glaubhaft gemacht wird.

§ 22

Ist eine Vormerkung oder ein Widerspruch auf Grund einer einstweiligen Verfügung eingetragen, so erlischt die Vormerkung oder der Widerspruch, wenn die einstweilige Verfügung durch eine vollstreckbare Entscheidung aufgehoben wird.

§ 23

(1) Die Ansprüche aus eingetragenen Rechten unterliegen nicht der Verjährung. Dies gilt nicht für Ansprüche, die auf Rückstände wiederkehrender Leistungen oder auf Schadensersatz gerichtet sind.

(2) Ein Recht, wegen dessen ein Widerspruch gegen die Richtigkeit des Schiffsregisters eingetragen ist, steht einem eingetragenen Recht gleich.

Zweiter Abschnitt

Eintragung und Inhalt der Schiffshypothek

§ 24

(1) Bei der Eintragung einer Schiffshypothek müssen der Gläubiger, der Geldbetrag der Forderung und, wenn die Forderung verzinslich ist, der Zinssatz, wenn andere Nebenleistungen zu entrichten sind, ihr Geldbetrag in das Schiffsregister eingetragen werden. Zur näheren Bezeichnung des Inhalts des Rechts und der Forderung kann auf die Eintragungsbewilligung Bezug genommen werden.

(2) Wird die Schiffshypothek für das Darlehen einer Kreditanstalt eingetragen, deren Satzung von der zuständigen Behörde öffentlich bekanntgemacht worden ist, so genügt zur Bezeichnung der außer den Zinsen satzungsmäßig zu entrichtenden Nebenleistungen die Bezugnahme auf die Satzung.

§ 25

(1) Ist ein Schiff mit mehreren Schiffshypotheken belastet, so bestimmt sich ihr Rangverhältnis nach der Reihenfolge der Eintragungen. Die Eintragung ist für das Rangverhältnis auch dann maßgebend, wenn die nach § 8 Abs. 2, § 3 zur Bestellung der Schiffshypothek erforderliche Einigung erst nach der Eintragung zustande gekommen ist.

(2) Eine abweichende Bestimmung des Rangverhältnisses muß in das Schiffsregister eingetragen werden.

§ 26

(1) Das Rangverhältnis kann nachträglich geändert werden. Der nachträglichen Änderung des Rangverhältnisses steht es gleich, wenn der Rang einer bereits eingetragenen Schiffshypothek zugleich mit der Eintragung einer neuen Schiffshypothek zu deren Gunsten geändert wird.

(2) Zu der Rangänderung ist die Einigung des zurücktretenden und des vortretenden Berechtigten, die Zustimmung des Eigentümers sowie die Eintragung in das Schiffsregister erforderlich. Für die Einigung gilt § 3 Abs. 2, 3 sinngemäß. Die Zustimmung ist dem Registergericht oder einem der Beteiligten gegenüber zu erklären; sie ist unwiderruflich.

(3) Ist die zurücktretende Schiffshypothek mit dem Recht eines Dritten belastet, so ist auch seine Zustimmung erforderlich; Abs. 2 Satz 3 gilt sinngemäß.

(4) Der eingeräumte Vorrang geht nicht dadurch verloren, daß die zurücktretende Schiffshypothek durch Rechtsgeschäfte aufgehoben wird.

(5) Schiffshypotheken, die den Rang zwischen der zurücktretenden und der vortretenden Schiffshypothek haben, werden durch die Rangänderung nicht berührt.

(6) Im Fall der Teilung einer Schiffshypothek ist zur Änderung des Rangverhältnisses der Teilschiffshypotheken untereinander die Zustimmung des Eigentümers nicht erforderlich.

§ 27

(1) Der Eigentümer kann sich bei der Belastung des Schiffs mit einer Schiffshypothek die Befugnis vorbehalten, eine andere dem Umfang nach bestimmte Schiffshypothek mit dem Rang vor jener Schiffshypothek eintragen zu lassen.

(2) Der Vorbehalt muß bei der Schiffshypothek eingetragen werden, die zurücktreten soll.

(3) Wird das Schiff veräußert, so geht die vorbehaltene Befugnis auf den Erwerber über.

(4) Ist das Schiff vor der Eintragung der Schiffshypothek, welcher der Vorrang beigelegt ist, mit einer Schiffshypothek ohne einen entsprechenden Vorbehalt belastet worden, so hat der Vorrang keine Wirkung, soweit die mit dem Vorbehalt eingetragene Schiffshypothek infolge der Zwischenbelastung eine über den Vorbehalt hinausgehende Beeinträchtigung erleiden würde.

§ 28

(1) Besteht für die Forderung eine Schiffshypothek an mehreren Schiffen oder an mehreren Anteilen eines Schiffs, so haftet jedes Schiff oder jeder Anteil für die ganze Forderung (Gesamtschiffshypothek).

(2) Der Gläubiger ist berechtigt, den Betrag der Forderung auf die einzelnen Schiffe oder Anteile in der Weise zu verteilen, daß jedes Schiff oder jeder Anteil nur für den zugeteilten Betrag haftet. Zur Verteilung ist die Erklärung des Gläubigers und die Eintragung in das Schiffsregister erforderlich. Die Erklärung ist dem Registergericht oder demgegenüber abzugeben, zu dessen Gunsten sie erfolgt; § 3 Abs. 2, 3 gilt sinngemäß. Ist die Gesamtschiffshypothek mit dem Recht eines

Dritten belastet, so ist seine Zustimmung erforderlich; die Zustimmung ist dem Registergericht oder dem gegenüber zu erklären, zu dessen Gunsten sie erfolgt; sie ist unwiderruflich.

§ 29

Kraft der Schiffshypothek haftet das Schiff auch für die gesetzlichen Zinsen der Forderung sowie für die Kosten der Kündigung und der die Befriedigung aus dem Schiff bezweckenden Rechtsverfolgung.

§ 30

(1) Ist die Forderung unverzinslich oder ist der Zinssatz niedriger als fünf von Hundert, so kann die Schiffshypothek ohne die Zustimmung der im Rang gleich- und nachstehenden Berechtigten dahin erweitert werden, daß das Schiff für Zinsen bis zu fünf von Hundert haftet.

(2) Zu einer Änderung der Zahlungszeit und des Zahlungsortes ist die Zustimmung dieser Berechtigten gleichfalls nicht erforderlich.

§ 31

(1) Die Schiffshypothek erstreckt sich auf das Zubehör des Schiffs mit Ausnahme der Zubehörstücke, die nicht in das Eigentum des Schiffseigentümers gelangt sind.

(2) Zubehörstücke werden von der Haftung frei, wenn ihre Zubehöreigenschaft in den Grenzen einer ordnungsmäßigen Wirtschaft aufgehoben wird oder die Stücke veräußert und von dem Schiff entfernt werden, bevor sie zugunsten des Gläubigers in Beschlag genommen worden sind. § 1121 Abs. 2 des Bürgerlichen Gesetzbuches gilt sinngemäß.

(3) Abs. 2 gilt für die Bestandteile sinngemäß mit der Maßgabe, daß an Stelle der Aufhebung der Zubehöreigenschaft die Trennung und Entfernung von dem Schiff tritt, sofern nicht die Entfernung nur zu einem vorübergehenden Zweck erfolgt.

§ 32

(1) Hat der Eigentümer oder für seine Rechnung ein anderer für das Schiff eine Versicherung genommen, so erstreckt sich die Schiffshypothek auf die Versicherungsforderung.

(2) Die für eine verpfändete Forderung geltenden Vorschriften des bürgerlichen Rechts sind sinngemäß anzuwenden; der Versicherer kann sich nicht darauf berufen, daß er eine aus dem Schiffsregister ersichtliche Schiffshypothek nicht gekannt habe. Der Versicherer kann jedoch die Entschädigungssumme mit Wirkung gegen den Gläubiger an den Versicherungsnehmer zahlen, wenn er oder der Versicherungsnehmer den Eintritt des Schadens dem Gläubiger angezeigt hat und seit dem Empfang der Anzeige eine Frist von zwei Wochen verstrichen ist. Die Anzeige darf unterbleiben, wenn sie untunlich ist; in diesem Fall wird die Frist von dem Zeitpunkt an gerechnet, in dem die Entschädigungssumme fällig ist. Der Gläubiger kann bis zum Ablauf der Frist dem Versicherer gegenüber der Zahlung widersprechen.

§ 33

(1) Eine Zahlung des Versicherers auf die Versicherungsforderung ist dem Gläubiger gegenüber wirksam, soweit sie zum Zweck der Widerherstellung des Schiffs bewirkt wird und die Wiederherstellung des Schiffs gesichert ist. Das gleiche gilt von Zahlungen des Versicherers zum Zweck der Befriedigung von Schiffsgläubigern, deren Ansprüche der Schiffshypothek im Rang vorgehen, soweit die Befriedigung dieser Schiffsgläubiger gesichert ist.

(2) Die Haftung der Forderung gegen den Versicherer erlischt, soweit das Schiff wiederhergestellt oder für Zubehörstücke Ersatz beschafft worden ist. Das gleiche gilt, soweit Verpflichtungen des Eigentümers erfüllt worden sind, die von der Versicherung umfaßt waren und für die ein der Schiffshypothek im Rang vorgehendes Schiffsgläubigerrecht bestand.

§ 34

(1) Hat der Gläubiger seine Schiffshypothek bei dem Versicherer angemeldet, so hat dieser dem Gläubiger unverzüglich mitzuteilen, wenn die Prämie nicht rechtzeitig gezahlt ist und aus diesem Grunde dem Versicherungsnehmer eine Zahlungsfrist bestimmt wird. Das gleiche gilt, wenn das Versicherungsverhältnis nach dem Ablauf der Frist wegen unterbliebener Prämienzahlung gekündigt wird.

(2) Eine Kündigung, ein Rücktritt oder eine sonstige Tatsache, welche die vorzeitige Beendigung des Versicherungsverhältnisses zur Folge hat, wird gegenüber dem Gläubiger, der seine Schiffshypothek dem Versicherer angemeldet hat, erst mit dem Ablauf von zwei Wochen wirksam, nachdem der Versicherer ihm die Beendigung und, wenn diese noch nicht eingetreten war, den Zeitpunkt der Beendigung mitgeteilt oder der Gläubiger dies in anderer Weise erfahren hat. Dies gilt nicht, wenn das Versicherungsverhältnis wegen nicht rechtzeitiger Prämienzahlung gekündigt oder durch Konkurs des Versicherers beendigt wird.

(3) Trifft der Versicherer mit dem Versicherungsnehmer eine Vereinbarung, durch welche die Versicherungssumme oder der Umfang der Gefahr, für die der Versicherer haftet, gemindert wird, so gilt Abs. 2 Satz 1 sinngemäß.

(4) Ist der Versicherungsvertrag unwirksam, weil der Versicherungsnehmer ihn in der Absicht geschlossen hat, sich aus einer Überversicherung oder einer Doppelversicherung einen rechtswidrigen Vermögensvorteil zu verschaffen, so kann der Versicherer gegenüber einem Gläubiger, der ihm seine Schiffshypothek angemeldet hat, die Unwirksamkeit nicht geltend machen. Das Versicherungsverhältnis endigt jedoch dem Gläubiger gegenüber mit dem Ablauf von zwei Wochen, nachdem der Versicherer ihm die Unwirksamkeit mitgeteilt oder der Gläubiger sie in anderer Weise erfahren hat.

§ 35

(1) Ist das Schiff bei mehreren Versicherern gemeinschaftlich versichert, so genügt die Anmeldung der Schiffshypothek nach § 34 bei dem Versicherer, den der Eigentümer dem Gläubiger als den führenden Versicherer bezeichnet hat. Dieser ist verpflichtet, die Anmeldung den Mitversicherern mitzuteilen.

(2) Für eine Mitteilung nach § 34 genügt, wenn der Gläubiger seine Wohnung geändert, die Änderung aber dem Versicherer nicht angezeigt hat, die Absendung eines eingeschriebenen Briefs nach der letzten, dem Versicherer bekannten Wohnung

des Gläubigers. Die Mitteilung wird mit dem Zeitpunkt wirksam, in dem sie ohne die Wohnungsänderung bei regelmäßiger Beförderung dem Gläubiger zugegangen sein würde.

§ 36

(1) Ist der Versicherer wegen des Verhaltens des Versicherungsnehmers oder des Versicherten von der Verpflichtung zur Leistung frei, so bleibt gleichwohl seine Verpflichtung gegenüber dem Gläubiger bestehen. Das gleiche gilt, wenn der Versicherer nach dem Eintritt des Versicherungsfalls vom Antrag zurücktritt.

(2) Abs. 1 Satz 1 gilt nicht, wenn der Versicherer von der Verpflichtung zur Leistung deshalb frei ist, weil

1. eine Prämie nicht rechtzeitig gezahlt ist oder
2. das Schiff in nicht fahrtüchtigem (seetüchtigem) Zustand oder nicht gehörig ausgerüstet oder bemannt die Reise angetreten hat oder
3. das Schiff von dem angegebenen oder üblichen Reiseweg abgewichen ist.

§ 37

Soweit der Versicherer auf Grund des § 34 Abs. 2 bis 4, § 36 den Gläubiger befriedigt, geht die Schiffshypothek auf ihn über. Der Übergang kann nicht zum Nachteil des Gläubigers oder eines gleich- oder nachstehenden Schiffshypothekengläubigers, dem gegenüber die Verpflichtung des Versicherers zur Leistung bestehen geblieben ist, geltend gemacht werden.

§ 38

(1) Der Versicherer muß fällige Prämien oder sonstige ihm auf Grund des Versicherungsvertrags gebührende Zahlungen vom Versicherten und vom Gläubiger auch dann annehmen, wenn er nach den Vorschriften des bürgerlichen Rechts die Zahlung zurückweisen könnte.

(2) Das Schiff haftet kraft der Schiffshypothek für den Anspruch des Gläubigers auf Erstattung der Beträge und ihrer Zinsen, die der Gläubiger zur Entrichtung von Prämien oder sonstigen dem Versicherer auf Grund des Versicherungsvertrags gebührenden Zahlungen verwendet hat.

§ 39

(1) Ist infolge einer Verschlechterung des Schiffs oder seiner Einrichtungen die Sicherheit der Schiffshypothek gefährdet, so kann der Gläubiger dem Eigentümer eine angemessene Frist zur Beseitigung der Gefährdung bestimmen. Nach fruchtlosem Ablauf der Frist ist der Gläubiger berechtigt, sofort Befriedigung aus dem Schiff zu suchen. Ist die Forderung unverzinslich und noch nicht fällig, so gebührt dem Gläubiger nur die Summe, die mit Hinzurechnung der gesetzlichen Zinsen für die Zeit von der Zahlung bis zur Fälligkeit dem Betrag der Forderung gleichkommt.

(2) Wirkt der Eigentümer auf das Schiff in solcher Weise ein, daß eine die Sicherheit der Schiffshypothek gefährdende Verschlechterung des Schiffs oder seiner Einrichtungen zu besorgen ist, oder unterläßt er die erforderlichen Vorkehrungen gegen derartige Einwirkungen Dritter oder gegen andere Beschädigungen, so hat das Gericht auf Antrag des Gläubigers die zur Abwendung der Gefährdung erforderlichen Maßregeln anzuordnen; es kann, wenn andere Maßnahmen

nicht ausreichen, bestimmen, daß der Gläubiger berechtigt ist, sofort Befriedigung aus dem Schiff zu suchen.

(3) Einer Verschlechterung des Schiffs steht es gleich, wenn Zubehörstücke, auf welche die Schiffshypothek sich erstreckt, verschlechtert oder den Regeln einer ordnungsmäßigen Wirtschaft zuwider von dem Schiff entfernt werden.

§ 40

Ist infolge der Einwirkung eines Dritten eine die Sicherheit der Schiffshypothek gefährdende Verschlechterung des Schiffs zu besorgen, so kann der Gläubiger gegen ihn nur auf Unterlassung klagen.

§ 41

(1) Der Eigentümer kann gegen die Schiffshypothek die dem Schuldner gegen die Forderung zustehenden Einreden geltend machen. Er kann die Befriedigung des Gläubigers verweigern, solange dem Schuldner das Recht zusteht, das seiner Verbindlichkeit zugrunde liegende Rechtsgeschäft anzufechten. Die gleiche Befugnis hat der Eigentümer, solange sich der Gläubiger durch Aufrechnung gegen eine fällige Forderung des Schuldners befriedigen kann. Stirbt der Schuldner, so kann sich der Eigentümer nicht darauf berufen, daß der Erbe für die Schuld nur beschränkt haftet.

(2) Ist der Eigentümer nicht der Schuldner, so verliert er eine Einrede nicht dadurch, daß der Schuldner auf sie verzichtet.

§ 42

(1) Hängt die Fälligkeit der Forderung von einer Kündigung ab, so ist die Kündigung für die Schiffshypothek nur wirksam, wenn sie von dem Gläubiger dem Eigentümer oder von dem Eigentümer dem Gläubiger erklärt wird.

Zugunsten des Gläubigers gilt als Eigentümer, wer im Schiffsregister als Eigentümer eingetragen ist.

(2) Hat der Eigentümer weder einen Wohnsitz im Inland noch die Bestellung eines inländischen Bevollmächtigten dem Gläubiger angezeigt, so hat das Registergericht ihm auf Antrag des Gläubigers einen Vertreter zu bestellen, dem gegenüber der Gläubiger kündigen kann; das gleiche gilt, wenn sein Aufenthalt unbekannt ist oder der Gläubiger ohne Fahrlässigkeit nicht weiß, wer der Eigentümer ist.

§ 43

(1) Der Eigentümer ist berechtigt, den Gläubiger zu befriedigen, wenn die Forderung ihm gegenüber fällig geworden oder wenn der Schuldner zur Leistung berechtigt ist.

(2) Der Eigentümer kann den Gläubiger auch durch Hinterlegung oder durch Aufrechnung befriedigen.

§ 44

(1) Ist der Eigentümer nicht der Schuldner, so geht, soweit er den Gläubiger befriedigt, die Forderung auf ihn über; der Übergang kann nicht zum Nachteil des Gläubigers geltend gemacht werden. Einwendungen des Schuldners aus dem zwischen ihm und dem Eigentümer bestehenden Rechtsverhältnis bleiben unberührt.

(2) Besteht für die Forderung eine Gesamtschiffshypothek, so gelten für diese die Vorschriften des § 69.

§ 45

Der Eigentümer kann gegen Befriedigung des Gläubigers die Aushändigung der zur Berichtigung des Schiffsregisters oder zur Löschung der Schiffshypothek erforderlichen Urkunden verlangen.

§ 46

Liegen dem Eigentümer gegenüber die Voraussetzungen vor, unter denen ein Schuldner in Verzug kommt, so gebühren dem Gläubiger Verzugszinsen aus dem Schiff.

Dritter Abschnitt

Die Geltendmachung der Schiffshypothek

§ 47

(1) Der Gläubiger kann seine Befriedigung aus dem Schiff und den Gegenständen, auf die sich die Schiffshypothek erstreckt, nur im Wege der Zwangsvollstreckung suchen.

(2) Bei einer Gesamtschiffshypothek kann der Gläubiger die Befriedigung aus jedem der Schiffe ganz oder zu einem Teil suchen.

§ 48

Bei der Verfolgung des Rechts aus einer Schiffshypothek gilt zugunsten des Gläubigers als Eigentümer, wer im Schiffsregister als Eigentümer eingetragen ist. Das Recht des nicht eingetragenen Eigentümers, die ihm gegen die Schiffshypothek zustehenden Einwendungen geltend zu machen, bleibt unberührt.

§ 49

Solange die Forderung dem Eigentümer gegenüber nicht fällig geworden ist, kann dieser dem Gläubiger nicht das Recht einräumen, zum Zweck der Befriedigung die Übertragung des Eigentums an dem Schiff zu verlangen oder das Schiff auf andere Weise als im Wege der Zwangsvollstreckung zu veräußern.

§ 50

(1) Verlangt der Gläubiger Befriedigung aus dem Schiff, so ist jeder, der Gefahr läuft, durch die Zwangsvollstreckung ein Recht an dem Schiff oder an den Gegenständen zu verlieren, auf die sich die Schiffshypothek erstreckt, berechtigt, den Gläubiger zu befriedigen, und zwar auch durch Hinterlegung oder Aufrechnung. Das gleiche Recht steht dem Besitzer des Schiffs oder der im § 31 genannten Sachen zu, wenn er Gefahr läuft, durch die Zwangsvollstreckung den Besitz zu verlieren.

(2) Soweit der Dritte den Gläubiger befriedigt, geht die Forderung auf ihn über. Der Übergang kann nicht zum Nachteil des Gläubigers geltend gemacht werden. Einwendungen des Schuldners aus einem zwischen ihm und dem Dritten bestehenden Rechtsverhältnis bleiben unberührt.

(3) § 45 gilt sinngemäß.

Vierter Abschnitt

Übertragung, Änderung und Erlöschen der Schiffshypothek

§ 51

(1) Mit der Übertragung der Forderung geht die Schiffshypothek auf den neuen Gläubiger über.

(2) Die Forderung kann nicht ohne die Schiffshypothek, die Schiffshypothek kann nicht ohne die Forderung übertragen werden.

(3) Zur Abtretung der Forderung ist die Einigung des bisherigen und des neuen Gläubigers hierüber und die Eintragung in das Schiffsregister erforderlich; § 3 Abs. 2, 3 gilt sinngemäß.

§ 52

(1) Eine Einrede, die dem Eigentümer auf Grund eines zwischen ihm und dem bisherigen Gläubiger bestehenden Rechtsverhältnisses gegen die Schiffshypothek zusteht, kann auch dem neuen Gläubiger entgegengesetzt werden. Die Vorschriften der §§ 16, 18 bis 21 über den öffentlichen Glauben des Schiffsregisters gelten auch für diese Einrede.

(2) Soweit die Forderung auf Zinsen oder andere Nebenleistungen gerichtet ist, die nicht später als in dem Kalendervierteljahr, in dem der Eigentümer von der Übertragung Kenntnis erlangt, oder dem folgenden Vierteljahre fällig werden, kann sich der Gläubiger gegenüber den im Abs. 1 bezeichneten Einreden nicht auf § 16 berufen.

§ 53

(1) Soweit die Forderung auf Rückstände von Zinsen oder andere Nebenleistungen oder auf Erstattung von Kosten der Kündigung und Rechtsverfolgung (§ 29) oder von den im § 38 Abs. 2 bezeichneten Beträgen gerichtet ist, bestimmt sich die Übertragung sowie das Rechtsverhältnis zwischen dem Eigentümer und dem neuen Gläubiger nach den für die Übertragung von Forderungen geltenden allgemeinen Vorschriften.

(2) Die Vorschriften des § 16 über den öffentlichen Glauben des Schiffsregisters gelten für die im Abs. 1 bezeichneten Ansprüche nicht.

§ 54

(1) Zur Änderung des Inhalts der Schiffshypothek ist die Einigung des Eigentümers und des Gläubigers über den Eintritt der Rechtsänderung und die Eintragung der Rechtsänderung in das Schiffsregister erforderlich; § 3 Abs. 2, 3, § 24 gelten sinngemäß.

(2) Ist die Schiffshypothek mit dem Recht eines Dritten belastet, so ist seine Zustimmung erforderlich. Die Zustimmung ist dem Registergericht oder dem gegenüber zu erklären, zu dessen Gunsten sie erfolgt; sie ist unwiderruflich.

§ 55

(1) An die Stelle der Forderung, für welche die Schiffshypothek besteht, kann eine andere Forderung gesetzt werden. Zu der Änderung ist die Einigung des Gläubigers und des Eigentümers sowie die Eintragung in das Schiffsregister erforderlich; § 3 Abs. 2, 3, § 54 Abs. 2 gelten sinngemäß.

(2) Steht die Forderung, die an die Stelle der bisherigen Forderung treten soll, nicht dem bisherigen Schiffshypothekengläubiger zu, so ist seine Zustimmung erforderlich; § 54 Abs. 2, § 56 Abs. 2, 3 gelten sinngemäß.

§ 56

(1) Zur Aufhebung der Schiffshypothek durch Rechtsgeschäfte ist die Erklärung des Gläubigers, daß er die Schiffshypothek aufgebe, die Zustimmung des Eigentümers und die Löschung der Schiffshypothek im Schiffsregister erforderlich. Die Erklärung des Gläubigers ist dem Registergericht oder dem gegenüber abzugeben, zu dessen Gunsten sie erfolgt. Die Zustimmung des Eigentümers ist dem Registergericht oder dem Gläubiger gegenüber zu erklären; sie ist unwiderruflich.

(2) Vor der Löschung ist der Gläubiger an seine Erklärung nur gebunden, wenn er sie dem Registergericht gegenüber abgegeben oder dem, zu dessen Gunsten sie erfolgt, eine den Vorschriften der Schiffsregisterordnung entsprechende Löschungsbewilligung ausgehändigt hat.

(3) Die Erklärung des Gläubigers wird nicht dadurch unwirksam, daß er in der Verfügung beschränkt wird, nachdem die Erklärung für ihn bindend geworden und der Antrag auf Eintragung bei dem Registergericht gestellt worden ist.

(4) § 54 Abs. 2 gilt auch hier.

§ 57

(1) Die Schiffshypothek erlischt vorbehaltlich der Fälle des § 59 mit der Forderung. Die Schiffshypothek erlischt auch, wenn der Gläubiger aus dem Schiff und soweit er aus den sonstigen Gegenständen, auf die sich die Schiffshypothek erstreckt, im Wege der Zwangsvollstreckung befriedigt wird.

(2) Die Schiffshypothek erlischt ferner, wenn der Gläubiger auf sie verzichtet. Der Verzicht ist dem Registergericht oder dem Eigentümer gegenüber zu erklären und bedarf der Eintragung in das Schiffsregister; § 54 Abs. 2, § 56 Abs. 2, 3 gelten sinngemäß.

(3) Solange die Schiffshypothek nicht gelöscht ist, kann der Eigentümer im Rang und bis zur Höhe der bisherigen Belastung eine neue Schiffshypothek bestellen; dies gilt nicht im Fall des Abs. 1 Satz 2. Die Befugnis steht dem jeweiligen Eigentümer des Schiffs zu; sie ist nicht übertragbar. Nach der Beschlagnahme des Schiffs im Zwangsversteigerungsverfahren kann die Befugnis nur mit Zustimmung des betreibenden Gläubigers ausgeübt werden; sie erlischt mit der Erteilung des Zuschlags; bei der Verteilung des Erlöses ist auf sie keine Rücksicht zu nehmen.

(4) Erlischt die Schiffshypothek nur zum Teil, so hat der dem Gläubiger verbleibende Teil der Schiffshypothek den Vorrang vor einer von dem Eigentümer auf Grund seiner Befugnis bestellten Schiffshypothek.

§ 58

Verpflichtet sich der Eigentümer einem anderen gegenüber, die Schiffshypothek löschen zu lassen, wenn die Forderung erlischt, so kann zur Sicherung des Anspruchs auf Löschung eine Vormerkung in das Schiffsregister eingetragen werden.

§ 59

(1) Befriedigt der Schuldner den Gläubiger, so geht die Schiffshypothek auf ihn über, soweit er von dem Eigentümer oder einem Rechtsvorgänger des Eigen-

tümers Ersatz verlangen kann; kann er nur zum Teil Ersatz verlangen, so hat die auf ihn übergegangene Schiffshypothek den Vorrang vor einer vom Eigentümer auf Grund der Befugnis nach § 57 Abs. 3 bestellten Schiffshypothek.

(2) Befriedigt der Schuldner den Gläubiger nur zum Teil, so hat der dem Gläubiger verbleibende Teil der Schiffshypothek den Vorrang.

(3) Der Befriedigung des Gläubigers steht es gleich, wenn sich Forderung und Schuld in einer Person vereinigen.

§ 60

Gibt der Gläubiger die Schiffshypothek auf oder verzichtet er auf sie oder räumt er einer anderen Schiffshypothek den Vorrang ein, so wird der Schuldner frei, soweit er ohne diese Verfügung nach § 59 aus der Schiffshypothek hätte Ersatz erlangen können.

§ 61

Ist der Schuldner berechtigt, von dem Eigentümer Ersatz zu verlangen, falls er den Gläubiger befriedigt, so kann er, wenn der Gläubiger die Zwangsversteigerung des Schiffs betreibt, ohne ihn unverzüglich zu benachrichtigen, die Befriedigung des Gläubigers wegen eines Ausfalls bei der Zwangsversteigerung verweigern, soweit er infolge der Unterlassung der Benachrichtigung einen Schaden erleidet. Die Benachrichtigung darf unterbleiben, wenn sie untunlich ist.

§ 62

Hat der Schuldner dadurch, daß er den Gläubiger befriedigt hat, die Schiffshypothek erworben oder hat er aus demselben Grund ein sonstiges rechtliches Interesse an der Berichtigung des Schiffsregisters, so kann er verlangen, daß der Gläubiger die zur Berichtigung des Schiffsregisters erforderlichen Urkunden ihm aushändigt.

§ 63

Steht dem Eigentümer eine Einrede zu, durch welche die Geltendmachung der Schiffshypothek dauernd ausgeschlossen wird, so kann er verlangen, daß der Gläubiger auf die Schiffshypotheken verzichtet.

§ 64

(1) Die Schiffshypothek erlischt, wenn sie mit dem Eigentum in derselben Person zusammentrifft; § 57 Abs. 3 gilt sinngemäß.

(2) Die Schiffshypothek erlischt nicht, solange die Forderung besteht oder zugunsten eines Dritten als bestehend gilt. Der Eigentümer kann als Gläubiger nicht die Zwangsvollstreckung in das Schiff betreiben; Zinsen aus dem Schiff gebühren ihm nicht.

§ 65

(1) Ist eine Schiffshypothek im Schiffsregister mit Unrecht gelöscht, so erlischt sie, wenn der Anspruch des Gläubigers gegen den Eigentümer verjährt ist.

(2) Das gleiche gilt, wenn eine kraft Gesetzes entstandene Schiffshypothek nicht in das Schiffsregister eingetragen worden ist.

§ 66

(1) Ist der Gläubiger unbekannt, so kann er im Wege des Aufgebotsverfahrens mit seinem Recht ausgeschlossen werden, wenn seit der letzten sich auf die Schiffshypothek beziehenden Eintragung in das Schiffsregister zehn Jahre verstrichen sind und das Recht des Gläubigers nicht innerhalb dieser Frist von dem Eigentümer in einer nach § 208 des Bürgerlichen Gesetzbuches zur Unterbrechung der Verjährung geeigneten Weise anerkannt worden ist. Besteht für die Forderung eine nach dem Kalender bestimmte Zahlungszeit, so beginnt die Frist nicht vor dem Ablauf des Zahlungstages.

(2) Mit der Erlassung des Ausschlußurteils erlischt die Schiffshypothek. § 57 Abs. 3 gilt auch in diesem Falle.

§ 67

(1) Der unbekannte Gläubiger kann im Wege des Aufgebotsverfahrens mit seinem Recht auch dann ausgeschlossen werden, wenn der Eigentümer zur Befriedigung des Gläubigers oder zur Kündigung berechtigt ist und den Betrag der Forderung für den Gläubiger unter Verzicht auf das Recht zur Rücknahme hinterlegt. Die Hinterlegung von Zinsen ist nur erforderlich, wenn der Zinssatz im Schiffsregister eingetragen ist; Zinsen für eine frühere Zeit als das vierte Kalenderjahr vor der Erlassung des Ausschlußurteils sind nicht zu hinterlegen.

(2) Mit der Erlassung des Ausschlußurteils gilt der Gläubiger als befriedigt, sofern nicht nach den Vorschriften des Bürgerlichen Gesetzbuchs über die Hinterlegung die Befriedigung schon vorher eingetreten ist.

(3) Das Recht des Gläubigers auf den hinterlegten Betrag erlischt mit dem Ablauf von dreißig Jahren nach der Erlassung des Ausschlußurteils, wenn nicht der Gläubiger sich vorher bei der Hinterlegungsstelle meldet; der Hinterleger ist zur Rücknahme berechtigt, auch wenn er auf das Recht zur Rücknahme verzichtet hat.

§ 68

(1) Erlischt eine Gesamtschiffshypothek, so steht die Befugnis nach § 57 Abs. 3 jedem Eigentümer an seinem Schiff (Anteil) zu dem Teilbetrag zu, der dem Verhältnis des Wertes seines Schiffs (Anteils) zum Werte der sämtlichen Schiffe (Anteile) entspricht, soweit sich nicht aus dem zwischen den Eigentümern (Miteigentümern) bestehenden Rechtsverhältnis etwas anderes ergibt. Der Wert wird unter Abzug der Belastungen berechnet, die der Gesamtschiffshypothek im Rang vorgehen.

(2) Jeder Eigentümer kann von den übrigen verlangen, daß sie ihm eine den Vorschriften der Schiffsregisterordnung entsprechende Erklärung über die Höhe des ihm zustehenden Teilbetrages aushändigen.

(3) Erlischt die Gesamtschiffshypothek nur zum Teil, so hat der dem Gläubiger verbleibende Teil der Schiffshypothek den Vorrang vor einer von einem der Eigentümer auf Grund seiner Befugnis bestellten Schiffshypothek.

§ 69

(1) Befriedigt der Eigentümer eines mit einer Gesamtschiffshypothek belasteten Schiffs den Gläubiger und erlischt hierdurch die Forderung, so steht die Befugnis nach § 57 Abs. 3 nur diesem Eigentümer an seinem Schiff, und zwar in Höhe des Betrages der bisherigen Gesamtschiffshypothek zu. Erwirbt dieser Eigentümer nach § 44 die Forderung, so geht die Schiffshypothek nur an seinem Schiff auf ihn über; an den übrigen Schiffen erlischt sie; den Eigentümern dieser Schiffe steht auch hier die Befugnis nach § 57 Abs. 3 nicht zu.

(2) Kann der Eigentümer, der den Gläubiger befriedigt, von dem Eigentümer eines der anderen Schiffe oder von einem Rechtsvorgänger dieses Eigentümers Ersatz verlangen, so geht in Höhe des Ersatzanspruchs die Schiffshypothek auf ihn über; sie bleibt mit einer nach Abs. 1 Satz 2 übergegangenen Schiffshypothek Gesamtschiffshypothek. Ist durch die Befriedigung des Gläubigers die Forderung erloschen, so kann der Eigentümer die ihm nach Abs. 1 Satz 1 zustehende Befugnis nur in der Weise ausüben, daß mit der nach Satz 1 übergegangenen Schiffshypothek eine Gesamtschiffshypothek begründet wird.

(3) Wird der Gläubiger nur zum Teil befriedigt, so hat die dem Gläubiger verbleibende Schiffshypothek den Vorrang vor einer von dem Eigentümer auf Grund seiner Befugnis bestellten oder ihm nach Abs. 1 Satz 2, Abs. 2 zufallenden Schiffshypothek.

(4) Der Befriedigung durch den Eigentümer steht es gleich, wenn das Gläubigerrecht auf den Eigentümer übertragen wird oder wenn sich Forderung und Schuld in der Person des Eigentümers vereinigen.

(5) Wird der Gläubiger im Wege der Zwangsvollstreckung aus einem der mit einer Gesamtschiffshypothek belasteten Schiffe befriedigt, so gilt Abs. 2 Satz 1 sinngemäß.

§ 70

(1) Kann bei einer Gesamtschiffshypothek der Schuldner im Fall des § 59 nur von dem Eigentümer eines der belasteten Schiffe oder von einem Rechtsvorgänger dieses Eigentümers Ersatz verlangen, so geht die Schiffshypothek nur an diesem Schiff auf ihn über. An den übrigen Schiffen erlischt sie; den Eigentümern dieser Schiffe steht die Befugnis nach § 57 Abs. 3 nicht zu.

(2) Ist dem Schuldner nur zum Teil Ersatz zu leisten und geht deshalb die Schiffshypothek nur zu einem Teilbetrag auf ihn über, so gilt, soweit die Gesamtschiffshypothek an sämtlichen Schiffen erlischt, für die den Eigentümern nach § 57 Abs. 3 zustehende Befugnis § 68 mit der Maßgabe, daß der auf den Schuldner übergegangene Teilbetrag der Schiffshypothek den nach § 68 Abs. 1 Satz 2 vorweg in Abzug zu bringenden Belastungen hinzuzurechnen ist.

§ 71

Verzichtet der Gläubiger einer Gesamtschiffshypothek nur an einem der Schiffe auf die Schiffshypothek, so steht dem Eigentümer dieses Schiffs die Befugnis nach § 57 Abs. 3 nicht zu. Gleiches gilt, wenn der Gläubiger nach § 66 mit seinem Recht an einem der Schiffe ausgeschlossen wird.

Fünfter Abschnitt

Schiffshypothek für Inhaber- und Orderpapiere, Höchstbetragsschiffshypothek

§ 72

(1) Zur Bestellung einer Schiffshypothek für die Forderung aus einer Schuldverschreibung auf den Inhaber genügt die Erklärung des Eigentümers gegenüber dem Registergericht, daß er die Schiffshypothek bestelle, und die Eintragung in das Schiffsregister; § 3 Abs. 3 gilt sinngemäß.

(2) Die Ausschließung des Gläubigers mit seinem Recht nach § 66 ist nur zulässig, wenn die im § 801 des Bürgerlichen Gesetzbuchs bezeichnete Vorlegungsfrist verstrichen ist. Ist innerhalb der Frist die Schuldverschreibung vorgelegt oder der Anspruch aus der Urkunde gerichtlich geltend gemacht worden, so kann die Ausschließung erst erfolgen, wenn die Verjährung eingetreten ist.

§ 73

Ist die Schiffshypothek für eine Forderung aus einer Schuldverschreibung auf den Inhaber, aus einem Wechsel oder aus einem anderen Papier, das durch Indossament übertragen werden kann, bestellt, so bestimmt sich die Abtretung der Forderung nach den für die Abtretung dieser Forderung geltenden allgemeinen Vorschriften.

§ 74

(1) Bei einer Schiffshypothek der im § 73 bezeichneten Art kann für den jeweiligen Gläubiger ein Vertreter mit der Befugnis bestellt werden, mit Wirkung für und gegen jeden späteren Gläubiger bestimmte Verfügungen über die Schiffshypothek zu treffen und den Gläubiger bei der Geltendmachung der Schiffshypothek zu vertreten. Die Bestellung des Vertreters bedarf der Eintragung in das Schiffsregister; wegen seiner Befugnisse kann auf die Eintragungsbewilligung Bezug genommen werden.

(2) Ist der Eigentümer berechtigt, von dem Gläubiger eine Verfügung zu verlangen, zu welcher der Vertreter befugt ist, so kann er die Vornahme der Verfügung von dem Vertreter verlangen.

§ 75

(1) Eine Schiffshypothek kann in der Weise bestellt werden, daß nur der Höchstbetrag bis zu dem das Schiff haften soll, bestimmt, im übrigen die Feststellung der Forderung vorbehalten wird. Der Höchstbetrag muß in das Schiffsregister eingetragen werden.

(2) Ist die Forderung verzinslich, so werden die Zinsen in den Höchstbetrag eingerechnet.

(3) Die Forderung kann nach den für die Übertragung von Forderungen geltenden allgemeinen Vorschriften übertragen werden. Wird sie nach diesen Vorschriften übertragen, so ist der Übergang der Schiffshypothek ausgeschlossen.

(4) Der Reichsminister der Justiz wird ermächtigt, ergänzende Vorschriften zu erlassen.

Sechster Abschnitt

Die Schiffshypothek an Schiffsbauwerken

§ 76

(1) Eine Schiffshypothek kann auch an einem auf einer Schiffswerft im Bau befindlichen Schiff (Schiffsbauwerk) bestellt werden.

(2) Die Bestellung ist zulässig, sobald der Kiel gelegt und das Schiffsbauwerk durch Namen oder Nummer an einer bis zum Stapellauf des Schiffs sichtbar bleibenden Stelle deutlich und dauernd gekennzeichnet ist. Eine Schiffshypothek kann an einem Schiffsbauwerk nicht bestellt werden, wenn es nach der Fertigstellung als Seeschiff nicht mehr als fünfzig Kubikmeter Bruttoraumgehalt haben oder als Binnenschiff zur Eintragung in das Binnenschiffsregister nicht geeignet sein wird.

§ 77

Zur Bestellung einer Schiffshypothek an einem Schiffsbauwerk ist an Stelle der Eintragung in das Schiffsregister die Eintragung in das Register für Schiffsbauwerke erforderlich. Für die Schiffshypothek gelten die §§ 8, 10 bis 75, soweit sich nicht aus den Vorschriften dieses Abschnitts etwas anderes ergibt.

§ 78

Ist die Schiffshypothek in das Register für Schiffsbauwerke eingetragen, so gelten vom Zeitpunkt der Eintragung die §§ 3 bis 7 auch für das Schiffsbauwerk sinngemäß.

§ 79

Die Schiffshypothek erstreckt sich auf das Schiffsbauwerk in seinem jeweiligen Bauzustand. Sie erstreckt sich ferner neben den im § 31 bezeichneten Gegenständen auf die auf der Bauwerft befindlichen, zum Einbau bestimmten und als solche gekennzeichneten Bauteile mit Ausnahme der Bauteile, die nicht in das Eigentum des Eigentümers des Schiffsbauwerks gelangt sind. § 31 Abs. 2 gilt sinngemäß.

§ 80

Auf die Versicherungsforderung erstreckt sich die Schiffshypothek nur, wenn der Eigentümer für das Schiffsbauwerk eine besondere Versicherung genommen hat.

§ 81

Die an dem Schiffsbauwerk bestellte Schiffshypothek bleibt nach der Fertigstellung des Schiffs mit ihrem bisherigen Rang an dem Schiff bestehen.

Siebenter Abschnitt

Nießbrauch

§ 82

(1) Auf den Nießbrauch an einem Schiff sind die für den Nießbrauch an Grundstücken geltenden Vorschriften des bürgerlichen Rechts sinngemäß anzuwenden.

(2) Das Rangverhältnis zwischen einem Nießbrauch und den Schiffshypotheken bestimmt sich nach dem Zeitpunkt der Eintragung. Das unter Angabe eines früheren Tages eingetragene Recht hat den Vorrang; Rechte, die unter Angabe desselben Tages eingetragen sind, haben gleichen Rang. § 25 Abs. 2, §§ 26, 27, 65 gelten sinngemäß.

Achter Abschnitt

Schlußvorschriften

§ 83

Der Reichsminister der Justiz wird ermächtigt, die zur Durchführung dieses Gesetzes und zur Angleichung des bisherigen Rechtszustandes an den neuen Rechtszustand erforderlichen Durchführungsvorschriften zu erlassen. Er wird insbesondere ermächtigt, die Vorschriften über das Eintragungsverfahren in einer Schiffsregisterordnung zusammenzufassen und die Rechtsverhältnisse der Reederei (§§ 489 bis 509 des Handelsgesetzbuchs) neu zu regeln.

§ 84

Dieses Gesetz tritt am 1. Januar 1941 in Kraft.

II.

Schiffsregisterordnung

Vom 26. Mai 1951

In der Fassung vom 19. 12. 1940 (Reichsgesetzbl. I S. 1591), abgeändert durch das Gesetz zur Änderung von Vorschriften über das Schiffsregister vom 26. 5. 1951 (Bundesgesetzbl. I S. 355, 359) in der Fassung der Bekanntmachung des abgeänderten Wortlauts vom 26. 5. 1951 (BGBl. II S. 109), für das Land Berlin anwendbar nach dem Übernahmegesetz vom 2. 9. 1953 (GVBl. 983, 985).

Erster Abschnitt

Allgemeine Vorschriften

§ 1

(1) Die Schiffsregister werden von den Amtsgerichten geführt.

(2) Die Landesjustizverwaltung bestimmt die Amtsgerichte, bei denen Schiffsregister zu führen sind, und die Registerbezirke.

§ 2

Die sachliche Zuständigkeit der Registerbeamten bestimmt die Landesjustizverwaltung im Verwaltungswege, soweit die Zuständigkeit nicht in diesem Gesetz geregelt ist.

§ 3

(1) Seeschiffsregister und Binnenschiffsregister werden getrennt geführt.

(2) In das Seeschiffsregister werden die Kauffahrteischiffe und anderen zur Seefahrt bestimmten Schiffe (Seeschiffe) eingetragen, die nach §§ 1, 2 des Flaggenrechtsgesetzes vom 8. 2. 1951 (Bundesgesetzbl. I S. 79) die Bundesflagge zu führen haben oder führen dürfen.

(3) In das Binnenschiffsregister werden die zur Schiffahrt auf Flüssen und sonstigen Binnengewässern bestimmten Schiffe (Binnenschiffe) eingetragen. Es können nur Schiffe eingetragen werden, deren Tragfähigkeit mehr als 10 Tonnen beträgt oder die eine Maschinenleistung von wenigstens 50 effektiven Pferdestärken haben, ferner Schlepper, Tankschiffe und Stoßboote, auch wenn bei ihnen diese Voraussetzungen nicht vorliegen.

§ 4

(1) Das Schiff ist in das Schiffsregister seines Heimathafens oder seines Heimatortes einzutragen.

(2) Soll die Schiffahrt mit einem Seeschiff von einem ausländischen Hafen aus betrieben werden oder fehlt es für ein Seeschiff an einem Heimathafen, so steht dem Eigentümer die Wahl des Schiffsregisters frei.

(3) Hat der Eigentümer weder seinen Wohnsitz noch seine gewerbliche Niederlassung im Geltungsbereich des Grundgesetzes, so ist er verpflichtet, einen im Bezirk des Registergerichts wohnhaften Vertreter zu bestellen, der die nach §§ 9 bis 22, 62 begründeten Rechte und Pflichten gegenüber dem Registergericht wahrzunehmen hat. Dies gilt nicht in den Fällen des § 2 Abs. 2 des Flaggenrechtsgesetzes.

§ 5

Ist ein Seeschiff in das Binnenschiffsregister oder ein Binnenschiff in das Seeschiffsregister eingetragen, so ist die Eintragung des Schiffs nicht aus diesem Grunde unwirksam.

§ 6

(1) Ist ein Schiff im Seeschiffsregister eingetragen, so kann sich der Eigentümer nicht darauf berufen, daß es ein Binnenschiff sei.

(2) Ist ein Schiff im Binnenschiffsregister eingetragen, so kann sich der Eigentümer nicht darauf berufen, daß es ein Seeschiff sei.

§ 7

Jedes Schiff erhält bei der Eintragung eine besondere Stelle im Schiffsregister (Registerblatt). Das Registerblatt ist für das Schiff als das Schiffsregister anzusehen.

§ 8

(1) Das Schiffsregister ist öffentlich; die Einsicht in das Register ist jedem gestattet. Auf Verlangen ist eine Abschrift der Eintragung zu erteilen; die Abschrift ist auf Verlangen zu beglaubigen.

(2) Die Einsicht in die Registerakten ist nur gestattet, soweit ein berechtigtes Interesse glaubhaft gemacht wird; Abs. 1 Satz 2 gilt sinngemäß. Das gleiche gilt für die Einsicht in Urkunden, auf die im Schiffsregister zur Ergänzung einer Eintragung Bezug genommen ist, sowie in die noch nicht erledigten Eintragungsanträge.

Zweiter Abschnitt

Die Eintragung des Schiffs

§ 9

Ein Schiff, das nach § 3 Abs. 2, 3 in das Schiffsregister eingetragen werden kann, wird eingetragen, wenn der Eigentümer es ordnungsmäßig (§§ 11 bis 15) zur Eintragung anmeldet. Bei Binnenschiffen genügt die Anmeldung durch einen von mehreren Miteigentümern.

§ 10

(1) Zur Anmeldung eines Seeschiffs ist der Eigentümer verpflichtet, wenn das Schiff nach § 1 des Flaggenrechtsgesetzes die Bundesflagge zu führen hat. Dies gilt nicht für Seeschiffe, deren Bruttoraumgehalt 50 Kubikmeter nicht übersteigt. Von der Anmeldepflicht kann der Bundesminister für Verkehr durch Verwaltungsanordnung allgemein oder im Einzelfall Ausnahmen zulassen.

(2) Zur Anmeldung eines Binnenschiffs ist der Eigentümer verpflichtet, wenn das Schiff eine Tragfähigkeit von mehr als 20 Tonnen oder eine Maschinenleistung von mehr als 100 effektiven Pferdestärken hat oder wenn das Schiff ein Schlepper, ein Tankschiff oder ein Stoßboot ist.

(3) Schiffe im Eigentum und öffentlichen Dienst des Bundes, eines zum Bund gehörenden Landes oder einer öffentlich-rechtlichen Körperschaft oder Anstalt mit Sitz im Geltungsbereich des Grundgesetzes brauchen nicht zur Eintragung angemeldet zu werden.

§ 11

(1) Bei der Anmeldung eines Seeschiffes sind anzugeben:

1. der Name des Schiffs;
2. die Gattung und der Hauptbaustoff;
3. der Heimathafen;
4. der Bauort und das Jahr des Stapellaufs, es sei denn, daß dies nur mit besonderen Schwierigkeiten zu ermitteln ist;
5. die Ergebnisse der amtlichen Vermessung sowie die Maschinenleistung;
6. der Eigentümer,
   bei einer Reederei die Mitreeder und die Größe der Schiffsparten,
   bei einer offenen Handelsgesellschaft die Gesellschafter,
   bei einer Kommanditgesellschaft oder einer Kommanditgesellschaft auf Aktien die persönlich haftenden Gesellschafter;
7. der Rechtsgrund für den Erwerb des Eigentums;
8. die das Recht zur Führung der Bundesflagge begründenden Tatsachen;
9. bei einer Reederei der Korrespondentreeder;
10. im Fall des § 4 Abs 3 der Vertreter.

(2) Ist das Schiff im Inland noch nicht amtlich vermessen, so genügt zu Abs. 1 Nr. 5 die Angabe der Ergebnisse einer im Ausland vorgenommenen Vermessung.

§ 12

Bei der Anmeldung eines Binnenschiffs sind anzugeben:

1. der Name, die Nummer oder das sonstige Merkzeichen des Schiffs;
2. die Gattung und der Hauptbaustoff;

3. der Heimatort;
4. der Bauort und das Jahr des Stapellaufs, es sei denn, daß dies nur mit besonderen Schwierigkeiten zu ermitteln ist;
5. die Tragfähigkeit und bei Schiffen mit eigener Triebkraft die Maschinenleistung;
6. der Eigentümer, bei mehreren Eigentümern die Größe der einzelnen Anteile;
7. der Rechtsgrund für den Erwerb des Eigentums.

§ 13

(1) Die im § 11 Abs. 1 Nr. 3, 4, 6, 7, Abs. 2, § 12 Nr. 3, 4, 6, 7 bezeichneten Angaben sowie die Maschinenleistung sind glaubhaft zu machen. Der Meßbrief (§ 11 Abs. 1 Nr. 5) oder der Eichschein (§ 12 Nr. 5) ist vorzulegen; im Falle des § 11 Abs. 2 genügt die Vorlegung der Vermessungsurkunde der ausländischen Behörde oder einer anderen zur Glaubhaftmachung der Angaben geeigneten Urkunde.

(2) Bei der Anmeldung eines Seeschiffs sind die das Recht zur Führung der Bundesflagge begründenden Tatsachen nachzuweisen.

§ 14

(1) Ein Schiff darf nicht in das Schiffsregister eingetragen werden, solange es in einem ausländischen Schiffsregister eingetragen ist. Auf Verlangen des Registergerichts ist glaubhaft zu machen, daß eine solche Eintragung nicht besteht.

(2) Ist ein Schiff, das nach § 10 Abs. 1, 2 zur Eintragung angemeldet werden muß, in einem ausländischen Schiffsregister eingetragen, so hat der Eigentümer die Löschung der Eintragung in diesem Register zu veranlassen.

(3) Ist das Schiff in einem ausländischen Schiffsregister eingetragen gewesen, so ist eine Bescheinigung der ausländischen Registerbehörde über die Löschung der Eintragung des Schiffs einzureichen; die Einreichung kann unterbleiben, wenn sie untunlich ist.

§ 15

Ist das Schiff ganz oder zum Teil im Inland erbaut, so ist bei der Anmeldung eine Bescheinigung des Registergerichts des Bauorts darüber einzureichen, ob das Schiff im Schiffsbauregister eingetragen ist; gegebenenfalls ist eine beglaubigte Abschrift des Registerblatts beizufügen. In der Bescheinigung ist anzugeben, daß sie zum Zwecke der Eintragung des Schiffes in das Schiffsregister erteilt ist.

§ 16

(1) Die Eintragung des Schiffes (§ 9) hat die im § 11 Abs. 1 Nr. 1 bis 7, 9 Abs. 2, § 12 bezeichneten Angaben, die Bezeichnung des Meßbriefes oder des Eichscheins und den Tag der Eintragung zu enthalten; sie ist von den zuständigen Beamten zu unterschreiben.

(2) Bei der Eintragung eines Seeschiffs ist ferner ein dem Schiff vom Registergericht zugeteiltes Unterscheidungssignal sowie die Feststellung einzutragen, nach welcher Bestimmung des Flaggenrechtsgesetzes das Schiff zur Führung der Bundesflaggen berechtigt ist.

(3) Ist das Schiff in das Schiffsbauregister eingetragen, so sind die dort eingetragenen Schiffshypotheken mit ihrem bisherigen Rang von Amts wegen in das Schiffsregister zu übertragen; die Eintragung des Schiffs ist zum Schiffsbauregister mitzuteilen.

(4) Hat vor der Eintragung des Schiffs ein anderer dem Registergericht gegenüber der Eintragung des Anmeldenden als Eigentümer mit der Begründung widersprochen, daß er Eigentümer des Schiffs sei, so kann das Registergericht bei der Eintragung des Schiffs zugunsten des anderen einen Widerspruch gegen die Richtigkeit der Eigentumseintragung eintragen.

§ 17

(1) Veränderungen der im § 11 Abs. 1 Nr. 1 bis 3, 5, 8, 9, Abs. 2, § 12 Nr. 1 bis 3, 5 bezeichneten, nach § 16 Abs. 1, 2 eingetragenen Tatsachen sind unverzüglich zur Eintragung in das Schiffsregister anzumelden.

(2) Wird nach § 7 des Flaggenrechtsgesetzes genehmigt, daß das Schiff an Stelle der Bundesflagge eine andere Flagge führt, so ist zur Eintragung anzumelden, daß und wie lange das Recht zur Führung der Bundesflagge nicht ausgeübt werden darf. Wird die Genehmigung zurückgenommen, so ist zum Schiffsregister anzumelden, daß das Recht zur Führung der Bundesflagge wieder ausgeübt werden darf.

(3) Für die Eintragung gilt § 16 Abs. 1, 2 sinngemäß.

(4) Geht ein Schiff unter und ist es als endgültig verloren anzusehen, oder wird es ausbesserungsunfähig, oder verliert ein Seeschiff das Recht zur Führung der Bundesflagge, so ist dies unverzüglich zum Schiffsregister anzumelden.

(5) Die angemeldeten Tatsachen sind glaubhaft zu machen. § 13 Abs. 1 Satz 2 gilt sinngemäß.

§ 18

(1) Zur Anmeldung nach § 17 ist der Eigentümer, bei einer Reederei auch der Korrespondentreeder verpflichtet.

(2) Sind mehrere Verpflichtete vorhanden, so genügt die Anmeldung durch einen von ihnen; Entsprechendes gilt, wenn der Eigentümer eine juristische Person oder eine Handelsgesellschaft ist, die durch mehrere Personen vertreten wird.

§ 19

(1) Wer einer ihm nach §§ 10, 13 bis 15, 17, 18 obliegenden Verpflichtung nicht nachkommt, ist hierzu vom Registergericht durch Ordnungsstrafen anzuhalten. Die einzelne Strafe darf den Betrag von eintausend Deutsche Mark nicht übersteigen.

(2) Für das Verfahren gelten die §§ 132 bis 139 des Gesetzes über die Angelegenheiten der freiwilligen Gerichtsbarkeit sinngemäß.

§ 20

(1) Die Eintragung des Schiffs im Schiffsregister wird gelöscht, wenn eine der im § 17 Abs. 4 bezeichneten Tatsachen angemeldet wird. Wird angemeldet, daß das Schiff ausbesserungsunfähig geworden ist, so hat das Registergericht die eingetragenen Schiffshypothekengläubiger von der beabsichtigten Löschung zu benach-

richtigen und ihnen zugleich eine angemessene Frist zur Geltendmachung eines Widerspruchs zu bestimmen. Die Frist darf nicht weniger als 3 Monate betragen. § 21 Abs. 2, 3 und Abs. 4 Satz 1 gelten sinngemäß.

(2) Die Eintragung eines Binnenschiffs wird auch gelöscht, wenn es seinen Heimatort im Ausland erhalten hat. Die Eintragung eines Schiffs, dessen Anmeldung dem Eigentümer freisteht, wird auch gelöscht, wenn der Eigentümer die Löschung beantragt; sind mehrere Miteigentümer vorhanden, so bedarf es der Zustimmung aller Miteigentümer.

(3) Hat ein Seeschiff das Recht zur Führung der Bundesflagge verloren, so darf seine Eintragung nur gelöscht werden, wenn die Schiffshypothekengläubiger und, falls eine Schiffshypothek nach dem Inhalt des Schiffsregisters mit dem Recht eines Dritten belastet ist, auch dieser die Löschung bewilligen; für die Bewilligung gilt § 37 sinngemäß. Das gleiche gilt in den Fällen des Abs. 2.

(4) Liegen die im Abs. 3 bezeichneten Bewilligungen bei der Anmeldung nicht vor, so ist im Falle des Abs. 3 Satz 1 alsbald in das Schiffsregister einzutragen, daß das Schiff das Recht zur Führung der Bundesflagge verloren hat, im Falle des Abs. 2 Satz 1, daß das Schiff seinen Heimatort im Auslande hat. Die Eintragung wirkt, soweit die eingetragenen Schiffshypotheken nicht in Betracht kommen, wie eine Löschung der Eintragung des Schiffs.

§ 21

(1) Ist das Schiff eingetragen worden, obwohl die Eintragung wegen Fehlens einer wesentlichen Voraussetzung unzulässig war, oder kann eine im § 17 Abs. 4 vorgeschriebene Anmeldung oder die Anmeldung der im § 20 Abs. 2 Satz 1 bezeichneten Tatsache durch die hierzu Verpflichteten nicht auf dem in § 19 bezeichneten Wege herbeigeführt werden, so ist die Eintragung des Schiffs von Amts wegen zu löschen. Das Registergericht hat den eingetragenen Eigentümer und die sonstigen aus dem Schiffsregister ersichtlichen Berechtigten von der beabsichtigten Löschung zu benachrichtigen und ihnen zugleich eine angemessene Frist zur Geltendmachung eines Widerspruchs zu bestimmen. Die Frist darf nicht weniger als drei Monate betragen.

(2) Sind die bezeichneten Personen oder ihr Aufenthalt nicht bekannt, so ist die Benachrichtigung und Fristbestimmung wenigstens einmal in eine geeignete Tageszeitung und in ein Schiffahrtsfachblatt einzurücken. Die Bekanntmachung kann unterbleiben, wenn sie untunlich ist; in diesem Fall ist die Ausfertigung der Benachrichtigung und Fristbestimmung an die Gerichtstafel anzuheften. Die Frist beginnt mit dem Ablauf des Tages, an dem das letzte die Bekanntmachung enthaltende Blatt erschienen ist, bei Anheftung an die Gerichtstafel mit dem Ablauf des Tages, an dem die Anheftung erfolgt ist.

(3) Wird Widerspruch erhoben, so entscheidet über ihn das Registergericht. Die den Widerspruch zurückweisende Verfügung kann mit der sofortigen Beschwerde angefochten werden.

(4) Die Eintragung des Schiffs darf nur gelöscht werden, wenn kein Widerspruch erhoben oder wenn die den Widerspruch zurückweisende Verfügung rechtskräftig geworden ist. Widerspricht ein Schiffshypothekengläubiger der Löschung der Eintragung eines Seeschiffs, welches das Recht zur Führung der Bundesflagge verloren hat, mit der Begründung, daß die Schiffshypothek noch bestehe, so ist

in das Schiffsregister nur einzutragen, daß das Schiff das Recht zur Führung der Bundesflagge verloren hat; widerspricht ein Schiffshypothekengläubiger der Löschung der Eintragung eines Binnenschiffes, das seinen Heimatort im Ausland hat, mit dieser Begründung, so ist in das Schiffsregister nur einzutragen, daß das Schiff seinen Heimatort im Auslande hat. § 20 Abs. 4 Satz 2 gilt entsprechend.

§ 22

Ist seit 30 Jahren keine Eintragung im Schiffsregister erfolgt und ist nach Anhörung der zuständigen Schiffahrtsbehörde, bei Seeschiffen auch der Seeberufsgenossenschaft, anzunehmen, daß das Schiff nicht mehr vorhanden oder nicht mehr zu Schiffahrtszwecken verwendbar ist, so hat das Registergericht, wenn weder eine Schiffshypothek noch ein Nießbrauch an dem Schiff eingetragen ist, die Eintragung des Schiffs von Amts wegen zu löschen, ohne daß es des Verfahrens nach § 21 bedarf.

Dritter Abschnitt

Die Eintragung von Rechtsverhältnissen

§ 23

(1) Im Schiffsregister soll eine Eintragung nur auf Antrag erfolgen, soweit nicht etwas anderes vorgeschrieben ist. Der Zeitpunkt, in dem der Antrag beim Registergericht eingeht, soll auf dem Antrag genau vermerkt werden. Der Antrag ist beim Registergericht eingegangen, wenn er einem zur Entgegennahme zuständigen Beamten vorgelegt ist. Wird er zur Niederschrift eines solchen Beamten gestellt, so ist er mit Abschluß der Niederschrift eingegangen.

(2) Antragsberechtigt ist jeder, dessen Recht von der Eintragung betroffen wird oder zu dessen Gunsten die Eintragung erfolgen soll.

§ 24

Die Berichtigung des Schiffsregisters durch Eintragung eines Berechtigten darf auch der beantragen, der auf Grund eines gegen den Berechtigten vollstreckbaren Titels eine Eintragung in das Schiffsregister verlangen kann, sofern die Zulässigkeit dieser Eintragung davon abhängt, daß das Schiffsregister zuvor berichtigt wird.

§ 25

Ist die zu einer Eintragung erforderliche Erklärung von einem Notar beurkundet oder beglaubigt, so gilt dieser als ermächtigt, im Namen eines Antragsberechtigten die Eintragung zu beantragen.

§ 26

(1) Einem Eintragungsantrag, dessen Erledigung an einen Vorbehalt geknüpft wird, soll nicht stattgegeben werden.

(2) Werden mehrere Eintragungen beantragt, so kann von dem Antragsteller bestimmt werden, daß die eine Eintragung nicht ohne die andere erfolgen soll.

§ 27

Werden mehrere Eintragungen beantragt, durch die dasselbe Recht betroffen wird, so darf die später beantragte Eintragung nicht vor der Erledigung des früher gestellten Antrags erfolgen.

§ 28

(1) Steht einer beantragten Eintragung ein Hindernis entgegen, so hat das Registergericht dem Antragsteller eine angemessene Frist zur Behebung des Hindernisses zu bestimmen oder den Antrag unter Angabe der Gründe zurückzuweisen. Im ersten Fall ist der Antrag nach dem Ablauf der Frist zurückzuweisen, wenn nicht das Hindernis inzwischen behoben und dies dem Registergericht nachgewiesen ist.

(2) Wird vor der Erledigung des Antrags eine andere Eintragung beantragt, durch die dasselbe Recht betroffen wird, so ist zugunsten des früher gestellten Antrags von Amts wegen ein Schutzvermerk einzutragen; die Eintragung des Schutzvermerks gilt im Sinne des § 27 als Erledigung dieses Antrages. Der Schutzvermerk wird von Amts wegen gelöscht, wenn der früher gestellte Antrag zurückgenommen oder zurückgewiesen wird.

§ 29

Eine Eintragung erfolgt, wenn der sie bewilligt, dessen Recht von ihr betroffen wird.

§ 30

Im Falle der rechtsgeschäftlichen Übertragung des Eigentums an einem Binnenschiff darf die Eintragung nur erfolgen, wenn die Einigung des Veräußerers und des Erwerbers erklärt ist.

§ 31

(1) Zur Berichtigung des Schiffsregisters bedarf es der Bewilligung nach § 29 nicht, wenn die Unrichtigkeit nachgewiesen wird. Dies gilt insbesondere für die Eintragung oder Löschung einer Verfügungsbeschränkung.

(2) Ein neuer Eigentümer darf im Wege der Berichtigung des Schiffsregisters auf Grund einer Bewilligung nach § 29 nur mit seiner Zustimmung eingetragen werden, sofern nicht der Fall des § 24 vorliegt.

§ 32

Wird bei einem Seeschiff die Eintragung eines neuen Eigentümers oder des Erwerbers einer Schiffspart beantragt, so ist nachzuweisen, daß das Schiff weiterhin zur Führung der Bundesflagge berechtigt ist.

§ 33

Ergeben sich Zweifel gegen die Richtigkeit der Eintragung des Eigentümers im Schiffsregister, so hat das Registergericht von Amts wegen die erforderlichen Ermittlungen anzustellen. Ergeben die Ermittlungen, daß das Schiffsregister unrichtig ist, so hat das Registergericht die Beteiligten anzuhalten, den Antrag auf Berichtigung des Schiffsregisters zu stellen und die zur Berichtigung erforderlichen Unterlagen zu beschaffen; § 19 gilt sinngemäß.

§ 34

Soll die Übertragung oder die Belastung einer Forderung, für die ein Pfandrecht an einer Schiffshypothek besteht, eingetragen werden, so genügt es, wenn an Stelle der Eintragungsbewilligung die Abtretungs- oder die Belastungserklärung des bisherigen Gläubigers vorgelegt wird.

§ 35

Eine Schiffshypothek darf im Wege der Berichtigung nur mit Zustimmung des Eigentümers gelöscht werden. Dies gilt nicht, wenn nachgewiesen wird, daß die Schiffshypothek nicht zur Entstehung gelangt ist.

§ 36

In Eintragungsbewilligungen und Eintragungsanträgen sind einzutragende Geldbeträge in der im Geltungsbereich des Grundgesetzes geltenden Währung anzugeben, soweit nicht die Eintragung in anderer Währung gesetzlich zugelassen ist.

§ 37

(1) Eine Eintragung soll nur vorgenommen werden, wenn die Eintragungsbewilligung oder die sonstigen zu der Eintragung erforderlichen Erklärungen vor dem Registergericht zur Niederschrift des Registerrichters abgegeben oder durch öffentliche oder öffentlich beglaubigte Urkunden nachgewiesen werden. Andere Voraussetzungen der Eintragung bedürfen, soweit sie nicht bei dem Registergericht offenkundig sind, des Nachweises durch öffentliche Urkunden; kann der Nachweis in dieser Form nicht oder nur mit unverhältnismäßigen Schwierigkeiten geführt werden, so kann das Registergericht einen anderen Nachweis für ausreichend erachten, wenn durch ihn die Tatsache für das Gericht außer Zweifel gestellt ist.

(2) Auf die Niederschrift des Registerrichters sind die Vorschriften über die gerichtliche Beurkundung eines Rechtsgeschäftes anzuwenden.

(3) Erklärungen und Ersuchen einer Behörde, auf Grund deren eine Eintragung vorgenommen werden soll, sind zu unterschreiben und mit Siegel oder Stempel zu versehen.

§ 38

Für den Eintragungsantrag sowie für die Vollmacht zur Stellung eines solchen gilt § 37 nur, wenn durch den Antrag zugleich eine zu der Eintragung erforderliche Erklärung ersetzt werden soll.

§ 39

Erklärungen, durch die ein Eintragungsantrag zurückgenommen oder eine zur Stellung des Eintragungsantrags erteilte Vollmacht widerrufen wird, bedürfen der im § 37 Abs. 1 Satz 1 vorgeschriebenen Form; § 26 Abs. 3 der Reichsnotarordnung vom 13. 2. 1937 (Reichsgesetzbl. I S. 191) bleibt unberührt.

§ 40

Der Nachweis, daß zwischen Ehegatten Gütertrennung oder ein vertragsmäßiges Güterrecht besteht oder daß ein Gegenstand zum Vorbehaltsgut eines Ehegatten gehört, wird durch ein Zeugnis des Gerichts über die Eintragung der güterrechtlichen Verhältnisse im Güterrechtsregister geführt.

§ 41

(1 Der Nachweis der Erbfolge kann nur durch einen Erbschein geführt werden. Beruht jedoch die Erbfolge auf einer Verfügung von Todes wegen, die in einer öffentlichen Urkunde enthalten ist, so genügt es, wenn an Stelle des Erbscheins die Verfügung und die Niederschrift über die Eröffnung der Verfügung vorgelegt werden; erachtet das Registergericht die Erbfolge durch diese Urkunde nicht für nachgewiesen, so kann es die Vorlegung eines Erbscheins verlangen.

(2) Das Bestehen der fortgesetzten Gütergemeinschaft sowie die Befugnis eines Testamentsvollstreckers zur Verfügung über einen Nachlaßgegenstand können nur durch die in §§ 1507, 2368 des Bürgerlichen Gesetzbuches vorgesehenen Zeugnisse nachgewiesen werden; auf den Nachweis der Befugnis des Testamentsvollstreckers sind jedoch die Vorschriften des Abs. 1 Satz 2 entsprechend anzuwenden.

§ 42

(1) Soll bei einem Schiff oder bei einer Schiffshypothek, die zu einem Nachlaß gehören, einer von mehreren Erben als Eigentümer oder neuer Gläubiger eingetragen werden, so genügt zum Nachweis der Erbfolge und der zur Eintragung des Rechtsübergangs erforderlichen Erklärungen der Beteiligten ein Zeugnis des Nachlaßgerichts.

(2) Das Zeugnis darf nur ausgestellt werden, wenn die Voraussetzungen für die Erteilung eines Erbscheins vorliegen und die Erklärungen der Erben vor dem Nachlaßgericht zur Niederschrift des Richters abgegeben oder ihm durch öffentliche oder öffentlich beglaubigte Urkunden nachgewiesen sind.

(3) Die Vorschriften der Absätze 1, 2 gelten sinngemäß, wenn bei einem Schiff oder bei einer Schiffshypothek, die zum Gesamtgut einer ehelichen oder einer fortgesetzten Gütergemeinschaft gehören, einer der Beteiligten als Eigentümer oder Gläubiger eingetragen werden soll.

§ 43

Soll ein Nießbrauch an einem Schiff zum Zweck der Erfüllung einer Verpflichtung zur Bestellung des Nießbrauchs an einer Erbschaft eingetragen werden, so genügt zum Nachweis des Bestehens der Verpflichtung die Vorlegung der Verfügung von Todes wegen und der Niederschrift über die Eröffnung der Verfügung, auch wenn die Verfügung nicht in einer öffentlichen Urkunde enthalten ist.

§ 44

Kann eine Tatsache durch das Zeugnis des das Schiffsregister führenden Amtsgerichts über den Inhalt anderer Register oder Akten oder durch Urkunden nachgewiesen werden, die von dem Gericht aufgenommen worden sind oder bei ihm verwahrt werden, so genügt statt der Vorlegung des Zeugnisses oder der Urkunde die Bezugnahme auf das Register oder die Akten.

§ 45

In den Fällen, in denen nach gesetzlicher Vorschrift eine Behörde befugt ist, das Registergericht um eine Eintragung zu ersuchen, erfolgt die Eintragung auf Grund des Ersuchens der Behörde; § 23 Abs. 1 Satz 2, 3 gilt sinngemäß.

§ 46

Eine Eintragung soll nur erfolgen, wenn der, dessen Recht durch sie betroffen wird, als der Berechtigte eingetragen ist; dies gilt nicht, wenn der Betroffene Erbe des eingetragenen Berechtigten ist.

§ 47

(1) Bei einer Schiffshypothek, die für die Forderung aus einer Schuldverschreibung auf den Inhaber oder aus einem Wechsel oder einem anderen durch Indossament übertragbaren Papier eingetragen ist, soll eine Eintragung nur erfolgen, wenn die Urkunde vorgelegt wird. Die Eintragung ist auf der Urkunde zu vermerken.

(2) Dies gilt nicht, wenn eine Eintragung auf Grund der Bewilligung eines nach § 74 des Gesetzes über Rechte an eingetragenen Schiffen und Schiffsbauwerken bestellten Vertreters oder auf Grund einer gegen diesen erlassenen gerichtlichen Entscheidung bewirkt werden soll.

§ 48

Jede Eintragung soll den Tag angeben, an dem sie erfolgt ist. Sie ist von den zuständigen Beamten zu unterschreiben.

§ 49

(1) Sind in einer Abteilung des Schiffsregisters mehrere Eintragungen zu bewirken, zwischen denen ein Rangverhältnis besteht, so erhalten sie die der Zeitfolge des Eingangs der Anträge entsprechende Reihenfolge; sind die Anträge gleichzeitig eingegangen, so ist im Schiffsregister zu vermerken, daß die Eintragungen gleichen Rang haben.

(2) Werden mehrere Eintragungen, die nicht gleichzeitig beantragt sind und zwischen denen ein Rangverhältnis besteht, in verschiedenen Abteilungen unter Angabe desselben Tages bewirkt, so ist im Schiffsregister zu vermerken, daß die später beantragte Eintragung der früher beantragten im Rang nachsteht.

(3) Absätze 1, 2 gelten nicht, soweit das Rangverhältnis von den Antragstellern abweichend bestimmt ist.

§ 50

(1) Ein Recht, eine Vormerkung, ein Widerspruch oder eine Verfügungsbeschränkung wird durch Eintragung eines Löschungsvermerks gelöscht.

(2) Wird bei der Übertragung eines Schiffs auf ein anderes Blatt ein eingetragenes Recht nicht mit übertragen, so gilt es als gelöscht.

§ 51

Wird ein Recht für mehrere gemeinschaftlich eingetragen, so sollen in der Eintragung entweder die Anteile der Berechtigten in Bruchteilen angegeben oder es soll das für die Gemeinschaft maßgebende Rechtsverhältnis bezeichnet werden.

§ 52

(1) Werden mehrere Schiffe mit einer Schiffshypothek oder mit einem Nießbrauch belastet, so ist auf dem Blatt jedes Schiffs die Mitbelastung der übrigen

von Amts wegen erkennbar zu machen. Das gleiche gilt, wenn nachträglich noch ein anderes Schiff mit einem derartigen an einem Schiff bestehenden Recht belastet wird.

(2) Das Erlöschen einer Mitbelastung ist von Amts wegen zu vermerken.

§ 53

Bei der Eintragung einer Schiffshypothek für Teilschuldverschreibungen, die auf den Inhaber lauten oder durch Indossament übertragen werden können, genügt es, wenn der Gesamtbetrag der Forderungen unter Angabe der Anzahl, des Betrages und der Kennzeichnung der einzelnen Teilschuldverschreibungen eingetragen wird.

§ 54

Bei der Eintragung eines Vorerben ist zugleich das Recht des Nacherben und, soweit der Vorerbe von den Beschränkungen seines Verfügungsrechts befreit ist, auch die Befreiung von Amts wegen einzutragen.

§ 55

Ist ein Testamentsvollstrecker ernannt, so ist dies bei der Eintragung des Erben von Amts wegen miteinzutragen, es sei denn, daß der Nachlaßgegenstand der Verwaltung des Testamentsvollstreckers nicht unterliegt.

§ 56

Ergibt sich, daß das Registergericht unter Verletzung gesetzlicher Vorschriften eine Eintragung vorgenommen hat, durch die das Schiffsregister unrichtig geworden ist, so ist von Amts wegen ein Widerspruch einzutragen. Erweist sich eine Eintragung nach ihrem Inhalt als unzulässig, so ist sie von Amts wegen zu löschen.

§ 57

Jede Eintragung soll dem Antragsteller und dem eingetragenen Eigentümer sowie allen aus dem Schiffsregister ersichtlichen Personen bekanntgemacht werden, zu deren Gunsten die Eintragung erfolgt ist oder deren Recht durch sie betroffen wird, die Eintragung eines Eigentümers auch denen, für die eine Schiffshypothek oder ein Recht an einer solchen im Schiffsregister eingetragen ist. Auf die Bekanntmachung kann verzichtet werden.

§ 58

Für die Eintragung der Rechtsverhältnisse an einer Schiffspart gelten die §§ 23 bis 57 sinngemäß.

§ 59

(1) Urkunden, auf die eine Eintragung sich gründet oder Bezug nimmt, hat das Registergericht aufzubewahren. Eine solche Urkunde darf nur herausgegeben werden, wenn statt der Urkunde eine beglaubigte Abschrift bei dem Registergericht bleibt.

(2) Ist eine der im Abs. 1 bezeichneten Urkunden in anderen Akten des das Schiffsregister führenden Amtsgerichts enthalten, so genügt statt einer beglaubigten Abschrift der Urkunde eine Verweisung auf die anderen Akten, wenn diese der Vernichtung nicht unterliegen.

(3) Ist über das einer Eintragungsbewilligung zugrunde liegende Rechtsgeschäft eine Urkunde errichtet, so können die Beteiligten die Urkunde oder eine beglaubigte Abschrift dem Registergericht zur Aufbewahrung übergeben.

Vierter Abschnitt

Die Schiffsurkunden

§ 60

(1) Das Registergericht hat über die Eintragung des Schiffs eine Urkunde auszustellen, in die der vollständige Inhalt der Eintragungen aufzunehmen ist. Die Urkunde führt bei Seeschiffen die Bezeichnung Schiffszertifikat, bei Binnenschiffen die Bezeichnung Schiffsbrief.

(2) Im Schiffszertifikat ist ferner zu bezeugen, daß die in ihm enthaltenen Angaben glaubhaft gemacht sind und daß das Schiff das Recht hat, die Bundesflagge der Bundesrepublik Deutschland zu führen.

(3) Dem Eigentümer eines Seeschiffes ist auf Antrag ein beglaubigter Auszug aus dem Schiffszertifikat zu erteilen, in den nur die im § 11 Abs. 1 Nr. 1 bis 5 bezeichneten Tatsachen, das Unterscheidungssignal und das im Abs. 2 bezeichnete Zeugnis aufzunehmen sind.

§ 61

Jede Eintragung in das Schiffsregister ist so bald als tunlich auf dem Schiffszertifikat oder dem Schiffsbrief zu vermerken. Dies gilt nicht für Eintragungen, welche die Belastung einer Schiffspart betreffen.

§ 62

(1) In den Fällen der §§ 17, 20 Abs. 2 Satz 1 sowie beim Übergang des Eigentums an dem Schiff oder beim Erwerb einer Schiffspart sind die im § 18 genannten Personen verpflichtet, das Schiffszertifikat oder den Schiffsbrief beim Registergericht einzureichen. Das gleiche gilt in den Fällen des § 17 von dem Auszug aus dem Schiffszertifikat. Zur Einreichung verpflichtet ist auch der Schiffer, sobald sich das Schiff im Heimathafen (Heimatort) oder in dem Hafen befindet, wo das Registergericht seinen Sitz hat. § 19 gilt entsprechend.

(2) In anderen Fällen kann das Registergericht den Inhaber der Schiffsurkunde nach § 33 des Gesetzes über die Angelegenheiten der freiwilligen Gerichtsbarkeit in der Fassung des Artikels 4 der Verordnung vom 5. 8. 1935 (Reichsgesetzbl. I S. 1065, 1071) zur Einreichung anhalten.

(3) In den Fällen des § 20 Abs. 1, 2, 4 ist das Schiffszertifikat oder der Schiffsbrief unbrauchbar zu machen.

§ 63

(1) Ein neues Schiffszertifikat oder ein neuer Schiffsbrief darf nur erteilt werden, wenn die bisherige Urkunde vorgelegt oder glaubhaft gemacht wird, daß sie vernichtet oder abhanden gekommen ist. Das gleiche gilt, wenn das Registergericht einen Auszug aus dem Schiffszertifikat erteilt hat, von diesem.

(2) Befindet sich ein Seeschiff im Ausland, so hat das Registergericht auf Antrag dem Schiffer die neue Urkunde gegen Rückgabe der bisherigen Urkunde durch Vermittlung einer deutschen Behörde aushändigen zu lassen.

§ 64

(weggefallen)

Fünfter Abschnitt

Register für Schiffsbauwerke (Schiffsbauregister)

§ 65

(1) Für das Register für Schiffsbauwerke (Schiffsbauregister) gelten die §§ 1, 2, 7 sinngemäß.

(2) Die Einsicht in das Schiffsbauregister ist nur gestattet, soweit ein berechtigtes Interesse dargelegt wird. Unter der gleichen Voraussetzung kann eine Abschrift gefordert werden; die Abschrift ist auf Verlangen zu beglaubigen. Im übrigen gilt § 8 Abs. 2 sinngemäß.

§ 66

Ein Schiffsbauwerk wird in das Schiffsbauregister nur eingetragen, wenn zugleich eine Schiffshypothek an dem Schiffsbauwerk eingetragen wird oder wenn die Zwangsversteigerung des Schiffsbauwerks beantragt ist.

§ 67

(1) Das Schiffsbauwerk ist in das Register des Bauortes einzutragen.

(2) Das Registergericht bleibt für die Führung des Registers zuständig, auch wenn das Schiffsbauwerk an einem andern Ort außerhalb des Registerbezirks gebracht wird; es hat dem Registergericht des neuen Bauorts die Eintragung des Schiffsbauwerks anzuzeigen.

§ 68

(1) Das Schiffsbauwerk wird in das Schiffsbauregister eingetragen, wenn der Inhaber der Schiffswerft, auf der das Schiff erbaut wird, es ordnungsmäßig zur Eintragung anmeldet. Ist der Inhaber der Schiffswerft nicht Eigentümer des Schiffsbauwerks, so kann auch der Eigentümer es zur Eintragung anmelden.

(2) Das Schiffsbauwerk kann zur Eintragung auch von dem angemeldet werden, der auf Grund eines vollstreckbaren Titels eine Eintragung in das Schiffsbauregister verlangen oder die Zwangsverteigerung des Schiffsbauwerks betreiben kann.

§ 69

(1) Bei der Anmeldung des Schiffsbauwerks sind anzugeben:

1. der Name oder die Nummer oder sonstige Bezeichnung und die Gattung des im Bau befindlichen Schiffs;
2. der Bauort und die Schiffswerft, auf der das Schiff erbaut wird;
3. der Eigentümer.

(2) Wird ein anderer als der Inhaber der Schiffswerft als Eigentümer bezeichnet, so ist bei der Anmeldung eine gerichtliche oder notarisch beurkundete Erklärung des Inhabers der Schiffswerft einzureichen, in der dargelegt wird, auf welche Weise der als Eigentümer Bezeichnete das Eigentum erworben hat.

(3) Der Nachweis, daß die Voraussetzungen des § 76 Abs. 2 des Gesetzes über Rechte an eingetragenen Schiffen und Schiffsbauwerken vorliegen, wird durch eine Bescheinigung der zuständigen Schiffsvermessungsbehörde oder Eichbehörde erbracht.

§ 70

Die Eintragung des Schiffsbauwerks hat die im § 69 Abs. 1 bezeichneten Angaben, die Bezeichnung der im § 69 Abs. 2, 3 genannten Urkunden und den Tag der Eintragung zu enthalten. Sie ist von den zuständigen Beamten zu unterschreiben.

§ 71

Der Inhaber der Schiffswerft, auf der das Schiff erbaut wird, und der Eigentümer des Schiffsbauwerks haben jede Veränderung in den eingetragenen Tatsachen und die Fertigstellung des Schiffs unverzüglich dem Registergericht anzumelden. Die angemeldeten Veränderungen sind glaubhaft zu machen. § 19 gilt sinngemäß.

§ 72

Nach der Anmeldung der Fertigstellung des Schiffs kann eine Schiffshypothek im Schiffsbauregister nicht mehr eingetragen werden. Das gleiche gilt, wenn die Bescheinigung nach § 15 erteilt ist.

§ 73

Die Eintragung des Schiffsbauwerks wird gelöscht,

1. wenn der Inhaber der Schiffswerft anmeldet, daß das Schiff ins Ausland abgeliefert ist;
2. wenn der Eigentümer des Schiffsbauwerks und der Inhaber der Schiffswerft, auf der das Schiff erbaut wird, die Löschung beantragen;
3. wenn das Schiffsbauwerk untergegangen ist.

In den Fällen der Nr. 1, 2 bedarf es, wenn das Schiffsbauwerk mit einer Schiffshypothek belastet ist, der Löschungsbewilligung des Schiffshypothekengläubigers und der sonst aus dem Schiffsbauregister ersichtlichen Berechtigten.

§ 74

Die Vorschriften des Dritten Abschnittes dieses Gesetzes gelten für das Schiffsbauregister sinngemäß.

Sechster Abschnitt

Die Beschwerde

§ 75

(1) Entscheidungen des Registergerichts können mit dem Rechtsmittel der Beschwerde angefochten werden.

(2) Mit der Beschwerde gegen eine Eintragung kann nur verlangt werden, daß das Registergericht angewiesen wird, nach § 56 einen Widerspruch einzutragen oder eine Eintragung zu löschen.

§ 76

Über die Beschwerde entscheidet das Landgericht, in dessen Bezirk das Registergericht seinen Sitz hat.

§ 77

(1) Die Beschwerde kann bei dem Registergericht oder bei dem Beschwerdegericht eingelegt werden.

(2) Die Beschwerde wird durch Einreichung einer Beschwerdeschrift oder durch Erklärung zur Niederschrift der Geschäftsstelle des Registergerichts oder des Beschwerdegerichts eingelegt.

§ 78

Die Einlegung der Beschwerde hat nur dann aufschiebende Wirkung, wenn die Beschwerde gegen eine Verfügung gerichtet ist, durch die eine Strafe festgesetzt wird.

§ 79

Die Beschwerde kann auf neue Tatsachen und Beweise gestützt werden.

§ 80

Erachtet das Registergericht die Beschwerde für begründet, so hat es ihr abzuhelfen.

§ 81

(1) Das Beschwerdegericht kann vor der Entscheidung eine einstweilige Anordnung erlassen, insbesondere dem Registergericht aufgeben, einen Schutzvermerk nach § 28 Abs. 2 einzutragen, oder anordnen, daß die Vollziehung der angefochtenen Entscheidung auszusetzen ist.

(2) Der Schutzvermerk wird von Amts wegen gelöscht, wenn die Beschwerde zurückgenommen oder zurückgewiesen wird.

§ 82

Die Entscheidung des Beschwerdegerichts ist mit Gründen zu versehen und dem Beschwerdeführer mitzuteilen.

§ 83

(1) Die Entscheidung des Beschwerdegerichts kann mit dem Rechtsmittel der weiteren Beschwerde angefochten werden, wenn die Entscheidung auf einer Verletzung des Gesetzes beruht.

(2) Das Gesetz ist verletzt, wenn eine Rechtsnorm nicht oder nicht richtig angewendet worden ist.

§ 84

Eine Entscheidung ist stets als auf einer Verletzung des Gesetzes beruhend anzusehen:

1. wenn das erkennende Gericht nicht vorschriftsmäßig besetzt war;

2. wenn bei der Entscheidung ein Richter mitgewirkt hat, der von der Ausübung des Richteramtes kraft Gesetzes ausgeschlossen war, sofern nicht dieses Hindernis mittels eines Ablehnungsgesuches ohne Erfolg geltend gemacht ist;
3. wenn bei der Entscheidung ein Richter mitgewirkt hat, obgleich er wegen Besorgnis der Befangenheit abgelehnt und das Ablehnungsgesuch für begründet erklärt war;
4. wenn das Gericht seine Zuständigkeit oder Unzuständigkeit mit Unrecht angenommen hat;
5. wenn eine Partei in dem Verfahren nicht nach Vorschrift der Gesetze vertreten war, sofern sie nicht die Führung des Verfahrens ausdrücklich oder stillschweigend genehmigt hat;
6. wenn die Entscheidung nicht mit Gründen versehen ist.

§ 85

(1) Das Gericht der weiteren Beschwerde darf nur das aus der Beschwerdeentscheidung ersichtliche Vorbringen berücksichtigen.

(2) Soweit die weitere Beschwerde darauf gestützt wird, daß Vorschriften über das Verfahren verletzt seien, können neue zur Begründung dieser Verletzung angeführte Tatsachen berücksichtigt werden.

(3) Hat das Beschwerdegericht festgestellt, daß eine tatsächliche Behauptung wahr oder nicht wahr ist, so ist diese Feststellung für das Gericht der weiteren Beschwerde bindend, es sei denn, daß ein zulässiger und begründeter Beschwerdeangriff gegen diese Feststellung erhoben ist.

§ 86

Ergeben die Gründe der Beschwerdeentscheidung zwar eine Gesetzesverletzung, ist die Entscheidung aber in ihrem Ergebnis aus anderen Gründen richtig, so ist die weitere Beschwerde zurückzuweisen.

§ 87

(1) Über die weitere Beschwerde entscheidet das Oberlandesgericht. § 199 des Gesetzes über die Angelegenheiten der freiwilligen Gerichtsbarkeit findet Anwendung.

(2) Will das Oberlandesgericht bei der Auslegung einer das Schiffsregistergericht betreffenden bundesgesetzlichen Vorschrift von der auf weitere Beschwerde ergangenen Entscheidung eines anderen Oberlandesgerichts, falls aber über die Rechtsfrage bereits eine Entscheidung des Bundesgerichtshofes ergangen ist, von dieser abweichen, so hat es die weitere Beschwerde unter Begründung seiner Rechtsauffassung dem Bundesgerichtshof vorzulegen. Der Beschluß über die Vorlegung ist dem Beschwerdeführer mitzuteilen. In diesen Fällen entscheidet über die weitere Beschwerde der Bundesgerichtshof.

§ 88

(1) Die weitere Beschwerde kann bei dem Registergericht, bei dem Landgericht oder bei dem Oberlandesgericht eingelegt werden. Wird sie durch Einreichung einer Beschwerdeschrift eingelegt, so muß diese von einem Rechtsanwalt unterzeichnet sein. Der Zuziehung eines Rechtsanwalts bedarf es nicht, wenn die

Beschwerde von einer Behörde oder von dem Notar eingelegt wird, der nach § 25 den Eintragungsvermerk gestellt hat.

(2) Das Registergericht und das Landgericht sind nicht befugt, der weiteren Beschwerde abzuhelfen.

(3) Im übrigen sind die Vorschriften über die Beschwerde entsprechend anzuwenden.

§ 89

(1) Über Beschwerden entscheidet bei den Landgerichten eine Zivilkammer, bei den Oberlandesgerichten und dem Bundesgerichtshof ein Zivilsenat.

(2) Die Vorschriften der Zivilprozeßordnung über die Ausschließung und Ablehnung von Gerichtspersonen und die Vorschriften der §§ 136 bis 138 des Gerichtsverfassungsgesetzes sind entsprechend anzuwenden.

§ 90

(1) Für die Fälle der sofortigen Beschwerde gelten die nachfolgenden besonderen Vorschriften.

(2) Zur Änderung einer Entscheidung, die der sofortigen Beschwerde unterliegt, ist das Gericht nicht befugt.

(3) Die sofortige Beschwerde ist binnen einer Frist von zwei Wochen einzulegen; die Frist beginnt mit dem Zeitpunkt, in dem die Verfügung dem Beschwerdeführer bekanntgemacht worden ist. Einem Beschwerdeführer, der ohne sein Verschulden verhindert war, die Frist einzuhalten, ist auf Antrag von dem Beschwerdegericht die Wiedereinsetzung in den vorigen Stand zu erteilen, wenn er die Beschwerde binnen zwei Wochen nach der Beseitigung des Hindernisses eingelegt und die Tatsachen, welche die Wiedereinsetzung begründen, glaubhaft macht; eine Versäumung der Frist, die in dem Verschulden eines Vertreters ihren Grund hat, wird als eine unverschuldete nicht angesehen. Gegen die Entscheidung über den Antrag ist die sofortige weitere Beschwerde zulässig. Nach dem Ablauf eines Jahres, von dem Ende der versäumten Frist an gerechnet, kann die Wiedereinsetzung nicht mehr beantragt werden.

(4) Die Entscheidung des Beschwerdegerichts kann nur mit der sofortigen weiteren Beschwerde angefochten werden und wird erst mit der Rechtskraft wirksam. Das Beschwerdegericht kann jedoch die sofortige Wirksamkeit der Entscheidung anordnen.

Siebenter Abschnitt

Schlußvorschriften

§ 91

Der Bundesminister der Justiz wird ermächtigt, die näheren Vorschriften über die Einrichtung und Führung des Schiffsregisters und des Schiffsbauregisters und über die Schiffsurkunden im Verwaltungswege zu erlassen.

(Von der im § 91 SchiRegO erteilten Ermächtigung hat der Bundesjustizminister durch AV vom 29. 5. 1951 — 3821 — 10846/51 — [Bundesanzeiger Nr. 109] Gebrauch gemacht, die auch für das Land Berlin gilt.)

§ 92

Die Landesjustizverwaltung wird ermächtigt, durch Verordnung das Verfahren zu bestimmen, nach dem ein Schiffsregister oder Schiffsbauregister, das ganz oder zum Teil zerstört oder abhanden gekommen ist, wiederhergestellt wird und nachdem vernichtete oder abhanden gekommene Urkunden, auf die eine Eintragung sich gründet oder Bezug nimmt, ersetzt werden. In der Verordnung kann auch bestimmt werden, in welcher Weise bis zur Wiederherstellung des Schiffsregisters oder Schiffsbauregisters die zu einer Rechtsänderung erforderliche Eintragung ersetzt wird.

III.

Gesetz über das gerichtliche Verfahren in Binnenschiffahrts- und Rheinschiffahrtssachen

Vom 27. September 1952 (Bundesgesetzblatt I S. 641), das nach dem Gesetz vom 2. 12. 1952 (GVBl. S. 1051) auch in Berlin Anwendung findet.

Erster Abschnitt

Allgemeine Verfahrensvorschriften

§ 1

In Binnenschiffahrtssachen sind im ersten Rechtszuge die Amtsgerichte auch so weit sachlich zuständig, wie nach den Vorschriften des Gerichtsverfassungsgesetzes die Landgerichte zuständig wären.

§ 2

(1) Binnenschiffahrtssachen im Sinne dieses Gesetzes sind bürgerliche Rechtsstreitigkeiten, die mit der Benutzung von Binnengewässern durch Schiffahrt oder Flößerei zusammenhängen und zum Gegenstand haben:

a) Schadensersatzansprüche aus unerlaubten Handlungen;
b) andere Ansprüche wegen der von Privatpersonen vorgenommenen Hemmung des Leinpfades, wegen der Beschädigungen, welche Schiffer oder Flößer während ihrer Fahrt oder beim Anlanden anderen verursacht haben, oder wegen der den Eigentümern der Zugpferde beim Heraufziehen der Schiffe zur Last gelegten Beschädigungen am Grundeigentum;
c) vertragliche Schadensersatzansprüche aus einem Unfall, der durch ein Schiff oder ein Floß oder bei dem Betriebe eines Schiffes oder eines Floßes entstanden ist;
d) Schadensersatzansprüche wegen Verletzung einer Amtspflicht zur Sicherung des Verkehrs;
e) Ansprüche aus Bergung oder Hilfeleistung, namentlich auf Berge- und Hilfslohn, sowie vertragliche Ansprüche wegen Hilfe bei einer Schiffahrtsgefahr;

f) Ansprüche wegen Zahlung der Lotsen-, Kran-, Waage-, Hafen- und Bohlwerksgebühren oder -vergütungen und ihres Betrages;

g) Ansprüche, für deren Verhandlung und Entscheidung die Parteien die Zuständigkeit eines Schiffahrtsgerichts vereinbart haben.

Für Binnengewässer, auf denen die Seeschiffahrtstraßenordnung gilt, für den Nord-Ostsee-Kanal und für Seehäfen gelten diese Vorschriften nur dann, wenn Seeschiffe an dem Vorfall nicht beteiligt sind.

(2) Binnenschiffahrtssachen im Sinne dieses Gesetzes sind Strafsachen wegen Zuwiderhandlungen gegen strom- und schiffahrtspolizeiliche Vorschriften, die auf oder an Binnengewässern begangen sind. Als Binnenschiffahrtssachen gelten jedoch diese Strafsachen nicht, wenn die Zuwiderhandlung

a) in Tateinheit mit einem Vergehen oder einem Verbrechen oder

b) außerhalb eines Seehafens auf oder an Binnenwasserstraßen, auf denen die Seeschiffahrtstraßenordnung gilt, oder

c) auf oder an dem Nord-Ostsee-Kanal

begangen ist.

§ 3

(1) In bürgerlichen Rechtsstreitigkeiten, die Binnenschiffahrtssachen sind, ist vorbehaltlich einer abweichenden Vereinbarung örtlich zuständig

in den Fällen des § 2 Abs. 1 Buchstaben a bis d und g nur das Gericht, in dessen Bezirk sich die den Anspruch begründende Tatsache ereignet hat;
in den Fällen des § 2 Abs. 1 Buchstabe e nur das Gericht, in dessen Bezirk die Bergung bewirkt oder die Hilfeleistung beendet worden ist;
in den Fällen des § 2 Abs. 1 Buchstabe f nur das Gericht des Erfüllungsortes.

Hat sich die den Anspruch begründende Tatsache auf einem Gewässer zwischen zwei deutschen Ufern ereignet, die zum Bezirk verschiedener Gerichte gehören, so sind die Gerichte beider Ufer zuständig.

(2) Für die Zuständigkeit zum Erlaß von Zahlungsbefehlen gelten die allgemeinen Vorschriften. Wird rechtzeitig Widerspruch erhoben oder gegen einen Vollstreckungsbefehl Einspruch eingelegt, so ist das Verfahren zur Terminsanberaumung an das nach Abs. 1 zuständige Gericht zu verweisen, falls nicht die Vereinbarung der Zuständigkeit des angegangenen Gerichts behauptet oder die Verweisung an das Landgericht wegen Vereinbarung von dessen Zuständigkeit beantragt ist. § 276 Abs. 3 Satz 1 der Zivilprozeßordnung gilt entsprechend. Die Verweisung an das nach Abs. 1 zuständige Gericht unterbleibt, wenn dieses aus dem Gesuch um Erlaß des Zahlungsbefehls nicht ersichtlich ist.

(3) In Strafsachen, die Binnenschiffahrtssachen sind, ist nur das Gericht zuständig, in dessen Bezirk die strafbare Handlung begangen ist. Ist diese auf einem Gewässer zwischen zwei deutschen Ufern begangen, die zum Bezirk verschiedener Gerichte gehören, so sind die Gerichte beider Ufer zuständig.

(4) Wäre nach diesen Vorschriften ein Gerichtsstand im Geltungsbereich dieses Gesetzes nicht begründet, so ist das Gericht zuständig, das bei Anwendung der Vorschriften der Zivilprozeßordnung oder der Strafprozeßordnung zuständig wäre.

§ 4

(1) Die Landesregierungen sind ermächtigt, die Verhandlung und Entscheidung von Binnenschiffahrtssachen einem Amtsgericht als Schiffahrtsgericht oder einem Oberlandesgericht als Schiffahrtsobergericht für bestimmte Binnengewässer oder bestimmte Abschnitte von Binnengewässern aus dem Bezirk mehrerer Gerichte zuzuweisen. Die Zuweisung kann für Zivil- und Strafsachen unterschiedlich erfolgen. Die Landesregierungen können diese Ermächtigungen auf die Landesjustizverwaltungen übertragen.

(2) Die Länder können vereinbaren, daß die Verhandlungen und Entscheidung von Binnenschiffahrtssachen eines Landes ganz oder teilweise den Gerichten eines anderen Landes zugewiesen werden.

§ 5

(1) Die für Binnenschiffahrtssachen zuständigen Amtsgerichte sind Schiffahrtsgerichte im Sinne dieses Gesetzes. Sie führen bei der Verhandlung und Entscheidung von Binnenschiffahrtssachen die Bezeichnung „Schiffahrtsgericht".

(2) Ist ein Amtsgericht mit mehreren Richtern besetzt, so sind bei der Geschäftsverteilung die Geschäfte des Schiffahrtsgerichts einem oder einzelnen von ihnen zu übertragen.

§ 6

Ist für bürgerliche Rechtsstreitigkeiten die Zuständigkeit eines Gerichts vereinbart, das nicht ein Schiffahrtsgericht ist, so sind die Vorschriften dieses Gesetzes nicht anzuwenden.

§ 7

Die Geschäfte der Staatsanwaltschaft werden in Binnenschiffahrtssachen von der Staatsanwaltschaft bei dem Schiffahrtsgericht oder bei dem ihm übergeordneten Landgericht wahrgenommen. Die Anträge und Verfügungen in Binnenschiffahrtssachen sollen als solche gekennzeichnet werden.

§ 8

Im Verfahren vor den Schiffahrtsgerichten ist § 510 c der Zivilprozeßordnung nicht anzuwenden. Die Anträge der Parteien in Binnenschiffahrtssachen sollen als solche gekennzeichnet werden.

§ 9

(1) In bürgerlichen Rechtsstreitigkeiten ist gegen die Urteile der Schiffahrtsgerichte die Berufung ohne Rücksicht auf den Wert des Beschwerdegegenstandes zulässig.

(2) In den Fällen des § 2 Abs. 1 Buchstabe d findet die Revision gegen die in der Berufungsinstanz erlassenen Endurteile ohne Zulassung und ohne Rücksicht auf den Wert des Beschwerdegegenstandes statt.

§ 10

In Strafsachen ist gegen die Urteile der Schiffahrtsgerichte Berufung auch in den Fällen des § 313 der Strafprozeßordnung zulässig; die Revision ist ausgeschlossen.

§ 11

Für die Verhandlung und Entscheidung über Berufungen und Beschwerden gegen die Entscheidungen der Schiffahrtsgerichte in bürgerlichen Rechtsstreitigkeiten und in Strafsachen sind die Oberlandesgerichte zuständig. Sie führen hierbei die Bezeichnung „Schiffahrtsobergericht".

§ 12

In bürgerlichen Rechtsstreitigkeiten vor den Schiffahrtsobergerichten kann jeder bei einem Gericht im Geltungsbereich dieses Gesetzes zugelassene Rechtsanwalt die Vertretung übernehmen.

§ 13

In bürgerlichen Rechtsstreitigkeiten wird die Zulässigkeit des Rechtsmittels nicht dadurch berührt, daß es statt bei dem Oberlandesgericht bei dem dem Schiffahrtsgericht übergeordneten Landgericht eingelegt wird; die Sache wird von Amts wegen an das Oberlandesgericht abgegeben.

Zweiter Abschnitt

Besondere Verfahrensvorschriften für Rheinschiffahrtssachen

§ 14

(1) In Binnenschiffahrtssachen, die Rheinschiffahrtssachen sind, gelten die Vorschriften des ersten Abschnitts dieses Gesetzes nur, soweit sich aus den Bestimmungen der revidierten Rheinschiffahrtsakte vom 17. 10. 1868 und den §§ 15 bis 18 dieses Gesetzes nichts anderes ergibt.

(2) Rheinschiffahrtssachen sind nur die in Artikel 34 der revidierten Rheinschiffahrtsakte bezeichneten bürgerlichen Rechtsstreitigkeiten und Strafsachen, die sich auf Vorgänge auf dem Rhein abwärts von der deutsch-schweizerischen Grenze bei Basel beziehen. Ein bürgerlicher Rechtsstreit gilt nicht als Rheinschiffahrtssache, wenn die Parteien die Zuständigkeit eines Gerichts vereinbaren, das für Rheinschiffahrtssachen nicht zuständig ist.

§ 15

(1) Bei der Verhandlung und Entscheidung von Rheinschiffahrtssachen führt das Amtsgericht an Stelle der Bezeichnung „Schiffahrtsgericht" die Bezeichnung „Rheinschiffahrtsgericht", das Oberlandesgericht an Stelle der Bezeichnung „Schiffahrtsobergericht" die Bezeichnung „Rheinschiffahrtsobergericht".

(2) Die Anträge und die Verfügungen der Staatsanwaltschaft in Rheinschiffahrtssachen und die Anträge der Parteien in Rheinschiffahrtssachen sollen als solche gekennzeichnet werden.

§ 16

Die Entscheidung einer Binnenschiffahrtssache, die nicht Rheinschiffahrtssache ist, darf nicht mit der Entscheidung einer Rheinschiffahrtssache verbunden werden.

§ 17

Die Berufung an das Rheinschiffahrtsobergericht unterliegt weder in bürgerlichen Rechtsstreitigkeiten noch in Strafsachen der in Artikel 37 Abs. 1 der revidierten Rheinschiffahrtsakte vorgesehenen Beschränkung.

§ 18

In Rheinschiffahrtssachen ist unter der in Artikel 37 Abs. 1 der revidierten Rheinschiffahrtsakte vorgesehenen Beschränkung statt der Berufung an das Rheinschiffahrtsobergericht auch die Anrufung der Zentralkommission in Straßburg zulässig.

Dritter Abschnitt

Zusatz-, Übergangs- und Schlußbestimmungen

§ 19

Zuwiderhandlungen gegen die von den Rheinuferstaaten gleichlautend erlassenen schiffahrtspolizeilichen Vorschriften, die vor dem Inkrafttreten dieses Gesetzes erlassen worden sind und in denen Geldstrafen bis zu einhundertfünfzig Deutsche Mark angedroht sind, werden nach dem Strafrahmen des Artikels 32 der revidierten Rheinschiffahrtsakte bestraft. Auf diese Zuwiderhandlungen sind die Vorschriften für Übertretungen entsprechend anzuwenden.

§ 20

Die Strafverfolgung der in § 2 Abs. 2 bezeichneten Zuwiderhandlungen gegen strom- und schiffahrtspolizeiliche Vorschriften verjährt in einem Jahr.

§ 21

Entscheidungen außerdeutscher Rheinschiffahrtsgerichte werden auf Grund einer von dem Rheinschiffahrtsobergericht Köln mit der Vollstreckungsklausel (§ 724 der Zivilprozeßordnung, § 451 der Strafprozeßordnung) kostenfrei zu versehenden Ausfertigung vollstreckt.

§ 22

Der Bundesminister der Justiz wird ermächtigt, die Artikel 32 bis 40 der revidierten Rheinschiffahrtsakte sowie das Zusatzprotokoll vom 18. 9. 1895 im deutschen Wortlaut neu bekanntzumachen.

§ 23

Bis zu anderer Regelung durch die Landesregierungen sind die Gerichte, die nach den bisher geltenden Vorschriften zu Schiffahrtsgerichten (Schiffahrtsobergerichten) oder zu Rheinschiffahrtsgerichten (Rheinschiffahrtsobergerichten) bestellt sind, für die ihnen als solchen zugeteilten Bezirke Schiffahrtsgerichte (Schiffahrtsobergerichte) im Sinne dieses Gesetzes. Die Zuständigkeit der in dem bisherigen Land Baden gelegenen Schiffahrtsgerichte des Landes Baden-Württemberg beschränkt sich auf die bisher badischen Teile dieser Bezirke.

§ 24

Für die beim Inkrafttreten dieses Gesetzes anhängigen Sachen bewendet es bei den bisher geltenden Vorschriften.

§ 25

Das Gesetz betreffend die privatrechtlichen Verhältnisse der Binnenschiffahrt vom 15. 6. 1895 (Reichsgesetzbl. S. 301) wird dahin geändert, daß

1. § 6 Abs. 1 folgende Fassung erhält:
„Das Gericht des Ortes, von dem aus die Schiffahrt mit dem Schiffe betrieben wird (Heimatort), ist, vorbehaltlich des § 3 Abs. 1 des Gesetzes über das gerichtliche Verfahren in Binnenschiffahrts- und Rheinschiffahrtssachen vom 27. 9. 1952 (Bundesgesetzblatt I S. 641), für alle gegen den Schiffseigner als solchen zu erhebenden Klagen zuständig ohne Unterschied, ob er persönlich oder nur mit Schiff und Fracht haftet."
2. in § 11 folgender Absatz 2 eingefügt wird:
„Ist eine Beweisaufnahme vor dem in Absatz 1 bezeichneten Gerichte nicht verlangt worden, so ist der Schiffer berechtigt und auf Verlangen des Schiffseigners oder eines Ladungsbeteiligten verpflichtet, eine Beweisaufnahme vor dem für Binnenschiffahrtssachen zuständigen Amtsgericht zu beantragen, in dessen Bezirk der Unfall sich ereignet hat."

§ 26

(1) Dieses Gesetz tritt am 1. Oktober 1952 in Kraft.

(2) Beim Inkrafttreten des Gesetzes treten, vorbehaltlich der §§ 23 und 24, außer Kraft:

a) das Gesetz über die Rheinschiffahrtsgerichte vom 5. September 1935 (Reichsgesetzbl. I S. 1142) und die zu seiner Durchführung erlassenen Verordnungen vom 25. September 1935 (Reichsgesetzbl. I S. 1167) und vom 29. November 1935 (Reichsgesetzbl. I S. 1417);
b) § 92 Buchstabe a des Gerichtskostengesetzes in der Fassung der Verordnung vom 27. März 1936 (Reichsgesetzbl. I S. 319);
c) das Gesetz über das Verfahren in Binnenschiffahrtssachen vom 30. Januar 1937 (Reichsgesetzbl. I S. 97) und die zu seiner Durchführung erlassenen Verordnungen vom 26. Juni 1941 (Reichsgesetzbl. I S. 351) und vom 18. März 1943 (Reichsgesetzbl. I S. 147);
d) § 1 der Verordnung des Oberlandesgerichtspräsidenten in Hamm über die Bestellung eines Schiffahrtsgerichts vom 31. Mai 1946 (Justizblatt für den Oberlandesgerichtsbezirk Hamm S. 78);
e) § 1 der Verordnung des Oberlandesgerichtspräsidenten in Braunschweig über die Bestellung eines Schiffahrtsgerichts und über die Führung des Binnenschiffsregisters für den Ems-Weser-Kanal (Mittellandkanal) ostwärts der Oker bis zur Grenze der englischen und der russischen Besatzungszone vom 3. Juli 1946 (Justizblatt für den Oberlandesgerichtsbezirk Braunschweig S. 78);
f) § 1 der Verordnung des Oberlandesgerichtspräsidenten in Celle über die Bestellung eines Schiffahrtsgerichts und über die Führung des Binnenschiffahrtsregisters für den Ems-Weser-Kanal (Mittellandkanal) ostwärts

der Oker bis zur Grenze der englischen und russischen Besatzungszone vom 2. Juli 1946 (Hannoversche Rechtspflege S. 66);

g) die Verordnung des württembergisch-badischen Justizministeriums über die Bestimmung eines Schiffahrtsgerichts und eines Schiffahrtsobergerichts für das Land Württemberg-Baden vom 14. Dezember 1946 (Amtsblatt des Württembergisch-Badischen Justizministeriums 1947 S. 2);

h) die Anordnung der Landesdirektion der Justiz des Landes Württemberg-Hohenzollern über die Zuständigkeit in Binnenschiffahrtssachen vom 16. Juni 1947 (Regierungsblatt für das Land Württemberg-Hohenzollern S. 61);

i) die Verordnung Nr. 1005 der württembergisch-badischen Landesregierung über Rheinschiffahrtsgerichte vom 20. April 1948 (Regierungsbl. der Regierung Württemberg-Baden S. 62);

j) die Erste Hessische Verordnung zur Durchführung des Gesetzes über das Verfahren in Binnenschiffahrtssachen vom 5. Juli 1948 (Gesetz- und Verordnungsblatt für das Land Hessen S. 91);

k) die Verordnung des Zentral-Justizamts für die britische Zone zum Gesetz über das Verfahren in Binnenschiffahrtssachen vom 16. August 1948 (Verordnungsblatt für die britische Zone S. 240);

l) das bayerische Gesetz über das Verfahren in Binnenschiffahrtssachen vom 22. Oktober 1948 (Bayerisches Gesetz- und Verordnungsblatt S. 242);

m) das Landesgesetz von Rheinland-Pfalz über deutsche Schiffahrtsgerichte, das Verfahren in Schiffahrtssachen und die Führung des Schiffsregisters vom 22. Oktober 1948 (Gesetz- und Verordnungsblatt der Landesregierung Rheinland-Pfalz Teil I S. 388) mit Ausnahme des § 21;

n) das Gesetz Nr. 9 der amerikanischen Militärregierung (Amtsblatt der Militärregierung Deutschland Amerikanisches Kontrollgebiet Ausgabe E S. 14);

o) die Verordnung Nr. 65 der britischen Militärregierung (Amtsblatt der Militärregierung Deutschland Britisches Kontrollgebiet Nr. 15 S. 359).

§ 27

Dieses Gesetz gilt nach Maßgabe der §§ 13 und 14 des Gesetzes über die Stellung des Landes Berlin im Finanzsystem des Bundes (Drittes Überleitungsgesetz) vom 4. Januar 1952 (Bundesgesetzbl. I S. 1) auch im Lande Berlin.

Sachwortverzeichnis

Die Zahlen bedeuten die Seiten

A

B

G

H

L

O

P

Q

R

S

T

U

V

W

Z

Printed and bound by CPI Group (UK) Ltd, Croydon, CR0 4YY
13/10/2026
14981388-0002